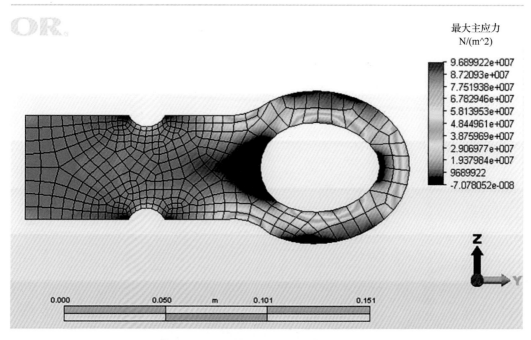

最大主应力
N/(m^2)

9.689922e+007
8.72093e+007
7.751938e+007
6.782946e+007
5.813953e+007
4.844961e+007
3.875969e+007
2.906977e+007
1.937984e+007
9689922
-7.078052e-008

彩图 7.18　(b)得出的主应力在杆中的分布

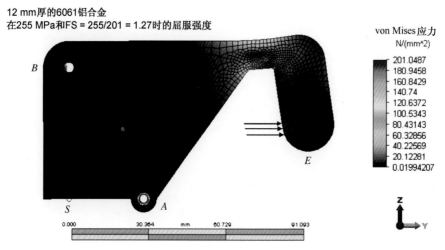

12 mm厚的6061铝合金
在255 MPa和FS = 255/201 = 1.27时的屈服强度

von Mises 应力
N/(mm^2)

201.0487
180.9458
160.8429
140.74
120.6372
100.5343
80.43143
60.32856
40.22569
20.12281
0.01994207

彩图 7.19　过载保护设备的 von Mises 应力图

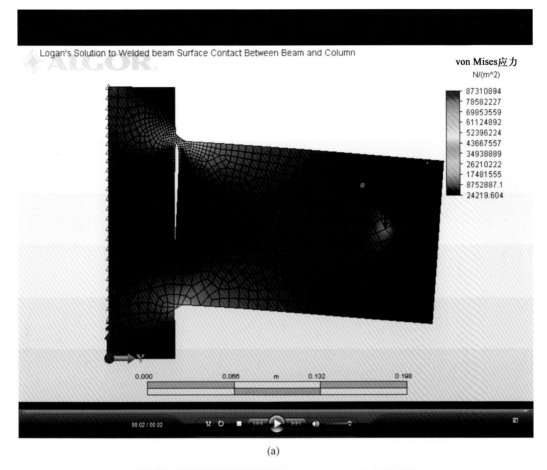

(a)

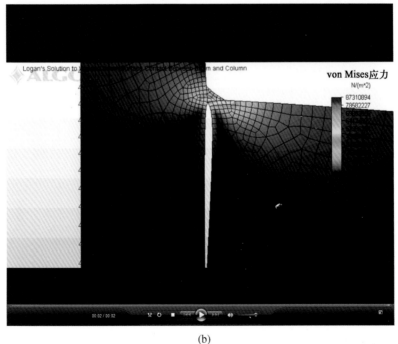

(b)

彩图 7.22　(a)焊接到柱上的梁的 von Mises 应力图（最大 von Mises 应力为 87.3 MPa，发生在顶端角焊缝的焊脚处）；(b)顶端角焊缝的放大视图（注意梁和柱之间有表面接触，以便在梁柱分离处形成间隙）

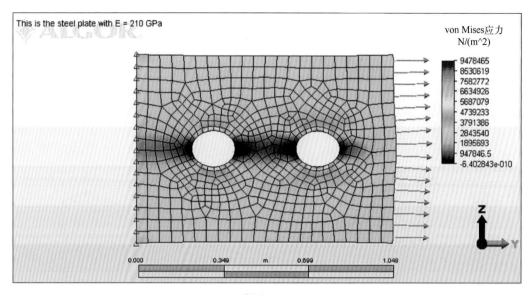

彩图 P7.25

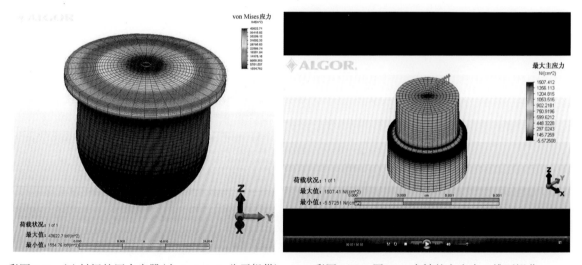

彩图 9.2　(b)封闭的压力容器(由 Autodesk 公司提供)　　彩图 9.18　图 9.17 中轴的主应力三维可视化

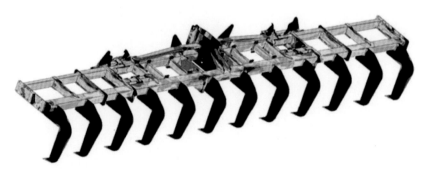

彩图 11.1　(c)在农业设备中使用的 12 行深耕犁(由 Autodesk 公司提供)

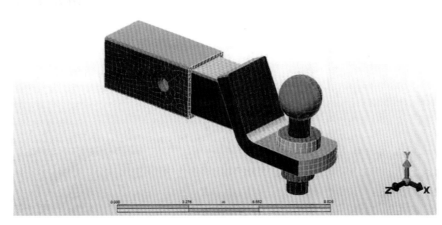

彩图 11.9　拖车挂接装置的网格模型（由 David Anderson 提供）

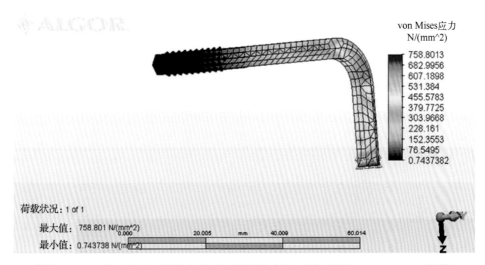

彩图 P11.19　给出尺寸、荷载和典型有限元模型的六角扳手（由 Justin Hronek 提供）

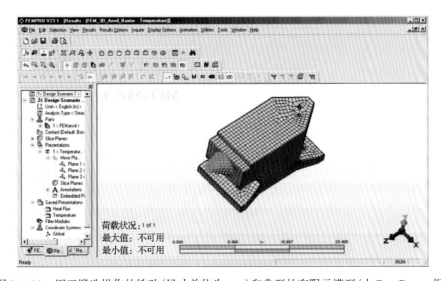

彩图 P11.20　用于锻造操作的铁砧（尺寸单位为 mm）和典型的有限元模型（由 Dan Baxter 提供）

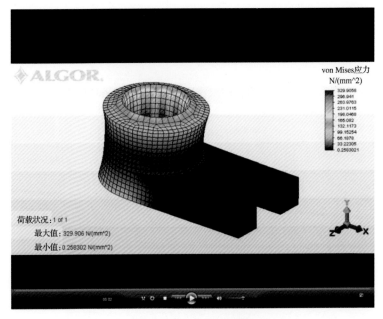

图 P11.28　定位器部件

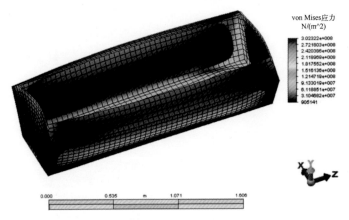

彩图 12.1　(b)水槽

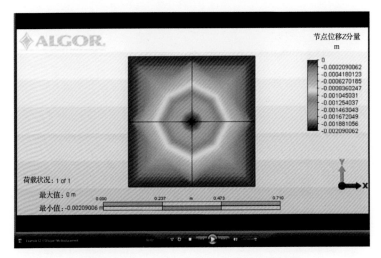

彩图 12.10　例 12.1 中的固支平板的位移图

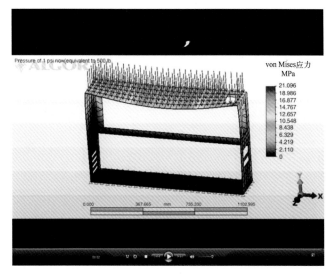

彩图 12.12 (b)压力荷载、边界条件和结果的 von Mises 应力图(由 Nicholas Dachniwskyj 提供)

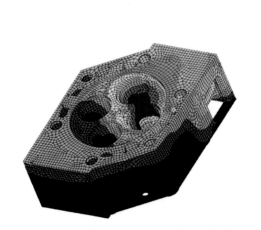

彩图 13.1 汽缸盖温度分布的有限元结果(模型使用实体单元)(由 Autodesk 公司提供)

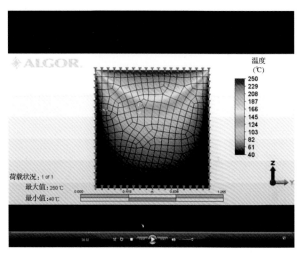

彩图 13.34 (b)有限元模型以及整个板的温度变化(由 David Walgrave 提供)

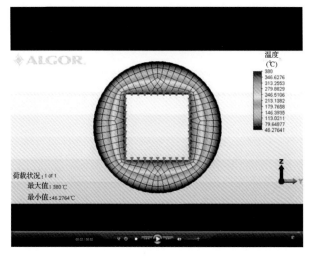

彩图 13.35 (b)有限元模型以及隔热层上的温度变化

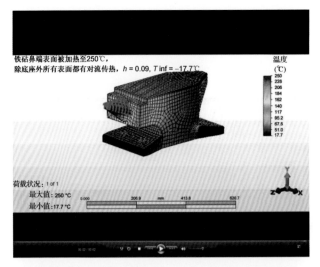

彩图 13.36　铁砧中的温度分布（由 Dan Baxter 提供）

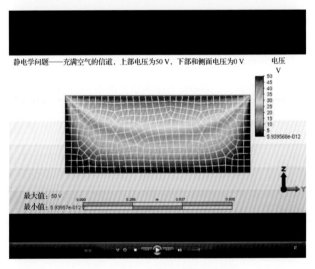

彩图 14.30　通道内的电压变化

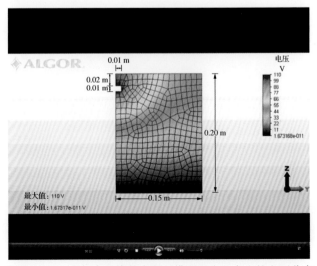

彩图 14.32　空气中母线的有限元模型和由此产生的电压分布

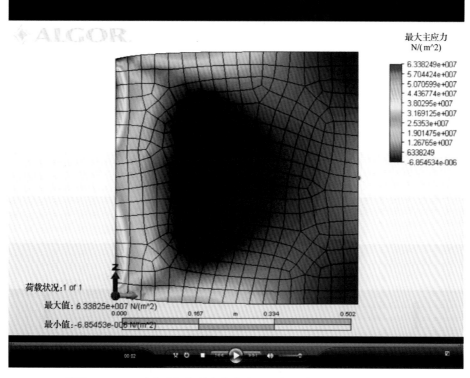

彩图 15.12　显示位移板与最大主应力图叠加的离散化板，单位为 Pa

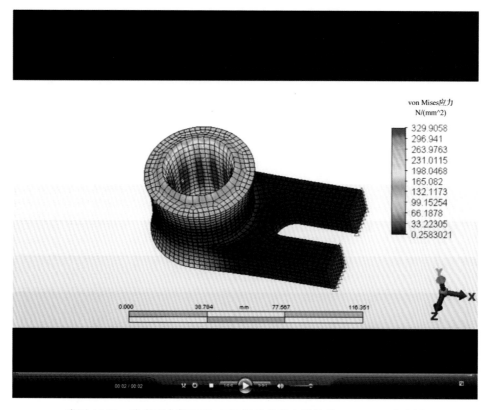

彩图 15.13　孔表面内部承受 100℃ 温升的实心零件的 von Mises 应力图

有限元应用与工程实践系列

有限元方法基础教程
（国际单位制版）
（第六版）

A First Course in the Finite Element Method

SI Edition, Sixth Edition

〔美〕 Daryl L. Logan 著

李耘宇 汪 洋 梁 倩 石蜀雁 陈 婧 等译

电子工业出版社
Publishing House of Electronics Industry
北京·BEIJING

内 容 简 介

本书是一本介绍有限元方法的经典入门教程，并在其前几版的基础上进行了全面的修订与更新。本书主要介绍有限元方法的基本理论知识、一般原理、各类实体模型的问题求解和实际工业应用。全书以章节目标为导向，力求由浅入深、通俗易懂，旨在为初次接触有限元的大学生、研究生和工程技术人员提供学习有限元方法的入门教程，使其无须满足通常所要求的前提条件(如具备结构分析和高级微积分知识)就能学习有限元方法。

本书内容丰富新颖，涵盖了简单的弹簧和杆，梁的弯曲，平面应力/应变，轴对称应力，等参公式，三维应力，板的弯曲，传热和流体介质，多孔介质、液压网络中的流体流动以及电气网络和静电学分析，热应力，与时间相关的应力和传热等，并由此引出有限元分析的高级课题。此外，本书还在不同阶段引入了弹性理论、直接刚度法、伽辽金残余法、最小势能原理、虚功原理等，以建立分析所需的方程。

本书理论联系实际，既可作为土木工程和机械工程等专业的大学生或研究生学习有限元方法的基础教程，也适合作为相关工程技术人员的参考书。

A First Course in the Finite Element Method, SI Edition, Sixth Edition
Daryl L. Logan   李耘宇   汪洋   梁倩   石蜀雁   陈婧
Copyright © 2017 Cengage Learning.
Original edition published by Cengage Learning. All Rights reserved. 本书原版由圣智学习出版公司出版。版权所有，盗印必究。
Publishing House of Electronics Industry is authorized by Cengage Learning to publish and distribute exclusively this simplified Chinese edition. This edition is authorized for sale in the China Mainland. Unauthorized export of this edition is a violation of the Copyright Act. No part of this publication may be reproduced or distributed by any means, or stored in a database or retrieval system, without the prior written permission of the publisher.
本书中文简体字翻译版由圣智学习出版公司授权电子工业出版社独家出版发行。此版本经授权仅限在中国大陆销售。未经授权的本书出口将被视为违反版权法的行为。未经出版者预先书面许可，不得以任何方式复制或发行本书的任何部分。
978-7-121-46047-0
本书封面贴有 Cengage Learning 防伪标签，无标签者不得销售。

版权贸易合同登记号　图字：01-2018-8663

图书在版编目(CIP)数据

有限元方法基础教程：国际单位制：第六版 / (美)达里尔·L. 洛根(Daryl L. Logan)著；李耘宇等译.
北京：电子工业出版社，2023.7
(有限元应用与工程实践系列)
书名原文：A First Course in the Finite Element Method, SI Edition, Sixth Edition
ISBN 978-7-121-46047-0

Ⅰ. ①有… Ⅱ. ①达… ②李… Ⅲ. ①有限元法—高等学校—教材 Ⅳ. ①O241.82

中国国家版本馆 CIP 数据核字(2023)第 136827 号

责任编辑：徐　萍
印　　刷：三河市鑫金马印装有限公司
装　　订：三河市鑫金马印装有限公司
出版发行：电子工业出版社
　　　　　北京市海淀区万寿路 173 信箱　　　邮编：100036
开　　本：787×1092　1/16　印张：44.5　　字数：1285 千字　　彩插：5
版　　次：2003 年 8 月第 1 版(原著第 3 版)
　　　　　2023 年 7 月第 3 版(原著第 6 版)
印　　次：2023 年 7 月第 1 次印刷
定　　价：169.00 元

凡所购买电子工业出版社图书有缺损问题，请向购买书店调换。若书店售缺，请与本社发行部联系，联系及邮购电话：(010) 88254888，88258888。
质量投诉请发邮件至 zlts@phei.com.cn，盗版侵权举报请发邮件至 dbqq@phei.com.cn。
本书咨询联系方式：fengxiaobei@phei.com.cn。

国际单位制(SI)版前言

国际单位制

美国惯用系统(USCS)的单位采用 FPS(英尺,磅,秒)单位(也称为英制单位)。国际单位制主要指 MKS(千克,米,秒)单位制。但是,CGS(厘米,克,秒)单位制也经常被认为是国际单位制,特别是在教材中。

本书使用国际单位制

本书使用了 MKS 单位制和 CGS 单位制。本书 US 版使用的 USCS 单位或 FPS 单位已经通篇转换为国际单位制。但是,对于来源于手册、政府标准和产品指南的数据,将这些值转换为国际单位制不仅极其困难,而且也侵犯了数据来源的知识产权。因此,书中的图、表和参考文献的一些数据仍然是 FPS 单位的。

为了解决需要使用源数据的问题,只在源数据用于计算时才将原值从 FPS 单位转换为国际单位制。为了得到国际单位制形式的标准化数量和厂商数据,读者可以联系相关国家/地区的政府机构或主管部门。

我们将非常感谢读者对本书 SI 版的反馈,这对改进后续版本将会大有帮助。

* 参与本书翻译工作的人员还包括: 张铭洲、黄勇哲、吴雁杰。

前　言[①]

　　《有限元方法基础教程》第六版的目标仍是提供一个学习有限元方法的入门方法，使本科生和研究生无须满足通常所要求的前提条件(如具备结构分析和高级微积分知识)就能学习有限元方法，而这些前提条件是该领域大多数教材所需要的。本书主要是为土木工程和机械工程专业的大学生撰写的，作为学习应力分析和传热(热传导)的基本学习工具。另外，第六版新增了液压网络、电气网络和静电学的内容供电气工程人员学习。然而，由于各种概念以非常简单的形式给出，并且整本书合理地配置了大量的示例问题，因此本书对其他背景的学生和工程人员也大有帮助。本书适合那些想把有限元应用于解决实际物理问题的各类人员。

　　本书针对每一个课题先给出一般原理，然后给出这些原理的传统应用，包括手算方案，然后在合适的位置再给出计算机应用。我们用这种方法说明大型问题的计算机分析所使用的概念。

　　本书的内容从基本课题过渡到高级课题，并适合双课程教学。本书讲解的基本课题包括：(1)简单的弹簧和杆单元，并以此为基础分析二维和三维桁架；(2)梁的弯曲问题，以及平面框架和桁架分析与空间框架分析；(3)基本平面应力/应变单元，引向更高级的平面应力/应变单元，以及在更复杂的平面应力/应变分析中的应用；(4)轴对称应力分析；(5)有限元方法的等参公式；(6)三维应力分析；(7)板的弯曲分析；(8)传热和流体介质；(9)在多孔介质和固体周围的基本流体流动，液压网络、电气网络以及静电学分析；(10)热应力分析；(11)与时间相关的应力和传热问题。

　　本书的其他内容还包括如何处理斜支撑，有铰接点的梁单元，子结构分析概念，分片检验和建模的实际考虑及结果说明。

　　本书根据需要在不同阶段引入了直接刚度法、最小势能原理和伽辽金残余法，以建立分析所需要的方程。

　　本书附录包括以下内容：书中所用的基本矩阵代数(附录 A)；联立方程求解方法(附录 B)；弹性理论(附录 C)；等价节点力(附录 D)；虚功原理(附录 E)；结构钢形状性质(附录 F)。

　　全书给出了 100 多个已求解的示例。这些示例是用普通方法求解的，以便说明概念。书中提供了近 600 道习题，以增强读者对概念的理解。在本书末尾还给出了多数习题的答案，以帮助想要验证计算结果的读者。各章习题中可用计算机程序求解的问题的左侧会标明一个计算机符号。

新版特点

　　第六版的新特点包括：更新了大多数工程类教师使用的标准符号，每章前面的章节目标

---

① 中文翻译版的一些字体、正斜体、图示、参考文献等参照了英文原版书的写作风格。——编者注

可以帮助读者了解这一章的内容，大部分章给出了便于使用的方程小结，提供了有关建模的附加信息、有限元解与解析解的更多比较。

第六版新增了 140 道寻求解决方案的习题，在第 3 章、第 5 章、第 7 章、第 11 章和第 12 章增加了设计类的习题，也增加了工业中的实际应用，以强化概念且有助于学生的理解。在这一版中增加了新的空间框架、实体模型类的示例，以及相关的问题求解。作者采用其他领域的新示例向学生展示了如何使用有限元方法来解决各种工程和数学物理领域的问题。和本书第五版一样，这一版有意省略了专用计算机程序，并建议教师选择一个他们熟悉的程序来融入其有限元课程中。

教师资源

本书教师资源(解答手册，PPT)的申请方式请参见书末的教辅申请表。

MindTap 在线课程

这本书也可以通过 Cengage Learning 公司的 MindTap 在线获得，这是一个可定制化的学习程序。购买 MindTap 的学生可以使用多媒体电子阅读器学习本书，并且能够在台式计算机、笔记本电脑或 iPad 上完成作业和测验。新的 MindTap 移动应用程序可以使学生随时随地轻松学习。使用学习管理系统(如 Blackboard 或 Moodle)跟踪课程内容、作业和评分的教师可以无缝访问本书的 MindTap 内容与评估套件。

使用 MindTap，教师可以：

- 重新排列授课内容或在内容上添加新的知识点，从而定制学习路径以匹配课程大纲。
- 将学习管理系统连接到在线课程和阅读器。
- 突出显示并注释数字教材，然后与学生共享他们的笔记。
- 定制在线测验和作业。
- 跟踪学生的参与度、学习进度和理解程度。
- 通过互动、多媒体手段和练习来帮助学生获得学习成效。

此外，学生可以通过 ReadSpeaker 听教材讲解，在阅读器中做笔记，学习并创建自己的 Flashcard，突出显示相关内容以方便参考，并通过测验和自动评分的作业来检查自己对课程的掌握情况。

建议的授课方式

使用本书作为教材时，建议选择以下课题作为初级课程(大约 47 课时，每节课约 50 分钟)。

课题	课时数
附录 A	1
附录 B	1
第 1 章	2
第 2 章	3
第 3 章，3.1~3.11 节，3.14 节，3.15 节	5
测验 1	1

课题	课时数
第4章，4.1～4.6节	4
第5章，5.1～5.3节，5.5节	4
第6章	4
第7章	3
测验2	1
第9章	2
第10章	4
第11章	3
第13章，13.1～13.7节	5
第15章	3
测验3	1

致谢

非常感谢 Cengage Learning 公司的工作人员，特别是出版者 Tim Anderson、高级开发编辑 Mona Zeftel、产品助理 Teresa Versaggi，还有 RPK 编辑服务公司的 Rose Kernan，感谢他们在完成第六版的出版工作中所给予的帮助。

非常感谢 Ted Belytschko 博士出色地讲授有限元方法，对我撰写此书有很大帮助。我还要感谢很多学生的建议，这使得相关的课题更加容易理解，并且这些建议也被包含在本书的新版本中。

我还要感谢第六版的审稿人，他们是圣荷西州立大学的 Raghu Agarwal，加州州立大学的 Mohammad Alimi，密苏里科技大学的 K. Chandrashekhara，北卡罗来纳大学的 Howie Fang，奥本大学的 Winfred Foster，圣克劳德州立大学的 Kenneth Miller，丹佛科罗拉多大学的 Ronald Rorrer，威奇托州立大学的 Charles Yang。

在此还要感谢威斯康辛-普拉特维尔大学(UWP)的很多学生，他们贡献了各种有限元课程中的二维或三维模型，他们的名字出现在整本书中。我也要感谢 UWP 的研究生 William Gobeli 为表11.2所做的工作。特别要感谢 UWP 校友及 Seagraves 消防装置设计工程师 Andrew Heckman 授权使用图11.10，感谢 John Deere Dubuque Works 公司的结构工程师 Yousif Omer 授权使用图1.11。感谢 Autodesk(Algor)公司的工作人员对图9.2(b)所做的贡献。最后还要感谢 Valmont West Coast 工程公司的高级设计工程师 Ioan Giosan 授权使用图1.12和图1.13。

符 号 表

英文符号

a_i	广义坐标(表示一般形式位移所用的系数)
A	横截面积
$[B]$	表示应变与节点位移关系的矩阵，或表示温度梯度与节点温度关系的矩阵
c	材料的比热
$[C']$	表示应力与节点位移关系的矩阵
C	二维中的方向余弦
C_x, C_y, C_z	三维中的方向余弦
$\{d\}$	整体坐标系中单元和结构的节点位移矩阵
$\{d'\}$	局部坐标系中单元的节点位移矩阵
D	板的弯曲刚度
$[D]$	表示应力与应变关系的矩阵
$[D']$	式(10.2.16)给出的算子矩阵
e	指数函数
E	弹性模量
$\{f\}$	整体坐标系下的节点力矩阵
$\{f'\}$	局部坐标系下的单元节点力矩阵
$\{f_b\}$	体力矩阵
$\{f_h\}$	传热力矩阵
$\{f_q\}$	热流力矩阵
$\{f_Q\}$	热源力矩阵
$\{f_s\}$	面力矩阵
$\{F\}$	整体坐标系下的结构力矩阵
$\{F_c\}$	凝聚力矩阵
$\{F_i\}$	总体节点力
$\{F_0\}$	等价力矩阵
$\{g\}$	温度梯度矩阵或液压梯度矩阵
G	剪切模量
h	传热(或对流)系数
i, j, m	三角形单元节点
I	主惯性矩
$[J]$	雅可比(Jacobian)矩阵
k	弹簧刚度

$[k]$	整体坐标系下的单元刚度或传递矩阵
$[k_c]$	凝聚刚度矩阵或传热问题中刚度矩阵的传导部分
$[k']$	局部坐标系下的单元刚度矩阵
$[k_n]$	传热问题中刚度矩阵的对流部分
$[K]$	整体坐标系下的结构刚度矩阵
K_{xx}, K_{yy}	在 x 方向和 y 方向各自的传热系数(或流体力学中的渗透性)
L	杆单元或梁单元长度
m	单元节点编号的最大差别
$m(x)$	广义力矩表达式
m_x, m_y, m_z	板中力矩
$[m'], [m]$	局部单元质量矩阵
$[m_i']$	局部节点弯矩
$[M]$	总体质量矩阵
$[M^*]$	用于表示线性应变三角形公式中位移与广义坐标关系的矩阵
$[M']$	用于表示线性应变三角形公式中应变与广义坐标关系的矩阵
n_b	结构带宽
n_d	每一节点的自由度数
$[N]$	形函数(插值函数或基函数)矩阵
N_i	形函数
p	表面压力(或流体力学中的节点压力头)
p_r, p_z	分别为径向和轴向(纵向)压力
P	集中荷载
$[P']$	集中荷载力矩阵
q	单位面积的热流或板上的分布荷载
$\bar{q}$	热流率
q^*	在边界面上的单位面积热流
Q	每单位体积产生的热源或内部流体源
Q^*	线热源或点热源
Q_x, Q_y	在板上的横向剪切线荷载
r, θ, z	分别为径向、周向和轴向坐标
R	伽辽金(Galerkin)积分中的残余
R_b	径向体力
R_{ix}, R_{iy}	分别为 x 方向和 y 方向的节点反力
s, t, z'	附在等参元上的自然坐标
S	表面积
t	平面单元或平板单元的厚度
t_i, t_j, t_m	三角形单元节点温度
T	温度函数

T_∞	无流温度
$[T]$	位移、力和刚度变换矩阵
$[T_i]$	方向的表面拉力矩阵
u, v, w	分别为 x、y 和 z 方向的位移函数
u_i, v_i, w_i	分别为节点 i 在 x、y 和 z 方向的位移
U	应变能
ΔU	存储能的改变
v	流体流动速度
V	梁中的剪力
w	作用在梁上的分布荷载,或沿平面单元边缘作用的分布荷载
W	功
x_i, y_i, z_i	分别为 x、y 和 z 方向的节点坐标
x', y', z'	局部单元坐标轴
x, y, z	结构全局或参照坐标轴
$[X]$	体力矩阵
X_b, Y_b	分别为 x 和 y 方向的体力
Z_b	纵向体力(轴对称情况)或 z 方向体力(三维情况)

希腊符号

α	热膨胀系数
$\alpha_i, \beta_i, \gamma_i, \delta_i$	用于式(6.2.10)和式(11.2.5)~式(11.2.8)定义的形函数
δ	弹簧或杆的变形
ϵ	法向应变
$\{\varepsilon_T\}$	热应变矩阵
k_x, k_y, k_{xy}	板弯曲曲率
ν	泊松比
ϕ_i	梁单元节点旋转角度或斜率
π_h	传热问题泛函
π_p	总势能
ρ	材料质量密度
ρ_w	材料重力密度
ω	角速度和圆周率
Ω	力的势能
ϕ	流体压力头或势能,梁单元中的旋转或斜率
σ	法向应力
$\{\sigma_T\}$	热应力矩阵
τ	剪应力
θ	二维问题 x 轴与局部坐标系下 x' 轴之间的夹角

θ_p	主应力方向角
$\theta_x, \theta_y, \theta_z$	分别为整体坐标系下 x、y、z 轴与局部坐标系下 x' 轴之间的夹角，或在平面内绕 x 和 y 轴的旋转
$[\psi]$	广义位移函数矩阵

其他符号

$\dfrac{\mathrm{d}(\ )}{\mathrm{d}x}$	一个变量对 x 取导数
$\mathrm{d}t$	时间微分
$(\cdot)$	一个变量上方的点表示对时间取微分
$[\ ]$	表示矩阵或方阵
$\{\ \}$	表示列矩阵
$(\underline{\ \ })$	一个变量下面的横线表示一个矩阵
$(')$	一个变量旁边加一个斜撇表示该变量是在局部坐标系下描述的
$[\ ]^{-1}$	表示矩阵求逆
$[\ ]^{\mathrm{T}}$	表示矩阵转置
$\dfrac{\partial(\ )}{\partial x}$	对 x 取偏导
$\dfrac{\partial(\ )}{\partial\{d\}}$	对 $\{d\}$ 中的每一个变量取偏导

目　　录

第1章 绪 论

章节目标

- 介绍有限元方法。
- 阐述有限元方法简史。
- 介绍矩阵记法符号。
- 阐述计算机在有限元方法发展中的作用。
- 介绍有限元方法的一般步骤。
- 列举有限元方法中使用的各种类型的单元。
- 介绍有限元方法的典型应用。
- 总结有限元方法的优势。

引言

有限元方法是解决工程问题和数学物理问题的一种数值方法。工程和数学物理领域中可以用有限元方法解决的典型问题包括结构分析、传热、流体流动、质量输运和电磁势。

对于涉及复杂几何形状、载荷和材料特性的物理系统，通常不可能利用数学解析来模拟物理系统的响应。数学解析是通过求解数学表达式而求得物体(这里指待分析的整体结构或物理系统)任意位置的未知量，因此数学解析对于物体任意多个位置都是有效的。工程师、物理学家和数学家们创立了数学解析方法来避免制造和测试大量的原型设计，因为制造和测试这些原型设计可能花费巨大。但是，由于物体复杂的几何形状、荷载和力学特性，通常无法求解数学解析方法中的常微分方程或偏微分方程，因此需要利用数值方法，如有限元方法，近似求解这些方程。

有限元方法是通过求解联立代数方程组进行问题求解的，而不是求解微分方程。数值方法可以求解出连续体中多个离散点未知量的近似值。通过将物体划分为在两个或两个以上单元(节点、边界线或表面)处互相连接的更小单元(有限单元)的等效系统进而对物体建模的过程称为离散化。图 1.1 分别展示了混凝土坝和自行车扳手的横截面图，并以此说明了离散化的过程：其中将大坝划分为 490 个平面三角形单元，将扳手划分为 254 个平面四边形单元；并且，在这两个模型中，单元都在节点处并沿单元间边界线连接。在有限元方法中，我们并非一次性求解整个物体，而是通过每一个有限单元建立方程，然后将它们组合起来进而对物体进行求解。

简言之，结构问题的求解通常是确定在荷载作用下结构的各个节点内的位移和应力。求解非结构问题时，节点未知量可以是热流或流体流动产生的温度或流体压力。

本章首先介绍有限元方法的发展简史。从中可以看到，有限元方法仅在近 60 年才成为解决工程问题的实用性方法(与现代高速电子数字计算机的发展相关)。在简要介绍有限元方法

的历史之后，将介绍矩阵运算符号，并阐述为什么需要矩阵方法(现代数字计算机的发展使其切实可行)来建立并求解方程。本章不仅阐述数字计算机对于求解复杂问题所涉及的大型联立代数方程的作用，还将介绍基于有限元方法的数值计算机程序的发展。进而，列举有限元方法求解问题所包含的一般步骤以及各种可用类型的单元。然后，将给出若干应用实例，如涉及复杂的几何形状、多种材料以及不规则荷载等情况的实例，用以说明有限元方法求解问题的能力。本章还将介绍使用有限元方法求解工程和数学物理问题的一些优点。最后列举了基于有限元方法的计算机程序的诸多特征。

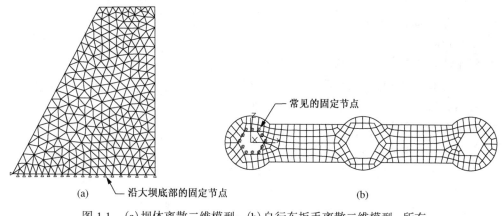

图 1.1　(a)坝体离散二维模型；(b)自行车扳手离散二维模型。所有物体均未施加荷载，且单元和节点都位于一个平面中

1.1　历史简介

本节将阐述有限元方法在工程学的结构和非结构领域以及数学物理学中应用的简史，并引用参考文献来加深读者对有限元方法历史背景的理解。

Hrennikoff[1]和 McHenry[2]分别于 1941 年和 1943 年用线(一维)单元(杆和梁)求解了连续固体中的应力，从而在 20 世纪 40 年代开始了有限元方法在结构工程领域的现代发展。Courant[3]于 1943 年发表但多年未得到广泛认可的论文中，提出以变分的形式来建立应力解答。后来他在构成整个区域的三角形分区上引入分段插值(形)函数，作为得到近似数值解的方法。Levy[4]于 1947 年提出了柔度法或力法，并于 1953 年的著作[5]中提出另一种很有前景的方法(刚度法或位移法)可用来分析超静定的飞机结构。但是，他的方程式不便手算，因此该方法只有在高速数字计算机问世时才变得普遍起来。

Argyris 和 Kelsey[6,7]于 1954 年利用能量原理建立了矩阵结构分析方法。这一发展说明了能量原理将在有限元方法中发挥的重要作用。

Turner 等人[8]于 1956 年首次使用了二维单元，他们推导了平面应力中的桁架单元、梁单元以及二维三角形和矩形单元的刚度矩阵，并概述了称为直接刚度法的过程，以此获取总体的结构刚度矩阵。随着 20 世纪 50 年代早期高速数字计算机的发展，Turner 等人的工作[8]促进了以矩阵符号表示的有限元刚度方程的进一步发展。Clough[9]于 1960 年使用三角形单元和矩形单元进行平面应力分析时提出了"有限元"这个词。

Melosh[10]于 1961 年提出了平面矩形板弯曲单元刚度矩阵。随后 Grafton 和 Strome[11]于 1963 年建立了轴对称壳和压力容器的曲面壳弯曲单元刚度矩阵。

Martin[12]于 1961 年、Gallagher 等人[13]于 1962 年及 Melosh[14]于 1963 年推导了四面体刚度矩阵的方法，将有限元方法延伸到三维问题。Argyris[15]于 1964 年研究了其他的三维单元。Clough 和 Rashid[16]、Wilson[17]于 1965 年研究了轴对称立体单元的特例。

大多数有限元方法在 20 世纪 60 年代初以前被用于处理小应变、小位移、弹性材料性能和静载。然而，Turner 等人[18]于 1960 年考虑了大挠度和热应力分析，Gallagher 等人[13]于 1962 年考虑了非线性材料问题，Gallagher 和 Padlog[19]于 1963 年还首次处理了屈曲问题。Zienkiewicz 等人[20]于 1968 年将有限元方法推广到黏弹性问题。

Archer[21]于 1965 年通过建立一致质量矩阵进行了动力分析，用于分析分布质量系统，如结构分析中的杆和梁。

Melosh[14]于 1963 年认识到可以借助变分方程建立有限元方法的方程，于是，有限元方法开始被用于求解非结构性应用问题。Zienkiewicz 和 Cheung[22]于 1965 年、Martin[23]于 1968 年、Wilson 和 Nickel[24]于 1966 年求解了例如定轴扭转、流体流动和传热等的场问题。

加权残余法的适应性使得有限元方法得以进一步扩展。Szabo 和 Lee[25]于 1969 年首先推导了已知的用于结构分析的弹性方程，然后 Zienkiewicz 和 Parekh[26]于 1970 年推导了用于瞬态场问题的方程。就是从这时人们开始认识到，当直接公式和变分公式难以或无法使用时，加权残余法常常是适用的。例如，Lyness 等人[27]于 1977 年将加权残余法用于确定磁场。

Belytschko[28,29]于 1976 年考虑了与大位移非线性动力特性有关的问题，并改进了求解得出的方程组的数值技术。更多关于此问题的讨论可以参考 Belytschko、Liu、Moran[58]以及 Crisfield[61,62]的书籍。

有限元方法一个相当新的应用领域是生物工程领域[30,31]，而该领域仍然受到诸如非线性材料、几何非线性和其他复杂问题等难题的困扰。

从 20 世纪 50 年代早期至今，应用有限元方法解决复杂的工程问题已取得了巨大的进展。工程师、应用数学家和其他科学家无疑将会开拓新的应用领域。有关有限元方法的众多参考书目请参阅 Kardestuncer[32]、Clough[33]或 Noor[57]的著作。

1.2 矩阵符号简介

矩阵法是有限元方法的必要工具，用于简化单元刚度方程及各类问题的手算求解，更重要的是用于高速数字电子计算机的编程。因此，矩阵符号是用于编写和求解联立代数方程组的简单易用的符号。

附录 A 介绍了整本书中将要使用的重要矩阵概念。在这里，本节仅概述本书中所使用的符号。

矩阵是按行和列排列值的矩形数组，通常用于辅助表示和求解代数方程组。以下是后续章节将要用到的矩阵实例，作用在结构的各节点 $(1, 2, \cdots, n)$ 上的力的分量 $(F_{1x}, F_{1y}, F_{1z}, F_{2x}, F_{2y}, F_{2z}, \cdots, F_{nx}, F_{ny}, F_{nz})$、相应的节点位移 $(u_1, v_1, w_1, u_2, v_2, w_2, \cdots, u_n, v_n, w_n)$ 都可以表示为如下矩阵形式：

$$\{F\} = \begin{Bmatrix} F_{1x} \\ F_{1y} \\ F_{1z} \\ F_{2x} \\ F_{2y} \\ F_{2z} \\ \vdots \\ F_{nx} \\ F_{ny} \\ F_{nz} \end{Bmatrix} \qquad \{d\} = \begin{Bmatrix} u_1 \\ v_1 \\ w_1 \\ u_2 \\ v_2 \\ w_2 \\ \vdots \\ u_n \\ v_n \\ w_n \end{Bmatrix} \qquad (1.2.1)$$

F 的下标分别表示节点以及力的方向。例如，F_{1x} 表示在节点 1 的 x 方向上施加的作用力。节点在 x、y 和 z 方向的位移分别由 u、v 和 w 表示。u、v 和 w 的下标代表节点。例如，u_1、v_1、w_1 分别表示节点 1 上 x、y 和 z 方向的位移分量。式(1.2.1)所示的矩阵称为列矩阵，大小为 $n \times 1$。本书使用花括号 { } 表示列矩阵。列矩阵中所有的力或位移值可简化表示为 $\{F\}$ 或 $\{d\}$。

更为常用的矩形矩阵一般使用方括号 [ ] 表示。例如，书中各种单元类型(如图 1.2 所示)的单元刚度矩阵 $[k]$ 和整体结构刚度矩阵 $[K]$ 分别用方阵表示如下：

$$[k] = \begin{bmatrix} k_{11} & k_{12} & \cdots & k_{1n} \\ k_{21} & k_{22} & \cdots & k_{2n} \\ \vdots & \vdots & & \vdots \\ k_{n1} & k_{n2} & \cdots & k_{nn} \end{bmatrix} \qquad (1.2.2)$$

和

$$[K] = \begin{bmatrix} K_{11} & K_{12} & \cdots & K_{1n} \\ K_{21} & K_{22} & \cdots & K_{2n} \\ \vdots & \vdots & & \vdots \\ K_{n1} & K_{n2} & \cdots & K_{nn} \end{bmatrix} \qquad (1.2.3)$$

其中，元素 k_{ij} 和 K_{ij} 通常在结构理论中表示刚度影响系数。

通过使用总体刚度矩阵 $[K]$，可将总节点力 $\{F\}$ 与总节点位移 $\{d\}$ 进行关联，方程如下：

$$\{F\} = [K]\{d\} \qquad (1.2.4)$$

式(1.2.4)称为整体刚度方程，代表一组联立方程，是刚度分析法或位移分析法建立的基本方程。

为了能够更加清楚地理解方程(1.2.3)中的元素 K_{ij}，下面使用式(1.2.1)写出式(1.2.4)的扩展形式：

$$\begin{Bmatrix} F_{1x} \\ F_{1y} \\ \vdots \\ F_{nz} \end{Bmatrix} = \begin{bmatrix} K_{11} & K_{12} & \cdots & K_{1n} \\ K_{21} & K_{22} & \cdots & K_{2n} \\ \vdots & \vdots & & \vdots \\ K_{n1} & K_{n2} & \cdots & K_{nn} \end{bmatrix} \begin{Bmatrix} u_1 \\ v_1 \\ \vdots \\ w_n \end{Bmatrix} \qquad (1.2.5)$$

假设结构由于受力产生的位移为 $u_1 = 1$，$v_1 = w_1 = \cdots w_n = 0$，则由式(1.2.5)可得：

$$F_{1x} = K_{11} \qquad F_{1y} = K_{21}, \cdots, F_{nz} = K_{n1} \qquad (1.2.6)$$

方程 (1.2.6) 包含 $[K]$ 中第 1 列的所有元素。此外，可以看出 K_{11}，K_{21}，$\cdots$，K_{n1} 是维持施加的位移状态所需要的整组节点力。类似地，$[K]$ 的第 2 列代表维持位移状态 $v_1 = 1$ 而所有其他节点位移分量均等于零时所需要的节点力。至此，读者应该对刚度影响系数的意义有了更清楚的理解。

后续章节将讨论不同单元类型的单元刚度矩阵 $[k]$，如杆、梁、平面应力和三维应力单元等。也将讨论求取不同结构的总体刚度矩阵 $[K]$ 的步骤，以及通过求解式 (1.2.4) 获得矩阵 $\{d\}$ 中未知位移的步骤。

矩阵的概念和运算将成为实践中进行问题求解的惯用方式，以及手算小规模问题的有用工具，且矩阵方法对于使用计算机求解大量的联立方程进而完成对复杂问题的解答至关重要。

1.3 计算机的作用

如上所述，在 20 世纪 50 年代初期以前，矩阵法以及与之相关的有限元方法无法用于复杂问题的求解。尽管有限元方法已经用来描述复杂的结构，但应用有限元方法进行结构分析时得到的大量代数方程使得该方法极难使用且不切实际。然而，计算机的出现实现了几分钟时间内完成几千组方程的求解。

第一台现代商用计算机是诞生于 20 世纪 50 年代的 UNIVAC，IBM 701，它是一台真空管计算机。伴随着 UNIVAC 产生了穿孔卡片技术，需要将程序和数据都建立在卡片上。20 世纪 60 年代，晶体管技术以其低价格、低重量、低功耗以及高可靠性取代了真空管技术。1969 年至 20 世纪 70 年代晚期，集成电路技术的兴起大大提高了计算机的运行速度，这使得利用有限元技术求解具有更多自由度的大规模问题变得可行。20 世纪 70 年代晚期到 80 年代，大规模集成电路以及具有视窗式图形用户界面和鼠标的工作站问世。第一个计算机鼠标于 1970 年 11 月 17 日获得了专利权。个人计算机从此成为大众市场的台式计算机。网络计算时代与这些同时兴起的技术带来了互联网和万维网。20 世纪 90 年代发布的 Windows 操作系统通过将图形用户界面集成到软件中，使得 IBM 及其兼容的个人计算机的使用更为方便。

计算机的发展带动了计算机程序的发展。大量专用和通用程序被开发出来以处理各种复杂的结构和非结构问题。计算机程序 (如参考文献[46~56]) 不仅展示了有限元方法的优雅之处，同时也加深了对它的理解。

实际上，有限元计算机程序已经能够运行在单处理器计算机上，例如单台台式或便携式个人计算机，或者计算机集群。个人计算机的大容量内存和高效的解题程序，使其能够胜任具有上百万未知量的问题的求解工作。

使用计算机进行求解时，分析人员需要提供确定的有限元模型，并将其相关信息输入计算机。这些信息包括单元节点坐标的位置、单元的连接方式、单元的材料特性、施加荷载、边界条件或约束，以及要进行分析的类型。计算机将利用这些信息生成相关分析所需要建立的方程并进行求解。

1.4 有限元方法的一般步骤

本节将介绍工程中应用有限元方法求解问题时建立方程并求解的一般性步骤，并将其作为后续章节求解结构和非结构问题时的准则。

为简单起见,在列举步骤时仅考虑结构性问题。第 13 章和第 14 章将介绍非结构传热、流体力学和静电问题及其与结构问题的相似性。

结构应力分析通常需要工程师确定整体结构在外部载荷作用时平衡状态下的位移和应力。然而,很多结构难以使用常规的方法确定其变形分布,因此必须使用有限元方法。

建立物理体系有限元方程的方法主要有三种:(1)用于分析结构问题的直接法或直接平衡方法;(2)由子集能量原理和虚功原理组成的变分方法;(3)加权残余方法。下面先简要地介绍这三种主要方法,而在本节后的步骤 4 中将再次对每种方法进行详尽的描述。

1.4.1 直接法

为了更清晰地理解有限元方法的物理意义,建议在有限元方法学习的初始阶段使用最简单的直接法。但是,直接法仅限于推导包含弹簧单元、单轴杆单元、桁架和梁单元这些一维单元的单元刚度矩阵。

在结构力学分析中,有限元方法通常与两种直接法相关。其中一种称为力法或柔度法,使用内力作为问题的未知量。为了得到控制方程,首先需要使用平衡方程,然后通过引入协调方程作为必要的附加方程得到一组关于多余力或未知力的代数方程组。

第二种方法称为位移法或刚度法,以节点位移作为问题的未知量。举例来说,协调条件要求施加荷载之前,在公共节点处、公共边界上或公共表面上的单元,在变形之后仍要保持连接在之前的节点、边界或表面上。然后,利用平衡方程以及力与位移的关系,基于节点位移建立控制方程。

上述两种方法在分析中得出不同的未知量(力或位移),以及计算不同的矩阵(柔度矩阵或刚度矩阵)。由于位移(或刚度)法的方程对于大多数结构分析问题更为简单,因此更适用于利用计算机进行求解[34]。此外,绝大多数的通用有限元程序都囊括了位移方程以求解结构问题,因此本书仅使用位移法。

1.4.2 变分法

相较于直接法,变分方更适宜建立二维和三维单元的有限元方程。然而,变分法需要找出泛函在最小时得到的刚度矩阵和相应的单元方程。对于结构/应力分析问题,由于最小势能原理较易理解,并且读者们很可能已在基础应用力学的本科课程中学习过[35],因此可将最小势能原理作为泛函。

变分法包含许多原理,可用于开发结构和非结构问题的控制方程。而本书使用的是其中相对易于理解、常在基本力学课程介绍的、适用于线弹性材料的特性最小势能原理。最小势能原理将在本书不同章节进行介绍并使用,例如应用于 2.6 节的弹簧单元,3.10 节的钢筋单元,4.7 节的梁单元,6.2 节的常应变三角形平面应力和平面应变单元,9.1 节的轴对称单元,11.2 节的三维四面体单元和 12.2 节的板弯曲单元。第 13 章将介绍使用与最小势能原理所使用的泛函类似的方法,来建立非结构问题传热的有限元方程的方法。

另一种常用于推导控制方程的变分法是虚功原理,多用于线弹性材料以及非线性材料。附录 E 中介绍的利用虚功原理建立通用有限元控制方程的方法尤其适用于静态和动态系统中的杆、梁和二维、三维立体单元。

1.4.3 加权残余法

加权残余法[36]可直接将有限元方法用于任意微分方程而无须采用变分原理。3.12 节介绍了将伽辽金(Galerkin)残余法(一种非常著名的残差方法)用于推导杆单元刚度矩阵和相关的单元方程;3.13 节介绍了用于求解沿杆轴向位移的控制微分方程的其他残余法。

有限元方法使用相互连接的、被称为有限元的小单元进行结构建模。每个单元与一个位移函数相关联。每个单元通过共同(或共享)接口,包括节点、边界、表面,直接或间接与其他单元相连接。通过构成结构的材料的应力/应变特性,某特定节点的特性可以由结构中其他单元的特性确定。描述每一节点特性的方程组形成了一系列代数方程,由矩阵符号表示最为适宜。

下面介绍利用有限元方法进行结构问题分析时建立方程并求解的步骤,同时进行必要的解释。这些一般步骤揭示了有限元方法进行问题分析时建立方程并求解所应遵循的过程。在后续章节中,涉及如何利用这些步骤求解弹簧、杆、梁、平面框架、平面应力、轴对称应力、三维应力、传热和流体流动等特殊问题时将更易于理解。当建立特定单元的方程时,建议读者定期地回看本节。

需要注意,分析人员必须确定以下问题:如何将结构或连续体划分为有限元、选择分析中要使用的单元类型(步骤 1)、确定外加荷载的类型以及边界条件或外部约束的类型。而其余步骤 2 ~ 步骤 7,则将由计算机程序自动进行。

步骤 1 离散化和选择单元类型

步骤 1 包括将物体划分为具有节点的有限元的等效系统,并选择最适当的单元类型以尽可能地模拟物体的实际物理行为。工程分析中需要确定的主要问题包括模拟特定对象所需单元的数量、大小以及类型。单元必须足够小到可以提供有价值的结果,又必须足够大以减小计算量。计算结果会剧烈变化的地方(如几何形状改变)需要较小的单元,可能的话采用高阶单元;结果相对稳定的地方可以使用大单元。在后续章节将更详细地阐述离散准则,特别是在第 7 章中这一问题变得非常重要。通常可以使用网格生成程序或预处理程序生成离散体或网格。

在有限元分析中,单元的选择取决于物体实际荷载条件下的物理构成,也取决于分析人员对实际行为的近似程度的期望。评估待解问题适合于哪种建模方式(一维、二维或三维)是非常必要的。而且,对于特定的问题选择最适当的单元是设计人员和分析人员的主要任务之一。图 1.2 给出了实际应用中的常用单元,本书将讨论其中的绝大部分。

主要的线单元[参见图 1.2(a)]包括杆(或桁架)单元和梁单元。虽然线单元有横截面积,但一般仅用线段表示。通常,单元横截面积是可变的,但本书只考虑横截面不变的情况。线单元通常用来模拟桁架和框架结构(如图 1.3 所示)。最简单的线单元(称为线性单元)有两个节点,每端一个节点。此外,还有三个节点或更多节点的高阶单元(称为二次单元或三次单元等)。第 10 章将介绍高阶线单元。线单元是所介绍单元之中最简单的一种,第 2 章 ~ 第 5 章将利用其阐述有限元方法的基本概念。

基本的二维单元(或平面单元)[参见图 1.2(b)]在其平面内受力(平面应力或平面应变条件)。二维单元可以是三角形单元或四边形单元。最简单的二维单元仅有角节点(线性平面单元)和直边或边界(参见第 6 章)。当然还有高阶单元,通常含有边中节点(或称二次单元)和曲

线边界[参见图1.2(b)](参见第8章和第10章)。单元可以是可变厚度的,也可以是等厚度的。这些单元广泛应用于工程问题的模拟中(参见图1.4和图1.5)。

　　最常用的三维单元[参见图1.2(c)]是四面体单元和六面体单元(也称为实体单元)。在必须进行三维分析时使用三维单元。基本的三维单元(参见第11章)仅有角节点和直边,而高阶单元有边中节点(可能也有面中节点),侧面为曲面[参见图1.2(c)]。

　　轴对称单元[参见图1.2(d)]是通过使用三角形或四边形绕单元平面内的固定轴转动360°而得到的。轴对称单元(将在第9章介绍)可用于几何形状以及荷载都是轴对称的问题中。

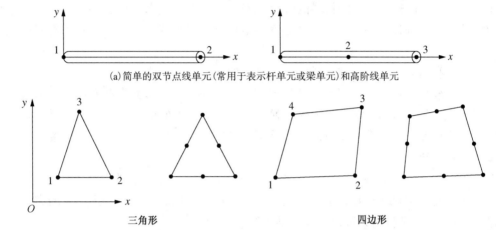

(a)简单的双节点线单元(常用于表示杆单元或梁单元)和高阶线单元

三角形　　　　　　　　　　　　　四边形

(b)带有角节点的简单二维单元(常用于表示平面应力/应变)和沿边带有中间节点的高阶二维单元

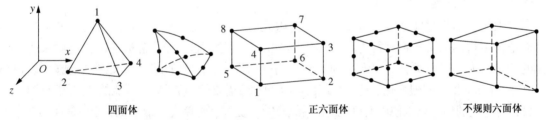

四面体　　　　　　　　　　正六面体　　　　　　　不规则六面体

(c)简单三维单元(常用于表示三维应力状态)和沿边带有中间节点的高阶三维单元

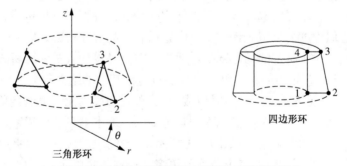

四边形环

三角形环

(d)用于轴对称问题的简单轴对称三角形单元和四边形单元

图1.2　各类仅含角节点的最低阶有限元和含中间节点的高阶有限元

步骤2　选择位移函数

　　步骤2将选择每个单元的位移函数。位移函数由单元的节点值进行定义。常用的位移函数包括线性、二次和三次多项式,这是因为由其建立的有限元方程比较简单。当然也可以使

用三角级数。二维单元的位移函数是其平面坐标的函数(如 x-y 平面)。位移函数以节点未知量(在二维分析中，用 x 分量和 y 分量表示)为参数。每个单元可重复使用一个通用位移函数。因此，有限元方法是使用离散的模型来近似模拟连续的量。如整个物体的位移，所采用的离散模型是由定义在各个有限域或有限单元上的分段连续函数组成的。

对于一维弹簧单元和杆单元，位移函数是单个坐标的函数(例如沿弹簧或杆方向的 x 轴)，可以跳过步骤 2 而直接到步骤 3，得到单元刚度矩阵和方程。在后续的第 2 章和第 3 章中将分别对弹簧和杆进行介绍。

步骤 3　定义应变/位移和应力/应变关系

推导各有限元方程时，需要利用应变/位移和应力/应变关系。例如，对于 x 方向上一维变形情况，应变 ε_x 和位移 u 的关系如下：

$$\varepsilon_x = \frac{\mathrm{d}u}{\mathrm{d}x} \tag{1.4.1}$$

此外，应力和应变必须通过应力/应变关系(通常称为本构关系)进行关联。为了获得可接受的有价值的结果，精确定义材料性能非常重要。胡克(Hooke)定律是通常用于应变分析的最简单的应力/应变关系，其由下式给出：

$$\sigma_x = E\varepsilon_x \tag{1.4.2}$$

式中，σ_x 为 x 方向的应力，E 为弹性模量。

步骤 4　推导单元刚度矩阵和方程

单元刚度矩阵和单元方程最初是基于刚度影响系数的概念建立的，需要有结构分析的背景知识。本书使用另外的方法，不需要读者具备这些特殊的背景知识。

1.4.4　直接平衡法

直接平衡法通过基本单元的力平衡条件以及力/变形关系，得出关联节点力和节点位移的刚度矩阵以及单元方程。由于直接平衡法最适用于线单元或一维单元，所以在第 2 章、第 3 章和第 4 章分别将其应用于弹簧单元、杆单元和梁单元。

1.4.5　功或能量法

功或能量法[35]更适宜建立二维和三维单元的刚度矩阵与方程。常常用来推导单元方程的功或能量法包括虚功原理(利用虚拟位移)、最小势能原理和 Castigliano 理论。

附录 E 介绍的虚功原理可用于任何材料性能，而最小势能原理和 Castigliano 理论只能应用于弹性材料。此外，虚功原理还适用于势函数不存在的情况。然而，上述三个原理对于线弹性材料都能够得出相同的单元方程。因此，在线弹性材料的结构分析中使用哪种方法，很大程度上取决于哪种方法更为方便以及个人喜好。最小势能原理是上述三种能量方法中最为知名的，因此在第 2 章和第 3 章将详细介绍最小势能原理，并且将其应用于推导弹簧单元和杆单元的方程。后续章节将进一步推广最小势能原理，将其用于第 4 章中的梁单元和第 6 章中的应力/应变单元。以此类推，最小势能原理也将作为第 8 章、第 9 章、第 11 章和第 12 章的其他问题应力分析中推导刚度矩阵和单元方程的基础。

为了将有限元方法扩展到结构应力分析以外的领域,泛函[①](函数的函数,或以函数为参数的函数)在推导单元刚度矩阵和方程过程中非常有用,与最小势能原理中所使用的类似(参见第 13 章的传热和第 14 章的流体流动)。例如,设 π 表示泛函,$f(x,y)$ 表示变量 x 和 y 的函数 f,若令 $\pi = \pi(f(x,y))$,则 x 是函数 f 的泛函。泛函的更一般形式基于两个自变量 $u(x,y)$ 和 $v(x,y)$,如下:

$$\pi = \iint F(x,y,u,v,u_{,x},u_{,y},v_{,x},v_{,y},u_{,xx},\cdots,v_{,yy})\mathrm{d}x\mathrm{d}y \tag{1.4.3}$$

式中,自变量 x 和 y 在笛卡儿坐标系下,下标中 x 和 y 前面的逗号表明该项是关于 x 或 y 的微分,例如 $u_{,x} = \dfrac{\partial u}{\partial x}$,等等。

1.4.6 加权残余法——伽辽金残余法

加权残余法在推导单元方程时是很有用的,其中伽辽金残余法十分著名。加权残余法在任何适用于能量法的场合都能够得到与其相同的结果。当难以得到泛函(如势能)时,加权残余法就特别有用。加权残余法能够直接将有限元方法应用于任何微分方程中。

第 3 章将介绍伽辽金残余法,以及配置法、最小二乘法和子域加权残余法。为了清楚阐述每一种方法,每种方法都将用来求解已知解的一维杆问题以便进行比较。第 3 章的杆单元方程和第 4 章的梁单元方程将用伽辽金残余法推导;第 13 章用伽辽金残余法求解传热、对流和质量传输组合问题。有关加权残余法应用的详细资料请参阅参考文献[36]。有关有限元方法中应用的其他方法请参阅参考文献[37]和[38]。

使用上述任何一种方法都将得出描述单元特性的方程。这些方程便于写成如下矩阵形式:

$$\begin{Bmatrix} f_1 \\ f_2 \\ f_3 \\ \vdots \\ f_n \end{Bmatrix} = \begin{bmatrix} k_{11} & k_{12} & k_{13} & \cdots & k_{1n} \\ k_{21} & k_{22} & k_{23} & \cdots & k_{2n} \\ k_{31} & k_{32} & k_{33} & \cdots & k_{3n} \\ \vdots & \vdots & \vdots & & \vdots \\ k_{n1} & k_{n2} & k_{n3} & \cdots & k_{nn} \end{bmatrix} \begin{Bmatrix} d_1 \\ d_2 \\ d_3 \\ \vdots \\ d_n \end{Bmatrix} \tag{1.4.4}$$

或写为精炼的矩阵形式:

$$\{f\} = [k]\{d\} \tag{1.4.5}$$

式中,$\{f\}$ 是单元节点力矢量,$[k]$ 是单元刚度矩阵(通常为对称方阵),$\{d\}$ 是单元未知节点自由度或广义位移矢量 n。广义位移可以是实际位移、斜度甚至曲率等。在以后的章节中将针对不同类型的单元(如图 1.2 所示)深入探讨式(1.4.5)中矩阵的建立方法并进行解释。

步骤 5 组合单元方程得出总体(全局)方程并引入边界条件

在此步骤中,将步骤 4 得到的各个单元节点联立方程组合在一起则可以得到总体的节点联立方程。2.3 节中将介绍如何将这一概念应用于双弹簧组件。以节点力平衡为基础的另一种较为直接的叠加方法(称为直接刚度法),可以用来组合整体结构的总体方程。2.4 节将介绍如何将这一方法应用于弹簧组件。直接刚度法中隐含了连续性和协调性概念,即要求结构保持完整,在结构任何一处不发生间断。

---

① 泛函的另一个定义如下:泛函是一个积分表达式,隐含地给出了描述问题的微分方程。典型泛函的形式为 $I(u) = \int F(x,u,u')\mathrm{d}x$,其中 $u(x)$、x 和 F 是实数,因此 $I(u)$ 也是一个实数。这里的 $u' = \partial u / \partial x$。

最后，组合方程或总体方程的矩阵形式如下：

$$\{F\} = [K]\{d\} \tag{1.4.6}$$

式中，$\{F\}$ 是总体节点力矢量，$[K]$ 是结构总体刚度矩阵(对于多数问题，总体刚度矩阵是对称方阵)，$\{d\}$ 是结构已知和结构未知的节点的自由度或广义位移。可以看到，总体刚度矩阵$[K]$是行列式等于零的奇异矩阵。为了去掉奇异性，必须利用某些边界条件(或约束或支撑)使结构固定而不作为一个刚体移动。在后面的章节中将给出引进边界条件的细节和方法。当前需要注意的是，引进边界或支撑条件会引起总体方程(1.4.6)的变动。还需要强调的是，整体力矩阵$\{F\}$中包括已知的外加荷载。

步骤 6 求解未知的自由度(或广义位移)

通过引入边界条件修改式(1.4.6)之后，形成一组联立代数方程组，可以写为扩展的矩阵形式：

$$\left\{ \begin{array}{c} F_1 \\ F_2 \\ \vdots \\ F_n \end{array} \right\} = \left[\begin{array}{cccc} K_{11} & K_{12} & \cdots & K_{1n} \\ K_{21} & K_{22} & \cdots & K_{2n} \\ \vdots & \vdots & & \vdots \\ K_{n1} & K_{n2} & \cdots & K_{nn} \end{array} \right] \left\{ \begin{array}{c} d_1 \\ d_2 \\ \vdots \\ d_n \end{array} \right\} \tag{1.4.7}$$

式中，n 是结构未知节点自由度的总数。方程可用消元法(如高斯消元法)或迭代法(如 Gauss-Seidel 迭代法)求解，得出所有 d 值。附录 B 中将讨论这两种方法。因为 d 值是利用刚度(或位移)有限元方法获得的第一组值，因此称为初始未知量。

步骤 7 求解单元应变和应力

对于结构应力分析问题，重要的应变和应力(或力矩和剪力)的次级值可以直接用步骤 6 中确定的位移获得。应力-位移以及应力-应变的典型关系[如步骤 3 中给出的一维应力状态下的应力-位移方程(1.4.1)和应力-应变方程(1.4.2)]可用于分析该问题。

步骤 8 解释结果

最后，需要解释和分析结果，以将其应用于设计与分析过程。在进行设计和分析决策时，确定结构中出现大变形和大应力的位置通常是非常重要的。计算机后处理程序能够帮助用户以图形的方式阐释结果。

1.5 有限元方法的应用

有限元方法可用于结构以及非结构问题的分析。典型的结构问题包括：

1. 应力分析。包括桁架和框架分析(例如人行天桥、高层建筑框架和风力发电机塔)，以及孔、圆角或物体(如汽车零件、压力容器、医疗器械、航空器以及运动器材)内几何形状改变相关的应力集中问题。
2. 屈曲。如柱、框架和容器中的相关问题。
3. 振动分析。如振动设备中的相关问题。
4. 碰撞问题。包括车辆碰撞、子弹撞击和物体坠落及其撞击对象的分析。

非结构问题包括：

1. 传热。例如，在个人计算机微处理器芯片、发动机和散热器的散热片等产生发热现象的电子设备中的热辐射。

2. 流体流动。包括多孔材料的渗流(如水坝中的渗水)、凉水池、运动场馆等通风系统、绕赛车、帆船和冲浪板等的空气流动。

3. 电势或磁势的分布。例如，这种分布经常出现在天线和晶体管中。

此外，有限元方法也应用于某些生物力学工程问题(可能包含应力分析)，通常包括人的脊柱、头骨、股关节、颌移植、树脂牙齿移植、心脏和眼的分析。

下面将列举若干有限元方法典型的应用实例，这些实例展示了有限元方法可以用于求解不同类型、规模和复杂度的问题。同时，也将介绍典型的离散方式以及所用的单元类型。

图 1.3 表示一个由一系列梁单元组成的铁路控制塔三维框架。48 个梁单元由带圆圈的数字标识，28 个节点由不带圈的数字表示。每个节点有三个转动分量和三个线位移分量。转动(θ)和位移(u, v, w)称为自由度。基于该塔结构所受的荷载情况，这里使用了三维模型。

利用有限元方法求解此框架，设计者和分析者能够快速得出该结构在设计规范所要求的一般性荷载下的位移和应力。在有限元方法和计算机发展之前，即使是求解这样相对简单的问题也需要花费大量时间。

第二个实例是利用有限元方法求解由于地面爆炸产生振动而形成荷载时，地下箱形涵洞的位移和应力。图 1.4 所示的离散模型包括 369 个节点，用来模拟箱形涵洞中钢筋的 40 个一维杆单元或桁架单元，用来模拟周围的土壤和混凝土箱形涵洞的 333 个二维三角形和矩形平面应变单元。由于对称性，仅需要分析一半的箱形涵洞。此问题需要求解近 700 个未知的节点位移。本例说明在一个有限元模型中通常可以使用不同类型的单元(本例中包括杆单元和平面应变单元)。

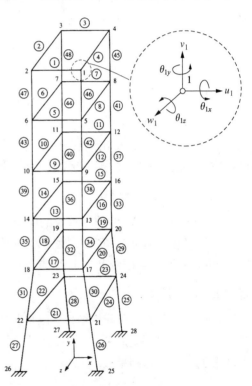

图 1.3　离散化的铁路控制塔(有 28 个节点，48 个梁单元)，在节点 1 处显示了典型的自由度(由 Daryl L. Logan 提供)

接下来的问题讨论如图 1.5 所示的液压缸杆端，使用了 120 个节点和 297 个三角形平面应变单元进行模拟。由于具有对称性，因此仅需要分析一半的杆端。此分析的目的是确定杆端高应力集中区域。

图 1.6 表示一个高烟囱段，高度为 4 个构件高度(或总高 9.75 m)。本例中，用 584 个梁单元模拟构成模板的垂直和水平钢筋，用 252 个平板单元模拟内部的木模板和混凝土壳体。由于结构所受荷载不规则，所以需要使用三维单元。混凝土中的位移和应力是本例首要分析的问题。

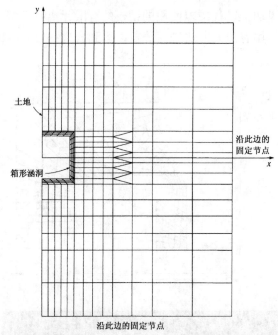

图 1.4 地下箱形涵洞的离散模型(369 个节点、40 个杆单元和 333 个平面应变单元)[39]

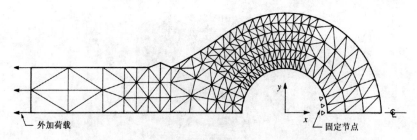

图 1.5 液压缸杆端的二维分析(120 个节点,297 个三角形平面应变单元)

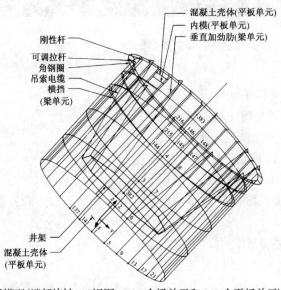

图1.6 烟囱截面的有限元模型(端部旋转 45°视图,584 个梁单元和 252 个平板单元)(由 Daryl L. Logan 提供)

　　图 1.7 表示在塑料膜加工过程中拟使用的钢模的有限元离散模型。由于其不规则几何形状和应力的集中,必须使用有限元方法进行分析以得到合理的解。本例中使用了 240 个轴对称单元模拟三维钢模。

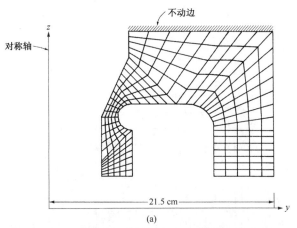

(a)

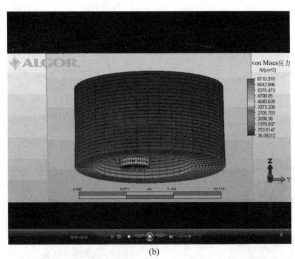

(b)

图 1.7　(a)塑料薄膜工业中使用的高强度钢模有限元模型(240 个轴对称单元)(由 Daryl L. Logan 提供);(b)平面中的单元绕 z 轴 360°对称旋转时的三维模具视图(本图彩色版参见彩色插图)

　　图 1.8 表示用三维立体单元模拟反向铲框架的摆动铸件。由于三维铸件的形状不规则,必须用三维六面体单元模拟。利用二维模拟无法得到此类问题的精确工程解答。

　　图 1.9 表示用于确定以传送热气的埋藏管线为热源,土壤中二维温度分布的有限元模型。

　　图 1.10 是人类骨盆的三维有限元模型,可用来研究在骨骼和植入物之间、骨骼中以及粘接层中的应力。

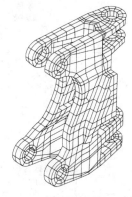

图 1.8　反向铲框架的摆动铸件的三维立体单元模型

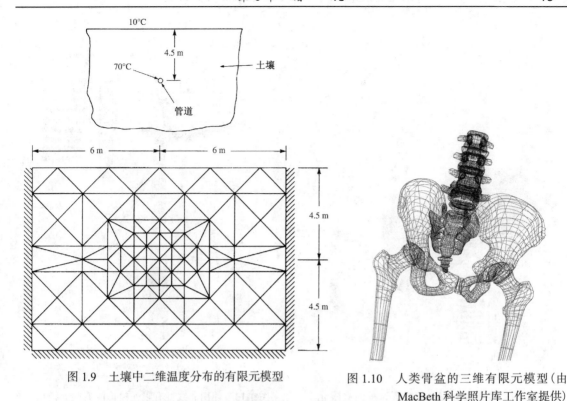

图 1.9 土壤中二维温度分布的有限元模型

图 1.10 人类骨盆的三维有限元模型(由 MacBeth 科学照片库工作室提供)

图 1.11 给出了 710 G 的铲斗的有限元模型,用于铲斗的应力研究。

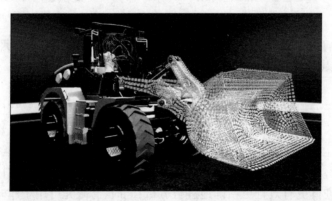

图 1.11 使用了 169 595 个单元、185 026 个节点的 710 G 的铲斗的有限元模型(模型中使用了 78 566 个薄壁线性四边形单元模拟铲斗和耦合器,使用了 83 104 个立体线性体单元模拟凸台,使用了 212 个梁单元模拟提升臂、提升臂汽缸和导向滑环)(引自 Yousif Omer, Structural Design Engineer, Construction and Forestry Division, John Deere Dubuque Works, 本图彩色版参见彩色插图)

近年来,有限元方法也应用于涉及非线性行为和接触的机械事件仿真(MES)过程的研究[46],如图 1.12 所示的滚轧成形过程以及如图 1.13 所示的不同荷载下风力发电机应力分析,其荷载包括风、冰以及在叶片转动时发生的振动[46]。

最后,近年来计算流体力学(CFD, Computational Fluid Dynamics)领域将有限元分析技术应用于通风系统的设计,例如用在大型体育竞技场,也用于研究围绕赛车或围绕被球棍猛烈击打的高尔夫球的空气流动问题[63]。

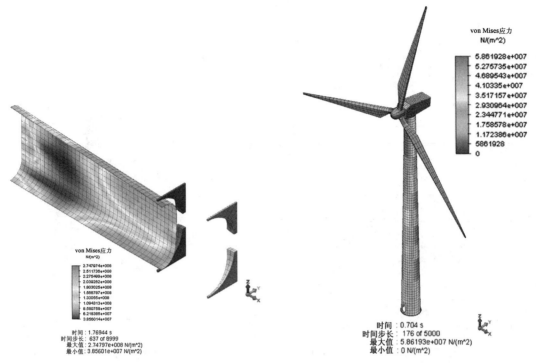

图 1.12　滚轧成形或冷弯成形过程的有限元模型（由 Valmont West Coast 工程公司提供，本图彩色版参见彩色插图）

图 1.13　使用非线性有限元模拟的有限元模型展示了在一个关键时间步长上的风力发电机塔架的 von Mises 应力图（由 Valmont West Coast 工程公司提供）

　　这些例子列举了可以用有限元方法求解的各种类型的问题。有关建模技术的其他指导方法将在第 7 章中给出。

1.6　有限元方法的优点

　　如上所述，有限元方法已应用于大量问题，既包括结构问题，也包括非结构问题。与传统的近似方法相比，有限元方法具有诸多优点。例如，相比于传统的材料力学和传热力学分析方法，有限元能进行更有效且更精确地进行分析；同时，有限元可用于建模和确定物理量（例如位移、应力、温度、压力和电流），因而应用越来越广泛。这些优点具体如下：

1. 便于模拟不规则形状的结构。
2. 易于处理一般的荷载条件。
3. 因为单元方程是单个建立的，所以可以模拟由几种不同材料构成的物体。
4. 能够处理各种数量和类型的边界条件。
5. 单元的大小是可变的，必要时可以使用小单元。
6. 改变有限元模型比较容易，代价不大。
7. 可包含动力效应。
8. 可处理大变形和非线性材料带来的非线性问题。

结构有限元分析使得设计者能够在设计过程中核查应力、振动和热应力问题，以在构造原型之前对设计方案做出评估，从而增强对原型可接受性的信心。此外，如果使用得当，有限元方法还可以减少所需构造的原型的数量。

尽管有限元方法最初仅用于结构分析，但目前已被完善并可适用于工程学和数学物理学领域中的其他学科，如流体流动、传热、电磁势、土壤力学和声学[22-24,27,42-44]。

1.7 有限元方法的计算机程序

通常，使用计算机进行有限元方法求解问题的方式有两种。一种是使用大型的商业程序，这些通用性的程序可用来解决多种类型的问题，其中很多能够在个人计算机(PC)上运行。另一种方法是建立多个小型的专用程序以解决特定的问题。本节将讨论上述两种方法的优点和缺点，然后列举某些可用的通用程序及其标准功能。

通用程序的优点如下：

1. 良好的输入界面，程序设计时考虑到了用户使用的方便性。用户不需要具有计算机软件或硬件的专业知识。易于使用的预处理程序有助于用户创建有限元模型。
2. 通用程序是一个庞大的系统，同样的输入格式常常可以用于求解各种规模和类型的问题。
3. 很多程序可通过增加新问题和新技术的求解模型加以扩充。这样只要花费很小的代价就可以跟随潮流的发展。
4. 随着 PC 内存容量和计算效率的提升，很多通用程序已经可在 PC 上运行。
5. 许多商用程序价格诱人，并且可以求解多种问题[45-56]。

通用程序的缺点如下：

1. 开发通用程序的初始成本很高。
2. 通用程序对每个问题要做很多检查，而专用程序不需要做如此多的检查，因此通用程序的效率没有专用程序高。
3. 许多程序拥有专用权，因此用户无权触及程序的逻辑。如果需要进行修改，则只能由开发人员来完成。

专用程序的优点如下：

1. 专用程序通常相对较小，因此开发费用较低。
2. 专用程序可运行于小型计算机。
3. 专用程序易扩充，并且成本低。
4. 专用程序求解问题效率高，因为它们是专门设计用来求解相应问题的。

专用程序的主要缺点是无法解决不同类型的问题。因此，有多少类型的问题需要求解，就需要有多少个程序。

有限元程序的供应商很多，感兴趣的用户在购买软件之前应该详细咨询商家。为了向读者提供一些关于可用的、有限元方法求解问题的商业个人计算机程序的指导，下面将列举一些现有的程序。

1. Autodesk Simulation Multiphysics
2. Abaqus
3. ANSYS
4. COSMOS/M
5. GT-STRUDL
6. LS-DYNA
7. MARC
8. MSC/NASTRAN
9. NISA
10. Pro/MECHANICA
11. SAP2000
12. STARDYNE

读者可以查找相关的参考文献，了解上述程序的标准功能。这些功能的相关信息包括：

1. 单元类型选择，如梁单元、平面应力单元和三维立体单元。
2. 分析类型选择，如静力分析和动力分析。
3. 材料性能，如线弹性和非线性。
4. 荷载类型，如集中力、分布力、热应力和位移(沉降)。
5. 数据生成，如节点、单元和约束的自动生成(大多数程序有网格生成预处理程序)。
6. 绘图，如原始的以及变形的几何形状，应力和温度轮廓线(大多数程序有后处理程序可用于以图形方式阐释结果)。
7. 位移特性，如小位移、大位移和屈曲。
8. 选择输出，如选择节点、单元、最大值或最小值。

所有程序都至少具有杆单元、梁单元、平面应力单元、板弯曲单元和三维实体单元分析功能，目前大多数程序还包括传热分析。

通过程序的参考手册和技术网址可更好地获得其完整功能及价格，可参见相关的参考文献。

参考文献

[1] Hrennikoff, A., "Solution of Problems in Elasticity by the Frame Work Method," *Journal of Applied Mechanics*, Vol. 8, No. 4, pp. 169–175, Dec. 1941.

[2] McHenry, D., "A Lattice Analogy for the Solution of Plane Stress Problems," *Journal of Institution of Civil Engineers*, Vol. 21, pp. 59–82, Dec. 1943.

[3] Courant, R., "Variational Methods for the Solution of Problems of Equilibrium and Vibrations," *Bulletin of the American Mathematical Society*, Vol. 49, pp. 1–23, 1943.

[4] Levy, S., "Computation of Influence Coefficients for Aircraft Structures with Discontinuities and Sweepback," *Journal of Aeronautical Sciences*, Vol. 14, No. 10, pp. 574–560, Oct. 1947.

[5] Levy, S., "Structural Analysis and Influence Coefficients for Delta Wings," *Journal of Aeronautical Sciences*, Vol. 20, No. 7, pp. 449–454, July 1953.

[6] Argyris, J. H., "Energy Theorems and Structural Analysis," *Aircraft Engineering*, Oct., Nov., Dec. 1954 and Feb., Mar., Apr., May 1955.

[7] Argyris, J. H., and Kelsey, S., *Energy Theorems and Structural Analysis*, Butterworths, London,

1960 (collection of papers published in *Aircraft Engineering* in 1954 and 1955).

[8] Turner, M. J., Clough, R. W., Martin, H. C., and Topp, L. J., "*Stiffness and Deflection Analysis of Complex Structures*," *Journal of Aeronautical Sciences*, Vol. 23, No. 9, pp. 805–824, Sept. 1956.

[9] Clough, R. W., "The Finite Element Method in Plane Stress Analysis," *Proceedings*, American Society of Civil Engineers, 2nd Conference on Electronic Computation, Pittsburgh, PA, pp. 345–378, Sept. 1960.

[10] Melosh, R. J., "A Stiffness Matrix for the Analysis of Thin Plates in Bending," *Journal of the Aerospace Sciences*, Vol. 28, No. 1, pp. 34–42, Jan. 1961.

[11] Grafton, P. E., and Strome, D. R., "Analysis of Axisymmetric Shells by the Direct Stiffness Method," *Journal of the American Institute of Aeronautics and Astronautics*, Vol. 1, No. 10, pp. 2342–2347, 1963.

[12] Martin, H. C., "Plane Elasticity Problems and the Direct Stiffness Method," *The Trend in Engineering*, Vol. 13, pp. 5–19, Jan. 1961.

[13] Gallagher, R. H., Padlog, J., and Bijlaard, P. P., "Stress Analysis of Heated Complex Shapes," *Journal of the American Rocket Society*, Vol. 32, pp. 700–707, May 1962.

[14] Melosh, R. J., "Structural Analysis of Solids," *Journal of the Structural Division*, Proceedings of the American Society of Civil Engineers, pp. 205–223, Aug. 1963.

[15] Argyris, J. H., "Recent Advances in Matrix Methods of Structural Analysis," *Progress in Aeronautical Science*, Vol. 4, Pergamon Press, New York, 1964.

[16] Clough, R. W., and Rashid, Y., "Finite Element Analysis of Axisymmetric Solids," *Journal of the Engineering Mechanics Division*, Proceedings of the American Society of Civil Engineers, Vol. 91, pp. 71–85, Feb. 1965.

[17] Wilson, E. L., "Structural Analysis of Axisymmetric Solids," *Journal of the American Institute of Aeronautics and Astronautics*, Vol. 3, No. 12, pp. 2269–2274, Dec. 1965.

[18] Turner, M. J., Dill, E. H., Martin, H. C., and Melosh, R. J., "Large Deflections of Structures Subjected to Heating and External Loads," *Journal of Aeronautical Sciences*, Vol. 27, No. 2, pp. 97–107, Feb. 1960.

[19] Gallagher, R. H., and Padlog, J., "Discrete Element Approach to Structural Stability Analysis," *Journal of the American Institute of Aeronautics and Astronautics*, Vol. 1, No. 6, pp. 1437–1439, 1963.

[20] Zienkiewicz, O. C., Watson, M., and King, I. P., "A Numerical Method of Visco-Elastic Stress Analysis," *International Journal of Mechanical Sciences*, Vol. 10, pp. 807–827, 1968.

[21] Archer, J. S., "Consistent Matrix Formulations for Structural Analysis Using Finite-Element Techniques," *Journal of the American Institute of Aeronautics and Astronautics*, Vol. 3, No. 10, pp. 1910–1918, 1965.

[22] Zienkiewicz, O. C., and Cheung, Y. K., "Finite Elements in the Solution of Field Problems," *The Engineer*, pp. 507–510, Sept. 24, 1965.

[23] Martin, H. C., "Finite Element Analysis of Fluid Flows," *Proceedings of the Second Conference on Matrix Methods in Structural Mechanics*, Wright-Patterson Air Force Base, Ohio, pp. 517–535, Oct. 1968. (AFFDL-TR-68-150, Dec. 1969; AD-703-685, N.T.I.S.)

[24] Wilson, E. L., and Nickel, R. E., "Application of the Finite Element Method to Heat Conduction Analysis," *Nuclear Engineering and Design*, Vol. 4, pp. 276–286, 1966.

[25] Szabo, B. A., and Lee, G. C., "Derivation of Stiffness Matrices for Problems in Plane Elasticity by Galerkin's Method," *International Journal of Numerical Methods in Engineering*, Vol. 1, pp. 301–310, 1969.

[26] Zienkiewicz, O. C., and Parekh, C. J., "Transient Field Problems: Two-Dimensional and Three-Dimensional Analysis by Isoparametric Finite Elements," *International Journal of Numerical Methods in Engineering*, Vol. 2, No. 1, pp. 61–71, 1970.

[27] Lyness, J. F., Owen, D. R. J., and Zienkiewicz, O. C., "Three-Dimensional Magnetic Field Determination Using a Scalar Potential. A Finite Element Solution," *Transactions on Magnetics*, Institute of Electrical and Electronics Engineers, pp. 1649–1656, 1977.

[28] Belytschko, T., "A Survey of Numerical Methods and Computer Programs for Dynamic Structural Analysis," *Nuclear Engineering and Design*, Vol. 37, No. 1, pp. 23–24, 1976.

[29] Belytschko, T., "Efficient Large-Scale Nonlinear Transient Analysis by Finite Elements," *International Journal of Numerical Methods in Engineering*, Vol. 10, No. 3, pp. 579–596, 1976.

[30] Huiskies, R., and Chao, E. Y. S., "A Survey of Finite Element Analysis in Orthopedic Biomechan-

ics: The First Decade," *Journal of Biomechanics*, Vol. 16, No. 6, pp. 385–409, 1983.

[31] *Journal of Biomechanical Engineering*, Transactions of the American Society of Mechanical Engineers, (published quarterly) (1st issue published 1977).

[32] Kardestuncer, H., ed., *Finite Element Handbook*, McGraw-Hill, New York, 1987.

[33] Clough, R. W., "The Finite Element Method After Twenty-Five Years: A Personal View," *Computers and Structures*, Vol. 12, No. 4, pp. 361–370, 1980.

[34] Kardestuncer, H., *Elementary Matrix Analysis of Structures*, McGraw-Hill, New York, 1974.

[35] Oden, J. T., and Ripperger, E. A., *Mechanics of Elastic Structures*, 2nd ed., McGraw-Hill, New York, 1981.

[36] Finlayson, B. A., *The Method of Weighted Residuals and Variational Principles*, Academic Press, New York, 1972.

[37] Zienkiewicz, O. C., *The Finite Element Method*, 3rd ed., McGraw-Hill, London, 1977.

[38] Cook, R. D., Malkus, D. S., Plesha, M. E., and Witt, R. J., *Concepts and Applications of Finite Element Analysis*, 4th ed., Wiley, New York, 2002.

[39] Koswara, H., *A Finite Element Analysis of Underground Shelter Subjected to Ground Shock Load*, M.S. Thesis, Rose-Hulman Institute of Technology, 1983.

[40] Greer, R. D., "The Analysis of a Film Tower Die Utilizing the ANSYS Finite Element Package." M.S. Thesis Rose-Hulman Institute of Technology, Terre Haute, Indiana. May 1989

[41] Koeneman, J.B., Hansen, T.M., and Beres, K., "The Effect of Hip Stem Elastic Modulus and Cement/Stem Bond on Cement Stresses," 36th Annual Meeting. Orthopaedic Research Society, Feb. 5–8, 1990, New Orleans, Louisiana.

[42] Girijavallabham, C. V., and Reese, L. C., "Finite-Element Method for Problems in Soil Mechanics," *Journal of the Structural Division*, American Society of Civil Engineers, No. Sm2, pp. 473–497, Mar. 1968.

[43] Young, C., and Crocker, M., "Transmission Loss by Finite-Element Method," *Journal of the Acoustical Society of America*, Vol. 57, No. 1, pp. 144–148, Jan. 1975.

[44] Silvester, P. P., and Ferrari, R. L., *Finite Elements for Electrical Engineers*, *Cambridge University Press*, Cambridge, England, 1983.

[45] Falk, H., and Beardsley, C. W., "Finite Element Analysis Packages for Personal Computers," *Mechanical Engineering*, pp. 54–71, Jan. 1985.

[46] Autodesk, Inc., McInnis Parkway, San Rafael, CA 94903.

[47] Swanson, J. A., ANSYS-Engineering Analysis Systems User's Manual, Swanson Analysis Systems, Inc., Johnson Rd., P.O. Box 65, Houston, PA 15342.

[48] COSMOS/M, Structural Research & Analysis Corp., 12121 Wilshire Blvd., Los Angeles, CA 90025.

[49] MSC/NASTRAN, MacNeal-Schwendler Corp., 600 Suffolk St., Lowell, MA, 01854.

[50] Toogood, Roger, Pro/MECHANICA Structure Tutorial, SDC Publications, 2001.

[51] Computers & Structures, Inc., 1995 University Ave., Berkeley, CA 94704.

[52] STARDYNE, Research Engineers, Inc., 22700 Savi Ranch Pkwy, Yorba Linda, CA 92687.

[53] Noor, A. K., "Bibliography of Books and Monographs on Finite Element Technology," *Applied Mechanics Reviews*, Vol. 44, No. 6, pp. 307–317, June 1991.

[54] Belytschko, T., Liu W. K., and Moran, B., *Nonlinear Finite Elements For Continua and Structures*, John Wiley, 1996.

[55] Hallquist, J. O., LS-DYNA, Theoretical Manual, Livermore Software Technology Corp., 1998.

[56] Crisfield, M.A., *Non-linear Finite Element Analysis of Solids and Structures, Vol. 1: Essentials*, John Wiley & Sons, Chichester, UK, 1991.

[57] Crisfield, M.A., *Non-linear Finite Element Analysis of Solids and Structures, Vol. 2: Advanced Topics*, John Wiley & Sons, Chichester, UK, 1997.

[58] ANSYS Advantage, Vol. 1, Issue 1, 2007.

习题

1.1　定义术语"有限元"。

1.2　有限元方法中"离散化"是什么意思?

1.3　现代有限元方法的发展始于哪一年?

1.4　直接刚度法是哪一年提出的?

1.5　定义术语"矩阵"。

1.6　计算机在有限元方法的使用中起了什么作用?

1.7　列举并简要描述有限元方法的一般步骤。

1.8　什么是位移法?

1.9　列举 4 种常见的有限元类型。

1.10　说出推导单元刚度矩阵和单元方程的 3 种常用方法,请简述每种方法。

1.11　术语"自由度"指什么?

1.12　列举有限元方法在工程应用中 5 个典型的应用领域。

1.13　列举有限元方法的 5 个优点。

第 2 章 刚度法(位移法)

章节目标

- 定义刚度矩阵。
- 推导弹簧单元的刚度矩阵。
- 演示如何将单元刚度矩阵组装为总体刚度矩阵。
- 阐述直接刚度法的概念以得到总体刚度矩阵及求解弹簧组件问题。
- 描述并应用与弹簧组件相关的不同类别的边界条件。
- 说明势能法如何能用于推导弹簧的刚度矩阵和求解弹簧组件问题。

引言

本章介绍建立直接刚度法的基本概念。首先介绍线性弹簧这个工具,它虽然简单却能够阐明基本概念。我们先介绍刚度矩阵的一般定义,然后推导出线弹性弹簧单元的刚度矩阵。之后,阐述如何利用单元的平衡和协调的概念合成由弹簧单元组装而成的结构的总体刚度矩阵。接下来,演示如何通过直接叠加单个单元的刚度矩阵来获得总体刚度矩阵。"直接刚度法"这个术语就是根据这个方法演变而来的。

在建立了结构的总体刚度矩阵后,将说明怎样施加边界条件——均匀的或不均匀的边界条件,由此得到包括节点位移和反力的完整解(内力的确定将在第 3 章与杆单元一起讨论)。

然后,引入最小势能原理,用它来推导弹簧单元方程,并用它求解弹簧组装问题。我们将用最简单的单元(自由度少的单元)来说明这一原理,这样在以后的章节中需要将此原理应用于具有较多自由度的单元时,就会更容易理解。

2.1 刚度矩阵的定义

熟悉刚度矩阵对于理解刚度法是至关重要的。刚度矩阵的定义如下:对于一个单元,其刚度矩阵 $[k]$ 是一个如下式所示的矩阵:

$$\{f\} = [k]\{d\} \tag{2.1.1}$$

式中,$[k]$ 将节点位移 $\{d\}$ 与如图 2.1(a)所示弹簧的单个单元的节点力 $\{f\}$ 建立起联系。

如图 2.1(b)所示的弹簧组件,对于一个连续介质或由一系列单元构成的结构,刚度矩阵 $[K]$ 将整体坐标 (x, y, z) 的节点位移 $\{d\}$ 与整个介质或结构的整体坐标系下的节点力 $\{F\}$ 关联起来,则:

$$\{F\} = [K]\{d\} \tag{2.1.2}$$

式中 $[K]$ 表示弹簧组件的总体刚度矩阵。

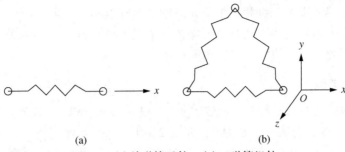

图 2.1 (a)单弹簧元件; (b)三弹簧组件

2.2 弹簧单元刚度矩阵的推导

我们现在将用直接平衡法推导一维线性弹簧(即弹簧服从胡克(Hooke)定律, 并且仅在弹簧方向受力)的刚度矩阵。讨论图 2.2 所示的线性弹簧单元。参考点 1 和参考点 2 位于该单元的两端, 这些参考点称为弹簧单元的节点。弹簧单元的局部坐标轴为 x, 局部节点力为 f_{1x} 和 f_{2x}。局部坐标轴沿着弹簧的方向, 这样就可以直接测量沿弹簧方向的位移和力。弹簧单元的局部节点位移为 u_1 和 u_2。

这些节点位移称为每个节点的自由度。每个节点的力和位移的正方向为沿坐标轴正方向, 即如图 2.2 所示的从节点 1 到节点 2 的方向。符号 k 称为弹簧常数或弹簧刚度。

可以类比在很多工程问题中出现的实际弹簧常数。在第 3 章中, 棱柱形单轴杆的弹簧常数为 $k = AE/L$, 其中 A 为杆的横截面积, E 为弹性模量, L 为杆长。类似地, 在第 5 章中圆柱杆的扭

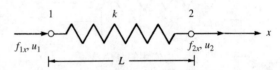

图 2.2 带有约定正向节点位移和节点力的线性弹簧单元

转的弹簧常数为 $k = JG/L$, 其中 J 是极惯性矩, G 是材料的剪切模量。在第 13 章的一维传热中, $k = AK_{xx}/L$, 其中 K_{xx} 为材料的导热系数。对于流过多孔介质的一维流体(参见第 14 章), $k = AK_{xx}/L$, 其中 K_{xx} 为材料的渗透性系数。

我们将观察到, 通过简单地使用合适的本构定律(例如, 用于结构问题的胡克定律、用于传热的傅里叶(Fourier)定律、用于流体流动的达西(Darcy)定律、用于电气网络的欧姆(Ohm)定律和守恒定律(例如, 节点力平衡和能量守恒), 刚度法可用于结构问题和非结构问题(例如, 传热、流体流动和电气网络)。

现在建立弹簧单元节点力和节点位移的关系, 此关系即为刚度矩阵。因此我们将为节点力矩阵和节点位移矩阵构建如下关系:

$$\begin{Bmatrix} f_{1x} \\ f_{2x} \end{Bmatrix} = \begin{bmatrix} k_{11} & k_{12} \\ k_{21} & k_{22} \end{bmatrix} \begin{Bmatrix} u_1 \\ u_2 \end{Bmatrix} \tag{2.2.1}$$

式中, 矩阵 $[k]$ 中的单元刚度系数 k_{ij} 是待定的。由方程(1.2.5)和方程(1.2.6)可知, k_{ij} 代表第 j 个自由度发生单位位移 d_j 而所有其他位移为零所需的第 i 个自由度上的力 F_i。因此, 令 $d_j = 1$、$d_k = 0 (k \neq j)$, 则力 $F_i = k_{ij}$。

现利用 1.4 节概括出的一般步骤推导此弹簧单元的刚度矩阵。但是对于简单的一维弹簧单元, 利用直接方法可以跳过步骤 2(选择位移函数)。在 3.2 节中描述了如何选择位移函数,

并将步骤 2 用于梁单元以及二维和三维单元的刚度矩阵推导,因为这样可以使后续步骤的推导变得更容易。全书中所用的方法是先推导各种单元的刚度矩阵,然后说明怎样用这些单元求解工程问题,因此步骤 1 仅涉及选择单元类型。

步骤 1　选择单元类型

考虑线性弹簧单元(可以是弹簧系统中的一个单元)受沿弹簧 x 轴方向作用的(可以是由邻近弹簧的作用产生的)合成节点拉力 T,如图 2.3 所示,因此弹簧处于平衡状态。局部坐标轴 x 的正方向是从节点 1 指向节点 2。在每一端标上节点编号,并标上单元编号表示这一单元。变形前节点之间的原始距离用 L 表示,单元的材料特性(弹簧常数)为 k。

步骤 2(选择位移函数)可以跳过。

步骤 3　定义应变/位移和应力/应变关系

由拉力 T 产生的弹簧总伸长量(变形)为 δ。弹簧的总伸长量如图 2.4 所示,其中 u_1 为负值,因为位移方向与 x 正方向相反,而 u_2 为正值。

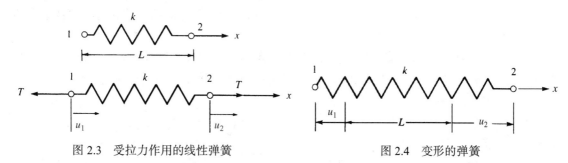

图 2.3　受拉力作用的线性弹簧　　　　　图 2.4　变形的弹簧

弹簧的总变形为节点位移之差,即:

$$\delta = u_2 - u_1 \tag{2.2.2}$$

对于弹簧单元,可以将弹簧力和变形直接关联起来。因此,这里不需要应变/位移关系。应力/应变关系可以用力/变形关系代替并表示为:

$$T = k\delta \tag{2.2.3}$$

现将式(2.2.2)代入式(2.2.3)得出:

$$T = k(u_2 - u_1) \tag{2.2.4}$$

步骤 4　推导单元刚度矩阵和方程

现在推导弹簧的单元刚度矩阵。根据节点力和力的平衡的符号规定(参见图 2.2 和图 2.3),可以得出:

$$f_{1x} = -T \qquad f_{2x} = T \tag{2.2.5}$$

利用式(2.2.4)和式(2.2.5)得出:

$$\begin{aligned} T = -f_{1x} = k(u_2 - u_1) \\ T = f_{2x} = k(u_2 - u_1) \end{aligned} \tag{2.2.6}$$

重写式(2.2.6)可得:

$$f_{1x} = k(u_1 - u_2)$$
$$f_{2x} = k(u_2 - u_1)$$
(2.2.7)

用单一矩阵方程(2.2.7)得出:

$$\begin{Bmatrix} f_{1x} \\ f_{2x} \end{Bmatrix} = \begin{bmatrix} k & -k \\ -k & k \end{bmatrix} \begin{Bmatrix} u_1 \\ u_2 \end{Bmatrix}$$
(2.2.8)

这种关系适用于沿 x 轴的弹簧。根据刚度矩阵的基本定义,并将式(2.2.1)代入式(2.2.8)可得:

$$[k] = \begin{bmatrix} k & -k \\ -k & k \end{bmatrix}$$
(2.2.9)

作为线性弹簧单元的刚度矩阵。其中,[k]称为单元的局部刚度矩阵。由式(2.2.9)可以看出,[k]具有以下特性:

1. [k]是对称方阵,即 $k_{ij} = k_{ji}$, $i \neq j$。由 Rayleigh 和 Betti 的功的互等定理证明[4]。
2. [k]是方阵([k]中的行数等于列数),因为它将相同数目的节点力和节点位移关联起来。
3. [k]是奇异矩阵,[k]的行列式为 0,因此[k]的逆矩阵不存在。

步骤 5　组装单元方程得出总体方程并引入边界条件

我们可利用节点力平衡方程、力与变形的关系和 2.3 节的协调方程以及 2.4 节所述的直接刚度法来组装总体刚度矩阵和总体力矩阵。这一步用于一个以上的单元组成的结构,总体刚度矩阵和总体力矩阵如下:

$$[K] = \sum_{e=1}^{N} [k^{(e)}] \quad 和 \quad \{F\} = \sum_{e=1}^{N} \{f^{(e)}\}$$
(2.2.10)

式中,$[k^{(e)}]$和$\{f^{(e)}\}$是用整体参照系表示的单元刚度矩阵和单元力矩阵。这个概念变得非常重要,例如在第 3 章中考虑桁架结构时。(在整本书中,此步所用的 Σ 符号不意味着单元矩阵的简单组合,而意味着要按 2.4 节描述的直接刚度法正确地组装这些单元矩阵。)

步骤 6　求解节点位移

然后,通过施加边界条件(如支撑条件)并同时求解联立方程组来确定位移,如下所示:

$$\{F\} = [K]\{d\}$$
(2.2.11)

步骤 7　求解单元节点力

最后,单元节点力用回代法确定,将回代法用于每一个单元得到类似于方程(2.2.7)的方程,由此得出每一单元的节点力。

2.3　弹簧组件示例

桁架、建筑框架、桥梁这类结构是由基本的结构构件连接在一起形成的整体结构。要分析这些结构,必须确定相互连接的单元系统的总体刚度矩阵。在考虑桁架和框架之前,我们将用 2.2 节所推导的弹簧单元的力/位移矩阵关系确定弹簧组件的总体结构刚度矩阵,还要说明节点平衡和协调的基本概念。然后将阐明上一节的步骤 5。

现在讨论图 2.5[①]所示两个弹簧的组件的特例。此例已足以说明为得到弹簧组件的总体刚度矩阵所用的直接平衡法。在此例中，节点 1 固定，在节点 3 加轴向力 F_{3x}，在节点 2 加轴向力 F_{2x}，弹簧单元 1 和单元 2 的刚度分别为 k_1 和 k_2。为了更加一般化，节点的编号为 1、3 和 2，因为在大型问题中单元之间的节点编号通常是不按顺序的。

x 轴是组件的整体坐标轴。每一单元的局部坐标的 x 轴与组件的整体坐标轴一致。

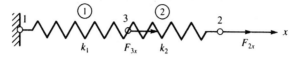

图 2.5　两个弹簧的组件

对于单元 1，利用式 (2.2.8) 可得：

$$\left\{\begin{array}{c} f_{1x}^{(1)} \\ f_{3x}^{(1)} \end{array}\right\} = \left[\begin{array}{cc} k_1 & -k_1 \\ -k_1 & k_1 \end{array}\right] \left\{\begin{array}{c} u_1^{(1)} \\ u_3^{(1)} \end{array}\right\} \tag{2.3.1}$$

对于单元 2，可得：

$$\left\{\begin{array}{c} f_{3x}^{(2)} \\ f_{2x}^{(2)} \end{array}\right\} = \left[\begin{array}{cc} k_2 & -k_2 \\ -k_2 & k_2 \end{array}\right] \left\{\begin{array}{c} u_3^{(2)} \\ u_2^{(2)} \end{array}\right\} \tag{2.3.2}$$

此外，在整个位移过程中，单元 1 和单元 2 必须在公共节点 3 处保持连续。这称为连续要求或协调要求。由协调要求得出：

$$u_3^{(1)} = u_3^{(2)} = u_3 \tag{2.3.3}$$

整本书中，u 上方带括号的上标代表与其相关的单元编号。请记住，右边的下标指位移的节点，u_3 是总体弹簧组件在节点 3 处的位移。

图 2.6 所示为每一单元和节点的隔离体图（利用图 2.2 中建立的单元节点力符号约定）。

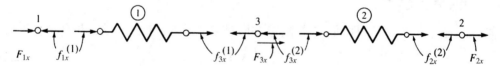

图 2.6　与单元力符号约定一致的节点力

根据图 2.6 所示的每一节点的隔离体图和在每一节点处外力必须等于内力的事实，可以写出在节点 3、节点 2 和节点 1 处的节点平衡方程如下：

$$F_{3x} = f_{3x}^{(1)} + f_{3x}^{(2)} \tag{2.3.4}$$

$$F_{2x} = f_{2x}^{(2)} \tag{2.3.5}$$

$$F_{1x} = f_{1x}^{(1)} \tag{2.3.6}$$

式中，F_{1x} 由固定支座处的外加反力产生。

在此，将牛顿第三定律（作用力与反作用力大小相等但方向相反）用于从一个节点移动到与此节点相连的单元。将式 (2.3.1) ～ 式 (2.3.3) 这三个方程代入式 (2.3.4) ～ 式 (2.3.6) 中得出：

---

① 在整本书中，图中的单元编号用圆圈起来。

$$F_{3x} = (-k_1u_1 + k_1u_3) + (k_2u_3 - k_2u_2)$$
$$F_{2x} = -k_2u_3 + k_2u_2 \qquad (2.3.7)$$
$$F_{1x} = k_1u_1 - k_1u_3$$

按矩阵形式，式(2.3.7)可以表示为：

$$\begin{Bmatrix} F_{3x} \\ F_{2x} \\ F_{1x} \end{Bmatrix} = \begin{bmatrix} k_1 + k_2 & -k_2 & -k_1 \\ -k_2 & k_2 & 0 \\ -k_1 & 0 & k_1 \end{bmatrix} \begin{Bmatrix} u_3 \\ u_2 \\ u_1 \end{Bmatrix} \qquad (2.3.8)$$

按节点自由度数字升序重新排列式(2.3.8)，可以得到：

$$\begin{Bmatrix} F_{1x} \\ F_{2x} \\ F_{3x} \end{Bmatrix} = \begin{bmatrix} k_1 & 0 & -k_1 \\ 0 & k_2 & -k_2 \\ -k_1 & -k_2 & k_1 + k_2 \end{bmatrix} \begin{Bmatrix} u_1 \\ u_2 \\ u_3 \end{Bmatrix} \qquad (2.3.9)$$

现将式(2.3.9)写成单个矩阵方程：

$$\{F\} = [K]\{d\} \qquad (2.3.10)$$

式中，$\{F\} = \begin{Bmatrix} F_{1x} \\ F_{2x} \\ F_{3x} \end{Bmatrix}$ 称为整体坐标系下的节点力矩阵，$\{d\} = \begin{Bmatrix} u_1 \\ u_2 \\ u_3 \end{Bmatrix}$ 称为整体坐标系下的节点位

移矩阵，而

$$[K] = \begin{bmatrix} k_1 & 0 & -k_1 \\ 0 & k_2 & -k_2 \\ -k_1 & -k_2 & k_1 + k_2 \end{bmatrix} \qquad (2.3.11)$$

称为总体刚度矩阵或系统刚度矩阵。

总而言之，要建立弹簧组件的刚度方程(2.3.9)和式(2.3.11)所示的刚度矩阵，我们用了力/变形关系方程(2.3.1)和方程(2.3.2)、协调关系方程(2.3.3)以及节点力平衡方程(2.3.4)~方程(2.3.6)。在 2.4 节中将介绍组件总体刚度矩阵的更实用的方法，在 2.5 节将讨论支撑边界条件，在此之后我们将考虑该示例的完整解。

2.4 用叠加法(直接刚度法)组装总体刚度矩阵

现在考虑构造总体刚度矩阵的更方便的方法。该方法基于正确地叠加组成结构的单个单元刚度矩阵(也可参见参考文献[1]和[2])。

参照 2.3 节两个弹簧的组件，单元刚度矩阵由式(2.3.1)和式(2.3.2)给出如下：

$$[k^{(1)}] = \begin{matrix} & u_1 & u_3 \\ & \begin{bmatrix} k_1 & -k_1 \\ -k_1 & k_1 \end{bmatrix} & \begin{matrix} u_1 \\ u_3 \end{matrix} \end{matrix} \qquad [k^{(2)}] = \begin{matrix} & u_3 & u_2 \\ & \begin{bmatrix} k_2 & -k_2 \\ -k_2 & k_2 \end{bmatrix} & \begin{matrix} u_3 \\ u_2 \end{matrix} \end{matrix} \qquad (2.4.1)$$

式中，在矩阵$[k]$每一列上面和每一行右边写出的u_i表示与每一单元行和列相关的自由度。

式(2.4.1)的两个单元刚度矩阵并不与相同的自由度相关，即单元 1 与节点 1 和节点 3 的轴向位移相关，而单元 2 与节点 2 和节点 3 的轴向位移相关。因此，这种形式的单元刚度矩阵不能叠加在一起。为了叠加单元矩阵，必须将它们扩展为总体结构(弹簧组件)刚度

矩阵的阶次(尺寸),使每个单元刚度矩阵与结构的所有自由度相关。要将每个单元矩阵扩展到总体刚度矩阵的阶次,对于不与某单元相关的位移,可简单地加上相应的零行和零列。

对于单元 1 重写扩展形式的刚度矩阵,使式(2.3.1)变为:

$$
k_1 \begin{matrix} u_1 & u_2 & u_3 \\ \begin{bmatrix} 1 & 0 & -1 \\ 0 & 0 & 0 \\ -1 & 0 & 1 \end{bmatrix} \end{matrix} \begin{Bmatrix} u_1^{(1)} \\ u_2^{(1)} \\ u_3^{(1)} \end{Bmatrix} = \begin{Bmatrix} f_{1x}^{(1)} \\ f_{2x}^{(1)} \\ f_{3x}^{(1)} \end{Bmatrix} \tag{2.4.2}
$$

从方程(2.4.2)可以看出,$u_2^{(1)}$ 和 $f_{2x}^{(1)}$ 不与 $[k^{(1)}]$ 相关。类似地,对于单元 2 有:

$$
k_2 \begin{matrix} u_1 & u_2 & u_3 \\ \begin{bmatrix} 0 & 0 & 0 \\ 0 & 1 & -1 \\ 0 & -1 & 1 \end{bmatrix} \end{matrix} \begin{Bmatrix} u_1^{(2)} \\ u_2^{(2)} \\ u_3^{(2)} \end{Bmatrix} = \begin{Bmatrix} f_{1x}^{(2)} \\ f_{2x}^{(2)} \\ f_{3x}^{(2)} \end{Bmatrix} \tag{2.4.3}
$$

考虑每一节点处的节点力平衡得出:

$$
\begin{Bmatrix} f_{1x}^{(1)} \\ 0 \\ f_{3x}^{(1)} \end{Bmatrix} + \begin{Bmatrix} 0 \\ f_{2x}^{(2)} \\ f_{3x}^{(2)} \end{Bmatrix} = \begin{Bmatrix} F_{1x} \\ F_{2x} \\ F_{3x} \end{Bmatrix} \tag{2.4.4}
$$

式(2.4.4)实际上是式(2.3.4)~式(2.3.6)的矩阵形式,在式(2.4.4)中利用式(2.4.2)和式(2.4.3)得出:

$$
k_1 \begin{bmatrix} 1 & 0 & -1 \\ 0 & 0 & 0 \\ -1 & 0 & 1 \end{bmatrix} \begin{Bmatrix} u_1^{(1)} \\ u_2^{(1)} \\ u_3^{(1)} \end{Bmatrix} + k_2 \begin{bmatrix} 0 & 0 & 0 \\ 0 & 1 & -1 \\ 0 & -1 & 1 \end{bmatrix} \begin{Bmatrix} u_1^{(2)} \\ u_2^{(2)} \\ u_3^{(2)} \end{Bmatrix} = \begin{Bmatrix} F_{1x} \\ F_{2x} \\ F_{3x} \end{Bmatrix} \tag{2.4.5}
$$

式中,u 的上标表示单元编号,简化式(2.4.5)得出:

$$
\begin{bmatrix} k_1 & 0 & -k_1 \\ 0 & k_2 & -k_2 \\ -k_1 & -k_2 & k_1 + k_2 \end{bmatrix} \begin{Bmatrix} u_1 \\ u_2 \\ u_3 \end{Bmatrix} = \begin{Bmatrix} F_{1x} \\ F_{2x} \\ F_{3x} \end{Bmatrix} \tag{2.4.6}
$$

式中,表示与节点位移相关的上标单元编号已去掉,因为 $u_1^{(1)}$ 实际就是 u_1,$u_2^{(2)}$ 实际就是 u_2,根据式(2.3.3),$u_3^{(1)} = u_3^{(2)} = u_3$ 是结构在节点 3 的位移。通过叠加得到的式(2.4.6)与式(2.3.9)相同。

在式(2.4.2)和式(2.4.3)中的扩展单元刚度矩阵可以直接叠加得出式(2.4.6)中给出的总体刚度矩阵。这种直接组装单个单元刚度矩阵形成总体结构刚度矩阵和得出总体刚度方程组的方法称为"直接刚度法"。它是有限单元法中最重要的步骤。

对于这个简单的例子,很容易扩展单元刚度矩阵,然后叠加得出总体刚度矩阵。然而,对于涉及大量自由度的问题,将每一个单元刚度矩阵扩展到总体刚度矩阵的阶次就变得太烦琐了。为了避免扩展每个单元刚度矩阵,建议采用直接形式的或简捷的直接刚度法得出总体刚度矩阵。对于弹簧组件问题,每一单元刚度矩阵的行和列根据与它们相关的自由度标号如下:

$$
[k^{(1)}] = \begin{matrix} u_1 & u_3 \\ \begin{bmatrix} k_1 & -k_1 \\ -k_1 & k_1 \end{bmatrix} \begin{matrix} u_1 \\ u_3 \end{matrix} \end{matrix} \qquad [k^{(2)}] = \begin{matrix} u_3 & u_2 \\ \begin{bmatrix} k_2 & -k_2 \\ -k_2 & k_2 \end{bmatrix} \begin{matrix} u_3 \\ u_2 \end{matrix} \end{matrix} \tag{2.4.7}
$$

将$[k^{(1)}]$和$[k^{(2)}]$中与自由度相关的项，直接叠加到$[K]$中具有同样自由度的相应位置，方法如下。$[K]$中u_1行与列的项仅由单元 1 贡献，因为仅单元 1 有u_1自由度[参见式(2.4.7)]，即$k_{11}=k_1$。单元 1 和单元 2 均对$[K]$的u_3行与列有贡献，因为u_3自由度与两个单元都有关。因此，$k_{33}=k_1+k_2$。类似地，推导得出$[K]$的结果如下：

$$[K] = \begin{bmatrix} k_1 & 0 & -k_1 \\ 0 & k_2 & -k_2 \\ -k_1 & -k_2 & k_1+k_2 \end{bmatrix} \begin{matrix} u_1 \\ u_2 \\ u_3 \end{matrix} \qquad (2.4.8)$$

在$[K]$中，单元的位置是根据自由度的顺序按总体结构的节点编号升序排列的。2.5 节将讨论由两个弹簧组成的弹簧组件的完整解，并讨论与之相关的支座边界条件。

2.5　边界条件

我们必须具体指明结构模型的边界条件或支座条件，如图 2.5 所示的弹簧组件，否则$[K]$将是奇异的，也就是说，$[K]$的行列式为零，其逆矩阵不存在。这意味着该结构系统是不稳定的。没有具体规定的适当运动约束或支撑条件，结构将作为一个刚体自由移动，不能承受任何外加荷载。总之，保证$[K]$非奇异所需的边界条件数等于刚体自由度的数量。

弹簧组件相关的边界条件与节点位移有关。这些边界条件有两类：齐次边界条件，通常出现在位移被完全固定的位置；非齐次边界条件，出现在指定了有限非零位移的位置，如支座的沉降。

从数学意义上求解边值问题时，施加在常微分方程或偏微分方程的边界条件，或者推导泛函的一阶变分时的边界条件(如参考文献[4, 5, 8])，常分为两大类边界条件。但在这本基础教程中回避了这些内容。

第一类——首要边界条件、本质边界条件或 Dirichlet 边界条件[以 Johann Dirichlet (1805—1859)的名字命名]，它指定了微分方程的解(如位移)在定义域边界上的值。

第二类——自然边界条件或 Neumann 边界条件[以 Carl Neumann (1832—1925)的名字命名]，它指定了微分方程的解的导数在定义域边界上的值。

为说明这两种通常的位移边界条件类型，将演示推导图 2.5 所示弹簧组件的式(2.4.6)，该式在沿弹簧组件的运动方向上具有单一刚体模式。

2.5.1　齐次边界条件

首先考虑齐次边界条件的情况。这种情况的所有边界条件为在某些节点处的位移为零。此处有$u_1=0$，因为节点 1 是固定的，因此式(2.4.6)可以写为：

$$\begin{bmatrix} k_1 & 0 & -k_1 \\ 0 & k_2 & -k_2 \\ -k_1 & -k_2 & k_1+k_2 \end{bmatrix} \begin{Bmatrix} 0 \\ u_2 \\ u_3 \end{Bmatrix} = \begin{Bmatrix} F_{1x} \\ F_{2x} \\ F_{3x} \end{Bmatrix} \qquad (2.5.1)$$

展开式(2.5.1)得到：

$$\begin{matrix} k_1(0) + (0)u_2 - k_1 u_3 = F_{1x} \\ 0(0) + k_2 u_2 - k_2 u_3 = F_{2x} \\ -k_1(0) - k_2 u_2 + (k_1+k_2)u_3 = F_{3x} \end{matrix} \qquad (2.5.2)$$

式中，F_{1x} 是未知反力，F_{2x} 和 F_{3x} 是已知的外加荷载。

将式(2.5.2)中的第 2 个和第 3 个方程写成矩阵形式得出：

$$\begin{bmatrix} k_2 & -k_2 \\ -k_2 & k_1 + k_2 \end{bmatrix} \begin{Bmatrix} u_2 \\ u_3 \end{Bmatrix} = \begin{Bmatrix} F_{2x} \\ F_{3x} \end{Bmatrix} \tag{2.5.3}$$

我们有效地分开了 $[K]$ 的第一列和第一行，以及 $\{d\}$ 和 $\{F\}$ 的第一行，得出式(2.5.3)。

对于齐次边界条件，可以通过消去式(2.5.1)中与位移为 0 的自由度相对应的行和列直接得到式(2.5.3)。此处第一行和第一列消掉了，因为实际上是用 $u_1 = 0$ 乘以 $[K]$ 的第一列。然而，F_{1x} 不一定为 0，一旦解出了 u_2 和 u_3 就可以确定。

在求解式(2.5.3)的 u_2 和 u_3 以后，得出：

$$\begin{Bmatrix} u_2 \\ u_3 \end{Bmatrix} = \begin{bmatrix} k_2 & -k_2 \\ -k_2 & k_1 + k_2 \end{bmatrix}^{-1} \begin{Bmatrix} F_{2x} \\ F_{3x} \end{Bmatrix} = \begin{bmatrix} \dfrac{1}{k_2} + \dfrac{1}{k_1} & \dfrac{1}{k_1} \\ \dfrac{1}{k_1} & \dfrac{1}{k_1} \end{bmatrix} \begin{Bmatrix} F_{2x} \\ F_{3x} \end{Bmatrix} \tag{2.5.4}$$

既然已经从式(2.5.4)得出 u_2 和 u_3，就可将其代入式(2.5.2)的第一个方程得出反力 F_{1x} 为：

$$F_{1x} = -k_1 u_3 \tag{2.5.5}$$

我们可以用节点力 F_{2x} 和 F_{3x} 表示在节点 1 处的未知节点力(也称为反力)，将从式(2.5.4)解得的 u_3 代入式(2.5.5)，得到：

$$F_{1x} = -F_{2x} - F_{3x} \tag{2.5.6}$$

因此，对于所有齐次边界条件，可以从原始方程组中消去与零位移自由度相对应的行和列，然后求解未知位移。这种方法对手算很有用(附录 B.4 给出了求解联立方程组的一个更实用的计算机辅助方案)。

2.5.2 非齐次边界条件

现在考虑非齐次边界条件的情况。对于这种情况，一个或多个指定的位移不为零。为简便起见，在式(2.4.6)中令 $u_1 = \delta$，δ 是一个已知的位移(如图 2.7 所示)。由此得出：

$$\begin{bmatrix} k_1 & 0 & -k_1 \\ 0 & k_2 & -k_2 \\ -k_1 & -k_2 & k_1 + k_2 \end{bmatrix} \begin{Bmatrix} \delta \\ u_2 \\ u_3 \end{Bmatrix} = \begin{Bmatrix} F_{1x} \\ F_{2x} \\ F_{3x} \end{Bmatrix} \tag{2.5.7}$$

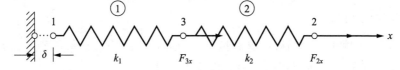

图 2.7 在节点 1 处存在已知位移 δ 的双弹簧组件

展开式(2.5.7)得到：

$$\begin{aligned} k_1\delta + 0u_2 - k_1 u_3 &= F_{1x} \\ 0\delta + k_2 u_2 - k_2 u_3 &= F_{2x} \\ -k_1\delta - k_2 u_2 + (k_1 + k_2)u_3 &= F_{3x} \end{aligned} \tag{2.5.8}$$

式中，F_{1x} 是支撑发生位移 δ 时所产生的反力。因式(2.5.8)中第 2 个方程和第 3 个方程的右端项为已知节点力 F_{2x} 和 F_{3x}，所以考虑该方程组的第 2 个方程和第 3 个方程：

$$0\delta + k_2u_2 - k_2u_3 = F_{2x}$$
$$-k_1\delta - k_2u_2 + (k_1 + k_2)u_3 = F_{3x} \tag{2.5.9}$$

将已知 δ 项移至方程(2.5.9)的右端得出:

$$k_2u_2 - k_2u_3 = F_{2x}$$
$$-k_2u_2 + (k_1 + k_2)u_3 = +k_1\delta + F_{3x} \tag{2.5.10}$$

将式(2.5.10)写为矩阵形式得出:

$$\begin{bmatrix} k_2 & -k_2 \\ -k_2 & k_1 + k_2 \end{bmatrix} \begin{Bmatrix} u_2 \\ u_3 \end{Bmatrix} = \begin{Bmatrix} F_{2x} \\ k_1\delta + F_{3x} \end{Bmatrix} \tag{2.5.11}$$

因此,当处理非齐次边界条件时,根据得出的式(2.5.11),不能一开始就删去与非齐次边界条件相对应的式(2.5.7)的第一行和第一列,这是因为会用一个非零的值去乘每一个元素。如果这样做了,式(2.5.11)中的 $k_1\delta$ 项就被忽略了,在解位移时就会出现错误。对于非齐次边界条件,在求解未知节点位移之前通常要将与已知位移相关的项移到方程右侧的力矩阵中。式(2.5.9)中第 2 个方程的 $k_1\delta$ 移到式(2.5.10)中第 2 个方程的右侧就说明了这一点。

现在就可以用与求解式(2.5.3)同样的方式来求解式(2.5.11)中的位移。然而,由于没有新的内容要得出,因此不打算进一步求解方程(2.5.11)。

然而,将求得的位移回代到式(2.5.7)中时,得出的反力为:

$$F_{1x} = k_1\delta - k_1u_3 \tag{2.5.12}$$

这不同于式(2.5.5)得出的 F_{1x}。

注意,如果某个节点位移是已知的($u_1 = \delta$),则与位移相同方向的节点力 F_{1x} 初始时并不是已知的,可以在求解未知的节点位移之后由总体方程(2.5.7)确定。

在此,我们总结式(2.5.7)中的刚度矩阵的某些特性,这些特性也在一般的有限元单元法中具有适用性。

1. $[K]$ 是方阵,因为它将相同数目的力和位移关联起来。

2. $[K]$ 是对称的,因为每一个单元刚度矩阵都是对称的。如果读者熟悉结构力学,对此对称性就不会感到奇怪。此对称性可用参考文献[3]和[4]等所描述的互等定理来证明。

3. $[K]$ 是奇异的(它的行列式等于 0),在施加足够的边界条件来消除奇异性和限制刚体移动之前,其逆矩阵不存在。

4. $[K]$ 的主对角项总是正的,否则一个正向的节点力 F_i 可能产生负向位移 d_i,这样就与任何实际结构的物理特性相违背。

5. $[K]$ 是半正定的(即对于任何非零实数向量 $\{x\}$,都有 $\{x\}^T[K]\{x\} > 0$)。(关于半正定矩阵的更多内容,请参见附录 A。)

通常,将总体平衡方程按式(2.5.13)进行分块,就可以从数学上处理指定的支撑条件。

$$\begin{bmatrix} [K_{11}] & | [K_{12}] \\ [K_{21}] & | [K_{22}] \end{bmatrix} \begin{Bmatrix} \{d_1\} \\ \{d_2\} \end{Bmatrix} = \begin{Bmatrix} \{F_1\} \\ \{F_2\} \end{Bmatrix} \tag{2.5.13}$$

式中,令 $\{d_1\}$ 代表无约束自由位移,$\{d_2\}$ 代表指定位移。从式(2.5.13)得出:

$$[K_{11}]\{d_1\} = \{F_1\} - [K_{12}]\{d_2\} \tag{2.5.14}$$

和

$$\{F_2\} = [K_{21}]\{d_1\} + [K_{22}]\{d_2\} \tag{2.5.15}$$

式中，$\{F_1\}$ 是已知节点力，$\{F_2\}$ 是指定位移节点的未知节点力。在利用式(2.5.14)确定 $\{d_1\}$ 之后，由式(2.5.15)确定 $\{F_2\}$。在式(2.5.14)中，假定 $[K_{11}]$ 不再是奇异的，因此可以确定 $\{d_1\}$。

为说明用刚度法求解弹簧组件问题，现给出以下例题。

例 2.1 图 2.8 表示节点任意编号的弹簧组件，要得到(a)总体刚度矩阵，(b)节点 3 和节点 4 的位移，(c)节点 1 和节点 2 的反力，(d)每个弹簧的力。在节点 4 沿 x 方向作用有 2.5 kN 的力。弹簧常数在图中给出。节点 1 和节点 2 固定。

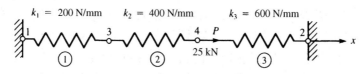

图 2.8 例 2.1 要求解的 δ 的弹簧组件

解 (a)首先用式(2.2.18)表示每个单元的刚度矩阵如下：

$$[k^{(1)}] = \begin{bmatrix} 200 & -200 \\ -200 & 200 \end{bmatrix} \begin{matrix} 1 \\ 3 \end{matrix} \qquad [k^{(2)}] = \begin{bmatrix} 400 & -400 \\ -400 & 400 \end{bmatrix} \begin{matrix} 3 \\ 4 \end{matrix}$$

$$\tag{2.5.16}$$

$$[k^{(3)}] = \begin{bmatrix} 600 & -600 \\ -600 & 600 \end{bmatrix} \begin{matrix} 4 \\ 2 \end{matrix}$$

式中，各列上面的编号和每行右面的编号表示与每个单元相关的节点自由度。例如，单元 1 与自由度 u_1 和 u_3 相关。此外，每一单元的局部坐标系的 x 轴与整体坐标系的 x 轴一致。

利用叠加概念(直接刚度法)得到总体刚度矩阵为：

$$[K] = [k^{(1)}] + [k^{(2)}] + [k^{(3)}]$$

或

$$[K] = \begin{matrix} & \begin{matrix} u_1 & \quad u_2 & \quad u_3 & \quad u_4 \end{matrix} \\ \begin{bmatrix} 200 & 0 & -200 & 0 \\ 0 & 600 & 0 & -600 \\ -200 & 0 & 200+400 & -400 \\ 0 & -600 & -400 & 400+600 \end{bmatrix} & \begin{matrix} u_1 \\ u_2 \\ u_3 \\ u_4 \end{matrix} \end{matrix} \tag{2.5.17}$$

(b)利用式(2.5.17)的总体刚度矩阵，建立总体力和总体位移的关系如下：

$$\begin{Bmatrix} F_{1x} \\ F_{2x} \\ F_{3x} \\ F_{4x} \end{Bmatrix} = \begin{bmatrix} 200 & 0 & -200 & 0 \\ 0 & 600 & 0 & -600 \\ -200 & 0 & 600 & -400 \\ 0 & -600 & -400 & 1000 \end{bmatrix} \begin{Bmatrix} u_1 \\ u_2 \\ u_3 \\ u_4 \end{Bmatrix} \tag{2.5.18}$$

将齐次边界条件 $u_1 = 0$ 和 $u_2 = 0$ 用于式(2.5.18)，代入施加的节点力，并将式(2.5.18)的前两个方程进行分块(或者删除与零位移边界条件相对应的 $\{F\}$ 和 $\{d\}$ 的前两行以及 $[K]$ 的前两行和前两列)，得出：

$$\begin{Bmatrix} 0 \\ 2500 \end{Bmatrix} = \begin{bmatrix} 600 & -400 \\ -400 & 1000 \end{bmatrix} \begin{Bmatrix} u_3 \\ u_4 \end{Bmatrix} \tag{2.5.19}$$

解方程 (2.5.19) 得出整体坐标系下的节点位移:

$$u_3 = \frac{250}{11}\ \text{mm} \qquad u_4 = \frac{375}{11}\ \text{mm} \tag{2.5.20}$$

(c) 要得出总体节点力(包括节点 1 和节点 2 的反力),将式 (2.5.20) 和边界条件 $u_1 = 0$ 和 $u_2 = 0$ 回代到式 (2.5.18) 中,得出:

$$\begin{Bmatrix} F_{1x} \\ F_{2x} \\ F_{3x} \\ F_{4x} \end{Bmatrix} = \begin{bmatrix} 200 & 0 & -200 & 0 \\ 0 & 600 & 0 & -600 \\ -200 & 0 & 600 & -400 \\ 0 & -600 & -400 & 1000 \end{bmatrix} \begin{Bmatrix} 0 \\ 0 \\ \dfrac{250}{11} \\ \dfrac{375}{11} \end{Bmatrix} \tag{2.5.21}$$

通过式 (2.5.21) 中的矩阵相乘并简化得出每一节点的节点力为:

$$F_{1x} = \frac{-50\,000}{11}\ \text{N} \qquad F_{2x} = \frac{-225\,000}{11}\ \text{N} \qquad F_{3x} = 0$$
$$F_{4x} = \frac{275\,000}{11}\ \text{N} \tag{2.5.22}$$

从这些结果可以看出反力 F_{1x} 和 F_{2x} 之和在数值上等于外力 F_{4x},但方向相反。此结果证实了整个弹簧组件是平衡的。

(d) 接下来用局部单元方程 (2.2.17) 得出每一单元的力。

单元 1

$$\begin{Bmatrix} f_{1x}^{(1)} \\ f_{3x}^{(1)} \end{Bmatrix} = \begin{bmatrix} 200 & -200 \\ -200 & 200 \end{bmatrix} \begin{Bmatrix} 0 \\ \dfrac{250}{11} \end{Bmatrix} \tag{2.5.23}$$

简化式 (2.5.23) 得出:

$$f_{1x}^{(1)} = \frac{-50\,000}{11}\ \text{N} \qquad f_{3x}^{(1)} = \frac{50\,000}{11}\ \text{N} \tag{2.5.24}$$

图 2.9(a) 表示弹簧单元 1 的隔离体图。该弹簧受式 (2.5.24) 给出的拉力作用。$f_{1x}^{(1)}$ 等于式 (2.5.22) 给出的反力 F_{1x}。图 2.9(b) 所示节点 1 的隔离体图表示相应结果。

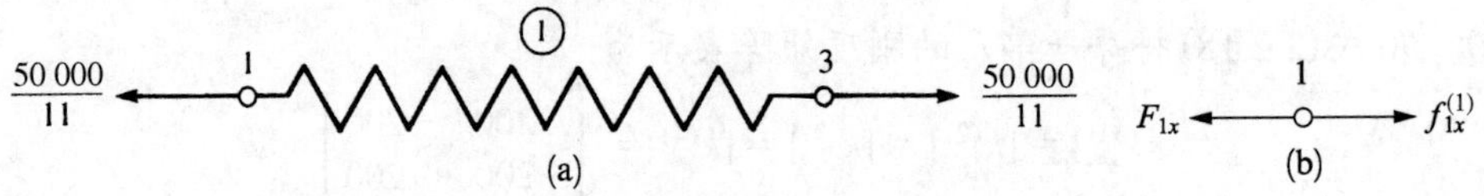

图 2.9　(a) 弹簧单元 1 的隔离体图;(b) 节点 1 的隔离体图

单元 2

$$\begin{Bmatrix} f_{3x}^{(2)} \\ f_{4x}^{(2)} \end{Bmatrix} = \begin{bmatrix} 400 & -400 \\ -400 & 400 \end{bmatrix} \begin{Bmatrix} \dfrac{250}{11} \\ \dfrac{375}{11} \end{Bmatrix} \tag{2.5.25}$$

简化式 (2.5.25) 得出:

$$f_{3x}^{(2)} = \frac{-50\,000}{11}\ \text{N} \qquad f_{4x}^{(2)} = \frac{50\,000}{11}\ \text{N} \tag{2.5.26}$$

图 2.10 表示弹簧单元 2 的隔离体图。该弹簧受式(2.5.26)给出的拉力作用。

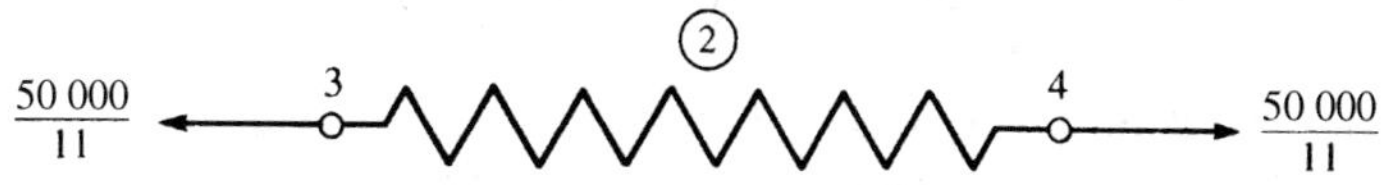

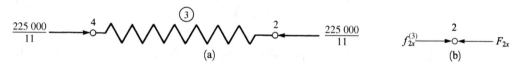

图 2.10   弹簧单元 2 的隔离体图

单元 3

$$\begin{Bmatrix} f_{4x}^{(3)} \\ f_{2x}^{(3)} \end{Bmatrix} = \begin{bmatrix} 600 & -600 \\ -600 & 600 \end{bmatrix} \begin{Bmatrix} \frac{375}{11} \\ 0 \end{Bmatrix} \tag{2.5.27}$$

简化式(2.5.27)得出:

$$f_{4x}^{(3)} = \frac{225\,000}{11}\,\text{N} \qquad f_{2x}^{(3)} = \frac{-225\,000}{11}\,\text{N} \tag{2.5.28}$$

图 2.11(a)表示弹簧单元 3 的隔离体图。该弹簧受式(2.5.28)给出的拉力作用。$f_{2x}^{(3)}$ 等于方程(2.5.22)给出的反力 F_{2x}。图 2.11(b)所示节点 2 的隔离体图表示相应结果。

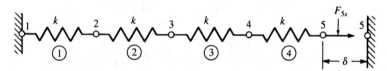

图 2.11   (a)单元 3 的隔离体图;(b)节点 2 的隔离体图

例 2.2   对于图 2.12 中表示的弹簧组件,要得出(a)总体刚度矩阵,(b)节点 2～4 的位移,(c)整体坐标系下的节点力,(d)局部坐标系下的单元力。节点 1 固定,而节点 5 有一个固定的已知位移 $\delta = 20.0$ mm,弹簧常数 k 都等于 200 kN/m。

图 2.12   需要求解的弹簧组件

解

(a)利用式(2.2.18)将每一单元的刚度矩阵表示为:

$$[k^{(1)}] = [k^{(2)}] = [k^{(3)}] = [k^{(4)}] = \begin{bmatrix} 200 & -200 \\ -200 & 200 \end{bmatrix} \tag{2.5.29}$$

再次使用叠加法得出总体刚度矩阵为:

$$[K] = \begin{bmatrix} 200 & -200 & 0 & 0 & 0 \\ -200 & 400 & -200 & 0 & 0 \\ 0 & -200 & 400 & -200 & 0 \\ 0 & 0 & -200 & 400 & -200 \\ 0 & 0 & 0 & -200 & 200 \end{bmatrix} \frac{\text{kN}}{\text{m}} \tag{2.5.30}$$

(b)利用总体刚度矩阵,即式(2.5.30),建立总体力和总体位移关系如下:

$$\begin{Bmatrix} F_{1x} \\ F_{2x} \\ F_{3x} \\ F_{4x} \\ F_{5x} \end{Bmatrix} = \begin{bmatrix} 200 & -200 & 0 & 0 & 0 \\ -200 & 400 & -200 & 0 & 0 \\ 0 & -200 & 400 & -200 & 0 \\ 0 & 0 & -200 & 400 & -200 \\ 0 & 0 & 0 & -200 & 200 \end{bmatrix} \begin{Bmatrix} u_1 \\ u_2 \\ u_3 \\ u_4 \\ u_5 \end{Bmatrix} \tag{2.5.31}$$

利用边界条件 $u_1 = 0$ 和 $u_5 = 20$ mm $(= 0.02$ m$)$，代入已知的总体力 $F_{2x} = 0$，$F_{3x} = 0$，$F_{4x} = 0$，将与这些边界条件相对应的式 $(2.5.31)$ 中的第 1 个和第 5 个方程分块，得出：

$$\begin{Bmatrix} 0 \\ 0 \\ 0 \end{Bmatrix} = \begin{bmatrix} -200 & 400 & -200 & 0 & 0 \\ 0 & -200 & 400 & -200 & 0 \\ 0 & 0 & -200 & 400 & -200 \end{bmatrix} \begin{Bmatrix} 0 \\ u_2 \\ u_3 \\ u_4 \\ 0.02 \text{ m} \end{Bmatrix} \tag{2.5.32}$$

重写式 $(2.5.32)$，将相应刚度系数 (-200) 与已知位移 $(0.02$ m$)$ 的乘积移至左边得出：

$$\begin{Bmatrix} 0 \\ 0 \\ 4 \text{ kN} \end{Bmatrix} = \begin{bmatrix} 400 & -200 & 0 \\ -200 & 400 & -200 \\ 0 & -200 & 400 \end{bmatrix} \begin{Bmatrix} u_2 \\ u_3 \\ u_4 \end{Bmatrix} \tag{2.5.33}$$

求解式 $(2.5.33)$ 得出：

$$u_2 = 0.005 \text{ m} \qquad u_3 = 0.01 \text{ m} \qquad u_4 = 0.015 \text{ m} \tag{2.5.34}$$

(c)将边界条件位移和方程 $(2.5.34)$ 回代到方程 $(2.5.31)$ 中得出总体节点力，结果为：

$$\begin{aligned} F_{1x} &= (-200)(0.005) = -1.0 \text{ kN} \\ F_{2x} &= (400)(0.005) - (200)(0.01) = 0 \\ F_{3x} &= (-200)(0.005) + (400)(0.01) - (200)(0.015) = 0 \\ F_{4x} &= (-200)(0.01) + (400)(0.015) - (200)(0.02) = 0 \\ F_{5x} &= (-200)(0.015) + (200)(0.02) = 1.0 \text{ kN} \end{aligned} \tag{2.5.35}$$

方程 $(2.5.35)$ 的结果给出的反力 F_{1x} 与产生节点 5 位移 $\delta = 20.0$ mm 所要求的节点力 F_{5x} 相反。此结果证实了整个弹簧组件是平衡的。

记住，如果某个节点在给定方向的位移已知(本例中，$u_5 = 20$ mm)，则在相同节点相同方向的力 F_{5x} 并不是一开始就已知的。该力在求解未知节点位移后确定。

(d)下一步，利用局部单元方程 $(2.2.17)$ 得出每一单元的力。

单元 1

$$\begin{Bmatrix} f_{1x}^{(1)} \\ f_{2x}^{(1)} \end{Bmatrix} = \begin{bmatrix} 200 & -200 \\ -200 & 200 \end{bmatrix} \begin{Bmatrix} 0 \\ 0.005 \end{Bmatrix} \tag{2.5.36}$$

简化式 $(2.5.36)$ 得出：

$$f_{1x}^{(1)} = -1.0 \text{ kN} \qquad f_{2x}^{(1)} = 1.0 \text{ kN} \tag{2.5.37}$$

单元 2

$$\begin{Bmatrix} f_{2x}^{(2)} \\ f_{3x}^{(2)} \end{Bmatrix} = \begin{bmatrix} 200 & -200 \\ -200 & 200 \end{bmatrix} \begin{Bmatrix} 0.005 \\ 0.01 \end{Bmatrix} \tag{2.5.38}$$

简化式(2.5.38)得出:

$$f_{2x}^{(2)} = -1\,\text{kN} \qquad f_{3x}^{(2)} = 1\,\text{kN} \tag{2.5.39}$$

单元 3

$$\begin{Bmatrix} f_{3x}^{(3)} \\ f_{4x}^{(3)} \end{Bmatrix} = \begin{bmatrix} 200 & -200 \\ -200 & 200 \end{bmatrix} \begin{Bmatrix} 0.01 \\ 0.015 \end{Bmatrix} \tag{2.5.40}$$

简化式(2.5.40)得出:

$$f_{3x}^{(3)} = -1\,\text{kN} \qquad f_{4x}^{(3)} = 1\,\text{kN} \tag{2.5.41}$$

单元 4

$$\begin{Bmatrix} f_{4x}^{(4)} \\ f_{5x}^{(4)} \end{Bmatrix} = \begin{bmatrix} 200 & -200 \\ -200 & 200 \end{bmatrix} \begin{Bmatrix} 0.015 \\ 0.02 \end{Bmatrix} \tag{2.5.42}$$

简化式(2.5.42)得出:

$$f_{4x}^{(4)} = -1\,\text{kN} \qquad f_{5x}^{(4)} = 1\,\text{kN} \tag{2.5.43}$$

请读者自己画出每个节点和单元的隔离体图,利用式(2.5.35)~式(2.5.43)的结果校验节点和单元的平衡。

最后,为复习本章给出的主要概念,我们来求解下面的例题。

例2.3 (a)对于图 2.13 所示的线弹性弹簧系统,利用 2.3 节中提出的基本思想列出其边界条件、类似于式(2.3.3)的协调或连续条件、类似于式(2.3.4)~式(2.3.6)的节点平衡条件。然后形成总体刚度矩阵及求解未知总体位移和力的方程。单元的弹簧常数为 k_1、k_2 和 k_3,P 为作用在节点 2 的外力。(b)利用直接刚度法得到与(a)中相同的总体刚度矩阵和方程。

解

(a)边界条件为:

$$u_1 = 0 \quad u_3 = 0 \quad u_4 = 0 \tag{2.5.44}$$

节点 2 的协调条件为:

$$u_2^{(1)} = u_2^{(2)} = u_2^{(3)} = u_2 \tag{2.5.45}$$

节点的平衡条件为:

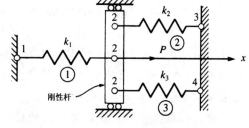

图 2.13　例 2.3 要求解的弹簧组件

$$\begin{aligned} F_{1x} &= f_{1x}^{(1)} \\ P &= f_{2x}^{(1)} + f_{2x}^{(2)} + f_{2x}^{(3)} \\ F_{3x} &= f_{3x}^{(2)} \\ F_{4x} &= f_{4x}^{(3)} \end{aligned} \tag{2.5.46}$$

在列写式(2.5.46)时使用了图 2.2 给出的正向单元节点力的符号约定。图 2.14 所示为单元和节点力的隔离体图。

利用适用于每一单元的局部坐标系下的刚度矩阵方程(2.2.10)[①]和协调条件方程(2.5.45),得出总体平衡方程如下:

[①] 此处原文为式(2.2.17),有误。——译者注

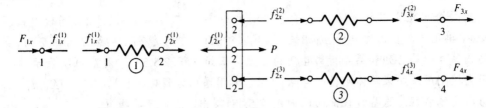

图 2.14 图 2.13 的弹簧组件的单元和节点力的隔离体图

$$
\begin{aligned}
F_{1x} &= k_1 u_1 - k_1 u_2 \\
P &= -k_1 u_1 + k_1 u_2 + k_2 u_2 - k_2 u_3 + k_3 u_2 - k_3 u_4 \\
F_{3x} &= -k_2 u_2 + k_2 u_3 \\
F_{4x} &= -k_3 u_2 + k_3 u_4
\end{aligned}
\tag{2.5.47}
$$

用矩阵形式将式 (2.5.47) 表示为:

$$
\begin{Bmatrix} F_{1x} \\ P \\ F_{3x} \\ F_{4x} \end{Bmatrix} =
\begin{bmatrix}
k_1 & -k_1 & 0 & 0 \\
-k_1 & k_1 + k_2 + k_3 & -k_2 & -k_3 \\
0 & -k_2 & k_2 & 0 \\
0 & -k_3 & 0 & k_3
\end{bmatrix}
\begin{Bmatrix} u_1 \\ u_2 \\ u_3 \\ u_4 \end{Bmatrix}
\tag{2.5.48}
$$

因此, 式 (2.5.48) 右端的总体刚度矩阵是一个对称方阵。利用边界条件方程 (2.5.44), 考虑式 (2.5.47) 或式 (2.5.48) 的第二个方程, 解出 u_2 为:

$$
u_2 = \frac{P}{k_1 + k_2 + k_3}
\tag{2.5.49}
$$

按照之前在 2.4 节所述, 删除与零位移相应的 $\{F\}$ 和 $\{d\}$ 中的第 1、3、4 行以及 $[K]$ 中的第 1、3、4 行和列, 然后求解 u_2 可以得到同样的结果。

利用式 (2.5.47) 求解总体力得出:

$$
F_{1x} = -k_1 u_2 \qquad F_{3x} = -k_2 u_2 \qquad F_{4x} = -k_3 u_2
\tag{2.5.50}
$$

式 (2.5.50) 给出的力可解释为本例中的总体反力。这些力前面的负号说明是指向左边(与 x 轴方向相反)。

(b) 利用直接刚度法集成总体刚度矩阵。首先, 用式 (2.2.11)[①]将每一个单元刚度矩阵表示为:

$$
[k^{(1)}] = \begin{matrix} u_1 & u_2 \\ \begin{bmatrix} k_1 & -k_1 \\ -k_1 & k_1 \end{bmatrix} \end{matrix} \quad
[k^{(2)}] = \begin{matrix} u_2 & u_3 \\ \begin{bmatrix} k_2 & -k_2 \\ -k_2 & k_2 \end{bmatrix} \end{matrix} \quad
[k^{(3)}] = \begin{matrix} u_2 & u_4 \\ \begin{bmatrix} k_3 & -k_3 \\ -k_3 & k_3 \end{bmatrix} \end{matrix}
\tag{2.5.51}
$$

其中与每一单元相关的特定自由度列在每个矩阵列的上方。利用 2.4 节概括的直接刚度法, 将每一个单元刚度矩阵的项加到总体刚度矩阵合适的相应行列中得出:

$$
[K] = \begin{matrix} u_1 \quad u_2 \quad u_3 \quad u_4 \\
\begin{bmatrix}
k_1 & -k_1 & 0 & 0 \\
-k_1 & k_1 + k_2 + k_3 & -k_2 & -k_3 \\
0 & -k_2 & k_2 & 0 \\
0 & -k_3 & 0 & k_3
\end{bmatrix} \end{matrix}
\tag{2.5.52}
$$

---

① 此处原文为式 (2.2.18), 有误。——译者注

可以看出每个单元刚度矩阵[k]放到了总体刚度矩阵[K]中与单元刚度[k]有同样自由度的位置。例如,单元 3 与自由度 u_2 和 u_4 相关,因此它对[K]的贡献是在[K]的第 2 行第 2 列、第 2 行第 4 列、第 4 行第 2 列和第 4 行第 4 列的位置,正如方程(2.5.52)中用 k_3 项所表示的。

用直接刚度法组装总体刚度矩阵[K]之后,利用通用方程(2.3.10),$\{F\} = [K]\{d\}$,按通常方式形成总体方程。这些方程前面已由式(2.5.48)得出,在此不再重复。

另一种既可考虑齐次(零)也可考虑非齐次(非零)规定自由度的、处理外加边界条件的方法称为补偿法。这种方法很容易在计算机程序中实施。

考虑图 2.15 中的简单弹簧组件,其受如图所示外力 F_{1x} 和 F_{2x}。假定节点 1 的水平位移被限定为 $u_1 = \delta$。

在节点位移 $u_1 = \delta$ 的方向加上另一个有特大刚度 k_b 的弹簧(通常称为边界元),如图 2.16 所示。此弹簧刚度的量级应为最大 k_{ii} 项的 10^6 倍左右。

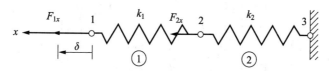

图 2.15　用于说明补偿法的弹簧组件

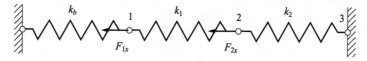

图 2.16　在节点 1 加上边界元的弹簧组件

在 u_1 方向上施加力 $k_b\delta$,并按通常的方法求解如下。

单元刚度矩阵为:

$$[k^{(1)}] = \begin{bmatrix} k_1 & -k_1 \\ -k_1 & k_1 \end{bmatrix} \qquad [k^{(2)}] = \begin{bmatrix} k_2 & -k_2 \\ -k_2 & k_2 \end{bmatrix} \tag{2.5.53}$$

用直接刚度法组装单元刚度矩阵,得出总体刚度矩阵如下:

$$[K] = \begin{bmatrix} k_1 + k_b & -k_1 & 0 \\ -k_1 & k_1 + k_2 & -k_2 \\ 0 & -k_2 & k_2 \end{bmatrix} \tag{2.5.54}$$

组装总体方程 $\{F\} = [K]\{d\}$ 并借助于边界条件 $u_3 = 0$ 得出:

$$\begin{Bmatrix} F_{1x} + k_b\delta \\ F_{2x} \\ F_{3x} \end{Bmatrix} = \begin{bmatrix} k_1 + k_b & -k_1 & 0 \\ -k_1 & k_1 + k_2 & -k_2 \\ 0 & -k_2 & k_2 \end{bmatrix} \begin{Bmatrix} u_1 \\ u_2 \\ u_3 = 0 \end{Bmatrix} \tag{2.5.55}$$

解方程(2.5.55)中的第 1 个和第 2 个方程得出:

$$u_1 = \frac{F_{2x} - (k_1 + k_2)u_2}{-k_1} \tag{2.5.56}$$

和

$$u_2 = \frac{(k_1 + k_b)F_{2x} + F_{1x}k_1 + k_b\delta k_1}{k_b k_1 + k_b k_2 + k_1 k_2} \tag{2.5.57}$$

因为 k_b 趋于无限大，式(2.5.57)化简为：

$$u_2 = \frac{F_{2x} + \delta k_1}{k_1 + k_2} \tag{2.5.58}$$

且式(2.5.56)化简为：

$$u_1 = \delta \tag{2.5.59}$$

这些结果和初始时设置 $u_1 = \delta$ 得出的结果一致。

　　采用补偿法时，特大刚度的单元应平行于自由度，如前面所示的例子。如果 k_b 是倾斜的或者放在结构内，它就会对总体刚度矩阵[K]的对角元和非对角元的系数都有贡献。在求解方程$\{F\} = [K]\{d\}$时，就会导致数值求解困难。为避免这种情况，可将斜支撑处的位移转化为局部位移，这将在 3.9 节描述。

2.6　用势能法推导弹簧单元方程

　　推导单元方程和单元刚度矩阵的另一种方法是根据最小势能原理(参考文献[4]给出了结构力学中该原理应用的完整描述)。此方法的优点是比 2.2 节给出的方法更具一般性，2.2 节的方法涉及节点和单元平衡方程，还有单元的应力/应变关系。因此最小势能原理更适合用来确定复杂单元(有大量自由度的单元，如平面应力应变单元、轴对称应力单元、平板弯曲单元和三维固体应力单元)的单元方程。

　　我们要再次说明的是，附录 E 的虚功原理可适用于任何材料特性，而最小势能原理只适用于弹性材料。然而，两个原理对于本书所唯一考虑的线弹性材料会得出同样的单元方程。此外，最小势能原理像虚功原理一样被包括在变分法的一般范畴中，可以产生类似于势能的其他变分函数(或泛函)，以建立其他类型问题——主要是非结构类型问题的方程。这些其他的问题通常归类为场的问题，包括杆的扭转、传热(参见第 13 章)、流体流动和电位(参见第 14 章)。

　　其他类型的变分公式不能明确定义的问题可用加权余量法建立公式。3.12 节将描述伽辽金(Galerkin)法，3.13 节将描述配点法、最小二乘法和子域加权余量法。3.13 节将利用这四个加权余量法求解一维杆问题并把结果与精确解进行比较，以说明这些方法(有关加权余量法的更多信息请参阅参考文献[5 ~ 7])。

　　这里我们给出最小势能原理，用来推导弹簧单元方程。我们将其用于最简单的单元来说明此概念，以期读者在以后的章节中应用其处理更复杂的单元类型时能更容易理解。

　　一个结构的总势能 π_p 是用位移表示的。在有限元公式中，总势能通常是用节点位移表示的，如 $\pi_p = \pi_p(d_1, d_2, \cdots, d_n)$。当 π_p 对这些位移取最小值时就得出平衡方程。对于弹簧单元将得出之前在 2.2 节推导的相同的节点平衡方程$[k]\{d\} = \{f\}$。

　　首先叙述最小势能原理如下：

　　在一个物体可能呈现的所有几何形状中，与满足该物体稳定平衡相对应的真实的形状由总势能最小值确定。

　　为解释此原理，首先说明势能概念和一个函数的稳定值。我们现在讨论这两个概念。总势能定义为内部应变能 U 和外力势能 Ω 之和，即：

$$\pi_p = U + \Omega \tag{2.6.1}$$

应变能是内力(或应力)通过结构变形(应变)做功的本领；Ω 是外力(如体力、面力、外加节点力)通过结构变形做功的本领。

为理解内部应变能概念，首先描述外力功的概念。本节只考虑外加节点力产生的外力功。3.10 节考虑体力(通常为自重)和面力(分布力)产生的外力功。外力功通过在弹簧末端施加一个逐渐增大的力 F，作用在具有线弹性特性的构件上[这里考虑图 2.17(a)所示的弹性弹簧]，且力 F 的最大值为 F_{max} 但不会使弹簧产生永久变形。最大变形 X_{max} 发生于最大力作用时，如图 2.17(b)所示。外力功由图 2.17(b)中力/变形曲线下的面积给出，其中直线的斜率等于弹性常数 k。利用基本力学原理，外力功 W_e 是力矢量 F 与位移增量 $\mathrm{d}x$ 的标量积的积分。该表达式由式(2.6.2)表示为：

$$W_e = \int F \cdot \mathrm{d}x = \int_0^{x_{max}} F_{max}\left(\frac{x}{x_{max}}\right)\mathrm{d}x = F_{max}x_{max}/2 \tag{2.6.2}$$

式(2.6.2)中的力 F 为：

$$F = F_{max}(x/x_{max}) \tag{2.6.3}$$

在式(2.6.2)中，注意，当给出式(2.6.2)右边的第二个积分时，F 和 $\mathrm{d}x$ 方向相同。

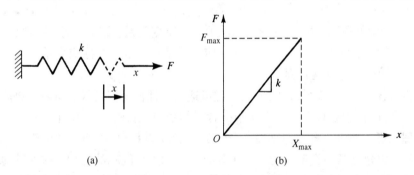

图 2.17　(a)受逐渐增大的力 F 作用的弹簧；(b)线性弹簧的力/变形曲线

根据机械能守恒定律，由外加力 F 产生的外力功转化为弹簧的内部应变能 U。该应变能为：

$$W_e = U = F_{max}x_{max}/2 \tag{2.6.4}$$

当力逐渐减小到 0 时，弹簧恢复到初始未变形状态。存储在变形的弹性弹簧中随外力消除而释放的能量称为内部应变能或应变能。同样，

$$F_{max} = kx_{max} \tag{2.6.5}$$

将式(2.6.5)代入式(2.6.4)，应变能表示为：

$$U = kx_{max}^2/2 \tag{2.6.6}$$

外力势能符号与外力功表达式相反，因为外力做功时外力势能是减小的，外力势能为：

$$\Omega = -F_{max}x_{max} \tag{2.6.7}$$

因此，将式(2.6.6)和式(2.6.7)代入式(2.6.1)，得到总势能为：

$$\pi_p = \frac{1}{2}kx_{max}^2 - F_{max}x_{max} \tag{2.6.8}$$

一般来说，弹簧变形 x 对应于力 F，我们用 x 代替 x_{max}，用 F 代替 F_{max}，将 U 和 Ω 表示为：

$$U(x) = kx^2/2 \qquad (2.6.8a)$$

$$\Omega(x) = -Fx \qquad (2.6.8b)$$

将式 (2.6.8a) 和式 (2.6.8b) 代入式 (2.6.1)，总势能表示为：

$$\pi_p(x) = \frac{1}{2}kx^2 - Fx \qquad (2.6.9)$$

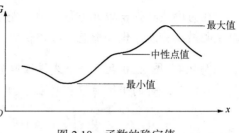

图 2.18 函数的稳定值

图 2.18 表示在最小势能原理定义中所用的函数 G 的稳定值概念。此处 G 表示为变量 x 的函数。稳定值可以是 $G(x)$ 的最大值、最小值或中性点值。为找出产生 $G(x)$ 稳定值的 x 值，利用微分学求 G 对 x 的导数，并将表达式置为 0：

$$\frac{\mathrm{d}G}{\mathrm{d}x} = 0 \qquad (2.6.10)$$

后面将利用类似的过程用 π_p 替换 G，用节点位移离散值 d_i 代替 x。如了解变分计算 (参见参考文献[8])，可以利用 π_p 的一阶变分 (用 $\delta\pi_p$ 表示，δ 表示任意改变或变分) 使 π_p 最小。然而，我们将避开变分学的细节并说明实际上可使用熟悉的微积分进行 π_p 的最小化。为应用最小势能原理，也就是要使 π_p 最小，取 π_p (通常定义的节点位移 d_i 的函数) 的变分为：

$$\delta\pi_p = \frac{\delta\pi_p}{\delta d_1}\delta d_1 + \frac{\delta\pi_p}{\delta d_2}\delta d_2 + \cdots + \frac{\delta\pi_p}{\delta d_n}\delta d_n \qquad (2.6.11)$$

该原理表明，当 d_i 定义的结构状态对于任意容许的离开平衡状态的位移变化 δd_i 都有 $\delta\pi_p = 0$ (势能变化为 0) 时，结构处于平衡。容许的位移变化是这样一种位移，其位移场仍满足边界条件和单元之间的连续性。图 2.19(a) 表示假定的实际轴向位移及有指定边界位移 u_1 和 u_2 的弹簧的一个容许位移。图 2.19(b) 表示不容许的位移函数，因为端点 1 和端点 2 之间的斜率不连续，且不满足右端的边界条件 $u(L) = u_2$。其中 δu 代表 u 的变分。在通常的有限元公式中，δu 将会用 δd_i 代替。这意味着对任意的 δd_i (可以是非零的)，要满足 $\delta\pi_p = 0$，则所有与 δd_i 相关的系数必须各自为零。因此

$$\frac{\partial\pi_p}{\partial d_i} = 0 \quad (i = 1, 2, 3, \cdots, n) \qquad \text{或} \qquad \frac{\partial\pi_p}{\partial\{d\}} = 0 \qquad (2.6.12)$$

对 n 个方程求解，得到确定结构静力平衡状态的 n 个 d_i 值。方程 (2.6.12) 表示本书将 π_p 的变分解释为一个等价于 π_p 对表示 π_p 的未知节点位移求导的简洁符号。对于处于平衡状态的线弹性材料，π_p 被证明是最小的，例如见参考文献[4]。

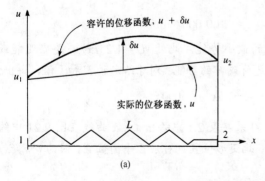
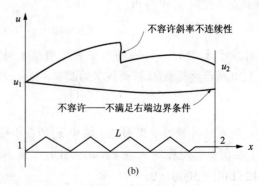

图 2.19 (a) 实际的和容许的位移函数；(b) 不容许的位移函数

在讨论建立弹簧单元方程之前，先分析例 2.4 所示的一个单自由度弹簧受外力的情况，以说明最小势能原理的概念。在该例中，我们将说明弹簧的平衡位置与最小势能相对应。

例 2.4　图 2.20 表示一个线弹性弹簧受 5000 N 的力作用，计算各种位移值的势能，说明最小势能与弹簧的平衡位置相对应。

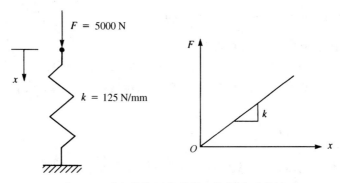

图 2.20　受力的作用的弹簧；荷载/位移曲线

解　计算总势能为：

$$\pi_p = U + \Omega$$

式中，

$$U = \frac{1}{2}(kx)x \quad 和 \quad \Omega = -Fx$$

现用标准的数学方法说明如何使 π_p 取最小值。对 x 取 π_p 的变分，或等价地取 π_p 对 x 的求导（因为 π_p 只是位移 x 的函数），如式 (2.6.11) 和式 (2.6.12) 所示，得出：

$$\delta\pi_p = \frac{\partial \pi_p}{\partial x}\delta x = 0$$

因为 δx 是任意的，且可能不为 0，所以，

$$\frac{\partial \pi_p}{\partial x} = 0$$

利用前面 π_p 的表达式得出：

$$\frac{\partial \pi_p}{\partial x} = 125x - 5000 = 0$$

或

$$x = 40\,\text{mm}$$

将 x 值回代到 π_p 中得出：

$$\pi_p = 62.5(40)^2 - 5000(40) = -100\,000\ \text{N·mm}$$

这对应于表 2.1 中给出的用下述搜索技术得出的最小势能。此处 $U = 1/2(kx)x$ 是应变能或图 2.20 所示的荷载/位移曲线下的面积，$\Omega = -Fx$ 是荷载 F 的势能。对于给定的 F 和 k 值，得出：

$$\pi_p = \frac{1}{2}(125)x^2 - 5000x = 62.5x^2 - 5000x$$

现在对各种弹簧变形值 x 搜索 π_p 的最小值。结果在表 2.1 中给出。π_p-x 曲线在图 2.21 中给出。在表中我们看到 π_p 在 $x = 40$ mm 时有最小值。此变形位置也对应于平衡位置，因为 $(\partial\pi_p/\partial x) = 125(40) - 5000 = 0$。

表 2.1　各种弹簧变形的总势能

变形 x(in[①])	总势能 π_p(N·m)
−80	800
−60	525
−40	300
−20	125
0.00	0
20	−75
40	−100
60	−75
80	0
100	125

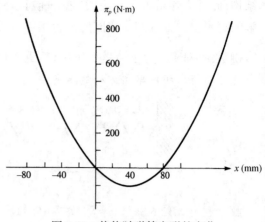

图 2.21　势能随弹簧变形的变化

现在利用最小势能原理推导弹簧的单元方程和单元刚度矩阵。考虑图 2.22 所示的受节点力作用的线性弹簧。利用式 (2.6.9) 得出总势能为：

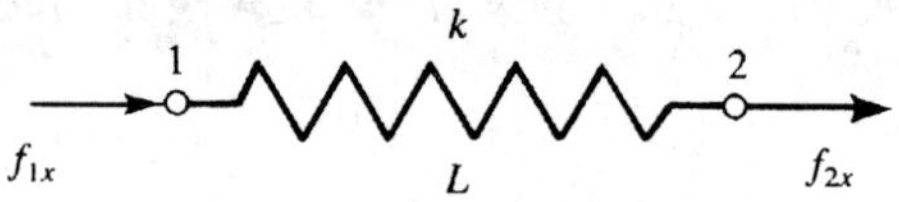

$$\pi_p = \frac{1}{2}k(u_2 - u_1)^2 - f_{1x}u_1 - f_{2x}u_2 \qquad (2.6.13)$$

图 2.22　受节点力作用的线性弹簧

式中，$u_2 - u_1$ 是式 (2.6.9) 中的弹簧变形。式 (2.6.13) 右边的第一项是弹簧的应变能。化简式 (2.6.13) 得出：

$$\pi_p = \frac{1}{2}k(u_2^2 - 2u_2u_1 + u_1^2) - f_{1x}u_1 - f_{2x}u_2 \qquad (2.6.14)$$

π_p 对每一节点位移取最小值要求 π_p 每一节点位移取偏导数如下：

$$\frac{\partial \pi_p}{\partial u_1} = \frac{1}{2}k(-2u_2 + 2u_1) - f_{1x} = 0$$
$$\frac{\partial \pi_p}{\partial u_2} = \frac{1}{2}k(2u_2 - 2u_1) - f_{2x} = 0 \qquad (2.6.15)$$

化简式 (2.6.15) 得出：

$$k(-u_2 + u_1) = f_{1x}$$
$$k(u_2 - u_1) = f_{2x} \qquad (2.6.16)$$

将式 (2.6.16) 表示为矩阵形式：

$$\begin{bmatrix} k & -k \\ -k & k \end{bmatrix} \begin{Bmatrix} u_1 \\ u_2 \end{Bmatrix} = \begin{Bmatrix} f_{1x} \\ f_{2x} \end{Bmatrix} \qquad (2.6.17)$$

因为 $\{f\} = [k]\{d\}$，从式 (2.6.17) 得出弹簧单元的刚度矩阵为：

$$[k] = \begin{bmatrix} k & -k \\ -k & k \end{bmatrix} \qquad (2.6.18)$$

正如期望的那样，式 (2.6.18) 与 2.2 节得出的刚度矩阵方程 (2.2.11)[②]相同。

我们用总势能对于节点位移取最小值的方法考虑了单个弹簧单元的平衡(参见例 2.4)。我们也用总势能对于节点位移取最小值的方法建立了有限元弹簧单元方程。现在说明，一个整

① 1in = 2.54 cm。
② 此处原文式是 (2.2.18)，有误。——译者注

体结构(此处为弹簧单元组装)的总势能可以对于每一节点自由度取最小值,并且得出的用于求解的有限单元方程与直接刚度法得出的方程相同。

例2.5 计算例2.1的弹簧组件(见图2.23)中的总势能并找出其最小值。然后从总势能的最小化可以得出组件单元方程的求解步骤。

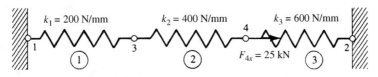

图2.23　弹簧组件

解　利用式(2.6.8a),弹簧1中存储的应变能为:

$$U^{(1)} = k_1(u_3 - u_1)^2/2 \tag{2.6.19}$$

式中,节点位移差 $u_3 - u_1$ 是弹簧1的变形 x。式(2.6.19)可以写成矩阵形式:

$$U^{(1)} = \frac{1}{2}[u_3 \ u_1]\begin{bmatrix} k_1 & -k_1 \\ -k_1 & k_1 \end{bmatrix}\begin{Bmatrix} u_3 \\ u_1 \end{Bmatrix} = \frac{1}{2}\{d\}^{\mathrm{T}}[K]\{d\} \tag{2.6.20}$$

从式(2.6.20)可观察到,应变能 U 是节点位移的二次函数。

弹簧2和弹簧3的相似应变能表达式为:

$$U^{(2)} = k_2(u_4 - u_3)^2/2 \quad \text{和} \quad U^{(3)} = k_3(u_2 - u_4)^2/2 \tag{2.6.21}$$

其与弹簧1的式(2.6.20)具有相似的矩阵表达式。

由于应变能是一个标量,因此可以叠加每个弹簧的能量得到系统的总应变能:

$$U = \sum_{i=1}^{3} U^{(e)} \tag{2.6.22}$$

外部节点力的势能按弹簧组件中节点编号顺序给出:

$$\Omega = -(F_{1x}u_1 + F_{3x}u_3 + F_{4x}u_4 + F_{2x}u_2) \tag{2.6.23}$$

式(2.6.23)写为矩阵形式为:

$$\Omega = -[u_1 \ u_2 \ u_3 \ u_4]\begin{Bmatrix} F_{1x} \\ F_{2x} \\ F_{3x} \\ F_{4x} \end{Bmatrix} \tag{2.6.24}$$

弹簧组件的总势能是应变能和外力势能之和,将式(2.6.19)、式(2.6.21)和式(2.6.23)相加得到:

$$\Pi_p = U + \Omega = \frac{1}{2}k_1(u_3 - u_1)^2 + \frac{1}{2}k_2(u_4 - u_3)^2 + \frac{1}{2}k_3(u_2 - u_4)^2 \\ - F_{1x}u_1 - F_{2x}u_2 - F_{3x}u_3 - F_{4x}u_4 \tag{2.6.25}$$

对于每一节点位移取 π_p 的最小值得出:

$$\frac{\partial \pi_p}{\partial u_1} = -k_1u_3 + k_1u_1 - F_{1x} = 0$$

$$\frac{\partial \pi_p}{\partial u_2} = k_3u_2 - k_3u_4 - F_{2x} = 0 \tag{2.6.26}$$

$$\frac{\partial \pi_p}{\partial u_3} = k_1 u_3 - k_1 u_1 - k_2 u_4 + k_2 u_3 - F_{3x} = 0$$

$$\frac{\partial \pi_p}{\partial u_4} = k_2 u_4 - k_2 u_3 - k_3 u_2 + k_3 u_4 - F_{4x} = 0$$

用矩阵形式的式 (2.6.26) 得出:

$$\begin{bmatrix} k_1 & 0 & -k_1 & 0 \\ 0 & k_3 & 0 & -k_3 \\ -k_1 & 0 & k_1 + k_2 & -k_2 \\ 0 & -k_3 & -k_2 & k_2 + k_3 \end{bmatrix} \begin{Bmatrix} u_1 \\ u_2 \\ u_3 \\ u_4 \end{Bmatrix} = \begin{Bmatrix} F_{1x} \\ F_{2x} \\ F_{3x} \\ F_{4x} \end{Bmatrix} \tag{2.6.27}$$

将 k_1、k_2 和 k_3 的值代入式 (2.6.27) 得出:

$$\begin{bmatrix} 200 & 0 & -200 & 0 \\ 0 & 600 & 0 & -600 \\ -200 & 0 & 6000 & -400 \\ 0 & -600 & -400 & 1000 \end{bmatrix} \begin{Bmatrix} u_1 \\ u_2 \\ u_3 \\ u_4 \end{Bmatrix} = \begin{Bmatrix} F_{1x} \\ F_{2x} \\ F_{3x} \\ F_{4x} \end{Bmatrix} \tag{2.6.28}$$

式 (2.6.28) 与 2.4 节描述的通过直接刚度法得到的式 (2.5.18) 相同。因此,利用最小势能原理得到的组装方程与由直接刚度组装法得到的方程相同。

方程小结

单元刚度矩阵的定义为:

$$\{f\} = [k]\{d\} \tag{2.1.1}$$

结构的总体刚度矩阵定义为:

$$\{F\} = [K]\{d\} \tag{2.1.2}$$

将弹簧单元的节点力和节点位移关联起来的基本矩阵方程为:

$$\begin{Bmatrix} f_{1x} \\ f_{2x} \end{Bmatrix} = \begin{bmatrix} k & -k \\ -k & k \end{bmatrix} \begin{Bmatrix} u_1 \\ u_2 \end{Bmatrix} \tag{2.2.10}$$

线弹簧单元的刚度矩阵为:

$$[k] = \begin{bmatrix} k & -k \\ -k & k \end{bmatrix} \tag{2.2.11}$$

弹簧组件的总体方程为:

$$[F] = [K]\{d\} \tag{2.2.13}$$

总势能为:

$$\pi_p = U + \Omega \tag{2.6.1}$$

对于一个弹簧系统:

$$U = \frac{1}{2}\{d\}^T [K]\{d\} \tag{2.6.20}$$

参考文献

[1] Turner, M. J., Clough, R. W., Martin, H. C., and Topp, L. J., "Stiffness and Deflection Analysis of Complex Structures," *Journal of the Aeronautical Sciences*, Vol. 23, No. 9, pp. 805–824, Sept. 1956.

[2] Martin, H. C., *Introduction to Matrix Methods of Structural Analysis*, McGraw-Hill, New York, 1966.

[3] Hsieh, Y. Y., *Elementary Theory of Structures*, 2nd ed., Prentice-Hall, Englewood Cliffs, NJ, 1982.

[4] Oden, J. T., and Ripperger, E. A., *Mechanics of Elastic Structures*, 2nd ed., McGraw-Hill, New York, 1981.

[5] Finlayson, B. A., *The Method of Weighted Residuals and Variational Principles*, Academic Press, New York, 1972.

[6] Zienkiewicz, O. C., *The Finite Element Method*, 3rd ed., McGraw-Hill, London, 1977.

[7] Cook, R. D., Malkus, D. S., Plesha, M. E., and Witt, R. J. *Concepts and Applications of Finite Element Analysis*, 4th ed., Wiley, New York, 2002.

[8] Forray, M. J., *Variational Calculus in Science and Engineering*, McGraw-Hill, New York, 1968.

习题

2.1　a. 用叠加单个弹簧刚度矩阵的方法得出图 P2.1 所示的弹簧组件的总体刚度矩阵[K]。图中 k_1、k_2 和 k_3 是弹簧的刚度。

　　b. 如果节点 1 和节点 2 是固定的，力 P 作用在节点 4 并沿 x 正方向，求出节点 3 和节点 4 的位移表达式。

　　c. 确定节点 1 和节点 2 的反力。（提示：做此题时，先写出节点平衡方程，然后像 2.4 节第一部分所做的那样利用每一单元的力/位移关系。再用直接刚度法求解。）

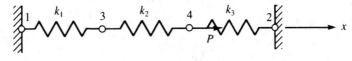

图 P2.1

2.2　对于图 P2.2 所示的弹簧组件，确定节点 2 的位移和每个弹簧单元的力，还要确定力 F_3。已知：由于力 F_3 的作用，节点 3 的位移量为 $\delta = 20$ mm，沿 x 正方向。$k_1 = k_2 = 100$ N/mm。

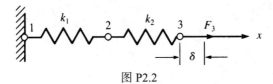

图 P2.2

2.3　a. 对于图 P2.3 所示的弹簧组件，用直接刚度法得出总体刚度矩阵。

　　b. 如果节点 1 和节点 5 是固定的，力 P 作用在节点 3，确定节点位移。

　　c. 确定节点 1 和节点 5 的反力。

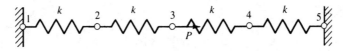

图 P2.3

2.4　假定习题 2.3 中 $P = 0$(在节点 3 上无作用力)，并且节点 5 有一个固定的已知位移 δ，如图 P2.4 所示。重新求解习题 2.3。

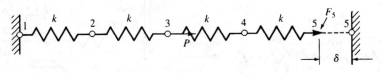

图 P2.4

2.5　对于图 P2.5 所示的弹簧组件，用直接刚度法得到总体刚度矩阵。令 $k^{(1)} = 200$ N/mm，$k^{(2)} = 400$ N/mm，$k^{(3)} = 600$ N/mm，$k^{(4)} = 800$ N/mm 和 $k^{(5)} = 1000$ N/mm。

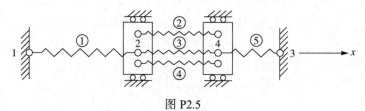

图 P2.5

2.6　对于图 P2.5 所示的弹簧组件，在节点 2 施加集中力 10 000 N，并沿 x 正方向，确定节点 2 和节点 4 的位移。

2.7　假设图 P2.3 中是压缩单元，而不是假定的拉力单元。即在弹簧单元上施加压力并推导刚度矩阵。

2.8 ~ 2.16　对于图 P2.8 ~ 图 P2.16 所示的弹簧组件，确定节点位移、单元力和反力。所有问题均采用直接刚度法求解。

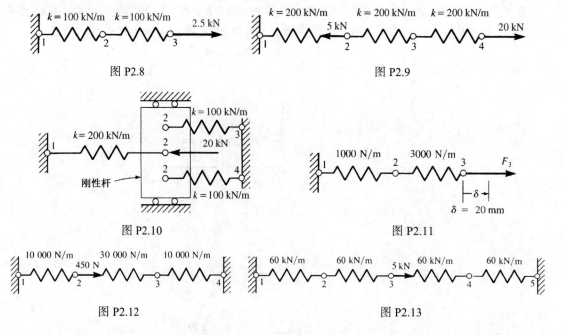

图 P2.8　　　　　　　　　　　图 P2.9

图 P2.10　　　　　　　　　　图 P2.11

图 P2.12　　　　　　　　　　图 P2.13

2.17　对于图 P2.17 所示的 5 个弹簧组件，确定节点 2 和节点 3 的位移、节点 1 和节点 4 的反力。假设节点 2 和节点 3 处连接弹簧的刚性垂直杆保持水平，但可以自由滑动、向左或向右移动。在节点 3 向右施加外力 1000 N。令 $k^{(1)} = 500$ N/mm，$k^{(2)} = k^{(3)} = 300$ N/mm 和 $k^{(4)} = k^{(5)} = 400$ N/mm。

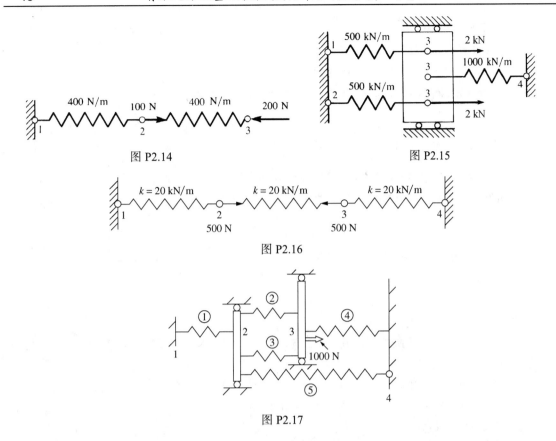

图 P2.14

图 P2.15

图 P2.16

图 P2.17

2.18　利用 2.6 节建立的最小势能原理求解图 P2.18 所示的弹簧问题。即绘制弹簧自由端位移变化的总势能以确定最小势能。注意，产生最小势能的位移也产生稳定的平衡位置。

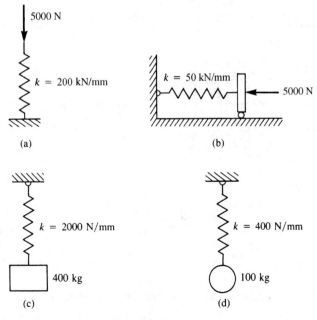

图 P2.18

2.19　将例 2.4 中的荷载反向，并重新计算总势能。然后利用此值得出位移的平衡值。

2.20　图 P2.20 中的非线性弹簧的力/变形关系为 $f = k\delta^2$。表示该弹簧的总势能，并利用此总势能得出位移的平衡值。

2.21 ~ 2.22　用势能法求解习题 2.10 和习题 2.15(参见例 2.5)。

2.23　电阻器类型的元件经常用于电路中。考虑图 P2.23 所示的具有节点 1 和节点 2 的典型的电阻器元件。欧姆定律的一种形式表明，两点之间的电位差等于导体内的电流 I 乘以两点之间的电阻 R。方程形式为 $V = IR$，式中，I 表示电流，单位是安培(A)；V 表示在电阻为 R 的导体上的电位或电压降，单位是伏特(V)；导体电阻 R 以欧姆(Ω)为单位。利用 2.2 节的方法推导"刚度"矩阵，该"刚度"矩阵将节点的电压降与电流关联起来，即：

$$\begin{Bmatrix} V_1 \\ V_2 \end{Bmatrix} = R \begin{bmatrix} 1 & -1 \\ -1 & 1 \end{bmatrix} \begin{Bmatrix} I_1 \\ I_2 \end{Bmatrix} \quad \text{或} \quad \{V\} = [K]\{I\}$$

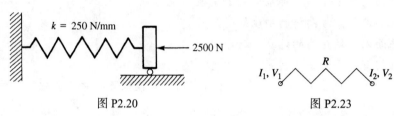

图 P2.20　　　　　　　图 P2.23

第3章 建立桁架方程

章节目标

- 推导杆单元刚度矩阵。
- 介绍用直接刚度法求解杆件装配问题。
- 介绍选择位移函数的准则。
- 描述平面内两个不同坐标系下向量变换的概念。
- 推导平面内任意方向杆的刚度矩阵。
- 介绍平面内杆的应力的计算。
- 说明如何解决平面桁架问题。
- 建立三维空间的变换矩阵，并说明如何利用变换矩阵推导空间中任意方向杆的刚度矩阵。
- 说明空间桁架问题的解。
- 定义对称性并利用对称求解问题。
- 介绍并利用斜支撑求解问题。
- 使用最小势能原理推导杆方程。
- 比较杆的有限元解和精确解。
- 介绍用伽辽金残余法推导杆单元刚度矩阵及方程。
- 介绍其他残余法及其在一维杆中的应用。
- 绘制分析桁架的有限元程序流程图，描述商用程序的按步解。

引言

在奠定了直接刚度法的基础之后，现用第 1 章所概括的一般步骤推导线弹性杆(桁架)单元的刚度矩阵。将介绍建立单元方程时选择的局部坐标系和便于在总体结构中使用(出于数值计算目的)的整体坐标系。将讨论向量从局部坐标系向整体坐标系的变换，利用变换矩阵的概念并借助整体坐标系表示任意方向杆单元的刚度矩阵。将对三个平面桁架问题(桁架示例可参见图 3.1 中典型铁路栈桥平面桁架和伊利诺伊河上的升降桥桁架)进行求解，以说明建立总体刚度矩阵和求解结构方程的步骤。

下一步将扩展刚度法以适用空间桁架。将建立三维空间中的变换矩阵并分析两个空间桁架，然后用一个桁架的例子说明对称的概念及其在缩小问题的尺寸和简便求解中的用途，再说明怎样处理斜支撑。

此外还将使用最小势能原理，并用它重新推导杆单元方程。然后比较一个作用线性变化分布荷载的杆的有限元解和精确解。将引进伽辽金残余法，并用它推导杆单元方程。最后介

绍其他常用的残余法(如配置法、子域法和最小二乘法),这里只是使读者了解这些方法,并通过求解一个作用线性变化荷载的杆的问题说明这些方法。

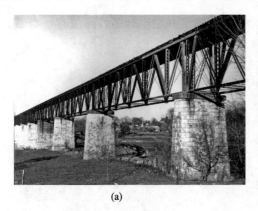
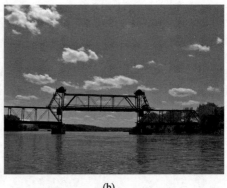

(a)   (b)

图 3.1   (a)典型铁路栈桥平面桁架(由 Daryl L.Logan 提供); (b)伊利诺
伊河(Illinois River)上的升降桥桁架(由 Daryl L. Logan 提供)

3.1 推导局部坐标中杆单元的刚度矩阵

现在推导图 3.2 中杆的单元刚度矩阵,杆具有线弹性,截面为棱柱形且截面面积不变。此处的推导可以直接用于求解销钉连接的桁架。该杆被作用拉力 T,力沿杆的局部坐标轴方向,作用点为节点 1 和节点 2。

假定杆单元的横截面积不变且面积为 A,弹性模量为 E,初始长度为 L。节点自由度是用单元端部的 u_1 和 u_2 表示的局部轴向位移(即沿杆长度方向的纵向位移),如图 3.2 所示。

根据胡克定律[见式(3.1.1)]和应变/位移关系[见式(3.1.2)或式(1.4.1)]可得出:

$$\sigma_x = E\varepsilon_x \tag{3.1.1}$$

$$\varepsilon_x = \frac{\mathrm{d}u}{\mathrm{d}x} \tag{3.1.2}$$

根据力的平衡,可以得到:

$$A\sigma_x = T = 常数 \tag{3.1.3}$$

图 3.2 作用拉力 T 的杆;正向节点位
移和力均沿局部坐标 x 轴方向

对于一个仅在端部作用有荷载的杆(在 3.10 节将考虑分布荷载下的情况),将式(3.1.2)代入式(3.1.1),再将式(3.1.1)代入式(3.1.3),并对 x 求微分,得到控制线弹性杆特性的微分方程如下:

$$\frac{\mathrm{d}}{\mathrm{d}x}\left(AE\frac{\mathrm{d}u}{\mathrm{d}x} \right) = 0 \tag{3.1.4}$$

式中, u 是沿单元 x 方向的轴向位移函数, A 和 E 在微分方程的一般形式中看起来好像是 x 的函数,但在后续的推导过程中, A 和 E 被假定为沿整个杆长的常数。

推导杆单元刚度矩阵采用以下假定:

1. 杆不能承受剪力或弯矩,即 $f_{1y} = 0$, $f_{2y} = 0$, $m_1 = 0$ 和 $m_2 = 0$;
2. 忽略任意横向位移的影响;

3. 胡克定律成立，即轴向应力 σ_x 和轴向应变 ε_x 的关系为 $\sigma_x = E\varepsilon_x$；

4. 杆中间没有外加荷载。

下面采用第 1 章中概括的步骤推导杆单元刚度矩阵，并给出杆组装问题的一个通解。

步骤 1　选择单元类型

通过对各端节点进行标记(一般是对单元编号)来表示杆(参见图 3.2)。

与推导弹簧单元刚度矩阵一样，此时在推导一维杆单元刚度矩阵时可以跳过步骤 2，为了便于推导，直接执行步骤 3。

步骤 2(选择位移函数)可参见 3.2 节。

步骤 3　定义应变/位移和应力/应变关系

应变/位移关系为：

$$\varepsilon_x = \frac{u_2 - u_1}{L} \tag{3.1.5}$$

根据胡克定律，应力/应变关系为：

$$\sigma_x = E\varepsilon_x \tag{3.1.6}$$

步骤 4　推导单元刚度矩阵和方程

单元刚度矩阵推导如下。根据基础力学得出：

$$T = A\sigma_x \tag{3.1.7}$$

将式(3.1.5)和式(3.1.6)代入式(3.1.7)得出：

$$T = AE\left(\frac{u_2 - u_1}{L}\right) \tag{3.1.8}$$

按照图 3.2 的节点力符号约定得到：

$$f_{1x} = -T \tag{3.1.9}$$

代入式(3.1.8)，式(3.1.9)变换为：

$$f_{1x} = \frac{-AE}{L}(u_2 - u_1) \tag{3.1.10}$$

同样，

$$f_{2x} = T \tag{3.1.11}$$

利用式(3.1.8)，式(3.1.11)变换为：

$$f_{2x} = \frac{AE}{L}(u_2 - u_1) \tag{3.1.12}$$

将式(3.1.10)和式(3.1.12)表示为矩阵形式：

$$\begin{Bmatrix} f_{1x} \\ f_{2x} \end{Bmatrix} = \frac{AE}{L}\begin{bmatrix} 1 & -1 \\ -1 & 1 \end{bmatrix}\begin{Bmatrix} u_1 \\ u_2 \end{Bmatrix} \tag{3.1.13}$$

因为 $\{f\} = [k]\{d\}$，有：

$$[k] = \frac{AE}{L}\begin{bmatrix} 1 & -1 \\ -1 & 1 \end{bmatrix} \tag{3.1.14}$$

式(3.1.14)代表杆单元在局部坐标中的刚度矩阵。在式(3.1.14)中，杆单元的 AE/L 类似于弹簧单元的弹簧常数 k。

步骤 5　组装单元方程得出全局或总体方程

利用第 2 章所述的直接刚度法组装总体刚度矩阵、力矩阵和总体方程(参见 3.6 节中的桁架例题)。这一步适用于由多个单元组成的结构，因此有:

$$[K] = \sum_{e=1}^{N} [k^{(e)}] \quad \text{和} \quad \{F\} = \sum_{e=1}^{N} \{f^{(e)}\} \tag{3.1.15}$$

在按照式(3.1.15)使用直接刚度法之前，必须将所有局部单元刚度矩阵$[k^{(e)}]$变换为整体单元刚度矩阵$[k]$(除非局部坐标轴与整体坐标轴一致)。这一坐标概念和刚度矩阵变换将在 3.3 节和 3.4 节中阐述。

步骤 6　求解节点位移

施加边界条件，并求解联立方程组 $\{F\} = [K]\{d\}$ 确定位移。

步骤 7　求解单元力

最后，将位移回代到类似于式(3.1.5)和式(3.1.6)的方程中，以确定每一单元的应变和应力。下面说明一维杆问题的求解。

例 3.1　如图 3.3 所示的三杆组装，确定: (a)总体刚度矩阵; (b)节点 2 和节点 3 的位移; (c)节点 1 和节点 4 的反力。在节点 2 沿 x 方向作用有 $15\,000$ N 的力。每个单元的长度为 0.6 m。令单元 1 和单元 2 的 $E = 2.0 \times 10^{11}$ Pa，$A = 6 \times 10^{-4}$ m^2，令单元 3 的 $E = 1 \times 10^{11}$ Pa，$A = 12 \times 10^{-4}$ m^2，节点 1 和节点 4 固定。

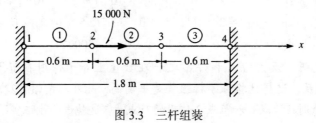

图 3.3　三杆组装

解　(a)利用式(3.1.14)得出单元刚度矩阵为:

$$[k^{(1)}] = [k^{(2)}] = \frac{(6 \times 10^{-4})(2 \times 10^{11})}{0.6} \begin{matrix} 1 & 2^{(1)} \\ \end{matrix} \begin{bmatrix} 1 & -1 \\ -1 & 1 \end{bmatrix} = 2 \times 10^{8} \begin{matrix} 2 & 3^{(2)} \\ \end{matrix} \begin{bmatrix} 1 & -1 \\ -1 & 1 \end{bmatrix} \frac{\text{N}}{\text{m}} \tag{3.1.16}$$

$$[k^{(3)}] = \frac{(12 \times 10^{-4})(1 \times 10^{11})}{0.6} \begin{bmatrix} 1 & -1 \\ -1 & 1 \end{bmatrix} = 2 \times 10^{8} \begin{matrix} 3 & 4 \\ \end{matrix} \begin{bmatrix} 1 & -1 \\ -1 & 1 \end{bmatrix} \frac{\text{N}}{\text{m}}$$

式(3.1.16)中矩阵上方的数字表示与每一矩阵相关的位移。用直接刚度法组装单元刚度矩阵，得出总体刚度矩阵为:

$$\begin{array}{cccc} u_1 & u_2 & u_3 & u_4 \end{array}$$

$$[K] = 2 \times 10^8 \begin{bmatrix} 1 & -1 & 0 & 0 \\ -1 & 1+1 & -1 & 0 \\ 0 & -1 & 1+1 & -1 \\ 0 & 0 & -1 & 1 \end{bmatrix} \frac{N}{m} \tag{3.1.17}$$

(b) 式(3.1.17)将整体节点力和整体节点位移的关系表示如下:

$$\begin{Bmatrix} F_{1x} \\ F_{2x} \\ F_{3x} \\ F_{4x} \end{Bmatrix} = 2 \times 10^8 \begin{bmatrix} 1 & -1 & 0 & 0 \\ -1 & 2 & -1 & 0 \\ 0 & -1 & 2 & -1 \\ 0 & 0 & -1 & 1 \end{bmatrix} \begin{Bmatrix} u_1 \\ u_2 \\ u_3 \\ u_4 \end{Bmatrix} \tag{3.1.18}$$

运用以下边界条件:

$$u_1 = 0 \qquad u_4 = 0 \tag{3.1.19}$$

利用边界条件,将已知外加整体力代入式(3.1.18),分开式(3.1.18)中的方程 1 和方程 4,求解式(3.1.18)中的方程 2 和方程 3 得出:

$$\begin{Bmatrix} 15\,000 \\ 0 \end{Bmatrix} = 2 \times 10^8 \begin{bmatrix} 2 & -1 \\ -1 & 2 \end{bmatrix} \begin{Bmatrix} u_2 \\ u_3 \end{Bmatrix} \tag{3.1.20}$$

联立求解式(3.1.20)得出位移为:

$$u_2 = 5 \times 10^{-5} \text{ m} = 0.05 \text{ mm} \quad u_3 = 2.5 \times 10^{-5} \text{ m} = 0.025 \text{ mm} \tag{3.1.21}$$

(c) 将式(3.1.19)和式(3.1.21)回代到式(3.1.18)中得出整体节点力,包括节点 1 和节点 4 的反力,如下所示:

$$\begin{aligned} F_{1x} &= 2 \times 10^8(u_1 - u_2) = 2 \times 10^8(0 - 5 \times 10^{-5}) = -10\,000 \text{ N} \\ F_{2x} &= 2 \times 10^8(-u_1 + 2u_2 - u_3) = 2 \times 10^8[0 + 2(5 \times 10^{-5}) - 2.5 \times 10^{-5}] = 15\,000 \text{ N} \\ F_{3x} &= 2 \times 10^8(-u_2 + 2u_3 - u_4) = 2 \times 10^8[-5 \times 10^{-5} + 2(2.5 \times 10^{-5}) - 0] = 0 \\ F_{4x} &= 2 \times 10^8(-u_3 + u_4) = 2 \times 10^8(-2.5 \times 10^{-5} + 0) = -5000 \text{ N} \end{aligned} \tag{3.1.22}$$

式(3.1.22)的结果说明,反力 F_{1x} 和 F_{4x} 之和在数值上等于作用在节点 2 的外加节点力 15 000 N,但方向相反。这样就验证了杆组装是平衡的。此外,式(3.1.22)表示 $F_{2x} = 15\,000$ N 和 $F_{3x} = 0$ 只不过是分别在节点 2 和节点 3 作用的节点力,这就进一步证实了我们的解是正确的。

3.2　一维杆单元刚度矩阵推导步骤 2: 选取位移函数

在选择位移函数时,要考虑以下与一维杆单元相关的准则。有关选取位移函数和其他近似函数(如温度函数)的进一步讨论将在后面的章节进行,如第 4 章将提供梁单元的位移函数,第 6 章将提供常应变三角单元的位移函数,第 8 章提供线应变三角单元的位移函数,第 9 章提供轴对称单元的位移函数,第 10 章提供三节点杆单元和矩形平面单元的位移函数,第 11 章提供三维应力单元的位移函数,第 12 章提供板弯曲单元的位移函数,第 13 章提供传热问题的近似函数。更多信息见参考文献[1 ~ 3]。

选择位移函数的准则

1. 首先选择数学函数来表示杆单元在荷载作用下的变形。这在理论上是可行的但是要得

到精确解或者解的收敛形式是十分困难的，因此我们用一个合适的数学函数来假定解的形式或者单元内位移的分布，最常用的函数为多项式。

由于杆单元仅以单元在 x 方向上的位移 u_1 和 u_2 的局部自由度来抵抗轴向载荷，因此选择一个位移函数 u 来表示整个单元的轴向位移。因为指定端点的线性函数具有唯一路径，所以假定位移沿杆的 x 轴线性变化[参见图 3.4(b)]，于是有：

$$u = a_1 + a_2 x \tag{3.2.1}$$

系数 a 的总数总是等于与单元相关的自由度的总数，此处自由度的总数为 2，即单元两个节点的轴向位移。式(3.2.1)的矩阵形式为：

$$u = [1 \quad x] \begin{Bmatrix} a_1 \\ a_2 \end{Bmatrix} \tag{3.2.2}$$

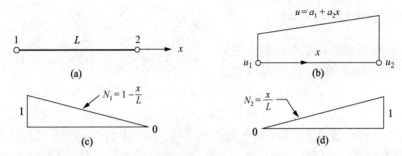

图 3.4 (a)杆单元；(b)位移函数 u 和形函数；(c)和(d)分别为 N_1、N_2 单元的区域

如步骤 3 所示，为了把物理边界条件直接应用到节点位移上，将 u 表示成节点位移 u_1 和 u_2 的函数，然后将节点位移与步骤 4 中的节点力相联系，通过计算每个节点上的 u，并根据式(3.2.1)求解 a_1 和 a_2，过程如下：

$$u(0) = u_1 = a_1 \tag{3.2.3}$$

$$u(L) = u_2 = a_2 L + u_1 \tag{3.2.4}$$

或者，求解式(3.2.4)得到 a_2：

$$a_2 = \frac{u_2 - u_1}{L} \tag{3.2.5}$$

将式(3.2.3)与式(3.2.5)代入式(3.2.1)得到：

$$u = \left(\frac{u_2 - u_1}{L} \right) x + u_1 \tag{3.2.6}$$

在矩阵形式下，式(3.2.6)为：

$$u = \left[1 - \frac{x}{L} \quad \frac{x}{L} \right] \begin{Bmatrix} u_1 \\ u_2 \end{Bmatrix} \tag{3.2.7}$$

或者

$$u = [N_1 \quad N_2] \begin{Bmatrix} u_1 \\ u_2 \end{Bmatrix} \tag{3.2.8}$$

这里 N_1、N_2 分别为：

$$N_1 = 1 - \frac{x}{L} \quad 和 \quad N_2 = \frac{x}{L} \tag{3.2.9}$$

之所以称为形函数，是因为 N_i^e 表示第 i 个单元自由度为单位值且其他自由度均为零时，单元在区域(x坐标)上假定位移函数的形状。在这种情况下，N_1 和 N_2 均为线性函数，在节点 1 上 $N_1=1$，$N_2=0$，而在节点 2 上 $N_1=0$，$N_2=1$。如图 3.4(c)和(d)所示，这些形函数均在弹性范围内。而且，对于沿杆的任意轴向坐标，$N_1+N_2=1$。

形函数相加之和为 1 的意义在准则 4 中有更全面的描述。此外，N_i 通常被称为插值函数，通过插值可确定给定节点值之间的函数值。插值函数可能与实际函数不同，但端点或节点处的插值函数和实际函数必须等于指定的节点值。

2．近似函数在杆单元内部应是连续的。式(3.2.1)给出的简单线性函数 u 在单元内肯定是连续的。因此，线性函数在单元内产生 u 的连续值，由于 u 连续平滑变化，因此防止了开裂、重叠、跳跃(参见图 3.5)。

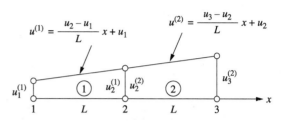

图 3.5　两杆结构单元间的连续性

3．对于离散线单元，近似函数应保证在各节点上所有自由度的单元间的连续性；对于二维单元和三维单元，则应在公共边界线和公共面保证连续。对于杆单元，必须保证两个或多个单元的公共节点在这些单元变形之后仍是公共的，从而防止出现单元重叠或脱离。例如，考虑图 3.5 所示的两杆结构。对于此两杆结构，每个单元中 u[参见式(3.1.2)]的线性函数会确保元素 1 和元素 2 保持连接，单元 1 节点 2 的位移要等于单元 2 在同一节点 2 处的位移，即 $u_2^{(1)}=u_2^{(2)}$。式(2.3.3)也说明了这一规则。因此线性函数称为杆单元的协调函数，因为它确保了邻近单元之间的连续，也确保了单元内部的连续。

一般来说，符号 C^m 用于描述分段场(如轴向位移)的连续性，这里上标 m 表示单元间连续导数的阶数。如果函数自身是单元间连续的，则场是 C^0 连续的。例如，图 3.5 所示的场变量为轴向位移，公共节点处的位移是连续的。因此，可以说位移场是 C^0 连续的。杆单元、平面单元(参见第 7 章)和固体单元(参见第 11 章)均为 C^0 单元，因为它们在公共边界上确保了位移的连续性。

如果函数在公共边界处同时具有场变量和一阶导数连续，则说场变量是 C^1 连续的。后面将会看到梁单元(参见第 4 章)和板单元(参见第 12 章)均为 C^1 连续，即它们在公共边界上都有位移和斜率的连续性。

4．近似函数应考虑刚体位移和单元内的常应变状态。一维位移函数[参见式(3.2.1)]满足这些准则，因为 a_1 项考虑到刚体运动，即物体无应变的移动，a_2x 项考虑到常应变，因为 $\varepsilon_x=\mathrm{d}u/\mathrm{d}x=a_2$ 是一个常数。如果单元选得很小，单元中的常应变状态实际上是可以发生的。满足第 4 项准则的简单多项式(3.2.1)对于杆单元是完整的。

完整性通常也意味着不能用高阶项忽略低阶项。对于简单的线性函数，这意味着保留 a_2x 时，a_1 不能被略去。一个函数的完整性是收敛到精确解(如图 3.6 所示的位移和应力)的必要条件(参见参考文献[3])。图 3.6 表示当有限单元数量增加时，解单调收敛到精确解。单调收敛是这样一种过程，即在有限元近似解不断逼近精确解时，符号或方向总是保持不变的。

内插(近似)函数必须考虑刚体位移，这意味着该函数必须能够产生一个常值，比如说 a_1，因为这样的值实际上可以发生。因此必须考虑以下情况：

$$u = a_1 \tag{3.2.10}$$

因为 $u = a_1$ 要求节点位移 $u_1 = u_2$ 以得到刚体位移，因此：

$$a_1 = u_1 = u_2 \tag{3.2.11}$$

将式 (3.2.11) 代入式 (3.2.8) 得到：

$$u = N_1 u_1 + N_2 u_2 = (N_1 + N_2) a_1 \tag{3.2.12}$$

根据式 (3.2.10) 和式 (3.2.12)，有：

$$u = a_1 = (N_1 + N_2) a_1 \tag{3.2.13}$$

因此，由式 (3.2.13) 得到：

$$N_1 + N_2 = 1 \tag{3.2.14}$$

式 (3.2.14) 表示位移内插函数必须在单元内的每一点加起来等于 1，使刚体位移发生时 u 能够产生一个常值。

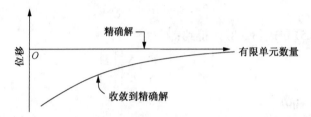

图 3.6　随着有限元方法中单元数量的增加，收敛到精确解

3.3　二维向量变换

在很多问题中，同时引进局部 (x'-y') 和整体 (x-y) 两个坐标系以方便求解。选择局部坐标便于表示单个单元，选择整体坐标便于表示整个结构。

给定一个单元的节点位移，在图 3.7 中用一个向量 **d** 来表示，将该向量在一个坐标系中的分量与它在另一个坐标系中的分量关联起来。为了一般化起见，假定 **d** 既不与局部轴重合，也不与全局轴重合。在这种情况下，要将整体位移分量与局部位移分量关联起来。在此过程中，将建立变换矩阵，变换矩阵在后面将用来建立杆单元的总体刚度矩阵。定义从 x 轴逆时针转动到 x' 轴的 θ 角为正。向量位移 **d** 既可用整体坐标表示，也可用局部坐标表示，具体为：

$$\mathbf{d} = u\mathbf{i} + v\mathbf{j} = u'\mathbf{i}' + v'\mathbf{j}' \tag{3.3.1}$$

式中，**i** 和 **j** 为整体方向 x 和 y 上的单位向量，**i**' 和 **j**' 为局部方向 x' 和 y' 上的单位向量。根据图 3.7，我们具有以下向量：

$$\vec{u} = \overrightarrow{OA}, \vec{v} = \overrightarrow{AB}, \vec{u}' = \overrightarrow{OC}, \vec{v}' = \overrightarrow{CB} \tag{3.3.2}$$

根据图 3.7，将沿 x' 轴方向的向量相加得到：

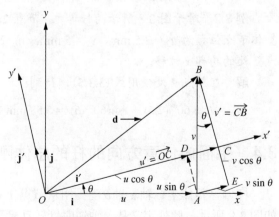

图 3.7　二维中的广义位移向量 **d**

$$\vec{OC} = \vec{OD} + \vec{DC} \tag{3.3.3}$$

根据图 3.7 中的三角关系,结合式(3.3.2)得到:

$$\vec{OD} = \vec{OA}\cos\theta = \vec{u}\cos\theta, \quad \vec{DC} = \vec{AE} = \vec{v}\sin\theta \tag{3.3.4}$$

将式(3.3.2)(关于 u')和式(3.3.4)代入式(3.3.3),得到:

$$u' = u\cos\theta + v\sin\theta \tag{3.3.5}$$

同样,将沿 y' 轴方向上的向量相加(见图 3.7),得到:

$$\vec{CB} = -\vec{AD} + \vec{BE} \tag{3.3.6}$$

再次根据三角关系以及式(3.3.2)得到:

$$\vec{AD} = \vec{OA}\sin\theta = \vec{u}\sin\theta, \quad \vec{BE} = \vec{AB}\cos\theta = \vec{v}\cos\theta \tag{3.3.7}$$

将式(3.3.2)(关于 v')和式(3.3.7)代入式(3.3.6),得到:

$$v' = -u\sin\theta + v\cos\theta \tag{3.3.8}$$

用矩阵形式的式(3.3.5)和式(3.3.8),得到:

$$\begin{Bmatrix} u' \\ v' \end{Bmatrix} = \begin{bmatrix} C & S \\ -S & C \end{bmatrix} \begin{Bmatrix} u \\ v \end{Bmatrix} \tag{3.3.9}$$

式中,$C = \cos\theta$,$S = \sin\theta$。

式(3.3.9)将整体位移矩阵 $\{d\}$ 和局部位移矩阵 $\{d'\}$ 联系起来,即:

$$\{d'\} = [T]\{d\} \tag{3.3.10}$$

式中,

$$\{d\} = \begin{Bmatrix} u \\ v \end{Bmatrix}, \quad \{d'\} = \begin{Bmatrix} u' \\ v' \end{Bmatrix}, \quad [T] = \begin{bmatrix} C & S \\ -S & C \end{bmatrix} \tag{3.3.11}$$

矩阵 $[T]$ 称为变换矩阵或旋转矩阵。有关此矩阵的其他描述参见附录 A,3.4 节将用它建立任意方向杆单元的总体刚度矩阵,并将整体节点位移和力变换为局部位移和局部力。

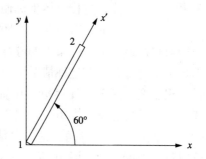

例 3.2　对于图 3.8 所示的杆单元,节点 2 处的整体节点位移为 $u_2 = 2.5$ mm,$v_2 = 5$ mm。请确定节点 2 处的局部 x 位移。

解　在节点 2 处使用式(3.3.5),得到:

$$u_2' = (\cos 60°)(2.5) + (\sin 60°)(5) = 5.58 \text{ mm}$$

图 3.8　局部坐标轴 x' 沿单元方向的杆单元

3.4　平面内任意方向的杆的总体刚度矩阵

杆偏移整体坐标轴 x 轴 θ 度,用从节点 1 指向节点 2 沿杆方向的局部坐标轴 x' 轴确定,如图 3.9 所示。此处定义从 x 轴逆时针转动到 x' 轴的角度 θ 为正。

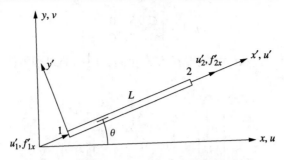

图 3.9 整体 $x\text{-}y$ 平面内任意方向的杆单元

现用式 (3.1.13) 表示局部单元刚度矩阵 $\{k'\}$，局部单元刚度矩阵 $\{k'\}$ 将局部坐标节点力 $\{f'\}$ 与局部节点位移 $\{d'\}$ 关联起来，如方程 (3.4.1) 所示：

$$\begin{Bmatrix} f'_{1x} \\ f'_{2x} \end{Bmatrix} = \frac{AE}{L} \begin{bmatrix} 1 & -1 \\ -1 & 1 \end{bmatrix} \begin{Bmatrix} u'_1 \\ u'_2 \end{Bmatrix} \tag{3.4.1}$$

或

$$\{f'\} = [k']\{d'\} \tag{3.4.2}$$

现将对于整体坐标轴为任意方向的杆单元的整体单元节点力 $\{f\}$ 与整体节点位移 $\{d\}$ 关联起来，如图 3.9 所示。该关系式将得到单元的总体刚度矩阵 $[k]$。也就是说要找到矩阵 $[k]$ 使得：

$$\begin{Bmatrix} f_{1x} \\ f_{1y} \\ f_{2x} \\ f_{2y} \end{Bmatrix} = [k] \begin{Bmatrix} u_1 \\ v_1 \\ u_2 \\ v_2 \end{Bmatrix} \tag{3.4.3}$$

或用简化的矩阵形式表示为：

$$\{f\} = [k]\{d\} \tag{3.4.4}$$

从式 (3.4.3) 看出，当使用整体坐标时，总共出现 4 个力的分量和 4 个位移分量。然而，一个弹簧或一根杆在局部坐标系下总共有两个力的分量和两个位移分量，见式 (3.4.1)。利用局部力和整体力分量之间的关系，以及局部位移和整体位移分量的关系可以得到总体刚度矩阵。由变换关系式 (3.3.5) 可知：

$$u'_1 = u_1 \cos\theta + v_1 \sin\theta$$
$$u'_2 = u_2 \cos\theta + v_2 \sin\theta \tag{3.4.5}$$

用矩阵形式将式 (3.4.5) 表示为：

$$\begin{Bmatrix} u'_1 \\ u'_2 \end{Bmatrix} = \begin{bmatrix} C & S & 0 & 0 \\ 0 & 0 & C & S \end{bmatrix} \begin{Bmatrix} u_1 \\ v_1 \\ u_2 \\ v_2 \end{Bmatrix} \tag{3.4.6}$$

或表示为：

$$\{d'\} = [T^*]\{d\} \tag{3.4.7}$$

式中，

$$[T^*] = \begin{bmatrix} C & S & 0 & 0 \\ 0 & 0 & C & S \end{bmatrix} \tag{3.4.8}$$

类似地，由于力的变换方式和位移的变换方式相同，用局部力和整体力替换式(3.4.6)中的局部位移和全局位移，得到：

$$\begin{Bmatrix} f'_{1x} \\ f'_{2x} \end{Bmatrix} = \begin{bmatrix} C & S & 0 & 0 \\ 0 & 0 & C & S \end{bmatrix} \begin{Bmatrix} f_{1x} \\ f_{1y} \\ f_{2x} \\ f_{2y} \end{Bmatrix} \tag{3.4.9}$$

类似式(3.4.7)，将式(3.4.9)写为：

$$\{f'\} = [T^*]\{f\} \tag{3.4.10}$$

将式(3.4.7)代入式(3.4.2)得到：

$$\{f'\} = [k'][T^*]\{d\} \tag{3.4.11}$$

将式(3.4.10)代入式(3.4.11)得出：

$$[T^*]\{f\} = [k'][T^*]\{d\} \tag{3.4.12}$$

然而，为了写出一个单元全局节点力与全局节点位移关系的最终表达式，必须对方程(3.4.12)中的$[T^*]$求逆。因为$[T^*]$不是方阵，不能直接求得。因此，必须扩展$\{d'\}$、$\{f'\}$和$[k']$的阶次，使其与使用整体坐标的阶次相同，也就是使f'_{1y}和v'_{2y}为零。对于每一节点位移，利用式(3.3.9)得出：

$$\begin{Bmatrix} u'_1 \\ v'_1 \\ u'_2 \\ v'_2 \end{Bmatrix} = \begin{bmatrix} C & S & 0 & 0 \\ -S & C & 0 & 0 \\ 0 & 0 & C & S \\ 0 & 0 & -S & C \end{bmatrix} \begin{Bmatrix} u_1 \\ v_1 \\ u_2 \\ v_2 \end{Bmatrix} \tag{3.4.13}$$

或

$$\{d'\} = [T]\{d\} \tag{3.4.14}$$

式中，

$$[T] = \begin{bmatrix} C & S & 0 & 0 \\ -S & C & 0 & 0 \\ 0 & 0 & C & S \\ 0 & 0 & -S & C \end{bmatrix} \tag{3.4.15}$$

类似地可得到：

$$\{f'\} = [T]\{f\} \tag{3.4.16}$$

因为力和位移一样都是向量。$[k']$也必须扩展为4×4矩阵。因此式(3.4.1)的扩展形式为：

$$\begin{Bmatrix} f'_{1x} \\ f'_{1y} \\ f'_{2x} \\ f'_{2y} \end{Bmatrix} = \frac{AE}{L} \begin{bmatrix} 1 & 0 & -1 & 0 \\ 0 & 0 & 0 & 0 \\ -1 & 0 & 1 & 0 \\ 0 & 0 & 0 & 0 \end{bmatrix} \begin{Bmatrix} u'_1 \\ v'_1 \\ u'_2 \\ v'_2 \end{Bmatrix} \tag{3.4.17}$$

在式 (3.4.17) 中,因为 f_{1y} 和 f_{2y} 为零,零行对应于 $[k']$ 中 f_{1y} 和 f_{2y} 的行号。在式 (3.4.2) 中代入式 (3.4.14) 和式 (3.4.16) 得出:

$$[T]\{f\} = [k'][T]\{d\} \tag{3.4.18}$$

式 (3.4.18) 是式 (3.4.12) 的扩展形式。将式 (3.4.18) 的两边都乘以 $[T]^{-1}$,得到:

$$\{f\} = [T]^{-1}[k'][T]\{d\} \tag{3.4.19}$$

式中,$[T]^{-1}$ 是 $[T]$ 的逆矩阵。然而,从习题 3.28 可以看出:

$$[T]^{-1} = [T]^T \tag{3.4.20}$$

式中,$[T]^T$ 是 $[T]$ 的转置矩阵。由式 (3.4.20) 给出的方阵 $[T]$ 的性质,确定 $[T]$ 是一个正交矩阵。有关正交矩阵的更多信息参见附录 A。在直角坐标系之间的变换矩阵 $[T]$ 是正交的。本书通篇将用到 $[T]$ 的这一特性。将式 (3.4.20) 代入式 (3.4.19) 得出:

$$\{f\} = [T]^T[k'][T]\{d\} \tag{3.4.21}$$

联立式 (3.4.4) 和式 (3.4.21),得出一个单元的总体刚度矩阵为:

$$[k] = [T]^T[k'][T] \tag{3.4.22}$$

将式 (3.4.15) 给出的 $[T]$ 和式 (3.4.17) 给出的 $[k']$ 的扩展形式代入式 (3.4.22),得出 $[k]$ 的显式表达式为:

$$[k] = \frac{AE}{L} \begin{bmatrix} C^2 & CS & -C^2 & -CS \\ & S^2 & -CS & -S^2 \\ & & C^2 & CS \\ 对称 & & & S^2 \end{bmatrix} \tag{3.4.23}$$

式 (3.4.23) 是 x-y 平面内任意方向的杆的显式刚度矩阵。

由于试用位移函数 (3.2.6) 和图 3.5 单元分段连续,可采用直接刚度法对每个单元的刚度矩阵求和得到:

$$\sum_{e=1}^{N} [k^{(e)}] = [K] \tag{3.4.24}$$

式中,$[K]$ 是总体刚度矩阵,N 是单元的总数。类似地,每一单元的总体节点力矩阵可以通过求和得到:

$$\sum_{e=1}^{N} \{f^{(e)}\} = \{F\} \tag{3.4.25}$$

现在 $[K]$ 将整个结构的整体节点力 $\{F\}$ 与整体节点位移 $\{d\}$ 联系起来:

$$\{F\} = [K]\{d\} \tag{3.4.26}$$

例 3.3 对于图 3.10 所示的杆单元,确定相对于 x-y 坐标系的总体刚度矩阵。令杆的横截面积等于 $6×10^{-4}$ m^2,长度等于 1.2 m,弹性模量等于 $2×10^{11}$ Pa。杆与 x 轴的夹角为 $30°$。

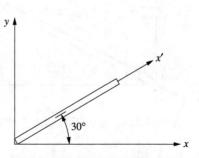

图 3.10 计算刚度矩阵的杆单元

解 要计算一根杆的总体刚度矩阵 $[k]$,利用式 (3.4.23),

θ 角以从 x 轴逆时针转动到 x' 轴为正。因此,

$$\theta = 30° \qquad C = \cos 30° = \frac{\sqrt{3}}{2} \qquad S = \sin 30° = \frac{1}{2}$$

$$[k] = \frac{(6 \times 10^{-4})(2 \times 10^{11})}{1.2} \begin{bmatrix} \frac{3}{4} & \frac{\sqrt{3}}{4} & \frac{-3}{4} & \frac{-\sqrt{3}}{4} \\ & \frac{1}{4} & \frac{-\sqrt{3}}{4} & \frac{-1}{4} \\ & & \frac{3}{4} & \frac{\sqrt{3}}{4} \\ \text{对称} & & & \frac{1}{4} \end{bmatrix} \frac{\text{N}}{\text{m}} \tag{3.4.27}$$

简化式(3.4.27)得出:

$$[k] = 10^8 \begin{bmatrix} 0.75 & 0.433 & -0.75 & -0.433 \\ & 0.25 & -0.433 & -0.25 \\ & & 0.75 & 0.433 \\ \text{对称} & & & 0.25 \end{bmatrix} \frac{\text{N}}{\text{m}} \tag{3.4.28}$$

3.5　计算 x-y 平面内杆的应力

现讨论杆单元内应力的确定。对于一根杆,局部力和局部位移用式(3.4.1)或式(3.4.17)关联。为便利起见,此处重复写出这一方程:

$$\begin{Bmatrix} f'_{1x} \\ f'_{2x} \end{Bmatrix} = \frac{AE}{L} \begin{bmatrix} 1 & -1 \\ -1 & 1 \end{bmatrix} \begin{Bmatrix} u'_1 \\ u'_2 \end{Bmatrix} \tag{3.5.1}$$

轴向拉伸应力通常定义为轴向力除以横截面积。因此,轴向应力为:

$$\sigma = \frac{f'_{2x}}{A} \tag{3.5.2}$$

式中使用了 f'_{2x},因为它是作用在该杆上的轴向力,如图 3.11 所示。利用式(3.5.1)有:

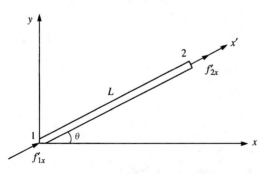

图 3.11　有正向节点力的基本杆单元

$$f'_{2x} = \frac{AE}{L} \begin{bmatrix} -1 & 1 \end{bmatrix} \begin{Bmatrix} u'_1 \\ u'_2 \end{Bmatrix} \tag{3.5.3}$$

因此,联合式(3.5.2)和式(3.5.3)得出:

$$\{\sigma\} = \frac{E}{L} \begin{bmatrix} -1 & 1 \end{bmatrix} \{d'\} \tag{3.5.4}$$

现在利用式(3.4.7)得出:

$$\{\sigma\} = \frac{E}{L} \begin{bmatrix} -1 & 1 \end{bmatrix} [T^*] \{d\} \tag{3.5.5}$$

式(3.5.5)可以表示为如下的简单形式:

$$\{\sigma\} = [C'] \{d\} \tag{3.5.6}$$

代入方程(3.4.8)得到:

$$[C'] = \frac{E}{L}\begin{bmatrix} -1 & 1 \end{bmatrix}\begin{bmatrix} C & S & 0 & 0 \\ 0 & 0 & C & S \end{bmatrix} \tag{3.5.7}$$

式(3.5.7)中的矩阵相乘之后得到：

$$[C'] = \frac{E}{L}\begin{bmatrix} -C & -S & C & S \end{bmatrix} \tag{3.5.8}$$

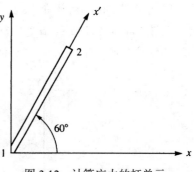

图 3.12 计算应力的杆单元

例 3.4 确定图 3.12 中杆的轴向应力。令 $A = 4 \times 10^{-4}$ m^2，$E = 210$ GPa，$L = 2$ m，令 x 与 x' 之间的角度为 $60°$。假定前面得出的整体位移为 $u_1 = 0.25$ mm，$v_1 = 0.0$，$u_2 = 0.50$ mm，$v_2 = 0.75$ mm。

解 可以利用式(3.5.6)计算轴向应力。首先用式(3.5.8)计算 $[C']$：

$$[C'] = \frac{210 \times 10^6 \ \text{kN/m}^2}{2 \ \text{m}}\begin{bmatrix} -\dfrac{1}{2} & -\dfrac{\sqrt{3}}{2} & \dfrac{1}{2} & \dfrac{\sqrt{3}}{2} \end{bmatrix} \tag{3.5.9}$$

在式(3.5.9)中将 $C = \cos60° = 1/2$ 和 $S = \sin60° = \sqrt{3}/2$ 代入。$\{d\}$ 由下式给出：

$$\{d\} = \begin{Bmatrix} u_1 \\ v_1 \\ u_2 \\ v_2 \end{Bmatrix} = \begin{Bmatrix} 0.25 \times 10^{-3} \ \text{m} \\ 0.0 \\ 0.50 \times 10^{-3} \ \text{m} \\ 0.75 \times 10^{-3} \ \text{m} \end{Bmatrix} \tag{3.5.10}$$

在式(3.5.6)中利用式(3.5.9)和式(3.5.10)，得出杆的轴向应力为：

$$\sigma_x = \frac{210 \times 10^6}{2}\begin{bmatrix} -\dfrac{1}{2} & -\dfrac{\sqrt{3}}{2} & \dfrac{1}{2} & \dfrac{\sqrt{3}}{2} \end{bmatrix}\begin{Bmatrix} 0.25 \\ 0.0 \\ 0.50 \\ 0.75 \end{Bmatrix} \times 10^{-3}$$

$$= 81.32 \times 10^3 \ \text{kN/m}^2 = 81.32 \ \text{MPa}$$

3.6 求解平面桁架

我们现在要利用 3.4 节和 3.5 节中建立的方程以及组装总体刚度矩阵及方程的直接刚度法，求解下面的平面桁架例题。平面桁架是由杆单元组成的结构，所有杆单元都位于同一平面内，且由光滑的销钉连接。平面桁架所受的荷载也必须在同一平面内，所有荷载必须作用在节点处。

例 3.5 图 3.13 所示为三个单元组成的平面桁架，在节点 1 作用 50 kN 向下的力，请确定节点 1 处 x 和 y 的位移及每一单元的应力。对所有单元，$E = 200$ GPa，$A = 6 \times 10^{-4}$ m^2。各单元长度在图中给出。

解 首先，利用式(3.4.23)确定每个单元的总体刚度矩阵。为此，需要确定每个单元的整体坐标轴 x 轴和局部坐标轴 x' 轴之间的夹角 θ。在本例中，每个单元 x' 轴的方向是从节点 1 指向另一节点，如图 3.13 所示。每一单元的节点编号是任意的。然而，一旦方向选定，定义从 x 轴逆时针转动到 x' 轴的 θ 角为正。对于单元 1，局部坐标轴 x_1' 轴是从节点 1 指向节点 2

的，因此 $\theta^{(1)} = 90°$。对于单元 2，局部坐标轴 x_2' 轴是从节点 1 指向节点 3 的，$\theta^{(2)} = 45°$。对于单元 3，局部坐标轴 x_3' 轴是从节点 1 指向节点 4 的，$\theta(3) = 0°$。建立表 3.1 以便于确定每个单元的刚度矩阵。

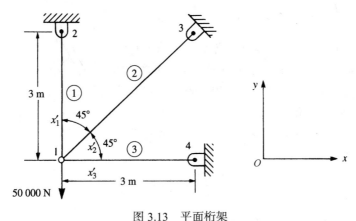

图 3.13　平面桁架

该桁架在施加边界约束之前，总共有 8 个节点位移分量或 8 个自由度。因此总体刚度矩阵的阶必须是 8×8。可以按照 2.4 节第一部分说明的方法，加 0 行和 0 列将每个单元的 $[k]$ 矩阵扩展为 8×8 阶，还可以按照 2.4 节后面部分说明的方法，根据与之相关的位移分量将每个单元刚度矩阵标上行号和列号。利用后面这种方法，只需将单个单元刚度矩阵的各项加到 $[K]$ 矩阵中的相应位置，就可构造总体刚度矩阵 $[K]$。该方法将在此处以及整本书中使用。

对于单元 1，利用式(3.4.23)和表 3.1 中的方向余弦得到：

$$[k^{(1)}] = \frac{(2 \times 10^{11})(6 \times 10^{-4})}{3} \begin{matrix} u_1 & v_1 & u_2 & v_2 \\ \begin{bmatrix} 0 & 0 & 0 & 0 \\ 0 & 1 & 0 & -1 \\ 0 & 0 & 0 & 0 \\ 0 & -1 & 0 & 1 \end{bmatrix} \end{matrix} \qquad (3.6.1)$$

表 3.1　图 3.13 中的桁架数据

单元	$\theta°$	C	S	C^2	S^2	CS
1	90°	0	1	0	1	0
2	45°	$\sqrt{2}/2$	$\sqrt{2}/2$	1/2	1/2	1/2
3	0°	1	0	1	0	0

类似地，对于单元 2，有：

$$[k^{(2)}] = \frac{(2 \times 10^{11})(6 \times 10^{-4})}{3 \times \sqrt{2}} \begin{matrix} u_1 & v_1 & u_3 & v_3 \\ \begin{bmatrix} 0.5 & 0.5 & -0.5 & -0.5 \\ 0.5 & 0.5 & -0.5 & -0.5 \\ -0.5 & -0.5 & 0.5 & 0.5 \\ -0.5 & -0.5 & 0.5 & 0.5 \end{bmatrix} \end{matrix} \qquad (3.6.2)$$

对于单元 3，有：

$$[k^{(3)}] = \frac{(2 \times 10^{11})(6 \times 10^{-4})}{3} \begin{array}{cccc} u_1 & v_1 & u_4 & v_4 \\ \begin{bmatrix} 1 & 0 & -1 & 0 \\ 0 & 0 & 0 & 0 \\ -1 & 0 & 1 & 0 \\ 0 & 0 & 0 & 0 \end{bmatrix} \end{array} \qquad (3.6.3)$$

由式 (3.6.1) ~ 式 (3.6.3) 可以提取出一个公共的系数 $2 \times 10^{11} \times 6 \times 10^{-4}/3 (= 4 \times 10^7)$，式 (3.6.2) 的方括号中的每一项都乘以 $1/\sqrt{2}$。在将单个单元刚度矩阵的各项加到 [K] 的相应位置后，得到总体刚度矩阵为：

$$[K] = (4 \times 10^7) \begin{array}{cccccccc} u_1 & v_1 & u_2 & v_2 & u_3 & v_3 & u_4 & v_4 \\ \begin{bmatrix} 1.354 & 0.354 & 0 & 0 & -0.354 & -0.354 & -1 & 0 \\ 0.354 & 1.354 & 0 & -1 & -0.354 & -0.354 & 0 & 0 \\ 0 & 0 & 0 & 0 & 0 & 0 & 0 & 0 \\ 0 & -1 & 0 & 1 & 0 & 0 & 0 & 0 \\ -0.354 & -0.354 & 0 & 0 & 0.354 & 0.354 & 0 & 0 \\ -0.354 & -0.354 & 0 & 0 & 0.354 & 0.354 & 0 & 0 \\ -1 & 0 & 0 & 0 & 0 & 0 & 1 & 0 \\ 0 & 0 & 0 & 0 & 0 & 0 & 0 & 0 \end{bmatrix} \end{array} \qquad (3.6.4)$$

总体矩阵 [K]，即式 (3.6.4) 将整体力和整体位移关联在一起。考虑节点 1 处作用的外力和节点 2 ~ 4 的边界约束，总体结构刚度方程写为：

$$\begin{Bmatrix} 0 \\ -50\,000 \\ F_{2x} \\ F_{2y} \\ F_{3x} \\ F_{3y} \\ F_{4x} \\ F_{4y} \end{Bmatrix} = (4 \times 10^7) \begin{bmatrix} 1.354 & 0.354 & 0 & 0 & -0.354 & -0.354 & -1 & 0 \\ 0.354 & 1.354 & 0 & -1 & -0.354 & -0.354 & 0 & 0 \\ 0 & 0 & 0 & 0 & 0 & 0 & 0 & 0 \\ 0 & -1 & 0 & 1 & 0 & 0 & 0 & 0 \\ -0.354 & -0.354 & 0 & 0 & 0.354 & 0.354 & 0 & 0 \\ -0.354 & -0.354 & 0 & 0 & 0.354 & 0.354 & 0 & 0 \\ -1 & 0 & 0 & 0 & 0 & 0 & 1 & 0 \\ 0 & 0 & 0 & 0 & 0 & 0 & 0 & 0 \end{bmatrix}$$

$$\times \begin{Bmatrix} u_1 \\ v_1 \\ u_2 = 0 \\ v_2 = 0 \\ u_3 = 0 \\ v_3 = 0 \\ u_4 = 0 \\ v_4 = 0 \end{Bmatrix} \qquad (3.6.5)$$

现在可以用 2.5 节第 1 部分描述的划分方案，得出用于确定未知位移 u_1 和 v_1 的方程，即在式 (3.6.5) 中将前两个方程与第 3 个至第 8 个方程分开。或者，可以按照 2.5 节后面部分所描述的方法，消除总体刚度矩阵中与零位移相应的行和列。这里采用后一种方法，即消掉式 (3.6.5) 中的第 3 ~ 8 行和第 3 ~ 8 列，因为这些行和列与零位移相对应。记住，对于非齐次边界条件，这种直接消去的方法必须进行修正，这已在 2.5 节中做了说明。因此可得到：

$$\begin{Bmatrix} 0 \\ -50\,000 \end{Bmatrix} = (4 \times 10^7) \begin{bmatrix} 1.354 & 0.354 \\ 0.354 & 1.354 \end{bmatrix} \begin{Bmatrix} u_1 \\ v_1 \end{Bmatrix} \tag{3.6.6}$$

在式(3.6.6)的两边乘以 2×2 刚度矩阵的逆矩阵可以解出位移，或同时求解这两个方程解出位移。利用任何一种方法都可以得到位移：

$$u_1 = 2.590\,75 \times 10^4 \text{ m} \quad v_1 = -9.909\,25 \times 10^{-4} \text{ m}$$

v_1 结果中的负号说明节点 1 处 y 方向的位移分量与假定的整体坐标系的 y 轴正方向相反，即在节点 1 处发生的位移是向下的。

利用式(3.5.6)和表 3.1，可确定每个单元的应力如下：

$$\sigma^{(1)} = \frac{2 \times 10^{11}}{3} [0 \quad -1 \quad 0 \quad 1] \begin{Bmatrix} u_1 = 2.590\,75 \times 10^{-4} \\ v_1 = -9.909\,25 \times 10^{-4} \\ u_2 = 0 \\ v_2 = 0 \end{Bmatrix} = 66.06 \text{ MPa}$$

$$\sigma^{(2)} = \frac{2 \times 10^{11}}{3\sqrt{2}} \begin{bmatrix} \dfrac{-\sqrt{2}}{2} & \dfrac{-\sqrt{2}}{2} & \dfrac{\sqrt{2}}{2} & \dfrac{\sqrt{2}}{2} \end{bmatrix} \begin{Bmatrix} u_1 = 2.590\,75 \times 10^{-4} \\ v_1 = -9.909\,25 \times 10^{-4} \\ u_3 = 0 \\ v_3 = 0 \end{Bmatrix}$$

$$= 24.4 \text{ MPa}$$

$$\sigma^{(3)} = \frac{2 \times 10^{11}}{3} [-1 \quad 0 \quad 1 \quad 0] \begin{Bmatrix} u_1 = 2.590\,75 \times 10^{-4} \\ v_1 = -9.909\,25 \times 10^{-4} \\ u_4 = 0 \\ v_4 = 0 \end{Bmatrix} = -17.27 \text{ MPa}$$

现在通过检验节点 1 的力平衡来验证结果，即将整体坐标轴 x 和 y 方向上的力分别相加，得到：

$$\sum F_x = 0 \quad (24.4 \text{ MPa})(6 \times 10^{-4} \text{ m}^2)\frac{\sqrt{2}}{2} - (17.27 \text{ MPa})(6 \times 10^{-4} \text{ m}^2) = 0$$

$$\sum F_y = 0 \quad (66.06 \text{ MPa})(6 \times 10^{-4} \text{ m}^2) + (24.4 \text{ MPa})(6 \times 10^{-4} \text{ m}^2)\frac{\sqrt{2}}{2} - 50\,000 = 0$$

例 3.6   对于图 3.14 所示的二杆桁架，确定节点 1 处 y 方向的位移和每个单元的轴向力。在节点 1 沿 y 的正方向作用有 $P = 1000$ kN 的力，而节点 1 在 x 的负方向有一个固定位移 $\delta = 50$ mm。对每个单元，$E = 210$ GPa，$A = 6.00 \times 10^{-4}$ m²。单元长度在图上给出。

解   首先利用式(3.4.23)确定每个单元的刚度矩阵。

单元 1

$$\cos\theta^{(1)} = \frac{3}{5} = 0.60 \quad \sin\theta^{(1)} = \frac{4}{5} = 0.80$$

$$[k^{(1)}] = \frac{(6.0 \times 10^{-4}\text{m}^2)(210 \times 10^6 \text{ kN/m}^2)}{5 \text{ m}} \begin{bmatrix} 0.36 & 0.48 & -0.36 & -0.48 \\ & 0.64 & -0.48 & -0.64 \\ & & 0.36 & 0.48 \\ \text{对称} & & & 0.64 \end{bmatrix} \tag{3.6.7}$$

简化式(3.6.7)得出：

$$
\begin{array}{c}
\begin{array}{cccc} u_1 & v_1 & u_2 & v_2 \end{array} \\
[k^{(1)}] = (25\,200) \begin{bmatrix} 0.36 & 0.48 & -0.36 & -0.48 \\ & 0.64 & -0.48 & -0.64 \\ & & 0.36 & 0.48 \\ \text{对称} & & & 0.64 \end{bmatrix}
\end{array} \tag{3.6.8}
$$

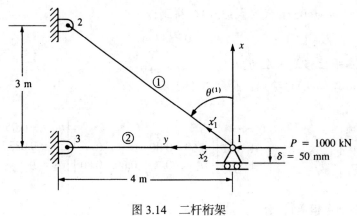

图 3.14　二杆桁架

单元 2

$$
\cos\theta^{(2)} = 0.0 \qquad \sin\theta^{(2)} = 1.0
$$

$$
[k^{(2)}] = \frac{(6.0 \times 10^{-4})(210 \times 10^6\ \text{kN/m}^2)}{4\ \text{m}} \begin{bmatrix} 0 & 0 & 0 & 0 \\ & 1 & 0 & -1 \\ & & 0 & 0 \\ \text{对称} & & & 1 \end{bmatrix} \tag{3.6.9}
$$

$$
\begin{array}{c}
\begin{array}{cccc} u_1 & v_1 & u_3 & v_3 \end{array} \\
[k^{(2)}] = (25\,200) \begin{bmatrix} 0 & 0 & 0 & 0 \\ & 1.25 & 0 & -1.25 \\ & & 0 & 0 \\ \text{对称} & & & 1.25 \end{bmatrix}
\end{array} \tag{3.6.10}
$$

为了简化计算，将式 (3.6.10) 与式 (3.6.8) 相同的因子 (25, 200) 写在矩阵前面。叠加单元刚度矩阵、式 (3.6.8) 和式 (3.6.10) 得到整体矩阵 $[K]$，通过下式将整体力和整体位移联系起来：

$$
\begin{Bmatrix} F_{1x} \\ F_{1y} \\ F_{2x} \\ F_{2y} \\ F_{3x} \\ F_{3y} \end{Bmatrix} = (25\,200) \begin{bmatrix} 0.36 & 0.48 & -0.36 & -0.48 & 0 & 0 \\ & 1.89 & -0.48 & -0.64 & 0 & -1.25 \\ & & 0.36 & 0.48 & 0 & 0 \\ & & & 0.64 & 0 & 0 \\ & & & & 0 & 0 \\ \text{对称} & & & & & 1.25 \end{bmatrix} \begin{Bmatrix} u_1 \\ v_1 \\ u_2 \\ v_2 \\ u_3 \\ v_3 \end{Bmatrix} \tag{3.6.11}
$$

同样，可以利用已知位移来划分方程，然后联立求解未知位移的方程。为进行这种划分，考虑给定的边界条件：

$$
u_1 = \delta \qquad u_2 = 0 \qquad v_2 = 0 \qquad u_3 = 0 \qquad v_3 = 0 \tag{3.6.12}
$$

因此，利用式 (3.6.12) 将式 (3.6.11) 中的式 2 与式 1、式 3、式 4、式 5、式 6 分开，仅留下：

$$P = 25\ 200(0.48\delta + 1.89v_1) \tag{3.6.13}$$

在式(3.6.13)中代入 $F_{1y} = P$ 和 $u_1 = \delta$。用 P 和 δ 的表示式(3.6.13),就可以清楚地区分这两个参数对 v_1 的影响。解式(3.6.13)求 v_1 得到:

$$v_1 = 0.000\ 021P - 0.254\delta \tag{3.6.14}$$

将 $P = 1000$ kN 和 $\delta = -0.05$ m 代入式(3.6.14)得到:

$$v_1 = 0.0337 \text{ m} \tag{3.6.15}$$

式中的正号说明水平位移是向左的。

局部单元力由式(3.4.11)确定。得到以下结果:

单元 1

$$\begin{Bmatrix} f'_{1x} \\ f'_{2x} \end{Bmatrix} = (25\ 200)\begin{bmatrix} 1 & -1 \\ -1 & 1 \end{bmatrix}\begin{bmatrix} 0.60 & 0.80 & 0 & 0 \\ 0 & 0 & 0.60 & 0.80 \end{bmatrix}\begin{Bmatrix} u_1 = -0.05 \\ v_1 = 0.0337 \\ u_2 = 0 \\ v_2 = 0 \end{Bmatrix} \tag{3.6.16}$$

式(3.6.16)中三个矩阵相乘得到:

$$f'_{1x} = -76.6 \text{ kN} \qquad f'_{2x} = 76.6 \text{ kN} \tag{3.6.17}$$

单元 2

$$\begin{Bmatrix} f'_{1x} \\ f'_{3x} \end{Bmatrix} = (31\ 500)\begin{bmatrix} 1 & -1 \\ -1 & 1 \end{bmatrix}\begin{bmatrix} 0 & 1 & 0 & 0 \\ 0 & 0 & 0 & 1 \end{bmatrix}\begin{Bmatrix} u_1 = -0.05 \\ v_1 = 0.0337 \\ u_3 = 0 \\ v_3 = 0 \end{Bmatrix} \tag{3.6.18}$$

式(3.6.18)三个矩阵相乘得出:

$$f'_{1x} = 1061 \text{ kN} \qquad f'_{3x} = -1061 \text{ kN} \tag{3.6.19}$$

通过检验节点 1 是否满足平衡的验证部分,留给读者来完成。

例 3.7　为了说明如何在结构中将弹簧和杆单元结合起来,现在求解由弹簧支撑的二杆桁架,如图 3.15 所示。对于两个杆,有 $E = 210$ GPa, $A = 5.0 \times 10^{-4}$ m²。杆 1 长度为 5 m,杆 2 长度为 10 m,弹簧刚度为 $k = 2000$ kN/m。

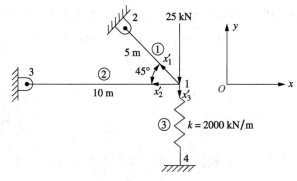

图 3.15　弹簧支撑的二杆桁架

解　首先利用式(3.4.23)确定每个单元的刚度矩阵。

单元 1

$$\theta^{(1)} = 135°, \qquad \cos\theta^{(1)} = -\sqrt{2}/2, \qquad \sin\theta^{(1)} = \sqrt{2}/2$$

$$[k^{(1)}] = \frac{(5.0 \times 10^{-4} \text{ m}^2)(210 \times 10^6 \text{ kN/m}^2)}{5 \text{ m}} \begin{bmatrix} 0.5 & -0.5 & -0.5 & 0.5 \\ -0.5 & 0.5 & 0.5 & -0.5 \\ -0.5 & 0.5 & 0.5 & -0.5 \\ 0.5 & -0.5 & -0.5 & 0.5 \end{bmatrix} \qquad (3.6.20)$$

简化式 (3.6.20) 得出:

$$[k^{(1)}] = 105 \times 10^2 \begin{matrix} \begin{matrix} u_1 & v_1 & u_2 & v_2 \end{matrix} \\ \begin{bmatrix} 1 & -1 & -1 & 1 \\ -1 & 1 & 1 & -1 \\ -1 & 1 & 1 & -1 \\ 1 & -1 & -1 & 1 \end{bmatrix} \end{matrix} \qquad (3.6.21)$$

单元 2

$$\theta^{(2)} = 180°, \qquad \cos\theta^{(2)} = -1.0, \qquad \sin\theta^{(2)} = 0$$

$$[k^{(2)}] = \frac{(5 \times 10^{-4} \text{ m}^2)(210 \times 10^6 \text{ kN/m}^2)}{10 \text{ m}} \begin{bmatrix} 1 & 0 & -1 & 0 \\ 0 & 0 & 0 & 0 \\ -1 & 0 & 1 & 0 \\ 0 & 0 & 0 & 0 \end{bmatrix} \qquad (3.6.22)$$

简化式 (3.6.22) 得出:

$$[k^{(2)}] = 105 \times 10^2 \begin{matrix} \begin{matrix} u_1 & v_1 & u_3 & v_3 \end{matrix} \\ \begin{bmatrix} 1 & 0 & -1 & 0 \\ 0 & 0 & 0 & 0 \\ -1 & 0 & 1 & 0 \\ 0 & 0 & 0 & 0 \end{bmatrix} \end{matrix} \qquad (3.6.23)$$

单元 3

$$\theta^{(3)} = 270°, \qquad \cos\theta^{(3)} = 0, \qquad \sin\theta^{(3)} = -1.0$$

利用式 (3.4.23),用弹簧常数 k 替换 AE/L,得到弹簧刚度矩阵为:

$$[k^{(3)}] = 20 \times 10^2 \begin{matrix} \begin{matrix} u_1 & v_1 & u_4 & v_4 \end{matrix} \\ \begin{bmatrix} 0 & 0 & 0 & 0 \\ 0 & 1 & 0 & -1 \\ 0 & 0 & 0 & 0 \\ 0 & -1 & 0 & 1 \end{bmatrix} \end{matrix} \qquad (3.6.24)$$

应用边界条件,得到:

$$u_2 = v_2 = u_3 = v_3 = u_4 = v_4 = 0 \qquad (3.6.25)$$

利用式 (3.6.25) 中的边界条件,简化的组合整体方程如下:

$$\begin{Bmatrix} F_{1x} = 0 \\ F_{1y} = -25 \text{ kN} \end{Bmatrix} = 10^2 \begin{bmatrix} 210 & -105 \\ -105 & 125 \end{bmatrix} \begin{Bmatrix} u_1 \\ v_1 \end{Bmatrix} \qquad (3.6.26)$$

通过式 (3.6.26) 求解整体位移,得到:

$$u_1 = -1.724 \times 10^{-3} \text{ m} \qquad v_1 = -3.448 \times 10^{-3} \text{ m} \qquad (3.6.27)$$

利用式 (3.5.6) 得到杆单元的应力为:

$$\sigma^{(1)} = \frac{210 \times 10^3 \text{ MN/m}^2}{5 \text{ m}} \begin{bmatrix} 0.707 & -0.707 & -0.707 & 0.707 \end{bmatrix} \begin{Bmatrix} -1.724 \times 10^{-3} \\ -3.448 \times 10^{-3} \\ 0 \\ 0 \end{Bmatrix}$$

化简得到:

$$\sigma^{(1)} = 51.2 \text{ MPa } (T)$$

类似地,得到单元 2 的应力为:

$$\sigma^{(2)} = \frac{210 \times 10^3 \text{ MN/m}^2}{10 \text{ m}} \begin{bmatrix} 1.0 & 0 & -1.0 & 0 \end{bmatrix} \begin{Bmatrix} -1.724 \times 10^{-3} \\ -3.448 \times 10^{-3} \\ 0 \\ 0 \end{Bmatrix}$$

化简得到:

$$\sigma^{(2)} = -36.2 \text{ MPa (C)}$$

3.7 三维空间中杆的变换矩阵和刚度矩阵

为得出图 3.16 所示的三维空间中任意方向杆单元的一般刚度矩阵,现在推导所需要的变换矩阵。令节点 1 的坐标为 x_1, y_1 和 z_1,令节点 2 的坐标为 x_2, y_2 和 z_2。另外,令从整体坐标轴 x, y 和 z 轴到局部坐标轴 x' 轴的角度分别为 θ_x, θ_y 和 θ_z。这里 x' 的方向沿单元从节点 1 指向节点 2。现在必须确定 $[T^*]$,使 $\{d'\} = [T^*]\{d\}$。现推导 $[T^*]$,考虑在三维空间中向量 $\mathbf{d}' = \mathbf{d}$:

$$u'\mathbf{i}' + v'\mathbf{j}' + w'\mathbf{k}' = u\mathbf{i} + v\mathbf{j} + w\mathbf{k} \tag{3.7.1}$$

式中,$\mathbf{i}'$, $\mathbf{j}'$ 和 $\mathbf{k}'$ 分别是与局部坐标轴 x', y' 和 z' 轴相关的单位向量;$\mathbf{i}$, $\mathbf{j}$ 和 $\mathbf{k}$ 是与整体坐标轴 x, y 和 z 轴相关的单位向量。w 和 w' 分别表示 z 和 z' 方向的位移。取式 (3.7.1) 与 $\mathbf{i}'$ 的点乘,得到:

$$u' + 0 + 0 = u(\mathbf{i}' \cdot \mathbf{i}) + v(\mathbf{i}' \cdot \mathbf{j}) + w(\mathbf{i}' \cdot \mathbf{k}) \tag{3.7.2}$$

由点乘定义得到:

$$\mathbf{i}' \cdot \mathbf{i} = \frac{x_2 - x_1}{L} = C_x$$

$$\mathbf{i}' \cdot \mathbf{j} = \frac{y_2 - y_1}{L} = C_y \tag{3.7.3}$$

$$\mathbf{i}' \cdot \mathbf{k} = \frac{z_2 - z_1}{L} = C_z$$

式中,

$$L = [(x_2 - x_1)^2 + (y_2 - y_1)^2 + (z_2 - z_1)^2]^{1/2}$$

以及

$$C_x = \cos\theta_x \qquad C_y = \cos\theta_y \qquad C_z = \cos\theta_z \tag{3.7.4}$$

式中,C_x, C_y 和 C_z 分别是 $\mathbf{i}'$ 在 $\mathbf{i}$, $\mathbf{j}$ 和 $\mathbf{k}$ 上的投影。因此,将式 (3.7.3) 代入式 (3.7.2) 得到:

$$u' = C_x u + C_y v + C_z w \tag{3.7.5}$$

对于沿 x' 轴的空间向量，式(3.7.5)给出了该向量在整体坐标 x，y 和 z 方向上的分量。利用式 (3.7.5)写出节点 1 和节点 2 的局部轴向位移的显式形式：

$$\left\{ \begin{array}{c} u_1' \\ u_2' \end{array} \right\} = \left[\begin{array}{cccccc} C_x & C_y & C_z & 0 & 0 & 0 \\ 0 & 0 & 0 & C_x & C_y & C_z \end{array} \right] \left\{ \begin{array}{c} u_1 \\ v_1 \\ w_1 \\ u_2 \\ v_2 \\ w_2 \end{array} \right\} \tag{3.7.6}$$

$$ 令 \{d'\} = \left\{ \begin{array}{c} u_1' \\ u_2' \end{array} \right\}, \quad \{d\} = \left\{ \begin{array}{c} u_1 \\ v_1 \\ w_1 \\ u_2 \\ v_2 \\ w_2 \end{array} \right\}, \quad 并定义 [T^*] = \left[\begin{array}{cccccc} C_x & C_y & C_z & 0 & 0 & 0 \\ 0 & 0 & 0 & C_x & C_y & C_z \end{array} \right] \tag{3.7.7}$$

利用式(3.7.7)，写出式(3.7.6)的矩阵形式为：

$$\{d'\} = [T^*]\{d\} \tag{a}$$

在这里，$[T^*]$ 是变换矩阵，它使局部位移矩阵 $\{d'\}$ 可用整体坐标系中的位移矩阵 $\{d\}$ 的分量表达。

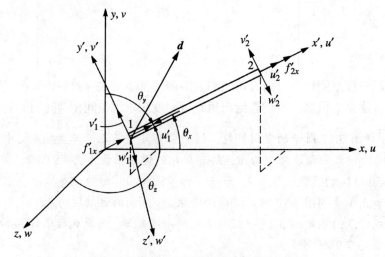

图 3.16　三维空间中存在局部节点位移的杆

根据式(a)，利用 $[T^*]$ 便于用局部力矩阵表示整体力矩阵：

$$\{f\} = [T^*]^T\{f'\} \tag{b}$$

现在，在局部坐标中，局部力和局部位移的关系为：

$$\{f'\} = [k']\{d'\} \tag{c}$$

由式(a)替换式(c)中的 $\{d'\}$，两边左乘 $[T^*]^T$，有：

$$[T^*]^T\{f'\} = [T^*]^T[k'][T^*]\{d\} \tag{d}$$

将式(b)用于式(d)的左边,得到[①]:

$$\{f\} = [T^*]^T[k'][T^*]\{d\} \tag{e}$$

整体力和整体位移的关系为:

$$\{f\} = [k]\{d\} \tag{f}$$

比较式(e)和式(f)的右边,观察到空间中任意方向杆的总体刚度矩阵为:

$$[k] = [T^*]^T[k'][T^*] \tag{g}$$

利用式(3.7.7)定义的$[T^*]$,联立式(3.4.1)和式(3.4.2)得到$[k']$,代入式(g)得到:

$$[k] = \begin{bmatrix} C_x & 0 \\ C_y & 0 \\ C_z & 0 \\ 0 & C_x \\ 0 & C_y \\ 0 & C_z \end{bmatrix} \frac{AE}{L} \begin{bmatrix} 1 & -1 \\ -1 & 1 \end{bmatrix} \begin{bmatrix} C_x & C_y & C_z & 0 & 0 & 0 \\ 0 & 0 & 0 & C_x & C_y & C_z \end{bmatrix} \tag{3.7.8}$$

简化式(3.7.8)得到$[k]$的显式形式为:

$$[k] = \frac{AE}{L} \begin{bmatrix} C_x^2 & C_xC_y & C_xC_z & -C_x^2 & -C_xC_y & -C_xC_z \\ & C_y^2 & C_yC_z & -C_xC_y & -C_y^2 & -C_yC_z \\ & & C_z^2 & -C_xC_z & -C_yC_z & -C_z^2 \\ & & & C_x^2 & C_xC_y & C_xC_z \\ & & & & C_y^2 & C_yC_z \\ 对称 & & & & & C_z^2 \end{bmatrix} \tag{3.7.9}$$

式(3.7.9)是三维空间任意方向杆单元刚度矩阵的基本形式。我们将分析一个简单的空间桁架来说明本节建立的概念。我们将给出用直接刚度法求解空间桁架问题的简单方法。

例 3.8 分析图 3.17 所示的空间桁架。该桁架有 4 个节点,其坐标在图中给出,单位为毫米,三个单元的横截面积在图中给出。所有单元的弹性模量为 $E = 8\,\text{GPa}$,在节点 1 沿 z 的负方向作用有 5000 N 的荷载。节点 2、节点 3 和节点 4 由球形铰链支撑,沿 x,y 和 z 方向的运动被约束。节点 1 受到图 3.17 所示滚轴的约束,y 方向的运动被约束。

解 利用式(3.7.9)确定图 3.17 中三个单元的刚度矩阵。为简化数值计算,首先将每个单元的$[k]$表示为式(3.7.9)的形式:

$$[k] = \frac{AE}{L} \left[\begin{array}{c|c} [\lambda] & -[\lambda] \\ \hline -[\lambda] & [\lambda] \end{array} \right] \tag{3.7.10}$$

式中,$[\lambda]$是 3×3 子矩阵,定义如下:

$$[\lambda] = \begin{bmatrix} C_x^2 & C_xC_y & C_xC_z \\ C_yC_x & C_y^2 & C_yC_z \\ C_zC_x & C_zC_y & C_z^2 \end{bmatrix} \tag{3.7.11}$$

$[\lambda]$确定后就足以确定$[k]$了。

---

① 此处原文为"用于方程(c)的左边",有误。——译者注

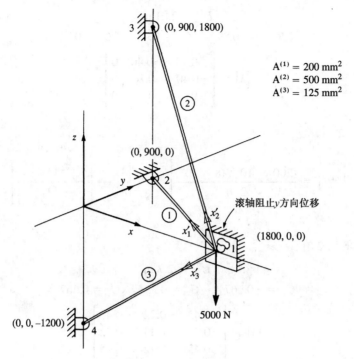

图 3.17   空间桁架

单元 3

单元 3 的方向余弦为:

$$C_x = \frac{x_4 - x_1}{L^{(3)}} \qquad C_y = \frac{y_4 - y_1}{L^{(3)}} \qquad C_z = \frac{z_4 - z_1}{L^{(3)}} \tag{3.7.12}$$

式中,x_i,y_i 和 z_i 表示每个节点的坐标,$L^{(e)}$ 表示单元长度。利用图 3.17 给出的坐标信息,得出长度和方向余弦为:

$$L^{(3)} = [(-1.8 \text{ m})^2 + (-1.2 \text{ m})^2]^{1/2} = 2.16 \text{ m}$$

$$C_x = \frac{-1.8}{2.16} = -0.833 \qquad C_y = 0 \qquad C_z = \frac{-1.2}{2.16} = -0.550 \tag{3.7.13}$$

将式 (3.7.13) 代入式 (3.7.11) 得到结果:

$$[\lambda] = \begin{bmatrix} 0.69 & 0 & 0.46 \\ 0 & 0 & 0 \\ 0.46 & 0 & 0.30 \end{bmatrix} \tag{3.7.14}$$

由式 (3.7.10) 得到:

$$[k^{(3)}] = \frac{(12.5 \times 10^{-6})(8 \times 10^9)}{2.16} \begin{array}{c} {\scriptstyle u_1 v_1 w_1 \quad u_4 v_4 w_4} \\ \left[\begin{array}{c:c} [\lambda] & -[\lambda] \\ \hdashline -[\lambda] & [\lambda] \end{array} \right] \end{array} \tag{3.7.15}$$

单元 1

类似地,对于单元 1 有:

$$L^{(1)} = 2.01 \text{ m}$$

$$C_x = -0.89 \qquad C_y = 0.45 \qquad C_z = 0$$

$$[\lambda] = \begin{bmatrix} 0.79 & -0.40 & 0 \\ -0.40 & 0.20 & 0 \\ 0 & 0 & 0 \end{bmatrix}$$

以及

$$
[k^{(1)}] = \frac{(200 \times 10^{-6})(8 \times 10^9)}{2.01}
\begin{matrix}
& \overset{u_1 v_1 w_1}{} & \overset{u_2 v_2 w_2}{} \\
\begin{bmatrix} [\lambda] & -[\lambda] \\ \hline -[\lambda] & [\lambda] \end{bmatrix}
\end{matrix}
\tag{3.7.16}
$$

单元 2

最后，对于单元 2 有：

$$L^{(2)} = 2.7 \text{ m}$$

$$C_x = -0.667 \qquad C_y = 0.33 \qquad C_z = 0.667$$

$$[\lambda] = \begin{bmatrix} 0.45 & -0.22 & -0.45 \\ -0.22 & 0.11 & 0.22 \\ -0.45 & 0.22 & 0.45 \end{bmatrix}$$

以及

$$
[k^{(2)}] = \frac{(500 \times 10^{-6})(8 \times 10^9)}{2.7}
\begin{matrix}
& \overset{u_1 v_1 w_1}{} & \overset{u_3 v_3 w_3}{} \\
\begin{bmatrix} [\lambda] & -[\lambda] \\ \hline -[\lambda] & [\lambda] \end{bmatrix}
\end{matrix}
\tag{3.7.17}
$$

利用零位移边界条件 $v_1 = 0$，$u_2 = v_2 = w_2 = 0$，$u_3 = v_3 = w_3 = 0$，$u_4 = v_4 = w_4 = 0$，可以消去每一单元刚度矩阵中的相应行和列。在消去式(3.7.15)～式(3.7.17)中相应的行和列之后，叠加单元刚度矩阵，最后得到桁架的总体刚度矩阵为：

$$
[K] = 10^3 \times \begin{matrix} \overset{u_1}{} & \overset{w_1}{} \\ \begin{bmatrix} 1615 & -453 \\ -453 & 805 \end{bmatrix} \end{matrix}
\tag{3.7.18}
$$

总体刚度方程表示为：

$$
\begin{Bmatrix} 0 \\ -5000 \end{Bmatrix} = 10^3 \times \begin{bmatrix} 1615 & -453 \\ -453 & 805 \end{bmatrix} \begin{Bmatrix} u_1 \\ w_1 \end{Bmatrix}
\tag{3.7.19}
$$

对式(3.7.19)进行求解，得到位移：

$$u_1 = -2.07 \times 10^{-3} \text{ m} = -2.07 \text{ mm}$$

$$w_1 = -7.38 \times 10^{-3} \text{ m} = -7.38 \text{ mm} \tag{3.7.20}$$

式中位移前面的负号表示位移沿 x 和 z 的负方向。

现在确定每个单元的应力。应力由扩展为三维形式的式(3.5.6)确定。对于第一个节点 i 和第二个节点 j 的单元，式(3.5.6)扩展为三维形式：

$$\{\sigma\} = \frac{E}{L}\begin{bmatrix} -C_x & -C_y & -C_z & C_x & C_y & C_z \end{bmatrix}\begin{Bmatrix} u_i \\ v_i \\ w_i \\ u_j \\ v_j \\ w_j \end{Bmatrix} \tag{3.7.21}$$

用类似于推导方程式(3.5.6)的方法推导式(3.7.21)，参见习题 3.44。对于单元 3 利用式(3.7.13)求方向余弦，再代入单元长度和弹性模量，得到应力如下：

$$\{\sigma^{(3)}\} = \frac{8 \times 10^9}{2.16}\begin{bmatrix} 0.83 & 0 & 0.55 & -0.83 & 0 & -0.55 \end{bmatrix}\begin{Bmatrix} -0.002\,07 \\ 0 \\ -0.007\,38 \\ 0 \\ 0 \\ 0 \end{Bmatrix} \tag{3.7.22}$$

简化式(3.7.22)得出结果为：

$$\sigma^{(3)} = -21.4\ \mathrm{Mpa}$$

式中的负号说明是压应力。其他单元的应力可用类似于单元 3 的方式确定。为简短起见，我们不给出计算，只列出计算的应力如下：

$$\sigma^{(1)} = -7.1\ \mathrm{Mpa} \qquad \sigma^{(2)} = 10.8\ \mathrm{Mpa}$$

例 3.9　分析图 3.18 所示的空间桁架。该桁架有 4 个节点，其坐标在图中给出，单位为米(m)，三个单元的横截面积均为 $10 \times 10^{-4}\ \mathrm{m^2}$。所有单元的弹性模量为 $E = 210\ \mathrm{GPa}$，在节点 1 沿整体坐标轴 x 轴方向作用有 20 kN 的荷载。节点 2、节点 3 和节点 4 为销钉支撑，沿 x，y 和 z 方向的运动被约束。

解　首先利用距离公式和图 3.18 给出的坐标确定单元长度：

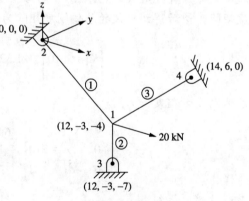

图 3.18　空间桁架

$$L^{(1)} = [(0 - 12)^2 + (0 - (-3))^2 + (0 - (-4))^2]^{1/2} = 13\ \mathrm{m}$$
$$L^{(2)} = [(12 - 12)^2 + (-3 + 3)^2] + (-7 + 4)^2]^{1/2} = 3\ \mathrm{m}$$
$$L^{(3)} = [(14 - 12)^2 + (6 + 3)^2 + (0 + 4)^2]^{1/2} = 10.05\ \mathrm{m}$$

为方便起见，建立方向余弦表，其中单元 1、单元 2 和单元 3 的局部坐标轴 x'轴分别为从节点 1 到节点 2、从节点 1 到节点 3、从节点 1 到节点 4。

单元编号	$C_x = \dfrac{x_j - x_i}{L^{(1)}}$	$C_y = \dfrac{y_j - y_i}{L^{(2)}}$	$C_z = \dfrac{z_j - z_i}{L^{(3)}}$
1	−12/13	3/13	4/13
2	0	0	−1
3	2/10.05	9/10.05	4/10.05

根据式(3.7.11)中[λ]的定义，建立如下方向余弦乘积表:

单元编号	C_x^2	$C_x C_y$	$C_x C_z$	C_y^2	$C_y C_z$	C_z^2
1	0.852	−0.213	−0.284	0.053	−0.071	0.095
2	0	0	0	0	0	1
3	0.040	0.178	0.079	0.802	0.356	0.158

利用式(3.7.11)，每个单元的[λ]表示为:

$$[\lambda^{(1)}] = \begin{bmatrix} 0.852 & -0.213 & -0.284 \\ -0.213 & 0.053 & 0.071 \\ -0.284 & 0.071 & 0.095 \end{bmatrix} \quad [\lambda^{(2)}] = \begin{bmatrix} 0 & 0 & 0 \\ 0 & 0 & 0 \\ 0 & 0 & 1 \end{bmatrix} \quad [\lambda^{(3)}] = \begin{bmatrix} 0.040 & 0.178 & 0.079 \\ 0.128 & 0.802 & 0.356 \\ 0.079 & 0.356 & 0.158 \end{bmatrix} \quad (3.7.23)$$

给定边界条件为:

$$u_2 = v_2 = w_2 = 0, \qquad u_3 = v_3 = w_3 = 0, \qquad u_4 = v_4 = w_4 = 0 \qquad (3.7.24)$$

利用形如方程(3.7.10)的用[λ]表示的刚度矩阵，得到每个刚度矩阵为:

$$[k^{(1)}] = \frac{AE}{13} \left[\begin{array}{c|c} [\lambda^{(1)}] & -[\lambda^{(1)}] \\ \hline -[\lambda^{(1)}] & [\lambda^{(1)}] \end{array} \right] \quad [k^{(2)}] = \frac{AE}{3} \left[\begin{array}{c|c} [\lambda^{(2)}] & -[\lambda^{(2)}] \\ \hline -[\lambda^{(2)}] & [\lambda^{(2)}] \end{array} \right] \quad [k^{(3)}] = \frac{AE}{10.05} \left[\begin{array}{c|c} [\lambda^{(3)}] & -[\lambda^{(3)}] \\ \hline -[\lambda^{(3)}] & [\lambda^{(3)}] \end{array} \right]$$

$$(3.7.25)$$

应用边界条件并消去式(3.7.25)中与每个零位移边界条件相关的相应行和列之后，叠加单元刚度矩阵，最后得到桁架的总体刚度矩阵为:

$$[K] = 210 \begin{bmatrix} 69.519 & 1.327 & -13.985 \\ 1.327 & 83.879 & 40.885 \\ -13.985 & 40.885 & 356.363 \end{bmatrix} \text{kN/m} \qquad (3.7.26)$$

总体刚度方程表示为:

$$\begin{Bmatrix} 20 \text{ kN} \\ 0 \\ 0 \end{Bmatrix} = 210 \begin{bmatrix} 69.519 & 1.327 & -13.985 \\ 1.327 & 83.879 & 40.885 \\ -13.985 & 40.885 & 356.363 \end{bmatrix} \begin{Bmatrix} u_1 \\ v_1 \\ w_1 \end{Bmatrix} \qquad (3.7.27)$$

求解位移，得到:

$$\begin{aligned} u_1 &= 1.383 \times 10^{-3} \text{ m} \\ v_1 &= -5.119 \times 10^{-5} \text{ m} \\ w_1 &= 6.015 \times 10^{-5} \text{ m} \end{aligned} \qquad (3.7.28)$$

利用式(3.7.21)确定单元应力:

$$\sigma^{(1)} = \frac{210 \times 10^6}{13} [12/13 \quad -3/13 \quad -4/13 \quad -12/13 \quad 3/13 \quad 4/13] \begin{Bmatrix} 1.383 \times 10^{-3} \\ -5.119 \times 10^{-5} \\ 6.015 \times 10^{-5} \\ 0 \\ 0 \\ 0 \end{Bmatrix} \qquad (3.7.29)$$

简化式(3.7.29)，并将单位换算为 MPa:

$$\sigma^{(1)} = 20.51 \text{ MPa} \tag{3.7.30}$$

其他单元的应力可用类似方式确定：

$$\sigma^{(2)} = 4.21 \text{ MPa} \qquad \sigma^{(3)} = -5.29 \text{ MPa} \tag{3.7.31}$$

式(3.7.31)中的负号表示单元 3 存在压应力。

3.8　利用结构的对称性

结构中存在不同类型的对称形式，如反射对称、镜面对称、斜对称、轴对称、循环对称。这里我们介绍最通常的对称形式，即反射对称。当一个平面形状绕平面中一个轴旋转而产生一个旋转立体时，就出现了轴对称。这些轴对称的物体很常见，本书将在第 9 章中进行轴对称性分析。

在很多情况下可用反射对称简化问题的求解。反射对称是指在分界线或分界面两边，物体的尺寸、形状、荷载的位置、材料特性以及边界条件相同。利用对称性，可以考虑一个简化的问题，而不是实际问题。这样可以降低总体刚度矩阵的阶次和总体刚度方程组的数量。可以减少手算的时间，用计算机对大规模问题进行求解的时间也会显著减少。我们用例 3.10 来说明反射对称。第 4 章关于梁的问题中给出了利用对称性的其他例子，第 7 章给出了平面问题对称性的例子。

例 3.10　求解图 3.19 所示的平面桁架问题。该桁架由 8 个单元和 5 个节点组成。节点 4 作用有垂直荷载 $2P$。节点 1 和 5 为销钉支撑，杆单元 1、2、7 和 8 的轴向刚度为 $\sqrt{2}\,AE$，杆单元 3~6 的轴向刚度为 AE。这里 A 和 E 分别代表杆的横截面面积和弹性模量。

在此问题中我们将使用一个对称面。通过节点 2、4 和 3 且垂直于平面桁架的垂直面是一个反射对称面，因为在这个面两边的几何形状、材料、荷载和边界条件相同。对于作用在对称面上的荷载 $2P$，应将总荷载的一半作用在简化的结构上。对于对称面上的单元，简化结构中横截面为原来的一半。此外，对于对称面上的节点，在简化结构中垂直于对称面的位移分量必须设为 0，因此设 $u_2 = 0$，$u_3 = 0$ 和 $u_4 = 0$。图 3.20 给出了用来分析图 3.19 的平面桁架的简化结构。

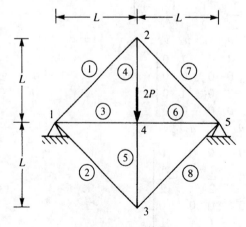

图 3.19　平面桁架

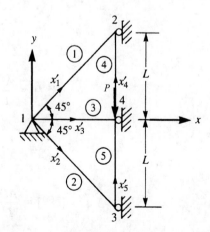

图 3.20　利用对称性简化的图 3.19 所示桁架

解 首先确定每个杆单元的 θ 角。例如，对于单元 1，假定 x' 的方向是从节点 1 到节点 2，整体坐标轴 x 轴与局部坐标轴 x' 轴间的夹角 $\theta^{(1)} = 45°$。用表 3.2 来确定图 3.20 中基于 x' 轴的每个单元刚度矩阵。

表 3.2　图 3.20 中的桁架数据

单元编号	θ	C	S	C^2	S^2	CS
1	45°	$\sqrt{2}/2$	$\sqrt{2}/2$	1/2	1/2	1/2
2	315°	$\sqrt{2}/2$	$-\sqrt{2}/2$	1/2	1/2	−1/2
3	0°	1	0	1	0	0
4	90°	0	1	0	1	0
5	90°	0	1	0	1	0

在施加边界约束之前，桁架总共有 8 个节点位移分量，因此 $[K]$ 必须是 8×8 阶，对于单元 1，利用式 (3.4.23) 和表 3.2 中的方向余弦，得到：

$$[k^{(1)}] = \frac{\sqrt{2}AE}{\sqrt{2}L} \begin{matrix} u_1 & v_1 & u_2 & v_2 \end{matrix} \begin{bmatrix} \dfrac{1}{2} & \dfrac{1}{2} & -\dfrac{1}{2} & -\dfrac{1}{2} \\ \dfrac{1}{2} & \dfrac{1}{2} & -\dfrac{1}{2} & -\dfrac{1}{2} \\ -\dfrac{1}{2} & -\dfrac{1}{2} & \dfrac{1}{2} & \dfrac{1}{2} \\ -\dfrac{1}{2} & -\dfrac{1}{2} & \dfrac{1}{2} & \dfrac{1}{2} \end{bmatrix} \tag{3.8.1}$$

类似地，对于单元 2 ~ 5 有：

$$[k^{(2)}] = \frac{\sqrt{2}AE}{\sqrt{2}L} \begin{matrix} u_1 & v_1 & u_3 & v_3 \end{matrix} \begin{bmatrix} \dfrac{1}{2} & -\dfrac{1}{2} & -\dfrac{1}{2} & \dfrac{1}{2} \\ -\dfrac{1}{2} & \dfrac{1}{2} & \dfrac{1}{2} & -\dfrac{1}{2} \\ -\dfrac{1}{2} & \dfrac{1}{2} & \dfrac{1}{2} & -\dfrac{1}{2} \\ \dfrac{1}{2} & -\dfrac{1}{2} & -\dfrac{1}{2} & \dfrac{1}{2} \end{bmatrix} \tag{3.8.2}$$

$$[k^{(3)}] = \frac{AE}{L} \begin{matrix} u_1 & v_1 & u_4 & v_4 \end{matrix} \begin{bmatrix} 1 & 0 & -1 & 0 \\ 0 & 0 & 0 & 0 \\ -1 & 0 & 1 & 0 \\ 0 & 0 & 0 & 0 \end{bmatrix} \tag{3.8.3}$$

$$[k^{(4)}] = \frac{AE}{L} \begin{matrix} u_4 & v_4 & u_2 & v_2 \end{matrix} \begin{bmatrix} 0 & 0 & 0 & 0 \\ 0 & \dfrac{1}{2} & 0 & -\dfrac{1}{2} \\ 0 & 0 & 0 & 0 \\ 0 & -\dfrac{1}{2} & 0 & \dfrac{1}{2} \end{bmatrix} \tag{3.8.4}$$

$$[k^{(5)}] = \frac{AE}{L} \begin{matrix} u_3 & v_3 & u_4 & v_4 \end{matrix} \begin{bmatrix} 0 & 0 & 0 & 0 \\ 0 & \dfrac{1}{2} & 0 & -\dfrac{1}{2} \\ 0 & 0 & 0 & 0 \\ 0 & -\dfrac{1}{2} & 0 & \dfrac{1}{2} \end{bmatrix} \qquad (3.8.5)$$

在式(3.8.1)～式(3.8.5)中，列的标号表示与每一单元相关的自由度。另外，因为单元 4 和单元 5 位于对称面上，因此式(3.8.4)和式(3.8.5)中用了它们原来面积的一半。

我们将限制解来确定位移分量。因此，考虑引起零位移分量的边界约束，消去每一单元刚度矩阵中与零位移分量相对应的行和列，可立即得出简化的方程组。由于图 3.20 中节点 1 为销钉支撑，$u_1 = 0$ 和 $v_1 = 0$，由于对称条件 $u_2 = 0$，$u_3 = 0$ 和 $u_4 = 0$，因此在组装总刚度矩阵之前，可以消掉每一单元刚度矩阵中与这些位移分量相对应的行和列。得出的刚度方程组为：

$$\frac{AE}{L} \begin{bmatrix} 1 & 0 & -\dfrac{1}{2} \\ 0 & 1 & -\dfrac{1}{2} \\ -\dfrac{1}{2} & -\dfrac{1}{2} & 1 \end{bmatrix} \begin{Bmatrix} v_2 \\ v_3 \\ v_4 \end{Bmatrix} = \begin{Bmatrix} 0 \\ 0 \\ -P \end{Bmatrix} \qquad (3.8.6)$$

解方程(3.8.6)求位移，得到：

$$v_2 = \frac{-PL}{AE} \qquad v_3 = \frac{-PL}{AE} \qquad v_4 = \frac{-2PL}{AE} \qquad (3.8.7)$$

在振动和屈曲问题中，应小心谨慎地使用对称性的概念。例如，一个简支梁结构中心对称，但它的振动模态既有反对称的也有对称的，这将在第 16 章进行说明。如果利用反射对称条件只模拟半个梁，则支撑条件仅允许对称振动模态。

3.9　斜支撑

在前几节中，支撑的方向使得位移边界条件在整体坐标轴 x 和 y 轴方向上。

然而，如果支撑是斜的并与整体坐标轴 x 轴成一个夹角 α，如图 3.21 平面桁架的节点 3 所示，则产生的位移边界条件就不在整体坐标轴 x-y 方向，而在局部坐标轴 x'-y' 方向。现在讨论处理斜支撑的两种方法。

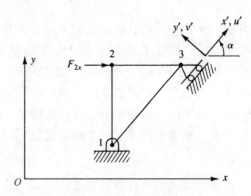

在考虑斜支撑边界条件的第一种方法中，必须在节点 3 进行位移的变换，使其从整体坐标系下的位移变为局部节点坐标系 x'-y' 下的位移，所有其他位移仍在整体坐标系 x-y 下。然后在力/位移方程中利用零位移边界条件 v_3'，最后用同样的方式求解方程。

上述使用的变换类似于将一个向量从局

图 3.21　在节点 3 有斜支撑边界条件的平面桁架

部坐标系转换到整体坐标系。对于平面桁架，在节点 3 应用式(3.3.16)：

$$\begin{Bmatrix} u'_3 \\ v'_3 \end{Bmatrix} = \begin{bmatrix} \cos\alpha & \sin\alpha \\ -\sin\alpha & \cos\alpha \end{bmatrix} \begin{Bmatrix} u_3 \\ v_3 \end{Bmatrix} \tag{3.9.1}$$

重写式(3.9.1)：

$$\{d'_3\} = [t_3]\{d_3\} \tag{3.9.2}$$

式中

$$[t_3] = \begin{bmatrix} \cos\alpha & \sin\alpha \\ -\sin\alpha & \cos\alpha \end{bmatrix} \tag{3.9.3}$$

现写出整体节点位移向量的转换：

$$\{d'\} = [T_1]\{d\} \tag{3.9.4}$$

或

$$\{d\} = [T_1]^{\mathrm{T}}\{d'\} \tag{3.9.5}$$

式中整个桁架的变换矩阵为 6×6 矩阵：

$$[T_1] = \begin{bmatrix} [I] & [0] & [0] \\ [0] & [I] & [0] \\ [0] & [0] & [t_3] \end{bmatrix} \tag{3.9.6}$$

式(3.9.6)中的每个子矩阵（单位矩阵[I]、零矩阵[0]和矩阵[t_3]）的阶都为 2×2，此阶次通常等于每一节点的自由度数。

为了得到所需的位移向量，包括节点 1 和节点 2 的整体位移分量，以及节点 3 的局部位移分量，利用式(3.9.5)得到：

$$\begin{Bmatrix} u_1 \\ v_1 \\ u_2 \\ v_2 \\ u_3 \\ v_3 \end{Bmatrix} = \begin{bmatrix} [I] & [0] & [0] \\ [0] & [I] & [0] \\ [0] & [0] & [t_3]^{\mathrm{T}} \end{bmatrix} \begin{Bmatrix} u'_1 \\ v'_1 \\ u'_2 \\ v'_2 \\ u'_3 \\ v'_3 \end{Bmatrix} \tag{3.9.7}$$

从方程(3.9.7)中可以看到，只有节点 3 的整体位移分量变换了，这一点可以由$[t_3]^{\mathrm{T}}$在矩阵中的位置证明。用$[T_1]^{\mathrm{T}}$表示式(3.9.7)中的方阵。在需要从整体位移变换为局部位移时（在有斜支撑时），通常在$[T_1]$中放一个 2×2 $[t]$矩阵。

联立式(3.9.5)和式(3.9.6)，可以看到实际上只有$\{d\}$的节点 3 位移分量变换到局部坐标（斜）轴，当局部坐标轴 x'-y'的方向已知时，此变换的确是必要的。

此外，整体坐标系下的力的向量也可以像$\{d'\}$一样利用同样的变换方式进行变换：

$$\{f'\} = [T_1]\{f\} \tag{3.9.8}$$

在整体坐标系中有以下关系：

$$\{f\} = [K]\{d\} \tag{3.9.9}$$

在式(3.9.9)两边左乘$[T_1]$：

$$[T_1]\{f\} = [T_1][K]\{d\} \tag{3.9.10}$$

对于图 3.21 所示的桁架，式(3.9.10)的左边为：

$$\begin{bmatrix} [I] & [0] & [0] \\ [0] & [I] & [0] \\ [0] & [0] & [t_3] \end{bmatrix} \begin{Bmatrix} f_{1x} \\ f_{1y} \\ f_{2x} \\ f_{2y} \\ f_{3x} \\ f_{3y} \end{Bmatrix} = \begin{Bmatrix} f_{1x} \\ f_{1y} \\ f_{2x} \\ f_{2y} \\ f'_{3x} \\ f'_{3y} \end{Bmatrix} \tag{3.9.11}$$

在式(3.9.11)中进行了类似于式(3.9.2)的局部力变换：

$$\{f'_3\} = [t_3]\{f_3\} \tag{3.9.12}$$

从式(3.9.11)可以看到，只有$\{f\}$的节点 3 分量变换到了局部坐标轴。将式(3.9.5)代入式(3.9.10)：

$$[T_1]\{f\} = [T_1][K][T_1]^{\mathrm{T}}\{d'\} \tag{3.9.13}$$

利用式(3.9.11)，式(3.9.13)的形式变为：

$$\begin{Bmatrix} F_{1x} \\ F_{1y} \\ F_{2x} \\ F_{2y} \\ F'_{3x} \\ F'_{3y} \end{Bmatrix} = [T_1][K][T_1]^{\mathrm{T}} \begin{Bmatrix} u_1 \\ v_1 \\ u_2 \\ v_2 \\ u'_3 \\ v'_3 \end{Bmatrix} \tag{3.9.14}$$

由式(3.9.7)得出 $u_1 = u_1'$，$v_1 = v_1'$，$u_2 = u_2'$和$v_2 = v_2'$，式(3.9.14)是应用所有已知整体边界条件和斜支撑边界条件所需的形式。现在式(3.9.14)的左边为整体坐标系下的力。若要解方程(3.9.14)，首先进行矩阵三乘积$[T_1][K][T_1]^{\mathrm{T}}$，然后调用以下边界条件(对于图 3.21 所示桁架)：

$$u_1 = 0 \qquad v_1 = 0 \qquad v'_3 = 0 \tag{3.9.15}$$

之后将已知的外加力 F_{2x} 以及 $F_{2y} = 0$ 和 $F'_{3x} = 0$ 代入式(3.9.14)。最后分开有已知位移的方程，此处为方程(3.9.14)中的方程 1、2 和 6，然后联立求解与未知位移u_2, v_2 和 u'_3 相关的值。

　　在解出位移后，回代到式(3.9.14)得出整体坐标系下的反力 F_{1x} 和 F_{1y} 及倾斜滚轴的反力 F'_{3y}。

　　例 3.11　确定图 3.22 中平面桁架的位移和反力。令单元 1 和单元 2 的 $E = 210$ GPa，$A = 6.00 \times 10^{-4}$ m^2；单元 3 的 $A = 6\sqrt{2} \times 10^{-4}$ m^2。

　　解　可以使用两种方法求解这个问题：

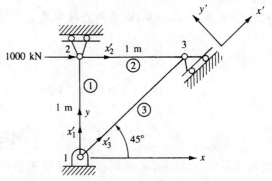

图 3.22　有斜支撑的平面桁架

(1)使用本节中的式(3.9.14)将节点 3 的边界条件转换为其实际的局部 y' 方向,从而使得 $v_3' = 0$;
(2)通过使用整体坐标系下的位移,而无须将节点 3 的部分转换为局部坐标系下。两种方法都首先需要得到单元刚度矩阵,然后用直接刚度法组合确定总体刚度矩阵。

首先用式(3.4.23)确定每一单元的刚度矩阵。

单元 1

$$\theta^{(1)} = 90° \qquad \cos\theta = 0 \qquad \sin\theta = 1$$

$$[k^{(1)}] = \frac{(6.0 \times 10^{-4}\ \text{m}^2)(210 \times 10^9\ \text{N/m}^2)}{1\ \text{m}} \begin{matrix} u_1 & v_1 & u_2 & v_2 \\ \begin{bmatrix} 0 & 0 & 0 & 0 \\ & 1 & 0 & -1 \\ & & 0 & 0 \\ 对称 & & & 1 \end{bmatrix} \end{matrix} \qquad (3.9.16)$$

单元 2

$$\theta^{(2)} = 0°, \qquad \cos\theta = 1 \qquad \sin\theta = 0$$

$$[k^{(2)}] = \frac{(6.0 \times 10^{-4}\ \text{m}^2)(210 \times 10^9\ \text{N/m}^2)}{1\ \text{m}} \begin{matrix} u_2 & v_2 & u_3 & v_3 \\ \begin{bmatrix} 1 & 0 & -1 & 0 \\ & 0 & 0 & 0 \\ & & 1 & 0 \\ 对称 & & & 0 \end{bmatrix} \end{matrix} \qquad (3.9.17)$$

单元 3

$$\theta^{(3)} = 45° \qquad \cos\theta = \frac{\sqrt{2}}{2} \qquad \sin\theta = \frac{\sqrt{2}}{2}$$

$$[k^{(3)}] = \frac{(6\sqrt{2} \times 10^{-4}\ \text{m}^2)(210 \times 10^9\ \text{N/m}^2)}{\sqrt{2}\ \text{m}} \begin{matrix} u_1 & v_1 & u_3 & v_3 \\ \begin{bmatrix} 0.5 & 0.5 & -0.5 & -0.5 \\ & 0.5 & -0.5 & -0.5 \\ & & 0.5 & 0.5 \\ 对称 & & & 0.5 \end{bmatrix} \end{matrix} \qquad (3.9.18)$$

对式(3.9.16) ~ 式(3.9.18)采用直接刚度法,得出总体矩阵$[K]$:

$$[K] = 1260 \times 10^5\ \text{N/m} \begin{bmatrix} 0.5 & 0.5 & 0 & 0 & -0.5 & -0.5 \\ & 1.5 & 0 & -1 & -0.5 & -0.5 \\ & & 1 & 0 & -1 & 0 \\ & & & 1 & 0 & 0 \\ & & & & 1.5 & 0.5 \\ 对称 & & & & & 0.5 \end{bmatrix} \qquad (3.9.19)$$

使用第一种方法,用式(3.9.6)得出将节点 3 在整体坐标系下的位移转变到局部坐标系 x'-y' 的变换矩阵$[T_1]$。在利用式(3.9.6)时,角 α 为 45°。

$$[T_1] = \begin{bmatrix} 1 & 0 & 0 & 0 & 0 & 0 \\ 0 & 1 & 0 & 0 & 0 & 0 \\ 0 & 0 & 1 & 0 & 0 & 0 \\ 0 & 0 & 0 & 1 & 0 & 0 \\ 0 & 0 & 0 & 0 & \sqrt{2}/2 & \sqrt{2}/2 \\ 0 & 0 & 0 & 0 & -\sqrt{2}/2 & \sqrt{2}/2 \end{bmatrix} \tag{3.9.20}$$

下一步使用式(3.9.14)[一般用式(3.9.13)]来表示组装的式。首先定义$[K^*]=[T_1][K][T_1]^{\mathrm{T}}$并分步计算如下：

$$[T_1][K] = 1260 \times 10^5 \begin{bmatrix} 0.5 & 0.5 & 0 & 0 & -0.5 & -0.5 \\ 0.5 & 1.5 & 0 & -1 & -0.5 & -0.5 \\ 0 & 0 & 1 & 0 & -1 & 0 \\ 0 & -1 & 0 & 1 & 0 & 0 \\ -0.707 & -0.707 & -0.707 & 0 & 1.414 & 0.707 \\ 0 & 0 & 0.707 & 0 & -0.707 & 0 \end{bmatrix} \tag{3.9.21}$$

以及

$$[T_1][K][T_1]^{\mathrm{T}} = 1260 \times 10^5 \, \mathrm{N/m} \begin{matrix} \begin{matrix} u_1 & v_1 & u_2 & v_2 & u_3' & v_3' \end{matrix} \\ \begin{bmatrix} 0.5 & 0.5 & 0 & 0 & -0.707 & 0 \\ 0.5 & 1.5 & 0 & -1 & -0.707 & 0 \\ 0 & 0 & 1 & 0 & -0.707 & 0.707 \\ 0 & -1 & 0 & 1 & 0 & 0 \\ -0.707 & -0.707 & -0.707 & 0 & 1.500 & -0.500 \\ 0 & 0 & 0.707 & 0 & -0.500 & 0.500 \end{bmatrix} \end{matrix} \tag{3.9.22}$$

比较式(3.9.22)中的$[K^*]$和式(3.9.19)中的$[K]$，我们注意到只有与斜节点 3 自由度相关的刚度项按预期发生了变化。

将边界条件$u_1 = v_1 = v_2 = v_3' = 0$应用于式(3.9.22)得出：

$$\begin{Bmatrix} F_{2x} = 1000 \text{ kN} \\ F_{3x}' = 0 \end{Bmatrix} = (126 \times 10^3 \text{ kN/m}) \begin{bmatrix} 1 & -0.707 \\ -0.707 & 1.50 \end{bmatrix} \begin{Bmatrix} u_2 \\ u_3' \end{Bmatrix} \tag{3.9.23}$$

解式(3.9.23)求位移，得出：

$$u_2 = 11.91 \times 10^{-3} \text{ m}$$
$$u_3' = 5.613 \times 10^{-3} \text{ m} \tag{3.9.24}$$

式(3.9.22)右乘得到的位移向量[参见式(3.9.14)]，得出反力为：

$$F_{1x} = -500 \text{ kN}$$
$$F_{1y} = -500 \text{ kN}$$
$$F_{2y} = 0 \tag{3.9.25}$$
$$F_{3y}' = 707 \text{ kN}$$

图 3.23 表示标有反力大小的隔离体图，读者可以验证桁架是平衡的。

现在使用第二种方法，我们在不将节点 3 转换到局部坐标系的情况下，初步表达整体方程如下：

采用总体刚度矩阵式(3.9.19)，得出总体矩阵方程为：

$$1260 \times 10^5 \begin{bmatrix} 0.5 & 0.5 & 0 & 0 & -0.5 & -0.5 \\ & 1.5 & 0 & -1 & -0.5 & -0.5 \\ & & 1 & 0 & -1 & 0 \\ & & & 1 & 0 & 0 \\ & & & & 1.5 & 0.5 \\ 对称 & & & & & 0.5 \end{bmatrix} \begin{Bmatrix} u_1 \\ v_1 \\ u_2 \\ v_2 \\ u_3 \\ v_3 \end{Bmatrix} = \begin{Bmatrix} F_{1x} \\ F_{1y} \\ F_{2x} \\ F_{2y} \\ F_{3x} \\ F_{3y} \end{Bmatrix} \tag{3.9.26}$$

现在应用边界条件，得到：

$$u_1 = v_1 = v_2 = 0 \text{ 且 } v_3' = 0 \tag{3.9.27}$$

利用施加力 $F_{2x} = 1000$ kN 和 $F_{3x}' = 0$。

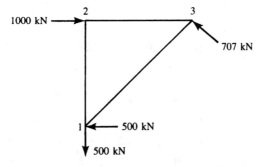

图 3.23　桁架受力图

利用变换关系式以及式(3.3.16)可知节点 3 处的位移，得到：

$$v_3' = \begin{bmatrix} -\dfrac{\sqrt{2}}{2} & \dfrac{\sqrt{2}}{2} \end{bmatrix} \begin{Bmatrix} u_3 \\ v_3 \end{Bmatrix} = \frac{\sqrt{2}}{2}(-u_3 + v_3) = 0 \quad \text{或} \quad u_3 - v_3 = 0 \tag{3.9.28}$$

式(3.9.28)有时称为多点约束，也可以将其写成：

$$u_3 = v_3 \tag{3.9.29}$$

类似地，将力与位移进行一样的变换，由节点 3 处力的变换关系 [参见式(3.3.16)，将 u' 替换为 F_{3x}'] 得到：

$$F_{3x}' = \begin{bmatrix} \dfrac{\sqrt{2}}{2} & \dfrac{\sqrt{2}}{2} \end{bmatrix} \begin{Bmatrix} F_{3x} \\ F_{3y} \end{Bmatrix} = \frac{\sqrt{2}}{2}(F_{3x} + F_{3y}) = 0 \quad \text{或} \quad F_{3x} + F_{3y} = 0 \tag{3.9.30}$$

将边界条件应用到整体式(3.9.26)中，消去第一、第二、第四行和列后得到简化后的方程组：

$$1260 \times 10^5 \begin{bmatrix} 1 & -1 & 0 \\ -1 & 1.5 & 0.5 \\ 0 & 0.5 & 0.5 \end{bmatrix} \begin{Bmatrix} u_2 \\ u_3 \\ v_3 \end{Bmatrix} = \begin{Bmatrix} 1000 \\ F_{3x} \\ F_{3y} \end{Bmatrix} \tag{3.9.31}$$

现在利用式(3.9.29)和节点 3 处的力，式(3.9.30)和式(3.9.31)变为：

$$1260 \times 10^5 \begin{bmatrix} 1 & -1 & 0 \\ -1 & 1.5 & 0.5 \\ 0 & 0.5 & 0.5 \end{bmatrix} \begin{Bmatrix} u_2 \\ u_3 \\ u_3 \end{Bmatrix} = \begin{Bmatrix} 1000 \\ F_{3x} \\ -F_{3x} \end{Bmatrix} \tag{3.9.32}$$

式 (3.9.32) 可简化为：

$$1260 \times 10^5 \begin{bmatrix} 1 & -1 \\ -1 & 2 \\ 0 & 1 \end{bmatrix} \begin{Bmatrix} u_2 \\ u_3 \end{Bmatrix} = \begin{Bmatrix} 1000 \\ F_{3x} \\ -F_{3x} \end{Bmatrix} \tag{3.9.33}$$

由式 (3.9.33) 的第三个式子可得到：

$$F_{3x} = -1260 \times 10^5 \, u_3 \tag{3.9.34}$$

利用式 (3.9.33) 的第一个和第二个式子，将 F_{3x} 代入式 (3.9.34) 中得到：

$$1260 \times 10^5 \begin{bmatrix} 1 & -1 \\ -1 & 3 \end{bmatrix} \begin{Bmatrix} u_2 \\ u_3 \end{Bmatrix} = \begin{Bmatrix} 1000 \\ 0 \end{Bmatrix} \tag{3.9.35}$$

解式 (3.9.35) 求位移，得出：

$$u_2 = 11.91 \times 10^{\varphi-3} \text{ m} \quad \text{和} \quad u_3 = 3.97 \times 10^{-3} \text{ m} \tag{3.9.36}$$

从式 (3.9.29)，得到：

$$v_3 = u_3 = 3.97 \times 10^{-3} \text{ m} \tag{3.9.37}$$

从转换式 (3.3.16)，得到沿斜坡在 x' 方向上的局部位移 u_3' 为：

$$\begin{aligned} u_3' &= u_3 \cos 45° + v_3 \sin 45° \\ &= 3.97 \times 10^{-3} \cos 45° + 3.97 \times 10^{-3} \sin 45° = 5.614 \times 10^{-3} \text{ m} \end{aligned} \tag{3.9.38}$$

这与第一种方法中直接得到的局部位移 u_3' 的大小相同 [参见式 (3.9.24)]。

由整体式 (3.9.26) 可计算出反力：

$$\begin{Bmatrix} F_{1x} \\ F_{1y} \\ F_{2y} \\ F_{3x} \\ F_{3y} \end{Bmatrix} = 1260 \times 10^5 \begin{bmatrix} 0 & -0.5 & -0.5 \\ 0 & -0.5 & -0.5 \\ 0 & 0 & 0 \\ -1 & 1.5 & 0.5 \\ 0 & 0.5 & 0.5 \end{bmatrix} \begin{Bmatrix} u_2 \\ u_3 \\ v_3 \end{Bmatrix} = \begin{Bmatrix} -500 \\ -500 \\ 0.0 \\ -500 \\ 500 \end{Bmatrix} (\text{kN}) \tag{3.9.39}$$

再次利用转换式 (3.3.16)，将 F_{3y}' 代入 v'，得到局部坐标系下的力 F_{3y}' 为：

$$F_{3y}' = -F_{3x} \sin 45° + F_{3y} \cos 45° = 707 \text{ kN} \tag{3.9.40}$$

该力与第一种方法中直接求得的局部坐标系下的力 F_{3y}' 大小相同 [参见式 (3.9.25)]。

在处理斜支撑边界条件的另一种方法中，我们利用大刚度边界元约束求的位移。在某些计算机程序[9]中使用这种方法。

边界元用于指定节点的非零位移和旋转，边界元也用来计算刚性支撑和柔性支撑的反力。边界元是两节点单元。由两个节点确定的线规定要计算的反力或指定位移的方向。在作用力矩的情况下，该线规定要计算力矩的轴和指定旋转。

我们将用于得到反力的边界单元 (刚性边界单元) 或指定平移位移的边界单元 (位移边界单元) 考虑为仅有一个非零平移刚度的桁架单元。用于计算力矩或指定旋转的边界单元像梁单元一样，只有一个非零刚度对应于指定轴的旋转刚度。

弹性边界单元用来模拟柔性支撑并用来计算斜支撑边界的反力。有关利用边界元的详细信息，请参阅参考文献[9]。

3.10　用势能法推导杆单元方程

现用最小势能原理推导杆单元方程。2.6 节已经讲过总势能 π_p 为内应变能 U 与外力势能 Ω 之和。

$$\pi_p = U + \Omega \tag{3.10.1}$$

要计算杆的应变能,现只考虑变形过程中内力做的功。因为处理的是一维杆,在图 3.24 中仅由法应力 σ_x 对边为 Δx,Δy,Δz 的微元做功的内力为 $\sigma_x(\Delta y)(\Delta z)$。单元的 x 面的位移为 $\Delta x(\varepsilon_x)$;$x + \Delta x$ 面的位移为 $\Delta x(\varepsilon_x + \mathrm{d}\varepsilon_x)$。位移的改变为 $\Delta x \mathrm{d}\varepsilon_x$,其中 $\mathrm{d}\varepsilon_x$ 是应变在长度 Δx 范围内的微分变化。微分的内功(或应变能)$\mathrm{d}U$ 是内力乘以沿力移动方向上的位移,由下式给出:

$$\mathrm{d}U = \sigma_x(\Delta y)(\Delta z)(\Delta x)\mathrm{d}\varepsilon_x \tag{3.10.2}$$

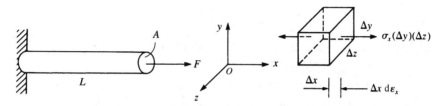

图 3.24　由于施加外力 F 的一维杆中的内力

重新排列并令单元的体积趋于 0,由式(3.10.2)得出:

$$\mathrm{d}U = \sigma_x \mathrm{d}\varepsilon_x \mathrm{d}V \tag{3.10.3}$$

整个杆的应变能为:

$$U = \iiint_v \left\{ \int_0^{\varepsilon_x} \sigma_x \mathrm{d}\varepsilon_x \right\} \mathrm{d}V \tag{3.10.4}$$

对于图 3.25 所示的线弹性(胡克定律)材料有 $\sigma_x = E\varepsilon_x$,将此关系代入式(3.10.4)并对 ε_x 进行积分,重新用 σ_x 代替 $E\varepsilon_x$ 得到:

$$U = \frac{1}{2}\iiint_v \sigma_x \varepsilon_x \mathrm{d}V \tag{3.10.5a}$$

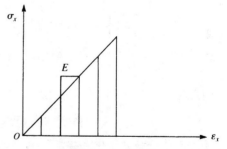

图 3.25　线弹性(胡克定律)材料的应力/应变曲线

该式为一维应力的应变能表达式。

由于杆的应力和应变只依赖于 x 坐标,横截面积恒为 A,式(3.10.5a)可以化简为:

$$U = \frac{A}{2}\int_x \sigma_x \varepsilon_x \mathrm{d}x \tag{3.10.5b}$$

从式(3.10.5b)的积分可以观察到,应变能为应力/应变曲线下方的面积。

因为外力做功时外力的势能是损失的,所以外力的势能与外力做功的符号相反,外力势能由下式给出:

$$\Omega = -\iiint_v X_b u \mathrm{d}V - \iint_{S_1} T_x u_s \mathrm{d}S - \sum_{i=1}^{M} f_{ix} u_i \tag{3.10.6}$$

式(3.10.6)右侧的第 1、2 和 3 项代表:(1)体力 X_b 的势能,通常是发生位移 u 杆的自重(单位为单元体积力)产生的势能。(2)表面荷载或牵引力的势能 T_x,通常是发生位移 u_s 的沿单元表面作用的分布荷载产生的势能,u_s 是在表面 S_1 范围内出现的位移。(3)发生节点位移 u_i,节点集中力 f_{ix} 产生的势能。力 X_b、T_x 和 f_{ix} 作用在图 3.26 所示的杆的局部坐标轴 x 轴方向。在式(3.10.5)和式(3.10.6)中,V 是单元体积,S_1 是表面 S 上作用有表面荷载的部分。对于有两个节点和每个节点有一个自由度的杆单元,$M = 2$。

现在准备用最小势能原理描述杆单元方程的有限元公式。

有限元计算在每一单元假定位移模式的约束范围内寻找一个势能的最小值。如果在有限条件下真实的位移可以近似,与单元相关的自由度的数目越多(通常指节点的数量增加),近似解就会越接近于真实的解,并可确保完全平衡(只要能在极限范围内得到真实位移)。利用刚度法找出的近似有限元解所提供的势能近似值总是大于或等于正确的值。这种方法也导致了一种预测的结构特性,其刚度实际上比真实的刚度要大,或至多与实际刚度相等。这是由于结构模型只允许按照结构每一单元内假定位移所确定的形状变形。正确的形状通常是由假设的形状近似的,尽管正确的形状可能与假设的形状相同。假设的形状有效地约束了结构按自然的方式变形。此约束效应会加强预测的结构特性。

在使用最小势能原理推导有限单元方程时,要遵照下列步骤:

1. 建立总势能的表达式。
2. 假定位移模式随一组有限的未定参数而变化,这里未定的参数是节点位移 u_i,这些未定的参数要代入总势能表达式中。
3. 得到一组使总势能相对于这些节点参数最小化的联立方程。得出的这些方程就代表单元方程。

得出的方程是近似的,也可能是精确的平衡方程,其节点参数解在回代到势能表达式中时寻求使势能最小化。现按照这三步推导杆单元方程和刚度矩阵。

讨论图 3.26 所示的杆单元,其长度为 L,横截面积恒为 A。利用式(3.10.5)和式(3.10.6)得出总势能式(3.10.1)为:

$$\pi_p = \frac{A}{2}\int_0^L \sigma_x \varepsilon_x \, dx - f_{1x}u_1 - f_{2x}u_2 - \iint_{S_1} u_s T_x \, dS - \iiint_v u X_b \, dV \tag{3.10.7}$$

因为 A 是一个常数,所以变量 σ_x 和 ε_x 仅随 x 变化。

由式(3.2.8)和式(3.2.9),轴向位移函数可用形函数和节点位移表示如下:

$$u = [N]\{d\} \quad u_s = [N_s]\{d\} \tag{3.10.8}$$

式中

$$[N] = \left[1 - \frac{x}{L} \quad \frac{x}{L}\right] \tag{3.10.9}$$

$[N_s]$ 是计算分布表面牵引力作用的表面上的形函数矩阵,且

$$\{d\} = \left\{\begin{array}{c} u_1 \\ u_2 \end{array}\right\} \tag{3.10.10}$$

然后,利用应变/位移关系 $\varepsilon_x = du/dx$,写出轴向应变的矩阵

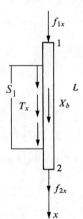

图 3.26 作用在一维杆上的总力

形式:

$$\{\varepsilon_x\} = \left[-\frac{1}{L} \ \frac{1}{L}\right]\{d\} \tag{3.10.11}$$

或

$$\{\varepsilon_x\} = [B]\{d\} \tag{3.10.12}$$

式中定义$[B]$为梯度矩阵:

$$[B] = \left[-\frac{1}{L} \ \frac{1}{L}\right] \tag{3.10.13}$$

轴向应力/应变关系的矩阵形式由下式给出:

$$\{\sigma_x\} = [D]\{\varepsilon_x\} \tag{3.10.14}$$

其中,对于一维应力/应变关系矩阵且E为弹性模量,有:

$$[D] = [E] \tag{3.10.15}$$

利用式(3.10.12)可将式(3.10.14)表示为:

$$\{\sigma_x\} = [D][B]\{d\} \tag{3.10.16}$$

利用矩阵符号形式表示的式(3.10.7),总势能为:

$$\pi_p = \frac{A}{2}\int_0^L \{\sigma_x\}^{\mathrm{T}}\{\varepsilon_x\}\mathrm{d}x - \{d\}^{\mathrm{T}}\{P\} - \iint_{S_1}\{u_s\}^{\mathrm{T}}\{T_x\}\mathrm{d}S - \iiint_v\{u\}^{\mathrm{T}}\{X_b\}\mathrm{d}V \tag{3.10.17}$$

式中,$\{P\}$代表集中节点荷载,$\{\sigma_x\}$和$\{\varepsilon_x\}$通常为列矩阵。为了进行适当的矩阵相乘,必须对$\{\sigma_x\}$进行转置。类似地,$\{u\}$和$\{T_x\}$通常为列矩阵,为了进行适当的矩阵相乘,式(3.10.17)中的$\{u\}$被转置。

在式(3.10.17)中代入式(3.10.8)、式(3.10.12)和式(3.10.16)得出:

$$\pi_p = \frac{A}{2}\int_0^L \{d\}^{\mathrm{T}}[B]^{\mathrm{T}}[D]^{\mathrm{T}}[B]\{d\}\mathrm{d}x - \{d\}^{\mathrm{T}}\{P\}$$
$$-\iint_{S_1}\{d\}^{\mathrm{T}}[N_s]^{\mathrm{T}}\{T_x\}\mathrm{d}S - \iiint_V\{d\}^{\mathrm{T}}[N]^{\mathrm{T}}\{X_b\}\mathrm{d}V \tag{3.10.18}$$

在式(3.10.18)中可以看出π_p是$\{d\}$的函数,即$\pi_p = \pi_p(u_1, u_2)$。然而,$[B]$和$[D]$[见式(3.10.13)和式(3.10.15)]及节点自由度u_1和u_2不是x的函数。因此,对式(3.10.18)的第一个式子关于x积分得到:

$$\pi_p = \frac{AL}{2}\{d\}^{\mathrm{T}}[B]^{\mathrm{T}}[D]^{\mathrm{T}}[B]\{d\} - \{d\}^{\mathrm{T}}\{f\} \tag{3.10.19}$$

其中,

$$\{f\} = \{P\} + \iint_{S_1}[N_s]^{\mathrm{T}}\{T_x\}\mathrm{d}S + \iiint_V[N]^{\mathrm{T}}\{X_b\}\mathrm{d}V \tag{3.10.20}$$

从式(3.10.20)可以看到分别来自集中节点力、表面牵引力和体力的三种类型荷载的贡献。这些表面牵引力和体力矩阵定义为:

$$\{f_s\} = \iint_{S_1}[N_s]^{\mathrm{T}}\{T_x\}\mathrm{d}S \tag{3.10.20a}$$

$$\{f_b\} = \iiint_v[N]^{\mathrm{T}}\{X_b\}\mathrm{d}V \tag{3.10.20b}$$

式 (3.10.20) 给出的 {f} 表达式描述了应如何考虑某些荷载以便充分利用。

式 (3.10.20a) 和式 (3.10.20b) 计算的荷载称为一致荷载，因为它们是基于计算单元刚度矩阵的同样的形函数 [N] 得出的。由式 (3.10.20a) 和式 (3.10.20b) 计算的荷载与原始荷载是静态等价的，即 $\{f_s\}$ 和 $\{f_b\}$ 与原始荷载在选择的任意点上产生同样的合力和力矩。

若使 π_p 相对于每一节点位移取最小值，则必须满足：

$$\frac{\partial \pi_p}{\partial u_1} = 0 \quad \text{和} \quad \frac{\partial \pi_p}{\partial u_2} = 0 \tag{3.10.21}$$

现在显式计算由式 (3.10.19) 给出的 π_p 并代入式 (3.10.21)。为方便起见，定义以下符号：

$$\{U^*\} = \{d\}^{\mathrm{T}} [B]^{\mathrm{T}} [D]^{\mathrm{T}} [B]\{d\} \tag{3.10.22}$$

在式 (3.10.22) 中代入式 (3.10.10)、式 (3.10.13) 和式 (3.10.15) 得到：

$$\{U^*\} = [u_1 \ u_2] \left\{ \begin{array}{c} -\dfrac{1}{L} \\ \dfrac{1}{L} \end{array} \right\} [E] \left[-\dfrac{1}{L} \ \dfrac{1}{L} \right] \left\{ \begin{array}{c} u_1 \\ u_2 \end{array} \right\} \tag{3.10.23}$$

简化式 (3.10.23) 得到：

$$U^* = \frac{E}{L^2}(u_1^2 - 2u_1u_2 + u_2^2) \tag{3.10.24}$$

另外，$\{d\}^{\mathrm{T}}\{f\}$ 的显式表达式为：

$$\{d\}^{\mathrm{T}}\{f\} = u_1 f_{1x} + u_2 f_{2x} \tag{3.10.25}$$

因此，在式 (3.10.19) 中代入式 (3.10.24) 和式 (3.10.25)，然后利用式 (3.10.21) 得出：

$$\frac{\partial \pi_p}{\partial u_1} = \frac{AL}{2} \left[\frac{E}{L^2}(2u_1 - 2u_2) \right] - f_{1x} = 0$$

以及

$$\tag{3.10.26}$$

$$\frac{\partial \pi_p}{\partial u_2} = \frac{AL}{2} \left[\frac{E}{L^2}(-2u_1 + 2u_2) \right] - f_{2x} = 0$$

将式 (3.10.26) 表示为矩阵形式：

$$\frac{\partial \pi_p}{\partial \{d\}} = \frac{AE}{L} \begin{bmatrix} 1 & -1 \\ -1 & 1 \end{bmatrix} \left\{ \begin{array}{c} u_1 \\ u_2 \end{array} \right\} - \left\{ \begin{array}{c} f_{1x} \\ f_{2x} \end{array} \right\} = \left\{ \begin{array}{c} 0 \\ 0 \end{array} \right\} \tag{3.10.27}$$

或者，由于 $\{f\} = [k]\{d\}$，由式 (3.10.27) 得出杆单元的刚度矩阵为：

$$[k] = \frac{AE}{L} \begin{bmatrix} 1 & -1 \\ -1 & 1 \end{bmatrix} \tag{3.10.28a}$$

和预料的一样，式 (3.10.28a) 与 3.1 节得到的刚度矩阵 (3.1.14) 相同。

用最小势能原理推导出杆刚度矩阵，可以观察到，应变势能 U[式 (3.10.18) 右侧的第一项] 也可以表示为二次型 $U = 1/2\{d\}^{\mathrm{T}}[k]\{d\}$ 如下：

$$U = \frac{1}{2}\{d\}^{\mathrm{T}}[k]\{d\} = \frac{1}{2}[u_1 u_2] \frac{AE}{L} \begin{bmatrix} 1 & -1 \\ -1 & 1 \end{bmatrix} \left\{ \begin{array}{c} u_1 \\ u_2 \end{array} \right\} = \frac{AE}{2L}[u_1^2 - 2u_1u_2 + u_2^2] \tag{3.10.28b}$$

最后，代替显式计算 π_p 的烦琐过程，可以利用式 (2.6.12) 给出的矩阵微分并将其用于式 (3.10.19) 中，得到：

$$\frac{\partial \pi_p}{\partial \{d\}} = AL[B]^{\mathrm{T}}[D][B]\{d\} - \{f\} = 0 \tag{3.10.29}$$

在推导式(3.10.29)时用到了$[D]^{\mathrm{T}} = [D]$。$AL[B]^{\mathrm{T}}[D][B]$的计算结果将等于式(3.10.28a)给出的$[k]$。本书通篇将使用矩阵微分概念(也可参见附录A),这将极大地简化计算$[k]$的任务。

为了说明怎样用式(3.10.20a)计算受轴向牵引力T_x的杆的等节点荷载,现求解例3.12。

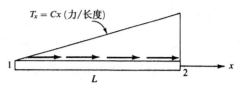

例3.12 一根长度为L的杆受线性分布的轴向荷载,该分布荷载在节点1处为零,在节点2处最大为CL,见图3.27。请确定能量等价的节点荷载。

图3.27 作用线性变化轴向荷载的单元

解 利用式(3.10.20a)和式(3.10.9)的形函数,解分布荷载的能量等价节点力如下:

$$\{f_0\} = \begin{Bmatrix} f_{1x} \\ f_{2x} \end{Bmatrix} = \int_{S_1} [N]^{\mathrm{T}} \{T_x\} \mathrm{d}S = \int_0^L \begin{Bmatrix} 1 - \dfrac{x}{L} \\ \dfrac{x}{L} \end{Bmatrix} \{Cx\} \mathrm{d}x \tag{3.10.30}$$

$$= \begin{Bmatrix} \dfrac{Cx^2}{2} - \dfrac{Cx^3}{3L} \Big|^L \\ \dfrac{Cx^3}{3L} \Big|_0 \end{Bmatrix}$$

$$= \begin{Bmatrix} \dfrac{CL^2}{6} \\ \dfrac{CL^2}{3} \end{Bmatrix} \tag{3.10.31}$$

式中的积分在杆的全长范围内进行,因为T_x的单位为力/长度。

荷载分布面积上的总荷载由下述公式给出:

$$F = \frac{1}{2}(L)(CL) = \frac{CL^2}{2} \tag{3.10.32}$$

因此,比较式(3.10.31)和式(3.10.32),可得出线性变化荷载的等节点荷载为:

$$f_{1x} = \frac{1}{3}F = \text{总荷载的 } 1/3$$
$$f_{2x} = \frac{2}{3}F = \text{总荷载的 } 2/3 \tag{3.10.33}$$

总之,对于作用线性变化荷载(三角形荷载)的二节点杆单元,在分布荷载开始的节点(荷载零端)加总荷载的1/3,在分布荷载为峰值的节点加荷载的2/3。

现用例3.13说明一根作用表面牵引荷载的杆的完整解题步骤。

例3.13 图3.28表示轴向受载的杆,确定其轴向位移和轴向应力。令$E = 2 \times 10^{11}$ N/m^2,$A = 12.5 \times 10^{-4}$ m^2,$L = 1.5$ m。用(a)一个单元和(b)两个单元进行有限元求解。在3.11节将给出由计算程序Autodesk[9]得出的使用的单元数量分别为1,2,4的解。

(a) 使用一个单元的解 (参见图 3.29)[①]。

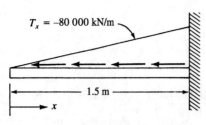

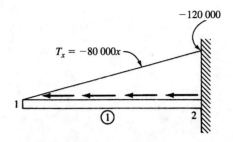

图 3.28 受三角形分布荷载作用的杆　　　　图 3.29 使用一个单元的模型

解 由式 (3.10.20a) 计算分布荷载矩阵如下:

$$\{F_0\} = \int_0^L [N]^{\mathrm{T}} \{T_x\} \mathrm{d}x \tag{3.10.34}$$

式中, T_x 是线荷载, 单位为牛顿/米 (N/m), 且 $\{f_0\} = \{F_0\}$。因此将式 (3.2.9) 代入式 (3.10.34) 中得到:

$$\{f_0\} = \int_0^L \left\{ \begin{matrix} 1 - \dfrac{x}{L} \\ \dfrac{x}{L} \end{matrix} \right\} \{-80\,000x\} \mathrm{d}x \tag{3.10.35}$$

或

$$\left\{ \begin{matrix} F_{1x} \\ F_{2x} \end{matrix} \right\} = \left\{ \begin{matrix} \dfrac{-80\,000L^2}{2} + \dfrac{80\,000L^2}{3} \\ \dfrac{-80\,000L^2}{3} \end{matrix} \right\} = \left\{ \begin{matrix} \dfrac{-80\,000L^2}{6} \\ \dfrac{-80\,000L^2}{3} \end{matrix} \right\} = \left\{ \begin{matrix} \dfrac{-80\,000(1.5)^2}{6} \\ \dfrac{-80\,000(1.5)^2}{3} \end{matrix} \right\}$$

或

$$F_{1x} = -30\,000 \,\mathrm{N} \qquad F_{2x} = -60\,000 \,\mathrm{N} \tag{3.10.36}$$

利用式 (3.10.33) 也可在节点 1 和节点 2 得出同样的结果, 即在节点 1 处为总荷载的 1/3, 在节点 2 处为总荷载的 2/3。

利用式 (3.10.28) 得出刚度矩阵如下:

$$[k^{(1)}] = 16.67 \times 10^7 \begin{bmatrix} 1 & -1 \\ -1 & 1 \end{bmatrix}$$

单元方程则由下式给出:

$$16.67 \times 10^7 \begin{bmatrix} 1 & -1 \\ -1 & 1 \end{bmatrix} \left\{ \begin{matrix} u_1 \\ 0 \end{matrix} \right\} = \left\{ \begin{matrix} -30\,000 \\ R_{2x} - 60\,000 \end{matrix} \right\} \tag{3.10.37}$$

解式 (3.10.37) 中的第一个方程得出:

$$u_1 = -0.18 \,\mathrm{mm} \tag{3.10.38}$$

由式 (3.10.14) 得出的应力为:

[①] 此处原文为 "参见图 3.31", 有误。——译者注

$$
\begin{aligned}
\{\sigma_x\} &= [D]\{\varepsilon_x\} \\
&= E[B]\{d\} \\
&= E\left[-\frac{1}{L} \quad \frac{1}{L}\right]\left\{\begin{array}{c} u_1 \\ u_2 \end{array}\right\} \\
&= E\left(\frac{u_2 - u_1}{L}\right) \\
&= 2 \times 10^{11}\left(\frac{0 + 0.000\,18}{1.5}\right) \\
&= 24\ \text{Mpa}\ (T)
\end{aligned}
\tag{3.10.39}
$$

(b)使用两个单元的解(参见图 3.30)。

首先得出单元力,将单元 2 的荷载划分为均匀部分和三角形部分,如图 3.30 所示。对于均匀部分,和该单元相关的每一节点承受总均匀荷载的一半。因此,总均匀部分为:

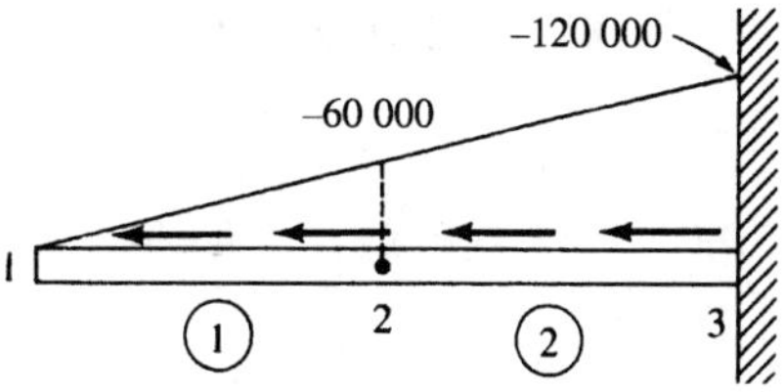

图 3.30 使用两个单元的模型

$$(0.75\ \text{m})(-60\,000\ \text{N/m}) = -45\,000\ \text{N}$$

利用式(3.10.33)确定荷载的三角形部分,对于单元 2 有:

$$
\left\{\begin{array}{c} f_{2x}^{(2)} \\ f_{3x}^{(2)} \end{array}\right\} = \left\{\begin{array}{c} -[\frac{1}{2}(45\,000) + \frac{1}{3}(22\,500)] \\ -[\frac{1}{2}(45\,000) + \frac{2}{3}(22\,500)] \end{array}\right\} = \left\{\begin{array}{c} -30\,000\ \text{N} \\ -37\,500\ \text{N} \end{array}\right\}
\tag{3.10.40}
$$

对于单元 1,总力仅由三角形分布的荷载产生:

$$\frac{1}{2}(0.75\ \text{m})(-60\,000\ \text{N/m}) = -22\,500\ \text{N}$$

根据式(3.10.33),该荷载被分为如下所示的节点力:

$$
\left\{\begin{array}{c} f_{1x}^{(1)} \\ f_{2x}^{(1)} \end{array}\right\} = \left\{\begin{array}{c} \frac{1}{3}(-22\,500) \\ \frac{2}{3}(-22\,500) \end{array}\right\} = \left\{\begin{array}{c} -7500\ \text{N} \\ -15\,000\ \text{N} \end{array}\right\}
\tag{3.10.41}
$$

最终的节点力矩阵为:

$$
\left\{\begin{array}{c} F_{1x} \\ F_{2x} \\ F_{3x} \end{array}\right\} = \left\{\begin{array}{c} -7500 \\ -30\,000 - 15\,000 \\ R_{3x} - 37\,500 \end{array}\right\}
\tag{3.10.42}
$$

单元刚度矩阵为:

$$
[k^{(1)}] = [k^{(2)}] = \frac{AE}{L/2}\begin{array}{c} 1 \quad 2 \\ 2 \quad 3 \\ \left[\begin{array}{cc} 1 & -1 \\ -1 & 1 \end{array}\right] \end{array} = (33.34 \times 10^7)\begin{array}{c} 1 \quad 2 \\ 2 \quad 3 \\ \left[\begin{array}{cc} 1 & -1 \\ -1 & 1 \end{array}\right] \end{array}
\tag{3.10.43}
$$

组装的总体刚度矩阵为:

$$
[K] = (33.34 \times 10^7)\left[\begin{array}{ccc} 1 & -1 & 0 \\ -1 & 2 & -1 \\ 0 & -1 & 1 \end{array}\right]\frac{\text{N}}{\text{m}}
\tag{3.10.44}
$$

组装的总体方程为:

$$(33.34 \times 10^7) \begin{bmatrix} 1 & -1 & 0 \\ -1 & 2 & -1 \\ 0 & -1 & 1 \end{bmatrix} \begin{Bmatrix} u_1 \\ u_2 \\ u_3 = 0 \end{Bmatrix} = \begin{Bmatrix} -7500 \\ -45\,000 \\ R_{3x} - 37\,500 \end{Bmatrix} \tag{3.10.45}$$

在式(3.10.45)中代入边界条件 $u_3 = 0$。现在解式(3.10.45)中的式 1 和式 2 得到:

$$u_1 = -0.18\,\text{mm}$$
$$u_2 = -0.1575\,\text{mm} \tag{3.10.46}$$

单元应力如下所示:

单元 1

$$\sigma_x = E \begin{bmatrix} -\dfrac{1}{0.75} & \dfrac{1}{0.75} \end{bmatrix} \begin{Bmatrix} u_1 = -0.000\,18 \\ u_2 = -0.000\,157\,5 \end{Bmatrix} \tag{3.10.47}$$
$$= 6\,\text{Mpa}\,(T)$$

单元 2

$$\sigma_x = E \begin{bmatrix} -\dfrac{1}{0.75} & \dfrac{1}{0.75} \end{bmatrix} \begin{Bmatrix} u_2 = -0.000\,157\,5 \\ u_3 = 0 \end{Bmatrix} \tag{3.10.48}$$
$$= 42\,\text{Mpa}\,(T)$$

3.11　杆的有限元解与精确解的比较

现在比较利用 1 个单元、2 个单元、4 个单元和 8 个单元模拟杆单元得到的例 3.13 的有限元解和精确解。位移的精确解通过解下列方程得到:

$$u = \frac{1}{AE} \int_0^x P(x)\,\mathrm{d}x \tag{3.11.1}$$

通过下面的隔离体图得到:

$$P(x) = \tfrac{1}{2}x(80\,000x) = 40\,000x^2\,\text{N} \tag{3.11.2}$$

因此将式(3.11.2)代入式(3.11.1)得到:

$$u = \frac{1}{AE} \int_0^x 40\,000x^2\,\mathrm{d}x$$
$$= \frac{40\,000x^3}{3AE} + C_1 \tag{3.11.3}$$

利用 $x = L$ 处的边界条件得到:

$$u(L) = 0 = \frac{40\,000L^3}{3AE} + C_1$$

或

$$C_1 = -\frac{40\,000L^3}{3AE} \tag{3.11.4}$$

将式(3.11.4)代入式(3.11.3), 得出位移的最终表达式为:

$$u = \frac{40\,000}{3AE}(x^3 - L^3) \tag{3.11.5}$$

将 $A = 12.5 \times 10^{-4}\,\text{m}^2$, $E = 2 \times 10^{11}\,\text{N/m}^2$ 和 $L = 1.5\,\text{m}$ 代入式(3.11.5)得到:

$$u = 5.333 \times 10^{-5}x^3 - 0.000\,18 \tag{3.11.6}$$

轴向应力的精确解通过解以下方程得出：

$$\sigma(x) = \frac{P(x)}{A} = \frac{40\ 000x^2}{12.5 \times 10^{-4}\ \text{m}^2} = 32x^2\ \text{Pa} \tag{3.11.7}$$

图 3.31 给出了式(3.11.6)和有限元解的示意图(其中一部分在例 3.13 中得出)。从这些结果可得出以下结论：

1. 有限元解在节点位置与精确解一致，这些节点值正确的原因是单元节点力的计算是在每一单元内部线性位移场的基础上，令能量等价于分布荷载(对于均匀横截面的杆和梁节点自由度是精确的，而一般情况下计算得出的节点自由度是不精确的)。

2. 尽管节点位移与精确解一致，节点之间的位移值在有限单元数量少时就很不精确(如一个单元和两个单元的解)，因为在每一单元内使用的是线性位移函数，而式(3.11.6)给出的精确解是三次函数。然而，当有限单元的数量增加时，有限元解收敛到精确解(参见图 3.31 中的 4 单元解和 8 单元解)。

3. 应力由位移曲线的斜率导出，如 $\sigma = E\varepsilon = E(\mathrm{d}u/\mathrm{d}x)$。因为 u 在每一单元内是线性函数，所以由有限元解得出的轴向应力在每一单元内为常数。因此要模拟位移函数的一阶导数，即轴向应力，就需要更多的单元。在图 3.32 中可看出这一点，8 单元解给出了最好的结果。

4. 应力的最佳近似发生在单元的中点处，而不是在节点处(参见图 3.32)。这是因为位移的导数在节点之间比节点处预计得更好。

5. 应力在单元边界上是不连续的。因此单元边界不满足平衡。此外，单元内的平衡通常也不满足。图 3.33 所示为 2 单元解中的第 1 个单元和 8 单元解中的第 1 个单元。在 8 单元解中，力是由 Autodesk 计算机程序[9]得出的。随着使用的单元数量的增加，单元边界应力的不连续性减少，平衡的近似性得到了提高。

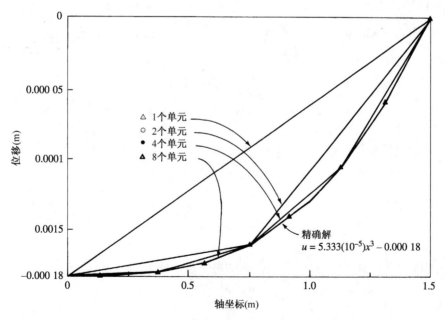

图 3.31　轴向位移精确解与有限元解的比较(沿杆长)

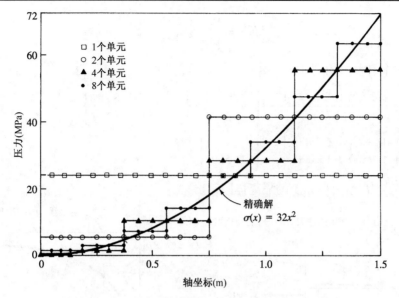

图 3.32 轴向应力精确解与有限元解的比较(沿杆长)

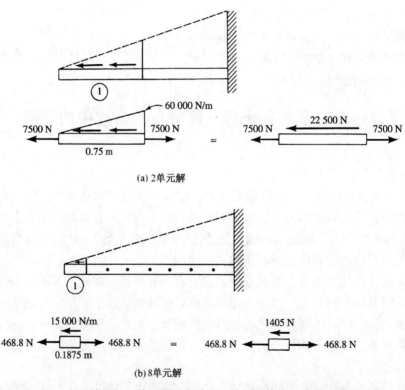

图 3.33 在 2 单元和 8 单元模型中单元 1 的隔离体图, 表明不满足平衡

最后, 图 3.34 中给出了随着单元数量的增加, 固定端点 $(x = L)$ 轴向应力的收敛性。

然而, 如果用习惯的一般方式描述该问题, 正如第 4 章要描述的受分布荷载作用的梁, 则可以用任何模型得到精确的应力分布。即令 $\{f\} = [k]\{d\} - \{f_0\}$, 式中 $\{f_0\}$ 是作用在每一单元的分布荷载的初始节点替换力系, 我们从 $[k]\{d\}$ 结果中减去初始替换力系, 由此产生每一单元的节点力。例如, 考虑两单元模型的单元 1, 有[也可参见式(3.10.33)和式(3.10.41)]:

$$\{f_0\} = \left\{ \begin{array}{c} -7500\ \text{N} \\ -15\ 000\ \text{N} \end{array} \right\}$$

利用$\{f\} = [k]\{d\} - \{f_0\}$得出：

$$\{f\} = \frac{(12.5 \times 10^{-4})(2 \times 10^{11})}{(0.75\ \text{m})} \begin{bmatrix} 1 & -1 \\ -1 & 1 \end{bmatrix} \left\{ \begin{array}{c} -0.000\ 18\ \text{m} \\ -0.000\ 157\ 5\ \text{m} \end{array} \right\} - \left\{ \begin{array}{c} -7500\ \text{N} \\ -15\ 000\ \text{N} \end{array} \right\}$$

$$= \left\{ \begin{array}{c} -7500 + 7500 \\ 7500 + 15\ 000 \end{array} \right\} = \left\{ \begin{array}{c} 0 \\ 22\ 500 \end{array} \right\}$$

作为实际的节点力。给出单元 1 的隔离体图得出：

$$\sum F_x = 0 : \quad -\frac{1}{2}(60\ 000\ \text{N/m})(0.75\ \text{m}) + 22\ 500\ \text{N} = 0$$

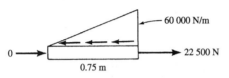

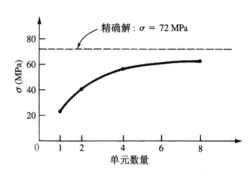

图 3.34　随单元数量增加，在固定端的轴向应力

对于其他类型的单元(非梁单元)，这种调整实际上被忽略了。这种调整对于平面单元和固体单元来说不像梁单元那样重要。此外，对于一般形状的单元，这种调整更为困难。

3.12　伽辽金残余法及其在推导一维杆单元方程中的应用

3.12.1　一般公式

在 3.1 节中用直接法建立了杆有限元方程，在 3.10 节中用势能法(若干变分法之一)建立了有限元方程。在结构和固体力学以外的其他领域，很可能不存在类似于最小势能原理的变分原理。在流体力学中的某些流动问题和质量传输问题(参见第 13 章)中，通常只有微分方程和边界条件可用。然而，有限元方法仍然可以使用。

加权残余法直接用于微分方程可以用来建立有限元方程，在这一节中总体描述了伽辽金残余法，然后将其用于杆单元。这将为以后将伽辽金残余法用于第 4 章的梁单元问题和非结构的传热问题(特别是第 13 章将描述的一维组合传导、对流和质量传输单元)提供一个基础。由于质量传输现象，变分公式尚不清楚，或者肯定很难得到，因此有必要用伽辽金残余法建立有限元方程。

有许多其他的残余法，其中的配置法、最小二乘法和子域法将在 3.13 节描述。要想更多地了解这些方法，参见参考文献[5]。

在加权残余法中，选择试用函数或近似函数来近似用微分方程定义的问题中的自变量，如位移或温度。此试用函数通常不满足控制微分方程，因此将试用函数代入微分方程，在整个问题范围内将引起残余如下：

$$\iiint_V R\,\mathrm{d}V = 最小 \tag{3.12.1}$$

在残余法中，要求在整个范围内残余的权值最小。加权函数可使残余的加权积分趋近于零。如果用 W 表示加权函数，加权残余积分的一般形式为：

$$\iiint_v RW \, dV = 0 \tag{3.12.2}$$

采用伽辽金残余法，对微分方程中自变量的形函数 N_i 选取内插函数，如方程(3.2.8)所示。通常，此替换产生的残余 $R \neq 0$。采用伽辽金准则，选取的形函数 N_i 起加权函数 W 的作用。因此对于每个 i 有：

$$\iiint_v RN_i \, dV = 0 \quad (i = 1, 2, \cdots, n) \tag{3.12.3}$$

式(3.12.3)得到 n 个方程。式(3.12.3)适用于物体内的各点，而不考虑边界条件，如指定的外加荷载或位移。要得到边界条件，对式(3.12.3)进行分部积分，得到适用于内部及边界的积分。

3.12.2　杆单元公式

现采用伽辽金残余法建立杆单元刚度方程。从 3.1 节推导的无分布荷载的基本微分方程开始：

$$\frac{d}{dx}\left(AE \frac{du}{dx}\right) = 0 \tag{3.12.4}$$

假定式中 A 和 E 为常数。上式定义残余为 R。将伽辽金准则式(3.12.3)用于式(3.12.4)得到：

$$\int_0^L \frac{d}{dx}\left(AE \frac{du}{dx}\right) N_i \, dx = 0 \quad (i = 1, 2) \tag{3.12.5}$$

对式(3.12.5)进行分部积分，分部积分的一般形式为：

$$\int u \, dv = uv - \int v \, du \tag{3.12.6}$$

式中 u 和 v 是一般方程中的简单变量。在式(3.12.5)中，令：

$$u = N_i \qquad du = \frac{dN_i}{dx} dx$$

$$dv = \frac{d}{dx}\left(AE \frac{du}{dx}\right) dx \qquad v = AE \frac{du}{dx} \tag{3.12.7}$$

并按照式(3.12.6)进行分部积分，式(3.12.5)变为：

$$\left(N_i AE \frac{du}{dx}\right)\Bigg|_0^L - \int_0^L AE \frac{du}{dx} \frac{dN_i}{dx} \, dx = 0 \tag{3.12.8}$$

式中分部积分引进了边界条件。

由于 $u = [N]\{d\}$，因此：

$$\frac{du}{dx} = \frac{dN_1}{dx} u_1 + \frac{dN_2}{dx} u_2 \tag{3.12.9}$$

利用式(3.2.9)的 $N_1 = 1 - x/L$ 和 $N_2 = x/L$，有：

$$\frac{du}{dx} = \begin{bmatrix} -\dfrac{1}{L} & \dfrac{1}{L} \end{bmatrix} \begin{Bmatrix} u_1 \\ u_2 \end{Bmatrix} \tag{3.12.10}$$

将式(3.12.10)代入式(3.12.8)，得到：

$$AE\int_0^L \frac{dN_i}{dx}\left[-\frac{1}{L} \quad \frac{1}{L}\right]dx\left\{\begin{array}{c} u_1 \\ u_2 \end{array}\right\} = \left(N_i AE\frac{du}{dx}\right)\Big|_0^L \qquad (i=1,2) \qquad (3.12.11)$$

式(3.12.11)实际上是两个方程，一个用于 $N_i = N_1$，另一个用于 $N_i = N_2$。首先利用权函数 $N_i = N_1$ 得到：

$$AE\int_0^L \frac{dN_1}{dx}\left[-\frac{1}{L} \quad \frac{1}{L}\right]dx\left\{\begin{array}{c} u_1 \\ u_2 \end{array}\right\} = \left(N_1 AE\frac{du}{dx}\right)\Big|_0^L \qquad (3.12.12)$$

替换 dN_1/dx 得到：

$$AE\int_0^L\left[-\frac{1}{L}\right]\left[-\frac{1}{L} \quad \frac{1}{L}\right]dx\left\{\begin{array}{c} u_1 \\ u_2 \end{array}\right\} = f_{1x} \qquad (3.12.13)$$

式中 $f_{1x} = AE(du/dx)$，因为 $x=0$ 时 $N_1 = 1$，$x=L$ 时 $N_1 = 0$。计算式(3.12.13)得到：

$$\frac{AE}{L}(u_1 - u_2) = f_{1x} \qquad (3.12.14)$$

类似地，利用 $N_i = N_2$，得到：

$$AE\int_0^L\left[\frac{1}{L}\right]\left[-\frac{1}{L} \quad \frac{1}{L}\right]dx\left\{\begin{array}{c} u_1 \\ u_2 \end{array}\right\} = \left(N_2 AE\frac{du}{dx}\right)\Big|_0^L \qquad (3.12.15)$$

简化式(3.12.15)得到：

$$\frac{AE}{L}(u_2 - u_1) = f_{2x} \qquad (3.12.16)$$

式中 $f_{2x} = AE(du/dx)$，因为 $x=L$ 时 $N_2 = 1$，$x=0$ 时 $N_2 = 0$。可以看出式(3.12.14)和式(3.12.16)分别与直接刚度法推导的式(3.1.13)和变分法推导的式(3.10.27)相同。

3.13　其他残余法及其在一维杆问题中的应用

　　正如在 3.12 节描述伽辽金残余法时所示，加权残余法基于为给定问题的控制微分方程假设一个近似解。假定解或试用解通常是位移或温度函数，使其必须满足问题的初始条件和边界条件。试用解一般不满足控制微分方程，因此将试用函数代入微分方程将产生一些残余或误差。每个残余法都要求误差在某些选定的区间或点上化为零。为了解释这个概念，求解图 3.28 所示受三角形分布荷载作用的杆问题（参见 3.10 节），得到式(3.11.5)轴向位移的精确解（参见 3.11 节）。我们将介绍四种普遍的加权残余法：配置法、子域法、最小二乘法和伽辽金残余法。

　　特别注意，本节的主要目的是通过一个简单的例子介绍其他加权残余法的一般概念。将假设一个位移解，该位移解通常会在问题的整个域（如在 3.10 节求解的杆）得到近似解（本例中，假定位移函数产生精确解）。对于弹簧单元或杆单元，假定每个单元有一个线性函数，然后将单元解组合在一起，本节求解的杆和 3.10 节求解的杆相同。通常的做法是在有限元模型的每个单元中使用简单线性函数，随着用于建模的杆单元数量的增加，将会越来越近似实际位移（参见图 3.31）。

　　为清楚起见，图 3.35(a)给出了要求解的问题，图 3.35(b)给出了具有内部轴向力 $P(x)$ 的部分杆的隔离体图。

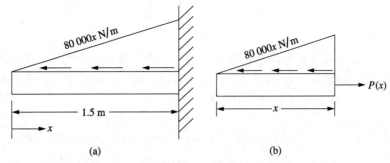

图 3.35 (a)作用三角形分布荷载的杆;(b)部分杆的隔离体图

轴向位移 u 的控制微分方程为:

$$\left(AE\frac{du}{dx}\right) - P(x) = 0 \tag{3.13.1}$$

式中内部轴向力为 $P(x) = 40\,000x^2$。边界条件为 $u(x = L) = 0$。

加权残余法要求假定一个位移的近似函数,该近似解必须满足问题的边界条件。此处,假定函数如下:

$$u(x) = c_1(x - L) + c_2(x - L)^2 + c_3(x - L)^3 \tag{3.13.2}$$

式中,c_1,c_2 和 c_3 是未知系数式(3.13.2)也满足给定的边界条件 $u(x = L) = 0$。

将式(3.13.2)的 u 代入控制微分方程式(3.13.1),得到下面的误差函数 R:

$$AE[c_1 + 2c_2(x - L) + 3c_3(x - L)^2] - 40\,000x^2 = R \tag{3.13.3}$$

现说明如何用这四种加权残余法求解控制微分方程。

3.13.1 配置法

配置法要求误差或残余函数 R 在与未知系数一样多的点处化为零。式(3.13.2)有三个未知系数。因此,使误差函数在沿杆的三个点处等于零。选择误差函数使其在 $x = 0$,$x = L/3$ 和 $x = 2L/3$ 处为零,如下所示:

$$R(c, x = 0) = 0 = AE\left[c_1 + 2c_2(-L) + 3c_3(-L)^2\right] = 0$$

$$R(c, x = L/3) = 0 = AE\left[c_1 + 2c_2(-2L/3) + 3c_3(-2L/3)^2\right] - 40\,000(L/3)^2 = 0 \tag{3.13.4}$$

$$R(c, x = 2L/3) = 0 = AE\left[c_1 + 2c_2(-L/3) + 3c_3(-L/3)^2\right] - 40\,000(2L/3)^2 = 0$$

利用式(3.13.4)的三个线性方程解出未知系数 c_1,c_2 和 c_3。结果为:

$$c_1 = 40\,000L^2/(AE) \quad c_2 = 40\,000L/(AE) \quad c_3 = 40\,000/(3AE) \tag{3.13.5}$$

将数值 $A = 12.5 \times 10^{-4}$ m^2,$E = 2 \times 10^{11}$ N/m^2 和 $L = 1.5$ m 代入式(3.13.5),得到的所有系数为:

$$c_1 = 3.6 \times 10^{-4}, \quad c_2 = 2.4 \times 10^{-4}, \quad c_3 = 5.333 \times 10^{-5} \tag{3.13.6}$$

将式(3.13.6)中系数的数值代入式(3.13.2),得到轴向位移的最终表达式为:

$$u(x) = 3.6 \times 10^{-4}(x - L) + 2.4 \times 10^{-4}(x - L)^2 + 5.333 \times 10^{-5}(x - L)^3 \tag{3.13.7}$$

由于选择了三次位移函数式(3.13.2),精确解式(3.11.6)也是三次式,因此配置法得到的解与精确解相同。解的曲线如图 3.31 所示。

3.13.2　子域法

子域法要求误差函数或残余函数在选取的一些子区间内的积分为零。选择的子区间数量必须跟未知系数的数量相等。本例中有三个未知系数，所以必须使子区间数量等于 3。选择子区间为从 0 到 $L/3$、从 $L/3$ 到 $2L/3$、从 $2L/3$ 到 L。

$$\int_0^{L/3} R\,dx = 0 = \int_0^{L/3} \{AE[c_1 + 2c_2(x-L) + 3c_3(x-L)^2] - 40\,000x^2\}\,dx$$

$$\int_{L/3}^{2L/3} R\,dx = 0 = \int_{L/3}^{2L/3} \{AE[c_1 + 2c_2(x-L) + 3c_3(x-L)^2] - 40\,000x^2\}\,dx \quad (3.13.8)$$

$$\int_{2L/3}^{L} R\,dx = 0 \int_{2L/3}^{L} \{AE[c_1 + 2c_2(x-L) + 3c_3(x-L)^2] - 40\,000x^2\}\,dx$$

式中，将式(3.13.3)表示的 R 用于式(3.13.8)。

式(3.13.8)的积分产生了三个线性方程，求解得到系数 c_1，c_2 和 c_3。利用前面的 A，E 和 L 的值，这三个系数在数值上与式(3.13.6)中的系数相同。轴向位移的结果与式(3.13.7)的结果相同。

3.13.3　最小二乘法

最小二乘法要求误差函数的平方在杆长度上的积分相对于假定解中每个未知系数最小，基于如下表达式：

$$\frac{\partial}{\partial c_i}\left(\int_0^L R^2\,dx\right) = 0 \quad i = 1,2,\cdots,N \,(\text{对于}\,N\,\text{个未知系数}) \quad (3.13.9)$$

或者等价地

$$\int_0^L R\frac{\partial R}{\partial c_i}\,dx = 0 \quad (3.13.10)$$

由于近似解中存在三个未知系数，因此对式(3.13.10)进行三次积分，得到如下三个方程：

$$\int_0^L \{AE[c_1 + 2c_2(x-L) + 3c_3(x-L)^2] - 40\,000x^2\}AE\,dx = 0$$

$$\int_0^L \{AE[c_1 + 2c_2(x-L) + 3c_3(x-L)^2] - 40\,000x^2\}AE2(x-L)\,dx = 0 \quad (3.13.11)$$

$$\int_0^L \{AE[c_1 + 2c_2(x-L) + 3c_3(x-L)^2] - 40\,000x^2\}AE3(x-L)^2\,dx = 0$$

在式(3.13.11)的第一个、第二个和第三个式子中分别使用以下偏导：

$$\frac{\partial R}{\partial c_1} = AE, \qquad \frac{\partial R}{\partial c_2} = AE2(x-L), \qquad \frac{\partial R}{\partial c_3} = AE3(x-L)^2 \quad (3.13.12)$$

式中，R 为式(3.13.3)定义的误差函数。

式(3.13.11)的积分得到的三个线性方程可求解三个系数。解出的系数值与式(3.13.6)中的值相同。因此，解与精确解相同。

3.13.4　伽辽金残余法

伽辽金残余法要求误差与先前式(3.12.2)给出的一些加权函数 W_i 正交[①]。本例中积分为：

$$\int_0^L RW_i \, dx = 0 \qquad i = 1, 2, \cdots, N \tag{3.13.13}$$

选择加权函数为近似解的一部分。因为在近似解中有三个未知常数，所以需要生成三个方程。回忆式(3.13.2)给定的假定解是三次的，因此，选择加权函数为：

$$W_1 = x - L \qquad W_2 = (x - L)^2 \qquad W_3 = (x - L)^3 \tag{3.13.14}$$

将式(3.13.14)的加权函数代入式(3.13.13)，得到下面三个方程：

$$\int_0^L \left\{ AE[c_1 + 2c_2(x - L) + 3c_3(x - L)^2] - 40\,000x^2 \right\}(x - L) \, dx = 0$$

$$\int_0^L \left\{ AE[c_1 + 2c_2(x - L) + 3c_3(x - L)^2] - 40\,000x^2 \right\}(x - L)^2 \, dx = 0$$

$$\int_0^L \left\{ AE[c_1 + 2c_2(x - L) + 3c_3(x - L)^2] - 40\,000x^2 \right\}(x - L)^3 \, dx = 0$$

$$\tag{3.13.15}$$

式(3.13.15)的积分得到三个线性方程，可用于求解未知系数。解得的系数值与式(3.13.6)中的值相同。因此，解与精确解相同。

总之，因为假定近似解为 x 的三次形式并且精确解也为 x 的三次形式，所以所有的残余法都得到精确解。本节的目标已完成，即介绍了四种常用的残余法来确定已知微分方程的近似解(本例中为精确解)。精确解如 3.11 节中的式(3.11.6)和图 3.31 所示。

3.14　三维桁架问题的求解流程图

在图 3.36 中，以第 3 章介绍的理论为基础，给出了用于分析三维桁架问题的典型有限元过程的流程图。

3.15　桁架问题的计算机程序辅助按步求解

本节将给出利用计算机程序求解三维桁架(空间桁架)问题的计算机辅助按步解，见参考文献[9]。

计算机辅助逐步求解问题使用了例 3.8 的桁架，如图 3.37 所示。

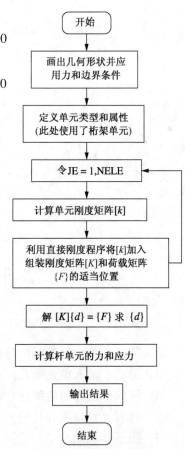

图 3.36　桁架有限元程序的流程图(NELE 表示单元数量)

---

① 本书中词语"正交"的用法是它相对于向量中用法的一般化。此处普通的标量积用式(3.13.13)代替。在式(3.13.13)中，如果 $\int_0^L u(x)v(x)dx$ 等于 0，则称函数 $u(x) = R$ 和 $v(x) = W_i$ 在区间 $0 \leqslant x \leqslant L$ 上是正交的。

用以下步骤确定节点 1 的 x, y 和 z 位移分量及每个桁架单元的应力。

1. 第一步用有限元程序 Autodesk[9]、ANSYS[10] 等的标准绘图程序绘制三个桁架单元。这些也可以用其他绘图程序完成，例如 KeyCreator[11] 或 SOLIDWORKS[12]，然后再导入到有限元程序。这个图需要定义方便的 x, y, z 坐标系，然后输入组成每个桁架单元的两个节点的 x, y, z 坐标。当输入节点坐标时，实际上是定义了模型桁架的总体尺寸并且描述了组成桁架模型的个体单元。当创建个体单元及其关联节点时，意味着已经明确了拓扑结构或连通性(哪个节点与哪个单元相连)。单元编号和节点编号在计算机程序内部完成。绘制过程通常是有限元分析最耗时的部分。通常对二维和三维物体使用自动生成网格的方式以减少建模的时间和误差。

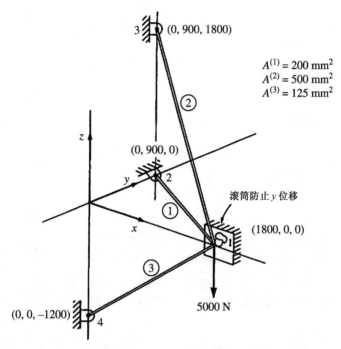

图 3.37　有限元程序 Autodesk[9] 中的空间桁架模型

2. 第二步是为将进行的分析选择单元类型。此处选择桁架单元。

3. 第三步输入单元的几何属性。此处输入横截面积 A。

4. 第四步选择材料特性(对于桁架单元为弹性模量 E)。此处选择 ASTM A 36 钢材，意味着已经输入弹性模量。

5. 第五步利用合适的边界条件命令将边界条件应用于合适的节点。此处固定边界条件(pinned boundary condition)适用于标记为 2，3 和 4 的节点，防止 y 方向位移的滚筒适用于节点 1，见图 3.37。

6. 第六步施加节点荷载。此处在 z 的负方向上施加 5000 N 荷载。

7. 第七步是模型的选择性检查。如果选择执行这一步，会看到边界条件在节点 2，3 和 4 用三角形表示，在节点 1 用圆形表示，荷载在节点 1 用指向 z 的负方向的箭头表示。

8. 在第八步进行分析。即确定节点 1 处的位移分量 x, y 和 z 的形如 $\{F\} = [K]\{d\}$ 的联立方程组的解。每个桁架单元的应力也确定下来。

9. 在第九步，选择与具体分析相关的结果。此处位移图和轴向应力图是设计的相关量。图 3.38 给出了桁架的最大位移图和轴向应力图。最大应力–21.38 MPa（负号表示压应力）位于较低单元处（单元 3）。单元 1 和单元 2 的应力分别为–7.22 MPa 和 10.55 MPa。

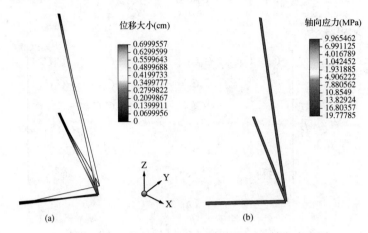

图 3.38　图 3.37 桁架的(a)最大位移图和(b)轴向应力图

方程小结

杆的刚度矩阵：

$$[K] = \frac{AE}{L}\begin{bmatrix} 1 & -1 \\ -1 & 1 \end{bmatrix} \tag{3.1.14}$$

杆的形函数：

$$N_1 = 1 - \frac{x}{L} \qquad N_2 = \frac{x}{L} \tag{3.2.9}$$

两节点杆单元的假定位移函数：

$$u = a_1 + a_2 x \tag{3.2.1}$$

将平面上两个不同坐标系的向量联系起来的变换矩阵：

$$[T] = \begin{bmatrix} C & S \\ -S & C \end{bmatrix} \tag{3.3.11}$$

平面内任意方向杆的总体刚度矩阵：

$$[k] = \frac{AE}{L}\begin{bmatrix} C^2 & CS & -C^2 & -CS \\ & S^2 & -CS & -S^2 \\ & & C^2 & CS \\ \text{对称} & & & S^2 \end{bmatrix} \tag{3.4.23}$$

杆的轴向应力：

$$\{\sigma\} = [C']\{d\} \tag{3.5.6}$$

式中，

$$[C'] = \frac{E}{L}[-C \quad -S \quad C \quad S] \tag{3.5.8}$$

关联三维空间中的向量的变换矩阵：

$$[T^*] = \begin{bmatrix} C_x & C_y & C_z & 0 & 0 & 0 \\ 0 & 0 & 0 & C_x & C_y & C_z \end{bmatrix} \tag{3.7.7}$$

空间杆单元的刚度矩阵：

$$[k] = \frac{AE}{L} \begin{bmatrix} C_x^2 & C_xC_y & C_xC_z & -C_x^2 & -C_xC_y & -C_xC_z \\ & C_y^2 & C_yC_z & -C_xC_y & -C_y^2 & -C_yC_z \\ & & C_z^2 & -C_xC_z & -C_yC_z & -C_z^2 \\ & & & C_x^2 & C_xC_y & C_xC_z \\ & & & & C_y^2 & C_yC_z \\ \text{对称} & & & & & C_z^2 \end{bmatrix} \tag{3.7.9}$$

杆的总势能为：

$$\pi_p = \frac{AL}{2}\{d\}^{\mathrm{T}}\{B\}^{\mathrm{T}}\{D\}^{\mathrm{T}}[B]\{d\} - \{d\}^{\mathrm{T}}\{f\} \tag{3.10.19}$$

式中，

$$\{f\} = \{P\} + \iint_{S_1}[N_S]^{\mathrm{T}}\{T_x\}\mathrm{d}s + \iiint_V[N]^{\mathrm{T}}\{X_b\}\mathrm{d}V$$

杆应变能的二次型为：

$$U = \frac{1}{2}\{d\}^{\mathrm{T}}[k]\{d\} = \frac{1}{2}[u_1\ u_2]\frac{AE}{L}\begin{bmatrix} 1 & -1 \\ -1 & 1 \end{bmatrix}\begin{Bmatrix} u_1 \\ u_2 \end{Bmatrix} = \frac{AE}{2L}[u_1^2 - 2u_1u_2 + u_2^2] \tag{3.10.28b}$$

参考文献

[1] Turner, M. J., Clough, R. W., Martin, H. C., and Topp, L. J., "Stiffness and Deflection Analysis of Complex Structures," *Journal of the Aeronautical Sciences*, Vol. 23, No. 9, Sept. 1956, pp. 805–824.

[2] Martin, H. C., "Plane Elasticity Problems and the Direct Stiffness Method," *The Trend in Engineering*, Vol. 13, Jan. 1961, pp. 5–19

[3] Melosh, R. J., "Basis for Derivation of Matrices for the Direct Stiffness Method," *Journal of the American Institute of Aeronautics and Astronautics*, Vol. 1, No. 7, July 1963, pp.1631–1637.

[4] Oden, J. T., and Ripperger, E. A., *Mechanics of Elastic Structures*, 2nd ed., McGraw-Hill, New York, 1981.

[5] Finlayson, B. A., *The Method of Weighted Residuals and Variational Principles*, Academic Press, New York, 1972.

[6] Zienkiewicz, O. C., *The Finite Element Method*, 3rd ed., McGraw-Hill, London, 1977.

[7] Cook, R. D. Malkus, D. S., Plesha, M. E., and Witt, R. J., *Concepts and Applications of Finite Element Analysis*, 4th ed., Wiley, New York, 2002.

[8] Forray, M. J., *Variational Calculus in Science and Engineering*, McGraw-Hill, New York, 1968.

[9] Autodesk Inc., McInnis Parkway, San Rafael, CA 94903.

[10] ANSYS—Engineering Analysis Systems User's Manual, Swanson Analysis Systems, Inc., Johnson Rd., P.O. Box 65 Houston, PA 15342.

[11] KeyCreator, Kubotek, USA, Inc.

[12] SOLIDWORKS, 175 Wyman St., Waltham, MA 02451.

习题

3.1　a. 用叠加单根杆刚度矩阵的方法计算图 P3.1 所示组装的总体刚度矩阵$[K]$。$[K]$须用 A_1，A_2，A_3，E_1，E_2，E_3，L_1，L_2 和 L_3 表示，A，E 和 L 一般分别表示横截面积、弹性模量和长度。

　　b. 令 $A_1 = A_2 = A_3 = A$，$E_1 = E_2 = E_3 = E$，$L_1 = L_2 = L_3 = L$。如节点 1 和节点 4 固定，在节点 3 作用一个 x 的正方向力 P，找出节点 2 和节点 3 的位移表达式，用 A，E，L 和 P 表示。

　　c. 令 $A = 6 \times 10^{-4}$ m^2，$E = 70$ GPa，$L = 0.25$ m，$P = 5000$ N。

　　　i. 确定节点 2 和节点 3 的位移。

　　　ii. 确定节点 1 和节点 4 的反力。

　　　iii. 确定单元 1 ~ 3 的应力。

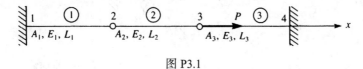

图 P3.1

3.2 ~ 3.11　对于图 P3.2 ~ 图 P3.11 所示的杆组装，用直接刚度法确定节点位移、每个单元的力和反力。

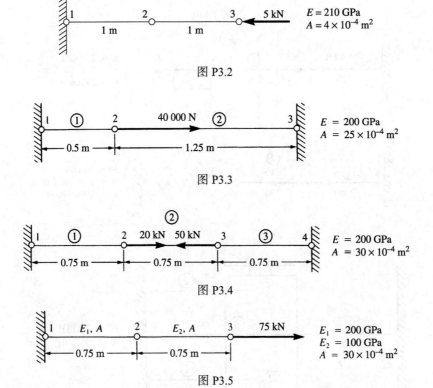

图 P3.2

图 P3.3

图 P3.4

图 P3.5

3.12　用一个和两个等面积单元计算图 P3.12 所示锥形杆的轴向位移和应力。计算每一单元长度中心的面积并将该面积用于每一单元。令 $A_0 = 12.5 \times 10^{-4}$ m^2，$L = 0.5$ m，$E = 70$ GPa，$P = 5000$ N。比较有限元解和精确解。

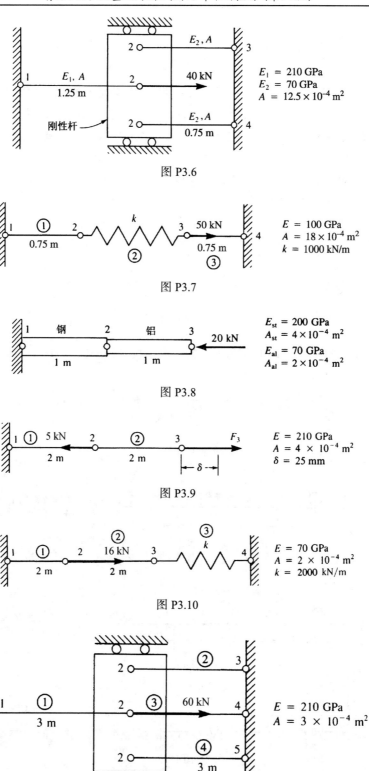

图 P3.6

$E_1 = 210$ GPa
$E_2 = 70$ GPa
$A = 12.5 \times 10^{-4}$ m^2

图 P3.7

$E = 100$ GPa
$A = 18 \times 10^{-4}$ m^2
$k = 1000$ kN/m

图 P3.8

$E_{st} = 200$ GPa
$A_{st} = 4 \times 10^{-4}$ m^2
$E_{al} = 70$ GPa
$A_{al} = 2 \times 10^{-4}$ m^2

图 P3.9

$E = 210$ GPa
$A = 4 \times 10^{-4}$ m^2
$\delta = 25$ mm

图 P3.10

$E = 70$ GPa
$A = 2 \times 10^{-4}$ m^2
$k = 2000$ kN/m

图 P3.11

$E = 210$ GPa
$A = 3 \times 10^{-4}$ m^2

3.13　确定图 P3.13 中有端部节点和中间节点的杆单元的刚度矩阵。令轴向位移 $u = a_1 + a_2 x + a_3 x^2$（这是高阶单元，该单元内应变线性变化）。

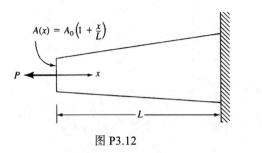

图 P3.12

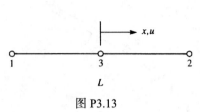

图 P3.13

3.14　讨论以下两节点杆单元的位移函数：

$$u = a + bx^2$$

它是可靠的位移函数吗？讨论是或者不是并给出理由。

3.15　对于图 P3.15 所示的杆单元，计算整体坐标 x-y 下的刚度矩阵。

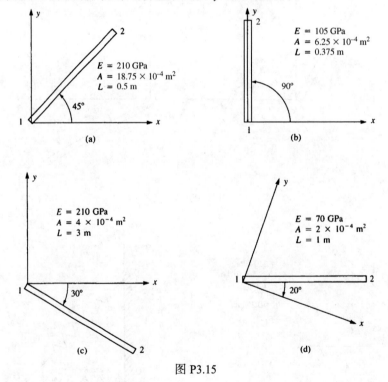

图 P3.15

3.16　对于图 P3.16 中的杆单元，整体位移已经确定，$u_1 = 1$ cm，$v_1 = 0.0$，$u_2 = 0.5$ cm 和 $v_2 = 1.5$ cm。确定杆每一端在局部坐标轴 x' 上的位移。令每一单元的 $E = 90$ GPa，$A = 5 \times 10^{-4}$ m²，$L = 2$ m。

3.17　对于图 P3.17 所示的杆单元，整体位移已经确定，$u_1 = 0.0$，$v_1 = 2.5$ mm，$u_2 = 5.0$ mm 和 $v_2 = 3.0$ mm。确定每根杆各端点在局部坐标轴 x' 上的位移。令每一单元的 $E = 210$ GPa，$A = 10 \times 10^{-4}$ m² 和 $L = 3$ m。

3.18　利用 3.5 节的方法，确定图 P3.18 所示每个杆单元的轴向应力。

3.19　a. 用叠加弹簧刚度矩阵的方法组装图 P3.19 所示的刚度矩阵。这里 k 是每根弹簧的刚度。

b. 求出节点 1 挠度的 x 分量和 y 分量。

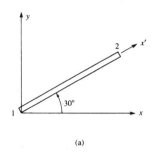

(a)

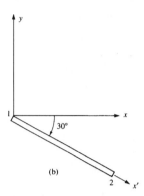

(b)

图 P3.16

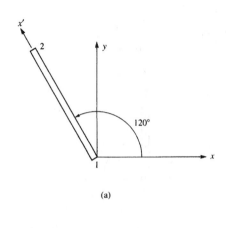

(a)

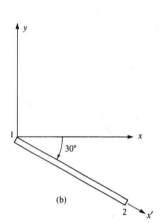

(b)

图 P3.17

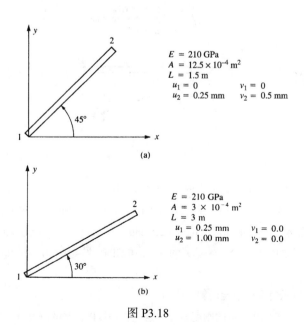

$E = 210\,\text{GPa}$
$A = 12.5 \times 10^{-4}\,\text{m}^2$
$L = 1.5\,\text{m}$
$u_1 = 0 \qquad v_1 = 0$
$u_2 = 0.25\,\text{mm} \qquad v_2 = 0.5\,\text{mm}$

(a)

$E = 210\,\text{GPa}$
$A = 3 \times 10^{-4}\,\text{m}^2$
$L = 3\,\text{m}$
$u_1 = 0.25\,\text{mm} \qquad v_1 = 0.0$
$u_2 = 1.00\,\text{mm} \qquad v_2 = 0.0$

(b)

图 P3.18

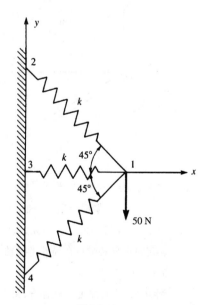

图 P3.19

3.20　对于图 P3.20 所示的平面桁架结构,用刚度法确定节点 2 的位移,并确定单元 1 的应力。令 $A = 30 \times 10^{-4}\ m^2$, $E = 7.5\ GPa$, $L = 2.5\ m$。

3.21　求出图 P3.21 中桁架节点 1 的水平和垂直位移。假定对每个单元都有 $AE = 15 \times 10^7\ N$。

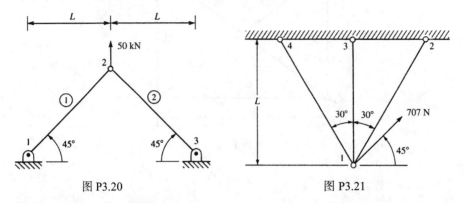

图 P3.20　　　　　　　　　　图 P3.21

3.22　对图 P3.22 所示的桁架,求解节点 1 的水平位移和垂直位移分量以及每一单元的应力,并验证节点 1 处力是平衡的。所有单元的 $A = 6 \times 10^{-4}\ m^2$, $E = 70\ GPa$。令 $L = 2.5\ m$。

3.23　对于图 P3.23 所示的桁架,求解节点 1 的水平位移和垂直位移分量,并确定单元 1 的应力。令 $A = 6 \times 10^{-4}\ m^2$, $E = 70\ GPa$ 和 $L = 2.5\ m$。

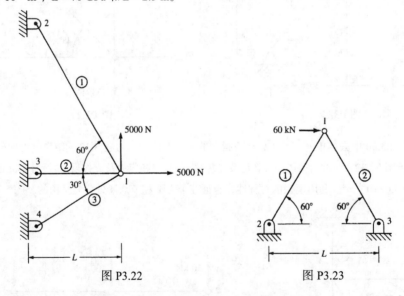

图 P3.22　　　　　　　　　　图 P3.23

3.24　对于图 P3.24 所示的桁架,确定节点位移和单元力。假定所有单元的 AE 相同。

3.25　去掉图 P3.24 中连接节点 2 和节点 4 的单元,然后确定节点位移和单元力。

3.26　去掉图 P3.24 中的两根交叉杆,还能确定节点位移吗? 如果不能,为什么?

3.27　确定图 P3.27 所示平面桁架中节点 3 的位移分量和单元力。令所有单元的 $A = 50 \times 10^{-4}\ m^2$, $E = 210\ GPa$。验证节点 3 处力是平衡的。

3.28　证明对于式 (3.4.15) 的变换矩阵 $[T]$,有 $[T]^T = [T]^{-1}$,因此式 (3.4.21) 确实是正确的,因此也证明了 $[k] = [T]^T [k'][T]$ 是单元的总体刚度矩阵表达式。

3.29 ~ 3.30　对于图 P3.29 和图 P3.30 所示的平面桁架,确定节点 1 的水平和垂直位移分量及每一单元的应力。所有单元的 $E = 210\ GPa$, $A = 4.0 \times 10^{-4}\ m^2$。

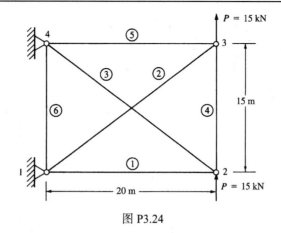

图 P3.24

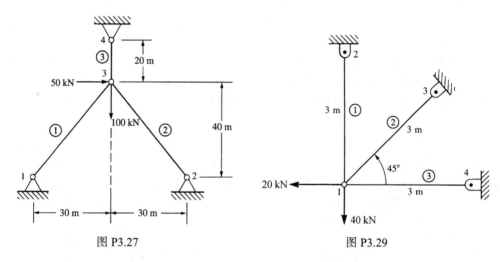

图 P3.27

图 P3.29

3.31　从图 P3.30 中去掉单元 1 并求解。将得到的位移和应力与习题 3.30 的结果进行比较。

3.32　对于图 P3.32 所示的平面桁架,确定节点位移、单元力和应力及支撑反力。所有单元的 $E = 70$ GPa, $A = 3.0 \times 10^{-4}$ m^2。利用模型的对称性,验证在节点 2 和节点 4 处力是平衡的。

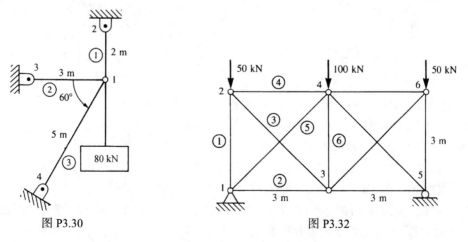

图 P3.30

图 P3.32

3.33　对于图 P3.33(a)和(b)中在节点 1 用弹簧支撑的平面桁架,确定节点位移和每一单元的应力。令两个桁架单元的 $E = 210$ GPa, $A = 5.0 \times 10^{-4}$ m^2。

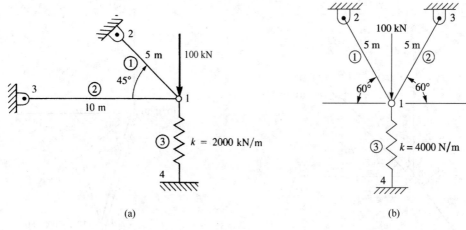

(a)   (b)

图 P3.33

3.34 对于图 P3.34 所示的平面桁架，节点 2 下陷量 $\delta = 2\,\text{mm}$，确定由此下陷产生的力和应力。令每一单元的 $E = 210\,\text{GPa}$，$A = 10 \times 10^{-4}\,\text{m}^2$。

3.35 对于图 P3.35 所示对称的平面桁架，确定 (a) 节点 1 的挠度，(b) 单元 1 的应力。令单元 3 的 AE/L 是其他单元 AE/L 的两倍。令 $AE/L = 1.5 \times 10^8\,\text{N/m}$。再令 $A = 5 \times 10^{-4}\,\text{m}^2$，$L = 0.25\,\text{m}$，$E = 75\,\text{GPa}$，求数值结果。

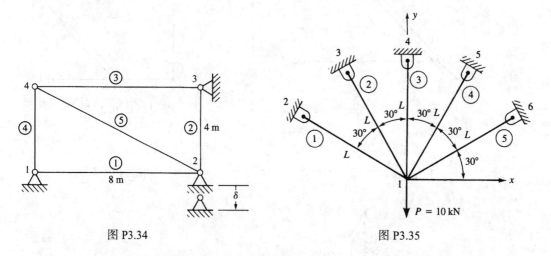

图 P3.34   图 P3.35

3.36 ~ 3.37 对于图 P3.36 和图 P3.37 所示的空间桁架单元，节点 1 的整体位移已确定为 $u_1 = 2\,\text{mm}$，$v_1 = 4\,\text{mm}$，$w_1 = 3\,\text{mm}$，确定在单元节点 1 处沿局部坐标轴 x' 的位移。坐标在图中给出，单位为毫米 (mm)。

3.38 ~ 3.39 对于图 P3.38 和图 P3.39 所示的空间桁架单元，节点 2 的整体位移已确定为 $u_2 = 6\,\text{mm}$，$v_2 = 12\,\text{mm}$，$w_2 = 18\,\text{mm}$，确定在单元节点 2 处沿局部坐标轴 x' 的位移。坐标在图中给出，单位为米 (m)。

3.40 ~ 3.41 对于图 P3.40 和图 P3.41 所示的空间桁架、确定每一单元的节点位移和应力。令所有单元的 $E = 210\,\text{GPa}$，$A = 10 \times 10^{-4}\,\text{m}^2$。验证在节点 1 力是平衡的。每一节点的坐标在图中给出，单位为米 (m)。所有支撑为球形铰链。

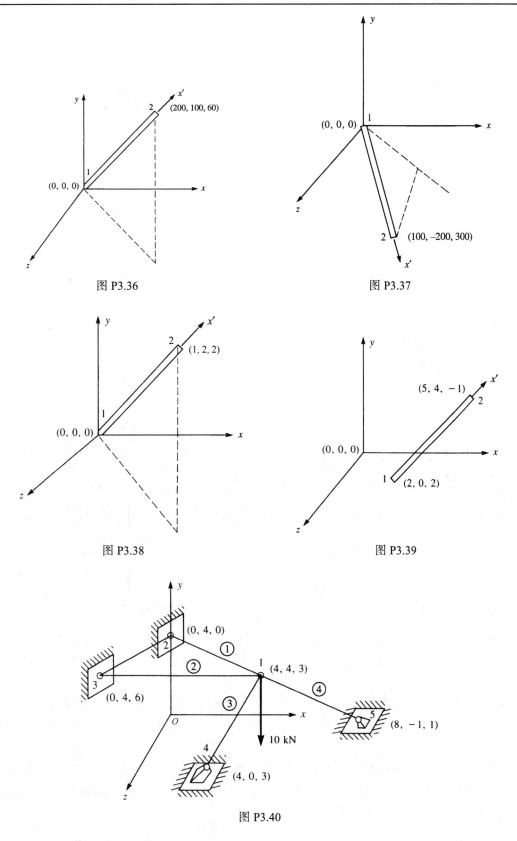

图 P3.36

图 P3.37

图 P3.38

图 P3.39

图 P3.40

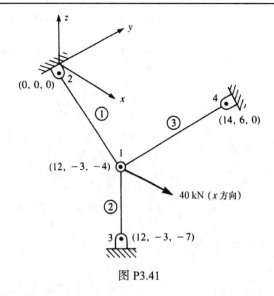

图 P3.41

3.42　对于图 P3.42 所示的空间桁架，在 x 方向受 10 kN 的荷载作用，确定节点 5 的位移。还要确定每一个单元的应力。令所有单元的 $A = 25 \times 10^{-4}$ m^2，$E = 2 \times 10^{11}$ N/m^2。每一节点的坐标在图中给出，单位为毫米（mm）。节点 1 ~ 4 为球形铰链支撑（固定支撑）。

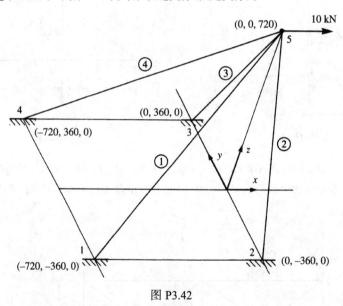

图 P3.42

3.43　对于图 P3.43 所示的空间桁架，受 40 kN 荷载作用，确定节点 4 的位移以及每一单元的应力。令所有单元的 $A = 40 \times 10^{-4}$ m^2，$E = 200$ GPa。每一节点的坐标在图中给出，单位为毫米（mm），节点 1 ~ 3 为球形铰链（固定支撑）。

3.44　用与推导平面桁架单元中的应力方程(3.5.6)类似的方法，推导空间桁架单元的应力方程(3.7.21)。

3.45　对于图 P3.45 所示的桁架，利用对称性确定节点的位移和每一单元的应力。所有单元的 $E = 200$ GPa。单元 1，2，4 和 5 的 $A = 10 \times 10^{-4}$ m^2，单元 3 的 $A = 20 \times 10^{-4}$ m^2。令尺寸 $a = 2$ m，$P = 40$ kN。节点 1 和 4 为固定支撑。

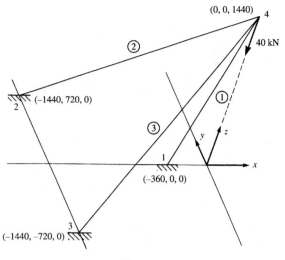

图 P3.43

3.46 对于图 P3.46 所示的桁架,利用对称性确定节点的位移和每一单元的应力。所有单元的 $E = 200\,\mathrm{GPa}$。单元 1,2,4 和 5 的 $A = 62.5 \times 10^{-4}\,\mathrm{m}^2$,单元 3 的 $A = 125 \times 10^{-4}\,\mathrm{m}^2$。

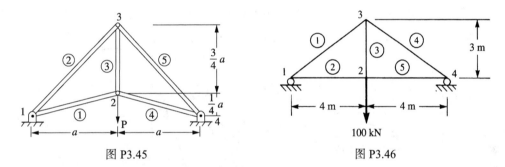

图 P3.45　　　　　　　　　图 P3.46

3.47 图 P3.47 所示结构的所有单元,除了单元 1 以外,AE 都相同,单元 1 的轴向刚度为 $2AE$。利用对称性求节点位移和单元 2,3,4 的应力。校核节点 4 的平衡。可以利用从习题 3.24 得到的刚度矩阵结果。

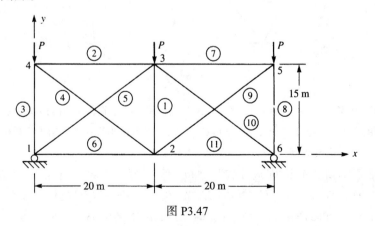

图 P3.47

3.48 对于图 P3.48 所示的屋顶桁架,利用对称性确定节点位移和每一单元的应力。所有单元的 $E = 210\,\mathrm{GPa}$,$A = 10 \times 10^{-4}\,\mathrm{m}^2$。

3.49 ~ 3.51 对于图 P3.49 ~ 图 P3.51 所示的具有斜支撑的平面桁架，求节点位移和杆中单元的应力。令每一桁架的 $A = 12 \times 10^{-4}\,\text{m}^2$，$E = 2 \times 10^{11}\,\text{N/m}^2$，$L = 0.75\,\text{m}$。

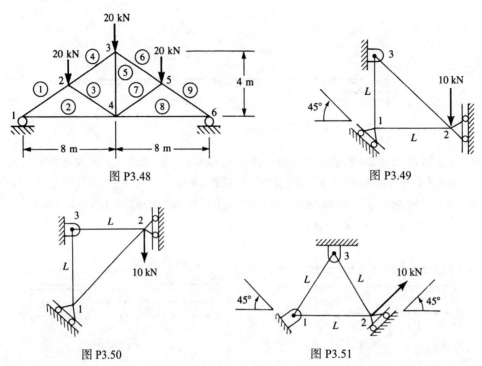

图 P3.48　　　　　　　图 P3.49

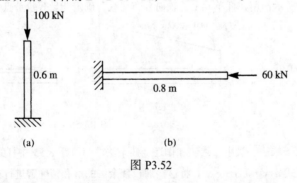

图 P3.50　　　　　　　图 P3.51

3.52 利用 3.10 节建立的最小势能原理求解图 P3.52 所示的杆问题。即画出杆自由端位移变化的总势能，以确定最小势能。观察产生最小势能的位移和产生稳定的平衡位置。位移增量为 0.5 mm，从 $x = -0.1$ mm 开始。令杆的 $E = 2 \times 10^{11}$ Pa，$A = 12 \times 10^{-4}\,\text{m}^2$。

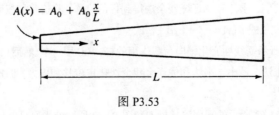

图 P3.52

3.53 利用最小势能原理推导图 P3.53 所示非棱柱杆的刚度矩阵，E 为常数。

$$A(x) = A_0 + A_0 \frac{x}{L}$$

图 P3.53

3.54 对于图 P3.54 所示的受线性变化轴向荷载的杆：(a)用 2 个等长的单元，(b)用 4 个等长单元，

确定节点位移和轴向应力分布。令 $A = 12.5 \times 10^{-4}\ \mathrm{m}^2$，$E = 2 \times 10^{11}\ \mathrm{N/m}^2$。比较有限元结果和精确解。

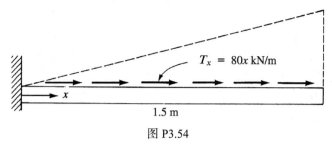

$T_x = 80x\ \mathrm{kN/m}$

1.5 m

图 P3.54

3.55　对于图 P3.55 所示的受轴向均匀线荷载的杆：(a)用 2 个等长的单元，(b)用 4 个等长的单元，确定节点位移和轴向应力分布。比较有限元结果和精确解。令 $A = 12.5 \times 10^{-4}\ \mathrm{m}^2$，$E = 2 \times 10^{11}\ \mathrm{N/m}^2$。

3.56　对于图 P3.56 所示的两端固定且受均匀分布荷载的杆,确定杆中点处的位移和杆中的应力。令 $A = 12.5 \times 10^{-4}\ \mathrm{m}^2$，$E = 2 \times 10^{11}\ \mathrm{N/m}^2$。

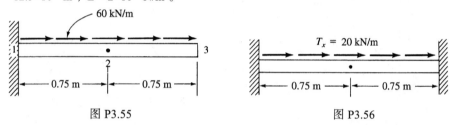

60 kN/m

0.75 m　0.75 m

图 P3.55

$T_x = 20\ \mathrm{kN/m}$

0.75 m　0.75 m

图 P3.56

3.57　对于图 P3.57 所示在自重作用下的悬臂杆：(a)用 2 个等长单元，(b)用 4 个等长单元，确定节点位移。令 $A = 12 \times 10^{-4}\ \mathrm{m}^2$，$E = 2 \times 10^{11}\ \mathrm{N/m}^2$。重力密度 $\rho_w = 7800\ \mathrm{kg/m}^3$(提示：内力是 x 的函数。利用势能法)。

3.58　对于图 P3.58 所示作用在杆单元上的轴向分布荷载，确定能量等价节点力。

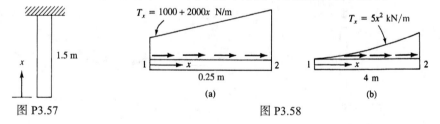

1.5 m

图 P3.57

$T_x = 1000 + 2000x\ \mathrm{N/m}$

0.25 m

(a)

$T_x = 5x^2\ \mathrm{kN/m}$

4 m

(b)

图 P3.58

3.59　利用配置法、子域法、最小二乘法和伽辽金残余法求解习题 3.55 中杆的轴向位移。每个方法中选择二次多项式 $u(x) = c_1 x + c_2 x^2$。将这些加权残余法的解和精确解进行比较。

3.60　对于图 P3.60 所示的锥形杆，每端的横截面积分别为 $A_1 = 12 \times 10^{-4}\ \mathrm{m}^2$，$A_2 = 6 \times 10^{-4}\ \mathrm{m}^2$，利用配置法、子域法、最小二乘法和伽辽金残余法得到杆的位移。将这些加权残余法的解和精确解进行比较。选择三次多项式 $u(x) = c_1 x + c_2 x^2 + c_3 x^3$。

3.61　对于图 P3.61 所示受线性变化轴向荷载作用的杆：(a)用一个(然后两个) 有限元模型，以及(b)用配置法、子域法、最小二乘法和伽辽金残余法确定位移和应力，假定三次多项式形式为 $u(x) = c_1 x + c_2 x^2 + c_3 x^3$。

3.62 ~ 3.63　对于图 P3.62 所示的平面阶梯桁架和图 P3.63 所示的平面悬臂桁架,使用计算机程序确定：
a. 最大的拉应力和压应力以及它们发生在哪些单元中；

b. 最大位移量以及产生最大位移量的节点。使用 $E = 70 \text{ GPa}$, $A = 0.003\,125 \text{ m}^2$。

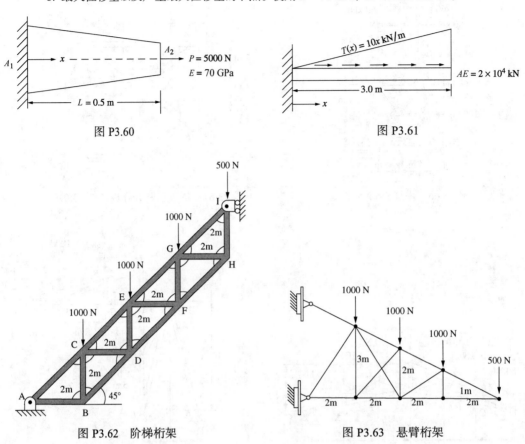

图 P3.60   图 P3.61

图 P3.62   阶梯桁架   图 P3.63   悬臂桁架

3.64 ~ 3.72   利用计算机程序求解图 P3.64 ~ 图 P3.72 所示的桁架设计问题。基于最大允许屈服强度或屈曲强度(或者基于欧拉或约翰逊的相关公式),使用每个桁架旁列出的安全系数(FS)确定单个最关键的横截面积。为每个桁架推荐一个通用结构形状和尺寸。列出最大的三个节点位移和它们的位置。包括桁架的挠度图和主要应力图。

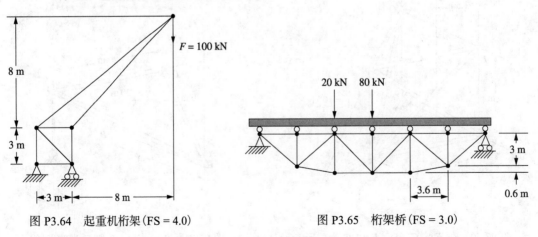

图 P3.64   起重机桁架(FS = 4.0)   图 P3.65   桁架桥(FS = 3.0)

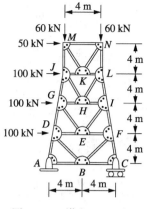

图 P3.66 塔(FS = 2.5)

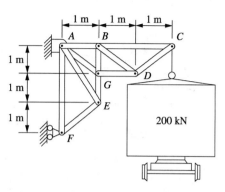

图 P3.67 货车车厢升降机(FS = 3.0)

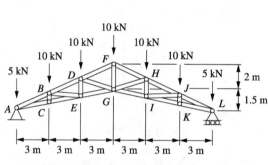

图 P3.68 Howe 剪式屋架(FS = 2.0)

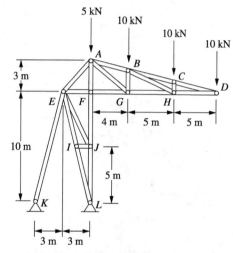

图 P3.69 体育场屋顶桁架(FS = 3.0)

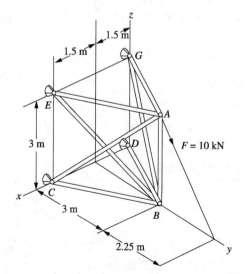

图 P3.70 在节点 C、D、E 和 G 为球形
铰链的空间桁架(FS = 3.0)

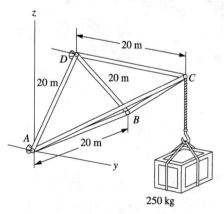

图 P3.71 在节点 A、B 和 D 为球形铰
链的空间桁架(FS = 2.0)

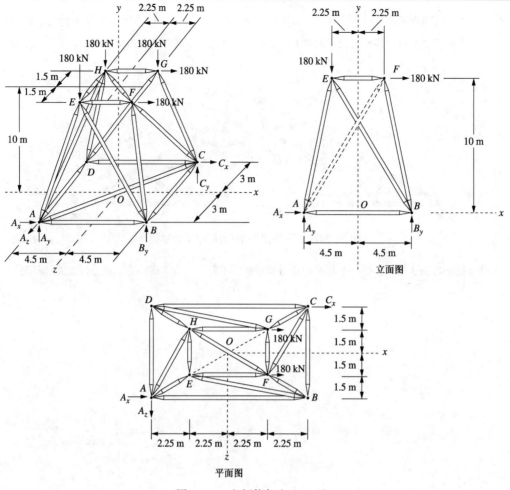

图 P3.72　空间桁架 (FS = 2.0)

3.73　对于图 P3.73 所示的桥梁桁架，为最能满足以下应力要求的所有构件，确定推荐的单一尺寸方框截面。假设材料是 ASTM A500 冷成型 B 级。屈服强度为 315 MPa，抗拉强度为 400 MPa。在拉伸屈服和压缩屈曲的基础上假定安全系数为 3。使用计算机程序求解此问题，除非有基于材料屈服的许用拉应力，否则应基于最关键的压缩构件确定截面尺寸。

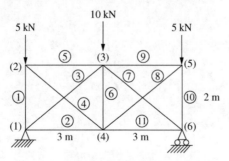

图 P3.73　桥梁桁架

3.74　对于图 P3.74 所示的桶形拱顶桁架，使用计算机程序进行设计，基于最关键的受压构件和受拉构件，根据欧拉或约翰逊屈曲公式作为最大允许屈服强度，选定 ASTM A36 钢的方形横截面。基

于屈服强度或临界屈曲荷载或应力使用安全系数为3。记录相关工作并展示关键的手算。列出最大的三个节点位移和它们在桁架上的位置。包括桁架偏转形状和主应力的图,都用颜色表示。

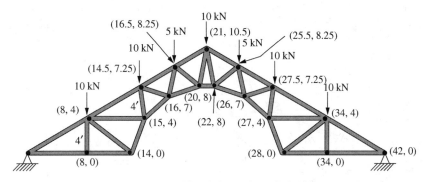

图 P3.74　桶形拱顶桁架(坐标以米为单位)

3.75　基于习题 3.74,选择一个标准的管道横截面而不是一个方形横截面,并进行相关计算与记录。

第4章 建立梁的方程

章节目标

- 回顾梁弯曲的基本概念。
- 推导梁单元的刚度矩阵。
- 用直接刚度法对梁进行分析。
- 说明剪切变形对短梁的影响。
- 介绍用一组离散荷载代替分布荷载的等效法。
- 引入一般公式求解分布荷载作用下的梁问题。
- 分析分布荷载作用下的梁。
- 比较梁的有限元解和精确解。
- 推导有铰接节点梁单元的刚度矩阵。
- 说明用势能法推导梁单元方程。
- 用伽辽金残余法推导梁单元方程。

引言

本章首先建立梁单元弯曲的刚度矩阵，梁单元作为最常见的结构单元，在楼房、桥梁、塔和很多其他结构中的突出作用已经得到证实。通常，梁单元被认为是直的且横截面面积保持不变。首先通过简支梁理论所建立的原理来推导梁的单元刚度矩阵。

然后将用简单的例子说明梁单元刚度矩阵的组装和梁问题的解，求解梁使用的是第2章给出的直接刚度法。梁问题的解说明与节点有关的自由度为横向位移和转动。节点剪力、弯矩、合成剪力和弯矩图都将作为全部解的一部分包含进来。

下一步将讨论处理分布荷载的方法，因为梁和框架通常受分布荷载和集中节点荷载的作用。然后将讨论梁受分布荷载的解，并比较梁受分布荷载的有限元解和精确解。

之后将建立有铰支节点的梁单元的单元刚度矩阵，并说明有内部铰接点梁的解。

为使读者进一步熟悉用势能法建立刚度矩阵和方程，将再次采用这种方法建立梁弯曲单元的方程，希望能够增加读者对这种方法的信心。

本书很多章节将势能法用于更复杂的单元，如二维平面应力单元、轴对称单元和三维应力单元的刚度矩阵和方程。

最后，用伽辽金残余法推导梁单元方程。本章所提出的概念是理解第5章给出的框架分析概念的前提。

4.1　梁的刚度

在这一节中将推导简支梁单元的刚度矩阵。梁是一个长且细的结构单元,通常受横向荷载的作用,产生明显的弯曲变形,而不是扭转或轴向变形。弯曲变形用横向位移和转角来表示。因此,每个节点考虑的自由度是横向位移和转角(与第 3 章杆单元仅考虑轴向位移不同)。

讨论图 4.1 所示的梁单元。梁的长度为 L,局部轴向坐标为 x,局部横向坐标为 y。局部横向节点位移由 v_i 给出,转角由 ϕ_i 给出,局部节点力由 f_{iy} 给出,弯矩由 m_i 给出,如图 4.1 所示。首先忽略所有轴向效应。

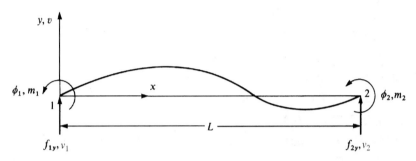

图 4.1　有正向节点位移、转角、力和力矩的梁单元

在所有节点,约定符号如下:

1. 力矩以逆时针转动为正。
2. 转角以逆时针转动为正。
3. 力以沿 y 的正轴方向为正。
4. 位移以沿 y 的正轴方向为正。

图 4.2 表示简单梁理论中所使用的正剪力 V 和正弯矩 m 的符号约定。

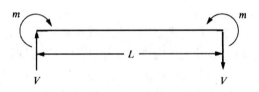

图 4.2　梁中剪力和弯矩符号说明

4.1.1　基于欧拉-伯努利梁理论的梁刚度矩阵(只考虑弯曲变形的情况)

控制基本线弹性梁行为的微分方程[1](即由欧拉和伯努利推导的欧拉-伯努利梁理论)基于横截面假定(垂直于杆件轴线的横截面在梁弯曲后仍然保持为平面并垂直于轴线)。从图 4.3 可以看出,通过垂直线 a-c[参见图 4.3(a)]的平面在弯曲前和纵轴 x 是垂直的,弯曲后此平面通过 a'-c'[在图 4.3(b)中转角为 ϕ]仍然和弯曲后的 x 轴垂直。在实际中只有当梁中存在纯力偶或常力矩时这种情况才会发生。然而这仍是一个合理的假设,推导出的方程在实际中非常准确地预测了大部分梁的行为。

微分方程的推导如下。讨论图 4.3 所示的梁,其受分布荷载 $w(x)$ 作用(单位长度作用的力)。由梁的微分单元力和力矩平衡,如图 4.3(c)所示,可以得到:

$$\Sigma F_y = 0:\ V - (V + \mathrm{d}V) - w(x)\mathrm{d}x = 0 \tag{4.1.1a}$$

简化式(4.1.1a)得到:

$$-w \, \mathrm{d}x - \mathrm{d}V = 0 \quad 或 \quad w = -\frac{\mathrm{d}V}{\mathrm{d}x} \tag{4.1.1b}$$

$$\Sigma M_2 = 0: \quad -V \mathrm{d}x + \mathrm{d}M + w(x)\mathrm{d}x\left(\frac{\mathrm{d}x}{2}\right) = 0 \quad 或 \quad V = \frac{\mathrm{d}M}{\mathrm{d}x} \tag{4.1.1c}$$

剪力和弯矩的关系式(4.1.1c)的最终形式是将左侧方程除以 $\mathrm{d}x$，当 $\mathrm{d}x$ 趋于 0 时取方程的极限得到的，这时 $w(x)$ 项消失。

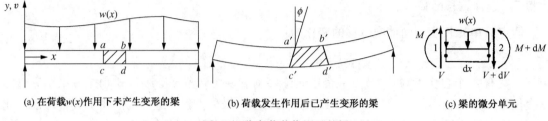

(a) 在荷载$w(x)$作用下未产生变形的梁　　(b) 荷载发生作用后已产生变形的梁　　(c) 梁的微分单元

图 4.3 分布荷载作用下的梁

另外，梁的曲率 κ 与弯矩的关系为：

$$\kappa = \frac{1}{\rho} = \frac{M}{EI} \tag{4.1.1d}$$

式中，ρ 是图 4.4(b)所示的挠度曲线的半径，v 是 y 方向的横向位移函数[参见图 4.4(a)]，E 是弹性模量，I 是绕 z 轴的主惯性矩(z 轴垂直于 x 轴和 y 轴)[矩形截面的惯性矩 $I = bh^3/12$ 中的宽度 b 和高度 h 在图 4.4(c)中可以看到]。

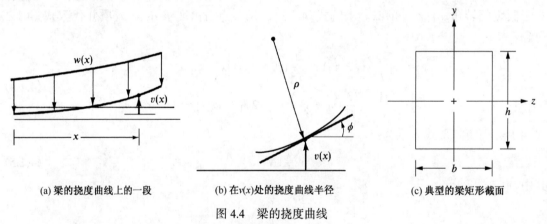

(a) 梁的挠度曲线上的一段　　(b) 在$v(x)$处的挠度曲线半径　　(c) 典型的梁矩形截面

图 4.4 梁的挠度曲线

转角 $\phi = \mathrm{d}v/\mathrm{d}x$ 的曲率由下式给出：

$$\kappa = \frac{\mathrm{d}^2 v}{\mathrm{d}x^2} \tag{4.1.1e}$$

将式(4.1.1e)代入式(4.1.1d)得到：

$$\frac{\mathrm{d}^2 v}{\mathrm{d}x^2} = \frac{M}{EI} \tag{4.1.1f}$$

求解式(4.1.1f)得出 M，并将此结果代入式(4.1.1c)和式(4.1.1b)得到：

$$\frac{\mathrm{d}^2}{\mathrm{d}x^2}\left(EI \frac{\mathrm{d}^2 v}{\mathrm{d}x^2}\right) = -w(x) \tag{4.1.1g}$$

对于 EI 为常数和仅有节点力、节点力矩的情况，式(4.1.1g)可变为：

$$EI \frac{\mathrm{d}^4 v}{\mathrm{d}x^4} = 0 \tag{4.1.1h}$$

现在按照第 1 章中概括的步骤推导梁单元的刚度矩阵和方程，并说明梁问题的求解。

步骤 1　选择单元类型

将各端节点编号，并用单元编号来表示一根梁，如图 4.1 所示。

步骤 2　选择位移函数

假定沿单元长度方向横向位移的变化为：

$$v(x) = a_1 x^3 + a_2 x^2 + a_3 x + a_4 \tag{4.1.2}$$

由于一共有 4 个自由度(每一节点一个横向位移 v_i 和一个转角 ϕ_i)，所以式 (4.1.2) 采用完整的三次位移函数是合适的。并且三次函数满足梁的基本微分方程，进一步证明了其合理性。此外，三次函数也满足在两个单元的公共节点处位移和转角连续性的条件。

利用 2.2 节所述的相同方法，将 v 表示为节点自由度 v_1，v_2，ϕ_1 和 ϕ_2 的函数：

$$
\begin{aligned}
v(0) &= v_1 = a_4 \\
\frac{\mathrm{d}v(0)}{\mathrm{d}x} &= \phi_1 = a_3 \\
v(L) &= v_2 = a_1 L^3 + a_2 L^2 + a_3 L + a_4 \\
\frac{\mathrm{d}v(L)}{\mathrm{d}x} &= \phi_2 = 3a_1 L^2 + 2a_2 L + a_3
\end{aligned}
\tag{4.1.3}
$$

对于假定的转角 ϕ 有 $\phi = \mathrm{d}v/\mathrm{d}x$。求解式 (4.1.3)，用节点自由度求 a_1 至 a_4 项并代入式 (4.1.2) 得到：

$$
\begin{aligned}
v = &\left[\frac{2}{L^3}(v_1 - v_2) + \frac{1}{L^2}(\phi_1 + \phi_2) \right] x^3 \\
&+ \left[-\frac{3}{L^2}(v_1 - v_2) - \frac{1}{L}(2\phi_1 + \phi_2) \right] x^2 + \phi_1 x + v_1
\end{aligned}
\tag{4.1.4}
$$

式 (4.1.4) 用矩阵形式表示为：

$$v = [N]\{d\} \tag{4.1.5}$$

其中，

$$\{d\} = \left\{ \begin{array}{c} v_1 \\ \phi_1 \\ v_2 \\ \phi_2 \end{array} \right\} \tag{4.1.6a}$$

并且

$$[N] = [N_1 \quad N_2 \quad N_3 \quad N_4] \tag{4.1.6b}$$

$$N_1 = \frac{1}{L^3}(2x^3 - 3x^2 L + L^3) \quad N_2 = \frac{1}{L^3}(x^3 L - 2x^2 L^2 + x L^3)$$

以及

$$N_3 = \frac{1}{L^3}(-2x^3 + 3x^2 L) \qquad N_4 = \frac{1}{L^3}(x^3 L - x^2 L^2) \tag{4.1.7}$$

N_1，N_2，N_3 和 N_4 为梁单元的形函数。这些三次形函数(或插值函数)就是三次埃尔米特
(Hermite)插值函数(三次样条函数)。对于梁单元，在节点 1 计算时 $N_1 = 1$，在节点 2 计算时
$N_1 = 0$。因为 N_2 是和 ϕ_1 相关的，在节点 1 计算时从式(4.1.7)的第 2 个方程得到 $(\mathrm{d}N_2/\mathrm{d}x) = 1$。
形函数 N_3 和 N_4 对于节点 2 有类似的结果。

步骤 3　定义应变/位移和应力/应变关系

假定轴向应变/位移关系如下：

$$\varepsilon_x(x, y) = \frac{\mathrm{d}u}{\mathrm{d}x} \tag{4.1.8}$$

式中，u 为轴向位移函数。由图 4.5 所示的梁的变形形式，可将轴向位移和横向位移的关系表
示为：

$$u = -y\frac{\mathrm{d}v}{\mathrm{d}x} \tag{4.1.9}$$

这里我们回顾一下初等梁的基本假定[1]中的横截面假定：即梁的截面(如横截面 $ABCD$)
在变形前是平面，在梁弯曲变形后仍然是平面，并且通常转动一个小角度$(\mathrm{d}v/\mathrm{d}x)$。将式(4.1.9)
代入式(4.1.8)得到：

$$\varepsilon_x(x, y) = -y\frac{\mathrm{d}^2v}{\mathrm{d}x^2} \tag{4.1.10a}$$

同样将胡克定律 $\sigma_x = E\varepsilon_x$ 和表示 $\mathrm{d}^2v/\mathrm{d}x^2$ 的式(4.1.1f)代入式(4.1.10a)，可以得到梁的弯曲应力
公式：

$$\sigma_x = \frac{-My}{I} \tag{4.1.10b}$$

根据梁的基本理论，弯矩和剪力是与横向位移函数相关的。在推导梁单元刚度矩阵时将利用
这些关系，现将它们表示为：

$$m(x) = EI\frac{\mathrm{d}^2v}{\mathrm{d}x^2} \qquad V = EI\frac{\mathrm{d}^3v}{\mathrm{d}x^3} \tag{4.1.11}$$

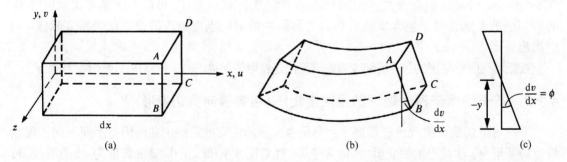

图 4.5　梁的一段：(a)为变形前；(b)为变形后；(c)为横截面 $ABCD$ 的转动角

步骤 4　推导单元刚度矩阵及方程

首先用直接平衡法推导单元刚度矩阵和方程。现在将剪力和弯矩的符号规定(参见图 4.1
和图 4.2)与式(4.1.4)和式(4.1.11)关联起来，得到：

$$f_{1y} = V = EI\frac{\mathrm{d}^3v(0)}{\mathrm{d}x^3} = \frac{EI}{L^3}(12v_1 + 6L\phi_1 - 12v_2 + 6L\phi_2)$$

$$m_1 = -m = -EI\frac{\mathrm{d}^2v(0)}{\mathrm{d}x^2} = \frac{EI}{L^3}(6Lv_1 + 4L^2\phi_1 - 6Lv_2 + 2L^2\phi_2)$$

$$f_{2y} = -V = -EI\frac{\mathrm{d}^3v(L)}{\mathrm{d}x^3} = \frac{EI}{L^3}(-12v_1 - 6L\phi_1 + 12v_2 - 6L\phi_2) \tag{4.1.12}$$

$$m_2 = m = EI\frac{\mathrm{d}^2v(L)}{\mathrm{d}x^2} = \frac{EI}{L^3}(6Lv_1 + 2L^2\phi_1 - 6Lv_2 + 4L^2\phi_2)$$

式(4.1.12)中第 2 个和第 3 个方程中的负号,是由于节点 1 处的节点弯矩与约定中的正弯矩相反、在节点 2 的节点剪力与约定中的正剪力相反造成的,比较图 4.1 和图 4.2 可以看出这一点。式(4.1.12)将节点力与节点位移关联起来。式(4.1.12)用矩阵形式表示为:

$$\begin{Bmatrix} f_{1y} \\ m_1 \\ f_{2y} \\ m_2 \end{Bmatrix} = \frac{EI}{L^3} \begin{bmatrix} 12 & 6L & -12 & 6L \\ 6L & 4L^2 & -6L & 2L^2 \\ -12 & -6L & 12 & -6L \\ 6L & 2L^2 & -6L & 4L^2 \end{bmatrix} \begin{Bmatrix} v_1 \\ \phi_1 \\ v_2 \\ \phi_2 \end{Bmatrix} \tag{4.1.13}$$

由此得到刚度矩阵为:

$$[k] = \frac{EI}{L^3} \begin{bmatrix} 12 & 6L & -12 & 6L \\ 6L & 4L^2 & -6L & 2L^2 \\ -12 & -6L & 12 & -6L \\ 6L & 2L^2 & -6L & 4L^2 \end{bmatrix} \tag{4.1.14}$$

式(4.1.13)说明[k]将横向力及弯矩与横向位移和转角关联起来,而轴向效应被忽略。

在本小节得到的梁单元刚度矩阵[参见式(4.1.14)]中,假定梁是细长的,即长度 L 和高度 h 的比值较大。在这种情况下,使用式(4.1.14)得到的刚度矩阵来预测弯曲引起的挠度是可行的。但是,对于短而宽的梁的横向剪切变形可能是显著的,并且对于梁的总变形量可能会有同一数量级的影响。这可以从弯曲和剪切引起的梁挠度的表达式看出,式中弯曲的挠度是 3 阶量则为 $(L/h)^3$,而剪切作用只是 1 阶量则为 (L/h)。对于横截面为矩形的梁的通用规则是,长度至少是高度的 8 倍,横向剪切挠度小于弯曲挠度的 5%[4]。卡氏方法(Castigliano's method)对于梁和框架挠度的求解是非常方便的,可以考虑参考文献[4]中横向剪切项的影响。对于包含横向剪切力变形影响的梁的刚度矩阵的推导在参考文献[5~8]中给出。

在振动问题中应用的包含剪切变形的梁理论是铁摩辛柯提出的,也就是铁摩辛柯梁[9~10]。

4.1.2　基于铁摩辛柯梁理论的梁刚度矩阵(包含横向剪切变形)

下面对剪切变形梁理论进行推导。与图 4.5 所示的弯曲后梁的截面仍是平面不同,现在将剪切变形(剪力 V 产生的变形)也包含进来。针对图 4.6,讨论一段微分长度为 $\mathrm{d}x$ 的梁截面,假定横截面保持是平的但在剪力的作用下不再垂直于中性轴(x 轴),剪力产生的旋转项用 β 表示。在 x 点的梁的总挠度现在包括两部分,一部分是由弯曲造成的,另一部分由剪力造成,因此 x 点处挠度曲线的斜率现由下式给出:

$$\frac{\mathrm{d}v}{\mathrm{d}x} = \phi(x) + \beta(x) \tag{4.1.15a}$$

由弯矩和剪力引起的转角分别由 $\phi(x)$ 和 $\beta(x)$ 给出。

通常假设线挠度和转角(斜率)是比较小的。弯矩和曲率之间的关系为:

$$M(x) = EI \frac{\mathrm{d}\phi(x)}{\mathrm{d}x} \tag{4.1.15b}$$

并且剪力和剪切变形(由剪切引起的旋转)(切应变)之间的关系由下式给出：

$$V(x) = k_s AG \beta(x) \tag{4.1.15c}$$

$\mathrm{d}v/\mathrm{d}x$ 和 ϕ 的差值表示梁的切应变 $\gamma_{yz}(=\beta)$，如下所示：

$$\gamma_{yz} = \frac{\mathrm{d}v}{\mathrm{d}x} - \phi \tag{4.1.15d}$$

讨论图 4.3(c) 中的微元，剪力相加得到式(4.1.1b)，弯矩相加得到式(4.1.1c)。现在将表示 V 的式(4.1.15c)和表示 M 的式(4.1.15b)代入式(4.1.1b)和式(4.1.1c)，再利用式(4.1.15a)，得到两个控制微分方程：

$$\frac{\mathrm{d}}{\mathrm{d}x}\left[k_s AG \left(\frac{\mathrm{d}v}{\mathrm{d}x} - \phi \right) \right] = -w \tag{4.1.15e}$$

$$\frac{\mathrm{d}}{\mathrm{d}x}\left(EI \frac{\mathrm{d}\phi}{\mathrm{d}x} \right) + k_s AG \left(\frac{\mathrm{d}v}{\mathrm{d}x} - \phi \right) = 0 \tag{4.1.15f}$$

为了推导包含横向剪切变形的梁单元的刚度矩阵，假设横位移是由式(4.1.2)中的三次函数给出的。与参考文献[8]相似的是，选取与 $v(x)$ 的三次多项式一致的横切应变 γ，γ 则为一个常量：

$$\gamma = c \tag{4.1.15g}$$

利用表示 v 的三次位移函数，式(4.1.15a)给出的转角，式(4.1.15g)给出的切应变，式(4.1.15b)给出的弯矩-曲率关系和式(4.1.15c)给出的剪力-切应变关系，以及式(4.1.1c)中的弯矩-剪力关系，得到：

$$c = 6a_1 g \tag{4.1.15h}$$

式中，$g = EI/k_s AG$，$k_s A$ 为剪切面积。剪切面积 A_s 随着横截面形状的不同而不同。例如，对矩形，A_s 是横截面 A 的 0.83；对于实心圆横截面，A_s 是横截面的 0.9；对于宽翼缘面，A_s 是宽翼缘的深度乘以腹板的厚度；对于薄壁横截面，A_s 是横截面的高度乘以梁壁最厚处的两倍。

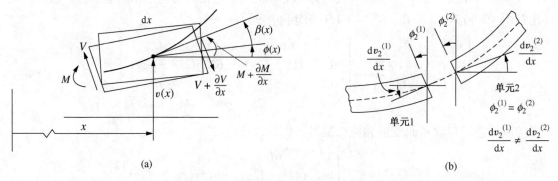

图 4.6　(a)铁摩辛柯梁单元的剪切变形，横截面不再垂直于中轴线；(b)两个梁单元在节点 2 相交

利用式(4.1.2)、式(4.1.15a)、式(4.1.15g)和式(4.1.15h)，可以将 ϕ 表示为一个含 x 的多项式：

$$\phi = a_3 + 2a_2 x + (3x^2 + 6g)a_1 \tag{4.1.15i}$$

利用式(4.1.2)和式(4.1.15i)，用梁在端点 $x=0$ 和 $x=L$ 的节点位移 v_1、v_2 以及转角 ϕ_1、ϕ_2 表

示系数 $a_1 \sim a_4$，和先前忽略剪切变形时式(4.1.4)的确定相同。$a_1 \sim a_4$ 的表达式如下：

$$a_1 = \frac{2v_1 + L\phi_1 - 2v_2 + L\phi_2}{L(L^2 + 12g)}$$

$$a_2 = \frac{-3Lv_1 - (2L^2 + 6g)\phi_1 + 3Lv_2 + (-L^2 + 6g)\phi_2}{L(L^2 + 12g)} \qquad (4.1.15j)$$

$$a_3 = \frac{-12gv_1 + (L^3 + 6gL)\phi_1 + 12gv_2 - 6gL\phi_2}{L(L^2 + 12g)}$$

$$a_4 = v_1$$

将上式 $(a_1 \sim a_4)$ 代入式(4.1.2)得到：

$$v = \frac{2v_1 + L\phi_1 - 2v_2 + L\phi_2}{L(L^2 + 12g)} x^3$$

$$+ \frac{-3Lv_1 - (2L^2 + 6g)\phi_1 + 3Lv_2 + (-L^2 + 6g)\phi_2}{L(L^2 + 12g)} x^2 \qquad (4.1.15k)$$

$$+ \frac{-12gv_1 + (L^3 + 6gL)\phi_1 + 12gv_2 - 6gL\phi_2}{L(L^2 + 12g)} x + v_1$$

利用与不考虑剪切变形的步骤4类似的方法得到：

$$f_{1y} = V(0) = 6EIa_1 = \frac{EI(12v_1 + 6L\phi_1 - 12v_2 + 6L\phi_2)}{L(L^2 + 12g)}$$

$$m_1 = -m(0) = -2EIa_2 = \frac{EI[6Lv_1 + (4L^2 + 12g)\phi_1 - 6Lv_2 + (2L^2 - 12g)\phi_2}{L(L^2 + 12g)}$$

$$f_{2y} = -V(L) = \frac{EI(-12v_1 - 6L\phi_1 + 12v_2 - 6L\phi_2)}{L(L^2 + 12g)} \qquad (4.1.15l)$$

$$m_2 = m(L) = \frac{EI[6Lv_1 + (2L^2 - 12g)\phi_1 - 6Lv_2 + (4L^2 + 12g)\phi_2]}{L(L^2 + 12g)}$$

式(4.1.15l)中第2个和第3个方程中的负号，同样是由于在节点1处节点弯矩与梁理论约定的正弯矩符号相反、在节点2处节点剪力和梁理论约定的正剪力符号相反造成的，这可以通过比较图4.1和图4.2看出。式(4.1.15l)的矩阵形式为：

$$\begin{Bmatrix} f_{1y} \\ m_1 \\ f_{2y} \\ m_2 \end{Bmatrix} = \frac{EI}{L(L^2 + 12g)} \begin{bmatrix} 12 & 6L & -12 & 6L \\ 6L & (4L^2 + 12g) & -6L & (2L^2 - 12g) \\ -12 & -6L & 12 & -6L \\ 6L & (2L^2 - 12g) & -6L & (4L^2 + 12g) \end{bmatrix} \begin{Bmatrix} v_1 \\ \phi_1 \\ v_2 \\ \phi_2 \end{Bmatrix} \qquad (4.1.15m)$$

式中的刚度矩阵包含弯曲变形和剪切变形，由下式给出：

$$[k] = \frac{EI}{L(L^2 + 12g)} \begin{bmatrix} 12 & 6L & -12 & 6L \\ 6L & (4L^2 + 12g) & -6L & (2L^2 - 12g) \\ 12 & -6L & 12 & -6L \\ 6L & (2L^2 - 12g) & -6L & (4L^2 + 12g) \end{bmatrix} \qquad (4.1.15n)$$

在式(4.1.15n)中 g 表示横向剪切项，如果令 $g = 0$，可以得到忽略横向剪切变形的梁的刚度矩阵式(4.1.14)。为了更直观地看到剪切修正因子的影响，可以定义无量纲剪切修正项为 $\varphi = 12EI/(k_s AGL^2) = 12g/L^2$，重写刚度矩阵为：

$$[k] = \frac{EI}{L^3(1+\varphi)} \begin{bmatrix} 12 & 6L & -12 & 6L \\ 6L & (4+\varphi)L^2 & -6L & (2-\varphi)L^2 \\ -12 & -6L & 12 & -6L \\ 6L & (2-\varphi)L^2 & -6L & (4+\varphi)L^2 \end{bmatrix} \qquad (4.1.15o)$$

大部分的商用计算机程序, 如参考文献[11], 当用户输入剪切面积 $A_s = k_s A$ 时, 也将剪切变形包含到程序中。

4.2 梁单元刚度矩阵组装示例

步骤 5 组合单元方程得到总体方程并引进边界条件

讨论图 4.7 所示的梁, 作为一个例子说明组装梁单元刚度矩阵的方法。假定 EI 在整个长度内保持不变。在梁的中点作用有 5000 N 的力和 2500 N·m 的力矩, 左端为固支, 右端为铰支。

首先, 将梁离散为有节点 1~3 的两个单元, 如图所示。在中点取一个节点, 因为力和力矩作用在中点, 这样就可以假定荷载仅作用在节点上 (处理作用在单元上的荷载的另一种方法将在 4.4 节讨论)。

利用式 (4.1.14) 得到两个单元的整体坐标刚度矩阵如下:

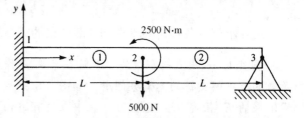

图 4.7 受集中力和弯矩作用的超静定梁

$$[k^{(1)}] = \frac{EI}{L^3} \begin{matrix} v_1 & \phi_1 & v_2 & \phi_2 \\ \begin{bmatrix} 12 & 6L & -12 & 6L \\ 6L & 4L^2 & -6L & 2L^2 \\ -12 & -6L & 12 & -6L \\ 6L & 2L^2 & -6L & 4L^2 \end{bmatrix} \end{matrix} \qquad (4.2.1)$$

以及

$$[k^{(2)}] = \frac{EI}{L^3} \begin{matrix} v_2 & \phi_2 & v_3 & \phi_3 \\ \begin{bmatrix} 12 & 6L & -12 & 6L \\ 6L & 4L^2 & -6L & 2L^2 \\ -12 & -6L & 12 & -6L \\ 6L & 2L^2 & -6L & 4L^2 \end{bmatrix} \end{matrix} \qquad (4.2.2)$$

式中, 与每一梁单元有关的自由度由每一单元刚度矩阵各列上方的标号表示。

现在可以用直接刚度法来组装梁的总体刚度矩阵。当总体刚度矩阵组装完成后, 就建立了外部总体节点力和总体节点位移之间的关系。利用直接叠加法以及式 (4.2.1) 和式 (4.2.2), 梁的控制方程由下式给出:

$$\begin{Bmatrix} F_{1y} \\ M_1 \\ F_{2y} \\ M_2 \\ F_{3y} \\ M_3 \end{Bmatrix} = \frac{EI}{L^3} \begin{bmatrix} 12 & 6L & -12 & 6L & 0 & 0 \\ 6L & 4L^2 & -6L & 2L^2 & 0 & 0 \\ -12 & -6L & 12+12 & -6L+6L & -12 & 6L \\ 6L & 2L^2 & -6L+6L & 4L^2+4L^2 & -6L & 2L^2 \\ 0 & 0 & -12 & -6L & 12 & -6L \\ 0 & 0 & 6L & 2L^2 & -6L & 4L^2 \end{bmatrix} \begin{Bmatrix} v_1 \\ \phi_1 \\ v_2 \\ \phi_2 \\ v_3 \\ \phi_3 \end{Bmatrix} \qquad (4.2.3)$$

现在考虑边界条件或约束，由节点 1 为固接和节点 3 为铰接得到：

$$\phi_1 = 0 \qquad v_1 = 0 \qquad v_3 = 0 \tag{4.2.4}$$

式 (4.2.3) 中的第 3 个、第 4 个和第 6 个方程与未知自由度所在的行对应，利用式 (4.2.4) 得到：

$$\begin{Bmatrix} -5000 \\ 5000 \\ 0 \end{Bmatrix} = \frac{EI}{L^3} \begin{bmatrix} 24 & 0 & 6L \\ 0 & 8L^2 & 2L^2 \\ 6L & 2L^2 & 4L^2 \end{bmatrix} \begin{Bmatrix} v_2 \\ \phi_2 \\ \phi_3 \end{Bmatrix} \tag{4.2.5}$$

在化简的方程组中已代入了 $F_{2y} = -5000$ N，$M_2 = 2500$ N·m 和 $M_3 = 0$。现在可求解式 (4.2.5) 得出未知节点位移 v_2 及未知节点转角 ϕ_2 和 ϕ_3。最后的求解留给读者自行完成。4.3 节将给出梁问题的完整解。

4.3　用直接刚度法分析求解梁示例

现在求解有各种边界支撑和荷载的梁的完整解，以进一步说明如何利用 4.1 节中的方程。

例 4.1　利用直接刚度法，求解在末端 P 作用荷载的有中间支撑的悬臂梁问题，如图 4.8 所示。假定梁的 EI 恒定，长度为 $2L$。在中点处有滚轴支撑，右端为固支约束。

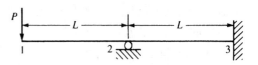

图 4.8　有中间支撑的悬臂梁

解　将梁离散化，并建立整体坐标系，如图 4.8 所示。确定节点位移、转角和反力并画出剪力图和弯矩图。

对每一单元应用式 (4.1.14) 并进行叠加，用与 4.2 节中得到式 (4.2.3) 的刚度矩阵同样的方法得到结构的总体刚度矩阵。$[K]$ 为：

$$[K] = \frac{EI}{L^3} \begin{bmatrix} \overset{v_1}{12} & \overset{\phi_1}{6L} & \overset{v_2}{-12} & \overset{\phi_2}{6L} & \overset{v_3}{0} & \overset{\phi_3}{0} \\ & 4L^2 & -6L & 2L^2 & 0 & 0 \\ & & 12+12 & -6L+6L & -12 & 6L \\ & & & 4L^2+4L^2 & -6L & 2L^2 \\ & & & & 12 & -6L \\ \text{对称} & & & & & 4L^2 \end{bmatrix} \tag{4.3.1}$$

梁的控制方程为：

$$\begin{Bmatrix} F_{1y} \\ M_1 \\ F_{2y} \\ M_2 \\ F_{3y} \\ M_3 \end{Bmatrix} = \frac{EI}{L^3} \begin{bmatrix} 12 & 6L & -12 & 6L & 0 & 0 \\ 6L & 4L^2 & -6L & 2L^2 & 0 & 0 \\ -12 & -6L & 24 & 0 & -12 & 6L \\ 6L & 2L^2 & 0 & 8L^2 & -6L & 2L^2 \\ 0 & 0 & -12 & -6L & 12 & -6L \\ 0 & 0 & 6L & 2L^2 & -6L & 4L^2 \end{bmatrix} \begin{Bmatrix} v_1 \\ \phi_1 \\ v_2 \\ \phi_2 \\ v_3 \\ \phi_3 \end{Bmatrix} \tag{4.3.2}$$

应用边界条件得到：

$$v_2 = 0 \qquad v_3 = 0 \qquad \phi_3 = 0 \tag{4.3.3}$$

用同样的方式将与未知位移相关的方程[式(4.3.2)中的第 1 个、第 2 个和第 4 个方程式]和与已知位移相关的方程分开，得出求解的最终方程组为：

$$\left\{ \begin{array}{c} -P \\ 0 \\ 0 \end{array} \right\} = \frac{EI}{L^3} \begin{bmatrix} 12 & 6L & 6L \\ 6L & 4L^2 & 2L^2 \\ 6L & 2L^2 & 8L^2 \end{bmatrix} \left\{ \begin{array}{c} v_1 \\ \phi_1 \\ \phi_2 \end{array} \right\} \tag{4.3.4}$$

将 $F_{1y} = -P$，$M_1 = 0$ 和 $M_2 = 0$ 代入上式。现在解式(4.3.4)求节点位移和节点转角。得到节点 1 的横向位移为：

$$v_1 = -\frac{7PL^3}{12EI} \tag{4.3.5}$$

式中的负号说明节点 1 的位移是向下的。

转角为：

$$\phi_1 = \frac{3PL^2}{4EI} \qquad \phi_2 = \frac{PL^2}{4EI} \tag{4.3.6}$$

式中，正号说明在节点 1 和节点 2 处为逆时针转动。

现确定整体坐标系下的节点力。将已知的整体坐标系下的节点位移和转角[即式(4.3.5)和式(4.3.6)]代入式(4.3.2)，得出的方程为：

$$\left\{ \begin{array}{c} F_{1y} \\ M_1 \\ F_{2y} \\ M_2 \\ F_{3y} \\ M_3 \end{array} \right\} = \frac{EI}{L^3} \begin{bmatrix} 12 & 6L & -12 & 6L & 0 & 0 \\ 6L & 4L^2 & -6L & 2L^2 & 0 & 0 \\ -12 & -6L & 24 & 0 & -12 & 6L \\ 6L & 2L^2 & 0 & 8L^2 & -6L & 2L^2 \\ 0 & 0 & -12 & -6L & 12 & -6L \\ 0 & 0 & 6L & 2L^2 & -6L & 4L^2 \end{bmatrix} \left\{ \begin{array}{c} -\dfrac{7PL^3}{12EI} \\ \dfrac{3PL^2}{4EI} \\ 0 \\ \dfrac{PL^2}{4EI} \\ 0 \\ 0 \end{array} \right\} \tag{4.3.7}$$

将式(4.3.7)右边的矩阵相乘，得到整体坐标系下的节点力和力矩为：

$$F_{1y} = -P \quad M_1 = 0 \qquad F_{2y} = \frac{5}{2}P$$

$$M_2 = 0 \qquad F_{3y} = -\frac{3}{2}P \quad M_3 = \frac{1}{2}PL \tag{4.3.8}$$

式(4.3.8)的结果可以解释如下：$F_{1y} = -P$，是作用在节点 1 的力，作用力与反作用力大小相等、方向相反。F_{2y}，F_{3y} 和 M_3 的值是梁的支撑反力。力矩 M_1 和 M_2 为零，因为在梁的节点 1 和节点 2 处没有力矩。

通常需要确定与大型结构每一单元相关的局部坐标系下的节点力，以便进行整个结构的应力分析。因此本例中讨论单元 1 的力，以说明这个概念(单元 2 可做类似处理)。在单元 1 的 $\{f\} = [k]\{d\}$ 方程中，利用式(4.3.5)和式(4.3.6)[也可参见式(4.1.13)]，有：

$$
\left\{
\begin{array}{c}
f_{1y}^{(1)} \\[2pt]
m_1^{(1)} \\[2pt]
f_{2y}^{(1)} \\[2pt]
m_2^{(1)}
\end{array}
\right\}
= \frac{EI}{L^3}
\left[
\begin{array}{cccc}
12 & 6L & -12 & 6L \\
6L & 4L^2 & -6L & 2L^2 \\
-12 & -6L & 12 & -6L \\
6L & 2L^2 & -6L & 4L^2
\end{array}
\right]
\left\{
\begin{array}{c}
-\dfrac{7PL^3}{12EI} \\[8pt]
\dfrac{3PL^2}{4EI} \\[8pt]
0 \\[8pt]
\dfrac{PL^2}{4EI}
\end{array}
\right\}
\tag{4.3.9}
$$

得到:

$$
f_{1y} = -P \qquad m_1 = 0 \qquad f_{2y} = P \qquad m_2 = -PL \tag{4.3.10}
$$

图 4.9(a)所示单元 1 的隔离体图可帮助读者理解式(4.3.10)的结果。该图表示节点 1 的节点横向力为负 P,节点 2 的力为正 P,力矩为负 PL。这些值与式(4.3.10)给出的结果一致。为完整起见,单元 2 的隔离体在图 4.9(b)中给出。通过写一个类似于式(4.3.9)的方程,可以很容易地验证单元节点力。根据式(4.3.8)的结果,将整个梁的节点力和弯矩表示在图 4.10 的梁中。利用 4.1 节中对梁的符号规定,可得到图 4.11 和图 4.12 所示的剪力图 V 和弯矩图 M。

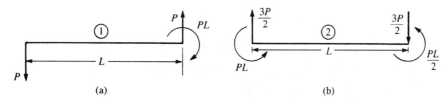

图 4.9　(a)和(b)分别表示单元 1 和单元 2 上力和力矩的隔离体图

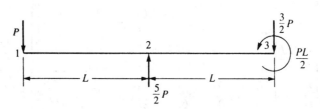

图 4.10　作用在梁上的节点力和力矩

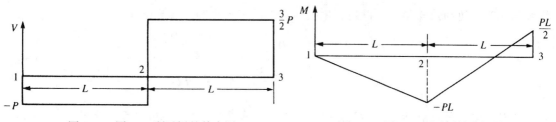

图 4.11　图 4.10 所示梁的剪力图　　　　图 4.12　图 4.10 所示梁的弯矩图

　　通常对于复杂的梁结构,用单元节点力确定每一单元的剪力图和弯矩图,然后可用这些值进行设计。第 5 章将进一步讨论在计算机编程中使用的这一概念。

　　例 4.2　确定图 4.13 所示梁的节点位移和转角、整体坐标系下的节点力和单元力。该梁已按节点编号所示进行了离散,节点 1 和节点 5 为固支,节点 3 有滚轴支撑。在节点 2 和节

点 4 作用有 50 kN 的垂直荷载。令整个梁的 $E = 210\ \text{GPa}$，$I = 2 \times 10^{-4}\ \text{m}^4$。

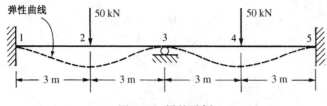

图 4.13　梁的示例

解　在统一单位的前提下，利用式(4.1.10)和 4 个梁单元刚度矩阵的叠加，得到式(4.3.11)给出的总体刚度矩阵和总体方程，其中每一单元的长度是相同的。因此，从叠加的刚度矩阵中可提出一个系数 L。

$$
\begin{Bmatrix} F_{1y} \\ M_1 \\ F_{2y} \\ M_2 \\ F_{3y} \\ M_3 \\ F_{4y} \\ M_4 \\ F_{5y} \\ M_5 \end{Bmatrix} = \frac{EI}{L^3}
\begin{bmatrix}
12 & 6L & -12 & 6L & 0 & 0 & 0 & 0 & 0 & 0 \\
6L & 4L^2 & -6L & 2L^2 & 0 & 0 & 0 & 0 & 0 & 0 \\
-12 & -6L & 12+12 & -6L+6L & -12 & 6L & 0 & 0 & 0 & 0 \\
6L & 2L^2 & -6L+6L & 4L^2+4L^2 & -6L & 2L^2 & 0 & 0 & 0 & 0 \\
0 & 0 & -12 & -6L & 12+12 & -6L+6L & -12 & 6L & 0 & 0 \\
0 & 0 & 6L & 2L^2 & -6L+6L & 4L^2+4L^2 & -6L & 2L^2 & 0 & 0 \\
0 & 0 & 0 & 0 & -12 & -6L & 12+12 & -6L+6L & -12 & 6L \\
0 & 0 & 0 & 0 & 6L & 2L^2 & -6L+6L & 4L^2+4L^2 & -6L & 2L^2 \\
0 & 0 & 0 & 0 & 0 & 0 & -12 & -6L & 12 & -6L \\
0 & 0 & 0 & 0 & 0 & 0 & 6L & 2L^2 & -6L & 4L^2
\end{bmatrix}
\begin{Bmatrix} v_1 \\ \phi_1 \\ v_2 \\ \phi_2 \\ v_3 \\ \phi_3 \\ v_4 \\ \phi_4 \\ v_5 \\ \phi_5 \end{Bmatrix}
$$

$$(4.3.11)$$

为便于手算，同样地利用边界条件化简方程(4.3.11)，边界条件为：

$$v_1 = \phi_1 = v_3 = v_5 = \phi_5 = 0$$

得到的方程为：

$$
\begin{Bmatrix} -50\,000 \\ 0 \\ 0 \\ -50\,000 \\ 0 \end{Bmatrix} = \frac{EI}{L^3}
\begin{bmatrix}
24 & 0 & 6L & 0 & 0 \\
0 & 8L^2 & 2L^2 & 0 & 0 \\
6L & 2L^2 & 8L^2 & -6L & 2L^2 \\
0 & 0 & -6L & 24 & 0 \\
0 & 0 & 2L^2 & 0 & 8L^2
\end{bmatrix}
\begin{Bmatrix} v_2 \\ \phi_2 \\ \phi_3 \\ v_4 \\ \phi_4 \end{Bmatrix}
$$

$$(4.3.12)$$

节点 2～节点 4 的转动(斜率)等于 0，因为在通过节点 3 并垂直于梁的长度的平面两边，荷载、几何形状、材料特性是对称的。因此，$\phi_2 = \phi_3 = \phi_4 = 0$，可以进一步将式(4.3.12)化简为：

$$
\begin{Bmatrix} -50\,000 \\ -50\,000 \end{Bmatrix} = \frac{EI}{L^3}
\begin{bmatrix} 24 & 0 \\ 0 & 24 \end{bmatrix}
\begin{Bmatrix} v_2 \\ v_4 \end{Bmatrix}
$$

$$(4.3.13)$$

在式(4.3.13)中代入 $L = 3\ \text{m}$，$E = 210\ \text{GPa}$，$I = 2 \times 10^{-4}\ \text{m}^4$，求解位移得到：

$$v_2 = v_4 = -1.34\ \text{mm} \tag{4.3.14}$$

结果对称，与预先猜测一致。

从该问题的解可以看出，超静定次数越大(即静不定的次数或不能由静力平衡确定的未知力和力矩的数量越多)，运动的未知数就越少(即未知的节点自由度，如位移或斜率就越少)，因此要求解的未知自由度的数量也越少。此外，如果适用，应用对称性可进一步减少未知自

由度的数量。现在将从式(4.3.14)得出的结果及 E、I 和 L 的数值，回代到式(4.3.12)中确定整体坐标系下的节点力为：

$$
\begin{array}{ll}
F_{1y} = 25\,\text{kN} & M_1 = 37\,500\,\text{N·m} \\
F_{2y} = 50\,\text{kN} & M_2 = 0 \\
F_{3y} = 50\,\text{kN} & M_3 = 0 \\
F_{4y} = 50\,\text{kN} & M_4 = 0 \\
F_{5y} = 25\,\text{kN} & M_5 = -37\,500\,\text{N·m}
\end{array}
\qquad (4.3.15)
$$

支点(节点 1、节点 3 和节点 5)在整体坐标系下的节点力和力矩又可以解释为反力，且节点 2 和节点 4 在整体坐标系下的节点力为外加节点力。

然而，对于大型结构，由于在设计和分析过程中要用到局部单元剪力和单元每一节点端的弯矩，因此必须得出这些值。我们将用图 4.13 中的连接节点 1 和节点 2 的单元再次说明这个概念。因为这个单元的所有节点位移已经确定了，所以利用此单元的局部方程，得到：

$$
\begin{Bmatrix} f_{1y}^{(1)} \\ m_1^{(1)} \\ f_{2y}^{(1)} \\ m_2^{(1)} \end{Bmatrix} = \frac{EI}{L^3}
\begin{bmatrix}
12 & 6L & -12 & 6L \\
6L & 4L^2 & -6L & 2L^2 \\
-12 & -6L & 12 & -6L \\
6L & 2L^2 & -6L & 4L^2
\end{bmatrix}
\begin{Bmatrix} v_1 = 0 \\ \phi_1 = 0 \\ v_2 = -1.34 \times 10^{-3} \\ \phi_2 = 0 \end{Bmatrix}
\qquad (4.3.16)
$$

简化式(4.3.16)得到：

$$
\begin{Bmatrix} f_{1y}^{(1)} \\ m_1^{(1)} \\ f_{2y}^{(1)} \\ m_2^{(1)} \end{Bmatrix} =
\begin{Bmatrix} 25\,000\,\text{N} \\ 37\,500\,\text{N·m} \\ -25\,000\,\text{N} \\ 37\,500\,\text{N·m} \end{Bmatrix}
\qquad (4.3.17)
$$

读者可以画出隔离体图以验证该单元的平衡。

最后，应注意到结构关于通过节点 3 的垂直平面反射对称，因此一开始就可以只考虑此梁的一半并利用下面的模型。由于荷载和支撑条件的对称性，节点 3 处的转角为零，因此此节点 3 取为固支。

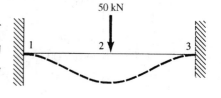

例 4.3　确定图 4.14 所示梁的节点位移、转角、总体力和单元力。梁已按节点编号进行了离散化处理。梁在节点 1 有固支，节点 2 有滚轴支撑，节点 3 为弹簧支撑。在节点 3 作用有垂直向下的力 $P = 50\,\text{kN}$。令整个梁的 $E = 210\,\text{GPa}$，$I = 2\times10^{-4}\,\text{m}^4$，并令 $k = 200\,\text{kN/m}$。

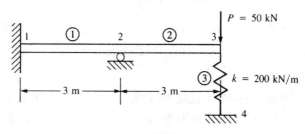

图 4.14　梁的示例

解 对每一个梁单元应用式(4.1.14),对弹簧单元用式(2.2.18),结合直接刚度法得到结构刚度矩阵为:

$$
[K] = \frac{EI}{L^3}
\begin{bmatrix}
12 & 6L & -12 & 6L & 0 & 0 & 0 \\
 & 4L^2 & -6L & 2L^2 & 0 & 0 & 0 \\
 & & 24 & 0 & -12 & 6L & 0 \\
 & & & 8L^2 & -6L & 2L^2 & 0 \\
 & & & & 12+\dfrac{kL^3}{EI} & -6L & -\dfrac{kL^3}{EI} \\
 & & & & & 4L^2 & 0 \\
\text{对称} & & & & & & \dfrac{kL^3}{EI}
\end{bmatrix}
\tag{4.3.18a}
$$

在该式中,由式(4.3.18b)给出的弹簧刚度矩阵$[k_s]$直接加到与节点 3 和节点 4 的自由度相对应的总体刚度矩阵中:

$$
[k_s] = \begin{bmatrix} k & -k \\ -k & k \end{bmatrix}
\quad\begin{matrix} v_3 & v_4 \end{matrix}
\tag{4.3.18b}
$$

利用广义变量比较容易求解问题,然后对最终的位移表达式进行数值替换。最后梁的控制方程为:

$$
\begin{Bmatrix} F_{1y} \\ M_1 \\ F_{2y} \\ M_2 \\ F_{3y} \\ M_3 \\ F_{4y} \end{Bmatrix}
= \frac{EI}{L^3}
\begin{bmatrix}
12 & 6L & -12 & 6L & 0 & 0 & 0 \\
 & 4L^2 & -6L & 2L^2 & 0 & 0 & 0 \\
 & & 24 & 0 & -12 & 6L & 0 \\
 & & & 8L^2 & -6L & 2L^2 & 0 \\
 & & & & 12+k' & -6L & -k' \\
 & & & & & 4L^2 & 0 \\
\text{对称} & & & & & & k'
\end{bmatrix}
\begin{Bmatrix} v_1 \\ \phi_1 \\ v_2 \\ \phi_2 \\ v_3 \\ \phi_3 \\ v_4 \end{Bmatrix}
\tag{4.3.19}
$$

式中,$k' = kL^3/(EI)$用来简化记号。现在利用边界条件:

$$
v_1 = 0 \quad \phi_1 = 0 \quad v_2 = 0 \quad v_4 = 0 \tag{4.3.20}
$$

消掉式(4.3.19)中的前三个方程式和第七个方程式[对应方程(4.3.20)给出的边界条件]。剩下的三个方程为:

$$
\begin{Bmatrix} 0 \\ -P \\ 0 \end{Bmatrix}
= \frac{EI}{L^3}
\begin{bmatrix}
8L^2 & -6L & 2L^2 \\
-6L & 12+k' & -6L \\
2L^2 & -6L & 4L^2
\end{bmatrix}
\begin{Bmatrix} \phi_2 \\ v_3 \\ \phi_3 \end{Bmatrix}
\tag{4.3.21}
$$

解式(4.3.21)求节点 3 的位移及节点 2 和节点 3 的转角,得到:

$$
v_3 = -\frac{7PL^3}{EI}\left(\frac{1}{12+7k'}\right) \quad
\phi_2 = -\frac{3PL^2}{EI}\left(\frac{1}{12+7k'}\right)
$$
$$
\phi_3 = -\frac{9PL^2}{EI}\left(\frac{1}{12+7k'}\right)
\tag{4.3.22}
$$

弹簧刚度对位移的影响在式(4.3.22)中很容易看出。在式(4.3.22)中代入 $P = 50$ kN, $L = 3$ m,

$E = 210\,\text{GPa}\,(= 210 \times 10^6\,\text{kN/m}^2)$、$I = 2 \times 10^{-4}\,\text{m}^4$ 和 $k' = 0.129$，得到：

$$v_3 = \frac{-7(50\,\text{kN})(3\,\text{m})^3}{(210 \times 10^6\,\text{kN/m}^2)(2 \times 10^{-4}\,\text{m}^4)}\left(\frac{1}{12 + 7(0.129)}\right) = -0.0174\,\text{m} \tag{4.3.23}$$

将这些数值代入式(4.3.22)[①]的其他两个式子中，得到：

$$\phi_2 = -0.002\,49\,\text{rad} \qquad \phi_3 = -0.007\,47\,\text{rad} \tag{4.3.24}$$

现在将结果回代到式(4.3.23)和式(4.3.24)中，并将 P, E, I, L 和 k' 的数值代入式(4.3.19)，得出整体坐标系下的节点力为：

$$\begin{aligned}
F_{1y} &= -69.9\,\text{kN} & M_1 &= -69.7\,\text{kN·m} \\
F_{2y} &= 116.4\,\text{kN} & M_2 &= 0.0\,\text{kN·m} \\
F_{3y} &= -50.0\,\text{kN} & M_3 &= 0.0\,\text{kN·m}
\end{aligned} \tag{4.3.25}$$

对于梁-弹簧结构，在弹簧基座确定的附加总体力 F_{4y} 为：

$$F_{4y} = -v_3 k = (0.0174)200 = 3.5\,\text{kN} \tag{4.3.26}$$

该力为结构的平衡提供了额外的 y 方向的力。

图 4.15 的隔离体图表示作用在梁上的、从式(4.3.25)和式(4.3.26)得出的力和力矩。

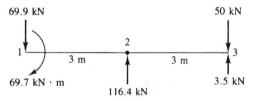

图 4.15　图 4.14 中的梁的隔离体图

例 4.4　确定图 4.16 中的梁在梁中部的力和力矩作用下的位移和转动。其中梁已经离散为图 4.16 所示的两个单元。梁的两个端点为固支。在梁中的中点处施加 10 kN 的向下的力和 20 kN·m 的力矩。令整个梁的 $E = 210\,\text{GPa}$，$I = 4 \times 10^{-4}\,\text{m}^4$。

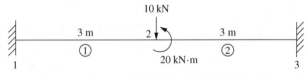

图 4.16　在力和力矩共同作用下两端固定的梁

解　对每个梁单元使用式(4.1.14)，其中 $L = 3\,\text{m}$，可以得出如下梁单元刚度矩阵：

$$[k^{(1)}] = \frac{EI}{L^3}\begin{array}{c}\begin{array}{cccc}v_1 & \phi_1 & v_2 & \phi_2\end{array}\\\left[\begin{array}{cccc}12 & 6L & -12 & 6L \\ & 4L^2 & -6L & 2L^2 \\ & & 12 & -6L \\ \text{对称} & & & 4L^2\end{array}\right]\end{array} \quad [k^{(2)}] = \frac{EI}{L^3}\begin{array}{c}\begin{array}{cccc}v_2 & \phi_2 & v_3 & \phi_3\end{array}\\\left[\begin{array}{cccc}12 & 6L & -12 & 6L \\ & 4L^2 & -6L & 2L^2 \\ & & 12 & -6L \\ \text{对称} & & & 4L^2\end{array}\right]\end{array} \tag{4.3.27}$$

边界条件由下式给出：

$$v_1 = \phi_1 = v_3 = \phi_3 = 0 \tag{4.3.28}$$

总体力 $F_{2y} = -10\,000\,\text{N}$，力矩 $M_2 = 20\,000\,\text{N·m}$。

应用总体力、边界条件和式(4.3.28)，并利用直接刚度法组装的总体刚度矩阵，以及式(4.3.27)可以得到总体方程为：

---

① 原文为式(4.3.26)，有误。——译者注

$$\begin{Bmatrix} -10\,000 \\ 20\,000 \end{Bmatrix} = \frac{(210 \times 10^9)(4 \times 10^{-4})}{3^3} \begin{bmatrix} 24 & 0 \\ 0 & 8(3^2) \end{bmatrix} \begin{Bmatrix} v_2 \\ \phi_2 \end{Bmatrix} \tag{4.3.29}$$

解式 (4.3.29) 得到位移和转角：

$$v_2 = -1.339 \times 10^{-4}\,\text{m} \quad \text{和} \quad \phi_2 = 8.928 \times 10^{-5}\,\text{rad} \tag{4.3.30}$$

利用每个单元的局部方程，得出单元 1 的局部节点力和力矩，如下所示：

$$\begin{Bmatrix} f_{1y}^{(1)} \\ m_1^{(1)} \\ f_{2y}^{(1)} \\ m_2^{(1)} \end{Bmatrix} = \frac{(210 \times 10^9)(4 \times 10^{-4})}{3^3} \begin{bmatrix} 12 & 6(3) & -12 & 6(3) \\ 6(3) & 4(3^2) & -6(3) & 2(3^2) \\ -12 & -6(3) & 12 & -6(3) \\ 6(3) & 2(3^2) & -6(3) & 4(3^2) \end{bmatrix} \begin{Bmatrix} 0 \\ 0 \\ -1.3339 \times 10^{-4} \\ 8.928 \times 10^{-5} \end{Bmatrix} \tag{4.3.31}$$

简化式 (4.3.31) 得出：

$$f_{1y}^{(1)} = 10\,000\,\text{N}, \quad m_1^{(1)} = 12\,500\,\text{N·m}, \quad f_{2y}^{(1)} = -10\,000\,\text{N}, \quad m_2^{(1)} = 17\,500\,\text{N·m} \tag{4.3.32}$$

类似地，单元 2 的局部节点力和力矩是：

$$f_{2y}^{(2)} = 0, \quad m_2^{(2)} = 2500\,\text{N·m}, \quad f_{3y}^{(2)} = 0, \quad m_3^{(2)} = -2500\,\text{N·m} \tag{4.3.33}$$

利用式 (4.3.32) 和式 (4.3.33) 的结果，每个单元上的局部坐标系下的力和力矩，如图 4.17 所示。

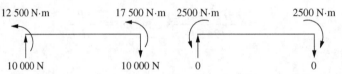

图 4.17　作用在图 4.16 中每个单元上的节点力和力矩

利用式 (4.3.32) 和式 (4.3.33) 的结果或者图 4.17，得到每个单元的剪力和弯矩，如图 4.18 所示。

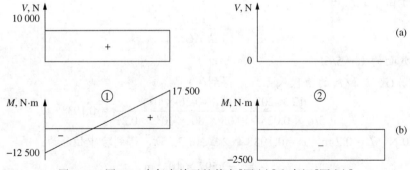

图 4.18　图 4.16 中每个单元的剪力 [图 (a)] 和弯矩 [图 (b)]

例 4.5　为了说明剪切变形以及一般弯曲变形的影响，现通过求解一个简支梁来说明，如图 4.19 所示。利用式 (4.1.15o) 给出的梁刚度矩阵，其中包含了 x-y 平面上的弯曲变形和剪切变形。梁仅在跨中处作用一个 10 000 N 的集中荷载。令材料特性 E = 207 GPa，G = 80 GPa。梁的宽度和高度分别为 b = 25 mm，h = 50 mm。

解　利用对称来简化求解。因此，只考虑梁的一半，中点处的转角为零。同样，也只使用集中荷载的一半。对称模型如图 4.20 所示。

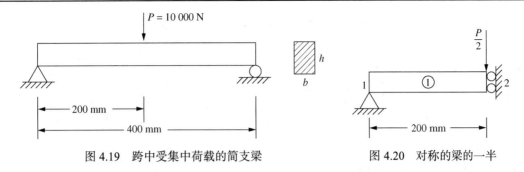

图 4.19　跨中受集中荷载的简支梁　　　　图 4.20　对称的梁的一半

有限元模型仅包含一个梁单元。利用表示铁摩辛柯梁单元刚度矩阵的式(4.1.15o)，得到总体方程为：

$$\frac{EI}{L^3(1+\varphi)}\begin{bmatrix} 12 & 6L & -12 & 6L \\ 6L & (4+\varphi)L^2 & -6L & (2-\varphi)L^2 \\ -12 & -6L & 12 & -6L \\ 6L & (2-\varphi)L^2 & -6L & (4+\varphi)L^2 \end{bmatrix}\begin{Bmatrix} v_1=0 \\ \phi_1 \\ v_1 \\ \phi_2=0 \end{Bmatrix}=\begin{Bmatrix} F_{1y} \\ 0 \\ -P/2 \\ 0 \end{Bmatrix} \tag{4.3.34}$$

需要注意的是在式(4.3.34)中已经包含边界条件，其中 $v_1=0$，$\phi_2=0$。

在式(4.3.34)中，第 2 个和第 3 个方程与两个未知参数 ϕ_1 和 v_2 有关，利用这两个方程可以得出：

$$v_2=\frac{-PL^3(4+\varphi)}{24EI} \quad 和 \quad \phi_1=\frac{-PL^2}{4EI} \tag{4.3.35}$$

矩形截面的惯性矩为：

$$I=bh^3/12$$

将 b 和 h 的值代入上式，得到：

$$I=0.26\times10^{-6}\ \mathrm{m}^4$$

剪切修正因子由下式给出：

$$\varphi=\frac{12EI}{k_sAGL^2}$$

表示矩形横截面的 $k_s=5/6$。

将 E，I，G，L 和 k_s 的值代入上式，得到：

$$\varphi=\frac{12\times207\times10^9\times0.26\times10^{-6}}{5/6\times0.025\times0.05\times80\times10^9\times0.2^2}=0.1938$$

将 $P=10\,000\ \mathrm{N}$，$L=0.2\ \mathrm{m}$，$\varphi=0.1938$ 代入式(4.3.35)，得到跨中位移为：

$$v_2=-2.597\times10^{-4}\ \mathrm{m} \tag{4.3.36}$$

如果令 l 为梁的总长度，则 $l=2L$，将 $L=l/2$ 代入式(4.3.35)，得到用梁的总长表示的位移：

$$v_2=\frac{-Pl^3(4+\varphi)}{192EI} \tag{4.3.37}$$

对于细长梁而言，长度 l 是高度 h 的 10 倍或更多，横向剪切修正因子 φ 就变得非常小并可以忽略不计。因此，式(4.3.37)就变为：

$$v_2=\frac{-Pl^3}{48EI} \tag{4.3.38}$$

式(4.3.38)就是在跨中受集中荷载作用的简支梁的挠度公式。

利用式(4.3.38)，得到挠度为：

$$v_2 = -2.474 \times 10^{-4} \text{ m} \tag{4.3.39}$$

比较带剪切修正因子得到的挠度和只有梁弯曲得到的挠度，有：

$$\%变化 = \frac{2.597 - 2.474}{2.474} \times 100 = 4.97\% 差值$$

4.4 分布荷载

梁构件既可以承受分布荷载也可以承受集中节点荷载。因此，必须对分布荷载进行讨论。讨论图 4.21 中两端固支受均布荷载 w 作用的梁。图 4.22 表示由结构分析理论[2]确定的反力。这些反力称为固端反力。通常，固端反力是指单元端部固定的情况下，既不能移动也不能转动时的单元端部的反力(如果读者不熟悉超静定结构的分析，可假定这些反力是给定的，并继续后面的讨论，我们将在以后讨论功的互等原理时改进这些结果)。因此，根据均布荷载作用下的结构分析结果，用与实际分布荷载对梁有同样效果的节点力和弯矩来代替均布荷载，如图 4.23 所示。用由作用在该梁单元每端的集中节点力和力矩组成的静力等效力系代替分布荷载，即静力等效的集中力和力矩与原来的分布荷载在梁的任意点，具有同样的合力和力矩。

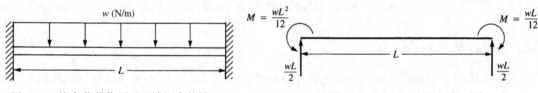

图 4.21   均布荷载作用下两端固定的梁   图 4.22   图 4.21 所示梁的固端反力

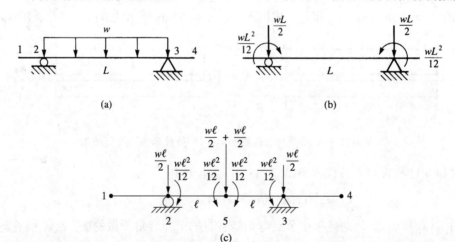

图 4.23   (a)分布荷载作用下的梁；(b)静力等效节点力系；(c)在跨中加入节点 5 时的有等效节点力系的扩展梁

这些静力的等效力总是与固端反力的符号相反。如果想要更详细地分析受载单元 2～3 的特性，可在中跨放一个节点，并对表示水平单元的两个单元采用上述同样步骤，即为确定在梁跨度中的最大挠度和最大力矩，需要在梁的 2～3 段的中跨放一个节点 5，在每个单元(从节点 2 到节点 5 和从节点 5 到节点 3)作用等效力和力矩，如图 4.23(c)所示。

4.4.1　等功法

利用等功法，即用一组离散荷载代替分布荷载。此方法基于的原理是：对于任意节点位移，分布荷载 $w(x)$ 通过位移场 $v(x)$ 所做的功，等于节点荷载 f_{iy} 和 m_i 通过节点位移 v_i 和 ϕ_i 所做的功。为说明此方法，讨论图 4.24 所示的例子。分布荷载所做的功为：

$$W_{\text{distributed}} = \int_0^L w(x)v(x)\mathrm{d}x \tag{4.4.1}$$

式中，$v(x)$ 是式(4.1.4)给出的横向位移。由离散节点力做的功为：

$$W_{\text{discrete}} = m_1\phi_1 + m_2\phi_2 + f_{1y}v_1 + f_{2y}v_2 \tag{4.4.2}$$

用等功的概念，可以确定用来替代分布荷载的节点力矩 m_1，m_2 和节点力 f_{1y}，f_{2y}，也就是说，对于任意的位移 ϕ_1，ϕ_2，v_1 和 v_2，令 $W_{\text{distributed}} = W_{\text{discrete}}$。

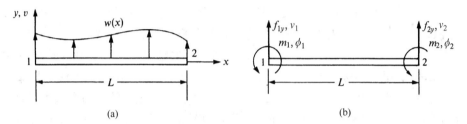

图 4.24　(a)承受一般荷载的梁单元；(b)静力等效节点力系

4.4.2　荷载替换示例

为更清楚地说明等功概念，现讨论受分布荷载的梁。讨论图 4.25(a)所示的均布荷载梁。支撑条件未给出，因为它们与位移图式无关。令 $W_{\text{discrete}} = W_{\text{distributed}}$ 并假定任意的 ϕ_1，ϕ_2，v_1 和 v_2，给出平衡的节点力 m_1，m_2，f_{1y} 和 f_{2y}。根据图 4.1，图 4.25(b)所示的节点力和力矩方向为正。

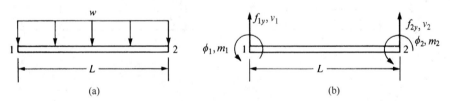

图 4.25　(a)承受均布荷载的梁；(b)待计算的等效节点力

将式(4.4.1)和式(4.4.2)代入 $W_{\text{distributed}} = W_{\text{discrete}}$ 得出：

$$\int_0^L w(x)v(x)\mathrm{d}x = m_1\phi_1 + m_2\phi_2 + f_{1y}v_1 + f_{2y}v_2 \tag{4.4.3}$$

式中，的 $m_1\phi_1$ 和 $m_2\phi_2$ 分别是集中节点弯矩绕各自的节点转角所做的功，$f_{1y}v_1$ 和 $f_{2y}v_2$ 是节点力在节点位移上所做的功。将 $w(x) = -w$ 和式(4.1.4)的 $v(x)$ 代入，计算式(4.4.3)的左边，得到分布荷载所做的功为：

$$\int_0^L w(x)v(x)\mathrm{d}x = -\frac{Lw}{2}(v_1 - v_2) - \frac{L^2w}{4}(\phi_1 + \phi_2) - Lw(v_2 - v_1)$$
$$+ \frac{L^2w}{3}(2\phi_1 + \phi_2) - \phi_1\left(\frac{L^2w}{2}\right) - v_1(wL) \tag{4.4.4}$$

现在对任意节点位移应用式(4.4.3)和式(4.4.4)，令 $\phi_1 = 1$，$\phi_2 = 0$，$v_1 = 0$ 和 $v_2 = 0$，得到：

$$m_1(1) = -\left(\frac{L^2 w}{4} - \frac{2}{3}L^2 w + \frac{L^2}{2}w\right) = -\frac{wL^2}{12} \tag{4.4.5}$$

类似地，令 $\phi_1 = 0$，$\phi_2 = 1$，$v_1 = 0$ 和 $v_2 = 0$ 得到：

$$m_2(1) = -\left(\frac{L^2 w}{4} - \frac{L^2 w}{3}\right) = \frac{wL^2}{12} \tag{4.4.6}$$

最后，令除 v_1, v_2 的所有节点位移等于零，得到：

$$f_{1y}(1) = -\frac{Lw}{2} + Lw - Lw = -\frac{Lw}{2}$$
$$f_{2y}(1) = \frac{Lw}{2} - Lw = -\frac{Lw}{2} \tag{4.4.7}$$

可以说在一般的情况下，对于任意给定的荷载函数 $w(x)$，可以乘以 $v(x)$，然后按式(4.4.3)积分得出用于代替分布荷载的集中节点力(或力矩)。此外，利用结构分析理论的固端反力概念也可以得到替换荷载。可在结构分析教材，如参考文献[2]中，找到很多受载情况下的固端反力表。本书的附录 D 给出了等效节点力表，但要注意固端反力的符号与等功法得出的结果相反。

因此，如果一个集中力不是作用在两个单元的自然相交之处，可以采用等效节点力的概念，将作用在梁端的节点集中荷载值代替此集中荷载值，而无须在此荷载作用的位置再增加一个节点。在例 4.7 的梁单元和例 5.3 的平面框架例子中，将说明处理集中荷载的这一方法。

4.4.3　一般方程

一般情况下，可从以下应用于一般结构的方程开始，考虑作用在梁单元上的分布荷载或集中荷载：

$$\{F\} = [K]\{d\} - \{F_0\} \tag{4.4.8}$$

式中，$\{F\}$ 是集中节点力，$\{F_0\}$ 称为等效节点力，用整体坐标分量来表示，它们在节点处产生与分布荷载同样的位移。利用附录 D 中用局部坐标分量表示的等效节点力 $\{f_0\}$，用整体坐标分量表示 $\{F_0\}$。

回顾 3.10 节用最小势能原理推导单元方程。从式(3.10.19)和式(3.10.20)开始，将总势能最小化得到与式(4.4.8)形式相同的方程。式中 $\{F_0\}$ 现在表示与式(3.10.20a)给出的替代表面拉力相同的等效替换力系。此外，$\{F\} = \{P\}$，$\{P\}$[来自式(3.10.20)]代表整体坐标系下的节点集中力。由于在本节中只求解承受分布荷载的梁，现在假定集中节点力不存在($\{F\} = 0$)，因此可以将式(4.4.8)写为：

$$\{F_0\} = [K]\{d\} \tag{4.4.9}$$

解出式(4.4.9)中的 $\{d\}$ 后，将总体位移 $\{d\}$ 和等效节点力 $\{F_0\}$ 代入式(4.4.8)，就得到实际的整体坐标系下的节点力 $\{F\}$。例如，利用 $\{f_0\}$ 的定义和承受均布荷载 w 的一个单元的梁的式(4.4.5)~式(4.4.7)(或利用附录 D 的载况 4)，可以得到：

$$\{F_0\} = \left\{ \begin{array}{c} \dfrac{-wL}{2} \\[2mm] \dfrac{-wL^2}{12} \\[2mm] \dfrac{-wL}{2} \\[2mm] \dfrac{wL^2}{12} \end{array} \right\} \tag{4.4.10}$$

此概念可以在局部坐标上应用，应用式(4.4.8)得到结构在单个单元上的局部坐标系下的节点力{f}为：

$$\{f\} = [k]\{d\} - \{f_0\} \tag{4.4.11}$$

式中，{f_0}是局部坐标系下的等效节点力。

例 4.6 ~ 例 4.8 说明了求解受分布荷载和集中荷载作用的梁的等效节点力法。在例 4.6 ~ 例 4.8 中，将使用整体坐标表示法，把梁视为一个一般结构，而不是一个单元。

例 4.6　图 4.26 所示的悬臂梁受均布荷载 w 作用，求右端的垂直位移和转角，然后求节点力。假定整个梁上 EI 是恒定的。

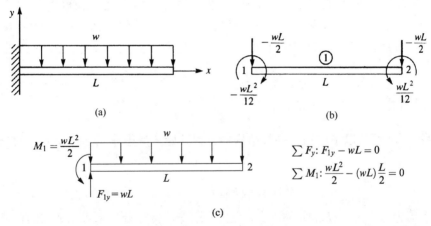

图 4.26　(a)均布荷载作用下的悬臂梁；(b)等效节点力系；(c)图 4.26(a)所示梁的隔离体图和平衡方程

解　首先将梁离散化，此处仅用一个单元代表整个梁。然后，分布荷载用图 4.26(b)所示的等效节点力代替。等效节点力是由作用在梁上的均布荷载引起的，由式(4.4.10)给出（或参见附录 D 中的载况 4）。利用式(4.4.9)和梁单元刚度矩阵，得到：

$$\frac{EI}{L^3} \begin{bmatrix} 12 & 6L & -12 & 6L \\ & 4L^2 & -6L & 2L^2 \\ & & 12 & -6L \\ & & & 4L^2 \end{bmatrix} \left\{ \begin{array}{c} v_1 \\ \phi_1 \\ v_2 \\ \phi_2 \end{array} \right\} = \left\{ \begin{array}{c} F_{1y} - \dfrac{wL}{2} \\[2mm] M_1 - \dfrac{wL^2}{12} \\[2mm] \dfrac{-wL}{2} \\[2mm] \dfrac{wL^2}{12} \end{array} \right\} \tag{4.4.12}$$

在此方程中，利用了图 4.26(b) 的等效节点力和力矩。

在式 (4.4.12) 中应用边界条件 $v_1 = 0$ 和 $\phi_1 = 0$，并将式 (4.4.12) 中的第三个和第四个方程分离出来，得到：

$$\frac{EI}{L^3} \begin{bmatrix} 12 & -6L \\ -6L & 4L^2 \end{bmatrix} \begin{Bmatrix} v_2 \\ \phi_2 \end{Bmatrix} = \begin{Bmatrix} -\dfrac{wL}{2} \\ \dfrac{wL^2}{12} \end{Bmatrix} \tag{4.4.13}$$

解式 (4.4.13) 得到位移：

$$\begin{Bmatrix} v_2 \\ \phi_2 \end{Bmatrix} = \frac{L}{6EI} \begin{bmatrix} 2L^2 & 3L \\ 3L & 6 \end{bmatrix} \begin{Bmatrix} -\dfrac{wL}{2} \\ \dfrac{wL^2}{12} \end{Bmatrix} \tag{4.4.14a}$$

简化式 (4.4.14a) 得出位移和转角为：

$$\begin{Bmatrix} v_2 \\ \phi_2 \end{Bmatrix} = \begin{Bmatrix} \dfrac{-wL^4}{8EI} \\ \dfrac{-wL^3}{6EI} \end{Bmatrix} \tag{4.4.14b}$$

答案中的负号说明 v_2 是向下的，ϕ_2 是顺时针的。在本例中，用离散集中荷载代替分布荷载的方法给出了位移和转角的精确解，该解可用经典方法得到，例如双重积分[1]。因为等效法确保了由有限元得出的节点位移和转角与精确解相吻合。

现在说明得到整体坐标系下节点力的方法。为方便起见，先定义乘积 $[K]\{d\}$ 为 $\{F^{(e)}\}$，式中 $\{F^{(e)}\}$ 称为有效的整体坐标系下节点力。利用式 (4.4.14)，得出以下关系：

$$\begin{Bmatrix} F_{1y}^{(e)} \\ M_1^{(e)} \\ F_{2y}^{(e)} \\ M_2^{(e)} \end{Bmatrix} = \frac{EI}{L^3} \begin{bmatrix} 12 & 6L & -12 & 6L \\ 6L & 4L^2 & -6L & 2L^2 \\ -12 & -6L & 12 & -6L \\ 6L & 2L^2 & -6L & 4L^2 \end{bmatrix} \begin{Bmatrix} 0 \\ 0 \\ \dfrac{-wL^4}{8EI} \\ \dfrac{-wL^3}{6EI} \end{Bmatrix} \tag{4.4.15}$$

简化式 (4.4.15) 得到：

$$\begin{Bmatrix} F_{1y}^{(e)} \\ M_1^{(e)} \\ F_{2y}^{(e)} \\ M_2^{(e)} \end{Bmatrix} = \begin{Bmatrix} \dfrac{wL}{2} \\ \dfrac{5wL^2}{12} \\ \dfrac{-wL}{2} \\ \dfrac{wL^2}{12} \end{Bmatrix} \tag{4.4.16}$$

将式 (4.4.10) 和式 (4.4.16) 代入式 (4.4.8) $\{F\} = [K]\{d\} - \{F_0\}$，得到正确的整体坐标系下节点力为：

$$
\begin{Bmatrix} F_{1y} \\ M_1 \\ F_{2y} \\ M_2 \end{Bmatrix} = \begin{Bmatrix} \dfrac{wL}{2} \\ \dfrac{5wL^2}{12} \\ \dfrac{-wL}{2} \\ \dfrac{wL^2}{12} \end{Bmatrix} - \begin{Bmatrix} \dfrac{-wL}{2} \\ \dfrac{-wL^2}{12} \\ \dfrac{-wL}{2} \\ \dfrac{wL^2}{12} \end{Bmatrix} = \begin{Bmatrix} wL \\ \dfrac{wL^2}{2} \\ 0 \\ 0 \end{Bmatrix}
\tag{4.4.17}
$$

在式(4.4.17)中，F_{1y} 是垂直反力，M_1 是固支节点 1 的弯矩。由式(4.4.14b)给出的位移结果和式(4.4.17)给出的整体坐标系下节点力，足以完成悬臂梁问题的求解。

如图 4.26(c)所示，用式(4.4.17)的反力得到的梁的隔离体图验证力和力矩平衡。

由式(4.4.17)得到的节点力和力矩说明了利用式(4.4.8)得到正确的整体坐标系下的节点力和力矩的重要性。在[K]和{d}的乘积中减去等效力矩阵{F_0}，可以得到节点 1 处的正确反力，通过简单静力平衡方程进行证明。证明过程如下：

1. 用图 4.26(b)所示的等效节点力替代分布荷载，确定解中用到的节点力和力矩。
2. 利用式(4.4.12)组装总体力、刚度矩阵和总体方程式。
3. 和前面的问题一样，应用边界条件对方程组进行简化，在式(4.4.13)中，原来的四个方程已化简为两个求解未知的位移和转角的方程。
4. 求解式(4.4.14a)和式(4.4.14b)给出的未知位移和转角。
5. 仿照式(4.4.17)所示的方法，利用式(4.4.8)得到最终正确的整体坐标系下的节点力和力矩。这些力和力矩在支撑处，如图 4.26(a)中悬臂的左端，即为反力。

通过下面的例子来说明处理作用在梁单元非节点位置处的集中荷载的方法。

例 4.7　图 4.27 所示的悬臂梁受集中荷载 P 的作用，用作用在梁端的等效节点力代替此集中力，求解右端的垂直位移、转角、节点力，以及反力。假定整个梁上 EI 不变。

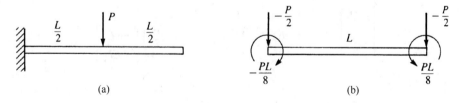

图 4.27　(a)受集中荷载作用的悬臂梁；(b)等效节点力系

解　先对梁进行离散化，此处仅用一个单元，节点在梁的两端。用附录 D 的载况 1 代替图 4.27(b)所示的集中荷载。利用式(4.4.9)和梁的单元刚度矩阵式(4.1.14)得出：

$$
\frac{EI}{L^3} \begin{bmatrix} 12 & -6L \\ -6L & 4L^2 \end{bmatrix} \begin{Bmatrix} v_2 \\ \phi_2 \end{Bmatrix} = \begin{Bmatrix} \dfrac{-P}{2} \\ \dfrac{PL}{8} \end{Bmatrix}
\tag{4.4.18}
$$

式中用到了从图 4.27(b)得到的节点力与边界条件 $v_1 = 0$ 和 $\phi_1 = 0$ 来化简矩阵方程的数量，便

于手算。解式(4.4.18)得到:

$$\begin{Bmatrix} v_2 \\ \phi_2 \end{Bmatrix} = \frac{L}{6EI} \begin{bmatrix} 2L^2 & 3L \\ 3L & 6 \end{bmatrix} \begin{Bmatrix} -\dfrac{P}{2} \\ \dfrac{PL}{8} \end{Bmatrix} \tag{4.4.19}$$

简化式(4.4.19)得到位移和转角为:

$$\begin{Bmatrix} v_2 \\ \phi_2 \end{Bmatrix} = \begin{Bmatrix} \dfrac{-5PL^3}{48EI} \\ \dfrac{-PL^2}{8EI} \end{Bmatrix} \begin{matrix} \downarrow \\ \curvearrowright \end{matrix} \tag{4.4.20}$$

为确定未知节点力,先计算有效节点力$\{F^{(e)}\} = [K]\{d\}$:

$$\begin{Bmatrix} F_{1y}^{(e)} \\ M_1^{(e)} \\ F_{2y}^{(e)} \\ M_2^{(e)} \end{Bmatrix} = \frac{EI}{L^3} \begin{bmatrix} 12 & 6L & -12 & 6L \\ 6L & 4L^2 & -6L & 2L^2 \\ -12 & -6L & 12 & -6L \\ 6L & 2L^2 & -6L & 4L^2 \end{bmatrix} \begin{Bmatrix} 0 \\ 0 \\ \dfrac{-5PL^3}{48EI} \\ \dfrac{-PL^2}{8EI} \end{Bmatrix} \tag{4.4.21}$$

简化式(4.4.21)得到:

$$\begin{Bmatrix} F_{1y}^{(e)} \\ M_1^{(e)} \\ F_{2y}^{(e)} \\ M_2^{(e)} \end{Bmatrix} = \begin{Bmatrix} \dfrac{P}{2} \\ \dfrac{3PL}{8} \\ \dfrac{-P}{2} \\ \dfrac{PL}{8} \end{Bmatrix} \tag{4.4.22}$$

然后在式(4.4.8)中利用式(4.4.22)和从图 4.27(b)得到的等效节点力,得出正确的节点力为:

$$\begin{Bmatrix} F_{1y} \\ M_1 \\ F_{2y} \\ M_2 \end{Bmatrix} = \begin{Bmatrix} \dfrac{P}{2} \\ \dfrac{3PL}{8} \\ \dfrac{-P}{2} \\ \dfrac{PL}{8} \end{Bmatrix} - \begin{Bmatrix} \dfrac{-P}{2} \\ \dfrac{-PL}{8} \\ \dfrac{-P}{2} \\ \dfrac{PL}{8} \end{Bmatrix} = \begin{Bmatrix} P \\ \dfrac{PL}{2} \\ 0 \\ 0 \end{Bmatrix} \tag{4.4.23}$$

从式(4.4.23)可以看出,F_{1y}等价于垂直反力,M_1是固支节点 1 的力矩。

此外,通过静力平衡方程可以验证式(4.4.23)确定的反力是正确的,再次验证了例 4.6 中总结的一般方程和步骤的正确性。

最后,为说明处理集中节点荷载和分布荷载同时作用在梁单元上的方法,求解下面的例子。

例 4.8　图 4.28 所示的悬臂梁在自由端作用集中荷载 P，整个梁上作用均布荷载 w，确定自由端位移和节点力。

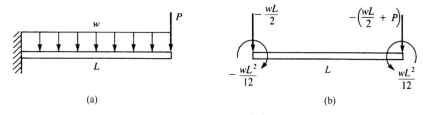

图 4.28　(a)集中荷载和分布荷载作用下的悬臂梁；(b)等效节点力系

解　仍用一个单元来模拟梁，用附录 D 的载况 4 代替分布荷载，如图 4.28(b)所示。利用梁的单元刚度式(4.1.14)得到：

$$\frac{EI}{L^3}\begin{bmatrix} 12 & -6L \\ -6L & 4L^2 \end{bmatrix}\begin{Bmatrix} v_2 \\ \phi_2 \end{Bmatrix} = \begin{Bmatrix} \dfrac{-wL}{2}-P \\ \dfrac{wL^2}{12} \end{Bmatrix} \tag{4.4.24}$$

式中用到了图 4.28(b)的节点力与边界条件 $v_1=0$ 和 $\phi_1=0$ 来减少矩阵方程的数量。解式(4.4.24)得到：

$$\begin{Bmatrix} v_2 \\ \phi_2 \end{Bmatrix} = \begin{Bmatrix} \dfrac{-wL^4}{8EI} - \dfrac{PL^3}{3EI} \\ \dfrac{-wL^3}{6EI} - \dfrac{PL^2}{2EI} \end{Bmatrix} \begin{matrix} \downarrow \\ \curvearrowright \end{matrix} \tag{4.4.25}$$

下一步，用 $\{F^{(e)}\}=[K]\{d\}$ 得到有效节点力为：

$$\begin{Bmatrix} F_{1y}^{(e)} \\ M_1^{(e)} \\ F_{2y}^{(e)} \\ M_2^{(e)} \end{Bmatrix} = \frac{EI}{L^3}\begin{bmatrix} 12 & 6L & -12 & 6L \\ 6L & 4L^2 & -6L & 2L^2 \\ -12 & -6L & 12 & -6L \\ 6L & 2L^2 & -6L & 4L^2 \end{bmatrix}\begin{Bmatrix} 0 \\ 0 \\ \dfrac{-wL^4}{8EI} - \dfrac{PL^3}{3EI} \\ \dfrac{-wL^3}{6EI} - \dfrac{PL^2}{2EI} \end{Bmatrix} \tag{4.4.26}$$

简化式(4.4.26)得到：

$$\begin{Bmatrix} F_{1y}^{(e)} \\ M_1^{(e)} \\ F_{2y}^{(e)} \\ M_2^{(e)} \end{Bmatrix} = \begin{Bmatrix} P + \dfrac{wL}{2} \\ PL + \dfrac{5wL^2}{12} \\ -P - \dfrac{wL}{2} \\ \dfrac{wL^2}{12} \end{Bmatrix} \tag{4.4.27}$$

最后，从式(4.4.27)的有效力矩阵中减去等价的节点力矩阵[参见图 4.28(b)]，得出正确的节点力为：

$$
\begin{Bmatrix} F_{1y} \\ M_1 \\ F_{2y} \\ M_2 \end{Bmatrix} = \begin{Bmatrix} P + \dfrac{wL}{2} \\ PL + \dfrac{5wL^2}{12} \\ -P - \dfrac{wL}{2} \\ \dfrac{wL^2}{12} \end{Bmatrix} - \begin{Bmatrix} \dfrac{-wL}{2} \\ \dfrac{-wL^2}{12} \\ \dfrac{-wL}{2} \\ \dfrac{wL^2}{12} \end{Bmatrix} = \begin{Bmatrix} P + wL \\ PL + \dfrac{wL^2}{2} \\ -P \\ 0 \end{Bmatrix} \tag{4.4.28}
$$

从式 (4.4.28) 可以看出，F_{1y} 等价于垂直反力，M_1 是节点 1 处的反弯矩，F_{2y} 等于在节点 2 作用的向下的力 P [记住，只减去了等效的节点力矩阵，而没有减去原来的集中荷载矩阵。这样做是基于一般公式，即式 (4.4.8)]。

为了推广等效法，将它应用到一个以上单元的梁中，如例 4.9 所示。

例 4.9 对于两端固定的梁，在整根梁上作用线性变化的分布荷载，如图 4.29(a) 所示，确定梁中的位移和转角以及反力。

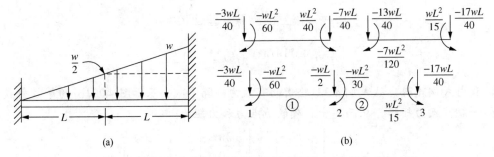

图 4.29 (a) 线性变化荷载作用下两端固支的梁；(b) 等效节点力系

解 现在用节点为 1，2，3 的两个单元来模拟梁，用附录 D 中的载况 4 和载况 5 来代替分布荷载，如图 4.29(b) 所示。需要注意的是载况 5 用于单元 1，因为它只作用线性变化的分布荷载，末端值 $w/2$ 较高，如图 4.29(a) 所示，而载况 4 和载况 5 同时用于单元 2 是因为将分布荷载分成了两部分：一部分是均布荷载，大小为 $w/2$；另一部分是线性变化的荷载，末端值 $w/2$ 较高。

对每个单元使用梁单元刚度式 (4.1.14)，得到：

$$
[k^{(1)}] = \frac{EI}{L^3} \begin{bmatrix} 12 & 6L & -12 & 6L \\ 6L & 4L^2 & -6L & 2L^2 \\ -12 & -6L & 12 & -6L \\ 6L & 2L^2 & -6L & 4L^2 \end{bmatrix} \quad [k^{(2)}] = \frac{EI}{L^3} \begin{bmatrix} 12 & 6L & -12 & 6L \\ 6L & 4L^2 & -6L & 2L^2 \\ -12 & -6L & 12 & -6L \\ 6L & 2L^2 & -6L & 4L^2 \end{bmatrix} \tag{4.4.29}
$$

边界条件为 $v_1 = 0$，$\phi_1 = 0$，$v_3 = 0$ 和 $\phi_3 = 0$。用直接刚度法和式 (4.4.29) 组装总体刚度矩阵，加上边界条件可以得到：

$$
\begin{Bmatrix} F_{2y} \\ M_2 \end{Bmatrix} = \begin{Bmatrix} \dfrac{-wL}{2} \\ \dfrac{-wL^2}{20} \end{Bmatrix} = \frac{EI}{L^3} \begin{bmatrix} 24 & 0 \\ 0 & 8L^2 \end{bmatrix} = \begin{Bmatrix} v_2 \\ \phi_2 \end{Bmatrix} \tag{4.4.30}
$$

解方程式(4.4.29)求位移和转角，得到：

$$v_2 = \frac{-wL^4}{48EI} \qquad \phi_2 = \frac{-wL^3}{240EI} \tag{4.4.31}$$

接下来，用 $\{F^{(e)}\} = [K]\{d\}$ 得出有效节点力为：

$$
\begin{Bmatrix}
F_{1y}^{(e)} \\
M_1^{(e)} \\
F_{2y}^{(e)} \\
M_2^{(e)} \\
F_{3y}^{(e)} \\
M_3^{(e)}
\end{Bmatrix}
= \frac{EI}{L^3}
\begin{bmatrix}
12 & 6L & -12 & 6L & 0 & 0 \\
6L & 4L^2 & -6L & 2L^2 & 0 & 0 \\
-12 & -6L & 24 & 0 & -12 & 6L \\
6L & 2L^2 & 0 & 8L^2 & -6L & 2L^2 \\
0 & 0 & -12 & -6L & 12 & -6L \\
0 & 0 & 6L & 2L^2 & -6L & 4L^2
\end{bmatrix}
\begin{Bmatrix}
0 \\
0 \\
\dfrac{-wL^4}{48EI} \\
\dfrac{-wL^3}{240EI} \\
0 \\
0
\end{Bmatrix}
\tag{4.4.32}
$$

解方程式(4.4.32)得到：

$$
\begin{aligned}
F_{1y}^{(e)} &= \frac{9wL}{40} & M_1^{(e)} &= \frac{7wL^2}{60} \\[2mm]
F_{2y}^{(e)} &= \frac{-wL}{2} & M_2^{(e)} &= \frac{-wL^2}{30} \\[2mm]
F_{3y}^{(e)} &= \frac{11wL}{40} & M_3^{(e)} &= \frac{-2wL^2}{15}
\end{aligned}
\tag{4.4.33}
$$

最后，利用式(4.4.8)，从式(4.4.33)给出的有效力矩阵中减去基于图 4.29(b)的等效荷载替代得到的等效节点力矩阵，从而得出正确的节点力和力矩为：

$$
\begin{Bmatrix}
F_{1y} \\
M_1 \\
F_{2y} \\
M_2 \\
F_{3y} \\
M_3
\end{Bmatrix}
=
\begin{Bmatrix}
\dfrac{9wL}{40} \\[2mm]
\dfrac{7wL^2}{60} \\[2mm]
\dfrac{-wL}{2} \\[2mm]
\dfrac{-wL^2}{30} \\[2mm]
\dfrac{11wL}{40} \\[2mm]
\dfrac{-2wL^2}{15}
\end{Bmatrix}
-
\begin{Bmatrix}
\dfrac{-3wL}{40} \\[2mm]
\dfrac{-wL^2}{60} \\[2mm]
\dfrac{-wL}{2} \\[2mm]
\dfrac{-wL^2}{30} \\[2mm]
\dfrac{-17wL}{40} \\[2mm]
\dfrac{wL^2}{15}
\end{Bmatrix}
=
\begin{Bmatrix}
\dfrac{12wL}{40} \\[2mm]
\dfrac{8wL^2}{60} \\[2mm]
0 \\[2mm]
0 \\[2mm]
\dfrac{28wL}{40} \\[2mm]
\dfrac{-3wL^2}{15}
\end{Bmatrix}
\tag{4.4.34}
$$

这里使用符号 L 来表示梁长的一半。如果用梁的实际长度 $l = 2L$ 来代替 L，可以得出附录 D 中载况 5 的反力，这样可以验证结果的正确性。

　　总之，对于任何进行了等价节点力替换的结构，确定作用在结构上的有效节点力的方法为：先计算结构的有效节点力 $\{F^{(e)}\}$，然后减去结构的等效节点力 $\{F_0\}$，如式(4.4.8)所示。类似地，对于结构中任意一个进行了等效节点力替换的单元，确定单元上局部坐标系下的实际节点力的方法为：先计算单元有效的局部坐标系下的节点力 $\{f^{(e)}\}$，然后减去仅与该单元相关的局部坐标系下的等效节点力 $\{f_0\}$，如式(4.4.11)所示。在平面框架例 5.2 和例 5.3 中，提供了此方法的其他例子。

4.5　梁的有限元解与精确解的比较

现在比较图 4.30 所示受均匀荷载作用的悬臂梁的有限元解和精确的经典梁理论解。给出一个单元和两个单元的有限元解与直接用二重积分法得到的精确解进行比较。令 $E = 210\,\text{GPa}$，$I = 4 \times 10^{-5}\,\text{m}^4$，$L = 2.5\,\text{m}$，均布荷载 $w = 4\,\text{kN/m}$。

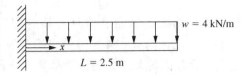

图 4.30　均布荷载作用下的悬臂梁

解　为得出经典梁理论解，使用二重积分法[1]。首先从弯矩曲率方程开始：

$$y'' = \frac{M(x)}{EI} \tag{4.5.1}$$

式中，上标的两撇代表对 x 求二阶导数，M 是梁的横截面弯矩，用梁的一个截面表示为 x 的函数，如下图所示：

$$\Sigma F_y = 0 : V(x) = wL - wx$$

$$\Sigma M_2 = 0 : M(x) = \frac{-wL^2}{2} + wLx - (wx)\left(\frac{x}{2}\right) \tag{4.5.2}$$

将式 (4.5.2) 代入式 (4.5.1) 得到：

$$y'' = \frac{1}{EI}\left(\frac{-wL^2}{2} + wLx - \frac{wx^2}{2}\right) \tag{4.5.3}$$

将式 (4.5.3) 对 x 积分，得出梁的转角表达式为：

$$y' = \frac{1}{EI}\left(\frac{-wL^2x}{2} + \frac{wLx^2}{2} - \frac{wx^3}{6}\right) + C_1 \tag{4.5.4}$$

将式 (4.5.4) 对 x 积分，得出梁的挠度表达式为：

$$y = \frac{1}{EI}\left(\frac{-wL^2x^2}{4} + \frac{wLx^3}{6} - \frac{wx^4}{24}\right) + C_1x + C_2 \tag{4.5.5}$$

利用 $x = 0$ 处的边界条件，$y = 0$ 和 $y' = 0$，得到：

$$y'(0) = 0 = C_1 \qquad y(0) = 0 = C_2 \tag{4.5.6}$$

将式 (4.5.6) 代入式 (4.5.4) 和式 (4.5.5) 中，得到最后的 y' 和 y 的梁理论解表达式为：

$$y' = \frac{1}{EI}\left(\frac{-wx^3}{6} + \frac{wLx^2}{2} - \frac{wL^2x}{2}\right) \tag{4.5.7}$$

以及

$$y = \frac{1}{EI}\left(\frac{-wx^4}{24} + \frac{wLx^3}{6} - \frac{wL^2x^2}{4}\right) \tag{4.5.8}$$

式 (4.4.14b) 给出了一个单元转角和位移的有限元解。在式 (4.4.14b) 中代入相应的数值，得到自由端（节点 2）的转角和位移为：

$$\phi_2 = \frac{-wL^3}{6EI} = \frac{-(400 \text{ N/m})(2.5 \text{ m})^3}{6(210 \times 10^9 \text{ N/m}^2)(4 \times 10^{-5} \text{ m}^4)} = -0.001\,24 \text{ rad}$$

$$\qquad (4.5.9)$$

$$v_2 = \frac{-wL^4}{8EI} = \frac{-(4000 \text{ N/m})(2.5 \text{ m})^4}{8(210 \times 10^9 \text{ N/m}^2)(4 \times 10^{-5} \text{ m}^4)} = -2.35 \text{ mm}$$

式(4.5.9)给出的转角和位移与梁的理论值一致，因为在 $x = L$ 处计算得出的式(4.5.7)和式(4.5.8)的值与式(4.4.14b)给出的有限元解是一致的。由有限元解得到的这些节点值之所以是正解，是因为节点力的计算是基于分布荷载等效的基础，并假定在每个单元内位移场是三次函数。

有限元求解梁的其他位置的位移和转角时，假定位移为三次函数[参见式(4.1.4)]：

$$v(x) = \frac{1}{L^3}(-2x^3 + 3x^2L)v_2 + \frac{1}{L^3}(x^3L - x^2L^2)\phi_2 \qquad (4.5.10)$$

在式(4.5.10)中用到了边界条件 $v_1 = \phi_1 = 0$。利用式(4.5.10)中的数值，得到梁中点的位移为：

$$v(x = 1.25 \text{ m}) = \frac{1}{(2.5 \text{ m})^3}\Big[-2(1.25 \text{ m})^3 + 3(1.25 \text{ m})^2(2.5 \text{ m})\Big](-0.002\,35)$$

$$\qquad + \frac{1}{(2.5 \text{ m})^3}\Big[(1.25 \text{ m})^3(2.5 \text{ m}) - (1.25 \text{ m})^2(2.5 \text{ m})^2\Big] \qquad (4.5.11)$$

$$\qquad \times (-0.00124 \text{ rad}) = -0.788 \text{ mm}$$

利用梁理论[参见式(4.5.8)]，该挠度为：

$$y(x = 1.25 \text{ m}) = \frac{4000 \text{ N/m}}{210 \times 10^9 \text{ N/m}^2(4 \times 10^{-5} \text{ m}^4)}$$

$$\qquad \times \left[\frac{-(1.25 \text{ m})^4}{24} + \frac{(2.5 \text{ m})(1.25 \text{ m})^3}{6} - \frac{(2.5 \text{ m})^2(1.25 \text{ m})^2}{4}\right] \qquad (4.5.12)$$

$$\qquad = -0.823 \text{ mm}$$

由此得出结论：中点位移的理论解 $y = -0.823$ mm 大于有限元解 $v = -0.788$ mm。通常，正如有限元方法所预计的那样，除节点外，用 v 的三次函数计算的位移将低于梁理论值。对于受分布荷载作用的梁，用三次位移函数来模拟结果总是这样。节点处例外，在节点处梁理论解和有限元结果相同，因为等效概念是用节点处的等效离散荷载代替分布荷载。

对于受均布荷载作用的梁，梁理论解预测 y 的表达式应为四阶多项式[参见式(4.5.5)]，而有限元解假定在所有荷载条件下，每一梁单元的位移 $v(x)$ 为三次形式。有限元预测的结构刚度比实际刚度要大。这是在预料之中的，因为有限元模型迫使梁按指定的位移模式变形，结果得到了比实际结构更刚硬的模型。然而，随着在模型中用的单元越来越多，有限元解将收敛到梁理论解。

对于仅受节点集中荷载作用的特殊情况，梁理论预测位移为三次函数形式，因为弯矩是线性函数，积分两次后得到三次位移函数。求解悬臂梁在端部的集中荷载可简单验证此三次位移函数。在此特殊情况下，梁上的所有位置的位移有限元解都与梁理论解一致，因为 $y(x)$ 和 $v(x)$ 都是三次函数。

参考文献[3]讨论了一个特定问题解的单调收敛性，并证明了有限元方法的位移公式中所用的协调且完整的位移函数(参见 3.2 节)对真实刚度有上界，因此参考文献[3]还讨论了该问题位移的下界。

在均布荷载下，梁理论解预计弯矩为二次函数，梁中的剪力为线性函数。然而，利用三次位移函数的有限元方法预计，对于模型所用的每个梁单元，弯矩为线性函数，剪力是一个常数。

现根据有限元方法确定本问题中的弯矩和剪力。弯矩由下式给出：

$$M = EIv'' = EI\frac{d^2([N]\{d\})}{dx^2} = EI\frac{(d^2[N])}{dx^2}\{d\} \tag{4.5.13}$$

因为 $\{d\}$ 不是 x 的函数，用梯度矩阵 $[B]$ 表示为：

$$M = EI[B]\{d\} \tag{4.5.14}$$

式中，

$$[B] = \frac{d^2[N]}{dx^2} = \left[\left(-\frac{6}{L^2} + \frac{12x}{L^3}\right)\left(-\frac{4}{L} + \frac{6x}{L^2}\right)\left(\frac{6}{L^2} - \frac{12x}{L^3}\right)\left(-\frac{2}{L} + \frac{6x}{L^2}\right)\right] \tag{4.5.15}$$

在确定式 (4.5.15) 时用到了式 (4.1.7) 给出的形函数。对于单个单元，将 $[B]$ 的表达式 (4.5.15) 代入式 (4.5.14)，用 $[B]$ 乘以 $\{d\}$ 得到弯矩为：

$$M = EI\left[\left(-\frac{6}{L^2} + \frac{12x}{L^3}\right)v_1 + \left(-\frac{4}{L} + \frac{6x}{L^2}\right)\phi_1 + \left(\frac{6}{L^2} - \frac{12x}{L^3}\right)v_2 + \left(-\frac{2}{L} + \frac{6x}{L^2}\right)\phi_2\right] \tag{4.5.16}$$

计算在墙壁端 $x = 0$ 处的弯矩，在式 (4.5.16) 中代入 $v_1 = \phi_1 = 0$ 以及式 (4.4.14) 给出的 v_2 和 ϕ_2，得出：

$$M(x = 0) = -\frac{10wL^2}{24} = -10\ 416.7\ \text{N·m} \tag{4.5.17}$$

利用式 (4.5.16) 计算 $x = 1.25$ m 处的弯矩得到：

$$M(x = 1.25\ \text{m}) = -4166.7\ \text{N·m} \tag{4.5.18}$$

再次利用式 (4.5.16) 计算 $x = 2.5$ m 处的弯矩，得到：

$$M(x = 2.5\ \text{m}) = -2083.3\ \text{N·m} \tag{4.5.19}$$

利用式 (4.5.2) 预测的梁理论解为：

$$M(x = 0) = \frac{-wL^2}{2} = -12\ 500\ \text{N·m}$$
$$M(x = 1.25\ \text{m}) = -3125\ \text{N·m} \tag{4.5.20}$$

以及

$$M(x = 2.5\ \text{m}) = 0$$

图 4.31 (a) ~ (c) 表示由梁理论和使用一个单元的有限元方法得到的沿梁长度方向的位移变化图、弯矩变化图和剪力变化图。同样，节点处位移的有限元解与梁理论解吻合，但梁理论解预测在梁的其他位置处的位移较小，或挠度较小。

弯矩是对位移函数求导两次得到的，因此需要更多的单元来模拟位移函数的二次导数，所以有限元方法不能像预测位移那样预测弯矩。对于受均匀荷载作用的梁，有限元模型预计弯矩呈线性变化，如图 4.31 (b) 所示。弯矩的最佳近似点在单元中点。

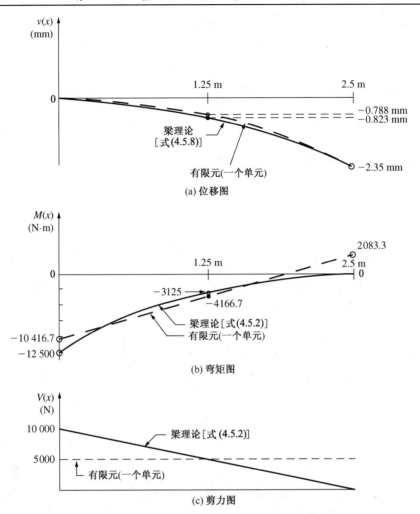

图 4.31   均布荷载作用下悬臂梁的梁理论解与有限元结果的比较：(a)位移图；(b)弯矩图；(c)剪力图

剪力是对位移函数求导三次得到的。对于均布荷载梁，得到图 4.31(c)所示的剪力，在单个单元模型中剪力是一个常数，剪力的最佳近似点也在梁的中点。

应注意到的是，如果用式(4.4.11)，即 $\{f\} = [k]\{d\} - \{f_0\}$，减去 $\{f_0\}$ 矩阵，也可得出每一单元的正确节点力和弯矩。例如，有限元方法得到节点 1 的弯矩为：

$$m_1^{(1)} = \frac{EI}{L^3}\left[-6L\left(\frac{-wL^4}{8EI}\right) + 2L^2\left(\frac{-wL^3}{6EI}\right) \right] - \left(\frac{-wL^2}{12}\right) = \frac{wL^2}{2}$$

以及节点 2 的弯矩为：

$$m_2^{(1)} = 0$$

为了改进有限元方法，在模型中需要利用更多的单元(细分网格)，或使用高阶单元，如利用有三个节点(在单元中间增加一个额外的节点)的五阶位移近似函数，即 $v(x) = a_1 + a_2x + a_3x^2 + a_4x^3 + a_5x^4 + a_6x^5$。

现给出悬臂梁受均布荷载的两单元有限元解。图 4.32 表示该梁离散为两个等长的单元并对每个单元进行等效荷载替换。利用梁单元刚度矩阵[参见式(4.1.13)]，得到单元刚度矩阵如下：

$$[k^{(1)}] = [k^{(2)}] = \frac{EI}{l^3}\begin{matrix} & 1 & & 2 \\ & 2 & & 3\end{matrix}\begin{bmatrix} 12 & 6l & -12 & 6l \\ 6l & 4l^2 & -6l & 2l^2 \\ -12 & -6l & 12 & -6l \\ 6l & 2l^2 & -6l & 4l^2 \end{bmatrix} \qquad (4.5.21)$$

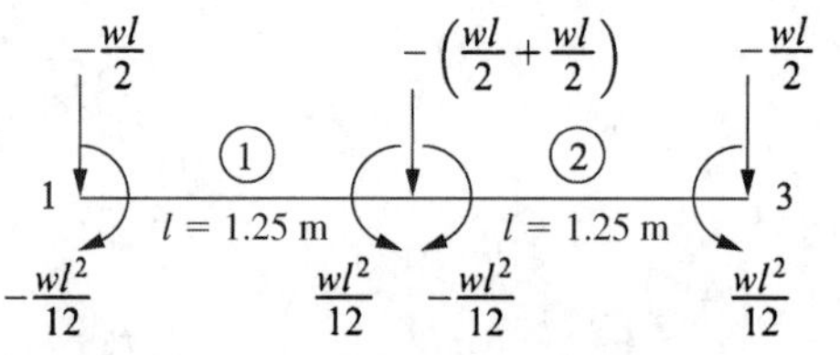

图 4.32 将梁离散为两个单元并对每个单元进行等效荷载替换

式中，$l = 1.25$ m 是每一单元的长度，列上方的数字表示与每个单元相关的自由度。

用边界条件 $v_1 = 0$ 和 $\phi_1 = 0$ 减少手算方程的数目，得到解的总体方程为：

$$\frac{EI}{l^3}\begin{bmatrix} 24 & 0 & -12 & 6l \\ 0 & 8l^2 & -6l & 2l^2 \\ -12 & -6l & 12 & -6l \\ 6l & 2l^2 & -6l & 4l^2 \end{bmatrix}\begin{Bmatrix} v_2 \\ \phi_2 \\ v_3 \\ \phi_3 \end{Bmatrix} = \begin{Bmatrix} -wl \\ 0 \\ -wl/2 \\ wl^2/12 \end{Bmatrix} \qquad (4.5.22)$$

求解式 (4.5.22)，得到：

$$v_2 = \frac{-17wl^4}{24EI} \qquad v_3 = \frac{-2wl^4}{EI} \qquad \phi_2 = \frac{-7wl^3}{6EI} \qquad \phi_3 = \frac{-4wl^3}{3EI} \qquad (4.5.23)$$

将 $w = 4000$ N/m，$l = 1.25$ m，$E = 210 \times 10^9$ N/m^2 和 $I = 4 \times 10^{-5}$ m^4 代入式 (4.5.23) 得到：

$$v_2 = -0.823 \text{ mm} \qquad v_3 = -2.35 \text{ mm} \qquad \phi_2 = -0.001\,085 \text{ rad}$$

$$\phi_3 = -0.001\,24 \text{ rad}$$

使用两个单元求解得到的节点位移与梁理论得出的结果 [参见式 (4.5.9) 和式 (4.5.12)] 完全吻合。沿梁长度方向的两单元位移图在每一单元内是三次函数。在单元 1 内，位移图从位移为 0 的节点 1 开始，在位移为 -0.823 mm 的节点 2 结束，一个三次函数连接这两个值。类似地，在单元 2 内，位移图起始处的值为 -0.823 mm，在位移为 -2.35 mm 的节点 2 结束 [参见图 4.31 (a)]，一个三次函数连接这两个值。

4.6 带铰接点的梁单元

在有些梁中可能有内部铰接点存在。通常内部铰接点引起在铰接点处转角的不连续。讨论图 4.33 (a) 所示的梁，该梁有两个单元和一个铰接点，铰接点在节点 2 处将梁分为两个单元。通常，单元 1 的 $\phi_2^{(1)}$ 不等于单元 2 的 $\phi_2^{(2)}$，如图 4.33 (b) 和 (c) 所示。在铰接点处，转角有两个值。为了模拟铰接点，认为铰接点放置在单元 1 的右端或者单元 2 的左端，不在节点 2 的两个单元处。例 4.10 和例 4.11 将说明怎样求解带铰接点的梁问题。

此外，在铰接点的弯矩为 0。可以构建其他类型的连接以释放其他的广义端部力，即可设计连接使连接处的剪力或轴力为 0。可以通过从一般的未释放的梁刚度矩阵开始 [参见式 (4.1.14)]，消掉已知的零力和零力矩来处理这些特殊的情况。这样就产生一个修正的刚度矩阵，使要求的力或力矩为零，并消掉相应的位移或转角。

现讨论梁单元右端或左端有铰接点的最常见的情况，如图 4.33 所示。对于梁单元右端有铰接点的情况，弯矩 m_2 为 0。对矩阵 [k] 进行划分 [参见式 (4.1.14)] 以消去与 $m_2 = 0$ 相应的自由度 ϕ_2（一般不等于 0）：

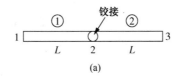

(a)

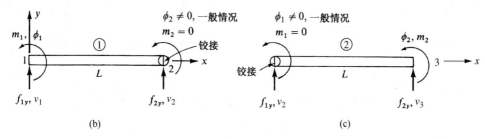

(b)   (c)

图 4.33   (a)有两个单元和铰接点的梁；(b)铰接点放置在单元 1 的右端；(c)铰接点放置在单元 2 的左端

$$[k] = \frac{EI}{L^3} \left[\begin{array}{ccc|c} 12 & 6L & -12 & 6L \\ 6L & 4L^2 & -6L & 2L^2 \\ -12 & -6L & 12 & -6L \\ \hline 6L & 2L^2 & -6L & 4L^2 \end{array} \right] \tag{4.6.1}$$

现静力凝聚与 $m_2 = 0$ 相关的自由度 ϕ_2。分块可以静力凝聚与 $m_2 = 0$ 相关的自由度 ϕ_2。式 (4.6.1) 划分为如下的形式：

$$[k] = \left[\begin{array}{c|c} [K_{11}] & [K_{12}] \\ 3 \times 3 & 3 \times 3 \\ \hline [K_{21}] & [K_{22}] \\ 1 \times 3 & 1 \times 1 \end{array} \right] \tag{4.6.2}$$

将式 $\{f\} = [k]\{d\}$ 按下面的方式分块：

$$\left\{ \begin{array}{c} \{f_1\} \\ 3 \times 1 \\ \hline \{f_2\} \\ 1 \times 1 \end{array} \right\} = \left[\begin{array}{c|c} [K_{11}] & [K_{12}] \\ 3 \times 3 & 3 \times 1 \\ \hline [K_{21}] & [K_{22}] \\ 1 \times 3 & 1 \times 1 \end{array} \right] \left\{ \begin{array}{c} \{d_1\} \\ 3 \times 1 \\ \hline \{d_2\} \\ 1 \times 1 \end{array} \right\} \tag{4.6.3}$$

式中，

$$\{d_1\} = \left\{ \begin{array}{c} v_1 \\ \phi_1 \\ v_2 \end{array} \right\} \qquad \{d_2\} = \{\phi_2\} \tag{4.6.4}$$

式 (4.6.3) 的扩展形式为：

$$\{f_1\} = [K_{11}]\{d_1\} + [K_{12}]\{d_2\}$$
$$\{f_2\} = [K_{21}]\{d_1\} + [K_{22}]\{d_2\} \tag{4.6.5}$$

求解式 (4.6.5) 的第二个式子得到：

$$\{d_2\} = [K_{22}]^{-1}\big(\{f_2\} - [K_{21}]\{d_1\}\big) \tag{4.6.6}$$

将式 (4.6.6) 代入式 (4.6.5) 中的第一个式子得到：

$$\{f_1\} = \big([K_{11}] - [K_{12}][K_{22}]^{-1}[K_{21}]\big)\{d_1\} + [K_{12}][K_{22}]^{-1}\{f_2\} \tag{4.6.7}$$

将式(4.6.7)右边的第二项移至方程的左侧，得到：

$$\{f_c\} = [K_c]\{d_1\} \tag{4.6.8}$$

其中凝聚刚度矩阵为：

$$[K_c] = [K_{11}] - [K_{12}][K_{22}]^{-1}[K_{21}] \tag{4.6.9}$$

且凝聚力矩阵为：

$$\{f_c\} = \{f_1\} - [K_{12}][K_{22}]^{-1}\{f_2\} \tag{4.6.10}$$

将式(4.6.1)中的[k]的子块代入式(4.6.9)，得到凝聚刚度矩阵为：

$$[K_c] = [K_{11}] - [K_{12}][K_{22}]^{-1}[K_{21}]$$

$$= \frac{EI}{L^3}\begin{bmatrix} 12 & 6L & -12 \\ 6L & 4L^2 & -6L \\ -12 & -6L & 12 \end{bmatrix} - \frac{EI}{L^3}\begin{Bmatrix} 6L \\ 2L^2 \\ -6L \end{Bmatrix}\frac{1}{4L^2}\begin{bmatrix} 6L & 2L^2 & -6L \end{bmatrix} \tag{4.6.11}$$

$$= \frac{3EI}{L^3}\begin{bmatrix} 1 & L & -1 \\ L & L^2 & -L \\ -1 & -L & 1 \end{bmatrix}\begin{matrix} v_1 \\ \phi_1 \\ v_2 \end{matrix}$$

节点 2 处铰接点的单元方程(力-位移方程)为：

$$\begin{Bmatrix} f_{1y} \\ m_1 \\ f_{2y} \end{Bmatrix} = \frac{3EI}{L^3}\begin{bmatrix} 1 & L & -1 \\ L & L^2 & -L \\ -1 & -L & 1 \end{bmatrix}\begin{Bmatrix} v_1 \\ \phi_1 \\ v_2 \end{Bmatrix} \tag{4.6.12}$$

转角ϕ_2已从方程中消去，将不利用此方法进行计算。然而ϕ_2通常是不为零的。可以在矩阵[k]中添加零行和零列扩充式(4.6.12)来包含ϕ_2，以维持$m_2 = 0$，如下：

$$\begin{Bmatrix} f_{1y} \\ m_1 \\ f_{2y} \\ m_2 \end{Bmatrix} = \frac{3EI}{L^3}\begin{bmatrix} 1 & L & -1 & 0 \\ L & L^2 & -L & 0 \\ -1 & -L & 1 & 0 \\ 0 & 0 & 0 & 0 \end{bmatrix}\begin{Bmatrix} v_1 \\ \phi_1 \\ v_2 \\ \phi_2 \end{Bmatrix} \tag{4.6.13}$$

对于左端有铰接并有左节点 1 和右节点 2 的梁单元，力矩 m_1 为 0，对式(4.1.14)的矩阵[k]分块，消除零力矩 m_1 和相应的转角ϕ_1，得到：

$$\begin{Bmatrix} f_{1y} \\ f_{2y} \\ m_2 \end{Bmatrix} = \frac{3EI}{L^3}\begin{bmatrix} 1 & -1 & L \\ -1 & 1 & -L \\ L & -L & L^2 \end{bmatrix}\begin{Bmatrix} v_1 \\ v_2 \\ \phi_2 \end{Bmatrix} \tag{4.6.14}$$

包括ϕ_1的式(4.6.14)的扩展形式为：

$$\begin{Bmatrix} f_{1y} \\ m_1 \\ f_{2y} \\ m_2 \end{Bmatrix} = \frac{3EI}{L^3}\begin{bmatrix} 1 & 0 & -1 & L \\ 0 & 0 & 0 & 0 \\ -1 & 0 & 1 & -L \\ L & 0 & -L & L^2 \end{bmatrix}\begin{Bmatrix} v_1 \\ \phi_1 \\ v_2 \\ \phi_2 \end{Bmatrix} \tag{4.6.15}$$

例 4.10　对于图 4.34 所示的在节点 2 处有铰接点的均布梁，求节点 2 的位移、转角及单元力。令 EI 恒定。

解　可以假定铰接是单元 1 的一部分。因此，铰接在单元 1 右端的情况下，式(4.6.13)中含有单元 1 的正确刚度矩阵。$L = a$ 时单元 1 的刚度矩阵为:

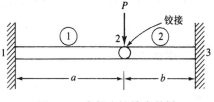

图 4.34　内部有铰接点的梁

$$[k^{(1)}] = \frac{3EI}{a^3} \begin{matrix} v_1 & \phi_1 & v_2 & \phi_2 \end{matrix} \begin{bmatrix} 1 & a & -1 & 0 \\ a & a^2 & -a & 0 \\ -1 & -a & 1 & 0 \\ 0 & 0 & 0 & 0 \end{bmatrix} \qquad (4.6.16)$$

由于把铰接作为单元 1 的一部分，所以它不再属于单元 2。因此，利用式(4.1.14)得到单元 2 的标准梁单元刚度矩阵为:

$$[k^{(2)}] = \frac{EI}{b^3} \begin{matrix} v_2 & \phi_2 & v_3 & \phi_3 \end{matrix} \begin{bmatrix} 12 & 6b & -12 & 6b \\ 6b & 4b^2 & -6b & 2b^2 \\ -12 & -6b & 12 & -6b \\ 6b & 2b^2 & -6b & 4b^2 \end{bmatrix} \qquad (4.6.17)$$

叠加式(4.6.16)和式(4.6.17)，并代入边界条件:

$$v_1 = 0, \quad \phi_1 = 0, \quad v_3 = 0, \quad \phi_3 = 0$$

得到总体刚度矩阵和总方程组为:

$$EI \begin{bmatrix} \dfrac{3}{a^3} + \dfrac{12}{b^3} & \dfrac{6}{b^2} \\ \dfrac{6}{b^2} & \dfrac{4}{b} \end{bmatrix} \begin{Bmatrix} v_2 \\ \phi_2 \end{Bmatrix} = \begin{Bmatrix} -P \\ 0 \end{Bmatrix} \qquad (4.6.18)$$

解式(4.6.18)得到:

$$v_2 = \frac{-a^3 b^3 P}{3(b^3 + a^3)EI}$$

$$\phi_2 = \frac{a^3 b^2 P}{2(b^3 + a^3)EI} \qquad (4.6.19)$$

ϕ_2 值实际上是与单元 2 相关的值，即式(4.6.19)中的 ϕ_2 实际上是 $\phi_2^{(2)}$。在单元 1 右端的 ϕ_2 值($\phi_2^{(1)}$) 一般不等于 $\phi_2^{(2)}$。如果假定铰接是单元 2 的一部分，则可用式(4.1.14)得到单元 1 的刚度矩阵，用式(4.6.15)得到单元 2 的刚度矩阵，从而确定 $\phi_2^{(1)}$ 不同于 $\phi_2^{(2)}$，也就是说，节点 2 处的转角有两个值。

对单元 1 应用式(4.6.12)，可得到单元力如下:

$$\begin{Bmatrix} f_{1y} \\ m_1 \\ f_{2y} \end{Bmatrix} = \frac{3EI}{a^3} \begin{bmatrix} 1 & a & -1 \\ a & a^2 & -a \\ -1 & -a & 1 \end{bmatrix} \begin{Bmatrix} 0 \\ 0 \\ \dfrac{-a^3 b^3 P}{3(b^3 + a^3)EI} \end{Bmatrix} \qquad (4.6.20)$$

简化式(4.6.20)得出力和弯矩如下:

$$f_{1y} = \frac{b^3 P}{b^3 + a^3}$$

$$m_1 = \frac{ab^3 P}{b^3 + a^3}$$

$$f_{2y} = -\frac{b^3 P}{b^3 + a^3}$$

(4.6.21)

利用式(4.6.17)和式(4.6.19)的结果，得到单元 2 的力和弯矩：

$$\begin{Bmatrix} f_{2y} \\ m_2 \\ f_{3y} \\ m_3 \end{Bmatrix} = \frac{EI}{b^3} \begin{bmatrix} 12 & 6b & -12 & 6b \\ 6b & 4b^2 & -6b & 2b^2 \\ -12 & -6b & 12 & -6b \\ 6b & 2b^2 & -6b & 4b^2 \end{bmatrix} \begin{Bmatrix} -\dfrac{a^3 b^3 P}{3(b^3 + a^3)EI} \\ \dfrac{a^3 b^2 P}{2(b^3 + a^3)EI} \\ 0 \\ 0 \end{Bmatrix}$$

(4.6.22)

简化式(4.6.22)，得到单元力和弯矩为：

$$f_{2y} = -\frac{a^3 P}{b^3 + a^3}$$

$$m_2 = 0$$

$$f_{3y} = \frac{a^3 P}{b^3 + a^3}$$

(4.6.23)

$$m_3 = -\frac{ba^3 P}{b^3 + a^3}$$

　　需要注意的是，求解例 4.10 中铰接的另一种方法是假设在单元 1 的右端和单元 2 的左端都有铰接点。因此，对左侧的单元使用式(4.6.12)中的刚度矩阵，对右侧的单元使用式(4.6.14)中的刚度矩阵。这使得铰链转角不在总方程之内。可以证明这会得到与式(4.6.19)相同的位移结果。。但是，必须回到式(4.6.6)，对每个单元应用该式确定每个单元在节点 2 的转角。此处留给读者自行验证。

　　例 4.11　如图 4.35 所示，梁在节点 3 处有内部铰接，确定节点 2 处的转角和节点 3 处的挠度和转角。节点 1 和节点 4 是固定的，且在节点 2 有一个固定支承。令 $E = 210$ GPa，$I = 2 \times 10^{-4}$ m^4。

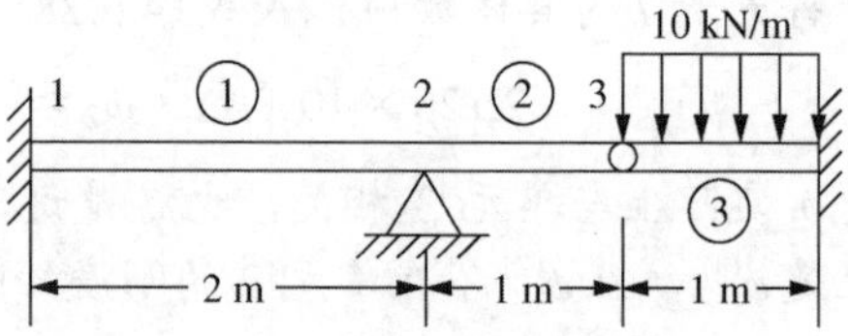

　　解　将梁离散为三个单元，如图 4.35 所示。

用式(4.1.14)确定单元 1 的刚度矩阵为：

图 4.35　带内铰且受均布荷载的梁

$$[k^{(1)}] = \frac{EI}{8} \begin{matrix} v_1 \quad\ \phi_1 \quad\ v_2 \quad\ \phi_2 \end{matrix} \begin{bmatrix} 12 & 12 & -12 & 12 \\ 12 & 16 & -12 & 8 \\ -12 & -12 & 12 & -12 \\ 12 & 8 & -12 & 16 \end{bmatrix} = EI \begin{bmatrix} \tfrac{3}{2} & \tfrac{3}{2} & -\tfrac{3}{2} & \tfrac{3}{2} \\ \tfrac{3}{2} & 2 & -\tfrac{3}{2} & 1 \\ -\tfrac{3}{2} & -\tfrac{3}{2} & \tfrac{3}{2} & -\tfrac{3}{2} \\ \tfrac{3}{2} & 1 & -\tfrac{3}{2} & 2 \end{bmatrix}$$

(4.6.24)

假定铰接点是单元 2 的一部分，利用式(4.6.13)得到单元 2 的刚度矩阵为：

$$[k^{(2)}] = \frac{3EI}{1^3} \begin{matrix} v_2 \ \ \phi_2 \ \ v_3 \ \ \phi_3 \end{matrix} \begin{bmatrix} 1 & 1 & -1 & 0 \\ 1 & 1 & -1 & 0 \\ -1 & -1 & 1 & 0 \\ 0 & 0 & 0 & 0 \end{bmatrix}$$

(4.6.25)

假定铰接点在单元 2 的右端，因此它不再是单元 3 的一部分。使用式(4.1.14)得到的刚度矩阵为：

$$[k^{(3)}] = \frac{EI}{l^3} \begin{array}{cccc} v_3 & \phi_3 & v_4 & \phi_4 \\ \begin{bmatrix} 12 & 6 & -12 & 6 \\ 6 & 4 & -6 & 2 \\ -12 & -6 & 12 & -6 \\ 6 & 2 & -6 & 4 \end{bmatrix} \end{array} \tag{4.6.26}$$

利用直接刚度法和式(4.6.24)～式(4.6.26)中的单元刚度矩阵，得到总体刚度矩阵为：

$$[k] = EI \begin{array}{cccccccc} v_1 & \phi_1 & v_2 & \phi_2 & v_3 & \phi_3 & v_4 & \phi_4 \\ \begin{bmatrix} \frac{3}{2} & \frac{3}{2} & -\frac{3}{2} & \frac{3}{2} & 0 & 0 & 0 & 0 \\ \frac{3}{2} & 2 & -\frac{3}{2} & 1 & 0 & 0 & 0 & 0 \\ -\frac{3}{2} & -\frac{3}{2} & \frac{9}{2} & \frac{3}{2} & -3 & 0 & 0 & 0 \\ \frac{3}{2} & 1 & \frac{3}{2} & 5 & -3 & 0 & 0 & 0 \\ 0 & 0 & -3 & -3 & 15 & 6 & -12 & 6 \\ 0 & 0 & 0 & 0 & 6 & 4 & -6 & 2 \\ 0 & 0 & 0 & 0 & -12 & -6 & 12 & -6 \\ 0 & 0 & 0 & 0 & 6 & 2 & -6 & 4 \end{bmatrix} \end{array} \tag{4.6.27}$$

应用边界条件 $v_1 = \phi_1 = v_2 = v_4 = \phi_4 = 0$，可以得到化简的刚度矩阵和方程为：

$$EI \begin{bmatrix} 5 & -3 & 0 \\ -3 & 15 & 6 \\ 0 & 6 & 4 \end{bmatrix} \begin{Bmatrix} \phi_2 \\ v_3 \\ \phi_3 \end{Bmatrix} = \begin{Bmatrix} 0 \\ -5 \text{ kN} \\ -0.833 \text{ kN} \cdot \text{m} \end{Bmatrix} \tag{4.6.28}$$

式中，通过等效得到 $F_{3y} = -wL/2 = -10\,(1)/2 = -5$ kN，$M_3 = -wL^2/12 = -5\,(1)^2/12 = -0.833$ kN·m。

将 E 和 I 的具体数值代入式(4.6.28)并求解，得出：

$$v_3 = -2.126 \times 10^{-5} \text{ m}, \quad \phi_2 = -1.276 \times 10^{-5} \text{ rad}, \quad \phi_3 = 2.693 \times 10^{-5} \text{ rad} \tag{4.6.29}$$

注意 ϕ_3 实际上与单元 3 相关，也就是说，当铰接作为单元 2 的一部分时式(4.6.29)中的 ϕ_3 实际上是 $\phi_3^{(3)}$，且 $\phi_3^{(2)}$ 不在单元 2 的刚度矩阵中。

4.7　势能法推导梁单元方程

现在用最小势能原理推导梁单元方程。该方法类似于在 3.10 节推导杆单元方程中所用的方法。应用最小势能原理的主要目的是为了再次加深读者对该原理的理解。在后续的章节中，将按惯例使用最小势能原理建立单元刚度方程。这里使用和 3.10 节相同的符号。

梁的总势能为：

$$\pi_p = U + \Omega \tag{4.7.1}$$

式中，梁应变能的通用一维表达式 U 由下式给出：

$$U = \iiint_V \frac{1}{2} \sigma_x \varepsilon_x \, dV \tag{4.7.2}$$

对于同时承受分布荷载和集中节点荷载的单个梁单元，力的势能为：

$$\Omega = -\iint\limits_{S_1} T_y v \, dS - \sum_{i=1}^{2} P_{iy} v_i - \sum_{i=1}^{2} m_i \phi \tag{4.7.3}$$

现在忽略式中的体力。式 (4.7.3) 右端各项代表的势能分别为：(1) 横向荷载 T_y 在 T_y 作用的位移下的势能 (单位为单位面积上的力)，T_y 作用在表面 S_1 上；(2) 节点集中力 P_{iy} 在位移 v_i 下的势能；(3) 弯矩 m_i 在转角 ϕ_i 下的势能。v 是长度为 L 的梁单元的横向位移函数，如图 4.36 所示。

假设梁单元横截面积恒为 A。梁单元的微分体积可表示为：

$$dV = dA \, dx \tag{4.7.4}$$

表面荷载作用的微分面积为：

$$dS = b \, dx \tag{4.7.5}$$

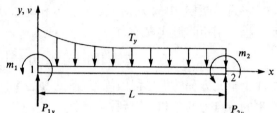

图 4.36 表面荷载和节点集中力作用下的梁单元

式中 b 为宽度。将式 (4.7.4) 和式 (4.7.5) 代入式 (4.7.1) ~ 式 (4.7.3)，总势能变为：

$$\pi_p = \iint\limits_{x} \iint\limits_{A} \frac{1}{2} \sigma_x \varepsilon_x \, dA \, dx - \int_0^L b T_y v \, dx - \sum_{i=1}^{2} (P_{iy} v_i + m_i \phi) \tag{4.7.6}$$

在应变-位移关系式 (4.1.10) (即下式) 中代入 v 的表达式 (4.1.4)：

$$\varepsilon_x = -y \frac{d^2 v}{dx^2} \tag{4.7.7}$$

用节点位移和转动将应变表示为：

$$\{\varepsilon_x\} = -y \left[\frac{12x - 6L}{L^3} \quad \frac{6xL - 4L^2}{L^3} \quad \frac{-12x + 6L}{L^3} \quad \frac{6xL - 2L^2}{L^3} \right] \{d\} \tag{4.7.8}$$

或者

$$\{\varepsilon_x\} = -y [B] \{d\} \tag{4.7.9}$$

式中定义：

$$[B] = \left[\frac{12x - 6L}{L^3} \quad \frac{6xL - 4L^2}{L^3} \quad \frac{-12x + 6L}{L^3} \quad \frac{6xL - 2L^2}{L^3} \right] \tag{4.7.10}$$

应力-应变关系为：

$$\{\sigma_x\} = [D] \{\varepsilon_x\} \tag{4.7.11}$$

其中

$$[D] = [E] \tag{4.7.12}$$

E 为弹性模量。将式 (4.7.9) 代入式 (4.7.11)，得到：

$$\{\sigma_x\} = -y [D][B] \{d\} \tag{4.7.13}$$

下一步，将式 (4.7.6) 表示为矩阵形式：

$$\pi_p = \iint\limits_{x} \iint\limits_{A} \frac{1}{2} \{\sigma_x\}^T \{\varepsilon_x\} \, dA \, dx - \int_0^L b T_y [v]^T \, dx - \{d\}^T \{P\} \tag{4.7.14}$$

利用式 (4.1.5)、式 (4.7.9)、式 (4.7.12) 和式 (4.7.13)，并定义 $w = b T_y$ 为 y 方向的线荷载 (单位长度上的荷载)，将总势能式 (4.7.14) 表示为矩阵形式：

$$\pi_p = \int_0^L \frac{EI}{2}\{d\}^T[B]^T[B]\{d\}\mathrm{d}x - \int_0^L w\{d\}^T[N]^T \ \mathrm{d}x - \{d\}^T\{P\} \tag{4.7.15}$$

在式中使用惯性矩的定义:

$$I = \iint_A y^2 \ \mathrm{d}A \tag{4.7.16}$$

从而得到式(4.7.15)右端的第一项。在式(4.7.15)中,π_p 现在表示为 $\{d\}$ 的函数。

将式(4.7.15)中的 π_p 对 v_1、ϕ_1、v_2 和 ϕ_2 微分,且令每一项为零以使 π_p 最小,得到 4 个单元方程,用矩阵形式表示为:

$$EI\int_0^L [B]^T[B] \ \mathrm{d}x\{d\} - \int_0^L [N]^T w \ \mathrm{d}x - \{P\} = 0 \tag{4.7.17}$$

这 4 个单元方程的推导留做练习(参见习题4.47)。将节点力矩阵表示为分布荷载和集中荷载产生的节点力的总和,得到:

$$\{f\} = \int_0^L [N]^T w \ \mathrm{d}x + \{P\} \tag{4.7.18}$$

利用式(4.7.18),显示计算式(4.7.17)得到的 4 个单元方程与式(4.1.13)相同。式(4.7.18)右侧的积分项也表示用节点集中荷载等效替换分布荷载。例如,令 $w(x) = -w$(常数),将式(4.1.7)的形函数代入积分,然后进行积分就得到与式(4.4.5)~式(4.4.7)给出的同样的节点等效荷载。

因为 $\{f\} = [k]\{d\}$,由式(4.7.17)得出:

$$[k] = EI\int_0^L [B]^T[B] \ \mathrm{d}x \tag{4.7.19}$$

将式(4.7.10)代入式(4.7.19)并积分,计算得出[k]为:

$$[k] = \frac{EI}{L^3}\begin{bmatrix} 12 & 6L & -12 & 6L \\ & 4L^2 & -6L & 2L^2 \\ & & 12 & -6L \\ \text{对称} & & & 4L^2 \end{bmatrix} \tag{4.7.20}$$

式(4.7.20)代表梁单元局部坐标系下的刚度矩阵。不出所料,式(4.7.20)与前面推导的式(4.1.14)相同。

值得注意的是,应变能 U 是式(4.7.15)右边的第一项,$\{d\}$ 不是 x 的函数。如果 E 和 I 在每个单元长度 L 上是常数,可以得出 U 的表达式为:

$$U = \{d\}^T \frac{EI}{2}\int_0^L [B]^T[B]\mathrm{d}x\{d\} \tag{4.7.21}$$

由式(4.7.19)可知,刚度矩阵 $\{k\}$ 是 EI 乘以式(4.7.21)中的积分。

因此,U 可以表示为 $U = 1/2\{d\}^T[k]\{d\}$。

4.8 用伽辽金残余法推导梁单元方程

现在说明如何用伽辽金残余法建立梁单元刚度方程。从基本微分式(4.1.1h)开始,其中横向荷载为 w,即:

$$EI\frac{\mathrm{d}^4 v}{\mathrm{d}x^4} + w = 0 \tag{4.8.1}$$

现在定义式(4.8.1)为残余函数 R。将式(4.8.1)代入伽辽金准则[参见式(3.12.3)]得到:

$$\int_0^L \left(EI \frac{\mathrm{d}^4 v}{\mathrm{d}x^4} + w \right) N_i \, \mathrm{d}x = 0 \qquad (i = 1, 2, 3, 4) \tag{4.8.2}$$

式中形函数 N_i 由式 (4.1.7) 定义。

现在对式 (4.8.2) 中的第一项进行两次分部积分得到：

$$\int_0^L EI(v_{,xxxx}) N_i \mathrm{d}x = \int_0^L EI(v_{,xx})(N_{i,xx}) \mathrm{d}x + EI \left[N_i(v_{,xxx}) - (N_{i,x})(v_{,xx}) \right]_0^L \tag{4.8.3}$$

式中逗号后面的下标 x 表示对 x 进行微分，同样，分部积分引进了边界条件。

由式 (4.1.5) 给出的 $v = [N]\{d\}$，有：

$$v_{,xx} = \left[\frac{12x - 6L}{L^3} \quad \frac{6xL - 4L^2}{L^3} \quad \frac{-12x + 6L}{L^3} \quad \frac{6xL - 2L^2}{L^3} \right] \{d\} \tag{4.8.4}$$

或利用式 (4.7.10) 有：

$$v_{,xx} = [B]\{d\} \tag{4.8.5}$$

将式 (4.8.5) 代入式 (4.8.3)，然后将式 (4.8.3) 代入式 (4.8.2)，得出：

$$\int_0^L (N_{i,xx}) EI[B] \, \mathrm{d}x \{d\} + \int_0^L N_i w \, \mathrm{d}x + [N_i V - (N_{i,x}) m]_0^L = 0 \quad (i = 1, 2, 3, 4) \tag{4.8.6}$$

其中式 (4.1.11) 已用于边界条件。式 (4.8.6) 实际上是 4 个方程（每个方程分别对应于 $N_i = N_1$，N_2，N_3 和 N_4）。不像 3.12 节那样对每一个 N_i 直接计算式 (4.8.6)，将式 (4.8.6) 的 4 个方程表示为矩阵形式：

$$\int_0^L [B]^{\mathrm{T}} EI[B] \, \mathrm{d}x \{d\} = \int_0^L -[N]^{\mathrm{T}} w \, \mathrm{d}x + ([N]^{\mathrm{T}}_{,x} m - [N]^{\mathrm{T}} V) \big|_0^L \tag{4.8.7}$$

在式 (4.8.7) 中使用了关系式 $[N]_{,xx} = [B]$。

可以看出，式 (4.8.7) 左边的积分项与式 (4.7.19) 给出的刚度矩阵相同，且式 (4.8.7) 右边的第一项代表分布荷载作用下的等效节点力［见式 (4.7.18)］。式 (4.8.7) 右边括号中的两项与式 (4.7.18) 的集中力矩阵 $\{P\}$ 相同。通过计算 $[N]_{,x}$ 和 $[N]$ 可说明这一点，其中，$[N]$ 由式 (4.1.6) 定义，单元两端的计算结果为：

$$[N]_{,x}\big|_0 = [0 \ 1 \ 0 \ 0] \quad [N]_{,x}\big|_L = [0 \ 0 \ 0 \ 1]$$
$$[N]\big|_0 = [1 \ 0 \ 0 \ 0] \quad [N]\big|_L = [0 \ 0 \ 1 \ 0] \tag{4.8.8}$$

将式 (4.8.8) 代入式 (4.8.7)，得出：

$$\begin{Bmatrix} 0 \\ 0 \\ 0 \\ 1 \end{Bmatrix} m(L) - \begin{Bmatrix} 0 \\ 1 \\ 0 \\ 0 \end{Bmatrix} m(0) - \begin{Bmatrix} 0 \\ 0 \\ 1 \\ 0 \end{Bmatrix} V(L) + \begin{Bmatrix} 1 \\ 0 \\ 0 \\ 0 \end{Bmatrix} V(0) \tag{4.8.9}$$

这些节点剪力和弯矩如图 4.37 所示。

注意，组装单元矩阵时，相邻单元的两个剪力和两个弯矩对相邻单元的公共节点的集中力和集中弯矩都有贡献，如图 4.38 所示。这些集中剪力 $V(0) - V(L)$ 和弯矩 $m(L) - m(0)$ 通常为零，即 $V(0) = V(L)$ 和 $m(L) = m(0)$ 成立，除非此节点存在集中节点力或弯矩。在实际计算中，对式 (4.8.9) 给出的表达式进行处理，将它们合成集中节点值，构成矩阵 $\{P\}$。

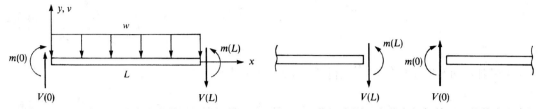

图 4.37　剪力、弯矩和分布荷载作用下的梁单元　　图 4.38　作用在同一个节点相邻单元上的剪力和弯矩

方程小结

假定梁的横向位移函数:

$$v(x) = a_1 x^3 + a_2 x^2 + a_3 x + a_4 \tag{4.1.2}$$

梁单元的形函数:

$$N_1 = \frac{1}{L^3}(2x^3 - 3x^2 L + L^3) \quad N_2 = \frac{1}{L^3}(x^3 L - 2x^2 L^2 + xL^3)$$

$$N_3 = \frac{1}{L^3}(-2x^3 + 3x^2 L) \qquad N_4 = \frac{1}{L^3}(x^3 L - x^2 L^2) \tag{4.1.7}$$

梁弯曲应力计算公式:

$$\sigma_x = \frac{-My}{I} \tag{4.1.10b}$$

梁单元刚度矩阵:

$$[k] = \frac{EI}{L^3} \begin{bmatrix} 12 & 6L & -12 & 6L \\ 6L & 4L^2 & -6L & 2L^2 \\ -12 & -6L & 12 & -6L \\ 6L & 2L^2 & -6L & 4L^2 \end{bmatrix} \tag{4.1.14}$$

包含横向剪切变形的刚度矩阵(铁摩辛柯 Timoshenko 梁理论):

$$[k] = \frac{EI}{L^3(1+\varphi)} \begin{bmatrix} 12 & 6L & -12 & 6L \\ 6L & (4+\varphi)L^2 & -6L & (2-\varphi)L^2 \\ -12 & -6L & 12 & -6L \\ 6L & (2-\varphi)L^2 & -6L & (4+\varphi)L^2 \end{bmatrix} \tag{4.1.15o}$$

分布荷载做的功:

$$W_{\text{distributed}} = \int_0^L w(x)v(x)\, \mathrm{d}x \tag{4.4.1}$$

离散节点力做的功:

$$W_{\text{discrete}} = m_1 \phi_1 + m_2 \phi_2 + f_{1y} v_1 + f_{2y} v_2 \tag{4.4.2}$$

分布荷载下梁的通用公式:

$$\{F\} = [K]\{d\} - \{F_0\} \tag{4.4.8}$$

均布荷载下梁的等效替代矩阵:

$$\{F_0\} = \begin{Bmatrix} \dfrac{-wL}{2} \\[2mm] \dfrac{-wL^2}{12} \\[2mm] \dfrac{-wL}{2} \\[2mm] \dfrac{wL^2}{12} \end{Bmatrix} \tag{4.4.10}$$

右端有铰接点的梁刚度矩阵：

$$[k] = \frac{3EI}{L^3} \begin{bmatrix} 1 & L & -1 & 0 \\ L & L^2 & -L & 0 \\ -1 & -L & 1 & 0 \\ 0 & 0 & 0 & 0 \end{bmatrix} \tag{4.6.13}$$

梁单元的总势能：

$$\pi_p = \int_0^L \frac{EI}{2} \{d\}^{\mathrm{T}} [B]^{\mathrm{T}} [B] \{d\} \mathrm{d}x - \int_0^L w \{d\}^{\mathrm{T}} [N]^{\mathrm{T}} \mathrm{d}x - \{d\}^{\mathrm{T}} \{P\} \tag{4.7.15}$$

梁单元应变势能表达式：

$$U = \{d\}^{\mathrm{T}} \frac{EI}{2} \int_0^L [B]^{\mathrm{T}} [B] \mathrm{d}x \{d\} \tag{4.7.21}$$

参考文献

[1] Gere, J. M., and Goodno, B. J., *Mechanics of Materials*, 7th ed., Cengage Learning, Mason, OH, 2009.

[2] Hsieh, Y. Y., *Elementary Theory of Structures*, 2nd ed., Prentice-Hall, Englewood Cliffs, NJ, 1982.

[3] Fraeijes de Veubeke, B., "Upper and Lower Bounds in Matrix Structural Analysis," *Matrix Methods of Structural Analysis*, AGAR Dograph 72, B. Fraeijes de Veubeke, ed., Macmillan, New York, 1964.

[4] Juvinall, R. C., and Marshek, K. M., *Fundamentals of Machine Component Design*, 5th ed., John Wiley & Sons, New York, 2012.

[5] Przemieneicki, J. S., *Theory of Matrix Structural Analysis*, McGraw-Hill, New York, 1968.

[6] McGuire, W., and Gallagher, R. H., *Matrix Structural Analysis*, John Wiley & Sons, New York, 1979.

[7] Severn, R. T., "Inclusion of Shear Deflection in the Stiffness Matrix for a Beam Element," *Journal of Strain Analysis*, Vol. 5, No. 4, 1970, pp. 239–241.

[8] Narayanaswami, R., and Adelman, H. M., "Inclusion of Transverse Shear Deformation in Finite Element Displacement Formulations," *AIAA journal*, Vol. 12, No. 11, 1974, pp. 1613–1614.

[9] Timoshenko, S., *Vibration Problems in Engineering*, 3rd. ed., Van Nostrand Reinhold Company, New York, NY 1955.

[10] Clark, S. K., *Dynamics of Continous Elements*, Prentice Hall, Englewood Cliffs, NJ, 1972.

[11] Autodesk Inc., McInnis Parkway, San Rafael, CA 94903.

[12] Martin, H. C., *Introduction to Matrix Methods of Structural Analysis*, McGraw-Hill, Boston, MA, 1966.

习题

4.1　从自由度和所承受的荷载方面描述梁单元与桁架单元之间的区别。

4.2　如果将这两种单元(桁架和梁)组合成一个时，会得到什么样的单元?这个新单元可以用来做什么?

4.3　利用式(4.1.7)得到形函数 N_1 和 N_3 以及导数 $(\mathrm{d}N_2/\mathrm{d}x)$ 和 $(\mathrm{d}N_4/\mathrm{d}x)$，其用来表示梁单元长度上转角 ϕ_1 和 ϕ_2 的形状(变化)。

4.4　推导图 4.1 中的梁单元的单元刚度矩阵，假定转动以顺时针为正，而不是以逆时针为正。比较两种不同的符号规定并讨论之。将得出的刚度矩阵与式(4.1.14)进行比较。

用有限元刚度法求解下面的所有习题。

4.5　对于图 P4.5 所示的梁，确定固定铰支座 A 的转动以及荷载 P 作用下的转角和位移。确定反力。画出剪力图和弯矩图，整个梁上 EI 不变。

4.6　如图 P4.6 所示的悬臂梁，自由端受荷载 *P* 作用，确定最大挠度和反力，*EI* 在整个梁上不变。

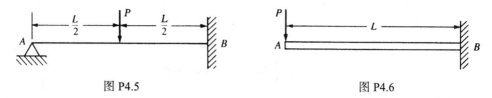

图 P4.5　　　　　　　　　　　　　　图 P4.6

4.7 ~ 4.13　对于图 P4.7 ~ 图 P4.13 所示的梁，确定节点的位移和转角，以及每一单元的力和反力，画出剪力图和弯矩图。

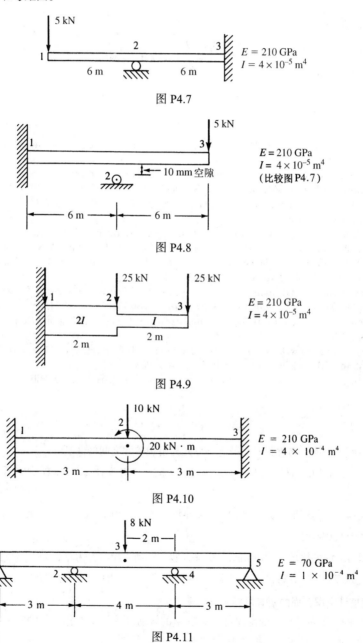

图 P4.7

图 P4.8

图 P4.9

图 P4.10

图 P4.11

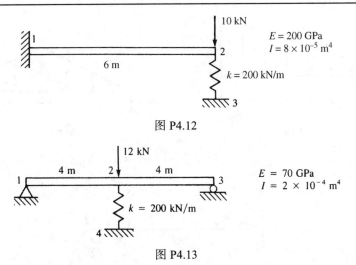

图 P4.12

图 P4.13

4.14 对图 P4.14 所示的作用均匀荷载 w 且两端固支的梁，确定中跨的挠度和反力。画出剪力图和弯矩图。梁中间部分的抗弯刚度为 $2EI$，其他部分的抗弯刚度为 EI。

4.15 图 P4.15 所示的作用均匀荷载且两端固支的梁，确定跨中挠度和反力，画出剪力图和弯矩图。假定 EI 在整个梁上不变。将你的答案与经典解进行比较（即与附录 D 给出的相应的等效节点力进行比较）。

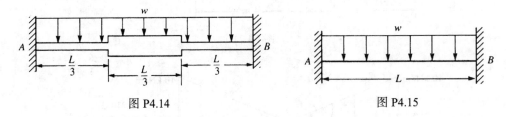

图 P4.14   图 P4.15

4.16 对于图 P4.16 所示的受均匀荷载 w 作用的简支梁，确定跨中挠度和反力，画出剪力图和弯矩图。假定在整个梁上 EI 不变。

4.17 对于受图 P4.17 所示的荷载的梁，确定自由端挠度和反力，画出剪力图和弯矩图。假定在整个梁上 EI 不变。

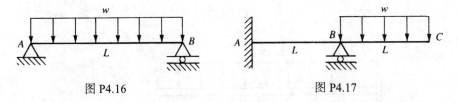

图 P4.16   图 P4.17

4.18 利用等效的概念，确定用来代替图 P4.18 所示的线性变化的分布荷载的节点力和节点力矩（称为等效节点力）。

4.19 对于图 P4.19 所示的梁，确定其中点的位移、转角和反力。所受荷载关于梁中点对称。假定在整个梁上 EI 不变。

4.20 对于受图 P4.20 所示线性变化荷载 w 作用的梁，确定右端转角和反力。假定 EI 在整个梁上不变。

4.21～4.26 对图 P4.21～图 P4.26 所示的梁，确定节点位移和转角，以及每一单元的力和反力。

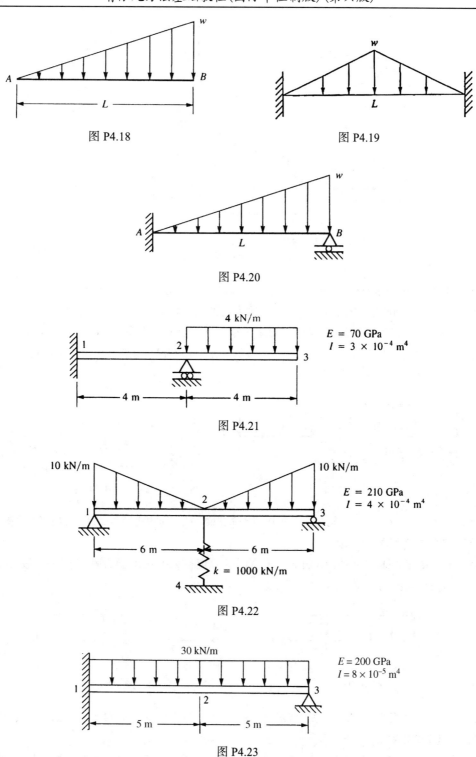

图 P4.18

图 P4.19

图 P4.20

$E = 70$ GPa
$I = 3 \times 10^{-4}$ m^4

图 P4.21

$E = 210$ GPa
$I = 4 \times 10^{-4}$ m^4

图 P4.22

$E = 200$ GPa
$I = 8 \times 10^{-5}$ m^4

图 P4.23

4.27 ~ 4.32　对于图 P4.27 ~ 图 P4.32 所示的梁,利用计算机程序确定其最大挠度和最大弯曲应力。对该问题中的所有梁令 $E = 200$ GPa。令 c 为每个梁高的一半。

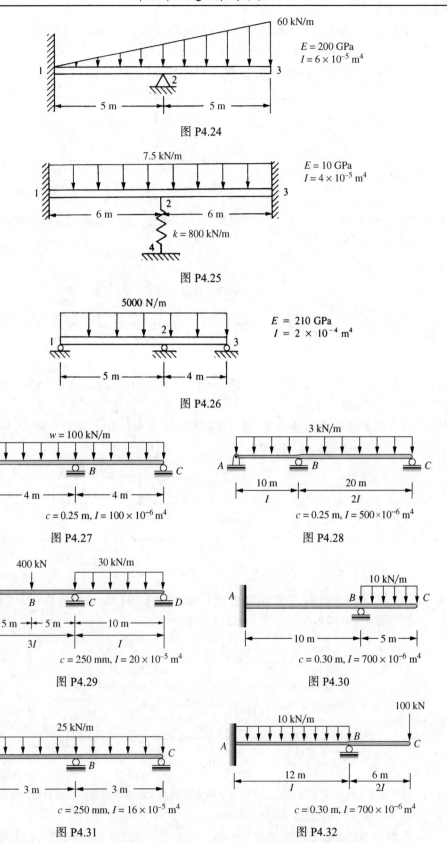

图 P4.24

图 P4.25

图 P4.26

图 P4.27

图 P4.28

图 P4.29

图 P4.30

图 P4.31

图 P4.32

对于图 P4.33~P4.38 所示的梁设计问题,根据每根梁旁边列出来的要求确定所示荷载下梁的截面尺寸。

4.33　设计一个 ASTM A36 的钢梁,允许弯曲应力为 160 MPa,所受荷载如图 P4.33 所示。假定其为附录 F 或其他来源中的标准宽翼缘梁截面。最大转角是多少?

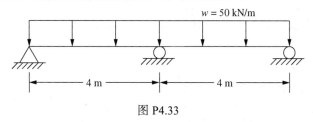

图 P4.33

4.34　对图 P4.34 中的荷载,从附录 F 中选择一个标准钢管,允许弯曲应力为 170 MPa,最大挠度不超过 $L/360$。

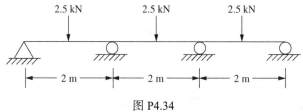

图 P4.34

4.35　对图 P4.35 中的荷载,从附录 F 中选择一个矩形管,允许弯曲应力为 170 MPa,允许挠度不超过 $(L = 2\ \text{m})/360$。

4.36　对图 P4.36 中的载荷,从附录 F 或其他来源中选择标准 W 截面,使得弯曲应力不超过 160 MPa,允许挠度不超过 $(L = 6\ \text{m})/360$。

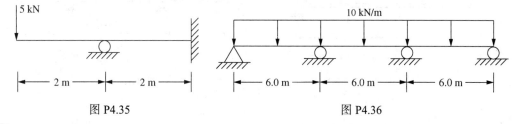

图 P4.35　　　　　　　　　　　　图 P4.36

4.37　对于图 P4.37 中的梁,请根据附录 F 或其他合适的来源确定合适的 W 截面的尺寸,使得弯曲应力不超过 150 MPa,最大挠度不超过的 $L/360$。

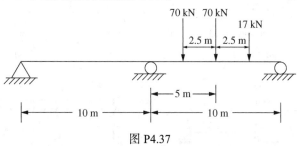

图 P4.37

4.38　对于图 P4.38 中的变截面梁,确定每一段的横截面大小,截面为实心圆截面,使得弯曲应力不超过 160 MPa 且最大挠度不超过 $L/360$。

4.39　图 P4.39 所示梁受集中荷载 P 和分布荷载 w 的作用,确定跨中的位移和反力。EI 在整个梁上不变。

4.40　对图 P4.40 所示受两个集中荷载 P 作用的梁，用等效荷载法确定跨中处的挠度。EI 在整个梁上不变。

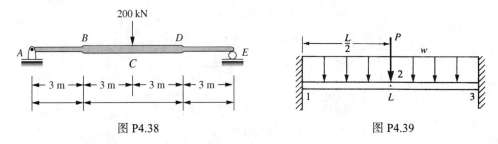

图 P4.38　　　　　　　　　　　　　图 P4.39

4.41　对图 P4.41 所示的梁，在集中荷载 P 和线性变化荷载 w 作用下，利用等效荷载法，确定自由端的挠度、转角以及反力。EI 在整个梁上不变。

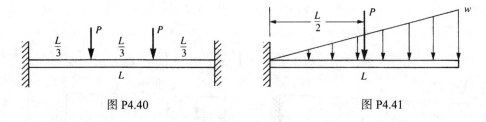

图 P4.40　　　　　　　　　　　　　图 P4.41

4.42~4.44　对于图 P4.42 ~ 图 P4.44 中带内铰的梁，确定铰接点的挠度，令 $E = 210\ \text{GPa}$，$I = 2 \times 10^{-4}\ \text{m}^4$。

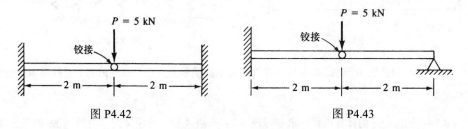

图 P4.42　　　　　　　　　　　　　图 P4.43

4.45　推导有节点连接的梁单元刚度矩阵。即节点 i 处剪力为 0，但在节点 j 通常存在剪力和弯矩，见图 P4.45。

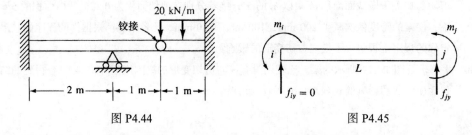

图 P4.44　　　　　　　　　　　　　图 P4.45

4.46　用剪切模量 G、剪切腹板面积 A_w 和长度 L 建立虚拟纯剪切板单元的刚度矩阵(参见图 P4.46)。注意 Y 和 v 分别是每个节点的剪力和横向位移。

已知：1) $\tau = G\gamma$；2) $Y = \tau A_w$；3) $Y_1 + Y_2 = 0$；4) $\gamma = (v_2 - v_1)/L$。

4.47　计算式(4.7.15)中的 π_p。然后分别求 π_p 对 v_1，ϕ_1，v_2 和 ϕ_2 的微分并令每个方程等于零，即令 π_p 最小，得到 4 个梁单元的单元方程。然后将这些方程表示为矩阵形式。

这里
$$v_1 = \frac{-PL^3}{17.55\,EI_0}, \quad \theta_1 = \frac{1}{9.95}\frac{PL^2}{EI_0}$$

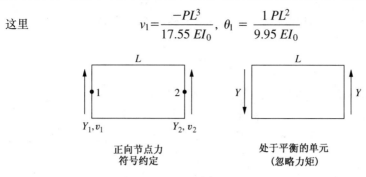

正向节点力
符号约定

处于平衡的单元
(忽略力矩)

图 P4.46

4.48　确定图 P4.48 所示锥形梁的自由端挠度。$I(x) = I_0(1 + nx/L)$，式中 I_0 是 $x = 0$ 处的惯性矩。比较精确的梁理论解和两单元的有限元解 $n = 7$[12]。

4.49　利用最小势能原理，推导图 P4.49 所示弹性地基上的梁单元方程。图中的 k_f 是单位长度的地基弹簧常数。梁的势能为：

$$\pi_p = \int_0^L \frac{1}{2} EI(v'')^2\,\mathrm{d}x + \int_0^L \frac{k_f v^2}{2}\mathrm{d}x - \int_0^L wv\,\mathrm{d}x$$

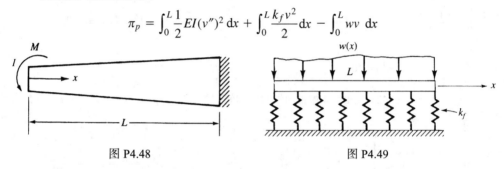

图 P4.48　　　　　　　　　　图 P4.49

4.50　用伽辽金残余法推导图 P4.49 所示弹性地基上的梁单元方程。弹性地基上梁的基本微分方程为：

$$(EIv'')'' = -w + k_f v$$

4.51~4.78　利用合适的计算机程序求解习题 4.7~习题 4.13、习题 4.21~习题 4.32 和习题 4.42~习题 4.44。

4.79　对图 P4.79 所示梁，利用计算机程序使用四个梁单元确定中跨的挠度，使剪切面积为 0，然后使剪切面积等于横截面面积(b 乘以 h)的 5/6。接着分别在剪切面积为 0 和横截面面积的 5/6 的情况下，使梁的跨度依次减少 200 mm，100 mm 和 50 mm，比较结果。根据你的程序的结果，试确定你的程序是否包含了横向剪切变形的影响？

4.80　手算求解图 P4.79 所示的梁。比较用没有横向剪切变形的梁刚度矩阵式(4.1.14)得到的结果和用包含横向剪切影响的式(4.1.15o)得到的结果。

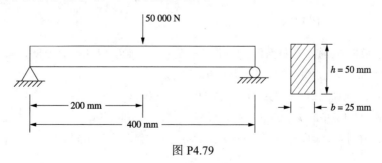

图 P4.79

第5章 框架与网架方程

章节目标

- 推导平面任意方向梁单元刚度矩阵。
- 演示用直接刚度法求解平面刚架。
- 说明如何处理倾斜支座的情况。
- 推导网架分析中的刚度矩阵和方程。
- 为确定各类横截面的扭转常数提供方程。
- 说明网架结构的求解。
- 推导空间中任意方向梁单元的刚度矩阵。
- 提出空间框架的解。
- 介绍子结构的概念。

引言

很多结构都是由框架和/或网架组成的，如图 5.1 所示的建筑与越野车空间框架。本章将介绍平面和空间中框架及网架的方程与求解方法。

首先，建立平面内任意方向梁单元的刚度矩阵。然后在局部坐标系下梁单元刚度矩阵中导入轴向节点位移自由度。之后，将这些结果结合起来建立任意方向梁单元的刚度矩阵，其中考虑了轴向作用影响，使得能够对平面框架进行分析。接着给出平面框架分析的实例。之后考虑有斜支座的框架。

下一步，建立网架的单元刚度矩阵。对网架桥面进行求解来说明网架方程的应用。接着推导空间任意方向上单个梁单元的刚度矩阵，并将考虑到子结构分析的概念。

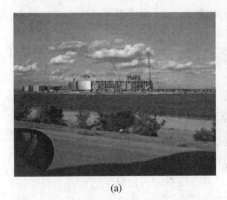
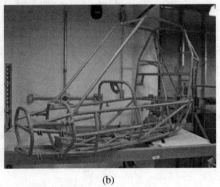

(a)   (b)

图 5.1 (a) 在建的亚利桑那州红雀队足球场——刚性建筑框架（由 Ed Yack 提供）；
(b) 由钢管焊接而成的小型越野车空间框架（由 Daryl L. Logan 提供）

5.1 平面任意方向梁单元

可以用类似于第 3 章中杆单元所使用的方法来推导任意方向梁单元(如图 5.2 所示)的刚度矩阵。局部坐标轴 x' 和 y' 分别为沿梁单元轴线方向和垂直于轴线方向，整体坐标轴 x 与 y 的选取要便于整体结构的求解(根据整体结构确定)。

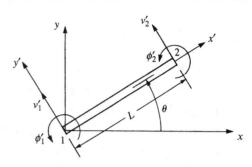

图 5.2　任意方向梁单元

回顾之前所述，可以通过式 (3.3.16) 把局部位移与整体位移联系起来。为了方便起见，这里重复如下：

$$\begin{Bmatrix} u' \\ v' \end{Bmatrix} = \begin{bmatrix} C & S \\ -S & C \end{bmatrix} \begin{Bmatrix} u \\ v \end{Bmatrix} \tag{5.1.1}$$

利用梁单元式 (5.1.1) 的第二个方程，可以把局部坐标系下的节点位移自由度与整体自由度联系起来：

$$\begin{Bmatrix} v'_1 \\ \phi'_1 \\ v'_2 \\ \phi'_2 \end{Bmatrix} = \begin{bmatrix} -S & C & 0 & 0 & 0 & 0 \\ 0 & 0 & 1 & 0 & 0 & 0 \\ 0 & 0 & 0 & -S & C & 0 \\ 0 & 0 & 0 & 0 & 0 & 1 \end{bmatrix} \begin{Bmatrix} u_1 \\ v_1 \\ \phi_1 \\ u_2 \\ v_2 \\ \phi_2 \end{Bmatrix} \tag{5.1.2}$$

其中，对于梁单元，定义

$$[T] = \begin{bmatrix} -S & C & 0 & 0 & 0 & 0 \\ 0 & 0 & 1 & 0 & 0 & 0 \\ 0 & 0 & 0 & -S & C & 0 \\ 0 & 0 & 0 & 0 & 0 & 1 \end{bmatrix} \tag{5.1.3}$$

作为坐标转换矩阵。轴向变形还没有被包括在内。由式 (5.1.2) 可以看出，转角相对于两者之中任一坐标系都是一个不变量，例如，ϕ'_1 和 ϕ_1，且力矩 m'_1 和 m_1 利用右手定则可以认为是 x'-y' 平面或 x-y 平面的一个法向量。从另一个角度说，该力矩是在 $z' = z$ 方向。因此，单元在 x-y 平面内改变方向时力矩不受影响。

将表示 $[T]$ 的式 (5.1.3) 和表示 $[k']$ 的式 (4.1.14) 代入式 (3.4.22)，$[k] = [T]^T [k'][T]$，得出整体单元刚度矩阵为：

$$[k] = \frac{EI}{L^3} \begin{bmatrix} \overset{u_1}{12S^2} & \overset{v_1}{-12SC} & \overset{\phi_1}{-6LS} & \overset{u_2}{-12S^2} & \overset{v_2}{12SC} & \overset{\phi_2}{-6LS} \\ & 12C^2 & 6LC & 12SC & -12C^2 & 6LC \\ & & 4L^2 & 6LS & -6LC & 2L^2 \\ & & & 12S^2 & -12SC & 6LS \\ & & & & 12C^2 & -6LC \\ 对称 & & & & & 4L^2 \end{bmatrix} \tag{5.1.4}$$

式中，$C = \cos\theta$，$S = \sin\theta$。此处，没有必要为了使用式 (3.4.22) 而将式 (5.1.3) 给出的 $[T]$ 扩

展为方阵。因为式(3.4.22)是通用方程，所用的矩阵必须按正确的顺序相乘(有关矩阵相乘的详细情况参见附录 A)。刚度矩阵式(5.1.4)是梁单元的整体单元刚度矩阵，其中包括剪力和弯矩，而局部坐标系下的轴向作用未被包括在内。通过 $[T]^{\mathrm{T}}[k'][T]$，如式(5.1.4)所做，将局部刚度转变为整体刚度，这通常是在计算机上进行的。

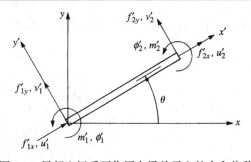

图 5.3　局部坐标系下作用在梁单元上的力和位移

现在单元中考虑轴向作用，如图 5.3 所示。现在，单元的每个节点都有三个自由度 (u'_i, v'_i, ϕ'_i)。对于轴向作用，回顾式(3.1.13)，

$$\begin{Bmatrix} f'_{1x} \\ f'_{2x} \end{Bmatrix} = \frac{AE}{L} \begin{bmatrix} 1 & -1 \\ -1 & 1 \end{bmatrix} \begin{Bmatrix} u'_1 \\ u'_2 \end{Bmatrix} \tag{5.1.5}$$

将式(5.1.5)的轴向作用和式(4.1.13)的剪力和主弯矩作用结合起来，在局部坐标系中有：

$$\begin{Bmatrix} f'_{1x} \\ f'_{1y} \\ m'_1 \\ f'_{2x} \\ f'_{2y} \\ m'_2 \end{Bmatrix} = \begin{bmatrix} C_1 & 0 & 0 & -C_1 & 0 & 0 \\ 0 & 12C_2 & 6C_2L & 0 & -12C_2 & 6C_2L \\ 0 & 6C_2L & 4C_2L^2 & 0 & -6C_2L & 2C_2L^2 \\ -C_1 & 0 & 0 & C_1 & 0 & 0 \\ 0 & -12C_2 & -6C_2L & 0 & 12C_2 & -6C_2L \\ 0 & 6C_2L & 2C_2L^2 & 0 & -6C_2L & 4C_2L^2 \end{bmatrix} \begin{Bmatrix} u'_1 \\ v'_1 \\ \phi'_1 \\ u'_2 \\ v'_2 \\ \phi'_2 \end{Bmatrix} \tag{5.1.6}$$

式中，

$$C_1 = \frac{AE}{L} \quad \text{和} \quad C_2 = \frac{EI}{L^3} \tag{5.1.7}$$

因此，

$$[k'] = \begin{bmatrix} C_1 & 0 & 0 & -C_1 & 0 & 0 \\ 0 & 12C_2 & 6C_2L & 0 & -12C_2 & 6C_2L \\ 0 & 6C_2L & 4C_2L^2 & 0 & -6C_2L & 2C_2L^2 \\ -C_1 & 0 & 0 & C_1 & 0 & 0 \\ 0 & -12C_2 & -6C_2L & 0 & 12C_2 & -6C_2L \\ 0 & 6C_2L & 2C_2L^2 & 0 & -6C_2L & 4C_2L^2 \end{bmatrix} \tag{5.1.8}$$

现在式(5.1.8)表示的矩阵 $[k']$ 每个节点有三个自由度，包括了轴向作用(在 x' 方向)、剪力作用(在 y' 方向)和主弯矩作用(绕 $z' = z$ 轴)。利用式(5.1.1)和式(5.1.2)，将局部坐标系下与整体坐标系下的位移关联起来：

$$\begin{Bmatrix} u'_1 \\ v'_1 \\ \phi'_1 \\ u'_2 \\ v'_2 \\ \phi'_2 \end{Bmatrix} = \begin{bmatrix} C & S & 0 & 0 & 0 & 0 \\ -S & C & 0 & 0 & 0 & 0 \\ 0 & 0 & 1 & 0 & 0 & 0 \\ 0 & 0 & 0 & C & S & 0 \\ 0 & 0 & 0 & -S & C & 0 \\ 0 & 0 & 0 & 0 & 0 & 1 \end{bmatrix} \begin{Bmatrix} u_1 \\ v_1 \\ \phi_1 \\ u_2 \\ v_2 \\ \phi_2 \end{Bmatrix} \tag{5.1.9}$$

式中[T]已被扩充,包含了局部坐标系下的轴向变形影响,如下所示:

$$[T] = \begin{bmatrix} C & S & 0 & 0 & 0 & 0 \\ -S & C & 0 & 0 & 0 & 0 \\ 0 & 0 & 1 & 0 & 0 & 0 \\ 0 & 0 & 0 & C & S & 0 \\ 0 & 0 & 0 & -S & C & 0 \\ 0 & 0 & 0 & 0 & 0 & 1 \end{bmatrix} \quad (5.1.10)$$

将式(5.1.10)中的[T]和式(5.1.8)中的[k']代入式(3.4.22)中([k]=[T]^T[k'][T]),得到梁单元在整体坐标系中通用的单元刚度矩阵,它包括轴力、剪力和弯矩作用,如下所示:

$$[k] = \frac{E}{L} \times \begin{bmatrix} AC^2 + \frac{12I}{L^2}S^2 & \left(A - \frac{12I}{L^2}\right)CS & -\frac{6I}{L}S & -\left(AC^2 + \frac{12I}{L^2}S^2\right) & -\left(A - \frac{12I}{L^2}\right)CS & -\frac{6I}{L}S \\ & AS^2 + \frac{12I}{L^2}C^2 & \frac{6I}{L}C & -\left(A - \frac{12I}{L^2}\right)CS & -\left(AS^2 + \frac{12I}{L^2}C^2\right) & \frac{6I}{L}C \\ & & 4I & \frac{6I}{L}S & -\frac{6I}{L}C & 2I \\ & & & AC^2 + \frac{12I}{L^2}S^2 & \left(A - \frac{12I}{L^2}\right)CS & \frac{6I}{L}S \\ & & & & AS^2 + \frac{12I}{L^2}C^2 & -\frac{6I}{L}C \\ 对称 & & & & & 4I \end{bmatrix} \quad (5.1.11)$$

应用式(5.1.11)表示的刚度矩阵进行平面刚架的分析。此处定义的"平面刚架"是一系列彼此刚性连接的梁单元,即在施加荷载或位移后,构件在节点处形成的原始角度保持不变。

此外,在节点处弯矩从一个单元传递到另一个单元,因此,刚性节点处存在弯矩连续性。还有,单元的形心和外加载荷均位于同一平面(x-y 平面)内。通过式(5.1.11)可知,一个框架的单元刚度为 E、A、L、I 和该单元相对于整体坐标轴的方位角 θ 的函数。需要注意的是,计算机程序通常将框架单元称为梁单元,因为程序是用式(5.1.11)中的刚度矩阵进行平面框架分析的。

5.2　平面刚架示例

为了说明如何应用在 5.1 节中建立的方程,现将进行以下平面刚架的完整分析。

例 5.1　作为平面刚架分析的第一个例子,解图 5.4 所示的简易"横向刚架"。

解　刚架在节点 1 和节点 4 处固定,节点 2 受 40 kN 的正向水平力,节点 3 受 500 N·m 的正力矩。整体坐标系及单元长度如图 5.4 所示。

令所有单元的 $E = 200$ GPa,$A = 6500$ mm^2,单元 1 和单元 3 的 $I = 80\times10^6$ mm^4,单元 2 的 $I = 40\times10^6$ mm^4。

利用式(5.1.11)得出每一单元在整体坐标系中的刚度矩阵。

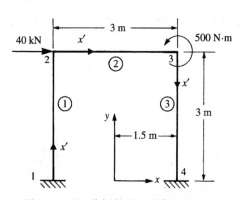

图 5.4　用于分析的平面刚架以及每个单元的局部坐标系中的 x' 轴

单元 1

对于单元 1，由于 x' 的方向是从节点 1 指向节点 2，因此整体坐标系中 x 轴与局部坐标系 x' 轴的夹角为 90°（逆时针方向）。因此：

$$C = \cos 90° = \frac{x_2 - x_1}{L^{(1)}} = \frac{-1.5 - (-1.5)}{3} = 0$$

$$S = \sin 90° = \frac{y_2 - y_1}{L^{(1)}} = \frac{3 - 0}{3} = 1$$

且

$$\frac{12I}{L^2} = \frac{12(80 \times 10^6)}{(3000)^2} = 106.67\ \text{mm}^2$$

$$\frac{6I}{L} = \frac{6(80 \times 10^6)}{3000} = 160\ 000\ \text{mm}^3 \tag{5.2.1}$$

$$\frac{E}{L} = \frac{210 \times 10^3}{3000} = 66.67\ \text{N/mm}^3$$

然后，将式(5.2.1)代入式(5.1.11)进行计算，得出单元 1 在整体坐标系中的单元刚度矩阵为：

$$[k^{(1)}] = 66.67 \times 10^3
\begin{array}{c}
\begin{array}{cccccc} u_1 & v_1 & \phi_1 & u_2 & v_2 & \phi_2 \end{array} \\
\begin{bmatrix}
0.106 & 0 & -160 & -0.106 & 0 & -160 \\
0 & 6.5 & 0 & 0 & -6.5 & 0 \\
-160 & 0 & 320\ 000 & 160 & 0 & 160\ 000 \\
-0.106 & 0 & 160 & 0.106 & 0 & 160 \\
0 & -6.5 & 0 & 0 & 6.5 & 0 \\
-160 & 0 & 160\ 000 & 160 & 0 & 320\ 000
\end{bmatrix}
\end{array}
\frac{\text{N}}{\text{mm}} \tag{5.2.2}$$

式中所有对角项均为正。

单元 2

对于单元 2，由于 x' 的方向是从节点 2 指向节点 3，因此 x 轴与 x' 轴的夹角为 0°。因此：

$$C = 1 \quad S = 0$$

且

$$\frac{12I}{L^2} = \frac{12(40 \times 10^6)}{(3000)^2} = 0.0835\ \text{mm}^3$$

$$\frac{6I}{L} = \frac{6(40 \times 10^6)}{3000} = 80\ 000\ \text{mm}^3 \tag{5.2.3}$$

$$\frac{E}{L} = 66.67 \times 10^6\ \frac{\text{N}}{\text{mm}^3}$$

利用式(5.2.3)得出的值来计算式(5.1.11)，得出单元 2 在整体坐标系中的单元刚度矩阵为：

$$[k^{(2)}] = 66.67 \times 10^3
\begin{array}{c}
\begin{array}{cccccc} u_2 & v_2 & \phi_2 & u_3 & v_3 & \phi_3 \end{array} \\
\begin{bmatrix}
6.5 & 0 & 0 & -6.5 & 0 & 0 \\
0 & 0.0533 & 80 & 0 & -0.0533 & 80 \\
0 & 80 & 160\ 000 & 0 & -80 & 80\ 000 \\
-6.5 & 0 & 0 & 6.5 & 0 & 0 \\
0 & -0.0533 & -80 & 0 & 0.0533 & -80 \\
0 & 80 & 80\ 000 & 0 & -80 & 160\ 000
\end{bmatrix}
\end{array}
\frac{\text{N}}{\text{mm}} \tag{5.2.4}$$

单元 3

对于单元 3，由于 x' 的方向是从节点 3 指向节点 4，因此 x 和 x' 之间的角度为 270°（或 −90°）。因此：

$$C = 0 \quad S = -1$$

计算式 (5.1.11) 得出单元 3 在整体坐标系中的单元刚度矩阵为：

$$[k^{(3)}] = 66.67 \times 10^3 \begin{array}{cccccc} u_3 & v_3 & \phi_3 & u_4 & v_4 & \phi_4 \end{array} \begin{bmatrix} 0.106 & 0 & 160 & -0.106 & 0 & 160 \\ 0 & 6.5 & 0 & 0 & -6.5 & 0 \\ 160 & 0 & 320\,000 & -160 & 0 & 160\,000 \\ -0.106 & 0 & -160 & 0.106 & 0 & -160 \\ 0 & -6.5 & 0 & 0 & 6.5 & 0 \\ 160 & 0 & 160\,000 & -160 & 0 & 320\,000 \end{bmatrix} \frac{\text{N}}{\text{mm}} \quad (5.2.5)$$

将式 (5.2.2)、式 (5.2.4) 和式 (5.2.5) 叠加，然后应用节点 1 和节点 4 的边界条件，$u_1 = v_1 = \phi_1 = 0$ 和 $u_4 = v_4 = \phi_4 = 0$，得到用于求解的化简方程：

$$\begin{Bmatrix} 4 \times 10^4 \\ 0 \\ 0 \\ 0 \\ 0 \\ 5 \times 10^5 \end{Bmatrix} = 66.67 \times 10^3 \begin{bmatrix} 6.606 & 0 & 160 & -6.5 & 0 & 0 \\ 0 & 6.5553 & 80 & 0 & -0.0533 & 80 \\ 160 & 80 & 480\,000 & 0 & -80 & 80\,000 \\ -6.5 & 0 & 0 & 6.606 & 0 & 160 \\ 0 & -0.0533 & -80 & 0 & 6.5553 & -80 \\ 0 & 80 & 80\,000 & 160 & -80 & 480\,000 \end{bmatrix} \begin{Bmatrix} u_2 \\ v_2 \\ \phi_2 \\ u_3 \\ v_3 \\ \phi_3 \end{Bmatrix} \quad (5.2.6)$$

求解式 (5.2.6) 得出位移和转角：

$$\begin{Bmatrix} u_2 \\ v_2 \\ \phi_2 \\ u_3 \\ v_3 \\ \phi_3 \end{Bmatrix} = \begin{Bmatrix} 5.007 \text{ mm} \\ 0.0345 \text{ mm} \\ -0.001\,44 \text{ rad} \\ 4.961 \text{ mm} \\ -0.0345 \text{ mm} \\ -0.001\,40 \text{ rad} \end{Bmatrix} \quad (5.2.7)$$

结果说明框架的顶部向右水平移动，竖向位移可以忽略不计，在节点 2 和节点 3 处单元的转角很小。

对每一个单元，利用 $\{f'\} = [k'][T]\{d\}$ 可以得出单元力，和前面求解桁架问题和梁的问题一样。现仅演示单元 1 的求解步骤。对于单元 1，利用表示 $[T]$ 的式 (5.1.10) 和表示节点 2 位移的式 (5.2.7) 得出：

$$[T]\{d\} = \begin{bmatrix} 0 & 1 & 0 & 0 & 0 & 0 \\ -1 & 0 & 0 & 0 & 0 & 0 \\ 0 & 0 & 1 & 0 & 0 & 0 \\ 0 & 0 & 0 & 0 & 1 & 0 \\ 0 & 0 & 0 & -1 & 0 & 0 \\ 0 & 0 & 0 & 0 & 0 & 1 \end{bmatrix} \begin{Bmatrix} u_1 = 0 \\ v_1 = 0 \\ \phi_1 = 0 \\ u_2 = 5.007 \text{ mm} \\ v_2 = 0.0345 \text{ mm} \\ \phi_2 = -0.001\,44 \text{ rad} \end{Bmatrix} \quad (5.2.8)$$

在式(5.2.8)中进行矩阵相乘, 得出:

$$[T]\{d\} = \left\{ \begin{array}{c} 0 \\ 0 \\ 0 \\ 0.0345 \text{ mm} \\ -5.007 \text{ mm} \\ -0.001\,40 \text{ rad} \end{array} \right\} \tag{5.2.9}$$

接着利用式(5.1.8)的矩阵 $[k']$, 得出单元 1 在局部坐标系下的内力为:

$$\{f'\} = [k'][T]\{d\} = 66.67 \times 10^3 \begin{bmatrix} 6.5 & 0 & 0 & -6.5 & 0 & 0 \\ 0 & 0.106 & 160 & 0 & -0.106 & 160 \\ 0 & 160 & 320\,000 & 0 & -160 & 160\,000 \\ -6.5 & 0 & 0 & 6.5 & 0 & 0 \\ 0 & -0.106 & -160 & 0 & 0.106 & -160 \\ 0 & 160 & 160\,000 & 0 & -160 & 320\,000 \end{bmatrix} \left\{ \begin{array}{c} 0 \\ 0 \\ 0 \\ 0.0345 \\ -5.007 \\ -0.001\,44 \end{array} \right\} \tag{5.2.10}$$

化简式(5.2.10), 得到作用在单元 1 上的局部坐标系下的内力为:

$$\left\{ \begin{array}{c} f'_{1x} \\ f'_{1y} \\ m'_1 \\ f'_{2x} \\ f'_{2y} \\ m'_2 \end{array} \right\} = \left\{ \begin{array}{c} -14\,950 \text{ N} \\ 20\,023 \text{ N} \\ 38\,049\,902 \text{ N·mm} \\ 14\,950 \text{ N} \\ -20\,023 \text{ N} \\ 22\,689\,134 \text{ N·mm} \end{array} \right\} \tag{5.2.11}$$

图 5.5 给出了隔离体的受力图和平衡验证。在图 5.5 中, x' 轴从节点 1 指向节点 2, 与建立单元刚度矩阵所用的节点自由度次序一致。因为 x-y 平面最初是按图 5.4 所示确立的, 所以 z 轴指向平面外, 故 z' 也指向外(因为 $z' = z$)。确立 y' 轴使得 x' 叉乘 y' 得到 z' 方向。因此在式(5.2.11)中得出的单元力的符号与图 5.5 所示的一致。单元 2 和单元 3 中节点力的计算方法与单元 1 中节点力的计算公式(5.2.11)类似。此处只给出单元 2 和单元 3 的内力的最终结果, 详细过程留待读者自行计算。单元 2 和单元 3 的内力[如图 5.5 (b)和(c)所示]如下:

单元 2

$$f'_{2x} = 20\,243 \text{ N} \qquad f'_{2y} = -14\,950 \text{ N} \qquad m'_2 = -22\,689\,134 \text{ N·mm}$$
$$f'_{3x} = -20\,243 \text{ N} \qquad f'_{3y} = 14\,950 \text{ N} \qquad m'_3 = -2\,264\,437 \text{ N·mm} \tag{5.2.12a}$$

单元 3

$$f'_{3x} = 14\,950 \text{ N} \qquad f'_{3y} = 20\,243 \text{ N} \qquad m'_3 = 22\,870\,420 \text{ N·mm}$$
$$f'_{4x} = -14\,950 \text{ N} \qquad f'_{4y} = -20\,243 \text{ N} \qquad m'_4 = 37\,948\,705 \text{ N·mm} \tag{5.2.12b}$$

结合单元 1 的隔离体图示, 平衡方程为:

$$\sum F_{x'}: \quad -20\,023 + 20\,023 = 0$$
$$\sum F_{y'}: \quad -14\,950 + 14\,950 = 0$$
$$\sum M_2: \quad 38\,049\,902 + 22\,689\,134 - 20\,023(3000) \cong 0$$

考虑到节点 2 处的弯矩平衡，由式(5.2.12a)和式(5.2.12b)可以看出，作用在单元 1 上的 $m_2' = 22\,689\,134\,\mathrm{N\cdot mm}$，作用在单元 2 上的是相反数 $-22\,689\,134\,\mathrm{N\cdot mm}$。类似地，节点 3 也满足弯矩平衡，因为单元 2 和单元 3 的 m_3' 加起来为 $505\,983\,\mathrm{N\cdot mm}$，等于外加力矩。也就是说，由式(5.2.12a)和式(5.2.12b)可得出：

$$-22\,364\,437 + 22\,870\,420 = 505\,983\,\mathrm{N\cdot mm}$$

$$\simeq 500\,\mathrm{N\cdot m}$$

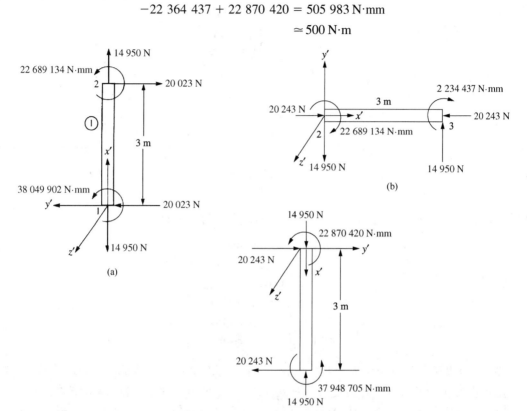

图 5.5　(a)单元 1、(b)单元 2 和(c)单元 3 的隔离体图

例 5.2　为说明受均布荷载作用下刚架的解法，解图 5.6 所示的平面刚架。刚架在节点 1 和节点 3 固定，在单元 2 上受向下的均布荷载作用，荷载大小为 13 kN/m。整体坐标系建立在节点 1 处，单元长度在图中已给出。令该刚架两个单元的 $E = 200$ GPa，$A = 0.06$ m²，$I = 3.6\times10^{-4}$ m⁴。

解　先用作用在节点 2 和节点 3 的节点力和力矩代替作用在单元 2 的分布荷载。利用式 (4.4.5) ~ 式 (4.4.7) (或附录 D)，计算得出的等效节点力和弯矩为：

$$f_{2y} = -\frac{wL}{2} = -\frac{(13\times10^3)12}{2} = -78\,000\,\mathrm{N} = -78\,\mathrm{kN}$$

$$m_2 = -\frac{wL^2}{12} = -\frac{(13\times10^3)12^2}{12} = -156\,000\,\mathrm{N\cdot m} = -156\,\mathrm{kN\cdot m} \qquad (5.2.13)$$

$$f_{3y} = -\frac{wL}{2} = -\frac{(13\times10^3)12}{2} = -78\,000\,\mathrm{N} = -78\,\mathrm{kN}$$

$$m_3 = \frac{wL^2}{12} = \frac{(13\times10^3)12^2}{12} = 156\,000\,\mathrm{N\cdot m} = 156\,\mathrm{kN\cdot m}$$

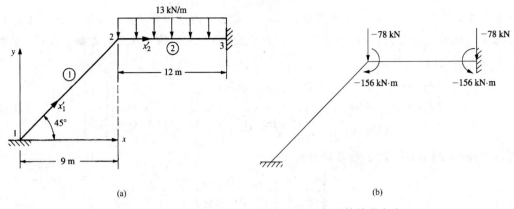

图 5.6　(a)用于分析的平面刚架；(b)刚架的等效节点力

然后利用式(5.1.11)得出每个单元的单元刚度矩阵：

单元 1

$$\theta^{(1)} = 45° \quad C = 0.707 \quad S = 0.707 \quad L^{(1)} = 12.72 \text{ m} = 12\,720.0 \text{ mm}$$

$$\frac{E}{L} = \frac{200 \times 10^3}{12\,720} = 15.72 \frac{\text{N}}{\text{mm}^3} \tag{5.2.14}$$

$$[k^{(1)}] = 15.72 \begin{bmatrix} 30\,010 & 29\,980 & 12\,005 \\ 29\,980 & 30\,010 & -12\,005 \\ 12\,005 & -12\,005 & 1.44 \times 10^9 \end{bmatrix} \frac{\text{N}}{\text{mm}^3}$$

化简式(5.2.14)得：

$$[k^{(1)}] = 15.72 \times 10^5 \begin{matrix} u_2 & v_2 & \phi_2 \\ \begin{bmatrix} 0.3001 & 0.2998 & 0.120\,05 \\ 0.2998 & 0.3001 & -0.120\,05 \\ 0.120\,05 & -0.120\,05 & 14\,400 \end{bmatrix} \end{matrix} \frac{\text{N}}{\text{mm}^3} \tag{5.2.15}$$

式中，因为节点 1 是固定的，故仅包括了与节点 2 自由度相关的刚度矩阵部分。

单元 2

$$\theta^{(2)} = 0° \quad C = 1 \quad S = 0 \quad L^{(2)} = 12 \text{ m} = 12\,000 \text{ mm}$$

$$\frac{E}{L} = \frac{200 \times 10^3}{12\,000} = 16.67 \frac{\text{N}}{\text{mm}^3} \tag{5.2.16}$$

$$[k^{(2)}] = 16.67 \begin{bmatrix} 60\,000 & 0 & 0 \\ 0 & 30 & 180\,000 \\ 0 & 180\,000 & 1.44 \times 10^9 \end{bmatrix} \frac{\text{N}}{\text{mm}^3}$$

化简式(5.2.16)得：

$$[k^{(2)}] = 16.67 \times 10^5 \begin{matrix} u_2 & v_2 & \phi_2 \\ \begin{bmatrix} 0.6 & 0 & 0 \\ 0 & 0.0003 & 1.8 \\ 0 & 1.8 & 14\,000 \end{bmatrix} \end{matrix} \frac{\text{N}}{\text{mm}^3} \tag{5.2.17}$$

因为节点 3 是固定的,所以式中也只包括了与节点 2 自由度相关的刚度矩阵部分。叠加单元刚度矩阵,利用式(5.2.15)和式(5.2.17),以及式(5.2.13)表示的节点 2 的力和弯矩(因为结构在节点 3 是固定的),得出:

$$
\begin{Bmatrix} F_{2x} = 0 \\ F_{2y} = -78 \times 10^3 \\ M_2 = -156 \times 10^3 \end{Bmatrix} = (10^3) \begin{bmatrix} 1471.95 & 471.28 & 1887.18 \\ 471.28 & 472.25 & 113.41 \\ 1887.18 & 113.41 & 46\,641\,600 \end{bmatrix} \begin{Bmatrix} u_2 \\ v_2 \\ \phi_2 \end{Bmatrix} \tag{5.2.18}
$$

解式(5.2.18)得到节点 2 的位移与转角如下:

$$
\begin{Bmatrix} u_2 \\ v_2 \\ \phi_2 \end{Bmatrix} = \begin{Bmatrix} 0.0803 \text{ mm} \\ -0.2374 \text{ mm} \\ -0.0033 \text{ rad} \end{Bmatrix} \tag{5.2.19}
$$

计算结果表明:节点 2 向右移动($u_2 = 0.0803$ mm)并向下移动($v_2 = -0.2374$ mm),节点发生顺时针转动($\phi_2 = -0.0033$ rad)。

现确定局部坐标系下各单元的内力。对单元 2 必须使用求解均布荷载作用的方法。记住局部坐标系下内力是由 $\{f'\} = [k'][T]\{d\}$ 给出的。对于单元 1 有以下关系:

$$
[T]\{d\} = \begin{bmatrix} 0.707 & 0.707 & 0 & 0 & 0 & 0 \\ -0.707 & 0.707 & 0 & 0 & 0 & 0 \\ 0 & 0 & 1 & 0 & 0 & 0 \\ 0 & 0 & 0 & 0.707 & 0.707 & 0 \\ 0 & 0 & 0 & -0.707 & 0.707 & 0 \\ 0 & 0 & 0 & 0 & 0 & 1 \end{bmatrix} \begin{Bmatrix} 0 \\ 0 \\ 0 \\ 0.0803 \\ -0.2374 \\ -0.0033 \end{Bmatrix} \tag{5.2.20}
$$

化简式(5.2.20)可得:

$$
[T]\{d\} = \begin{Bmatrix} 0 \\ 0 \\ 0 \\ -0.111\,08 \\ -0.224\,632 \\ -0.003\,342 \end{Bmatrix} \tag{5.2.21}
$$

利用式(5.2.21)和式(5.1.8)中的 $[k']$ 得出:

$$
\begin{Bmatrix} f'_{1x} \\ f'_{1y} \\ m'_1 \\ f'_{2x} \\ f'_{2y} \\ m'_2 \end{Bmatrix} = \begin{bmatrix} 5893 & 0 & 0 & -5893 & 0 & 0 \\ & 2.730 & 694.8 & 0 & -2.730 & 694.8 \\ & & 117\,900 & 0 & -694.8 & 117\,900 \\ & & & 5893 & 0 & 0 \\ & & & & 2.730 & -694.8 \\ 对称 & & & & & 235\,800 \end{bmatrix} \begin{Bmatrix} 0 \\ 0 \\ 0 \\ -0.11\,108 \\ -0.224\,632 \\ -0.003\,342 \end{Bmatrix} \tag{5.2.22}
$$

化简式(5.2.22)得出局部坐标系下单元 1 的内力为:

$$
\begin{aligned}
& f'_{1x} = 104.77 \text{ kN} \qquad f'_{1y} = -8.827 \text{ kN} \qquad m'_{1x} = -37.22 \text{ kN·m} \\
& f'_{2x} = -104.77 \text{ kN} \qquad f'_{2y} = 8.827 \text{ kN} \qquad m'_{2x} = -75.05 \text{ kN·m}
\end{aligned} \tag{5.2.23}
$$

对于单元 2,因为单元上作用有均布荷载,所以用式(4.4.11)可得出局部坐标系下的内力。由

式 (5.1.10) 和式 (5.2.19) 得出:

$$[T]\{d\} = \begin{bmatrix} 1 & 0 & 0 & 0 & 0 & 0 \\ 0 & 1 & 0 & 0 & 0 & 0 \\ 0 & 0 & 1 & 0 & 0 & 0 \\ 0 & 0 & 0 & 1 & 0 & 0 \\ 0 & 0 & 0 & 0 & 1 & 0 \\ 0 & 0 & 0 & 0 & 0 & 1 \end{bmatrix} \begin{Bmatrix} 0.0803 \\ -0.2374 \\ -0.0033 \\ 0 \\ 0 \\ 0 \end{Bmatrix} \tag{5.2.24}$$

化简式 (5.2.24) 可得:

$$\begin{Bmatrix} 0.0803 \\ -0.2374 \\ -0.0033 \\ 0 \\ 0 \\ 0 \end{Bmatrix} \tag{5.2.25}$$

利用式 (5.2.25) 和式 (5.1.8) 中的 $[k']$ 得出:

$$[k']\{d'\} = [k'][T]\{d\} = \begin{bmatrix} 6250 & 0 & 0 & -6250 & 0 & 0 \\ & 3.25 & 781.1 & 0 & -3.25 & 781.1 \\ & & 250\,000 & 0 & -781.1 & 125\,000 \\ & & & 6250 & 0 & 0 \\ & & & & 3.25 & -781.1 \\ 对称 & & & & & 250\,000 \end{bmatrix} \begin{Bmatrix} 0.0803 \\ -0.2374 \\ -0.0033 \\ 0 \\ 0 \\ 0 \end{Bmatrix} \tag{5.2.26}$$

化简式 (5.2.26) 得出:

$$[k']\{d'\} = \begin{Bmatrix} 80.316\ \text{kN} \\ -10.018\ \text{kN} \\ -79.928\ \text{kN·m} \\ -80.316\ \text{kN} \\ -10.018\ \text{kN} \\ -40.320\ \text{kN·m} \end{Bmatrix} \tag{5.2.27}$$

使用式 (4.4.11) 得出实际的局部坐标系下单元节点力。也就是说,必须从式 (5.2.27) 中减去等效节点力 [参见式 (5.2.13)],得出:

$$\begin{Bmatrix} f'_{2x} \\ f'_{2y} \\ m'_2 \\ f'_{3x} \\ f'_{3y} \\ m'_3 \end{Bmatrix} = \begin{Bmatrix} 80.316 \\ -10.018 \\ -79.928 \\ -80.316 \\ 10.018 \\ -40.32 \end{Bmatrix} - \begin{Bmatrix} 0 \\ -78 \\ -156 \\ 0 \\ -78 \\ 156 \end{Bmatrix} \tag{5.2.28}$$

化简式 (5.2.28) 可得:

$$f'_{2x} = 80.316\ \text{kN} \quad f'_{2y} = 67.98\ \text{kN} \quad m'_2 = 76.07\ \text{kN·m}$$
$$f'_{3x} = -80.316\ \text{kN} \quad f'_{3y} = 88.018\ \text{kN} \quad m'_3 = -196.32\ \text{kN·m} \tag{5.2.29}$$

利用表示每个单元中的局部坐标系下内力的式(5.2.23)和式(5.2.29)，可以画出每一单元的隔离体图，如图 5.7 所示。从隔离体图中可以确定每一个单元、整体框架和节点 2 都是平衡的。

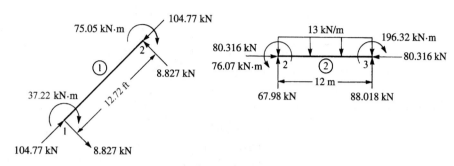

图 5.7　单元 1 和 2 的隔离体图

在例 5.3 中，将演示对于荷载作用在单元上而不是作用在节点上的框架，如何应用等效节点力替代法。因为没有分布荷载存在，集中荷载作用点在分析中可以处理为一个额外节点，可以用与例 5.1 类似的方法求解该问题。

这种方法的缺点是增加了节点的总数并增大了总的结构刚度矩阵[K]的大小。对于用计算机求解的小型结构，这不会产生什么问题。然而，对于非常大型的结构，这样做就有可能减小可以分析的结构的最大尺寸。可以肯定的是，此附加节点会极大地增加手算求解结构的时间。因此，等效节点力的概念被应用到集中荷载的情况中，并对解题的标准步骤进行了说明。我们将再次利用附录 D。

例 5.3　求解图 5.8(a)所示的框架。该框架由如图所示的三个单元构成，在单元 1 的中点作用有 65 kN 的水平荷载。节点 1、节点 2 和节点 3 是固定的，尺寸在图中已给出。令所有单元的 $E = 200$ GPa，$I = 3.0 \times 10^{-4}$ m^4 和 $A = 5.0 \times 10^{-3}$ m^2。

解

1. 首先，画出局部坐标系(x' 的方向是从节点 1 指向节点 4)中单元 1 上施加的荷载，如图 5.8(b)所示。

2. 接着，利用附录 D 中的表确定单元 1 两端的等效节点力 $\{f_0\}$(这些力的符号与传统结构分析理论[1]中固端力的符号相反)。这些等效节点力(和力矩)如图 5.8(c)所示。

3. 接着，利用方程 $\{f\} = [T]^T \{f'\}$ 将局部坐标系中的等效节点力转换为整体坐标系下的节点力，[T]通过式(5.1.10)定义。这些整体坐标系下的节点力如图 5.8(d)所示。

4. 接着，采用常规的方法，利用等效节点力(加上实际的节点力，如有的话)分析图 5.8(d)所示的结构。

5. 最后，用步骤 4 中得出的节点力减去步骤 2 中的节点力，得出每个有荷载作用的单元(此处只有单元 1)端部产生的最终内力。即将式(4.4.11) ($\{f\} = \{f^{(e)}\} - \{f_0\}$)局部地应用于原来有荷载作用的所有单元。

现在一步一步给出图 5.8(d)所示结构的求解过程。利用式(5.1.11)得到每一单元的总体刚度矩阵。

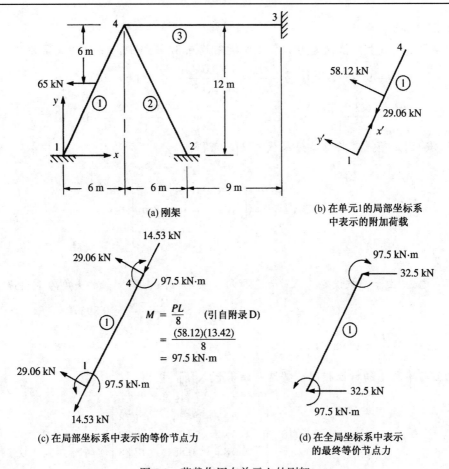

图 5.8　荷载作用在单元上的刚架

单元 1

对于单元 1，由于 x' 被设定为从节点 1 指向节点 4，则整体坐标轴 x 与局部坐标轴 x' 的夹角为 $63.43°$。因此：

$$C = \cos 63.43° = \frac{x_4 - x_1}{L^{(1)}} = \frac{6 - 0}{13.42} = 0.447$$

$$S = \sin 63.43° = \frac{y_4 - y_1}{L^{(1)}} = \frac{12 - 0}{13.42} = 0.895$$

$$\frac{12I}{L^2} = \frac{12(3 \times 10^{-4})}{(13.42)^2} = 1.998 \times 10^{-5} \qquad \frac{6I}{L} = \frac{6(3 \times 10^{-4})}{13.42} = 1.341 \times 10^{-4}$$

$$\frac{E}{L} = \frac{200 \times 10^9}{13.42} = 1.49 \times 10^{10}$$

利用式 (5.1.11) 中所得的 $[k]$，可得：

$$[k^{(1)}] = (10^6) \begin{matrix} u_4 & v_4 & \phi_4 \\ \begin{bmatrix} 15.12 & 29.78 & 1.78 \\ 29.78 & 59.73 & -0.88 \\ 1.78 & -0.88 & 17.88 \end{bmatrix} \end{matrix} \tag{5.2.30}$$

因为节点 1 为固定节点，不需要求解其位移，故式中仅包括了与节点 4 自由度相关的刚度矩阵部分。

单元 3

对于单元 3，由于 x' 被设定为从节点 4 指向节点 3，则 x 轴与 x' 轴的夹角为 $0°$。因此：

$$C = 1 \qquad S = 0 \qquad \frac{12I}{L^2} = \frac{12(3.0 \times 10^{-4})}{(15)^2} = 1.6 \times 10^{-5}$$

$$\frac{6I}{L} = \frac{6(3.0 \times 10^{-4})}{15} = 1.2 \times 10^{-4} \qquad \frac{E}{L} = \frac{200 \times 10^9}{15} = 1.33 \times 10^{10}$$

由于节点 3 为固定节点，将这些结果代入 $[k]$，可得：

$$[k^{(3)}] = (10^6) \begin{matrix} & u_4 & v_4 & \phi_4 \\ \begin{bmatrix} 66.67 & 0 & 0 \\ 0 & 0.21 & 1.59 \\ 0 & 1.59 & 15.99 \end{bmatrix} \end{matrix} \tag{5.2.31}$$

单元 2

对于单元 2，由于 x' 被设定为从节点 2 指向节点 4，则 x 轴与 x' 轴的夹角为 $116.57°$。因此：

$$C = \frac{6 - 12}{13.42} = -0.447 \qquad S = \frac{12 - 0}{13.42} = 0.895$$

$$\frac{12I}{L^2} = 1.998 \times 10^{-5} \qquad \frac{6I}{L} = 1.341 \times 10^{-4} \qquad \frac{E}{L} = 1.49 \times 10^{10}$$

因为单元 2 与单元 1 的特性相同，将这些结果代入 $[k]$，可得：

$$[k^{(2)}] = (10^6) \begin{matrix} & u_4 & v_4 & \phi_4 \\ \begin{bmatrix} 15.12 & -29.78 & 1.78 \\ -29.78 & 59.73 & 0.88 \\ 1.78 & 0.88 & 17.88 \end{bmatrix} \end{matrix} \tag{5.2.32}$$

因为节点 2 为固定节点。叠加式 (5.2.30)、式 (5.2.31) 和式 (5.2.32) 给出的刚度矩阵，并使用图 5.8(d) 中给出的节点 4 处的节点力，可得：

$$\begin{Bmatrix} -32.5 \text{ kN} \\ 0 \\ -97.5 \text{ kN·m} \end{Bmatrix} = \begin{bmatrix} 96.91 & 0 & 3.56 \\ 0 & 119.67 & 1.59 \\ 3.56 & 1.59 & 51.75 \end{bmatrix} \begin{Bmatrix} u_4 \\ v_4 \\ \phi_4 \end{Bmatrix} \tag{5.2.33}$$

联立求解式 (5.2.33) 中的三个方程，得出：

$$\begin{aligned} u_4 &= -0.267 \text{ mm} \\ v_4 &= 0.025 \text{ mm} \\ \phi_4 &= -0.001866 \text{ rad} \end{aligned} \tag{5.2.34}$$

接着，利用 $\{f'\} = [k'][T]\{d\}$ 确定各单元的内力。通常有以下关系：

$$[T]\{d\} = \begin{bmatrix} C & S & 0 & 0 & 0 & 0 \\ -S & C & 0 & 0 & 0 & 0 \\ 0 & 0 & 1 & 0 & 0 & 0 \\ 0 & 0 & 0 & C & S & 0 \\ 0 & 0 & 0 & -S & C & 0 \\ 0 & 0 & 0 & 0 & 0 & 1 \end{bmatrix} \begin{Bmatrix} u_i \\ v_i \\ \phi_i \\ u_j \\ v_j \\ \phi_j \end{Bmatrix}$$

因此，进行矩阵相乘得出：

$$[T]\{d\} = \begin{Bmatrix} Cu_i + Sv_i \\ -Su_i + Cv_i \\ \phi_i \\ Cu_j + Sv_j \\ -Su_j + Cv_j \\ \phi_j \end{Bmatrix} \tag{5.2.35}$$

单元 1

$$[T]\{d\} = \begin{Bmatrix} 0 \\ 0 \\ 0 \\ (0.447)(-2.67\times10^{-4}) + (0.895)(2.5\times10^{-5}) \\ (-0.895)(-2.67\times10^{-4}) + (0.447)(2.5\times10^{-5}) \\ -0.001\,866 \end{Bmatrix} = \begin{Bmatrix} 0 \\ 0 \\ 0 \\ -9.697\times10^{-5} \\ 2.5\times10^{-4} \\ -0.001\,186 \end{Bmatrix} \tag{5.2.36}$$

利用式 (5.1.8) 中的 $[k']$ 和式 (5.2.36)，可得：

$$[k'][T]\{d\} = (10^6)\begin{bmatrix} 74.51 & 0 & 0 & -74.51 & 0 & 0 \\ 0 & 0.297 & 1.996 & 0 & -0.297 & 1.996 \\ 0 & 1.996 & 17.86 & 0 & -1.996 & 8.93 \\ -74.51 & 0 & 0 & 74.51 & 0 & 0 \\ 0 & -0.297 & -1.996 & 0 & 0.297 & -1.996 \\ 0 & 1.996 & 8.93 & 0 & -1.996 & 17.86 \end{bmatrix} \times \begin{Bmatrix} 0 \\ 0 \\ 0 \\ -0.0969 \\ 0.025\ \text{mm} \\ -0.001\,186\ \text{rad} \end{Bmatrix} \tag{5.2.37}$$

这些值称为有效节点力 $\{f^{(e)}\}$。将式 (5.2.37) 中的矩阵相乘，用式 (4.4.11) 减去如图 5.8(c) 所示的单元在局部坐标系下的等效节点力，得到单元 1 的最终节点力为：

$$\{f'^{(1)}\} = \begin{Bmatrix} 7.25\ \text{kN} \\ -3.725\ \text{kN} \\ -16.66\ \text{kN·m} \\ -7.25\ \text{kN} \\ 3.725\ \text{kN} \\ -33.33\ \text{kN·m} \end{Bmatrix} - \begin{Bmatrix} -14.53\ \text{kN} \\ 29.06\ \text{kN} \\ 97.5\ \text{kN·m} \\ -14.53\ \text{kN} \\ 29.06 \\ -97.5\ \text{kN·m} \end{Bmatrix} = \begin{Bmatrix} 21.78\ \text{kN} \\ -32.785\ \text{kN} \\ -114.66\ \text{kN·m} \\ 7.28\ \text{kN} \\ -25.335\ \text{kN} \\ 64.17\ \text{kN·m} \end{Bmatrix} \tag{5.2.38}$$

类似地，对于单元 3 和单元 2，利用式 (5.2.35) 和式 (5.1.8) 可得出这些单元在局部坐标系下的节点力。因为这些单元上没有施加荷载，故与各单元在局部坐标系下的最终节点力由 $\{f'\}=[k'][T]\{d\}$ 给出。所得内力结果如下：

单元 3

$$\begin{aligned} f'_{4x} &= -17.78\ \text{kN} & f'_{4y} &= -2.695\ \text{kN} & m'_4 &= -29.866\ \text{kN·m} \\ f'_{3x} &= 17.78\ \text{kN} & f'_{3y} &= 2.965\ \text{kN} & m'_3 &= -14.933\ \text{kN·m} \end{aligned} \tag{5.2.39}$$

单元 2

$$\begin{aligned} f'_{2x} &= -10.53\ \text{kN} & f'_{2y} &= -3.785\ \text{kN} & m'_2 &= -17.22\ \text{kN·m} \\ f'_{4x} &= 10.53\ \text{kN} & f'_{4y} &= 3.785\ \text{kN} & m'_4 &= -34.0\ \text{kN·m} \end{aligned} \tag{5.2.40}$$

各单元的隔离体图如图 5.9 所示。每个单元都已处于平衡状态，虽然在手算过程中会产生一些误差。节点 4 和整个框架均满足平衡条件。例如，利用式 (5.2.38)～式 (5.2.40) 的结果来验证隐含在总体方程中节点 4 的平衡条件，可得出：

$$\sum M_4 = 64.17 - 29.866 - 34.0 = 0.304 \text{ kN·m} \qquad (接近于0)$$

$$\sum F_x = 7.28(0.447) + 25.335(0.895) - 10.53(0.447)$$
$$-3.785(0.895) - 17.78 = -0.05 \text{ kN} \qquad (接近于0)$$

$$\sum F_y = 7.28(0.895) - 25.335(0.447) + 10.53(0.895)$$
$$-3.785(0.447) - 2.965 = 0.039 \text{ kN} \qquad (接近于0)$$

因此，在手算的精度范围内验证了解的正确性。

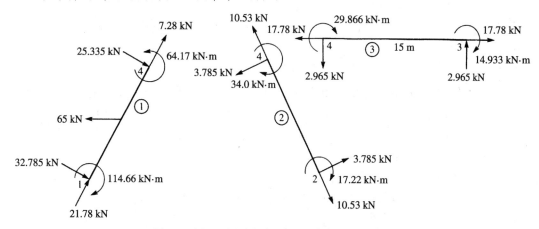

图 5.9　图 5.8(a)中框架的所有单元的隔离体图

为了演示如何解决既包括杆单元又包括框架单元的问题，求解以下例题。

例5.4　用杆单元 2 来加强悬臂梁单元 1，如图 5.10 所示。确定节点 1 的位移和单元力。对于杆，令 $A = 1.0 \times 10^{-3}$ m²。对于梁，令 $A = 2 \times 10^{-3}$ m²，$I = 5 \times 10^{-5}$ m⁴，$L = 3$ m。令杆单元和梁单元的 $E = 210$ GPa，梁与杆件之间的角度为 $45°$。在节点 1 处作用有向下的荷载，大小为 500 kN。

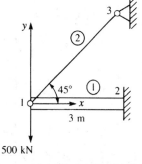

图 5.10　有杆单元支撑的悬臂梁

解　为简单起见，由于节点 2 和节点 3 是固定的，所以只保留每一单元的单元刚度矩阵[k]的一部分，这些部分是求解节点自由度的总体刚度矩阵[K]所必需的。利用式 (3.4.23)，得出杆件的单元刚度[k]为：

$$[k^{(2)}] = \frac{(1 \times 10^{-3})(210 \times 10^6)}{(3/\cos 45°)} \begin{bmatrix} 0.5 & 0.5 \\ 0.5 & 0.5 \end{bmatrix}$$

或者，化简此方程可得：

$$[k^{(2)}] = 70 \times 10^3 \begin{matrix} u_1 & v_1 \\ \begin{bmatrix} 0.354 & 0.354 \\ 0.354 & 0.354 \end{bmatrix} \end{matrix} \frac{\text{kN}}{\text{m}} \tag{5.2.41}$$

利用式(5.1.11)左上方的 3×3 部分，得出梁的单元刚度[k](包括轴向作用)为：

$$[k^{(1)}] = 70 \times 10^3 \begin{matrix} u_1 & v_1 & \phi_1 \\ \begin{bmatrix} 2 & 0 & 0 \\ 0 & 0.067 & 0.10 \\ 0 & 0.10 & 0.20 \end{bmatrix} \end{matrix} \frac{\text{kN}}{\text{m}} \tag{5.2.42}$$

式中，在计算式(5.2.42)时从中提出了一个$(E/L) \times 10^{-3}$的系数。

按常规方法组合式(5.2.41)式(5.2.42)，得出总体刚度矩阵为：

$$[K] = 70 \times 10^3 \begin{bmatrix} 2.354 & 0.354 & 0 \\ 0.354 & 0.421 & 0.10 \\ 0 & 0.10 & 0.20 \end{bmatrix} \frac{\text{kN}}{\text{m}} \tag{5.2.43}$$

节点 1 在整体坐标系下的方程可写为：

$$\begin{Bmatrix} F_{1x} \\ F_{1y} \\ M_1 \end{Bmatrix} = \begin{Bmatrix} 0 \\ -500 \\ 0 \end{Bmatrix} = 70 \times 10^3 \begin{bmatrix} 2.354 & 0.354 & 0 \\ 0.354 & 0.421 & 0.10 \\ 0 & 0.10 & 0.20 \end{bmatrix} \begin{Bmatrix} u_1 \\ v_1 \\ \phi_1 \end{Bmatrix} \tag{5.2.44}$$

解式(5.2.44)得出：

$$u_1 = 0.003\,38 \text{ m} \qquad v_1 = -0.0225 \text{ m} \qquad \phi_1 = 0.0113 \text{ rad} \tag{5.2.45}$$

通常利用 $\{f'\} = [k'][T]\{d\}$ 计算局部坐标系下的单元内力。对于杆单元有以下关系：

$$\begin{Bmatrix} f'_{1x} \\ f'_{3x} \end{Bmatrix} = \frac{AE}{L} \begin{bmatrix} 1 & -1 \\ -1 & 1 \end{bmatrix} \begin{bmatrix} C & S & 0 & 0 \\ 0 & 0 & C & S \end{bmatrix} \begin{Bmatrix} u_1 \\ v_1 \\ u_3 \\ v_3 \end{Bmatrix} \tag{5.2.46}$$

令式(5.2.46)中的三个矩阵相乘，得出(作为一个方程)：

$$f'_{1x} = \frac{AE}{L}(Cu_1 + Sv_1) \tag{5.2.47}$$

将给出的数值代入式(5.2.47)得出：

$$f'_{1x} = \frac{(1 \times 10^{-3} \text{ m}^2)(210 \times 10^6 \text{ kN/m}^2)}{4.24 \text{ m}} \left[\frac{\sqrt{2}}{2}(0.003\,38 - 0.0225) \right] \tag{5.2.48}$$

化简式(5.2.48)得出杆单元 2 的轴力为：

$$f'_{1x} = -670 \text{ kN} \tag{5.2.49}$$

式中的负号表明 f'_{1x} 的方向与单元 2 的 x' 轴的方向相反。用同样方法得出：

$$f'_{3x} = 670 \text{ kN} \tag{5.2.50}$$

这意味着杆件处于拉伸状态，如图 5.11 所示。因为梁单元的局部坐标轴和整体坐标轴一致，所以有 $\{f'\} = \{f\}$ 和 $\{d'\} = \{d\}$。因此，由式(5.1.6)可知在节点 1 处有：

$$\begin{Bmatrix} f'_{1x} \\ f'_{1y} \\ m'_1 \end{Bmatrix} = \begin{bmatrix} C_1 & 0 & 0 \\ 0 & 12C_2 & 6C_2L \\ 0 & 6C_2L & 4C_2L^2 \end{bmatrix} \begin{Bmatrix} u_1 \\ v_1 \\ \phi_1 \end{Bmatrix} \tag{5.2.51}$$

其中，因为节点 2 的位移等于 0，所以仅需要刚度矩阵左上方 3×3 的分块部分。将数值代入式(5.2.51)，得出：

$$\begin{Bmatrix} f'_{1x} \\ f'_{1y} \\ m'_1 \end{Bmatrix} = 70 \times 10^3 \begin{bmatrix} 2 & 0 & 0 \\ 0 & 0.067 & 0.10 \\ 0 & 0.10 & 0.20 \end{bmatrix} \begin{Bmatrix} 0.003\,38 \\ -0.0225 \\ 0.0113 \end{Bmatrix}$$

进行矩阵相乘得出:

$$f'_{1x} = 473 \text{ kN} \qquad f'_{1y} = -26.5 \text{ kN} \qquad m'_1 = 0.0 \text{ kN} \cdot \text{m} \tag{5.2.52}$$

类似地,利用式(5.1.6)左下方3×3部分,在节点2有以下关系:

$$\begin{Bmatrix} f'_{2x} \\ f'_{2y} \\ m'_2 \end{Bmatrix} = 70 \times 10^3 \begin{bmatrix} -2 & 0 & 0 \\ 0 & -0.067 & -0.10 \\ 0 & 0.10 & 0.10 \end{bmatrix} \begin{Bmatrix} 0.00338 \\ -0.0225 \\ 0.0113 \end{Bmatrix}$$

进行矩阵相乘得出:

$$f'_{2x} = -473 \text{ kN} \qquad f'_{2y} = 26.5 \text{ kN} \qquad m'_2 = -78.3 \text{ kN} \cdot \text{m} \tag{5.2.53}$$

为了帮助表示式(5.2.49)、式(5.2.50)、式(5.2.52)和式(5.2.53)的结果,图 5.11 给出了杆单元和梁单元的隔离体图。为了进一步验证结果,可验证节点 1 满足平衡条件。读者也可以验证梁单元中的弯矩是平衡的。

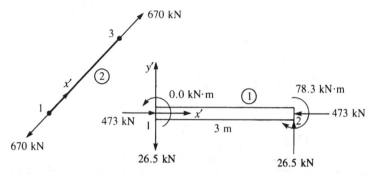

图 5.11　图 5.10 中的杆单元(单元 2)和梁单元(单元 1)的隔离体图

5.3　斜支座——框架单元

对于在节点 3 有斜支座的框架单元,如图 5.12 所示,用于将位移从整体坐标系下转化为局部坐标系下的变换矩阵[T]由式(5.1.10)给出。

在图 5.12 所示的例子中,将[T]用于节点 3,如下所示:

$$\begin{Bmatrix} u'_3 \\ v'_3 \\ \phi'_3 \end{Bmatrix} = \begin{bmatrix} \cos\alpha & \sin\alpha & 0 \\ -\sin\alpha & \cos\alpha & 0 \\ 0 & 0 & 1 \end{bmatrix} \begin{Bmatrix} u_3 \\ v_3 \\ \phi_3 \end{Bmatrix} \tag{5.3.1}$$

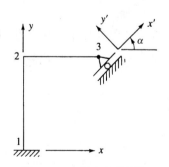

图 5.12　有斜支座的框架

平面框架按 3.9 节中给出的步骤求解。得出图 5.12 中平面框架的最终方程为[参考式(3.9.13)]:

$$[T_i]\{f\} = [T_i][K][T_i]^{\mathrm{T}}\{d\} \tag{5.3.2}$$

或

$$
\begin{Bmatrix}
F_{1x} \\
F_{1y} \\
M_1 \\
F_{2x} \\
F_{2y} \\
M_2 \\
F'_{3x} \\
F'_{3y} \\
M_3
\end{Bmatrix}
= [T_i][K][T_i]^{\mathrm{T}}
\begin{Bmatrix}
u_1 = 0 \\
v_1 = 0 \\
\phi_1 = 0 \\
u_2 \\
v_2 \\
\phi_2 \\
u'_3 \\
v'_3 = 0 \\
\phi'_3 = \phi_3
\end{Bmatrix}
\tag{5.3.3}
$$

式中

$$
[T_i] =
\begin{bmatrix}
[I] & [0] & [0] \\
[0] & [I] & [0] \\
[0] & [0] & [t_3]
\end{bmatrix}
\tag{5.3.4}
$$

且

$$
[t_3] =
\begin{bmatrix}
\cos\alpha & \sin\alpha & 0 \\
-\sin\alpha & \cos\alpha & 0 \\
0 & 0 & 1
\end{bmatrix}
\tag{5.3.5}
$$

5.4 网架方程

网架不同于平面刚架，在平面刚架中荷载作用于结构的平面，而在网架中荷载垂直于结构平面。现推导网架的单元刚度矩阵。假设网架的单元为刚性连接，这样在节点处连接的单元之间的原始角度不变。此时，在网架的节点处存在扭转和弯矩的连续性。网架的例子包括楼板、地板以及桥梁的桥面系统。图 5.13 展示了受 F_1，F_2，F_3 和 F_4 作用的典型的网架结构。

现在考虑建立网架的单元刚度矩阵和单元方程。具有节点自由度和节点力的代表性网架单元如图 5.14 所示。网架的每一节点有竖向挠度 v'_i（垂直于网架）、绕 x' 轴的扭转 ϕ'_{ix}、绕 z' 轴的弯曲转动 ϕ'_{iz}。这里忽略了轴

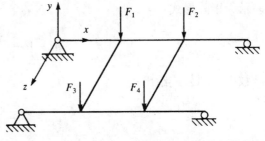

图 5.13 典型的网架结构

向位移的影响，即 $u'_i = 0$。节点力由剪力 f'_{iy}、绕 x' 轴的扭矩 m'_{ix}、绕 z' 轴的弯矩 m'_{iz} 组成。网架单元不抵抗轴向荷载，即 $f'_{ix} = 0$。

为推导网架单元在局部坐标系下的刚度矩阵，我们需要在基本的梁单元刚度矩阵 [参见式 (4.1.14)] 中考虑扭转作用。回想一下，在式 (4.1.14) 中已经考虑了弯曲和剪切效应。

可以用类似于第 3 章中建立轴向杆单元刚度矩阵的方法推导扭转杆单元刚度矩阵。在推导过程中，简单地用 m'_{ix} 代替 f'_{ix}，用 ϕ'_{ix} 代替 u'_i，用 G（剪切模量）代替 E，用 J（扭转常数或刚度系数）代替 A，用 τ（剪切应力）代替 σ，用 γ（剪切应变）代替 ε。

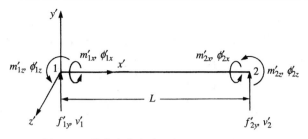

图 5.14　带节点自由度和节点力的网架单元

给出的实际推导如下所示。为简便起见，假设具有一个半径为 R 的圆形横截面，这种假设具有普遍性。

步骤 1

图 5.15 展示了节点扭矩和扭转角以及单元扭矩的符号规定。

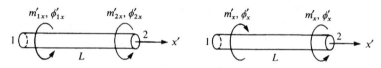

图 5.15　节点和单元扭矩的符号规定

步骤 2

假定沿杆的 x' 轴扭转角呈线性变化，因此可得：

$$\phi' = a_1 + a_2 x' \tag{5.4.1}$$

按通常的方法，用未知节点扭转角 ϕ'_{1x} 和 ϕ'_{2x} 表示 a_1 和 a_2，可得出：

$$\phi' = \left(\frac{\phi'_{2x} - \phi'_{1x}}{L}\right)x' + \phi'_{1x} \tag{5.4.2}$$

或表示为矩阵形式：

$$\phi' = [N_1 \quad N_2]\begin{Bmatrix} \phi'_{1x} \\ \phi'_{2x} \end{Bmatrix} \tag{5.4.3}$$

形函数由下列公式给出：

$$N_1 = 1 - \frac{x'}{L} \qquad N_2 = \frac{x'}{L} \tag{5.4.4}$$

步骤 3

考虑图 5.16 所示的一段杆的扭转变形，得出切应变 γ 和扭转角 ϕ' 之间的关系。假定所有轴线（如 OA）在扭转变形中保持为直线，弧长 $\widehat{AB}$ 由下列公式给出：

$$\widehat{AB} = \gamma_{\max}\mathrm{d}x' = R\mathrm{d}\phi'$$

求解最大剪切应变 $\gamma_{\max}$，得出：

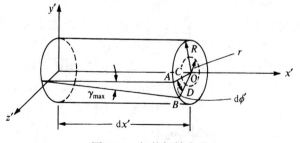

图 5.16　杆的扭转变形

$$\gamma_{\max} = \frac{R\mathrm{d}\phi'}{\mathrm{d}x'}$$

类似地，在任一径向位置 r，由三角形 OAB 与三角形 OCD 相似可得：

$$\gamma = r\frac{\mathrm{d}\phi'}{\mathrm{d}x'} = \frac{r}{L}(\phi'_{2x} - \phi'_{1x}) \tag{5.4.5}$$

此处用式 (5.4.2) 推导出式 (5.4.5) 的最终表达式。

线弹性各向同性材料的切应力 τ 与切应变 γ 的关系由下列公式给出：

$$\tau = G\gamma \tag{5.4.6}$$

式中，G 是材料的剪切模量。

步骤 4

用下列方法推导单元刚度矩阵。由基础力学可知，切应力与外加力矩的关系为：

$$m'_x = \frac{\tau J}{R} \tag{5.4.7}$$

式中，J 称为圆截面的极惯性矩，或者推广到一般情况，对于非圆截面称为扭转常数。将式 (5.4.5) 和式 (5.4.6) 代入式 (5.4.7)，可得：

$$m'_x = \frac{GJ}{L}(\phi'_{2x} - \phi'_{1x}) \tag{5.4.8}$$

根据图 5.15 的节点扭矩的符号规定：

$$m'_{1x} = -m'_x \tag{5.4.9}$$

或将式 (5.4.8) 代入式 (5.4.9)，得出：

$$m'_{1x} = \frac{GJ}{L}(\phi'_{1x} - \phi'_{2x}) \tag{5.4.10}$$

类似地，

$$m'_{2x} = m'_x \tag{5.4.11}$$

或

$$m'_{2x} = \frac{GJ}{L}(\phi'_{2x} - \phi'_{1x}) \tag{5.4.12}$$

将式 (5.4.10) 和式 (5.4.12) 都表示为矩阵形式，得出最终的杆的扭转刚度矩阵方程：

$$\begin{Bmatrix} m'_{1x} \\ m'_{2x} \end{Bmatrix} = \frac{GJ}{L}\begin{bmatrix} 1 & -1 \\ -1 & 1 \end{bmatrix}\begin{Bmatrix} \phi'_{1x} \\ \phi'_{2x} \end{Bmatrix} \tag{5.4.13}$$

因此，扭转杆的刚度矩阵为：

$$[k'] = \frac{GJ}{L}\begin{bmatrix} 1 & -1 \\ -1 & 1 \end{bmatrix} \tag{5.4.14}$$

各种结构的横截面，如桥面板，通常不是圆形截面。然而式 (5.4.13) 和式 (5.4.14) 仍具有一般适用性。要将它们应用于其他横截面，只需计算特定横截面的扭转常数 J。例如，槽形、角形或 I 形等由矩形构成的截面，J 可近似由下列公式表示：

$$J = \sum \frac{1}{3}b_i t_i^3 \tag{5.4.15}$$

式中，b_i 为任意单元横截面的宽度，t_i 是任意单元横截面的厚度。表 5.1 中给出了各种常见的横截面的 J 值。前面 4 个横截面被称为开口截面。式(5.4.15)只能应用于这些开口横截面(有关 J 的更详细的信息，请参阅参考文献[2]和[3]；以及有关各类横截面扭转常数的扩展表，请参阅参考文献[4])。假设荷载通过这些开口截面的剪切中心，以防止横截面的扭转。有关剪切中心的详细情况，请参阅参考文献[2]和[5]。

表 5.1　各种横截面的扭转常数 J 和剪切中心 SC

横截面	扭转常数	横截面	扭转常数
1. 槽形	$J = \dfrac{t^3}{3}(h + 2b)$ $e = \dfrac{h^2 b^2 t}{4I}$	4. 不等宽翼缘的宽缘梁	$J = \dfrac{1}{3}(b_1 t_1^3 + b_2 t_2^3 + h t_w^3)$
2. 角形	$J = \dfrac{1}{3}(b_1 t_1^3 + b_2 t_2^3)$	5. 实心圆	$J = \dfrac{\pi}{2} r^4$
3. Z 形截面	$J = \dfrac{t^3}{3}(2b + h)$	6. 封闭的空心矩形	$J = \dfrac{2 t t_1 (a - t)^2 (b - t_1)^2}{a t + b t_1 - t^2 - t_1^2}$

将式(5.4.13)的扭转作用与式(4.1.13)的剪切和弯曲作用结合起来，得出局部坐标系下网架的单元刚度矩阵方程为：

$$
\begin{Bmatrix} f'_{1y} \\ m'_{1x} \\ m'_{1z} \\ f'_{2y} \\ m'_{2x} \\ m'_{2z} \end{Bmatrix} =
\begin{bmatrix}
\dfrac{12EI}{L^3} & 0 & \dfrac{6EI}{L^2} & -\dfrac{12EI}{L^3} & 0 & \dfrac{6EI}{L^2} \\
 & \dfrac{GJ}{L} & 0 & 0 & \dfrac{-GJ}{L} & 0 \\
 & & \dfrac{4EI}{L} & \dfrac{-6EI}{L^2} & 0 & \dfrac{2EI}{L} \\
 & & & \dfrac{12EI}{L^3} & 0 & \dfrac{-6EI}{L^2} \\
 & & & & \dfrac{GJ}{L} & 0 \\
\text{对称} & & & & & \dfrac{4EI}{L}
\end{bmatrix}
\begin{Bmatrix} v'_1 \\ \phi'_{1x} \\ \phi'_{1z} \\ v'_2 \\ \phi'_{2x} \\ \phi'_{2z} \end{Bmatrix}
\qquad (5.4.16)
$$

由式(5.4.16)得出网架单元的局部刚度矩阵为:

$$
[k'_G] =
\begin{array}{cccccc}
v'_1 & \phi'_{1x} & \phi'_{1z} & v'_2 & \phi'_{2x} & \phi'_{2z}
\end{array}
$$

$$
[k'_G] =
\begin{bmatrix}
\dfrac{12EI}{L^3} & 0 & \dfrac{6EI}{L^2} & \dfrac{-12EI}{L^3} & 0 & \dfrac{6EI}{L^2} \\
0 & \dfrac{GJ}{L} & 0 & 0 & \dfrac{-GJ}{L} & 0 \\
\dfrac{6EI}{L^2} & 0 & \dfrac{4EI}{L} & \dfrac{-6EI}{L^2} & 0 & \dfrac{2EI}{L} \\
\dfrac{-12EI}{L^3} & 0 & \dfrac{-6EI}{L^2} & \dfrac{12EI}{L^3} & 0 & \dfrac{-6EI}{L^2} \\
0 & \dfrac{-GJ}{L} & 0 & 0 & \dfrac{GJ}{L} & 0 \\
\dfrac{6EI}{L^2} & 0 & \dfrac{2EI}{L} & \dfrac{-6EI}{L^2} & 0 & \dfrac{4EI}{L}
\end{bmatrix}
\tag{5.4.17}
$$

且自由度按顺序为(1)竖向位移、(2)扭转、(3)弯曲转动，如式(5.4.17)上方所列出的符号所示。

网架中将自由度从整体坐标系下转化为局部坐标系下的变换矩阵:

$$
\{T_G\} =
\begin{bmatrix}
1 & 0 & 0 & 0 & 0 & 0 \\
0 & C & S & 0 & 0 & 0 \\
0 & -S & C & 0 & 0 & 0 \\
0 & 0 & 0 & 1 & 0 & 0 \\
0 & 0 & 0 & 0 & C & S \\
0 & 0 & 0 & 0 & -S & C
\end{bmatrix}
\tag{5.4.18}
$$

式中，θ 为正值，在 x-z 平面中从 x 到 x' 取逆时针方向(参见图 5.17)，且

$$
C = \cos\theta = \frac{x_j - x_i}{L} \qquad\qquad S = \sin\theta = \frac{z_j - z_i}{L}
$$

式中，L 是从节点 i 到节点 j 的单元长度。如式(5.4.18)所示，对于一个网架，竖向位移 v' 对于坐标变换是一个不变量(即 $y = y'$)，参见图 5.17。

将式 (5.4.17) 和式 (5.4.18) 代入下式，得出 x-z 平面内任意方向网架单元在整体坐标系上的单元刚度矩阵:

$$
[k_G] = [T_G]^{\mathrm{T}}[k'_G][T_G] \tag{5.4.19}
$$

有了网架单元在整体坐标系下的单元刚度矩阵，即可按照平面框架同样的方法进行求解。

为了说明在 5.4 节建立的方程式的应用，现在求解以下网架结构。

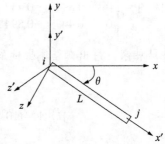

图 5.17　在 x-z 平面内任意方向的网架单元

例 5.5　分析图 5.18 所示的网架。该网架由三个单元组成，节点 2、3、4 均为固定端，受方向为竖直向下、大小为 400 kN 的力的作用(垂直于网架单元的 x-z 平面)。整体坐标系设在节点 3 处，单元长度在图中给出。令网架所有单元的 $E = 200$ GPa，$G = 80$ GPa，$I = 150 \times 10^6$ mm^4，$J = 40 \times 10^6$ mm^4。

解　将表示局部坐标系下单元刚度矩阵的式(5.4.17)和转换矩阵的式(5.4.18)代入

式 (5.4.19)，可得出每一单元在整体坐标系下的刚度矩阵。为了使手算求解更快，利用节点 2、3、4 的边界条件：

$$v_2 = \phi_{2x} = \phi_{2z} = 0 \qquad v_3 = \phi_{3x} = \phi_{3z} = 0 \qquad v_4 = \phi_{4x} = \phi_{4z} = 0 \qquad (5.4.20)$$

这样就可能只利用局部坐标系下单元刚度矩阵的左上方 3×3 的分块部分和与节点 1 自由度相关的变换矩阵。因此，得出每一单元在整体坐标系下的刚度矩阵，如下所述。

单元 1

对于单元 1，在计算单元刚度矩阵时假定局部坐标轴 x' 的方向是从节点 1 到节点 2。计算单元刚度矩阵需要用到以下表达式：

$$C = \cos\theta = \frac{x_2 - x_1}{L^{(1)}} = \frac{-6 - 0}{6.708} = -0.894$$

$$S = \sin\theta = \frac{z_2 - z_1}{L^{(1)}} = \frac{3 - 0}{6.708} = 0.447$$

$$\frac{12EI}{L^3} = \frac{12(200 \times 10^3)(150 \times 10^6)}{(6.708 \times 10^3)^3} = 0.001\,19 \times 10^6$$

$$\frac{6EI}{L^2} = \frac{6(200 \times 10^3)(150 \times 10^6)}{(6.708 \times 10^3)^2} = 4.0 \times 10^6$$

$$\frac{GJ}{L} = \frac{(80 \times 10^3)(40 \times 10^6)}{(6.708 \times 10^3)} = 477.04 \times 10^6$$

$$\frac{4EI}{L} = \frac{4(200 \times 10^3)(150 \times 10^6)}{(6.708 \times 10^3)} = 17\,889 \times 10^6$$

$$(5.4.21)$$

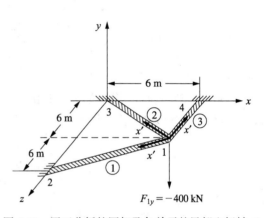

图 5.18　用于分析的网架及各单元的局部坐标轴 x'

考虑边界条件式 (5.4.20)，在表示 $[k'_G]$ 的式 (5.4.17) 和表示 $[T_G]$ 的式 (5.4.18) 中使用式 (5.4.21) 的结果，然后利用式 (5.4.19)，得出单元 1 在整体坐标系下的单元刚度矩阵左上方的 3×3 分块部分为：

$$[k_G^{(1)}] = \begin{bmatrix} 1 & 0 & 0 \\ 0 & -0.894 & -0.447 \\ 0 & 0.447 & -0.894 \end{bmatrix} (10^6) \begin{bmatrix} 0.0012 & 0 & 4.0 \\ 0 & 477.04 & 0 \\ 4 & 0 & 17\,889 \end{bmatrix} \begin{bmatrix} 1 & 0 & 0 \\ 0 & -0.894 & 0.447 \\ 0 & -0.447 & -0.894 \end{bmatrix}$$

进行矩阵相乘，得出在整体坐标系下的单元刚度矩阵为：

$$[k_G^{(1)}] = (10^3) \begin{array}{c} \begin{matrix} v_1 & \phi_1 & \phi_2 \end{matrix} \\ \begin{bmatrix} 0.0012 & -1.788 & -3.576 \\ -1.788 & 3950 & 6958.13 \\ -3.576 & 6958.13 & 14\,392.84 \end{bmatrix} \frac{\text{kN}}{\text{mm}} \end{array} \qquad (5.4.22)$$

式中，每列上面的符号表示自由度。

单元 2

对于单元 2，为计算该单元刚度矩阵，假定局部坐标轴 x' 的方向是从节点 1 到节点 3。计算该单元刚度矩阵需要用到以下表达式：

$$C = \frac{x_3 - x_1}{L^{(2)}} = \frac{-6 - 0}{6.708} = -0.894$$

$$S = \frac{z_3 - z_1}{L^{(2)}} = \frac{-6 - 0}{6.708} = -0.447$$

$$(5.4.23)$$

因为 E, G, I, J 和 L 是相同的, 所以在式(5.4.17)中采用的其他表达式与式(5.4.21)中的相同。计算式(5.4.19)得出单元 2 在整体坐标系下的单元刚度矩阵为:

$$[k_G^{(2)}] = \begin{bmatrix} 1 & 0 & 0 \\ 0 & -0.894 & 0.447 \\ 0 & -0.447 & -0.894 \end{bmatrix} (10^6) \begin{bmatrix} 0.0012 & 0 & 4.0 \\ 0 & 477.04 & 0 \\ 4.0 & 0 & 17\,889 \end{bmatrix} \begin{bmatrix} 1 & 0 & 0 \\ 0 & -0.894 & -0.447 \\ 0 & 0.447 & -0.894 \end{bmatrix}$$

简化后得出:

$$[k_G^{(2)}] = (10^3) \begin{array}{ccc} v_1 & \phi_{1x} & \phi_{1z} \end{array} \begin{bmatrix} 0.0012 & 1.788 & -3.576 \\ 1.788 & 3950 & -6958.13 \\ -3.576 & -6958.13 & 14\,392.84 \end{bmatrix} \frac{\text{kN}}{\text{mm}} \tag{5.4.24}$$

单元 3

对于单元 3, 假定局部坐标轴 x' 的方向是从节点 1 指向节点 4。计算该单元的刚度矩阵需要用到以下表达式:

$$
\begin{aligned}
C &= \frac{x_4 - x_1}{L^{(3)}} = \frac{6-6}{3} = 0 \\
S &= \frac{z_4 - z_1}{L^{(3)}} = \frac{0-3}{3} = -1 \\
\frac{12EI}{L^3} &= \frac{12(200 \times 10^3)(150 \times 10^6)}{(3 \times 10^3)^3} = 0.0133 \times 10^6 \\
\frac{6EI}{L^2} &= \frac{6(200 \times 10^3)(150 \times 10^6)}{(3 \times 10^3)^2} = 20 \times 10^6 \\
\frac{GJ}{L} &= \frac{(80 \times 10^3)(40 \times 10^6)}{(3 \times 10^3)} = 1066 \times 10^6 \\
\frac{4EI}{L} &= \frac{4(200 \times 10^3)(150 \times 10^6)}{(3 \times 10^6)} = 40\,000 \times 10^6
\end{aligned} \tag{5.4.25}
$$

利用式(5.4.25)得出单元 3 在整体坐标系下的单元刚度矩阵的上部为:

$$[k_G^{(3)}] = (10^6) \begin{array}{ccc} v_1 & \phi_{1x} & \phi_{1z} \end{array} \begin{bmatrix} 0.0133 & 20 & 0 \\ 20 & 40\,000 & 0 \\ 0 & 0 & 1066 \end{bmatrix} \frac{\text{kN}}{\text{mm}} \tag{5.4.26}$$

叠加式(5.4.22)、式(5.4.24)和式(5.4.26)在整体坐标系下的单元刚度矩阵, 得出网架的总体刚度矩阵(使用了边界条件)为:

$$[K_G] = (10^3) \begin{array}{ccc} v_1 & \phi_{1x} & \phi_{1z} \end{array} \begin{bmatrix} 0.0157 & 20 & -7.152 \\ 20 & 47\,900 & 0 \\ -7.152 & 0 & 29\,851.68 \end{bmatrix} \frac{\text{kN}}{\text{mm}} \tag{5.4.27}$$

网架的矩阵方程为:

$$\left\{\begin{array}{l} F_{1y} = -400 \\ M_{1x} = 0 \\ M_{1z} = 0 \end{array}\right\} = (10^3)\begin{bmatrix} 0.0157 & 20 & -1.152 \\ 20 & 47\,900 & 0 \\ -7.152 & 0 & 29\,851.68 \end{bmatrix}\left\{\begin{array}{l} v_1 \\ \phi_{1x} \\ \phi_{1z} \end{array}\right\} \tag{5.4.28}$$

因为荷载作用的方向为 y 轴的负方向，所以力 F_{1y} 是负的。求解式(5.4.28)，得到位移和转角为：

$$v_1 = -70.96 \text{ mm}$$
$$\phi_{1x} = 0.0296 \text{ rad} \tag{5.4.29}$$
$$\phi_{1z} = -0.0169 \text{ rad}$$

结果表明：节点 1 在 y 方向的位移是向下的，用负号表示；绕 x 轴的转角是正的，绕 z 轴的转角是负的。根据相对于支座的向下加载位置，结果正如预期所料。

在求解了未知位移和转角后，以类似于梁和平面框架的方法来建立单元方程，得到局部坐标系的单元力。通过对每一单元应用方程 $\{f'\} = [k'_G][T_G]\{d\}$，可以得出在设计和分析阶段所需要的局部坐标系下的力，如下所述。

单元 1

利用表示 $[k'_G]$ 和 $[T_G]$ 的式(5.4.17)、式(5.4.18)以及式(5.4.29)得出：

$$[T_G]\{d\} = \begin{bmatrix} 1 & 0 & 0 & 0 & 0 & 0 \\ 0 & -0.894 & 0.447 & 0 & 0 & 0 \\ 0 & -0.447 & -0.894 & 0 & 0 & 0 \\ 0 & 0 & 0 & 1 & 0 & 0 \\ 0 & 0 & 0 & 0 & -0.894 & 0.447 \\ 0 & 0 & 0 & 0 & -0.447 & -0.894 \end{bmatrix}\left\{\begin{array}{r} -70.96 \\ 0.0296 \\ -0.0169 \\ 0 \\ 0 \\ 0 \end{array}\right\}$$

矩阵相乘后得出：

$$[T_G]\{d\} = \left\{\begin{array}{r} -70.96 \\ -0.034\,01 \\ 0.001\,877 \\ 0 \\ 0 \\ 0 \end{array}\right\} \tag{5.4.30}$$

由此 $\{f'\} = [k'_G][T_G]\{d\}$ 变为：

$$\left\{\begin{array}{l} f'_{1y} \\ m'_{1x} \\ m'_{1z} \\ f'_{2y} \\ m'_{2x} \\ m'_{2z} \end{array}\right\} = \begin{bmatrix} 0.0012 & 0 & 4.0 & -0.0012 & 0 & 4.0 \\ 0 & 477.04 & 0 & 0 & -477.04 & 0 \\ 4.0 & 0 & 17\,889 & -4.0 & 0 & 8944.5 \\ -0.0012 & 0 & -4.0 & 0.0012 & 0 & -4.0 \\ 0 & -477.04 & 0 & 0 & 477.04 & 0 \\ 4.0 & 0 & 8944.5 & -4.0 & 0 & 17\,889 \end{bmatrix}\left\{\begin{array}{r} -70.96 \\ -0.034\,01 \\ 0.001\,877 \\ 0 \\ 0 \\ 0 \end{array}\right\} \tag{5.4.31}$$

将式(5.4.31)中的矩阵相乘，得出局部坐标系下的单元力为：

$$\begin{Bmatrix} f'_{1y} \\ m'_{1x} \\ m'_{1z} \\ f'_{2y} \\ m'_{2x} \\ m'_{2z} \end{Bmatrix} = \begin{Bmatrix} -77.644\ \text{kN} \\ -16.244\ \text{kN·m} \\ -250.262\ \text{kN·m} \\ 77.644\ \text{kN} \\ 16.244\ \text{kN·m} \\ -267.05\ \text{kN·m} \end{Bmatrix} \tag{5.4.32}$$

作用在单元 1 上的力的方向如图 5.19 中单元 1 的隔离体图所示。

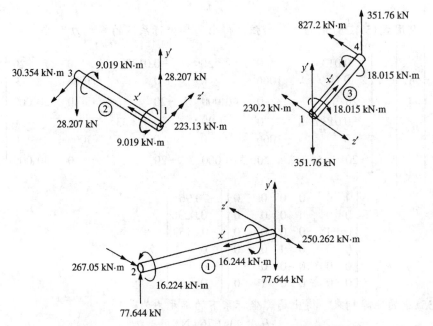

图 5.19　图 5.18 中局部坐标系下每个单元的隔离体图

单元 2

类似地，利用单元 2 的 $\{f'\}=[k'_G][T_G]\{d\}$ 和式 (5.4.23) 中的方向余弦，可得：

$$\begin{Bmatrix} f'_{1y} \\ m'_{1x} \\ m'_{1z} \\ f'_{3y} \\ m'_{3x} \\ m'_{3z} \end{Bmatrix} = \begin{bmatrix} 0.0012 & 0 & 4.0 & -0.0012 & 0 & 4.0 \\ 0 & 477.04 & 0 & 0 & -477.04 & 0 \\ 4.0 & 0 & 17\,889 & -4.0 & 0 & 8944.5 \\ -0.0012 & 0 & -4.0 & 0.0012 & 0 & -4.0 \\ 0 & -477.04 & 0 & 0 & 477.04 & 0 \\ 4.0 & 0 & 8944.5 & -4.0 & 0 & 17\,889 \end{bmatrix}$$

$$\times \begin{bmatrix} 1 & 0 & 0 & 0 & 0 & 0 \\ 0 & -0.894 & -0.447 & 0 & 0 & 0 \\ 0 & 0.447 & -0.894 & 0 & 0 & 0 \\ 0 & 0 & 0 & 1 & 0 & 0 \\ 0 & 0 & 0 & 0 & -0.894 & -0.447 \\ 0 & 0 & 0 & 0 & 0.447 & -0.894 \end{bmatrix} \begin{Bmatrix} -70.96 \\ 0.0296 \\ -0.0169 \\ 0 \\ 0 \\ 0 \end{Bmatrix} \tag{5.4.33}$$

将式(5.4.33)中的矩阵相乘,得出局部坐标系下的单元力为:

$$f'_{1y} = 28.207 \text{ kN}$$
$$m'_{1x} = -9.019 \text{ kN·m}$$
$$m'_{1z} = 223.13 \text{ kN·m}$$
$$f'_{3y} = -28.207 \text{ kN} \tag{5.4.34}$$
$$m'_{3x} = 9.019 \text{ kN·m}$$
$$m'_{3z} = -30.354 \text{ kN·m}$$

单元3

最后,利用式(5.4.25)中的方向余弦,得出局部坐标系下的单元力为:

$$
\begin{Bmatrix} f'_{1y} \\ m'_{1x} \\ m'_{1z} \\ f'_{3y} \\ m'_{3x} \\ m'_{3z} \end{Bmatrix} =
\begin{bmatrix}
0.0133 & 0 & 20 & -0.0133 & 0 & 20 \\
0 & 1066 & 0 & 0 & -1066 & 0 \\
20 & 0 & 40\,000 & -20 & 0 & 20\,000 \\
-0.0133 & 0 & -20 & 0.013\,33 & 0 & -20 \\
0 & -1066 & 0 & 0 & 1066 & 0 \\
20 & 0 & 20\,000 & -20 & 0 & 40\,000
\end{bmatrix}
$$

$$
\times
\begin{bmatrix}
1 & 0 & 0 & 0 & 0 & 0 \\
0 & 0 & -1 & 0 & 0 & 0 \\
0 & 1 & 0 & 0 & 0 & 0 \\
0 & 0 & 0 & 1 & 0 & 0 \\
0 & 0 & 0 & 0 & 0 & -1 \\
0 & 0 & 0 & 0 & 1 & 0
\end{bmatrix}
\begin{Bmatrix} -70.96 \\ 0.0296 \\ -0.0169 \\ 0 \\ 0 \\ 0 \end{Bmatrix}
\tag{5.4.35}
$$

将式(5.4.35)中的矩阵相乘,得出局部坐标系下的单元力为:

$$f'_{1y} = 351.76 \text{ kN}$$
$$m'_{1x} = 18.015 \text{ kN·m}$$
$$m'_{1z} = -235.2 \text{ kN·m}$$
$$f'_{4y} = 351.76 \text{ kN} \tag{5.4.36}$$
$$m'_{4x} = -18.015 \text{ kN·m}$$
$$m'_{4z} = -827.2 \text{ kN·m}$$

　　图 5.19 中给出了所有单元的隔离体图,每个单元都处于平衡状态。对于任一单元, x' 轴的方向是从第一个节点指向第二个节点, y' 轴与整体坐标中的 y 轴一致, z' 轴垂直于 x'-y' 平面,方向由右手定则确定。

　　为了验证节点 1 的平衡,画出该节点的隔离体图,画出每一单元节点 1 传递的所有的力和力矩,如图 5.20 所示。在图 5.20 中,每一单元在局部坐标系下的力和力矩已被变换为在整体坐标系下的分量,并包括了所有外加节点力。为进行此变换,一般是利用 $\{f'\} = [T]\{f\}$,由 $[T]^{\mathrm{T}} = [T]^{-1}$,

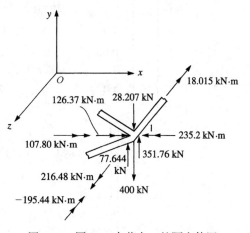

图 5.20　图 5.18 中节点 1 的隔离体图

所以 $\{f\} = [T]^{\mathrm{T}}\{f'\}$。变换的是每个单元在节点 1 处的力，故只使用表示 $[T_G]$ 的式(5.4.18)上面 3×3 的分块部分。因此，用节点 1 在局部坐标系下的单元力和力矩左乘每个单元的变换矩阵的转置矩阵，得出整体坐标系下的节点力和力矩，如下所述。

单元 1

$$\begin{Bmatrix} f_{1y} \\ m_{1x} \\ m_{1z} \end{Bmatrix} = \begin{bmatrix} 1 & 0 & 0 \\ 0 & -0.894 & -0.447 \\ 0 & 0.447 & -0.894 \end{bmatrix} \begin{Bmatrix} 77.644 \\ -16.244 \\ -250.262 \end{Bmatrix}$$

简化后得出整体坐标系下的力和力矩为：

$$f_{1y} = -77.664 \text{ kN} \qquad m_{1x} = 126.37 \text{ kN·m} \qquad m_{1z} = 216.48 \text{ kN·m} \tag{5.4.37}$$

式中，由 $y = y'$ 得 $f_{1y} = f'_{1y}$。

单元 2

$$\begin{Bmatrix} f_{1y} \\ m_{1x} \\ m_{1z} \end{Bmatrix} = \begin{bmatrix} 1 & 0 & 0 \\ 0 & -0.894 & 0.447 \\ 0 & -0.447 & -0.894 \end{bmatrix} \begin{Bmatrix} 28.702 \\ -9.019 \\ 228.13 \end{Bmatrix}$$

简化后得出整体坐标系下的力和力矩为：

$$f_{1y} = 28.207 \text{ kN} \qquad m_{1x} = 107.80 \text{ kN·m} \qquad m_{1z} = -195.44 \text{ kN·m} \tag{5.4.38}$$

单元 3

$$\begin{Bmatrix} f_{1y} \\ m_{1x} \\ m_{1z} \end{Bmatrix} = \begin{bmatrix} 1 & 0 & 0 \\ 0 & 0 & 1 \\ 0 & -1 & 0 \end{bmatrix} \begin{Bmatrix} -351.76 \text{ kN·m} \\ 18.015 \text{ kN·m} \\ -235.2 \text{ kN·m} \end{Bmatrix}$$

简化后得出整体坐标系下的力和力矩为：

$$f_{1y} = -351.76 \text{ kN} \qquad m_{1x} = -235.2 \text{ kN·m} \qquad m_{1z} = 18.015 \text{ kN·m} \tag{5.4.39}$$

然后，将每个单元的大小相等但符号相反的力和力矩作用在节点 1 上。图 5.20 给出了节点 1 的隔离体图。力和力矩的平衡验证如下：

$$\sum F_{1y} = -400 - 28.207 + 77.644 + 351.76 = 1.197 \text{ kN} \qquad \text{(接近于0)}$$

$$\sum M_{1x} = -126.37 - 107.80 + 235 = 0.83 \text{ kN} \qquad \text{(接近于0)}$$

$$\sum M_{1z} = -216.48 + 195.44 + 18.015 = -3.025 \text{ kN} \qquad \text{(接近于0)}$$

因此，在手算的精度范围内验证了解的正确性。

例 5.6 分析图 5.21 所示的网架。该网架由两个单元组成，节点 1 和节点 3 为固定端，受大小为 22 kN、方向为垂直向下的荷载。整体坐标系和单元长度如图所示，令 $E = 210 \text{ GPa}$，$G = 84 \text{ GPa}$，$I = 16.6 \times 10^{-5} \text{ m}^4$，$J = 4.6 \times 10^{-5} \text{ m}^4$。

解 与例 5.5 一样，利用边界条件和只表示与节点 2 的自由度有关的刚度矩阵部分。节点 1 和节点 3

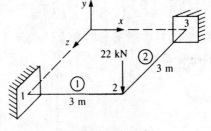

图 5.21 网架实例

的边界条件为:

$$v_1 = \phi_{1x} = \phi_{1z} = 0 \qquad v_3 = \phi_{3x} = \phi_{3z} = 0 \tag{5.4.40}$$

得出每一单元的总体刚度矩阵如下。

单元 1

对于单元 1,局部坐标轴 x' 与整体坐标轴 x 一致。因此得出:

$$C = \frac{x_2 - x_1}{L^{(1)}} = \frac{3}{3} = 1 \qquad S = \frac{z_2 - z_1}{L^{(1)}} = \frac{3 - 3}{3} = 0$$

计算该刚度矩阵所需的其他表达式为:

$$\frac{12EI}{L^3} = \frac{12(210 \times 10^6 \text{ kN/m}^2)(16.6 \times 10^{-5} \text{ m}^4)}{(3 \text{ m})^3} = 1.55 \times 10^4$$

$$\frac{6EI}{L^2} = \frac{6(210 \times 10^6)(16.6 \times 10^{-5})}{(3)^2} = 2.32 \times 10^4$$

$$\frac{GJ}{L} = \frac{(84 \times 10^6)(4.6 \times 10^{-5})}{3} = 1.28 \times 10^3 \tag{5.4.41}$$

$$\frac{4EI}{L} = \frac{4(210 \times 10^6)(16.6 \times 10^{-5})}{3} = 4.65 \times 10^4$$

考虑边界条件式(5.4.40),将式(5.4.41)的结果代入表示 $[k'_G]$ 的式(5.4.17)和表示 $[T_G]$ 的式(5.4.18)中,然后用式(5.4.19)得出仅与节点 2 自由度相关的化简后的整体坐标系下刚度矩阵为:

$$[k_G^{(1)}] = \begin{bmatrix} 1 & 0 & 0 \\ 0 & 1 & 0 \\ 0 & 0 & 1 \end{bmatrix} \begin{bmatrix} 1.55 & 0 & -2.32 \\ 0 & 0.128 & 0 \\ -2.32 & 0 & 4.65 \end{bmatrix} (10^4) \begin{bmatrix} 1 & 0 & 0 \\ 0 & 1 & 0 \\ 0 & 0 & 1 \end{bmatrix}$$

因为单元 1 的局部坐标轴平行于整体坐标轴,可以看出 $[T_G]$ 仅是一个单位矩阵,因此有 $[k_G] = [k'_G]$。矩阵相乘得出:

$$[k_G^{(1)}] = \begin{bmatrix} 1.55 & 0 & -2.32 \\ 0 & 0.128 & 0 \\ -2.32 & 0 & 4.65 \end{bmatrix} (10^4) \frac{\text{kN}}{\text{m}} \tag{5.4.42}$$

单元 2

对于单元 2,假定计算 $[k_G]$ 时,局部坐标轴 x' 的方向是从节点 2 指向节点 3。因此:

$$C = \frac{x_3 - x_2}{L^{(2)}} = \frac{0 - 0}{3} = 0 \qquad S = \frac{z_3 - z_2}{L^{(2)}} = \frac{0 - 3}{3} = -1 \tag{5.4.43}$$

式(5.4.17)中所用的其余表达式与式(5.4.41)中的相同。计算式(5.4.19)得出在整体坐标系下的刚度矩阵为:

$$[k_G^{(2)}] = \begin{bmatrix} 1 & 0 & 0 \\ 0 & 0 & 1 \\ 0 & -1 & 0 \end{bmatrix} \begin{bmatrix} 1.55 & 0 & 2.32 \\ 0 & 0.128 & 0 \\ 2.32 & 0 & 4.65 \end{bmatrix} (10^4) \begin{bmatrix} 1 & 0 & 0 \\ 0 & 0 & -1 \\ 0 & 1 & 0 \end{bmatrix}$$

式中,$[k_G]$ 的化简部分与单元 2 的节点 2 相关。进行矩阵相乘得出:

$$[k_G^{(2)}] = \begin{bmatrix} 1.55 & 2.32 & 0 \\ 2.32 & 4.65 & 0 \\ 0 & 0 & 0.128 \end{bmatrix} (10^4) \frac{\text{kN}}{\text{m}} \tag{5.4.44}$$

叠加式(5.4.42)和式(5.4.44)的整体坐标系下刚度矩阵,得出总体刚度矩阵(已用了边界条件)为:

$$[K_G] = \begin{bmatrix} 3.10 & 2.32 & -2.32 \\ 2.32 & 4.78 & 0 \\ -2.32 & 0 & 4.78 \end{bmatrix} (10^4) \frac{\text{kN}}{\text{m}} \tag{5.4.45}$$

网架矩阵方程变为:

$$\begin{Bmatrix} F_{2y} = -22 \\ M_{2x} = 0 \\ M_{2z} = 0 \end{Bmatrix} = \begin{bmatrix} 3.10 & 2.32 & -2.32 \\ 2.32 & 4.78 & 0 \\ -2.32 & 0 & 4.78 \end{bmatrix} \begin{Bmatrix} v_2 \\ \phi_{2x} \\ \phi_{2z} \end{Bmatrix} (10^4) \tag{5.4.46}$$

解出式(5.4.46)中的位移和转角,得到:

$$v_2 = -0.259 \times 10^{-2} \text{ m}$$
$$\phi_{2x} = 0.126 \times 10^{-2} \text{ rad} \tag{5.4.47}$$
$$\phi_{2z} = -0.126 \times 10^{-2} \text{ rad}$$

对于每个单元,利用局部坐标系下方程 $\{f'\} = [k_G'][T_G]\{d\}$ 确定局部坐标系下的单元力,如下所述。

单元 1

用表示 $[k_G']$ 的式(5.4.17)、表示 $[T_G]$ 的式(5.4.18)以及式(5.4.47)得出:

$$[T_G]\{d\} = \begin{bmatrix} 1 & 0 & 0 & 0 & 0 & 0 \\ 0 & 1 & 0 & 0 & 0 & 0 \\ 0 & 0 & 1 & 0 & 0 & 0 \\ 0 & 0 & 0 & 1 & 0 & 0 \\ 0 & 0 & 0 & 0 & 1 & 0 \\ 0 & 0 & 0 & 0 & 0 & 1 \end{bmatrix} \begin{Bmatrix} 0 \\ 0 \\ 0 \\ -0.259 \times 10^{-2} \\ 0.126 \times 10^{-2} \\ -0.126 \times 10^{-2} \end{Bmatrix}$$

矩阵相乘后得出:

$$[T_G]\{d\} = \begin{Bmatrix} 0 \\ 0 \\ 0 \\ -0.259 \times 10^{-2} \\ 0.126 \times 10^{-2} \\ -0.126 \times 10^{-2} \end{Bmatrix} \tag{5.4.48}$$

利用式(5.4.17)、式(5.4.41)和式(5.4.48),得出局部坐标系下单元力为:

$$\begin{Bmatrix} f'_{1y} \\ m'_{1x} \\ m'_{1z} \\ f'_{2y} \\ m'_{2x} \\ m'_{2z} \end{Bmatrix} = (10^4) \begin{bmatrix} 1.55 & 0 & 2.32 & -1.55 & 0 & 2.32 \\ & 0.128 & 0 & 0 & -0.128 & 0 \\ & & 4.65 & -2.32 & 0 & 2.33 \\ & & & 1.55 & 0 & -2.32 \\ & & & & 0.128 & 0 \\ \text{对称} & & & & & 4.65 \end{bmatrix} \begin{Bmatrix} 0 \\ 0 \\ 0 \\ -0.259 \times 10^{-2} \\ 0.126 \times 10^{-2} \\ -0.126 \times 10^{-2} \end{Bmatrix} \tag{5.4.49}$$

令式(5.4.49)中的矩阵相乘，得出：

$$
\begin{array}{lll}
f'_{1y} = 11.0 \text{ kN} & m'_{1x} = -1.50 \text{ kN} \cdot \text{m} & m'_{1z} = 31.0 \text{ kN} \cdot \text{m} \\
f'_{2y} = -11.0 \text{ kN} & m'_{2x} = 1.50 \text{ kN} \cdot \text{m} & m'_{2z} = 1.50 \text{ kN} \cdot \text{m}
\end{array} \tag{5.4.50}
$$

单元 2

用类似方法得出单元 2 的局部坐标系下的单元力。因为过程与得出单元 1 的局部坐标系下单元力的相同，这里不再详细叙述，仅列出最后结果：

$$
\begin{array}{lll}
f'_{2y} = -11.0 \text{ kN} & m'_{2x} = 1.50 \text{ kN} \cdot \text{m} & m'_{2z} = -1.50 \text{ kN} \cdot \text{m} \\
f'_{3y} = 11.0 \text{ kN} & m'_{3x} = -1.50 \text{ kN} \cdot \text{m} & m'_{3z} = -31.0 \text{ kN} \cdot \text{m}
\end{array} \tag{5.4.51}
$$

表示局部坐标系下单元力的隔离体图如图 5.22 所示。

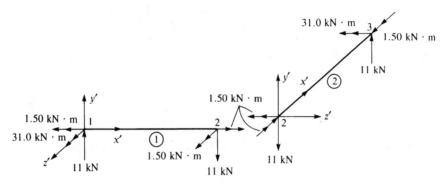

图 5.22　图 5.21 中每个单元的隔离体图

5.5　空间中任意方向的梁单元

本节推导在空间中或三维任意方向的梁单元的刚度矩阵。此单元可以用于分析三维空间中的框架。

首先考虑绕两轴的弯曲，如图 5.23 所示。

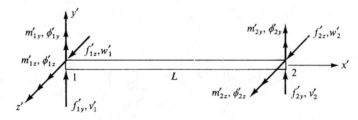

图 5.23　绕 y' 轴和 z' 轴的弯曲

对于坐标轴，建立以下符号约定。选择 x' 的正向是从节点 1 指向节点 2。那么 y' 为主轴，绕该轴的惯性矩 I_y 最小。用右手定则确立 z' 轴，且最大惯性矩为 I_z。

5.5.1　在 x'-z' 平面内的弯曲

首先考虑由 m'_y 产生的 x'-z' 平面内的弯曲。那么顺时针转动 ϕ'_y 与之前的单向受弯时的意义相同。由 x'-z' 平面内的弯曲产生的刚度矩阵为：

$$[k'_y] = \frac{EI_y}{L^4}\begin{bmatrix} 12L & -6L^2 & -12L & -6L^2 \\ & 4L^3 & 6L^2 & 2L^3 \\ & & 12L & 6L^2 \\ \text{对称} & & & 4L^3 \end{bmatrix} \tag{5.5.1}$$

式中，I_y 是横截面绕主轴（弱轴）y' 的惯性矩，即 $I_y < I_z$。

5.5.2　在 x'-y' 平面内的弯曲

现在考虑由 m'_z 产生的 x'-y' 平面内的弯曲。正向转动 ϕ'_z 是逆时针的，而不是顺时针的。因此由 x'-z' 平面内的弯曲产生的刚度矩阵中有些符号要改变。其最终的刚度矩阵为：

$$[k'_z] = \frac{EI_z}{L^4}\begin{bmatrix} 12L & 6L^2 & -12L & 6L^2 \\ & 4L^3 & -6L^2 & 2L^3 \\ & & 12L & -6L^2 \\ \text{对称} & & & 4L^3 \end{bmatrix} \tag{5.5.2}$$

将式 (5.5.1) 和式 (5.5.2) 与轴向刚度矩阵式 (3.1.14) 以及扭转刚度矩阵式 (5.4.14) 直接叠加，导出三维空间中梁或框架单元的单元刚度矩阵为：

$$[k'] = \begin{bmatrix}
\frac{AE}{L} & 0 & 0 & 0 & 0 & 0 & -\frac{AE}{L} & 0 & 0 & 0 & 0 & 0 \\
0 & \frac{12EI_z}{L^3} & 0 & 0 & 0 & \frac{6EI_z}{L^2} & 0 & -\frac{12EI_z}{L^3} & 0 & 0 & 0 & \frac{6EI_z}{L^2} \\
0 & 0 & \frac{12EI_y}{L^3} & 0 & -\frac{6EI_y}{L^2} & 0 & 0 & 0 & -\frac{12EI_y}{L^3} & 0 & -\frac{6EI_y}{L^2} & 0 \\
0 & 0 & 0 & \frac{GJ}{L} & 0 & 0 & 0 & 0 & 0 & -\frac{GJ}{L} & 0 & 0 \\
0 & 0 & -\frac{6EI_y}{L^2} & 0 & \frac{4EI_y}{L} & 0 & 0 & 0 & \frac{6EI_y}{L^2} & 0 & \frac{2EI_y}{L} & 0 \\
0 & \frac{6EI_z}{L^2} & 0 & 0 & 0 & \frac{4EI_z}{L} & 0 & -\frac{6EI_z}{L^2} & 0 & 0 & 0 & \frac{2EI_z}{L} \\
-\frac{AE}{L} & 0 & 0 & 0 & 0 & 0 & \frac{AE}{L} & 0 & 0 & 0 & 0 & 0 \\
0 & -\frac{12EI_z}{L^3} & 0 & 0 & 0 & -\frac{6EI_z}{L^2} & 0 & \frac{12EI_z}{L^3} & 0 & 0 & 0 & -\frac{6EI_z}{L^2} \\
0 & 0 & -\frac{12EI_y}{L^3} & 0 & \frac{6EI_y}{L^2} & 0 & 0 & 0 & \frac{12EI_y}{L^3} & 0 & \frac{6EI_y}{L^2} & 0 \\
0 & 0 & 0 & -\frac{GJ}{L} & 0 & 0 & 0 & 0 & 0 & \frac{GJ}{L} & 0 & 0 \\
0 & 0 & -\frac{6EI_y}{L^2} & 0 & \frac{2EI_y}{L} & 0 & 0 & 0 & \frac{6EI_y}{L^2} & 0 & \frac{4EI_y}{L} & 0 \\
0 & \frac{6EI_z}{L^2} & 0 & 0 & 0 & \frac{2EI_z}{L} & 0 & -\frac{6EI_z}{L^2} & 0 & 0 & 0 & \frac{4EI_z}{L}
\end{bmatrix} \tag{5.5.3}$$

（列标题：$u'_1 \quad v'_1 \quad w'_1 \quad \phi'_{1x} \quad \phi'_{1y} \quad \phi'_{1z} \quad u'_2 \quad v'_2 \quad w'_2 \quad \phi'_{2x} \quad \phi'_{2y} \quad \phi'_{2z}$）

从局部坐标系向整体坐标系的转换如下：

$$[k] = [T]^T[k'][T] \tag{5.5.4}$$

式中，$[k']$ 由式 (5.5.3) 给出，$[T]$ 由下式给出：

$$[T] = \begin{bmatrix} [\lambda]_{3\times 3} & & & \\ & [\lambda]_{3\times 3} & & \\ & & [\lambda]_{3\times 3} & \\ & & & [\lambda]_{3\times 3} \end{bmatrix} \tag{5.5.5}$$

式中，

$$[\lambda] = \begin{bmatrix} C_{xx'} & C_{yx'} & C_{zx'} \\ C_{xy'} & C_{yy'} & C_{zy'} \\ C_{xz'} & C_{yz'} & C_{zz'} \end{bmatrix} \tag{5.5.6}$$

此处 $C_{yx'}$ 与 $C_{xy'}$ 不一定相等。图 5.24 给出了部分方向余弦。

注意 x' 轴单元的方向余弦为：

$$x' = \cos\theta_{xx'}\mathbf{i} + \cos\theta_{yx'}\mathbf{j} + \cos\theta_{zx'}\mathbf{k} \tag{5.5.7}$$

式中，

$$\cos\theta_{xx'} = \frac{x_2 - x_1}{L} = l$$

$$\cos\theta_{yx'} = \frac{y_2 - y_1}{L} = m \tag{5.5.8}$$

$$\cos\theta_{zx'} = \frac{z_2 - z_1}{L} = n$$

选取的 y' 轴要垂直于 x' 轴和 z 轴，将整体坐标系下 z 轴与 x' 轴叉乘来确定 y' 轴，如图 5.25 示。因此，

$$z \times x' = y' = \frac{1}{D} \begin{vmatrix} \mathbf{i} & \mathbf{j} & \mathbf{k} \\ 0 & 0 & 1 \\ l & m & n \end{vmatrix} \tag{5.5.9}$$

且

$$y' = -\frac{m}{D}\mathbf{i} + \frac{l}{D}\mathbf{j}$$
$$D = (l^2 + m^2)^{1/2} \tag{5.5.10}$$

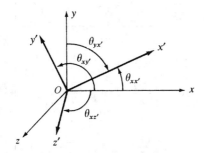

图 5.24　与 x 轴相关的方向余弦

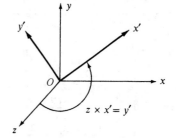

图 5.25　说明如何确定局部坐标轴 y'

z' 轴由正交条件 $z' = x' \times y'$ 得出，如下所示：

$$z' = x' \times y' = \frac{1}{D} \begin{vmatrix} \mathbf{i} & \mathbf{j} & \mathbf{k} \\ l & m & n \\ -m & l & 0 \end{vmatrix} \tag{5.5.11}$$

或

$$z' = -\frac{ln}{D}\mathbf{i} - \frac{mn}{D}\mathbf{j} + D\mathbf{k} \tag{5.5.12}$$

联合式(5.5.7)、式(5.5.10)和式(5.5.12)，3×3 的转换矩阵变为：

$$[\lambda]_{3\times 3} = \begin{bmatrix} l & m & n \\ -\dfrac{m}{D} & \dfrac{l}{D} & 0 \\ -\dfrac{ln}{D} & -\dfrac{mn}{D} & D \end{bmatrix} \tag{5.5.13}$$

向量$[\lambda]$将局部坐标系中的向量旋转到整体坐标系中。这是在矩阵$[T]$中使用的$[\lambda]$。总而言之，得出：

$$\begin{aligned} \cos\theta_{xy'} &= -\frac{m}{D} \\ \cos\theta_{yy'} &= \frac{l}{D} \\ \cos\theta_{zy'} &= 0 \\ \cos\theta_{xz'} &= -\frac{ln}{D} \\ \cos\theta_{yz'} &= -\frac{mn}{D} \\ \cos\theta_{zz'} &= D \end{aligned} \tag{5.5.14}$$

当局部坐标轴和整体坐标轴彼此处在特殊方向时，就会出现两个例外。如果局部坐标轴x'与整体坐标轴z重合，那么单元平行于整体坐标轴z，y'轴为未知的，如图 5.26(a)所示。在这种情况下，局部坐标轴y'被选取为整体坐标轴y。那么，对于与x'轴的正向与整体坐标轴z方向相同的情形，$[\lambda]$变为：

$$[\lambda] = \begin{bmatrix} 0 & 0 & 1 \\ 0 & 1 & 0 \\ -1 & 0 & 0 \end{bmatrix} \tag{5.5.15}$$

对于x'轴的正向与整体坐标轴z方向相反的情况[参见图 5.26(b)]，$[\lambda]$变为：

$$[\lambda] = \begin{bmatrix} 0 & 0 & -1 \\ 0 & 1 & 0 \\ 1 & 0 & 0 \end{bmatrix} \tag{5.5.16}$$

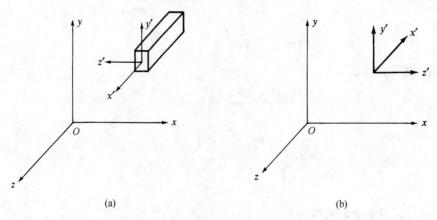

(a)　　　　　　　　　　　(b)

图 5.26　转换矩阵的特殊情况：(a)x'轴与z轴方向相同；(b)x'轴与z轴方向相反

例 5.7 如图 5.27 所示, 梁单元在空间中的方向由两个节点确定, 分别为 $1(0, 0, 0)$ 和 $2(3, 4, 12)$, 参考整体坐标系 x, y, z 轴确定局部坐标系 x', y', z' 轴的方向余弦和旋转矩阵。

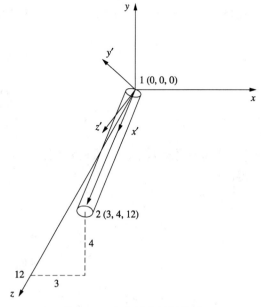

解 首先确定单元的长度:

$$L = \sqrt{3^2 + 4^2 + 12^2} = 13$$

利用式 (5.5.8), 可以得出 x' 轴的方向余弦为:

$$
\begin{aligned}
l_x &= \frac{x_2 - x_1}{L} = \frac{3 - 0}{13} = \frac{3}{13} \\
m_x &= \frac{y_2 - y_1}{L} = \frac{4 - 0}{13} = \frac{4}{13} \qquad (5.5.17) \\
n_x &= \frac{z_2 - z_1}{L} = \frac{12 - 0}{13} = \frac{12}{13}
\end{aligned}
$$

利用式 (5.5.10) 或式 (5.5.14), 可以得出 y' 轴的方向余弦为:

图 5.27   在空间中的梁单元

$$D = (l^2 + m^2)^{1/2} = \left[\left(\frac{3}{13} \right)^2 + \left(\frac{4}{13} \right)^2 \right]^{1/2} = \frac{5}{13} \qquad (5.5.18)$$

将 y' 轴的方向余弦定义为 l_y, m_y 和 n_y:

$$
\begin{aligned}
l_y &= -\frac{m}{D} = -\frac{4}{5} \\
m_y &= \frac{l}{D} = \frac{3}{5} \qquad (5.5.19) \\
n_y &= 0
\end{aligned}
$$

对于 z' 轴, 定义方向余弦为 l_z, m_z 和 n_z, 并再次利用式 (5.5.12) 或式 (5.5.14) 得出:

$$
\begin{aligned}
l_z &= -\frac{ln}{D} = \frac{\left(-\frac{3}{13}\right)\left(\frac{12}{13}\right)}{\frac{5}{13}} = -\frac{36}{65} \\
m_z &= -\frac{mn}{D} = \frac{\left(-\frac{4}{13}\right)\left(\frac{12}{13}\right)}{\frac{5}{13}} = -\frac{48}{65} \qquad (5.5.20) \\
n_z &= D = \frac{5}{13}
\end{aligned}
$$

检查是否满足 $l^2 + n^2 + m^2 = 1$。

$$
\begin{aligned}
&\text{对于 } x': \frac{3^2 + 4^2 + 12^2}{13^2} = 1 \\
&\text{对于 } y': \frac{(-4)^2 + 3^2}{5^2} = 1 \qquad (5.5.21) \\
&\text{对于 } z': \left(-\frac{36}{65}\right)^2 + \left(-\frac{48}{65}\right)^2 + \left(\frac{25}{65}\right)^2 = 1
\end{aligned}
$$

利用式 (5.5.13), 得出旋转矩阵为:

$$[\lambda]_{3\times 3} = \begin{bmatrix} \dfrac{3}{13} & \dfrac{4}{13} & \dfrac{12}{13} \\ -\dfrac{4}{5} & \dfrac{3}{5} & 0 \\ -\dfrac{36}{65} & -\dfrac{48}{65} & \dfrac{5}{13} \end{bmatrix} \tag{5.5.22}$$

基于从式(5.5.17)、式(5.5.19)和式(5.5.20)中得出的方向余弦的结果，局部坐标轴见图 5.27。

例 5.8　如图 5.28 所示的空间框架，确定其在自由节点(节点 1)处的位移和转角，以及局部坐标系下的单元力和力矩。同时验证节点 1 处的平衡。对于三个梁单元，令 $E = 200$ GPa，$G = 60$ GPa，$J = 20 \times 10^{-6}$ m^4，$I_y = 40 \times 10^{-6}$ m^4，$I_z = 40 \times 10^{-6}$ m^4，$A = 6.25 \times 10^{-3}$ m^2，$L = 2.5$ m。

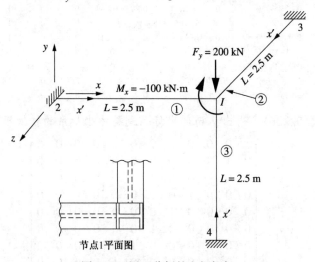

图 5.28　用于分析的空间框架

解　对每个单元使用式(5.5.4)得出整体坐标系下的刚度矩阵。首先要利用式(5.5.3)得出每个单元的局部坐标系下的刚度矩阵，然后利用式(5.5.5)得出每个单元的转换矩阵，再利用式(5.5.6)和式(5.5.14)得出每个单元的方向余弦矩阵。

单元 1

如图 5.28 所示，建立从节点 2 到节点 1 的局部坐标轴 x'。因此，利用式(5.5.8)，得出 x' 轴的方向余弦为：

$$l = 1 \qquad m = 0 \qquad n = 0 \tag{5.5.23}$$

且

$$D = (l^2 + m^2)^{1/2} = 1$$

利用式(5.5.10)和式(5.5.14)，得出 y' 轴的方向余弦为：

$$l_y = -\frac{m}{D} = 0 \qquad m_y = \frac{1}{D} = 1 \qquad n_y = 0 \tag{5.5.24}$$

利用式(5.5.12)和式(5.5.14)，得出 z' 轴的方向余弦为：

$$l_z = -\frac{ln}{D} = 0 \qquad m_z = -\frac{mn}{D} = 0 \qquad n_z = D = 1 \tag{5.5.25}$$

在式(5.5.13)中代入式(5.5.23) ~ 式(5.5.25)，可得：

$$[\lambda] = \begin{bmatrix} 1 & 0 & 0 \\ 0 & 1 & 0 \\ 0 & 0 & 1 \end{bmatrix} \tag{5.5.26}$$

利用式(5.5.3)，得出单元 1 的局部坐标系下的刚度矩阵为：

$$[k'^{(1)}] = \begin{array}{ccccccccccc} u'_2 & v'_2 & w'_2 & \phi'_{2x} & \phi'_{2y} & \phi'_{2z} & u'_1 & v'_1 & w'_1 & \phi'_{1x} & \phi'_{1y} & \phi'_{1z} \\ \begin{bmatrix} 500.00 & 0 & 0 & 0 & 0 & 0 & -500.00 & 0 & 0 & 0 & 0 & 0 \\ 0 & 6.144 & 0 & 0 & 0 & 7.68 & 0 & -6.144 & 0 & 0 & 0 & 7.68 \\ 0 & 0 & 6.144 & 0 & -7.68 & 0 & 0 & 0 & -6.144 & 0 & -7.68 & 0 \\ 0 & 0 & 0 & 0.486 & 0 & 0 & 0 & 0 & 0 & -0.486 & 0 & 0 \\ 0 & 0 & -7.68 & 0 & 12.8 & 0 & 0 & 0 & 7.68 & 0 & 6.40 & 0 \\ 0 & 7.68 & 0 & 0 & 0 & 12.8 & 0 & -7.68 & 0 & 0 & 0 & 6.40 \\ -500.00 & 0 & 0 & 0 & 0 & 0 & 500.00 & 0 & 0 & 0 & 0 & 0 \\ 0 & -6.144 & 0 & 0 & 0 & -7.68 & 0 & 6.144 & 0 & 0 & 0 & -7.68 \\ 0 & 0 & -6.144 & 0 & 7.68 & 0 & 0 & 0 & 6.144 & 0 & 7.68 & 0 \\ 0 & 0 & 0 & -0.486 & 0 & 0 & 0 & 0 & 0 & 0.486 & 0 & 0 \\ 0 & 0 & -7.68 & 0 & 6.4 & 0 & 0 & 0 & 7.68 & 0 & 12.8 & 0 \\ 0 & 7.68 & 0 & 0 & 0 & 6.4 & 0 & -7.68 & 0 & 0 & 0 & 12.8 \end{bmatrix} \end{array} \tag{5.5.27}$$

在式(5.5.5)中使用式(5.5.26)，得出从局部坐标系到整体坐标系的转换矩阵为：

$$[T] = \begin{bmatrix} 1 & 0 & 0 & 0 & 0 & 0 & 0 & 0 & 0 & 0 & 0 & 0 \\ 0 & 1 & 0 & 0 & 0 & 0 & 0 & 0 & 0 & 0 & 0 & 0 \\ 0 & 0 & 1 & 0 & 0 & 0 & 0 & 0 & 0 & 0 & 0 & 0 \\ 0 & 0 & 0 & 1 & 0 & 0 & 0 & 0 & 0 & 0 & 0 & 0 \\ 0 & 0 & 0 & 0 & 1 & 0 & 0 & 0 & 0 & 0 & 0 & 0 \\ 0 & 0 & 0 & 0 & 0 & 1 & 0 & 0 & 0 & 0 & 0 & 0 \\ 0 & 0 & 0 & 0 & 0 & 0 & 1 & 0 & 0 & 0 & 0 & 0 \\ 0 & 0 & 0 & 0 & 0 & 0 & 0 & 1 & 0 & 0 & 0 & 0 \\ 0 & 0 & 0 & 0 & 0 & 0 & 0 & 0 & 1 & 0 & 0 & 0 \\ 0 & 0 & 0 & 0 & 0 & 0 & 0 & 0 & 0 & 1 & 0 & 0 \\ 0 & 0 & 0 & 0 & 0 & 0 & 0 & 0 & 0 & 0 & 1 & 0 \\ 0 & 0 & 0 & 0 & 0 & 0 & 0 & 0 & 0 & 0 & 0 & 1 \end{bmatrix} \tag{5.5.28}$$

最后，利用式(5.5.4)，得出单元 1 整体坐标系下的刚度矩阵为：

$$[k^{(1)}] = [T]^{\mathrm{T}}[k'^{(1)}][T] =$$

$$\begin{array}{ccccccccccc} u_2 & v_2 & w_2 & \phi_{2x} & \phi_{2y} & \phi_{2z} & u_1 & v_1 & w_1 & \phi_{1x} & \phi_{1y} & \phi_{1z} \\ \begin{bmatrix} 500 & 0 & 0 & 0 & 0 & 0 & -500 & 0 & 0 & 0 & 0 & 0 \\ 0 & 6.144 & 0 & 0 & 0 & 7.68 & 0 & -6.144 & 0 & 0 & 0 & 7.68 \\ 0 & 0 & 6.144 & 0 & -7.68 & 0 & 0 & 0 & -6.144 & 0 & -7.68 & 0 \\ 0 & 0 & 0 & 0.486 & 0 & 0 & 0 & 0 & 0 & -0.486 & 0 & 0 \\ 0 & 0 & -7.68 & 0 & 12.8 & 0 & 0 & 0 & 7.68 & 0 & 6.40 & 0 \\ 0 & 7.68 & 0 & 0 & 0 & 12.8 & 0 & -7.68 & 0 & 0 & 0 & 6.40 \\ -500 & 0 & 0 & 0 & 0 & 0 & 500 & 0 & 0 & 0 & 0 & 0 \\ 0 & -6.144 & 0 & 0 & 0 & -7.68 & 0 & 6.144 & 0 & 0 & 0 & -7.68 \\ 0 & 0 & -6.144 & 0 & 7.68 & 0 & 0 & 0 & 6.144 & 0 & 7.68 & 0 \\ 0 & 0 & 0 & -0.486 & 0 & 0 & 0 & 0 & 0 & 0.486 & 0 & 0 \\ 0 & 0 & -7.68 & 0 & 6.4 & 0 & 0 & 0 & 7.68 & 0 & 12.8 & 0 \\ 0 & 7.68 & 0 & 0 & 0 & 6.4 & 0 & -7.68 & 0 & 0 & 0 & 12.8 \end{bmatrix} \end{array} \tag{5.5.29}$$

单元 2

如图 5.28 所示，建立从节点 3 到节点 1 的局部坐标轴 x'。注意到局部坐标轴 x' 与整体坐标轴 z 是一致的。因此，利用式(5.5.15)得出：

$$[\lambda] = \begin{bmatrix} 0 & 0 & 1 \\ 0 & 1 & 0 \\ -1 & 0 & 0 \end{bmatrix} \tag{5.5.30}$$

由于单元 2 的所有特性与单元 1 相同，因此单元 2 的局部坐标系下刚度矩阵与式 (5.5.27) 中的相同。但是，必须记住自由度是节点 3 在前，然后是节点 1。

在式 (5.5.5) 中利用式 (5.5.30)，得出转换矩阵为：

$$[T] = \begin{bmatrix} 0 & 0 & 1 & 0 & 0 & 0 & 0 & 0 & 0 & 0 & 0 & 0 \\ 0 & 1 & 0 & 0 & 0 & 0 & 0 & 0 & 0 & 0 & 0 & 0 \\ -1 & 0 & 0 & 0 & 0 & 0 & 0 & 0 & 0 & 0 & 0 & 0 \\ 0 & 0 & 0 & 0 & 0 & 1 & 0 & 0 & 0 & 0 & 0 & 0 \\ 0 & 0 & 0 & 0 & 1 & 0 & 0 & 0 & 0 & 0 & 0 & 0 \\ 0 & 0 & 0 & -1 & 0 & 0 & 0 & 0 & 0 & 0 & 0 & 0 \\ 0 & 0 & 0 & 0 & 0 & 0 & 0 & 0 & 1 & 0 & 0 & 0 \\ 0 & 0 & 0 & 0 & 0 & 0 & 0 & 1 & 0 & 0 & 0 & 0 \\ 0 & 0 & 0 & 0 & 0 & 0 & -1 & 0 & 0 & 0 & 0 & 0 \\ 0 & 0 & 0 & 0 & 0 & 0 & 0 & 0 & 0 & 0 & 0 & 1 \\ 0 & 0 & 0 & 0 & 0 & 0 & 0 & 0 & 0 & 0 & 1 & 0 \\ 0 & 0 & 0 & 0 & 0 & 0 & 0 & 0 & 0 & -1 & 0 & 0 \end{bmatrix} \tag{5.5.31}$$

最后，在式 (5.5.4) 中使用式 (5.5.31)，得出单元 2 整体坐标系下的刚度矩阵为：

$$[k^{(2)}] = \begin{array}{c} \\ \\ \begin{matrix} u_3 & v_3 & w_3 & \phi_{3x} & \phi_{3y} & \phi_{3z} & u_1 & v_1 & w_1 & \phi_{1x} & \phi_{1y} & \phi_{1z} \end{matrix} \\ \begin{bmatrix} 6.144 & 0 & 0 & 0 & 7.68 & 0 & -6.144 & 0 & 0 & 0 & 7.68 & 0 \\ 0 & 6.144 & 0 & -7.68 & 0 & 0 & 0 & -6.144 & 0 & -7.68 & 0 & 0 \\ 0 & 0 & 500 & 0 & 0 & 0 & 0 & 0 & -500 & 0 & 0 & 0 \\ 0 & -7.68 & 0 & 12.8 & 0 & 0 & 0 & 7.68 & 0 & 6.4 & 0 & 0 \\ 7.68 & 0 & 0 & 0 & 12.8 & 0 & -7.68 & 0 & 0 & 0 & 6.4 & 0 \\ 0 & 0 & 0 & 0 & 0 & 0.486 & 0 & 0 & 0 & 0 & 0 & -0.486 \\ -6.144 & 0 & 0 & 0 & -7.68 & 0 & 6.144 & 0 & 0 & 0 & -7.68 & 0 \\ 0 & -6.144 & 0 & 7.68 & 0 & 0 & 0 & 6.144 & 0 & 7.68 & 0 & 0 \\ 0 & 0 & -500 & 0 & 0 & 0 & 0 & 0 & 500 & 0 & 0 & 0 \\ 0 & -7.68 & 0 & 6.4 & 0 & 0 & 0 & 7.68 & 0 & 12.8 & 0 & 0 \\ 7.68 & 0 & 0 & 0 & 6.4 & 0 & -7.68 & 0 & 0 & 0 & 12.8 & 0 \\ 0 & 0 & 0 & 0 & 0 & -0.486 & 0 & 0 & 0 & 0 & 0 & 0.486 \end{bmatrix} \end{array} \tag{5.5.32}$$

单元 3

对于单元 3，建立从节点 4 到节点 1 的局部坐标轴 x'，如图 5.28 所示。其方向余弦为：

$$l = \frac{0-0}{2.5} = 0 \qquad m = \frac{0-(-2.5)}{2.5} = 1 \qquad n = \frac{0-0}{2.5} = 0 \tag{5.5.33}$$

且 $D = 1$。

利用式 (5.5.14)，得出方向余弦的剩余部分为：

$$l_y = -\frac{m}{D} = -1 \qquad m_y = \frac{L}{D} = 0 \qquad n_y = 0 \tag{5.5.34}$$

且

$$l_z = -\frac{ln}{D} = 0 \qquad m_z = -\frac{mn}{D} = 0 \qquad n_z = D = 1 \tag{5.5.35}$$

利用式 (5.5.33) ~ 式 (5.5.35)，得出：

$$[\lambda] = \begin{bmatrix} 0 & 1 & 0 \\ -1 & 0 & 0 \\ 0 & 0 & 1 \end{bmatrix} \tag{5.5.36}$$

然后利用式(5.5.5)得出单元 3 的转换矩阵为：

$$[T] = \begin{bmatrix} 0 & 1 & 0 & 0 & 0 & 0 & 0 & 0 & 0 & 0 & 0 & 0 \\ -1 & 0 & 0 & 0 & 0 & 0 & 0 & 0 & 0 & 0 & 0 & 0 \\ 0 & 0 & 1 & 0 & 0 & 0 & 0 & 0 & 0 & 0 & 0 & 0 \\ 0 & 0 & 0 & 0 & 1 & 0 & 0 & 0 & 0 & 0 & 0 & 0 \\ 0 & 0 & 0 & -1 & 0 & 0 & 0 & 0 & 0 & 0 & 0 & 0 \\ 0 & 0 & 0 & 0 & 0 & 1 & 0 & 0 & 0 & 0 & 0 & 0 \\ 0 & 0 & 0 & 0 & 0 & 0 & 1 & 0 & 0 & 0 & 0 & 0 \\ 0 & 0 & 0 & 0 & 0 & 0 & -1 & 0 & 0 & 0 & 0 & 0 \\ 0 & 0 & 0 & 0 & 0 & 0 & 0 & 0 & 1 & 0 & 0 & 0 \\ 0 & 0 & 0 & 0 & 0 & 0 & 0 & 0 & 0 & 1 & 0 & 0 \\ 0 & 0 & 0 & 0 & 0 & 0 & 0 & 0 & 0 & -1 & 0 & 0 \\ 0 & 0 & 0 & 0 & 0 & 0 & 0 & 0 & 0 & 0 & 0 & 1 \end{bmatrix} \tag{5.5.37}$$

单元 3 的特性和单元 1 是一致的，因此局部坐标系下的刚度矩阵与式(5.5.27)中的一致。必须记住自由度的顺序是节点 4 在前，然后是节点 1。

在式(5.5.4)中利用式(5.5.37)，得出单元 3 整体坐标系下的刚度矩阵为：

$$[k^{(3)}] = \begin{array}{c} \begin{matrix} u_4 & v_4 & w_4 & \phi_{4x} & \phi_{4y} & \phi_{4z} & u_1 & v_1 & w_1 & \phi_{1x} & \phi_{1y} & \phi_{1z} \end{matrix} \\ \begin{bmatrix} 6.144 & 0 & 0 & 0 & 0 & -7.68 & -6.144 & 0 & 0 & 0 & 0 & -7.68 \\ 0 & 500 & 0 & 0 & 0 & 0 & 0 & -500 & 0 & 0 & 0 & 0 \\ 0 & 0 & 6.144 & 7.68 & 0 & 0 & 0 & 0 & -6.144 & 7.68 & 0 & 0 \\ 0 & 0 & 7.8 & 12.8 & 0 & 0 & 0 & 0 & -7.68 & 6.4 & 0 & 0 \\ 0 & 0 & 0 & 0 & 12.8 & 0 & 0 & 0 & 0 & 0 & -0.486 & 0 \\ -7.68 & 0 & 0 & 0 & 0 & 12.8 & 7.68 & 0 & 0 & 0 & 0 & 6.4 \\ -6.144 & 0 & 0 & 0 & 0 & 7.68 & 6.144 & 0 & 0 & 0 & 0 & 7.68 \\ 0 & -500 & 0 & 0 & 0 & 0 & 0 & 500 & 0 & 0 & 0 & 0 \\ 0 & 0 & -6.144 & -7.68 & 0 & 0 & 0 & 0 & 6.144 & -7.68 & 0 & 0 \\ 0 & 0 & 7.68 & 6.4 & 0 & 0 & 0 & 0 & -7.68 & 12.8 & 0 & 0 \\ 0 & 0 & 0 & 0 & -12.8 & 0 & 0 & 0 & 0 & 0 & 0.486 & 0 \\ -7.68 & 0 & 0 & 0 & 0 & 6.4 & 7.68 & 0 & 0 & 0 & 0 & 12.8 \end{bmatrix} \end{array} \tag{5.5.38}$$

利用在节点 2，3 和 4 处 x，y，z 方向上的位移和绕 x，y，z 的转角均为零的边界条件，得出化简后的总体刚度矩阵。此外，在节点 1 处施加的总体力的方向与 y 轴方向相反，因此表示为 $F_{1y} = -200 \text{ kN}$，且在节点 1 处绕 x 轴的总体力矩为 $M_{1x} = -100 \text{ kN} \cdot \text{m}$。

加上这些因素，最终的总体方程为：

$$(10^3) \begin{Bmatrix} 0 \\ -200 \\ 0 \\ -100 \\ 0 \\ 0 \end{Bmatrix} = (10^6) \begin{bmatrix} 512.228 & 0 & 0 & 0 & -7.68 & 7.68 \\ 0 & 512.288 & 0 & 7.68 & 0 & -7.68 \\ 0 & 0 & 512.228 & -7.68 & 7.68 & 0 \\ 0 & 7.68 & -7.68 & 26.086 & 0 & 0 \\ -7.78 & 0 & 7.68 & 0 & 26.086 & 0 \\ 7.68 & -7.68 & 0 & 0 & 0 & 26.086 \end{bmatrix} \begin{Bmatrix} u_1 \\ v_1 \\ w_1 \\ \phi_{1x} \\ \phi_{1y} \\ \phi_{1z} \end{Bmatrix} \tag{5.5.39}$$

最后，解出节点 1 的位移和转角，得出：

$$\{d\} = \begin{bmatrix} 1.747 \times 10^{-6} \text{ m} \\ -3.357 \times 10^{-4} \text{ m} \\ -5.65 \times 10^{-5} \text{ m} \\ -3.751 \times 10^{-3} \text{ rad} \\ 1.714 \times 10^{-5} \text{ rad} \\ -9.935 \times 10^{-5} \text{ rad} \end{bmatrix} \tag{5.5.40}$$

现在，对每个单元使用方程 $\{f'\} = [k'][T]\{d\}$ 来确定单元的局部坐标系下的力和力矩，和先前平面框架和桁架中的一样。由于现在处理的是空间框架单元，因此在每个单元的两端上，这些局部坐标系下单元力和力矩为法向力，两个剪力，扭矩和两个弯矩。

单元 1

利用表示局部坐标系下的刚度矩阵的式(5.5.27)，表示转换矩阵 $[T]$ 的式(5.5.28)以及表示位移的式(5.5.40)，最终得出局部坐标系下的单元力和力矩为：

$$\{f'^{(1)}\} = \begin{bmatrix} -0.873 \text{ kN} \\ 1.299 \text{ kN} \\ 0.215 \text{ kN} \\ 1.822 \text{ kN·m} \\ -0.324 \text{ kN·m} \\ 1.942 \text{ kN·m} \\ 0.873 \text{ kN} \\ -1.299 \text{ kN} \\ -0.215 \text{ kN} \\ -1.822 \text{ kN·m} \\ -0.214 \text{ kN·m} \\ 1.306 \text{ kN·m} \end{bmatrix} \tag{5.5.41}$$

单元 2

利用表示局部坐标系下的刚度矩阵的式(5.5.27)，表示转换矩阵的式(5.5.28)以及表示位移的式(5.5.40)，得出局部坐标系下力和力矩为：

$$\{f'^{(2)}\} = \begin{Bmatrix} 28.250 \text{ kN} \\ 30.87 \text{ kN} \\ -0.120 \text{ kN} \\ 0.048 \text{ kN·m} \\ 0.096 \text{ kN·m} \\ 26.584 \text{ kN·m} \\ -28.25 \text{ kN} \\ -30.87 \text{ kN} \\ 0.120 \text{ kN} \\ -0.048 \text{ kN·m} \\ 0.205 \text{ kN·m} \\ 50.59 \text{ kN·m} \end{Bmatrix} \tag{5.5.42}$$

单元 3

类似地，利用式(5.5.27)、式(5.5.37)和式(5.5.40)，得出局部坐标系下力和力矩为：

$$\{f'^{(3)}\} = \begin{Bmatrix} 167.85 \text{ kN} \\ -0.752 \text{ kN} \\ -28.46 \text{ kN} \\ -0.0083 \text{ kN·m} \\ 23.57 \text{ kN·m} \\ -0.622 \text{ kN·m} \\ -167.85 \text{ kN} \\ 0.752 \text{ kN} \\ 28.46 \text{ kN} \\ 0.0083 \text{ kN·m} \\ 47.57 \text{ kN·m} \\ -1.258 \text{ kN·m} \end{Bmatrix} \tag{5.5.43}$$

可以通过讨论从每个单元传递到节点 1 的力和力矩来验证节点 1 的平衡。利用式(5.5.41)、式(5.5.42)和式(5.5.43)的结果得到传递到节点 1 的力和力矩(需要注意的是，根据牛顿第三定律，相反的力和力矩从每个单元传递到节点1)。例如，在整体坐标轴 y 的方向上的合力(如下图所示)为：

$$1.299 \text{ kN} + 30.87 \text{ kN} + 167.85 \text{ kN} - 200 \text{ kN} = 0.019 \quad (接近于0) \tag{5.5.44}$$

200 kN

∘ 1

1.299 kN ┊ 30.87 kN

167.85 kN

全局 y 力的平衡

在式(5.5.44)中，来自单元 1 的局部坐标系下 y' 方向上的力为 1.299 kN，与整体坐标系下 y 方向是一致的；来自单元 2 的局部坐标系下 y' 方向上的力为 30.87 kN，与整体坐标系下 y 方向是一致的；同时来自单元 3 的局部坐标系下 x' 方向上的力为 167.85 kN，与整体坐标系下 y 方向也是一致的。可以在图 5.28 中观察到这些坐标轴。其他的平衡方程请读者自行验证。

利用三维空间框架单元的实例如图 5.29 所示。该图展示了一个进行车顶静态压溃分析的客车框架。在此模型中，用了 599 个框架单元和 357 个节点。总共为 100 kN 的向下作用的荷载均匀分布在该框架顶部的 56 个节点上。图 5.30 表示框架的背部及背部框架的位移图。参考文献[6]中对其他附加载荷模拟翻车和前端碰撞的框架模型进行了研究。

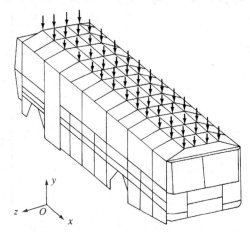

图 5.29　客车框架受顶部荷载作用的有限元模型

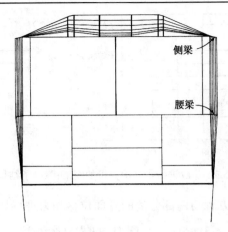

图 5.30　由方形截面构件组成的图 5.29 所示框架的位移图

5.6　结构分析概念

对大部分应用程序而言，超出今天个人计算机的存储容量的问题已经大幅减少。有时由于结构太大，不能作为单一系统进行分析或进行整体处理。即，最终的刚度矩阵和求解方程超过了计算机的存储容量，因此可以使用子结构的概念。解决此种问题的方法是把整个结构分成称为"子结构"的小单元。例如，图 5.31(a) 所示的飞机空间框架，可能需要数以千计的节点和单元来完整地模拟和描述整个结构的响应。如果将飞机分成子结构，如机身部分、机翼段等，如图 5.31(b) 所示，就能更容易在内存有限的计算机上求解此问题。

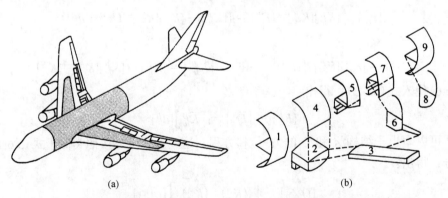

图 5.31　表示子结构的飞机框架：(a) 波音 747 飞机 (阴影区域表示用有限
元方法分析的机身部分)；(b) 用于阴影区域有限元分析的子结构

飞机框架的分析是通过对每个子结构分别进行处理，同时在发生分割的交点处确保力和位移的协调。

为了说明子结构法，以图 5.32 所示的刚架为例 (尽管这个框架可以作为一个整体进行分析)。首先定义单独的子结构。通常，子结构的尺寸应大致相同，而且为了减少计算量，尽可能减小子结构的数量。将框架分为三部分，即 A, B 和 C。

现在分析图 5.32(b) 所示的典型子结构 B。此子结构包括顶部的梁 $(a\text{-}a)$，但底部的梁 $(b\text{-}b)$ 包括在子结构 A 中。尽管顶部的梁可包括在子结构 C 中，而底部的梁可包括在子结构 B 中。

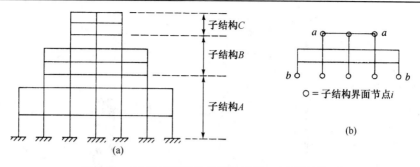

图 5.32　(a)进行子结构分析的刚架；(b)子结构 B

将子结构 B 的力-位移方程与内部分离的界面位移和力进行如下分块：

$$\begin{Bmatrix} \{F_i^B\} \\ \{F_e^B\} \end{Bmatrix} = \begin{bmatrix} [K_{ii}^B] & [K_{ie}^B] \\ [K_{ee}^B] & [K_{ei}^B] \end{bmatrix} \begin{Bmatrix} \{d_i^B\} \\ \{d_e^B\} \end{Bmatrix} \tag{5.6.1}$$

式中，上标 B 表示子结构 B，下标 i 表示界面节点力和位移，下标 e 表示静力凝聚法要消掉的内部节点力和位移。利用静力凝聚法，式(5.6.1)变为：

$$\{F_i^B\} = [K_{ii}^B]\{d_i^B\} + [K_{ie}^B]\{d_e^B\} \tag{5.6.2}$$

$$\{F_e^B\} = [K_{ei}^B]\{d_i^B\} + [K_{ee}^B]\{d_e^B\} \tag{5.6.3}$$

解式(5.6.3)求 $\{d_e^B\}$，以消去内部位移 $\{d_e\}$，如下所示：

$$\{d_e^B\} = [K_{ee}^B]^{-1}\big[\{F_e^B\} - [K_{ei}^B]\{d_i^B\}\big] \tag{5.6.4}$$

然后将表示 $\{d_e^B\}$ 的式(5.6.4)代入式(5.6.2)，得出：

$$\{F_i^B\} - [K_{ie}^B][K_{ee}^B]^{-1}\{F_e^B\} = \big([K_{ii}^B] - [K_{ie}^B][K_{ee}^B]^{-1}[K_{ei}^B]\big)\{d_i^B\} \tag{5.6.5}$$

定义

$$\big\{\bar{F}_i^B\big\} = [K_{ie}^B][K_{ee}^B]^{-1}\{F_e^B\} \qquad \text{和} \qquad \big[\bar{K}_{ii}^B\big] = [K_{ii}^B] - [K_{ie}^B][K_{ee}^B]^{-1}[K_{ei}^B] \tag{5.6.6}$$

将式(5.6.6)代入式(5.6.5)，得出：

$$\{F_i^B\} - \big\{\bar{F}_i^B\big\} = \big[\bar{K}_{ii}^B\big]\{d_i^B\} \tag{5.6.7}$$

类似地，可以写出子结构 A 和 C 的力-位移方程，这些方程可以按照类似于式(5.6.1)的方式进行划分，得出：

$$\begin{Bmatrix} \{F_i^A\} \\ \{F_e^A\} \end{Bmatrix} = \begin{bmatrix} \{K_{ii}^A\} & \{K_{ie}^A\} \\ \{K_{ei}^A\} & \{K_{ee}^A\} \end{bmatrix} \begin{Bmatrix} \{d_i^A\} \\ \{d_e^A\} \end{Bmatrix} \tag{5.6.8}$$

消去 $\{d_e^A\}$ 得出：

$$\{F_i^A\} - \big\{\bar{F}_i^A\big\} = \big[\bar{K}_{ii}^A\big]\{d_i^A\} \tag{5.6.9}$$

类似地，对于子结构 C 得出：

$$\{F_i^C\} - \big\{\bar{F}_i^C\big\} = \big[\bar{K}_{ii}^C\big]\{d_i^C\} \tag{5.6.10}$$

整个结构现被认为是由在界面节点处连接的子结构 A、B 和 C 组成的(每个大的单元都由一系列独立的小单元组成)。利用协调条件得出：

$$\left\{d_{i\text{top}}^{A}\right\} = \left\{d_{i\text{bottom}}^{B}\right\} \quad 和 \quad \left\{d_{i\text{top}}^{B}\right\} = \left\{d_{i\text{bottom}}^{C}\right\} \tag{5.6.11}$$

即在切割的公共位置处，界面位移必须相同。

整个结构的响应现在可以通过直接叠加式(5.6.7)、式(5.6.9)和式(5.6.10)得出，这时最终的方程仅用 8 个界面节点的界面位移[参见图 5.32(b)]表示为：

$$\{F_i\} - \left\{\overline{F}_i^{A}\right\} = [\overline{K}_{ii}]\{d_i\} \tag{5.6.12}$$

式(5.6.12)给出了界面节点的位移。为了得到每一子结构内的位移，可以应用表示 $\{d_e^B\}$ 的力-位移方程式(5.6.4)，对于子结构 A 和 C 可使用类似的方程。例 5.9 说明了子结构分析的概念。为了手算求解，使用了一个相对简单的结构。

例 5.9 对于图 5.33 所示的梁，用子结构求解节点 3 的位移和转角。令 $E = 200\ \text{GPa}$，$I = 40 \times 10^{-4}\ \text{m}^4$。

解 为了说明子结构概念，将此梁分为两个子结构，在图 5.34 中标为 1 和 2。45 kN 的力被分配到子结构 2 的节点 3 上，尽管也可以将它分配给任何一个子结构，或将它的一部分分配给每一个子结构。

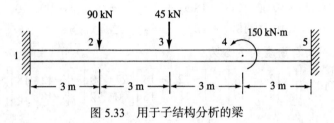

图 5.33   用于子结构分析的梁

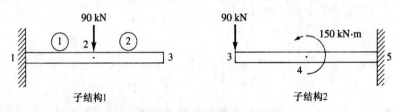

图 5.34   图 5.33 中的梁被分为子结构

每一个梁单元的单元刚度矩阵由式(4.1.14)给出为：

$$[k^{(1)}] = [k^{(2)}] = [k^{(3)}] = [k^{(4)}] = \frac{(200 \times 10^9)(4.0 \times 10^{-4})}{(3)^3}
\begin{array}{cccc}
1 & 2 & & \\
2 & 3 & & \\
3 & 4 & & \\
4 & 5 & & \\
\end{array}
\begin{bmatrix}
12 & 6(3) & -12 & 6(3) \\
6(3) & 4(3)^2 & -6(3) & 2(3)^2 \\
-12 & -6(3) & 12 & -6(3) \\
6(3) & 2(3)^2 & -6(3) & 4(3)^2
\end{bmatrix} \tag{5.6.13}$$

$$= (2.96 \times 10^6) \begin{bmatrix} 12 & 18 & -12 & 18 \\ 18 & 36 & -18 & 18 \\ -12 & -18 & 12 & -18 \\ 18 & 18 & -18 & 36 \end{bmatrix} \tag{5.6.14}$$

对于子结构1，将单元1和单元2的刚度矩阵叠加在一起。得出的方程为：

$$(2.96 \times 10^6) \begin{bmatrix} 12+12 & -18+18 & \vdots & -12 & 18 \\ -18+18 & 18+18 & \vdots & -18 & 18 \\ \cdots & \cdots & \vdots & \cdots & \cdots \\ -12 & -18 & \vdots & 12 & -18 \\ 18 & 18 & \vdots & -18 & 36 \end{bmatrix} \begin{Bmatrix} v_2 \\ \phi_2 \\ \cdots \\ v_3 \\ \phi_3 \end{Bmatrix} = \begin{Bmatrix} -90 \times 10^3 \\ 0 \\ \cdots \\ 0 \\ 0 \end{Bmatrix} \tag{5.6.15}$$

式中采用了边界条件 $v_1 = \phi_1 = 0$ 化简方程。

　　首先，用界面位移改写式(5.6.15)，使得可以利用式(5.6.6)来静力凝聚或消除内部自由度 v_2 和 ϕ_2。这些重新整理的方程是：

$$\begin{aligned}
(2.96 \times 10^6)(12v_3 - 18\phi_3 - 12v_2 - 18\phi_2) &= 0 \\
(2.96 \times 10^6)(-18v_3 + 36\phi_3 + 18v_2 + 18\phi_2) &= 0 \\
(2.96 \times 10^6)(-12v_3 + 18\phi_3 + 24v_2 + \phi_2) &= -90 \times 10^3 \\
(2.96 \times 10^6)(-18v_3 + 18\phi_3 + 0v_2 + 72\phi_2) &= 0
\end{aligned} \tag{5.6.16}$$

利用式(5.6.6)得出界面自由度的方程为：

$$(2.96 \times 10^6) \left\{ \begin{bmatrix} 12 & -18 \\ -18 & 36 \end{bmatrix} - \begin{bmatrix} -12 & -18 \\ 18 & 18 \end{bmatrix} \begin{bmatrix} 24 & 0 \\ 0 & 72 \end{bmatrix}^{-1} \begin{bmatrix} -12 & 18 \\ -18 & 18 \end{bmatrix} \right\} \begin{Bmatrix} v_3 \\ \phi_3 \end{Bmatrix}$$
$$= \begin{Bmatrix} 0 \\ 0 \end{Bmatrix} - \begin{bmatrix} -12 & -18 \\ 18 & 18 \end{bmatrix} \begin{bmatrix} 24 & 0 \\ 0 & 72 \end{bmatrix}^{-1} \begin{Bmatrix} -90 \times 10^3 \\ 0 \end{Bmatrix} \tag{5.6.17}$$

化简式(5.6.17)，可得：

$$\begin{bmatrix} 1.416 & -4.392 \\ -4.392 & 17.856 \end{bmatrix} \begin{Bmatrix} v_3 \\ \phi_3 \end{Bmatrix} = \begin{Bmatrix} -15.324 \times 10^{-3} \\ 22.98 \times 10^{-3} \end{Bmatrix} \tag{5.6.18}$$

　　对于子结构2，将单元3和单元4的刚度矩阵叠加在一起。得出的方程为：

$$(2.96 \times 10^6) \begin{bmatrix} 12 & 18 & -12 & 18 \\ 18 & 36 & -18 & 18 \\ -12 & -18 & 12+12 & -18+18 \\ 18 & 18 & -18+18 & 36+36 \end{bmatrix} \begin{Bmatrix} v_3 \\ \phi_3 \\ v_4 \\ \phi_4 \end{Bmatrix} = \begin{Bmatrix} -45 \times 10^3 \\ 0 \\ 0 \\ 1.5 \times 10^5 \end{Bmatrix} \tag{5.6.19}$$

式中采用了边界条件 $v_5 = \phi_5 = 0$ 化简方程。

　　利用静力凝聚式(5.6.6)，可得出仅包含界面位移 v_3 和 ϕ_3 的方程。这些方程为：

$$(2.96 \times 10^6) \left\{ \begin{bmatrix} 12 & 18 \\ 18 & 36 \end{bmatrix} - \begin{bmatrix} -12 & 18 \\ -18 & 18 \end{bmatrix} \begin{bmatrix} 24 & 0 \\ 0 & 72 \end{bmatrix}^{-1} \begin{bmatrix} -12 & -18 \\ 18 & 18 \end{bmatrix} \right\} \begin{Bmatrix} v_3 \\ \phi_3 \end{Bmatrix}$$
$$= \begin{Bmatrix} -10 \\ 0 \end{Bmatrix} - \begin{bmatrix} -12 & 18 \\ -18 & 18 \end{bmatrix} \begin{bmatrix} 24 & 0 \\ 0 & 72 \end{bmatrix}^{-1} \begin{Bmatrix} 0 \\ 1.5 \times 10^5 \end{Bmatrix} \tag{5.6.20}$$

化简式(5.6.20)得出：

$$\begin{bmatrix} 1.416 & 4.392 \\ 4.392 & 17.856 \end{bmatrix} \begin{Bmatrix} v_3 \\ \phi_3 \end{Bmatrix} = \begin{Bmatrix} -27.97 \times 10^{-3} \\ -12.77 \times 10^{-3} \end{Bmatrix} \tag{5.6.21}$$

叠加式(5.6.18)和式(5.6.21)，得出界面自由度的最终节点平衡方程为：

$$\begin{bmatrix} 2.832 & 0 \\ 0 & 35.712 \end{bmatrix} \begin{Bmatrix} v_3 \\ \phi_3 \end{Bmatrix} = \begin{Bmatrix} -43.294 \times 10^{-3} \\ -10.21 \times 10^{-3} \end{Bmatrix} \tag{5.6.22}$$

解式(5.6.22)求节点 3 的位移和转角，得出：

$$v_3 = -0.015\,23 = 15.2\,\text{mm}$$
$$\phi_3 = 0.000\,286\,\text{rad} \tag{5.6.23}$$

现在可以回到式(5.6.15)或式(5.6.16)得出 v_2 和 ϕ_2，回到式(5.6.19)得出 v_4 和 ϕ_4。

再次强调，此例只是用来简单说明子结构方法，子结构分析问题的规模通常比这要大得多。一般来说，在自由度数量非常大时才采用子结构。例如像图 5.31 所示机身这样的大型结构。

方程小结

平面刚架梁单元的刚度矩阵：

$$[k] = \frac{E}{L} \times$$

$$\begin{bmatrix} AC^2 + \dfrac{12I}{L^2}S^2 & \left(A - \dfrac{12I}{L^2}\right)CS & -\dfrac{6I}{L}S & -\left(AC^2 + \dfrac{12I}{L^2}S^2\right) & -\left(A - \dfrac{12I}{L^2}\right)CS & -\dfrac{6I}{L}S \\ & AS^2 + \dfrac{12I}{L^2}C^2 & \dfrac{6I}{L}C & -\left(A - \dfrac{12I}{L^2}\right)CS & -\left(AS^2 + \dfrac{12I}{L^2}C^2\right) & \dfrac{6I}{L}C \\ & & 4I & \dfrac{6I}{L}S & -\dfrac{6I}{L}C & 2I \\ & & & AC^2 + \dfrac{12I}{L^2}S^2 & \left(A - \dfrac{12I}{L^2}\right)CS & \dfrac{6I}{L}S \\ & & & & AS^2 + \dfrac{12I}{L^2}C^2 & -\dfrac{6I}{L}C \\ \text{对称} & & & & & 4I \end{bmatrix} \tag{5.1.11}$$

在节点 3 处为斜支座的平面框架方程：

$$\begin{Bmatrix} F_{1x} \\ F_{1y} \\ M_1 \\ F_{2x} \\ F_{2y} \\ M_2 \\ F'_{3x} \\ F'_{3y} \\ M_3 \end{Bmatrix} = [T_i][K][T_i]^{\text{T}} \begin{Bmatrix} u_1 = 0 \\ v_1 = 0 \\ \phi_1 = 0 \\ u_2 \\ v_2 \\ \phi_2 \\ u'_3 \\ v'_3 = 0 \\ \phi'_3 = \phi_3 \end{Bmatrix} \tag{5.3.3}$$

式中,

$$[T_i] = \begin{bmatrix} [I] & [0] & [0] \\ [0] & [I] & [0] \\ [0] & [0] & [t_3] \end{bmatrix} \tag{5.3.4}$$

且

$$[t_3] = \begin{bmatrix} \cos\alpha & \sin\alpha & 0 \\ -\sin\alpha & \cos\alpha & 0 \\ 0 & 0 & 1 \end{bmatrix} \tag{5.3.5}$$

扭转杆单元的刚度矩阵:

$$[k'] = \frac{GJ}{L} \begin{bmatrix} 1 & -1 \\ -1 & 1 \end{bmatrix} \tag{5.4.14}$$

各种横截面形状的扭转常数参见表 5.1:

$$J = \sum \frac{1}{3} b_i t_i^3 \tag{5.4.15}$$

网架单元的刚度矩阵:

$$[k_G] = \begin{array}{c} \begin{matrix} v_1' & \phi_{1x}' & \phi_{1z}' & v_2' & \phi_{2x}' & \phi_{2z}' \end{matrix} \\ \begin{bmatrix} \dfrac{12EI}{L^3} & 0 & \dfrac{6EI}{L^2} & \dfrac{-12EI}{L^3} & 0 & \dfrac{6EI}{L^2} \\ 0 & \dfrac{GJ}{L} & 0 & 0 & \dfrac{-GJ}{L} & 0 \\ \dfrac{6EI}{L^2} & 0 & \dfrac{4EI}{L} & \dfrac{-6EI}{L^2} & 0 & \dfrac{2EI}{L} \\ \dfrac{-12EI}{L^3} & 0 & \dfrac{-6EI}{L^2} & \dfrac{12EI}{L^3} & 0 & \dfrac{-6EI}{L^2} \\ 0 & \dfrac{-GJ}{L} & 0 & 0 & \dfrac{GJ}{L} & 0 \\ \dfrac{6EI}{L^2} & 0 & \dfrac{2EI}{L} & \dfrac{-6EI}{L^2} & 0 & \dfrac{4EI}{L} \end{bmatrix} \end{array} \tag{5.4.17}$$

网架单元的转换矩阵:

$$[T_G] = \begin{bmatrix} 1 & 0 & 0 & 0 & 0 & 0 \\ 0 & C & S & 0 & 0 & 0 \\ 0 & -S & C & 0 & 0 & 0 \\ 0 & 0 & 0 & 1 & 0 & 0 \\ 0 & 0 & 0 & 0 & C & S \\ 0 & 0 & 0 & 0 & -S & C \end{bmatrix} \tag{5.4.18}$$

网架单元在整体坐标系下的刚度矩阵:

$$[k_G] = [T_G]^{\mathrm{T}}[k_G'][T_G] \tag{5.4.19}$$

三维空间中梁或框架单元的刚度矩阵:

$$[k'] = \begin{bmatrix}
\frac{AE}{L} & 0 & 0 & 0 & 0 & 0 & -\frac{AE}{L} & 0 & 0 & 0 & 0 & 0 \\
0 & \frac{12EI_z}{L^3} & 0 & 0 & 0 & \frac{6EI_z}{L^2} & 0 & -\frac{12EI_z}{L^3} & 0 & 0 & 0 & \frac{6EI_z}{L^2} \\
0 & 0 & \frac{12EI_y}{L^3} & 0 & -\frac{6EI_y}{L^2} & 0 & 0 & 0 & -\frac{12EI_y}{L^3} & 0 & -\frac{6EI_y}{L^2} & 0 \\
0 & 0 & 0 & \frac{GJ}{L} & 0 & 0 & 0 & 0 & 0 & -\frac{GJ}{L} & 0 & 0 \\
0 & 0 & -\frac{6EI_y}{L^2} & 0 & \frac{4EI_y}{L} & 0 & 0 & 0 & \frac{6EI_y}{L^2} & 0 & \frac{2EI_y}{L} & 0 \\
0 & \frac{6EI_z}{L^2} & 0 & 0 & 0 & \frac{4EI_z}{L} & 0 & -\frac{6EI_z}{L^2} & 0 & 0 & 0 & \frac{2EI_z}{L} \\
-\frac{AE}{L} & 0 & 0 & 0 & 0 & 0 & \frac{AE}{L} & 0 & 0 & 0 & 0 & 0 \\
0 & -\frac{12EI_z}{L^3} & 0 & 0 & 0 & -\frac{6EI_z}{L^2} & 0 & \frac{12EI_z}{L^3} & 0 & 0 & 0 & -\frac{6EI_z}{L^2} \\
0 & 0 & -\frac{12EI_y}{L^3} & 0 & \frac{6EI_y}{L^2} & 0 & 0 & 0 & \frac{12EI_y}{L^3} & 0 & \frac{6EI_y}{L^2} & 0 \\
0 & 0 & 0 & -\frac{GJ}{L} & 0 & 0 & 0 & 0 & 0 & \frac{GJ}{L} & 0 & 0 \\
0 & 0 & -\frac{6EI_y}{L^2} & 0 & \frac{2EI_y}{L} & 0 & 0 & 0 & \frac{6EI_y}{L^2} & 0 & \frac{4EI_y}{L} & 0 \\
0 & \frac{6EI_z}{L^2} & 0 & 0 & 0 & \frac{2EI_z}{L} & 0 & -\frac{6EI_z}{L^2} & 0 & 0 & 0 & \frac{4EI_z}{L}
\end{bmatrix} \quad (5.5.3)$$

（列标题：$u'_1 \quad v'_1 \quad w'_1 \quad \phi'_{1x} \quad \phi'_{1y} \quad \phi'_{1z} \quad u'_2 \quad v'_2 \quad w'_2 \quad \phi'_{2x} \quad \phi'_{2y} \quad \phi'_{2z}$）

三维空间中梁或框架单元在整体坐标系下的刚度矩阵：

$$[k] = [T]^{\mathrm{T}}[k'][T] \qquad (5.5.4)$$

式中，

$$[T] = \begin{bmatrix}
[\lambda]_{3\times3} & & & \\
& [\lambda]_{3\times3} & & \\
& & [\lambda]_{3\times3} & \\
& & & [\lambda]_{3\times3}
\end{bmatrix} \qquad (5.5.5)$$

且

$$[\lambda] = \begin{bmatrix}
C_{xx'} & C_{yx'} & C_{zx'} \\
C_{xy'} & C_{yy'} & C_{zy'} \\
C_{xz'} & C_{yz'} & C_{zz'}
\end{bmatrix} \qquad (5.5.6)$$

参考文献

[1] Kassimali, A., *Structural Analysis*, 5th ed., Cengage Learning, Stamford, CT 2015.

[2] Budynas, R. G., *Advanced Strength and Applied Stress Analysis*, 2nd ed., McGraw-Hill, New York, 1999.

[3] Allen, H. G., and Bulson, P. S., *Background to Buckling*, McGraw-Hill, London, 1980.

[4] Young, W. C., and Budynas, R. G., *Roark's Formulas for Stress and Strain*, 7th ed., McGraw-Hill, New York, 2002.

[5] Gere, J. M., and Goodno, B. J., *Mechanics of Materials*, 7th ed., Cengage Learning, Mason, OH, 2009.

[6] Parakh, Z. K., *Finite Element Analysis of Bus Frames under Simulated Crash Loadings*, M.S. Thesis, Rose-Hulman Institute of Technology, Terre Haute, Indiana, May 1989.

[7]　Martin, H. C., *Introduction to Matrix Methods of Structural Analysis*, McGraw-Hill, New York, 1966.

[8]　Juvinall, R. C., and Marshek, K. M., *Fundamentals of Machine Component Design*, 5th ed., p. 198, Wiley, 2013.

[9]　*Machinery's Handbook*, Oberg, E., et. al., 26th ed., Industrial Press, N.Y., 2000.

[10]　*Standard Specifications for Highway Bridges*, American Association of State Highway and Transportation Officials (AASHTO), Washington, D.C.

习题

利用有限元刚度法求解所有习题。

5.1　对于图 P5.1 所示的刚架，确定：(1)节点 2 的位移分量和转角；(2)支座反力；(3)每一单元的内力。然后验证节点 2 的平衡。令两单元的 $E = 210$ GPa，$A = 6.25 \times 10^{-3}$ m^2，$I = 1.95 \times 10^{-4}$ m^4。

5.2　对于图 P5.2 所示的刚架，确定：(1)节点的位移分量和转角；(2)支座反力；(3)每一单元的内力。令所有单元的 $E = 210$ GPa，$A = 6.25 \times 10^{-3}$ m^2，$I = 7.8 \times 10^{-5}$ m^4。

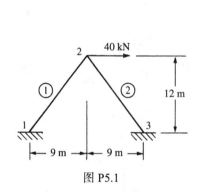

图 P5.1

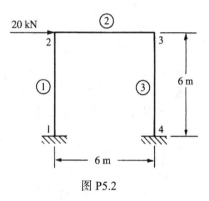

图 P5.2

5.3　对于图 P5.3 所示的刚性楼梯框架，确定：(1)节点 2 处的位移；(2)支座反力；(3)作用在每一单元的局部坐标系下的节点力。画出整个框架的弯矩图。记住，变形发生时单元 1 和单元 2 之间的角度是保持不变的；同样单元 2 和单元 3 之间的角度也是不变的。此外，因为对称，所以 $u_2 = -u_3$，$v_2 = v_3$ 和 $\phi_2 = -\phi_3$。问需要什么尺寸的 A36 槽钢截面才能保证许用弯曲应力小于屈服应力的 2/3？（A36 钢的屈服应力为 240 MPa。）

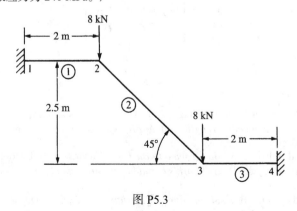

图 P5.3

5.4　对于 P5.4 所示的刚架，确定：(1)节点 4 的位移和转角；(2)支座反力；(3)每一单元的内力。然后验

证节点 4 的平衡。最后画出每一单元的剪力图和弯矩图，令所有单元的 $E = 210\,\text{GPa}$，$A = 5 \times 10^{-3}\,\text{m}^2$，$I = 3 \times 10^{-4}\,\text{m}^4$。

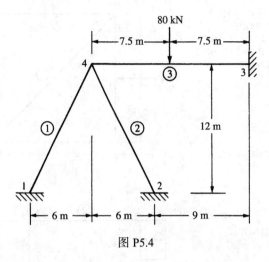

图 P5.4

5.5 ~ 5.15　对于图 P5.5 ~ 图 P5.15 所示的刚架，确定节点位移和转角、单元力与支座反力。所用 E、A 和 I 值在每幅图的旁边给出。

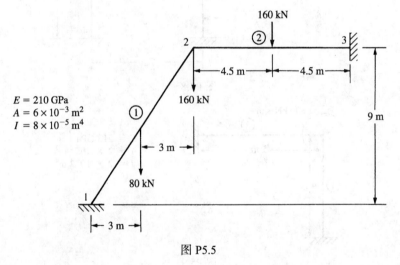

$E = 210\,\text{GPa}$
$A = 6 \times 10^{-3}\,\text{m}^2$
$I = 8 \times 10^{-5}\,\text{m}^4$

图 P5.5

$E = 210\,\text{GPa}$
$A = 6 \times 10^{-3}\,\text{m}^2$
$I = 8 \times 10^{-5}\,\text{m}^4$

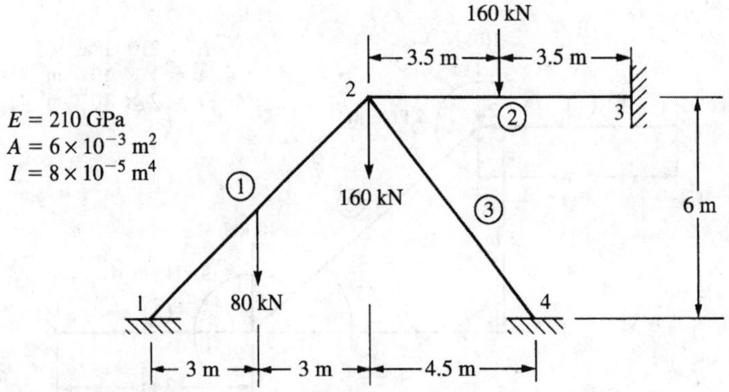

图 P5.6

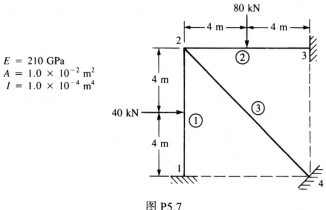

图 P5.7

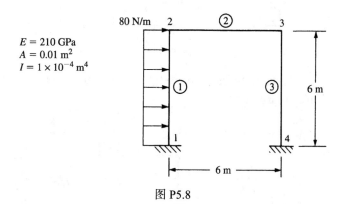

图 P5.8

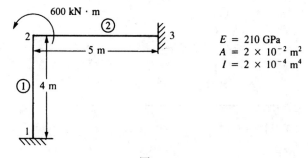

图 P5.9

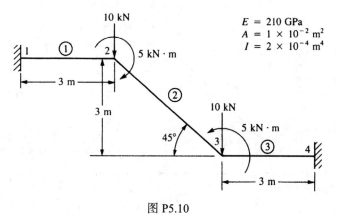

图 P5.10

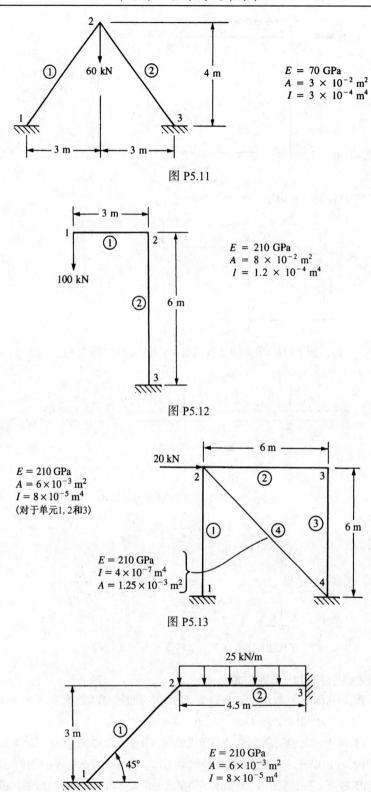

图 P5.11

图 P5.12

图 P5.13

图 P5.14

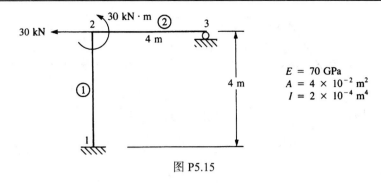

图 P5.15

5.16～5.18　用子结构求解图 P5.16～图 P5.18 中的结构。

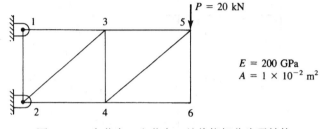

图 P5.16　在节点 3 和节点 4 处将桁架分为子结构

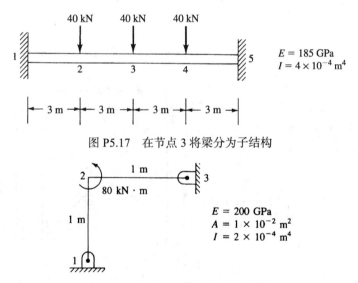

图 P5.17　在节点 3 将梁分为子结构

图 P5.18　在节点 2 将框架分为子结构

用计算机程序求解习题 5.19～习题 5.39。

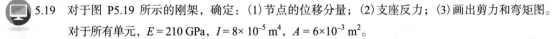 5.19　对于图 P5.19 所示的刚架，确定：(1)节点的位移分量；(2)支座反力；(3)画出剪力和弯矩图。对于所有单元，$E = 210$ GPa，$I = 8 \times 10^{-5}$ m^4，$A = 6 \times 10^{-3}$ m^2。

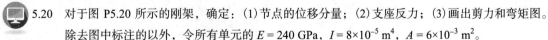 5.20　对于图 P5.20 所示的刚架，确定：(1)节点的位移分量；(2)支座反力；(3)画出剪力和弯矩图。除去图中标注的以外，令所有单元 $E = 240$ GPa，$I = 8 \times 10^{-5}$ m^4，$A = 6 \times 10^{-3}$ m^2。

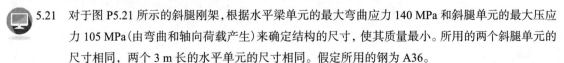 5.21　对于图 P5.21 所示的斜腿刚架，根据水平梁单元的最大弯曲应力 140 MPa 和斜腿单元的最大压应力 105 MPa(由弯曲和轴向荷载产生)来确定结构的尺寸，使其质量最小。所用的两个斜腿单元的尺寸相同，两个 3 m 长的水平单元的尺寸相同。假定所用的钢为 A36。

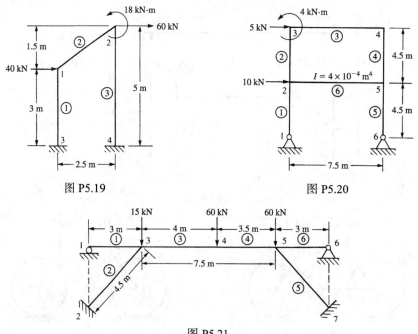

图 P5.19   图 P5.20

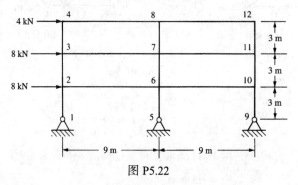

图 P5.21

5.22 对图 P5.22 所示的刚性建筑框架，确定各单元的力并计算弯曲应力。假设所有竖向单元的 $A = 6 \times 10^{-3} \, \text{m}^2$，$I = 4 \times 10^{-5} \, \text{m}^4$，所有水平单元的 $A = 9 \times 10^{-3} \, \text{m}^2$，$I = 6 \times 10^{-5} \, \text{m}^4$。令所有单元的 $E = 200 \, \text{GPa}$。令竖向单元的 $c = 125 \, \text{mm}$，水平单元的 $c = 150 \, \text{mm}$，c 表示从中性轴到梁横截面顶部或底部的距离，即弯曲应力公式 $\sigma = (Mc/I)$ 中的 c。

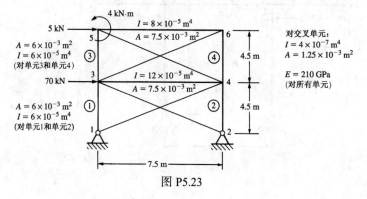

图 P5.22

5.23 ~ 5.38 对于图 P5.23 ~ 图 P5.38 所示的刚架或梁，确定节点的位移和转角、单元内力和支座反力。

图 P5.23

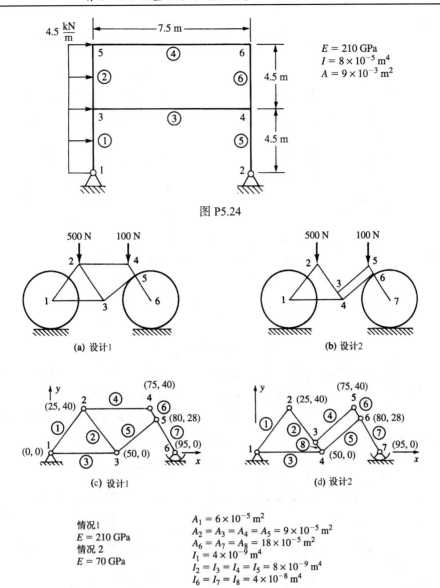

图 P5.24

图 P5.25 两个自行车框架模型(所示坐标单位为英寸)

情况1
$E = 210\,\text{GPa}$
情况2
$E = 70\,\text{GPa}$

$A_1 = 6 \times 10^{-5}\,\text{m}^2$
$A_2 = A_3 = A_4 = A_5 = 9 \times 10^{-5}\,\text{m}^2$
$A_6 = A_7 = A_8 = 18 \times 10^{-5}\,\text{m}^2$
$I_1 = 4 \times 10^{-9}\,\text{m}^4$
$I_2 = I_3 = I_4 = I_5 = 8 \times 10^{-9}\,\text{m}^4$
$I_6 = I_7 = I_8 = 4 \times 10^{-8}\,\text{m}^4$

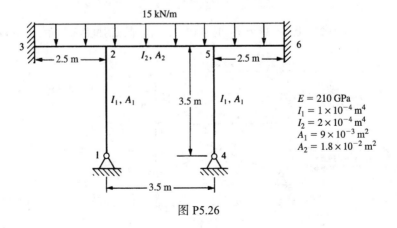

图 P5.26

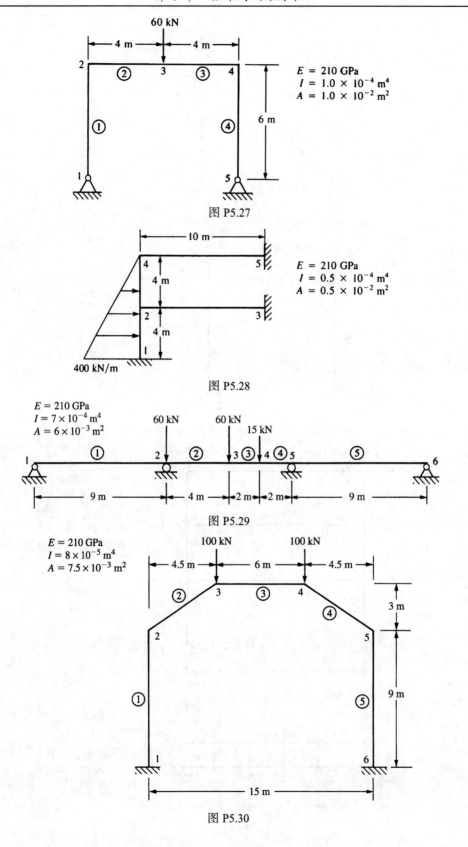

图 P5.27

图 P5.28

图 P5.29

图 P5.30

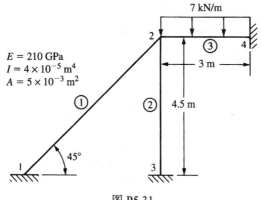

7 kN/m
2
③
4
E = 210 GPa
I = 4 × 10⁻⁵ m⁴
A = 5 × 10⁻³ m²
3 m
①
②
4.5 m
45°
1
3

图 P5.31

10 kN · m
②
3
15 kN
2
6 m
E = 210 GPa
I = 2 × 10⁻⁴ m⁴
A = 2 × 10⁻² m²
①
③
6 m
1
4

图 P5.32

60 kN · m
20 kN
7
I1, A1
8
I3, A3
I3, A3
3 m
5
I1, A1
6
20 kN
I2, A2
I2, A2
3 m
3
I1, A1
4
20 kN
I2, A2
I2, A2
4 m
1
2
10 m
E = 210 GPa
I1 = 2 × 10⁻⁴ m⁴
A1 = 2 × 10⁻² m²
I2 = 1 × 10⁻⁴ m⁴
A2 = 1 × 10⁻² m²
I3 = 0.5 × 10⁻⁴ m⁴
A3 = 0.5 × 10⁻² m²

图 P5.33

7000 N/m
1
①
2
②
3
③
4
7 m
7 m
7 m
E = 210 GPa
I = 1 × 10⁻⁴ m⁴
A = 1 × 10⁻² m²

图 P5.34

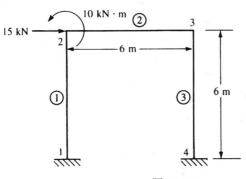

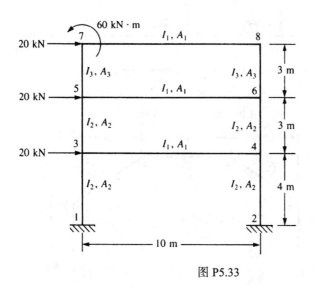

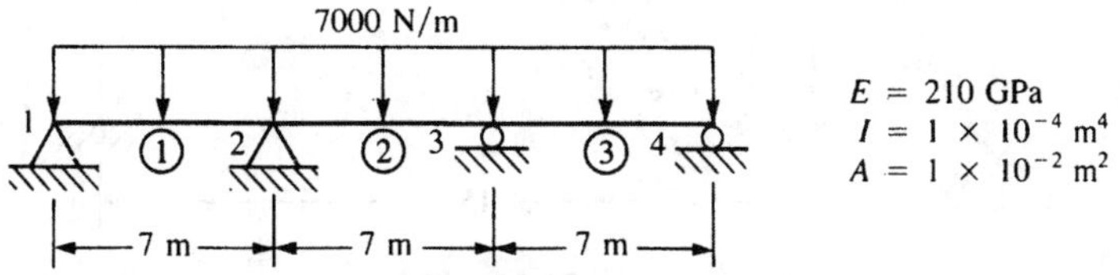

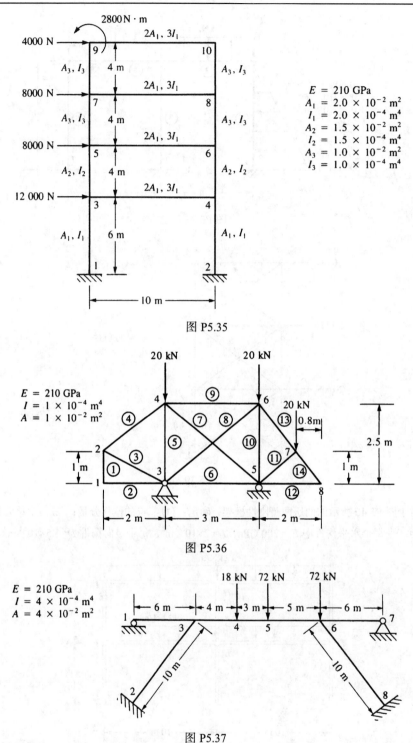

图 P5.35

图 P5.36

图 P5.37

 5.39　思考如图 P5.39 所示的平面结构。先假定结构是有刚节点的平面框架，用框架单元进行分析。然后假定结构是铰接的，利用桁架单元按平面桁架分析。如果结构实际上是一个桁架，按刚架建立模型适当吗？可以用框架（或梁）单元模拟桁架吗？换言之，在用梁单元近似桁架的模型中，可以做何种理想化处理？

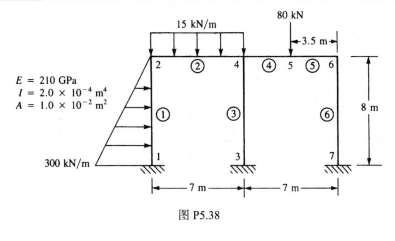

图 P5.38

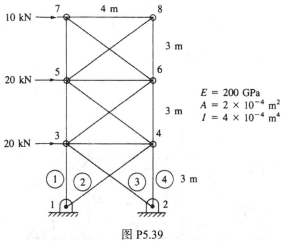

图 P5.39

5.40 对于图 P5.40 所示的两层两跨刚性框架，确定：(1)节点的位移分量；(2)每个单元的剪切力和弯矩。令每个水平构件中 $E = 200$ GPa，$I = 2 \times 10^{-4}$ m⁴，每个竖向构件 $I = 1.5 \times 10^{-4}$ m⁴。

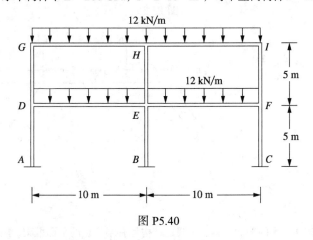

图 P5.40

5.41 对于图 P5.41 所示的两层三跨的刚性框架，确定：(1)节点位移；(2)构件端点的剪切力和弯矩；(3)画出每个构件的剪切力和弯矩图。令梁的 $E = 200$ GPa，$I = 1.29 \times 10^{-4}$ m⁴，柱的 $I = 0.462 \times 10^{-4}$ m⁴。I 的值分别对应 W 610×155 和 W 410×114 的宽翼缘截面，单位为米(m)。

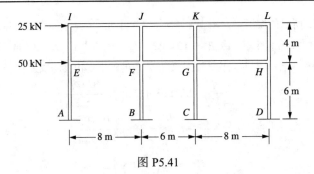

图 P5.41

5.42 对图 P5.42 所示刚架，确定：(1)节点位移和转角；(2)单元剪切力和弯矩。令水平构件中 $E = 200\ \text{GPa}$，$I = 0.795 \times 10^{-4}\ \text{m}^4$，竖向构件 $I = 0.316 \times 10^{-4}\ \text{m}^4$。$I$ 的值分别对应 W 460×158 和 W 410×85 的宽翼缘截面。

5.43 对图 P5.43 所示刚架，确定：(1)节点位移和转角；(2)每个单元的剪切力和弯矩。令水平构件中 $E = 200\ \text{GPa}$，$I = 1 \times 10^{-3}\ \text{m}^4$，竖向构件中 $I = 4 \times 10^{-4}\ \text{m}^4$。$I$ 的值分别对应 W 24×104 和 W 16×77 的宽翼缘截面。

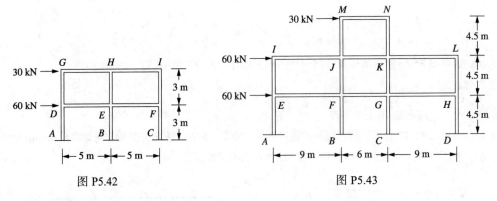

图 P5.42   图 P5.43

5.44 如图 P5.44 所示的结构由三段 I 形构件焊接而成。构件的屈服应力是 250 MPa，$E = 200\ \text{GPa}$，泊松比是 0.3。所有构件的横截面为 W 460×52，即 $A = 6640\ \text{mm}^2$，截面高度为 $d = 450\ \text{mm}$，$I_x = 212 \times 10^6\ \text{mm}^4$，$S_x = 944 \times 10^3\ \text{mm}^3$，$I_y = 6.4 \times 10^6\ \text{mm}^4$，$S_y = 84 \times 10^3\ \text{mm}^3$。确定作用向下的荷载 $Q = 40\ \text{kN}$ 时，结构是否安全。一般屈服的安全系数为 2.0。同时，确定结构的最大竖向挠度和水平挠度。

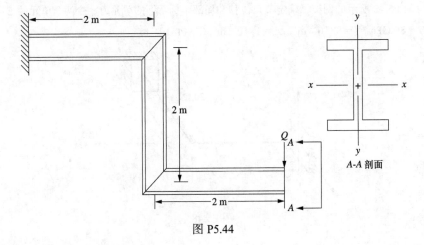

图 P5.44

5.45 对于图 P5.45 所示的楔形梁，用 1 个单元、2 个单元、4 个单元和 8 个单元确定其最大挠度。计算每一单元中点的惯性矩，令 $E = 210\,\text{GPa}$，$I_0 = 4 \times 10^{-5}\,\text{m}^4$，$L = 2.5\,\text{m}$。使用梁单元计算 $n = 1$，3 和 7 时的解。当 $n = 7$ 时自由端的挠度和转角的解析解由参考文献[7]给出：

$$v_1 = \frac{PL^3}{49EI_0}(1/7 \ \text{In} \ 8 + 2.5) = \frac{1}{17.5}\frac{PL^3}{EI_0}$$

$$\theta_1 = \frac{PL^2}{49EI_0}(\text{In} \ 8 - 7) = \frac{1}{9.95}\frac{PL^2}{EI_0}$$

$$I(x) = I_0\left(1 + n\frac{x}{L}\right)$$

式中，n 为任意数值系数，I_0 是 $x = 0$ 处的截面惯性矩。

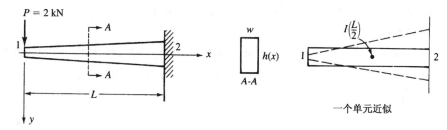

图 P5.45

5.46 推导图 P5.46 所示的非棱柱扭转杆的刚度矩阵。轴的半径由以下公式给出：

$$r = r_0 + (x / L)r_0$$

式中，r_0 是 $x = 0$ 处的半径。

5.47 推导图 P5.47 所示柱状圆形截面扭转杆的总势能。同时，确定杆受均布扭矩(kN·m/m)时的等效节点扭矩。令 G 为杆的剪切模量，J 为杆的极惯性矩。

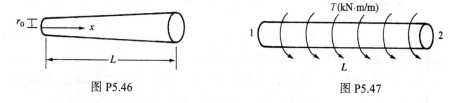

图 P5.46　　　　　　　　　　　　　图 P5.47

5.48 对图 P5.48 所示的网架，确定节点位移和局部坐标系下的单元力。令两个单元的 $E = 200\ \text{GPa}$，$G = 80\,\text{GPa}$，$I = 8 \times 10^{-5}\,\text{m}^4$，$A = 1 \times 10^{-2}\,\text{m}^2$，$J = 4 \times 10^{-5}\,\text{m}^4$。

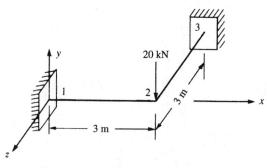

图 P5.48

5.49 在图 P5.48 中的节点 2 处附加绕 x 轴的节点力矩 100 kN·m，重新求解习题 5.48。

5.50~5.51 对于图 P5.50 和图 P5.51 所示的网架，确定节点位移和局部坐标系下的单元力。令 $E =$ 210 GPa，$G = 84$ GPa，$I = 2 \times 10^{-4}$ m⁴，$J = 1 \times 10^{-4}$ m⁴ 和 $A = 1 \times 10^{-2}$ m²。

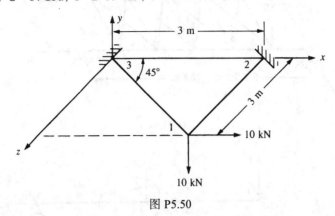

图 P5.50

5.52~5.57 用计算机程序求解图 P5.52~图 P5.57 中的网架结构。对于图 P5.52~图 P5.54 中的网架，除图中所标注的外，令 $E = 210$ GPa，$G = 84$ GPa，$I = 8 \times 10^{-5}$ m⁴，$A = 1 \times 10^{-2}$ m²，$J = 4 \times 10^{-5}$ m⁴。在图 P5.54 中，令交叉构件的 $I = 20 \times 10^{-6}$ m⁴，$J = 8 \times 10^{-6}$ m⁴，尺寸和荷载如图 P5.53 所示。对于图 P5.55~图 P5.57 中的网架，令 $E = 210$ GPa，$G = 84$ GPa，$I = 2 \times 10^{-4}$ m⁴，$J = 1 \times 10^{-4}$ m⁴ 和 $A = 1 \times 10^{-2}$ m²。

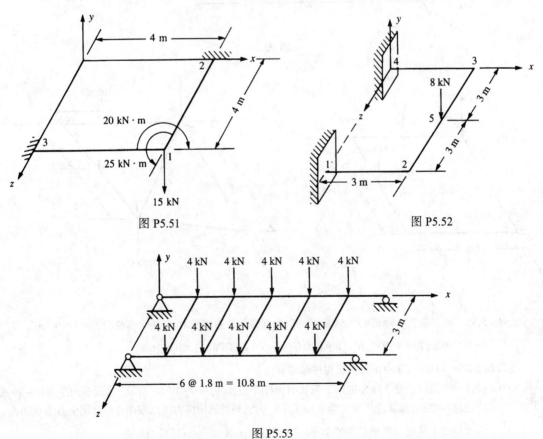

图 P5.51

图 P5.52

图 P5.53

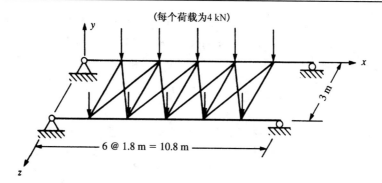

图 P5.54

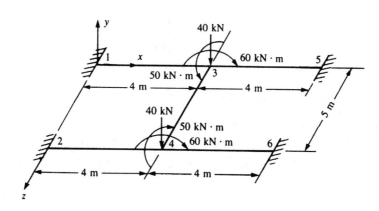

图 P5.55

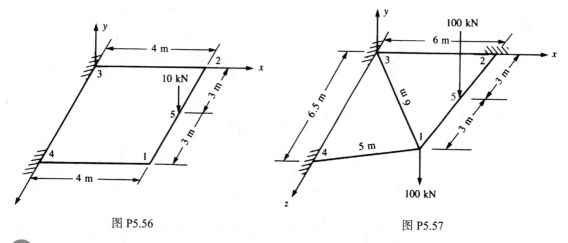

图 P5.56　　　　　　　　　　　图 P5.57

 5.58 ~ 5.59　确定图 P5.58 和图 P5.59 所示的空间框架的位移和反力。令两个框架的 $I_x = 4 \times 10^{-5}$ m^4，$I_y = 8 \times 10^{-5}$ m^4，$I_z = 4 \times 10^{-4}$ m^4，$E = 200$ GPa，$G = 80$ GPa，$A = 0.06$ m^2。

在习题 5.60～习题 5.79 中用计算机程序帮助设计。

5.60　设计一个可以承受 24 kN 的向下荷载的桅杆式起重机，如图 P5.60 所示。为所有构件选择一种通用的结构型钢。弯曲许用应力为 $0.66 S_y$（S_y 为材料的屈服应力），总截面拉伸许用应力为 $0.60 S_y$。最大挠度不超过水平梁长度的 1/360。利用 Euler 或 Johnson 法检查屈曲。

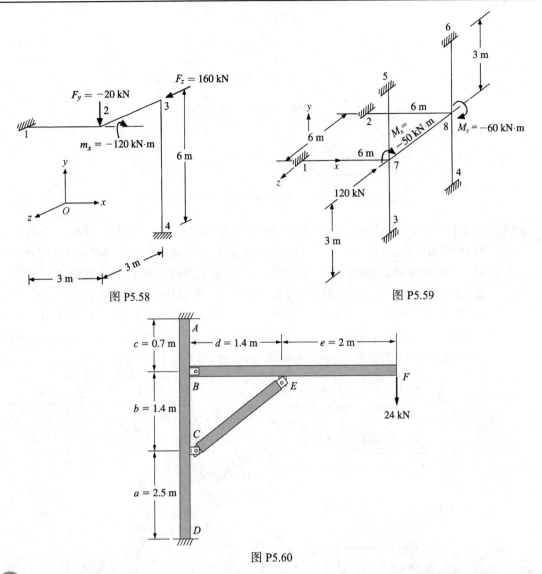

图 P5.58

图 P5.59

图 P5.60

5.61 对于图 P5.61 所示的升降平台，设计支撑构件 AB 和 CD。选用低碳钢和适当的横截面形状，横截面两个主轴之间的惯性矩比值不要超过 4：1。可以选择两个不同的横截面组成机械臂来减轻重量。实际结构有 4 个支架臂，但这里显示的载荷是作用在平台一侧的两个支架臂的荷载。图中所示的为处于工作状态下的负载。为了保障人身安全，安全系数取 2。在建立有限元模型时，去掉平台，用 B 点和 D 点的等效静力荷载代替。利用桁架单元或低抗弯刚度的梁单元，模拟从 B 到 D 的梁、从 E 到 F 的中间连接以及液压驱动装置。许用弯曲应力为 $0.60S_y$，许用拉伸应力为 $0.60S_y$。根据需要，使用欧拉法或约翰逊法校核构件的屈曲。还要校核最大挠度，挠度超过杆件 AB 长度的 1/360 就被认为过大。

5.62 设计图 P5.62 所示的两层建筑框架。构件均为 I 形梁，且为刚性连接。楼板托梁的高度为 0.38 m，柱子的宽度为 0.25 m。材料为 A36 结构钢。图中给出了两种水平荷载和垂直荷载。选择构件使梁的许用弯曲应力为 170 MPa。适当时，使用欧拉法或约翰逊法校核柱的屈曲。梁的允许挠度不超过每根梁跨度的 1/360，框架的总体侧移不超过 12.5 mm。

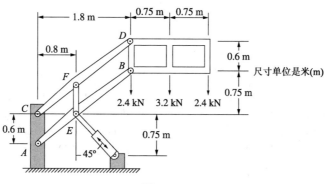

图 P5.61

5.63　设计能提升 10 kN 的纸浆原料装载机，如图 P5.63 所示。主要的竖直杆件 *BF* 上有液压执行器 *AE* 和 *DG* 的附加装置，为构件 *BF* 选择钢材并确定合适的管状截面尺寸。为水平承载臂 *AC* 选择钢材，并确定合适的箱形截面。水平承载臂可以在 *AB* 和 *BC* 段使用两个不同横截面，以减轻质量。在进行有限元分析时，除了液压执行器为桁架单元外，所有的单元均使用梁单元。在 *B* 点竖直梁和水平梁的交接处，最好用松开竖直构件上顶部单元的端部节点来模拟。单元 *AB* 和 *BC* 的许用弯曲应力为 $0.60S_y$。检查构件 *BF* 是否屈曲。*C* 点处的允许挠度应小于 *BC* 长度的 1/360。作为额外要求，客户可能要求你确定液压执行器 *AE* 和 *DG* 的尺寸。

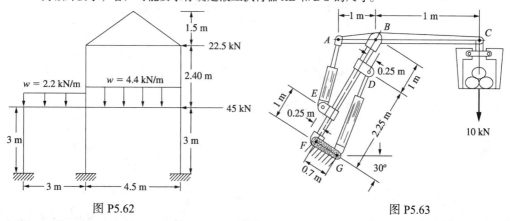

图 P5.62

图 P5.63

5.64　图 P5.64 所示的活塞环有一个裂缝，要用一个工具将其张开以便安装。此环很薄(厚度为 5 mm)，因此可以采用一般的直梁弯曲公式。环在缺口处要有 2.5 mm 的位移才能安装。确定产生位移所需的力。此外，确定环中的最大应力。$E = 125$ GPa，$G = 50$ GPa，横截面积 $A = 40$ mm²，主惯性矩 $I = 20 \times 10^{-9}$ m⁴。内径为 46 mm，外径为 54 mm，用对称模型取 4、6、8、10 和 20 个单元进行模拟，直到收敛到相同结果为止。用参考文献[8]的传统梁理论方程式预测的恒力 *F* 绘制位移与单元数量的关系曲线。

$$\delta = \frac{3\pi FR^3}{EI} + \frac{\pi FR}{EA} + \frac{6\pi FR}{5GA}$$

式中，$R = 50$ mm，$\delta = 2.5$ mm。

5.65　图 P5.65 中为一个小型的落地式液压起重机，承受 20 kN 的荷载。确定梁和柱需要的尺寸。选择标准箱形截面或宽翼缘截面。假定梁与柱之间是刚性连接的，柱与底板是刚性连接的。梁的许用弯曲应力为 $0.60 S_y$，允许挠度为梁长的 1/360。校核柱子是否屈曲。

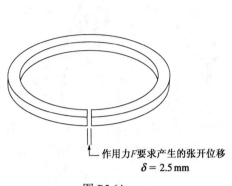

图 P5.64

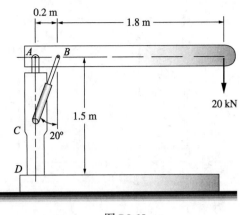

图 P5.65

5.66 确定实心圆轴的尺寸，使 B 和 C 间的最大扭转角为 0.26°/m，在滑轮 C 的荷载作用下梁的挠度小于 0.0127 cm，如图 P5.66 所示。假定轴承 A 和 B 处为简支，圆轴由冷轧 AISI 1020 钢材制造。
注：可以在 *Machinery's Handbook*(Oberg, E., et. al., 26th ed., Industrial Press, N.Y., 2000.)中找到推荐的驱动轴扭转角。

5.67 图 P5.67 中的轴在 F 点受一个 3.5 kN 的绞车荷载和一个 900 N·m 的扭矩(距离轴承中心 A 点 650 mm)。另外，在蜗杆齿轮组上的 E 点作用了一个 2.25 kN 的径向荷载和一个 1.8 kN 的轴向荷载。在安全系数为 2.5 的情况下，假设轴上的最大应力不能大于由最大畸变能理论确定的应力。同时确保 A 和 D 间的扭转角小于 1.5°。在你所设计的模型中，在计算扭转角时可假设将 A 处的支座固结，B，C，D 处的支座为简支约束。确定所需轴的直径。

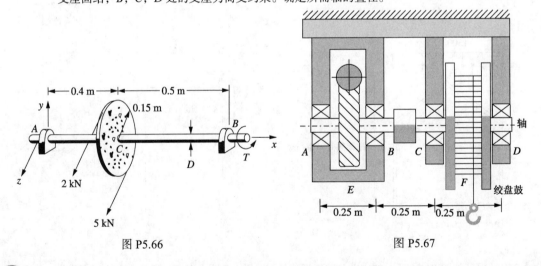

图 P5.66

图 P5.67

5.68 为一工业建筑设计一个门式刚架，该门式刚架受如图 P5.68 所示的外部风荷载作用(相当于 125 km/h 的风速)。假定这是间隔为 6 m 的框架中的一个。在任意单元中的许用弯曲应力为 140 MPa，许用压应力为 70 MPa，选择合适的宽翼缘截面。不考虑构件的屈曲，使用 ASTM A36 型钢材。

5.69 为公寓建筑设计门式刚架，该门式刚架受如图 P5.69 所示的均布雪荷载作用(典型的美国中西部的雪量)。为该框架选择合适的宽翼缘截面。假定许用弯曲应力不超过 140 MPa，使用 ASTM A36 型钢材。

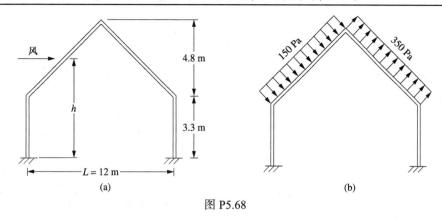

图 P5.68

5.70   设计一个起重能力为 90 kN 的门式起重机,因为起重机要能提升压缩机、发动机、冷却器和控制器等荷载。根据起重装置的具体位置,将此荷载作用在长度为 3.6 m 的主梁的中部,如图 P5.70 所示。注意这根梁是在起重机的一侧。假定使用的是 ASTM A36 型钢材。起重机必须是 3.6 m 长,2.4 m 宽,4.5 m 高。所有梁的尺寸相同,所有柱的尺寸相同,所有斜撑的尺寸相同。角斜撑可以是宽翼缘截面或者其他常见形状。必须通过检查梁的抗弯强度、允许挠度、柱的屈曲强度和斜撑的屈曲强度来验证结构的安全性。梁的安全系数取 5,以防止梁的材料屈服。验证梁的挠度小于 L/360,式中 L 是梁的跨度。用 Euler 法检查长柱和斜撑是否屈曲。为防止屈曲出现,取安全系数为 5。假定梁柱节点是刚性的,斜撑(共 8 个)被固定在四个角处的柱子和梁上。同时假定起重机是在滚动支座上,其中一个滚动支座被固定为固定铰支座,如图 P5.70 所示。

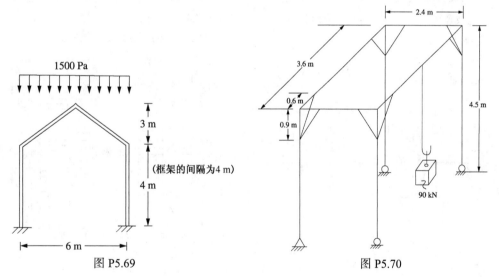

图 P5.69   图 P5.70

5.71   设计如图 P5.71 所示的刚性公路桥框架结构,用于模拟卡车通过桥梁产生的移动荷载。应用所示的荷载并将其作用于沿顶部梁的不同位置。可以使用《公路桥梁设计规范》(*Standard Specifications for Highway Bridges*)中给出的许用弯曲应力,许用压缩应力和允许挠度,该规范由美国国家高速公路与交通运输协会(AASHTO)(华盛顿特区)发行,或使用其他合理的值。

5.72   为图 P5.72 所示三脚架的空间框架确定标准钢管截面,使得最大弯曲应力不超过 150 MPa。为防止屈曲,压应力必须不超过安全系数为 2 的欧拉屈曲公式所得出的压应力,且最大挠度在任意跨度 L 内不超过 L/360。假定三个底部支座是固定的。所有坐标在图中给出,单位是毫米(mm)。

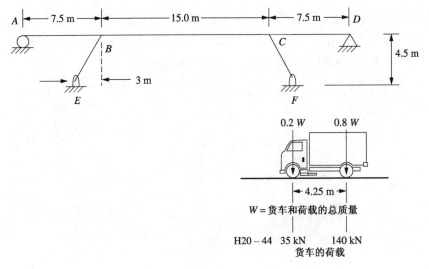

图 P5.71

5.73 图 P5.73 所示弧形的半圆框架由位于左端的固定铰支座和右端的滑移支座支撑，并在顶端受一个 $P = 4.5$ kN 的荷载。该框架到横截面中心线的半径为 $R = 3$ m。从附录 F 中选择一个 W 形结构钢材使得最大应力不超过 150 MPa。在有限元模型中使用 4 个、8 个和 16 个单元进行有限元分析。同时，确定每个模型的最大挠度。建议将有限元分析得到的挠度与通过传统方法如卡氏理论（Castigliano's theorem）得到的解来进行比较。利用卡氏理论给出荷载作用下挠度的表达式为：

$$\delta_y = \frac{0.178PR^3}{EI} + \frac{0.393PR}{AE} + \frac{0.393PR}{A_vG}$$

式中，A 是 W 形结构钢材的横截面积，A_v 是 W 形结构钢材的剪切面积（剪切面积可使用腹板的高度乘以腹板的厚度）；$E = 210$ GPa，$G = 80$ GPa。

现将框架的半径变为 0.5 m，重新计算该题。在计算机程序中分别运行包含剪切面积的有限元模型和不包含剪切面积的有限元模型。讨论结果的不同之处并与利用上述关于 δ_y 的方程所预测的挠度进行比较。

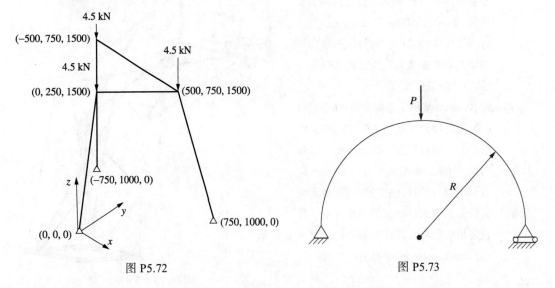

图 P5.72

图 P5.73

5.74 对于图 P5.74 所示的水车框架，确定一个材料为铝合金的通用横截面，以使 von Mises 应力小于材料屈服强度的一半。图中坐标的单位为厘米(cm)。最低节点施加 2 kN 的水平力来模拟水压力。假定水车中心的节点是固定的。(作者：Caleb Johnson)

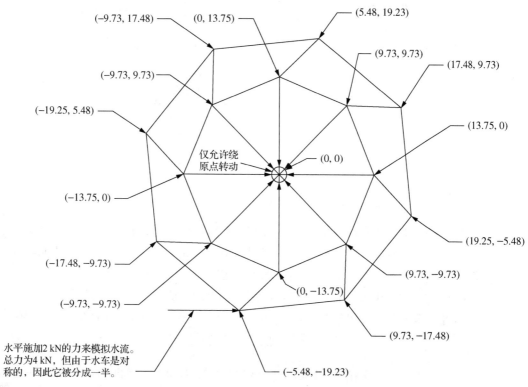

图 P5.74 水车框架(由 Caleb Johnson 提供)

5.75 设计篮球架，如图 P5.75 所示。确定标准管道尺寸，以使最关键的受压构件不会屈曲并且最关键的抗拉构件不会屈服，且最大挠度小于 12.5 mm。假设底部支座是固定的。向篮筐末端施加 2500 N 的集中载荷，如图 P5.75 所示。(请自己测量尺寸)

5.76 图 P5.76(a)显示了滑翔伞的空间框架。施加的力和边界条件在图 P5.76(b)中给出。下面还列出了节点坐标，以帮助构建模型。根据最大的 von Mises 应力(等于材料屈服强度的一半)确定合适的管道截面。尝试使用铝合金，并确定最大位移及其在框架上的位置。(由 Matthew Groshek 提供)

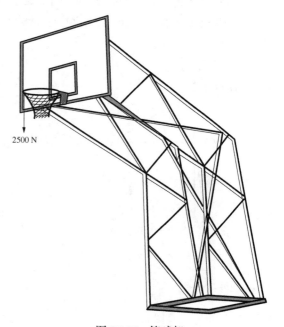

图 P5.75 篮球架

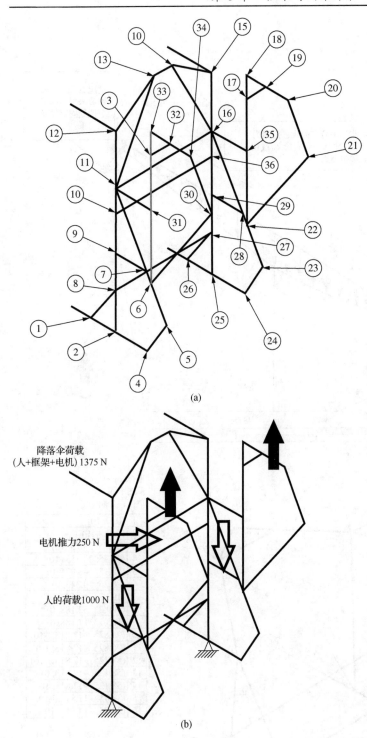

坐标(cm)				
	X	Y	Z	
1	(9.125	0	0	)
2	(21.025	0	0	)
3	(37.30	77.025	0	)
4	(35.975	0	0	)
5	(44.475	14.525	0	)
6	(37.30	27.30	0	)
7	(35.075	31.25	0	)
8	(21.025	16.25	0	)
9	(21.025	31.25	0	)
10	(21.025	46.30	0	)
11	(21.025	56.25	0	)
12	(21.025	78.75	0	)
13	(21.025	91.25	−18.625	)
14	(21.025	91.20	−26.55	)
15	(21.025	78.75	−45.0	)
16	(21.025	56.25	−45.0	)
17	(37.30	77.025	−45.0	)
18	(37.30	86.25	−45.0	)
19	(46.525	86.25	−45.0	)
20	(56.45	86.25	−45.0	)
21	(65.875	68.15	−45.0	)
22	(37.30	27.30	−45.0	)
23	(44.475	14.525	−45.0	)
24	(35.975	0	−45.0	)
25	(21.025	0	−45.0	)
26	(9.125	0	−45.0	)
27	(21.025	16.25	−45.0	)
28	(35.075	31.25	−45.0	)
29	(21.025	31.25	−45.0	)
30	(65.875	68.15	0	)
31	(37.30	56.25	0	)
32	(46.525	86.25	0	)
33	(37.30	86.25	0	)
34	(56.45	86.25	0	)
35	(37.30	56.25	−45.0	)
36	(21.025	46.30	−45.0	)

(a)

降落伞荷载
(人+框架+电机) 1375 N

电机推力250 N

人的荷载1000 N

(b)

图 P5.76 　（由 Matthew Groshek 提供）

5.77 　摩托车车架如图 P5.77 所示。载荷和边界条件如图所示。下面列出了节点坐标，以帮助构建模型。根据最大的 von Mises 应力（等于所选材料的屈服强度的 1/3）确定合适的横截面和材料，最大位移是多少以及在框架上的位置？（由 Kevin Roholt 提供）

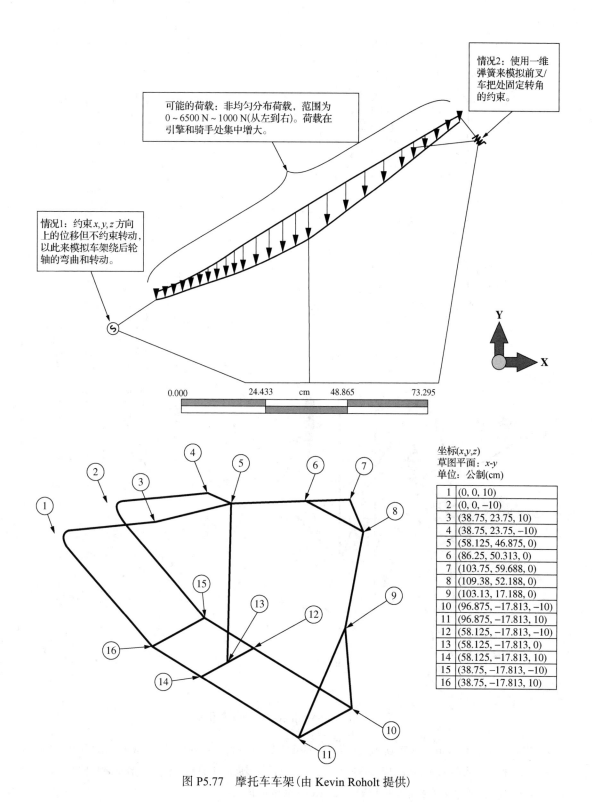

情况2：使用一维弹簧来模拟前叉/车把处固定转角的约束。

可能的荷载：非均匀分布荷载，范围为 0～6500 N～1000 N(从左到右)。荷载在引擎和骑手处集中增大。

情况1：约束 x, y, z 方向上的位移但不约束转动，以此来模拟车架绕后轮轴的弯曲和转动。

坐标(x, y, z)
草图平面：x-y
单位：公制(cm)

1	(0, 0, 10)
2	(0, 0, −10)
3	(38.75, 23.75, 10)
4	(38.75, 23.75, −10)
5	(58.125, 46.875, 0)
6	(86.25, 50.313, 0)
7	(103.75, 59.688, 0)
8	(109.38, 52.188, 0)
9	(103.13, 17.188, 0)
10	(96.875, −17.813, −10)
11	(96.875, −17.813, 10)
12	(58.125, −17.813, −10)
13	(58.125, −17.813, 0)
14	(58.125, −17.813, 10)
15	(38.75, −17.813, −10)
16	(38.75, −17.813, 10)

图 P5.77　摩托车车架（由 Kevin Roholt 提供）

5.78　卡丁车框架如图 P5.78 所示。列出节点坐标(以 cm 为单位)和位于三个轴位置的固定节点。对在四个前端节点施加 12.5 kN 的力来模拟前端碰撞。选择合适的管状横截面，使其刚好达到材料屈服。使用 ASTM A 36 钢或铬钼钢。(由 Nathan Christian 提供)

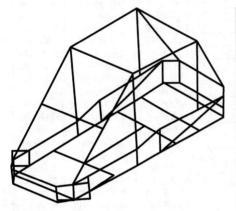

| 节点 | 边界条件代码 | | | | | | 节点坐标 | | |
No.	Tx	Ty	Tz	Rx	Ry	Rz	X	Y	Z
1	0	0	0	0	0	0	1.000E+01	0.000E+00	0.000E+00
2	0	0	0	0	0	0	0.000E+00	1.000E+01	0.000E+00
3	1	1	1	1	1	1	−1.000E+01	2.000E+02	0.000E+00
4	0	0	0	0	0	0	0.000E+00	3.000E+01	0.000E+00
5	0	0	0	0	0	0	7.500E+01	1.000E+01	0.000E+00
6	0	0	0	0	0	0	6.500E+01	0.000E+00	0.000E+00
7	0	0	0	0	0	0	8.500E+01	2.000E+01	0.000E+00
8	0	0	0	0	0	0	7.500E+01	3.000E+01	0.000E+00
9	0	0	0	0	0	0	0.000E+00	6.000E+01	0.000E+00
10	0	0	0	0	0	0	3.750E+01	6.000E+01	0.000E+00
11	0	0	0	0	0	0	7.500E+01	6.000E+01	0.000E+00
12	0	0	0	0	0	0	0.000E+00	1.400E+02	0.000E+00
13	0	0	0	0	0	0	0.000E+00	1.700E+02	0.000E+00
14	1	1	1	1	1	1	0.000E+00	2.000E+02	0.000E+00
15	0	0	0	0	0	0	1.000E+01	2.100E+02	0.000E+00
16	0	0	0	0	0	0	6.500E+01	2.100E+02	0.000E+00
17	1	1	1	1	1	1	7.500E+01	2.000E+02	0.000E+00
18	0	0	0	0	0	0	7.500E+01	1.700E+02	0.000E+00
19	0	0	0	0	0	0	7.500E+01	1.400E+02	0.000E+00
20	0	0	0	0	0	0	3.750E+01	1.400E+02	0.000E+00
21	0	0	0	0	0	0	1.000E+01	0.000E+00	1.500E+01
22	0	0	0	0	0	0	0.000E+00	1.000E+01	1.500E+01
23	0	0	0	0	0	0	−1.000E+01	2.000E+02	1.500E+01
24	0	0	0	0	0	0	0.000E+00	3.000E+01	1.500E+01
25	0	0	0	0	0	0	0.000E+00	9.000E+01	1.500E+01
26	0	0	0	0	0	0	0.000E+00	1.200E+02	2.250E+01
27	0	0	0	0	0	0	0.000E+00	2.000E+02	2.250E+01
28	0	0	0	0	0	0	1.000E+01	2.100E+02	2.250E+01
29	0	0	0	0	0	0	6.500E+01	2.100E+02	2.250E+01
30	0	0	0	0	0	0	7.500E+01	2.000E+02	2.250E+01
31	0	0	0	0	0	0	7.500E+01	1.200E+02	2.250E+01
32	0	0	0	0	0	0	7.500E+01	9.000E+01	1.500E+01
33	0	0	0	0	0	0	7.500E+01	3.000E+01	1.500E+01
34	0	0	0	0	0	0	8.500E+01	2.000E+01	1.500E+01
35	0	0	0	0	0	0	7.500E+01	1.000E+01	1.500E+01
36	0	0	0	0	0	0	6.500E+01	0.000E+00	1.500E+01
37	0	0	0	0	0	0	0.000E+00	9.000E+01	0.000E+00
38	0	0	0	0	0	0	7.500E+01	9.000E+01	0.000E+00
39	0	0	0	0	0	0	0.000E+00	1.200E+02	0.000E+00
40	0	0	0	0	0	0	7.500E+01	1.200E+02	0.000E+00
41	0	0	0	0	0	0	0.000E+00	5.000E+01	5.250E+01
42	0	0	0	0	0	0	0.000E+00	9.000E+01	9.000E+01
43	0	0	0	0	0	0	7.500E+01	9.000E+01	9.000E+01
44	0	0	0	0	0	0	7.500E+01	5.000E+01	5.250E+01
45	0	0	0	0	0	0	0.000E+00	1.700E+02	9.000E+01
46	0	0	0	0	0	0	0.000E+00	1.700E+02	2.250E+01
47	0	0	0	0	0	0	7.500E+01	1.700E+02	9.000E+01
48	0	0	0	0	0	0	7.500E+01	1.700E+02	2.250E+01
49	1	1	1	1	1	1	0.000E+00	2.500E+14	0.000E+00
50	1	1	1	1	1	1	0.000E+00	0.000E+00	2.500E+14
51	1	1	1	1	1	1	2.500E+14	2.475E+01	0.000E+00
52	1	1	1	1	1	1	0.000E+00	−2.500E+14	0.000E+00
53	1	1	1	1	1	1	0.000E+00	0.000E+00	2.500E+14
54	1	1	1	1	1	1	−2.500E+14	0.000E+00	0.000E+00

图 P5.78　卡丁车框架(由 Nathan Christian 提供)

5.79　狩猎架如图 P5.79 所示。所有节点的坐标被列出。如图所示，在平台顶部的最中心的两个节点上施加了两个 1.25 kN 的力，框架的额定力为 2.5 kN。为防止材料发生屈服，取安全系数为 2，在此基础上确定合适的标准钢或铝方管。(由 Sam Hanson 提供)

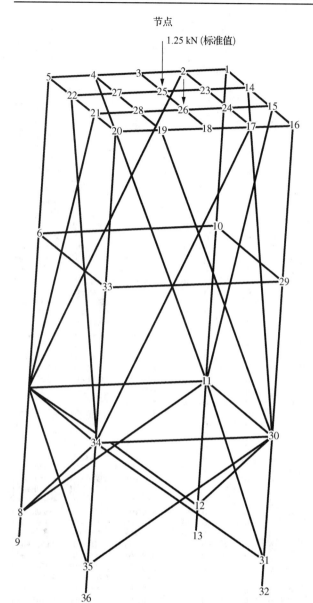

节点

1.25 kN (标准值)

节点	节点坐标(cm)		
No.	X	Y	Z
1	0.000E+00	0.000E+00	0.000E+00
2	3.000E+01	0.000E+00	0.000E+00
3	6.000E+01	0.000E+00	0.000E+00
4	9.000E+01	0.000E+01	0.000E+00
5	1.200E+02	0.000E+00	0.000E+00
6	1.200E+02	−1.000E+02	0.000E+00
7	1.200E+02	−2.000E+02	0.000E+00
8	1.200E+02	−2.800E+02	0.000E+00
9	1.200E+02	−3.000E+02	0.000E+00
10	0.000E+00	−1.000E+02	0.000E+00
11	0.000E+00	−2.000E+02	0.000E+00
12	0.000E+00	−2.800E+02	0.000E+00
13	0.000E+00	−3.000E+02	0.000E+00
14	0.000E+00	0.000E+00	−4.000E+01
15	0.000E+00	0.000E+00	−8.000E+01
16	0.000E+00	0.000E+00	−1.200E+02
17	3.000E+01	0.000E+00	−1.200E+02
18	6.000E+01	0.000E+00	−1.200E+02
19	9.000E+01	0.000E+00	−1.200E+02
20	1.200E+02	0.000E+00	−1.200E+02
21	1.200E+02	0.000E+00	−8.000E+01
22	1.200E+02	0.000E+00	−4.000E+01
23	3.000E+01	0.000E+00	−4.000E+01
24	3.000E+01	0.000E+00	−8.000E+01
25	6.000E+01	0.000E+00	−4.000E+01
26	6.000E+01	0.000E+00	−8.000E+01
27	9.000E+01	0.000E+00	−4.000E+01
28	9.000E+01	0.000E+00	−8.000E+01
29	0.000E+00	−1.000E+02	−1.200E+02
30	0.000E+00	−2.000E+02	−1.200E+02
31	0.000E+00	−2.800E+02	−1.200E+02
32	0.000E+00	−3.000E+02	−1.200E+02
33	1.200E+02	−1.000E+02	−1.200E+02
34	1.200E+02	−2.000E+02	−1.200E+02
35	1.200E+02	−2.800E+02	−1.200E+02
36	1.200E+02	−3.000E+02	−1.200E+02

图 P5.79　狩猎架(由 Sam Hanson 提供)

第6章 建立平面应力和平面应变刚度方程

章节目标

- 回顾平面应力和平面应变的基本概念。
- 推导常应变平面三角形(CST)单元刚度矩阵和方程。
- 演示如何确定常应变单元的刚度矩阵和应力。
- 描述如何处理二维单元的体力和面力。
- 计算常应变平面三角形单元的显式刚度矩阵。
- 对平面应力问题进行详细的有限元求解。
- 推导双线性4节点矩形(Q4)单元刚度矩阵。
- 比较梁弯曲问题的CST和Q4模型的结果,描述两种模型的缺陷。

引言

在第2章至第5章中,仅考虑了线单元。两个或两个以上的线单元仅在公共节点处连在一起形成框架结构或铰接式结构,如桁架、框架和网架。线单元的几何特性与横截面有关,例如横截面面积和惯性矩。然而,仅需要一个沿单元长度的局部坐标 x 就可以描述沿该单元的位置,因此称为线单元或一维单元。对于线单元而言,在推导节点平衡方程的公式时,要注意节点处的变形协调。

本章考虑二维有限元的相关问题。二维单元或平面单元是由二维平面(即 x-y 平面)内三个或三个以上节点所组成的单元。这些单元在公共节点和(或)沿公共边界连接在一起,构成连续的结构,如图1.3、图1.4、图1.6、图6.2(a)和图6.6(b)所示。在建立二维单元的节点平衡方程时要注意考虑节点处的变形协调。如果位移函数选择得当,相邻单元公共边界的连续性也会得到满足。

二维单元在以下问题中显得尤为重要:(1)平面应力问题分析,包括带孔平板、有内圆角的平板或内部有其他几何形状缺口的平板在平面内荷载作用下引起的应力集中问题,如图6.1所示;(2)平面应变分析,包括在整个长度上受均布荷载作用的狭长的地下箱形涵洞问题,如图1.3所示,沿长度(或深度)方向受均布荷载作用的长圆柱控制杆问题,如图1.4所示,以及沿长度方向受均布荷载作用的大坝或管道问题,如图6.2所示。

首先建立一种基础的二维或平面有限元的刚度矩阵,此二维单元被称为常应变平面三角形单元。之所以讨论常应变平面三角形单元(CST)的刚度矩阵,是因为在已知的二维单元中,其推导最为简单。在这种单元内应变是不变的,故此单元称为常应变单元。

因为用能量公式建立二维和三维有限元方程是最合适的,所以用最小势能原理推导CST刚度矩阵。

之后,给出了一个简单的薄板平面应力问题的例子,说明如何利用第2章给出的直接刚度法组装平面单元的刚度矩阵。下面将给出完整的解,包括板内的应力。

最后，推导简单的 4 节点矩形(Q4)单元的刚度矩阵并针对梁的弯曲问题比较使用 CST 和 Q4 单元的有限元解。

6.1　平面应力和平面应变的基本概念

在这一节，将描述平面应力和平面应变的概念。这些概念很重要，因为本章的推导只能应用在平面应力或平面应变问题中。因此，现在将详细阐述这些概念。

6.1.1　平面应力

平面应力被定义为一种应力状态，在这种应力状态中，假定垂直于该平面的正应力和剪应力为零。例如，在图 6.1(a)和图 6.1(b)中，$x\text{-}y$ 平面内的平板在面荷载 T(作用于单元表面边缘或表面的压力，单位为力/面积)的作用下，处于平面应力状态，即假定正应力 σ_z、剪应力 τ_{xz} 和 τ_{yz} 为零。通常情况下，如果单元的厚度很薄(z 方向上的尺寸与平面 $x\text{-}y$ 内的尺寸相比很小)，且荷载只作用在 $x\text{-}y$ 平面内，就可以认为是处于平面应力状态。

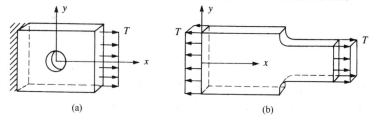

图 6.1　平面应力问题：(a)带孔平板；(b)有内圆角的平板

6.1.2　平面应变

平面应变被定义为一种应变状态，在这种应变状态中，假定垂直于 $x\text{-}y$ 平面的应变 ε_z 及剪切应变 γ_{xz} 和 γ_{yz} 为零。对于横截面不变的长条形物体(比如纵向轴沿 z 方向)，如果仅作用有 x 和/或 y 方向上的荷载，并且沿 z 方向不发生变化，就可以假定为平面应变状态。图 6.2 中给出了一些平面应变的例子，图 1.3 中为一个狭长的箱形地下涵洞，图 1.4 为一个液压缸杆端部。在这些例子中，由于每一单位厚度的特性(除去端部附近)都是相同的，则只考虑结构的单位厚度(1 cm 或 1 m)。图 6.2 中结构的有限元模型由适当离散的 $x\text{-}y$ 平面内的横截面构成，荷载作用在每个单位厚度的 x 和 y 方向上。

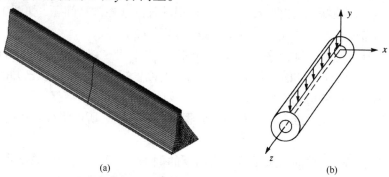

图 6.2　平面应变问题：(a)承受水平荷载的大坝(本图彩色版参见彩色插图)；(b)承受垂直载荷的管道

6.1.3 二维应力和应变状态

为了完全理解平面应力/应变三角形单元的刚度矩阵的建立和应用,必须了解二维应力和应变状态及平面应力和平面应变的应力/应变关系。因此我们简短概述了二维应力和应变的基本概念(有关此课题的更详细内容,请参阅参考文献[1]和[2]及附录 C)。

首先,利用图 6.3 说明二维应力状态。该微元的边长为 dx 和 dy,在 x,y 方向上(作用于垂直平面和水平平面)分别作用有正应力 σ_x 和 σ_y。剪应力 τ_{xy} 作用在 x 边(垂直面),指向 y 方向。剪应力 τ_{yx} 作用在 y 边(水平面),指向 x 方向。由该单元的力矩平衡可得出 τ_{xy} 在数值上等于 τ_{yx}。这种相等关系的证明参见附录 C.1。因此存在三个独立的应力,用向量列矩阵表示为:

$$\{\sigma\} = \begin{Bmatrix} \sigma_x \\ \sigma_y \\ \tau_{xy} \end{Bmatrix} \qquad (6.1.1)$$

单元平衡方程的推导见附录 C.1。

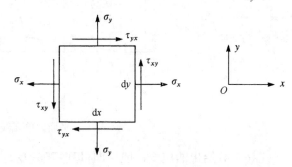

图 6.3　二维应力状态

式 (6.1.1) 给出的应力将用节点位移自由度表示。因此,一旦确定了节点位移,就可直接计算出应力。

回顾材料力学[2]可知,**主应力**是二维平面的最大正应力和最小正应力,可由以下表达式得出:

$$\begin{aligned} \sigma_1 &= \frac{\sigma_x + \sigma_y}{2} + \sqrt{\left(\frac{\sigma_x - \sigma_y}{2}\right)^2 + \tau_{xy}^2} = \sigma_{\max} \\ \sigma_2 &= \frac{\sigma_x + \sigma_y}{2} - \sqrt{\left(\frac{\sigma_x - \sigma_y}{2}\right)^2 + \tau_{xy}^2} = \sigma_{\min} \end{aligned} \qquad (6.1.2)$$

主平面方位角 θ_p 可以定义垂直于最大或最小主应力作用平面的法线,由下式确定:

$$\tan 2\theta_p = \frac{2\tau_{xy}}{\sigma_x - \sigma_y} \qquad (6.1.3)$$

图 6.4 给出了主应力 σ_1,σ_2 和角度 θ_p。如图 6.4 所示,主法应力(最大和最小主应力)作用平面上的剪应力为零。

图 6.5 展示了用一个微元代表结构中某点的一般二维应变状态。该单元的 A 点在 x 和 y 方向的位移量为 u 和 v,沿线段 AB 在 x 方向上有一个附加的位移增量 $(\partial u/\partial x)\mathrm{d}x$,沿线段 AC 在 y 方向有一个附加的位移增量 $(\partial v/\partial y)\mathrm{d}y$,可以看到 B 点相对于 A 点向上移动了一个 $(\partial v/\partial x)\mathrm{d}x$ 的量,C 点相对于 A 点向右移动了一个 $(\partial u/\partial y)\mathrm{d}y$ 的量。

由正应变和剪应变的一般定义和图 6.5,可以得出:

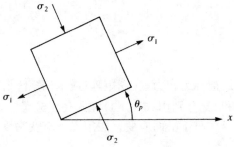

图 6.4　主应力及其方向

$$\varepsilon_x = \frac{\partial u}{\partial x} \qquad \varepsilon_y = \frac{\partial v}{\partial y} \qquad \gamma_{xy} = \frac{\partial u}{\partial y} + \frac{\partial v}{\partial x} \tag{6.1.4}$$

附录 C.2 节中给出了式(6.1.4)的详细推导。应变 ε_x 和 ε_y 分别为单元变形时原平行于 x 轴和 y 轴的材料纤维单位长度的改变量,这些应变称为正应变,或称为拉伸应变或纵向应变。应变 γ_{xy} 是单元变形时 dx 和 dy 所夹直角的改变量,应变 γ_{xy} 称为剪应变。

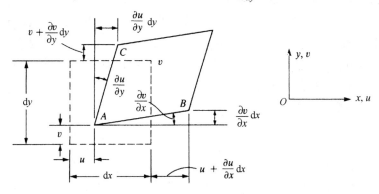

图 6.5　x-y 平面内单元线段的位移和转角

式(6.1.4)给出的应变一般用向量列矩阵表示:

$$\{\varepsilon\} = \begin{Bmatrix} \varepsilon_x \\ \varepsilon_y \\ \gamma_{xy} \end{Bmatrix} \tag{6.1.5}$$

有了式(6.1.4)给出的 x 和 y 方向的应变和位移之间的关系,则足以理解本章后面讲述的内容。

现在给出平面应力和平面应变状态下各向同性材料的应力-应变关系。对于平面应力,假定以下应力为零:

$$\sigma_z = \tau_{xz} = \tau_{yz} = 0 \tag{6.1.6}$$

将式(6.1.6)用于三维应力-应变关系[参见附录 C 的式(C.3.10)],剪应变 $\gamma_{xz} = \gamma_{yz} = 0$,但 $\varepsilon_z \neq 0$。对于平面应力状态,有以下应力-应变关系:

$$\{\sigma\} = [D]\{\varepsilon\} \tag{6.1.7}$$

式中,

$$[D] = \frac{E}{1 - v^2} \begin{bmatrix} 1 & v & 0 \\ v & 1 & 0 \\ 0 & 0 & \dfrac{1-v}{2} \end{bmatrix} \tag{6.1.8}$$

这被称为应力-应变矩阵(或本构矩阵),其中 E 是弹性模量,v 是泊松比。在式(6.1.7)中,$\{\sigma\}$ 和 $\{\varepsilon\}$ 分别由式(6.1.1)和式(6.1.5)确定。

对于平面应变,假定以下应变为零:

$$\varepsilon_z = \gamma_{xz} = \gamma_{yz} = 0 \tag{6.1.9}$$

将式(6.1.9)用于三维应力-应变关系[参见式(C.3.10)],剪应力 $\tau_{xz} = \tau_{yz} = 0$,但 $\sigma_z \neq 0$。应力-

应变矩阵变为：

$$[D] = \frac{E}{(1+\nu)(1-2\nu)} \begin{bmatrix} 1-\nu & \nu & 0 \\ \nu & 1-\nu & 0 \\ 0 & 0 & \dfrac{1-2\nu}{2} \end{bmatrix} \tag{6.1.10}$$

$\{\sigma\}$ 和 $\{\varepsilon\}$ 矩阵与平面应力中的相同。正如参考文献[1]所推导的，平面应力的基本偏微分方程为：

$$\frac{\partial^2 u}{\partial x^2} + \frac{\partial^2 u}{\partial y^2} = \frac{1+\nu}{2}\left(\frac{\partial^2 u}{\partial y^2} - \frac{\partial^2 v}{\partial x \partial y}\right)$$
$$\frac{\partial^2 v}{\partial x^2} + \frac{\partial^2 v}{\partial y^2} = \frac{1+\nu}{2}\left(\frac{\partial^2 v}{\partial x^2} - \frac{\partial^2 u}{\partial x \partial y}\right) \tag{6.1.11}$$

6.2 常应变三角形单元刚度矩阵和方程的推导

为演示推导步骤并引入平面三角形单元所需要的基本方程，下面讨论图 6.6(a)所示的受拉伸荷载 T_s 作用的薄板。

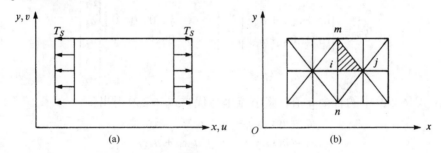

图 6.6 (a)处于拉伸作用下的薄板；(b)利用三角形单元离散图(a)中的薄板

步骤 1 选择单元类型

对于该板的分析，讨论取自图 6.6(b)中被离散的平板的基本三角形单元(参见图 6.7)。将离散后的平板划分为三角形单元，每个单元的节点为 i，j 和 m。此处使用三角形单元是因为用这种方法可以很好地逼近不规则物体的边界，且三角形单元的表达式比较简单。如果使用一些较大的单元，这种离散化就称为粗网格生成。每个节点有两个自由度，即 x 方向和 y 方向的位移。令 u_i 和 v_i 分别代表节点 i 在 x 方向和 y 方向的位移分量。

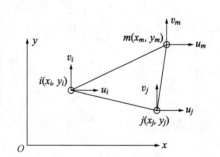

图 6.7 标示出自由度的基本三角形单元

本章中的所有公式均基于逆时针方向来为节点标号，即使公式的建立也可以使用顺时针方向来标记节点。为避免在计算中出现诸如单元面积为负数等问题，在整个分析对象中要使用一致的标记方法。因此节点 i，j 和 m 的已知节点坐标分别为 (x_i, y_i)，(x_j, y_j) 和 (x_m, y_m)。

节点位移矩阵由以下公式给出：

$$
\{d\} = \begin{Bmatrix} \{d_i\} \\ \{d_j\} \\ \{d_m\} \end{Bmatrix} = \begin{Bmatrix} u_i \\ v_i \\ u_j \\ v_j \\ u_m \\ v_m \end{Bmatrix} \tag{6.2.1}
$$

步骤2　选择位移函数

为每个单元选择线性位移函数如下：

$$
\begin{aligned}
u(x,y) &= a_1 + a_2 x + a_3 y \\
v(x,y) &= a_4 + a_5 x + a_6 y
\end{aligned} \tag{6.2.2}
$$

式中，$u(x,y)$ 和 $v(x,y)$ 描述单元内部任意点 (x_i, y_i) 的位移。

线性函数满足了协调关系。端点已经被确定的线性函数只有一条路径通过两个端点。因此，线性函数可确保在相邻单元共享的节点和边界处的位移是相等的，如图 6.6(b) 所示的两个单元的边界 i-j。利用式 (6.2.2)，包含函数 u 和 v 的广义位移函数 $\{\psi\}$ 可以表示为：

$$
\{\psi\} = \begin{Bmatrix} a_1 + a_2 x + a_3 y \\ a_4 + a_5 x + a_6 y \end{Bmatrix} = \begin{bmatrix} 1 & x & y & 0 & 0 & 0 \\ 0 & 0 & 0 & 1 & x & y \end{bmatrix} \begin{Bmatrix} a_1 \\ a_2 \\ a_3 \\ a_4 \\ a_5 \\ a_6 \end{Bmatrix} \tag{6.2.3}
$$

为得出式 (6.2.2) 中的各个 a 值，将节点坐标代入式 (6.2.2) 得出：

$$
\begin{aligned}
u_i &= u(x_i, y_i) = a_1 + a_2 x_i + a_3 y_i \\
u_j &= u(x_j, y_j) = a_1 + a_2 x_j + a_3 y_j \\
u_m &= u(x_m, y_m) = a_1 + a_2 x_m + a_3 y_m \\
v_i &= v(x_i, y_i) = a_4 + a_5 x_i + a_6 y_i \\
v_j &= v(x_j, y_j) = a_4 + a_5 x_j + a_6 y_j \\
v_m &= v(x_m, y_m) = a_4 + a_5 x_m + a_6 y_m
\end{aligned} \tag{6.2.4}
$$

为了求解 a，将式 (6.2.4) 中的前三个方程表示成矩阵形式：

$$
\begin{Bmatrix} u_i \\ u_j \\ u_m \end{Bmatrix} = \begin{bmatrix} 1 & x_i & y_i \\ 1 & x_j & y_j \\ 1 & x_m & y_m \end{bmatrix} \begin{Bmatrix} a_1 \\ a_2 \\ a_3 \end{Bmatrix} \tag{6.2.5}
$$

解出 a 为：

$$
\{a\} = [x]^{-1}\{u\} \tag{6.2.6}
$$

式中，$[x]$ 是式 (6.2.5) 右侧的 3×3 矩阵。可以利用余子式法（参见附录 A）对 $[x]$ 求逆，因此：

$$
[x]^{-1} = \frac{1}{2A} \begin{bmatrix} \alpha_i & \alpha_j & \alpha_m \\ \beta_i & \beta_j & \beta_m \\ \gamma_i & \gamma_j & \gamma_m \end{bmatrix} \tag{6.2.7}
$$

式中，

$$2A = \begin{vmatrix} 1 & x_i & y_i \\ 1 & x_j & y_j \\ 1 & x_m & y_m \end{vmatrix} \tag{6.2.8}$$

是 $[x]$ 的行列式，其计算结果为：

$$2A = x_i(y_j - y_m) + x_j(y_m - y_i) + x_m(y_i - y_j) \tag{6.2.9}$$

其中 A 为三角形的面积，且：

$$\begin{array}{lll} \alpha_i = x_j y_m - y_j x_m & \alpha_j = y_i x_m - x_i y_m & \alpha_m = x_i y_j - y_i x_j \\ \beta_i = y_j - y_m & \beta_j = y_m - y_i & \beta_m = y_i - y_j \\ \gamma_i = x_m - x_j & \gamma_j = x_i - x_m & \gamma_m = x_j - x_i \end{array} \tag{6.2.10}$$

确定了 $[x]^{-1}$，可将式 (6.2.6) 表示为扩展的矩阵形式：

$$\begin{Bmatrix} a_1 \\ a_2 \\ a_3 \end{Bmatrix} = \frac{1}{2A} \begin{bmatrix} \alpha_i & \alpha_j & \alpha_m \\ \beta_i & \beta_j & \beta_m \\ \gamma_i & \gamma_j & \gamma_m \end{bmatrix} \begin{Bmatrix} u_i \\ u_j \\ u_m \end{Bmatrix} \tag{6.2.11}$$

类似地，利用式 (6.2.4) 的后三个方程可以得出：

$$\begin{Bmatrix} a_4 \\ a_5 \\ a_6 \end{Bmatrix} = \frac{1}{2A} \begin{bmatrix} \alpha_i & \alpha_j & \alpha_m \\ \beta_i & \beta_j & \beta_m \\ \gamma_i & \gamma_j & \gamma_m \end{bmatrix} \begin{Bmatrix} v_i \\ v_j \\ v_m \end{Bmatrix} \tag{6.2.12}$$

通过坐标变量 x 和 y，已知的坐标系数 $\alpha_i, \alpha_j, \cdots, \gamma_m$，以及未知的节点位移 u_i, u_j 和 u_m，可以推导 $\{\psi\}$ 在 x 方向的一般位移函数 $u(x,y)$，也可类似地推导 $\{\psi\}$ 在 y 方向的一般位移函数 $v(x,y)$。先将式 (6.2.2) 表示为矩阵形式：

$$\{u\} = \begin{bmatrix} 1 & x & y \end{bmatrix} \begin{Bmatrix} a_1 \\ a_2 \\ a_3 \end{Bmatrix} \tag{6.2.13}$$

将式 (6.2.11) 代入式 (6.2.13)，得出：

$$\{u\} = \frac{1}{2A} \begin{bmatrix} 1 & x & y \end{bmatrix} \begin{bmatrix} \alpha_i & \alpha_j & \alpha_m \\ \beta_i & \beta_j & \beta_m \\ \gamma_i & \gamma_j & \gamma_m \end{bmatrix} \begin{Bmatrix} u_i \\ u_j \\ u_m \end{Bmatrix} \tag{6.2.14}$$

扩展式 (6.2.14) 得出：

$$\{u\} = \frac{1}{2A} \begin{bmatrix} 1 & x & y \end{bmatrix} \begin{Bmatrix} \alpha_i u_i + \alpha_j u_j + \alpha_m u_m \\ \beta_i u_i + \beta_j u_j + \beta_m u_m \\ \gamma_i u_i + \gamma_j u_j + \gamma_m u_m \end{Bmatrix} \tag{6.2.15}$$

让式 (6.2.15) 中的两个矩阵相乘并重新整理，得出：

$$u(x,y) = \frac{1}{2A}\{(\alpha_i + \beta_i x + \gamma_i y)u_i + (\alpha_j + \beta_j x + \gamma_j y)u_j + (\alpha_m + \beta_m x + \gamma_m y)u_m\} \tag{6.2.16}$$

类似地，在式 (6.2.16) 中用 v_i 代替 u_i，v_j 代替 u_j，v_m 代替 u_m，得出 y 方向的位移为：

$$v(x,y) = \frac{1}{2A}\{(\alpha_i + \beta_i x + \gamma_i y)v_i + (\alpha_j + \beta_j x + \gamma_j y)v_j + (\alpha_m + \beta_m x + \gamma_m y)v_m\} \tag{6.2.17}$$

为了用简单的形式表示式(6.2.16)和式(6.2.17),定义:

$$N_i = \frac{1}{2A}(\alpha_i + \beta_i x + \gamma_i y)$$

$$N_j = \frac{1}{2A}(\alpha_j + \beta_j x + \gamma_j y) \qquad (6.2.18)$$

$$N_m = \frac{1}{2A}(\alpha_m + \beta_m x + \gamma_m y)$$

利用式(6.2.18)就可将式(6.2.16)和式(6.2.17)重新写为:

$$\begin{aligned} u(x,y) &= N_i u_i + N_j u_j + N_m u_m \\ v(x,y) &= N_i v_i + N_j v_j + N_m v_m \end{aligned} \qquad (6.2.19)$$

将式(6.2.19)表示为矩阵形式,得出:

$$\{\psi\} = \begin{Bmatrix} u(x,y) \\ v(x,y) \end{Bmatrix} = \begin{Bmatrix} N_i u_i + N_j u_j + N_m u_m \\ N_i v_i + N_j v_j + N_m v_m \end{Bmatrix}$$

或

$$\{\psi\} = \begin{bmatrix} N_i & 0 & N_j & 0 & N_m & 0 \\ 0 & N_i & 0 & N_j & 0 & N_m \end{bmatrix} \begin{Bmatrix} u_i \\ v_i \\ u_j \\ v_j \\ u_m \\ v_m \end{Bmatrix} \qquad (6.2.20)$$

最后将式(6.2.20)表示为简写的矩阵形式,得出:

$$\{\psi\} = [N]\{d\} \qquad (6.2.21)$$

式中的[N]由以下公式给出:

$$[N] = \begin{bmatrix} N_i & 0 & N_j & 0 & N_m & 0 \\ 0 & N_i & 0 & N_j & 0 & N_m \end{bmatrix} \qquad (6.2.22)$$

现在借助形函数 N_i, N_j 和 N_m 将一般位移表示为 $\{d\}$ 的函数。形函数代表沿着特定的单元表面画出的 $\{\psi\}$ 的形状。例如,N_i 代表 $u_i = 1$ 而所有其他自由度等于零,即 $u_j = u_m = v_i = v_j = v_m = 0$ 时,沿单元表面画出的变量 u 的形状。此外,$u(x_i, y_i)$ 一定要等于 u_i。因此,在 (x_i, y_i) 处必须有 $N_i = 1$,$N_j = 0$ 和 $N_m = 0$。类似地,$u(x_j, y_j) = u_j$。因此,y 在 (x_i, y_i) 处必须有 $N_i = 0$,$N_j = 1$ 和 $N_m = 0$。图 6.8 表示 N_i 在特定的单元表面的形状变化。注意,除去节点 j 和 m 的连线及节点 j 和 m 外,N_i 不等于 0。

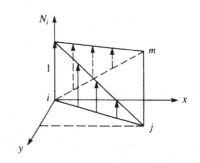

图 6.8　N_i 沿特定单元 x-y 表面的变化

最后,对于单元表面的所有 x 和 y 表示的位置,$N_i + N_j + N_m = 1$,因此当发生刚体位移时,u 和 v 为常值。在 3.2 节中已给出了杆单元的证明,此关系的证明留作练习(参见习题6.1)。同时,形函数也可用来确定单元节点的体力和面力,将在 6.3 节给出描述。

图 6.9 表示了在二维平面应力单元中所用的常应变三角形单元的完整性要求。单元必须

能够在平面内 x 方向或 y 方向均匀平移，并在不产生应变的情况下发生旋转，如图 6.9(a) 所示。作为一个例子，图 6.9(b) 展示了一个用平面应力单元模拟的悬臂梁，说明了单元为什么必须能够作为一个刚体发生平移和纯转动。通过简单的静力学知识，荷载作用以外的梁单元是不受应力作用的。因此这些单元必须能够自由平移和转动，而不伸展或改变形状。

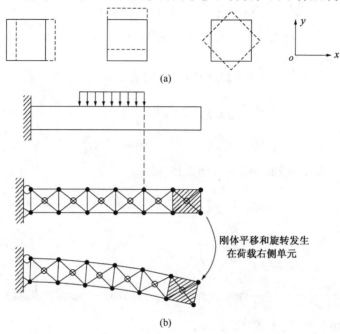

图 6.9　用常应变三角形单元模拟的悬臂梁中的无应力单元：(a) 平面应力单元的刚体模型（从左至右依次为：纯 x 向平移、纯 y 向平移和纯旋转）；(b) 用常应变三角形单元模拟的悬臂梁，荷载右部单元无应力

步骤 3　定义应变-位移和应力-应变关系

用未知节点位移来表示单元应变和应力。

6.2.1　单元应变

与二维单元相关的应变由以下公式给出：

$$\{\varepsilon\} = \begin{Bmatrix} \varepsilon_x \\ \varepsilon_y \\ \gamma_{xy} \end{Bmatrix} = \begin{Bmatrix} \dfrac{\partial u}{\partial x} \\ \dfrac{\partial v}{\partial y} \\ \dfrac{\partial u}{\partial y} + \dfrac{\partial v}{\partial x} \end{Bmatrix} \tag{6.2.23a}$$

用式 (6.2.2) 中的位移函数替代上式中的 u 和 v，得到：

$$\varepsilon_x = a_2 \qquad \varepsilon_y = a_6 \qquad \gamma_{xy} = a_3 + a_5 \tag{6.2.23b}$$

从式 (6.2.23b) 可以看出，单元的应变为常数，单元称为常应变三角形 (CST)。值得注意的是，假定选择的位移函数为 x 和 y 的线性函数，即使三角形单元发生变形，其中所有的线均会保持直线。

利用式(6.2.19)表示位移，得出：

$$\frac{\partial u}{\partial x} = u_{,x} = \frac{\partial}{\partial x}(N_i u_i + N_j u_j + N_m u_m) \tag{6.2.24}$$

或

$$u_{,x} = N_{i,x} u_i + N_{j,x} u_j + N_{m,x} u_m \tag{6.2.25}$$

式中，逗号后面跟一个变量表示对该变量进行微分。$u_{i,x} = 0$，因为 $u_{i,x} = u(x_i, y_i)$ 是一个常量。类似地，$u_{j,x} = 0$ 和 $u_{m,x} = 0$。

利用式(6.2.18)可以计算式(6.2.25)中形函数的微分表达式，如下所示：

$$N_{i,x} = \frac{1}{2A} \frac{\partial}{\partial x}(\alpha_i + \beta_i x + \gamma_i y) = \frac{\beta_i}{2A} \tag{6.2.26}$$

类似地，

$$N_{j,x} = \frac{\beta_j}{2A} \qquad 和 \qquad N_{m,x} = \frac{\beta_m}{2A} \tag{6.2.27}$$

因此，将式(6.2.26)和式(6.2.27)代入式(6.2.25)得出：

$$\frac{\partial u}{\partial x} = \frac{1}{2A}(\beta_i u_i + \beta_j u_j + \beta_m u_m) \tag{6.2.28}$$

类似地，可以得出：

$$\frac{\partial v}{\partial y} = \frac{1}{2A}(\gamma_i v_i + \gamma_j v_j + \gamma_m v_m)$$

$$\frac{\partial u}{\partial y} + \frac{\partial v}{\partial x} = \frac{1}{2A}(\gamma_i u_i + \beta_i v_i + \gamma_j u_j + \beta_j v_j + \gamma_m u_m + \beta_m v_m) \tag{6.2.29}$$

将式(6.2.28)和式(6.2.29)代入式(6.2.23a)，得出：

$$\{\varepsilon\} = \frac{1}{2A} \begin{bmatrix} \beta_i & 0 & \beta_j & 0 & \beta_m & 0 \\ 0 & \gamma_i & 0 & \gamma_j & 0 & \gamma_m \\ \gamma_i & \beta_i & \gamma_j & \beta_j & \gamma_m & \beta_m \end{bmatrix} \begin{Bmatrix} u_i \\ v_i \\ u_j \\ v_j \\ u_m \\ v_m \end{Bmatrix} \tag{6.2.30}$$

或

$$\{\varepsilon\} = \begin{bmatrix} [B_i] & [B_j] & [B_m] \end{bmatrix} \begin{Bmatrix} \{d_i\} \\ \{d_j\} \\ \{d_m\} \end{Bmatrix} \tag{6.2.31}$$

式中，

$$[B_i] = \frac{1}{2A} \begin{bmatrix} \beta_i & 0 \\ 0 & \gamma_i \\ \gamma_i & \beta_i \end{bmatrix} \qquad [B_j] = \frac{1}{2A} \begin{bmatrix} \beta_j & 0 \\ 0 & \gamma_j \\ \gamma_j & \beta_j \end{bmatrix} \qquad [B_m] = \frac{1}{2A} \begin{bmatrix} \beta_m & 0 \\ 0 & \gamma_m \\ \gamma_m & \beta_m \end{bmatrix} \tag{6.2.32}$$

最后，用简单矩阵形式将式(6.2.31)写为：

$$\{\varepsilon\} = [B]\{d\} \tag{6.2.33}$$

式中，

$$[B] = \begin{bmatrix} [B_i] & [B_j] & [B_m] \end{bmatrix} \tag{6.2.34}$$

矩阵$[B]$(有时也称为梯度矩阵)与坐标 x 和 y 无关，它只取决于单元的节点坐标，这可以从式(6.2.32)和式(6.2.10)看出来。式(6.2.33)中的应变将是常量，与式(6.2.23b)中所给出的化简表达式是一致的。

6.2.2　应力-应变关系

一般情况下，平面内的应力-应变关系由下列公式给出：

$$\left\{\begin{array}{c} \sigma_x \\ \sigma_y \\ \tau_{xy} \end{array}\right\} = [D] \left\{\begin{array}{c} \varepsilon_x \\ \varepsilon_y \\ \gamma_{xy} \end{array}\right\} \tag{6.2.35}$$

式 (6.1.8) 给出的 $[D]$ 适用于平面应力问题，式 (6.1.10) 给出的 $[D]$ 适用于平面应变问题。将式 (6.2.33) 代入式 (6.2.35)，得出用未知节点自由度表示的平面内应力为：

$$\{\sigma\} = [D][B]\{d\} \tag{6.2.36}$$

式中的应力 $\{\sigma\}$ 在单元内部各处也是常数。

步骤 4　推导单元刚度矩阵和方程

利用最小势能原理[①]，可以得出典型的常应变三角形单元的方程。记住，对于基本的平面应力单元，现在总势能是节点位移 $u_i, v_i, u_j, \cdots, v_m$ 的函数，即 $\{d\}$ 的函数，形式为：

$$\pi_p = \pi_p(u_i, v_i, u_j, \cdots, v_m) \tag{6.2.37}$$

其中总势能由以下公式给出：

$$\pi_p = U + \Omega_b + \Omega_p + \Omega_s \tag{6.2.38}$$

式中的应变能为：

$$U = \frac{1}{2} \iiint_V \{\varepsilon\}^{\mathrm{T}}\{\sigma\}\, \mathrm{d}V \tag{6.2.39}$$

或者，利用式 (6.2.35) 得出：

$$U = \frac{1}{2} \iiint_V \{\varepsilon\}^{\mathrm{T}}[D]\{\varepsilon\}\, \mathrm{d}V \tag{6.2.40}$$

在式 (6.2.40) 中利用了 $[D]^{\mathrm{T}} = [D]$。

体力的势能由下列公式给出：

$$\Omega_b = -\iiint_V \{\psi\}^{\mathrm{T}}\{X\}\, \mathrm{d}V \tag{6.2.41}$$

式中，$\{\psi\}$ 仍是广义位移函数，$\{X\}$ 是单位体积重力或重力密度矩阵(通常单位为 $\mathrm{kN/m^2}$)。

集中荷载的势能由下列公式给出：

$$\Omega_p = -\{d\}^{\mathrm{T}}\{P\} \tag{6.2.42}$$

式中的 $\{d\}$ 代表一般节点位移，$\{P\}$ 代表集中荷载。

分布荷载(或表面拉力)沿各自的表面位移所产生的势能由以下公式给出：

[①] 对于变分法，这种理解可能较为恰当。标准有限元位移公式是基于总势能的变化推导出的，此公式强调了这样一个事实，即内部平衡和应力边界条件是在平均或积分意义上实施的，而不是逐点实施。在参考文献中，有限元方法的形式数学基础称为有限元分析的弱形式。这与有限元分析的强形式相反，在强形式中所有控制应力微分方程和边界条件均为逐点表述且均得到满足。

此外，弱形式与强形式的术语不意味着弱形式处于劣势，因为两种形式都是一个问题的有效陈述，如平面应力问题。事实上，可以证明当接近无穷多个自由度时，弱形式会变为强形式。要更深入地了解强形式与弱形式，请参阅参考文献[3]。

$$\Omega_s = -\iint\limits_{S} \{\psi_S\}^{\mathrm{T}}\{T_S\}\,\mathrm{d}S \tag{6.2.43}$$

式中的 $\{T_S\}$ 代表面力(通常单位为 $\mathrm{kN/m^2}$)，$\{\psi_S\}$ 代表面力所作用的表面位移场，S 代表面力 $\{T_S\}$ 作用的表面。类似于式(6.2.21)，将 $\{\psi_S\}$ 表示为 $\{\psi_S\}=[N_S]\{d\}$，式中 $[N_S]$ 代表沿面力作用的表面计算的形函数矩阵。

将表示 $\{\psi\}$ 的式(6.2.21)和表示应变的式(6.2.33)代入式(6.2.40)~式(6.2.43)，得出：

$$\pi_p = \frac{1}{2}\iiint\limits_{V}\{d\}^{\mathrm{T}}[B]^{\mathrm{T}}[D][B]\{d\}\,\mathrm{d}V - \iiint\limits_{V}\{d\}^{\mathrm{T}}[N]^{\mathrm{T}}\{X\}\,\mathrm{d}V - \{d\}^{\mathrm{T}}\{P\} \\ - \iint\limits_{S}\{d\}^{\mathrm{T}}[N_S]^{\mathrm{T}}\{T_S\}\,\mathrm{d}S \tag{6.2.44}$$

节点位移 $\{d\}$ 与整体坐标系中 x-y 平面的坐标无关，因此 $\{d\}$ 可以从式(6.2.44)的积分中提出，从而有：

$$\pi_p = \frac{1}{2}\{d\}^{\mathrm{T}}\iiint\limits_{V}[B]^{\mathrm{T}}[D][B]\,\mathrm{d}V\{d\} - \{d\}^{\mathrm{T}}\iiint\limits_{V}[N]^{\mathrm{T}}\{X\}\,\mathrm{d}V \\ - \{d\}^{\mathrm{T}}\{P\} - \{d\}^{\mathrm{T}}\iint\limits_{S}[N_S]^{\mathrm{T}}\{T_S\}\,\mathrm{d}S \tag{6.2.45}$$

从式(6.2.41)~式(6.2.43)中可以看出，式(6.2.45)的最后三项代表作用在单元上的总的荷载系统 $\{f\}$，即：

$$\{f\} = \iiint\limits_{V}[N]^{\mathrm{T}}\{X\}\,\mathrm{d}V + \{P\} + \iint\limits_{S}[N_S]^{\mathrm{T}}\{T_S\}\,\mathrm{d}S \tag{6.2.46}$$

式(6.2.46)右侧的第一项、第二项和第三项，分别表示体力、集中节点力和面力。将式(6.2.46)代入式(6.2.45)得出：

$$\pi_p = \frac{1}{2}\{d\}^{\mathrm{T}}\iiint\limits_{V}[B]^{\mathrm{T}}[D][B]\,\mathrm{d}V\{d\} - \{d\}^{\mathrm{T}}\{f\} \tag{6.2.47}$$

按照第 3 章和第 4 章杆单元和梁单元的相同方法，对 π_p 取一阶变分，或按照第 2 章和第 3 章的方法，取 $\pi_p = \pi_p(\{d\})$ 对于节点位移的偏微分，得出：

$$\frac{\partial \pi_p}{\partial \{d\}} = \left[\iiint\limits_{V}[B]^{\mathrm{T}}[D][B]\,\mathrm{d}V\right]\{d\} - \{f\} = 0 \tag{6.2.48}$$

重新计算式(6.2.48)，得出：

$$\iiint\limits_{V}[B]^{\mathrm{T}}[D][B]\,\mathrm{d}V\{d\} = \{f\} \tag{6.2.49}$$

式中相对于矩阵 $\{d\}$ 的偏微分是前面由式(2.6.12)定义的。从式(6.2.49)可以看出：

$$[k] = \iiint\limits_{V}[B]^{\mathrm{T}}[D][B]\,\mathrm{d}V \tag{6.2.50}$$

对于厚度 t 不变的单元，式(6.2.50)变为：

$$[k] = t\iint\limits_{A}[B]^{\mathrm{T}}[D][B]\,\mathrm{d}x\,\mathrm{d}y \tag{6.2.51}$$

式中的被积函数对于常应变三角形单元不是 x 或 y 的函数，因此可以从积分中提出，可得：

$$[k] = tA[B]^{\mathrm{T}}[D][B] \tag{6.2.52}$$

式中，A 由式(6.2.9)给出，$[B]$由式(6.2.34)给出，$[D]$由式(6.1.8)或式(6.1.10)给出。假定单

元厚度不变，当单元尺寸减小时，此假定越来越接近于实际情况。

从式(6.2.52)可以看出，由于$[B]$和A是用节点坐标定义的，所以$[k]$是节点坐标的函数，以及力学性能 E 和 v 的函数(因为$[D]$是 E 和 v 的函数)。对于一个单元，式(6.2.52)的扩展形式为：

$$[k] = \begin{bmatrix} [k_{ii}] & [k_{ij}] & [k_{im}] \\ [k_{ji}] & [k_{jj}] & [k_{jm}] \\ [k_{mi}] & [k_{mj}] & [k_{mm}] \end{bmatrix} \tag{6.2.53}$$

式中的 2×2 子矩阵由以下公式给出：

$$[k_{ii}] = [B_i]^{\mathrm{T}}[D][B_i]tA$$
$$[k_{ij}] = [B_i]^{\mathrm{T}}[D][B_j]tA \tag{6.2.54}$$
$$[k_{im}] = [B_i]^{\mathrm{T}}[D][B_m]tA$$

且在式(6.2.54)中$[B_i]$，$[B_j]$和$[B_m]$是由式(6.2.32)定义的。可以看出$[k]$矩阵是 6×6 矩阵(在量阶上等于每一节点的自由度数 2 乘以每一单元的节点总数 3)。

通常必须用式(6.2.46)计算面力和体力。当式(6.2.46)用于计算面力和体力时，这些力称为"一致荷载"，因为它们是用一致(能量)法推导的。对于高阶单元，通常有二次或三次位移函数，应使用式(6.2.46)。然而，对于常应变三角形单元，体力和面力可以集中在节点上，得到等效的结果(这将在 6.3 节说明)，并可与任何集中节点力相加，得到单元力矩阵。于是单元方程由下列公式给出：

$$\begin{Bmatrix} f_{1x} \\ f_{1y} \\ f_{2x} \\ f_{2y} \\ f_{3x} \\ f_{3y} \end{Bmatrix} = \begin{bmatrix} k_{11} & k_{12} & \dots & k_{16} \\ k_{21} & k_{22} & \dots & k_{26} \\ \vdots & \vdots & & \vdots \\ k_{61} & k_{62} & \dots & k_{66} \end{bmatrix} \begin{Bmatrix} u_1 \\ v_1 \\ u_2 \\ v_2 \\ u_3 \\ v_3 \end{Bmatrix} \tag{6.2.55}$$

可以看出，应变能 U 是式(6.2.47)右边的第一项，将式(6.2.50)的刚度矩阵表达式代入，可以得到应变能的二次形式为$U = \frac{1}{2}\{d\}^{\mathrm{T}}[k]\{d\}$。

步骤 5　整合单元方程得出整体坐标系下的方程，并引入边界条件

利用直接刚度法得出结构的整体坐标系下的刚度矩阵和方程如下：

$$[K] = \sum_{e=1}^{N}[k^{(e)}] \tag{6.2.56}$$

和
$$\{F\} = [K]\{d\} \tag{6.2.57}$$

在式(6.2.56)中，所有单元刚度矩阵在整体坐标系 x-y 平面中定义，$\{d\}$ 为结构的整体坐标系下的位移矩阵，且

$$\{F\} = \sum_{e=1}^{N}\{f^{(e)}\} \tag{6.2.58}$$

是将体力和分布荷载集中作用在适当节点上得出的整体坐标系下的等价节点荷载(包括节点

处的集中荷载),或利用式(6.2.46)得出的等价节点荷载。有关体力和面力处理的详细方法将在 6.3 节中给出。

在建立单元刚度矩阵式(6.2.52)时,推导了整体坐标系下的一般方位矩阵。因此式(6.2.52)可用于所有单元。所有单元矩阵是用整体坐标系方向表示的。因此,方程不需要从局部坐标系向整体坐标转换。然而,为了完整起见,将阐述若常应变三角形单元的局部坐标轴与整个结构的整体坐标轴不平行时,将利用什么方法。

如果常应变三角形单元的局部坐标轴和整个结构的整体坐标轴不平行,必须利用类似于第 3 章介绍的转动轴变换式(3.3.16)建立单元刚度矩阵、单元节点力和位移矩阵。现说明图 6.10 所示三角形单元的坐标轴变换,该单元的局部坐标轴 x'-y' 与整体坐标轴 x-y 不平行。局部坐标系下的节点力如图中所示。从局部坐标

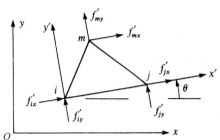

图 6.10 局部坐标轴与整体坐标轴不平行的三角形单元

方程向整体坐标方程的转换可按照 3.4 节概括的步骤执行。采用同样的一般表达式,式(3.4.14)、式(3.4.16)和式(3.4.22),分别将局部坐标系下的位移与整体坐标系下的位移、局部坐标系下的力与整体坐标系下的力、局部刚度矩阵与整体刚度矩阵联系在一起,即:

$$\{d'\} = [T]\{d\} \qquad \{f'\} = [T]\{f\} \qquad [k] = [T]^{\mathrm{T}}[k'][T] \qquad (6.2.59)$$

因为在常应变单元中多了两个附加的自由度,在式(6.2.59)中用以表示转换矩阵$[T]$的式(3.4.15)必须加以扩充。因此式(3.4.15)扩充为:

$$[T] = \begin{bmatrix} C & S & 0 & 0 & 0 & 0 \\ -S & C & 0 & 0 & 0 & 0 \\ 0 & 0 & C & S & 0 & 0 \\ 0 & 0 & -S & C & 0 & 0 \\ 0 & 0 & 0 & 0 & C & S \\ 0 & 0 & 0 & 0 & -S & C \end{bmatrix} \begin{matrix} u_i \\ v_i \\ u_j \\ v_j \\ u_m \\ v_m \end{matrix} \qquad (6.2.60)$$

式中,$C = \cos\theta$,$S = \sin\theta$,θ 角如图 6.10 所示。

步骤 6　解节点位移

解式(6.2.57)的代数方程组,确定未知的整体坐标系下的结构节点位移。

步骤 7　解单元力(应力)

节点位移解出后,利用式(6.2.33)和式(6.2.36)得出单元整体坐标系下 x 和 y 方向的应变和应力。最后,利用变换方程式(6.1.2)得出面内的最大和最小主应力 σ_1 和 σ_2,这些应力通常假定作用在单元的中心。主应力之一与 x 轴的夹角由式(6.1.3)给出。

例 6.1　假定在平面应力条件下,计算图 6.11 所示的单元的刚度矩阵。坐标的单位为 mm。令 $E =$

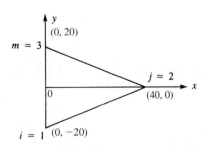

图 6.11 进行刚度矩阵计算的平面应力单元

210 GPa，$v = 0.25$，厚度 $t = 20$ mm。假定单元节点位移已确定为 $u_1 = 0.0$，$v_1 = 0.05$ mm，$u_2 = 0.025$ mm，$v_2 = 0.0$，$u_3 = 0.0$，$v_3 = 0.05$ mm，试确定单元应力。

解 利用式(6.2.52)得出单元刚度矩阵。为了计算$[k]$，首先利用式(6.2.10)得出 β 和 γ 的值如下：

$$\begin{aligned}
\beta_i &= y_j - y_m = 0 - 20 = -20 & \gamma_i &= x_m - x_j = 0 - 40 = -40 \\
\beta_j &= y_m - y_i = 20 - (-20) = 40 & \gamma_j &= x_i - x_m = 0 - 0 = 0 \\
\beta_m &= y_i - y_j = -20 - 0 = -20 & \gamma_m &= x_j - x_i = 40 - 0 = 40
\end{aligned} \tag{6.2.61}$$

利用式(6.2.32)和式(6.2.34)得出矩阵$[B]$为：

$$[B] = \frac{100}{2(8)} \begin{bmatrix} -2 & 0 & 4 & 0 & -2 & 0 \\ 0 & -4 & 0 & 0 & 0 & 4 \\ -4 & -2 & 0 & 4 & 4 & -2 \end{bmatrix} \tag{6.2.62}$$

在式(6.2.62)中 $A = 0.0008$ m^2。

在平面应力条件下使用式(6.1.8)有：

$$[D] = \frac{210 \times 10^9}{1 - (0.25)^2} \begin{bmatrix} 1 & 0.25 & 0 \\ 0.25 & 1 & 0 \\ 0 & 0 & \dfrac{1 - 0.25}{2} \end{bmatrix} \text{N/m} \tag{6.2.63}$$

将式(6.2.62)和式(6.2.63)代入式(6.2.52)，得出：

$$[k] = \frac{(0.02)(0.0008)(100)210 \times 10^9}{16(0.9375)} \begin{bmatrix} -2 & 0 & -4 \\ 0 & -4 & -2 \\ 4 & 0 & 0 \\ 0 & 0 & 2 \\ -2 & 0 & 2 \\ 0 & 4 & -2 \end{bmatrix}$$

$$\times \begin{bmatrix} 1 & 0.25 & 0 \\ 0.25 & 1 & 0 \\ 0 & 0 & 0.375 \end{bmatrix} \frac{100}{2(8)} \begin{bmatrix} -2 & 0 & 4 & 0 & -2 & 0 \\ 0 & -4 & 0 & 0 & 0 & 4 \\ -4 & -2 & 0 & 4 & 4 & -2 \end{bmatrix}$$

将三个矩阵相乘得出：

$$[k] = 56 \times 10^7 \begin{bmatrix} 2.5 & 1.25 & -2 & -1.5 & -0.5 & 0.25 \\ 1.25 & 4.375 & -1 & -0.75 & -0.25 & -3.625 \\ -2 & -1 & 4 & 0 & -2 & 1 \\ -1.5 & -0.75 & 0 & 1.5 & 1.5 & -0.75 \\ -0.5 & -0.25 & -2 & 1.5 & 2.5 & -1.25 \\ 0.25 & -3.625 & 1 & -0.75 & -1.25 & 4.375 \end{bmatrix} \frac{\text{N}}{\text{m}} \tag{6.2.64}$$

为了计算应力，利用式(6.2.36)。将式(6.2.62)和式(6.2.63)及给定的节点位移代入式(6.2.36)，得出：

$$\begin{Bmatrix} \sigma_x \\ \sigma_y \\ \tau_{xy} \end{Bmatrix} = \frac{210 \times 10^9}{1 - (0.25)^2} \begin{bmatrix} 1 & 0.25 & 0 \\ 0.25 & 1 & 0 \\ 0 & 0 & 0.375 \end{bmatrix}$$

$$\times\frac{100}{2(8)}\begin{bmatrix}-2 & 0 & 4 & 0 & -2 & 0\\ 0 & -4 & 0 & 0 & 0 & 4\\ -4 & -2 & 0 & 4 & 4 & -2\end{bmatrix}\begin{Bmatrix}0.0\\0.05\\0.025\\0.0\\0.0\\0.05\end{Bmatrix}\times 10^{-3} \tag{6.2.65}$$

将式(6.2.65)中的三个矩阵相乘，得出：

$$\sigma_x = 140\ \text{MPa} \qquad \sigma_y = 35\ \text{MPa} \qquad \tau_{xy} = -105\ \text{MPa} \tag{6.2.66}$$

最后，将式(6.2.66)的结果代入式(6.1.2)和式(6.1.3)，得出主应力和主应力的方位角如下：

$$\begin{aligned}\sigma_1 &= \frac{140+35}{2} + \left[\left(\frac{140-35}{2}\right)^2 + (-105)^2\right]^{1/2}\\ &= 204.89\ \text{MPa}\\ \sigma_2 &= \frac{140+35}{2} - \left[\left(\frac{140-35}{2}\right)^2 + (-105)^2\right]^{1/2}\\ &= -29.89\ \text{MPa}\\ \theta_p &= \frac{1}{2}\arctan\left[\frac{2(-105)}{140-35}\right] = -31.7^\circ\end{aligned} \tag{6.2.67}$$

6.3 体力和面力的处理

6.3.1 体力

利用式(6.2.46)右侧的第一项，计算节点处的体力为：

$$\{f_b\} = \iiint\limits_V [N]^{\mathrm{T}}\{X\}\,\mathrm{d}V \tag{6.3.1}$$

式中，

$$\{X\} = \begin{Bmatrix}X_b\\Y_b\end{Bmatrix} \tag{6.3.2}$$

X_b 和 Y_b 分别是 x 方向和 y 方向上的重力密度，单位为力/单位体积。这些力可能由于实际物体重力、角速度(称为离心力，将在第 9 章描述)或运动中的惯性力而产生。

在式(6.3.1)中，$[N]$是 x 和 y 的线性函数，因此必须进行积分。如果将坐标原点选在单元的中心，积分就可以变得简单，且具有一般性。例如，考虑坐标系如图 6.12 所示的单元。将坐标原点放在中心，由中心的定义有：$\iint x\mathrm{d}A = \iint y\mathrm{d}A = 0$。因此，

$$\iint \beta_i x\,\mathrm{d}A = \iint \gamma_i y\,\mathrm{d}A = 0 \tag{6.3.3}$$

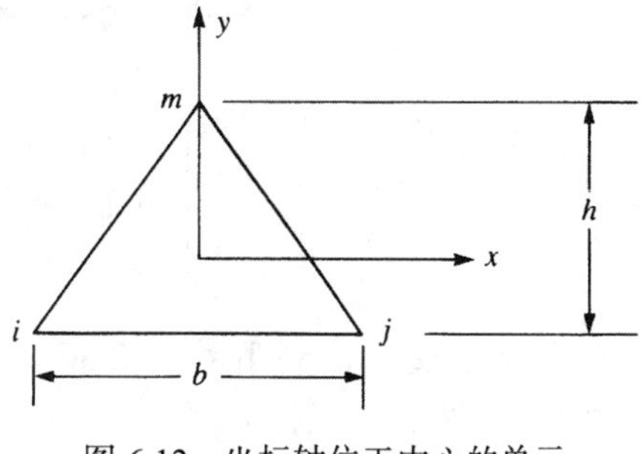

图 6.12 坐标轴位于中心的单元

且

$$\alpha_i = \alpha_j = \alpha_m = \frac{2A}{3} \tag{6.3.4}$$

将式(6.3.2)~式(6.3.4)代入式(6.3.1)，然后用下式表示节点 i 的体力：

$$\{f_{bi}\} = \begin{Bmatrix} X_b \\ Y_b \end{Bmatrix} \frac{tA}{3} \tag{6.3.5}$$

类似地，考虑 j 和 m 节点的体力，得到与式(6.3.5)同样的结果。用矩阵形式将单元体力表示为：

$$\{f_b\} = \begin{Bmatrix} f_{bix} \\ f_{biy} \\ f_{bjx} \\ f_{bjy} \\ f_{bmx} \\ f_{bmy} \end{Bmatrix} = \begin{Bmatrix} X_b \\ Y_b \\ X_b \\ Y_b \\ X_b \\ Y_b \end{Bmatrix} \frac{At}{3} \tag{6.3.6}$$

由式(6.3.6)的结果可以得出结论：体力按三等份分布在节点上。符号取决于 X_b 和 Y_b 相对于整体坐标系 x 轴和 y 轴正方向的关系。对于只有物体自重的情况，因为重力与 y 方向一致，所以仅有 Y_b 存在（$X_b = 0$）。

6.3.2　面力

利用式(6.2.46)右侧的第三项，可以计算节点处的面力为：

$$\{f_s\} = \iint\limits_{S} [N_S]^{\mathrm{T}}\{T_S\}\,\mathrm{d}S \tag{6.3.7}$$

这里要强调式(6.3.7)中 $[N_S]$ 的下标 S 代表沿施加面力的表面计算的形函数。

下面说明式(6.3.7)的应用，考虑图 6.13(b)所示的例子，在单元 1 的边缘节点 1 和 3 之间作用有均匀面力 p（假设单位是磅每平方英寸），在式(6.3.7)中面力为：

$$\{T_S\} = \begin{Bmatrix} p_x \\ p_y \end{Bmatrix} = \begin{Bmatrix} p \\ 0 \end{Bmatrix} \tag{6.3.8}$$

且

$$[N_S]^{\mathrm{T}} = \begin{bmatrix} N_1 & 0 \\ 0 & N_1 \\ N_2 & 0 \\ 0 & N_2 \\ N_3 & 0 \\ 0 & N_3 \end{bmatrix} \text{在}x = a, y = y\text{处计算} \tag{6.3.9}$$

由于面力 p 作用于边 $x = a$，$y = y(y = 0$ 至 $y = L)$，因此，计算 $x = a$ 且 $y = y$ 处的形函数且在表面沿 y 方向从 0 到 L 积分，沿 z 方向从 0 到 t 积分，如式(6.3.10)所示。

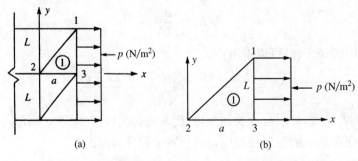

(a)　　　　　　　　　　　　(b)

图 6.13　(a)一边作用有均布面力的单元；(b)在边 1-3 上作用有均布面力的单元 1

利用式(6.3.8)和式(6.3.9)，可将式(6.3.7)表示为：

$$\{f_s\} = \int_0^t \int_0^L \begin{bmatrix} N_1 & 0 \\ 0 & N_1 \\ N_2 & 0 \\ 0 & N_2 \\ N_3 & 0 \\ 0 & N_3 \end{bmatrix} \begin{Bmatrix} p \\ 0 \end{Bmatrix} \mathrm{d}z\,\mathrm{d}y \quad \text{在}\,x = a, y = y\,\text{处计算} \tag{6.3.10}$$

化简式(6.3.10)得出：

$$\{f_s\} = t \int_0^L \begin{bmatrix} N_1 p \\ 0 \\ N_2 p \\ 0 \\ N_3 p \\ 0 \end{bmatrix} \mathrm{d}y \quad \text{在}\,x = a, y = y\,\text{处计算} \tag{6.3.11}$$

利用式(6.2.18)，当 $i = 1$ 时得出：

$$N_1 = \frac{1}{2A}(\alpha_1 + \beta_1 x + \gamma_1 y) \tag{6.3.12}$$

为便利起见，为单元选择如图 6.14 所示的坐标系。利用式 (6.2.10) 的定义，得出：

$$\alpha_i = x_j y_m - y_j x_m$$

或者，当 $i = 1$，$j = 2$ 和 $m = 3$ 时：

$$\alpha_1 = x_2 y_3 - y_2 x_3 \tag{6.3.13}$$

将坐标代入式(6.3.13)，得出：

$$\alpha_1 = 0 \tag{6.3.14}$$

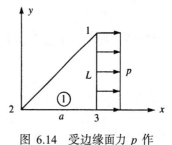

图 6.14　受边缘面力 p 作用的典型单元

类似地，再利用式(6.2.10)得出：

$$\beta_1 = 0 \qquad \gamma_1 = a \tag{6.3.15}$$

因此，将式(6.3.14)和式(6.3.15)代入式(6.3.12)，得出：

$$N_1 = \frac{ay}{2A} \tag{6.3.16}$$

类似地，利用式(6.2.18)可以得出：

$$N_2 = \frac{L(a - x)}{2A} \quad \text{和} \quad N_3 = \frac{Lx - ay}{2A} \tag{6.3.17}$$

将表示 N_1，N_2 和 N_3 的式(6.3.16)、式(6.3.17)代入式(6.3.11)，计算 $x = a$，$y = y$ 处的 N_1，N_2 和 N_3，y 坐标与面荷载 p 的位置相对应，然后对 y 积分得出：

$$\{f_s\} = \frac{t}{2(aL/2)} \left\{ \begin{array}{c} a\left(\dfrac{L^2}{2}\right)p \\ 0 \\ 0 \\ 0 \\ \left(L^2 - \dfrac{L^2}{2}\right)ap \\ 0 \end{array} \right\} \tag{6.3.18}$$

在节点 1 和节点 3 之间的形函数 $N_2 = 0$，根据形函数的定义可以得到相同的结论。简化式 (6.3.18)，最后得出：

$$\{f_s\} = \left\{ \begin{array}{c} f_{s1x} \\ f_{s1y} \\ f_{s2x} \\ f_{s2y} \\ f_{s3x} \\ f_{s3y} \end{array} \right\} = \left\{ \begin{array}{c} pLt/2 \\ 0 \\ 0 \\ 0 \\ pLt/2 \\ 0 \end{array} \right\} \tag{6.3.19}$$

图 6.15 表示单元 1 和单元 2 上作用的面荷载等效为等效节点力的结果。

　　所得的结论是，对于常应变三角形单元，通过使两种载荷静力等效，可将单元边界上的分布荷载视为作用于加载边的相关节点上的集中荷载[等价于应用式 (6.3.7)]。然而，对于高阶单元，如第 8 章中将讨论的线性应变三角形，应该用最小势能原理推导的式 (6.3.7) 进行荷载替换。对于高阶单元，利用式 (6.3.7) 所做的荷载替换通常不等于表观的静力等效荷载。然而，它与能量法直接推导的替换结果是一致的。

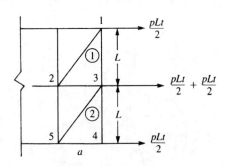

图 6.15　面力的等效节点力

　　现在认识到：由式 (6.3.7) 定义的、基于最小势能原理的力的矩阵 $\{f_s\}$，与第 4 章讨论作用在梁上的分布荷载时所用的、基于功的等效得出的结果相当。

6.4　常应变三角形单元刚度矩阵的显式表达式

　　尽管在大多数计算机程序中，刚度矩阵通常是按照式 (6.4.1) 进行三次矩阵相乘在程序内部建立的，了解如何使用显式方法来计算常应变三角形单元的刚度矩阵仍然是很有价值的。因此，在此推导过程中特别考虑平面应变情况。

　　首先，回顾之前的知识点可知刚度矩阵是由下列公式给出的：

$$[k] = tA[B]^{\mathrm{T}}[D][B] \tag{6.4.1}$$

对于平面应变情况，式中的 $[D]$ 由式 (6.1.10) 给出，$[B]$ 由式 (6.2.34) 给出。将矩阵 $[D]$ 和 $[B]$ 代入式 (6.4.1)，得出：

$$[k] = \frac{tE}{4A(1+v)(1-2v)} \begin{bmatrix} \beta_i & 0 & \gamma_i \\ 0 & \gamma_i & \beta_i \\ \beta_j & 0 & \gamma_j \\ 0 & \gamma_j & \beta_j \\ \beta_m & 0 & \gamma_m \\ 0 & \gamma_m & \beta_m \end{bmatrix}$$

$$\times \begin{bmatrix} 1-v & v & 0 \\ v & 1-v & 0 \\ 0 & 0 & \frac{1-2v}{2} \end{bmatrix} \begin{bmatrix} \beta_i & 0 & \beta_j & 0 & \beta_m & 0 \\ 0 & \gamma_i & 0 & \gamma_j & 0 & \gamma_m \\ \gamma_i & \beta_i & \gamma_j & \beta_j & \gamma_m & \beta_m \end{bmatrix} \tag{6.4.2}$$

将式(6.4.2)中的矩阵相乘,得出式(6.4.3),即平面应变状态下常应变三角形单元的显式刚度矩阵。注意:从 γ 和 β 可以看出[k]是 x 和 y 节点坐标差的函数,还是材料特性 E 和 v、厚度 t、单元的表面积 A 的函数。

$$[k] = \frac{tE}{4A(1+v)(1-2v)}$$

$$\times \begin{bmatrix} \beta_i^2(1-v)+\gamma_i^2\left(\frac{1-2v}{2}\right) & \beta_i\gamma_iv+\beta_i\gamma_i\left(\frac{1-2v}{2}\right) & \beta_i\beta_j(1-v)+\gamma_i\gamma_j\left(\frac{1-2v}{2}\right) \\ & \gamma_i^2(1-v)+\beta_i^2\left(\frac{1-2v}{2}\right) & \beta_j\gamma_iv+\beta_i\gamma_j\left(\frac{1-2v}{2}\right) \\ & & \beta_j^2(1-v)+\gamma_j^2\left(\frac{1-2v}{2}\right) \\ \text{对称} \end{bmatrix}$$

$$\begin{bmatrix} \beta_i\gamma_jv+\beta_j\gamma_i\left(\frac{1-2v}{2}\right) & \beta_i\beta_m(1-v)+\gamma_i\gamma_m\left(\frac{1-2v}{2}\right) & \beta_i\gamma_mv+\beta_m\gamma_i\left(\frac{1-2v}{2}\right) \\ \gamma_i\gamma_j(1-v)+\beta_i\beta_j\left(\frac{1-2v}{2}\right) & \beta_m\gamma_iv+\beta_i\gamma_m\left(\frac{1-2v}{2}\right) & \gamma_i\gamma_m(1-v)+\beta_i\beta_m\left(\frac{1-2v}{2}\right) \\ \beta_j\gamma_jv+\beta_j\gamma_j\left(\frac{1-2v}{2}\right) & \beta_j\beta_m(1-v)+\gamma_j\gamma_m\left(\frac{1-2v}{2}\right) & \beta_j\gamma_mv+\gamma_j\beta_m\left(\frac{1-2v}{2}\right) \\ \gamma_j^2(1-v)+\beta_j^2\left(\frac{1-2v}{2}\right) & \beta_m\gamma_jv+\beta_j\gamma_m\left(\frac{1-2v}{2}\right) & \gamma_j\gamma_m(1-v)+\beta_j\beta_m\left(\frac{1-2v}{2}\right) \\ & \beta_m^2(1-v)+\gamma_m^2\left(\frac{1-2v}{2}\right) & \gamma_m\beta_mv+\beta_m\gamma_m\left(\frac{1-2v}{2}\right) \\ & & \gamma_m^2(1-v)+\beta_m^2\left(\frac{1-2v}{2}\right) \end{bmatrix} \tag{6.4.3}$$

对于平面应力状态,只需要在式(6.4.3)中用 1 代替 $1-v$,用$(1-v)/2$ 代替$(1-2v)/2$,在括号外用$1-v^2$ 代替$(1+v)(1-2v)$。

最后应注意的是，当泊松比 ν 接近 0.5 时，如橡胶类材料和塑料，材料变得不可压缩[2]。对于平面应变，当泊松比 ν 接近 0.5 时，材料的力学性能矩阵的分母变为零[参见式(6.1.10)]，因此在刚度矩阵式(6.4.3)中分母为零。泊松比 ν 接近 0.5 可以导致病态结构方程。在这种情况下，要利用特殊的公式(即补偿公式[3])。

6.5　平面应力问题的有限元解

为说明解平面应力问题的有限元方法，现给出一个问题的详细解。

例 6.2　如图 6.16 所示的薄板受面力作用，确定节点位移和单元应力。已知板厚 $t = 20\ \text{mm}$，$E = 210\ \text{GPa}$，$\nu = 0.30$。

解

离散化

为了推导该板的有限元解，首先将板离散为两个单元，如图 6.17 所示。应该知道的是，粗网格得出的板的分析结果不会像细网格所得到的那样接近真实值，特别是在固定边附近。然而，因为采用的是手算，为简单起见，利用粗网格进行离散，此方法具有一般性。

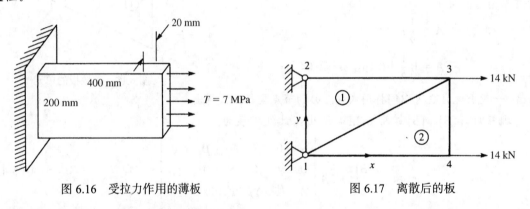

图 6.16　受拉力作用的薄板　　　　　　　图 6.17　离散后的板

在图 6.17 中，将图 6.16 中原来的面力转化为节点力，有：

$$F = \frac{1}{2} TA$$

$$F = \frac{1}{2}(7 \times 10^6)(20 \times 10^{-3})(200 \times 10^{-3})$$

$$F = 14\ 000\ \text{N}$$

通常，对于高阶单元，应该用式(6.3.7)将分布的面力转换为节点力。然后，对于常应变三角形单元，在 6.3 节已证明可直接用静力等效替换，此处正是这样处理的。

控制总体矩阵方程为：

$$\{F\} = [K]\{d\} \tag{6.5.1}$$

将式(6.5.1)中的矩阵展开，得出：

$$
\begin{Bmatrix} F_{1x} \\ F_{1y} \\ F_{2x} \\ F_{2y} \\ F_{3x} \\ F_{3y} \\ F_{4x} \\ F_{4y} \end{Bmatrix} = \begin{Bmatrix} R_{1x} \\ R_{1y} \\ R_{2x} \\ R_{2y} \\ 14\,000 \\ 0 \\ 14\,000 \\ 0 \end{Bmatrix} = [K] \begin{Bmatrix} u_1 \\ v_1 \\ u_2 \\ v_2 \\ u_3 \\ v_3 \\ u_4 \\ v_4 \end{Bmatrix} = [K] \begin{Bmatrix} 0 \\ 0 \\ 0 \\ 0 \\ u_3 \\ v_3 \\ u_4 \\ v_4 \end{Bmatrix} \qquad (6.5.2)
$$

式中的$[K]$为8×8矩阵(4个节点,每个节点两个自由度),后考虑到节点 1 和节点 2 处边界条件为固定边界支撑,删去了有关行和列。

刚度矩阵的整合

通过叠加单元刚度矩阵组合总体刚度矩阵。利用式(6.2.52)可得,单元的刚度矩阵为:

$$
[k] = tA[B]^{\mathrm{T}}[D][B] \qquad (6.5.3)
$$

对于图 6.18 所示的单元 1,坐标$x_i = 0$,$y_i = 0$,$x_j = 400$ mm,$y_j = 200$ mm,$x_m = 0$,$y_m = 200$ mm,因为整体坐标系原点设在节点 1,且:

$$
A = \frac{1}{2} bh
$$
$$
A = \left(\frac{1}{2}\right)(0.4)(0.2) = 0.04 \text{ m}^2
$$

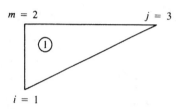

图 6.18　离散板的单元 1

或者,一般来说A也可以同样用式(6.2.9)的节点坐标公式得出。

现在计算$[B]$,$[B]$由式(6.2.34)给出,此处扩展为:

$$
[B] = \frac{1}{2A} \begin{bmatrix} \beta_i & 0 & \beta_j & 0 & \beta_m & 0 \\ 0 & \gamma_i & 0 & \gamma_j & 0 & \gamma_m \\ \gamma_i & \beta_i & \gamma_j & \beta_j & \gamma_m & \beta_m \end{bmatrix} \qquad (6.5.4)
$$

且,由式(6.2.10)可知:

$$
\begin{aligned}
\beta_i &= y_j - y_m = 200 - 200 = 0 \\
\beta_j &= y_m - y_i = 200 - 0 = 200 \\
\beta_m &= y_i - y_j = 0 - 200 = -200 \\
\gamma_i &= x_m - x_j = 0 - 400 = -400 \\
\gamma_j &= x_i - x_m = 0 - 0 = 0 \\
\gamma_m &= x_j - x_i = 400 - 0 = 400
\end{aligned} \qquad (6.5.5)
$$

因此,将式(6.5.5)代入式(6.5.4)得出:

$$
[B] = \frac{20 \times 10^{-3}}{2 \times 4 \times 10^{-2}} \begin{bmatrix} 0 & 0 & 10 & 0 & -10 & 0 \\ 0 & -20 & 0 & 0 & 0 & 20 \\ -20 & 0 & 0 & 10 & 20 & -10 \end{bmatrix} \frac{1}{\text{m}} \qquad (6.5.6)
$$

对于平面应力,$[D]$矩阵可以方便地表示为:

$$[D] = \frac{E}{(1-v^2)}\begin{bmatrix} 1 & v & 0 \\ v & 1 & 0 \\ 0 & 0 & \dfrac{1-v}{2} \end{bmatrix} \tag{6.5.7}$$

代入 $v = 0.3$ 和 $E = 210 \times 10^9$ N/m，得出：

$$[D] = \frac{210(10^9)}{0.91}\begin{bmatrix} 1 & 0.3 & 0 \\ 0.3 & 1 & 0 \\ 0 & 0 & 0.35 \end{bmatrix} \text{N/m} \tag{6.5.8}$$

然后 $\quad [B]^{\mathrm{T}}[D] = \dfrac{(20\times10^{-3})(210\times10^9)}{(2\times4\times10^{-2})(0.91)}\begin{bmatrix} 0 & 0 & -20 \\ 0 & -20 & 0 \\ 10 & 0 & 0 \\ 0 & 0 & 10 \\ -10 & 0 & 20 \\ 0 & 20 & -10 \end{bmatrix}\begin{bmatrix} 1 & 0.3 & 0 \\ 0.3 & 1 & 0 \\ 0 & 0 & 0.35 \end{bmatrix} \tag{6.5.9}$

化简式 (6.5.9) 得出：

$$[B]^{\mathrm{T}}[D] = \frac{(52.5)(10^9)}{0.91}\begin{bmatrix} 0 & 0 & -7 \\ -6 & -20 & 0 \\ 10 & 3 & 0 \\ 0 & 0 & 3.5 \\ -10 & -3 & 7 \\ 6 & 20 & -3.5 \end{bmatrix} \tag{6.5.10}$$

将式 (6.5.10) 和式 (6.5.6) 代入式 (6.5.3)，得出单元 1 的刚度矩阵为：

$$[k^{(1)}] = (0.04)(20\times10^{-3})\frac{(52.5)(10^9)}{0.91}\begin{bmatrix} 0 & 0 & -7 \\ -6 & -20 & 0 \\ 10 & 3 & 0 \\ 0 & 0 & 3.5 \\ -10 & -3 & 7 \\ 6 & 20 & -3.5 \end{bmatrix} \tag{6.5.11}$$

$$\times\frac{20\times10^{-3}}{2\times4\times10^{-2}}\begin{bmatrix} 0 & 0 & 10 & 0 & -10 & 0 \\ 0 & -20 & 0 & 0 & 0 & 20 \\ -20 & 0 & 0 & 10 & 20 & -10 \end{bmatrix}$$

最后，化简式 (6.5.11) 得出：

$$[k^{(1)}] = \frac{10.5\times10^6}{0.91}\begin{array}{cccccc} u_1 & v_1 & u_3 & v_3 & u_2 & v_2 \end{array}\begin{bmatrix} 140 & 0 & 0 & -70 & -140 & 70 \\ 0 & 400 & -60 & 0 & 60 & -400 \\ 0 & -60 & 100 & 0 & -100 & 60 \\ -70 & 0 & 0 & 35 & 70 & -35 \\ -140 & 60 & -100 & 70 & 240 & -130 \\ 70 & -400 & 60 & -35 & -130 & 435 \end{bmatrix}\frac{\text{N}}{\text{m}} \tag{6.5.12}$$

式中，每列上方的标记表示单元 1 刚度矩阵中节点自由度按逆时针顺序排列。

在图 6.19 所示的单元 2 中，节点坐标为 $x_i = 0$，$y_i = 0$，$x_j = 400$ mm，$y_j = 0$，$x_m = 400$ mm，$y_m = 200$ mm，然后，从式 (6.2.10) 得出：

$$\beta_i = y_j - y_m = 0 - 200 = -200$$
$$\beta_j = y_m - y_i = 200 - 0 = 200$$
$$\beta_m = y_i - y_j = 0 - 0 = 0$$
$$\gamma_i = x_m - x_j = 400 - 400 = 0 \qquad (6.5.13)$$
$$\gamma_j = x_i - x_m = 0 - 400 = -400$$
$$\gamma_m = x_j - x_i = 400 - 0 = 400$$

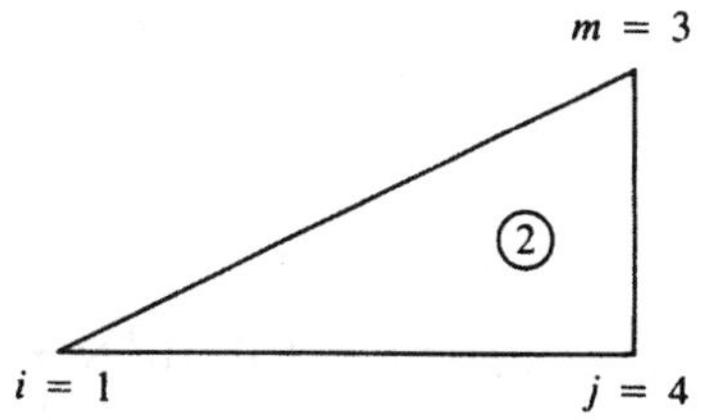

图 6.19 离散板的单元 2

因此,将式(6.5.13)代入式(6.5.4)得出:

$$[B] = \frac{20 \times 10^{-3}}{(2)(0.04)} \begin{bmatrix} -10 & 0 & 10 & 0 & 0 & 0 \\ 0 & 0 & 0 & -20 & 0 & 20 \\ 0 & -10 & -20 & 10 & 20 & 0 \end{bmatrix} \frac{1}{m} \qquad (6.5.14)$$

[D]矩阵由下式给出:

$$[D] = \frac{210(10^9)}{0.91} \begin{bmatrix} 1 & 0.3 & 0 \\ 0.3 & 1 & 0 \\ 0 & 0 & 0.35 \end{bmatrix} N/m \qquad (6.5.15)$$

之后,利用式(6.5.14)和式(6.5.15)得出:

$$[B]^T[D] = \frac{(2 \times 10^{-3})(210 \times 10^9)}{(2)(0.04)(0.91)} \begin{bmatrix} -10 & 0 & 0 \\ 0 & 0 & -10 \\ 10 & 0 & -20 \\ 0 & -20 & 10 \\ 0 & 0 & 20 \\ 0 & 20 & 0 \end{bmatrix} \begin{bmatrix} 1 & 0.3 & 0 \\ 0.3 & 1 & 0 \\ 0 & 0 & 0.35 \end{bmatrix} \qquad (6.5.16)$$

化简式(6.5.16)得出:

$$[B]^T[D] = \frac{(52.5)(10^9)}{0.91} \begin{bmatrix} -10 & -3 & 0 \\ 0 & 0 & -3.5 \\ 10 & 3 & -7 \\ -6 & -20 & 3.5 \\ 0 & 0 & 7 \\ 6 & 20 & 0 \end{bmatrix} \qquad (6.5.17)$$

最后将式(6.5.17)和式(6.5.14)代入式(6.5.3),得出单元 2 的刚度矩阵为:

$$[k^{(2)}] = (20 \times 10^{-3})(0.04)\frac{(52.5)(10^9)}{0.91} \begin{bmatrix} -10 & -3 & 0 \\ 0 & 0 & -3.5 \\ 10 & 3 & -7 \\ -6 & -20 & 3.5 \\ 0 & 0 & 7 \\ 6 & 20 & 0 \end{bmatrix}$$
$$\times \frac{20 \times 10^{-3}}{2(0.04)} \begin{bmatrix} -10 & 0 & 10 & 0 & 0 & 0 \\ 0 & 0 & 0 & -20 & 0 & 20 \\ 0 & -10 & -20 & 10 & 20 & 0 \end{bmatrix} \qquad (6.5.18)$$

将式(6.5.18)化简为:

$$
[k^{(2)}] = \frac{10.5 \times 10^6}{0.91}
\begin{array}{c}
\begin{array}{cccccc} u_1 & v_1 & u_4 & v_4 & u_3 & v_3 \end{array} \\
\begin{bmatrix}
100 & 0 & -100 & 60 & 0 & -60 \\
0 & 35 & 70 & -35 & -70 & 0 \\
-100 & 70 & 240 & -130 & -140 & 60 \\
60 & -35 & -130 & 435 & 70 & -400 \\
0 & -70 & -140 & 70 & 140 & 0 \\
-60 & 0 & 60 & -400 & 0 & 400
\end{bmatrix}
\end{array}
\frac{\text{N}}{\text{m}} \qquad (6.5.19)
$$

式 (6.5.19) 中各列上方的标记表示单元 2 刚度矩阵的自由度。重写单元刚度矩阵式 (6.5.12) 和式 (6.5.19)，根据总刚度矩阵 $[K]$ 增加的节点自由度，对矩阵的阶数进行扩充并重新整理 (从式中提出了一个常系数 5)，得到：

单元 1

$$
[k^{(1)}] = \frac{52.5 \times 10^6}{0.91}
\begin{array}{c}
\begin{array}{cccccccc} u_1 & v_1 & u_2 & v_2 & u_3 & v_3 & u_4 & v_4 \end{array} \\
\begin{bmatrix}
28 & 0 & -28 & 14 & 0 & -14 & 0 & 0 \\
0 & 80 & 12 & -80 & -12 & 0 & 0 & 0 \\
-28 & 12 & 48 & -26 & -20 & 14 & 0 & 0 \\
14 & -80 & -26 & 87 & 12 & -7 & 0 & 0 \\
0 & -12 & -20 & 12 & 20 & 0 & 0 & 0 \\
-14 & 0 & 14 & -7 & 0 & 7 & 0 & 0 \\
0 & 0 & 0 & 0 & 0 & 0 & 0 & 0 \\
0 & 0 & 0 & 0 & 0 & 0 & 0 & 0
\end{bmatrix}
\end{array}
\frac{\text{N}}{\text{m}} \qquad (6.5.20)
$$

单元 2

$$
[k^{(2)}] = \frac{52.5 \times 10^6}{0.91}
\begin{array}{c}
\begin{array}{cccccccc} u_1 & v_1 & u_2 & v_2 & u_3 & v_3 & u_4 & v_4 \end{array} \\
\begin{bmatrix}
20 & 0 & 0 & 0 & 0 & -12 & -20 & 12 \\
0 & 7 & 0 & 0 & -14 & 0 & 14 & -7 \\
0 & 0 & 0 & 0 & 0 & 0 & 0 & 0 \\
0 & 0 & 0 & 0 & 0 & 0 & 0 & 0 \\
0 & -14 & 0 & 0 & 28 & 0 & -28 & 14 \\
-12 & 0 & 0 & 0 & 0 & 80 & 12 & -80 \\
-20 & 14 & 0 & 0 & -28 & 12 & 48 & -26 \\
12 & -7 & 0 & 0 & 14 & -80 & -26 & 87
\end{bmatrix}
\end{array}
\frac{\text{N}}{\text{m}} \qquad (6.5.21)
$$

由于式 (6.5.20) 和式 (6.5.21) 中自由度的阶数是相同的，利用单元刚度矩阵叠加，得出总的刚度矩阵为：

$$
[K] = \frac{52.5 \times 10^6}{0.91}
\begin{array}{c}
\begin{array}{cccccccc} u_1 & v_1 & u_2 & v_2 & u_3 & v_3 & u_4 & v_4 \end{array} \\
\begin{bmatrix}
48 & 0 & -28 & 14 & 0 & -26 & -20 & 12 \\
0 & 87 & 12 & -80 & -26 & 0 & 14 & -7 \\
-28 & 12 & 48 & -26 & -20 & 14 & 0 & 0 \\
14 & -80 & -26 & 87 & 12 & -7 & 0 & 0 \\
0 & -26 & -20 & 12 & 48 & 0 & -28 & 14 \\
-26 & 0 & 14 & -7 & 0 & 87 & 12 & -80 \\
-20 & 14 & 0 & 0 & -28 & 12 & 48 & -26 \\
12 & -7 & 0 & 0 & 14 & -80 & -26 & 87
\end{bmatrix}
\end{array}
\frac{\text{N}}{\text{m}} \qquad (6.5.22)
$$

或者，也可以将直接刚度法用于式 (6.5.12) 和式 (6.5.19)，得出式 (6.5.22)。将 $[K]$ 代入式 (6.5.2) 的 $\{F\} = [K]\{d\}$ 中，得出：

$$
\begin{Bmatrix} R_{1x} \\ R_{1y} \\ R_{2x} \\ R_{2y} \\ 14\,000 \\ 0 \\ 14\,000 \\ 0 \end{Bmatrix} = \frac{52.5 \times 10^9}{0.91}
\begin{bmatrix}
48 & 0 & -28 & 14 & 0 & -26 & -20 & 12 \\
0 & 87 & 12 & -80 & -26 & 0 & 14 & -7 \\
-28 & 12 & 48 & -26 & -20 & 14 & 0 & 0 \\
14 & -80 & -26 & 87 & 12 & -7 & 0 & 0 \\
0 & -26 & -20 & 12 & 48 & 0 & -28 & 14 \\
-26 & 0 & 14 & -7 & 0 & 87 & 12 & -80 \\
-20 & 14 & 0 & 0 & -28 & 12 & 48 & -26 \\
12 & -7 & 0 & 0 & 14 & -80 & -26 & 87
\end{bmatrix}
\begin{Bmatrix} 0 \\ 0 \\ 0 \\ 0 \\ u_3 \\ v_3 \\ u_4 \\ v_4 \end{Bmatrix}
\tag{6.5.23}
$$

利用支座和边界条件,消去位移矩阵中与零对应的行和列,即消去式(6.5.23)中的第 1 行~第 4 行,第 1 列~第 4 列,可以得出:

$$
\begin{Bmatrix} 14\,000 \\ 0 \\ 14\,000 \\ 0 \end{Bmatrix} = \frac{52.5 \times 10^6}{0.91}
\begin{bmatrix}
48 & 0 & -28 & 14 \\
0 & 87 & 12 & -80 \\
-28 & 12 & 48 & -26 \\
14 & -80 & -26 & 87
\end{bmatrix}
\begin{Bmatrix} u_3 \\ v_3 \\ u_4 \\ v_4 \end{Bmatrix}
\tag{6.5.24}
$$

将式(6.5.24)左右两边同时乘以 $[K]^{-1}$,得出:

$$
\begin{Bmatrix} u_3 \\ v_3 \\ u_4 \\ v_4 \end{Bmatrix} = \frac{0.91}{52.5 \times 10^6}
\begin{bmatrix}
48 & 0 & -28 & 14 \\
0 & 87 & 12 & -80 \\
-28 & 12 & 48 & -26 \\
14 & -80 & -26 & 87
\end{bmatrix}^{-1}
\begin{Bmatrix} 14\,000 \\ 0 \\ 14\,000 \\ 0 \end{Bmatrix}
\tag{6.5.25}
$$

解式(6.5.25)中的位移,得出:

$$
\begin{Bmatrix} u_3 \\ v_3 \\ u_4 \\ v_4 \end{Bmatrix} = \frac{0.91}{3750}
\begin{Bmatrix} 0.050\,24 \\ 0.000\,34 \\ 0.054\,70 \\ 0.008\,78 \end{Bmatrix}
\tag{6.5.26}
$$

化简式(6.5.26),最后位移由以下公式给出:

$$
\begin{Bmatrix} u_3 \\ v_3 \\ u_4 \\ v_4 \end{Bmatrix} =
\begin{Bmatrix} 12.19 \\ 0.083 \\ 13.27 \\ 2.08 \end{Bmatrix} \times 10^{-6} \text{ m}
\tag{6.5.27}
$$

比较有限元解与解析解,作为一阶近似,得到受拉力的一维杆的轴向位移:

$$
\delta = \frac{PL}{AE} = \frac{(28\,000)0.4}{(20 \times 10^{-3})(200 \times 10^{-3})(210 \times 10^9)} = 13.33 \times 10^{-6} \text{ m}
$$

因此,考虑到网格的粗细程度和模型的定向刚度偏差,式(6.5.27)所给的平板上的节点在 x 方向的位移分量似乎是合理的(有关这一部分的详细内容参见 7.5 节)。由于泊松效应,预计 y 方向的位移在顶部节点 3 处是向下的,在底部节点 4 是向上的。然而,粗网格造成的定向刚度偏差导致结果偏差很大。

现在利用式(6.2.36)确定每一单元的应力为:

$$
\{\sigma\} = [D][B]\{d\}
\tag{6.5.28}
$$

一般来说,对于单元 1,其结果为:

$$\{\sigma\} = \frac{E}{(1-v^2)}\begin{bmatrix} 1 & v & 0 \\ v & 1 & 0 \\ 0 & 0 & \dfrac{1-v}{2} \end{bmatrix} \times \left(\frac{1}{2A}\right)\begin{bmatrix} \beta_1 & 0 & \beta_3 & 0 & \beta_2 & 0 \\ 0 & \gamma_1 & 0 & \gamma_3 & 0 & \gamma_2 \\ \gamma_1 & \beta_1 & \gamma_3 & \beta_3 & \gamma_2 & \beta_2 \end{bmatrix}\begin{Bmatrix} u_1 \\ v_1 \\ u_3 \\ v_3 \\ u_2 \\ v_2 \end{Bmatrix} \qquad (6.5.29)$$

代入式(6.5.6)给出的数值[B]、式(6.5.8)给出的[D]和式(6.5.27)给出的 {d} 的相应部分，得出：

$$\{\sigma\} = \frac{210(10^9)(10^{-6})}{0.91(4)}\begin{bmatrix} 1 & 0.3 & 0 \\ 0.3 & 1 & 0 \\ 0 & 0 & 0.35 \end{bmatrix}$$

$$\times \begin{bmatrix} 0 & 0 & 10 & 0 & -10 & 0 \\ 0 & -20 & 0 & 0 & 0 & 20 \\ -20 & 0 & 0 & 10 & 20 & -10 \end{bmatrix}\begin{Bmatrix} 0 \\ 0 \\ 12.19 \\ 0.083 \\ 0 \\ 0 \end{Bmatrix} \qquad (6.5.30)$$

化简式(6.5.30)得出：

$$\begin{Bmatrix} \sigma_x \\ \sigma_y \\ \tau_{xy} \end{Bmatrix} = \begin{Bmatrix} 4032 \\ 2110 \\ 16.75 \end{Bmatrix} \text{kPa} \qquad (6.5.31)$$

一般来说，对于单元 2，可以得到：

$$\{\sigma\} = \frac{E}{(1-v^2)}\left(\frac{1}{2A}\right)\begin{bmatrix} 1 & v & 0 \\ v & 1 & 0 \\ 0 & 0 & \dfrac{1-v}{2} \end{bmatrix} \times \begin{bmatrix} \beta_1 & 0 & \beta_4 & 0 & \beta_3 & 0 \\ 0 & \gamma_1 & 0 & \gamma_4 & 0 & \gamma_3 \\ \gamma_1 & \beta_1 & \gamma_4 & \beta_4 & \gamma_3 & \beta_3 \end{bmatrix}\begin{Bmatrix} u_1 \\ v_1 \\ u_4 \\ v_4 \\ u_3 \\ v_3 \end{Bmatrix} \qquad (6.5.32)$$

将数值代入式(6.5.32)，得出：

$$\{\sigma\} = \frac{210(10^9)(10^{-6})}{0.91(4)}\begin{bmatrix} 1 & 0.3 & 0 \\ 0.3 & 1 & 0 \\ 0 & 0 & 0.35 \end{bmatrix}$$

$$\times \begin{bmatrix} -10 & 0 & 10 & 0 & 0 & 0 \\ 0 & 0 & 0 & -20 & 0 & 20 \\ 0 & -10 & -20 & 10 & 20 & 0 \end{bmatrix}\begin{Bmatrix} 0 \\ 0 \\ 13.27 \\ 2.08 \\ 12.19 \\ 0.083 \end{Bmatrix} \qquad (6.5.33)$$

化简式(6.5.33)得出：

$$\begin{Bmatrix} \sigma_x \\ \sigma_y \\ \tau_{xy} \end{Bmatrix} = \begin{Bmatrix} 6964.5 \\ -7.5 \\ -16.1 \end{Bmatrix} kPa \tag{6.5.34}$$

现在可以用式(6.1.2)确定主应力,用式(6.1.3)确定主应力方位角,另一个主应力将与第一个主应力成直角。第二个单元的主应力为(与第一个单元确定主应力的方法类似):

$$\sigma_1 = \frac{\sigma_x + \sigma_y}{2} + \left[\left(\frac{\sigma_x - \sigma_y}{2} \right)^2 + \tau_{xy}^2 \right]^{1/2}$$

$$\sigma_1 = \frac{6964.5 + (-7.5)}{2} + \left[\left(\frac{6964.5 - (-7.5)}{2} \right)^2 + (-16.1)^2 \right]^{1/2} \tag{6.5.35}$$

$$\sigma_1 = 3478.5 + 3486.03 = 6964.53 \, kPa$$

$$\sigma_2 = \frac{6964.5 + (-7.5)}{2} - 3486.03 = -7.53 \, kPa$$

主应力方向角为:

$$\theta_p = \frac{1}{2} \arctan \left[\frac{2\tau_{xy}}{\sigma_x - \sigma_y} \right]$$

或

$$\theta_p = \frac{1}{2} \arctan \left[\frac{2(-16.1)}{6964.5 - (-7.5)} \right] = 0° \tag{6.5.36}$$

　　由于 7 MPa 的均匀应力只作用在板边缘的 x 方向,因此预测每个单元的应力 σ_x ($=\sigma_1$) 接近 7 MPa。因此式(6.5.31)和式(6.5.34)得出的 σ_x 的结果较为吻合。可以预测应力 σ_y 是很小的(至少在自由边附近是这样的)。单元 1 在节点 1 和节点 2 的约束引起相当大的单元应力 σ_y,而单元 2 仅在一个节点有约束,引起的应力 σ_y 就很小。按照预计,剪应力 τ_{xy} 应接近于零。如果增加单元的数量,在支座边缘附近采用更小的网格,会得出更真实的结果。然而,更精细的网格划分将会使手算变得复杂,因此这里不予采用。建议用计算机程序详细求解此板问题和更加复杂的应力-应变问题。

　　塑性材料在静力荷载作用下的最大畸变能理论[4](也称为 von Mises 理论或 von Mises-Hencky 理论)预测,如果 von Mises 应力(也称为等效应力或有效应力)达到了材料的屈服强度 S_y 时,材料会失效。例如,在参考文献[4]中推导的 von Mises 应力用三个主要应力来描述:

$$\sigma_{vm} = \frac{1}{\sqrt{2}} \left[(\sigma_1 - \sigma_2)^2 + (\sigma_2 - \sigma_3)^2 + (\sigma_3 - \sigma_1)^2 \right]^{1/2} \tag{6.5.37a}$$

或者等价地用 x-y-z 分量表示为:

$$\sigma_{vm} = \frac{1}{\sqrt{2}} \left[(\sigma_x - \sigma_y)^2 + (\sigma_y - \sigma_z)^2 + (\sigma_z - \sigma_x)^2 + 6(\tau_{xy}^2 + \tau_{yz}^2 + \tau_{zx}^2) \right]^{1/2} \tag{6.5.37b}$$

因此,要使材料失效,von Mises 应力必须大于或等于材料的屈服强度:

$$\sigma_{vm} \geqslant S_y \tag{6.5.38}$$

从式(6.5.37a)或式(6.5.37b)中可以看出,von Mises 应力是一个标量,用来衡量整个应力状态的强度,它包含三个主应力(或 x、y、z 方向上的三个法向应力)以及 x、y、z 平面上的剪应力。其他应力(比如最大主应力)无法提供最精确的预知失效的方法。

　　大多数计算机程序包含这个失效理论。作为可选结果,用户可以要求可视化整个被分析

的材料模型的 von Mises 应力。如果 von Mises 应力的值大于或等于所考虑材料的屈服强度，那么可以选择屈服强度更大的材料或者变更设计。

对于拉压性能不同的脆性材料，比如玻璃或者生铁，推荐使用 Coulomb-Mohr 理论来预测失效，详情请查阅参考文献[4]。

6.6　平面矩形单元（双线性矩形，Q4）

现在建立四节点平面矩形单元的刚度矩阵。稍后在 10.2 节一般四边形单元的等参公式中会提到这个单元。由于式 (6.6.2) 中的 x 和 y 方向的位移函数中，x 和 y 存在线性项，因此该单元又称为双线性矩形。符号 "Q4" 代表有四个角节点的四边形单元。

与三角形单元相比，矩形单元具有两个优势：便于数据输入以及对输出的应力更容易理解。矩形单元的劣势是，具有直角边的简单线性位移矩形很难近似实际边界条件的边缘。

下面使用第 1 章中列出的常规步骤得到矩形单元刚度矩阵及相关的方程。

步骤 1　选择单元类型

考虑图 6.20 所示矩形单元（所有内角均为 90°），此单元有四个角节点 1～4（逆时针方向标注），底和高分别为 $2b$ 和 $2h$。

未知的节点位移给定为：

$$\{d\} = \begin{Bmatrix} u_1 \\ v_1 \\ u_2 \\ v_2 \\ u_3 \\ v_3 \\ u_4 \\ v_4 \end{Bmatrix} \qquad (6.6.1)$$

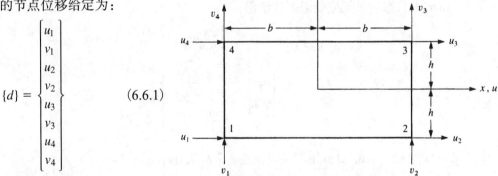

步骤 2　选择位移函数

图 6.20　标出节点自由度的基本四节点矩形单元

对于协调元位移模式，由于每条边只有两个点（角节点），沿每条边的单元位移函数 u 和 v 必须为线性。选择线性位移函数如下：

$$\begin{aligned} u(x,y) &= a_1 + a_2 x + a_3 y + a_4 xy \\ v(x,y) &= a_5 + a_6 x + a_7 y + a_8 xy \end{aligned} \qquad (6.6.2)$$

在式 (6.6.2) 中，此单元总共有 8 个广义自由度（$a_1 \sim a_8$）和 8 个特定自由度（节点 1 的 u_1, v_1 到节点 4 的 u_4, v_4）。

通过常用方法消去式 (6.6.2) 中的 a_i（i 为 1～8）得到：

$$\begin{aligned} u(x,y) &= \frac{1}{4bh}[(b-x)(h-y)u_1 + (b+x)(h-y)u_2 \\ &\qquad + (b+x)(h+y)u_3 + (b-x)(h+y)u_4] \\ v(x,y) &= \frac{1}{4bh}[(b-x)(h-y)v_1 + (b+x)(h-y)v_2 \\ &\qquad + (b+x)(h+y)v_3 + (b-x)(h+y)v_4] \end{aligned} \qquad (6.6.3)$$

式(6.6.3)中的位移表达式可以用形函数和未知节点位移等价地描述为:

$$\{\psi\} = [N]\{d\} \tag{6.6.4}$$

式中,形函数由下式给出:

$$N_1 = \frac{(b-x)(h-y)}{4bh} \qquad N_2 = \frac{(b+x)(h-y)}{4bh}$$

$$N_3 = \frac{(b+x)(h+y)}{4bh} \qquad N_4 = \frac{(b-x)(h+y)}{4bh} \tag{6.6.5}$$

式中, N_i 按如下规则确定, 即节点 1 处 $N_1 = 1$, 其他节点处 $N_1 = 0$。式(6.6.4)扩展形式如下:

$$\begin{Bmatrix} u \\ v \end{Bmatrix} = \begin{bmatrix} N_1 & 0 & N_2 & 0 & N_3 & 0 & N_4 & 0 \\ 0 & N_1 & 0 & N_2 & 0 & N_3 & 0 & N_4 \end{bmatrix} \begin{Bmatrix} u_1 \\ v_1 \\ u_2 \\ v_2 \\ u_3 \\ v_3 \\ u_4 \\ v_4 \end{Bmatrix} \tag{6.6.6}$$

步骤 3　定义应变-位移与应力-应变关系

二维应力状态的单元应变由下式给出:

$$\begin{Bmatrix} \varepsilon_x \\ \varepsilon_y \\ \gamma_{xy} \end{Bmatrix} = \begin{Bmatrix} \dfrac{\partial u}{\partial x} \\ \dfrac{\partial v}{\partial y} \\ \dfrac{\partial u}{\partial y} + \dfrac{\partial v}{\partial x} \end{Bmatrix} \tag{6.6.7a}$$

将式(6.6.2)代入式(6.6.7a), 用广义自由度 $a_1 \sim a_8$ 表述单元应变:

$$\varepsilon_x = a_2 + a_4 y$$
$$\varepsilon_y = a_7 + a_8 x$$
$$\gamma_{xy} = (a_3 + a_6) + a_4 x + a_8 y \tag{6.6.7b}$$

将式(6.6.6)代入式(6.6.7a)并按式要求取 u 和 v 的导数, 根据未知节点位移, 单元应变可以表述为:

$$\{\varepsilon\} = [B]\{d\} \tag{6.6.8}$$

式中,

$$[B] = \frac{1}{4bh} \begin{bmatrix} -(h-y) & 0 & (h-y) & 0 \\ 0 & -(b-x) & 0 & -(b+x) \\ -(b-x) & -(h-y) & -(b+x) & (h-y) \end{bmatrix}$$

$$\begin{bmatrix} (h+y) & 0 & -(h+y) & 0 \\ 0 & (b+x) & 0 & (b-x) \\ (b+x) & (h+y) & (b-x) & -(h+y) \end{bmatrix} \tag{6.6.9}$$

从式(6.6.7b)、式(6.6.8)和式(6.6.9)可以看出, ε_x 是 y 的函数, ε_y 是 x 的函数, γ_{xy} 是 x

和 y 的函数，这些应力由式 (6.2.36) 中的公式给出，其中 $[B]$ 由式 (6.6.9) 表示而 $\{d\}$ 由式 (6.6.1) 表示。

步骤 4　推导单元刚度矩阵和方程

刚度矩阵由下式确定：

$$[k] = \int_{-h}^{h} \int_{-b}^{b} [B]^{\mathrm{T}} [D][B] t \, \mathrm{d}x \, \mathrm{d}y \tag{6.6.10}$$

$[D]$ 由对应的一般平面应力状态的式 (6.1.8) 或一般平面应变状态的式 (6.1.10) 给定。由于矩阵 $[B]$ 是 x 和 y 的函数，要对式 (6.6.10) 进行积分。矩形单元的矩阵 $[k]$ 为 8×8 矩阵。利用数学辅助设计软件 (Mathcad)[5] 来计算式 (6.6.11) 的二重积分以求得矩阵 $[k]$ 的数值，设 $b = 100$ mm，$h = 50$ mm，$t = 25$ mm，$E = 210$ GPa，$v = 0.3$，计算结果如下：

$$[K] = \begin{bmatrix} 5.077\mathrm{e}6 & 1.5\mathrm{e}6 & -1.385\mathrm{e}6 & -115\,384 & -2.538\mathrm{e}6 & -1.5\mathrm{e}6 & -3.923\mathrm{e}6 & 115\,384 \\ 1.5\mathrm{e}6 & 1.258\mathrm{e}7 & 115\,384 & 5.885\mathrm{e}6 & -1.5\mathrm{e}6 & -6.288\mathrm{e}6 & -115\,384 & -1.217\mathrm{e}7 \\ -1.385\mathrm{e}6 & 115\,384 & 5.077\mathrm{e}6 & -1.5\mathrm{e}6 & -3.923\mathrm{e}6 & -115\,384 & -2.538\mathrm{e}6 & 1.5\mathrm{e}6 \\ -115\,384 & 5.885\mathrm{e}6 & -1.5\mathrm{e}6 & 1.258\mathrm{e}7 & 115\,384 & -1.217\mathrm{e}7 & 1.5\mathrm{e}6 & -6.288\mathrm{e}6 \\ -2.538\mathrm{e}6 & -1.5\mathrm{e}6 & -3.923\mathrm{e}6 & 115\,384 & 5.077\mathrm{e}6 & 1.5\mathrm{e}6 & -1.385\mathrm{e}6 & -115\,384 \\ -1.5\mathrm{e}6 & -6.288\mathrm{e}6 & -115\,384 & -1.217\mathrm{e}7 & 1.5\mathrm{e}6 & 1.258\mathrm{e}7 & 115\,384 & 5.885\mathrm{e}6 \\ -3.923\mathrm{e}6 & -115\,384 & -2.538\mathrm{e}6 & 1.5\mathrm{e}6 & -1.385\mathrm{e}6 & 115\,384 & 5.077\mathrm{e}6 & -1.5\mathrm{e}6 \\ 115\,384 & -1.217\mathrm{e}7 & 1.5\mathrm{e}6 & -6.288\mathrm{e}6 & -115\,384 & 5.885\mathrm{e}6 & -1.5\mathrm{e}6 & 1.258\mathrm{e}7 \end{bmatrix} \tag{6.6.11}$$

单元力矩阵由式 (6.2.46) 决定：

$$\{f\} = \iiint_V [N]^{\mathrm{T}} \{X\} \mathrm{d}V + \{P\} + \iint_S [N_S]^{\mathrm{T}} \{T\} \mathrm{d}S \tag{6.6.12}$$

式中，$[N]$ 是式 (6.6.6) 中的矩形矩阵，$N_1 \sim N_4$ 由式 (6.6.5) 给出。单元方程可以由下式给出：

$$\{f\} = [k]\{d\} \tag{6.6.13}$$

步骤 5～步骤 7

步骤 5～步骤 7 与 6.2 节中求解 CST 相同，包括组装整体刚度矩阵和方程，解未知节点位移，计算应力。不同的是，现在每一个单元的应力在 x 和 y 方向上都有变化。

CST 模型和 Q4 单元模型的数值对比以及单元缺陷

表 6.1 对比了使用 CST 单元与矩形 Q4 单元的模型在行数为 2，4 和 8 这三种情况下悬臂梁自由端的挠度和最大主应力。

表 6.1　使用 CST 和 Q4 单元的模型自由端的挠度和最大主应力对比（端应力 $P = 4000$ N，长度 $L = 1$ m，$I = 1 \times 10^{-5}$ m^4，厚度 = 0.12 m，$E = 200$ GPa，$G = 77.5$ GPa）

使用的平面单元/行数	节点数量	自由度数量	自由端位移(m)	应力张量 σ_x (MPa)（距离墙 0.05 m 处）
Q4/2	60	120	5.944×10^{-4}	17.34
Q4/4	200	400	6.509×10^{-4}	18.71
Q4/8	720	1440	6.661×10^{-4}	18.94
CST/2	60	120	3.630×10^{-4}	7.10
CST/4	200	400	5.537×10^{-4}	13.20
CST/8	720	1440	6.385×10^{-4}	16.91
经典梁理论，$v_{\mathrm{end}} = \dfrac{PL^3}{3EI} + \dfrac{6PL}{5AG}$			6.672×10^{-4}	19.00

典型的 Q4 和 CST 模型如下：

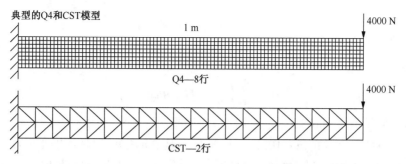

位移结果　从位移结果可以看出，使用 CST 单元的模型的挠度要小于经典梁理论所预测的挠度，所以它所模拟的梁与实际的梁相比，其刚度更大。同时，可以看出 CST 模型收敛于经典梁理论的速度非常慢。这在一定程度上是因为在考虑弯曲问题时，每个单元内部只考虑了常应力，而事实上，应力沿梁的深度方向呈线性变化。在第 8 章中，用线性应变三角形(LST)单元来修正这个问题。

CST 和 LST 单元的比较在 8.3 节中给出，可参见表 8.1、表 8.2 和图 8.6。

结果表明，使用 Q4 单元的模型比使用 CST 单元的模型对挠度的预测更准确。Q4 单元的两行模型的预测与经典梁挠度方程非常接近，然而，CST 单元的两行模型在预测挠度方面很不准确。随着行数从 4 行增加到 8 行，CST 和 Q4 单元模型对挠度的预测越来越准确。如果不涉及应力集中，两节点梁单元模型会得到与经典方程($\delta = PL^3/3EI$)预期(参见 4.5 节的讨论)相同的挠度，是这个问题的最合适模型。

如参考文献[3]中所述，对于受纯弯曲的梁，CST 在不应有剪应变或剪应力的模型部分会得到错误的或假的剪应力和剪应变。这种伪剪切应变会吸收能量，因此，一些本应用于弯曲的能量会丢失。CST 模型在发生弯曲处过硬，结果显示的变形比实际要小。这种过度刚度在一个或多个变形模型中出现的现象有时被称为剪切自锁(shear locking)或寄生剪切(parasitic shear)。

此外，在平面应变状态(意味着 $\varepsilon_z = 0$)且泊松比达到 0.5 的问题中，一个网格实际上会锁死，不会发生任何变形。

值得一提的是，不建议使用有线性边缘位移的单行 Q4 单元来预测整个梁深度的应力梯度。如图 6.21 所示，对于纯弯曲状态(用此例来近似表示)，图 6.21(b)描述了其精确位移，而 Q4 单元位移由图 6.21(c)描述，不具备纯弯曲变形。

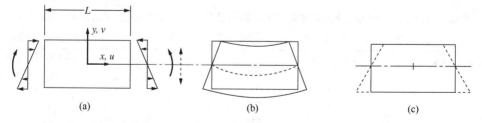

图 6.21　(a)纯弯曲状态；(b)精确弯曲位移；(c)Q4 单元位移(线性边缘位移)

应力结果　如前面所述，CST 单元内部有常应变和常应力，而 Q4 单元有法向应变 ε_x 和由此产生的在 y 方向呈线性的法向应力 σ_x[参见式(6.6.7b)]。因此，CST 单元不能像 Q4 单元一样模拟弯曲行为。经典梁理论/弯曲应力方程预测应力沿梁深度的线性变化为 $\sigma_x =$

$-M_y/I$（4.1 节有叙述）。比较每个模型的应力张量时，可以看出随着行数增加，应力会接近距墙 0.05 m 处的 19 MPa 的经典梁应力。通过比较 Q4 模型和 CST 模型的两行解可以发现，Q4 模型比 CST 模型以更快的速度接近经典梁理论的解。

最后，8 节点二次边缘位移单元(Q8)能比 CST 单元和 Q4 单元更好地预测弯曲行为。因此，使用较少的 Q8 单元能够更快地收敛，并得到正确解。事实上，如参考文献[3]所言，在弯曲行为中，只使用一行 Q8 单元就能产生出合理的结果。本书将在 10.5 节中描述 Q8 单元。

这些关于使用 CST 和 Q4 单元的一些局限性的简要说明并不能阻止用它们来模拟平面应力与平面应变问题。它只是需要使用细网格而不是粗网格，尤其是发生弯曲和大应力梯度通常产生的地方。同时，要确保计算机程序能处理达到 0.5 的泊松比(类似橡胶的材料就有这样的要求)。对普通材料，比如说金属，泊松比为 0.3 左右，因此不用考虑锁死问题。

方程小结

二维应力状态的应力向量：

$$\{\sigma\} = \begin{Bmatrix} \sigma_x \\ \sigma_y \\ \tau_{xy} \end{Bmatrix} \tag{6.1.1}$$

二维应力状态的主应力：

$$\sigma_1 = \frac{\sigma_x + \sigma_y}{2} + \sqrt{\left(\frac{\sigma_x - \sigma_y}{2}\right)^2 + \tau_{xy}^2} = \sigma_{\max}$$

$$\sigma_2 = \frac{\sigma_x + \sigma_y}{2} - \sqrt{\left(\frac{\sigma_x - \sigma_y}{2}\right)^2 + \tau_{xy}^2} = \sigma_{\min} \tag{6.1.2}$$

主应力方位角：

$$\tan 2\theta_p = \frac{2\tau_{xy}}{\sigma_x - \sigma_y} \tag{6.1.3}$$

二维应力状态的应变位移方程：

$$\varepsilon_x = \frac{\partial u}{\partial x} \quad \varepsilon_y = \frac{\partial v}{\partial y} \quad \gamma_{xy} = \frac{\partial u}{\partial y} + \frac{\partial v}{\partial x} \tag{6.1.4}$$

二维应力状态的应变向量：

$$\{\varepsilon\} = \begin{Bmatrix} \varepsilon_x \\ \varepsilon_y \\ \gamma_{xy} \end{Bmatrix} \tag{6.1.5}$$

二维应力状态的应力-应变关系：

$$\{\sigma\} = [D]\{\varepsilon\} \tag{6.1.7}$$

平面应力状态下的应力-应变矩阵或本构矩阵：

$$[D] = \frac{E}{1 - v^2} \begin{bmatrix} 1 & v & 0 \\ v & 1 & 0 \\ 0 & 0 & \dfrac{1 - v}{2} \end{bmatrix} \tag{6.1.8}$$

平面应变条件下的应力-应变矩阵:

$$[D] = \frac{E}{(1 + v)(1 - 2v)} \begin{bmatrix} 1 - v & v & 0 \\ v & 1 - v & 0 \\ 0 & 0 & \dfrac{1 - 2v}{2} \end{bmatrix} \tag{6.1.10}$$

三节点三角形单元的位移函数:

$$
\begin{aligned}
u(x, y) &= a_1 + a_2 x + a_3 y \\
v(x, y) &= a_4 + a_5 x + a_6 y
\end{aligned} \tag{6.2.2}
$$

三节点三角形单元的形函数:

$$N_i = \frac{1}{2A}(\alpha_i + \beta_i x + \gamma_i y)$$

$$N_j = \frac{1}{2A}(\alpha_j + \beta_j x + \gamma_j y) \tag{6.2.18}$$

$$N_m = \frac{1}{2A}(\alpha_m + \beta_m x + \gamma_m y)$$

其中,
$$
\begin{aligned}
\alpha_i &= x_j y_m - y_j x_m & \alpha_j &= y_i x_m - x_i y_m & \alpha_m &= x_i y_j - y_i x_j \\
\beta_i &= y_j - y_m & \beta_j &= y_m - y_i & \beta_m &= y_i - y_j \\
\gamma_i &= x_m - x_j & \gamma_j &= x_i - x_m & \gamma_m &= x_j - x_i
\end{aligned} \tag{6.2.10}
$$

三节点三角形单元的形函数矩阵:

$$[N] = \begin{bmatrix} N_i & 0 & N_j & 0 & N_m & 0 \\ 0 & N_i & 0 & N_j & 0 & N_m \end{bmatrix} \tag{6.2.22}$$

矩阵形式的应变-位移方程:

$$\{\varepsilon\} = \begin{bmatrix} [B_i] & [B_j] & [B_m] \end{bmatrix} \begin{Bmatrix} \{d_i\} \\ \{d_j\} \\ \{d_m\} \end{Bmatrix} \tag{6.2.31}$$

其中, 梯度矩阵为:

$$[B_i] = \frac{1}{2A} \begin{bmatrix} \beta_i & 0 \\ 0 & \gamma_i \\ \gamma_i & \beta_i \end{bmatrix} \quad [B_j] = \frac{1}{2A} \begin{bmatrix} \beta_j & 0 \\ 0 & \gamma_j \\ \gamma_j & \beta_j \end{bmatrix} \quad [B_m] = \frac{1}{2A} \begin{bmatrix} \beta_m & 0 \\ 0 & \gamma_m \\ \gamma_m & \beta_m \end{bmatrix} \tag{6.2.32}$$

$$[B] = \begin{bmatrix} [B_i][B_j][B_m] \end{bmatrix} \tag{6.2.34}$$

作为位移矩阵的函数的应力-应变关系:

$$\{\sigma\} = [D][B]\{d\} \tag{6.2.36}$$

二维应力状态的总势能:

$$\pi_p = U + \Omega_b + \Omega_p + \Omega_s \tag{6.2.38}$$

其中，应变能为：

$$U = \frac{1}{2} \iiint_V \{\varepsilon\}^{\mathrm{T}} \{\sigma\} \, \mathrm{d}V \tag{6.2.39}$$

体力的势能为：

$$\Omega_b = -\iiint_V \{\psi\}^{\mathrm{T}} \{X\} \, \mathrm{d}V \tag{6.2.41}$$

集中荷载的势能为：

$$\Omega_p = -\{d\}^{\mathrm{T}} \{P\} \tag{6.2.42}$$

面力的势能为：

$$\Omega_s = -\iint_S \{\psi_S\}^{\mathrm{T}} \{T_S\} \, \mathrm{d}S \tag{6.2.43}$$

CST 单元的刚度矩阵为：

$$[k] = tA[B]^{\mathrm{T}}[D][B] \tag{6.2.52}$$

显式体力表示为：

$$\{f_b\} = \begin{Bmatrix} f_{bix} \\ f_{biy} \\ f_{bjx} \\ f_{bjy} \\ f_{bmx} \\ f_{bmy} \end{Bmatrix} = \begin{Bmatrix} X_b \\ Y_b \\ X_b \\ Y_b \\ X_b \\ Y_b \end{Bmatrix} \frac{At}{3} \tag{6.3.6}$$

沿边 1~3 在 x 方向上均布面力的显式表达：

$$\{f_s\} = \begin{Bmatrix} f_{s1x} \\ f_{s1y} \\ f_{s2x} \\ f_{s2y} \\ f_{s3x} \\ f_{s3y} \end{Bmatrix} = \begin{Bmatrix} pLt/2 \\ 0 \\ 0 \\ 0 \\ pLt/2 \\ 0 \end{Bmatrix} \tag{6.3.19}$$

CST 刚度矩阵的显式表达［参见方程（6.4.3）］：

　　von Mises 应力：

$$\sigma_{\mathrm{vm}} = \frac{1}{\sqrt{2}} \left[(\sigma_1 - \sigma_2)^2 + (\sigma_2 - \sigma_3)^2 + (\sigma_3 - \sigma_1)^2 \right]^{1/2} \tag{6.5.37a}$$

基于最大畸变能理论的失效条件：

$$\sigma_{\mathrm{vm}} \geqslant S_y \tag{6.5.38}$$

双线性 4 节点矩形单元的位移函数：

$$u(x, y) = a_1 + a_2 x + a_3 y + a_4 xy$$
$$v(x, y) = a_5 + a_6 x + a_7 y + a_8 xy \tag{6.6.2}$$

4 节点矩形单元的形函数：

$$N_1 = \frac{(b-x)(h-y)}{4bh} \qquad N_2 = \frac{(b+x)(h-y)}{4bh}$$

$$N_3 = \frac{(b+x)(h+y)}{4bh} \qquad N_4 = \frac{(b-x)(h+y)}{4bh} \tag{6.6.5}$$

用 a 表示的 4 节点矩形单元的应变-位移方程:

$$\varepsilon_x = a_2 + a_4 y$$

$$\varepsilon_y = a_7 + a_8 x \tag{6.6.7b}$$

$$\gamma_{xy} = (a_3 + a_6) + a_4 x + a_8 y$$

矩阵形式的应变-位移方程:

$$\{\varepsilon\} = [B]\{d\} \tag{6.6.8}$$

其中, 梯度矩阵为:

$$[B] = \frac{1}{4bh}
\begin{bmatrix}
-(h-y) & 0 & (h-y) & 0 \\
0 & -(b-x) & 0 & -(b+x) \\
-(b-x) & -(h-y) & -(b+x) & (h-y) \\
\end{bmatrix}$$

$$\begin{bmatrix}
(h+y) & 0 & -(h+y) & 0 \\
0 & (b+x) & 0 & (b-x) \\
(b+x) & (h+y) & (b-x) & -(h+y)
\end{bmatrix} \tag{6.6.9}$$

4 节点矩形单元的刚度矩阵:

$$[k] = \int_{-h}^{h} \int_{-b}^{b} [B]^{\mathrm{T}}[D][B] t \, \mathrm{d}x \mathrm{d}y \tag{6.6.10}$$

4 节点矩形单元的单元力矩阵:

$$\{f\} = \iiint_V [N]^{\mathrm{T}}\{X\}\,\mathrm{d}V + \{P\} + \iint_S [N_s]^{\mathrm{T}}\{T\}\,\mathrm{d}S \tag{6.6.12}$$

参考文献

[1] Timoshenko, S., and Goodier, J., *Theory of Elasticity*, 3rd ed., McGraw-Hill, New York 1970.

[2] Gere, J. M., and Goodno, B. J., *Mechanics of Materials*, 7th ed., Cengage Learning, Mason, OH, 2009.

[3] Cook, R. D., Malkus, D. S., Plesha, M. E., and Witt, R. J., *Concepts and Applications of Finite Element Analysis*, 4th ed., Wiley, New York, 2002.

[4] Shigley, J. E., Mischke, C. R., and Budynas, R. G., *Mechanical Engineering Design*, 7th ed., McGraw-Hill, New York, 2004.

[5] Mathcad 15.0, Parametric Technology Corp.

习题

6.1　沿节点标号为 i, j 和 m 的三角形单元的表面, 简述由式 (6.2.18) 给出的形函数 N_j 和 N_m 的变化, 验证在单元任何位置 $N_i + N_j + N_m = 1$。

6.2　对于简单的三节点三角形单元, 证明对式 (6.2.47) 进行微分确实可以得到式 (6.2.48)。即, 把 $[B]$ 表达式和平面应力状态的 $[D]$ 代入式 (6.2.47), 然后对式 (6.2.47) 中的每一节点自由度的 π_p 取微分, 得出式 (6.2.48)。

6.3　计算图 P6.3 所示单元的刚度矩阵。坐标单位为英寸 (in)，假定为平面应力状态。令 $E = 210$ GPa，$v = 0.25$，厚度 $t = 1$ cm。

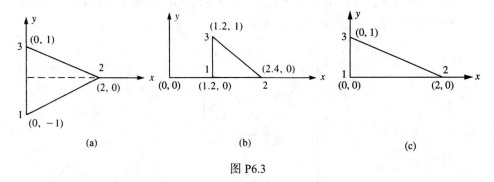

图 P6.3

6.4　对于习题 6.3 中给出的单元，节点位移为：

$$u_1 = 0.0 \text{ mm} \qquad v_1 = 0.0625 \text{ mm} \qquad u_2 = 0.03 \text{ mm}$$

$$v_2 = 0.0 \text{ mm} \qquad u_3 = 0.0 \text{ mm} \qquad v_3 = 0.0625 \text{ mm}$$

确定单元应力 σ_x，σ_y，τ_{xy}，σ_1 和 σ_2 及主应力方位角 θ_p。利用习题 6.3 中给出的 E、v 和 t 值。

6.5　确定习题 6.4 中的 von Mises 应力。

6.6　计算图 P6.6 所示单元的刚度矩阵。坐标单位为毫米 (mm)，假定为平面应力状态。令 $E = 105$ GPa，$v = 0.25$，$t = 10$ mm。

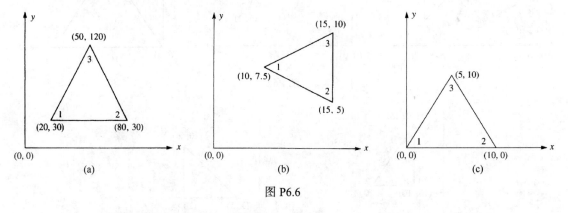

图 P6.6

6.7　对于习题 6.6 中给出的单元，节点位移为：

$$u_1 = 2.0 \text{ mm} \qquad v_1 = 1.0 \text{ mm} \qquad u_2 = 0.5 \text{ mm}$$

$$v_2 = 0.0 \text{ mm} \qquad u_3 = 3.0 \text{ mm} \qquad v_3 = 1.0 \text{ mm}$$

确定单元应力 σ_x，σ_y，τ_{xy}，σ_1 和 σ_2 及主应力方位角 θ_p。利用习题 6.6 中给出的 E、v 和 t 值。

6.8　确定习题 6.7 中的 von Mises 应力。

6.9　对于图 P6.9 所示的平面应变单元，给出节点位移如下：

$$u_1 = 0.001 \text{ cm} \qquad v_1 = 0.005 \text{ cm} \qquad u_2 = 0.001 \text{ cm}$$

$$v_2 = 0.0025 \text{ cm} \qquad u_3 = 0.0 \text{ cm} \qquad v_3 = 0.0 \text{ cm}$$

确定单元应力 σ_x，σ_y，τ_{xy}，σ_1 和 σ_2 及主应力方位角 θ_p。已知 $E = 210$ GPa，$v = 0.25$，平面应变使用单位厚度，所有坐标单位为厘米 (cm)。

6.10　对于图 P6.10 所示平面应变单元，给出节点位移如下：

$$u_1 = 0.005 \text{ mm} \quad v_1 = 0.002 \text{ mm} \quad u_2 = 0.0 \text{ mm}$$
$$v_2 = 0.0 \text{ mm} \quad u_3 = 0.005 \text{ mm} \quad v_3 = 0.0 \text{ mm}$$

确定单元应力 σ_x，σ_y，τ_{xy}，σ_1 和 σ_2 及主应力方位角 θ_p。已知 $E = 105$ GPa，$\nu = 0.3$，平面应变使用单位厚度，所有坐标单位为毫米(mm)。

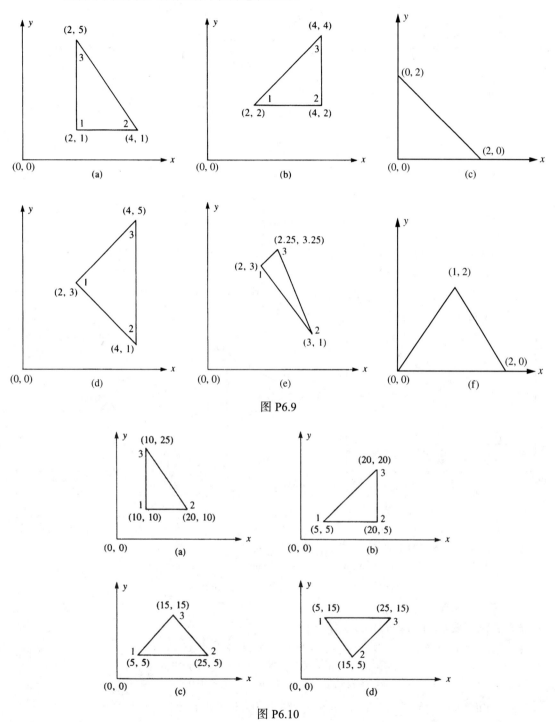

图 P6.9

图 P6.10

6.11　(1)对于图 P6.11(a)所示的作用在三角形单元的边缘的线性变化压力 p_x 和(2)图 P6.11(b)所示的

二次变化的压力荷载，计算式(6.3.7)给出的面积分以确定节点力。假定单元厚度等于t。

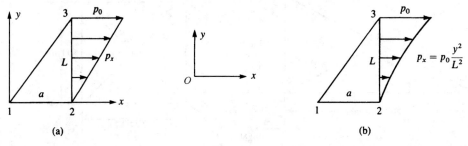

图 P6.11

6.12　使用功等效[使用式(6.3.7)所给出的表面力积分表达]确定下列情况下的节点力：(1)图 P6.12(a) 所示的二次变化的压力荷载。(2)图 P6.12(b)所示的正弦变化的压力荷载。假定单元厚度为t。

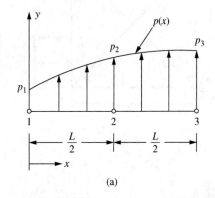
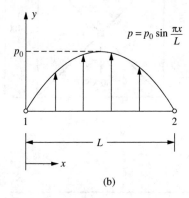

图 P6.12

6.13　对于图 P6.13 所示的 6.5 节中的薄板，在右边作用有均匀剪切荷载(不是拉伸荷载)，确定节点位移和单元应力，包括主应力。令 $E = 210$ GPa，$v = 0.30$，$t = 25$ mm。[提示：可以用 6.5 节推导的由式(6.5.22)给出的$[K]$矩阵解题。]

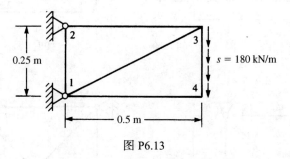

图 P6.13

6.14　对于所受荷载如图 P6.14 所示的薄板，确定节点位移和单元应力，包括主应力。令 $E = 105$ GPa，$v = 0.30$，$t = 5$ mm，假定适用于平面应力状态。建议使用图中给定的板的离散化。用计算机程序来解决这些问题。

6.15　对于所受荷载如图 P6.15 所示的薄板，确定节点位移和单元应力，包括主应力。令 $E = 210$ GPa，$v = 0.30$，$t = 5$ mm，假定适用于平面应力状态。建议使用图中给定的板的离散化。用计算机程序来解决这些问题。

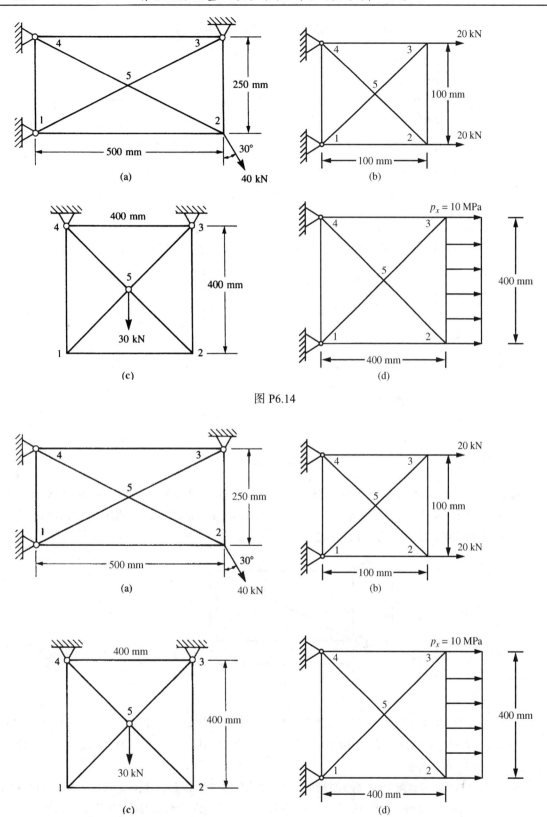

图 P6.14

图 P6.15

6.16　计算图 P6.14(a) 和 (c) 所示板的体力矩阵。假定重力密度为 154.2 kN/m^3。

6.17　为何 6.2 节推导出的三角形刚度矩阵被称为常应变三角形？

6.18　在常应变三角形单元中应力如何变化？

6.19　能否用平面应力或平面应变单元为下列构件建模？如果可以，请说明哪些模型最好用平面应力建模，哪些最好用平面应变建模。

　　a. 建筑物的无梁楼板，受竖向荷载且荷载方向为垂直于楼板。

　　b. 均匀的混凝土坝，在整个坝体上承受静水载荷。

　　c. 有横向贯穿孔的可拉伸板。

　　d. 连杆，荷载作用在其所在平面上。

　　e. 受条形基础荷载作用的土体。

　　f. 扳手，荷载作用于其所在的平面上。

　　g. 受扭力作用的扳手(扭力作用在扳手所在平面之外)。

　　h. 三角板连接，荷载作用于三角形所在的平面上。

　　i. 三角板连接，荷载作用于三角形所在平面之外。

6.20　平面应力单元只考虑了平面内位移，而框架和梁单元可以抵抗位移和转角。如何将平面应力和梁单元结合起来且保持两者的兼容性？

6.21　对于图 P6.21 所示用三角形单元模拟的平面结构，证明按图 P6.21(a) 所示按节点较少的方向编号与按节点较多的方向编号相比，会产生较小的带宽。对于每种网格，用 X 填充矩阵 [K] 占用的单元来证明这一事实，正如在附录 B.4 中所做的那样。比较每种情况的带宽。

6.22　复习计算式 (6.3.6) 的详细步骤。

6.23　对于三节点三角形单元，如何处理线性变化的厚度？

6.24　在平面应力状态下，计算矩形板的两个三角形单元模型中单元 1 的刚度矩阵，矩形板如图 P6.24 所示。然后用它计算单元 2 的刚度矩阵。

6.25　证明在矩形单元上任何地方 $N_1 + N_2 + N_3 + N_4 = 1$。其中 $N_1 \sim N_4$ 由方程 (6.6.5) 定义。

6.26　对图 6.20 中所展示的矩形单元，给出节点位移如下：

$$u_1 = 0 \text{ cm} \qquad v_1 = 0 \text{ cm} \qquad u_2 = 0.005 \text{ cm}$$
$$v_2 = 0.0025 \text{ cm} \qquad u_3 = 0.0025 \text{ cm} \quad v_3 = -0.0025 \text{ cm}$$
$$u_4 = 0 \text{ cm} \qquad v_4 = 0 \text{ cm}$$

已知 $b = 2$ cm，$h = 1$ cm，$E = 210$ GPa 且 $v = 0.3$，确定单元的质心处和角节点处的单元应变和应力。

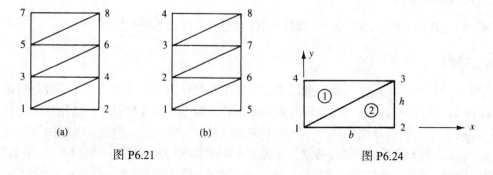

图 P6.21　　　　　　　　　　　　　　　图 P6.24

第7章 建模的实际考虑、结果说明、
平面应力/应变分析示例

章节目标

- 提出使用有限元方法建模解决问题时要考虑的概念：长宽比、对称、 自然细分、单元大小、单元细分的 h、p、r 方法、集中荷载和无限应力、无限介质和不同类型单元的连接。
- 说明有限元解中所固有的某些近似性。
- 说明解的收敛并介绍收敛解的分片检验。
- 讨论单元应力的解释，包括常用的平均节点值的方法(也称平滑)。
- 提出用于平面应力和平面应变分析的典型的有限元处理流程图。
- 描述自行车扳手的计算机辅助分步解决方案。
- 演示多种平面应力/应变单元模型适用的现实应用。包括自行车扳手、有凹口和孔应力集中的连杆、不规则形状的过载保护设备、可调节的扳手、允许在梁弯曲时梁和柱子表面分离，用表面接触单元焊接到柱上的梁。

引言

在这一章，将说明一些建模的指导思想，包括一般推荐的网格尺寸、集中荷载周围的自然细分建模，以及更多关于对称性和有关边界条件的使用。接下来将讨论解的平衡、相容和收敛。之后对应力结果进行解释说明。

然后给出某些计算机程序得出的结果。计算机程序便于求解复杂的、有大量自由度的平面应力/平面应变问题，这些问题由于涉及大量的方程，通常不能手算求解。此外，手算不能求解的问题，如涉及复杂几何形状和复杂荷载的问题，以前需要做出不真实的、常常是粗略的假定来简化问题，以便能用经典微分方程求解，现在可以十分有把握地用有限元方法求解（用得出的代数方程组求解）。

7.1 有限元模型

现在讨论在用有限元方法建模求解任何问题时要考虑的各种概念。

7.1.1 总则

有限元建模在一定程度上是一种艺术，对发生在物体内部的物理交互作用进行可视化处理。似乎可以通过经验以及与有经验的人一起工作，得到好的建模技术。通用程序为特定类型的问题提供了某些指导原则[12,15]。在本节的后续部分，将描述一些需要考虑的重要概念。

在建模时，用户首先碰到的任务是：要理解发生的物理行为，理解各种可用单元的物理特性，这有时很困难。选择合适的单元类型使其与问题的物理行为尽可能匹配，是用户必须做出的众多

决定之一。理解问题的边界条件有时也是一件困难的任务。确定物体所受荷载的类型、大小和位置也常常是困难的事情。同样，与有经验的用户一起工作，查找文献可以帮助克服困难。

7.1.2　长宽比和单元的形状

长宽比的定义为四边形单元最长边与最短边之比。在很多情况下，随着长宽比的增加，解的不精确性也增加。为了说明这一点，图 7.1(a) 中给出了 5 种不同的用于分析受弯梁的有限元模型。这里使用的是 6.6 节中描述的矩形单元。图 7.1(b) 是梁上点 A 处位移误差与长宽比的关系图。表 7.1 给出了 5 种模型在点 A 处和点 B 处的位移结果与精确解的比较[2]。

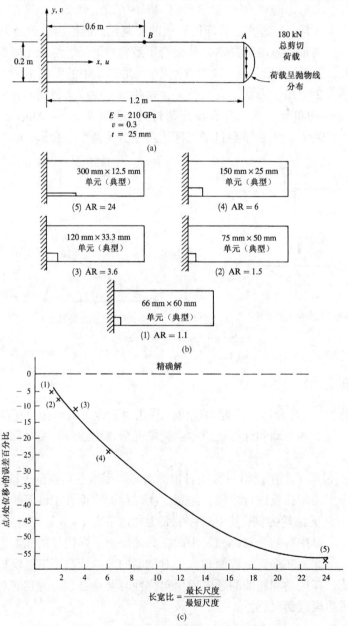

图 7.1　(a) 有荷载的梁；(b) 用 5 种长宽比不同的情况说明长宽比(AR)的影响；(c) 作为长宽比的函数解的不精确性(括号中的数字对应于表 7.1 中列出的情况)

表 7.1　各种长宽比结果的比较

示例	长宽比	节点数量	单元数量	垂直位移，v(mm)点		点A处位移v的误差百分比
				A 点	B 点	
1	1.1	84	60	−27.76	−8.78	5.2
2	1.5	85	64	−27.38	−8.61	6.4
3	3.6	77	60	−25.75	−8.33	11.9
4	6.0	81	64	−22.50	−7.11	23.0
5	24.0	85	64	−12.7	−4.01	56.0
精确解[2]				−29.26	−9.14	

也有例外情况，长宽比达到 50 时也能给出满意的结果。例如，如果在实际问题的某个位置应力梯度接近于 0，那么在这些位置即使有大的长宽比仍能给出合理结果。

通常，如果单元的形状紧凑且规则，就会产生最好的结果。尽管不同的单元对形状的扭曲有不同的敏感度，但要试图保持：(1)长宽比小，如图 7.1 中的实例 1 和实例 2；(2)四边形的角接近 90°。图 7.2 给出了形状不好的单元，这些单元往往会得到不好的结果。如果一个模型中几乎没有这样的单元，那么只有单元附近的结果不好。在 Autodesk 程序[12]中，当图 7.2(c)中的 $\alpha \geq 170°$ 时，该程序会自动将四边形划分为两个三角形。

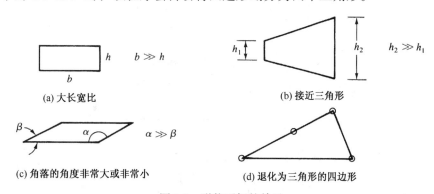

(a) 大长宽比　　　　　　　　　　　(b) 接近三角形

(c) 角落的角度非常大或非常小　　　(d) 退化为三角形的四边形

图 7.2　形状不好的单元

7.1.3　对称性的应用

适当使用对称性[①]通常会加快问题的建模。利用对称性可以考虑简化问题而不是实际问题。因此，可以用较少的劳动和计算机成本，将单元分得更细。有关对称性的其他讨论参见参考文献[3]。

图 7.3 ~ 图 7.5 说明了利用反射对称或者镜面对称对受地基荷载的土壤、有圆角的单向受载构件和受内压作用的带孔板进行建模。注意，在对称面，垂直于该面的位移必须为零。以图 7.3 中节点 2 ~ 6 处的滚轮为例，其中对称平面为通过节点 1 ~ 6 且与模型平面垂直的平面。在图 7.4(a)和图 7.5(a)中有两个对称面。因此，只需要对实际构件的 1/4 建模，如图 7.4(b)和图 7.5(b)所示。因此，在垂直对称面和水平对称面的节点处都用滚轴模拟。

如第 3 章所述，在振动和屈曲问题中使用对称性时要小心，因为几何对称并不意味着所有的振动模式或屈曲模式都对称。

---

① 反射对称是指荷载的大小、形状、位置、材料特性以及边界条件在对称线或对称平面两边。

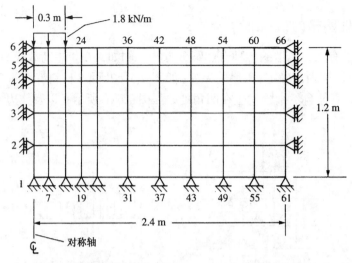

图 7.3　对称性用于受基础荷载的土体(模型给出了右半部分)(节点数 66，单元数 50)

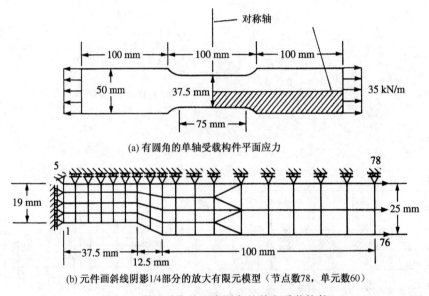

(a) 有圆角的单轴受载构件平面应力

(b) 元件画斜线阴影1/4部分的放大有限元模型（节点数78，单元数60）

图 7.4　利用对称处理有圆角的单向受载构件

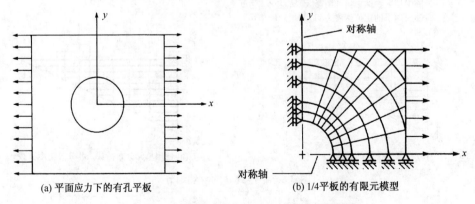

(a) 平面应力下的有孔平板　　　　(b) 1/4平板的有限元模型

图 7.5　利用轴对称化简受拉的有孔板问题

7.1.4　不连续处网格的自然细分

图 7.6 说明了有限元离散的各种自然细分方法。例如，在集中荷载或荷载不连续位置需要节点。节点线由以下因素确定:板厚的突变，如图 7.6(c)所示;材料特性的突变，如图 7.6(d)和图 7.6(e)所示;其他自然细分发生在凹角处，如图 7.6(f)所示;以及孔边的构件，如图 7.5所示。

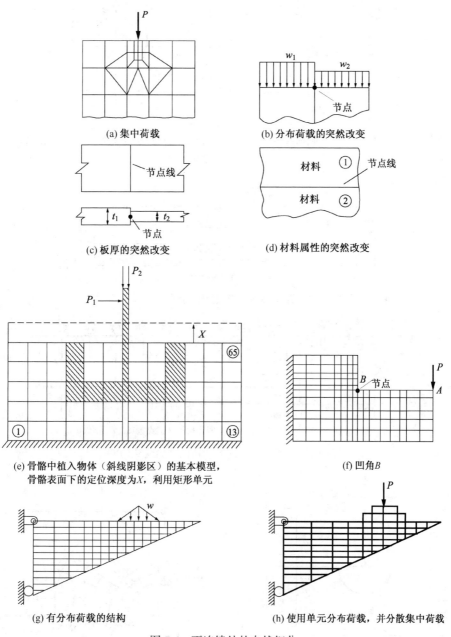

图 7.6　不连续处的自然细分

7.1.5 网格修正(细分)和收敛以及网格细分的 h、p、r 方法

在本节中，将描述三种常用的方法来修正有限元网格，目的是通过使用尽可能多的自由度来提高结果的精度。然后，通常根据计算机程序的某些默认参数设置(如网格密度或网格大小或两者都有)，使用最少的合理数量的单元以基本网格作为开始，然后分析模型以获得基准解。再以某种方式对模型进行修正，例如增加网格密度，再分析并与之前的网格结果进行比较。重复上述操作，直至得到满意的结果。

对于结构问题，为了得到位移、转角、应力和应变，很多计算机程序包含两种基本的网格修正方法，有的甚至包含三种方法(这些方法也可用于求解非结构问题)，这些方法称为 h 方法、p 方法和 r 方法。用这些方法来修正或细分有限元网格可以改进下一次修正分析的结果。分析的目标是修正网格，使用必要的自由度以得到必要的精度。最终目标称为自适应细分，是指在所有单元上误差指标均匀分布。

离散化取决于结构的几何形状、加载模式以及边界条件。例如，由圆角、孔或者凹角引起的应力集中或者高应力梯度区域，要求在这些区域附近使用更细的网格，如图 7.4、图 7.5 和图 7.6(f)所示。

我们将简要地描述网格细分的 h 方法、p 方法和 r 方法，并为进一步深入理解这些方法提供一些参考。

细分的 h 方法 在改进的 h 方法中，使用基于形函数的特殊单元 (例如，杆的线性函数，梁的二次函数，CST 的双线性函数)。从基线网格开始，为误差估计提供一个基线解决方案并为网格修正提供指导。然后，添加同类单元来细分或者说在模型中创建更小的单元。有时当原始单元[参见图 7.7(a)]尺寸可能被分为两个方向时，可以进行统一的细分，如图 7.7(b)所示。更常见的是图 7.7(c)所示的非均匀 h 细分(甚至可能是用来捕捉某些物理现象的局部细分，比如冲击波或流体中的薄边界层)[19]。不断细分网格直到从一个网格得到的结果与之前细分的结果非常接近为止。部分网格可能可以扩大，比如，在应力不变或变化缓慢的地方，更大的单元也可被接受。h 型网格细分策略始于参考文献[20~23]。有很多商业计算机代码都是基于 h 细分的，见参考文献[12]。

细分的 p 方法 在细分的 p 方法[24~28]中，基于用户设定的精确度，多项式 p 可能从二次多项式增长为高阶多项式。p 方法调整单元场量(如位移)中的多项式阶数或 p 阶以更好地适应问题的条件，像边界条件、荷载和几何形状的变化等。问题在给定的 p 阶求解，然后多项式的阶数通常会增加而单元几何形状保持不变，并再次求解问题。多次迭代的结果与用户给定的收敛性判别准则进行对比。高阶多项式一般会得到更好的结果。在计算机程序中迭代过程自动进行，因此，用户不需要像在 h 方法中那样通过创建细分网格从而通过手动改变单元的大小。注意，h 细分在有限元软件中可以使用网格重建算法来自动实现。在某些问题中，粗网格经常产生可接受的结果。参考文献[19]中给出了关于误差指标和误差估计的进一步讨论。

p 细分可能包含为已有的节点添加自由度和在已有的单元边界处添加节点或添加内部自由度。图 7.7(d)展示了均匀 p 细分(所有单元使用相同的细分)。通用的商业计算机软件 Pro/MECHANICA[29]只使用 p 方法。如图 7.7(f)所示的典型的滑轮离散化有限元模型使用的就是 Pro/MECHANICA 软件。

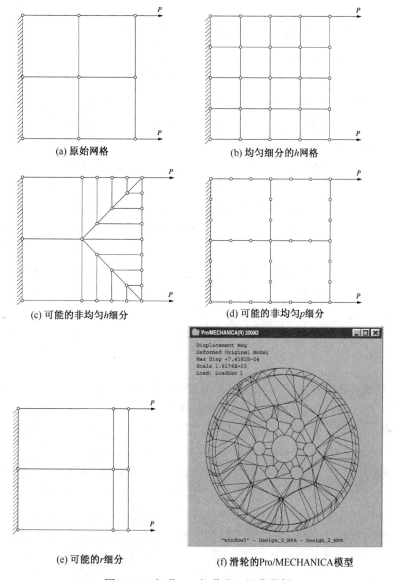

(a) 原始网格　　　　　　　　　(b) 均匀细分的h网格

(c) 可能的非均匀h细分　　　　　(d) 可能的非均匀p细分

(e) 可能的r细分　　　　　　(f) 滑轮的Pro/MECHANICA模型

图 7.7　h细分、p细分和r细分举例

细分的 r 方法　在细分的 r 方法中,在不改变单元数量或单元场量(位移场)中多项式系数的情况下重新排列或重新定位节点。图 7.7(e)给出了图 7.7(a)所示的原始粗网格可能的 r 细分。在此 r 细分中,临近荷载端的网格被细分而远离荷载端的网格变粗。

7.1.6　三角形单元变换

图 7.4 说明了用三角形单元从小四边形单元过渡到大四边形单元。这种过渡是必要的,因为对于简单的常应变三角形单元,沿单元边界的中间节点与常应变三角形方程的能量公式不一致。如果用中间节点就可能无法保证协调性,在变形模型中就可能出现孔洞。利用高阶单元,如第 8 章描述的线性应变三角形单元,就可以利用沿单元边线的中间节点,且仍保持协调性。

7.1.7　集中荷载或点荷载与无限应力

集中荷载或点荷载可以加到一个单元的节点上，前提条件是该单元支持与该荷载相关的自由度。例如，桁架单元和二维、三维单元仅支持平动自由度，因此集中力矩就不能加到这些单元上，只能加集中力。然而，应该认识到，集中力通常是物理上的理想化和数学上的简化，它代表作用在一小块面积上的高强度的分布荷载。

根据梁、板和固体的经典线弹性理论[2,16,17]，在集中法向力作用的点，梁中的位移和应力是有限的，板中的位移是有限的而应力是无限的，二维或三维固体中的应力是无限的，这些结果是由梁、板和弹性固体的标准线性理论中关于应力场的不同假定造成的。真正的集中力会导致材料在荷载下屈服，而线弹性理论不能预测屈服。

在有限元分析中，当集中力作用在一个有限元模型的节点时，不计算无限位移和无限应力。作用在平面应力或平面应变模型上的集中力有若干等效的分布荷载，这些等效荷载预计不会产生无限应力。仅当荷载附近的网格高度细分时才会接近无限应力。可能得到的最好结果是，能够高度细分集中荷载附近的网格，如图 7.6(a) 所示，荷载附近的变形和应力是近似的，或者说研究的不是集中力附近的这些应力而是远离外力的另一点附近的应力，如图 7.6(f)中的 B 点是需要关注的。前面有关集中力的论述也适用于集中反力。

最后，模拟集中力的另一种方式是利用附加的单元或单个集中荷载，如图 7.6(h) 所示。可以通过控制加载平面上方单元和实际结构的相对刚度来模拟分布荷载的分布形状，相对刚度改变可通过改变这些单元的弹性模量实现。这种方法将集中荷载分散到实际结构的多个单元上。

基于弹性解的无限应力也可能存在于特殊的几何形状和荷载，如图 7.6(f) 所示的凹角处。在凹角处的应力是无穷大的，因此，基于线性弹性材料模型的有限元方法在凹角处永远不会收敛(不管细分多少次网格)到一个正确的应力水平[18]。必须将尖锐的凹角改为有弧度的或者使用能够解释材料中塑性或屈服行为的理论。

7.1.8　无限介质

图 7.3 表示的是一个用来代表无限介质(受地基荷载作用的土壤)的典型对称模型。有限元模拟的准则是：必须包含足够的材料使远离地基荷载处的节点位移和单元内的应力变得可以忽略不计。要模拟多少介质，可以通过一个试错程序来确定，在这个程序中水平和垂直距离的荷载是变化的，其对位移和应力的结果的影响会被观察。另外，也可以利用其他研究者在类似问题上的工作经验。对于均质土体，经验表明，如果将模型的水平距离取为基础宽度的 4~6 倍，将垂直距离取为基础宽度的 4~10 倍，那么基础的影响变得微不足道[4,5,6]。此外，还可利用参考文献[13]中描述的无限单元。

在选择了模型的水平和垂直维度后，必须对边界条件进行理想化处理。通常远离荷载处的水平位移可以忽略，约束此边界(图 7.3 中的右侧边界)所有节点的水平位移。因此可用滚轴约束沿右侧边界的水平移动。可以沿底边在每一节点用铰支固定，将底边完全固定，如图 7.3 所示。另一种办法是底部仅约束垂直方向的移动。此选择依赖于模型底部的土壤条件。如果下部边界是基岩，通常假定是完全固定的。

在图 7.3 中，因为假定是对称的，所以左侧垂直边界正好在荷载中心的正下方。正如前面讨论对称性时所说的，沿对称线所有节点水平方向的位移是受约束的。

最后，推荐参阅参考文献[11]，进一步讨论关于用不同的单元类型(如梁单元、平面应力/应变单元、三维固体单元)建模的准则。

7.1.9　连接(混合)不同类型单元

有时候，一个模型中需要混合不同类型的单元，比如梁与平面单元(如 CST)。结合这些单元的问题在于每一个节点有不同的自由度。梁在每一个节点都允许横向位移和转角而平面单元只允许面内移位。梁可以承受节点处的集中力矩而平面单元(CST)则不能。因此，如果一个梁单元通过一个节点连接至平面单元，如图 7.8(a)所示，会产生铰接节点 A。这意味着两种单元之间只有一个力能通过节点传递。这使得刚度矩阵为奇异矩阵。可以通过添加一个或多个梁单元[图 7.8(b)所示的梁单元 AB]，将梁扩展至平面单元内来解决该问题。这样，力矩就可以通过梁传递到平面单元。这种扩展保证了梁和平面单元的平动自由度在节点 A 和节点 B 处连接。节点转动只与梁单元 AB 有关。在节点 A 附近计算的平面单元的应力通常不准确。

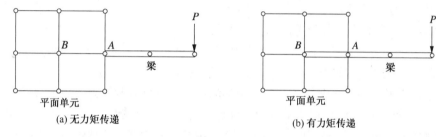

(a) 无力矩传递　　　　　(b) 有力矩传递

图 7.8　把梁单元连接到平面单元

更多关于连接不同类型单元的示例见图 1.5、图 1.11、图 12.11 和图 16.33，这些图展示了梁与和板单元的连接(参见图 1.5、图 12.11 和图 16.33)，以及实体单元与板单元的连接(参见图 1.11)。

7.1.10　校核模型

在计算结果之前，应仔细检查离散的有限元模型。理想情况下，模型应由未参加模型准备工作的分析员来校核，这样可能更加客观。

有详细图形显示功能的预处理程序，使发现错误变得相对容易，特别是涉及节点错位、单元丢失，荷载或者边界支撑错位的明显错误。为了有助于检测错误，预处理程序包括色彩、缩放图(如图 7.9 中显示的彼此分离的单元)、旋转视图、截面、分解图和隐藏线消除等功能。

大多数商用程序还包括有关过度扭曲的单元形状和检查是否有足够的支撑的警告。然而，用户仍需选择适当的单元类型，定义足够的支撑，将支撑和力放在方向和大小合适的位置上，使用一致的单位等，以得到成功的分析。

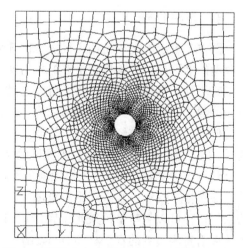

图 7.9　利用有自动网格生成功能的预处理程序离散 ASTM-A36 钢板(长 2.5 m，宽 2.5 m，厚 0.1 m，孔的半经为 0.05 m)

7.1.11　检查结果和典型的后处理结果

应检查结果的一致性，确认设计的支撑节点处按要求位移为零。另外，网格收敛研究应如先前所述进行，观察结果的收敛情况，例如位移和应力。如果存在反射对称，应力和位移应呈现这种对称性。也就是说，如果关于一个平面对称，对结构的任何一半进行分析都会得到一个完整的解，因为对称结构中的对称载荷会产生对称的结果。由有限元程序计算的结果应该与利用其他方法计算的结果进行比较，即便这些方法可能比有限元结果粗糙。例如，近似的材料力学公式、实验数据以及较简单但问题相似的数值分析也可用于比较，特别是对答案的数值大小没有真正的概念时。记住，使用所有这些结果时一定要谨慎，因为在这些结果中，如来自教材或手册的比较结果，实验结果都可能有错误。

最后，分析员在处理、检查和分析结果上花费的时间应该与准备数据所花的时间一样多。

最后给出图 7.9 中平面应力问题的典型后处理结果(参见图 7.10)。其他给出结果的例子将在 7.6 节中给出。

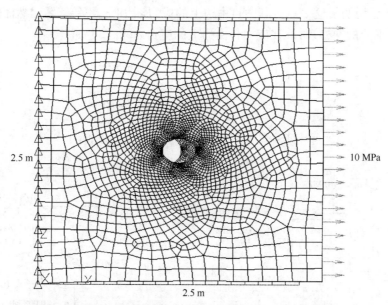

图 7.10　变形后的形状叠加在未变形的形状上的有孔板。钢板的左边固定，右边受 10 Mpa 的拉应力。最大水平位移为 2.41 mm，发生在右边的中点处(钢板厚度为 0.1 m)

7.2　有限元结果的平衡与协调

利用有限元方法，根据假定的位移场得出的应力分析的近似解，一般不像精确的弹性理论解那样满足平衡和协调的所有要求。然而，由于精确解的数量很少，所以有限元方法是得到合理但近似的数值解的实用方法。读者可回顾第 1 章所描述的有限元方法的优点，本书还会多次说明。

现在说明有限元解中所固有的某些近似性。

1. 节点力和节点力矩的平衡是满足的。因为总体方程 $\{F\} = [K]\{d\}$ 是节点平衡方程，$\{d\}$

的解是要使每一节点的所有力和力矩等于零。由于结构反力包括在总体力内,因此也包括在节点平衡方程内,所以整个结构的平衡也满足。大量的例题,特别是第 3 章和第 5 章涉及的桁架和框架问题,已证明节点和整个结构是平衡的。

2. 单元内部的平衡不是总能满足的。然而对于第 3 章的常应变杆和第 6 章的常应变三角形单元,单元平衡是满足的。经证明三次位移函数也满足第 4 章的基本梁平衡微分方程,因此满足单元力和力矩的平衡。然而,第 8 章的线应变三角形单元、第 9 章的轴对称单元和第 10 章的矩形单元,通常只近似满足单元平衡方程。

3. 单元间边界的平衡通常不满足。包括两个相邻有限元部分的微分单元(也可简称微元)通常不处于平衡状态,如图 7.11 所示。对于线单元,如桁架和框架分析所用的线单元,单元间的平衡是满足的,如第 3 章～第 5 章的例题所示。然而,对于二维和三维单元,单元间的平衡通常不满足。例如,例 6.2 的结果说明:沿两个单元之间的对角边,两个单元的法应力是不同的。此外,网格的粗糙性会使单元间的不平衡变得更加显著。在自由边上的法应力和剪应力通常不等于零,虽然理论预计它们应该为零。例 6.2 也说明了这一点,其中自由边上的应力 σ_y 和 τ_{xy} 不等于零。然而,当利用更多单元(细分的网格)时,在应力自由边上的应力 σ_y 和 τ_{xy} 趋近于零。

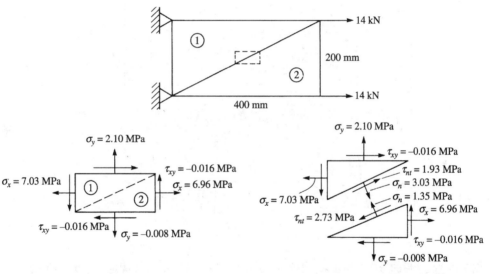

图 7.11　例 6.2 说明微分单元沿两个单元对角边不满足平衡(网格的粗糙加剧了不平衡)

4. 只要单元位移场是连续的,单元内的连续就会满足。因此,单个单元不会被撕开。

5. 在建立单元方程时,利用了节点的连续性。因此,各单元会在它们的公共节点处保持连续。同样,结构与支撑节点保持连续,因为在这些节点上利用了边界条件。

6. 沿单元间的边界,连续性可能满足也可能不满足。对于线单元,如杆和梁,单元间的边界只是节点。因此前面的第 5 点适用于这些线单元。第 6 章的常应变三角单元和矩形单元变形时仍保持为直边,因此,这些单元间存在连续性,也就是说,这些单元沿共用线变形时不会张开、重叠或不连续。在单元间存在开缝、重叠的不协调单元是可

接受的，甚至是可取的。某些情况下，不协调的单元公式可更快地收敛到精确解[1]（关于此专题的详细论述，请参见参考文献[7]和[8]）。

7.3　解的收敛和网格细分

在 3.2 节中，给出了选择与杆单元相关的所谓协调完整位移函数的准则。这 4 条准则是普遍适用的，并且已证明满足这些要求可得到特定问题的单调收敛解[9]。此外，已证明[10]在有限元方法位移公式中使用的这些协调完整位移函数产生真实刚度的上界（得到比实际物理设计更坚硬的模型），因此产生问题位移解的下界，如图 7.12 所示。

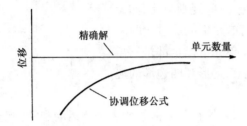

图 7.12　基于协调位移公式的有限元解的收敛性

因此，随着网格尺寸的减小，即随着单元数的增加，当使用协调完整位移函数时，保证了解的单调收敛。收敛的例子在参考文献[1]和[11]给出，表 7.2 给出了图 7.1(a)所示梁的加载情况，表中的所有单元为矩形。表 7.2 中的结果说明单元数量（或由节点数量决定的自由度数）对收敛到公共解（本例为精确解）的影响。这里再次观察到长宽比的影响。长宽比越大，即自由度越多，结果也越差，这一点可通过比较实例 2 和实例 3 看出。

表 7.2　不同单元数量的结果比较

示例	节点数量	单元数量	长宽比	垂直位移，v(mm)，点 A
1	21	12	2	−18.80
2	39	24	1	−24.90
3	45	32	3	−22.22
4	85	64	1.5	−27.38
5	105	80	1.2	−29.74
精确解[2]				−29.26

7.3.1　分片检验

为了检验模型中使用单元的解的收敛，一种叫分片检验的检验方法最初由 Irons[30,31]提出用于检查不协调平板单元的安全性，Taylor[32]，MacNeal 和 Harder[33]，Bathe[34]，Belytschko[35]以及 Cook[7]等众多研究者对其进行了进一步的研究。分片检验部分基于 3.2 节中描述的要求：由于在结构中可能存在刚体运动与常应变状态，单元必须能够同时适应这两种情况。分片检验可以用于确定单元是否满足收敛的要求，尽管一般情况下分片检验对于收敛来说既不充分也不必要[34]。同时，当使用第 10 章描述的刚度矩阵的等参公式时，分片检验也可以用于确定在计算刚度矩阵的数值积分过程中使用的高斯点是否足够。

7.3.2　分片检验示例

由下面的例子可知,在兼容的网格(既满足相邻单元之间的连续性又满足单元内部连续性的网格)中使用了正确制定的基于位移的单元[例如, 由式(6.2.2)给出的平面应力/应变单元]时, 分片检验会自动满足。

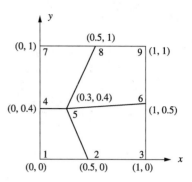

通过考虑对一个由 4 个材料相同的不规则形状的单元组成的简单有限元模型进行分片检测, 每个分片内部至少有一个节点(称为分片节点), 如图 7.13 所示。由于一些规则单元(如矩形)可能通过检验而不规则单元不能通过检验, 所以单元应该是不规则的。单元可以全部是三角形或四边形, 或者也可以是三角形和四边形的混合。边界可以是矩形。

图 7.13　用于位移分片检验的四边形单元分片

"位移"分片检验可以用来检查单元能否代表刚体运动和常应变状态。为了验证单元能否代表刚体运动, 可进行以下操作。

步骤 1: 将边界上所有节点的 x 位移值设为 1, 即令 $u_1 = u_2 = u_3 = u_4 = u_6 = u_7 = u_8 = u_9 = 1$($x$ 平移刚体运动检查)。将所有节点的 y 位移设为 0。

步骤 2: 设所有节点的作用力为 0, 包含内节点 5。

步骤 3: 使用步骤 1 的位移值 1, 用刚度方法建立有限元方程。

步骤 4: 求解节点 5 的未知位移。

步骤 5: 为了通过刚体运动检验, 节点 5 处计算的 x 位移和 y 位移应为 $u_5 = 1$ 和 $v_5 = 0$。

步骤 6: 重复这些步骤, 设除节点 5 外所有节点的 v_i 为 1(y 平移刚体运动检查), 节点 5 处的位移现应为 $u_5 = 0$ 和 $v_5 = 1$。

步骤 7: 重复这些步骤, 设除节点 5 外所有节点的 $u_i = 1$, $v_i = 1$(x-y 对角线刚体运动检查), 节点 5 处的位移应为 $u_5 = 1$ 和 $v_5 = 1$。

步骤 8: 计算每个单元内部的应力, 结果应该为 0。

为了验证单元能代表常应变状态, 采取以下步骤。

步骤 1: 由于应变为位移的导数, 假定线性位移函数即可得到常应变状态。因此, 设 $u(x, y) = x$, $v(x, y) = 0$, 这使得 $\varepsilon_x = \partial u/\partial x = 1$。其他平面内应变 $\varepsilon_y = \partial v/\partial y = 0$, $\gamma_{xy} = \partial u/\partial y + \partial v/\partial x = 0$。每个节点处的位移必须等于其 x 坐标。为了通过分片检验, 计算的节点 5 处的 x 位移必须等于其 x 坐标, 也就是说, $u_5 = 0.3$, $v_5 = 0.0$。

步骤 2: 设 $u(x, y) = 0$, $v(x, y) = y$。重复步骤 1, 得到 $\varepsilon_x = 0$, $\varepsilon_y = 1$ 和 $\gamma_{xy} = 0$。每个节点处的位移必须等于其 y 坐标。为了通过分片检验, 计算的节点 5 处的 y 位移必须等于其 y 坐标, 也就是说, $u_5 = 0.0$, $v_5 = 0.4$。

步骤 3: 在剪应变 $\gamma_{xy} = 1$ 且法向应变为 0 的情况下, 再次重复以上步骤。

"作用力"分片检验证实与外加荷载相关的错误不会发生。步骤如下:

步骤 1：假定沿分片的右侧施加均布面力 $\sigma_x = 1$ 或某个适当的常量值，将面力替换为等功节点荷载。

步骤 2：内节点 5 未加载。

步骤 3：分片有足够的支撑阻止刚体运动。在图 7.14 中，左侧有一个销支撑和两个滚轴支撑（一个滚轴支撑就足以阻止刚体运动）。由于泊松效应，滚筒支承允许应变 ε_y。由于泊松比不等于 0，该应变会发生，因此应该考虑。

步骤 4：再次应用有限元直接刚度方法得到位移和单元应力。每一个单元内部应该得到均布应力 $\sigma_x = 1$，其他面内应力 σ_y 和 τ_{xy} 应该为 0。

步骤 5：首先假定沿上边缘的 $\sigma_y = 1$，其他应力均为 0。再假定 $\tau_{xy} = 1$ 且两个法应力为 0，重复以上步骤。

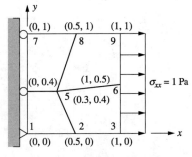

图 7.14　用于作用力分片检验的四边形单元分片

分片检验也可用于其他单元类型。比如，在第 11 章中一个三维应力状态的实体单元的分片应该可以正确地生成所有 6 个常应力状态。第 12 章中的板体弯曲分析的分片检验应该生成常弯矩 M_x 和 M_y 以及常扭矩 M_{xy}。

通过分片检验的单元能够满足以下要求：

(a) 没有应变而有刚体运动时，能够预测其发生。

(b) 如果常应变发生，能够预测其发生。

(c) 在相邻单元存在常应变的情况下，与相邻单元相兼容。

如果满足这些条件，就能够保证随着网格不断细分，单元网格将收敛到解。

分片检验对开发者而言是对新单元的一个标准检验，以判断单元是否有必要的收敛性。但是此检验不能表明单元在其他应用中表现如何。通过分片检验的单元在粗网格中可能产生较差的精度或者随着网格的细分收敛缓慢。

7.4　应力解释

在本书所用的有限元方法的刚度或位移公式中，要确定的主量是组装单元间的节点位移。然后通过 $\{\varepsilon\} = [B]\{d\}$ 和 $\{\sigma\} = [D][B]\{d\}$ 得出次量，如单元中的应变和应力。对于利用线性位移模拟的单元，如杆和常应变三角形单元，$[B]$ 是恒定的，因为假定 $[D]$ 是恒定的，所以应力在整个单元上是恒定的。在这种情况下，一般是将应力赋给单元的中心，得到可接受的结果。

然而，正如 3.11 节所述，对于轴向构件，应力的预测不像位移那样精确（参见图 3.32 和图 3.33）。例如，在图 7.1 梁的建模中用的是常应变或常应力单元。因此，假定每个单元的应力是恒定的。图 7.15 比较了靠墙单元的中心位置处，沿着梁深度方向弯曲应力的精确梁理论解与表 7.2 中实例 4 给出的有限元解。此有限元模型在梁深度方向有 4 个单元，因此沿深度仅得出 4 个应力值。同样，应力的最佳近似值出现在每一单元的中点，因为位移的导数在节点之间比在节点处预测得更好。

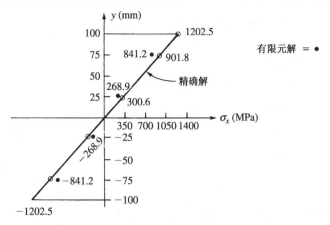

图 7.15   梁横截面弯曲应力的有限元解与精确解的比较

对于高阶单元，如第 8 章的线性应变三角形单元，[B]是坐标的函数，因此应力也是坐标的函数。一般是直接计算单元中心的应力。

有时也采用另外一种方法，即用单元各节点计算应力的平均(有可能加权)值。平均法通常是根据单元内高斯点(Gauss Point)应力的计算(将在第 10 章描述)， 然后利用特定单元的形函数对单元节点进行插值计算。再将公共节点处所有单元的应力进行平均以代表该节点的应力值，此平均过程称为"平滑"。图 7.9 表示的是由平滑得出的 von Mises 应力"边缘地毯"的轮廓图。

平滑使图看上去更加舒服和连续，但是可能说明不了模型和结果有什么严重的问题。所以，应该同时观察未经平滑的轮廓图。在未经平滑的一个区域，如果单元之间出现非常不连续的轮廓，则说明模拟有问题，通常需要在可疑的区域进一步细分网格单元。

如果在未经平滑的轮廓图中不连续性不显著或不连续性出现在影响不大的区域，通常就可很有把握地用平滑的轮廓图表示结果。然而，也有因平滑而导致错误结果的例外情况。例如，如果在两个相邻单元之间厚度变化显著[如图 7.6(c)所示]，在厚度变化的情况下，每个单元的应力通常是不同的。平滑很可能就会隐藏实际结果。由于不同的弹性模量 E，导致材料的刚度也发生改变，这种变化将导致不同材料的应变发生突变[如图 7.6(d)所示]。同样，平滑可能会隐藏这种应变的突变。此外，对于将一个圆筒通过加热膨胀装配到一个较小的圆筒上的收缩装配问题，在这种装配圆筒之间的周向应力通常相差很大[16]。

7.6 节的计算机程序实例将给出其他结果，如位移的模型和平滑后的应力图。绘制的应力可以是 von Mises 应力、Tresca 应力及最大和最小主应力。von Mises 是用最大畸变能理论预计延性材料在静载荷下的失效，Tresca 是用最大剪应力理论预计延性材料在静载荷下的失效[14,16]。

7.5   求解平面应力/应变问题的流程图

在图 7.16 中，根据第 6 章提出的理论给出了用于分析平面应力和平面应变问题的典型有限元分析流程图。

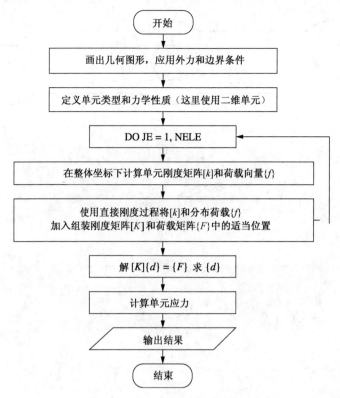

图 7.16　平面应力/应变有限元分析流程图

7.6　平面应力/应变问题的计算机程序辅助按步求解、相关有限元模型及其计算结果

在这一节中，给出了某些平面应力问题的计算机辅助的步进式求解方法和计算机程序的求解结果[12]。这些结果说明使用计算机程序可以求解各种类型的困难问题。

这里以图 7.17(a) 所示的自行车扳手说明计算机辅助的步进式问题求解方法。以下步骤用来求解扳手内的应力(有些步骤可以互换)。

步骤 1：使用标准绘图程序画出扳手的轮廓，如图 7.17(a) 所示。扳手的精确尺寸为：总体深度 20 mm，长度 140 mm，中间六边形的边长 9 mm，两侧六边形边长 7 mm，封闭的两端的半径 15 mm，数据从图 P7.38 获得。

步骤 2：使用二维网格生成器创建模型网格，如图 7.17(b) ~ (d) 所示。

步骤 3：使用特定的边界条件命令将边界条件应用到合适的节点。如图 7.17(c) 中左边六边形孔的内部节点上的小的 △ 符号。△ 符号表明节点完全固定。这意味着，这些节点受到约束，不能在扳手平面内的 y 方向或 z 方向上移动。

步骤 4：选择作用分布荷载的表面及面力的大小。图 7.17(c) 中所选平面为在中间与右侧六边形孔之间的上表面，施加的面力的大小为 4.41 MPa。在计算机程序中这个表面变为用户选择的红色。

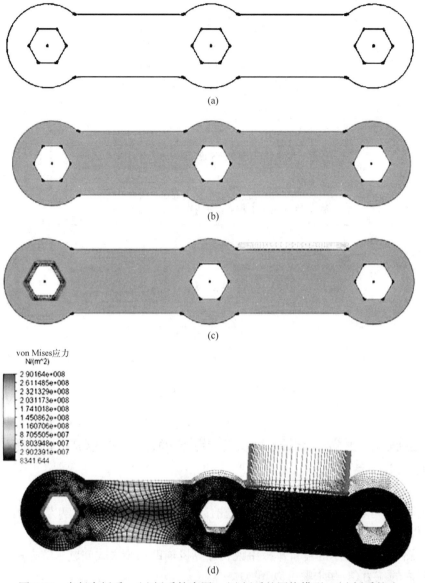

图 7.17　自行车扳手：(a)扳手轮廓图；(b)扳手的网格模型；(c)扳手的边界条件和力；(d)von Mises 应力图(本图彩色版参见彩色插图)

步骤 5： 选择材料属性。这里选择的是 ASTM A-514 钢，这是高屈服强度的淬火和回火钢，能够允许厚度最小化。

步骤 6： 选择要执行某种分析的单元类型。这里选择平面应力单元，因为它能较好地近似平面应力分析中的行为类型。平面应力单元需要厚度，初步估计为 10 mm。厚度似乎与扳手的其他尺寸兼容。

步骤 7： 这一步为可选项，用于模型的校核。如果选择这一步，会看到左边节点的边界条件是个三角形，代表完全固定，同时图 7.17(c)中有表明面力位置和方向的箭头。

步骤 8： 执行模型的应力分析

步骤 9： 选择结果，例如位移图、主应力图和 von Mises 应力图。von Mises 应力图用于

确定扳手的失效，基于 6.5 节描述的最大畸变能理论，如图 7.17(d)所示。从图中可以看出最大 von Mises 应力为 290 MPa，而 ASTM A-514 钢的屈服强度为 690 MPa。因此，扳手不会屈服。如果安全系数和最大挠度令人满意，还能进行其他实验。

图 7.18(a)为钢制连杆的有限元模型。钢制连杆的左边固定，围绕孔的右内边缘作用有总力为 13.35 kN 的荷载。更详细的情况，包括杆的几何形状，参见本章末尾的图 P7.15。图 7.18(b)给出了得到的最大主应力。最大主应力为 79 750 kPa，位于孔的顶边和底边。

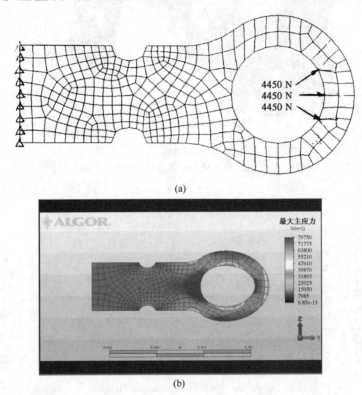

(a)

(b)

图 7.18　(a)受拉伸荷载作用的连杆；(b)得出的主应力在杆中的分布(本图彩色版参见彩色插图)

图 7.19 给出了一个过载保护设备的有限元模拟和 von Mises 应力图，该问题的详细情况参见习题 7.33。对设备的上端建模。安全销处的节点 S 垂直运动受限，沿销孔 B 左侧边的 5 个节点水平方向和垂直方向均受限，销孔 A 处的所有节点垂直方向受限。700 N 的荷载分布在设备右侧悬挂部分的 E 点附近内侧的三个最低点，在 40 MPa 应力的时候安全销在 S 点失效。最大 von Mises 应力为 201 MPa，发生在设备开孔处的内缘，其厚度为 12 mm。

图 7.20 给出了在右边缘施加 5 KN 拉伸载荷的情况下，带孔锥形板的 von Mises 应力图。板左边固定，更多细节参见习题 7.26。最大 von Mises 应力为 6.17 MPa，发生在孔的上边缘，第二大 von Mises 应力为 5.78 MPa，发生在最小横截面与开始变细部位之间的弯头处。

如图 7.21 所示，在扳手顶部 50 mm 处施加 700 N 力的情况下，可调扳手中的 von Mises 应力图。最大的 von Mises 应力为 29.72 MPa，出现在手柄狭窄部分最低位置的右侧外边缘。扳手的下内表面固定，以模拟扳手与螺栓啮合。有关此问题的更多详细信息参见习题 7.28。

最后，图 7.22(a)给出了通过顶端和底部角焊到柱子的梁的有限元模型和 von Mises 应力

图。梁和柱之间的表面接触允许梁和柱在接触表面存在张力时分离。梁厚度为 70 mm，高度为 120 mm，长度为 200 mm。在距离梁左端 160 mm 处和梁顶端 60 mm 下的位置有垂直荷载，大小为 10 kN。材料为钢，其 $E = 205$ GPa，$v = 0.25$。焊脚大小为 6 mm。

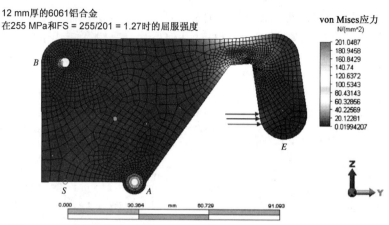

图 7.19 过载保护设备的 von Mises 应力图(本图彩色版参见彩色插图)

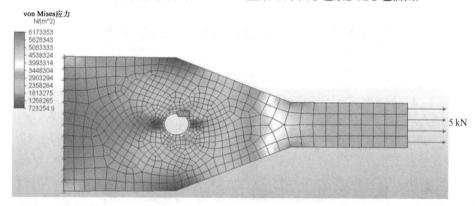

图 7.20 带孔锥形板的 von Mises 应力图(由 Matthew Groshek 和 Galeb Johnson 提供)

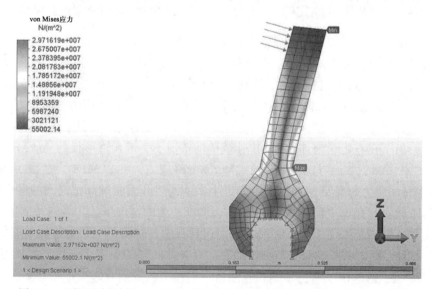

图 7.21 可调整扳手的 von Mises 应力图(由 John Schuster 和 Nick Soper 提供)

　　将顶端角焊缝周围的网格进行细分，使焊缝中单元数量增加一倍，在放大视图 7.22(b)中可以看出，在顶部焊缝的焊趾处有最大 von Mises 应力为 87.3 MPa。这个结果与用经典方法(参见参考文献[36])得到的值 94 MPa 吻合得不错。

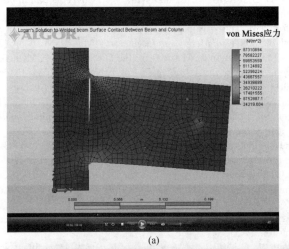

(a)

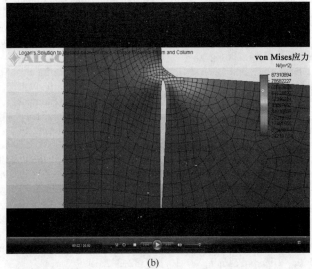

(b)

图 7.22　(a)焊接到柱上的梁的 von Mises 应力图(最大 von Mises 应力为 87.3 MPa，
　　　　　发生在顶端角焊缝的焊脚处)；(b)顶端角焊缝的放大视图(注意梁和柱之
　　　　　间有表面接触，以便在梁柱分离处形成间隙)(本图彩色版参见彩色插图)

参考文献

[1]　Desai, C. S., and Abel, J. F., *Introduction to the Finite Element Method*, Van Nostrand Reinhold, New York, 1972.

[2]　Timoshenko, S., and Goodier, J., *Theory of Elasticity*, 3rd ed., McGraw-Hill, New York, 1970.

[3]　Glockner, P. G., "Symmetry in Structural Mechanics," *Journal of the Structural Division*, American Society of Civil Engineers, Vol. 99, No. ST1, pp. 71–89, 1973.

[4]　Yamada, Y., "Dynamic Analysis of Civil Engineering Structures," *Recent Advances in Matrix Methods of Structural Analysis and Design*, R. H. Gallagher, Y. Yamada, and J. T. Oden, eds., University of Alabama Press, Tuscaloosa, AL, pp. 487–512, 1970.

[5]　Koswara, H., *A Finite Element Analysis of Underground Shelter Subjected to Ground Shock Load*,

M.S. Thesis, Rose-Hulman Institute of Technology, Terre Haute, IN, 1983.

[6] Dunlop, P., Duncan, J. M., and Seed, H. B., "Finite Element Analyses of Slopes in Soil," *Journal of the Soil Mechanics and Foundations Division*, Proceedings of the American Society of Civil Engineers, Vol. 96, No. SM2, March 1970.

[7] Cook, R. D., Malkus, D. S., Plesha, M. E., and Witt, R. J., *Concepts and Applications of Finite Element Analysis*, 4th ed., Wiley, New York, 2002.

[8] Taylor, R. L., Beresford, P. J., and Wilson, E. L., "A Nonconforming Element for Stress Analysis," *International Journal for Numerical Methods in Engineering*, Vol. 10, No. 6, pp. 1211–1219, 1976.

[9] Melosh, R. J., "Basis for Derivation of Matrices for the Direct Stiffness Method," *Journal of the American Institute of Aeronautics and Astronautics*, Vol. 1, No. 7, pp. 1631–1637, July 1963.

[10] Fraeijes de Veubeke, B., "Upper and Lower Bounds in Matrix Structural Analysis," *Matrix Methods of Structural Analysis*, AGARDograph 72, B. Fraeijes de Veubeke, ed., Macmillan, New York, 1964.

[11] Dunder, V., and Ridlon, S., "Practical Applications of Finite Element Method," *Journal of the Structural Division*, American Society of Civil Engineers, No. ST1, pp. 9–21, 1978.

[12] Autodesk Mechanical Simulation 2014, McInnis Parkway, San Rafael, CA 94903.

[13] Bettess, P., "More on Infinite Elements," *International Journal for Numerical Methods in Engineering*, Vol. 15, pp. 1613–1626, 1980.

[14] Gere, J. M., and Goodno, B. J., *Mechanics of Materials*, 7th ed., Cengage Learning, Mason, OH, 2009.

[15] ANSYS-Engineering Analysis Systems User's Manual, Swanson Analysis System, Inc., Johnson Rd., P.O. Box 65 Houston, PA, 15342.

[16] Cook, R. D., and Young, W. C., *Advanced Mechanics of Materials*, Macmillan, New York, 1985.

[17] Cook, R. D., *Finite Element Modeling for Stress Analysis*, Wiley, New York, 1995.

[18] Kurowski, P., "EasilyMade Errors Mar FEA Results," Machine Design, September. 13, 2001.

[19] Huebner, K. H., Dewirst, D. L., Smith, D. E., and Byrom, T. G., *The Finite Element Method for Engineers*, Wiley, New York, 2001.

[20] Demkowicz, L., Devloo, P., and Oden, J. T., "On an *h*-Type Mesh-Refinement Strategy Based on Minimization of Interpolation Errors," *Comput. Methods Appl. Mech. Eng.*, Vol. 53, pp. 67–89, 1985.

[21] Löhner, R., Morgan, K., and Zienkiewicz, O. C., "An Adaptive Finite Element Procedure for Compressible High Speed Flows," *Comput. Methods Appl. Mech. Eng.*, Vol. 51, pp. 441–465, 1985.

[22] Löhner, R., "An Adaptive Finite Element Scheme for Transient Problems in CFD," *Comput. Methods Appl. Mech. End.*, Vol. 61, pp. 323–338, 1987.

[23] Ramakrishnan, R., Bey, K. S., and Thornton, E. A., "Adaptive Quadrilateral and Triangular Finite Element Scheme for Compressible Flows," *AIAA J.*, Vol. 28, No. 1, pp. 51–59, 1990.

[24] Peano, A. G., "Hierarchies of Conforming Finite Elements for Plane Elasticity and Plate Bending," *Comput. Match. Appl.*, Vol. 2, pp. 211–224, 1976.

[25] Szabó, B. A., "Some Recent Developments in Finite Element Analysis," *Comput. Match. Appl.*, Vol. 5, pp. 99–115, 1979.

[26] Peano, A. G., Pasini, A., Riccioni., R. and Sardella, L., "Adaptive Approximation in Finite Element Structural Analysis," *Comput. Struct.*, Vol. 10, pp. 332–342, 1979.

[27] Zienkiewicz, O. C., Gago, J. P. de S. R., and Kelly, D. W., "The Hierarchical Concept in Finite Element Analysis," *Comput. Struct.*, Vol. 16, No. 1–4, pp. 53–65, 1983.

[28] Szabó, B. A., "Mesh Design for the *p*-Version of the Finite Element Method," *Comput. Methods Appl. Mech. Eng.*, Vol. 55, pp. 181–197, 1986.

[29] Toogood, Roger, *Pro/MECHANICA, Structural Tutorial*, SDC Publications, 2001.

[30] Bazeley, G. P., Cheung, Y. K., Irons, B. M., and Zienkiewicz, O. C., "Triangular Elements in Plate Bending—Conforming and Nonconforming Solutions," *Proceedings of the Conference on Matrix Methods in Structural Mechanics*, Wright Patterson Air Force Base, Dayton, Ohio, pp. 547–576, 1965.

[31] Irons, B. M., and Razzaque, A., "Experience with the Patch Test for Convergence of Finite Element Methods," *The Mathematical Foundations of Finite Element Method with Applications to Partial Differential Equations*, A. R. Aziz, ed., Academic Press, New York, pp. 557–587, 1972.

[32] MacNeal, R. H., and Harder, R. L., "A Proposed Standard Set of Problems to Test Finite Element Accuracy," *Finite Elements in Analysis and Design*, Vol. 1, No. 1, pp. 3–20, 1985.

[33] Taylor, R. L., Simo, J. C., Zienkiewicz, O. C., and Chan, A. C. H., "The Patch Test—A Condition for Assessing FEM Convergence," *International Journal for Numerical Methods in Engineering*,

Vol. 22, No. 1, pp. 39–62, 1986.

[34] Bathe, K-J., *Finite Element Procedures*, Prentice Hall, 1996.

[35] Belytschko, T., Liu, W. K., and Moran, B., *Nonlinear Finite Elements for Continua and Structures*, Wiley, 2000.

[36] Juvinall, R. C., and Marshek, K. M., *Fundamentals of Machine Component Design*, 5th ed., p. 198, Wiley, 2012.

习题

7.1　对于图 P7.1 所示的有限元网格，评论网格的优劣性。指出模型中的错误。解释并展示如何纠正。

7.2　讨论图 P7.2 中的网格尺寸。它合理吗？若不合理，请说明原因。

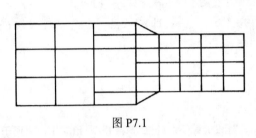

图 P7.1

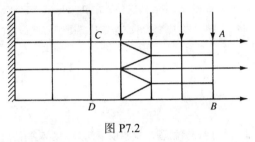

图 P7.2

 7.3　如果平面应变状态中材料特性 $v = 0.5$，会发生什么情况？这可能吗？请解释。

7.4　在什么条件下图 P7.4 中的结构是平面应变问题？在什么条件下该结构是平面应力问题？

7.5　什么时候使用平滑（与节点相连接单元的节点应力取平均值）方法来得到应力结果会出现问题？

7.6　对于平面应变问题，计算机程序使用什么厚度？

7.7　对于端部受剪切荷载的悬臂梁来说，图 P7.7 所示的哪一个 CST 模型能得到最好的结果？为什么？

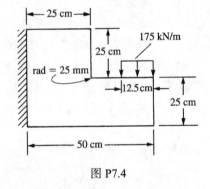

图 P7.4

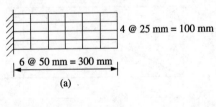

(a)

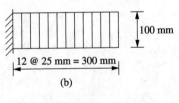

(b)

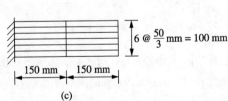

(c)

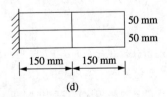

(d)

图 P7.7

7.8　平面应力单元只有面内位移，而框架单元能够抵抗位移和转角。怎样能将平面应力和梁单元结合起来，并保证两者的协调？也就是说，怎样确保框架单元和平面应力单元保持一致？

7.9　考虑分片检验，回答下列问题：

　　a. 能否使用不同力学性能的单元？为什么？

　　b. 分片能否是任意形状？为什么？

　　c. 在分片检验中能否混合三角形单元与四边形单元？

　　d. 能否将杆单元与三角形单元或四边形单元混合？为什么？

　　e. 何时应用分片检验？

7.10　讨论图 P7.10 所示的有两个单元的杆，使用这两个单元进行分片检验。令 $E = 200$ GPa，$A = 1 \times 10^{-4}$ m^2，使用由形函数 $N_1(x) = x/L$ 和 $N_2(x) = 1-x/L$ 推导出的标准杆单元刚度矩阵[参见式 (3.1.14)]。

　　a. 对刚体运动检验，设 $u_1 = 1$ m，$u_3 = 1$ m，使用直接刚度矩阵证明 $u_2 = 1$ m。

　　b. 对常应变检验，假定边界处节点的线性位移函数为 $u(x) = x$，即 $u_1 = 0$，$u_3 = 2$ m，证明 $u_2 = 0.6$ m。

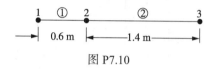

图 P7.10

用计算机程序求解以下问题。在某些问题中，建议分配不同的部分(或模型)给学生，以便于参数研究。

7.11　讨论图 P7.11 所示的平面应力下的矩形板。使用计算机程序，验证节点的平面应力单元满足分片检验。即对右侧节点 3、节点 6、节点 9 施加常位移 $u = 0.005$ m，确定内节点 5 处的位移。令 $E = 200$ GPa，$v = 0.3$，板的厚度为 0.1 m。解释你得到的结果。

7.12　对于图 P7.12 所示的离散为 4 个三角形单元并受拉力作用的板，确定自由端位移和单元应力。将你的计算结果与 6.5 节给出的解进行比较。为什么这些结果不同？令 $E = 210$ GPa，$v = 0.30$，$t = 20$ mm。

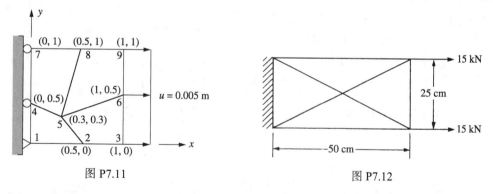

图 P7.11　　　　　　　　　　　　　图 P7.12

7.13　确定带孔板在受到如图 P7.13 所示的拉力作用时板中的应力。y 是到孔的距离，试画出应力 σ_x 随 y 的变化关系。令 $E = 200$ GPa，$v = 0.25$，$t = 25$ mm(使用不同的网格密度，这取决于有限元模型中的计算机程序)。适当时可采用对称性。

7.14　图 P7.14 所示的钢板在顶部受集中荷载作用。试确定在什么深度荷载的影响会消失。画出应力 σ_y 与荷载距离的关系；在距离荷载为 25 mm，50 mm，100 mm，150 mm，250 mm，375 mm，500 mm，750 mm 处，列出这些距离下的 σ_y。令板宽 $b = 100$ mm，板厚 $t = 6.25$ mm，长度 $L = 1$ m，查阅 St.Venant(圣·维南)原理，看其如何解释此问题中的应力行为。

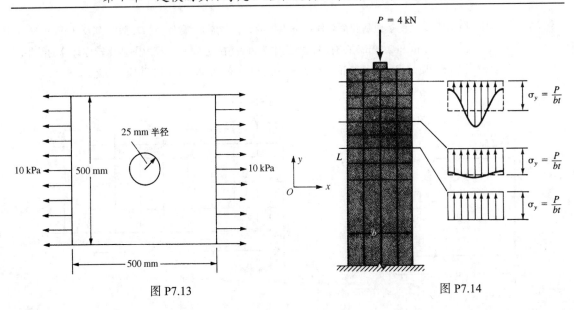

图 P7.13

图 P7.14

7.15 对于图 P7.15 所示的平面连杆，确定最大主应力及其位置。令 $E = 210$ GPa，$v = 0.25$，$t = 25$ mm，$P = 4$ kN。

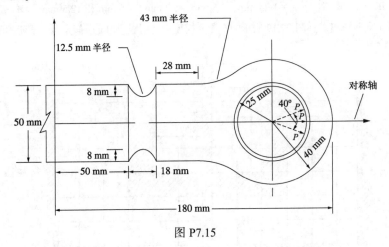

图 P7.15

7.16 图 P7.16 所示的圆角构件受拉力作用，确定最大主应力及其位置。令 $E = 200$ GPa，$v = 0.25$。再令 $E = 73$ GPa，$v = 0.30$。两种情况下 t 都为 25 mm，比较两种情况下解出的答案。

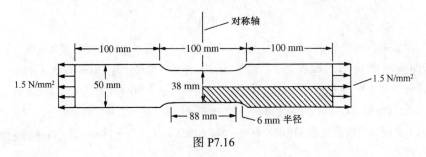

图 P7.16

7.17 确定图 P7.17 所示有凹角构件的最大主应力。在什么位置主应力最大？令 $E = 210$ GPa，$v = 0.25$。利用平面应变状态。

7.18　确定图 P7.18 所示受条形基础荷载作用下土体的最大主应力。宽度为 2D，深度为 D，D 取 0.75 m，1 m，1.5 m，2 m 和 2.5 m。在有限元模型中为每种情况绘制最大应力图。比较你计算的结果。对模拟无限介质的观察进行评论。令 $E = 210$ MPa，$v = 0.30$。利用平面应变状态。

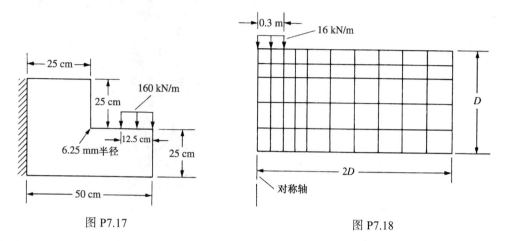

图 P7.17　　　　　　　　　　　　图 P7.18

 7.19　种植牙受图 P7.19 所示的荷载，确定最大主应力。令种植牙材料的 $E = 12$ GPa，$v = 0.3$，骨骼的 $E = 7.5$ GPa，$v = 0.35$。令 $X = 1.25$ mm、2.5 mm、5.0 mm、7.5 mm 和 12.5 mm，X 代表牙槽骨表面下种植牙的各种深度。在图 P7.19 所示的有限元模型中使用矩形单元。假定每一单元的厚度 $t = 6.25$ mm。

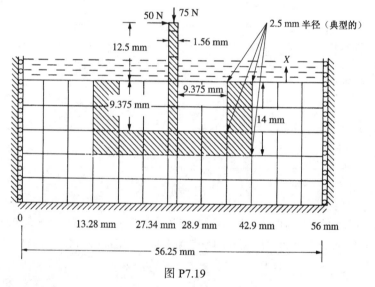

图 P7.19

 7.20　对于剪切荷载按图 P7.20 所示变化的梁，确定自由端中点的挠度和最大主应力。利用尺寸为 300 mm×12.5 mm 的 64 个矩形单元进行分析。然后利用尺寸为 150 mm×25 mm 的单元进行分析，再利用尺寸为 75 mm×50 mm 的单元进行分析。然后用 60 个尺寸为 60 mm×66.67 mm 的矩形单元进行分析。最后用尺寸为 120 mm×33.33 mm 的单元进行分析。将每种情况下的自由端挠度及最大主应力与精确解进行比较。令 $E = 210$ GPa，$v = 0.3$，$t = 25$ mm，对位移和应力的准确性进行讨论。

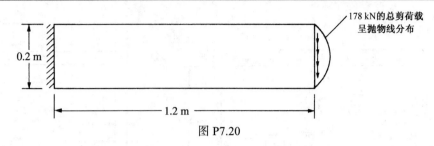

图 P7.20

7.21　确定图 P7.21 所示剪力墙中的应力。在什么位置主应力最大？令 $E = 21$ GPa，$v = 0.25$，$t_{wall} = 0.10$ m，$t_{beam} = 0.20$ m。在凹角处的半径为 0.1 m。

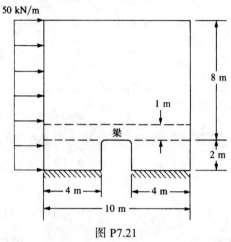

图 P7.21

7.22　确定图 P7.22 所示带圆孔和方孔的板在拉力作用下的应力。比较每个板中的最大主应力。令 $E = 210$ GPa，$v = 0.25$，$t = 5$ mm。

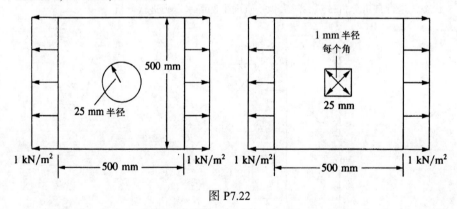

图 P7.22

7.23　对于图 P7.23 所示的混凝土天桥结构，确定最大主应力及其位置。假定为平面应变状态。令 $E = 20$ GPa，$v = 0.30$。

7.24　对于图 P7.24 所示的钢涵洞，确定最大 von Mises 应力及其位置，最大位移及其位置。令 $E_{steel} = 210$ GPa，$v = 0.30$。

7.25　对于图 P7.25 所示有两个孔的受拉构件，确定最大主应力及其位置。令 $E = 210$ GPa，$v = 0.25$，$t = 10$ mm；再令 $E = 70$ GPa，$v = 0.30$。比较计算结果。右侧作用 2 kN/m² 的均布荷载。

7.26　对于图 P7.26 所示的板，确定最大 von Mises 应力及其位置。令 $E = 210$ GPa，$v = 0.25$。

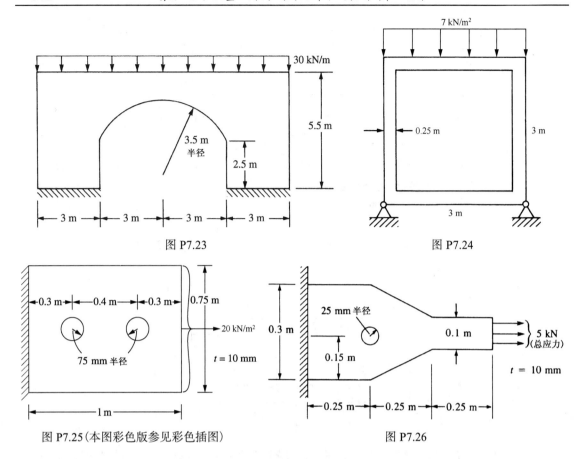

图 P7.23

图 P7.24

图 P7.25(本图彩色版参见彩色插图)

图 P7.26

7.27　图 P7.27 所示的混凝土坝受水压作用,确定其主应力。令 $E = 25$ GPa, $v = 0.15$。假定为平面应变状态,进行自重分析,然后对大坝垂直面上的静水压力进行分析。

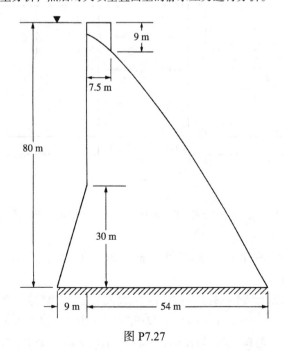

图 P7.27

7.28　确定图 P7.28 所示扳手中的应力。令 $E = 200$ GPa，$v = 0.25$，假定均匀厚度 $t = 10$ mm。假设底部内表面是完全固定的。

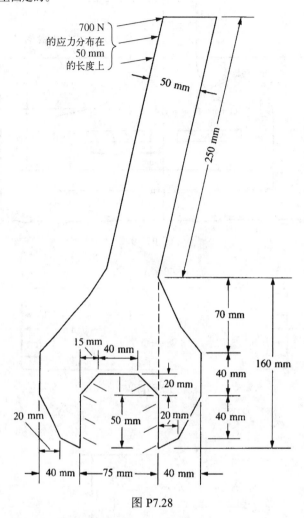

图 P7.28

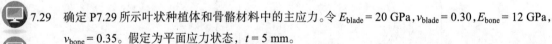

 7.29　确定 P7.29 所示叶状种植体和骨骼材料中的主应力。令 $E_{blade} = 20$ GPa，$v_{blade} = 0.30$，$E_{bone} = 12$ GPa，$v_{bone} = 0.35$。假定为平面应力状态，$t = 5$ mm。

 7.30　确定图 P7.30 所示板中的应力。令 $E = 210$ GPa，$v = 0.25$。单元厚度为 10 mm。

 7.31　如图 P7.31 所示为用来固定飞机座舱盖的 12.5 mm 厚的舱盖钩，确定其最大 von Mises 应力和最大挠度，挂钩受一个大小为 100 kN 的向上集中荷载。假定内孔直径的下半部分为固定支座边界条件。挂钩材料为在 200℃ 淬火回火的 AISI 4130 钢。注意荷载处的应力是不准确的（感谢 Steven Miller 先生提供此问题）。

 7.32　如图 P7.32 所示的厚度为 6.25 mm 的 L 形钢支架，90° 凹角处的应力永不收敛。试用数目逐渐增多的单元模型来说明其不收敛性，同时画出支架中的最大主应力。也就是说，从一个单元的模型开始，然后不断细分凹角处的网格，看看细分两次后会发生什么，为什么？然后添加半径为 12.5 mm 的圆角，看看随着网格的细分会发生什么？画出每一次细分时的最大主应力。

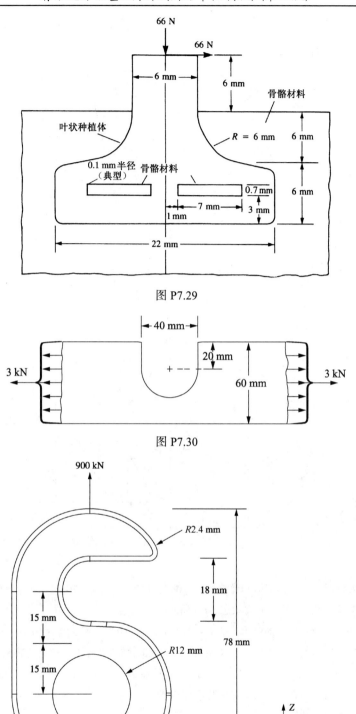

图 P7.29

图 P7.30

图 P7.31

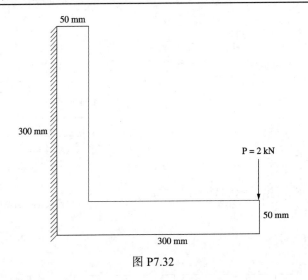

图 P7.32

利用计算机程序帮助解决设计类型习题 7.33～习题 7.39。

7.33 图 P7.33 所示机器是一个过载保护装置，当安全销 S 失效时它释放荷载。确定安全销所受剪应力为 40 MPa 时上半部 ABE 中的最大 von Mises 应力。假定上半部厚度均匀为 6 mm，且上半部处于平面应力状态。该部分是由 6061 铝合金制造的。根据最大畸变能理论确定厚度是否足够防止失效？如果不够厚，给出更好的厚度（根据需要缩放所有尺寸）。

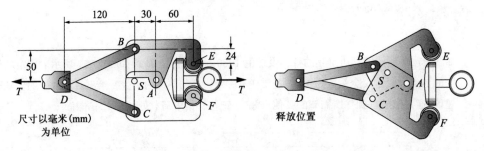

图 P7.33

7.34 图 P7.34 所示的 6 mm 厚三角形钢板用直径为 18 mm 的螺栓固定在钢柱上。假定柱和螺栓相对于板都是刚性的，并忽略柱与板之间的摩擦力，确定作用在任一螺栓上的最大荷载。模型中不含螺栓。将节点设在螺栓圆孔的周围，将这些节点的反力考虑为螺栓荷载。如果 18 mm 直径的螺栓还不够，推荐使用另一个标准直径的螺栓。假定螺栓为标准材料。比较有限元计算结果和经典法计算结果。

7.35 一个 6 mm 厚的机械零件作用 4.5 kN 荷载，如图 P7.35 所示。确定位于部件下边两个几何形状改变的圆角处的应力集中系数。将得出的应力与有几何形状改变和没有几何形状改变情况下使用经典梁理论得出的结果进行比较，即均匀厚度为 24 mm，而不是有附加厚度的 26 mm，假定部件用的是标准低碳钢。对几何形状给出你的建议。

7.36 图 P7.36 给出了一个有偏心孔的板。确定在 A36 钢出现屈服之前，孔与顶边可以靠得多近（根据最大畸变能理论）。外加拉力为 70 000 kPa，板厚为 6 mm，如果板是用 6061-T6 铝合金制造的，屈服强度为 255 MPa，这会改变你的答案吗？如果板厚变为 12 mm，结果会有什么变化？用与板为 6 mm 厚时同样的总荷载进行分析。

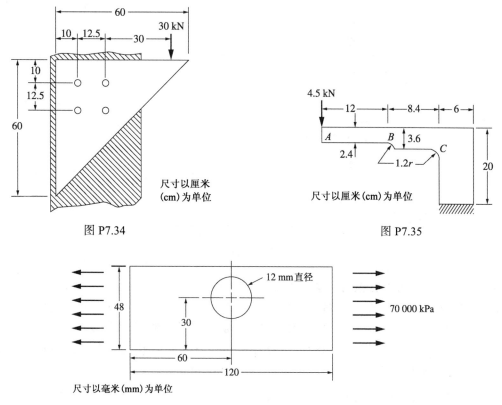

图 P7.34

图 P7.35

图 P7.36

7.37　如图 P7.37 所示的卷边工具的杆，设计由 1080 轧钢制成。荷载如图 P7.37 所示。固定两个孔周围的节点。假定安全系数为 1.5，若要杆不失效，杆的厚度为多少？给出对设计上的任意改变的建议(通过缩放得到你所需要的其他尺寸)。记住，集中荷载处的应力不准确。

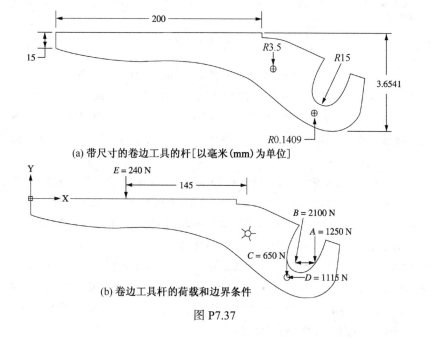

(a) 带尺寸的卷边工具的杆[以毫米(mm)为单位]

(b) 卷边工具杆的荷载和边界条件

图 P7.37

7.38　设计自行车扳手，大致尺寸如图 P7.38 所示。如果需要改变尺寸请解释原因。扳手应该用钢或铝合金制成。基于最大畸变能理论，确定需要的厚度。画出扳手的变形形态，主应力和 von Mises 应力图。边界条件如图 P7.38 所示，荷载为作用于扳手右部的分布荷载。安全系数为 1.5。六边形外用半径为 10 mm 的弧包围。

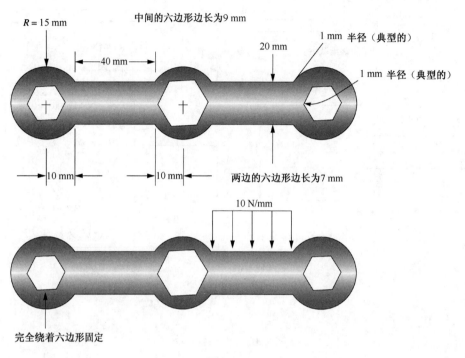

图 P7.38

7.39　如图 P7.39 所示的不同零件，确定最能减小应力的一个。将原始零件内部凹角的半径设为 2.5 mm。在每一个零件的右端施加 6.4 MPa 的均匀压力，零件的左端固定。图 P7.39 中所有单位为 mm，材料为 A36 钢。

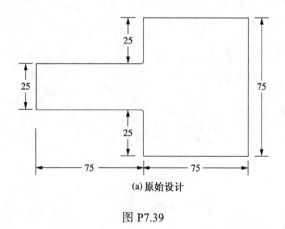

(a) 原始设计

图 P7.39

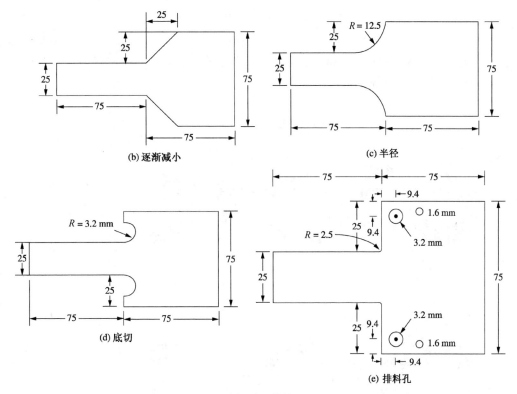

图 P7.39(续)

第8章 线性应变三角形方程的推导

章节目标

- 推导线性应变三角形单元的刚度矩阵。
- 描述线性应变三角形刚度矩阵的确定过程。
- 对比使用 CST 与 LST 单元所得结果。

引言

本章考虑高阶三角形单元的刚度矩阵和方程的推导，这种三角形称为线性应变三角形（LST）。这种三角形单元与第 6 章所描述的常应变三角形相比有一些优点，用在许多商用计算机程序中。

LST 单元有 6 个节点和 12 个未知的位移自由度。单元的位移函数是二次的，而不是 CST 单元中的线性函数。

LST 单元的方程推导可遵循第 6 章中对 CST 单元所采用的相同步骤。但是，方程数现在变为 12 个而不是 6 个，这使得求解非常困难，因此将使用计算机进行许多数学运算。

在推导单元方程以后，将把用 LST 单元得到的问题的解与用 CST 单元所得的解进行比较。引入高阶 LST 单元可以说明高阶单元的一些可能的优点，使读者理解有限元过程中所包含的概念。

8.1 线性应变三角形单元刚度矩阵和方程的推导

下面推导 LST 的刚度矩阵和单元方程。这里所用的步骤与 CST 单元所用的步骤相同，许多标记也是相同的。

步骤 1 选择单元类型

考虑图 8.1 所示的三角形单元，它有通常的端节点和一般在边中点的第三个附加节点。这样，只要角节点的坐标作为输入给出，那么计算机程序就能够自动计算中点的坐标。

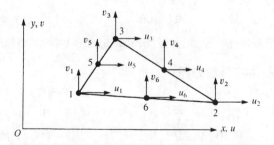

图 8.1 显示自由度的基本 6 节点三角形单元

未知的节点位移由下式给出:

$$
\{d\} = \begin{Bmatrix} \{d_1\} \\ \{d_2\} \\ \{d_3\} \\ \{d_4\} \\ \{d_5\} \\ \{d_6\} \end{Bmatrix} = \begin{Bmatrix} u_1 \\ v_1 \\ u_2 \\ v_2 \\ u_3 \\ v_3 \\ u_4 \\ v_4 \\ u_5 \\ v_5 \\ u_6 \\ v_6 \end{Bmatrix} \tag{8.1.1}
$$

步骤 2　选择位移函数

现在在每个单元中选择一个二次位移函数, 具体为:

$$
\begin{aligned}
u(x,y) &= a_1 + a_2 x + a_3 y + a_4 x^2 + a_5 xy + a_6 y^2 \\
v(x,y) &= a_7 + a_8 x + a_9 y + a_{10} x^2 + a_{11} xy + a_{12} y^2
\end{aligned} \tag{8.1.2}
$$

系数 a_i 的数目(12)等于单元的总自由度数。因为在每条边上有三个节点, 在这条边上, 三个点定义一条抛物线, 所以在相邻单元中满足位移协调。由于相邻单元在公共节点是相连接的, 因此在边界上的位移协调也将满足。

通常, 在考虑三角形单元时, 为了描述单元中的位移场, 可以采用直角坐标系中的完整多项式。对于高价的三次和四次单元必须采用内节点, 在位移场或等效的形函数中需要采用 Pascal 三角形的所有项, 图 8.2 所示为 Pascal 三角形。在第 6 章中所考虑的 CST 单元采用了完整的线性函数。对本章的 LST 单元则采用完整的二次函数。对于二次应变三角形(QST)单元, 需要第 10 个节点作为内节点, 这时采用完整的三次函数。

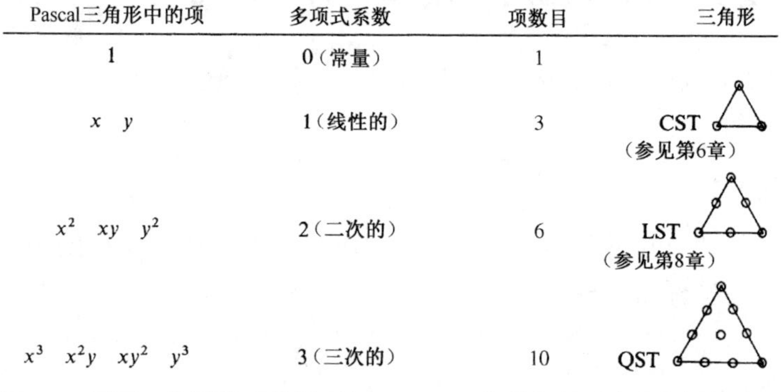

Pascal三角形中的项	多项式系数	项数目	三角形
1	0(常量)	1	
x　y	1(线性的)	3	CST（参见第6章）
x^2　xy　y^2	2(二次的)	6	LST（参见第8章）
x^3　x^2y　xy^2　y^3	3(三次的)	10	QST

图 8.2　平面三角形单元的类型与 Pascal 三角形中多项式系数间的关系

以矩阵形式表示一般位移函数方程(8.1.2)得:

$$
\{\psi\} = \begin{Bmatrix} u \\ v \end{Bmatrix} = \begin{bmatrix} 1 & x & y & x^2 & xy & y^2 & 0 & 0 & 0 & 0 & 0 & 0 \\ 0 & 0 & 0 & 0 & 0 & 0 & 1 & x & y & x^2 & xy & y^2 \end{bmatrix} \begin{Bmatrix} a_1 \\ a_2 \\ \vdots \\ a_{12} \end{Bmatrix} \tag{8.1.3}
$$

式 (8.1.3) 也可以表示为另一种形式:

$$\{\psi\} = [M^*]\{a\} \tag{8.1.4}$$

式中,[M*]定义为式 (8.1.3) 右边的第一个矩阵。将坐标代入 u 和 v 中就可以得到系数 $a_1 \sim a_{12}$:

$$
\begin{Bmatrix} u_1 \\ u_2 \\ \vdots \\ u_6 \\ v_1 \\ \vdots \\ v_5 \\ v_6 \end{Bmatrix} =
\begin{bmatrix}
1 & x_1 & y_1 & x_1^2 & x_1 y_1 & y_1^2 & 0 & 0 & 0 & 0 & 0 & 0 \\
1 & x_2 & y_2 & x_2^2 & x_2 y_2 & y_2^2 & 0 & 0 & 0 & 0 & 0 & 0 \\
\vdots & \vdots & \vdots & \vdots & \vdots & \vdots & \vdots & \vdots & \vdots & \vdots & \vdots & \vdots \\
1 & x_6 & y_6 & x_6^2 & x_6 y_6 & y_6^2 & 0 & 0 & 0 & 0 & 0 & 0 \\
0 & 0 & 0 & 0 & 0 & 0 & 1 & x_1 & y_1 & x_1^2 & x_1 y_1 & y_1^2 \\
\vdots & \vdots & \vdots & \vdots & \vdots & \vdots & \vdots & \vdots & \vdots & \vdots & \vdots & \vdots \\
0 & 0 & 0 & 0 & 0 & 0 & 1 & x_5 & y_5 & x_5^2 & x_5 y_5 & y_5^2 \\
0 & 0 & 0 & 0 & 0 & 0 & 1 & x_6 & y_6 & x_6^2 & x_6 y_6 & y_6^2
\end{bmatrix}
\begin{Bmatrix} a_1 \\ a_2 \\ \vdots \\ a_6 \\ a_7 \\ \vdots \\ a_{11} \\ a_{12} \end{Bmatrix}
\tag{8.1.5}
$$

对 a_i 进行求解后可以得到:

$$
\begin{Bmatrix} a_1 \\ \vdots \\ a_6 \\ a_7 \\ \vdots \\ a_{12} \end{Bmatrix} =
\begin{bmatrix}
1 & x_1 & y_1 & x_1^2 & x_1 y_1 & y_1^2 & 0 & 0 & 0 & 0 & 0 & 0 \\
\vdots & \vdots & \vdots & \vdots & \vdots & \vdots & \vdots & \vdots & \vdots & \vdots & \vdots & \vdots \\
1 & x_6 & y_6 & x_6^2 & x_6 y_6 & y_6^2 & 0 & 0 & 0 & 0 & 0 & 0 \\
0 & 0 & 0 & 0 & 0 & 0 & 1 & x_1 & y_1 & x_1^2 & x_1 y_1 & y_1^2 \\
\vdots & \vdots & \vdots & \vdots & \vdots & \vdots & \vdots & \vdots & \vdots & \vdots & \vdots & \vdots \\
0 & 0 & 0 & 0 & 0 & 0 & 1 & x_6 & y_6 & x_6^2 & x_6 y_6 & y_6^2
\end{bmatrix}^{-1}
\begin{Bmatrix} u_1 \\ \vdots \\ u_6 \\ v_1 \\ \vdots \\ v_6 \end{Bmatrix}
\tag{8.1.6}
$$

也可以把式 (8.1.6) 表达为另一种形式:

$$\{a\} = [X]^{-1}\{d\} \tag{8.1.7}$$

式中,[X]是式 (8.1.6) 右边的 12×12 矩阵。最好用数字计算机求[X]的逆矩阵。然后把用节点位移表示的 a_i 代入式 (8.1.4)。注意,实际上式 (8.1.6) 中只有[X]的 6×6 阶必须求逆。最后,将式 (8.1.7) 代入式 (8.1.4),就能够得到用形函数和节点自由度表示的一般的位移表达式:

$$\{\psi\} = [N]\{d\} \tag{8.1.8}$$

式中,

$$[N] = [M^*][X]^{-1} \tag{8.1.9}$$

步骤 3 定义应变–位移和应力–应变关系

单元应变由下式给出:

$$
\{\varepsilon\} = \begin{Bmatrix} \varepsilon_x \\ \varepsilon_y \\ \gamma_{xy} \end{Bmatrix} = \begin{Bmatrix} \dfrac{\partial u}{\partial x} \\[2mm] \dfrac{\partial v}{\partial y} \\[2mm] \dfrac{\partial v}{\partial x} + \dfrac{\partial u}{\partial y} \end{Bmatrix}
\tag{8.1.10}
$$

将 u 和 v 的式 (8.1.3) 代入式 (8.1.10) 后,可以得到广义应变位移方程:

$$\{\varepsilon\} = \begin{bmatrix} 0 & 1 & 0 & 2x & y & 0 & 0 & 0 & 0 & 0 & 0 & 0 \\ 0 & 0 & 0 & 0 & 0 & 0 & 0 & 0 & 1 & 0 & x & 2y \\ 0 & 0 & 1 & 0 & x & 2y & 0 & 1 & 0 & 2x & y & 0 \end{bmatrix} \begin{Bmatrix} a_1 \\ a_2 \\ \vdots \\ a_{12} \end{Bmatrix} \tag{8.1.11}$$

可以看出，式(8.1.11)导致单元中的线性应变方式。因此，这个单元称为线性应变三角形(LST)，式(8.1.11)可改写为：

$$\{\varepsilon\} = [M']\{a\} \tag{8.1.12}$$

式中，$[M']$是式(8.1.11)右边的第一个矩阵。把 a_i 的式(8.1.6)代入式(8.1.12)，可以得到用节点位移表示的应变$\{\varepsilon\}$：

$$\{\varepsilon\} = [B]\{d\} \tag{8.1.13}$$

式中，$[B]$是变量 x 和 y 的函数，并用坐标$(x_1, y_1) \sim (x_6, y_6)$通过下式给出：

$$[B] = [M'][X]^{-1} \tag{8.1.14}$$

式(8.1.7)已用于表示式(8.1.14)。注意，$[B]$现在是 3×12 阶的矩阵。

应力由下式给出：

$$\begin{Bmatrix} \sigma_x \\ \sigma_y \\ \tau_{xy} \end{Bmatrix} = [D] \begin{Bmatrix} \varepsilon_x \\ \varepsilon_y \\ \gamma_{xy} \end{Bmatrix} = [D][B]\{d\} \tag{8.1.15}$$

对于平面应力，$[D]$由式(6.1.8)给出，对于平面应变，$[D]$则由式(6.1.10)给出。现在这些应力是 x 和 y 坐标的线性函数。

步骤4　推导单元刚度矩阵和方程

在 6.2 节中应用式(6.2.50)来推导刚度矩阵，这里用相似的方法来确定刚度矩阵：

$$[k] = \iiint_V [B]^{\mathrm{T}} [D][B]\mathrm{d}V \tag{8.1.16}$$

但是，矩阵$[B]$现在是由式(8.1.14)给出的 x 和 y 的函数。因此，在式(8.1.16)中必须进行积分。最后，矩阵$[B]$为下列形式：

$$[B] = \frac{1}{2A} \begin{bmatrix} \beta_1 & 0 & \beta_2 & 0 & \beta_3 & 0 & \beta_4 & 0 & \beta_5 & 0 & \beta_6 & 0 \\ 0 & \gamma_1 & 0 & \gamma_2 & 0 & \gamma_3 & 0 & \gamma_4 & 0 & \gamma_5 & 0 & \gamma_6 \\ \gamma_1 & \beta_1 & \gamma_2 & \beta_2 & \gamma_3 & \beta_3 & \gamma_4 & \beta_4 & \gamma_5 & \beta_5 & \gamma_6 & \beta_6 \end{bmatrix} \tag{8.1.17}$$

式中，β 和 γ 是 x 和 y 及节点坐标的函数，8.2 节中式(8.2.8)作为特定的线性应变三角形的情况可说明这一点。在式(8.1.16)中进行矩阵相乘以后，刚度矩阵是 12×12 阶的矩阵。刚度矩阵方程(8.1.16)的显式求解非常烦琐，这里不予赘述。假使坐标原点取在单元的中心，可以求解出积分[9]。此外，可以用面积坐标[3, 8, 9]来得到刚度矩阵的显式形式。但是，即使使用面积坐标，计算也相对繁杂。因此，最好使用数值积分(10.3 节中将介绍数值积分)。

单元体力和表面力不能自己等效为作用在节点的集中力上，但对于一致性公式(也就是采用形成刚度矩阵相同的形函数来形成体力和面力的公式)，可以分别应用式(6.3.1)和式(6.3.7)。习题 8.3 和习题 8.4 用来说明这个概念。这些力可以加到任何集中节点力上，从

而得到单元力矩阵。通常，因为在单元相随的 6 个节点的每个节点上有 x 和 y 分量的力，所以单元力矩阵是 12×1 阶的矩阵。单元方程则由下式给出：

$$
\left\{\begin{array}{c} f_{1x} \\ f_{1y} \\ \vdots \\ f_{6y} \end{array}\right\}_{(12\times1)} = \left[\begin{array}{ccc} k_{1,1} & \cdots & k_{1,12} \\ k_{2,1} & & k_{2,12} \\ \vdots & & \vdots \\ k_{12,1} & \cdots & k_{12,12} \end{array}\right]_{(12\times12)} \left\{\begin{array}{c} u_1 \\ v_1 \\ \vdots \\ v_6 \end{array}\right\}_{(12\times1)} \tag{8.1.18}
$$

步骤 5～步骤 7

步骤 5～步骤 7 和 6.2 节中与 CST 单元采用的步骤相同。这些步骤包括组成总体刚度矩阵和方程，确定未知的总体节点位移和计算应力。但每个单元中不再是常应力，而是线性变化的应力。通用的实践方法是采用中心单元的应力。当前的实践方法是采用单元节点应力的平均值。

8.2　LST 刚度确定示例

为说明 8.1 节所述的推导 LST 刚度矩阵的过程，考虑下面的例子。图 8.3 给出了一个特殊 LST 和它的坐标。三角形的底边长为 b，高为 h，具有中间节点。

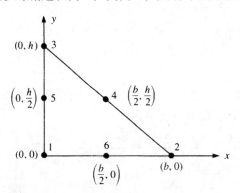

图 8.3　用于计算刚度矩阵的 LST 三角形

应用方程 (8.1.5) 的前 6 个方程，用各个节点的 6 个已知坐标计算位移 u，就可以计算系数 $a_1 \sim a_6$：

$$
\begin{aligned}
u_1 &= u(0,0) = a_1 \\
u_2 &= u(b,0) = a_1 + a_2 b + a_4 b^2 \\
u_3 &= u(0,h) = a_1 + a_3 h + a_6 h^2 \\
u_4 &= u\left(\frac{b}{2},\frac{h}{2}\right) = a_1 + a_2\frac{b}{2} + a_3\frac{h}{2} + a_4\left(\frac{b}{2}\right)^2 + a_5\frac{bh}{4} + a_6\left(\frac{h}{2}\right)^2 \\
u_5 &= u\left(0,\frac{h}{2}\right) = a_1 + a_3\frac{h}{2} + a_6\left(\frac{h}{2}\right)^2 \\
u_6 &= u\left(\frac{b}{2},0\right) = a_1 + a_2\frac{b}{2} + a_4\left(\frac{b}{2}\right)^2
\end{aligned} \tag{8.2.1}
$$

解关于 a_i 的联立方程(8.2.1)可得到:

$$a_1 = u_1 \qquad a_2 = \frac{4u_6 - 3u_1 - u_2}{b} \qquad a_3 = \frac{4u_5 - 3u_1 - u_3}{h}$$

$$a_4 = \frac{2(u_2 - 2u_6 + u_1)}{b^2} \qquad a_5 = \frac{4(u_1 + u_4 - u_5 - u_6)}{bh} \tag{8.2.2}$$

$$a_6 = \frac{2(u_3 - 2u_5 + u_1)}{h^2}$$

将式(8.2.2)代入式(8.1.2),就可得到位移 u 的表达式:

$$u = u_1 + \left[\frac{4u_6 - 3u_1 - u_2}{b}\right]x + \left[\frac{4u_5 - 3u_1 - u_3}{h}\right]y + \left[\frac{2(u_2 - 2u_6 + u_1)}{b^2}\right]x^2$$

$$+ \left[\frac{4(u_1 + u_4 - u_5 - u_6)}{bh}\right]xy + \left[\frac{2(u_3 - 2u_5 + u_1)}{h^2}\right]y^2 \tag{8.2.3}$$

同样,用 6 个节点位移 v 可解出 $a_7 \sim a_{12}$,然后将结果代入式(8.1.2)的位移 v 的表达式,则可得到:

$$v = v_1 + \left[\frac{4v_6 - 3v_1 - v_2}{b}\right]x + \left[\frac{4v_5 - 3v_1 - v_3}{h}\right]y + \left[\frac{2(v_2 - 2v_6 + v_1)}{b^2}\right]x^2$$

$$+ \left[\frac{4(v_1 + v_4 - v_5 - v_6)}{bh}\right]xy + \left[\frac{2(v_3 - 2v_5 + v_1)}{h^2}\right]y^2 \tag{8.2.4}$$

应用式(8.2.3)和式(8.2.4),就可以用形函数来表示一般的位移表达式,如下所述:

$$\begin{Bmatrix} u \\ v \end{Bmatrix} = \begin{bmatrix} N_1 & 0 & N_2 & 0 & N_3 & 0 & N_4 & 0 & N_5 & 0 & N_6 & 0 \\ 0 & N_1 & 0 & N_2 & 0 & N_3 & 0 & N_4 & 0 & N_5 & 0 & N_6 \end{bmatrix} \begin{Bmatrix} u_1 \\ v_1 \\ \vdots \\ v_6 \end{Bmatrix} \tag{8.2.5}$$

式中,形函数可以用式(8.2.3)中组合与 u_i 相乘的系数来得到。例如,组合方程(8.2.3)中与 u_1 相乘的项就得到 N_1。这些形函数由下式给出:

$$N_1 = 1 - \frac{3x}{b} - \frac{3y}{h} + \frac{2x^2}{b^2} + \frac{4xy}{bh} + \frac{2y^2}{h^2} \qquad N_2 = \frac{-x}{b} + \frac{2x^2}{b^2}$$

$$N_3 = \frac{-y}{h} + \frac{2y^2}{h^2} \qquad N_4 = \frac{4xy}{bh} \qquad N_5 = \frac{4y}{h} - \frac{4xy}{bh} - \frac{4y^2}{h^2} \tag{8.2.6}$$

$$N_6 = \frac{4x}{b} - \frac{4x^2}{b^2} - \frac{4xy}{bh}$$

将式(8.2.5)代入式(8.1.10)并进行对 u 和 v 的微分得到:

$$\{\varepsilon\} = [B]\{d\} \tag{8.2.7}$$

式中,$[B]$ 的形式为式(8.1.17),而式中的 β 和 γ 则由下式给出:

$$\beta_1 = -3h + \frac{4hx}{b} + 4y \qquad \beta_2 = -h + \frac{4hx}{b} \qquad \beta_3 = 0$$

$$\beta_4 = 4y \qquad \beta_5 = -4y \qquad \beta_6 = 4h - \frac{8hx}{b} - 4y$$

$$\gamma_1 = -3b + 4x + \frac{4by}{h} \qquad \gamma_2 = 0 \qquad \gamma_3 = -b + \frac{4by}{h} \tag{8.2.8}$$

$$\gamma_4 = 4x \qquad \gamma_5 = 4b - 4x - \frac{8by}{h} \qquad \gamma_6 = -4x$$

这些 β 和 γ 是图 8.3 中的单元所特定的。特别地，将式(8.1.1)和式(8.1.17)代入式(8.2.7)可得出：

$$\varepsilon_x = \frac{1}{2A}[\beta_1 u_1 + \beta_2 u_2 + \beta_3 u_3 + \beta_4 u_4 + \beta_5 u_5 + \beta_6 u_6]$$

$$\varepsilon_y = \frac{1}{2A}[\gamma_1 v_1 + \gamma_2 v_2 + \gamma_3 v_3 + \gamma_4 v_4 + \gamma_5 v_5 + \gamma_6 v_6] \qquad (8.2.9)$$

$$\gamma_{xy} = \frac{1}{2A}[\gamma_1 u_1 + \beta_1 v_1 + \cdots + \beta_6 v_6]$$

将式(8.2.8)代入式(8.1.17)可得到[B]，再把[B]代入式(8.1.16)，然后进行相应的积分，就能得到等厚度单元的刚度矩阵。12×12 阶刚度矩阵的显式表达式非常复杂，这里不再给出。在参考文献[1]和[2]中可找到高阶单元的刚度矩阵表达式。

8.3　单元的比较

对于给定的节点数，用 LST 单元所得的应力和位移，一般要好于用相同的节点数、但用更细分的简单 CST 单元所得的结果。例如，应用一个 LST 单元得到的结果要好于用相同节点数的四个 CST 单元的结果(参见图 8.4)，而两者具有相同的自由度(除了等应力的情况)。

现在将第 6 章 CST 的结果与本章的 LST 进行比较。讨论如图 8.5 所示受抛物线变化荷载的悬臂梁。设 $E = 210\,\text{GPa}$，$v = 0.25$，$P = 180\,\text{kN}$，$t = 25.4\,\text{mm}$。

表 8.1 列出了比较使用 CST 和 LST 单元的结果的一系列测试。表 8.2 显示了对用于模拟悬臂梁的每一种单元形式所得的自由端(端点)挠度和应力 σ_x 的比较。从表 8.2 可以看出，对于给定的三角形单元类别，自由度数越大，得到的解越接近收敛于精确解(比较类型 A-1 与 A-2 以及 B-1 与 B-2)。对于给定的节点数量，LST 分析得到的位移结果要好于 CST 分析得到的结果(比较类型 A-1 与 B-1)。

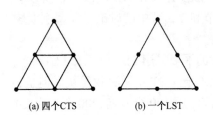

(a) 四个CTS　　(b) 一个LST

图 8.4　基本三角形单元

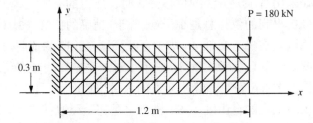

图 8.5　用于比较划分为 4×16 网格的 CST 和 LST 单元的悬臂梁

表 8.1　使用 ANSYS 计算机程序[10]对图 8.5 的悬臂梁比较 CST 和 LST 结果的模型

测试类型序列	节点数量	自由度数, n_d	三角形单元数量
A-1 4×16 网格	85	160	128 CST
A-2 8×32 网格	297	576	512 CST
B-1 2×8 网格	85	160	32 LST
B-2 4×16 网格	297	576	128 LST

表 8.2　对图 8.5 的悬臂梁比较 CST 和 LST 结果

类型	n_d	带宽 n_b	端点挠度(mm)	σ_x(MPa)	位置(mm), $x;y$
A-1	160	14	−7.51	463.6	5.71, 28.57
A-2	576	22	−8.60	560.6	2.86, 29.54
B-1	160	18	−8.50	406.0	11.43, 26.67
B-2	576	22	−8.93	482.3	5.71, 28.57
由梁的理论公式可得: $v_{\text{end}} = \dfrac{PL^3}{3EI} + \dfrac{6PL}{5AG}$			−9.18	551.6	0,30

带宽在附录 B.4 中有详细解释。

　　然而，使用 LST 模型的 B-1 得到的弯曲应力 σ_x 不如使用 CST 模型的 A-1 准确。原因之一在于应力是在单元的质心计算得到的。从表中可以看出，使用 CST 模型的 A-1 与使用 LST模型的 B-1 相比，其弯曲应力更靠近墙壁和顶部。在本例中，对于施加方向向下的荷载，经典弯曲应力是线性函数，随着中心坐标增长正向增大。因此，最大应力出现在梁的最顶端。更多更小单元的 A-1 模型(8 个单元)比更少单元的 B-1 模型(2 个单元)的形心更接近顶端，距离分别为 18.75 mm 和 37.5 mm。类似地，对比 A-2 和 B-2，使用 LST 模型的 B-2 预测的距离顶端位移更准确。但是由于应力是在形心处计算的，故 CST 模型的 A-2 比使用 LST 模型计算出的应力更准确。

　　虽然 CST 单元在模拟梁的弯曲时不太准确，但从表 8.2 可以看出，假使沿梁的厚度方向采用足够数目的单元，那么这类单元也能用来模拟梁的弯曲。假使采用足够数量的单元，LST单元和 CST 单元对于大部分平面应力/应变问题的分析，一般都能得到足够好的结果。事实上，大部分商用程序都在平面应力/应变问题中使用 CST 和(或)LST 单元，虽然这些单元主要用于过渡单元(一般在网格生成中)。在商用程序中最常应用的是四边形平面应力/应变等参元，在第 10 章将介绍这种单元。

　　在采用有限元方法的位移公式时，所得的有限元模型一般要比实际结构刚度大，所以有限元分析得到的位移总是小于(或等于)精确的位移。3.10 节和 7.3 节中已讨论了模型刚度较大的原因。在参考文献[4～7]中可找到这个论断的证明。

　　图 8.6(取自参考文献[8])显示了对承受抛物线分布荷载的平板采用 CST 单元和 LST 单元的比较。图 8.6 表明，就在 A 点的水平位移而言，LST 单元要比 CST 单元收敛得快。但是，即使用不太多的自由度，CST 模型也是完全可以接受的。例如，用 100 个节点(200 个自由度)的 CST 模型经常能得到接近精确的解，就像用相同自由度的 LST 模型一样。

　　表 8.2 和图 8.6 的结果表明，在应用较少的节点数时，对于平面应力问题，优先选择使用 LST 单元。但是，在采用大量的节点时，特别在考虑单元刚度计算的耗费、方程的带宽和包括在计算机模拟中的总体复杂性时，像 LST 这样的高阶三角形单元的应用并没有明显的优越性。

　　6.6 节对 Q4 矩形单元和 CST 单元进行了比较(参见表 6.1)。在第 10 章中阐述了一般的四边形单元 Q4、Q6、Q8、Q9 和 Q12，表 10.3 给出了梁弯曲问题的 Q4 和 Q6 结果的比较。表 10.4 中还比较了不同网格梁弯曲问题的 CST、LST、Q4、Q6、Q8 和 Q9 结果。

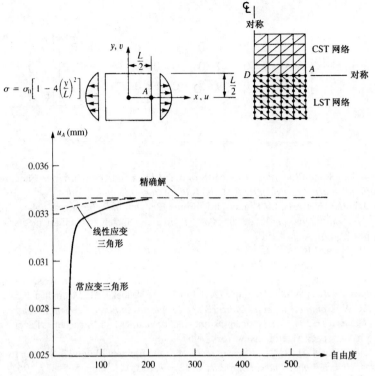

图 8.6　承受抛物线分布荷载的平板及其三角形单元结果的比较（Gallagher, Richard H., *Finite Element Analysis: Fundamentals*, 1st, © 1975, 经 Pearson Education, Inc. 许可使用）

方程小结

线性应变三角形（LST）单元的位移函数：

$$u(x, y) = a_1 + a_2 x + a_3 y + a_4 x^2 + a_5 xy + a_6 y^2$$
$$v(x, y) = a_7 + a_8 x + a_9 y + a_{10} x^2 + a_{11} xy + a_{12} y^2 \tag{8.1.2}$$

形函数矩阵：

$$[N] = [M^*][X]^{-1} \tag{8.1.9}$$

其中，

$$[M^*] = \begin{bmatrix} 1 & x & y & x^2 & xy & y^2 & 0 & 0 & 0 & 0 & 0 & 0 \\ 0 & 0 & 0 & 0 & 0 & 0 & 1 & x & y & x^2 & xy & y^2 \end{bmatrix}$$

和

$$[X]^{-1} = \begin{bmatrix} 1 & x_1 & y_1 & x_1^2 & x_1 y_1 & y_1^2 & 0 & 0 & 0 & 0 & 0 & 0 \\ \vdots & \vdots & \vdots & \vdots & \vdots & \vdots & \vdots & \vdots & \vdots & \vdots & \vdots & \vdots \\ 1 & x_6 & y_6 & x_6^2 & x_6 y_6 & y_6^2 & 0 & 0 & 0 & 0 & 0 & 0 \\ 0 & 0 & 0 & 0 & 0 & 0 & 1 & x_1 & y_1 & x_1^2 & x_1 y_1 & y_1^2 \\ \vdots & \vdots & \vdots & \vdots & \vdots & \vdots & \vdots & \vdots & \vdots & \vdots & \vdots & \vdots \\ 0 & 0 & 0 & 0 & 0 & 0 & 1 & x_6 & y_6 & x_6^2 & x_6 y_6 & y_6^2 \end{bmatrix}^{-1}$$

广义应变位移方程：

$$\{\varepsilon\} = \begin{bmatrix} 0 & 1 & 0 & 2x & y & 0 & 0 & 0 & 0 & 0 & 0 & 0 \\ 0 & 0 & 0 & 0 & 0 & 0 & 0 & 0 & 1 & 0 & x & 2y \\ 0 & 0 & 1 & 0 & x & 2y & 0 & 1 & 0 & 2x & y & 0 \end{bmatrix} \begin{Bmatrix} a_1 \\ a_2 \\ \vdots \\ a_{12} \end{Bmatrix} \tag{8.1.11}$$

参考文献

[1] Pederson, P., "Some Properties of Linear Strain Triangles and Optimal Finite Element Models," *International Journal for Numerical Methods in Engineering*, Vol. 7, pp. 415–430, 1973.

[2] Tocher, J. L., and Hartz, B. J., "Higher-Order Finite Element for Plane Stress," *Journal of the Engineering Mechanics Division,* Proceedings of the American Society of Civil Engineers, Vol. 93, No. EM4, pp. 149–174, August 1967.

[3] Bowes, W. H., and Russell, L. T., *Stress Analysis by the Finite Element Method for Practicing Engineers*, Lexington Books, Toronto, 1975.

[4] Fraeijes de Veubeke, B., "Upper and Lower Bounds in Matrix Structural Analysis," *Matrix Methods of Structural Analysis*, AGAR-Dograph 72, B. Fraeijes de Veubeke, ed., Macmillan, New York, 1964.

[5] McLay, R. W., *Completeness and Convergence Properties of Finite Element Displacement Functions: A General Treatment*, American Institute of Aeronautics and Astronautics Paper No. 67–143, AIAA 5th Aerospace Meeting, New York, 1967.

[6] Tong, P., and Pian, T. H. H., "The Convergence of Finite Element Method in Solving Linear Elastic Problems," *International Journal of Solids and Structures*, Vol. 3, pp. 865–879, 1967.

[7] Cowper, G. R., "Variational Procedures and Convergence of Finite-Element Methods," *Numerical and Computer Methods in Structural Mechanics*, S. J. Fenves, N. Perrone, A. R. Robinson, and W. C. Schnobrich, eds., Academic Press, New York, 1973.

[8] Gallagher, R., *Finite Element Analysis Fundamentals*, Prentice Hall, Englewood Cliffs, NJ, 1975.

[9] Zienkiewicz, O. C., *The Finite Element Method*, 3rd ed., McGraw-Hill, New York, 1977.

[10] ANSYS—Engineering Analysis Systems, Johnson Rd., P.O. Box 65, Houston, PA 15342.

习题

 8.1 计算式(8.2.6)所给出的形函数。画出图 8.3 中三角形单元表面上每个函数的变化。

8.2 应用 8.2 节给出的结果来表达图 8.3 中单元的应变 ε_x，ε_y 和 γ_{xy}。计算在单元中心的这些应变，然后用 E 和 v 来计算单元中心的应力。假设采用平面应力条件。

8.3 对于图 8.3 所示的单元(同样显示在图 P8.3 中)，若在垂直边上受到均匀的压力，用式(6.3.7)确定等效的节点力系。假设单元厚度为 t。

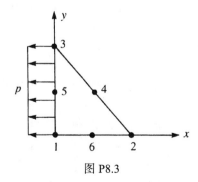

图 P8.3

8.4　对于图 8.3 所示的单元(同样显示在图 P8.4 中),若在垂直边上受到线性变化的线荷载,用式(6.3.7)确定替代的节点力系。将这个结果与习题 6.11 的结果进行比较。这个结果是否是预期的结果? 请解释。

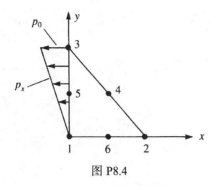

图 P8.4

8.5　对于图 P8.5 中的线应变单元,确定应变 ε_x, ε_y 和 γ_{xy}。计算在中心的应力 σ_x, σ_y 和 τ_{xy}。节点坐标的单位为厘米(cm)。对两个单元,设 $E = 210\ \text{GPa}$, $v = 0.25$, $t = 6\ \text{mm}$,假定符合平面应力条件。节点位移给出如下:

$$u_1 = 0.0\ \text{cm} \qquad v_1 = 0.0\ \text{cm}$$
$$u_2 = 2.5 \times 10^{-3}\ \text{cm} \qquad v_2 = 5 \times 10^{-3}\ \text{cm}$$
$$u_3 = 1.25 \times 10^{-3}\ \text{cm} \qquad v_3 = 5 \times 10^{-4}\ \text{cm}$$
$$u_4 = 5 \times 10^{-4}\ \text{cm} \qquad v_4 = 2.5 \times 10^{-4}\ \text{cm}$$
$$u_5 = 0.0\ \text{cm} \qquad v_5 = 2.5 \times 10^{-4}\ \text{cm}$$
$$u_6 = 1.25 \times 10^{-3}\ \text{cm} \qquad v_6 = 2.5 \times 10^{-3}\ \text{cm}$$

(提示:应用 8.2 节的结果。)

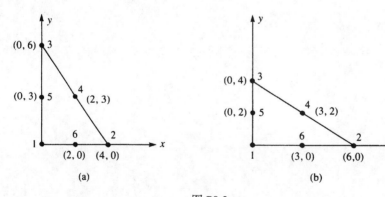

图 P8.5

8.6　对于图 P8.6 中的线应变单元,确定应变 ε_x, ε_y 和 γ_{xy}。计算单元中心的应力 σ_x, σ_y 和 τ_{xy}。节点的坐标以毫米(mm)为单位。设 $E = 210\ \text{GPa}$, $v = 0.25$, $t = 10\ \text{mm}$,假定符合平面应力条件。采用习题 8.5 中给出的节点位移(单位转换为毫米)。注意,8.2 节的例题给出的 β 和 γ 在这里不能应用,因为图 P8.6 中的单元与图 8.3 中的单元方向不同。

8.7　计算图 P8.7 给出的线性应变三角形单元的形函数,然后计算[B]矩阵。单位为毫米(mm)。

8.8　利用 LST 单元求解例 6.2 并比较结果。

8.9　编写程序,利用 LST 单元解决平面应力问题。

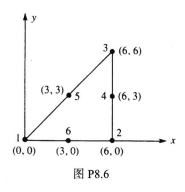

图 P8.6

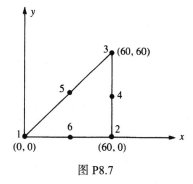

图 P8.7

第9章 轴对称单元

章节目标

- 回顾轴对称单元的弹性式基本概念和理论。
- 推导轴对称单元刚度矩阵，以及体力和面力方程。
- 演示使用刚度法求解轴对称压力容器问题。
- 比较圆柱形的压力容器的有限元解和精确解。
- 举例说明轴对称单元的一些实际应用。

引言

在前面的章节中，讨论了线单元或者一维单元(参见第 2 ~ 5 章)和二维单元(参见第 6 ~ 8 章)。本章考虑一种特殊的二维单元——轴对称单元。当被分析的物体几何结构和荷载关于轴线对称时，这种单元非常有用。圆形基础荷载下的土体和厚壁压力容器等问题经常可以通过使用本章节介绍的单元来分析。

我们先介绍最简单的轴对称单元——三角圆环的刚度矩阵，它的垂直截面是平面三角形。

然后给出厚壁压力容器的普通解来说明轴对称单元方程的使用。随后讲述使用轴对称单元模拟的一些典型的大型问题。

9.1 刚度矩阵的推导

本节将推导轴对称单元的刚度矩阵，以及体力和面力矩阵。在此之前，首先介绍一些基本概念，这是理解推导过程的前提。轴对称单元是三角形环，它的每个单元都关于一条轴线几何和荷载对称，如图 9.1 所示的 z 轴。此处 z 轴被称为对称轴或旋转轴。每个单元的垂直截面都是平面三角形且其节点呈圆形分布，如图 9.1 所示。

在平面应力问题中，应力只存在于 x-y 平面。在轴对称问题中，径向位移产生周向应变，周向应变引起应力 σ_r, σ_θ, σ_z 和 τ_{rz}，其中，r, θ 和 z 分别代表径向、周向和纵向。三角形环常用于理想化轴对称系统，因为它能用于模拟复杂的表面并且较为简单。如图 9.2(a)所示的圆形区域(圆形基础)加载的半无限空间弹性体问题，图 9.2(b)所示的带圆顶压力容器，以及图 9.2(c)的发动机气门杆都能用本章介绍的轴对称单元求解。

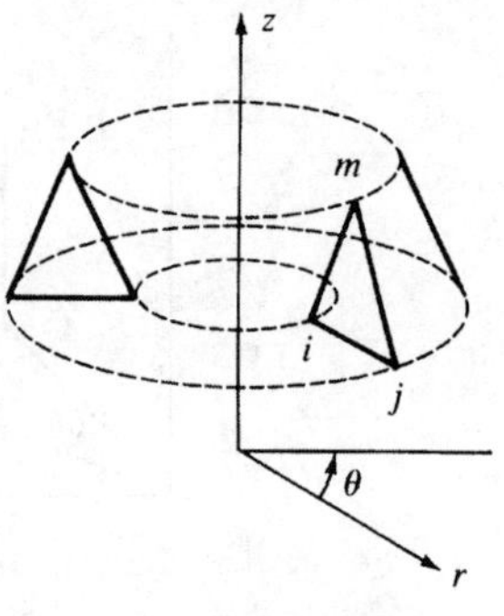

由于几何构造、物理特性、边界条件和荷载都关于 z 轴对称，因此应力与 θ 值无关，因而所有关于 θ 的推导都可以忽略，并且位移分量 v(与 θ 方向相切)、剪应变 $\gamma_{r\theta}$ 和 $\gamma_{\theta z}$、剪应力 $\tau_{r\theta}$ 和 $\tau_{\theta z}$ 都为零。

图9.1 典型的轴对称单元 ijm

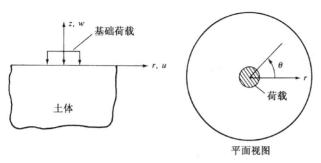

(a) 轴对称单元模拟的半无限半空间（土体）

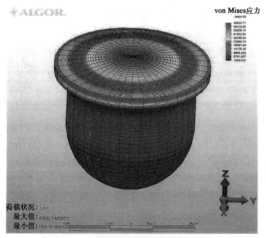

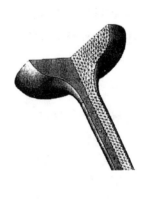

(b) 封闭的压力容器（由Autodesk公司提供）
（本图彩色版参见彩色插图）

(c) 发动机气门杆

图 9.2　轴对称问题实例

图 9.3 给出了一个轴对称环形单元及其横截面，由此来说明轴对称问题的一般应变状态。在柱坐标系中，表达单元 $ABCD$ 的位移最方便。令 u 和 w 分别表示径向和纵向位移。单元的边 AB 的径向位移是 u，边 CD 的径向位移是 $u+(\partial u/\partial r)\mathrm{d}r$。径向的法应变由下式给出：

$$\varepsilon_r = \frac{\partial u}{\partial r} \tag{9.1.1.a}$$

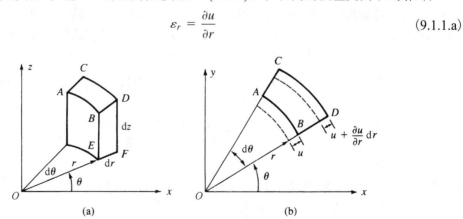

图 9.3　(a)轴对称环形单元；(b)横截面

一般来说，切向应变取决于切向位移 v 和径向位移 u。但是，由于变形是轴对称的，故

切向位移 v 等于 0。因此，切向应变只和径向位移有关。只有径向位移 u 时，新的弧长 $\overset{\frown}{AB}$ 为 $(r+u)\mathrm{d}\theta$，切向应变由下式给出：

$$\varepsilon_\theta = \frac{(r+u)\,\mathrm{d}\theta - r\,\mathrm{d}\theta}{r\,\mathrm{d}\theta} = \frac{u}{r} \qquad (9.1.1.b)$$

接着，考虑纵向单元 $BDEF$ 来得到纵向应变和剪切应变。在图 9.4 中，单元在 E 点处有径向位移 u 和纵向位移 w，边 BE 和 EF 分别有增量 $(\partial w/\partial z)\mathrm{d}z$ 和 $(\partial u/\partial r)\mathrm{d}r$。观察边 EF 和 BE，发现点 F 相对于点 E 向上移动了 $(\partial w/\partial r)\mathrm{d}r$，点 B 相对于点 E 向右移动了 $(\partial u/\partial z)\mathrm{d}z$。由法向应变和剪切应变的基本定义，纵向法向应变为：

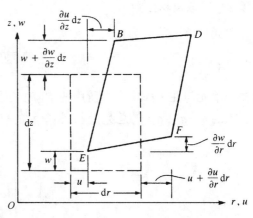

图 9.4　单元在 $r\text{-}z$ 平面中各边的位移和转动

$$\varepsilon_z = \frac{\partial w}{\partial z} \qquad (9.1.1.c)$$

$r\text{-}z$ 平面的剪应变为：

$$\gamma_{rz} = \frac{\partial u}{\partial z} + \frac{\partial w}{\partial r} \qquad (9.1.1.d)$$

为便于引用，将式 (9.1.1.a) ~ 式 (9.1.1.d) 的应变-位移关系汇总为一个方程：

$$\varepsilon_r = \frac{\partial u}{\partial r} \qquad \varepsilon_\theta = \frac{u}{r} \qquad \varepsilon_z = \frac{\partial w}{\partial z} \qquad \gamma_{rz} = \frac{\partial u}{\partial z} + \frac{\partial w}{\partial r} \qquad (9.1.1.e)$$

通过简化附录 C 中给出的一般应力-应变关系，得到各向同性应力-应变关系：

$$\begin{Bmatrix} \sigma_r \\ \sigma_z \\ \sigma_\theta \\ \tau_{rz} \end{Bmatrix} = \frac{E}{(1+v)(1-2v)} \begin{bmatrix} 1-v & v & v & 0 \\ v & 1-v & v & 0 \\ v & v & 1-v & 0 \\ 0 & 0 & 0 & \dfrac{1-2v}{2} \end{bmatrix} \begin{Bmatrix} \varepsilon_r \\ \varepsilon_z \\ \varepsilon_\theta \\ \gamma_{rz} \end{Bmatrix} \qquad (9.1.2)$$

随后的理论推导依照在第 6 章中解决平面应力/应变问题所给出的步骤。

步骤 1　选取单元类型

如图 9.5(a) 所示，轴对称体被离散化成典型的三角形单元。单元有三个节点，每个节点有两个自由度(在节点 i 处为 u_i，w_i)，轴对称问题的应力分布如图 9.5(b) 所示。

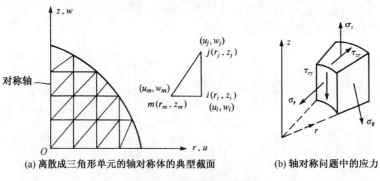

(a) 离散成三角形单元的轴对称体的典型截面　　　　(b) 轴对称问题中的应力

图 9.5　离散的轴对称体

步骤 2　选取位移函数

单元位移函数取为:

$$u(r,z) = a_1 + a_2 r + a_3 z$$
$$w(r,z) = a_4 + a_5 r + a_6 z \tag{9.1.3}$$

这样,单元与在平面应力中所用的常应变三角形单元有一样的线位移函数。因此,位移函数中引入的 $u = a_1 + a_2 s$ 的总数量(6)和单元的自由度总数相同,节点位移为:

$$\{d\} = \begin{Bmatrix} \{d_i\} \\ \{d_j\} \\ \{d_m\} \end{Bmatrix} = \begin{Bmatrix} u_i \\ w_i \\ u_j \\ w_j \\ u_m \\ w_m \end{Bmatrix} \tag{9.1.4}$$

在节点 i 处的位移 u 为:

$$u(r_i, z_i) = u_i = a_1 + a_2 r_i + a_3 z_i \tag{9.1.5}$$

应用式(9.1.3),总位移函数的矩阵形式表示如下:

$$\{\psi\} = \begin{Bmatrix} u \\ w \end{Bmatrix} = \begin{Bmatrix} a_1 + a_2 r + a_3 z \\ a_4 + a_5 r + a_6 z \end{Bmatrix} = \begin{bmatrix} 1 & r & z & 0 & 0 & 0 \\ 0 & 0 & 0 & 1 & r & z \end{bmatrix} \begin{Bmatrix} a_1 \\ a_2 \\ a_3 \\ a_4 \\ a_5 \\ a_6 \end{Bmatrix} \tag{9.1.6}$$

将图 9.5(a)的节点位移代入式(9.1.6),用类似于 6.2 节所用的方法可得到表达式如下:

$$\begin{Bmatrix} a_1 \\ a_2 \\ a_3 \end{Bmatrix} = \begin{bmatrix} 1 & r_i & z_i \\ 1 & r_j & z_j \\ 1 & r_m & z_m \end{bmatrix}^{-1} \begin{Bmatrix} u_i \\ u_j \\ u_m \end{Bmatrix} \tag{9.1.7}$$

和

$$\begin{Bmatrix} a_4 \\ a_5 \\ a_6 \end{Bmatrix} = \begin{bmatrix} 1 & r_i & z_i \\ 1 & r_j & z_j \\ 1 & r_m & z_m \end{bmatrix}^{-1} \begin{Bmatrix} w_i \\ w_j \\ w_m \end{Bmatrix} \tag{9.1.8}$$

将式(9.1.7)和式(9.1.8)进行求逆运算,得到:

$$\begin{Bmatrix} a_1 \\ a_2 \\ a_3 \end{Bmatrix} = \frac{1}{2A} \begin{bmatrix} \alpha_i & \alpha_j & \alpha_m \\ \beta_i & \beta_j & \beta_m \\ \gamma_i & \gamma_j & \gamma_m \end{bmatrix} \begin{Bmatrix} u_i \\ u_j \\ u_m \end{Bmatrix} \tag{9.1.9}$$

和

$$\begin{Bmatrix} a_4 \\ a_5 \\ a_6 \end{Bmatrix} = \frac{1}{2A} \begin{bmatrix} \alpha_i & \alpha_j & \alpha_m \\ \beta_i & \beta_j & \beta_m \\ \gamma_i & \gamma_j & \gamma_m \end{bmatrix} \begin{Bmatrix} w_i \\ w_j \\ w_m \end{Bmatrix} \tag{9.1.10}$$

式中，

$$
\begin{aligned}
\alpha_i &= r_j z_m - z_j r_m & \alpha_j &= r_m z_i - z_m r_i & \alpha_m &= r_i z_j - z_i r_j \\
\beta_i &= z_j - z_m & \beta_j &= z_m - z_i & \beta_m &= z_i - z_j \\
\gamma_i &= r_m - r_j & \gamma_j &= r_i - r_m & \gamma_m &= r_j - r_i
\end{aligned}
\tag{9.1.11}
$$

与式 (6.2.18) 相似，定义形函数为：

$$
\begin{aligned}
N_i &= \frac{1}{2A}(\alpha_i + \beta_i r + \gamma_i z) \\
N_j &= \frac{1}{2A}(\alpha_j + \beta_j r + \gamma_j z) \\
N_m &= \frac{1}{2A}(\alpha_m + \beta_m r + \gamma_m z)
\end{aligned}
\tag{9.1.12}
$$

将式 (9.1.7) 和式 (9.1.8) 代入式 (9.1.6)，考虑形函数方程 (9.1.12)，位移函数的一般形式为：

$$
\{\psi\} = \begin{Bmatrix} u(r,z) \\ w(r,z) \end{Bmatrix} = \begin{bmatrix} N_i & 0 & N_j & 0 & N_m & 0 \\ 0 & N_i & 0 & N_j & 0 & N_m \end{bmatrix} \begin{Bmatrix} u_i \\ w_i \\ u_j \\ w_j \\ u_m \\ w_m \end{Bmatrix}
\tag{9.1.13}
$$

或

$$
\{\psi\} = [N]\{d\}
\tag{9.1.14}
$$

步骤 3　定义应变-位移和应力-应变关系

应用式 (9.1.1e) 和式 (9.1.3)，应变为：

$$
\{\varepsilon\} = \begin{Bmatrix} a_2 \\ a_6 \\ \dfrac{a_1}{r} + a_2 + \dfrac{a_3 z}{r} \\ a_3 + a_5 \end{Bmatrix}
\tag{9.1.15}
$$

将式 (9.1.15) 改写为用 a_i 作为分列的矩阵：

$$
\begin{Bmatrix} \varepsilon_r \\ \varepsilon_z \\ \varepsilon_\theta \\ \gamma_{rz} \end{Bmatrix} = \begin{bmatrix} 0 & 1 & 0 & 0 & 0 & 0 \\ 0 & 0 & 0 & 0 & 0 & 1 \\ \dfrac{1}{r} & 1 & \dfrac{z}{r} & 0 & 0 & 0 \\ 0 & 0 & 1 & 0 & 1 & 0 \end{bmatrix} \begin{Bmatrix} a_1 \\ a_2 \\ a_3 \\ a_4 \\ a_5 \\ a_6 \end{Bmatrix}
\tag{9.1.16}
$$

将式 (9.1.9) 和式 (9.1.10) 代入式 (9.1.16)，化简得：

$$
\{\varepsilon\} = \frac{1}{2A} \begin{bmatrix} \beta_i & 0 & \beta_j & 0 & \beta_m & 0 \\ 0 & \gamma_i & 0 & \gamma_j & 0 & \gamma_m \\ \dfrac{\alpha_i}{r} + \beta_i + \dfrac{\gamma_i z}{r} & 0 & \dfrac{\alpha_j}{r} + \beta_j + \dfrac{\gamma_j z}{r} & 0 & \dfrac{\alpha_m}{r} + \beta_m + \dfrac{\gamma_m z}{r} & 0 \\ \gamma_i & \beta_i & \gamma_j & \beta_j & \gamma_m & \beta_m \end{bmatrix} \begin{Bmatrix} u_i \\ w_i \\ u_j \\ w_j \\ u_m \\ w_m \end{Bmatrix}
\tag{9.1.17}
$$

或将式 (9.1.17) 改写为简化的矩阵形式：

$$\{\varepsilon\} = [[B_i]\ [B_j]\ [B_m]]\begin{Bmatrix} u_i \\ w_i \\ u_j \\ w_j \\ u_m \\ w_m \end{Bmatrix} \tag{9.1.18}$$

式中，

$$[B_i] = \frac{1}{2A}\begin{bmatrix} \beta_i & 0 \\ 0 & \gamma_i \\ \dfrac{\alpha_i}{r} + \beta_i + \dfrac{\gamma_i z}{r} & 0 \\ \gamma_i & \beta_i \end{bmatrix} \tag{9.1.19}$$

在式(9.1.19)中将下标 i 换为 j 和 m，得到相似的子矩阵 $[B_j]$ 和 $[B_m]$，将式(9.1.18)改写为紧凑的矩阵形式：

$$\{\varepsilon\} = [B]\{d\} \tag{9.1.20}$$

式中，$[B]$ 被称为梯度矩阵：

$$[B] = [[B_i]\ [B_j]\ [B_m]] \tag{9.1.21}$$

注意到 $[B]$ 是关于坐标 r 和 z 的函数。因此，一般情况下，应变 ε_θ 不为常量。

应力由下式给出：

$$\{\sigma\} = [D][B]\{d\} \tag{9.1.22}$$

式中，$[D]$ 由式(9.1.2)右边的第一个矩阵给出(正如第 6 章提到的，当 $v = 0.5$ 时，必须用一个特殊的公式，见参考文献[9])。

步骤 4　推导单元刚度矩阵和方程

刚度矩阵为：

$$[k] = \iiint_V [B]^{\mathrm{T}}[D][B]\,\mathrm{d}V \tag{9.1.23}$$

或

$$[k] = 2\pi\iint_A [B]^{\mathrm{T}}[D][B]r\,\mathrm{d}r\,\mathrm{d}z \tag{9.1.24}$$

沿圆周边界积分后，式(9.1.21)的矩阵 $[B]$ 是 r 和 z 的函数。因此，$[k]$ 是 r 和 z 的函数，且为 6×6 的矩阵。

可以用以下三种方法之一来计算式(9.1.24)：

1. 在第 10 章讨论的数值积分(高斯求积法)。
2. 直接相乘并逐项积分[1]。
3. 对单元的中心点 $(\bar{r}, \bar{z})$ 计算 $[B]$：

$$r = \bar{r} = \frac{r_i + r_j + r_m}{3} \qquad z = \bar{z} = \frac{z_i + z_j + z_m}{3} \tag{9.1.25}$$

定义 $[B(\bar{r}, \bar{z})] = [\bar{B}]$。因此，作为一阶近似：

$$[k] = 2\pi\bar{r}A[\bar{B}]^{\mathrm{T}}[D][\bar{B}] \tag{9.1.26}$$

如果三角形的细分与最终的应力分布一致（也就是在高应力梯度区域采用小单元），则可由上述方法 3 得到结果。

9.1.1　分布体力

荷载——如重力（沿 z 轴方向）或旋转的机械零件中的离心力（沿 r 轴方向）——均考虑为体力（如图 9.6 所示）。

体力可由下式得到：

$$\{f_b\} = 2\pi \iint_A [N]^{\mathrm{T}} \begin{Bmatrix} R_b \\ Z_b \end{Bmatrix} r\,\mathrm{d}r\,\mathrm{d}z \tag{9.1.27}$$

式中，对于以等角速度 ω 绕 z 轴转动的机械部件 $R_b = \omega^2 \rho r$，ρ 为材料质量密度，r 为径向坐标，Z_b 表示由重力产生的单位体积体力。

考虑节点 i 的体力，有：

$$\{f_{bi}\} = 2\pi \iint_A [N_i]^{\mathrm{T}} \begin{Bmatrix} R_b \\ Z_b \end{Bmatrix} r\,\mathrm{d}r\,\mathrm{d}z \tag{9.1.28}$$

式中，

$$[N_i]^{\mathrm{T}} = \begin{bmatrix} N_i & 0 \\ 0 & N_i \end{bmatrix} \tag{9.1.29}$$

在式（9.1.28）中做乘法和积分，得到：

$$\{f_{bi}\} = \frac{2\pi}{3} \begin{Bmatrix} \bar{R}_b \\ Z_b \end{Bmatrix} A\bar{r} \tag{9.1.30}$$

式中，坐标原点为单元形心，$\bar{R}_b$ 是单元形心处的径向单位体积体力，节点 j 和节点 m 处的体力与式（9.1.30）给出的节点 i 的体力相同。所以有：

$$\{f_b\} = \frac{2\pi \bar{r} A}{3} \begin{Bmatrix} \bar{R}_b \\ Z_b \\ \bar{R}_b \\ Z_b \\ \bar{R}_b \\ Z_b \end{Bmatrix} \tag{9.1.31}$$

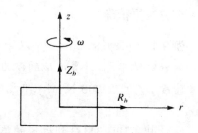

图 9.6　作用单位体积体力的轴对称单元

式中，

$$\bar{R}_b = \omega^2 \rho \bar{r} \tag{9.1.32}$$

式（9.1.31）是径向分布体力的一阶近似。

9.1.2　面力

面力由下式得到：

$$\{f_s\} = \iint_S [N_s]^{\mathrm{T}} \{T\}\,\mathrm{d}S \tag{9.1.33}$$

式中，$[N_s]$ 表示在面力作用的表面上计算的形函数矩阵。

对于径向和轴向压力 p_r 和 p_z，分别有：

$$\{f_s\} = \iint_S [N_s]^{\mathrm{T}} \begin{Bmatrix} p_r \\ p_z \end{Bmatrix} \mathrm{d}S \tag{9.1.34}$$

例如, 如图 9.7 所示的单元垂直面 jm, 均布荷载 p_r 和 p_z 沿 $r = r_j$ 面作用。对每个节点分别应用式 (9.1.34)。例如, 对于节点 j, 将式 (9.1.12) 的 N_j 代入式 (9.1.34), 有:

$$\{f_{sj}\} = \int_{z_j}^{z_m} \frac{1}{2A} \begin{bmatrix} \alpha_j + \beta_j r + \gamma_j z & 0 \\ 0 & \alpha_j + \beta_j r + \gamma_j z \end{bmatrix} \begin{Bmatrix} p_r \\ p_z \end{Bmatrix} 2\pi r_j \, \mathrm{d}z \tag{9.1.35}$$

对式 (9.1.35) 进行显式积分, 并对 f_{si} 和 f_{sm} 进行相似的计算, 确定节点 i, j 和 m 的总面力分布:

$$\{f_s\} = \frac{2\pi r_j (z_m - z_j)}{2} \begin{Bmatrix} 0 \\ 0 \\ p_r \\ p_z \\ p_r \\ p_z \end{Bmatrix} \tag{9.1.36}$$

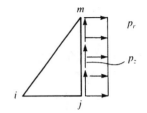

图 9.7　作用面力的轴对称单元

步骤 5～步骤 7

步骤 5～步骤 7 包括集成总刚度矩阵、总的力矩阵和总的方程组; 求解节点自由度; 计算单元应力, 除每个单元上的应力不是常数外, 步骤与第 6 章的 CST 单元的步骤相同。通常用确定 LST 单元应力的两种方法中的一种来确定应力。既能确定单元中心应力, 也能确定单元的节点应力, 然后得到它们的平均数。在某些情况下[2], 后一个方法更精确。

例 9.1　如图 9.8 所示, 一个以等角速度 $\omega = 100$ rev/min 转动的轴对称单元, 计算近似的体力矩阵。包括材料重力, 质量密度 ρ_w 为 77 000 N/m³, 单元坐标如图所示(单位为 cm)。

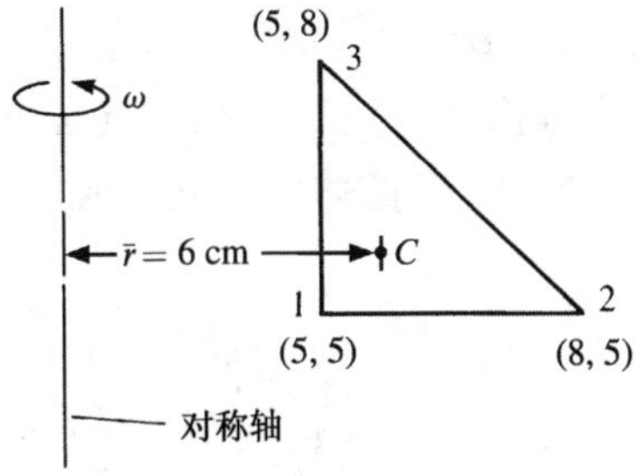

图 9.8　作用角速度的轴对称单元

需计算式 (9.1.31) 得到近似的体力矩阵。因此, 单元中心处的单位体积体力为:

$$Z_b = 77\,000 \text{ N/m}^3$$

由式 (9.1.32), 得到:

$$\bar{R}_b = \omega^2 \rho \bar{r} = \left[\left(100\,\frac{\text{rev}}{\text{min}}\right)\left(2\pi\,\frac{\text{rad}}{\text{rev}}\right)\left(\frac{1\text{ min}}{60\text{ s}}\right) \right]^2 \frac{(77\,000 \text{ N/m}^3)}{(9.81)\text{ m/s}^2}(0.06 \text{ m})$$

$$\bar{R}_b = 51\,645 \text{ kg/m}^3$$

$$\frac{2\pi \bar{r} A}{3} = \frac{2\pi (0.06)(4.5 \times 10^{-4})}{3} = 5.655 \times 10^{-5} \text{ m}^3$$

$$f_{b1r} = (5.655 \times 10^{-5})(51\,645) = 2.92 \text{ N}$$

$$f_{b1z} = -(5.655 \times 10^{-5})(77\,000) = -4.35 \text{ N} \qquad (\text{向下})$$

由于使用了一阶近似方程 (9.1.31), 所有 r 向的节点体力相同, 所有 z 向的节点体力也相

同。因此,

$$f_{b2r} = 2.92\,\mathrm{N} \quad f_{b2z} = -4.35\,\mathrm{N}$$
$$f_{b3r} = 2.92\,\mathrm{N} \quad f_{b3z} = -4.35\,\mathrm{N}$$

9.2 轴对称压力容器的求解

为了说明 9.1 节中推导出的方程的使用,现求解一个轴对称应力问题。

例 9.2 如图 9.9 所示,厚壁长圆筒中作用的内压 p 等于 1 Pa,计算位移和应力。

离散化

为说明该圆筒的有限元解,首先将该圆筒离散为四个三角形单元,如图 9.10 所示。该圆筒的水平截面代表总的圆筒性能。因为只是进行简单的求解,为简单起见,使用粗网格(但不失方法的一般性)。总控制矩阵方程为:

$$\begin{Bmatrix} F_{1r} \\ F_{1z} \\ F_{2r} \\ F_{2z} \\ F_{3r} \\ F_{3z} \\ F_{4r} \\ F_{4z} \\ F_{5r} \\ F_{5z} \end{Bmatrix} = [K] \begin{Bmatrix} u_1 \\ w_1 \\ u_2 \\ w_2 \\ u_3 \\ w_3 \\ u_4 \\ w_4 \\ u_5 \\ w_5 \end{Bmatrix} \tag{9.2.1}$$

式中,矩阵 $[K]$ 为 10×10 的矩阵。

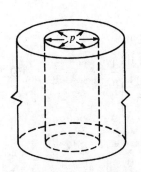

图 9.9 承受内压的厚壁圆筒

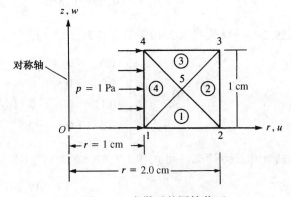

图 9.10 离散后的圆筒截面

刚度矩阵的组合

通过叠加单个单元刚度矩阵的常用方式来集成矩阵 $[K]$。为简便起见,用式(9.1.26)所给的一阶近似法计算单元矩阵,因此,

$$[k] = 2\pi \bar{r} A [\bar{B}]^{\mathrm{T}} [D][\bar{B}] \tag{9.2.2}$$

单元 1(参见图 9.11)在图 9.10 所设的整体坐标轴中的坐标为：
$r_i = 1.0$，$z_i = 0$，$r_j = 2.0$，$z_j = 0$，$r_m = 1.5$，$z_m = 0.5$(对于单元 1，
$i = 1$，$j = 2$，$m = 5$)。

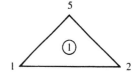

图 9.11　离散后圆筒的单元 1

现计算 $[\bar{B}]$ 由在单元中心 $r = \bar{r}$ 和 $z = \bar{z}$ 处计算的式 (9.1.19)
给出，展开如下：

$$[\bar{B}] = \frac{1}{2A}\begin{bmatrix} \beta_i & 0 & \beta_j & 0 & \beta_m & 0 \\ 0 & \gamma_i & 0 & \gamma_j & 0 & \gamma_m \\ \dfrac{\alpha_i}{\bar{r}} + \beta_i + \dfrac{\gamma_i\bar{z}}{\bar{r}} & 0 & \dfrac{\alpha_j}{\bar{r}} + \beta_j + \dfrac{\gamma_j\bar{z}}{\bar{r}} & 0 & \dfrac{\alpha_m}{\bar{r}} + \beta_m + \dfrac{\gamma_m\bar{z}}{\bar{r}} & 0 \\ \gamma_i & \beta_i & \gamma_j & \beta_j & \gamma_m & \beta_m \end{bmatrix} \quad (9.2.3)$$

使用式 (9.1.11) 的单元坐标，有：

$$\alpha_i = r_j z_m - z_j r_m = (2.0)(0.5) - (0.0)(1.5) = 1.0\ \text{cm}^2$$
$$\alpha_j = r_m z_i - z_m r_i = (1.5)(0) - (0.5)(1.0) = -0.5\ \text{cm}^2$$
$$\alpha_m = r_i z_j - z_i r_j = (1.0)(0.0) - (0)(2.0) = 0.0\ \text{cm}^2$$
$$\beta_i = z_j - z_m = 0.0 - 0.5 = -0.5\ \text{cm}$$
$$\beta_j = z_m - z_i = 0.5 - 0 = 0.5\ \text{cm}$$
$$\beta_m = z_i - z_j = 0.0 - 0.0 = 0.0\ \text{cm}$$
$$\gamma_i = r_m - r_j = 1.5 - 2.0 = -0.5\ \text{cm}$$
$$\gamma_j = r_i - r_m = 1.0 - 1.5 = -0.5\ \text{cm}$$
$$\gamma_m = r_j - r_i = 2.0 - 1.0 = 1.0\ \text{cm}$$

$$(9.2.4)$$

$$\bar{r} = 1.0 + \frac{1}{2}(1.0) = 1.5\ \text{cm} \qquad \bar{z} = \frac{1}{3}(0.5) = 0.167\ \text{cm}$$

和

$$A = \frac{1}{2}(1.0)(0.5) = 0.25\ \text{cm}^2$$

将式 (9.2.4) 的结果代入式 (9.2.3)，得到：

$$[\bar{B}] = \frac{10^2}{0.5}\begin{bmatrix} -0.5 & 0 & 0.5 & 0 & 0 & 0 \\ 0 & -0.5 & 0 & -0.5 & 0 & 1.0 \\ 0.11 & 0 & 0.11 & 0 & 0.11 & 0 \\ -0.5 & -0.5 & -0.5 & 0.5 & 1.0 & 0 \end{bmatrix}\frac{1}{\text{m}} \quad (9.2.5)$$

对于轴对称应力情况，由式 (9.1.2) 给出的矩阵 $[D]$ 为：

$$[D] = \frac{E}{(1+v)(1-2v)}\begin{bmatrix} 1-v & v & v & 0 \\ v & 1-v & v & 0 \\ v & v & 1-v & 0 \\ 0 & 0 & 0 & \dfrac{1-2v}{2} \end{bmatrix} \quad (9.2.6)$$

又有 $v = 0.3$，$E = 200\ \text{GPa}$，代入得：

$$[D] = \frac{200 \times 10^9}{(1 + 0.3)[1 - 2(0.3)]} \begin{bmatrix} 1 - 0.3 & 0.3 & 0.3 & 0 \\ 0.3 & 1 - 0.3 & 0.3 & 0 \\ 0.3 & 0.3 & 1 - 0.3 & 0 \\ 0 & 0 & 0 & \dfrac{1 - 2(0.3)}{2} \end{bmatrix} \qquad (9.2.7)$$

化简式 (9.2.7) 得:

$$[D] = 384.6 \times 10^9 \begin{bmatrix} 0.7 & 0.3 & 0.3 & 0 \\ 0.3 & 0.7 & 0.3 & 0 \\ 0.3 & 0.3 & 0.7 & 0 \\ 0 & 0 & 0 & 0.2 \end{bmatrix} \frac{\text{N}}{\text{m}^2} \qquad (9.2.8)$$

应用式 (9.2.5) 和式 (9.2.8)，得到:

$$[\bar{B}]^{\text{T}}[D] = \frac{(10^2)(384.6 \times 10^9)}{0.50} \begin{bmatrix} -0.317 & -0.117 & -0.073 & -0.10 \\ -0.15 & -0.35 & -0.15 & -0.10 \\ 0.383 & 0.183 & 0.227 & -0.10 \\ -0.15 & -0.35 & -0.15 & 0.10 \\ 0.033 & 0.033 & 0.077 & 0.20 \\ 0.30 & 0.70 & 0.30 & 0 \end{bmatrix} \qquad (9.2.9)$$

将式 (9.2.5) 和式 (9.2.9) 代入式 (9.2.2)，可以得到单元 1 的刚度矩阵:

$$\begin{matrix} i = 1 & j = 2 & m = 5 \end{matrix}$$

$$[k^{(1)}] = (10^6) \begin{bmatrix} 36.25 & 19.66 & -21.11 & 1.54 & -19.57 & -21.2 \\ 19.66 & 40.78 & -7.52 & 22.65 & -21.12 & -63.43 \\ -21.11 & -7.52 & 48.20 & -25.64 & -13.59 & 33.16 \\ 1.54 & 22.65 & -25.64 & 40.78 & 15.13 & -63.43 \\ -19.57 & -21.12 & -13.59 & 15.13 & 37.69 & 5.98 \\ -21.2 & -63.43 & 33.16 & -63.43 & 5.98 & 126.86 \end{bmatrix} \frac{\text{N}}{\text{m}} \qquad (9.2.10)$$

其中，列上的数字代表单元 1 刚度矩阵中自由度的节点顺序。

单元 2 (参见图 9.12) 的坐标为: $r_i = 2.0$, $z_i = 0.0$, $r_j = 2.0$, $z_j = 1.0$, $r_m = 1.5$, $z_m = 0.5$ (对于单元 2, $i = 2$, $j = 3$, $m = 5$)，因此有:

$$\alpha_i = (2.0)(0.5) - (1.0)(1.5) = -0.5 \text{ cm}^2$$
$$\alpha_j = (1.5)(0.0) - (0.5)(2.0) = -1.0 \text{ cm}^2 \qquad (9.2.11)$$
$$\alpha_m = (2.0)(1.0) - (0.0)(2.0) = 2.0 \text{ cm}^2$$

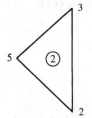

图 9.12　离散后圆筒的单元 2

$$\beta_i = 1.0 - 0.5 = 0.5 \text{ cm} \qquad \beta_j = 0.5 - 0.0 = 0.5 \text{ cm}$$
$$\beta_m = 0.0 - 1.0 = -1.0 \text{ cm} \qquad \gamma_i = 1.5 - 2.0 = -0.5 \text{ cm}$$
$$\gamma_j = 2.0 - 1.5 = 0.5 \text{ cm} \qquad \gamma_m = 2.0 - 2.0 = 0.0 \text{ cm}$$

和

$$\bar{r} = 1.833 \text{ cm} \qquad \bar{z} = 0.5 \text{ cm} \qquad A = 0.25 \text{ cm}^2$$

将式 (9.2.11) 代入式 (9.2.2)，计算步骤与单元 1 的相同，得到单元 2 的刚度矩阵:

$$
[k^{(2)}] = (10^6) \begin{matrix} i=2 & & j=3 & & m=5 \end{matrix}
$$

$$
[k^{(2)}] = (10^6) \begin{bmatrix} 57.14 & -30.7 & 34.99 & 8.55 & -79.25 & 22.14 \\ -30.7 & 49.75 & -8.55 & -27.68 & 30.2 & -22.14 \\ 34.99 & -8.55 & 57.14 & 30.7 & -79.25 & -22.14 \\ 8.55 & -27.68 & 30.7 & 49.53 & -30.2 & -22.14 \\ -79.2 & 30.2 & -79.25 & -30.2 & 144.25 & 0 \\ 14.54 & -14.54 & -14.54 & -14.54 & 0 & 44.28 \end{bmatrix} \frac{\text{N}}{\text{m}} \tag{9.2.12}
$$

用相同的方法得到单元 3 和单元 4 的刚度矩阵:

$$
\begin{matrix} i=3 & & j=4 & & m=5 \end{matrix}
$$

$$
[k^{(3)}] = (10^6) \begin{bmatrix} 48.36 & 25.68 & -21.05 & 7.57 & -13.55 & -33.20 \\ 25.68 & 40.76 & -1.52 & 22.65 & -15.11 & -63.38 \\ -21.05 & -1.52 & 32.68 & -19.65 & -19.58 & 21.15 \\ 7.57 & 22.65 & -19.65 & 40.76 & 21.15 & -63.38 \\ -13.55 & -15.11 & -19.58 & 21.15 & 37.80 & -6.06 \\ -33.20 & -63.38 & 21.15 & -63.38 & -6.06 & 126.67 \end{bmatrix} \frac{\text{N}}{\text{m}} \tag{9.2.13}
$$

和

$$
\begin{matrix} i=4 & & j=1 & & m=5 \end{matrix}
$$

$$
[k^{(4)}] = (10^6) \begin{bmatrix} 27.68 & -14.61 & 13.62 & 0.51 & -44.27 & 14.10 \\ -14.61 & 31.69 & -0.51 & -17.62 & 24.17 & -14.10 \\ 13.62 & -0.51 & 27.68 & 14.61 & -44.27 & -14.10 \\ 0.51 & -17.62 & 14.61 & 31.69 & -24.16 & -14.10 \\ -44.27 & 24.17 & -44.27 & -24.16 & 112.60 & 0 \\ 14.10 & -14.10 & -14.10 & -14.10 & 0 & 28.20 \end{bmatrix} \frac{\text{N}}{\text{m}} \tag{9.2.14}
$$

叠加单元刚度矩阵[见式(9.2.10)及式(9.2.12)~式(9.2.14)],按节点自由度增大的顺序重新排列各单元刚度矩阵的元素,得到总刚度矩阵如下:

$$
[K] = (10^6) \begin{bmatrix} 63.93 & 34.27 & -21.11 & 1.54 & 0 & 0 & 13.62 & -0.51 & -63.84 & -35.3 \\ 34.27 & 71.47 & -7.52 & 22.65 & 0 & 0 & 0.51 & -17.62 & -45.28 & -77.53 \\ -21.11 & -7.52 & 105.34 & -56.34 & 34.99 & 8.55 & 0 & 0 & -92.84 & 55.30 \\ 1.54 & 22.65 & -56.34 & 90.53 & -8.55 & -27.68 & 0 & 0 & 45.33 & -85.57 \\ 0 & 0 & 39.99 & -8.55 & 105.5 & 56.38 & -21.05 & 7.54 & -92.80 & -55.34 \\ 0 & 0 & 8.55 & -27.68 & 56.38 & 90.59 & -1.52 & 22.65 & -45.31 & -85.52 \\ 13.62 & 0.51 & 0 & 0 & -21.05 & -1.52 & 63.96 & -34.26 & -63.85 & 35.25 \\ -0.51 & -17.62 & 0 & 0 & 7.57 & 22.65 & -34.26 & 72.45 & 45.32 & -77.48 \\ -63.84 & -45.28 & -92.84 & 45.33 & -92.80 & -45.31 & -63.85 & 45.32 & 332.34 & 0 \\ -35.3 & -77.53 & 55.30 & -85.57 & -55.34 & -85.52 & 35.25 & -77.48 & 0 & 326.01 \end{bmatrix} \frac{\text{N}}{\text{m}} \tag{9.2.15}
$$

作用的节点力由式(9.1.36)给出:

$$
F_{1r} = F_{4r} = \frac{2\pi(0.01)(0.01)}{2}(1) = 0.000\,314\,1 \text{ N} \tag{9.2.16}
$$

其他节点力都为 0。通过式(9.2.15)得到$[K]$,通过式(9.2.16)得到式(9.2.1)中的节点力,解出节点位移:

$$
\begin{aligned}
u_1 &= 0.0967 \times 10^{-9} \text{ mm} & w_1 &= -0.0071 \times 10^{-9} \text{ mm} \\
u_2 &= 0.0658 \times 10^{-9} \text{ mm} & w_2 &= 0.0104 \times 10^{-9} \text{ mm} \\
u_3 &= 0.0658 \times 10^{-9} \text{ mm} & w_3 &= -0.0104 \times 10^{-9} \text{ mm}
\end{aligned} \tag{9.2.17}
$$

$$u_4 = 0.0967 \times 10^{-9} \text{ mm} \quad w_4 = -0.0075 \times 10^{-9} \text{ mm}$$
$$u_5 = 0.0731 \times 10^{-9} \text{ mm} \quad w_5 = 0.004\,17 \times 10^{-9} \text{ mm}$$

节点位移的结果和预期的一致，因为内缘的节点径向位移相同（$u_1 = u_4$），外缘的径向位移也相同（$u_2 = u_3$）。此外，外部节点和内部节点的轴向位移相等，但符号相反（$w_1 = -w_4$，$w_2 = -w_3$），这是泊松效应和对称性的结果。由于对称性，中心节点的轴向位移是零（$w_5 = 0$）。

通过式（9.1.22），确定每个单元的应力为：

$$\{\sigma\} = [D][\bar{B}]\{d\} \tag{9.2.18}$$

对于单元 1，应用计算 $[\bar{B}]$ 的式（9.2.5）、计算 $[D]$ 的式（9.2.8）以及计算 $\{d\}$ 的式（9.2.17），得到：

$$\sigma_r = -0.1695 \text{ N/m}^2 \quad \sigma_z = -0.006\,38 \text{ N/m}^2$$
$$\sigma_\theta = 0.4711 \text{ N/m}^2 \quad \tau_{rz} = -0.051\,99 \text{ N/m}^2$$

类似地，单元 2 的应力为：

$$\sigma_r = -0.0525 \text{ N/m}^2 \quad \sigma_z = -0.0373 \text{ N/m}^2$$
$$\sigma_\theta = 0.345 \text{ N/m}^2 \quad \tau_{rz} = 0.00 \text{ N/m}^2$$

单元 3 的应力为：

$$\sigma_r = -0.1685 \text{ N/m}^2 \quad \sigma_z = -0.006\,25 \text{ N/m}^2$$
$$\sigma_\theta = 0.471 \text{ N/m}^2 \quad \tau_{rz} = 0.051\,85 \text{ N/m}^2$$

单元 4 的应力为：

$$\sigma_r = -0.235 \text{ N/m}^2 \quad \sigma_z = 0.074\,65 \text{ N/m}^2$$
$$\sigma_\theta = 0.713 \text{ N/m}^2 \quad \tau_{rz} = 0.00 \text{ N/m}^2$$

图 9.13 给出了精确解[10]、这里得到的结果和参考文献[5]的结果。这里使用的非常粗的网格和参考文献[5]的第一种情况得到的结果都与精确解比较符合。在参考文献[5]中，应力标在四边形的中心，并且是通过对四个相连的三角形中的应力取平均值得到的。

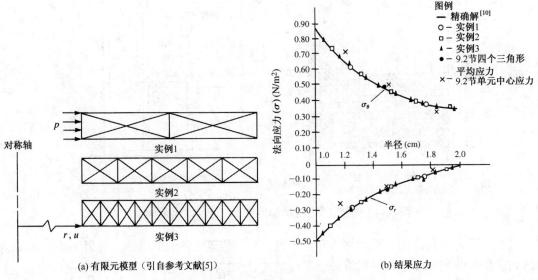

(a) 有限元模型（引自参考文献[5]）　　　　　　(b) 结果应力

图 9.13　内压力下的厚壁圆筒有限元分析

9.3　轴对称单元的应用

许多结构(和非结构)体系可以归类为轴对称。图 9.14、图 9.15 和图 9.17 给出了一些典型的结构体系,可以通过使用本章节介绍的轴对称单元准确地模拟它们的性能。

图 9.14 展示了一个钢筋混凝土压力容器的有限元模型。该容器是一个平头厚壁圆筒。存在对称轴(z 轴),因此,只需模拟通过结构中部的 r-z 平面的一半。使用本章介绍的轴对称三角形单元来模拟混凝土。钢构件沿混凝土的边界布置以保持混凝土单元和钢单元之间的连续性(或假设为理想黏结)。容器内作用有如图所示的压力。要注意,沿对称轴上的节点要用滚轴支撑,以防止垂直于对称轴的运动。

图 9.15 给出了一个用在塑料薄膜成型过程中的高强度钢模的有限元模型[7]。如图所示,钢模是一个不规则的圆盘,存在关于几何和荷载对称的轴。使用简单的四边形轴对称单元来模拟钢模,重点注意高应力区。图 9.16 画出了图 9.15 中钢模的 von Mises 应力等值线图。von Mises(或等值或有效)应力[8]在设计中常用作失效准则。如在 7.1 节中解释的那样,需注意荷载 F 处的人为高应力。

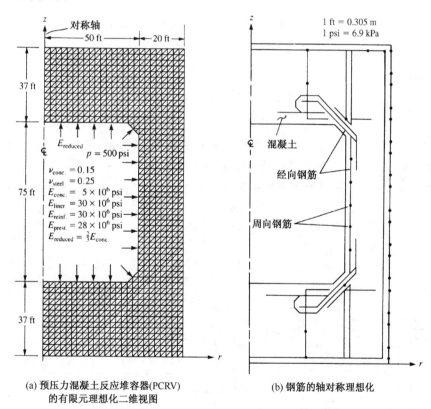

(a) 预压力混凝土反应堆容器(PCRV)
的有限元理想化二维视图

(b) 钢筋的轴对称理想化

图 9.14　钢筋混凝土压力容器模型(引自参考文献[4])

对于受静力荷载作用的延性材料,基于最大畸变能理论的失效准则,如果 von Mises 应力达到了材料的屈服强度,材料将失效。根据式(6.5.37)和式(6.5.38),von Mises 应力 $\{\sigma_{vm}\}$ 可用主应力表示如下:

$$\sigma_{vm} = \frac{1}{\sqrt{2}} \sqrt{(\sigma_1 - \sigma_2)^2 + (\sigma_2 - \sigma_3)^2 + (\sigma_3 - \sigma_1)^2} \qquad (9.3.1)$$

式中，主应力由 σ_1, σ_2 和 σ_3 表示。这些结果是用商用计算机程序 ANSYS[12]计算得到的。

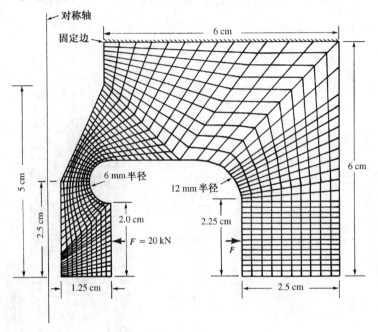

图 9.15　高强度钢模模型（924 个节点，830 个单元）

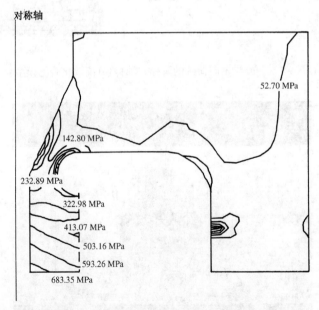

图 9.16　图 9.15 中轴对称模型的 von Mises 应力等值线图（也产生约 0.375 mm 的径向向内的位移）

　　在制造昂贵的原型钢模之前，为了评估最合适的钢模，人们还研究了其他不同形状的钢模。通过这些比较研究，提高了原型的可接受性。如图 9.17 所示，带圆角半径的阶梯形 4130 钢轴受到的轴向拉力为 700 N/cm²。轴向反复加载的疲劳分析需要一个精确的应力集中因子，

应力集中因子应用于 700 N/cm² 的平均轴向拉力。对于所给的几何形状要确定应力集中因子,因此必须了解应力最大的位置。图 9.18 给出了用计算机程序[11]得到的最大主应力图。圆角的最大主应力为 1507.4 N/cm²。轴对称单元的其他应用实例见参考文献[2 ~ 6]。

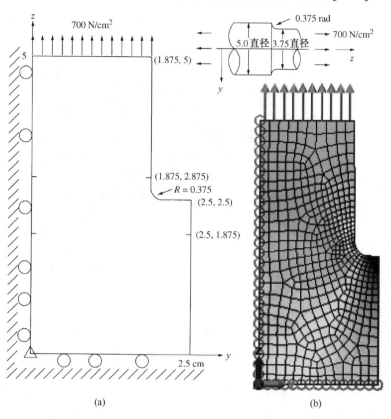

图 9.17　(a)受轴向荷载的阶梯式轴;(b)离散化后的模型

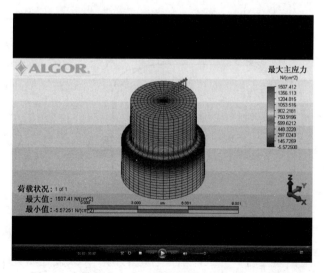

图 9.18　图 9.17 中轴的主应力三维可视化(本图彩色版参见彩色插图)

本章表明用简单的三节点三角形单元对轴对称体系的有限元分析,与第 6 章中介绍的三

节点三角形单元解决二维平面应力问题相似。因此，在带轴对称单元的商用计算机程序中，二维单元可进行轴对称体系的分析。

最后需要注意其他轴对称单元也能用于轴对称分析，像简单四边形（在图 9.15 中钢模的分析采用的，有四个角点，每个节点有两个自由度的单元）或在参考文献[6]中给出的高阶三角形单元。参考文献[6]给出的高阶三角形单元涉及 u 和 w 的 10 个三次多项式。由于三节点三角形单元简单并且描述几何边界相对容易，故在此阐述。

方程小结

（均适用于轴对称单元。）

轴对称行为的应变位移关系：

$$\varepsilon_r = \frac{\partial u}{\partial r} \quad \varepsilon_\theta = \frac{u}{r} \quad \varepsilon_z = \frac{\partial w}{\partial z} \quad \gamma_{rz} = \frac{\partial u}{\partial z} + \frac{\partial w}{\partial r} \tag{9.1.1e}$$

各向同性材料的应力应变关系：

$$\begin{Bmatrix} \sigma_r \\ \sigma_z \\ \sigma_\theta \\ t_{rz} \end{Bmatrix} = \frac{E}{(1+v)(1-2v)} \begin{bmatrix} 1-v & v & v & 0 \\ v & 1-v & v & 0 \\ v & v & 1-v & 0 \\ 0 & 0 & 0 & \dfrac{1-2v}{2} \end{bmatrix} \begin{Bmatrix} \varepsilon_r \\ \varepsilon_z \\ \varepsilon_\theta \\ \gamma_{rz} \end{Bmatrix} \tag{9.1.2}$$

轴对称三角形单元的位移函数：

$$\begin{aligned} u(r,z) &= a_1 + a_2 r + a_3 z \\ w(r,z) &= a_4 + a_5 r + a_6 z \end{aligned} \tag{9.1.3}$$

轴对称三角形单元的形函数：

$$\begin{aligned} N_i &= \frac{1}{2A}(\alpha_i + \beta_i r + \gamma_i z) \\ N_j &= \frac{1}{2A}(\alpha_j + \beta_j r + \gamma_j z) \\ N_m &= \frac{1}{2A}(\alpha_m + \beta_m r + \gamma_m z) \end{aligned} \tag{9.1.12}$$

梯度矩阵：

$$[B_i] = \frac{1}{2A} \begin{bmatrix} \beta_i & 0 \\ 0 & \gamma_i \\ \dfrac{\alpha_i}{r} + \beta_i + \dfrac{\gamma_i z}{r} & 0 \\ \gamma_i & \beta_i \end{bmatrix} \tag{9.1.19}$$

和

$$[B] = [[B_i] \quad [B_j] \quad [B_m]] \tag{9.1.21}$$

应变位移方程的矩阵形式：

$$\{\varepsilon\} = [B]\{d\} \tag{9.1.20}$$

应力位移方程的矩阵形式：

$$\{\sigma\} = [D][B]\{d\} \tag{9.1.22}$$

单元刚度矩阵:

$$[k] = 2\pi \iint_A [B]^T [D][B] r \, dr \, dz \qquad (9.1.24)$$

刚度矩阵的一阶近似:

$$[k] = 2\pi \bar{r} A [\bar{B}]^T [D][\bar{B}] \qquad (9.1.26)$$

体力矩阵(一阶近似):

$$\{f_b\} = \frac{2\pi \bar{r} A}{3} \begin{Bmatrix} \bar{R}_b \\ Z_b \\ \bar{R}_b \\ Z_b \\ \bar{R}_b \\ Z_b \end{Bmatrix} \qquad (9.1.31)$$

$$\bar{R}_b = \omega^2 \rho \bar{r} \qquad (9.1.32)$$

受均匀的径向和轴向压力作用的单元 $j\text{-}m$ 边的面力矩阵:

$$\{f_s\} = \frac{2\pi r_j (z_m - z_j)}{2} \begin{Bmatrix} 0 \\ 0 \\ p_r \\ p_z \\ p_r \\ p_z \end{Bmatrix} \qquad (9.1.36)$$

参考文献

[1] Utku, S., "Explicit Expressions for Triangular Torus Element Stiffness Matrix," *Journal of the American Institute of Aeronautics and Astronautics*, Vol. 6, No. 6, pp. 1174–1176, June 1968.

[2] Zienkiewicz, O. C., *The Finite Element Method*, 3rd ed., McGraw-Hill, London, 1977.

[3] Clough, R., and Rashid, Y., "Finite Element Analysis of Axisymmetric Solids," *Journal of the Engineering Mechanics Division, American Society of Civil Engineers*, Vol. 91, pp. 71–85, Feb. 1965.

[4] Rashid, Y., "Analysis of Axisymmetric Composite Structures by the Finite Element Method," *Nuclear Engineering and Design*, Vol. 3, pp. 163–182, 1966.

[5] Wilson, E., "Structural Analysis of Axisymmetric Solids," *Journal of the American Institute of Aeronautics and Astronautics*, Vol. 3, No. 12, pp. 2269–2274, Dec. 1965.

[6] Chacour, S., "A High Precision Axisymmetric Triangular Element Used in the Analysis of Hydraulic Turbine Components," Transactions of the American Society of Mechanical Engineers, *Journal of Basic Engineering*, Vol. 92, pp. 819–826, 1973.

[7] Greer, R. D., *The Analysis of a Film Tower Die Utilizing the ANSYS Finite Element Package*, M.S. Thesis, Rose-Hulman Institute of Technology, Terre Haute, IN, May 1989.

[8] Gere, J. M., and Goodno, B. J., *Mechanics of Materials*, 7th ed., Cengage Learning, Mason, OH, 2009.

[9] Cook, R. D., Malkus, D. S., Plesha, M. E., and Witt, R. J., *Concepts and Applications of Finite Element Analysis*, 4th ed., Wiley, New York, 2002.

[10] Cook, R. D., and Young, W. C., *Advanced Mechanics of Materials, Macmillan*, New York, 1985.

[11] Autodesk Mechanical Simulation 2014, McInnis Parkway, San Rafael, CA 94903.

[12] Swanson, J. A., ANSYS-Engineering Analysis System's User's Manual, Swanson Analysis Systems, Inc., Johnson Rd., P.O. Box 65, Houston, PA 15342.

习题

9.1　对于图 P9.1 中的单元(单位为 cm)，用式(9.2.2)计算刚度矩阵，坐标系设置如图所示。对各单元，令 $E = 210$ GPa，$v = 0.25$。

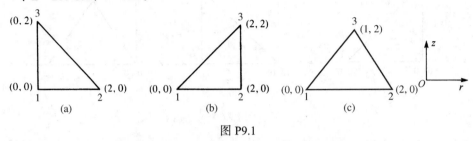

图 P9.1

9.2　计算节点力来替代图 P9.2 中线性变化的面力。提示：使用式(9.1.34)计算。

9.3　如图 P9.3 所示，轴对称体单元以等角速度 $\omega = 20$ rpm 转动，计算体力矩阵。单元坐标在图中给出(单位为 cm)。取质量密度 ρ_w 为 7850 kg/m^3。

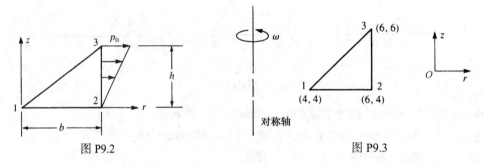

图 P9.2　　　　　　　　　　　图 P9.3

9.4　确定图 P9.4 给出的轴对称单元的单元应力。令 $E = 210$ GPa，$v = 0.25$。坐标在图中给出(单位为 cm)，各单元的节点位移为 $u_1 = 0.000\,25$ cm，$w_1 = 0.0005$ cm，$u_2 = 0.001\,25$ cm，$w_2 = 0.0015$ cm，$u_3 = 0$，$w_3 = 0$。

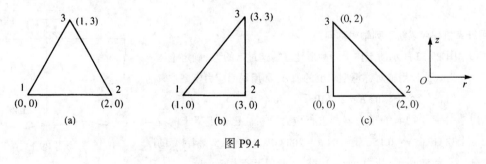

图 P9.4

9.5　推导证明式(9.1.35)的积分可得到式(9.1.36)给出的 j 面力。

9.6　通过式(9.2.2)计算图 P9.6 所示单元的刚度矩阵。坐标在图中给出(单位为 mm)。令各单元的 $E = 105$ GPa，$v = 0.25$。

9.7　确定图 P9.7 所示的轴对称单元的单元应力。令 $E = 105$ GPa，$v = 0.25$。坐标在图中给出(单位为 mm)，各单元的节点位移为：

$$u_1 = 0.05 \text{ mm} \quad w_1 = 0.03 \text{ mm}$$
$$u_2 = 0.01 \text{ mm} \quad w_2 = 0.01 \text{ mm}$$
$$u_3 = 0.0 \text{ mm} \quad w_3 = 0.0 \text{ mm}$$

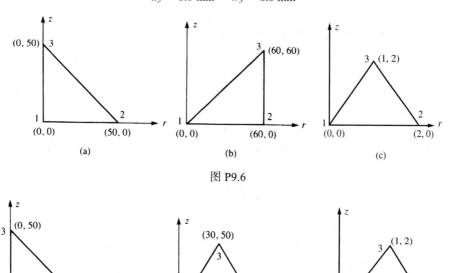

图 P9.6

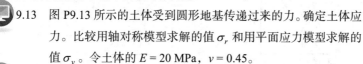

图 P9.7

9.8　能否用轴对称单元连接平面应力单元？请解释。

9.9　9.1 节考虑的三节点轴对称单元是不是常应变单元？请解释原因。

9.10　怎样对作用于对称轴节点的边界条件建模？

9.11　怎样计算 $r = 0$ 处的周向应变 ε_θ？若 a 由式(9.1.15)给出，应变是多少？提示：弹性理论告诉我们 $r = 0$ 处的径向应变一定等于周向应变。

9.12　$r = 0$ 处的应力 σ_r 和 σ_θ 是什么？提示：考虑习题 9.11 后看式 (9.1.2)。

用计算机程序求解下列轴对称问题。

9.13　图 P9.13 所示的土体受到圆形地基传递过来的力。确定土体应力。比较用轴对称模型求解的值 σ_r 和用平面应力模型求解的值 σ_y。令土体的 $E = 20 \text{ MPa}$，$v = 0.45$。

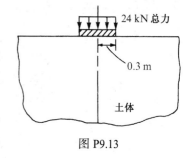

图 P9.13

9.14　对图 P9.14 的压力容器进行应力分析。已知混凝土的 $E = 32 \text{ GPa}$，$v = 0.15$，钢材的 $E = 200 \text{ GPa}$，$v = 0.25$。钢衬套的厚度为 50 mm，压力 $p = 3.2 \text{ MPa}$，凹角半径为 6 mm。

9.15　对图 P9.15 中的带钢衬套的混凝土压力容器进行应力分析。已知混凝土的 $E = 30 \text{ GPa}$，$v = 0.15$，钢材的 $E = 205 \text{ GPa}$，$v = 0.25$。钢衬套的厚度为 50 mm，压力 $p = 700 \text{ kPa}$，凹角半径为 10 mm。

9.16　对图 P9.16 的圆盘进行应力分析，圆盘以等角速度 $\omega = 50 \text{ rpm}$ 转动。已知混凝土的 $E = 210 \text{ GPa}$，$v = 0.25$，质量密度 $\rho = 72.44 \text{ kN/m}^3$。[质量密度 $\rho = \rho_w / (g = 9.81 \text{ m/s}^2)$]类似于例 9.4，先用 8 个再用 16 个单元对称地建模。比较有限元解和由下式给出的理论圆周应力和径向应力。]

$$\sigma_\theta = \frac{3+v}{8}\rho\omega^2 a^2\left(1 - \frac{1+3vr^2}{3+va^2}\right), \qquad \sigma_r = \frac{3+v}{8}\rho\omega^2 a^2\left(1 - \frac{r^2}{a^2}\right)$$

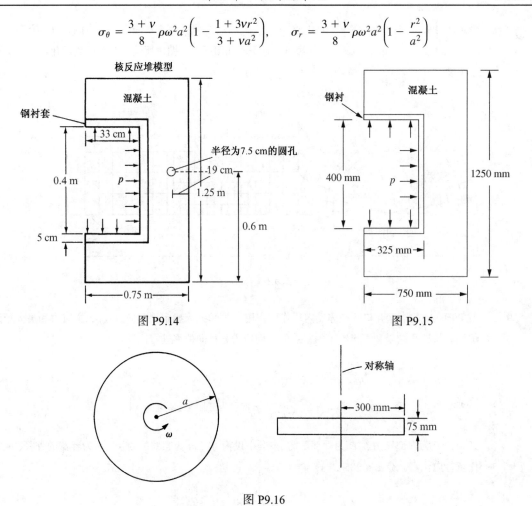

图 P9.14　　　　　　　　　　　　　　图 P9.15

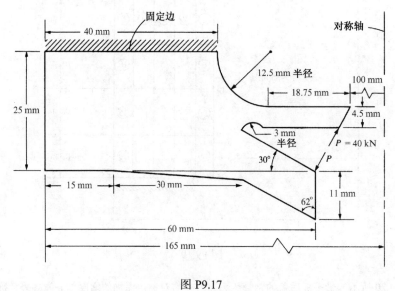

图 P9.16

9.17　确定图 P9.17 中的印模铸件的最大应力和位置。令 $E = 210$ GPa，$v = 0.25$。尺寸在图中给出。

图 P9.17

9.18　确定图 P9.18 中的轴对称连杆的应力 σ_z、σ_r、σ_θ 和 τ_{rz}。画出每个法应力的应力图(等应力线)。令 $E = 210$ GPa，$v = 0.25$。施加的荷载和边界条件如图所示。图中所给的典型的离散化后的杆只用于说明。

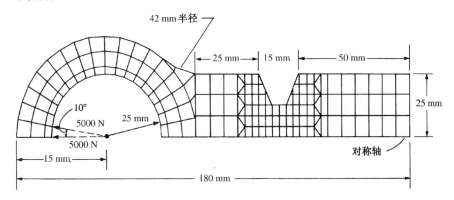

图 P9.18

 9.19　图 P9.19 中的厚壁开口圆柱体受内压作用，用 5 层单元来确定周向应力 σ_θ、主应力和最大径向位移。将这些结果和下式给出的精确的圆周应力和径向位移进行比较。

$$\sigma_\theta = \left(\frac{P_i a^2 + P_0 b^2}{b^2 - a^2}\right) + \left(\frac{a^2 b^2}{r^2(b^2 - a^2)}\right)(P_i - P_0)$$

$$\Delta r = \frac{r}{E(b^2 - a^2)}\left[(1-v)(P_i a^2 + P_0 b^2) + \frac{(1+v)a^2 b^2}{r^2}(P_i - P_0)\right]$$

其中，P_i 为内部压力，P_0 为外部压力(本题中设为 0)，a 为容器的内径，b 为容器的外径，r 为任意径向位置。令 $E = 205$ GPa，$v = 0.3$。

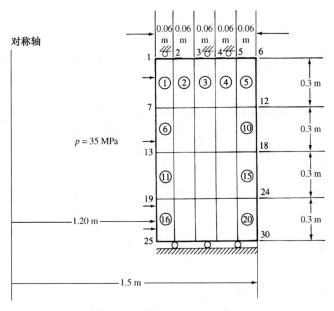

图 P9.19

9.20　图 P9.20 所示的带平板后盖的钢管压力容器左右对称。添加的增厚部分能减轻角部的应力集中。

分析此设计并确定最大应力区域。注意，内部尖凹角会产生极大的应力集中区域，因此，如果不使用非弹性理论或设置小的圆角半径，那么通过细分这些区域的网格无法得到更好的结果。请在报告中提出任何设计改进的建议。设内部压力为 1000 kPa。

9.21　图 P.21 所示的半球形端部圆筒容器受均布内压力 $p = 3.2$ MPa，确定 von Mises 压力的最大值和它的位置。材料为 ASTM-A242 调制合金钢。为避免屈服，安全系数为 3。内部半径 $a = 2.5$ m，厚度 $t = 50$ mm。

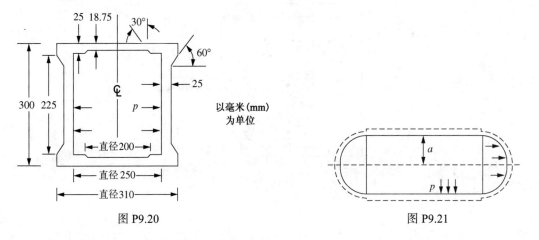

图 P9.20　　　　　　　　　　　　图 P9.21

9.22　图 P9.22(a) 所示的带椭圆形端部的圆筒容器作用荷载 $p = 3.2$ MPa，确定容器是否变形。容器材料和安全系数和习题 9.21 中的相同。图中 $a = 2.5$ m，$b = 1.25$ m，厚度 $t = 50$ mm，图 P9.22(a) 和 (b) 哪个容器的环向应力最低？根据结果讨论两种端部形状那种更好。

为便于建模，图 P9.22(b) 中的椭圆方程为 $b^2x^2 + a^2y^2 = a^2b^2$，其中，a 为长轴，b 为短轴。

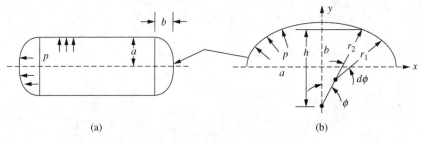

(a)　　　　　　　　　　　(b)

图 P9.22

9.23　图 P9.23 为带活塞的注射器。注射器的材料为玻璃，$E = 69$ GPa，$v = 0.15$，抗拉强度为 5 MPa。测试时底部孔关闭。确定玻璃中的变形和应力。比较玻璃中的最大主应力和极限抗拉强度。请讨论注射器安全吗？为什么？

9.24　图 P9.24 所示的锥形实心圆轴，在侧面加工成一个半圆形凹槽。该实心圆轴由屈服强度为 500 MPa 的热轧 1040 钢制成，作用 28 MPa 的均布轴向拉力。确定最大主应力及圆角和半圆形凹槽处的米斯泽应力。基于最大畸变能理论，分析该轴是否安全？

9.25　图 P9.25(a) 所示为一个钢制打孔机，探讨其可用的合适材料。你选用了何种材料？为什么？对无侧面凹槽［见图 P9.25(b)］和有侧面凹槽［见图 P9.25(c)］的打孔机建模。确定两种情况下整个打孔机的 von Mises 应力分布。在图示荷载下打孔机是否安全？

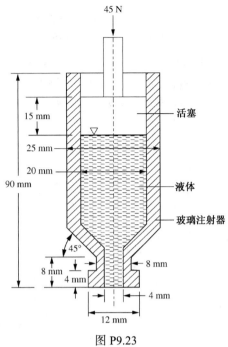

图 P9.23

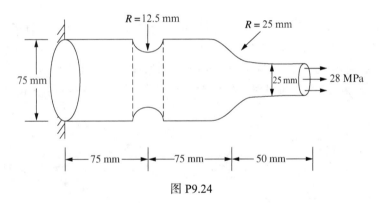

图 P9.24

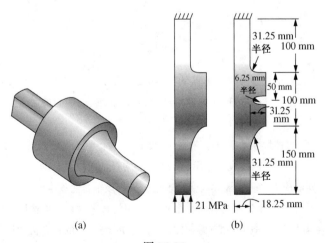

图 P9.25

9.26　图 P9.26(a)为一门火炮的图纸，形状为被截断的圆锥体。它的材料是屈服强度为 255 MPa 的青铜，炮壁的均匀厚度为 7.5 cm。火炮为锥形，左端外径为 25 cm，距左端 155 cm 处的外径为 20 cm，在缺口处(右端)锥形回退。有限元模型的尺寸在图 P9.26(b)中给出。射击时内部压力能达到 138 MPa。确定最大 von Mises 应力并在应力图中画出它的位置。基于最大畸变能理论，火炮材料会屈服吗？在图 P9.26(b)所示的点 C 和 F 的过渡处的圆角半径为 2.5 cm。忽略一些小细节，如左端旋钮和加劲环。

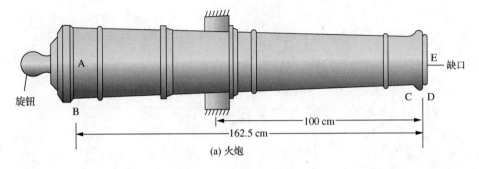

(a) 火炮

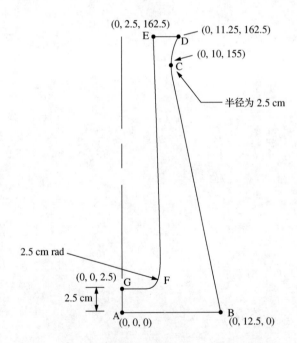

(b) 轴对称建模的简化火炮横截面(尺寸以cm单位表示)

图 P9.26

9.27　图 P9.27 中飞轮的简化模型为一个均匀的带中心孔的薄圆盘，通过中心孔将圆盘安装在轴上。设飞轮的孔内半径为 2.5 cm，飞轮的外部半径为 10 cm，由 1045 高碳钢制成。飞轮轴的转速为 2000 rpm。确定：

(a) 飞轮的最大圆周应力及其径向位置。将计算结果与用旋转薄壁空心圆盘的解析方程得到的值进行比较。

(b) 基于最大畸变能理论(MDET)飞轮在屈服前能承受多大的转速？

(c)若飞轮由 6061-T6 铝合金制成，基于最大畸变能理论，飞轮能承受的最大转速为多少？

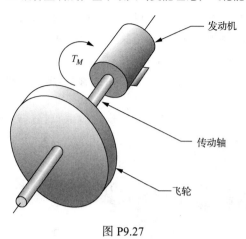

图 P9.27

第10章 等参公式

章节目标

- 推导杆单元刚度矩阵的等参公式描述。
- 介绍平面四节点四边形(Q4)单元刚度矩阵的等参公式。
- 介绍数值积分的两种方法(Newton-Cotes 法和高斯求积法)用于定积分的数值计算,并用具体的例子介绍它们的应用。
- 给出利用四点高斯求积法则计算平面四边形单元刚度矩阵的流程图。
- 通过求解显式示例来演示用四点高斯求积法则计算平面四边形单元的刚度矩阵。
- 举例说明如何用高斯求积法计算在平面四边形单元中给定点的应力。
- 使用高斯求积法计算3节点杆的刚度矩阵,并与通过显式计算得到的结果进行比较。
- 描述3节点线性应变杆,改进的双线性二次四边形单元(Q6),8节点和9节点二次四边形单元(Q8和Q9),12节点三次四边形(Q12)单元的高阶形函数。
- 将 CST,Q4,Q6,Q8和Q9单元的性能与梁单元进行比较。

引言

在第8章中讨论过线应变三角单元后,可见要写出整体坐标系下的单元矩阵和方程是非常困难的(如果可能的话),最简单的单元(如第6章中的常应变三角形单元)除外。基于这一问题,人们提出了等参公式[1],本章将介绍单元刚度矩阵的等参公式。等参数法可能看起来有些冗长(并且在开始时令人困惑),但是它能推导出简单的计算机程序公式描述,并且可以用于二维和三维应力分析以及非结构问题。使用等参公式可以求解非矩形和有曲边的单元。此外,许多商用计算机程序(如第1章所述)已经为其各种单元库改编了这种公式。

首先用等参公式来推导简单的杆单元刚度矩阵。应用杆单元所得的结果是简单的表达式,这使得该方法相对容易理解。

再考虑推导简单的四边形单元刚度矩阵的等参公式。

然后,介绍计算四边形单元刚度矩阵的数值积分法,并且阐述等参公式对一般数值积分法的适用性。

最后,将考虑高阶单元和与之相关的形函数,并且将它们的性能与梁单元进行比较。

10.1 杆单元刚度矩阵的等参描述

由于定义单元几何形状的形函数(或插值函数)[N]和定义单元中的位移所用的形函数相同,所以应用等参数这个术语。因此,当位移的形函数为 $u = a_1 + a_2 s$ 时,用 $x = a_1 + a_2 s$ 来描述杆单元中一点的节点坐标,也就是单元的物理形状。

等参单元方程用自然坐标系 s 描述,自然坐标系由单元几何而不是整体坐标系中的单元定位定义。也就是说,不管杆在空间中如何取向,轴坐标 s 始终附在杆上,并保持沿杆的轴向长度方向。对特定结构的每个单元,在自然坐标系 s 和整体坐标系 x 之间存在关系,称为转换映射,这种关系必须用在单元方程中。

现推导一个简单的线性杆[如题 10.1(a)所示的两个节点单元]单元刚度矩阵的等参公式。

步骤 1　选择单元类型

首先,自然坐标系的 s 轴在单元上,坐标原点在单元中心,如图 10.1(b)所示。s 轴不需要和 x 轴平行,这里只是为了方便起见。

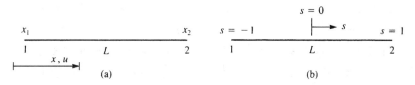

图 10.1　(a)整体坐标系 x 轴和(b)自然坐标系 s 轴中的线性杆单元

考虑杆单元有两个自由度,这两个自由度是整体坐标 x 轴上各节点的轴向位移 u_1 和 u_2。s 轴和 x 轴相互平行时,s 和 x 的坐标有下列关系:

$$x = x_c + \frac{L}{2}s \tag{10.1.1a}$$

式中,x_c 为单元中心的整体坐标。

根据 $x_c = (x_1 + x_2)/2$ 将整体坐标 x_1 和 x_2 代入式(10.1.1a),自然坐标 s 可用整体坐标表示如下:

$$s = [x - (x_1 + x_2)/2][2/(x_2 - x_1)] \tag{10.1.1b}$$

用于定义杆中位置的形函数与第 3 章(参见 3.1 节)中定义杆中位移的方法相同。通过下式将自然坐标和整体坐标联系起来:

$$x = a_1 + a_2 s \tag{10.1.2}$$

式中,s 要满足 $-1 \leqslant s \leqslant 1$,用 x_1 和 x_2 求解 a_i,得到:

$$x = \frac{1}{2}[(1-s)x_1 + (1+s)x_2] \tag{10.1.3}$$

或者,将式(10.1.3)表示为矩阵形式:

$$\{x\} = [N_1 \quad N_2]\begin{Bmatrix} x_1 \\ x_2 \end{Bmatrix} \tag{10.1.4}$$

式(10.1.4)中的形函数为:

$$N_1 = \frac{1-s}{2} \qquad N_2 = \frac{1+s}{2} \tag{10.1.5}$$

应用式(10.1.3),式(10.1.5)中的线性形函数可将单元中任意点的 s 坐标映射到 x 坐标。例如,将 $s = -1$ 代入式(10.1.3),得到 $x = x_1$。从图 10.2 中的这些形函数可以看出,它们与 3.1 节中定义的插值函数有相同的特性。因此,在 $x_1 = 1$ 和 $x_2 = 0$ 的单元上画 N_1 时,N_1 表示坐标 x 的物理形状;在 $x_2 = 1$ 和 $x_1 = 0$ 的单元上画 N_2 时,N_2 表示坐标 x 的物理形状,并且一定满足 $N_1 + N_2 = 1$。

这些形函数在单元域中一定是连续的，并且在单元中具有有限的一阶导数。

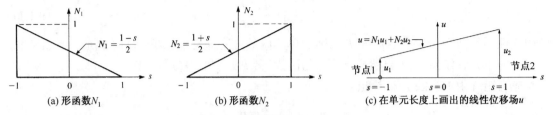

图 10.2　形函数随自然坐标的变化

步骤 2

用定义杆的形函数方程(10.1.5)定义杆中位移函数，即：

$$\{u\} = [N_1 \quad N_2] \begin{Bmatrix} u_1 \\ u_2 \end{Bmatrix} \tag{10.1.6}$$

将所需点的特定坐标 s 代入$[N]$，式(10.1.6)为利用节点自由度 u_1 和 u_2 得到杆上某一点的位移，如图 10.2(c)所示。比较式(10.1.4)和式(10.1.6)，u 和 x 是在同节点处用相同的形函数定义的，所以单元被称为等参元。

步骤 3　定义应变位移和应力-应变关系

现用公式描述单元矩阵$[B]$来计算杆单元的$[k]$，用等参公式来说明这个过程。对于简单的杆单元，可能没有明显的优势。然而，对于高阶单元，其优势会变得非常明显，因为可以得到相对简单的计算机程序公式。

为构造单元刚度矩阵，必须确定应变，应变为位移相对于 x 的导数。而位移 u 现在是由式(10.1.6)给出的关于 s 的函数。因此，必须对函数 u 应用微分的链式法则：

$$\frac{\mathrm{d}u}{\mathrm{d}s} = \frac{\mathrm{d}u}{\mathrm{d}x}\frac{\mathrm{d}x}{\mathrm{d}s} \tag{10.1.7}$$

用式(10.1.6)式(10.1.3)计算$(\mathrm{d}u/\mathrm{d}s)$和$(\mathrm{d}x/\mathrm{d}s)$。令$(\mathrm{d}u/\mathrm{d}x)=\varepsilon_x$，因此，可通过式(10.1.7)解出$(\mathrm{d}u/\mathrm{d}x)$：

$$\frac{\mathrm{d}u}{\mathrm{d}x} = \frac{\left(\dfrac{\mathrm{d}u}{\mathrm{d}s}\right)}{\left(\dfrac{\mathrm{d}x}{\mathrm{d}s}\right)} \tag{10.1.8}$$

应用关于 u 的式(10.1.6)，可得：

$$\frac{\mathrm{d}u}{\mathrm{d}s} = \frac{u_2 - u_1}{2} \tag{10.1.9a}$$

由于 $x_2 - x_1 = L$，应用关于 x 的式(10.1.3)，有：

$$\frac{\mathrm{d}x}{\mathrm{d}s} = \frac{x_2 - x_1}{2} = \frac{L}{2} \tag{10.1.9b}$$

将式(10.1.9a)和式(10.1.9b)代入式(10.1.8)，得到：

$$\{\varepsilon_x\} = \begin{bmatrix} -\dfrac{1}{L} & \dfrac{1}{L} \end{bmatrix} \begin{Bmatrix} u_1 \\ u_2 \end{Bmatrix} \tag{10.1.10}$$

因为 $\{\varepsilon\} = [B]\{d\}$，可由式(10.1.10)得到应变/位移矩阵$[B]$：

$$[B] = \left[-\frac{1}{L} \quad \frac{1}{L} \right] \tag{10.1.11}$$

应用线性形函数会产生常数矩阵$[B]$，因而单元内的应变为常数。对于高阶单元，例如3节点的二次杆单元，$[B]$变成了自然坐标下s的函数[参见式(10.5.16)]。

应力矩阵由 Hooke 定律给出：

$$\{\sigma\} = E\{\varepsilon\} = E[B]\{d\}$$

步骤4　推导单元刚度矩阵和方程

刚度矩阵为：

$$[k] = \int_0^L [B]^{\mathrm{T}}[D][B]A\,\mathrm{d}x \tag{10.1.12}$$

但一般情况下，$[B]$通常是关于s的函数，所以必须将坐标x变换为s。参考文献[4]和[5]给出了这种变换的一般形式：

$$\int_0^L f(x)\mathrm{d}x = \int_{-1}^1 f(s)|[J]|\,\mathrm{d}s \tag{10.1.13}$$

式中，$[J]$称为雅可比矩阵。在一维情况下，$|[J]| = J$。对于简单的杆单元，由式(10.1.9b)得到：

$$|[J]| = \frac{\mathrm{d}x}{\mathrm{d}s} = \frac{L}{2} \tag{10.1.14}$$

从式(10.1.14)可看出，雅可比行列式将整体坐标系中的单元长度($\mathrm{d}x$)和自然坐标系中的单元长度($\mathrm{d}s$)联系起来。一般情况下，$|[J]|$是s的函数并且取决于节点坐标的数值。这点可从四边形单元的式(10.2.22)看出(在 10.2 节中将进一步讨论雅可比行列式)。将式(10.1.13)和式(10.1.14)代入式(10.1.12)，得到自然坐标系中的刚度矩阵：

$$[k] = \frac{L}{2}\int_{-1}^1 [B]^{\mathrm{T}} E[B]A\,\mathrm{d}s \tag{10.1.15}$$

对于一维情况，应用式(10.1.15)中的弹性模量 $E = [D]$。将式(10.1.11)代入式(10.1.15)并进行简单的积分，得到：

$$[k] = \frac{AE}{L}\begin{bmatrix} 1 & -1 \\ -1 & 1 \end{bmatrix} \tag{10.1.16}$$

它与式(3.1.14)相同。对于高阶一维单元，闭型积分变得非常困难(参见例 10.7)。即使是简单的矩形单元刚度矩阵也难以以闭型公式计算(参见 6.6 节)。然而，和 10.3 节中描述的一样，数值积分的应用说明了公式的等参公式的独特优势。

10.1.1　体力

现用自然坐标系s确定体力矩阵。根据式(3.10.20b)得到体力矩阵为：

$$\{f_b\} = \iiint\limits_V [N]^{\mathrm{T}}\{X_b\}\mathrm{d}V \tag{10.1.17}$$

令 $\mathrm{d}V = A\mathrm{d}x$，有：

$$\{f_b\} = A\int_0^L [N]^{\mathrm{T}}\{X_b\}\mathrm{d}x \tag{10.1.18}$$

将 N_1 和 N_2 的式(10.1.5)代入$[N]$，并注意到由式(10.1.9b)有 $\mathrm{d}x = (L/2)\mathrm{d}s$，得到：

$$\{f_b\} = A\int_{-1}^{1}\begin{Bmatrix}\dfrac{1-s}{2}\\[2mm]\dfrac{1+s}{2}\end{Bmatrix}\{X_b\}\dfrac{L}{2}\mathrm{d}s \tag{10.1.19}$$

对式(10.1.19)进行积分，得到：

$$\{f_b\} = \dfrac{ALX_b}{2}\begin{Bmatrix}1\\1\end{Bmatrix} \tag{10.1.20}$$

$\{f_b\}$ 的物理解释为：因为 AL 代表单元体积，X_b 为单位体积体力，那么 ALX_b 为作用在单元上的总体力。其中系数 1/2 表明体力平均分布在单元的两个节点上。

10.1.2　面力

面力方程可由式(3.10.20a)得到：

$$\{f_s\} = \iint_{S}[N_s]^{\mathrm{T}}\{T_x\}\,\mathrm{d}S \tag{10.1.21}$$

假定横截面不变，并且面力在周长和单元长度上是均布的，得到：

$$\{f_s\} = \int_{0}^{L}[N_s]^{\mathrm{T}}\{T_x\}\,\mathrm{d}x \tag{10.1.22}$$

式中假定 T_x 是单位长度上的单位力。将式(10.1.5)中的形函数 N_1 和 N_2 代入式(10.1.22)，得到：

$$\{f_s\} = \int_{-1}^{1}\begin{Bmatrix}\dfrac{1-s}{2}\\[2mm]\dfrac{1+s}{2}\end{Bmatrix}\{T_x\}\dfrac{L}{2}\mathrm{d}s \tag{10.1.23}$$

对式(10.1.23)积分，得到：

$$\{f_s\} = \{T_x\}\dfrac{L}{2}\begin{Bmatrix}1\\1\end{Bmatrix} \tag{10.1.24}$$

式(10.1.24)的物理解释为：因为 $\{T_x\}$ 是单位长度的力，$\{T_x\}L$ 是总力。其中系数 1/2 表示面力均布在单元的两个节点上。注意到如果 $\{T_x\}$ 是 x(或者 s)的函数，那么分配给每个节点的力的值一般不相同，通过例 3.12 中的积分可进一步了解这一点。

10.2　平面四边形(Q4)单元刚度矩阵的等参公式

"等参数"一词是源自定义单元形状所用的形函数和定义单元内位移的形函数相同。因此，当位移的形函数是 $u = a_1 + a_2s + a_3t + a_4st$ 时，用 $x = a_1 + a_2s + a_3t + a_4st$ 来描述平面单元的坐标点。

自然坐标系 s-t 是由单元几何形状定义的，而不是由单元在整体坐标系 x-y 中的方向定义的。与杆单元中相同，对特定结构的每个单元，两种坐标系之间存在转换映射，并且在单元的公式中会用到这种映射关系。

现在将推导简单的平面四边形线性单元(也称为 Q4 单元，因为它只有四个角点)的单元刚度矩阵的等参公式。这种公式具有一般性，可用于更复杂(更高阶)的单元，例如一边有 3 个节点的平面二次单元，可以是直边或者二次曲边。高阶单元有附加的节点，并且使用的形函

数与线单元不同，但推导刚度矩阵的步骤相同。在研究线性平面单元的公式描述之后，将对这些单元进行简单的讨论。

步骤 1　选择单元类型

首先，将自然坐标系 *s-t* 附加到单元上，坐标原点位于单元中心，如图 10.3(a)所示。*s* 轴和 *t* 轴不一定相互正交，或是与 *x* 或 *y* 轴平行。*s-t* 坐标轴的取向如下：4 个角节点和四边形的边用+1 或−1 约束。这种取向方法可以充分发挥数值积分的优势。

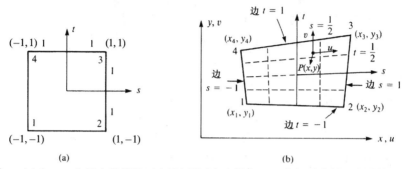

图 10.3　(a)在 *s-t* 坐标中的线性正方形矩阵(b)映射在 *x-y* 坐标系中的四边形的正方形单元，它的大小和形状由 8 个节点坐标 $x_1, y_1, \cdots, y_4$ 确定[$P(x, y)$ 是单元中的一个点]

考虑四边形有 8 个自由度，$u_1, v_1, \cdots, u_4$ 和 v_4，自由度与整体坐标 *x* 和 *y* 的方向有关。单元的边界是直的，但形状任意，如图 10.3(b)所示。

对于特殊情况，当变形后的单元变为各边平行于 *x-y* 整体坐标轴的矩形单元时，*s-t* 坐标系与整体坐标系 *x* 和 *y* 的关系为：

$$x = x_c + bs \qquad y = y_c + ht \tag{10.2.1}$$

式中，x_c 和 y_c 是在整体坐标系下的单元中心坐标。

假定整体坐标 *x* 和 *y* 与自然坐标 *s* 和 *t* 之间的关系如下：

$$\begin{aligned} x &= a_1 + a_2 s + a_3 t + a_4 st \\ y &= a_5 + a_6 s + a_7 t + a_8 st \end{aligned} \tag{10.2.2}$$

用 $x_1, x_2, x_3, x_4, y_1, y_2, y_3$ 和 y_4 求解 a_i 项，得到：

$$\begin{aligned} x &= \frac{1}{4}[(1-s)(1-t)x_1 + (1+s)(1-t)x_2 \\ &\quad + (1+s)(1+t)x_3 + (1-s)(1+t)x_4] \\ y &= \frac{1}{4}[(1-s)(1-t)y_1 + (1+s)(1-t)y_2 \\ &\quad + (1+s)(1+t)y_3 + (1-s)(1+t)y_4] \end{aligned} \tag{10.2.3}$$

或者，用矩阵形式表示式(10.2.3)：

$$\begin{Bmatrix} x \\ y \end{Bmatrix} = \begin{bmatrix} N_1 & 0 & N_2 & 0 & N_3 & 0 & N_4 & 0 \\ 0 & N_1 & 0 & N_2 & 0 & N_3 & 0 & N_4 \end{bmatrix} \begin{Bmatrix} x_1 \\ y_1 \\ x_2 \\ y_2 \\ x_3 \\ y_3 \\ x_4 \\ y_4 \end{Bmatrix} \tag{10.2.4}$$

式中，式(10.2.4)的形函数为：

$$N_1 = \frac{(1-s)(1-t)}{4} \qquad N_2 = \frac{(1+s)(1-t)}{4}$$

$$N_3 = \frac{(1+s)(1+t)}{4} \qquad N_4 = \frac{(1-s)(1+t)}{4}$$

(10.2.5)

式(10.2.5)的形函数是线性的。这些形函数能将图 10.3(a)所示正方形单元中任意点的 s 和 t 坐标映射为图 10.3(b)的四边形中的 x 和 y 坐标。例如，考虑正方形单元节点 1 坐标为 $s = -1$，$t = -1$。利用式(10.2.4)和式(10.2.5)，式(10.2.4)的左边变为：

$$x = x_1 \qquad y = y_1$$

(10.2.6)

同样，可对节点 2、节点 3 和节点 4 处的局部节点坐标进行映射，这样，在 s-t 等参数坐标系中的正方形单元就被映射为用整体坐标 $x_1, y_1 \sim x_4, y_4$ 表示的四边形单元。注意到，对于所有的 s 值和 t 值，有 $N_1 + N_2 + N_3 + N_4 = 1$。

进一步观察到，式(10.2.5)中的形函数 $N_1 \sim N_4$ 有下列性质：N_i $(i = 1, 2, 3, 4)$ 在节点 i 处等于 1，在其他所有节点处都等于 0。图 10.4 给出了 N_i 的物理形状，即它们在自然坐标系中单元的变化。例如，N_1 表示 $x_1 = 1, y_1 = 1; x_2, y_2, x_3, y_3, x_4, y_4$ 都等于 0 时的几何形状。

在迄今为止的讨论中，推导单元形函数时，用广义坐标 a_i 来表示自然坐标与整体坐标之间的关系时采用与式(10.2.2)相同的关系，或者，用 a_i 来表示假定的位移函数。但是，物理直觉能引导人们用 3.2 节中给出的下述两种准则直接表达形函数，并且用在各种情形：

$$\sum_{i=1}^{n} N_i = 1 \qquad (i = 1, 2, \cdots, n)$$

式中，n 为与位移形函数 N_i 相应的形函数的数量，并且在节点 i 处 $N_i = 1$，除 i 外的所有节点上 $N_i = 0$。另外，满足位移连续时，第 3 个准则基于拉格朗日插值法；在第 4 章的梁单元，满足另外的斜率连续时，准则基于 Hermitian 插值(用拉格朗日插值和 Hermitian 插值来推导形函数，参见参考文献[4]和[6])。

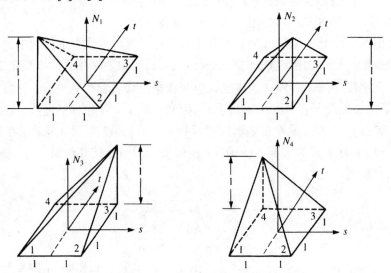

图 10.4 形函数在线性正方形单元上的变化

步骤 2　选择位移函数

用定义单元几何形状的形函数定义单元内的位移函数，即：

$$\begin{Bmatrix} u \\ v \end{Bmatrix} = \begin{bmatrix} N_1 & 0 & N_2 & 0 & N_3 & 0 & N_4 & 0 \\ 0 & N_1 & 0 & N_2 & 0 & N_3 & 0 & N_4 \end{bmatrix} \begin{Bmatrix} u_1 \\ v_1 \\ u_2 \\ v_2 \\ u_3 \\ v_3 \\ u_4 \\ v_4 \end{Bmatrix} \tag{10.2.7}$$

式中，u 和 v 是与整体坐标 x 轴和 y 轴平行的位移，形函数由式(10.2.5)给出。图 10.3(b)的单元中，(x, y) 处的内部点 P 的位移 u 和 v 由式(10.2.7)给出。

比较式(6.6.6)和式(10.2.7)，可看出边长为 $2b$ 和 $2h$ 的矩形单元(参见图 6.20)和边长为 2 的正方形单元之间的相似性。若令 $b=1$，$h=1$，则两组形函数[参见式(6.6.5)和式(10.2.5)]是相同的。

步骤 3　定义应变位移和应力-应变关系

对于 6.6 节和式(6.6.7b)给出的 Q4 矩形单元，整体坐标中的应变由下式给出：

$$\varepsilon_x = a_2 + a_4 y,$$
$$\varepsilon_y = a_7 + a_8 x,$$
$$\gamma_{xy} = (a_3 + a_6) + a_4 x + a_8 y$$

观察到 ε_x 随 y 坐标而不随 x 坐标变化，ε_y 随 x 坐标而不随 y 坐标变化，如图 10.5 所示。因此法应变 ε_x 不沿单元长度变化。除非在梁的整个长度和高度方向应用很多单元，此单元不能精确地模拟梁中变化力矩，如表 6.1 所示。

为了计算一个一般形状的四边形的[k]，用公式描述单元矩阵[B]。然而，如第 8 章所述，用 x 和 y 坐标来表示形

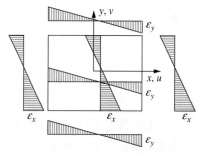

图 10.5　Q4 单元的法应变变化

函数既复杂又困难，因此，用等参坐标 s 和 t 来表述。这种方法可能看起来也比较烦琐，但用 s 和 t 的坐标表达式要比用 x 和 y 的坐标表达式容易，也容易用计算机程序描述。

为构造单元刚度矩阵，必须确定应变，应变依据位移对 x 和 y 坐标的导数定义。位移已由式(10.2.7)给出，因此是由式(10.2.5)的形函数来表示 s 和 t 坐标的函数。在此之前，要解出 $(\partial f/\partial x)$ 和 $(\partial f/\partial y)$，其中 f 通常是表示位移函数 u 或 v 的函数。而 u 和 v 现在用 s 和 t 表示。因为不能将 s 和 t 直接表述为 x 和 y 的函数，所以要应用微分链式法则。当 f 是 x 和 y 的函数时，用链式法则得到：

$$\frac{\partial f}{\partial s} = \frac{\partial f}{\partial x}\frac{\partial x}{\partial s} + \frac{\partial f}{\partial y}\frac{\partial y}{\partial s}$$
$$\frac{\partial f}{\partial t} = \frac{\partial f}{\partial x}\frac{\partial x}{\partial t} + \frac{\partial f}{\partial y}\frac{\partial y}{\partial t} \tag{10.2.8}$$

式中，$(\partial f/\partial s)$，$(\partial f/\partial t)$，$(\partial x/\partial s)$，$(\partial y/\partial s)$，$(\partial x/\partial t)$ 和 $(\partial y/\partial t)$ 均可通过式(10.2.7)和式(10.2.4)得到。若要计算应变，仍需求解 $(\partial f/\partial x)$ 和 $(\partial f/\partial y)$，例如，$\varepsilon_x = (\partial u/\partial x)$。因此，用克拉默(Cramer)法则求解式(10.2.8)，得到 $(\partial f/\partial x)$ 和 $(\partial f/\partial y)$，其中包括计算行列式(参见附录 B)。

$$\frac{\partial f}{\partial x} = \frac{\begin{vmatrix} \dfrac{\partial f}{\partial s} & \dfrac{\partial y}{\partial s} \\[2mm] \dfrac{\partial f}{\partial t} & \dfrac{\partial y}{\partial t} \end{vmatrix}}{\begin{vmatrix} \dfrac{\partial x}{\partial s} & \dfrac{\partial y}{\partial s} \\[2mm] \dfrac{\partial x}{\partial t} & \dfrac{\partial y}{\partial t} \end{vmatrix}} \qquad \frac{\partial f}{\partial y} = \frac{\begin{vmatrix} \dfrac{\partial x}{\partial s} & \dfrac{\partial f}{\partial s} \\[2mm] \dfrac{\partial x}{\partial t} & \dfrac{\partial f}{\partial t} \end{vmatrix}}{\begin{vmatrix} \dfrac{\partial x}{\partial s} & \dfrac{\partial y}{\partial s} \\[2mm] \dfrac{\partial x}{\partial t} & \dfrac{\partial y}{\partial t} \end{vmatrix}} \tag{10.2.9}$$

式中，分母中的行列式为雅可比矩阵的行列式$[J]$。雅可比矩阵由下式给出：

$$[J] = \begin{bmatrix} \dfrac{\partial x}{\partial s} & \dfrac{\partial y}{\partial s} \\[2mm] \dfrac{\partial x}{\partial t} & \dfrac{\partial y}{\partial t} \end{bmatrix} \tag{10.2.10}$$

现在将单元的应变表达为：

$$\{\varepsilon\} = [B]\{d\} \tag{10.2.11}$$

式中，$[B]$必须表示为s和t的函数。应变和位移之间的一般关系的矩阵形式为：

$$\begin{Bmatrix} \varepsilon_x \\ \varepsilon_y \\ \gamma_{xy} \end{Bmatrix} = \begin{bmatrix} \dfrac{\partial(\ )}{\partial x} & 0 \\[2mm] 0 & \dfrac{\partial(\ )}{\partial y} \\[2mm] \dfrac{\partial(\ )}{\partial y} & \dfrac{\partial(\ )}{\partial x} \end{bmatrix} \begin{Bmatrix} u \\ v \end{Bmatrix} \tag{10.2.12}$$

式(10.2.12)右边的矩形矩阵是算子矩阵，即$\partial(\ )/\partial x$和$\partial(\ )/\partial y$，表示括号内任意变量的偏导。

应用式(10.2.9)，计算分子中的行列式，得到：

$$\frac{\partial(\ )}{\partial x} = \frac{1}{|[J]|}\left[\frac{\partial y}{\partial t}\frac{\partial(\ )}{\partial s} - \frac{\partial y}{\partial s}\frac{\partial(\ )}{\partial t} \right]$$
$$\frac{\partial(\ )}{\partial y} = \frac{1}{|[J]|}\left[\frac{\partial x}{\partial s}\frac{\partial(\ )}{\partial t} - \frac{\partial x}{\partial t}\frac{\partial(\ )}{\partial s} \right] \tag{10.2.13}$$

式中，$|[J]|$是式(10.2.10)中$[J]$的行列式。应用式(10.2.13)和式(10.2.12)，得到由自然坐标(s-t)表示的应变：

$$\begin{Bmatrix} \varepsilon_x \\ \varepsilon_y \\ \gamma_{xy} \end{Bmatrix} = \frac{1}{|[J]|} \begin{bmatrix} \dfrac{\partial y}{\partial t}\dfrac{\partial(\ )}{\partial s} - \dfrac{\partial y}{\partial s}\dfrac{\partial(\ )}{\partial t} & 0 \\[3mm] 0 & \dfrac{\partial x}{\partial s}\dfrac{\partial(\ )}{\partial t} - \dfrac{\partial x}{\partial t}\dfrac{\partial(\ )}{\partial s} \\[3mm] \dfrac{\partial x}{\partial s}\dfrac{\partial(\ )}{\partial t} - \dfrac{\partial x}{\partial t}\dfrac{\partial(\ )}{\partial s} & \dfrac{\partial y}{\partial t}\dfrac{\partial(\ )}{\partial s} - \dfrac{\partial y}{\partial s}\dfrac{\partial(\ )}{\partial t} \end{bmatrix} \begin{Bmatrix} u \\ v \end{Bmatrix} \tag{10.2.14}$$

应用式(10.2.7)，用形函数和整体坐标将式(10.2.14)表示为紧凑的矩阵形式：

$$\{\varepsilon\} = [D'][N]\{d\} \tag{10.2.15}$$

式中，$[D']$是算子矩阵，由下式给出：

$$[D'] = \frac{1}{||[J]||} \begin{bmatrix} \dfrac{\partial y}{\partial t}\dfrac{\partial()}{\partial s} - \dfrac{\partial y}{\partial s}\dfrac{\partial()}{\partial t} & 0 \\[2mm] 0 & \dfrac{\partial x}{\partial s}\dfrac{\partial()}{\partial t} - \dfrac{\partial x}{\partial t}\dfrac{\partial()}{\partial s} \\[2mm] \dfrac{\partial x}{\partial s}\dfrac{\partial()}{\partial t} - \dfrac{\partial x}{\partial t}\dfrac{\partial()}{\partial s} & \dfrac{\partial y}{\partial t}\dfrac{\partial()}{\partial s} - \dfrac{\partial y}{\partial s}\dfrac{\partial()}{\partial t} \end{bmatrix} \tag{10.2.16}$$

$[N]$是式(10.2.7)右边第 1 个矩阵给出的 2×8 阶的形函数矩阵，$\{d\}$是式(10.2.7)右边的列矩阵。

将$[B]$定义为：

$$\begin{matrix} [B] & = & [D'] & & [N] \\ (3\times 8) & & (3\times 2) & & (2\times 8) \end{matrix} \tag{10.2.17}$$

$[B]$已经表示为 s 和 t 的函数，因此应变也是用 s 和 t 表示的，如式(10.2.17)中指出的，$[B]$是 3×8 阶的矩阵。

将$[D']$的方程(10.2.16)和形函数的方程(10.2.5)代入式(10.2.17)得到$[B]$的显式形式。矩阵相乘得到：

$$[B(s, t)] = \frac{1}{||[J]||}[[B_1] \quad [B_2] \quad [B_3] \quad [B_4]] \tag{10.2.18}$$

式中，$[B]$的子矩阵由下式给出：

$$[B_i] = \begin{bmatrix} a(N_{i,s}) - b(N_{i,t}) & 0 \\ 0 & c(N_{i,t}) - d(N_{i,s}) \\ c(N_{i,t}) - d(N_{i,s}) & a(N_{i,s}) - b(N_{i,t}) \end{bmatrix} \tag{10.2.19}$$

式中，i 是虚拟变量，等于 1，2，3 和 4，并且有：

$$\begin{aligned} a &= \frac{1}{4}[y_1(s-1) + y_2(-1-s) + y_3(1+s) + y_4(1-s)] \\ b &= \frac{1}{4}[y_1(t-1) + y_2(1-t) + y_3(1+t) + y_4(-1-t)] \\ c &= \frac{1}{4}[x_1(t-1) + x_2(1-t) + x_3(1+t) + x_4(-1-t)] \\ d &= \frac{1}{4}[x_1(s-1) + x_2(-1-s) + x_3(1+s) + x_4(1-s)] \end{aligned} \tag{10.2.20}$$

用式(10.2.5)定义形函数，得到：

$$N_{1,s} = \frac{1}{4}(t-1) \qquad N_{1,t} = \frac{1}{4}(s-1) \qquad \text{(以此类推)} \tag{10.2.21}$$

式中，变量 s 和 t 前的逗号表示要对该变量取微分，即，$N_{1,s} \equiv \partial N_1/\partial s$ 等。行列式$||[J]||$是 s 和 t 的多项式，即使是最简单的线性平面四边形单元，其计算也很烦琐。但是，应用$[J]$的方程(10.2.10)以及 x 和 y 的方程(10.2.3)，可以计算得到$||[J]||$：

$$||[J]|| = \frac{1}{8}\{X_c\}^{\mathrm{T}} \begin{bmatrix} 0 & 1-t & t-s & s-1 \\ t-1 & 0 & s+1 & -s-1 \\ s-t & -s-1 & 0 & t+1 \\ 1-s & s+1 & -t-1 & 0 \end{bmatrix} \{Y_c\} \tag{10.2.22}$$

式中，

$$\{X_c\}^{\mathrm{T}} = [x_1 \quad x_2 \quad x_3 \quad x_4] \tag{10.2.23}$$

和
$$\{Y_c\} = \begin{Bmatrix} y_1 \\ y_2 \\ y_3 \\ y_4 \end{Bmatrix} \qquad (10.2.24)$$

可以看出，$|[J]|$是 s 和 t 的函数，并且已知整体坐标 $x_1, x_2, \cdots, y_4$。因此，$[B]$ 的分子和分母都是 s 和 t 的函数[因为 $|[J]|$ 由式 (10.2.22) 给出]，也是已知整体坐标 x_1 - y_4 的函数。

应力–应变关系仍是 $\{\sigma\} = [D][B]\{d\}$，由于矩阵 $[B]$ 是 s 和 t 的函数，所以应力矩阵 $\{\sigma\}$ 也是 s 和 t 的函数。

步骤 4　推导单元刚度矩阵和方程

现在用 s-t 坐标来表示刚度矩阵。对于厚度恒为 h 的单元，有：
$$[k] = \iint_A [B]^\mathrm{T}[D][B]h\,\mathrm{d}x\,\mathrm{d}y \qquad (10.2.25)$$

但是，由式 (10.2.18) ~ 式 (10.2.20) 可以看出，$[B]$ 是 s 和 t 的函数，因此必须对 s 和 t 积分。为了将变量和定义域从 x 和 y 变换到 s 和 t，必须要有包括 $[J]$ 的行列式的标准程序。变换的一般形式[4, 5]由下式给出：
$$\iint_A f(x,\ y)\,\mathrm{d}x\,\mathrm{d}y = \iint_A f(s,\ t)|[J]|\,\mathrm{d}s\,\mathrm{d}t \qquad (10.2.26)$$

式 (10.2.26) 的右边积分中包含 $|[J]|$ 是根据积分计算的定理得来的 (定理的完整证明过程参见参考文献[5])。此外，还注意到雅可比行列式 (雅可比矩阵的行列式) 将整体坐标系中的单元区域 $(\mathrm{d}x\ \mathrm{d}y)$ 和自然坐标系中的单元区域 $(\mathrm{d}s\ \mathrm{d}t)$ 联系起来。对于矩形和平行四边形来说，J 是常量且 $J = A/4$，其中，A 代表单元的物理表面积。将式 (10.2.26) 代入式 (10.2.25) 中，得到：
$$[k] = \int_{-1}^{1}\int_{-1}^{1} [B]^\mathrm{T}[D][B]h|[J]|\,\mathrm{d}s\,\mathrm{d}t \qquad (10.2.27)$$

$|[J]|$ 和 $[B]$ 使得式 (10.2.27) 的积分中的表达式极其复杂，因此，确定单元刚度矩阵的积分通常采用数值方法。式 (10.2.27) 的数值积分方法在 10.3 节中给出。式 (10.2.27) 中的刚度矩阵是 8×8 阶的。

10.2.1　体力

单元的体力矩阵由下式确定：
$$\{f_b\}_{(8\times1)}\ \int_{-1}^{1}\int_{-1}^{1}\ [N]^\mathrm{T}_{(8\times2)}\ \{X\}_{(2\times1)}\ h|[J]|\,\mathrm{d}s\,\mathrm{d}t \qquad (10.2.28)$$

类似刚度矩阵，式 (10.2.28) 中的体力矩阵必须通过数值积分来计算。

10.2.2　面力

如图 10.6 所示，沿边 $t = 1$，总长为 L 的边界上的面力矩阵为：
$$\{f_s\}_{(4\times1)}\ \int_{-1}^{1}\ [N_s]^\mathrm{T}_{(4\times2)}\ \{T\}_{(2\times1)}\ h\frac{L}{2}\mathrm{d}s \qquad (10.2.29)$$

或者
$$\begin{Bmatrix} f_{s3s} \\ f_{s3t} \\ f_{s4s} \\ f_{s4t} \end{Bmatrix} = \int_{-1}^{1} \begin{bmatrix} N_3 & 0 & N_4 & 0 \\ 0 & N_3 & 0 & N_4 \end{bmatrix}^{\mathrm{T}} \Bigg|_{\text{沿边}t=1\text{计算}} \begin{Bmatrix} p_s \\ p_t \end{Bmatrix} h\frac{L}{2}\mathrm{d}s \qquad (10.2.30)$$

由于在边界 $t = 1$ 上，$N_1 = 0$，$N_2 = 0$，因此，节点 1 和节点 2 上不存在节点力。对于边界 $t = 1$ 上作用均匀的 p_s 和 p_t 的情况，总面力矩阵为：

$$\{f_s\} = h\frac{L}{2}[0 \quad 0 \quad 0 \quad 0 \quad p_s \quad p_t \quad p_s \quad p_t]^{\mathrm{T}} \quad (10.2.31)$$

只要应用合适的与作用外力的边界有关的形函数，就可以得到沿其他边界的面力，该面力是与式 (10.2.30) 相似的。

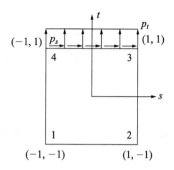

图 10.6　面力：作用在边 $t = 1$ 上的 p_s 和 p_t

例 10.1　如图 10.7 所示的 4 节点线性平面四边形单元，在 2-3 边上作用均匀面力，求解类似于式 (10.2.29) 的积分，得到与能量等价的节点力，从而计算力的矩阵。单元厚度 $h = 0.25\ \mathrm{cm}$。

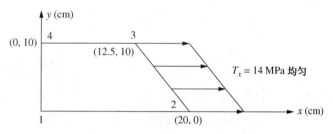

图 10.7　作用有均匀面力的单元

解　应用式 (10.2.29)，得到：

$$\{f_s\} = \int_{-1}^{1} [N_s]^{\mathrm{T}}\{T\}h\frac{L}{2}\mathrm{d}t \qquad (10.2.32)$$

边 2-3 的长度由下式给出：

$$L = \sqrt{(12.5 - 20)^2 + (10 - 0)^2} = \sqrt{56.25 + 100} = 12.5\ \mathrm{cm} \qquad (10.2.33)$$

在计算边 2-3 $(s = 1)$ 的面力时，必须用到形函数 N_2 和 N_3。因此，式 (10.2.32) 变为：

$$\{f_s\} = \int_{-1}^{1} [N_s]^{\mathrm{T}}\{T\}h\frac{L}{2}\mathrm{d}t = \int_{-1}^{1} \begin{bmatrix} N_2 & 0 & N_3 & 0 \\ 0 & N_2 & 0 & N_3 \end{bmatrix}^{\mathrm{T}} \begin{Bmatrix} p_s \\ p_t \end{Bmatrix} h\frac{L}{2}\mathrm{d}t \qquad (10.2.34)$$
$$\text{沿 } s = 1 \text{ 计算}$$

从形函数 (10.2.5) 中得到 4 节点线性平面单元的形函数为：

$$N_2 = \frac{(1 + s)(1 - t)}{4} = \frac{s - t - st + 1}{4} \quad N_3 = \frac{(1 + s)(1 + t)}{4} = \frac{s + t + st + 1}{4} \qquad (10.2.35)$$

面力矩阵为：

$$\{T\} = \begin{Bmatrix} p_s \\ p_t \end{Bmatrix} = \begin{Bmatrix} 14.0 \\ 0 \end{Bmatrix} \times 10^6 \qquad (10.2.36)$$

将 L 的式 (10.2.33)、面力矩阵的方程 (10.2.36) 以及厚度 $h = 2.5\ \mathrm{mm}$ 代入式 (10.2.32)，得到：

$$\{f_s\} = \int_{-1}^{1}[N_s]^{\mathrm{T}}\{T\}h\frac{L}{2}\mathrm{d}t = \int_{-1}^{1}\begin{bmatrix} N_2 & 0 \\ 0 & N_2 \\ N_3 & 0 \\ 0 & N_3 \end{bmatrix}\begin{Bmatrix} 14 \\ 0 \end{Bmatrix}\times 10^6 \times (2.5\times 10^{-3})\times\left(\frac{12.5\times 10^{-2}}{2}\right)\mathrm{d}t \tag{10.2.37}$$

沿 s=1 计算

化简式 (10.2.37)，得到：

$$\{f_s\} = 156.25\int_{-1}^{1}\begin{bmatrix} 14N_2 \\ 0 \\ 14N_3 \\ 0 \end{bmatrix}\mathrm{d}t = 2.187\times 10^3\int_{-1}^{1}\begin{bmatrix} N_2 \\ 0 \\ N_3 \\ 0 \end{bmatrix}\mathrm{d}t \tag{10.2.38}$$

沿 s=1 计算

将式 (10.2.35) 所得的形函数代入式 (10.2.38)，有：

$$\{f_s\} = 2.187\times 10^3\int_{-1}^{1}\begin{bmatrix} \dfrac{s-t-st+1}{4} \\ 0 \\ \dfrac{s+t+st+1}{4} \\ 0 \end{bmatrix}\mathrm{d}t \tag{10.2.39}$$

沿 s=1 计算

将 $s=1$ 代入方程 (10.2.39) 的被积函数，并计算式 (10.2.40) 的显式积分，得到：

$$\{f_s\} = 2.187\times 10^3\int_{-1}^{1}\begin{bmatrix} \dfrac{2-2t}{4} \\ 0 \\ \dfrac{2t+2}{4} \\ 0 \end{bmatrix}\mathrm{d}t = 2.187\times 10^3\begin{bmatrix} 0.50t-\dfrac{t^2}{4} \\ 0 \\ 0.50t+\dfrac{t^2}{4} \\ 0 \end{bmatrix}_{-1}^{1} \tag{10.2.40}$$

对每个极限求积分，得到面力矩阵的最终表达式：

$$\{f_s\} = 2.187\times 10^3\begin{bmatrix} 0.50-0.25 \\ 0 \\ 0.50+0.25 \\ 0 \end{bmatrix} - 2.187\times 10^3\begin{bmatrix} -0.50-0.25 \\ 0 \\ -0.50+0.25 \\ 0 \end{bmatrix} = 2.187\times 10^3\begin{bmatrix} 1 \\ 0 \\ 1 \\ 0 \end{bmatrix}\mathrm{N} \tag{10.2.41}$$

或将节点 2 和节点 3 的面力表示为显式形式：

$$\begin{Bmatrix} f_{s2s} \\ f_{s2t} \\ f_{s3s} \\ f_{s3t} \end{Bmatrix} = \begin{bmatrix} 2187 \\ 0 \\ 2187 \\ 0 \end{bmatrix}\mathrm{N} \tag{10.2.42}$$

10.3 牛顿-科茨和高斯求积

本节将介绍两种定积分数值计算的方法，这两种方法在有限元计算中非常有用。

首先介绍更简单、更常用的牛顿-科茨(Newton-Cotes)积分。用来计算一个和两个区间积分的牛顿-科茨法分别对应著名的梯形法则和辛普森 1/3 定则。随后介绍用于定积分的数值计算的高斯求积法。介绍完这两种方法后，将会理解高斯求积法为何用在有限元计算中。

10.3.1　牛顿-科茨法

首先介绍一种常用的计算定积分的数值积分方法——牛顿-科茨法。但是，这种方法不能得到和高斯求积法一样精确的结果，所以不常用在有限元方法的计算中，如计算刚度矩阵。

求积分得到：

$$I = \int_{-1}^{1} y \, \mathrm{d}x$$

假定取样点 $y(x)$ 等距分布。由于等参公式中积分的极限为–1 到 1，牛顿-科茨求积公式如下：

$$I = \int_{-1}^{1} y \, \mathrm{d}x = h \sum_{i=0}^{n} C_i y_i = h[C_0 y_0 + C_1 y_1 + C_2 y_2 + C_3 y_3 + \cdots + C_n y_n] \qquad (10.3.1)$$

式中，C_i 为有 i 个区间(区间的数量比取样点的数量 n 小 1)的数值积分的牛顿-科茨常数，h 为积分区间之间的间距(如积分区间为–1 到 1，则 $h = 2$)。对应 i 从 1 到 6 的牛顿-科茨常数已经给出，见表 10.1。其中，$i = 1$ 对应于图 10.8 所示的著名的梯形法则。$i = 2$ 对应于著名的辛普森 1/3 定则。有结果表明[9]，$i = 3$ 和 $i = 5$ 的公式分别与 $i = 2$ 和 $i = 4$ 的公式有相同的精确度。因此，在实际中推荐使用 $i = 2$ 和 $i = 4$ 的公式。为得到更精确的结果，可使用更小的区间(包括更多函数积分的计算)。这可以通过应用更高阶的牛顿-科茨公式，增加区间 i 的数量来实现。

表 10.1　积分 $\int_{-1}^{1} y(x)\mathrm{d}x = h \sum_{i=0}^{n} C_i y_i$ 的牛顿-科茨区间和点数

区间数 i	取样点数 n	C_0	C_1	C_2	C_3	C_4	C_5	C_6
1	2	1/2	1/2			(梯形法则)		
2	3	1/6	4/6	1/6		(辛普森 1/3 法则)		
3	4	1/8	3/8	3/8	1/8	(辛普森 3/8 法则)		
4	5	7/90	32/90	12/90	32/90	7/90		
5	6	19/288	75/288	50/288	50/288	75/288	19/288	
6	7	41/840	216/840	27/840	272/840	27/840	216/840	41/840

参考文献[9]表明使用 n 个等区间的取样点，最多对 $n - 1$ 阶的多项式精确积分。另一方面，利用高斯求积，使用 n 个不等区间的取样点，最多对 $2n - 1$ 阶的多项式精确积分。例如，使用取样点数 $n = 2$ 的牛顿-科茨公式，能对线性多项式进行精确积分。但是。利用高斯求积，能对三次多项式精确积分。高斯求积法比起牛顿-科茨法更精确，取样点更少。这是因为高斯求积法优化了取样点的位置(不像牛顿-科茨法中那样，取样点等距分布)和加权系数 W_i，见表 10.2。

函数在各取样点计算后，将计算结果乘以相应的加权系数，如例 10.3 所述。

用例 10.2 来说明牛顿-科茨法，并与随后介绍的高斯求积法得到的结果比较精确度。

表 10.2　对 $\int_{-1}^{1} y(x)\mathrm{d}x = \sum_{i=1}^{n} W_i y_i$ 从 –1 到 1 积分的高斯点

点数	位置，x_i	相关加权系数，W_i
1	$x_1 = 0.000\ldots$	2.000
2	$x_1, x_2 = \pm 0.57735026918962$	1.000
3	$x_1, x_3 = \pm 0.77459666924148$	$\dfrac{5}{9} = 0.555\ldots$
	$x_2 = 0.000\cdots$	$\dfrac{8}{9} = 0.888\ldots$
4	$x_1, x_4 = \pm 0.8611363116$	0.3478548451
	$x_2, x_3 = \pm 0.3399810436$	0.6521451549

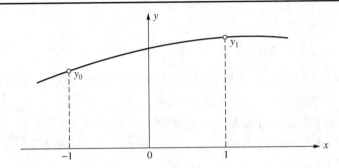

图 10.8　对于 $I = \int_{-1}^{1} y(x)\mathrm{d}x = h\sum_{i=0}^{2} C_i y_i$，使用区间数 $i = 1$、取样点数 $n = 2$（梯形法则）的数值积分得到的近似值（曲线下的近似面积）

例 10.2　使用区间数 $i = 2$（取样点数 $n = 3$）的牛顿-科茨法，计算积分（a）$I = \int_{-1}^{1} [x^2 + \cos(x/2)]\mathrm{d}x$ 和（b）$I = \int_{-1}^{1} (3^x - x)\mathrm{d}x$。

解　用表 10.1 中 3 个取样点的方法计算 $x = -1$，$x = 0$ 和 $x = 1$ 处的被积函数，并将每个函数值分别乘以牛顿-科茨常数：1/6，4/6 和 1/6。然后把这 3 个结果相加，将三者之和乘以积分间距（$h = 2$），即：

$$I = 2\left[\frac{1}{6}y_0 + \frac{4}{6}y_1 + \frac{1}{6}y_2\right] \tag{10.3.2}$$

（a）：利用（a）部分中的被积函数，得到：

$y_0 = x^2 + \cos(x/2)$ 求解 $x = -1$ 时的值，等等。如下所示：

$$\begin{aligned}
y_0 &= (-1)^2 + \cos(-1/2 \text{ rad}) = 1.877\,582\,6 \\
y_1 &= (0)^2 + \cos(0/2) = 1 \\
y_2 &= (1)^2 + \cos(1/2 \text{ rad}) = 1.877\,582\,6
\end{aligned} \tag{10.3.3}$$

将式（10.3.3）的 $y_0 \sim y_2$ 代入式（10.3.2），得到积分结果：

$$I = 2\left[\frac{1}{6}(1.877\,582\,6) + \frac{4}{6}(1) + \frac{1}{6}(1.877\,582\,6)\right] = 2.585$$

与之后例 10.3 中应用高斯求积法得到的计算结果和精确结果相比，这种方法更精确。但是，对于高阶函数，高斯求积法比牛顿-科茨法的结果更精确，如（b）所示。

(b)：利用(b)部分中的被积函数，得到：

$$y_0 = 3^{(-1)} - (-1) = \frac{4}{3}$$

$$y_1 = 3^0 - 0 = 1$$

$$y_2 = 3^1 - (1) = 2$$

将 $y_0 \sim y_2$ 代入式(10.3.2)，得到积分结果 I 为：

$$I = 2\left[\frac{1}{6}\left(\frac{4}{3}\right) + \frac{4}{6}(1) + \frac{1}{6}(2)\right] = 2.444$$

误差为：$2.444 - 2.427 = 0.017$。该误差比高斯求积法的误差大[见例 10.3(b)]。

10.3.2　高斯求积法

计算积分：

$$I = \int_{-1}^{1} y \, \mathrm{d}x \tag{10.3.4}$$

其中，$y = y(x)$，如图 10.9 所示，可以选择(取样或评估)中点处 $y(0) = y_1$ 的 y，并且乘以区间长度，得到 $I = 2y_1$，如果曲线是一条直线，那么结果是精确的。因为只用了一个取样点，这个例子被称为一点的高斯求积法。因此有：

$$I = \int_{-1}^{1} y(x) \, \mathrm{d}x \cong 2y(0) \tag{10.3.5}$$

这是熟悉的中点法则。将该公式[式(10.3.5)]一般化，得到：

$$I = \int_{-1}^{1} y \, \mathrm{d}x = \sum_{i=1}^{n} W_i y_i \tag{10.3.6}$$

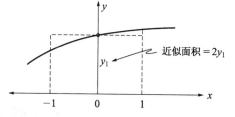

图 10.9　使用一个取样点的高斯求积

为得到积分的近似值，在 n 个取样点处计算函数，将每个 y_i 值乘以合适的加权系数 W_i，然后相加。高斯求积法选择取样点的原则是，在取样点数给定时，要得到可能的最佳精确度。取样点关于区间的中点对称分布。对称的一对取样点具有相同的加权系数 W_i。表 10.2 给出了对于前三阶(也就是 1，2 和 3 个取样点)合适的取样点和加权系数 W_i(更完整的表见参考文献[2])。例如，应用两个点(参见图 10.10)，由于 $W_1 = W_2 = 1.000$，有 $I = y_1 + y_2$。如果 $y = f(x)$ 包含直到 x^3 的多项式，那么结果是精确解。一般来说，如果被积函数是 $2n-1$ 阶或更低阶的多项式，应用 n 个点(高斯点)的高斯求积法是精确的。使用 n 个点时，实际上就是用 $2n-1$ 阶多项式替代给定方程 $y = f(x)$。数值积分的精确度取决于多项式与给定曲线的拟合度。

如果函数 $f(x)$ 不是多项式，则高斯求积得到的结果是不精确的，但是所用的高斯点越多，结果越精确。重要的是要知道两个多项式之比不是一个多项式，因此高斯求积不能得到这个比的精确积分。

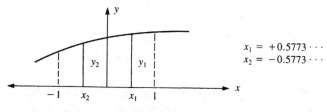

$$x_1 = +0.5773\cdots$$
$$x_2 = -0.5773\cdots$$

图 10.10　应用两个取样点的高斯求积

10.3.3 两点公式

为说明基于式 (10.3.6) 的两点 ($n = 2$) 高斯公式的推导，有：

$$I = \int_{-1}^{1} y \, dx = W_1 y_1 + W_2 y_2 = W_1 y(x_1) + W_2 y(x_2) \tag{10.3.7}$$

有四个未知参量需要确定：W_1, W_2, x_1 和 x_2。因此，对 y 假定一个三次方程如下：

$$y = C_0 + C_1 x + C_2 x^2 + C_3 x^3 \tag{10.3.8}$$

一般来说，两点公式中有 4 个参量，可以认为高斯公式可以精确地预测曲线下的面积。也就是：

$$A = \int_{-1}^{1} (C_0 + C_1 x + C_2 x^2 + C_3 x^3) \, dx = 2C_0 + \frac{2C_2}{3} \tag{10.3.9}$$

但是，基于高斯求积法，假定 $W_1 = W_2$ 和 $x_1 = x_2$，即应用加权系数相同的两个对称分布的高斯点 $x = \pm a$。用高斯公式预测的面积为：

$$A_G = W y(-a) + W y(a) = 2W(C_0 + C_2 a^2) \tag{10.3.10}$$

式中，用式 (10.3.8) 计算得到 $y(-a)$ 和 $y(a)$。如果误差 $e = A - A_G$ 对于任意的 C_0 和 C_2 是最小的，将式 (10.3.9) 和式 (10.3.10) 代入误差表达式，得到：

$$\frac{\partial e}{\partial C_0} = 0 = 2 - 2W \quad 或 \quad W = 1 \tag{10.3.11}$$

和

$$\frac{\partial e}{\partial C_2} = 0 = \frac{2}{3} - 2a^2 W \quad 或 \quad a = \sqrt{\frac{1}{3}} = 0.5773\cdots \tag{10.3.12}$$

$W = 1$ 和 $a = 0.5773\ldots$ 是表 10.2 中给出的两点高斯求积法的 W_i 项和 a_i 项 (x_i 项)

例 10.3 用三点高斯求积法计算积分 $I = \int_{-1}^{1} [x^2 + \cos(x/2)] dx$ 和 (b) $I = \int_{-1}^{1} (3^x - x) dx$。

解 (a) 用表 10.2 给出的三个高斯点及其加权系数，有 $x_1 = x_3 = \pm 0.77459\ldots$，$x_2 = 0.000\cdots$，$W_1 = W_3 = 5/9$ 和 $W_2 = 8/9$。积分变为：

$$I = \left[(-0.774\,59)^2 + \cos\left(-\frac{0.774\,59}{2} \mathrm{rad} \right) \right] \frac{5}{9} + \left[0^2 + \cos\frac{0}{2} \right] \frac{8}{9}$$

$$+ \left[(0.774\,59)^2 + \cos\left(\frac{0.774\,59}{2} \mathrm{rad} \right) \right] \frac{5}{9}$$

$$= 1.918 + 0.667 = 2.585$$

与精确解比较，有 $I_{exact} = 2.585$。

例题中，三点高斯求积得到 4 个有效数字的精确解。

(b) 类似于 (a)，用表 10.2 给出的三个高斯点及其加权系数，积分化为：

$$I = [3^{(-0.774\,59)} - (-0.774\,59)] \frac{5}{9} + [3^0 - 0] \frac{8}{9} + [3^{(0.774\,59)} - (0.774\,59)] \frac{5}{9}$$

$$= 0.667\,55 + 0.888\,89 + 0.860\,65 = 2.4229 (保留四位有效数字，即 2.423)$$

与精确解比较，有 $I_{exact} = 2.427$。误差为 $2.427 - 2.423 = 0.004$。

在二维空间中，先对一个坐标积分，再对其他坐标积分，得到求积公式：

$$I = \int_{-1}^{1} \int_{-1}^{1} f(s, t) \, \mathrm{d}s \, \mathrm{d}t = \int_{-1}^{1} \left[\sum_i W_i f(s_i, t) \right] \mathrm{d}t$$

$$= \sum_j W_j \left[\sum_i W_i f(s_i, t_j) \right] = \sum_j \sum_j W_i W_j f(s_i, t_j) \tag{10.3.13}$$

在式(10.3.13)中，不需要在每个方向使用同样数量的高斯点(即，i 不需要等于 j)，但是一般情况下都采用相同的高斯点数。例如，图 10.11 中给出了四点高斯法则(经常写作 2×2 法则)。$i = 1, 2$ 和 $j = 1, 2$ 时的式(10.3.13)化为：

$$I = W_1 W_1 f(s_1, t_1) + W_1 W_2 f(s_1, t_2) + W_2 W_1 f(s_2, t_1) + W_2 W_2 f(s_2, t_2) \tag{10.3.14}$$

其中，4 个取样点位于 $s_i, t_i = \pm 0.5773\cdots = \pm 1/\sqrt{3}$，加权系数都为 1.000。因此，双重求和可解释为在矩形的 4 个点上单独求和。

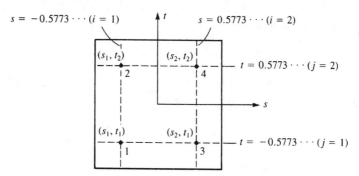

图 10.11　在二维空间中的四点高斯求积法

在三维空间中，一般有：

$$I = \int_{-1}^{1} \int_{-1}^{1} \int_{-1}^{1} f(s, t, z) \, \mathrm{d}s \, \mathrm{d}t \, \mathrm{d}z = \sum_i \sum_j \sum_k W_i W_j W_k \, f(s_i, t_j, z_k) \tag{10.3.15}$$

10.4　用高斯求积法计算刚度矩阵和应力矩阵

10.4.1　刚度矩阵的计算

对于二维单元，在前面的章节有：

$$[k] = \iint_A [B(x, y)]^{\mathrm{T}} [D] [B(x, y)] h \, \mathrm{d}x \, \mathrm{d}y \tag{10.4.1}$$

式中，被积函数一般是 x 和 y 及节点坐标值的函数。

在 10.2 节中已经证明，如式(10.2.27)所示：四边形单元的 $[k]$ 可以用局部坐标系 s-t 和整体节点坐标来计算，局部坐标的范围为 -1 到 1。为方便起见，将式(10.2.27)改写为：

$$[k] = \int_{-1}^{1} \int_{-1}^{1} [B(s, t)]^{\mathrm{T}} [D] [B(s, t)] |[J]| \, h \, \mathrm{d}s \, \mathrm{d}t \tag{10.4.2}$$

式中，$|[J]|$ 由式(10.2.22)定义，$[B]$ 由式(10.2.18)定义。在式(10.4.2)中，被积函数 $[B]^{\mathrm{T}} [D] [B] |[J]|$ 的每个系数都必须用数值积分计算，方法与式(10.3.13)中 $f(s, t)$ 的积分相同。

用四点高斯求积法计算式(10.4.2)中 $[k]$ 的流程图如图 10.12 所示。对四节点四边形(Q4

单元)应用四点法则，称为"全积分"。全积分是指当单元形状规则时，例如矩形单元，对单元刚度矩阵中的多项式项精确积分所需的高斯点数量。另外，Q4 全积分线性单元在各方向上需要两个积分点。四点高斯求积法使用起来比较简单。同时，也已证明取得了好的计算结果[7]。在图 10.12 中，四点高斯求积公式用显式形式表示(现使用单个求和符号，$i = 1, 2, 3, 4$)，有：

$$
\begin{aligned}
[k] =\ & [B(s_1, t_1)]^{\mathrm{T}}[D][B(s_1, t_1)]\|[J(s_1, t_1)]\| h W_1 W_1 \\
& + [B(s_2, t_2)]^{\mathrm{T}}[D][B(s_2, t_2)]\|[J(s_2, t_2)]\| h W_2 W_2 \\
& + [B(s_3, t_3)]^{\mathrm{T}}[D][B(s_3, t_3)]\|[J(s_3, t_3)]\| h W_3 W_3 \\
& + [B(s_4, t_4)]^{\mathrm{T}}[D][B(s_4, t_4)]\|[J(s_4, t_4)]\| h W_4 W_4
\end{aligned}
\tag{10.4.3}
$$

式中，如图 10.11 所示，$s_1 = t_1 = -0.5773, s_2 = -0.5773, t_2 = 0.5773, s_3 = 0.5773, t_3 = -0.5773,\ s_4 = t_4 = 0.5773, W_1 = W_2 = W_3 = W_4 = 1.000$

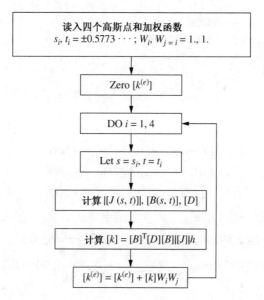

图 10.12　用四点高斯积分计算 $[k^{(e)}]$ 的流程图

例 10.4　用四点高斯求积法计算图 10.13 中四边形单元的刚度矩阵。令 $E = 200\,\text{GPa}$，$v = 0.25$。整体坐标单位为 cm，设 $h = 1\,\text{cm}$。

解　应用式(10.4.3)计算矩阵$[k]$。应用四点法则，其四点为(参见图 10.11)：

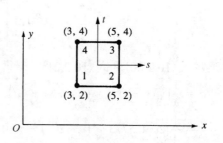

图 10.13　用于刚度计算的四边形单元

$$
\begin{aligned}
(s_1, t_1) &= (-0.5773, -0.5773) \\
(s_2, t_2) &= (-0.5773, 0.5773) \\
(s_3, t_3) &= (0.5773, -0.5773) \\
(s_4, t_4) &= (0.5773, 0.5773)
\end{aligned}
\tag{10.4.4a}
$$

加权系数 $W_1 = W_2 = W_3 = W_4 = 1.000$。

因此，由式(10.4.3)可得到：

$$
\begin{aligned}
[k] =\ & [B(-0.5773,\ -0.5773)]^{\mathrm{T}}[D][B(-0.5773,\ -0.5773)] \\
& \times |[J(-0.5773,\ -0.5773)]|(1)(1.000)(1.000) \\
& + [B(-0.5773,\ 0.5773)]^{\mathrm{T}}[D][B(-0.5773,\ 0.5773)] \\
& \times |[J(-0.5773,\ 0.5773)]|(1)(1.000)(1.000) \\
& + [B(0.5773,\ -0.5773)]^{\mathrm{T}}[D][B(0.5773,\ -0.5773)] \\
& \times |[J(0.5773,\ -0.5773)]|(1)(1.000)(1.000) \\
& + [B(0.5773,\ 0.5773)]^{\mathrm{T}}[D][B(0.5773,\ 0.5773)] \\
& \times |[J(0.5773,\ 0.5773)]|(1)(1.000)(1.000)
\end{aligned}
\tag{10.4.4b}
$$

为计算 $[k]$，首先用式 (10.2.22) 计算每个高斯点的 $|[J]|$。例如，$|[J]|$ 的一部分由下式给出：

$$
|[J(-0.5773,\ -0.5773)]| = \frac{1}{8}[3\quad 5\quad 5\quad 3]
$$

$$
\times
\begin{bmatrix}
0 & 1-(-0.5773) & -0.5773-(-0.5773) & -0.5773-1 \\
-0.5773-1 & 0 & -0.5773+1 & -0.5773-(-0.5773) \\
-0.5773-(-0.5773) & -(-0.5773)-1 & 0 & -0.5773+1 \\
1-(-0.5773) & -0.5773+(-0.5773) & -0.5773-1 & 0
\end{bmatrix}
\tag{10.4.4c}
$$

$$
\times
\begin{Bmatrix}
2 \\ 2 \\ 4 \\ 4
\end{Bmatrix}
= 1.000
$$

类似地，

$$
\begin{aligned}
|[J(-0.5773,\ 0.5773)]| &= 1.000 \\
|[J(0.5773,\ -0.5773)]| &= 1.000 \\
|[J(0.5773,\ 0.5773)]| &= 1.000
\end{aligned}
\tag{10.4.4d}
$$

尽管本例题中 $|[J]|=1$，但一般 $|[J]| \neq 1$，且在空间中变化。

用式 (10.2.18) 和式 (10.2.19) 计算 $[B]$。例如，$[B]$ 的一部分为：

$$
[B(-0.5773,\ -0.5773)] = \frac{1}{|[J(-0.5773,\ -0.5773)]|}[[B_1]\quad [B_2]\quad [B_3]\quad [B_4]]
$$

式中，由式 (10.2.19) 可得

$$
[B_1] =
\begin{bmatrix}
aN_{1,s}-bN_{1,t} & 0 \\
0 & cN_{1,t}-dN_{1,s} \\
cN_{1,t}-dN_{1,s} & aN_{1,s}-bN_{1,t}
\end{bmatrix}
\tag{10.4.4e}
$$

通过式 (10.2.20) 和式 (10.2.21)，计算 $a,b,c,d,N_{1,s}$ 和 $N_{1,t}$。例如：

$$
\begin{aligned}
a &= \frac{1}{4}[y_1(s-1)+y_2(-1-s)+y_3(1+s)+y_4(1-s)] \\
&= \frac{1}{4}\{2(-0.5773-1)+2[-1-(-0.5773)]\}+4[1+(-0.5773)]+4[1-(-0.5773)] \\
&= 1.00
\end{aligned}
\tag{10.4.4f}
$$

用类似的方法得到 b，c 和 d，并且

$$
\begin{aligned}
N_{1,s} &= \frac{1}{4}(t-1) = \frac{1}{4}(-0.5773-1) = -0.3943 \\
N_{1,t} &= \frac{1}{4}(s-1) = \frac{1}{4}(-0.5773-1) = -0.3943
\end{aligned}
\tag{10.4.4g}
$$

类似地，在 (−0.5773，−0.5773) 处像计算 $[B_1]$ 那样计算 $[B_2]$，$[B_3]$ 和 $[B_4]$。重复计算得到其他高斯点处的 $[B]$ [参见式 (10.4.4a)]。

应用计算每个高斯点 $[B]$ 和 $[k]$ 的计算机程序，得到 $[B(−0.5773，−0.5773)]$ 的最终形式：

$[B(−0.5773，−0.5773)] =$

$$
\begin{bmatrix}
-0.1057 & 0 & 0.1057 & 0 & 0 & -0.1057 & 0 & -0.3943 \\
-0.1057 & -0.1057 & -0.3943 & 0.1057 & 0.3943 & 0 & -0.3943 & 0 \\
0 & 0.3943 & 0 & 0.1057 & 0.3943 & 0.3943 & 0.1057 & -0.3943
\end{bmatrix}
\tag{10.4.4h}
$$

同样，可以得到 $[B(−0.5773，0.5773)]$ 等处的类似表达式。

根据式 (6.1.8)，矩阵 $[D]$ 为：

$$
[D] = \frac{E}{1-v^2}
\begin{bmatrix}
1 & v & 0 \\
v & 1 & 0 \\
0 & 0 & \dfrac{1-v}{2}
\end{bmatrix}
=
\begin{bmatrix}
213.33 & 53.33 & 0 \\
53.33 & 213.33 & 0 \\
0 & 0 & 80
\end{bmatrix}
\times 10^9 \ \text{Pa}
\tag{10.4.4i}
$$

最后，应用式 (10.4.4b)，矩阵 $[k]$ 化为：

$$
[k] = 10^4
\begin{bmatrix}
1466 & 500 & -866 & -99 & -733 & -500 & 133 & 99 \\
500 & 1466 & 99 & 133 & -500 & -733 & -99 & -866 \\
-866 & 99 & 1466 & -500 & 133 & -99 & -733 & 500 \\
-99 & 133 & -500 & 1466 & 99 & -866 & 500 & -733 \\
-733 & -500 & 133 & 99 & 1466 & 500 & -866 & -99 \\
-500 & -733 & -99 & -866 & 500 & 1466 & 99 & 133 \\
133 & -99 & -733 & 500 & -866 & 99 & 1466 & -500 \\
99 & -866 & 500 & -733 & -99 & 133 & -500 & 1466
\end{bmatrix}
\tag{10.4.4j}
$$

10.4.2 单元应力的计算

四边形单元内的应力 $\{\sigma\} = [D][B]\{d\}$ 不是常数。由于 $[B]$ 是关于 s 和 t 坐标的函数，所以 $\{\sigma\}$ 也是关于 s 和 t 坐标的函数。在实际情况中，在计算刚度矩阵 $[k]$ 的高斯点上计算应力。对于采用 2×2 阶积分的四边形，可得到四组应力数据。为了减少数据，通常是计算 $s = 0$，$t = 0$ 处的应力。7.4 节中的另一种方法是计算所有单元在共享 (公共) 节点处的应力，然后，用这些单元节点应力的平均值代替节点处的应力。大部分计算机程序采用这种方法。这些程序得到的应力图都基于这种平均节点应力法。例 10.5 介绍了用高斯求积法计算在单元 $s = 0$，$t = 0$ 处的应力矩阵。

例 10.5 对于例 10.4 的矩形单元，如图 10.13 所示。设平面应力状态如下：$E = 200 \text{ GPa}$，$v = 0.3$，位移 $u_1 = 0, v_1 = 0, u_2 = 0.02 \text{ mm}, v_2 = 0.03 \text{ mm}, u_3 = 0.06 \text{ mm}, v_3 = 0.032 \text{ mm}, u_4 = 0, v_4 = 0$。计算 $s = 0$，$t = 0$ 处的应力 σ_x, σ_y 和 τ_{xy}。

解 用式 (10.2.18) ~ 式 (10.2.20)，计算 $s = 0, t = 0$ 处的 $[B]$：

$$
[B] = \frac{1}{|[J]|}[[B_1] \quad [B_2] \quad [B_3] \quad [B_4]]
\tag{10.2.18}
$$
(重复)

$$
[B(0, 0)] = \frac{1}{|[J(0, 0)]|}[[B_1(0, 0)] \quad [B_2(0, 0)] \quad [B_3(0, 0)] \quad [B_4(0, 0)]]
$$

利用式 (10.2.22)，$|[J]|$ 为：

$$|[J(0, 0)]| = \frac{1}{8}[3 \quad 5 \quad 5 \quad 3] \begin{bmatrix} 0 & 1 & 0 & -1 \\ -1 & 0 & 1 & 0 \\ 0 & -1 & 0 & 1 \\ 1 & 0 & -1 & 0 \end{bmatrix} \begin{Bmatrix} 2 \\ 2 \\ 4 \\ 4 \end{Bmatrix}$$

$$= \frac{1}{8}[-2 \quad -2 \quad 2 \quad 2] \begin{Bmatrix} 2 \\ 2 \\ 4 \\ 4 \end{Bmatrix} \tag{10.4.5a}$$

$$|[J(0, 0)]| = 1$$

注意$|[J]| = 1$与$A/4$相等，其中$A = 2 \times 2 = 4 \text{ cm}^2$为图 10.13 中矩形的表面积。

由式(10.2.19)，得到：

$$[B_i] = \begin{bmatrix} aN_{i,s} - bN_{i,t} & 0 \\ 0 & cN_{i,t} - dN_{i,s} \\ cN_{i,t} - dN_{i,s} & aN_{i,s} - bN_{i,t} \end{bmatrix} \tag{10.4.5b}$$

根据式(10.2.20)，得到：

$$a = 1 \quad\quad b = 0 \quad\quad c = 1 \quad\quad d = 0$$

对式(10.2.5)中的形函数求s和t的微分，然后计算在$s = 0$，$t = 0$处的值，得到：

$$N_{1,s} = -\frac{1}{4} \quad\quad N_{1,t} = -\frac{1}{4} \quad\quad N_{2,s} = \frac{1}{4} \quad\quad N_{2,t} = -\frac{1}{4}$$
$$N_{3,s} = \frac{1}{4} \quad\quad N_{3,t} = \frac{1}{4} \quad\quad N_{4,s} = -\frac{1}{4} \quad\quad N_{4,t} = \frac{1}{4} \tag{10.4.5c}$$

因此，将式(10.4.5c)代入式(10.4.5b)，得到：

$$[B_1] = \begin{bmatrix} -\frac{1}{4} & 0 \\ 0 & -\frac{1}{4} \\ -\frac{1}{4} & -\frac{1}{4} \end{bmatrix} \quad [B_2] = \begin{bmatrix} \frac{1}{4} & 0 \\ 0 & -\frac{1}{4} \\ -\frac{1}{4} & \frac{1}{4} \end{bmatrix} \quad [B_3] = \begin{bmatrix} \frac{1}{4} & 0 \\ 0 & \frac{1}{4} \\ \frac{1}{4} & \frac{1}{4} \end{bmatrix} \quad [B_4] = \begin{bmatrix} -\frac{1}{4} & 0 \\ 0 & \frac{1}{4} \\ \frac{1}{4} & -\frac{1}{4} \end{bmatrix} \tag{10.4.5d}$$

再将$|[J]| = 1$ 的式(10.4.5a)和式(10.4.5d)代入$[B]$的式(10.2.18)，将式(6.1.8)的平面应力矩阵$[D]$代入$\{\sigma\}$的定义中，得到单元应力矩阵$\{\sigma\}$：

$$\{\sigma\} = [D][B]\{d\} = (210)\frac{10^9 \begin{bmatrix} 1 & 0.3 & 0 \\ 0.3 & 1 & 0 \\ 0 & 0 & 0.35 \end{bmatrix}}{1 - 0.09}$$

$$\times \begin{bmatrix} -0.25 & 0 & 0.25 & 0 & 0.25 & 0 & -0.25 & 0 \\ 0 & -0.25 & 0 & -0.25 & 0 & 0.25 & 0 & 0.25 \\ -0.25 & -0.25 & -0.25 & 0.25 & 0.25 & 0.25 & 0.25 & -0.25 \end{bmatrix} \begin{Bmatrix} 0 \\ 0 \\ 0.02 \\ 0.03 \\ 0.06 \\ 0.032 \\ 0 \\ 0 \end{Bmatrix} \times 10^{-3}$$

$$\{\sigma\} = \begin{Bmatrix} 4.40 \\ 1.429 \\ 1.978 \end{Bmatrix} \text{ MPa}$$

10.5 高阶形函数（包括 Q6，Q8，Q9 和 Q12 单元）

一般来说，可以通过在线性单元的边上增加附加节点来推导形函数。这些单元导致了每个单元中的高阶应变，因此能利用较少的单元以较快的速度收敛到精确解。（但是，存在一个权衡，因为更复杂的单元花费的时间太多，即使模型中单元较少，计算时间也比简单线性单元模型更多。）使用高阶单元的另一个优点是，比用简单直边线性单元能更好地近似形状不规则的物体的曲线边界。

10.5.1 线性应变杆

为了说明高阶单元的概念，首先介绍图 10.14 中的 3 节点线性应变二次位移（及二次形函数）。图 10.14 给出了二次等参数杆单元（也称为线性应变杆），在整体坐标中有三个节点坐标 x_1, x_2 和 x_3。

例 10.6 对图 10.14 中的 3 节点线性应变杆等参单元，求解：（a）形函数 N_1, N_2 和 N_3；（b）应变位移矩阵 $[B]$。假定轴向位移函数为形如 $u = a_1 + a_2 s + a_3 s^2$ 的二次方程式。

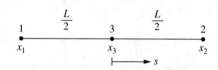

图 10.14　3 节点线性应变杆单元

解　（a）计算等参元的形函数，首先假定下列轴坐标 x 为：

$$x = a_1 + a_2 s + a_3 s^2 \tag{10.5.1}$$

用节点坐标表示 a_i，得到：

$$\begin{aligned} x(-1) &= a_1 - a_2 + a_3 = x_1 & \text{或} \quad x_1 &= a_1 - a_2 + a_3 \\ x(0) &= a_1 = x_3 & \text{或} \quad x_3 &= a_1 \\ x(1) &= a_1 + a_2 + a_3 = x_2 & \text{或} \quad x_2 &= a_1 - a_2 + a_3 \end{aligned} \tag{10.5.2}$$

将式（10.5.2）的第二个公式中的 $a_1 = x_3$ 代入式（10.5.2）中的第一个和第三个公式，得到 a_2 和 a_3：

$$\begin{aligned} x_1 &= x_3 - a_2 + a_3 \\ x_2 &= x_3 + a_2 + a_3 \end{aligned} \tag{10.5.3}$$

将式（10.5.3）中的式子相加，解出 a_3 如下：

$$a_3 = (x_1 + x_2 - 2x_3)/2 \tag{10.5.4}$$

$$\begin{aligned} x_1 &= x_3 - a_2 + ((x_1 + x_2 - 2x_3)/2) \\ a_2 &= x_3 - x_1 + ((x_1 + x_2 - 2x_3)/2) = (x_2 - x_1)/2 \end{aligned} \tag{10.5.5}$$

将式（10.5.2）、式（10.5.4）和式（10.5.5）中的 a_1, a_2 和 a_3 值代入式（10.5.1）给出的 x 的通式，得到：

$$x = a_1 + a_2 s + a_3 s^2 = x_3 + \frac{x_2 - x_1}{2} s + \frac{x_1 + x_2 - 2x_3}{2} s^2 \tag{10.5.6}$$

合并式（10.5.6）中的 x_1, x_2 和 x_3 的同类项，得到 x 的最终形式：

$$x = \left(\frac{s(s-1)}{2} \right) x_1 + \frac{s(s+1)}{2} x_2 + (1 - s^2) x_3 \tag{10.5.7}$$

函数 x 可以用形函数矩阵和轴坐标表示，由式（10.5.7）可得：

$$\{x\} = [N_1 \quad N_2 \quad N_3] \begin{Bmatrix} x_1 \\ x_2 \\ x_3 \end{Bmatrix} = \left[\left(\frac{s(s-1)}{2} \right) \quad \frac{s(s+1)}{2} \quad (1-s^2) \right] \begin{Bmatrix} x_1 \\ x_2 \\ x_3 \end{Bmatrix} \tag{10.5.8}$$

因此, 形函数为:

$$N_1 = \frac{s(s-1)}{2} \qquad N_2 = \frac{s(s+1)}{2} \qquad N_3 = (1-s^2) \tag{10.5.9}$$

(b) 现求解应变位移矩阵 $[B]$, 过程如下:

由轴应变的基本定义可得:

$$\{\varepsilon_x\} = \frac{\mathrm{d}u}{\mathrm{d}x} = \frac{\mathrm{d}u}{\mathrm{d}s} \frac{\mathrm{d}s}{\mathrm{d}x} = [B] \begin{Bmatrix} u_1 \\ u_2 \\ u_3 \end{Bmatrix} \tag{10.5.10}$$

使用等参公式描述意味着位移函数和轴坐标函数的形式相同。因此, 应用式(10.5.6), 可得:

$$u = u_3 + \frac{u_2}{2}s - \frac{u_1}{2}s + \frac{u_1}{2}s^2 + \frac{u_2}{2}s^2 - \frac{2u_3}{2}s^2 \tag{10.5.11}$$

将 u 对 s 微分, 有:

$$\frac{\mathrm{d}u}{\mathrm{d}s} = \frac{u_2}{2} - \frac{u_1}{2} + u_1 s + u_2 s - 2u_3 s = \left(s - \frac{1}{2} \right)u_1 + \left(s + \frac{1}{2} \right)u_2 + (-2s)u_3 \tag{10.5.12}$$

之前已证明 $\mathrm{d}x/\mathrm{d}s = L/2 = |[J]|$ [参见式(10.1.9b)]。这种关系也适用于高阶一维单元, 如果节点 3 在杆的几何中心, 则也适用于 2 节点常应变杆单元。利用这种关系, 将式(10.5.12)代入式(10.5.10), 得到:

$$\begin{aligned}
\frac{\mathrm{d}u}{\mathrm{d}x} = \frac{\mathrm{d}u}{\mathrm{d}s} \frac{\mathrm{d}s}{\mathrm{d}x} &= \left(\frac{2}{L} \right) \left(\left(s - \frac{1}{2} \right)u_1 + \left(s + \frac{1}{2} \right)u_2 + (-2s)u_3 \right) \\
&= \left(\frac{2s-1}{L} \right)u_1 + \left(\frac{2s+1}{L} \right)u_2 + \left(\frac{-4s}{L} \right)u_3
\end{aligned} \tag{10.5.13}$$

将式(10.5.13)用矩阵形式表示:

$$\frac{\mathrm{d}u}{\mathrm{d}x} = \left[\frac{2s-1}{L} \quad \frac{2s+1}{L} \quad \frac{-4s}{L} \right] \begin{Bmatrix} u_1 \\ u_2 \\ u_3 \end{Bmatrix} \tag{10.5.14}$$

由于式(10.5.14)表示轴应变, 有:

$$\{\varepsilon_x\} = \frac{\mathrm{d}u}{\mathrm{d}x} = \left[\frac{2s-1}{L} \quad \frac{2s+1}{L} \quad \frac{-4s}{L} \right] \begin{Bmatrix} u_1 \\ u_2 \\ u_3 \end{Bmatrix} = [B] \begin{Bmatrix} u_1 \\ u_2 \\ u_3 \end{Bmatrix} \tag{10.5.15}$$

因此梯度矩阵 $[B]$ 表示为:

$$[B] = \left[\frac{2s-1}{L} \quad \frac{2s+1}{L} \quad \frac{-4s}{L} \right] \tag{10.5.16}$$

例 10.7　对图 10.14 中的 3 节点杆单元, 用例 10.6 中的 $[B]$ 分析计算刚度矩阵。

解　通过例 10.6 中的式(10.5.16)可得:

$$[B] = \left[\frac{2s-1}{L} \quad \frac{2s+1}{L} \quad \frac{-4s}{L} \right], \quad [J] = \frac{L}{2} \ \ [参见式(10.1.9b)] \tag{10.5.17}$$

将 $[B]$ 代入求解刚度矩阵的式(10.1.15), 得到:

$$[k] = \frac{L}{2}\int_{-1}^{1}[B]^{\mathrm{T}}E[B]A\mathrm{d}s = \frac{AEL}{2}\int_{-1}^{1}\begin{bmatrix} \dfrac{(2s-1)^2}{L^2} & \dfrac{(2s-1)(2s+1)}{L^2} & \dfrac{(2s-1)(-4s)}{L^2} \\ \dfrac{(2s+1)(2s-1)}{L^2} & \dfrac{(2s+1)^2}{L^2} & \dfrac{(2s+1)(-4s)}{L^2} \\ \dfrac{(-4s)(2s-1)}{L^2} & \dfrac{(-4s)(2s+1)}{L^2} & \dfrac{(-4s)^2}{L^2} \end{bmatrix}\mathrm{d}s \quad (10.5.18)$$

为了便于积分，将式(10.5.18)化简如下：

$$[k] = \frac{AE}{2L}\int_{-1}^{1}\begin{bmatrix} 4s^2-4s+1 & 4s^2-1 & -8s^2-4s \\ 4s^2-1 & 4s^2+4s+1 & -8s^2-4s \\ -8s^2+4s & -8s^2-4s & 16s^2 \end{bmatrix}\mathrm{d}s \quad (10.5.19)$$

对式(10.5.19)进行显式积分，得到：

$$[k] = \frac{AE}{2L}\begin{bmatrix} \dfrac{4}{3}s^3-2s^2+s & \dfrac{4}{3}s^3-s & -\dfrac{8}{3}s^3+2s^2 \\ \dfrac{4}{3}s^3-s & \dfrac{4}{3}s^3+2s^2+s & -\dfrac{8}{3}s^3-2s^2 \\ -\dfrac{8}{3}s^3+2s^2 & -\dfrac{8}{3}s^3-2s^2 & \dfrac{16}{3}s^3 \end{bmatrix}\Bigg|_{-1}^{1} \quad (10.5.20)$$

计算式(10.5.20)在 1 到−1 的定积分，得到：

$$[k] = \frac{AE}{2L}\begin{bmatrix} \dfrac{4}{3}-2+1 & \dfrac{4}{3}-1 & -\dfrac{8}{3}+2 \\ \dfrac{4}{3}-1 & \dfrac{4}{3}+2+1 & -\dfrac{8}{3}-2 \\ -\dfrac{8}{3}+2 & -\dfrac{8}{3}-2 & \dfrac{16}{3} \end{bmatrix} - \begin{bmatrix} -\dfrac{4}{3}-2-1 & -\dfrac{4}{3}+1 & \dfrac{8}{3}+2 \\ -\dfrac{4}{3}+1 & -\dfrac{4}{3}+2-1 & \dfrac{8}{3}-2 \\ \dfrac{8}{3}+2 & \dfrac{8}{3}-2 & -\dfrac{16}{3} \end{bmatrix}$$

$$(10.5.21)$$

化简式(10.5.21)，得到最终的刚度矩阵：

$$[k] = \frac{AE}{2L}\begin{bmatrix} 4.67 & 0.667 & -5.33 \\ 0.667 & 4.67 & -5.33 \\ -5.33 & -5.33 & 10.67 \end{bmatrix} \quad (10.5.22)$$

例 10.8 现介绍怎样用两点高斯求积法计算图 10.15 中 3 节点杆单元的刚度矩阵。然后将结果与例 10.7 中用显式积分得到的结果进行比较。

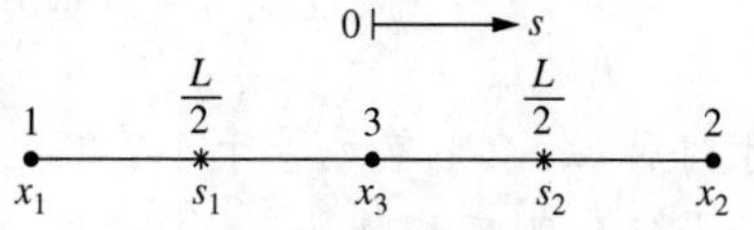

解 由式(10.5.18)得到刚度矩阵：

图 10.15 两个高斯点的 3 节点杆单元

$$[k] = \frac{L}{2}\int_{-1}^{1}[B]^{\mathrm{T}}E[B]A\mathrm{d}s = \frac{AEL}{2}\int_{-1}^{1}\begin{bmatrix} \dfrac{(2s-1)^2}{L^2} & \dfrac{(2s-1)(2s+1)}{L^2} & \dfrac{(2s-1)(-4s)}{L^2} \\ \dfrac{(2s+1)(2s-1)}{L^2} & \dfrac{(2s+1)^2}{L^2} & \dfrac{(2s+1)(-4s)}{L^2} \\ \dfrac{(-4s)(2s-1)}{L^2} & \dfrac{(-4s)(2s+1)}{L^2} & \dfrac{(-4s)^2}{L^2} \end{bmatrix}\mathrm{d}s \quad (10.5.23)$$

用两点高斯求积法，计算图 10.15 中两点上的刚度矩阵(基于表 10.2)：

$$s_1 = -0.577\,35, \quad s_2 = 0.577\,35 \tag{10.5.24}$$

加权系数如下：

$$W_1 = 1, \quad W_2 = 1 \tag{10.5.25}$$

之后计算式(10.5.23)在每个高斯点的被积函数的每一项，并且乘以各项的加权系数(这里每个加权系数为 1)。再将这些高斯点的计算值相加，得到刚度矩阵每个单元的最终形式。对于两点的计算，将两项相加可以得到刚度矩阵的每个单元。逐项计算刚度矩阵项如下：

对 1-1 单元：

$$\sum_{i=1}^{2} W_i (2s_i - 1)^2 = (1)[2(-0.577\,35) - 1]^2 + (1)[2(0.577\,35) - 1]^2 = 4.6667$$

对 1-2 单元：

$$\sum_{i=1}^{2} W_i (2s_i - 1)(2s_i + 1) = (1)[(2)(-0.577\,35) - 1][(2)(-0.577\,35) + 1]$$
$$+ (1)[(2)(0.577\,35) - 1][(2)(0.577\,35) + 1] = 0.6667$$

对 1-3 单元：

$$\sum_{i=1}^{2} W_i (-4s_i(2s_i - 1)) = (1)(-4)(-0.577\,35)[(2)(-0.577\,35) - 1]$$
$$+ (1)(-4)(0.577\,35)[(2)(0.577\,35) - 1] = -5.3333$$

对 2-2 单元：

$$\sum_{i=1}^{2} W_i (2s_i + 1)^2 = (1)[(2)(-0.577\,35) + 1]^2 + (1)[(2)(0.577\,35) + 1]^2 = 4.6667$$

对 2-3 单元：

$$\sum_{i=1}^{2} W_i [-4s_i(2s_i + 1)] = (1)(-4)(-0.577\,35)[(2)(-0.577\,35) + 1]$$
$$+ (1)(-4)(0.577\,35)[(2)(0.577\,35) + 1] = -5.3333$$

对 3-3 单元：

$$\sum_{i=1}^{2} W_i (16s_i^2) = (1)(16)(-0.577\,35)^2 + (1)(16)(0.577\,35)^2 = 10.6667$$

由于对称性，2-1 单元等于 1-2 单元，其余对称单元也都相同。因此，根据上述各项的计算结果，最终的刚度矩阵为：

$$[k] = \frac{AE}{2L} \begin{bmatrix} 4.67 & 0.667 & -5.33 \\ 0.667 & 4.67 & -5.33 \\ -5.33 & -5.33 & 10.67 \end{bmatrix} \tag{10.5.26}$$

式(10.5.26)与直接对刚度矩阵的各项进行显式积分得到的式(10.5.22)相同。

为进一步说明改进物理性能的单元，首先介绍 Q6 单元，再进一步说明高阶单元的概念，将考虑在参考文献[3]和[8]中所描述的二次单元(Q8 和 Q9)和三次单元(Q12)形函数。再对

图 10.20 中的悬臂梁网格与本章和前面章节中介绍的许多单元类型(例如 CST，Q4，Q6，Q8 和 Q9 单元)的结果进行比较。

10.5.2 改进的双线性二次方程(Q6)

为消除 Q4 单元固有的剪力自锁而改进的单元在 Q4 单元位移函数中为每个位移函数 ($g_1 - g_4$) 增加了两个内部自由度。这种单元称为 Q6 单元。

Q6 单元位移函数包含 6 个形函数而不是 Q4 单元中的 4 个位移函数。这些位移函数如下：

$$u = \sum_{i=1}^{4} N_i u_i + g_1(1 - s^2) + g_2(1 - t^2)$$

$$v = \sum_{i=1}^{4} N_i v_i + g_3(1 - s^2) + g_4(1 - t^2)$$

(10.5.27)

式中，形函数 N_i 由式(10.2.5)给出。

位移场由描述常曲率状态的模态(也称为泡沫模态)增强，模态用式(10.5.27)中的 $g_1 \sim g_4$ 表示。这些修正允许单元在节点间弯曲，可以用 s 轴或者 t 轴作为中性轴模拟弯曲，这些模态在图 10.16 中给出。通过最小化单元内应变能量确定模态的大小。在建立单元刚度矩阵前，将附加的自由度压缩。因此，只显示与四个角节点有关的自由度。如果单元是矩形，则能精确模拟纯弯曲。

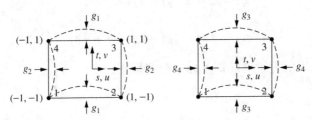

图 10.16 Q6 单元包含的常曲率模态

当在 Autodesk 程序中选择兼容模式还是不兼容模式时，这种单元会用在例如 Autodesk[11]的计算机程序中。但是，兼容模式选项实际上是 Q4 单元，不兼容模式选项是 Q6 单元(尽管在计算机程序中没有提及)。在大多数情况下，推荐使用不兼容模式选项，这样能更好地求解弯曲问题，如表 10.3 所示。因为自由度 $g_1 \sim g_4$ 是内部的，不是节点自由度，它们不和其他单元连接。有可能两个相邻单元的边有不同的曲率，那么沿公共边的位移场就可能不兼容。因此，和 g 自由度有关的模态是不兼容的，这也是单元被称为不兼容的原因。这种不兼容性会在某些荷载情况下出现，如图 10.17 所示。更多关于 Q6 单元的内容，可参见参考文献[9]和[10]。

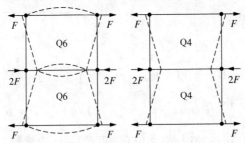

图 10.17 和 g 自由度有关的模态显示了 Q6 单元中可能的位移不兼容

10.5.3　二次矩阵(Q8 和 Q9)

图 10.18 给出了带 4 个角节点和 4 个边中节点的二次等参元。这种 8 节点单元通常被称为"Q8"单元。

二次单元的形函数是基于不完全三次多项式的，坐标 x 和 y 如下：

$$x = a_1 + a_2s + a_3t + a_4st + a_5s^2 + a_6t^2 + a_7s^2t + a_8st^2$$
$$y = a_9 + a_{10}s + a_{11}t + a_{12}st + a_{13}s^2 + a_{14}t^2 + a_{15}s^2t + a_{16}st^2 \tag{10.5.28}$$

这些形函数的选择使得总自由度的数量(每节点 2 个自由度乘以 8 个节点等于 16)与 a_i 的总数目相同。这种 8 节点单元也称为"巧凑边点元"，因为它基于不完全立方，但在梁弯曲等情况下结果表现良好。由于采用等参公式描述，位移 u 和 v 分别与式(10.5.28)中的 x 和 y 形式相同。

描述形函数需要两种形式，一种是角节点的，一种是边中节点的，如参考文献[3]所示。对于角节点($i = 1, 2, 3, 4$)，有：

$$N_1 = \frac{1}{4}(1 - s)(1 - t)(-s - t - 1)$$
$$N_2 = \frac{1}{4}(1 + s)(1 - t)(s - t - 1)$$
$$N_3 = \frac{1}{4}(1 + s)(1 + t)(s + t - 1) \tag{10.5.29}$$
$$N_4 = \frac{1}{4}(1 - s)(1 + t)(-s + t - 1)$$

或者，将式(10.5.29)表示为紧凑的带下标标记的形式：

$$N_i = \frac{1}{4}(1 + ss_i)(1 + tt_i)(ss_i + tt_i - 1) \tag{10.5.30}$$

式中，i 是形函数的序号，且有：

$$s_i = -1, 1, 1, -1 \quad (i = 1, 2, 3, 4)$$
$$t_i = -1, -1, 1, 1 \quad (i = 1, 2, 3, 4) \tag{10.5.31}$$

对于边中节点($i = 5, 6, 7, 8$)，有：

$$N_5 = \frac{1}{2}(1 - t)(1 + s)(1 - s)$$
$$N_6 = \frac{1}{2}(1 + s)(1 + t)(1 - t)$$
$$N_7 = \frac{1}{2}(1 + t)(1 + s)(1 - s) \tag{10.5.32}$$
$$N_8 = \frac{1}{2}(1 - s)(1 + t)(1 - t)$$

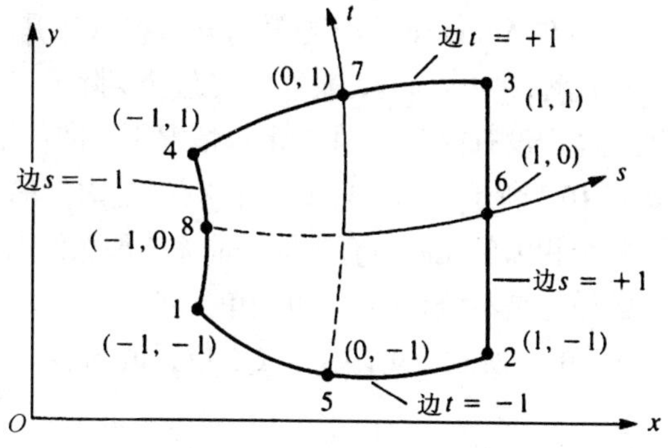

图 10.18　二次等参单元(Q8)

或者，表示为紧凑的带下标标记的形式：

$$N_i = \frac{1}{2}(1 - s^2)(1 + tt_i) \quad t_i = -1, 1 \quad (i = 5, 7)$$
$$N_i = \frac{1}{2}(1 + ss_i)(1 - t^2) \quad s_i = 1, -1 \quad (i = 6, 8) \tag{10.5.33}$$

由式(10.5.29)和式(10.5.32)观察到边界(和位移)随 s^2(沿 t 为常数)或 t^2(沿 s 为常数)变化。

在节点 i 处，$N_i = 1$；在其他节点处，$N_i = 0$，根据形函数的一般定义，这是必须满足的。

位移函数由下式给出：

$$\begin{Bmatrix} u \\ v \end{Bmatrix} = \begin{bmatrix} N_1 & 0 & N_2 & 0 & N_3 & 0 & N_4 & 0 & N_5 & 0 & N_6 & 0 & N_7 & 0 & N_8 & 0 \\ 0 & N_1 & 0 & N_2 & 0 & N_3 & 0 & N_4 & 0 & N_5 & 0 & N_6 & 0 & N_7 & 0 & N_8 \end{bmatrix}$$

$$\times \begin{Bmatrix} u_1 \\ v_1 \\ u_2 \\ v_2 \\ \vdots \\ v_8 \end{Bmatrix} \qquad (10.5.34)$$

应变矩阵为：

$$\{\varepsilon\} = [D'][N]\{d\}$$

式中，$\qquad [B] = [D'][N]$

现求解矩阵 $[B]$，利用式（10.2.17）和式（10.2.16）中的 $[D']$ 和式（10.5.34）给出的 2×16 阶矩阵 $[N]$ 求解，N 用式（10.5.29）和式（10.5.32）以显式形式定义。

利用九点高斯法则（常写为 3×3 法则）来计算 8 节点二次等参元的矩阵 $[B]$ 和矩阵 $[k]$。2×2 和 3×3 法则得出的结果有显著差别，Bathe 和 Wilson[7] 推荐使用 3×3 法则。表 10.2 给出了点的位置和相关的加权系数。3×3 法则在图 10.19 中给出。

图 10.18 中，通过在 $s = 0$，$t = 0$ 处增加第九个节点，就能得到被称为"Q9"的单元。这是一个不和其他节点连接的内部节点。将

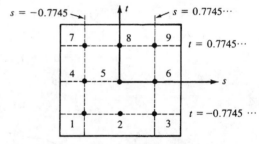

图 10.19　二维坐标中的 3×3 法则

$a_{17} s^2 t^2$ 和 $a_{18} s^2 t^2$ 项分别加到式（10.5.28）中的 x 和 y 以及 u 和 v 上。此单元称为拉格朗日单元，因为形函数能用拉格朗日中值定理得到。更详细的内容见参考文献[8]。

现对用不同平面单元进行网格划分的悬臂梁的结果进行比较，这些平面单元在本章以及前面的第 6 章和第 8 章中给出，结果见图 10.20。图 10.20 将 CST，Q4，Q6，Q8 和 Q9 单元网格解和经典梁单元进行了比较。注意到，在 Autodesk 和其他计算机程序中提供的 Q6 单元（或 Q4 不兼容）消除了 Q4 单元中的剪力自锁，即使使用图 10.20(c) 中的单排矩形单元，也能得到很好的位移结果。但是，小角度的梯形畸变（与垂直方向呈 15°角）使得单元的刚度过大，如图 10.20(d) 的结果所示。平行畸变减少了单元的精度，但是比梯形畸变要小，如图 10.20(e) 所示。与 Q6 网格相比，只考虑一行和两个单元或者更少的总自由度时，Q8 和 Q9 单元表现很好［参见图 10.20(f) 和 (g)］。带附加内部节点的 Q9 单元得到的单排结果略优于 Q8。CST［参见图 10.20(a)］和 Q4 单行兼容单元［见图 10.20(b)］由于剪力自锁得到的结果最糟，如 6.6 节和 8.3 节所述。

我们还意识到，在第 4 章中描述的标准 2 节点梁单元对自由端位移给出了精确解。尽管只有两个非零自由度：一个旋转和一个在梁自由端的横向位移［参见图 10.20(h)］。当应力集中不重要时，这个模型强调了梁单元对于梁（如悬臂梁）建模的重要性。

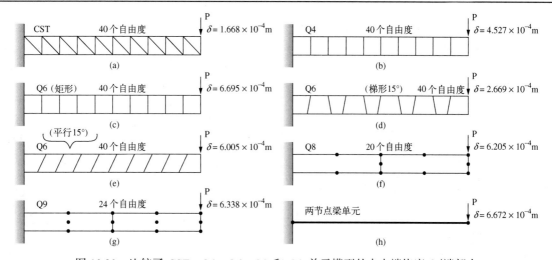

图 10.20　比较了 CST，Q4，Q6，Q8 和 Q9 单元模型的自由端挠度 δ (端部力 $P = 4000$ N，长 1 m，$I = 1 \times 10^{-5}$ m^4，厚度为 0.12 m，$E = 200$ GPa，$\nu = 0.30$)，自由度的数目在每个模型网格中给出(每节点两个自由度)

10.5.4　三次矩阵(Q12)

图 10.21 中的三次矩阵(Q12)有四个角节点和位于各边 1/3 和 2/3 处的附加节点。三次单元的形函数(推导过程见参考文献[3])基于不完全四次多项式：

$$x = a_1 + a_2 s + a_3 t + a_4 s^2 + a_5 st + a_6 t^2 + a_7 s^2 t + a_8 st^2 \\ + a_9 s^3 + a_{10} t^3 + a_{11} s^3 t + a_{12} st^3 \tag{10.5.35}$$

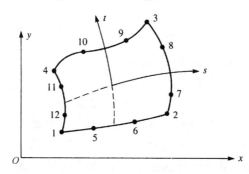

图 10.21　三次等参单元

y 有相似的多项式。对于角节点 $(i = 1, 2, 3, 4)$，有：

$$N_i = \frac{1}{32}(1 + ss_i)(1 + tt_i)[9(s^2 + t^2) - 10] \tag{10.5.36}$$

s_i 和 t_i 由式(10.5.31)给出。对于边 $s = \pm 1$ 上的节点 $(i = 7, 8, 11, 12)$，有：

$$N_i = \frac{9}{32}(1 + ss_i)(1 + 9tt_i)(1 - t^2) \tag{10.5.37}$$

式中，$s_i = \pm 1$，$t_i = \pm 1/3$。对于边 $t = \pm 1$ 上的节点 $(i = 5, 6, 9, 10)$，有：

$$N_i = \frac{9}{32}(1 + tt_i)(1 + 9ss_i)(1 - s^2) \tag{10.5.38}$$

式中，$t_i = \pm 1$，$s_i = \pm 1/3$。

二次单元的形函数由式(10.5.29)和式(10.5.32)给出，三次单元的形函数由式(10.5.36)～式(10.5.38)给出，对于平面单元的数值积分，利用式(10.2.17)确定[B]，利用式(10.2.27)得到[k]。三次单元需要 3×3 法则(9 点)来精确计算矩阵[k]。现在最需要的是一个形函数库，能用于为刚度矩阵、分布荷载和体力建立的一般方程，不仅能用于应力分析，也能用于非结构问题。

因为将 x 和 y 与节点坐标 x_i 和 y_i 关联起来的单元形函数 N_i，与将 u 和 v 与节点坐标 u_i 和 v_i 关联起来的单元形函数形式相同，所以被称为等参公式。例如，对于线性单元 $x = \sum_{i=1}^{4} N_i x_i$ 和位移函数 $u = \sum_{i=1}^{4} N_i u_i$，使用式(10.2.5)给出的相同的形函数 N_i。如果坐标的形函数(例如，关于 x 的线性函数)比位移使用的形函数(例如，关于 u 的二次函数)阶次低，则被称为亚参数公式。

最后，关于图 10.21，注意到单元可以有线性形状(如沿边 1-2)、二次形状(如沿边 2-3 和边 1-4)和三次形状(如沿边 3-4)。因此，在应力快速变化的模型区域中，简单的线性单元可以和不同的高阶单元混合。使用高阶单元的优点在参考文献[3]中有进一步的阐述。

方程小结

2 节点杆单元的自然坐标与整体坐标的关系：

$$x = a_1 + a_2 s \tag{10.1.2}$$

2 节点杆单元在自然坐标系 s 中的形函数：

$$N_1 = \frac{1-s}{2} \qquad N_2 = \frac{1+s}{2} \tag{10.1.5}$$

2 节点杆的位移函数：

$$\{u\} = [N_1 \quad N_2] \begin{Bmatrix} u_1 \\ u_2 \end{Bmatrix} \tag{10.1.6}$$

2 节点杆的梯度矩阵：

$$[B] = \left[-\frac{1}{L} \ \frac{1}{L} \right] \tag{10.1.11}$$

杆的雅可比矩阵的行列式：

$$|[J]| = \frac{\mathrm{d}x}{\mathrm{d}s} = \frac{L}{2} \tag{10.1.14}$$

2 节点杆的刚度矩阵：

$$[k] = \frac{L}{2} \int_{-1}^{1} [B]^{\mathrm{T}} E[B] A \, \mathrm{d}s \tag{10.1.15}$$

$$[k] = \frac{AE}{L} \begin{bmatrix} 1 & -1 \\ -1 & 1 \end{bmatrix} \tag{10.1.16}$$

2 节点杆的体力矩阵：

$$\{f_b\} = \frac{ALX_b}{2}\begin{Bmatrix}1\\1\end{Bmatrix} \tag{10.1.20}$$

2 节点杆的面力矩阵:

$$\{f_s\} = \{T_x\}\frac{L}{2}\begin{Bmatrix}1\\1\end{Bmatrix} \tag{10.1.24}$$

四边形单元整体坐标和自然坐标的关系:

$$\begin{aligned}x &= a_1 + a_2 s + a_3 t + a_4 st\\y &= a_5 + a_6 s + a_7 t + a_8 st\end{aligned} \tag{10.2.2}$$

和

$$\begin{aligned}x &= \frac{1}{4}[(1-s)(1-t)x_1 + (1+s)(1-t)x_2\\&\quad + (1+s)(1+t)x_3 + (1-s)(1+t)x_4]\\y &= \frac{1}{4}[(1-s)(1-t)y_1 + (1+s)(1-t)y_2\\&\quad + (1+s)(1+t)y_3 + (1-s)(1+t)y_4]\end{aligned} \tag{10.2.3}$$

4 节点四边形单元在自然坐标中的形函数:

$$\begin{aligned}N_1 &= \frac{(1-s)(1-t)}{4} \quad N_2 = \frac{(1+s)(1-t)}{4}\\N_3 &= \frac{(1+s)(1+t)}{4} \quad N_4 = \frac{(1-s)(1+t)}{4}\end{aligned} \tag{10.2.5}$$

自然坐标中的应变-位移方程:

$$\{\varepsilon\} = [D'][N]\{d\} \tag{10.2.15}$$

4 节点四边形单元的雅可比矩阵的行列式:

$$|[J]| = \frac{1}{8}\{X_c\}^{\mathrm{T}}\begin{bmatrix}0 & 1-t & t-s & s-1\\t-1 & 0 & s+1 & -s-t\\s-t & -s-1 & 0 & t+1\\1-s & s+t & -t-1 & 0\end{bmatrix}\{Y_c\} \tag{10.2.22}$$

$$\{X_c\}^{\mathrm{T}} = [x_1\ x_2\ x_3\ x_4]$$

式中

$$\{Y_c\} = \begin{Bmatrix}y_1\\y_2\\y_3\\y_4\end{Bmatrix} \tag{10.2.24}$$

4 节点四边形单元在自然坐标中的刚度矩阵:

$$[k] = \int_{-1}^{1}\int_{-1}^{1}[B]^{\mathrm{T}}[D][B]h\,|[J]|\,\mathrm{d}s\,\mathrm{d}t \tag{10.2.27}$$

4 节点四边形单元在自然坐标中的体力矩阵:

$$\underset{(8\times1)}{\{f_b\}} = \int_{-1}^{1}\int_{-1}^{1}\underset{(8\times2)}{[N]^{\mathrm{T}}}\underset{(2\times1)}{\{X\}}h|[J]|\,\mathrm{d}s\,\mathrm{d}t \tag{10.2.28}$$

沿边 $t = 1$ 上的面力矩阵:

$$\{f_s\}_{(4 \times 1)} = \int_{-1}^{1} [N_s]_{(4 \times 2)}^{\mathrm{T}} \{T\}_{(2 \times 1)} \, h \frac{L}{2} \mathrm{d}s \tag{10.2.29}$$

对于沿边 $t = 1$ 上的均匀(等) p_s 和 p_t 的情况，总面力矩阵为：

$$\{f_s\} = h \frac{L}{2}[0 \quad 0 \quad 0 \quad 0 \quad p_s \quad p_t \quad p_s \quad p_t]^{\mathrm{T}} \tag{10.2.31}$$

牛顿-科茨数值积分公式：

$$I = \int_{-1}^{1} y \, \mathrm{d}x = h \sum_{i=0}^{n} C_i y_i = h[C_0 y_0 + C_1 y_1 + C_2 y_2 + C_3 y_3 + \cdots + C_n y_n] \tag{10.3.1}$$

牛顿-科茨积分的区间和点见表 10.1。

数值积分的高斯求积公式：

$$I = \int_{-1}^{1} y \, \mathrm{d}x = \sum_{i=1}^{n} W_i y_i \tag{10.3.6}$$

从 -1 到 1 积分的高斯点见表 10.2。

计算 4 节点四边形单元刚度矩阵的 4 节点高斯求积公式：

$$\begin{aligned}
[k] = \ & [B(s_1, t_1)]^{\mathrm{T}}[D][B(s_1, t_1)]\|[J(s_1, t_1)]\| \, h \, W_1 W_1 \\
& + [B(s_2, t_2)]^{\mathrm{T}}[D][B(s_2, t_2)]\|[J(s_2, t_2)]\| \, h \, W_2 W_2 \\
& + [B(s_3, t_3)]^{\mathrm{T}}[D][B(s_3, t_3)]\|[J(s_3, t_3)]\| \, h \, W_3 W_3 \\
& + [B(s_4, t_4)]^{\mathrm{T}}[D][B(s_4, t_4)]\|[J(s_4, t_4)]\| \, h \, W_4 W_4
\end{aligned} \tag{10.4.3}$$

3 节点杆单元的轴坐标函数：

$$x = a_1 + a_2 s + a_3 s^2 \tag{10.5.1}$$

3 节点杆的形函数：

$$N_1 = \frac{s(s-1)}{2} \qquad N_2 = \frac{s(s+1)}{2} \qquad N_3 = (1 - s^2) \tag{10.5.9}$$

3 节点杆的梯度矩阵：

$$[B] = \left[\frac{2s-1}{L} \quad \frac{2s+1}{L} \quad \frac{-4s}{L} \right] \tag{10.5.16}$$

Q6 单元位移函数：

$$u = \sum_{i=1}^{4} N_i u_i + g_1(1 - s^2) + g_2(1 - t^2)$$

$$v = \sum_{i=1}^{4} N_i v_i + g_3(1 - s^2) + g_4(1 - t^2) \tag{10.5.27}$$

N_i 由式 (10.2.5) 给出。

8 节点 (Q8) 四边形单元的 x 和 y 的坐标函数：

$$x = a_1 + a_2 s + a_3 t + a_4 st + a_5 s^2 + a_6 t^2 + a_7 s^2 t + a_8 st^2$$

$$y = a_9 + a_{10} s + a_{11} t + a_{12} st + a_{13} s^2 + a_{14} t^2 + a_{15} s^2 t + a_{16} st^2 \tag{10.5.28}$$

式 (10.5.29) 和式 (10.5.32) 给出了 8 节点 (Q8) 四边形单元的形函数。

12 节点 (Q12) 四边形单元的 x 坐标函数：

$$\begin{aligned}
x = \ & a_1 + a_2 s + a_3 t + a_4 s^2 + a_5 st + a_6 t^2 + a_7 s^2 t + a_8 st^2 \\
& + a_9 s^3 + a_{10} t^3 + a_{11} s^3 t + a_{12} st^3
\end{aligned} \tag{10.5.35}$$

式 (10.5.36)、式 (10.5.37) 和式 (10.5.38) 给出了 12 节点 (Q12) 四边形单元的形函数。

参考文献

[1] Irons, B. M., "Engineering Applications of Numerical Integration in Stiffness Methods," *Journal of the American Institute of Aeronautics and Astronautics*, Vol. 4, No. 11, pp. 2035–2037, 1966.

[2] Stroud, A. H., and Secrest, D., *Gaussian Quadrature Formulas*, Prentice-Hall, Englewood Cliffs, NJ, 1966.

[3] Ergatoudis, I., Irons, B. M., and Zienkiewicz, O. C., "Curved Isoparametric, Quadrilateral Elements for Finite Element Analysis," *International Journal of Solids and Structures*, Vol. 4, pp. 31–42, 1968.

[4] Zienkiewicz, O. C., *The Finite Element Method*, 3rd ed., McGraw-Hill, London, 1977.

[5] Thomas, B. G., and Finney, R. L., *Calculus and Analytic Geometry*, Addison-Wesley, Reading, MA, 1984.

[6] Gallagher, R., *Finite Element Analysis Fundamentals*, Prentice-Hall, Englewood Cliffs, NJ, 1975.

[7] Bathe, K. J., and Wilson, E. L., *Numerical Methods in Finite Element Analysis*, Prentice-Hall, Englewood Cliffs, NJ, 1976.

[8] Cook, R. D., Malkus, D. S., Plesha, M. E., and Witt, R. J., *Concepts and Applications of Finite Element Analysis*, 4th ed., Wiley, New York, 2002.

[9] Bathe, Klaus-Jurgen, *Finite Element Procedures in Engineering Analysis*, Prentice-Hall, Englewood Cliffs, New Jersey, 1982.

[10] Wilson, E.L., and Ibrahimbegovic, A. "Use of Incompatible Displacement Modes for the Calculation of Element Stiffness and Stresses," *Finite Elements in Analysis and Design*, Vol. 7, pp. 229–241, 1990.

[11] Autodesk Mechanical Simulation 2014, McInnis Parkway, San Rafael, CA 94903.

习题

10.1 图 P10.1 所示为 3 节点线性应变杆，在整体坐标系中 3 个节点坐标分别为 x_1, x_2 和 x_3，雅可比行列式为 $|[J]| = L/2$。

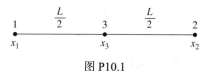

图 P10.1

10.2 图 P10.2(a)和(b)中的 2 节点一维等参元，形函数由式(10.1.5)给出，求解：(a)点 A 处的自然坐标下的坐标 s；(b)点 A 处的形函数 N_1 和 N_2。设节点 1 和 2 处的位移分别为 $u_1 = 0.15\,\text{mm}$ 和 $u_2 = -0.15\,\text{mm}$；确定(c)点 A 处的位移值；(d)单元的应变。

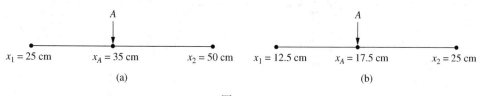

图 P10.2

10.3 用图 P10.3 中给出的数据求解习题 10.2 中提出的问题。

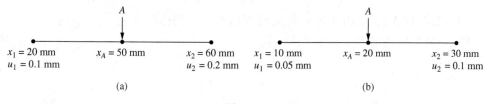

图 P10.3

10.4 对于图 P10.4 中的 4 节点杆单元,证明雅可比行列式为 $|[J]| = L/2$,并求解形函数 $N_1 \sim N_4$ 和应变-位移矩阵 $[B]$。设 $u = a_1 + a_2 s + a_3 s^2 + a_4 s^3$。

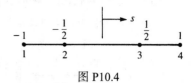

图 P10.4

10.5 图 P10.5(a) 和 (b) 中的 3 节点杆单元,形函数由式(10.5.9)给出,求解:(a)点 A 处的自然坐标下的坐标 s;(b)点 A 处的形函数 N_1, N_2, N_3。节点位移在图 P10.5 中给出;(c)点 A 处的位移;(d)单元的轴应变表达式。

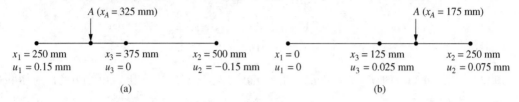

图 P10.5

10.6 图 P10.6(a) 和 (b) 中的 3 节点杆单元,形函数由式(10.5.9)给出,求解:(a)点 A 处的自然坐标下的坐标 s;(b)点 A 处的形函数 N_1, N_2, N_3。节点位移在图 P10.6 中给出;(c)点 A 处的位移;(d)单元的轴应变表达式。

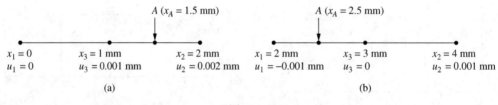

图 P10.6

10.7 图 P10.7 中的杆,轴线荷载线性变化,用模型中两个单元的线应变(3 节点单元),计算节点位移和节点应力。将结果与图 3.31、式(3.11.6)和式(3.11.7)中的结果进行比较。令 $A = 12.5 \times 10^{-4} \text{ m}^2$,$E = 210 \text{ GPa}$。提示:使用式(10.5.22)求解单元刚度矩阵。

10.8 用 3 节点杆单元求解图 P10.8 中杆端的轴向位移。计算 $x = 0$,$x = L/2$ 和 $x = L$ 处的应力。令 $A = 2 \times 10^{-4} \text{ m}^2$,$E = 205 \text{ GPa}$,$L = 4 \text{ m}$。提示:使用式(10.5.22)求解单元刚度矩阵。

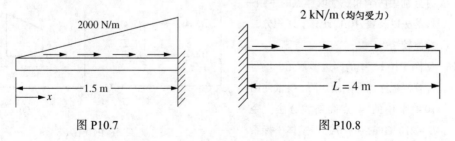

图 P10.7   图 P10.8

10.9 推导式(10.2.22)给出的 4 节点等参数四边形单元的 $|[J]|$。

10.10 对于 10.2 节中描述的四边形单元,证明 $[J]$ 可以表示为:

$$[J] = \begin{bmatrix} N_{1,s} & N_{2,s} & N_{3,s} & N_{4,s} \\ N_{1,t} & N_{2,t} & N_{3,t} & N_{4,t} \end{bmatrix} \begin{bmatrix} x_1 & y_1 \\ x_2 & y_2 \\ x_3 & y_3 \\ x_4 & y_4 \end{bmatrix}$$

10.11　求解图 P10.11 中单元的雅可比矩阵[J]和它的行列式。证明矩形和平行四边形单元的[J]的行列式等于 $A/4$,式中 A 是单元的物理面积,实际上表示当 $b=1$ cm, $h=1$ cm 时矩形面积为 $2\times2=4$。

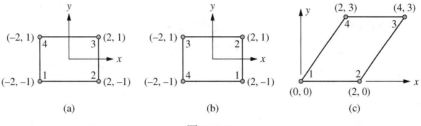

图 P10.11

10.12　将式(10.2.16)的 [D'] 和式(10.2.5)的形函数代入式(10.2.17),用式(10.2.19)给出的 [B_i] 推导式(10.2.18)。

10.13　对于图 10.5 中的单元,设沿边 3-4 上 $p_s=0$ 和 $p_t=p$ (常数),用式(10.2.30)计算节点力。

10.14　对图 P10.14 所示的单元,通过计算类似于式(10.2.29)的力矩阵,将分布荷载替代为能量相等的节点力。令厚度 $h=2.5$ mm。整体坐标(单位为 cm)在图 P10.14 中给出。

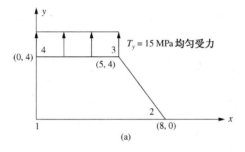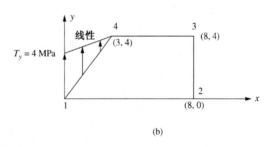

图 P10.14

10.15　分别用两个和三个高斯点的高斯求积法及表 10.2 计算下列积分:

(a) $\int_{-1}^{1}\cos\dfrac{s}{2}\mathrm{d}s$　　(b) $\int_{-1}^{1}s^2\,\mathrm{d}s$　　(c) $\int_{-1}^{1}s^4\,\mathrm{d}s$

(d) $\int_{-1}^{1}\dfrac{\cos s}{1-s^2}\mathrm{d}s$　　(e) $\int_{-1}^{1}s^3\,\mathrm{d}s$　　(f) $\int_{-1}^{1}s\,\cos\,s\,\mathrm{d}s$　　(g) $\int_{-1}^{1}(4^s-2s)\mathrm{d}s$

再分别用两个和三个取样点的牛顿-科茨法以及表 10.1 计算上述积分,并比较结果。

10.16　对图 P10.16 中的四边形单元,编写计算机程序计算刚度矩阵,要求使用 10.4 节中的 4 点高斯积分法。令 $E=210$ GPa, $v=0.25$。整体坐标系(单位为 cm)如图所示。

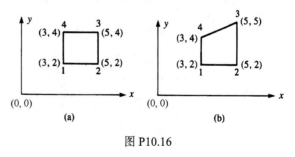

图 P10.16

10.17　对于图 P10.17 中的四边形单元,用 10.4 节中的 4 点高斯求积法计算刚度矩阵。令 $E=210$ GPa, $v=0.25$。整体坐标(单位为 mm)在图中给出。

10.18　计算图 10.18(10.5 节)中的二次四边形单元的刚度矩阵[B]。

10.19　用 3 点高斯求积法计算习题 10.4 中的 4 节点杆的刚度矩阵。

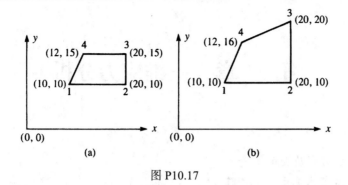

图 P10.17

10.20　图 P10.20 中的矩形单元，节点位移如下：

$$u_1 = 0 \qquad v_1 = 0 \qquad u_2 = 0.005 \text{ cm}$$
$$v_2 = 0.0025 \text{ cm} \quad u_3 = 0.0025 \text{ cm} \quad v_3 = -0.0025 \text{ cm}$$
$$u_4 = 0 \qquad v_4 = 0$$

用 10.4 节介绍的等参公式，计算 $s = 0$，$t = 0$ 处的矩阵 $\{\sigma\}$。令 $E = 84$ GPa，$v = 0.3$。（也可参见例 10.5。）

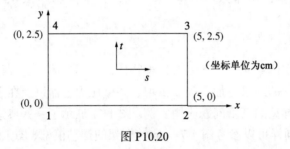

图 P10.20

10.21　对于 3 节点杆（参见图 P10.1），你会推荐哪种高斯求积法（几个高斯点）来计算刚度矩阵呢？为什么？

10.22　比较 Q4 和 Q6 单元。是什么让 Q6 能更好地模拟梁弯曲？Q6 单元有而 Q4 单元没有的固有弱点是什么？

10.23　比较 Q4 和 Q8 单元。是什么让 Q8 能更好地模拟梁弯曲？

第 11 章 三维应力分析

章节目标

- 介绍三维应力和应变的概念。
- 推导四面体实体单元刚度矩阵。
- 描述体力和表面力的处理方式。
- 推导四面体单元刚度矩阵的数值算例。
- 推导三维六面体(实体)单元,包含线性(8 节点)实体和二次(20 节点)实体的刚度矩阵等参公式。
- 给出一些三维实体模型使用商用计算机程序求解的实例和实际应用结果。
- 对 4 节点四面体、10 节点四面体、8 节点六面体和 20 节点六面体进行比较。

引言

本章考虑三维或实体单元。对于一般三维物体,采用实体单元进行应力分析比使用二维和(或)轴对称分析得到的结果更加准确。拱坝、厚壁压力容器以及在重型设备和汽车工业中所用的实体锻件均是常见的三维问题应用实例。图 11.1 展示了一些典型的汽车零件和农业深耕犁的有限元模型。同样可以参考图 1.7 反向铲框架的摆动模型、图 1.9 的骨盆植入模型,以及图 11.7 ~ 图 11.10 中的锻件、脚踏板、拖车挂接装置和交流发电机支架。

四面体是基本的三维单元,用于在整体坐标系下建立形函数,刚度矩阵和力矩阵。再建立六面体单元或实体单元的刚度矩阵的等参公式。最后,给出了一些典型的三维应用实例。

本章最后一节给出了一些用计算机程序求解的三维问题。

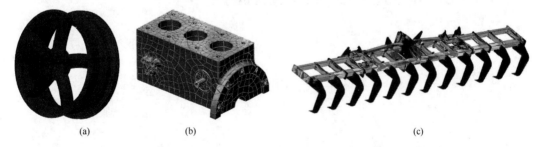

(a)   (b)   (c)

图 11.1 (a)轮毂(由 Mark Blair 提供);(b)发动机缸体(由 Mark Guard 提供);(c)在农业
设备中使用的 12 行深耕犁(由 Autodesk 公司提供)(本图彩色版参见彩色插图)

11.1 三维应力和应变

首先讨论图 11.2 所示笛卡儿坐标系中的三维无限小单元,图中给出了它的尺寸 dx, dy, dz 和法应力及切应力。在三维应力状态下,这个单元可以很方便地给出物体在三个互相垂直平

面上的应力状态。一般来说，法应力垂直于单元的表面，用 σ_x, σ_y 和 σ_z 来表示，而切应力作用在单元表面(平面)上，用 τ_{xy}, τ_{yz} 和 τ_{zx} 等来表示。

在附录 C 中，从单元的力矩平衡已证明：

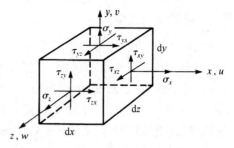

图 11.2   单元上的三维应力

$$\tau_{xy} = \tau_{yx} \quad \tau_{yz} = \tau_{zy} \quad \tau_{zx} = \tau_{xz}$$

因此，只有三个独立的切应力和三个法应力。

在附录 C 中已得到了单元应变-位移关系。为方便起见，这里重复如下：

$$\varepsilon_x = \frac{\partial u}{\partial x} \qquad \varepsilon_y = \frac{\partial v}{\partial y} \qquad \varepsilon_z = \frac{\partial w}{\partial z} \tag{11.1.1}$$

式中 u, v, w 是与 x, y, z 坐标相关的位移，切应变 γ 由下式表示：

$$\gamma_{xy} = \frac{\partial u}{\partial y} + \frac{\partial v}{\partial x} = \gamma_{yx}$$

$$\gamma_{yz} = \frac{\partial v}{\partial z} + \frac{\partial w}{\partial y} = \gamma_{zy} \tag{11.1.2}$$

$$\gamma_{zx} = \frac{\partial w}{\partial x} + \frac{\partial u}{\partial z} = \gamma_{xz}$$

与切应力一样，只有三个独立的切应变。

应力和应变用列矩阵表示如下：

$$\{\sigma\} = \begin{Bmatrix} \sigma_x \\ \sigma_y \\ \sigma_z \\ \tau_{xy} \\ \tau_{yz} \\ \tau_{zx} \end{Bmatrix} \qquad \{\varepsilon\} = \begin{Bmatrix} \varepsilon_x \\ \varepsilon_y \\ \varepsilon_z \\ \gamma_{xy} \\ \gamma_{yz} \\ \gamma_{zx} \end{Bmatrix} \tag{11.1.3}$$

各向同性材料的应力-应变关系为：

$$\{\sigma\} = [D]\{\varepsilon\} \tag{11.1.4}$$

式中 $\{\sigma\}$ 和 $\{\varepsilon\}$ 由式(11.1.3)定义，本构矩阵 $[D]$(可参阅附录 C)由下式表示：

$$[D] = \frac{E}{(1+v)(1-2v)} \begin{bmatrix} 1-v & v & v & 0 & 0 & 0 \\ & 1-v & v & 0 & 0 & 0 \\ & & 1-v & 0 & 0 & 0 \\ & & & \frac{1-2v}{2} & 0 & 0 \\ & & & & \frac{1-2v}{2} & 0 \\ \text{对称} & & & & & \frac{1-2v}{2} \end{bmatrix} \tag{11.1.5}$$

11.2   四面体单元

现在再应用第 1 章所述的步骤来推导四面体应力单元的刚度矩阵，参考文献[1]和[2]指出该推导可看成是对第 6 章所阐述的平面单元的延伸。

步骤 1　选择单元类型

讨论图 11.3 所示的带四个角节点 1 ~ 4 的四面体单元，这个单元是一个四节点实体。单元的节点必须按照以下方式排序：当从最后一个节点(如节点 4)观察时，前三个节点以逆时针方向排序，例如 1，2，3，4 或 2，3，1，4，这种排序是为了避免计算负体积，并且与第 6 章中 CST 单元相关的逆时针节点编号是一致的(对于四面体单元，应用等参公式来计算[k]矩阵时，可以以任意顺序给单元节点编号，[k]的等参公式将在 11.3 节中介绍)。未知的节点位移为：

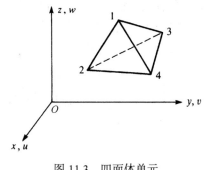

$$\{d\} = \begin{Bmatrix} u_1 \\ v_1 \\ w_1 \\ \vdots \\ u_4 \\ v_4 \\ w_4 \end{Bmatrix} \qquad (11.2.1)$$

图 11.3　四面体单元

因此，每个节点有 3 个自由度，或每个单元共有 12 个自由度。

步骤 2　选择位移函数

因为沿每一条边都只有两个点(角节点)，所以，对于协调的位移场，单元位移函数 u，v 和 w 沿每一条边都必须是线性的，函数在四面体的每一个平面都必须是线性的。选择如下的线性位移函数：

$$\begin{aligned} u(x, y, z) &= a_1 + a_2 x + a_3 y + a_4 z \\ v(x, y, z) &= a_5 + a_6 x + a_7 y + a_8 z \\ w(x, y, z) &= a_9 + a_{10} x + a_{11} y + a_{12} z \end{aligned} \qquad (11.2.2)$$

应用与第 6 章相同的方法，可以用已知的节点坐标 $(x_1, y_1, z_1, \cdots, z_4)$ 和未知的节点位移 $(u_1, v_1, w_1, \cdots, w_4)$ 来表示 a_i 项。略过这个简单而烦琐的推导过程，可得：

$$\begin{aligned} u(x, y, z) = \frac{1}{6V} \{ &(\alpha_1 + \beta_1 x + \gamma_1 y + \delta_1 z) u_1 \\ + &(\alpha_2 + \beta_2 x + \gamma_2 y + \delta_2 z) u_2 \\ + &(\alpha_3 + \beta_3 x + \gamma_3 y + \delta_3 z) u_3 \\ + &(\alpha_4 + \beta_4 x + \gamma_4 y + \delta_4 z) u_4 \} \end{aligned} \qquad (11.2.3)$$

式中的 $6V$ 通过计算下列行列式得到：

$$6V = \begin{vmatrix} 1 & x_1 & y_1 & z_1 \\ 1 & x_2 & y_2 & z_2 \\ 1 & x_3 & y_3 & z_3 \\ 1 & x_4 & y_4 & z_4 \end{vmatrix} \qquad (11.2.4)$$

实际上 V 是四面体的体积，式(11.2.3)中的系数 $\alpha_i, \beta_i, \gamma_i$ 和 $\delta_i (i = 1, 2, 3, 4)$ 由下式给出：

$$\alpha_1 = \begin{vmatrix} x_2 & y_2 & z_2 \\ x_3 & y_3 & z_3 \\ x_4 & y_4 & z_4 \end{vmatrix} \qquad \beta_1 = - \begin{vmatrix} 1 & y_2 & z_2 \\ 1 & y_3 & z_3 \\ 1 & y_4 & z_4 \end{vmatrix}$$

$$\gamma_1 = \begin{vmatrix} 1 & x_2 & z_2 \\ 1 & x_3 & z_3 \\ 1 & x_4 & z_4 \end{vmatrix} \qquad \delta_1 = - \begin{vmatrix} 1 & x_2 & y_2 \\ 1 & x_3 & y_3 \\ 1 & x_4 & y_4 \end{vmatrix} \tag{11.2.5}$$

和

$$\alpha_2 = - \begin{vmatrix} x_1 & y_1 & z_1 \\ x_3 & y_3 & z_3 \\ x_4 & y_4 & z_4 \end{vmatrix} \qquad \beta_2 = \begin{vmatrix} 1 & y_1 & z_1 \\ 1 & y_3 & z_3 \\ 1 & y_4 & z_4 \end{vmatrix} \tag{11.2.6}$$

$$\gamma_2 = - \begin{vmatrix} 1 & x_1 & z_1 \\ 1 & x_3 & z_3 \\ 1 & x_4 & z_4 \end{vmatrix} \qquad \delta_2 = \begin{vmatrix} 1 & x_1 & y_1 \\ 1 & x_3 & y_3 \\ 1 & x_4 & y_4 \end{vmatrix}$$

和

$$\alpha_3 = \begin{vmatrix} x_1 & y_1 & z_1 \\ x_2 & y_2 & z_2 \\ x_4 & y_4 & z_4 \end{vmatrix} \qquad \beta_3 = - \begin{vmatrix} 1 & y_1 & z_1 \\ 1 & y_2 & z_2 \\ 1 & y_4 & z_4 \end{vmatrix} \tag{11.2.7}$$

$$\gamma_3 = \begin{vmatrix} 1 & x_1 & z_1 \\ 1 & x_2 & z_2 \\ 1 & x_4 & z_4 \end{vmatrix} \qquad \delta_3 = - \begin{vmatrix} 1 & x_1 & y_1 \\ 1 & x_2 & y_2 \\ 1 & x_4 & y_4 \end{vmatrix}$$

和

$$\alpha_4 = - \begin{vmatrix} x_1 & y_1 & z_1 \\ x_2 & y_2 & z_2 \\ x_3 & y_3 & z_3 \end{vmatrix} \qquad \beta_4 = \begin{vmatrix} 1 & y_1 & z_1 \\ 1 & y_2 & z_2 \\ 1 & y_3 & z_3 \end{vmatrix} \tag{11.2.8}$$

和

$$\gamma_4 = - \begin{vmatrix} 1 & x_1 & z_1 \\ 1 & x_2 & z_2 \\ 1 & x_3 & z_3 \end{vmatrix} \qquad \delta_4 = \begin{vmatrix} 1 & x_1 & y_1 \\ 1 & x_2 & y_2 \\ 1 & x_3 & y_3 \end{vmatrix}$$

在式(11.2.3)中，用 v_i 项代替所有的 u_i 项，用 w_i 项代替所有的 u_i 项，就可以得到 v 和 w 的表达式。

v 及 w 的表达式与式(11.2.3)给出的 u 的位移表达式相似，可以等价地写作以形函数和未知节点位移表示的扩展形式：

$$\begin{Bmatrix} u \\ v \\ w \end{Bmatrix} = \begin{bmatrix} N_1 & 0 & 0 & N_2 & 0 & 0 & N_3 & 0 & 0 & N_4 & 0 & 0 \\ 0 & N_1 & 0 & 0 & N_2 & 0 & 0 & N_3 & 0 & 0 & N_4 & 0 \\ 0 & 0 & N_1 & 0 & 0 & N_2 & 0 & 0 & N_3 & 0 & 0 & N_4 \end{bmatrix} \begin{Bmatrix} u_1 \\ v_1 \\ w_1 \\ \vdots \\ u_4 \\ v_4 \\ w_4 \end{Bmatrix} \tag{11.2.9}$$

式中，形函数由下式表示：

$$N_1 = \frac{(\alpha_1 + \beta_1 x + \gamma_1 y + \delta_1 z)}{6V} \qquad N_2 = \frac{(\alpha_2 + \beta_2 x + \gamma_2 y + \delta_2 z)}{6V}$$

$$N_3 = \frac{(\alpha_3 + \beta_3 x + \gamma_3 y + \delta_3 z)}{6V} \qquad N_4 = \frac{(\alpha_4 + \beta_4 x + \gamma_4 y + \delta_4 z)}{6V} \tag{11.2.10}$$

式(11.2.9)右边的矩形矩阵即形函数矩阵[N]。

步骤3 定义应变-位移和应力-应变关系

三维应力状态的单元应变为：

$$\{\varepsilon\} = \begin{Bmatrix} \varepsilon_x \\ \varepsilon_y \\ \varepsilon_z \\ \gamma_{xy} \\ \gamma_{yz} \\ \gamma_{zx} \end{Bmatrix} = \begin{Bmatrix} \dfrac{\partial u}{\partial x} \\[2mm] \dfrac{\partial v}{\partial y} \\[2mm] \dfrac{\partial w}{\partial z} \\[2mm] \dfrac{\partial u}{\partial y} + \dfrac{\partial v}{\partial x} \\[2mm] \dfrac{\partial v}{\partial z} + \dfrac{\partial w}{\partial y} \\[2mm] \dfrac{\partial w}{\partial x} + \dfrac{\partial u}{\partial z} \end{Bmatrix} \tag{11.2.11}$$

将式(11.2.9)代入式(11.2.11)可得：

$$\{\varepsilon\} = [B]\{d\} \tag{11.2.12}$$

式中
$$[B] = [[B_1][B_2][B_3][B_4]] \tag{11.2.13}$$

式(11.2.13)中的子矩阵$[B_1]$定义为：

$$[B_1] = \begin{bmatrix} N_{1,x} & 0 & 0 \\ 0 & N_{1,y} & 0 \\ 0 & 0 & N_{1,z} \\ N_{1,y} & N_{1,x} & 0 \\ 0 & N_{1,z} & N_{1,y} \\ N_{1,z} & 0 & N_{1,x} \end{bmatrix} \tag{11.2.14}$$

式中，下标后的逗号表示对后面的变量取微分。将式(11.2.14)中的下标 1 分别替换为 2、3 和 4 就可以得到子矩阵$[B_2]$、$[B_3]$和$[B_4]$。将式(11.2.10)的形函数代入式(11.2.14)，$[B_1]$可表示为：

$$[B_1] = \frac{1}{6V} \begin{bmatrix} \beta_1 & 0 & 0 \\ 0 & \gamma_1 & 0 \\ 0 & 0 & \delta_1 \\ \gamma_1 & \beta_1 & 0 \\ 0 & \delta_1 & \gamma_1 \\ \delta_1 & 0 & \beta_1 \end{bmatrix} \tag{11.2.15}$$

$[B_2]$、$[B_3]$和$[B_4]$的表达式与此类似。

单元应力与单元应变的关系为：

$$\{\sigma\} = [D]\{\varepsilon\} \tag{11.2.16}$$

式中弹性材料的本构矩阵由式(11.1.5)给出。

步骤4 推导单元刚度矩阵和方程

单元刚度矩阵为：

$$[k] = \iiint\limits_{V} [B]^{\mathrm{T}}[D][B] \, \mathrm{d}V \tag{11.2.17}$$

对于简单的四面体单元，矩阵[B]和[D]都是常数，所以式(11.2.17)可简化为：

$$[k] = [B]^{\mathrm{T}}[D][B]V \tag{11.2.18}$$

式中，V是单元的体积，单元刚度矩阵为 12×12 阶。

11.2.1　体力

单元体力矩阵由下式给出：

$$\{f_b\} = \iiint\limits_{V} [N]^{\mathrm{T}}\{X\} \, \mathrm{d}V \tag{11.2.19}$$

式中，[N]是式(11.2.9)给出的 3×12 阶矩阵。且：

$$\{X\} = \begin{Bmatrix} X_b \\ Y_b \\ Z_b \end{Bmatrix} \tag{11.2.20a}$$

对于等体力的情况，可以证明总合成体力的节点分量平均分配在四个节点上，即：

$$\{f_b\} = \frac{V}{4}[X_b \ Y_b \ Z_b \ X_b \ Y_b \ Z_b \ X_b \ Y_b \ Z_b \ X_b \ Y_b \ Z_b]^{\mathrm{T}} \tag{11.2.20b}$$

单元体力是 12×1 阶矩阵。

11.2.2　面力

面力矩阵由下式给出：

$$\{f_s\} = \iint\limits_{S} [N_s]^{\mathrm{T}}\{T\}\mathrm{d}S \tag{11.2.21}$$

式中，$[N_s]$是在有面力作用的表面上计算的形函数矩阵。

例如，讨论均布压力 p 作用在图 11.3 或图 11.4 所示单元的节点 1～3 的表面上，产生的节点力为：

$$\{f_s\} = \iint\limits_{S} [N]^{\mathrm{T}}\Big|_{\substack{在表面\\1,2,3上计算}} \begin{Bmatrix} p_x \\ p_y \\ p_z \end{Bmatrix}\mathrm{d}S \tag{11.2.22}$$

式中，p_x, p_y 和 p_z 分别是 p 的 x, y 和 z 分量，对式(11.2.22)化简并取积分可得：

$$\{f_s\} = \frac{S_{123}}{3}\begin{Bmatrix} p_x \\ p_y \\ p_z \\ p_x \\ p_y \\ p_z \\ p_x \\ p_y \\ p_z \\ 0 \\ 0 \\ 0 \end{Bmatrix} \tag{11.2.23}$$

式中，S_{123} 是与节点 $1 \sim 3$ 相关的表面面积，正如参考文献[8]所述，用体积坐标可以使式(11.2.22)的积分变得容易。

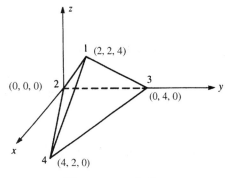

图 11.4　四面体单元

例 11.1　为求解图 11.4 所示的四面体单元的刚度矩阵，计算所需的矩阵。设 $E = 200\ \text{GPa}$，$\nu = 0.30$，图中坐标以厘米(cm)为单位。

解　为了计算单元刚度矩阵，首先要确定单元的体积 V 和式(11.2.4) ~ 式(11.2.8)中所有的 α 项、β 项、γ 项和 δ 项，由式(11.2.4)可得：

$$6V = \begin{vmatrix} 1 & 2 & 2 & 4 \\ 1 & 0 & 0 & 0 \\ 1 & 0 & 4 & 0 \\ 1 & 4 & 2 & 0 \end{vmatrix} = 64\ \text{cm}^3 \tag{11.2.24}$$

由式(11.2.5)可得：

$$\alpha_1 = \begin{vmatrix} 0 & 0 & 0 \\ 0 & 4 & 0 \\ 4 & 2 & 0 \end{vmatrix} = 0 \qquad \beta_1 = -\begin{vmatrix} 1 & 0 & 0 \\ 1 & 4 & 0 \\ 1 & 2 & 0 \end{vmatrix} = 0 \tag{11.2.25}$$

类似地，有：

$$\gamma_1 = 0 \qquad \delta_1 = 16$$

由式(11.2.6) ~ 式(11.2.8)可得：

$$\begin{aligned}
\alpha_2 &= 64 & \beta_2 &= -8 & \gamma_2 &= -16 & \delta_2 &= -4 \\
\alpha_3 &= 0 & \beta_3 &= -8 & \gamma_3 &= 16 & \delta_3 &= -4 \\
\alpha_4 &= 0 & \beta_4 &= 16 & \gamma_4 &= 0 & \delta_4 &= -8
\end{aligned} \tag{11.2.26}$$

注意，α 项的单位是立方厘米(cm^3)或立方米(m^3)，而 β 项和 γ 项的单位是平方厘米(cm^2)或平方米(m^2)。

下一步，由式(11.2.10)来确定形函数，由式(11.2.25)和式(11.2.26)得到的结果为：

$$N_1 = \frac{4z}{8} \qquad N_2 = \frac{8 - 2x - 4y - z}{8}$$
$$N_3 = \frac{-2x + 4y - z}{8} \qquad N_4 = \frac{4x - 2z}{8} \tag{11.2.27}$$

注意在上式中满足 $N_1 + N_2 + N_3 + N_4 = 1$。

现在用式(11.2.14)和式(11.2.27)来计算式(11.2.13)中[B]的 $6{\times}3$ 子矩阵：

$$[B_1] = (10^2)\begin{bmatrix} 0 & 0 & 0 \\ 0 & 0 & 0 \\ 0 & 0 & \frac{1}{4} \\ 0 & 0 & 0 \\ 0 & \frac{1}{4} & 0 \\ \frac{1}{4} & 0 & 0 \end{bmatrix}\frac{1}{m} \qquad [B_2] = (10^2)\begin{bmatrix} -\frac{1}{8} & 0 & 0 \\ 0 & -\frac{1}{4} & 0 \\ 0 & 0 & -\frac{1}{16} \\ -\frac{1}{4} & -\frac{1}{8} & 0 \\ 0 & -\frac{1}{16} & -\frac{1}{4} \\ -\frac{1}{16} & 0 & -\frac{1}{8} \end{bmatrix}\frac{1}{m} \tag{11.2.28}$$

$$[B_3] = (10^2) \begin{bmatrix} -\frac{1}{8} & 0 & 0 \\ 0 & \frac{1}{4} & 0 \\ 0 & 0 & -\frac{1}{16} \\ \frac{1}{4} & -\frac{1}{8} & 0 \\ 0 & -\frac{1}{16} & \frac{1}{4} \\ -\frac{1}{16} & 0 & -\frac{1}{8} \end{bmatrix} \frac{1}{m} \qquad [B_4] = (10^2) \begin{bmatrix} \frac{1}{4} & 0 & 0 \\ 0 & 0 & 0 \\ 0 & 0 & -\frac{1}{8} \\ 0 & \frac{1}{4} & 0 \\ 0 & -\frac{1}{8} & 0 \\ -\frac{1}{8} & 0 & \frac{1}{4} \end{bmatrix} \frac{1}{m}$$

接着用式 (11.1.5) 来计算矩阵 $[D]$:

$$[D] = \frac{200 \times 10^9 \text{ N/m}^2}{(1 + 0.3)(1 - 0.6)} \begin{bmatrix} 0.7 & 0.3 & 0.3 & 0 & 0 & 0 \\ & 0.7 & 0.3 & 0 & 0 & 0 \\ & & 0.7 & 0 & 0 & 0 \\ & & & 0.2 & 0 & 0 \\ & & & & 0.2 & 0 \\ \text{对称} & & & & & 0.2 \end{bmatrix} \qquad (11.2.29)$$

最后，将从式 (11.2.24) 得到的 V、式 (11.2.28) 得到的 $[B]$ 和式 (11.2.29) 得到的 $[D]$ 代入式 (11.2.18)，就得到单元刚度矩阵，所得的 12×12 阶矩阵如下:

$$[k] = [B]^{\mathrm{T}}[D][B]V$$

$$= 10^8 \times \begin{bmatrix} 5.13 & 0 & 0 & -1.28 & 0 & -2.56 & -1.28 & 0 & -2.56 & -2.56 & 0 & 5.13 \\ 0 & 5.13 & 0 & 0 & -1.28 & -5.13 & 0 & -1.28 & 5.13 & 0 & -2.56 & 0 \\ 0 & 0 & 17.95 & -3.85 & -7.69 & -4.49 & -3.85 & 7.69 & -4.49 & 7.69 & 0 & -8.97 \\ -1.28 & 0 & -3.85 & 9.94 & 6.41 & 1.6 & -0.32 & -1.28 & 1.6 & -8.33 & -5.13 & 0.64 \\ 0 & -1.28 & -7.69 & 6.41 & 19.55 & 3.21 & 1.28 & -16.35 & 0.64 & -7.69 & -1.92 & 3.85 \\ -2.56 & -5.13 & -4.49 & 1.6 & 3.21 & 7.53 & 1.6 & -0.64 & -2.72 & -0.64 & 2.56 & -0.32 \\ -1.28 & 0 & -3.85 & -0.32 & 1.28 & 1.6 & 9.94 & -6.41 & 1.6 & -8.33 & 5.13 & 0.64 \\ 0 & -1.28 & 7.69 & -1.28 & -16.35 & -0.64 & -6.41 & 19.55 & -3.21 & 7.69 & -1.92 & -3.85 \\ -2.56 & 5.13 & -4.49 & 1.6 & 0.64 & -2.72 & 1.6 & -3.21 & 7.53 & -0.64 & -2.56 & -0.32 \\ -2.56 & 0 & 7.69 & -8.33 & -7.69 & -0.64 & -8.33 & 7.69 & -0.64 & 19.23 & 0 & -6.14 \\ 0 & -2.56 & 0 & -5.13 & -1.92 & 2.56 & 5.13 & -1.92 & -2.56 & 0 & 6.41 & 0 \\ 5.13 & 0 & -8.97 & 0.64 & 3.85 & -0.32 & 0.64 & -3.85 & -0.32 & -6.14 & 0 & 9.52 \end{bmatrix} \frac{\text{N}}{\text{m}}$$

11.3　等参公式和六面体单元

本节将介绍三维六面体(实体)单元刚度矩阵的等参公式。

11.3.1　线性六面体单元

基本的(线性)六面体单元[参见图 11.5(a)]有 8 个角节点，图 11.5(b)给出了用 s, t 和 z' 表示的等参数自然坐标，单元面现在由 s, t 和 $z' = \pm 1$ 来定义(这里采用 s, t 和 z' 作为坐标轴，因为它们比希腊字母 ξ, η 和 ζ 简单)。

推导刚度矩阵的公式描述将遵循第 10 章中推导平面单元刚度矩阵的等参数公式描述的步骤。

用广义自由度 a_i 表示的描述单元几何 x 的函数为：

$$x = a_1 + a_2s + a_3t + a_4z' + a_5st + a_6tz' + a_7z's + a_8stz' \tag{11.3.1}$$

y 和 z 的形式与式(11.3.1)相似，只是 y 由 $a_9 \sim a_{16}$ 表示，z 由 $a_{17} \sim a_{24}$ 表示。

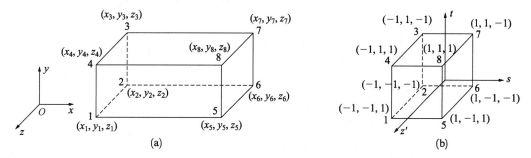

图 11.5　线性六面体单元：(a)在整体坐标系中；(b)用自然坐标或内
在坐标 s, t, z' 将单元映射为两个单元边对称布置的立方体

首先，将式(10.2.4)扩展为包含 z 坐标的如下形式：

$$\begin{Bmatrix} x \\ y \\ z \end{Bmatrix} = \sum_{i=1}^{8} \left(\begin{bmatrix} N_i & 0 & 0 \\ 0 & N_i & 0 \\ 0 & 0 & N_i \end{bmatrix} \begin{Bmatrix} x_i \\ y_i \\ z_i \end{Bmatrix} \right) \tag{11.3.2}$$

式中，形函数由下式表示：

$$N_i = \frac{(1 + ss_i)(1 + tt_i)(1 + z'z_i')}{8} \tag{11.3.3}$$

其中，$s_i, t_i, z_i' = \pm 1$，$i = 1, 2, \cdots, 8$。例如：

$$N_1 = \frac{(1 + ss_1)(1 + tt_1)(1 + z'z_i')}{8} \tag{11.3.4}$$

由图 11.5，在式(11.3.4)中应用 $s_1 = -1$，$t_1 = -1$ 和 $z_1' = +1$，即可得出：

$$N_1 = \frac{(1 - s)(1 - t)(1 + z')}{8} \tag{11.3.5a}$$

采用同样的方法可得到其他形函数的显式形式。在应用式(11.3.2)时，式(11.3.3)中的形函数将自然坐标系下单元中的任意点 (s, t, z') 映射到整体坐标系下的点 (x, y, z)。例如对于 N_8 取 $i = 8$，将 $s_8 = 1$，$t_8 = 1$ 和 $z_8' = 1$ 代入式(11.3.3)，可得：

$$N_8 = \frac{(1 + s)(1 + t)(1 + z')}{8} \tag{11.3.5b}$$

其他形函数也可得到类似的表达式。计算节点 8 的所有形函数，可得到 $N_8 = 1$，而其他形函数在节点 8 处均等于零[从式(11.3.5a)可以看出，当 $s = 1$ 或 $t = 1$ 时，$N_1 = 0$]。因此，由式(11.3.2)可得：

$$x = x_8 \qquad y = y_8 \qquad z = z_8$$

可以看到，式(11.3.2)确实将自然坐标系中的任意点映射到了整体坐标系中的一点。

用广义自由度表示的位移函数与描述单元几何的式(11.3.1)形式相同。即：

$$u = a_1 + a_2s + a_3t + a_4z' + a_5st + a_6tz' + a_7z's + a_8stz' \tag{11.3.6a}$$

位移 v 和 w 具有类似的表达式。线性六面体单元总共有 24 个自由度。因此，使用[参见

式 (11.3.3)] 相同的形函数来描述几何。包括 w 的位移函数为：

$$\begin{Bmatrix} u \\ v \\ w \end{Bmatrix} = \sum_{i=1}^{8} \left(\begin{bmatrix} N_i & 0 & 0 \\ 0 & N_i & 0 \\ 0 & 0 & N_i \end{bmatrix} \begin{Bmatrix} u_i \\ v_i \\ w_i \end{Bmatrix} \right) \tag{11.3.6b}$$

式中，形函数与式 (11.3.3) 定义的形函数相同，矩阵为 3×24 阶。

现在，雅可比矩阵 [参见式 (10.2.10)] 被扩展为：

$$[J] = \begin{bmatrix} \dfrac{\partial x}{\partial s} & \dfrac{\partial y}{\partial s} & \dfrac{\partial z}{\partial s} \\[2mm] \dfrac{\partial x}{\partial t} & \dfrac{\partial y}{\partial t} & \dfrac{\partial z}{\partial t} \\[2mm] \dfrac{\partial x}{\partial z'} & \dfrac{\partial y}{\partial z'} & \dfrac{\partial z}{\partial z'} \end{bmatrix} \tag{11.3.7}$$

因为用整体坐标表示的应变-位移关系 [即式 (11.2.11)] 含有对 z 的微分，因此式 (10.2.9) 扩展为：

$$\frac{\partial f}{\partial x} = \frac{\begin{vmatrix} \dfrac{\partial f}{\partial s} & \dfrac{\partial y}{\partial s} & \dfrac{\partial z}{\partial s} \\[1.5mm] \dfrac{\partial f}{\partial t} & \dfrac{\partial y}{\partial t} & \dfrac{\partial z}{\partial t} \\[1.5mm] \dfrac{\partial f}{\partial z'} & \dfrac{\partial y}{\partial z'} & \dfrac{\partial z}{\partial z'} \end{vmatrix}}{|[J]|} \qquad \frac{\partial f}{\partial y} = \frac{\begin{vmatrix} \dfrac{\partial x}{\partial s} & \dfrac{\partial f}{\partial s} & \dfrac{\partial z}{\partial s} \\[1.5mm] \dfrac{\partial x}{\partial t} & \dfrac{\partial f}{\partial t} & \dfrac{\partial z}{\partial t} \\[1.5mm] \dfrac{\partial x}{\partial z'} & \dfrac{\partial f}{\partial z'} & \dfrac{\partial z}{\partial z'} \end{vmatrix}}{|[J]|}$$

$$\frac{\partial f}{\partial z} = \frac{\begin{vmatrix} \dfrac{\partial x}{\partial s} & \dfrac{\partial y}{\partial s} & \dfrac{\partial f}{\partial s} \\[1.5mm] \dfrac{\partial x}{\partial t} & \dfrac{\partial y}{\partial t} & \dfrac{\partial f}{\partial t} \\[1.5mm] \dfrac{\partial x}{\partial z'} & \dfrac{\partial y}{\partial z'} & \dfrac{\partial f}{\partial z'} \end{vmatrix}}{|[J]|} \tag{11.3.8}$$

将式 (11.3.8) 的 f 依次替换为 u, v 和 w，并应用应变的定义，可以用自然坐标 (s, t, z') 表示应变，得到的公式与式 (10.2.14) 相似。也可以应用形函数和整体坐标将应变表示为与式 (10.2.15) 相似的紧凑形式。矩阵 [B] 的形式与式 (10.2.17) 相似，是 6×24 阶的 s，t 和 z' 的函数。

24×24 阶刚度矩阵为：

$$[k] = \int_{-1}^{1} \int_{-1}^{1} \int_{-1}^{1} [B]^{\mathrm{T}} [D][B] \, |[J]| \, \mathrm{d}s \, \mathrm{d}t \, \mathrm{d}z' \tag{11.3.9a}$$

再次强调，最好用数值积分来计算 [k]（参见 10.3 节），即用 2×2×2 法则（或两点法则）来计算（积分）8 节点六面体的单元刚度矩阵。实际上，利用表 11.1 中定义的 8 个点计算 [k] 的公式如下：

$$[k] = \sum_{i=1}^{8} [B(s_i, t_i, z_i')]^{\mathrm{T}} [D][B(s_i, t_i, z_i')] \, |[J(s_i, t_i, z_i')]| \, W_i W_j W_k \tag{11.3.9b}$$

对于二点法则，式中 $W_i = W_j = W_k$。

表 11.1　线性六面体单元的高斯点及相应的加权系数

点 i	s_i	t_i	z_i'	加权系数 W_i
1	$-1/\sqrt{3}$	$-1/\sqrt{3}$	$1/\sqrt{3}$	1
2	$1/\sqrt{3}$	$-1/\sqrt{3}$	$1/\sqrt{3}$	1
3	$1/\sqrt{3}$	$1/\sqrt{3}$	$1/\sqrt{3}$	1
4	$-1/\sqrt{3}$	$1/\sqrt{3}$	$1/\sqrt{3}$	1
5	$-1/\sqrt{3}$	$-1/\sqrt{3}$	$-1/\sqrt{3}$	1
6	$1/\sqrt{3}$	$-1/\sqrt{3}$	$-1/\sqrt{3}$	1
7	$1/\sqrt{3}$	$1/\sqrt{3}$	$-1/\sqrt{3}$	1
8	$-1/\sqrt{3}$	$1/\sqrt{3}$	$-1/\sqrt{3}$	1

　　与 10.2 节中提到的双线性四边形单元一样,采用 8 节点线性六面体单元对梁弯曲行为进行建模也不是很合适,因为在单元变形过程中单元的边始终保持为直线。在弯曲过程中,单元会被拉伸和剪切锁死。剪切锁定的概念已在 6.6 节中介绍过,并在 10.5 节中再次给出了补救方法。这个剪切锁死的概念和补救方法在参考文献[12]中有详细的介绍。在随后介绍的二次六面体单元对剪切锁死问题进行了修正。

11.3.2　二次六面体单元

　　图 11.6 所示的二次六面体单元总共有 20 个节点,其中 12 个节点是边中间的节点。

　　用 20 个 a_i 项描述单元几何的 x 函数为:

$$\begin{aligned}
x = {} & a_1 + a_2 s + a_3 t + a_4 z' + a_5 st + a_6 tz' + a_7 z's + a_8 s^2 + a_9 t^2 \\
& + a_{10} z'^2 + a_{11} s^2 t + a_{12} st^2 + a_{13} t^2 z' + a_{14} tz'^2 + a_{15} z'^2 s \\
& + a_{16} z's^2 + a_{17} stz' + a_{18} s^2 tz' + a_{19} st^2 z' + a_{20} stz'^2
\end{aligned} \tag{11.3.10}$$

y 和 z 坐标表达式具有类似的形式。

　　x 位移函数 u 是用式(11.3.10)中的 x 单元几何多项式来描述的。位移 v 和 w 的表达式也类似。为了保证单元间的协调,并没有包含三次项 s^3, t^3 和 z'^3,而是有 3 个四次项 $s^2 tz'$, $st^2 z'$ 和 stz'^2。

　　刚度矩阵的推导遵循上述线性六面体单元相同的步骤,但形函数的形式不同。仍设 s_i, t_i, $z_i' = \pm 1$,对于角节点($i = 1, 2, \cdots, 8$),有:

$$N_i = \frac{(1 + ss_i)(1 + tt_i)(1 + z'z_i')}{8}(ss_i + tt_i + z'z_i' - 2) \tag{11.3.11}$$

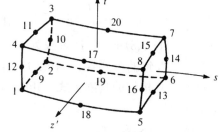

图 11.6　二次六面体单元

对于在 $s_i = 0$, $t_i = \pm 1$, $z_i' = \pm 1$ ($i = 17, 18, 19, 20$) 的边中节点,形函数为:

$$N_i = \frac{(1 - s^2)(1 + tt_i)(1 + z'z_i')}{4} \tag{11.3.12}$$

对于在 $s_i = \pm 1$, $t_i = 0$, $z_i' = \pm 1$ ($i = 10, 12, 14, 16$) 的边中节点,形函数为:

$$N_i = \frac{(1 + ss_i)(1 - t^2)(1 + z'z_i')}{4} \tag{11.3.13}$$

最后，对于在 $s_i = \pm 1$，$t_i = \pm 1$，$z_i' = 0\,(i = 9, 11, 13, 15)$ 的边中节点，形函数为：

$$N_i = \frac{(1 + ss_i)(1 + tt_i)(1 - z'^2)}{4} \tag{11.3.14}$$

[B]是 60×60 阶的矩阵，因此，利用式(11.3.9a)得到的二次六面体单元的刚度矩阵也是 60×60 阶的。这与单元有 20 个节点、每个节点有 3 个自由度(u_i，v_i 和 w_i)是一致的。

计算 20 节点的二次实体单元的刚度矩阵可以用 3×3×3 法则(27 点)，然而，采用特殊的 14 点法则可能是更好的选择[9, 10]。

与 10.5 节中的 8 节点平面单元(参见图 10.18)相同，20 节点实体单元也被称为巧凑边单元。

图 1.7 和图 11.7 给出了线性和二次(曲面边)实体单元在模拟三维实体中的应用。

最后，一些商用计算机程序，例如参考文献[11](及第 1 章的参考文献[46 ~ 56])，可用于求解三维问题。图 11.8、图 11.9 和图 11.10 给出了用计算机程序[11]解决的钢脚踏板、拖车挂接装置和交流发电机支架。这类问题被特意强调用三维单元而不是用第 6 章和第 8 章中给出的二维单元来确定，这是因为在这些问题中都存在三维应力状态。也就是说，在钢脚踏板、拖车挂接装置和交流发电机支架中，三个法应力和切应力的数量级都相同。利用三维实体或四面体单元(或两者组合)对这些问题进行模拟结果会更精确。

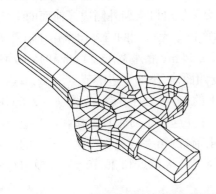

图 11.7　使用线性和二次实体单元的锻件有限元模型

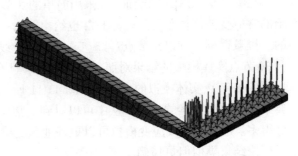

图 11.8　钢脚踏板的网状模型(左后面固定，大小为 100 N 的向下的面力均布在前踏板表面上)(由 Justin Hronek 提供)

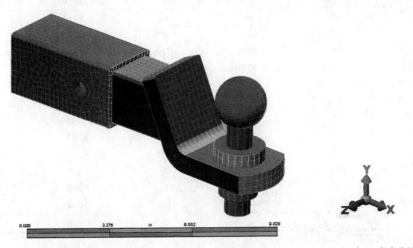

图 11.9　拖车挂接装置的网格模型(由 David Anderson 提供)(本图彩色版参见彩色插图)

对于用实体单元模拟的脚踏板，最大 von Mises 应力位于弯头的内角，为 71.1 MPa。最大位移为 0.439 mm，位于前自由端角处(更详细的尺寸和材料性能参见习题 11.14)。

如图 11.9 所示的拖车挂接装置，当球承受 12.59 kN 的横向和下拉荷载时，远离加在球基座点荷载位置的应力值会很高，与实际不符，位于此装置的凹角曲线上的最大 von Mises 应力为 406.75 MPa。最大位移位于球顶部的 1.52 mm 处，这与在有限元单元分析中此装置在相同的荷载条件下进行实验测试得出的位移是一致的。

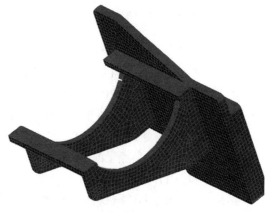

图 11.10　交流发电机支架的网格模型(由 Seagrave Fire Apparatus 和 Design Engineer Andrew Heckman 提供)

由 ASTM-A36 热轧钢制成的交流发电机支架，模型由 13 298 个固体实体单元和 10 425 个节点组成。4.45 kN 的总负荷被向下作用在平板正面片。支架背面受位移限制。最大的 von Mises 应力为 79.54 MPa，位于支架中心(最窄的)部位的上表面。最大垂直挠度是 0.412 mm，位于交流发电机支架外侧边缘前面的尖顶处。

在参考文献[3]中已经证明，采用简单的 8 节点六面体单元得到的结果比采用 11.1 节所介绍的常应变四面体单元好。表 11.2 也给出了对一个长 2.54 m、底座宽 15.24 cm 和高 30.48 cm 的三维悬臂梁分别以角节点(常应变)四面体、线应变四面体(添加了边中节点)、8 节点实体和 20 节点实体模拟的结果对照。梁由钢制成，且有向上的 44.48 kN 的端点荷载($E = 210$ GPa)。典型的 8 节点实体模拟的主应力如图 11.11 所示，其中也包含了对垂直位移和弯曲应力的经典梁理论解决方案的比较。从中可以看到，常应变四面体的结果较差、线性四面体的结果要好得多。这是因为线应变模拟可以更好地预测梁弯曲行为。8 节点和 20 节点实体模拟与经典梁理论结果类似但更精确。

表 11.2　分别用 4 节点四面体、10 节点四面体、8 节点六面体和 20 节点六面体单元模拟的悬臂梁的结果比较

所用的实体单元	节点数	自由度数	单元数	自由端点位移(mm)	主应力(MPa)
4 节点四面体	30	90	61	0.1346	3.87
4 节点四面体	415	1245	1549	0.7163	16.25
4 节点四面体	896	2688	3729	1.067	22.64
4 节点四面体	1658	4974	7268	1.392	27.97
10 节点四面体	144	432	61	2.997	45.51
10 节点四面体	2584	7752	1549	3.244	54.95
8 节点六面体	64	192	27	3.145	40.94
8 节点六面体	343	1029	216	3.183	44.87
8 节点六面体	1331	3993	1000	3.243	47.86
20 节点六面体	208	624	27	3.175	54.46
20 节点六面体	1225	3675	216	3.264	57.57
20 节点六面体	4961	14 883	1000	3.294	57.39
经典解				3.266	47.85

(表 11.2 中的结果由 Mr.William Gobeli 给出。)

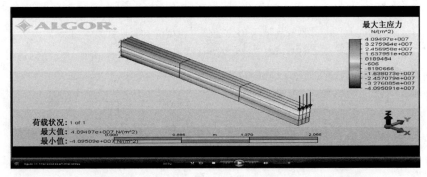

图 11.11 给出主应力图的 8 节点六面体模型(27 个六面体单元)

总之，应用三维单元会产生大量需要同时求解的联立方程。例如，一个使用 20×20×20 个节点(总共为 8000 个节点)的简单的立方体模型，需要求解 8000×每个节点 3 个自由度 (= 24 000)个联立方程。

参考文献[4 ~ 7]给出了早期使用实体单元的三维程序和分析过程，包含次参数曲线单元、线性四面体单元、8 节点线性和 20 节点二次等参单元。

方程小结

应变/位移方程：

$$\varepsilon_x = \frac{\partial u}{\partial x} \qquad \varepsilon_y = \frac{\partial v}{\partial y} \qquad \varepsilon_z = \frac{\partial w}{\partial z} \tag{11.1.1}$$

$$\gamma_{xy} = \frac{\partial u}{\partial y} + \frac{\partial v}{\partial x} = \gamma_{yx} \qquad \gamma_{yz} = \frac{\partial v}{\partial z} + \frac{\partial w}{\partial y} = \gamma_{zy} \qquad \gamma_{zx} = \frac{\partial w}{\partial x} + \frac{\partial u}{\partial z} = \gamma_{xz} \tag{11.1.2}$$

应力和应变矩阵：

$$\{\sigma\} = \begin{Bmatrix} \sigma_x \\ \sigma_y \\ \sigma_z \\ \tau_{xy} \\ \tau_{yz} \\ \tau_{zx} \end{Bmatrix} \qquad \{\varepsilon\} = \begin{Bmatrix} \varepsilon_x \\ \varepsilon_y \\ \varepsilon_z \\ \gamma_{xy} \\ \gamma_{yz} \\ \gamma_{zx} \end{Bmatrix} \tag{11.1.3}$$

本构矩阵：

$$[D] = \frac{E}{(1 + v)(1 - 2v)} \begin{bmatrix} 1-v & v & v & 0 & 0 & 0 \\ & 1-v & v & 0 & 0 & 0 \\ & & 1-v & 0 & 0 & 0 \\ & & & \frac{1-2v}{2} & 0 & 0 \\ & & & & \frac{1-2v}{2} & 0 \\ \text{对称} & & & & & \frac{1-2v}{2} \end{bmatrix} \tag{11.1.5}$$

位移函数：

$$u(x,y,z) = a_1 + a_2x + a_3y + a_4z$$
$$v(x,y,z) = a_5 + a_6x + a_7y + a_8z \tag{11.2.2}$$
$$w(x,y,z) = a_9 + a_{10}x + a_{11}y + a_{12}z$$

四面体单元的形函数:

$$N_1 = \frac{(\alpha_1 + \beta_1 x + \gamma_1 y + \delta_1 z)}{6V} \quad N_2 = \frac{(\alpha_2 + \beta_2 x + \gamma_2 y + \delta_2 z)}{6V}$$
$$N_3 = \frac{(\alpha_3 + \beta_3 x + \gamma_3 y + \delta_3 z)}{6V} \quad N_4 = \frac{(\alpha_4 + \beta_4 x + \gamma_4 y + \delta_4 z)}{6V} \tag{11.2.10}$$

和

$$6V = \begin{vmatrix} 1 & x_1 & y_1 & z_1 \\ 1 & x_2 & y_2 & z_2 \\ 1 & x_3 & y_3 & z_3 \\ 1 & x_4 & y_4 & z_4 \end{vmatrix} \tag{11.2.4}$$

梯度矩阵:

$$[B_1] = \frac{1}{6V} \begin{bmatrix} \beta_1 & 0 & 0 \\ 0 & \gamma_1 & 0 \\ 0 & 0 & \delta_1 \\ \gamma_1 & \beta_1 & 0 \\ 0 & \delta_1 & \gamma_1 \\ \delta_1 & 0 & \beta_1 \end{bmatrix} \tag{11.2.15}$$

四面体单元的刚度矩阵:

$$[k] = [B]^{\mathrm{T}}[D][B]V \tag{11.2.18}$$

四面体单元的体力矩阵:

$$\{f_b\} = \frac{V}{4}[X_b \ Y_b \ Z_b \ X_b \ Y_b \ Z_b \ X_b \ Y_b \ Z_b \ X_b \ Y_b \ Z_b]^{\mathrm{T}} \tag{11.2.20b}$$

四面体单元沿节点 1~3 面上的面力矩阵:

$$\{f_s\} = \frac{S_{123}}{3} \begin{Bmatrix} p_x \\ p_y \\ p_z \\ p_x \\ p_y \\ p_z \\ p_x \\ p_y \\ p_z \\ 0 \\ 0 \\ 0 \end{Bmatrix} \tag{11.2.23}$$

定义 8 节点线性六面体单元几何的函数:

$$x = a_1 + a_2s + a_3t + a_4z' + a_5st + a_6tz' + a_7z's + a_8stz' \tag{11.3.1}$$

等参数 8 节点六面体单元的形函数:

$$N_i = \frac{(1 + ss_i)(1 + tt_i)(1 + z'z'_i)}{8} \tag{11.3.3}$$

8 节点六面体单元 x 方向的位移函数：

$$u = a_1 + a_2 s + a_3 t + a_4 z' + a_5 st + a_6 tz' + a_7 z's + a_8 stz' \tag{11.3.6a}$$

8 节点六面体单元的刚度矩阵：

$$[k] = \int_{-1}^{1} \int_{-1}^{1} \int_{-1}^{1} [B]^{\mathrm{T}}[D][B]\,|[J]|\,\mathrm{d}s\,\mathrm{d}t\,\mathrm{d}z' \tag{11.3.9a}$$

计算 8 节点六面体单元刚度矩阵的 2×2×2 规则（8 点规则）：

$$[k] = \sum_{i=1}^{8} [B(s_i, t_i, z'_i)]^{\mathrm{T}}[D][B(s_i, t_i, z'_i)]\,|[J(s_i, t_i, z'_i)]|\,W_i W_j W_k \tag{11.3.9b}$$

表 11.1 列出了线性六面体单元的高斯点。

描述 20 节点二次六面体单元几何形状的函数：

$$\begin{aligned}
x = {} & a_1 + a_2 s + a_3 t + a_4 z' + a_5 st + a_6 tz' + a_7 z's + a_8 s^2 + a_9 t^2 \\
& + a_{10} z'^2 + a_{11} s^2 t + a_{12} st^2 + a_{13} t^2 z' + a_{14} tz'^2 + a_{15} z'^2 s \\
& + a_{16} z's^2 + a_{17} stz' + a_{18} s^2 tz' + a_{19} st^2 z' + a_{20} stz'^2
\end{aligned} \tag{11.3.10}$$

y 和 z 坐标表达式具有类似的形式。

20 节点六面体单元的形函数：

$$N_i = \frac{(1 + ss_i)(1 + tt_i)(1 + z'z'_i)}{8}(ss_i + tt_i + z'z'_i - 2) \quad (i = 1, 2, \cdots, 8) \tag{11.3.11}$$

$$N_i = \frac{(1 - s^2)(1 + tt_i)(1 + z'z'_i)}{4} \quad (i = 17, 18, 19, 20) \tag{11.3.12}$$

$$N_i = \frac{(1 + ss_i)(1 - t^2)(1 + z'z'_i)}{4} \quad (i = 10, 12, 14, 16) \tag{11.3.13}$$

$$N_i = \frac{(1 + ss_i)(1 + tt_i)(1 - z'^2)}{4} \quad (i = 9, 11, 13, 15) \tag{11.3.14}$$

参考文献

[1] Martin, H. C., "Plane Elasticity Problems and the Direct Stiffness Method." *The Trend in Engineering*, Vol. 13, pp. 5–19, Jan. 1961.

[2] Gallagher, R. H., Padlog, J., and Bijlaard, P. P., "Stress Analysis of Heated Complex Shapes," *Journal of the American Rocket Society*, pp. 700–707, May 1962.

[3] Melosh, R. J., "Structural Analysis of Solids," *Journal of the Structural Division*, American Society of Civil Engineers, pp. 205–223, Aug. 1963.

[4] Chacour, S., "DANUTA, a Three-Dimensional Finite Element Program Used in the Analysis of Turbo-Machinery," Transactions of the American Society of Mechanical Engineers, *Journal of Basic Engineering*, March 1972.

[5] Rashid, Y. R., "Three-Dimensional Analysis of Elastic Solids-I: Analysis Procedure," *International Journal of Solids and Structures*, Vol. 5, pp. 1311–1331, 1969.

[6] Rashid, Y. R., "Three-Dimensional Analysis of Elastic Solids-II: The Computational Problem," *International Journal of Solids and Structures*, Vol. 6, pp. 195–207, 1970.

[7] *Three-Dimensional Continuum Computer Programs for Structural Analysis*, Cruse, T. A., and Griffin, D. S., eds., American Society of Mechanical Engineers, 1972.

[8] Zienkiewicz, O. C., *The Finite Element Method*, 3rd ed., McGraw-Hill, London, 1977.

[9] Irons, B. M., "Quadrature Rules for Brick Based Finite Elements," *International Journal for Numerical Methods in Engineering*, Vol. 3, No. 2, pp. 293–294, 1971.

[10] Hellen, T. K., "Effective Quadrature Rules for Quadratic Solid Isoparametric Finite Elements,"

International Journal for Numerical Methods in Engineering, Vol. 4, No. 4, pp. 597–599, 1972.

[11] Autodesk, Inc. McInnis Parkway San Rafael, CA 90903.

[12] Cook, R. D., Malkus, D. S., Plesha, M. E., and Witt, R. J., *Concepts and Applications of Finite Element Analysis*, 4th ed., Wiley, New York, 2002.

习题

11.1　计算图 P11.1 所示的四面体单元的矩阵$[B]$。

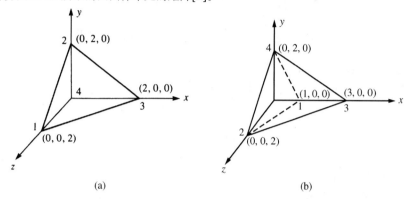

图 P11.1

11.2　对于图 P11.1 所示的单元,确定刚度矩阵。设 $E = 210$ GPa, $v = 0.3$。

11.3　对于图 P11.1 所示的单元,给定节点位移如下:

$$
\begin{array}{lll}
u_1 = 0.0125 \text{ mm} & v_1 = 0.0 & w_1 = 0.0 \\
u_2 = 0.0025 \text{ mm} & v_2 = 0.0 & w_2 = 0.0025 \text{ mm} \\
u_3 = 0.0125 \text{ mm} & v_3 = 0.0 & w_3 = 0.0 \\
u_4 = -0.0025 \text{ mm} & v_4 = 0.0 & w_4 = 0.0125 \text{ mm}
\end{array}
$$

确定单元中的应变和应力。设 $E = 200 \times 10^9$ Pa, $v = 0.3$。

11.4　简述四面体单元中的应变和应力的特点。

11.5　对于作用在单元上的常体力 $Z_b (X_b = 0$ 和 $Y_b = 0)$,证明:

$$
\{f_{bi}\} = \frac{V}{4} \begin{Bmatrix} 0 \\ 0 \\ Z_b \end{Bmatrix}
$$

式中$\{f_{bi}\}$表示体积为 V 的单元的节点 i 上的体力。

11.6　计算图 P11.6 中四面体单元的矩阵$[B]$,坐标的单位为毫米(mm)。

11.7　计算图 P11.6 中四面体单元的刚度矩阵,设 $E = 100$ GPa, $v = 0.3$。

11.8　假设图 P11.6 中单元的节点位移如下:

$$
\begin{array}{lll}
u_1 = 0.0 & v_1 = 0.0 & w_1 = 0.0 \\
u_2 = 0.01 \text{ mm} & v_2 = 0.02 \text{ mm} & w_2 = 0.01 \text{ mm} \\
u_3 = 0.02 \text{ mm} & v_3 = 0.01 \text{ mm} & w_3 = 0.005 \text{ mm} \\
u_4 = 0.0 & v_4 = 0.01 \text{ mm} & w_4 = 0.01 \text{ mm}
\end{array}
$$

求解单元中的应变和应力。设 $E = 100$ GPa, $v = 0.3$。

11.9　对图 P11.9 中的线应变四面体单元,分别给出 x, y 和 z 方向上的位移场 u, v 和 w。提示:有 10 个

节点，每个节点都有 3 个平移自由度 u_i，v_i 和 w_i，亦可参考式(8.1.2)的线应变三角或式(11.2.2)的扩展。

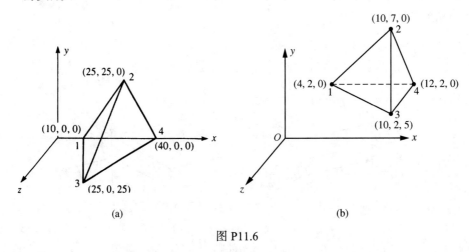

图 P11.6

11.10 图 P11.10 给出了实体单元和平面单元的连接方式，此连接若要达到可接受的效果，需要对外部施加的荷载做何种限制？

11.11 对图 11.5 给出的线性六面体单元，给出 $N_2 \sim N_8$ 的显式形函数，与式(11.3.4)中的 N_1 类似。

11.12 对图 11.6 给出的二次六面体单元，给出角节点的显式形函数。

11.13 写出用 2×2×2 高斯求积法计算式(11.3.9a)的[k]的计算程序。

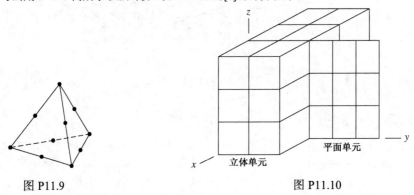

图 P11.9　　　　　　　　　　　图 P11.10

用计算机程序求解下列习题。

11.14 对图 P11.14 中的结构钢悬臂梁，确定四个自由端角处的挠度及最大主应力，并将结果与经典梁理论方程 $[\delta = PL^3/(3EI)]$ 求得的挠度进行比较。

11.15 车辆中结构钢刹车踏板的部分模型在图 P11.15 中给出，确定在 100 N 的均布荷载作用下踏板中的最大挠度。

11.16 对于图 P11.16 所示的吊钩，确定最大位移和最大 von Mises 应力及其在吊钩上的位置。使用屈服强度为 460 MPa，弹性模量为 210 GPa，泊松比为 0.3 的 AISI4 130 钢。112.5 kN 的总荷载作用在位于底部内面的 15 个节点上，用来模拟升力。吊钩圆形顶部的底面固定，不能垂直平移。所有尺寸的单位都为 cm。

11.17 图 P11.17 所示用于测力的 S 形块由钢制成，设计压力为 7 MPa，均匀作用在上表面。若传感器

被压缩时不超过 1 mm，同时要保证根据最大畸变能理论得到的最大应力小于材料的屈服强度，仅在应力上使用 1.5 的安全系数，S 形块必须要在 30 mm 高、20 mm 宽和 20 mm 深的空间内，试确定块的均匀厚度。

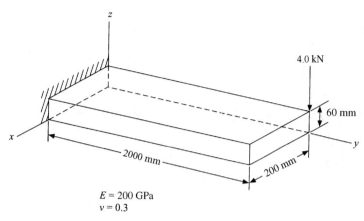

图 P11.14

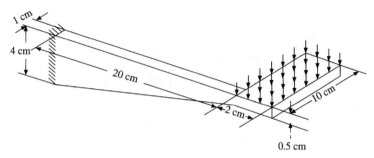

图 P11.15

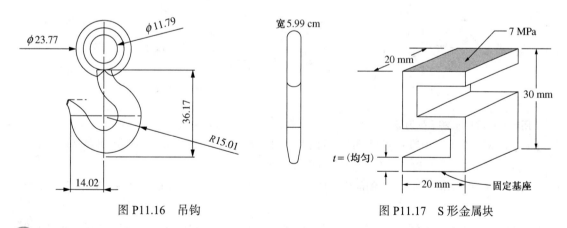

图 P11.16　吊钩　　　　　　　　　图 P11.17　S 形金属块

11.18 液压加载设备受到如图 P11.18 所示的上部力 $P = 27$ kN。设垂直方向最大挠度为 2 mm，在安全系数为 2 的情况下(只是应力)，最大应力要小于屈服强度，试确定设备的厚度。设备要在 140 mm 高、60 mm 宽和 46 mm 深的空间内，如图所示，上翼缘垂直弯曲，设备固定在地板上，材料为钢。

11.19 用六角扳手来拧松六角头横截面的螺钉。如图 P11.19 所示，扳手的尺寸为 5 mm，由淬火回火碳钢制成，其弹性模量为 200 GPa，泊松比为 0.29，屈服强度为 615 MPa。扳手用来拧松生锈

的螺钉。为了模拟一个距固定底面 2.5 mm 高的固定物，模拟一个表面深度 2.5 mm 从底部就保持固定的物体。125 N 的总力被均匀作用在扳手水平部分末端 25 mm 处。确定扳手的最大 von Mises 应力和最大位移。基于是否屈服，评价扳手的安全性（本题由 Justin Hronek 提供）。

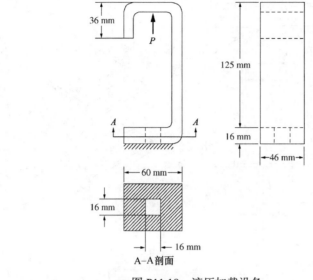

A-A 剖面

图 P11.18 液压加载设备

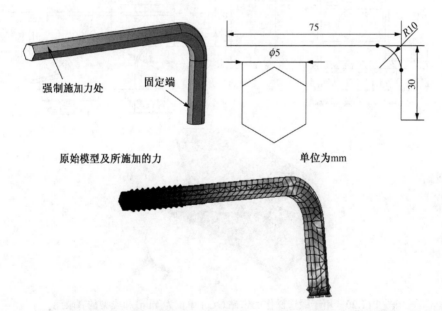

强制施加力处   固定端

原始模型及所施加的力   单位为mm

图 P11.19 给出尺寸、荷载和典型有限元模型的六角扳手（由 Justin Hronek 提供）（本图彩色版参见彩色插图）

11.20 锻工想使用图 P11.20 中的铁砧来锻造一个半成品。这个铁砧是扳钳的螺栓，直径是 114 mm 的铁砧由灰口铸铁制成，E = 100 GPa，v = 0.21。抗张强度和抗压强度分别为 214 MPa 和 751 MPa。在铸造过程中，铁砧的角处被施加大小为 6.9 MPa 的面力。确定最大主应力及其位于铁砧上的位置（本题由 Dan Baxter 提供）。

11.21 如图 P11.21 所示，铲车的叉受叉垂直部分 L 形附件的两个棒约束（图中未展示出来）。叉由 AISI 4130 钢制成，E = 206.84 GPa，v = 0.30，屈服强度为 360 MPa。叉在上表面作用有 46 189 N/m²

的面力。确定叉的转角、最大 von Mises 应力及保证材料不屈曲的安全系数(本题由 Jay Emmerich 提供)。

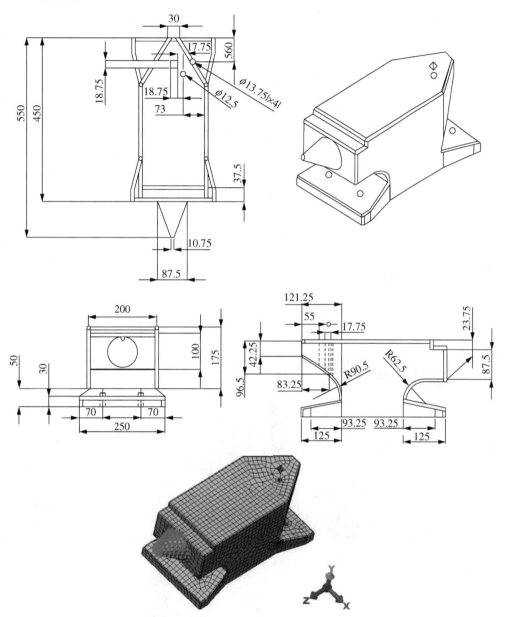

图 P11.20　用于锻造操作的铁砧(尺寸单位为 mm)和典型的有限元
模型(由 Dan Baxter 提供)(本图彩色版参见彩色插图)

11.22　遥控车的前转向装置如图 P11.22 所示。手柄由 ABS 塑料制成,弹性模量为 2.5 GPa,抗拉强度
为 41 MPa。转向装置的底座通过螺栓与汽车的框架相连,所以假设在它们的柱面上有三个穿螺
栓的孔(如有限元模型所示)。上臂周围作用有 13 N 的力,此力为遥控车的典型重力。确定控制
臂的最大 von Mises 应力和最大位移(本题由 Phillip Grommes 提供)。

11.23　图 P11.23 所示的系杆用于国际 496 仪表盘,系杆由 1018 冷拔钢制成,$E = 200$ GPa,$v = 0.3$,

屈服强度为 370 MPa。仪表盘需要 150 kW 的功率才能以 10 km/h 的速度拉动。系杆上作用有 55.6 kN 的总力，由力等于功率除以速度确定。确定系杆在荷载下的最大 von Mises 应力和挠度。模型中，使用两个 27.8 kN 作用在系杆的每一边，并将连接两端的节点固定在仪表盘框架上（如有限元模型所示）（本题由 Byron Manternach 提供）。

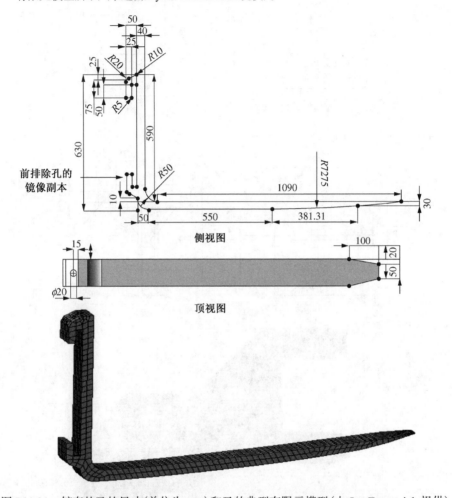

图 P11.21　铲车的叉的尺寸（单位为 mm）和叉的典型有限元模型（由 Jay Emmerich 提供）

11.24　图 P11.24 所示的旋转 C 支架安装在建筑物的天花板上，每个安装孔上悬挂着一个 90 N 的扬声器（未显示）。安装支架由 A 36 钢制成，弹性模量为 200 GPa，泊松比为 0.29，屈服强度为 250 MPa。确定支架的最大 von Mises 应力和挠度（本题由 Tyler Austin 和 Kyle Jones 提供）。

11.25　前端式装载机的小臂如图 P11.25 所示。装载机的材料为 AISI 1010 冷拔钢，弹性模量为 205 GPa，泊松比为 0.29，材料的屈服强度为 305 MPa。在有限元模型中，顶部水平构件的背面固定。确定施加载在左臂底部而导致左臂屈服的最大力。可以尝试采用垂直（y 方向）和横向（z 方向）的荷载（本题由 Quentin Moller 提供）。

11.26　如图 P11.26 所示的自行车杆将车把连接到车叉的转向管上。杆由 7075-T6 铝合金制成，屈服强度为 504 MPa。1200 N 的荷载分布在安装表面到车把的 x-y 平面上，并以 45°角作用于杆的轴上。

连接到转向管的杆的内表面固定，不能在 y 方向平移并绕 y 轴转动。确定最大 von Mises 应力及其在杆上的位置(此问题由 Stephen Wilson 提供)。

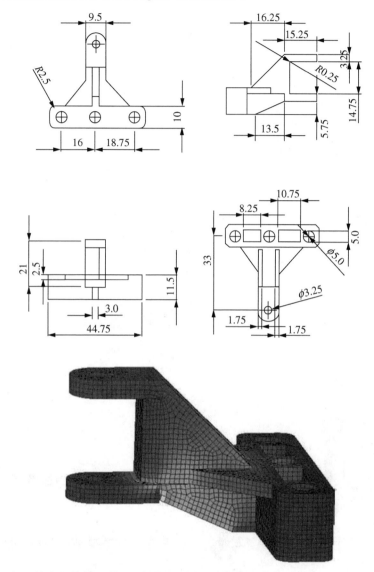

图 P11.22　遥控车的前转向装置(单位为 mm)及其有限元模型(由 Phillip Grommes 提供)

11.27　对于图 P11.27 所示的凸缘管部分，确定最大 von Mises 应力和最大位移。管道承受 2.4 MPa 的内部压力，外加作用在两个凸缘两端的 500 N 的压缩力和作用在较小的顶部凸缘的 250 N 的力。管的内边是固定的，因为假定螺栓会抵抗旋转和平移。材料为灰铸铁，弹性模量为 $90×10^9$ Pa，泊松比为 0.24。

11.28　如图 P11.28 所示的实心部件用于将零件定位到合适的位置。材料为 AISI 1005 钢，E = 200 GPa，v = 0.29。前端面固定，100 MPa 的压力 P 作用在内槽的半圆形端面上，如图所示。确定最大 von Mises 应力及其在定位装置上的位置。

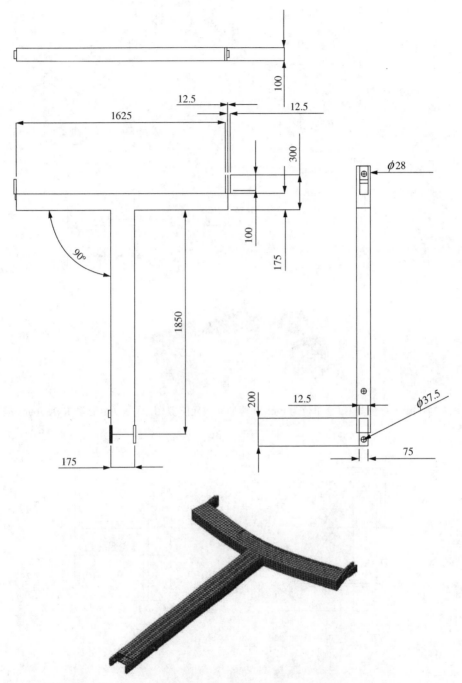

图 P11.23 7.3 m 宽的国际 496 仪表盘(尺寸单位为 mm)上的系
杆及其典型有限元模型(由 Byron Manternach 提供)

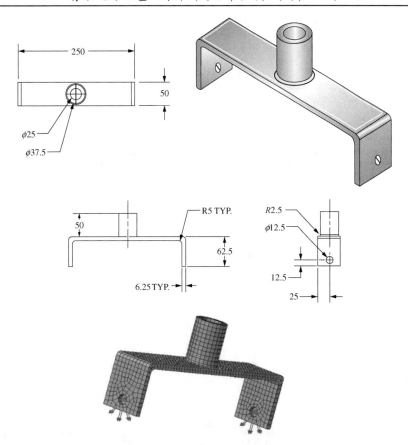

图 P11.24　旋转 C 支架(尺寸单位为 mm)和典型有限元模型(由 Tyler Austin 和 Kyle Jones 提供)

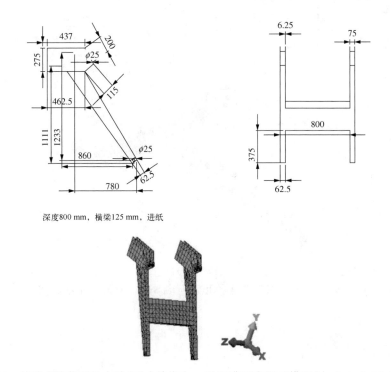

深度800 mm，横梁125 mm，进纸

图 P11.25　前端式装载机的小臂(尺寸单位为 mm)和典型有限元模型(由 Quentin Moller 提供)

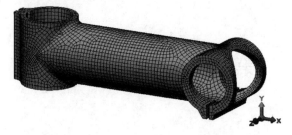

图 P11.26　自行车杆(单位为 mm)和典型有限元模型(由 Stephen Wilson 提供)

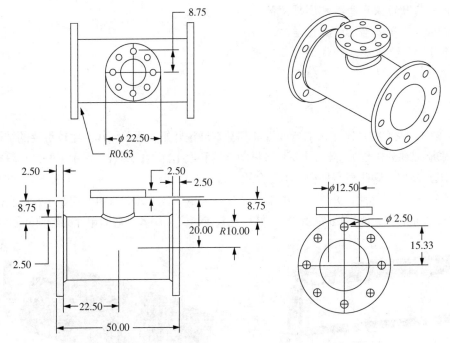

图 P11.27　管道(尺寸单位为 cm)(由 Trevor King 提供)

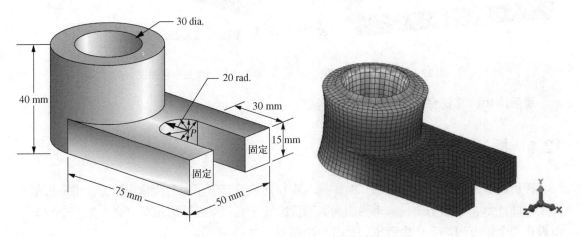

图 P11.28　定位器部件(本图彩色版参见彩色插图)

第 12 章 板弯曲单元

章节目标

- 介绍薄板弯曲的基本概念。
- 推导常用的板弯曲单元刚度矩阵。
- 比较一部分板单元的数值解。
- 应用计算机程序求解板的弯曲问题。

引言

在本章中，我们将从阐述板的弯曲性能和基本理论开始。板单元作为比较重要的结构单元之一，可用来模拟和分析压力容器、烟囱(参见图 1.5)和汽车部件。图 12.1 展示了一个计算机机箱和水槽的有限元模型，这些模型是利用本章介绍的板弯曲单元建模的。在介绍了板的弯曲概念以后，将讨论一些常用的板单元，并用大量的篇幅来介绍大量的板单元的弯曲公式。本章的目的是介绍最常见的板弯曲的单元刚度矩阵的推导，然后比较参考文献中各种弯曲单元的经典问题的解。

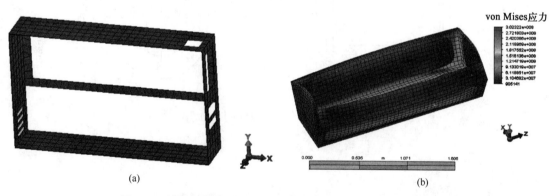

图 12.1　(a)计算机机箱；(b)水槽(本图彩色版参见彩色插图)

最后应用计算机程序求解板的弯曲问题。

12.1　板弯曲的基本概念

板可以看成是简单弯曲梁的二维扩充。在横向或垂直于平面的荷载作用下，梁和板都会产生弯曲变形。板是平的，如果为曲面，就变成一个壳。梁在受力情况下会产生一个弯矩，而板在两个轴方向均会产生弯矩，且有一个扭矩。

本章考虑经典薄板理论或 Kirchhoff 板理论[1]，该理论的许多假设与第 4 章和参考文献[2]中介绍的经典梁理论或 Euler–Bernoulli 梁理论类似。

12.1.1　几何形状和变形的基本性能

如图 12.2 所示的在 x-y 平面内的薄板，在 z 方向的厚度为 t，先推导薄板的基本方程。板的表面在 $z = \pm t/2$ 处，中面在 $z = 0$ 处。假设板的基本几何形状为：(1)板的厚度 t 要远小于它的平面尺寸 b 和 c，即 $t \ll b$ 或 c(当 t 大于板跨度的 1/10 时，就必须考虑横向剪切变形，此时即认定此板为厚板)。(2)挠度 w 要远小于厚度 t，即 $w/t \ll 1$。

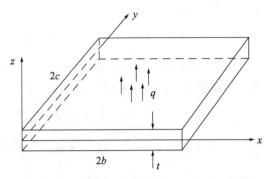

图 12.2　标示出所受横向载荷和尺寸的基本薄板

12.1.2　基尔霍夫假设

如图 12.3(a)所示，讨论用垂直于 x 轴的平面从板中切出的微元，荷载 q 引起板横向变形，或沿 z 方向向上变形，假设点 P 的挠度 w 只是关于 x 和 y 的函数，即 $w = w(x, y)$ 且板在 z 方向不可拉伸。在加载前垂直于板表面的线元 a-b 在加载后仍与板的表面保持垂直[如图 12.3(b) 所示]。这与下述的基尔霍夫假设一致。

1. 变形前后法线保持不变。即假定横向剪切应变 $\gamma_{yz} = 0$，类似地有 $\gamma_{xz} = 0$。但是 γ_{xy} 并不等于零，板平面中的直角在加载后并不保持直角，板在平面内可能产生弯曲。
2. 忽略厚度方向变化且板在法向不可拉伸，即法向应变 $\varepsilon_z = 0$。
3. 法向应力 σ_z 并不影响应力/应变方程中的面内应变 ε_x 和 ε_y，因此可以忽略。
4. 忽略薄膜力或面内力，平面应力的抗力可以在之后叠加(即第 6 章的常应变三角形性能可以与基本的板弯曲单元的反力相加)。也就是说，在中面上，x 和 y 方向的面内变形假设为零，$u(x, y, 0) = 0$ 和 $v(x, y, 0) = 0$。

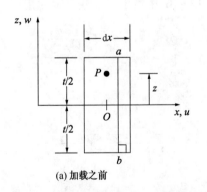

(a) 加载之前

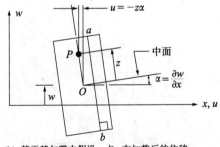

(b) 基于基尔霍夫假设，点 p 在加载后的位移。忽略横向剪切变形，在横截面中的直角仍为直角。在 y-z 平面中的位移与此相似

图 12.3　基于基尔霍夫假设，厚度为 t 的板的微元(a)加载前和(b)加载后 P 点的位移。忽略横向剪切变形，则横截面中的直角保持不变。y-z 平面上的位移也是如此

根据基尔霍夫假设，由于小的转动 α，图 12.3 中任意点 P 在 x 方向的位移为：

$$u = -z\alpha = -z\left(\frac{\partial w}{\partial x}\right) \tag{12.1.1}$$

类似地，该点在 y 方向的位移为：

$$v = -z\left(\frac{\partial w}{\partial y}\right) \tag{12.1.2}$$

板的曲率是法线角位移的变化率,定义为:

$$\kappa_x = -\frac{\partial^2 w}{\partial x^2} \quad \kappa_y = -\frac{\partial^2 w}{\partial y^2} \quad \kappa_{xy} = -\frac{2\partial^2 w}{\partial x \partial y} \tag{12.1.3}$$

式(12.1.3)中的第一个式子已用在梁的理论中[参考式(4.1.1e)]。

应用式(6.1.4)定义平面应变和式(12.1.3),平面应变-位移方程表示为:

$$\varepsilon_x = -z\frac{\partial^2 w}{\partial x^2} \quad \varepsilon_y = -z\frac{\partial^2 w}{\partial y^2} \quad \gamma_{xy} = -2z\frac{\partial^2 w}{\partial x \partial y} \tag{12.1.4a}$$

或将式(12.1.3)代入式(12.1.4a)可得:

$$\varepsilon_x = -z\kappa_x \quad \varepsilon_y = -z\kappa_y \quad \gamma_{xy} = -z\kappa_{xy} \tag{12.1.4b}$$

式(12.1.4a)的第一个式子已用在梁理论中[参见式(4.1.10)],其他方程则是板理论中的新方程。

12.1.3　应力-应变关系

基于上述第三个假设,平面应力方程可用于将各向同性材料的平面应力和平面应变联系起来,如下所示:

$$\sigma_x = \frac{E}{1-v^2}(\varepsilon_x + v\varepsilon_y)$$
$$\sigma_y = \frac{E}{1-v^2}(\varepsilon_y + v\varepsilon_x) \tag{12.1.5}$$
$$\tau_{xy} = G\gamma_{xy}$$

图12.4(a)给出了作用在板的边界上的面内法应力和剪应力。类似于梁中的应力变化,这些应力从板的中面开始沿 z 方向线性变化。即使忽略了横向剪切变形,横向剪应力 τ_{yz} 和 τ_{xz} 仍然存在。与梁理论相同,这些横向应力沿厚度方向的变化是二次的。式(12.1.5)的应力与沿边界上的弯矩 M_x、M_y 和扭矩 M_{xy} 是有联系的,图12.4(b)中给出了这些弯矩和扭矩。

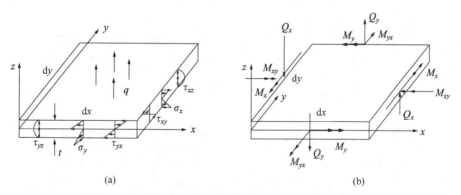

(a)　　　　　　　　　　　　　　　(b)

图 12.4　板的微元:(a)板边缘的应力;(b)微分力矩和力

这些弯矩和扭矩实际上是 x 和 y 的函数,是以板平面内的单位长度计算的,所以其单位为 $(N\cdot m)/m$。因此,这些力矩为:

$$M_x = \int_{-t/2}^{t/2} z\sigma_x \, \mathrm{d}z \quad M_y = \int_{-t/2}^{t/2} z\sigma_y \, \mathrm{d}z \quad M_{xy} = \int_{-t/2}^{t/2} z\tau_{xy} \, \mathrm{d}z \tag{12.1.6}$$

将式(12.1.4b)代入式(12.1.5),再将求得的这些应力代入式(12.1.6),就得到力矩和曲率的关系:

$$M_x = D(\kappa_x + \nu\kappa_y) \quad M_y = D(\kappa_y + \nu\kappa_x) \quad M_{xy} = \frac{D(1-\nu)}{2}\kappa_{xy} \tag{12.1.7}$$

式中,$D = Et^3/[12(1-v^2)]$称为板的弯曲刚度(单位为 N·m)。

板的每一边上的法应力的最大值都位于顶部和底部的 $z = t/2$ 处。例如:

$$\sigma_x = \frac{6M_x}{t^2} \tag{12.1.8}$$

当作用到板的单位宽度且 $c = t/2$ 时,这个公式类似于挠曲公式 $\sigma_x = M_xc/I$。

在选择单元位移场时,板弯曲的控制平衡微分方程是很重要的。利用相对于 z 方向的力的平衡与绕 x 和 y 轴的力矩平衡,可以推导平衡微分方程。这些平衡方程可导出如下微分方程:

$$\frac{\partial Q_x}{\partial x} + \frac{\partial Q_y}{\partial y} + q = 0$$

$$\frac{\partial M_x}{\partial x} + \frac{\partial M_{xy}}{\partial y} - Q_x = 0 \tag{12.1.9}$$

$$\frac{\partial M_y}{\partial y} + \frac{\partial M_{xy}}{\partial x} - Q_y = 0$$

式中,q 是横向分布荷载(单位为 Pa),Q_x 和 Q_y 是图 12.4(b)所示的横向剪切线荷载(单位为 N/m)。

将式(12.1.7)的力矩-曲率关系代入式(12.1.9)中的第 2 式和第 3 式,并由此解出 Q_x 和 Q_y,最后将这些表达式代入式(12.1.9)中的第 1 式,就可以得到各向同性薄板弯曲性能的控制偏微分方程:

$$D\left(\frac{\partial^4 w}{\partial x^4} + \frac{2\partial^4 w}{\partial x^2 \partial y^2} + \frac{\partial^4 w}{\partial y^4}\right) = q \tag{12.1.10}$$

由式(12.1.10)可以看出,利用位移进行薄板弯曲的求解,取决于单个位移分量 w(即横向位移)的选择。

假使忽略对 y 坐标的微分,式(12.1.10)简化为梁的方程(4.1.1g)(当泊松比设为零、板宽度变为单位宽度时,板的弯曲刚度 D 化为梁的 EI)。

12.1.4 板的势能

板的总势能由下式表示:

$$U = \frac{1}{2}\int(\sigma_x\varepsilon_x + \sigma_y\varepsilon_y + \tau_{xy}\gamma_{xy})\,\mathrm{d}V \tag{12.1.11}$$

将式(12.1.4b)和式(12.1.6)代入式(12.1.11),就可得到用力矩和曲率表示的势能:

$$U = \frac{1}{2}\int(M_x\kappa_x + M_y\kappa_y + M_{xy}\kappa_{xy})\,\mathrm{d}A \tag{12.1.12}$$

12.2 板弯曲单元刚度矩阵和方程的推导

以往已经开发了大量的板弯曲单元,参考文献[3]列举了 88 种不同的单元。本节只介绍其中一种单元的公式描述,即图 12.5 所示的 12 个自由度的矩形单元,这种矩形单元是比较基础的。关于这个公式和包括三角形单元在内的各类其他单元的公式详情,可参阅参考文献[4~18]。

这个公式的推导与前几章中杆、梁、平面应力/应变、轴对称和立体单元的刚度矩阵和方程的推导一致。

步骤 1　选择单元类型

如图 12.5 所示的具有 12 个自由度的平板弯曲单元，每个节点有 3 个自由度：在 z 方向的横向位移为 w，绕 x 轴的转角为 θ_x，绕 y 轴的转角为 θ_y。

在节点 i 处的节点位移矩阵为：

$$\{d_i\} = \begin{Bmatrix} w_i \\ \theta_{xi} \\ \theta_{yi} \end{Bmatrix} \qquad (12.2.1)$$

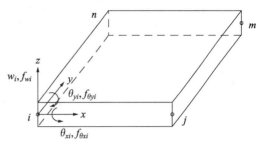

图 12.5　板的基本矩形单元和节点自由度

式中转角与横向位移之间具有下列关系：

$$\theta_x = +\frac{\partial w}{\partial y} \qquad \theta_y = -\frac{\partial w}{\partial x} \qquad (12.2.2)$$

为了产生绕 y 轴的正转角，需要负位移 w，所以在 θ_y 前为负号。

总单元位移矩阵由下式表示：

$$\{d\} = \{[d_i] \quad [d_j] \quad [d_m] \quad [d_n]\}^{\mathrm{T}} \qquad (12.2.3)$$

步骤 2　选择位移函数

因为单元有 12 个总自由度，所以选择如下关于 x 和 y 的 12 项多项式：

$$\begin{aligned} w = &a_1 + a_2 x + a_3 y + a_4 x^2 + a_5 xy + a_6 y^2 + a_7 x^3 + a_8 x^2 y \\ &+ a_9 xy^2 + a_{10} y^3 + a_{11} x^3 y + a_{12} xy^3 \end{aligned} \qquad (12.2.4)$$

式 (12.2.4) 是 Pascal 三角形(如图 8.2 所示)范围中的不完全 4 次式。函数到三阶(10 项)是完全的，必须从完全 4 次式的剩余 5 项中选择两项，最好的选择是 x^3y 和 xy^3 项，因为它们可保证单元间的边界上位移的连续(x^4 和 y^4 项将导致单元间边界上位移的不连续，因此必须舍弃。x^2y^2 项是单独的，不能与其他项配对，因此也被舍弃)。式 (12.2.4) 在板未施加荷载的部分也满足基本微分方程 (12.1.10)，但在最小势能近似中并不要求满足这个条件。

此外，函数允许刚体运动和常应变，这些是在结构中必须考虑的项。但不能保证沿单元公共边界上单元间斜率的不连续性。

为了观察斜率的不连续性，沿侧面或边界(如沿图 12.5 的 i-j 侧面和 x 轴)来计算该多项式及其斜率，可以得到：

$$\begin{aligned} w &= a_1 + a_2 x + a_4 x^2 + a_7 x^3 \\ \frac{\partial w}{\partial x} &= a_2 + 2a_4 x + 3a_7 x^2 \\ \frac{\partial w}{\partial y} &= a_3 + a_5 x + a_8 x^2 + a_{12} x^3 \end{aligned} \qquad (12.2.5)$$

位移 w 与梁单元的位移一样，为三次式，而斜率 $\partial w / \partial x$ 与梁弯曲时相同。基于梁单元可得，4 个常数 a_1，a_2，a_4 和 a_7 可通过端点条件(w_i，w_j，θ_{yi}，θ_{yj})求得。因此，w 和 $\partial w / \partial x$ 沿这个边界就可以被完全确定。法向斜率 $\partial w / \partial y$ 是 x 的三次式，尽管有 4 个常数 (a_3，a_5，a_8 和 a_{12})

存在，但对于这个斜率的定义只剩两个自由度。因此，这个斜率不能唯一地确定，且会发生斜率不连续的情形。所以说，w 的函数是不协调的。用这个单元进行有限元分析所得的解将不是最小势能的解。但是，已经证明这个单元能给出可接受的结果，其收敛性证明已在参考文献[8]中给出。

当坐标取适当值时，可得到用 w 和它的斜率值表示的 12 个联立方程，由这些方程可确定常数 $a_1 \sim a_{12}$，首先可写出：

$$\left\{\begin{array}{c} w \\ +\dfrac{\partial w}{\partial y} \\ -\dfrac{\partial w}{\partial x} \end{array}\right\} = \begin{bmatrix} 1 & x & y & x^2 & xy & y^2 & x^3 & x^2y & xy^2 & y^3 & x^3y & xy^3 \\ 0 & 0 & +1 & 0 & +x & +2y & 0 & +x^2 & +2xy & +3y^2 & +x^3 & +3xy^2 \\ 0 & -1 & 0 & -2x & -y & 0 & -3x^2 & -2xy & -y^2 & 0 & -3x^2y & -y^3 \end{bmatrix}$$

$$\times \left\{\begin{array}{c} a_1 \\ a_2 \\ a_3 \\ \vdots \\ a_{12} \end{array}\right\}$$

(12.2.6)

或采用简单的矩阵形式，自由度矩阵为：

$$\{\psi\} = [P]\{a\} \tag{12.2.7}$$

式中，$[P]$ 是式 (12.2.6) 右边第一个矩阵，为 12×3 阶。

现在，在每一个节点计算式 (12.2.6)：

$$\{d\} = \left\{\begin{array}{c} w_i \\ \theta_{xi} \\ \theta_{yi} \\ w_j \\ \vdots \end{array}\right\} = \begin{bmatrix} 1 & x_i & y_i & x_i^2 & x_iy_i & y_i^2 & x_i^3 & x_i^2y_i & x_iy_i^3 & y_i^3 & x_i^3y_i & x_iy_i^3 \\ 0 & 0 & +1 & 0 & +x_i & +2y_i & 0 & +x_i^2 & +2x_iy_i & +3y_i^2 & +x_i^3 & +3x_iy_i^2 \\ \vdots & & & & & & & & & & & \\ \vdots & & & & & & & & & & & \\ \cdots & \cdots & \cdots & \cdots & \cdots & \cdots & \cdots & \cdots & \cdots & \cdots & \cdots & \cdots \end{bmatrix}$$

$$\times \left\{\begin{array}{c} a_1 \\ a_2 \\ \vdots \\ a_{12} \end{array}\right\}$$

(12.2.8)

可以将式 (12.2.8) 表示为如下紧凑的矩阵形式：

$$\{d\} = [C]\{a\} \tag{12.2.9}$$

式中，$[C]$ 是式 (12.2.8) 右边的 12×12 阶矩阵。

因此，常量（a 项）可由下式求解：

$$\{a\} = [C]^{-1}\{d\} \tag{12.2.10}$$

式 (12.2.7) 可表示为：

$$\{\psi\} = [P][C]^{-1}\{d\} \tag{12.2.11}$$

或

$$\{\psi\} = [N]\{d\} \tag{12.2.12}$$

式中，$[N] = [P][C]^{-1}$ 是 3×12 阶的形函数矩阵。参考文献[9]中给出了形函数 N_i，N_j，N_m 和 N_n 的特殊形式。

步骤 3　定义应变(曲率)-位移和应力(力矩)-曲率关系

根据式(12.1.3)的曲率，曲率矩阵为：

$$\{\kappa\} = \begin{Bmatrix} \kappa_x \\ \kappa_y \\ \kappa_{xy} \end{Bmatrix} = \begin{Bmatrix} -2a_4 - 6a_7x - 2a_8y - 6a_{11}xy \\ -2a_6 - 2a_9x - 6a_{10}y - 6a_{12}xy \\ -2a_5 - 4a_8x - 4a_9y - 6a_{11}x^2 - 6a_{12}y^2 \end{Bmatrix} \tag{12.2.13}$$

或者以矩阵形式将式(12.2.13)表示为：

$$\{\kappa\} = [Q]\{a\} \tag{12.2.14}$$

式中，$[Q]$是式(12.2.13)中与 a 项相乘的 3×12 阶系数矩阵，利用$\{a\}$的方程(12.2.10)，曲率矩阵可表示为：

$$\{\kappa\} = [B]\{d\} \tag{12.2.15}$$

式中，

$$[B] = [Q][C]^{-1} \tag{12.2.16}$$

是 3×12 阶的梯度矩阵。

板的力矩/曲率矩阵由下式给出：

$$\{M\} = \begin{Bmatrix} M_x \\ M_y \\ M_{xy} \end{Bmatrix} = [D]\begin{Bmatrix} \kappa_x \\ \kappa_y \\ \kappa_{xy} \end{Bmatrix} = [D][B]\{d\} \tag{12.2.17}$$

式中，$[D]$是各向同性材料的本构矩阵：

$$[D] = \frac{Et^3}{12(1-v^2)}\begin{bmatrix} 1 & v & 0 \\ v & 1 & 0 \\ 0 & 0 & \dfrac{1-v}{2} \end{bmatrix} \tag{12.2.18}$$

在式(12.2.17)最后的表达式中已应用了式(12.2.15)。

步骤 4　推导单元刚度矩阵和方程刚度矩阵

根据其一般形式给出：

$$[k] = \iint [B]^{\mathrm{T}}[D][B]\,\mathrm{d}x\,\mathrm{d}y \tag{12.2.19}$$

式中，$[B]$由式(12.2.16)定义，$[D]$由式(12.2.18)定义。4 节点矩形单元的单元刚度矩阵是 12×12 阶的，在参考文献[4]和[5]中给出了$[k]$的特有表达式。

用标准方程可得到沿 z 方向作用在单位面积的分布荷载 q 产生的面力矩阵：

$$\{F_s\} = \iint [N_s]^{\mathrm{T}} q\,\mathrm{d}x\,\mathrm{d}y \tag{12.2.20}$$

对于在大小为 $2b \times 2c$ 的单元表面上作用均匀荷载 q 的情况，利用式(12.2.20)可得在节点 i 处产生的力和力矩：

$$\begin{Bmatrix} f_{wi} \\ f_{\theta xi} \\ f_{\theta yi} \end{Bmatrix} = 4qcb\begin{Bmatrix} 1/4 \\ -c/12 \\ b/12 \end{Bmatrix} \tag{12.2.21}$$

节点 j，m 和 n 的表达式与之相似。作为等效荷载替换的一部分，均匀荷载会在节点上产生作用力偶，这与梁单元(参考 4.4 节)的情况是一样的。

单元方程由下式给出：

$$
\begin{Bmatrix} f_{wi} \\ f_{\theta xi} \\ f_{\theta yi} \\ \vdots \\ f_{\theta yn} \end{Bmatrix} = \begin{bmatrix} k_{11} & k_{12} & \dots & k_{1,12} \\ k_{21} & k_{22} & \dots & k_{2,12} \\ k_{31} & k_{32} & \dots & k_{3,12} \\ \vdots & \vdots & \dots & \vdots \\ k_{12,1} & & \dots & k_{12,12} \end{bmatrix} \begin{Bmatrix} w_i \\ \theta_{xi} \\ \theta_{yi} \\ \vdots \\ \theta_{yn} \end{Bmatrix}
\tag{12.2.22}
$$

余下的步骤包括形成总方程、应用边界条件(现在边界条件为 w, θ_x, θ_y)和解节点位移及斜率(注意,每个节点有 3 个自由度),可遵循在前几章中介绍的标准过程。

12.3　一部分板单元的数值比较

这里给出一些四边形板单元的数值比较。在参考文献中有很多板单元的公式,图 12.6 给出了一些板单元公式用于正方形板的结果,平板为四边简支,在板的中心受集中荷载作用。从结果中可以看出解的上限和下限性能,表明了各种板单元的解的收敛性。在 12.2 节中介绍的 12 项多项式的结果也在其中,可以看出,12 项多项式向上收敛于精确解,它得到的是上限解。因为用 12 项多项式并不保证单元界面上的斜率连续,不能得到最小势能原理公式的下限经典特性。但是,随着使用单元的增加,解收敛于精确解[1]。

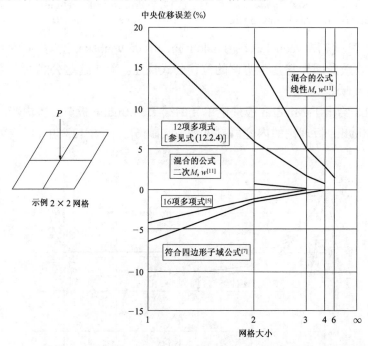

图 12.6　数值比较:四边形板单元公式(Gallagher, Richard H., *Finite Element Analysis: Fundamentals*, 1st, © 1975. Printed and electronically reproduced by permission of Pearson Education, Inc., Upper Saddle River, New Jersey.)

图 12.7 给出了三角形板单元的数值比较,计算的是与图 12.6 中相同的受中心荷载的四边简支平板。从图 12.6 和图 12.7 可以看出:不同的单元公式描述得到从上和从下收敛的结果,有些单元得到的结果比另外一些好。

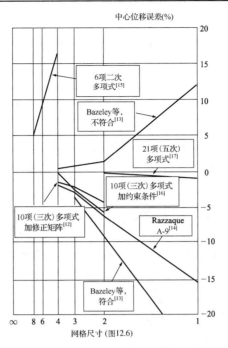

图 12.7　简支正方形板受中心荷载时，三角形板单元的数值比较(Gallagher, Richard H., *Finite Element Analysis: Fundamentals*, 1st, © 1975. Printed and electronically reproduced by permission of Pearson Education, Inc., Upper Saddle River, New Jersey.)

Autodesk 程序[19]应用 Veubeke(在 Baudoin Fraeijs de Veubeke 之后)的 16 个自由度的子域公式[7]，服从下收敛，因为它基于协调的位移公式描述。对于这些公式的更多情况，可参见本章后的参考文献。

最后，图 12.8 给出了 Mindlin 板理论单元的结果，Mindlin 板单元考虑弯曲变形和横向剪切变形。有关 Mindlin 板理论的内容可参见参考文献[6]。在图 12.8 中，"杂交"单元[10]是性能最好的单元。

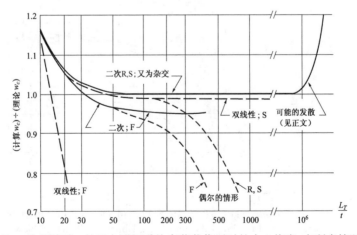

图 12.8　边长为 L_T 和厚度为 t 的正方形板受均布荷载作用时的中心挠度，在所有情况中均采用 8×8 网格。大的 L_T/t 值对应于薄平板。L_T/t 值较小的平板，其横向剪切变形更为明显。基于 Mindlin 板单元公式的描述，积分规则是缩减的 (R)、选择性的 (S) 和完全的 (F)[18](Cook, R., Malkus, D., and Plesha, M. *Concepts and Applications of Finite Element Analysis*, 3rd ed., 1989, p. 326. Reprinted by permission of John Wiley & Sons, Inc., New York)

12.4　求解板弯曲问题的计算机程序

例 12.2 中应用计算机程序求解板的弯曲问题[19]。板单元是三维空间中的 3 节点或 4 节点单元，允许的单元自由度是三个平移(u, v 和 w)和平面内的旋转(θ_x 和 θ_y)。垂直于板的旋转自由度未被定义，必须受到约束。计算机程序中的单元是在参考文献[5]和[7]中所描述的 16 项多项式。在程序中，这个单元称为 Veubeke 板。对位移分析而言，16 节点公式描述是向下收敛的，因为它基于协调的位移公式描述。这一点在图 12.6 所示的受中心集中荷载的固支平板中也已看到。

例 12.1　图 12.9 是四边固支受中心集中力作用的正方形钢板。求解最大的板垂直挠度。

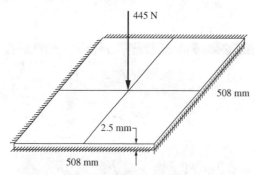

图 12.9　例 12.1 中的固支平板的 2×2 网格

解　构造 2×2 的网格来模拟平板，垂直位移图如图 12.10 所示。最大位移位于板的中心，大小为 −2.09 mm。

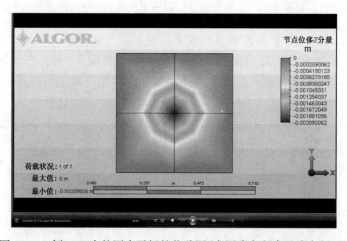

图 12.10　例 12.1 中的固支平板的位移图(本图彩色版参见彩色插图)

参考文献[1]给出了求解最大位移(发生在集中荷载处)的经典板弯曲的解题过程：

$$w = 0.0056PL^2 / D = 0.0056(-445 \text{ N})(508)^2 / (286.17 \text{ N·m}) = -2.247 \times 10^{-3} \text{ m}$$

其中，

$$D = Et^3/12(1 - v^2) = (200 \times 10^9 \text{ N/m}^2)(0.0025)^3 / [12(1 - 0.3^2)] = 286\ 17 \text{ N·m}$$

细分为 4×4 的网格就可以收敛到传统解。

例 12.2　例 12.1 中的固支平板被固定在两根 5 cm 宽× 30 cm 深的矩形梁上, 两根梁垂直交于板的中心且将平板划分为四部分, 如图 12.11(a)所示(图 1.5 也给出了用梁和板单元模拟的高烟囱)。

解　图 12.11(b)即为结果位移图, 最大位移减少至−4.86×10^{-7} m。

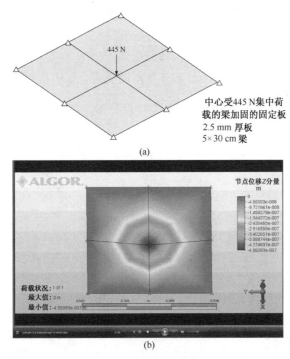

(a)

中心受445 N集中荷
载的梁加固的固定板
2.5 mm 厚板
5×30 cm 梁

(b)

图 12.11　(a)在单元中心线处结合的梁和平板单元; (b)(a)的垂直挠度图

例 12.3　图 12.12(a)是计算机机箱的有限元模型, 由板的弯曲单元组成。

解　图 12.12(b)给出了均匀作用在上表面的 700 Pa 的压力、作用在机箱底部的固定边界条件, 以及结果的 von Mises 应力图。有关详细尺寸, 参见习题 12.13。

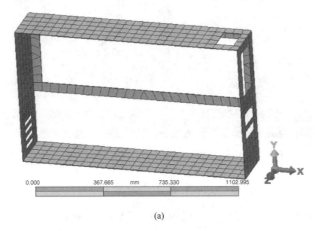

(a)

图 12.12　(a)由板的弯曲单元组成的计算机机箱有限元模型; (b)压力荷载、边界条件和结果的 von Mises 应力(由 Nicholas Dachniwskyj 提供)(本图彩色版参见彩色插图)

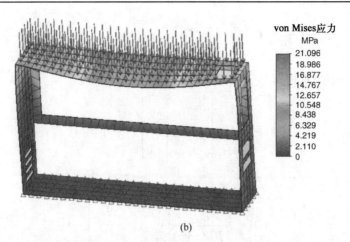

(b)

图 12.12(续)　(a)由板的弯曲单元组成的计算机机箱有限元模型；(b)压力荷载、边界条件和结果的 von Mises 应力(由 Nicholas Dachniwskyj 提供)(本图彩色版参见彩色插图)

方程小结

板的曲率表达式：

$$\kappa_x = -\frac{\partial^2 w}{\partial x^2} \quad \kappa_y = -\frac{\partial^2 w}{\partial y^2} \quad \kappa_{xy} = -\frac{2\partial^2 w}{\partial x \partial y} \tag{12.1.3}$$

应变/位移方程：

$$\varepsilon_x = -z\frac{\partial^2 w}{\partial x^2} \quad \varepsilon_y = -z\frac{\partial^2 w}{\partial y^2} \quad \gamma_{xy} = -2z\frac{\partial^2 w}{\partial x \partial y} \tag{12.1.4a}$$

应力和应变的关系：

$$\sigma_x = \frac{E}{1-v^2}(\varepsilon_x + v\varepsilon_y)$$
$$\sigma_y = \frac{E}{1-v^2}(\varepsilon_y + v\varepsilon_x) \tag{12.1.5}$$
$$\tau_{xy} = G\gamma_{xy}$$

力矩和曲率的关系：

$$M_x = D(\kappa_x + v\kappa_y) \quad M_y = D(\kappa_y + v\kappa_x) \quad M_{xy} = \frac{D(1-v)}{2}\kappa_{xy} \tag{12.1.7}$$

其中，$D = Et^3/[12(1-v^2)]$。

板上弯曲的法应力：

$$\sigma_x = \frac{6M_x}{t^2} \tag{12.1.8}$$

板上的势能：

$$U = \frac{1}{2}\int(M_x\kappa_x + M_y\kappa_y + M_{xy}\kappa_{xy})\,\mathrm{d}A \tag{12.1.12}$$

4 节点矩形板的横向位移函数：

$$w = a_1 + a_2x + a_3y + a_4x^2 + a_5xy + a_6y^2 + a_7x^3 + a_8x^2y$$
$$+ a_9xy^2 + a_{10}y^3 + a_{11}x^3y + a_{12}xy^3 \tag{12.2.4}$$

梯度矩阵：

$$[B] = [Q][C]^{-1} \tag{12.2.16}$$

4 节点矩形板的力矩/曲率矩阵：

$$\{M\} = \begin{Bmatrix} M_x \\ M_y \\ M_{xy} \end{Bmatrix} = [D] \begin{Bmatrix} \kappa_x \\ \kappa_y \\ \kappa_{xy} \end{Bmatrix} = [D][B]\{d\} \tag{12.2.17}$$

板弯曲的本构矩阵：

$$[D] = \frac{Et^3}{12(1 - v^2)} \begin{bmatrix} 1 & v & 0 \\ v & 1 & 0 \\ 0 & 0 & \dfrac{1-v}{2} \end{bmatrix} \tag{12.2.18}$$

刚度矩阵：

$$[k] = \iint [B]^{\mathrm{T}} [D][B] \, \mathrm{d}x \, \mathrm{d}y \tag{12.2.19}$$

承受均匀压力的板节点 i 处的表面力矩阵：

$$\begin{Bmatrix} f_{wi} \\ f_{\theta xi} \\ f_{\theta yi} \end{Bmatrix} = 4qcb \begin{Bmatrix} 1/4 \\ -c/12 \\ b/12 \end{Bmatrix} \tag{12.2.21}$$

参考文献

[1] Timoshenko, S. and Woinowsky-Krieger, S., *Theory of Plates and Shells*, 2nd ed., McGraw-Hill, New York, 1969.

[2] Gere, J. M., and Goodno, B. J. *Mechanics of Material*, 7th ed., Cengage Learning, Mason, OH, 2009.

[3] Hrabok, M. M., and Hrudley, T. M., "A Review and Catalog of Plate Bending Finite Elements," *Computers and Structures*, Vol. 19, No. 3, 1984, pp. 479–495.

[4] Zienkiewicz, O. C., and Taylor R. L., *The Finite Element Method*, 4th ed., Vol. 2, McGraw-Hill, New York, 1991.

[5] Gallagher, R. H., *Finite Element Analysis Fundamentals*, Prentice-Hall, Englewood Cliffs, NJ, 1975.

[6] Cook, R. D., Malkus, D. S., Plesha, M. E., and Witt, R. J., *Concepts and Applications of Finite Element Analysis*, 4th ed., Wiley, New York, 2002.

[7] Fraeijs De Veubeke, B., "A Conforming Finite Element for Plate Bending," *International Journal of Solids and Structures*, Vol. 4, No. 1, pp. 95–108, 1968.

[8] Walz, J. E., Fulton, R. E., and Cyrus N.J., "Accuracy and Convergence of Finite Element Approximations," Proceedings of the Second Conference on Matrix Method in Structural Mechanics, AFFDL TR 68-150, pp. 995–1027, Oct., 1968.

[9] Melosh, R. J., "Basis of Derivation of Matrices for the Direct Stiffness Method," *Journal of AIAA*, Vol. 1, pp. 1631–1637, 1963.

[10] Hughes, T. J. R., and Cohen, M., "The 'Heterosis' Finite Element for Plate Bending," *Computers and Structures*, Vol. 9, No. 5, 1978, pp. 445–450.

[11] Bron, J., and Dhatt, G., "Mixed Quadrilateral Elements for Bending," *Journal of AIAA*, Vol. 10, No. 10, pp. 1359–1361, Oct., 1972.

[12] Kikuchi, F., and Ando, Y., "Some Finite Element Solutions for Plate Bending Problems by Sim-

plified Hybrid Displacement Method," *Nuclear Engineering Design*, Vol. 23, pp. 155–178, 1972.

[13] Bazeley, G., Cheung, Y., Irons, B., and Zienkiewicz, O., "Triangular Elements in Plate Bending—Conforming and Non-Conforming Solutions," Proceedings of the First Conference on Matrix Methods on Structural Mechanics, AFFDL TR 66-80, pp. 547–576, Oct., 1965.

[14] Razzaque, A. Q., "Program for Triangular Elements with Derivative Smoothing," *International Journal for Numerical Methods in Engineering*, Vol. 6, No. 3, pp. 333–344, 1973.

[15] Morley, L. S. D., "The Constant-Moment Plate Bending Element," *Journal of Strain Analysis*, Vol. 6, No. 1, pp. 20–24, 1971.

[16] Harvey, J. W., and Kelsey, S., "Triangular Plate Bending Elements with Enforced Compatibility," *AIAA Journal*, Vol. 9, pp. 1023–1026, 1971.

[17] Cowper, G. R., Kosko, E., Lindberg, G., and Olson M., "Static and Dynamic Applications of a High Precision Triangular Plate Bending Element", *AIAA Journal*, Vol. 7, No. 10, pp. 1957–1965, 1969.

[18] Hinton, E., and Huang, H. C., "A Family of Quadrilateral Mindlin Plate Elements with Substitute Shear Strain Fields," *Computers and Structures*, Vol. 23, No. 3, pp. 409–431, 1986.

[19] Autodesk, Inc., McInnis Parkway San Rafael, CA 94903.

习题

用计算机程序中的板单元来求解下列习题。

12.1　图 P12.1 中的四边固支的正方形钢板，尺寸为 40 cm × 40 cm，厚度为 2 mm，钢板受 7 kPa 均匀分布荷载的作用，用 2 × 2 和 4 × 4 网格来求解板中的最大挠度和最大应力，并将有限元的解与参考文献[1]中的经典解进行比较。

12.2　如图 P12.2 所示，厚度为 2 mm 的 L 形平板由 ASTM A-36 钢制成，用板单元求解荷载下的挠度、最大主应力及其位置。然后用两个梁单元将平板模拟为网格，每个梁单元具有板的每个 L 部分的刚度，并将两种结果进行比较。

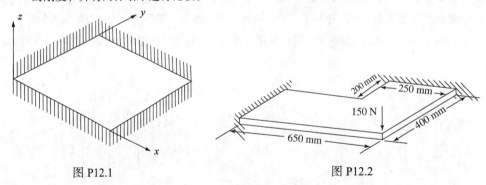

图 P12.1　　　　　　　　　　　　　　　　图 P12.2

12.3　如图 P12.3 所示，厚度为 3 mm、尺寸为 0.5 m × 0.5 m 的正方形钢平板，在中心部位处存在一个直径为 100 mm 的圆孔，板受到 15 kN/m² 的均匀荷载。求解板中的最大主应力。

12.4　图 P12.4 所示的槽钢梁，在自由端受 y 方向 500 N 的力作用，翼板宽 50 mm、深 75 mm、翼板和腹板的厚度均为 6 mm，确定自由端的挠度和扭转角。现在 z 方向上有移动荷载，直到使转动(扭转角)变为零，荷载作用的点称为剪切中心(即横截面只弯曲而不扭转时力作用的位置)。在腹板的中心添加一个梁或板单元，沿 z 方向延伸，在距梁末端合适长度处施加荷载(有关剪切中心位置见表 5.1)。

12.5　对于图 P12.5 所示的简支工字梁钢 W14×61，中间受 110 kN 的垂直荷载的作用，截面积为 115 cm²，高为 352 mm，翼板宽为 253 mm，厚为 16 mm，腹板厚度为 9.5 mm，惯性矩为 2.65×10⁻⁴ m⁴。将板单元模型的挠度和弯曲应力结果与经典梁弯曲的结果进行比较。

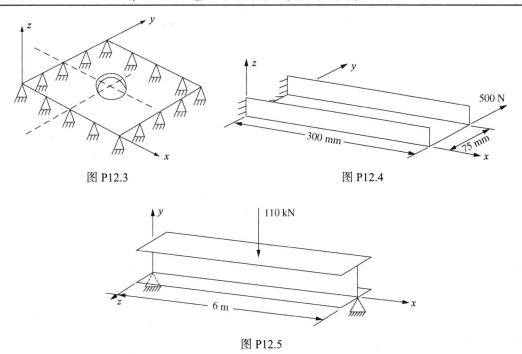

图 P12.3

图 P12.4

图 P12.5

12.6　对于图 P12.6 所示的钢板结构(单位为 mm),确定最大主应力和它的位置。若应力高到不可接受的程度,提出建议对设计进行更改。每块板的厚度为 6 mm,左边和右边均为简支,所承受的荷载来自均匀作用在顶板上 70 kPa 的压力。

12.7　如图 P12.7 所示,设计一个宽为 1.2 m、长为 2.4 m、深度为 2.4 m 的钢盒,盒子由钢板制成,用来防护在地沟中工作的建筑工人,求解每块板的厚度。假设荷载来自长边侧面的湿土(密度为 1000 kg/m^3),且荷载随深度呈线性变化,板型结构的许可挠度为 25 mm,许可应力为 140 MPa。

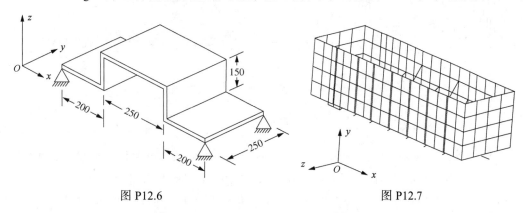

图 P12.6

图 P12.7

12.8　求解图 P12.8 中圆板的最大挠度和最大主应力。板所承受的均匀压力为 $p = 50$ kPa,且沿外边界固定。设 $E = 200$ GPa,$v = 0.3$,半径 $r = 500$ mm,厚度 $t = 20$ mm。

12.9　求解图 P12.9 中板的最大挠度和最大主应力。板三面固定,100 MPa 的均匀压力作用在表面上。板由钢材制成,$E = 200$ GPa,$v = 0.3$,厚度 $t = 10$ mm,$a = 0.75$ m,$b = 1$ m。

12.10　如图 P12.10 所示的四周简单支撑的机舱窗口,横截面为圆形截面,由聚碳酸酯制成。材料的屈服强度为 63 MPa,$E = 2.5$ GPa,$v = 0.36$,半径 $r = 0.50$ m,厚度 $t = 18$ mm。在 70 kPa 的均匀压

力下测试材料的安全性，确定材料的最大挠度和最大主应力，并讨论此材料在强度和挠度方面的潜在应用。

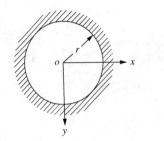 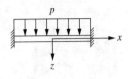

图 P12.8

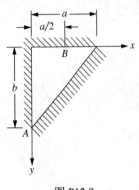 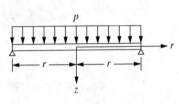

图 P12.9   图 P12.10

12.11   如图 P12.11 所示，水槽的底部是一个 2 m×2 m 的 10 mm 厚的方钢板，必须可承受 3 m 高度的咸水。假设板是被安装在水槽里面的(四周固定)。板的许用应力为 100 MPa。设 $E = 200$ GPa，$v = 0.3$。咸水的重力密度为 10.054 kN/m³。确定板的最大主应力，并与屈服强度进行比较。

12.12   如图 P12.12 所示，在仓库中，一半地面承受着 $p = 4$ kN/m² 的均布荷载。地面对边被固定，其余边及中跨简支。尺寸为 3 m×6 m，厚度为 15 cm。地面由钢筋混凝土制成，$E = 21$ GPa，$v = 0.25$。确定地面的最大挠度和最大主应力。

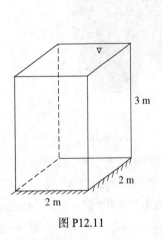 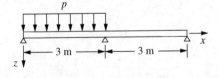

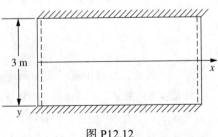

图 P12.11   图 P12.12

 12.13   图 P12.13 是由 AISI 4130 钢制成的计算机机箱，厚度统一均为 3.2 mm，上表面承受 700 Pa 的

均匀压力荷载,下表面完全受限。用板弯曲单元模拟此机箱,并确定机箱上表面的最大 von Mises 应力和最大挠度。

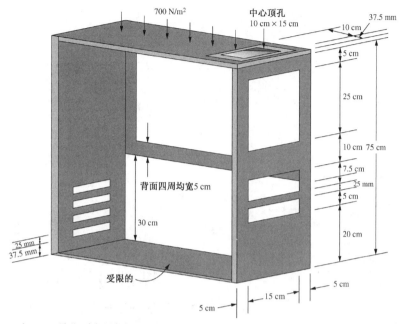

图 P12.13   计算机机箱

12.14   如图 P12.14 的漏斗由 6 mm 厚的厚钢板制成,在壁上施加表面力或压力荷载来模拟谷物荷载。使用板弯曲单元来模拟漏斗。求解加载的特定值及容器的 von Mises 应力。

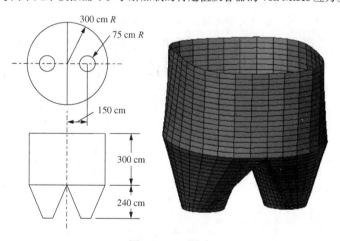

图 P12.14   漏斗

12.15   图 P12.15 为长 2.25 m 的施肥机水槽,由厚钢板制成,弹性模量为 200 GPa,泊松比为 0.29。沿水槽轴线方向测量,底部轴位于中间且长 30 cm,单一前端耦合长度为 15 cm。由压力-荷载函数可看出,压力是从上边界扩展到下边界的可变表面压力,水槽中间承受最大 80 kPa 的压力。肥料密度取 980 kg/m^3,其他尺寸如图所示。求解水槽的 von Mises 应力和最大位移(本题由 Justin Hronyk 提供)。

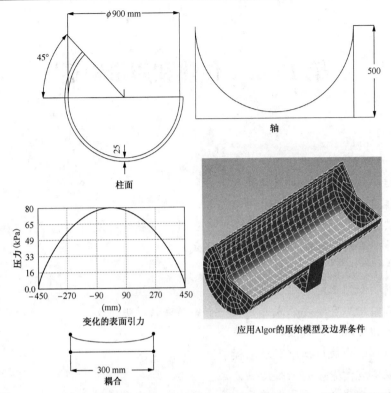

图 P12.15　施肥机水槽及其尺寸(mm)和压力荷载变化(由 Justin Hronek 提供)

12.16　图 P12.16 给出了拖拉机铲斗及其尺寸。大小为 3 kN 的荷载均匀分布在铲斗的内表面上。三个开裂表面完全被约束住。铲斗的材料是 A36 结构钢。求解铲斗的 von Mises 应力(本题由 Cosmos Works 实现,且由 John Mirth 和 Brian Niggemann 提出)。

自己给定尺寸或使用图 P12.16 所示尺寸的比例画一个典型的铲斗。

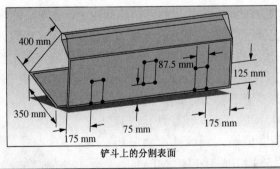

铲斗上的分割表面

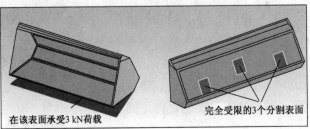

图 P12.16　拖拉机铲斗及其尺寸,单位为 mm

第13章　传热和质量输运

章节目标

- 推导一维导热微分方程。
- 一维传热模型中包含对流传热。
- 给出传热的常用单位。
- 给出典型材料热导率和基于自由空气通过水汽凝结对流的常见模式下的传热系数。
- 推导导热和对流传热的一维有限元公式。
- 给出有限元方法求解传热问题的步骤。
- 举例说明如何求解一维传热问题。
- 给出二维传热有限元公式并通过一个例题详细说明。
- 说明如何处理点、线热源。
- 说明何时必须使用三维有限元模型。
- 介绍流体质量输运的一维传热。
- 使用伽辽金残余法推导带质量输运的传热有限元方程。
- 给出二维、三维传热过程流程图。
- 给出应用计算机程序求解二维、三维问题的实例。

引言

　　本章，我们第一次使用有限元方法求解非结构问题。首先研究传热问题，有许多问题，例如多孔介质渗流、轴承扭转和静磁学等，其方程与传热方程形式相同而只是物理特征不同[3]。

　　熟悉传热问题可以确定物体内部的温度分布。然后可以确定进出物体的热量和温度应力。图 13.1 给出了汽缸盖的三维模型和盖上的温度分布。汽缸盖由不锈钢 AISI 410 制成，是柴油发动机的一部分，可以减少热排放，增加功率密度。结果显示红色部分为 815℃的高温，位于两排气口之间的界面。将这些温度值输入到线性应力分析器，得到温度应力介于 584 MPa 与 1380 MPa 间。这个线性应力分析验证了工程师在原型实验中得到的结论，最高的温度应力与最初原型中气缸盖泄漏的部分吻合。

　　我们首先推导一维导热的基本微分方程，将其推广到二维情形。然后回顾传热中涉及的物理量的单位。

　　在前面有关应力分析的章节中，使用最小势能原

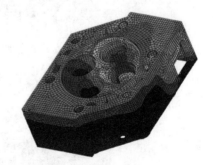

图 13.1　汽缸盖温度分布的有限元结果(模型使用实体单元)(由 Autodesk 公司提供)(本图彩色版参见彩色插图)

理推导单元方程，其中将每个单元内的假定位移函数用作推导的起点。现在将使用类似的方法来处理非结构传热问题。在每个单元中定义一个假定的温度函数。不是最小化一个势能泛函，而是最小化一个类似的泛函来得到单元方程。矩阵类似于结构问题结果的刚度和力矩阵。

考虑传热问题的一维、二维和三维有限元公式，并提供沿杆长和二维物体内温度分布测定的示例，以及一些三维传热示例。

接下来，考虑流体质量输运的贡献。基本传热微分方程中包含了一维传质现象。由于方程在实际上并不出现，可以应用变分的公式描述，所以把伽辽金残余法直接用于微分方程得到有限元方程（应该注意质量输运刚度矩阵是不对称的），并且将换热器设计/分析问题的解析解与有限元解进行比较，显示出良好的一致性。

最后，将给出一些二维和三维传热的计算机程序结果。

13.1　基本微分方程的推导

13.1.1　一维导热（无对流）

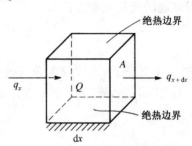

图 13.2　一维导热微元体

通过推导一维无对流导热基本微分方程，可以加深对传热物理现象的本质认识，从而才能完全理解相应的有限元方程（有关传热的相关内容可以参考文献[1]和[2]）。推导从图 13.2 所示的微元体开始。通过能量守恒可得：

$$E_{\text{in}} + E_{\text{generated}} = \Delta U + E_{\text{out}} \tag{13.1.1}$$

或

$$q_x A \, dt + QA \, dx \, dt = \Delta U + q_{x+dx} A \, dt \tag{13.1.2}$$

其中，

E_{in} 是进入微元体的能量，单位为 J 或 kW·h；

ΔU 是内部储能的变化，单位为 kW·h；

q_x 是面 x 处流进微元体的热（热流），单位为 kW/m^2；

q_{x+dx} 是面 $x+dx$ 处流出微元体的热（热流），单位同上；

t 是时间，单位为 h 或 s；

Q 是内部热源（单位时间单位体积产生的热量为正），单位为 kW/m^3（散热，热从微元体流出，为负）；

A 是与热通量 q 垂直的横截面积，单位为 m^2。

通过导热傅里叶（Fourier）定律：

$$q_x = -K_{xx} \frac{dT}{dx} \tag{13.1.3}$$

其中，

K_{xx} 是沿 x 方向的导热率，单位为 kW/(m·℃)；

T 是温度，单位为 ℃；

dT/dx 是温度梯度，单位为 ℃/m。

式（13.1.3）指出 x 方向的热流与 x 方向的温度梯度成正比。根据习惯，式（13.1.3）中的负

号表示热流在与温度升高方向相反的方向上为正。式(13.1.3)类似于应力分析问题的一维应力-应变定律——$\sigma_x = E(\mathrm{d}u / \mathrm{d}x)$。同样,

$$q_{x+\mathrm{d}x} = -K_{xx}\frac{\mathrm{d}T}{\mathrm{d}x}\bigg|_{x+\mathrm{d}x} \tag{13.1.4}$$

式(13.1.4)中的梯度是在 $x+\mathrm{d}x$ 处计算的。对于任意函数 $f(x)$,通过泰勒级数展开,得到:

$$f_{x+\mathrm{d}x} = f_x + \frac{\mathrm{d}f}{\mathrm{d}x}\mathrm{d}x + \frac{\mathrm{d}^2 f}{\mathrm{d}x^2}\frac{\mathrm{d}x^2}{2} + \cdots$$

泰勒级数展开到第二项,式(13.1.4)变成:

$$q_{x+\mathrm{d}x} = -\left[K_{xx}\frac{\mathrm{d}T}{\mathrm{d}x} + \frac{\mathrm{d}}{\mathrm{d}x}\left(K_{xx}\frac{\mathrm{d}T}{\mathrm{d}x}\right)\mathrm{d}x\right] \tag{13.1.5}$$

内部储能的变化表示为:

$$\Delta U = 比热 \times 质量 \times 温度变化$$
$$= c(\rho A\,\mathrm{d}x)\,\mathrm{d}T \tag{13.1.6}$$

式中,c 是比热,单位为 $\mathrm{kW \cdot h / (kg \cdot ℃)}$;$\rho$ 是密度,单位是 $\mathrm{kg / m^3}$。将式(13.1.3)、式(13.1.5)和式(13.1.6)代入式(13.1.2),除以 $A\,\mathrm{d}x\,\mathrm{d}t$,化简后得到一维导热方程:

$$\frac{\partial}{\partial x}\left(K_{xx}\frac{\partial T}{\partial x}\right) + Q = \rho c \frac{\partial T}{\partial t} \tag{13.1.7}$$

对于稳态,关于时间的微分等于零,式(13.1.7)变为:

$$\frac{\mathrm{d}}{\mathrm{d}x}\left(K_{xx}\frac{\mathrm{d}T}{\mathrm{d}x}\right) + Q = 0 \tag{13.1.8}$$

对于恒定的热导率和稳态,式(13.1.7)变为:

$$K_{xx}\frac{\mathrm{d}^2 T}{\mathrm{d}x^2} + Q = 0 \tag{13.1.9}$$

边界条件形式如下:

$$T = T_B \quad 在 S_1 上 \tag{13.1.10}$$

式中,T_B 表示已知的边界温度,S_1 是已知温度的表面。

$$q_x^* = -K_{xx}\frac{\mathrm{d}T}{\mathrm{d}x} = 常数 \quad 在 S_2 上 \tag{13.1.11}$$

式中,S_2 是已知热流 q_x^* 或温度梯度的表面。在绝热边界上,$q_x^* = 0$。这些不同的边界条件如图 13.3 所示,根据符号规定,当热流流入物体时,q_x^* 为正;当热流流出物体时,q_x^* 为负。

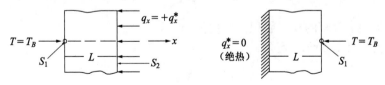

图 13.3　一维导热边界条件的例子

13.1.2　二维导热(无对流)

考虑图 13.4 中的二维导热问题。用与一维类似的方法,对于稳态条件,可以证明对于与整体 x 和 y 方向一致的材料性质,有:

$$\frac{\partial}{\partial x}\left(K_{xx}\frac{\partial T}{\partial x}\right) + \frac{\partial}{\partial y}\left(K_{yy}\frac{\partial T}{\partial y}\right) + Q = 0 \tag{13.1.12}$$

边界条件为:

$$T = T_B \quad 在 \ S_1 \ 上 \tag{13.1.13}$$

$$q_n = q_n^* = K_{xx}\frac{\partial T}{\partial x}C_x + K_{yy}\frac{\partial T}{\partial y}C_y = 常数 \qquad 在 \ S_2 \ 上 \tag{13.1.14}$$

式中,C_x 和 C_y 是垂直于图 13.5 所示表面 S_2 的单位矢量 **n** 的方向余弦。同样,q_n^* 遵循符号规定,如果热流流入物体边界,则为正。

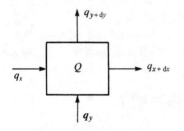

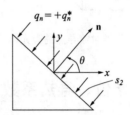

图 13.4 二维导热微元体　　　　　图 13.5 垂直于表面 S_2 的单位矢量

13.2 对流传热

对于与流体接触的导热固体,当出现温差时,流体与固体表面之间会发生传热。

流体将通过外部泵送作用(强制对流)或通过内部温差在流体内产生的浮力(自然对流或自由对流)运动。

现在对一维对流导热基本微分方程进行推导。再次假设 x 方向的温度变化比 y 和 z 方向的温度变化大得多。图 13.6 给出了用于推导的单元体。同样,对于能量守恒方程(13.1.1),有:

$$q_x A\,\mathrm{d}t + QA\,\mathrm{d}x\,\mathrm{d}t = c(\rho A\,\mathrm{d}x)\,\mathrm{d}T + q_{x+\mathrm{d}x}A\,\mathrm{d}t + q_h P\,\mathrm{d}x\,\mathrm{d}t \tag{13.2.1}$$

在式(13.2.1)中,所有项的含义与 13.1 节中的相同,只是对流换热的热流由牛顿冷却定律给出:

$$q_h = h(T - T_\infty) \tag{13.2.2}$$

其中,

h 是传热或对流系数,单位为 $\mathrm{kW/(m^2 \cdot ℃)}$;

T 是固体/流体界面处固体表面的温度;

T_∞ 是流体的温度(这里是自由流流体的温度)。

式(13.2.1)中的 P 表示等截面积 A 的周长。

同样,将式(13.1.3) ~ 式(13.1.6)和式(13.2.2)代入式(13.2.1),除以 $A\,\mathrm{d}x\,\mathrm{d}t$,化简后得到一维对流导热的微分方程:

$$\frac{\partial}{\partial x}\left(K_{xx}\frac{\partial T}{\partial x}\right) + Q = \rho c\frac{\partial T}{\partial t} + \frac{hP}{A}(T - T_\infty) \tag{13.2.3}$$

可能的边界条件为:(1)温度,由式(13.1.10)给出;和/或(2)温度梯度,由式(13.1.11)给出;和/或(3)由一维物体端部对流产生的热量损失,如图 13.7 所示。令固体壁中的热流等于固

体-流体界面处流体中的热流，得到：

$$-K_{xx}\frac{\mathrm{d}T}{\mathrm{d}x} = h(T - T_\infty) \quad 在 S_3 上 \tag{13.2.4}$$

这是对流传热问题的边界条件。

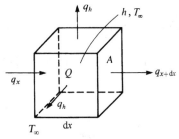 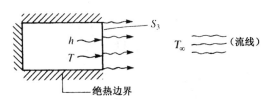

图 13.6　一维对流导热的微元体　　　　图 13.7　对流传热模型(表面 S_3 上的箭头表示对流传热)

13.3　典型单位、导热系数 K 及传热系数 h

表 13.1 列出了一些传热问题的典型单位。

表 13.2 列出了各种固体和液体的典型导热系数。导热系数 K 单位为 W/(m·℃)，表示在单位时间(h)内流过给定物体的单位长度(m)并使物体温度升高一度(℃)的热量(Btu 或 W·h)。

表 13.1　典型传热单位

变量	国际单位
导热系数，K	kW/(m·℃)
温度，T	℃或K
内部热源，Q	kW/m³
热通量，q	kW/m²
热流，$\bar{q}$	kW
传热(对流)系数，h	kW/(m²·℃)
能量，E	kW·h
比热，c	(kW·h)(kg·℃)
密度，ρ	kg/m³

表 13.2　一些固体和流体的典型导热系数

材料	$K[\text{W}/(\text{m·℃})]$
固体	
铝，0℃	202
钢(1%碳)，0℃	35
玻璃纤维，20℃	0.035
混凝土，0℃	0.81~1.40
粗砾土，20℃	0.520
木材，橡木，径向，20℃	0.17
流体	
发动机机油，20℃	0.145
大气压下的干燥空气，20℃	0.0243

表 13.3 列出了各种对流条件下传热系数的近似范围。传热系数 h 单位为 W/(m²·℃)，表示在单位时间(h)内流过给定物体的单位面积(m²)并使物体温度升高一度(℃)的热量(W·h)。

自然对流或自由对流发生时，例如，加热板暴露在没有外部动力源的室内空气中。由平板附近的密度梯度引起的空气运动被称为自然对流或自由对流。而在风扇将空气吹过平板的情况下，会发生强制对流。

表 13.3　传热系数的近似值(参见参考文献[1])

模式	$h[\text{W}/(\text{m²·℃})]$
空气自由对流	5~25
空气强制对流	10~500
水强制对流	100~15 000
沸水	2500~25 000
水蒸气凝结	5000~100 000

13.4　采用变分法的一维有限元公式

　　温度分布影响着进出物体的热量，也影响着物体的应力。当物体由某个平衡状态经历温度梯度，但并不是在所有方向上都能自由膨胀时，物体中将产生温度应力。为了计算温度应力，需要知道体内的温度分布。有限元法是一种预测物体内部温度分布和温度应力等物理量的理想方法。在本节中，用变分法建立一维传热方程，并举例说明这类问题的求解方法。

步骤 1　选择单元类型

　　给出带有节点 1 和节点 2 的基本单元，如图 13.8(a)所示。

步骤 2　选择温度函数

　　在每个单元内选择温度函数 T[参见图 13.8(b)]，类似于第 3 章的位移函数，如下所示：

$$T(x) = N_1 t_1 + N_2 t_2 \tag{13.4.1}$$

式中，t_1 和 t_2 是待确定的节点温度，且

$$N_1 = 1 - \frac{x}{L} \quad N_2 = \frac{x}{L} \tag{13.4.2}$$

也是用于杆单元的形状函数。$[N]$矩阵由下式给出：

$$[N] = \left[1 - \frac{x}{L} \quad \frac{x}{L} \right] \tag{13.4.3}$$

节点温度矩阵为：

$$\{t\} = \begin{Bmatrix} t_1 \\ t_2 \end{Bmatrix} \tag{13.4.4}$$

将式(13.4.1)表示为矩形形式：

$$\{T\} = [N]\{t\} \tag{13.4.5}$$

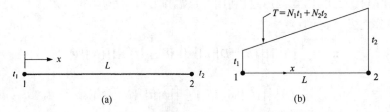

图 13.8　(a)基本一维温度单元；(b)沿单元长度的温度变化

步骤 3　定义温度梯度-温度和热流-温度梯度关系

　　温度梯度矩阵 $\{g\}$ 类似于应变矩阵 $\{\varepsilon\}$，如下所示：

$$\{g\} = \left\{ \frac{dT}{dx} \right\} = [B]\{t\} \tag{13.4.6}$$

将式(13.4.1)代入式(13.4.6)并对 x 进行微分得到：

$$[B] = \left[\frac{dN_1}{dx} \quad \frac{dN_2}{dx} \right]$$

利用式(13.4.2)得到:

$$[B] = \begin{bmatrix} -\dfrac{1}{L} & \dfrac{1}{L} \end{bmatrix} \tag{13.4.7}$$

热流-温度梯度关系式如下:

$$q_x = -[D]\{g\} \tag{13.4.8}$$

式中,材料属性矩阵为:

$$[D] = [K_{xx}] \tag{13.4.9}$$

步骤4 推导单元传导矩阵和方程

将下列泛函(类似势能泛函 π_p)最小化,可得到式(13.1.9)~式(13.1.11)和式(13.2.3)(如参考文献[4-6]所示):

$$\pi_h = U + \Omega_Q + \Omega_q + \Omega_h \tag{13.4.10}$$

式中,

$$U = \frac{1}{2}\iiint_V \left[K_{xx}\left(\frac{\mathrm{d}T}{\mathrm{d}x}\right)^2 \right] \mathrm{d}V \tag{13.4.11}$$

$$\Omega_Q = -\iiint_V QT\,\mathrm{d}V \quad \Omega_q = -\iint_{S_2} q^*T\,\mathrm{d}S \quad \Omega_h = \frac{1}{2}\iint_{S_3} h(T - T_\infty)^2\,\mathrm{d}S$$

式中, S_2 和 S_3 是规定热流 q^* (q^* 是流入表面为正)和对流损失 $h(T - T_\infty)$ 的单独表面区域。不能在同一个面上指定 q^* 和 h ,因为它们不能同时出现在同一个面上,如式(13.4.11)所示。

将式(13.4.5)、式(13.4.6)和式(13.4.9)代入式(13.4.11),然后利用式(13.4.10),得到 π_h 的矩阵形式为:

$$\pi_h = \frac{1}{2}\iiint_V [\{g\}^\mathrm{T}[D]\{g\}]\mathrm{d}V - \iiint_V \{t\}^\mathrm{T}[N]^\mathrm{T}Q\,\mathrm{d}V$$
$$- \iint_{S_2} \{t\}^\mathrm{T}[N]^\mathrm{T}q^*\,\mathrm{d}S + \frac{1}{2}\iint_{S_3} h[(\{t\}^\mathrm{T}[N]^\mathrm{T} - T_\infty)^2]\mathrm{d}S \tag{13.4.12}$$

将式(13.4.6)代入式(13.4.12)并且利用节点温度 $\{t\}$ 一般与坐标 x 和 y 无关这一事实,因此可以放在积分之外,得到:

$$\pi_h = \frac{1}{2}\{t\}^\mathrm{T}\iiint_V [B]^\mathrm{T}[D][B]^\mathrm{T}\,\mathrm{d}V\{t\} - \{t\}^\mathrm{T}\iiint_V [N]^\mathrm{T}Q\,\mathrm{d}V$$
$$- \{t\}^\mathrm{T}\iint_{S_2} [N]^\mathrm{T}q^*\,\mathrm{d}S + \frac{1}{2}\iint_{S_3} h[\{t\}^\mathrm{T}[N]^\mathrm{T}[N]\{t\} \tag{13.4.13}$$
$$- (\{t\}^\mathrm{T}[N]^\mathrm{T} + [N]\{t\})\,T_\infty + T_\infty^2]\,\mathrm{d}S$$

在式(13.4.13)中,将带 $\{t\}$ 的表面 S_3 上的积分放在积分内最容易得到极小值,如下所示。将式(13.4.13)关于 $\{t\}$ 取最小值,可以得到:

$$\frac{\partial \pi_h}{\partial \{t\}} = \iiint_V [B]^\mathrm{T}[D][B]\,\mathrm{d}V\{t\} - \iiint_V [N]^\mathrm{T}Q\,\mathrm{d}V$$
$$- \iint_{S_2} [N]^\mathrm{T}q^*\,\mathrm{d}S + \iint_{S_3} h[N]^\mathrm{T}[N]\,\mathrm{d}S\{t\} \tag{13.4.14}$$
$$- \iint_{S_3} [N]^\mathrm{T}hT_\infty\,\mathrm{d}S = 0$$

其中，式(13.4.13)中的最后一项 hT_∞^2 是一个常数，在最小化 π_h 时被删去。化简式(13.4.14)，得到：

$$\left[\iiint\limits_V [B]^T[D][B]\,\mathrm{d}V + \iint\limits_{S_3} h[N]^T[N]\,\mathrm{d}s\right]\{t\} = \{f_Q\} + \{f_q\} + \{f_h\} \tag{13.4.15}$$

其中定义力矩阵为：

$$\{f_Q\} = \iiint\limits_V [N]^T Q\,\mathrm{d}V \qquad \{f_q\} = \iint\limits_{S_2} [N]^T q^*\,\mathrm{d}S$$

$$\{f_h\} = \iint\limits_{S_3} [N]^T h T_\infty\,\mathrm{d}S \tag{13.4.16}$$

在式(13.4.16)中，第一项 $\{f_Q\}$（热源正、散热负）与体力项的形式相同，第二项 $\{f_q\}$（热流、流入表面为正）和第三项 $\{f_h\}$（传热或对流）与应力分析问题中的面力（分布载荷）相似，通过比较式(13.4.16)和式(6.2.46)可以看出。因为要构造形如 $\{f\}=[k]\{t\}$ 的单元方程可由式(13.4.15)得到传热问题的单元传导矩阵[①]：

$$[k] = \iiint\limits_V [B]^T[D][B]\,\mathrm{d}V + \iint\limits_{S_3} h[N]^T[N]\,\mathrm{d}S \tag{13.4.17}$$

式(13.4.17)中的第一项和第二项积分分别是导热和对流项。对于每个单元，将式(13.4.17)代入式(13.4.15)得到：

$$\{f\} = [k]\{t\} \tag{13.4.18}$$

利用式(13.4.17)的第一项以及式(13.4.7)和式(13.4.9)，一维单元的$[k]$矩阵的导热部分变成：

$$[k_c] = \iiint\limits_V [B]^T[D][B]\,\mathrm{d}V = \int_0^L \begin{Bmatrix} -\dfrac{1}{L} \\ \dfrac{1}{L} \end{Bmatrix} [K_{xx}] \begin{bmatrix} -\dfrac{1}{L} & \dfrac{1}{L} \end{bmatrix} A\,\mathrm{d}x \tag{13.4.19}$$

$$= \frac{AK_{xx}}{L^2}\int_0^L \begin{bmatrix} 1 & -1 \\ -1 & 1 \end{bmatrix}\mathrm{d}x$$

或

$$[k_c] = \frac{AK_{xx}}{L}\begin{bmatrix} 1 & -1 \\ -1 & 1 \end{bmatrix} \tag{13.4.20}$$

$[k]$矩阵的对流部分变成：

$$[k_h] = \iint\limits_{S_3} h[N]^T[N]\,\mathrm{d}S = hP\int_0^L \begin{Bmatrix} 1-\dfrac{x}{L} \\ \dfrac{x}{L} \end{Bmatrix}\begin{bmatrix} 1-\dfrac{x}{L} & \dfrac{x}{L} \end{bmatrix}\mathrm{d}x$$

积分结果为：

$$[k_h] = \frac{hPL}{6}\begin{bmatrix} 2 & 1 \\ 1 & 2 \end{bmatrix} \tag{13.4.21}$$

---

① 单元传热矩阵经常被称为刚度矩阵，因为刚度矩阵用来表示与未知的温度、位移等自由度相乘的已知系数的矩阵，已成为人们广为接受的术语。

其中,

$$dS = P\,dx$$

P 是单元的周长(假定为常数)。将式(13.4.20)和式(13.4.21)相加后得到[k]矩阵为:

$$[k] = \frac{AK_{xx}}{L}\begin{bmatrix} 1 & -1 \\ -1 & 1 \end{bmatrix} + \frac{hPL}{6}\begin{bmatrix} 2 & 1 \\ 1 & 2 \end{bmatrix} \tag{13.4.22}$$

当 h 在单元边界上为零时,式(13.4.22)右侧的第二项([k]的对流部分)为零。这相当于一个绝热边界。

化简式(13.4.16)并假设 Q,q^* 和 hT_∞ 是常数,力矩阵项为:

$$\{f_Q\} = \iiint\limits_V [N]^T Q\,dV = QA\int_0^L \begin{Bmatrix} 1 - \dfrac{x}{L} \\ \dfrac{x}{L} \end{Bmatrix} dx = \frac{QAL}{2}\begin{Bmatrix} 1 \\ 1 \end{Bmatrix} \tag{13.4.23}$$

和

$$\{f_q\} = \iint\limits_{S_2} q^*[N]^T\,dS = q^*P\int_0^L \begin{Bmatrix} 1 - \dfrac{x}{L} \\ \dfrac{x}{L} \end{Bmatrix} dx = \frac{q^*PL}{2}\begin{Bmatrix} 1 \\ 1 \end{Bmatrix} \tag{13.4.24}$$

和

$$\{f_h\} = \iint\limits_{S_3} hT_\infty[N]^T\,dS = \frac{hT_\infty PL}{2}\begin{Bmatrix} 1 \\ 1 \end{Bmatrix} \tag{13.4.25}$$

因此,将式(13.4.23)到式(13.4.25)相加,得到:

$$\{f\} = \frac{QAL + q^*PL + hT_\infty PL}{2}\begin{Bmatrix} 1 \\ 1 \end{Bmatrix} \tag{13.4.26}$$

式(13.4.26)表明,假设的均匀热源 Q 的一半流向每个节点,指定的均匀热流 q^* 的一半流向每个节点,周边表面的对流 hT_∞ 的一半也流向单元的每个节点。

最后,必须考虑来自单元自由端的对流。为了简单起见,假设对流只发生在单元的右端,如图 13.9 所示。对刚度矩阵有贡献的附加对流项如下所示:

$$[k_h]_{\text{end}} = \iint\limits_{S_{\text{end}}} h[N]^T[N]\,dS \tag{13.4.27}$$

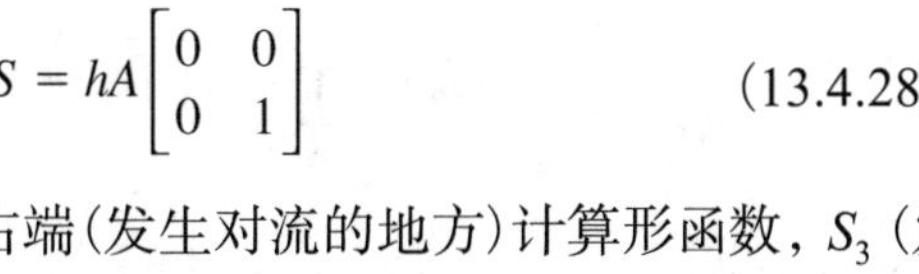

图 13.9　单元端部的对流力

现在,在单元右端 $N_1 = 0$,$N_2 = 1$。将 N' 项代入式(13.4.27)得到:

$$[k_h]_{\text{end}} = \iint\limits_{S_{\text{end}}} h\begin{Bmatrix} 0 \\ 1 \end{Bmatrix}[0 \quad 1]\,dS = hA\begin{bmatrix} 0 & 0 \\ 0 & 1 \end{bmatrix} \tag{13.4.28}$$

通过应用式(13.4.25)获得单元自由端的对流力,在右端(发生对流的地方)计算形函数,S_3(发生对流的表面)现在等于杆的横截面积 A。因此,

$$\{f_h\}_{\text{end}} = hT_\infty A\begin{Bmatrix} N_1(x=L) \\ N_2(x=L) \end{Bmatrix} = hT_\infty A\begin{Bmatrix} 0 \\ 1 \end{Bmatrix} \tag{13.4.29}$$

表示单元右端的对流力,式中 $N_1(x=L)$ 表示在 $x=L$ 处的 N_1,由式(13.4.2)可得 $N_1(x=L)=0$ 和 $N_2(x=L)=1$。

步骤 5 整合单元方程，得到总体方程并引入边界条件

使用与结构问题相同的方法(2.4 节所述的直接刚度法)可以获得全局或总体结构传导矩阵:

$$[K] = \sum_{e=1}^{N} [k^{(e)}] \tag{13.4.30}$$

单位通常是 kW/℃。总体力矩阵是所有单元热源的总和,由下式给出:

$$\{F\} = \sum_{e=1}^{N} \{f^{(e)}\} \tag{13.4.31}$$

单位为 kW 或 Btu/h。全局方程为:

$$\{F\} = [K]\{t\} \tag{13.4.32}$$

并具有根据式(13.1.13)给出的指定节点温度边界条件。请注意,热流[参见式(13.1.11)]和对流[参见(式 13.2.4)]的边界条件实际上与应力分析问题中考虑分布载荷的方式相同,即它们通过一致的方法(使用与推导[k]相同的形函数)包含在力矩阵列中,如式(13.4.2)所示。

传热问题现在可以用有限元法求解。过程与应力分析问题类似。在 13.5 节中,将推导用于求解二维传热问题的方程。

步骤 6 求节点温度

由式(13.1.13)指定相应的节点温度边界条件后,即可求解总体节点温度{t}。

步骤 7 求解单元温度梯度和热流

最后,根据式(13.4.6)计算单元温度梯度,并根据式(13.4.8)计算热流。

为了说明在这一节中建立的方程的使用,现在将求解一些一维传热问题。

例 13.1 如图 13.10 所示,杆的周边绝热。左端的温度恒为 40℃,自由流动温度为 −10℃。令 $h = 55$ W/(m²·℃),$K_{xx} = 35$ W/(m·℃)。h 值是典型的强迫空气对流的值,K_{xx} 值是典型的碳钢导热系数(见表 13.2 和表 13.3)。

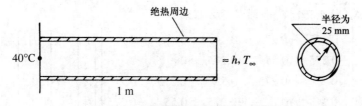

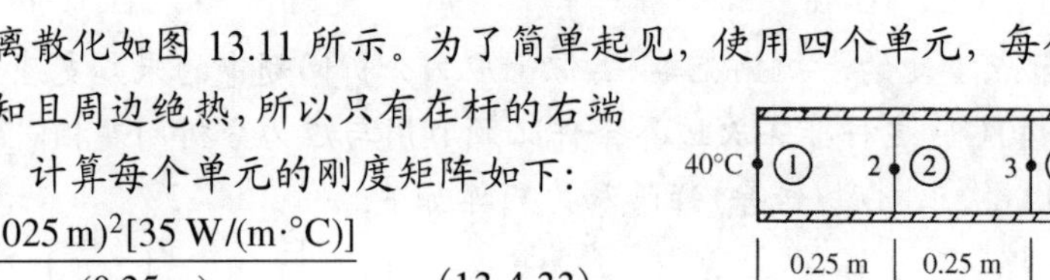

图 13.10 受温度变化影响的一维杆

解 有限元离散化如图 13.11 所示。为了简单起见,使用四个单元,每个单元长 0.25 m。杆的左端温度已知且周边绝热,所以只有在杆的右端会有对流热损失。计算每个单元的刚度矩阵如下:

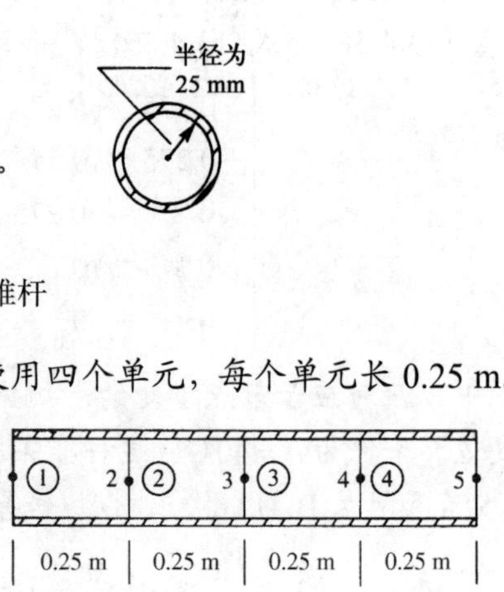

$$\frac{AK_{xx}}{L} = \frac{\pi(0.025 \text{ m})^2[35 \text{ W/(m·℃)}]}{(0.25 \text{ m})} \tag{13.4.33}$$

$$= 0.275 \text{ W/℃}$$

图 13.11 离散的有限元杆

由式(13.4.22)和式(13.4.27)得到:

$$[k] = \frac{AK_{xx}}{L} \begin{bmatrix} 1 & -1 \\ -1 & 1 \end{bmatrix} + \frac{hPL}{6} \begin{bmatrix} 2 & 1 \\ 1 & 2 \end{bmatrix} + \iint_{S_{\text{end}}} h[N]^T[N] \, dS \tag{13.4.34}$$

对于单元 1，将式(13.4.33)代入式(13.4.34)得到：

$$[k^{(1)}] = 0.275 \begin{bmatrix} 1 & -1 \\ -1 & 1 \end{bmatrix} \text{W/°C} \tag{13.4.35}$$

其中，式(13.4.34)右侧的第二项和第三项为零，因为没有与单元 1 相关的对流项。类似地，对单元 2 与单元 3 有：

$$[k^{(2)}] = [k^{(3)}] = [k^{(1)}] \tag{13.4.36}$$

但是，由于右端平面的热损失，单元 4 有一个附加的(对流)项。由式(13.4.28)得到：

$$\begin{aligned} [k^{(4)}] &= [k^{(1)}] + hA \begin{bmatrix} 0 & 0 \\ 0 & 1 \end{bmatrix} \\ &= 0.275 \begin{bmatrix} 1 & -1 \\ -1 & 1 \end{bmatrix} + [55 \text{ W/(m}^2 \cdot °\text{C})]\pi (0.025 \text{ m})^2 \begin{bmatrix} 0 & 0 \\ 0 & 1 \end{bmatrix} \\ &= \begin{bmatrix} 0.275 & -0.275 \\ -0.275 & 0.386 \end{bmatrix} \text{W/°C} \end{aligned} \tag{13.4.37}$$

一般来说，可以利用式(13.4.23) ～ 式(13.4.25)和式(13.4.29)得到单元力矩阵。然而，在这个例子中，$Q = 0$ (无热源)，$q^* = 0$ (无热流)，除了右端没有对流。因此，

$$\{f^{(1)}\} = \{f^{(2)}\} = \{f^{(3)}\} = 0 \tag{13.4.38}$$

$$\begin{aligned} \{f^{(4)}\} &= hT_\infty A \begin{Bmatrix} 0 \\ 1 \end{Bmatrix} \qquad \text{结合式 (13.4.29)} \\ &= [55 \text{ W/(m}^2 \cdot °\text{C})](-10 \text{ C})\pi (0.025 \text{ m})^2 \begin{Bmatrix} 0 \\ 1 \end{Bmatrix} \\ &= -1.8 \begin{Bmatrix} 0 \\ 1 \end{Bmatrix} \text{W/°C} \end{aligned} \tag{13.4.39}$$

利用直接刚度法，组合单元刚度矩阵［式(13.4.35) ～ 式(13.4.37)］和单元力矩阵［式(13.4.38)和式(13.4.39)］，得到以下方程组：

$$\begin{bmatrix} 0.275 & -0.275 & 0 & 0 & 0 \\ -0.275 & 0.55 & -0.275 & 0 & 0 \\ 0 & -0.275 & 0.55 & -0.275 & 0 \\ 0 & 0 & -0.275 & 0.55 & -0.275 \\ 0 & 0 & 0 & -0.275 & 0.383 \end{bmatrix} \begin{Bmatrix} t_1 \\ t_2 \\ t_3 \\ t_4 \\ t_5 \end{Bmatrix} = \begin{Bmatrix} F_1 \\ 0 \\ 0 \\ 0 \\ -1.8 \end{Bmatrix} \tag{13.4.40}$$

式中，F_1 对应于节点 1 处的未知热流率(类似于应力分析问题中的未知支座力)。已知节点温度边界条件为 $t_1 = 40°\text{C}$。这种非齐次边界条件必须利用与应力分析问题相同的方式处理(详见 2.5 节和附录 B.4)。修正刚度(传导)矩阵和力矩阵如下：

$$\begin{bmatrix} 1 & 0 & 0 & 0 & 0 \\ 0 & 0.55 & -0.275 & 0 & 0 \\ 0 & -0.275 & 0.55 & -0.275 & 0 \\ 0 & 0 & -0.275 & 0.55 & -0.275 \\ 0 & 0 & 0 & -0.275 & 0.383 \end{bmatrix} \begin{Bmatrix} t_1 \\ t_2 \\ t_3 \\ t_4 \\ t_5 \end{Bmatrix} = \begin{Bmatrix} 40 \\ 11 \\ 0 \\ 0 \\ -1.8 \end{Bmatrix} \tag{13.4.41}$$

式中，刚度矩阵的第 1 行和第 1 列的项对应已知温度条件 $t_1 = 40℃$，即除了主对角项设为 1 以外，其他项均被设为 0，力矩阵的第 1 行设定为节点 1 的已知节点温度。此外，式(13.4.40) 第二个方程的左侧 $(-0.275) \times (40℃) = -11$ 被移到式(13.4.41)第二行的右侧$(+11)$。式(13.4.41) 的第二个到第五个方程对应于未知节点温度的行，现在可以进行求解(通常通过高斯消去法)。结果为：

$$t_2 = 32.36\ ℃ \quad t_3 = 24.72\ ℃ \quad t_4 = 17.09\ ℃ \quad t_5 = 9.45\ ℃ \tag{13.4.42}$$

对于这个基本问题，在式(13.1.9)给出的左端边界条件和式(13.1.10)给出的右端边界条件下，得到沿杆长的线性温度分布以 0.25 m 的间隔(对应于有限元模型中使用的节点)对该线性温度函数进行计算，得到的结果与通过有限元方法得到的结果相同。由于温度函数在每个有限元中都被假定为线性函数，因此这个结果是在预料之中的。注意，F_1 可由式(13.4.40)中的第一个方程确定。

例 13.2　为了更全面地说明在 13.4 节中建立的方程的应用，现在将求解图 13.12 所示的传热问题。对于一维杆，求解沿杆长每 75 mm 增量处的温度和在单元 1 上的热流率。令 $K_{xx} = 60\ W/(m \cdot ℃)$，$h = 800\ W/(m^2 \cdot ℃)$，$T_\infty = 10℃$，连杆左端的温度恒为 $100℃$。

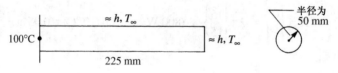

图 13.12　受温度变化影响的一维杆

解　有限元离散化如图 13.13 所示。三个单元足以确定沿杆的四个点的温度，但使用更多的单元将产生更接近解析解的答案，解析解是通过求解式(13.2.3)的微分方程得到的，该微分方程对时间的偏导数等于零。在杆的周围和右端会有对流热损失。左端没有对流热损失。通过式 (13.4.22)和式(13.4.28)，计算单元的刚度矩阵如下：

$$\frac{AK_{xx}}{L} = \frac{(\pi \times 0.05^2)(60)}{0.075} = 2\pi\ W/℃$$

$$\frac{hPL}{6} = \frac{(800)(2\pi \times 0.05)(0.075)}{6} = \pi\ W/℃ \tag{13.4.43}$$

$$hA = (800)(\pi \times 0.05^2) = 2\pi\ W/℃$$

图 13.13　图 13.12 的有限元离散杆

将式(13.4.43)的结果代入式(13.4.22)，得到单元 1 的刚度矩阵为：

$$[k^{(1)}] = 2\pi \begin{bmatrix} 1 & -1 \\ -1 & 1 \end{bmatrix} + \pi \begin{bmatrix} 2 & 1 \\ 1 & 2 \end{bmatrix}$$

$$= 2\pi \begin{bmatrix} 2 & -\frac{1}{2} \\ -\frac{1}{2} & 2 \end{bmatrix} W/℃ \tag{13.4.44}$$

由于单元 1 两端没有对流(其左端温度已知，其右端位于整个杆内，因此没有流体运动)，单元端部对流对刚度矩阵的贡献是 0，如式(13.4.28)所示。同样，

$$[k^{(2)}] = [k^{(1)}] = 2\pi \begin{bmatrix} 2 & -\frac{1}{2} \\ -\frac{1}{2} & 2 \end{bmatrix} W/℃ \tag{13.4.45}$$

然而，由于单元 3 右端存在热损失，因此有一个附加的(对流)项。因此，式(13.4.28)可得到对单元 3 刚度矩阵的贡献，由下式给出：

$$[k^{(3)}] = [k^{(1)}] + hA \begin{bmatrix} 0 & 0 \\ 0 & 1 \end{bmatrix} = 2\pi \begin{bmatrix} 2 & -\frac{1}{2} \\ -\frac{1}{2} & 2 \end{bmatrix} + 2\pi \begin{bmatrix} 0 & 0 \\ 0 & 1 \end{bmatrix}$$

$$= 2\pi \begin{bmatrix} 2 & -\frac{1}{2} \\ -\frac{1}{2} & 3 \end{bmatrix} \text{W/°C}$$

(13.4.46)

通常，用式(13.4.26)和式(13.4.29)计算力矩阵。因为 $Q = 0$ 和 $q^* = 0$，所以只存在式(13.4.25)给出的基于 hT_∞ 的力项。因此，

$$\{f^{(1)}\} = \{f^{(2)}\} = \frac{hT_\infty PL}{2} \begin{Bmatrix} 1 \\ 1 \end{Bmatrix} = \frac{(800 \text{ W/(m}^2 \cdot \text{°C})(10 \text{ °C})(2\pi \times 0.05)(0.075)}{2} \begin{Bmatrix} 1 \\ 1 \end{Bmatrix}$$

$$= 2\pi \begin{Bmatrix} 15 \\ 15 \end{Bmatrix}$$

(13.4.47a)

单元 3 的周围和右端都有对流。因此，

$$\{f^{(3)}\} = \{f^{(1)}\} + hT_\infty A \begin{Bmatrix} 0 \\ 1 \end{Bmatrix} = 2\pi \begin{Bmatrix} 15 \\ 15 \end{Bmatrix} + (800 \text{ W/m}^2 \cdot \text{°C})(10 \text{ °C})\pi(0.05 \text{ m})^2 \begin{Bmatrix} 0 \\ 1 \end{Bmatrix}$$

$$= 2\pi \begin{Bmatrix} 15 \\ 25 \end{Bmatrix}$$

(13.4.47b)

使用直接刚度法，组合单元刚度矩阵，式(13.4.44) ~ 式(13.4.46)和力矩阵式(13.4.47a)以及式(13.4.47b)，得到以下方程组[式中，2π 项在式(13.4.48)的两边抵消了]：

$$\begin{bmatrix} 2 & -\frac{1}{2} & 0 & 0 \\ -\frac{1}{2} & 4 & -\frac{1}{2} & 0 \\ 0 & -\frac{1}{2} & 4 & -\frac{1}{2} \\ 0 & 0 & -\frac{1}{2} & 3 \end{bmatrix} \begin{Bmatrix} t_1 = 100 \\ t_2 \\ t_3 \\ t_4 \end{Bmatrix} = \begin{Bmatrix} F_1' + 15 \\ 15 + 15 \\ 15 + 15 \\ 25 \end{Bmatrix}$$

(13.4.48)

其中 $F_1' = F_1 / 2\pi$。

将式(13.4.48)的第二个到第四个方程用显示形式表示：

$$4t_2 - 0.5t_3 + 0t_4 = 50 + 30$$

$$-0.5t_2 + 4t_3 - 0.5t_4 = 30$$

$$0t_2 - 0.5t_3 + 3t_4 = 25$$

(13.4.49)

求解节点温度 $t_2 \sim t_4$：

$$t_2 = 21.43\text{°C} \quad t_3 = 11.46\text{°C} \quad t_4 = 10.24\text{°C}$$

(13.4.50)

接下来，将式(13.4.6)和式(13.4.9)代入式(13.4.8)确定单元 1 的热流：

$$q^{(1)} = -K_{xx}[B]\{t\}$$

(13.4.51)

将式(13.4.7)代入式(13.4.51)，得到：

$$q^{(1)} = -K_{xx} \begin{bmatrix} -\frac{1}{L} & \frac{1}{L} \end{bmatrix} \begin{Bmatrix} t_1 \\ t_2 \end{Bmatrix}$$

(13.4.52)

将 t_1 和 t_2 代入式(13.4.52)，得到：

$$q^{(1)} = -60\left[-\frac{1}{0.075} \quad \frac{1}{0.075}\right]\left\{\begin{array}{c}100 \\ 21.43\end{array}\right\}$$

或

$$q^{(1)} = 62856 \text{ W/m}^2 \tag{13.4.53}$$

然后用式(13.4.53)乘以 q 作用的横截面积得到热流率 $\overline{q}$：

$$\overline{q}^{(1)} = 62856(\pi \times 0.05^2) = 493.7 \text{ W}$$

此处正热流表示从节点 1 到节点 2 的热流(向右)。

例 13.3 图 13.14 所示的平面墙厚 1 m。墙的左表面($x=0$)保持恒温 200℃，墙的右表面($x=L=1$ m)绝热。导热系数 $K_{xx} = 25$ W/(m·℃)，在墙内有一个均匀的热源，$Q = 400$ W/m³。求沿墙厚方向的温度分布。

解 将该问题近似为一维传热问题。墙的离散模型如图 13.15 所示。为简便起见，使用了四个等长单元，所有单元都具有单位横截面积($A=1$ m²)。单位面积表示墙的典型截面。然后对该模型的周边隔热，以获得正确的条件。

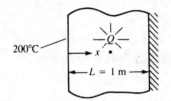

图 13.14 有均匀热源的平面壁的导热

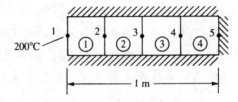

图 13.15 图 13.14 的离散化模型

使用式(13.4.22)和式(13.4.28)，计算单元刚度矩阵如下：

$$\frac{AK_{xx}}{L} = \frac{(1 \text{ m}^2)[25 \text{ W/(m·℃)}]}{0.25 \text{ m}} = 100 \text{ W/℃}$$

对于每个相同的单元，有：

$$[k] = 100\begin{bmatrix}1 & -1 \\ -1 & 1\end{bmatrix} \text{ W/℃} \tag{13.4.54}$$

因为没有对流，所以 h 等于 0。因此没有对 $[k]$ 的对流贡献。

单元力矩阵由式(13.4.26)表示。由于 $Q=400$ W/m³，$q=0$ 和 $h=0$，式(13.4.26)变为：

$$\{f\} = \frac{QAL}{2}\left\{\begin{array}{c}1 \\ 1\end{array}\right\} \tag{13.4.55}$$

对典型单元，如单元 1，计算式(13.4.55)，得到：

$$\left\{\begin{array}{c}f_{1x} \\ f_{2x}\end{array}\right\} = \frac{(400 \text{ W/m}^3)(1 \text{ m}^2)(0.25 \text{ m})}{2}\left\{\begin{array}{c}1 \\ 1\end{array}\right\} = \left\{\begin{array}{c}50 \\ 50\end{array}\right\} \text{ W} \tag{13.4.56}$$

所有其他单元的力矩阵与式(13.4.56)相同。

将单元矩阵方程[参见式(13.4.54)和式(13.4.56)]以及类似于式(13.4.56)的其他力矩阵组合起来，得出：

$$100 \begin{bmatrix} 1 & -1 & 0 & 0 & 0 \\ -1 & 2 & -1 & 0 & 0 \\ 0 & -1 & 2 & -1 & 0 \\ 0 & 0 & -1 & 2 & -1 \\ 0 & 0 & 0 & 1 & 1 \end{bmatrix} \begin{Bmatrix} t_1 \\ t_2 \\ t_3 \\ t_4 \\ t_5 \end{Bmatrix} = \begin{Bmatrix} F_1 + 50 \\ 100 \\ 100 \\ 100 \\ 50 \end{Bmatrix} \qquad (13.4.57)$$

将已知温度 $t_1 = 200℃$ 代入式(13.4.57),两边同时除以 100 并且将已知项移到右边,得到:

$$\begin{bmatrix} 1 & 0 & 0 & 0 & 0 \\ 0 & 2 & -1 & 0 & 0 \\ 0 & -1 & 2 & -1 & 0 \\ 0 & 0 & -1 & 2 & -1 \\ 0 & 0 & 0 & -1 & 1 \end{bmatrix} \begin{Bmatrix} t_1 \\ t_2 \\ t_3 \\ t_4 \\ t_5 \end{Bmatrix} = \begin{Bmatrix} 200℃ \\ 201 \\ 1 \\ 1 \\ 0.5 \end{Bmatrix} \qquad (13.4.58)$$

求解式(13.4.58)的第二个至第五个方程,得到:

$$t_2 = 203.5℃ \qquad t_3 = 206℃ \qquad t_4 = 207.5℃ \qquad t_5 = 208℃ \qquad (13.4.59)$$

利用式(13.4.57)中的第一个方程,得出左端的热流率:

$$F_1 = 100(t_1 - t_2) - 50$$
$$F_1 = 100(200 - 203.5) - 50$$
$$F_1 = -400 \text{ W}$$

参考文献[2]中给出了导热微分方程的封闭解,其中左端边界条件由式(13.1.9)给出,右端边界条件由式(13.1.11)给出,$q_x^* = 0$,从而得到了沿壁厚方向的抛物线温度分布。计算参考文献[2]中给出的温度函数表达式,求出有限元模型节点对应的 x 值,得到:

$$t_2 = 203.5℃ \qquad t_3 = 206℃ \qquad t_4 = 207.5℃ \qquad t_5 = 208℃ \qquad (13.4.60)$$

图 13.16 是墙壁温度变化的封闭解和有限元解的曲线图。由于采用了相同的等效力矩阵,因此有限元节点值与封闭解相等(3.10 节和 3.11 节也讨论了受分布荷载作用的轴心杆,4.5 节讨论了受分布荷载作用的梁)。但是,要注意有限元模型预测每个单元内的温度分布都是线性的,图 13.16 中用连接节点温度值的直线表示。

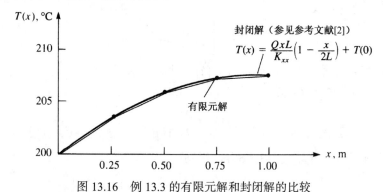

图 13.16　例 13.3 的有限元解和封闭解的比较

例 13.4　图 13.17 所示的散热片周边绝热。左端恒温 100℃,右端有恒定热流 $q = 5000 \text{ W/m}^2$。令 $K_{xx} = 6 \text{ W/(m·℃)}$,横截面积 $A = 0.1 \text{ m}^2$。求在 $L/4$,$L/2$,$3L/4$ 和 L 处的温度,其中 $L = 0.4 \text{ m}$。

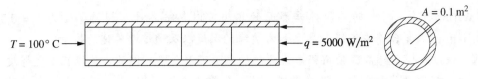

图 13.17　右端热流作用下的绝缘散热片

解　由于左端恒温、周边绝缘以及右端恒定热流的存在，所有表面都没有对流传热，所以式(13.4.22)的第二项为零，即：

$$[k^{(1)}] = [k^{(2)}] = [k^{(3)}] = \frac{AK_{xx}}{L}\begin{bmatrix} 1 & -1 \\ -1 & 1 \end{bmatrix}$$

$$= \frac{(0.1\,\text{m}^2)(6\,\text{W}/(\text{m}\cdot°\text{C}))}{0.1\,\text{m}}\begin{bmatrix} 1 & -1 \\ -1 & 1 \end{bmatrix} = \begin{bmatrix} 6 & -6 \\ -6 & 6 \end{bmatrix}\text{W}/°\text{C} \qquad (13.4.61)$$

$$[k^{(4)}] = [k^{(1)}]$$

$$\{f^{(1)}\} = \{f^{(2)}\} = \{f^{(3)}\} = \begin{Bmatrix} 0 \\ 0 \end{Bmatrix}, \text{ 当 } Q = 0 \text{ （内部无热源）且 } q^* = 0 \text{ （表面无热流）时}$$

$$\{f^{(4)}\} = qA\begin{Bmatrix} 0 \\ 1 \end{Bmatrix} = (5000\,\text{W/m}^2)(0.1\,\text{m}^2)\begin{Bmatrix} 0 \\ 1 \end{Bmatrix} = \begin{Bmatrix} 0 \\ 500 \end{Bmatrix}\text{W} \qquad (13.4.62)$$

组合式(13.4.61)中的总体刚度矩阵和式(13.4.62)中的总体力矩阵，得到如下总体方程：

$$\begin{bmatrix} 6 & -6 & 0 & 0 & 0 \\ & 12 & -6 & 0 & 0 \\ & & 12 & -6 & 0 \\ & & & 12 & -6 \\ \text{对称} & & & & 6 \end{bmatrix}\begin{Bmatrix} t_1 \\ t_2 \\ t_3 \\ t_4 \\ t_5 \end{Bmatrix} = \begin{Bmatrix} F_{1x} \\ 0 \\ 0 \\ 0 \\ 500 \end{Bmatrix} \qquad (13.4.63)$$

应用温度边界条件，得到：

$$t_1 = 100\,°\text{C} \qquad (13.4.64)$$

将式(13.4.64)的 t_1 代入式(13.4.63)，求解第二个到第五个方程（与未知温度 $t_2 \sim t_5$ 有关），得到：

$$t_2 = 183.33°\text{C}, \quad t_3 = 266.67°\text{C}, \quad t_4 = 350°\text{C}, \quad t_5 = 433.33°\text{C} \qquad (13.4.65)$$

将式(13.4.65)中的节点温度代入式(13.4.63)中的第一个方程，得到节点 1 处的点热源为：

$$F_{1x} = 6(100°\text{C} - 183.33°\text{C}) = -500\,\text{W} \qquad (13.4.66)$$

式(13.4.66)给出的点热源为负值，这意味着热量从左端离开。且与从右端进入散热片的热源相同，$qA = (5000)(0.1) = 500\,\text{W}$。

为了进一步明确傅里叶导热定律和牛顿冷却定律以及热平衡的概念，对以下问题进行求解。

例 13.5　图 13.18 所示的复合炉壁由两块接触的均质板组成。对于耐火砖 1，热导率为 $k_1 = 1\,\text{W/(m}\cdot°\text{C})$；对于隔热砖 2，热导率为 $k_2 = 0.3\,\text{W/(m}\cdot°\text{C})$。左侧暴露在炉内 $T_{\infty L} = 1000°\text{C}$ 的环境温度下，传热系数为 $h_L = 10\,\text{W/(m}^2\cdot°\text{C})$。右侧暴露在炉外 25°C 的温度下，传热系数为

$h_L = 3 \, \text{W/(m}^2 \cdot \text{℃)}$。耐火砖与隔热砖界面的热阻可以忽略不计。板的厚度为 $L_1 = 0.20 \, \text{m}$ 和 $L_2 = 0.10 \, \text{m}$。求复合墙左边缘、界面和右边缘的温度以及通过墙传递的热量。

解 假设炉壁足够高，使得沿垂直方向的热流可以忽略，因此，热流在炉壁厚度方向上是一维的。假设横截面积是有限元模型中的一个单位切片 $A = 1 \, \text{m}^2$。模型由两个一维有限元组成，如图 13.19 所示。

我们将用两种方法推导方程。首先，对图 13.19 所示模型的三个节点使用热流平衡，然后使用直接刚度法。

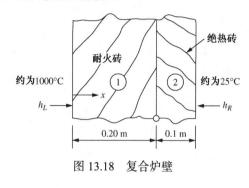

图 13.18 复合炉壁

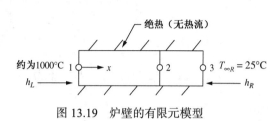

图 13.19 炉壁的有限元模型

方法一：节点处的热平衡方程

根据牛顿冷却定律式(13.2.2)，通过对流进入节点 1 的热流为：

$$\bar{q}_1 = Ah_L(T_{\infty L} - t_1) \tag{13.4.67}$$

根据傅里叶导热定律式(13.1.30)，得到通过单元 1 和 2 的热流：

$$\bar{q}_2 = \frac{Ak_1}{L_1}(t_1 - t_2) \tag{13.4.68}$$

和

$$\bar{q}_3 = \frac{Ak_2}{L_2}(t_2 - t_3) \tag{13.4.69}$$

根据牛顿冷却定律，得到从节点 3 流出的热流：

$$\bar{q}_4 = Ah_R(t_3 - T_{\infty R}) \tag{13.4.70}$$

已知壁面热流恒定 ($\bar{q}_1 = \bar{q}_2 = \bar{q}_3 = \bar{q}_4$)，在节点 1、2、3 处应用热平衡方程，得到：

$$\bar{q}_1 = \bar{q}_2$$

或

$$Ah_L(T_{\infty L} - t_1) = \frac{Ak_1}{L_1}(t_1 - t_2) \quad \text{在节点 1} \tag{13.4.71}$$

$$\bar{q}_2 = \bar{q}_3$$

或

$$\frac{Ak_1}{L_1}(t_1 - t_2) = \frac{Ak_2}{L_2}(t_2 - t_3) \quad \text{在节点 2 处} \tag{13.4.72}$$

$$\bar{q}_3 = \bar{q}_4$$

或

$$\frac{Ak_2}{L_2}(t_2 - t_3) = Ah_R(t_3 - T_{\infty R}) \quad \text{在节点 3 处} \tag{13.4.73}$$

将方程重新整理为形如 $[K]\{t\} = \{F\}$ 的矩阵：

$$\begin{bmatrix} \dfrac{Ak_1}{L_1} + Ah_L & \dfrac{-Ak_1}{L_1} & 0 \\[2mm] \dfrac{-Ak_1}{L_1} & \dfrac{Ak_1}{L_1} + \dfrac{Ak_2}{L_2} & \dfrac{-Ak_2}{L_2} \\[2mm] 0 & \dfrac{-Ak_2}{L_2} & \dfrac{Ak_2}{L_2} + Ah_R \end{bmatrix} \begin{Bmatrix} t_1 \\ t_2 \\ t_3 \end{Bmatrix} = \begin{Bmatrix} Ah_L T_{\infty L} \\ 0 \\ Ah_R T_{\infty R} \end{Bmatrix} \tag{13.4.74}$$

方法 2：直接刚度法

根据直接刚度法，式(13.4.20)给出的典型单元刚度矩阵为：

$$[k] = \frac{Ak}{L} \begin{bmatrix} 1 & -1 \\ -1 & 1 \end{bmatrix} \tag{13.4.75}$$

根据式(13.4.28)从右端对流可得：

$$[k_h]_{\text{rt end}} = hA \begin{bmatrix} 0 & 0 \\ 0 & 1 \end{bmatrix} \tag{13.4.76}$$

同样，左端由于对流，有：

$$[k_h]_{\text{lt end}} = hA \begin{bmatrix} 1 & 0 \\ 0 & 0 \end{bmatrix} \tag{13.4.77}$$

右端力项由式(13.4.29)给出，如下所示：

$$\{f_h\}_{\text{rt end}} = h_R T_{\infty R} A \begin{Bmatrix} 0 \\ 1 \end{Bmatrix} \tag{13.4.78}$$

同样，在左端有：

$$\{f_h\}_{\text{lt end}} = h_L T_{\infty L} A \begin{Bmatrix} 1 \\ 0 \end{Bmatrix} \tag{13.4.79}$$

利用直接刚度法得到的结果，与在节点处使用热平衡得到的结果式(13.4.74)相同。

代入数值到式(13.4.74)，得到：

$$\begin{bmatrix} 15 & -5 & 0 \\ -5 & 8 & -3 \\ 0 & -3 & 6 \end{bmatrix} \begin{Bmatrix} t_1 \\ t_2 \\ t_3 \end{Bmatrix} = \begin{Bmatrix} 1 \times 10^4 \\ 0 \\ 75 \end{Bmatrix} \tag{13.4.80}$$

同时求解式(13.4.80)，得到节点温度如下：

$$t_1 = 899.14^\circ\text{C}, \qquad t_2 = 697.41^\circ\text{C}, \qquad t_3 = 361.21^\circ\text{C} \tag{13.4.81}$$

利用傅里叶定律中的热流方程，确定壁面热流：

$$\bar{q} = \frac{-k_1 A}{L_1}(t_2 - t_1) = \frac{(-1\,\text{W/m}\cdot^\circ\text{C})(1\,\text{m}^2)(697.41 - 899.14)^\circ\text{C}}{0.20\,\text{m}} = 1009\,\text{W} \tag{13.4.82}$$

由对流边界方程得到沿壁面的热损失：

$$\bar{q}_4 = Ah_R(t_3 - T_{\infty R}) = (+1\,\text{m}^2)(3\,\text{W/m}^2\cdot^\circ\text{C})(361.21 - 25)^\circ\text{C} = 1009\,\text{W} \tag{13.4.83}$$

这个问题的精确解是通过求解基本微分方程式(13.1.8)确定的，其中 $Q = 0$ (因为没有内部热源)。求解时需要对微分方程积分一次，得到热流的表达式，再积分一次，得到温度函数 $T(x)$ 的表达式。还必须意识到，有两个 $T(x)$ 的表达式，一个是 $0 \leqslant x \leqslant L_1$ 的表达式[记为 $T_1(x)$]，另一个是 $L_1 \leqslant x \leqslant L_2$ 的表达式[记为 $T_2(x)$]。两个温度函数将有四个积分常量。边界条件包括

在节点 1 和 3 处将对流传热设为传导传热。设 $T_1(0) = t_1$，$T_2(L) = t_3$。最后，必须在两个墙面之间的界面处引入温度和热流条件（在 $x = L_1$ 处）。即 $T_1(x = L_1) = T_2(x = L_1)$ 和在 $x = L_1$ 处 $q_1 = k_1 dT_1 /$ $dx = k_2 dT_2 / dx$。由此产生的方程组有六个方程，六个未知数，即常量 $c_1 \sim c_4$ 和节点温度 t_1 和 t_3。确定常量 t_1 和 t_3 后，得到的温度函数为：

$$T_1(x) = -1008.62x + 899.138 \qquad 0 \leqslant x \leqslant L_1 = 0.20\,\text{m}$$

和

$$T_2(x) = -3362.07x + 1369.83 \qquad L_1 = 0.2\,\text{m} \leqslant x \leqslant L = 0.30\,\text{m}$$

计算温度函数的解析解和有限元解相同［在 $x = 0$ 和 $x = 0.2$ m 处的 $T_1(x)$，以及在 $x = 0.2$ m 和 $x = 0.3$ m 处的 $T_2(x)$］。

最后，要记住有限元法最重要的优点是，它能够以高可信度对复杂的问题进行近似，例如具有多个导热系数的问题，对于这些问题，很难(不是不可能)获得封闭形式的解。通过通用计算机程序可实现有限元法的自动求解，可以使该方法非常强大。

13.5　二维有限元公式

因为许多物体可以被模拟成二维传热问题，现在来推导适用于此种问题的单元方程。然后给出使用该单元的例题。

步骤 1　选择单元类型

图 13.20 中带节点温度的三节点三角形单元是求解二维传热问题的基本单元。

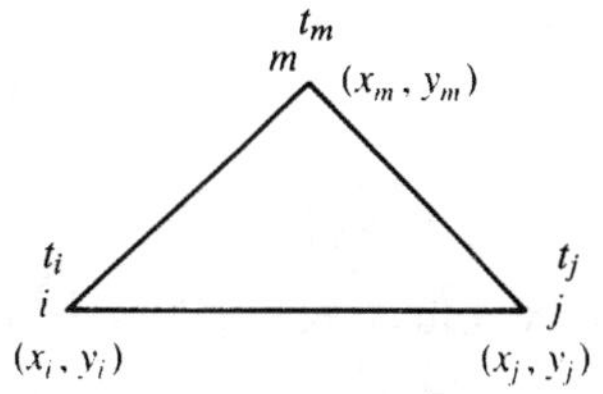

步骤 2　选择温度函数

温度函数由下式给出：

$$\{T\} = [N_i \quad N_j \quad N_m] \begin{Bmatrix} t_i \\ t_j \\ t_m \end{Bmatrix} \qquad (13.5.1)$$

图 13.20　带节点温度的基本三角形单元

式中，t_i，t_j 和 t_m 是节点温度，形函数仍由式(6.2.18)给出，即：

$$N_i = \frac{1}{2A}(\alpha_i + \beta_i x + \gamma_i y) \qquad (13.5.2)$$

N_j 与 N_m 表达式与之相似。这里的 α' 项、β' 项和 γ' 项是由式(6.2.10)定义的。

与第 6 章中每个节点有两个自由度(x 和 y 的位移)的 CST 单元不同，在传热三节点三角形单元中，每个节点只有一个标量值是主要未知值(节点温度)，如式(13.5.1)所示。这也适用于三维单元，将在 13.7 节中介绍述。因此，传热问题有时被称为标量边界值问题。

步骤 3　定义温度梯度-温度和热流-温度梯度关系

定义梯度矩阵的方法与应力分析问题中定义应变矩阵的方法相似：

$$\{g\} = \begin{Bmatrix} \dfrac{\partial T}{\partial x} \\ \dfrac{\partial T}{\partial y} \end{Bmatrix} \qquad (13.5.3)$$

将式(13.5.1)代入式(13.5.3)，得到：

$$\{g\} = \begin{bmatrix} \dfrac{\partial N_i}{\partial x} & \dfrac{\partial N_j}{\partial x} & \dfrac{\partial N_m}{\partial x} \\ \dfrac{\partial N_i}{\partial y} & \dfrac{\partial N_j}{\partial y} & \dfrac{\partial N_m}{\partial y} \end{bmatrix} \begin{Bmatrix} t_i \\ t_j \\ t_m \end{Bmatrix} \tag{13.5.4}$$

将梯度矩阵$\{g\}$写成与应力分析问题的应变矩阵$\{\varepsilon\}$类似的紧凑矩阵形式：

$$\{g\} = [B]\{t\} \tag{13.5.5}$$

将式(13.5.2)的三个方程代入式(13.5.4)右侧的矩阵中，得到矩阵$[B]$：

$$[B] = \frac{1}{2A} \begin{bmatrix} \beta_i & \beta_j & \beta_m \\ \gamma_i & \gamma_j & \gamma_m \end{bmatrix} \tag{13.5.6}$$

热流-温度梯度关系为：

$$\begin{Bmatrix} q_x \\ q_y \end{Bmatrix} = -[D]\{g\} \tag{13.5.7}$$

式中，材料性能矩阵为：

$$[D] = \begin{bmatrix} K_{xx} & 0 \\ 0 & K_{yy} \end{bmatrix} \tag{13.5.8}$$

步骤 4　推导单元传导矩阵和方程

由式(13.4.17)得到单元刚度矩阵：

$$[k] = \iiint_V [B]^{\mathrm{T}}[D][B]\,\mathrm{d}V + \iint_{S_3} h[N]^{\mathrm{T}}[N]\,\mathrm{d}S \tag{13.5.9}$$

$$[k_c] = \iiint_V [B]^{\mathrm{T}}[D][B]\,\mathrm{d}V$$

$$= \iiint_V \frac{1}{4A^2} \begin{bmatrix} \beta_i & \gamma_i \\ \beta_j & \gamma_j \\ \beta_m & \gamma_m \end{bmatrix} \begin{bmatrix} K_{xx} & 0 \\ 0 & K_{yy} \end{bmatrix} \begin{bmatrix} \beta_i & \beta_j & \beta_m \\ \gamma_i & \gamma_j & \gamma_m \end{bmatrix} \mathrm{d}V \tag{13.5.10}$$

假设单元的厚度恒定，并注意到式(13.5.10)中所有的积分项都是常数，得到：

$$[k_c] = \iiint_V [B]^{\mathrm{T}}[D][B]\,\mathrm{d}V = tA[B]^{\mathrm{T}}[D][B] \tag{13.5.11}$$

式(13.5.11)是总刚度矩阵式(13.5.9)的真实导热部分。式(13.5.9)的第二个积分(总刚度矩阵的对流部分)定义为：

$$[k_h] = \iint_{S_3} h[N]^{\mathrm{T}}[N]\mathrm{d}S \tag{13.5.12}$$

将式(13.5.12)中的矩阵相乘得到：

$$[k_h] = h\iint_{S_3} \begin{bmatrix} N_iN_i & N_iN_j & N_iN_m \\ N_jN_i & N_jN_j & N_jN_m \\ N_mN_i & N_mN_j & N_mN_m \end{bmatrix} \mathrm{d}S \tag{13.5.13}$$

为了解释式(13.5.13)的应用,考虑三角形单元的节点 i 和 j 之间的边受到对流(参见图 13.21),

那么沿着 i-j 边 $N_m = 0$ ，得到：

$$[k_h] = \frac{hL_{i\text{-}j}t}{6}\begin{bmatrix} 2 & 1 & 0 \\ 1 & 2 & 0 \\ 0 & 0 & 0 \end{bmatrix} \tag{13.5.14}$$

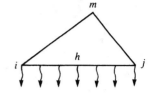

图 13.21　i-j 边对流的热损失

式中的 $L_{i\text{-}j}$ 是 i-j 边的长度。

式(13.4.16)中力矩阵积分的计算如下：

$$\{f_Q\} = \iiint_V Q[N]^{\mathrm{T}}\,\mathrm{d}V = Q\iiint_V [N]^{\mathrm{T}}\,\mathrm{d}V \tag{13.5.15}$$

Q 为恒定热源。因此可以证明(留给读者证明)这个积分等于：

$$\{f_Q\} = \frac{QV}{3}\begin{Bmatrix} 1 \\ 1 \\ 1 \end{Bmatrix} \tag{13.5.16}$$

式中，$V = At$ 是单元的体积。式(13.5.16)表明，物体中的热被三等分到节点上(就像弹性问题中的体力)。式(13.4.16)中的第二个力矩阵为：

$$\{f_q\} = \iint_{S_2} q^*[N]^{\mathrm{T}}\mathrm{d}S = \iint_{S_2} q^*\begin{Bmatrix} N_i \\ N_j \\ N_m \end{Bmatrix}\mathrm{d}S \tag{13.5.17}$$

化简为：

$$\frac{q^*L_{i\text{-}j}t}{2}\begin{Bmatrix} 1 \\ 1 \\ 0 \end{Bmatrix} \qquad \text{在边 } i\text{-}j \text{ 上} \tag{13.5.18}$$

$$\frac{q^*L_{j\text{-}m}t}{2}\begin{Bmatrix} 0 \\ 1 \\ 1 \end{Bmatrix} \qquad \text{在边 } j\text{-}m \text{上} \tag{13.5.19}$$

$$\frac{q^*L_{m\text{-}i}t}{2}\begin{Bmatrix} 1 \\ 0 \\ 1 \end{Bmatrix} \qquad \text{在边 } m\text{-}i \text{上} \tag{13.5.20}$$

式中，$L_{i\text{-}j}$，$L_{j\text{-}m}$ 和 $L_{m\text{-}i}$ 是单元边的长度，假设热流 q^* 在每条边上均为常数。将式(13.5.18) ~ 式(13.5.20)中的 q^* 替换为 hT_∞，可以用类似于式(13.5.17)的方式得到积分 $\iint_{S_3} hT_\infty[N]^{\mathrm{T}}$ 。

步骤 5~7

步骤 5 ~ 7 与 13.4 节中所述的步骤相同。

为了说明 13.5 节中给出的方程的应用，现在将求解一些二维传热问题。

例 13.6 对于图 13.22 所示的二维物体，求温度分布。物体左侧的温度保持在 40℃。物体顶部和底部绝热。右侧有对流，传热系数 $h = 100$ W/(m²·℃)。自由流动温度为 $T_\infty = 10$℃。导热系数为 $K_{xx} = K_{yy} = 40$ W/(m·℃)。尺寸如图所示。假设厚度为 1 m。

解 有限元离散化如图 13.23 所示。为了便于手算，将使用四个大小相同的三角形单元。因为其他面是绝缘的，所以只有在物体的右侧会有对流热损失。因为对流只发生在单元 4 的

一个边上，所以用适用于所有单元的式(13.5.11)和仅适用于单元 4 的式(13.5.14)计算单元刚度矩阵。

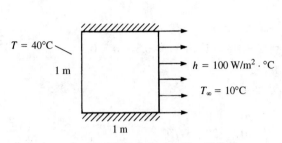

图 13.22 有温度变化和对流的二维物体

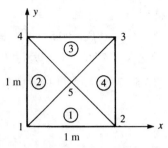

图 13.23 图 13.22 的离散化二维体

单元 1

单元 1 的节点坐标为 $x_1 = 0$，$y_1 = 0$，$x_2 = 1$，$y_2 = 0$，$x_5 = 0.5$，$y_5 = 0.5$。利用这些坐标和式(6.2.10)，得到：

$$\beta_1 = 0 - 0.5 = -0.5 \quad \beta_2 = 0.5 - 0 = 0.5 \quad \beta_5 = 0 - 0 = 0$$
$$\gamma_1 = 0.5 - 1 = -0.5 \quad \gamma_2 = 0 - 0.5 = -0.5 \quad \gamma_5 = 1 - 0 = 1 \tag{13.5.21}$$

将式(13.5.21)代入式(13.5.11)，得到：

$$[k_c^{(1)}] = tA[B]^{\mathrm{T}}[D][B] = \frac{(1)(0.25)}{(2 \times 0.25)(2 \times 0.25)} \begin{bmatrix} -0.5 & -0.5 \\ 0.5 & -0.5 \\ 0 & 1 \end{bmatrix} \begin{bmatrix} 40 & 0 \\ 0 & 40 \end{bmatrix} \begin{bmatrix} -0.5 & 0.5 & 0 \\ -0.5 & -0.5 & 1 \end{bmatrix} \tag{13.5.22}$$

其中，$t = 1\,\mathrm{m}$，$A = \dfrac{1}{2}(1\,\mathrm{m})(0.5\,\mathrm{m}) = 0.25\,\mathrm{m}^2$，$[B]$ 由式(13.5.6)给出，$[D]$ 由式(13.5.8)给出。

化简式(13.5.22)，得到：

$$[k_c^{(1)}] = \begin{matrix} 1 & 2 & 5 \\ \begin{bmatrix} 20 & 0 & -20 \\ 0 & 20 & -20 \\ -20 & -20 & 40 \end{bmatrix} \end{matrix} \, \mathrm{W/(m \cdot {}^\circ C)} \tag{13.5.23}$$

其中，列上方的数字表示与矩阵相关的节点编号。

单元 2

单元 2 的节点坐标为 $x_1 = 0$，$y_1 = 0$，$x_5 = 0.5$，$y_5 = 0.5$，$x_4 = 0$，$y_4 = 1$。代入这些坐标，得到：

$$\beta_1 = 0.5 - 1 = -0.5 \quad \beta_5 = 1 - 0 = 1 \quad \beta_4 = 0 - 0.5 = -0.5$$
$$\gamma_1 = 0 - 0.5 = -0.5 \quad \gamma_5 = 0 - 0 = 0 \quad \gamma_4 = 0.5 - 0 = 0.5 \tag{13.5.24}$$

将式(13.5.24)代入式(13.5.11)，得到：

$$[k_c^{(2)}] = 1.0 \begin{bmatrix} -0.5 & -0.5 \\ 1 & 0 \\ -0.5 & 0.5 \end{bmatrix} \begin{bmatrix} 40 & 0 \\ 0 & 40 \end{bmatrix} \begin{bmatrix} -0.5 & 1 & -0.5 \\ -0.5 & 0 & 0.5 \end{bmatrix} \tag{13.5.25}$$

化简式(13.5.25)，得到：

$$[k_c^{(2)}] = \begin{matrix} 1 & 5 & 4 \\ \begin{bmatrix} 20 & -20 & 0 \\ -20 & 40 & -20 \\ 0 & -20 & 20 \end{bmatrix} \end{matrix} \, \mathrm{W/{}^\circ C} \tag{13.5.26}$$

单元 3

单元 3 的节点坐标为：$x_4 = 0$，$y_4 = 1$，$x_5 = 0.5$，$y_5 = 0.5$，$x_3 = 1$，$y_3 = 1$。代入这些坐标，得到

$$\beta_4 = 0.5 - 1 = -0.5 \quad \beta_5 = 1 - 1 = 0 \quad \beta_3 = 1 - 0.5 = 0.5$$
$$\gamma_4 = 1 - 0.5 = 0.5 \quad \gamma_5 = 0 - 1 = -1 \quad \gamma_3 = 0.5 - 0 = 0.5 \tag{13.5.27}$$

将式(13.5.27)代入式(13.5.11)，得到：

$$[k_c^{(3)}] = \begin{matrix} 4 & 5 & 3 \end{matrix} \\ \begin{bmatrix} 20 & -20 & 0 \\ -20 & 40 & -20 \\ 0 & -20 & 20 \end{bmatrix} \text{W/°C} \tag{13.5.28}$$

单元 4

单元 4 的节点坐标为：$x_2 = 1$，$y_2 = 0$，$x_3 = 1$，$y_3 = 1$，$x_5 = 0.5$，$y_5 = 0.5$。代入这些坐标，得到：

$$\beta_2 = 1 - 0.5 = 0.5 \quad \beta_3 = 0.5 - 0 = 0.5 \quad \beta_5 = 0 - 1 = -1$$
$$\gamma_2 = 0.5 - 1 = -0.5 \quad \gamma_3 = 1 - 0.5 = 0.5 \quad \gamma_5 = 1 - 1 = 0 \tag{13.5.29}$$

将式(13.5.29)代入式(13.5.11)，得到：

$$[k_c^{(4)}] = \begin{matrix} 2 & 3 & 5 \end{matrix} \\ \begin{bmatrix} 20 & 0 & -20 \\ 0 & 20 & -20 \\ -20 & -20 & 40 \end{bmatrix} \text{W/°C} \tag{13.5.30}$$

对于单元 4，因为边 2-3 暴露在自由流温度下，所以对总刚度矩阵有一个对流贡献。采用式(13.5.14)，代入 $i = 2$ 和 $j = 3$，得到：

$$[k_h^{(4)}] = \frac{(100)(1)(1)}{6} \begin{bmatrix} 2 & 1 & 0 \\ 1 & 2 & 0 \\ 0 & 0 & 0 \end{bmatrix} \tag{13.5.31}$$

化简式(13.5.31)得到：

$$[k_h^{(4)}] = \begin{matrix} 2 & 3 & 5 \end{matrix} \\ \begin{bmatrix} 33.3 & 16.67 & 0 \\ 16.67 & 33.3 & 0 \\ 0 & 0 & 0 \end{bmatrix} \text{W/°C} \tag{13.5.32}$$

式(13.5.30)与式(13.5.32)相加，得到单元 4 的总刚度矩阵为：

$$[k^{(4)}] = \begin{matrix} 2 & 3 & 5 \end{matrix} \\ \begin{bmatrix} 53.3 & 16.67 & -20 \\ 16.67 & 53.3 & -20 \\ -20 & -20 & 40 \end{bmatrix} \text{W/°C} \tag{13.5.33}$$

叠加由式(13.5.23)、式(13.5.26)、式(13.5.28)和式(13.5.33)给出的刚度矩阵，得到物体的总刚度矩阵为：

$$[K] = \begin{bmatrix} 40 & 0 & 0 & 0 & -40 \\ 0 & 53.3 & 16.67 & 0 & -40 \\ 0 & 16.67 & 53.3 & 0 & -40 \\ 0 & 0 & 0 & 40 & -40 \\ -40 & -40 & -40 & -40 & 160 \end{bmatrix} \text{W/}^\circ\text{C} \tag{13.5.34}$$

接下来，使用式(13.5.18)~式(13.5.20)确定单元力矩阵，并将 q^* 替换为 hT_∞。因为 $Q = 0$，$q^* = 0$，并且只有边 2-3 的对流传热，所以单元 4 是唯一一个贡献节点力的单元。因此

$$\{f^{(4)}\} = \begin{Bmatrix} f_2 \\ f_3 \\ f_5 \end{Bmatrix} = \frac{hT_\infty L_{2-3} t}{2} \begin{Bmatrix} 1 \\ 1 \\ 0 \end{Bmatrix} \tag{13.5.35}$$

将合适的数值代入式(13.5.35)得出：

$$\{f^{(4)}\} = \frac{(100)(10)(1)(1)}{2} \begin{Bmatrix} 1 \\ 1 \\ 0 \end{Bmatrix} = \begin{Bmatrix} 500 \\ 500 \\ 0 \end{Bmatrix} \text{W} \tag{13.5.36}$$

利用式(13.5.34)和式(13.5.36)得到总的组合方程组：

$$\begin{bmatrix} 40 & 0 & 0 & 0 & -40 \\ 0 & 53.3 & 16.67 & 0 & -40 \\ 0 & 16.67 & 53.3 & 0 & -40 \\ 0 & 0 & 0 & 40 & -40 \\ -40 & -40 & -40 & -40 & 160 \end{bmatrix} \begin{Bmatrix} t_1 \\ t_2 \\ t_3 \\ t_4 \\ t_5 \end{Bmatrix} = \begin{Bmatrix} F_1 \\ 500 \\ 500 \\ F_4 \\ 0 \end{Bmatrix} \tag{13.5.37}$$

已知节点温度边界条件 $t_1 = 40^\circ\text{C}$ 和 $t_4 = 40^\circ\text{C}$。再次修正刚度和力矩阵：

$$\begin{bmatrix} 1 & 0 & 0 & 0 & 0 \\ 0 & 53.3 & 16.67 & 0 & -40 \\ 0 & 16.67 & 53.3 & 0 & -40 \\ 0 & 0 & 0 & 1 & 0 \\ 0 & -40 & -40 & 0 & 160 \end{bmatrix} \begin{Bmatrix} t_1 \\ t_2 \\ t_3 \\ t_4 \\ t_5 \end{Bmatrix} = \begin{Bmatrix} 40 \\ 500 \\ 500 \\ 40 \\ 3200 \end{Bmatrix} \tag{13.5.38}$$

将与已知温度条件 $t_1 = 40^\circ\text{C}$ 和 $t_4 = 40^\circ\text{C}$ 相对应的第一和第四的行和列中的各项设为 0，但对角线上设为 1，并且力矩阵的第一行和第四行被设为等于已知的节点温度。此外，式(13.5.37)的第五个等式左侧的项 $(-40)(40^\circ\text{C}) + (-40) \times (40^\circ\text{C}) = -3200$ 已被移到式(13.5.38)第五行的右侧（+3200）。式(13.5.38)的第二个、第三个和第五个方程对应于未知节点温度的行，现在可以用相同的方式求解。结果如下所示：

$$t_2 = 26.02^\circ\text{C} \quad t_3 = 26.02^\circ\text{C} \quad t_5 = 33.0^\circ\text{C} \tag{13.5.39}$$

例 13.7　对图 13.24 所示的二维物体，求温度分布。物体顶部的温度保持在 100°C。物体的其他边界是绝缘的。一个均匀的热源 $Q = 1000 \text{ W/m}^3$ 作用在整个板上，如图所示。设板厚为 1 m，并且 $K_{xx} = K_{yy} = 25 \text{ W/(m·}^\circ\text{C)}$。

解　此题只需要考虑物体的左半部分，因为有一个垂直对称面，距物体的左右两侧为 2 m。该垂直面可视为绝热边界。有限元模型如图 13.25 所示。

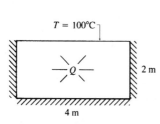

图 13.24　受热源作用的二维物体

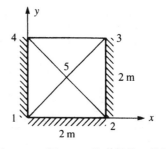

图 13.25　图 13.24 的离散化二维体

现在计算单元刚度矩阵。由于坐标和导热率的量级与例 13.6 相同，因此单元刚度矩阵与式(13.5.23)、式(13.5.26)、式(13.5.28)和式(13.5.30)相同。单元的任何一侧都没有对流，因此对流$[k_h]$对刚度矩阵的贡献为零。利用直接刚度法和单元刚度矩阵，得到总刚度矩阵为：

$$[K] = \begin{bmatrix} 25 & 0 & 0 & 0 & -25 \\ 0 & 25 & 0 & 0 & -25 \\ 0 & 0 & 25 & 0 & -25 \\ 0 & 0 & 0 & 25 & -25 \\ -25 & -25 & -25 & -25 & 100 \end{bmatrix} \text{W/}^\circ\text{C} \tag{13.5.40}$$

因为热源 Q 均匀地作用在每个单元上，所以使用式(13.5.16)来计算每个单元的节点力，如下所示：

$$\{f^{(e)}\} = \frac{QV}{3}\begin{Bmatrix} 1 \\ 1 \\ 1 \end{Bmatrix} = \frac{1000(1\,\text{m}^3)}{3}\begin{Bmatrix} 1 \\ 1 \\ 1 \end{Bmatrix} = \begin{Bmatrix} 333 \\ 333 \\ 333 \end{Bmatrix}\text{W} \tag{13.5.41}$$

对每个单元应用方程(13.5.40)和方程(13.5.41)，组合成如下的总方程组：

$$\begin{bmatrix} 25 & 0 & 0 & 0 & -25 \\ 0 & 25 & 0 & 0 & -25 \\ 0 & 0 & 25 & 0 & -25 \\ 0 & 0 & 0 & 25 & -25 \\ -25 & -25 & -25 & -25 & 100 \end{bmatrix}\begin{Bmatrix} t_1 \\ t_2 \\ t_3 \\ t_4 \\ t_5 \end{Bmatrix} = \begin{Bmatrix} 666 \\ 666 \\ 666+F_3 \\ 666+F_4 \\ 1333 \end{Bmatrix} \tag{13.5.42}$$

已知节点温度边界条件为 $t_3=100^\circ\text{C}$ 和 $t_4=100^\circ\text{C}$。用与例 13.4 相同的方法对式(13.5.42)的刚度和力矩阵进行修正得到：

$$\begin{bmatrix} 25 & 0 & 0 & 0 & -25 \\ 0 & 25 & 0 & 0 & -25 \\ 0 & 0 & 1 & 0 & 0 \\ 0 & 0 & 0 & 1 & 0 \\ -25 & -25 & 0 & 0 & 100 \end{bmatrix}\begin{Bmatrix} t_1 \\ t_2 \\ t_3 \\ t_4 \\ t_5 \end{Bmatrix} = \begin{Bmatrix} 666 \\ 666 \\ 100 \\ 100 \\ 6333 \end{Bmatrix} \tag{13.5.43}$$

式(13.5.43)满足边界温度条件，等价于式(13.5.42)，即式(13.5.43)的第一个、第二个、第五个方程与式(13.5.42)的第一个、第二个、第五个方程相同，式(13.5.43)的第三个、第四个方程同样满足节点 3 和 4 处的边界温度条件。式(13.5.43)的第一个、第二个和第五个方程对应于未知节点温度的行，现在可以联立求解。结果如下所示：

$$t_1 = 180^\circ\text{C} \quad t_2 = 180^\circ\text{C} \quad t_5 = 153^\circ\text{C} \tag{13.5.44}$$

然后，将式(13.5.44)的结果代入式(13.5.42)，可得到节点 3 和 4 处的热流率(F_3 和 F_4)，如下。

利用式(13.5.42)中的第三个等式：

$$25t_3 - 25t_5 = 666 + F_3$$

将数值代入 t_3 和 t_5，得到：

$$25(100) - 25(153) = 666 + F_3$$

或

$$F_3 = -1991\,\text{W}$$

同样，

$$F_4 = -1991\,\text{W}$$

F_3 和 F_4 的负号表示在节点 3 和 4 处热量从物体流出。

13.6　线源或点源

一个常见的实际传热问题是某个较大介质中存在非常小的体积或面积的热源。当这种热源存在于小体积或小面积之内时，可以将其理想化为线源或点源。可以建模为线源的实例如嵌入在介质(如混凝土或大地)中的热水管，以及嵌入在材料中的导线。

当离散有限元模型建立时，线源或点源可以简单地通过在源位置处添加一个节点来考虑。然后将线源的值添加到与总体自由度相对应的全局力矩阵的行中。但是，如果将线源留在单元中更方便，则可以使用另一个方法来处理线源。

考虑如图 13.26 所示大小为 Q^* 的线源，单位为 W/m。热源 Q 位于二维单元的 (x_o, y_o) 处，在单元体积上不再是常数。

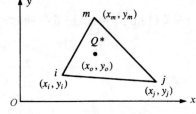

图 13.26　位于典型三角形单元内的线源

使用式(13.4.16)，可以将热源矩阵表示为：

$$\{f_Q\} = \iiint_V \begin{Bmatrix} N_i \\ N_j \\ N_m \end{Bmatrix}\Bigg|_{x=x_o, y=y_o} \frac{Q^*}{A^*}\mathrm{d}V \tag{13.6.1}$$

其中，A^* 是 Q^* 作用的横截面积，在 $x = x_o$ 和 $y = y_o$ 处计算 N 项。式(13.6.1)可改写为：

$$\{f_Q\} = \iint_{A^*} \int_0^t \begin{Bmatrix} N_i \\ N_j \\ N_m \end{Bmatrix}\Bigg|_{x=x_o, y=y_o} \frac{Q^*}{A^*}\mathrm{d}A\,\mathrm{d}z \tag{13.6.2}$$

因为 N 项在 $x = x_o$ 和 $y = y_o$ 处计算，所以它们不再是 x 和 y 的函数。因此，化简式(13.6.2)为：

$$\{f_Q\} = \begin{Bmatrix} N_i \\ N_j \\ N_m \end{Bmatrix}\Bigg|_{x=x_o, y=y_o} Q^*t\ \text{W} \tag{13.6.3}$$

从式(13.6.3)中可以看出，线源 Q^* 分布到每个节点的部分是基于 N_i，N_j 和 N_m 的值来分配的，这些形函数的值是用线源的坐标 (x_o, y_o) 来计算的。单元中任意一点的 N 项之和等于 1〔即 $N_i(x_o,$

$y_o) + N_j(x_o, y_o) + N_m(x_o, y_o) = 1$]，可以看到，分布的量不超过 Q^* 的总量，因此

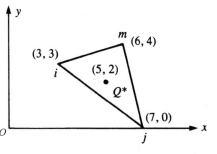

$$Q_i^* + Q_j^* + Q_m^* = Q^* \tag{13.6.4}$$

例 13.8　在图 13.27 所示单元中，线源 $Q^* = 65 \text{ W/cm}$ 位于坐标 $(5,2)$ 处。求分配给每个节点的 Q^* 的量。所有节点坐标都以厘米为 (cm) 单位。假设单元厚度 $t = 1 \text{ cm}$。

图 13.27　位于三角形单元内的线源

解　首先计算由式 (6.2.10) 定义的 α' 项、β' 项、γ' 项，其与下列形函数相关：

$$\alpha_i = x_j y_m - x_m y_j = 7(4) - 6(0) = 28$$
$$\alpha_j = x_m y_i - x_i y_m = 6(3) - 3(4) = 6$$
$$\alpha_m = x_i y_j - x_j y_i = 3(0) - 7(3) = -21$$
$$\beta_i = y_j - y_m = 0 - 4 = -4$$
$$\beta_j = y_m - y_i = 4 - 3 = 1$$
$$\beta_m = y_i - y_j = 3 - 0 = 3 \tag{13.6.5}$$
$$\gamma_i = x_m - x_j = 6 - 7 = -1$$
$$\gamma_j = x_i - x_m = 3 - 6 = -3$$
$$\gamma_m = x_j - x_i = 7 - 3 = 4$$

同样，

$$2A = \begin{vmatrix} 1 & x_i & y_i \\ 1 & x_j & y_j \\ 1 & x_m & y_m \end{vmatrix} = \begin{vmatrix} 1 & 3 & 3 \\ 1 & 7 & 0 \\ 1 & 6 & 4 \end{vmatrix} = 13 \tag{13.6.6}$$

将式 (13.6.5) 和式 (13.6.6) 的结果代入式 (13.5.2) 得到：

$$N_i = \frac{1}{13}[28 - 4x - 1y]$$
$$N_j = \frac{1}{13}[6 + x - 3y] \tag{13.6.7}$$
$$N_m = \frac{1}{13}[-21 + 3x + 4y]$$

将 $x = 5$，$y = 2$ 代入，式 (13.6.7)，得到：

$$N_i = \frac{1}{13}[28 - 4(5) - 1(2)] = \frac{6}{13}$$
$$N_j = \frac{1}{13}[6 + 5 - 3(2)] = \frac{5}{13} \tag{13.6.8}$$
$$N_m = \frac{1}{13}[-21 + 3(5) + 4(2)] = \frac{2}{13}$$

因此，使用式 (13.6.3)，得到：

$$\begin{Bmatrix} f_{Qi} \\ f_{Qj} \\ f_{Qm} \end{Bmatrix} = Q^* t \begin{Bmatrix} N_i \\ N_j \\ N_m \end{Bmatrix}_{\substack{x=x_o=5 \\ y=y_o=2}} = \frac{65(1)}{13} \begin{Bmatrix} 6 \\ 5 \\ 2 \end{Bmatrix} = \begin{Bmatrix} 30 \\ 25 \\ 10 \end{Bmatrix} \text{W} \tag{13.6.9}$$

13.7　三维传热的有限元方法

当三个方向都有传热时(在图 13.28 中用 q_x, q_y, q_z 表示)，必须用三维单元对传热建模计算。包括体积热源 Q 的三维传热基本偏微分方程由式(13.7.1)给出。它是一维热流方程(13.1.7)的扩展。定义如下：在物体的任何一点上，传导到单位体积的净热量与产生的体积热源之和必须等于体积内储存的热能的变化。

$$\frac{\partial}{\partial x}\left(K_{xx}\frac{\partial T}{\partial x}\right) + \frac{\partial}{\partial y}\left(K_{yy}\frac{\partial T}{\partial y}\right) + \frac{\partial}{\partial z}\left(K_{zz}\frac{\partial T}{\partial z}\right) + Q = \rho c\frac{\partial T}{\partial t} \qquad (13.7.1)$$

三维传热的例子如图 13.29 所示。图 13.29(a) 和 (b) 所示是焊接到印刷线路板上的电子元件[11]。该模型包括硅芯片、银共晶模具、氧化铝载体、焊点、铜垫和印刷线路板。该模型由 965 个 8 节点实体单元组成，其中包含 1395 个节点和 216 个热单元，并在 Autodesk 中建模[10]。对实际设备的 1/4 进行建模。图 13.29(c) 是一个用于冷却个人计算机微处理器芯片的散热器(也可使用二维模型，结果也很好)。图 13.29(d) 是一个发动机缸体，它是一个形状不规则的三维物体，需要进行三维传热分析。

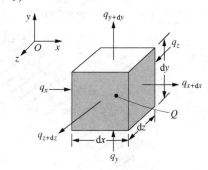

图 13.28　三维传热

商业计算机程序中用于分析三维传热的单元与第 11 章中用于三维应力分析的单元相同，其中包括 4 节点四面体单元(参见图 11.3)、8 节点六面体(实体)单元(参见图 11.5)和 20 节点六面体单元(参见图 11.6)，不同之处在于每个节点只有一个自由度，即温度。x, y 和 z 方向上的温度函数现在可以通过将式(13.5.2)扩展到三维来表示，或者对 4 节点四面体单元应用式(11.2.10)给出的形函数，或者对 8 节点实体单元应用式(11.3.3)，或者对 20 节点实体单元应用式(11.3.11)～式(11.3.14)。典型的带节点温度的 8 节点实体单元如图 13.30 所示。

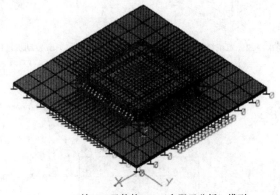

68针SMT元件的FEA（有限元分析）模型

(a) 焊接到印制线路板上的电子元件

图 13.29　三维传热实例

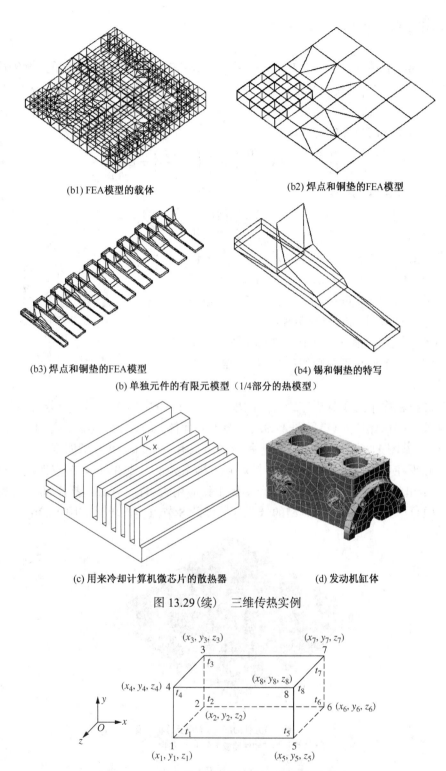

(b1) FEA模型的载体　　　　　　(b2) 焊点和铜垫的FEA模型

(b3) 焊点和铜垫的FEA模型　　　　　　(b4) 锡和铜垫的特写

(b) 单独元件的有限元模型（1/4部分的热模型）

(c) 用来冷却计算机微芯片的散热器　　　　　　(d) 发动机缸体

图 13.29(续)　三维传热实例

图 13.30　给出传热节点温度的 8 节点实体单元

13.8　一维传质传热

现推导由流体的传导、对流和质量输运（或转移）造成的一维热流的基本微分方程。这一推导包括质量输运，其目的是为了说明伽辽金残差法如何直接应用于变分法不能解决的问题。也就是说，微分方程将具有奇数阶导数，因此没有一个类似于式(1.4.3)形式的泛函。

推导中使用的微元体如图 13.31 所示。由能量守恒方程(13.1.1)可得：

$$q_x A\,\mathrm{d}t + QA\,\mathrm{d}x\,\mathrm{d}t = c\rho A\,\mathrm{d}x\,\mathrm{d}T + q_{x+\mathrm{d}x}A\,\mathrm{d}t + q_h P\,\mathrm{d}x\,\mathrm{d}t + q_m\,\mathrm{d}t \tag{13.8.1}$$

式(13.8.1)中的所有项与 13.1 节和 13.2 节中的意义相同，附加的质量输运项由下式给出[1]：

$$q_m = \dot{m}cT \tag{13.8.2}$$

式中，附加变量 $\dot{m}$ 是质量流量，单位为 kg / h 。

同样，将式(13.1.3) ~ 式(13.1.6)、式(13.2.2)和式(13.8.2)代入式(13.8.1)并对 x 和 t 进行微分，得到：

$$\frac{\partial}{\partial x}\left(K_{xx}\frac{\partial T}{\partial x}\right) + Q = \frac{\dot{m}c}{A}\frac{\partial T}{\partial x} + \frac{hP}{A}(T - T_\infty) + \rho c\frac{\partial T}{\partial t} \tag{13.8.3}$$

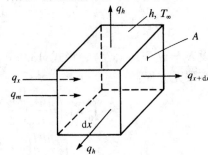

图 13.31　有对流和质量输运的一维导热微元体

式(13.8.3)是含传质传热的基本一维微分方程，带有奇导数项 $\partial T/\partial x$ 。

13.9　用伽辽金残余法的传质传热的有限元公式

在获得了传质传热微分方程式(13.8.3)之后，现在将 3.12 节所述的伽辽金残余法直接应用于微分方程，推导有限元方程。假设 $Q = 0$ ，并且有稳态条件，所以关于时间的微分为零。

残余 R 现在由下式给出：

$$R(T) = -\frac{\mathrm{d}}{\mathrm{d}x}\left(K_{xx}\frac{\mathrm{d}T}{\mathrm{d}x}\right) + \frac{\dot{m}c}{A}\frac{\mathrm{d}T}{\mathrm{d}x} + \frac{hP}{A}(T - T_\infty) \tag{13.9.1}$$

将伽辽金准则式(3.12.3)应用到式(13.9.1)中，得到：

$$\int_0^L\left[-\frac{\mathrm{d}}{\mathrm{d}x}\left(K_{xx}\frac{\mathrm{d}T}{\mathrm{d}x}\right) + \frac{\dot{m}c}{A}\frac{\mathrm{d}T}{\mathrm{d}x} + \frac{hP}{A}(T - T_\infty)\right]N_i\,\mathrm{d}x = 0 \qquad (i = 1,\ 2) \tag{13.9.2}$$

其中形函数由式(13.4.2)给出. 对式(13.9.2)的第一项进行分部积分，得到：

$$u = N_i \qquad \mathrm{d}u = \frac{\mathrm{d}N_i}{\mathrm{d}x}\mathrm{d}x$$
$$\mathrm{d}v = -\frac{\mathrm{d}}{\mathrm{d}x}\left(K_{xx}\frac{\mathrm{d}T}{\mathrm{d}x}\right)\mathrm{d}x \qquad v = -K_{xx}\frac{\mathrm{d}T}{\mathrm{d}x} \tag{13.9.3}$$

将式(13.9.3)代入分部积分通式[式(3.12.6)]，得到：

$$\int_0^L \left[-\frac{\mathrm{d}}{\mathrm{d}x}\left(K_{xx}\frac{\mathrm{d}T}{\mathrm{d}x}\right) \right] N_i \,\mathrm{d}x = -K_{xx}\frac{\mathrm{d}T}{\mathrm{d}x}N_i \Big|_0^L + \int_0^L K_{xx}\frac{\mathrm{d}T}{\mathrm{d}x}\frac{\mathrm{d}N_i}{\mathrm{d}x}\,\mathrm{d}x \tag{13.9.4}$$

将式(13.9.4)代入式(13.9.2)，得到：

$$\int_0^L \left(K_{xx}\frac{\mathrm{d}T}{\mathrm{d}x}\frac{\mathrm{d}N_i}{\mathrm{d}x}\right)\mathrm{d}x + \int_0^L \left[\frac{\dot{m}c}{A}\frac{\mathrm{d}T}{\mathrm{d}x} + \frac{hP}{A}(T - T_\infty) \right] N_i \,\mathrm{d}x = K_{xx}\frac{\mathrm{d}T}{\mathrm{d}x}N_i \Big|_0^L \tag{13.9.5}$$

将式(13.4.2)代入式(13.4.1)，得到：

$$\frac{\mathrm{d}T}{\mathrm{d}x} = -\frac{t_1}{L} + \frac{t_2}{L} \tag{13.9.6}$$

由式(13.4.2)可得：

$$\frac{\mathrm{d}N_1}{\mathrm{d}x} = -\frac{1}{L} \qquad \frac{\mathrm{d}N_2}{\mathrm{d}x} = \frac{1}{L} \tag{13.9.7}$$

设 $N_i = N_1 = 1 - (x/L)$，将式(13.9.6)、式(13.9.7)和式(13.4.1)的 T 代入式(13.9.5)，得到第一个有限元方程：

$$\begin{aligned} \int_0^L K_{xx}\left(-\frac{t_1}{L} + \frac{t_2}{L}\right)\left(-\frac{1}{L}\right)\mathrm{d}x + \int_0^L \frac{\dot{m}c}{A}\left(-\frac{t_1}{L} + \frac{t_2}{L}\right)\left(1 - \frac{x}{L}\right)\mathrm{d}x \\ + \int_0^L \frac{hP}{A}\left[\left(1 - \frac{x}{L}\right)t_1 + \left(\frac{x}{L}\right)t_2 - T_\infty\right]\left(\frac{1-x}{L}\right)\mathrm{d}x = q_{x1}^* \end{aligned} \tag{13.9.8}$$

式中使用了式(13.1.3)给出的 q_x 的定义。在 $x = 0$ 处，式(13.9.8)只在 $x = 0$ 处有边界条件 q_{x1}^*，因为在 $x = 0$ 处，$N_1 = 1$，在 $x = L$ 处，$N_1 = 0$。对式(13.9.8)进行积分，得到：

$$\left(\frac{K_{xx}A}{L} - \frac{\dot{m}c}{2} + \frac{hPL}{3}\right)t_1 + \left(-\frac{K_{xx}A}{L} + \frac{\dot{m}c}{2} + \frac{hPL}{6}\right)t_2 = q_{x1}^* + \frac{hPL}{2}T_\infty \tag{13.9.9}$$

其中，q_{x1}^* 为 q_x 在节点 1 处的值。

为了得到第二个有限元方程，在式(13.9.5)中取 $N_i = N_2 = x/L$，并且同样将式(13.9.6)、式(13.9.7)和式(13.4.1)代入式(13.9.5)，得到：

$$\left(-\frac{K_{xx}A}{L} - \frac{\dot{m}c}{2} + \frac{hPL}{6}\right)t_1 + \left(\frac{K_{xx}A}{L} + \frac{\dot{m}c}{2} + \frac{hPL}{3}\right)t_2 = q_{x2}^* + \frac{hPL}{2}T_\infty \tag{13.9.10}$$

其中，q_{x2}^* 为 q_x 在节点 2 处的值。将式(13.9.9)和式(13.9.10)表示为矩阵形式：

$$\begin{aligned} &\left[\frac{K_{xx}A}{L}\begin{bmatrix} 1 & -1 \\ -1 & 1 \end{bmatrix} + \frac{\dot{m}c}{2}\begin{bmatrix} -1 & 1 \\ -1 & 1 \end{bmatrix} + \frac{hPL}{6}\begin{bmatrix} 2 & 1 \\ 1 & 2 \end{bmatrix} \right]\begin{Bmatrix} t_1 \\ t_2 \end{Bmatrix} \\ &= \frac{hPLT_\infty}{2}\begin{Bmatrix} 1 \\ 1 \end{Bmatrix} + \begin{Bmatrix} q_{x1}^* \\ q_{x2}^* \end{Bmatrix} \end{aligned} \tag{13.9.11}$$

将单元方程 $\{f\} = [k]\{t\}$ 应用于式(13.9.11)，可以看出单元刚度矩阵由三部分组成：

$$[k] = [k_c] + [k_h] + [k_m] \tag{13.9.12}$$

其中，

$$[k_c] = \frac{K_{xx}A}{L}\begin{bmatrix} 1 & -1 \\ -1 & 1 \end{bmatrix} \qquad [k_h] = \frac{hPL}{6}\begin{bmatrix} 2 & 1 \\ 1 & 2 \end{bmatrix} \qquad [k_m] = \frac{\dot{m}c}{2}\begin{bmatrix} -1 & 1 \\ -1 & 1 \end{bmatrix} \tag{13.9.13}$$

并且给出了单元节点力和未知节点温度矩阵：

$$\{f\} = \frac{hPLT_\infty}{2}\begin{Bmatrix} 1 \\ 1 \end{Bmatrix} + \begin{Bmatrix} q_{x1}^* \\ q_{x2}^* \end{Bmatrix} \qquad \{t\} = \begin{Bmatrix} t_1 \\ t_2 \end{Bmatrix} \tag{13.9.14}$$

从式 (13.9.13) 中观察到质量输运刚度矩阵 $[k_m]$ 是不对称的，因此 $[k]$ 是不对称的。此外，如果存在热通量，它通常发生在系统的自由端。因此，q_{x1} 和 q_{x2} 通常只出现在由该单元建模的系统的自由端。当单元组合时，除非系统中存在内部集中热流，否则 q_{x1} 和 q_{x2} 在两个单元的公共节点上相等且符号相反。此外，对于绝热端，q_x^* 项也为零。

为了说明本节中推导的传质传热有限元方程的应用，现求解以下问题。

例 13.9 空气在直径为 20 mm、长度为 10 cm 的圆管内以 2.16 kg / h 的速度流动，如图 13.32 所示。进入管道的空气的初始温度为 40℃。管壁具有均匀的恒定温度 100℃。空气的比热是 1.005 kJ/(kg·℃)，空气与管内壁之间的传热系数为 15 W/(m²·℃)，导热系数为 0.03 W/(m·℃)。求沿管道长度方向的空气温度以及管道入口和出口处的热流。这里的流量和比热是用力的单位（牛顿，N）而不是质量单位（千克，kg）表示的。这并不是一个问题，因为在公式中 mc 相乘，所以单位抵消了。

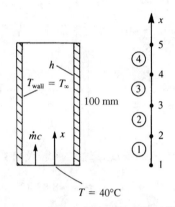

图 13.32 管内空气流动的有限元模型

解 首先使用式 (13.9.13) 和式 (13.9.14) 确定单元刚度和力矩阵。为此，计算以下因子：

$$\frac{K_{xx}A}{L} = \frac{(0.03)\left[\dfrac{\pi(0.02)^2}{4}\right]}{10/100} = 9.42 \times 10^{-5} \ \text{W/℃}$$

$$mc = \left(\frac{2.16}{3600}\right)(1.005 \times 10^3) = 0.603 \ \text{W/℃} \tag{13.9.15}$$

$$\frac{hPL}{6} = \frac{(15)(\pi \times 0.02)(0.1)}{6} = 0.01575 \ \text{W/℃}$$

$$hPLT_\infty = (15)(\pi \times 0.02)(0.1)(100) = 9.45 \ \text{W}$$

从式 (13.9.15) 中可以看出，刚度矩阵的传导部分可以忽略不计。因此，忽略它对总刚度矩阵的贡献，得到：

$$[k^{(1)}] = \frac{0.603}{2}\begin{bmatrix} -1 & 1 \\ -1 & 1 \end{bmatrix} + 0.01575\begin{bmatrix} 2 & 1 \\ 1 & 2 \end{bmatrix} = \begin{bmatrix} -0.27 & 0.317 \\ -0.286 & 0.333 \end{bmatrix} \tag{13.9.16}$$

同样，因为所有单元都有相同的属性，即：

$$[k^{(2)}] = [k^{(3)}] = [k^{(4)}] = [k^{(1)}] \tag{13.9.17}$$

使用式 (13.9.14) 和式 (13.9.15)，得到的单元力矩阵如下：

$$\{f^{(1)}\} = \{f^{(2)}\} = \{f^{(3)}\} = \{f^{(4)}\} = \begin{Bmatrix} 4.73 \\ 4.73 \end{Bmatrix} \tag{13.9.18}$$

使用式(13.9.16)和式(13.9.17)组合总体刚度矩阵,使用式(13.9.18)组合总体力矩阵,得到如下总体方程:

$$\begin{bmatrix} -0.27 & 0.317 & 0 & 0 & 0 \\ -0.286 & 0.333-0.27 & 0.317 & 0 & 0 \\ 0 & -0.286 & 0.333-0.27 & 0.317 & 0 \\ 0 & 0 & -0.286 & 0.333-0.27 & 0.317 \\ 0 & 0 & 0 & -0.286 & 0.333 \end{bmatrix} \begin{Bmatrix} t_1 \\ t_2 \\ t_3 \\ t_4 \\ t_5 \end{Bmatrix} = \begin{Bmatrix} F_1 + 4.73 \\ 9.45 \\ 9.45 \\ 9.45 \\ 4.73 \end{Bmatrix} \tag{13.9.19}$$

应用 $t_1 = 40^\circ\text{C}$ 的边界条件,将式(13.9.19)改写为:

$$\begin{bmatrix} 1 & 0 & 0 & 0 & 0 \\ 0 & 0.063 & 0.317 & 0 & 0 \\ 0 & -0.286 & 0.063 & 0.317 & 0 \\ 0 & 0 & -0.286 & 0.063 & 0.317 \\ 0 & 0 & 0 & -0.286 & 0.333 \end{bmatrix} \begin{Bmatrix} t_1 \\ t_2 \\ t_3 \\ t_4 \\ t_5 \end{Bmatrix} = \begin{Bmatrix} 40 \\ 9.45 + 11.44 \\ 9.45 \\ 9.45 \\ 4.73 \end{Bmatrix} \tag{13.9.20}$$

对于未知温度,通过求解式(13.9.20)的第二个到第五个方程,得到:

$$t_2 = 48.83^\circ\text{C} \qquad t_3 = 56.19^\circ\text{C} \qquad t_4 = 62.7^\circ\text{C} \qquad t_5 = 68.05^\circ\text{C} \tag{13.9.21}$$

利用式(13.8.2),得到进出管的热流为:

$$q_{\text{in}} = \dot{m}ct_1 = \left(\frac{2.16}{3600}\right)(1.005 \times 10^3)(40) = 24.12 \text{ W}$$

$$q_{\text{out}} = \dot{m}ct_5 = \left(\frac{2.16}{3600}\right)(1.005 \times 10^3)(68.05) = 41.03 \text{ W} \tag{13.9.22}$$

其中,导热对 q 的贡献可以忽略不计,也就是说,$-kA\Delta T$ 可以忽略不计。参考文献[7]中的解析解为:

$$t_5 = 68.25^\circ\text{C} \qquad q_{\text{out}} = 41.15 \text{ W} \tag{13.9.23}$$

由此可见,有限元解与解析解相比非常相近。

参考文献[8]中使用了具有式(13.9.13)刚度矩阵的单元来分析热交换。对双管和管壳式换热器进行了建模,以预测执行两种逆流流体之间进行适当换热所需的管长。有限元解和参考文献[9]中的解析解非常吻合。

最后要记住,当一个问题的变分公式很难获得,但描述该问题的微分方程可用时,可以使用残余法(如伽辽金残余法)来解决该问题。

13.10　传热程序流程图及示例

图 13.33 是用于分析二维和三维传热问题的有限元过程的流程图。

图 13.34 和图 13.35 给出了使用本章二维传热单元得到的二维温度分布示例(结果来自 Autodesk[10])。

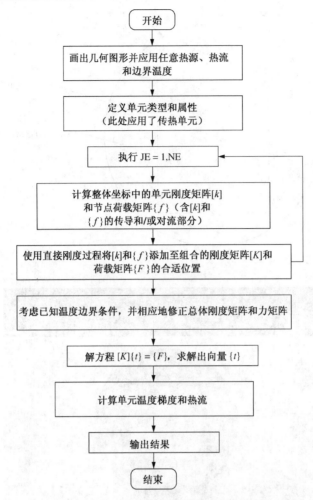

图 13.33 二维和三维传热问题的有限元过程的流程图

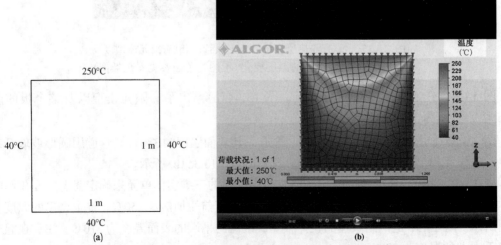

图 13.34 (a)有温度分布的方板；(b)有限元模型以及整个板的温度变化(由 David Walgrave 提供)(本图彩色版参见彩色插图)

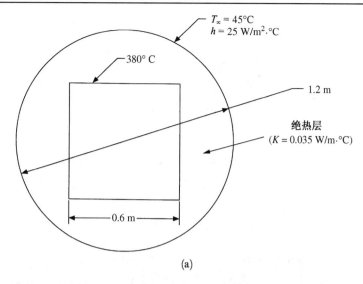

(a)

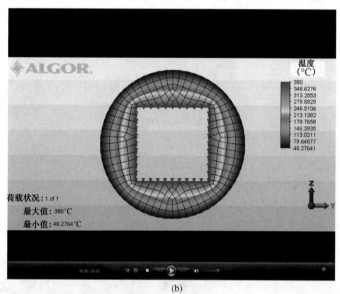

(b)

图 13.35　(a)有隔热层环绕的方形风管；(b)有限元模型以及
隔热层上的温度变化(本图彩色版参见彩色插图)

　　图 13.34(a)为有边界温度的方板，图 13.34(b)给出了有限元模型以及整个板的温度
分布。

　　图 13.35(a)是一个输送热气的方形管道，其表面温度为380℃。管道用圆形玻璃纤维层
环绕。有限元模型以及玻璃纤维中的温度分布如图 13.35(b)所示。

　　图 13.36 和图 13.37 说明了使用 13.7 节中描述的三维实体单元来确定受温度变化影响的
固体中的温度分布和热流。图 13.36 是一个铁砧，其前端加热至250℃。整个铁砧的温度分布
如图所示。图 13.37 是钢制锻锤的实体模型，锻锤的平端的表面温度为210℃。注意在温度图
中把手末端的温度为84.2℃。

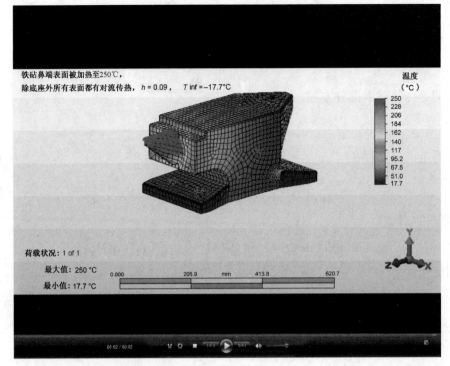

图 13.36 铁砧中的温度分布(由 Dan Baxter 提供)(本图彩色版参见彩色插图)

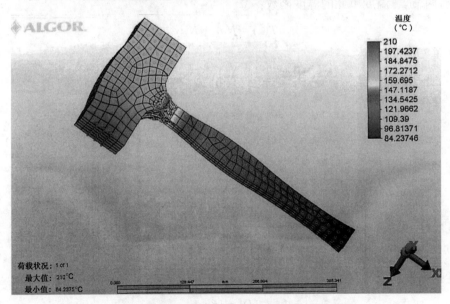

图 13.37 锻锤内的温度分布(由 Wilson Arifin 提供)

方程小结

能量守恒定律(传导传热):

$$E_{in} + E_{generated} = \Delta U + E_{out} \qquad (13.1.1)$$

$$q_x A \, dt + QA \, dx \, dt = \Delta U + q_{x+dx} A \, dt \tag{13.1.2}$$

傅里叶导热定律:

$$q_x = -K_{xx} \frac{dT}{dx} \tag{13.1.3}$$

一维稳态传导传热基本微分方程:

$$\frac{d}{dx}\left(K_{xx}\frac{dT}{dx}\right) + Q = 0 \tag{13.1.8}$$

二维导热基本微分方程:

$$\frac{\partial}{\partial x}\left(K_{xx}\frac{\partial T}{\partial x}\right) + \frac{\partial}{\partial y}\left(K_{yy}\frac{\partial T}{\partial y}\right) + Q = 0 \tag{13.1.12}$$

能量守恒定律(对流):

$$q_x A \, dt + QA \, dx \, dt = c(\rho A \, dx)\, dT + q_{x+dx} A \, dt + q_h P \, dx \, dt \tag{13.2.1}$$

牛顿冷却定律:

$$q_h = h(T - T_\infty) \tag{13.2.2}$$

一维对流导热基本微分方程:

$$\frac{\partial}{\partial x}\left(K_{xx}\frac{\partial T}{\partial_x}\right) + Q = \rho c \frac{\partial T}{\partial t} + \frac{hP}{A}(T - T_\infty) \tag{13.2.3}$$

基本一维(两节点)温度单元的温度函数:

$$T(x) = N_1 t_1 + N_2 t_2 \tag{13.4.1}$$

一维温度单元的形函数:

$$N_1 = 1 - \frac{x}{L} \qquad N_2 = \frac{x}{L} \tag{13.4.2}$$

温度梯度矩阵:

$$\{g\} = \left\{\frac{dT}{dx}\right\} = [B]\{t\} \tag{13.4.6}$$

梯度矩阵:

$$[B] = \left[\frac{dN_1}{dx} \quad \frac{dN_2}{dx}\right] \tag{13.4.7}$$

热流-温度梯度关系:

$$q_x = -[D]\{g\} \tag{13.4.8}$$

材料特性矩阵:

$$[D] = [K_{xx}] \tag{13.4.9}$$

传热泛函:

$$\pi_h = U + \Omega_Q + \Omega_q + \Omega_h \tag{13.4.10}$$

导热和对流传热的刚度矩阵:

$$[k] = \iiint_V [B]^T[D][B]\, dV + \iint_{S_3} h[N]^T[N]\, dS \tag{13.4.17}$$

一维(杆)单元刚度矩阵的传导部分:

$$[k_c] = \frac{AK_{xx}}{L} \begin{bmatrix} 1 & -1 \\ -1 & 1 \end{bmatrix} \tag{13.4.20}$$

一维（杆）单元刚度矩阵的对流部分：

$$[k_h] = \frac{hPL}{6} \begin{bmatrix} 2 & 1 \\ 1 & 2 \end{bmatrix} \tag{13.4.21}$$

力矩阵项：

由于杆单元内热源均匀，因此：

$$\{f_Q\} = \iiint\limits_V [N]^{\mathrm{T}} Q \ \mathrm{d}V = QA \int_0^L \begin{Bmatrix} 1 - \dfrac{x}{L} \\ \dfrac{x}{L} \end{Bmatrix} \mathrm{d}x = \frac{QAL}{2} \begin{Bmatrix} 1 \\ 1 \end{Bmatrix} \tag{13.4.24}$$

杆单元周围表面上为均匀热流：

$$\{f_Q\} = \frac{q^* PL}{2} \begin{Bmatrix} 1 \\ 1 \end{Bmatrix} \tag{13.4.24}$$

杆单元周围表面为均匀对流：

$$\{f_h\} = \iint\limits_{S_3} hT_\infty [N]^{\mathrm{T}} \mathrm{d}S = \frac{hT_\infty PL}{2} \begin{Bmatrix} 1 \\ 1 \end{Bmatrix} \tag{13.4.25}$$

杆单元右端对流的刚度矩阵贡献：

$$[k_h]_{\mathrm{end}} = \iint\limits_{S_{\mathrm{end}}} h \begin{Bmatrix} 0 \\ 1 \end{Bmatrix} [0 \quad 1] \mathrm{d}S = hA \begin{bmatrix} 0 & 0 \\ 0 & 1 \end{bmatrix} \tag{13.4.28}$$

杆单元右端对流产生的力项：

$$\{f_h\}_{\mathrm{end}} = hT_\infty A \begin{Bmatrix} N_1(x=L) \\ N_2(x=L) \end{Bmatrix} = hT_\infty A \begin{Bmatrix} 0 \\ 1 \end{Bmatrix} \tag{13.4.29}$$

总体方程：

$$\{F\} = [K]\{t\} \tag{13.4.32}$$

二维三角形单元的温度函数：

$$\{T\} = [N_i \quad N_j \quad N_m] \begin{Bmatrix} t_i \\ t_j \\ t_m \end{Bmatrix} \tag{13.5.1}$$

二维三角形单元的形函数：

$$N_i = \frac{1}{2A}(\alpha_i + \beta_i x + \gamma_i y) \tag{13.5.2}$$

二维三角形单元的温度梯度：

$$\{g\} = \begin{Bmatrix} \dfrac{\partial T}{\partial x} \\ \dfrac{\partial T}{\partial y} \end{Bmatrix} \tag{13.5.3}$$

$$\{g\} = [B]\{t\} \tag{13.5.5}$$

二维三角形单元的梯度矩阵:

$$[B] = \frac{1}{2A}\begin{bmatrix} \beta_i & \beta_j & \beta_m \\ \gamma_i & \gamma_j & \gamma_m \end{bmatrix} \tag{13.5.6}$$

二维三角形单元的热流-温度梯度关系:

$$\begin{Bmatrix} q_x \\ q_y \end{Bmatrix} = -[D]\{g\} \tag{13.5.7}$$

二维三角形单元的材料特性矩阵:

$$[D] = \begin{bmatrix} K_{xx} & 0 \\ 0 & K_{yy} \end{bmatrix} \tag{13.5.8}$$

二维三角形单元传导刚度矩阵:

$$[k_c] = \iiint_V [B]^T[D][B]\, dV = tA[B]^T[D][B] \tag{13.5.11}$$

二维三角形单元 i-j 边对流刚度矩阵:

$$[k_h] = \frac{hL_{i-j}t}{6}\begin{bmatrix} 2 & 1 & 0 \\ 1 & 2 & 0 \\ 0 & 0 & 0 \end{bmatrix} \tag{13.5.14}$$

二维三角形单元的力项:

均匀热源:

$$\{f_Q\} = \frac{QV}{3}\begin{Bmatrix} 1 \\ 1 \\ 1 \end{Bmatrix} \tag{13.5.16}$$

i-j 边均匀热流:

$$\{f_q\} = \frac{q^*L_{i-j}t}{2}\begin{Bmatrix} 1 \\ 1 \\ 0 \end{Bmatrix} \qquad 在边 i\text{-}j 上 \tag{13.5.18}$$

二维三角形单元中线源或点源的力矩阵:

$$\{f_Q\} = \begin{Bmatrix} N_i \\ N_j \\ N_m \end{Bmatrix}\Bigg|_{x=x_o, y=y_o} Q^*t\, W \tag{13.6.3}$$

三维传导传热基本微分方程:

$$\frac{\partial}{\partial x}\left(K_{xx}\frac{\partial T}{\partial x}\right) + \frac{\partial}{\partial y}\left(K_{yy}\frac{\partial T}{\partial y}\right) + \frac{\partial}{\partial z}\left(K_{zz}\frac{\partial T}{\partial z}\right) + Q = \rho c\frac{\partial T}{\partial t} \tag{13.7.1}$$

质量输运项:

$$q_m = \dot{m}cT \tag{13.8.2}$$

传热程序流程图(参见图 13.33)。

参考文献

[1]　Holman, J. P., *Heat Transfer*, 9th ed., McGraw-Hill, New York, 2002.
[2]　Kreith, F., and Black, W. Z., *Basic Heat Transfer*, Harper & Row, New York, 1980.

[3] Lyness, J. F., Owen, D. R. J., and Zienkiewicz, O. C., "The Finite Element Analysis of Engineering Systems Governed by a Non-Linear Quasi-Harmonic Equation," *Computers and Structures*, Vol. 5, pp. 65–79, 1975.

[4] Zienkiewicz, O. C., and Cheung, Y. K., "Finite Elements in the Solution of Field Problems," *The Engineer*, pp. 507–510, Sept. 24, 1965.

[5] Wilson, E. L., and Nickell, R. E., "Application of the Finite Element Method to Heat Conduction Analysis," *Nuclear Engineering and Design*, Vol. 4, pp. 276–286, 1966.

[6] Emery, A. F., and Carson, W. W., "An Evaluation of the Use of the Finite Element Method in the Computation of Temperature," *Journal of Heat Transfer*, American Society of Mechanical Engineers, pp. 136–145, May 1971.

[7] Rohsenow, W. M., and Choi, H. Y., *Heat, Mass, and Momentum Transfer*, Prentice-Hall, Englewood Cliffs, NJ, 1963.

[8] Goncalves, L., *Finite Element Analysis of Heat Exchangers*, M. S. Thesis, Rose-Hulman Institute of Technology, Terre Haute, IN, 1984.

[9] Kern, D. Q., and Kraus, A. D., *Extended and Surface Heat Transfer*, McGraw-Hill, New York, 1972.

[10] Autodesk, Inc. McInnis Parkway San Rafael, CA 94903.

[11] Beasley, K. G., "Finite Element Analysis Model Development of Leadless Chip Carrier and Printed Wiring Board," M. S., Thesis, Rose-Hulman Institute of Technology, Terre Haute, IN, Nov. 1992.

习题

13.1　求图 P13.1 中一维复合杆的界面温度。对于单元 1，$K_{xx} = 200$ W/(m·℃)；对于单元 2，$K_{xx} = 100$ W/(m·℃)；对于单元 3，$K_{xx} = 50$ W/(m·℃)，$A = 0.1$ m^2。左端恒温为 100℃，右端恒温为 300℃。

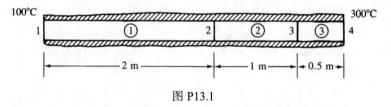

图 P13.1

13.2　图 P13.2 所示的一维杆除端部外其余处绝热，求在 $L/3$，$2L/3$，L 处的温度。其中，$K_{xx} = 60$ W/(m·℃)，$h = 800$ W/(m^2·℃)，并且 $T_\infty = 0$℃。左端的温度是 95℃。

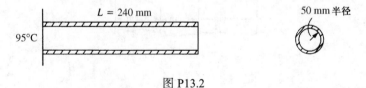

图 P13.2

13.3　横截面积为 6 cm^2 和导热系数为 62.5 W/(m·℃) 的杆只有 x 方向的热流，如图 P13.3 所示。右端绝热。左端保持在 10℃，有线性分布的热流。采用二单元模型计算节点温度和左边界热流。

13.4　如图 P13.4 所示，半径为 25 mm 的杆在内部以均匀速率 $Q = 10^5$ W/m^3 产生热量。杆的左端和周围绝热，右端暴露在 $T_\infty = 40$℃ 的环境中。壁面与环境之间的对流传热系数为 $h = 600$ W/(m^2·℃)。杆的导热系数为 $K_{xx} = 20.77$ W/(m·℃)。杆的长度为 75 mm。计算杆内的温度分布。要求在有限元模型中至少使用三个单元。

13.5　图 P13.5 所示的散热片在周围绝热。左端恒温为 50℃。正热流 $q^* = 500$ W/m^2 作用于右端。而 $K_{xx} = 6$ W/(m·℃)，横截面积 $A = 0.1$ m^2。求在 $L/4$，$L/2$，$3L/4$，L 处的温度，其中 $L = 0.4$ m。

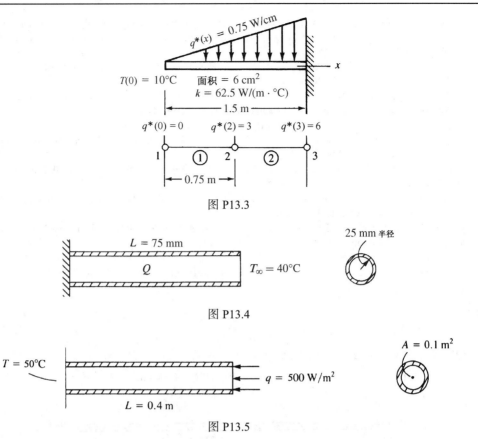

图 P13.3

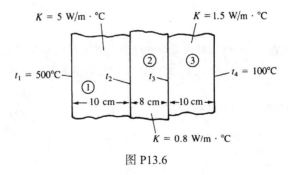

图 P13.4

图 P13.5

13.6　求图 P13.6 中复合墙的界面温度及通过 8 cm 部分的热流。使用有限元法和图中所示的三个单元及节点。1 cm = 0.01 m。

图 P13.6

13.7　对图 P13.7 所示一维模型理想化的复合墙，确定界面温度。对于单元 1，$K_{xx} = 5$ W/(m·℃)；对于单元 2，$K_{xx} = 10$ W/(m·℃)；对于单元 3，$K_{xx} = 15$ W/(m·℃)。左端为 100℃ 的恒温，右端为 500℃ 的恒温。

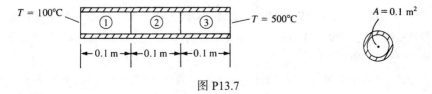

图 P13.7

13.8 复合墙如图 P13.8 所示。对于单元 1，$K_{xx} = 5\ \text{W}(\text{m} \cdot ℃)$；对于单元 2，$K_{xx} = 10\ \text{W}/(\text{m} \cdot ℃)$；对于单元 3，$K_{xx} = 15\ \text{W}/(\text{m} \cdot ℃)$。左端有一个 600 W 的热源，右端保持为 10℃。求左端温度、界面温度和通过单元 3 的热流。

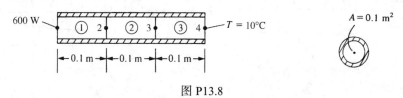

图 P13.8

13.9 如图 P13.9 所示，双层玻璃窗由两层 4 mm 厚导热系数为 $K = 0.80\ \text{W}/(\text{m} \cdot ℃)$ 的玻璃组成，中间被 10 mm 厚、导热系数为 $K = 0.025\ \text{W}/(\text{m} \cdot ℃)$ 的滞留空气隔开。求：(a) 玻璃内层两个表面的温度和玻璃外表面的温度；(b) 通过双层玻璃传热的稳定速率（单位为 W）。假设室内温度为 $T_{i\infty} = 20℃$ 并且 $h_i = 10\ \text{W}/(\text{m}^2 \cdot ℃)$，室外温度为 $T_{0\infty} = -10℃$ 并且 $h_0 = 30\ \text{W}/(\text{m}^2 \cdot ℃)$。假设穿过玻璃的是一维热流。

13.10 求图 P13.10 中复合墙内外表面和界面处的温度。墙壁由内侧 2.5 cm 厚的石膏墙 [$K = 0.20\ \text{W}/(\text{m} \cdot ℃)$]、9 cm 厚的玻璃纤维保温层 [$k = 0.038\ \text{W}/(\text{m} \cdot ℃)$] 和外侧 1.25 cm 的胶合板层 [$K = 0.12\ \text{W}/(\text{m} \cdot ℃)$] 组成。假设室内空气为 20℃，传热系数为 10 W/(m² · ℃)，室外空气为 –20℃，传热系数为 20 W/(m² · ℃)。求通过墙壁的传热速率（单位为 W）。假设沿墙厚方向为一维热流。

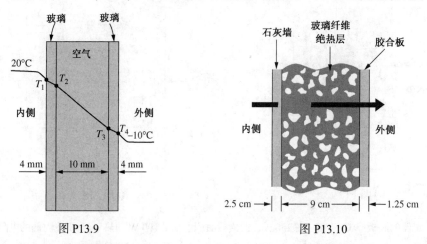

图 P13.9   图 P13.10

13.11 冷凝蒸汽用于将室温保持为 20℃。蒸汽流经管道，使管道表面保持为 100℃。如图 P13.11 所示，为了增加管道的传热，将长 20 cm、直径 0.5 cm 的不锈钢散热片 [$K = 15\ \text{W}/(\text{m} \cdot ℃)$] 焊接到管道表面。风扇迫使室内空气流过管道和散热片，从而使焊接到管道上的散热片底部的传热系数达到 50 W/(m² · ℃)。然而，气流分布使散热片尖端的传热系数增加到 80 W/(m² · ℃)。假设传热系数沿散热片表面从左到右呈线性变化。求沿散热片每个 $L/4$ 位置处的温度分布，并且求每个散热片的热损失率。

13.12 如图 P13.12 所示的锥形散热片 [$K = 200\ \text{W}/(\text{m} \cdot ℃)$] 横截面为圆形，底部直径为 1 cm，顶部直径为 0.5 cm。底座保持在 200℃，并通过对流向周围释放热量，其中，$T_{\infty} = 10℃$，$h = 150\ \text{W}/(\text{m}^2 \cdot ℃)$。散热片的尖端是绝热的。假设一维热流，求沿散热片每个 1/4 处的温度和每个单元的热损失率。使用四个平均截面积的单元。

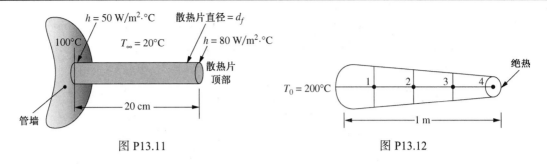

图 P13.11　　　　　　　　　　　　　　图 P13.12

13.13　墙壁由以下三部分构成，外层为 10 mm 厚的胶合板 $[K = 1.5 \text{ W/(m} \cdot \text{℃)}]$，中间为 100 mm 厚的玻璃纤维 $[K = 0.035 \text{ W/(m} \cdot \text{℃)}]$ 隔热层，内层为 10 mm 厚的石膏灰胶纸夹板($K = 0.175 \text{ W/(m} \cdot \text{℃)}$)，如图 P13.13 所示。内部温度为 20℃，传热系数为 $h = 10 \text{ W/(m}^2 \cdot \text{℃)}$，外部温度为 −15℃，传热系数为 $h = 25 \text{ W/(m}^2 \cdot \text{℃)}$。求材料界面处的温度和通过墙的热流率。

13.14　如图 P13.14 所示，大型不锈钢板厚度为 5 cm、导热系数为 $K = 15 \text{ W/(m} \cdot \text{℃)}$，板内有恒定速率为 $Q = 5 \times 10^6 \text{ W/m}^3$ 的均匀热源。板的一侧被冰水保持在 0℃，另一侧在 $T_\infty = 35$℃ 的环境中进行对流，传热系数为 $h = 40 \text{ W/(m}^2 \cdot \text{℃)}$，如图 P13.14 所示。在有限元模型中使用两个单元来计算板上每个表面和板厚度中间的温度。假设沿板为一维传热。

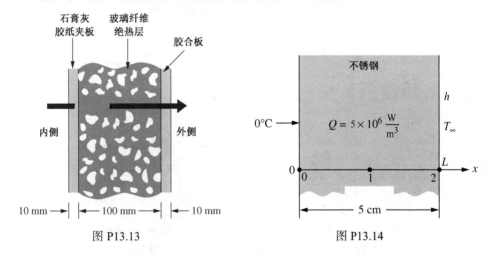

图 P13.13　　　　　　　　　　　　　　图 P13.14

13.15　熨斗的底板厚 0.6 cm。在 250 cm^2 的横截面积上承受 100 W 的热(来自熨斗内部的电阻加热器，如图 P13.15 所示)，从而在内表面形成均匀热流。金属底板的导热系数为 $K = 20 \text{ W/(m} \cdot \text{℃)}$。在稳态条件下，室外环境空气温度为 20℃，传热系数为 20 W/(m$^2 \cdot$ ℃)。假设沿板厚为一维传热。使用三个单元对底板进行建模，试求内表面和内部每个 1/3 点的温度。

13.16　如图 P13.16 所示，热表面通过连接散热片来冷却(称为针形散热片)。板的表面(散热片的左端)是 90℃。散热片长 6 cm，横截面积为 $5 \times 10^{-6} \text{ m}^2$，周长为 0.006 m。散热片由铜制成 $[K = 400 \text{ W/(m} \cdot \text{℃)}]$。周围空气的温度为 $T_\infty = 20$℃，表面(包括端面)的传热系数为 $h = 10 \text{ W/(m}^2 \cdot \text{℃)}$。典型散热片的模型如图 P13.16 所示。在有限元模型中使用三个单元来确定沿散热片长度的温度。

13.17　使用直接法推导如图 P13.17 所示的一维稳态导热问题的单元方程。杆四周绝热，横截面积为 A，长度为 L，导热系数为 K_{xx}。确定节点温度 t_1 和 t_2 之间的关系与热输入 F_1 和 F_2(单位为 kWh)的关系。提示：使用傅里叶导热定律。

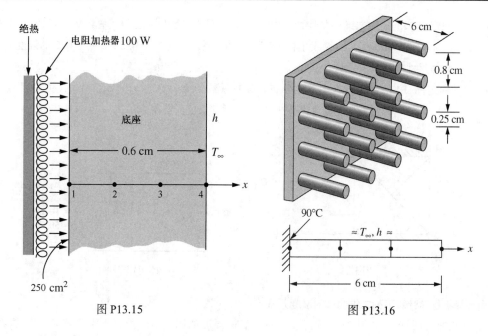

图 P13.15 图 P13.16

13.18 给出图 P13.18 中杆左端对流的刚度矩阵和对流力矩阵的表达式，设杆的横截面积为 A，传热系数为 h，自由流温度为 T_∞。

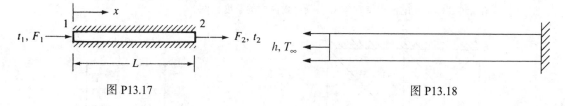

图 P13.17 图 P13.18

13.19 确定图 P13.19 中单元的 $[k]$ 和 $\{f\}$ 矩阵。导热系数为 $K_{xx} = K_{yy} = 25$ W/(m·℃)，传热系数为 $h = 120$ W/(m²·℃)。对流发生在 i-j 表面。自由流温度为 $T_\infty = 20$℃。坐标以米(m)为单位。线源为 $Q^* = 150$ W/m，位置如图所示。取单元的厚度为 1 m。

13.20 计算图 P13.20 所示的单元的 $[k]$ 和 $\{f\}$ 矩阵。导热系数为 $K_{xx} = K_{yy} = 10$ W/(m·℃)，传热系数为 $h = 20$ W/(m²·℃)。对流发生在 i-m 面。自由流动温度为 $T_\infty = 15$℃。坐标以米(m)为单位。$Q^* = 200$ W/m 的线源位置如图所示。取单元的厚度为 1 m。

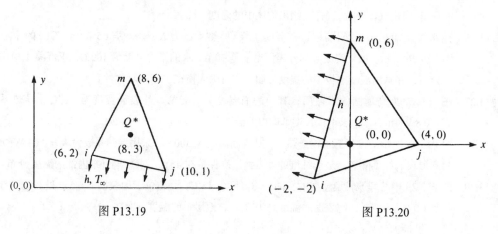

图 P13.19 图 P13.20

13.21 确定图 P13.21 中二维正方形物体的温度分布。导热系数为 $K_{xx} = K_{yy} = 45$ W/(m·℃)，传热系数为 $h = 60$ W/(m²·℃)。对流发生在 4-5 侧。自由流动温度为 $T_\infty = 10℃$。节点 1 和 2 的温度为 40℃。物体尺寸如图所示，厚度为 1 m。

13.22 确定图 P13.22 中方板的温度分布。导热系数为 $K_{xx} = K_{yy} = 10$ W/(m·℃)，传热系数为 $h = 20$ W/(m²·℃)。左侧的温度保持在 100℃，顶部温度保持在 200℃。

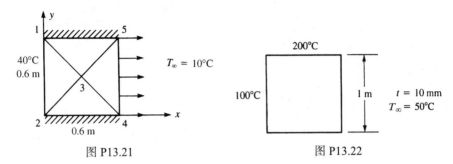

图 P13.21　　　　　　　　　　图 P13.22

用计算机程序计算下列二维物体的温度分布。

13.23 确定图 P13.23 中物体的温度分布。表面温度如图所示。物体上下边绝热，导热系数为 $K_{xx} = K_{yy} = 1.75$ W/(m·℃)。没有内部热源。

13.24 确定图 P13.24 中二维正方形物体的温度分布。导热系数为 $K_{xx} = K_{yy} = 15$ W/(m·℃)。顶面保持在 250℃，其他的面保持在 40℃。画出物体中的温度云图。

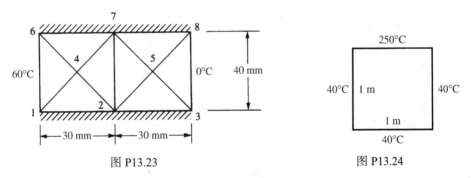

图 P13.23　　　　　　　　　　图 P13.24

13.25 确定图 P13.25 中二维正方形物体的温度分布。导热系数为 $K_{xx} = K_{yy} = 15$ W/(m·℃)，传热系数为 $h = 60$ W/(m²·℃)。顶面温度保持在 250℃，左面温度保持在 40℃，其他两个面暴露在 40℃ 的环境(自由气流)中。同样，画出物体中的温度云图。

13.26 热水管以 0.6 m 的间隔放置在混凝土板(导热系数为 $K_{xx} = K_{yy} = 1.5$ W/(m·℃))的中心，如图 P13.26 所示。如果混凝土的外表面温度是 30℃，水的平均温度为 100℃，求混凝土板中的温度分布，并画出混凝土板中的温度云图。在有限元模型中利用对称性。

13.27 图 13.27 为高烟囱的横截面，其内表面温度为 165℃，外表面温度为 55℃。导热系数为 $K = 0.8$ W/(m·℃)。求单位长度烟囱内的温度分布。

13.28 图 P13.28 所示的方形管道输送热气，其表面温度为 300℃。采用导热系数为 $K = 0.04$ W/(m·℃) 的圆形玻璃纤维隔热。玻璃纤维的外表面温度保持在 45℃。求玻璃纤维内部的温度分布。

13.29 图 P13.29 中的埋地管道输送的石油平均温度为 15℃，管道位于地表以下 4.5 m 处，地的导热系数是 1.0 W/(m·℃)，地表面的温度是 10℃。求地层中的温度分布。

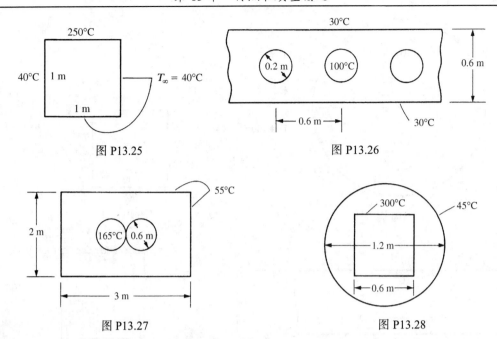

图 P13.25　　　　　　　　　　　　图 P13.26

图 P13.27　　　　　　　　　　　　图 P13.28

13.30　250 mm 厚的混凝土桥面嵌入加热电缆，如图 P13.30 所示。如果混凝土下表面的温度为 0℃，发热率(假设每根电缆相同)为 100 W/m，混凝土上表面的温度为 20℃。混凝土的导热系数为 1.0 W/(m·℃)。板内的温度分布如何？该模型利用对称性。

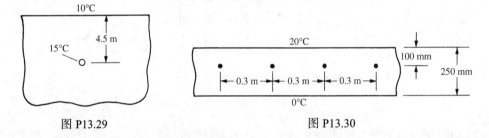

图 P13.29　　　　　　　　　　　　图 P13.30

13.31　确定图 P13.31 中带孔圆形物体的温度分布。孔的内表面温度为 200℃，圆形物体的外部温度为 20℃。导热系数为 $K_{xx} = K_{yy} = 10$ W/(m·℃)。

13.32　确定图 P13.32 中二维正方形物体的温度分布。导热系数为 $K_{xx} = K_{yy} = 5$ W/(m·℃)，传热系数为 $h = 10$ W/(m²·℃)。顶面保持在 100℃，左面保持在 0℃，另外两个面暴露在 0℃的自由流动温度下。同样，画出物体中的温度云图。

13.33　200 mm 厚的混凝土桥面嵌入加热电缆，如图 P13.33 所示。如果桥面板下的环境温度为 −10℃，传热系为 $h = 10$ W/(m²·℃)，桥面板上方周围的空气温度为 10℃，传热系数为 $h = 10$ W/(m²·℃)，桥面中的温度分布如何？加热电缆是产生热量 $Q^* = 50$ W/m 的线源。混凝土的导热系数为 1.2 W/(m·℃)。在模型中使用对称性。

13.34　确定图 P13.34 中二维物体的温度分布。左右两端的温度分别保持在 200℃和 0℃，导热系数为 $K_{xx} = K_{yy} = 5$ W/(m·℃)，物体顶部和底部绝热。

13.35　确定图 P13.35 中二维物体的温度分布。顶面和底面是绝热的。左侧温度恒定为 100℃。右侧通过对流进行传热。导热系数为 $K_{xx} = K_{yy} = 10$ W/(m·℃)。

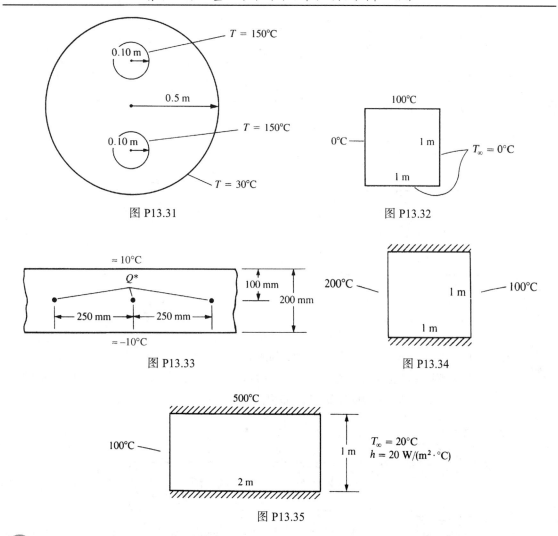

图 P13.31

图 P13.32

图 P13.33

图 P13.34

图 P13.35

13.36　确定图 P13.36 中二维物体的温度分布。左右两侧绝热。顶面通过对流进行传热。底部和内部表面保持在 300℃。

13.37　确定图 P13.37 中普通碳素钢锭的温度分布和热流速率。钢的导热系数为 $K = 60$ W/(m·K)。顶面保持在 60℃，底面保持在 10℃。假设侧面没有热量损失。

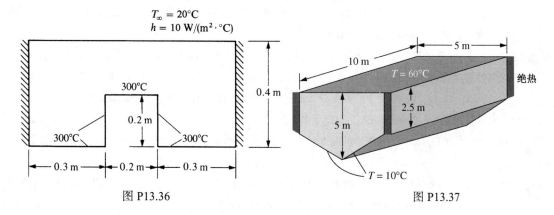

图 P13.36

图 P13.37

13.38 如图 P13.38 所示，外层圆柱体绝热，$K = 0.058$ W/(m·℃)，直径为 15 cm，表面温度为 10℃。在此大圆柱体中心附近有个外直径为 5 cm 的管道，温度为 180℃。确定此管道上的温度分布和热流率。

 13.39 确定图 P13.39 中成型泡沫隔热材料[$K = 0.3$ W/(m·℃)]中的温度分布和热流率。

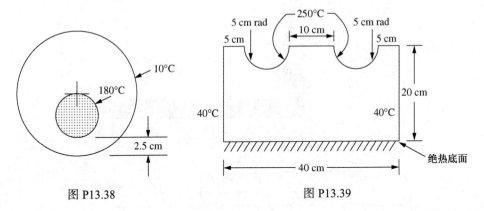

图 P13.38   图 P13.39

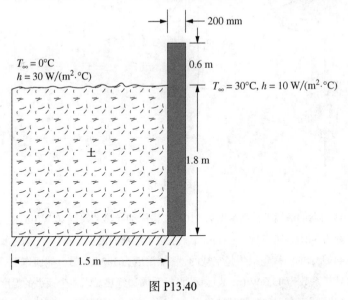 13.40 确定图 P13.40 中地下室墙的温度分布和墙与土之间的传热。这堵墙是用混凝土[导热系数为 $K = 1.75$ W/(m·℃)]建造的。土壤的平均导热系数为 $K = 1.5$ W/(m·℃)。内部空气温度保持在 30℃，传热系数为 $h = 10$ W/(m²·℃)。外部空气为 0℃，传热系数为 $h = 30$ W/(m²·℃)。假设与墙有一个 5 ft 的合理距离时，使传热的水平分量可以忽略不计。确保假设的正确性。

图 P13.40

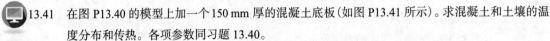 13.41 在图 P13.40 的模型上加一个 150 mm 厚的混凝土底板(如图 P13.41 所示)。求混凝土和土壤的温度分布和传热。各项参数同习题 13.40。

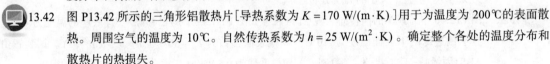 13.42 图 P13.42 所示的三角形铝散热片[导热系数为 $K = 170$ W/(m·K)]用于为温度为 200℃的表面散热。周围空气的温度为 10℃。自然传热系数为 $h = 25$ W/(m²·K)。确定整个各处的温度分布和散热片的热损失。

486　　有限元方法基础教程(国际单位制版)(第六版)

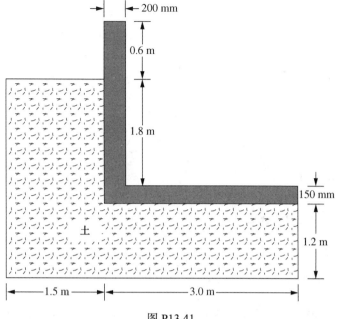

图 P13.41

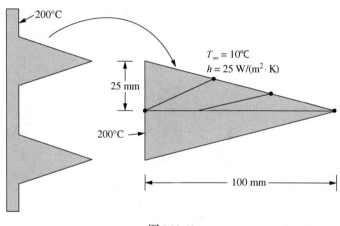

图 P13.42

13.43 图 P13.43 所示的锻锤下平面温度为 210℃。锻锤的导热系数是 20 W/(m·K)，假设室温为 40℃，传热系数为 3.216×10^{-6} J/(s·℃·mm²)。求整个锻锤的温度分布。

13.44 图 P13.44 所示的内六角扳手是空载的，下端温度为 300 K，另一端面作用一个 10 W/m² 的热流。材料的导热系数为 43.6 W/(m·K)。假设扳手周边绝热。求整个扳手的温度分布。

13.45 图 P13.45 所示叉车上的荷载已被移除。叉子由 AISI 4130 钢制成。钢的导热系数为 35 W/(m·℃)。叉子的上表面温度为 50℃。位于叉车左上侧和左下侧的 L 形附件的其他表面为常温(假设温度为 25℃)。求整个叉子的温度分布。

13.46 图 P13.46 中遥控车的前转向装置(详细尺寸如图 P11.22 所示)已移除压力，底座的温度为 40℃。右下侧边缘的下表面温度为 10℃。其他表面参数为 $T_\infty = 30℃$，$h = 5$ W/(m²·℃)。该装置由 ABS(丙烯腈-丁二烯-苯乙烯)制成，导热系数为 0.5 W/(m·℃)。求整个转向装置的温度。

13.47 图 P13.47 所示的挂接装置(详细尺寸如图 P11.23 所示)已卸载，但前端的温度为 100℃，后表面

的温度为 0℃。其余表面暴露在 30℃ 的环境温度下，$h = 10 \text{ W/(m}^2 \cdot \text{℃)}$，$K = 35 \text{ W/(m} \cdot \text{℃)}$。求整个挂接装置的温度分布。

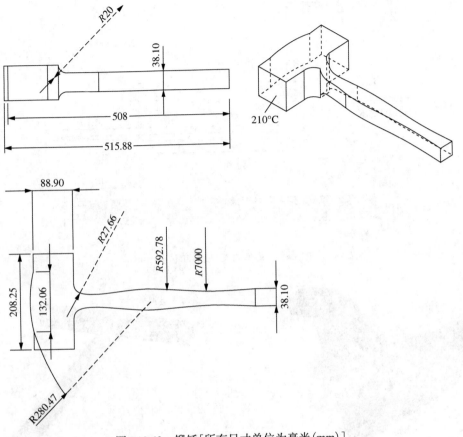

图 P13.43　锻锤［所有尺寸单位为毫米（mm）］

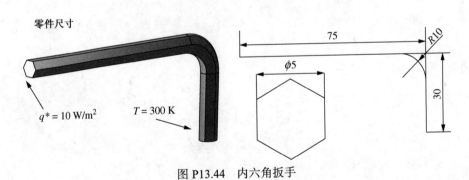

图 P13.44　内六角扳手

13.48　空气在直径为 40 mm、长度为 250 mm 的圆管内以 5 kg/h 的速度流动，类似于图 13.32。空气进入管子的初始温度是 10℃。管壁有均匀的恒定温度 90℃。空气的比热是 1.004 kJ / (kg·℃)，空气与管内壁之间的传热系数为 18 W/(m²·℃)，导热系数为 0.03 W / (m·℃)。求沿管道长度方向的空气温度以及管道入口和出口处的热流。

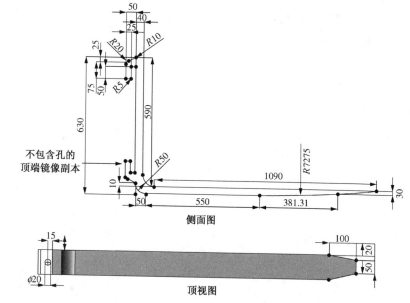

图 P13.45　叉车的叉(尺寸单位为 mm)

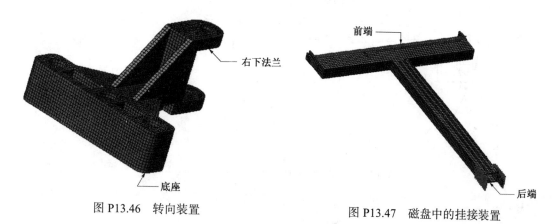

图 P13.46　转向装置

图 P13.47　磁盘中的挂接装置

第14章 多孔介质、液压网络中的流体流动以及电气网络和静电学分析

章节目标

- 推导稳态流体在多孔介质中流动的基本微分方程，以及达西定律。
- 描述稳态、不可压缩和无黏流体流经管道或绕管道时的方程式。
- 建立流体在多孔介质和管道中流动的一维有限元刚度矩阵和方程。
- 推演一维流体流动的直接解法。
- 建立流体在多孔介质中、绕固体或管道中流动的二维有限元模型。
- 推导液压网络单元的刚度矩阵。
- 用有限元直接刚度法推演液压网络直接解法。
- 给出流体流动过程的流程图。
- 描述电气网络原理，包括欧姆定律和基尔霍夫定律，并介绍用于求解电气网络问题的刚度矩阵。
- 使用有限元直接刚度法求解电气网络。
- 介绍静电学中的基本概念，包括库仑定律、高斯定理和泊松方程。
- 给出静电学问题的二维有限元方程。
- 对静电学问题进行有限元手算求解。
- 举例说明静电学问题的计算机程序解。

引言

在本章中，考虑流体在多孔介质中的流动，例如水通过土坝、管道或绕固体的流动。我们将观察到这些方程的形式与第 13 章中的传热方程相同。

首先推导了理想流体在稳态、无旋(即流体粒子仅平移运动)、不可压缩(等质量密度)和无黏(没有黏性)状态下的一维基本微分方程。然后将这个推导推广到二维情形。介绍了用于流体流动的物理量的单位。关于更高级的问题，如黏性流动、可压缩流动和三维问题，请参阅参考文献[1]。

将使用与传热问题相同的步骤来建立单元方程。也就是说，为流经多孔介质(渗流)问题定义一个假定的流体压头，或为流经管道和绕固体的流体定义一个速度势。进而，使用与第 2 章、第 3 章和第 4 章类似的直接法以及第 13 章中泛函的最小化推导单元方程。这些方程的结果矩阵类似于应力分析问题的刚度矩阵和力矩阵，或传热问题的传导矩阵和相关力矩阵。

接下来，介绍流体流动问题的一维和二维有限元方程，并给出多孔介质和管道中的一维

流体流动以及二维区域内流动的例子。此外还将给出二维流体流动问题的结果。

之后，考虑流经液压网格和电气网络的流动问题，并展示这些网格和弹簧组件之间的相似性。

最后，给出了静电分析的概念，推导了静电分析的二维有限元方程，并给出了计算机程序求解实例。

14.1　基本微分方程的推导

14.1.1　多孔介质中的流体流动

首先推导多孔介质中稳态流体流动的一维问题的基本微分方程。这一推导的目的是给出流体流动现象的物理知识，以便充分理解问题的有限元方程(有关流体流动的更多内容，请参见参考文献[2]和[3])。首先考虑图 14.1 所示的微元体。根据质量守恒，得到：

$$M_{\text{in}} + M_{\text{generated}} = M_{\text{out}} \tag{14.1.1}$$

或

$$\rho v_x A \, dt + \rho Q \, dt = \rho v_{x+dx} A \, dt \tag{14.1.2}$$

式中，

M_{in} 是进入微元体的质量，单位为千克(kg)；

$M_{\text{generated}}$ 是体内产生的质量；

M_{out} 是离开微元体的质量；

v_x 是流体在表面边缘 x 处的流动速度，单位为 m/s；

v_{x+dx} 是流体在表面边缘 $x+dx$ 处离开微元体的速度；

t 是时间，单位是 s；

Q 是内部流体源(内部体积流率)，单位为 m^3/s；

ρ 是流体的质量密度，单位为 kg/m^3；

A 是垂直于流体流动的横截面积，单位为 m^2。

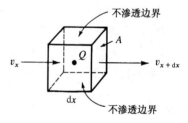

图 14.1　一维流体流动的微元体

根据达西定律，流体流速与水力梯度(流体压头相对于 x 的变化)有如下关系：

$$v_x = -K_{xx} \frac{d\phi}{dx} = -K_{xx} g_x \tag{14.1.3}$$

式中，

K_{xx} 是多孔介质在 x 方向上的渗透系数，单位为 m/s；

ϕ 是流体压头，单位为 m；

$d\phi/dx = g_x$ 是流体压头梯度或水力梯度，在渗流问题中是一个无单位的量。

式(14.1.3)表明，x 方向上的速度与 x 方向上的流体压头梯度成比例。式(14.1.3)中的负号表示流体流动的正方向与流体压头增加方向相反，或者流体朝较低流体压头方向流动。式(14.1.3)类似于式(13.1.3)的傅里叶导热定律。

同样，

$$v_{x+dx} = -K_{xx} \frac{d\phi}{dx}\bigg|_{x+dx} \tag{14.1.4}$$

式中的梯度在 $x+\mathrm{d}x$ 处计算。使用与式 (13.1.5) 类似的方法，即通过泰勒展开，得到：

$$v_{x+\mathrm{d}x} = -\left[K_{xx}\frac{\mathrm{d}\phi}{\mathrm{d}x} + \frac{\mathrm{d}}{\mathrm{d}x}\left(K_{xx}\frac{\mathrm{d}\phi}{\mathrm{d}x} \right)\mathrm{d}x \right] \tag{14.1.5}$$

式 (14.1.5) 中使用了两项泰勒级数。将式 (14.1.3) 和式 (14.1.5) 代入式 (14.1.2)，方程左右两边同时除以 $\rho A\mathrm{d}x\mathrm{d}t$，化简得到多孔介质中一维流体流动的方程：

$$\frac{\mathrm{d}}{\mathrm{d}x}\left(K_{xx}\frac{\mathrm{d}\phi}{\mathrm{d}x} \right) + \bar{Q} = 0 \tag{14.1.6}$$

式中，$\bar{Q}=Q/A\mathrm{d}x$ 是单位体积的体积流率，单位为 1/s。对于恒定的渗透系数，式 (14.1.6) 变为：

$$K_{xx}\frac{\mathrm{d}^2\phi}{\mathrm{d}x^2} + \bar{Q} = 0 \tag{14.1.7}$$

边界条件如下：

$$\phi = \phi_B \qquad 在 S_1 上 \tag{14.1.8}$$

式中，ϕ_B 表示已知边界流体压头，S_1 是已知压头的表面，并且

$$v_x^* = -K_{xx}\frac{\mathrm{d}\phi}{\mathrm{d}x} = 常数 \qquad 在 S_2 上 \tag{14.1.9}$$

式中，S_2 是指定速度 v_x^* 或已知梯度的表面。在不渗透的边界上，$v_x^*=0$。

　　将此推导与 13.1 节中一维导热问题的推导进行比较，观察到变量之间有许多相似之处。ϕ 类似于温度函数 T，v_x 类似于热流，K_{xx} 类似于导热系数。

　　现在考虑多孔介质中的二维流体流动，如图 14.2 所示。与一维情况类似，对于与整体 x 和 y 方向一致的材料性质，有：

$$\frac{\partial}{\partial x}\left(K_{xx}\frac{\partial\phi}{\partial x} \right) + \frac{\partial}{\partial y}\left(K_{yy}\frac{\partial\phi}{\partial y} \right) + \bar{Q} = 0 \tag{14.1.10}$$

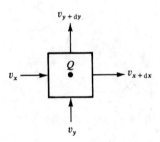

图 14.2　二维流体流动的微元体

边界条件为：

$$\phi = \phi_B \qquad 在 S_1 上 \tag{14.1.11}$$

和

$$K_{xx}\frac{\partial\phi}{\partial x}C_x + K_{yy}\frac{\partial\phi}{\partial y}C_y = 常数 \qquad 在 S_2 上 \tag{14.1.12}$$

式中，C_x 和 C_y 是表面 S_2 的单位法向向量的方向余弦，如图 13.5 所示。

14.1.2　管道中和绕固体的流体流动

　　现在考虑不可压缩和无黏流体的稳态无旋流动。对于理想流体，流体粒子不会旋转，它们只会平移，忽略流体与表面之间的摩擦。流体也不会渗入周围的物体或从物体表面分离而造成空隙。

　　流体运动方程可用流函数或速度势函数表示。使用类似于流体压头的速度势，在上一节中用于推导通过多孔介质的微分方程。将使用速度势，类似于前一小节中用于推导通过多孔介质的流体流动微分方程的流体压头。

流体的速度 v 与速度势函数 ϕ 关系为:

$$v_x = -\frac{\partial \phi}{\partial x} \quad v_y = -\frac{\partial \phi}{\partial y} \tag{14.1.13}$$

式中, v_x 和 v_y 分别是 x 和 y 方向的速度。在没有源或汇 Q 的情况下, 二维质量守恒得到如下二维微分方程:

$$\frac{\partial^2 \phi}{\partial x^2} + \frac{\partial^2 \phi}{\partial y^2} = 0 \tag{14.1.14}$$

设 $K_{xx} = K_{yy} = 1, Q = 0$ 时, 式(14.1.14)类似于式(14.1.10)。因此式(14.1.14)是式(14.1.10)的一个特殊形式。边界条件是:

$$\phi = \phi_B \qquad 在 S_1 上 \tag{14.1.15}$$

和
$$\frac{\partial \phi}{\partial x}C_x + \frac{\partial \phi}{\partial y}C_y = 常数 \qquad 在 S_2 上 \tag{14.1.16}$$

式中, C_x 和 C_y 是表面 S_2 的单位法向量 $\boldsymbol{n}$ 的方向余弦。如图 14.3 所示, 对于从管道流出的流体。式(14.1.15)表示速度势 ϕ_B 在边界面 S_1 上已知, 而式(14.1.16)表示势梯度或速度已知垂直于表面 S_2。

为了阐明 S_2 面边界条件的符号规定, 考虑流体沿 x 正方向流过管道的情况, 如图 14.4 所示。

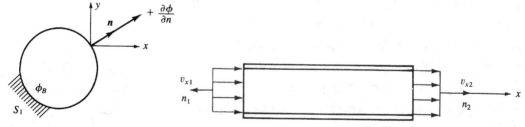

图 14.3　流体流动的边界条件　　　　　图 14.4　管道左右边界的已知速度

假设已知左边界(1)和右边界(2)的速度。根据式(14.1.13), 流体速度与速度势的关系为:

$$v_x = -\frac{\partial \phi}{\partial x}$$

假设在左边界(1) $v_x = v_{x1}$, 则

$$v_{x1} = -\frac{\partial \phi}{\partial x}$$

但是法向总以指向表面外为正。因此, 正 n_1 指向左侧, 而正 x 指向右侧, 所以有:

$$\frac{\partial \phi}{\partial n_1} = -\frac{\partial \phi}{\partial x} = v_{x1} = v_{n1}$$

假设在右边界(2) $v_x = v_{x2}$, 此时法线 n_2 和 x 方向相同。因此,

$$\frac{\partial \phi}{\partial n_2} = \frac{\partial \phi}{\partial x} = -v_{x2} = -v_{n2}$$

由此可知, 如果流体流动指向表面(区域), 像左边界那样, 那么边界流动速度是正的; 如果流体流动方向是离开表面的, 像右边界那样, 那么边界流动速度是负的。

在不渗透边界处, 流速和垂直于边界的速度势导数必须为零。在均匀或等速度的边界上, 任意大小的速度势 ϕ 均可表示为势函数的梯度, 见式(14.1.13)。例 14.3 也说明了这一点。

14.2　一维有限元方法

由于流体流动问题与传热问题具有相似性，因此可以直接推导流体流动问题的一维有限元方程。只需用流体速度势函数 ϕ 代替温度函数 T，用节点势向量 $\{p\}$ 代替节点温度向量 $\{t\}$，用流体速度 v 代替热流 q，用多孔介质渗流的渗透系数 K 代替传导系数 K。如果是管道中或绕固体的流体流动，则取 K 为 1，步骤如下。

步骤 1　选择单元类型

仍然采用两节点单元，如图 14.5 所示。节点流体压头或势用 p_1 和 p_2 表示。

步骤 2　选择势函数

选择势函数 ϕ 的方式与 13.4 节中选择温度函数的方式类似，如下所示：

$$\phi = N_1 p_1 + N_2 p_2 \tag{14.2.1}$$

式中，p_1 和 p_2 是待确定的节点势（或是渗流问题中的流体压头），并且

$$N_1 = 1 - \frac{x}{L} \quad N_2 = \frac{x}{L} \tag{14.2.2}$$

上式与温度单元的形函数相同。因此矩阵 $[N]$ 为：

$$[N] = \left[1 - \frac{x}{L} \quad \frac{x}{L} \right] \tag{14.2.3}$$

步骤 3　定义梯度-势和速度-梯度关系

水力梯度矩阵 $\{g\}$ 由下式给出：

$$\{g\} = \left\{ \frac{\mathrm{d}\phi}{\mathrm{d}x} \right\} = [B]\{p\} \tag{14.2.4}$$

式中的 $[B]$ 与式（13.4.7）相同，为：

$$[B] = \left[-\frac{1}{L} \quad \frac{1}{L} \right] \tag{14.2.5}$$

和

$$\{p\} = \left\{ \begin{matrix} p_1 \\ p_2 \end{matrix} \right\} \tag{14.2.6}$$

基于达西定律的速度-梯度关系为：

$$v_x = -[D]\{g\} \tag{14.2.7}$$

式中，材料属性矩阵为：

$$[D] = [K_{xx}] \tag{14.2.8}$$

用 K_{xx} 表示多孔介质在 x 方向上的渗透率。表 14.1 列出了一些粒状材料的典型渗透率。当 $K > 10^{-1}$ cm/s 时，为高渗透率；当 $K < 10^{-7}$ cm/s，材料可近似认为是不可渗透的。对于管道中或绕固体的理想流动，取 $K = 1$。

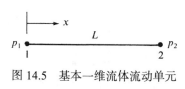

图 14.5　基本一维流体流动单元

表 14.1　多孔材料的渗透率

材料	$K(\mathrm{cm/s})$
黏土	1×10^{-8}
砂质黏土	1×10^{-3}
渥太华砂	$2\sim3\times10^{-2}$
粗砾	1

步骤 4　推导单元刚度矩阵和方程

流体流动问题有一个刚度矩阵，可以用式 (13.4.17) 右侧的第一项来推导。也就是说，流体流动刚度矩阵类似于传热问题中刚度矩阵的传导部分，但没有对应的热流部分。此处采用的直接法与第 3 章中最初用于建立杆单元刚度矩阵的方法类似。

考虑图 14.6 所示的流体单元，长度为 L，横截面积为 A。在结构问题中，刚度矩阵定义为节点力与节点位移的关系；在温度问题中，定义为节点热流率与节点温度的关系；在流体流动问题中，定义为节点体积流率与节点势或流体压头的关系 $\{f\}=[k]\{p\}$。因此，

$$f = v^*A \tag{14.2.9}$$

定义体积流率 f，单位为 $\mathrm{m^3/s}$。将式 (14.2.7) 和式 (14.2.8) 代入式 (14.2.9)，得到其标量形式：

$$f = -K_{xx}Ag \ \mathrm{m^3/s} \tag{14.2.10}$$

图 14.6　节点速度作用下的流体单元

基于式 (14.2.4) 和式 (14.2.5)，g 的显式形式为：

$$g = \frac{p_2 - p_1}{L} \tag{14.2.11}$$

在节点 1 和节点 2 处应用式 (14.2.10) 和式 (14.2.11)，得到：

$$f_1 = -K_{xx}A\frac{p_2 - p_1}{L} \tag{14.2.12}$$

和

$$f_2 = K_{xx}A\frac{p_2 - p_1}{L} \tag{14.2.13}$$

式中的 f_1 指向单元，表示流体流入单元(p_1 必须大于 p_2 才能推动流体通过单元，从而使得 f_1 为正)，而 f_2 离开单元，表示流体从单元流出；因此，式 (14.2.13) 中的负号变为正号。以矩阵形式表示式 (14.2.12) 和式 (14.2.13)，得到：

$$\begin{Bmatrix} f_1 \\ f_2 \end{Bmatrix} = \frac{AK_{xx}}{L}\begin{bmatrix} 1 & -1 \\ -1 & 1 \end{bmatrix}\begin{Bmatrix} p_1 \\ p_2 \end{Bmatrix} \tag{14.2.14}$$

在多孔介质中流动的刚度矩阵为：

$$[k] = \frac{AK_{xx}}{L}\begin{bmatrix} 1 & -1 \\ -1 & 1 \end{bmatrix} \ \mathrm{m^2/s} \tag{14.2.15}$$

式 (14.2.15) 与导热单元的方程 (13.4.20) 相似，也与一维 (轴向应力) 杆单元的方程 (3.1.14) 相似。渗透率或刚度矩阵的单位为 $\mathrm{m^2}$。

一般而言，基本单元可以有内部源或汇，例如泵；或者有表面边缘流率，例如来自河流或溪流。为了包括上述或者类似因素，为图 14.6 中的单元增加作用于整个单元的均匀内部源

Q 和作用于表面的均匀表面流率源 q^*，如图 14.7 所示。力矩阵项是：

$$\{f_Q\} = \iiint_V [N]^T Q\,dV = \frac{QAL}{2}\begin{Bmatrix}1\\1\end{Bmatrix}\ \text{m}^3/\text{s} \tag{14.2.16}$$

式中，Q 的单位为 $\text{m}^3/(\text{m}^3\cdot\text{s})$ 或 $1/\text{s}$，并且

$$\{f_q\} = \iint_{S^2} q^*[N]^T\,dS = \frac{q^*Lt}{2}\begin{Bmatrix}1\\1\end{Bmatrix}\ \text{m}^3/\text{s} \tag{14.2.17}$$

式中，q^* 的单位为 m/s。式 (14.2.16) 和式 (14.2.17) 表明，单位体积的均匀体积流率 Q（源为正，汇为负）分配给每个节点，表面流率的一半（源为正）分配给每个节点。

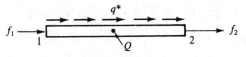

图 14.7　体积流率的其他来源

步骤 5　组合单元方程，得到总体方程，并引入边界条件

组合后的总刚度矩阵 $[K]$、总力矩阵 $\{F\}$ 和总方程组为：

$$[K] = \sum [k^{(e)}] \qquad \{F\} = \sum \{f^{(e)}\} \tag{14.2.18}$$

和

$$\{F\} = [K]\{p\} \tag{14.2.19}$$

组合过程类似于直接刚度法，但要确保两个单元之间公共节点处的势相等。节点势的边界条件由式 (14.1.15) 给出。

步骤 6　求节点势

求解总体节点势 $\{p\}$，其中式 (14.1.15) 为指定的节点势边界条件。

步骤 7　求解单元速度和体积流率

最后，根据式 (14.2.7) 计算单元速度，根据下式计算体积流率 Q_f：

$$Q_f = (v)(A)\ \text{m}^3/\text{s} \tag{14.2.20}$$

例 14.1　求：(a) 沿粗砾质介质长度方向的流体压头分布，如图 14.8 所示；(b) 上部的速度；(c) 上部的体积流率。顶部的流体压头为 200 mm，底部是 20 mm。渗透率 $K_{xx} = 10\ \text{mm/s}$，横截面积为 $A = 400\ \text{mm}^2$。

解　有限元离散化如图 14.9 所示。为简单起见，使用三个单元，每个单元长 400 mm。计算每个单元的刚度矩阵如下：

$$\frac{AK_{xx}}{L} = \frac{(400\ \text{mm}^2)(10\ \text{mm/s})}{200\ \text{mm}} = 20\ \text{mm}^2/\text{s}$$

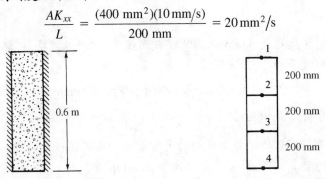

图 14.8　多孔介质中的一维流体流动　　　图 14.9　多孔介质的有限元离散模型

对于单元 1、2 和 3，使用式(14.2.15)，得到：

$$[k^{(1)}] = [k^{(2)}] = [k^{(3)}] = 20 \begin{bmatrix} 1 & -1 \\ -1 & 1 \end{bmatrix} \text{ mm}^2/\text{s} \qquad (14.2.21)$$

使用式(14.2.16)和式(14.2.17)得到单元力。然而，在这个例子中 $Q = 0$（无源或汇），$q^* = 0$（表面无流速）。因此，

$$\{f^{(1)}\} = \{f^{(2)}\} = \{f^{(3)}\} = 0 \qquad (14.2.22)$$

由式(14.2.21)组装单元刚度矩阵，得到以下方程组：

$$20 \begin{bmatrix} 1 & -1 & 0 & 0 \\ -1 & 2 & -1 & 0 \\ 0 & -1 & 2 & -1 \\ 0 & 0 & -1 & 1 \end{bmatrix} \begin{Bmatrix} p_1 \\ p_2 \\ p_3 \\ p_4 \end{Bmatrix} = \begin{Bmatrix} 0 \\ 0 \\ 0 \\ 0 \end{Bmatrix} \qquad (14.2.23)$$

已知节点流体压头边界条件是 $p_1 = 200 \text{ mm}$ 和 $p_4 = 20 \text{ mm}$，可利用应力分析和传热问题中介绍的方法处理这些非均匀边界条件。修改刚度（渗透率）矩阵和力矩阵如下：

$$\begin{bmatrix} 1 & 0 & 0 & 0 \\ 0 & 40 & -20 & 0 \\ 0 & -20 & 40 & 0 \\ 0 & 0 & 0 & 1 \end{bmatrix} \begin{Bmatrix} p_1 \\ p_2 \\ p_3 \\ p_4 \end{Bmatrix} = \begin{Bmatrix} 200 \\ 4000 \\ 400 \\ 20 \end{Bmatrix} \qquad (14.2.24)$$

其中，刚度矩阵的第 1、4 行和列中的项与已知流体压头 $p_1 = 200 \text{ mm}$ 和 $p_4 = 20 \text{ mm}$ 对应，除主对角线项被设为 1，其他项设为 0。力矩阵的第 1 行和第 4 行被设置为等于节点 1 和节点 4 处的已知节点流体压头的值。此外，式(14.2.24)中第二个方程左侧的 $(-20) \times (200 \text{ mm}) = -4000 \text{ mm}$ 和第三个方程左侧的 $(-20) \times (20 \text{ mm}) = -400 \text{ mm}$ 被移到第 2 行和第 3 行的右侧（+4000 和 +400）。求解式(14.2.24)的第二个和第三个方程。得到：

$$p_2 = 140 \text{ mm} \quad p_3 = 80 \text{ mm} \qquad (14.2.25)$$

接下来，用式(14.2.7)来确定单元 1 中的流体速度：

$$v_x^{(1)} = -K_{xx}[B]\{p^{(1)}\} \qquad (14.2.26)$$

$$= -K_{xx} \begin{bmatrix} -\dfrac{1}{L} & \dfrac{1}{L} \end{bmatrix} \begin{Bmatrix} p_1 \\ p_2 \end{Bmatrix} \qquad (14.2.27)$$

或

$$v_x^{(1)} = 3 \text{ mm/s} \qquad (14.2.28)$$

可以验证其他单元的速度也是 3 mm/s，因为横截面恒定，材料性质均匀。然后，使用式(14.2.20)确定单元 1 中的体积流率 Q_f，如下所示：

$$Q_f = vA = (3 \text{ mm/s})(400 \text{ mm}^2) = 1200 \text{ mm}^3/\text{s} \qquad (14.2.29)$$

该体积流率在整个介质上是恒定的。

　　例 14.2　对于图 14.10 所示的变截面的光滑管道，确定连接处的势、管道各部分的速度和体积流率。左端的势 $p_1 = 10 \text{ m}^2/\text{s}$，右端的势 $p_4 = 1 \text{ m}^2/\text{s}$。

　　解　流体流过光滑的管道，$K_{xx} = 1$。管道已离散为三个单元和四个节点，如图 14.11 所

示。由式(14.2.15)得到单元刚度矩阵为:

$$[k^{(1)}] = \frac{3}{1}\begin{bmatrix} 1 & -1 \\ -1 & 1 \end{bmatrix}\text{m} \quad [k^{(2)}] = \frac{2}{1}\begin{bmatrix} 1 & -1 \\ -1 & 1 \end{bmatrix}\text{m} \quad [k^{(3)}] = \frac{1}{1}\begin{bmatrix} 1 & -1 \\ -1 & 1 \end{bmatrix}\text{m} \quad (14.2.30)$$

式中,对于管道中的流体流动,$[k]$ 的单位是 m。

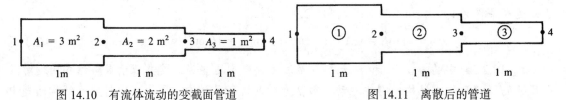

图 14.10　有流体流动的变截面管道　　　　　　图 14.11　离散后的管道

由于没有流体源,因此 $\{f^{(1)}\} = \{f^{(2)}\} = \{f^{(3)}\} = 0$。组合单元刚度矩阵得到以下方程组:

$$\begin{bmatrix} 3 & -3 & 0 & 0 \\ -3 & 5 & -2 & 0 \\ 0 & -2 & 3 & -1 \\ 0 & 0 & -1 & 1 \end{bmatrix}\begin{Bmatrix} 10 \\ p_2 \\ p_3 \\ 1 \end{Bmatrix} = \begin{Bmatrix} 0 \\ 0 \\ 0 \\ 0 \end{Bmatrix}\frac{\text{m}^3}{\text{s}} \quad (14.2.31)$$

求解式(14.2.31)得到 p_2 和 p_3:

$$p_2 = 8.365 \ \text{m}^2/\text{s} \quad p_3 = 5.91 \ \text{m}^2/\text{s} \quad (14.2.32)$$

利用式(14.2.7)和式(14.2.20),计算每个单元中的速度和体积流率:

$$v_x^{(1)} = -[B]\{p^{(1)}\}$$

$$= -\begin{bmatrix} -\dfrac{1}{L} & \dfrac{1}{L} \end{bmatrix}\begin{Bmatrix} 10 \\ 8.365 \end{Bmatrix}$$

$$= 1.635 \ \text{m/s}$$

$$Q_f^{(1)} = Av_x^{(1)} = 3(1.635) = 4.91 \ \text{m}^3/\text{s}$$

$$v_x^{(2)} = -(-8.365 + 5.91) = 2.455 \ \text{m/s}$$

$$Q_f^{(2)} = 2.455(2) = 4.91 \ \text{m}^3/\text{s}$$

$$v_x^{(3)} = -(-5.91 + 1) = 4.91 \ \text{m/s}$$

$$Q_f^{(3)} = 4.91(1) = 4.91 \ \text{m}^3/\text{s}$$

势在左边较高,向右逐渐减小,表明速度方向向右。由于质量守恒,整个管道的体积流率是恒定的。

下面求解一个流体流动问题,其中边界条件流体速度已知,p 项未知。

例 14.3　对于图 14.12 中离散后的光滑管道,有 $4\,\text{cm}^2$ 的均匀横截面,确定中心和右端的流速,已知左端的流速 $v_x = 4\,\text{cm/s}$。

解　使用式(14.2.15),单元刚度矩阵为:

$$[k^{(1)}] = \frac{1}{10}\begin{bmatrix} 1 & -1 \\ -1 & 1 \end{bmatrix}\text{cm} \quad [k^{(2)}] = \frac{1}{10}\begin{bmatrix} 1 & -1 \\ -1 & 1 \end{bmatrix}\text{cm} \quad (14.2.33)$$

式中,对于管道中的流体流动,$[k]$ 的单位是 cm,并且 $K_{xx} = 0.5 \ \text{cm/s}$。

组合单元刚度矩阵得到下列方程：

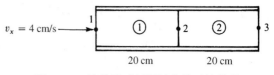

$$\frac{1}{10}\begin{bmatrix} 1 & -1 & 0 \\ -1 & 2 & -1 \\ 0 & -1 & 1 \end{bmatrix}\begin{Bmatrix} p_1 \\ p_2 \\ p_3 \end{Bmatrix} = \begin{Bmatrix} f_1 \\ f_2 \\ f_3 \end{Bmatrix} \qquad (14.2.34)$$

图 14.12　流体流动问题的离散后的管道

已知边界条件为 $v_x = 4$ cm/s，根据式 (14.2.9)，得到：

$$f_1 = v_1 A = (4 \text{ cm/s})(4 \text{ cm}^2) = 16 \text{ cm}^3/\text{s} \qquad (14.2.35)$$

由于式 (14.2.34) 中的 p_1，p_2 和 p_3 未知，无法直接确定这些势。这类似于求解结构问题时没有足够的位移来阻止结构的刚体运动。第 2 章对此进行了讨论。因为 p 项对应于结构问题中的位移，所以必须至少指定一个 p 值才能求解。按以下步骤进行。为 p_3 选择一个便于计算的值(例如设 $p_3 = 0$)(速度是 p 项的导数或微分的函数，因此 $p_3 = 0$ 是可以接受的)。于是未知量 p_1 和 p_2 将基于 $p_3 = 0$ 进行求解。因此，由式 (14.2.34) 的前两行，得到：

$$\frac{1}{10}\begin{bmatrix} 1 & -1 \\ -1 & 2 \end{bmatrix}\begin{Bmatrix} p_1 \\ p_2 \end{Bmatrix} = \begin{Bmatrix} 16 \\ 0 \end{Bmatrix} \qquad (14.2.36)$$

式中，由式 (14.2.35) 得到 $f_1 = 16$ cm³/s，由于节点 2 没有流体力，因此 $f_2 = 0$。

求解式 (14.2.36)，得到：

$$p_1 = 320 \quad p_2 = 160 \qquad (14.2.37)$$

它们不是 p_1 和 p_2 的绝对值，而是相对于 p_3 的。每个单元中的流体速度都是绝对值，因为速度取决于 p 的微分。无论选择的 p_3 的值是什么，微分都是相同的。可以令 $p_3 = 80$，重新求解速度来验证这一点。[会发现 $p_1 = 400$ 和 $p_2 = 240$ 以及与式 (14.2.38) 中相同的 v 项。]

$$v_x^{(1)} = -\begin{bmatrix} -\dfrac{1}{L} & \dfrac{1}{L} \end{bmatrix}\begin{Bmatrix} 320 \\ 160 \end{Bmatrix} = 4 \text{ cm/s} \qquad (14.2.38)$$

和

$$v_x^{(2)} = -\begin{bmatrix} -\dfrac{1}{L} & \dfrac{1}{L} \end{bmatrix}\begin{Bmatrix} 160 \\ 0 \end{Bmatrix} = 4 \text{ cm/s}$$

14.2.1　液压网络中的流体流动

建筑物、工业厂房、农田灌溉管网、市政供水系统和发电厂中常见的液压网络或管网也可以使用有限元法进行分析。这些网络中的压力流动可用线性方程组来描述。如图 14.13 所示，在这些网络中，流体流动源(体积流量) Q (单位为 m³/s)迫使流体通过管网。当流体流经每个支管时，每个支管中都有阻力，通常是流体黏度 μ (单位为 N·s/m²，一个典型的 μ 值为 1.002×10^{-6} N·s/m²，是水在 20℃下的值)、支管长度、管道直径、管内平均流速和摩擦系数的函数。这些因素导致流体通过支管后的压降。假设流体是层流，是不可压缩的，并且处于稳定状态，网格分支中的压降 Δp (单位为 N/m²)与该支管的体积流率 q (单位为 m³/s)成比例，因此根据泊肃叶(Poiseuille)定律：

$$\Delta p = Rq \qquad (14.2.39)$$

其中，R 是支管阻力系数，单位为 N·s/m⁵。对于流经长圆管的流量，用 $R = 128\mu L / (\pi d^4)$ 给

出了预测 R 的典型方程，其中 L 是支管的长度，d 是管径，两者的单位与 p 和 q 的单位一致。

用于模拟网络分支的基本单元如图 14.14 所示，与弹簧单元类似。

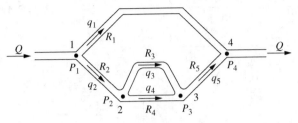

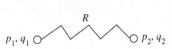

图 14.13　典型管网〔由五个支管组成，1-4、1-2、2-3U、2-3L　　图 14.14　显示节点压力和流率
　　　　　和 3-4（其中 U 和 L 代表节点 2 和 3 之间的上下支管）〕　　　　　的基本分支阻力单元

使用式(14.2.39)，通过矩阵方程将体积流率与每个节点处的压力联系起来，如下所示：

$$\frac{1}{R}\begin{bmatrix} 1 & -1 \\ -1 & 1 \end{bmatrix}\begin{Bmatrix} p_1 \\ p_2 \end{Bmatrix} = \begin{Bmatrix} q_1 \\ q_2 \end{Bmatrix} \tag{14.2.40}$$

式(14.2.40)考虑了节点压力和体积流量之间的单元平衡关系。管道阻力的刚度矩阵可定义为关联节点体积流率与节点压力的矩阵。根据式(14.2.40)，单元刚度矩阵为：

$$[k] = \frac{1}{R}\begin{bmatrix} 1 & -1 \\ -1 & 1 \end{bmatrix} \tag{14.2.41}$$

管阻单元和第 2 章的弹簧单元类比如下：节点压力类似于节点位移，节点体积流率类似于节点力，阻力 R 类似于弹簧常数 k 的倒数。

对图 14.13 中的每个分支使用式(14.2.39)以及流动连续性，流动连续性要求单位时间内流经各截面的流体质量必须相同。对于具有恒定密度的单流体性质管网，这相当于管道两个不同横截面有 $Q_1 = Q_2$。在该网格中，假设节点 1、2 和 3 处的压力未知，并采用 0 作为节点 4 处的基础压力。

首先使用式(14.2.39)来表示每个支管（单元）中的流率，如下所示：

支管1-4：$q_1 = \dfrac{p_1 - 0}{R_1}$　　　　　支管1-2：$q_2 = \dfrac{p_1 - p_2}{R_2}$

支管2-3U：$q_2 = \dfrac{p_2 - p_3}{R_3}$　　　　支管2-3L：$q_4 = \dfrac{p_2 - p_3}{R_4}$ $\tag{14.2.42}$

支管3-4：$q_3 = \dfrac{p_3 - 0}{R_5}$

由流动方程的连续性可得：

在节点1：　　$Q = q_1 + q_2$
在节点2：　　$q_2 = q_3 + q_4$ $\tag{14.2.43}$
在节点3：　　$q_3 + q_4 = q_5$

注意由流动连续性可知，$q_2 = q_5$。

将式(14.2.42)代入式(14.2.43)得到以下方程组：

在节点1：$\quad Q = \dfrac{p_1 - 0}{R_1} + \dfrac{p_1 - p_2}{R_2}$

在节点2：$\quad \dfrac{p_1 - p_2}{R_2} = \dfrac{p_2 - p_3}{R_3} + \dfrac{p_2 - p_3}{R_4}$　　　　(14.2.44)

在节点3：$\quad \dfrac{p_3}{R_5} = \dfrac{p_2 - p_3}{R_3} + \dfrac{p_2 - p_3}{R_4}$

将式(14.2.44)表示为矩阵形式：

$$
\begin{bmatrix}
\dfrac{1}{R_1} + \dfrac{1}{R_2} & -\dfrac{1}{R_2} & 0 \\[2ex]
-\dfrac{1}{R_2} & \dfrac{1}{R_3} + \dfrac{1}{R_4} + \dfrac{1}{R_2} & -\dfrac{1}{R_3} - \dfrac{1}{R_4} \\[2ex]
0 & -\dfrac{1}{R_3} - \dfrac{1}{R_4} & \dfrac{1}{R_3} + \dfrac{1}{R_4} + \dfrac{1}{R_5}
\end{bmatrix}
\begin{Bmatrix} p_1 \\[1ex] p_2 \\[1ex] p_3 \end{Bmatrix}
=
\begin{Bmatrix} Q \\[1ex] 0 \\[1ex] 0 \end{Bmatrix}
\qquad (14.2.45)
$$

下面将使用直接刚度法得到与式(14.2.45)相同的线性方程组。对于每个单元支管的刚度矩阵，由式(14.2.41)可得：

$$
[k^{(1)}] = \frac{1}{R_1} \begin{array}{cc} {\scriptstyle 1} & {\scriptstyle 4} \\ \begin{bmatrix} 1 & -1 \\ -1 & 1 \end{bmatrix} \end{array}
\qquad
[k^{(2)}] = \frac{1}{R_2} \begin{array}{cc} {\scriptstyle 1} & {\scriptstyle 2} \\ \begin{bmatrix} 1 & -1 \\ -1 & 1 \end{bmatrix} \end{array}
\qquad
[k^{(3)}] = \frac{1}{R_3} \begin{array}{cc} {\scriptstyle 2} & {\scriptstyle 3} \\ \begin{bmatrix} 1 & -1 \\ -1 & 1 \end{bmatrix} \end{array}
$$

(14.2.46)

$$
[k^{(4)}] = \frac{1}{R_4} \begin{array}{cc} {\scriptstyle 2} & {\scriptstyle 3} \\ \begin{bmatrix} 1 & -1 \\ -1 & 1 \end{bmatrix} \end{array}
\qquad
[k^{(5)}] = \frac{1}{R_5} \begin{array}{cc} {\scriptstyle 3} & {\scriptstyle 4} \\ \begin{bmatrix} 1 & -1 \\ -1 & 1 \end{bmatrix} \end{array}
$$

式(14.2.46)中的上标表示支管单元。也就是说，单元1是从节点1到节点4，单元2是从节点1到节点2，单元3是从节点2到节点3的上段管道，单元4是从节点2到节点3的下段管道，单元5是从节点3到节点4。利用式(14.2.46)的刚度矩阵和直接刚度法，组合总体刚度矩阵和方程，得到：

$$
\begin{bmatrix}
\dfrac{1}{R_1} + \dfrac{1}{R_2} & -\dfrac{1}{R_2} & 0 \\[2ex]
-\dfrac{1}{R_2} & \dfrac{1}{R_2} + \dfrac{1}{R_3} + \dfrac{1}{R_4} & -\dfrac{1}{R_3} - \dfrac{1}{R_4} \\[2ex]
0 & -\dfrac{1}{R_3} - \dfrac{1}{R_4} & \dfrac{1}{R_3} + \dfrac{1}{R_4} + \dfrac{1}{R_5}
\end{bmatrix}
\begin{Bmatrix} p_1 \\[1ex] p_2 \\[1ex] p_3 \end{Bmatrix}
=
\begin{Bmatrix} Q \\[1ex] 0 \\[1ex] 0 \end{Bmatrix}
\qquad (14.2.47)
$$

其中，Q 类似于节点1处施加的总体力。

比较式(14.2.47)和式(14.2.45)，发现它们是相同的。

例14.4　图14.13所示的管网，$R_1 = 10$，$R_2 = 5$，$R_3 = 2$，$R_4 = 3$，$R_5 = 5$，单位为 N·s/m^5。设节点4处的压力为零，$Q = 0.5 \ \text{m}^3/\text{s}$。求节点1、2和3处的压力。采用直接刚度法求解。

解　根据式(14.2.46)，单元刚度矩阵为：

$$
[k^{(1)}] = \frac{1}{10} \begin{array}{cc} {\scriptstyle 1} & {\scriptstyle 4} \\ \begin{bmatrix} 1 & -1 \\ -1 & 1 \end{bmatrix} \end{array}
\qquad
[k^{(2)}] = \frac{1}{5} \begin{array}{cc} {\scriptstyle 1} & {\scriptstyle 2} \\ \begin{bmatrix} 1 & -1 \\ -1 & 1 \end{bmatrix} \end{array}
\qquad
[k^{(3)}] = \frac{1}{2} \begin{array}{cc} {\scriptstyle 2} & {\scriptstyle 3} \\ \begin{bmatrix} 1 & -1 \\ -1 & 1 \end{bmatrix} \end{array}
$$

$$\begin{array}{cc} & \begin{matrix} 2 & 3 \end{matrix} \\ [k^{(4)}] = \dfrac{1}{3}\begin{bmatrix} 1 & -1 \\ -1 & 1 \end{bmatrix} \end{array} \quad \begin{array}{cc} & \begin{matrix} 3 & 4 \end{matrix} \\ [k^{(5)}] = \dfrac{1}{5}\begin{bmatrix} 1 & -1 \\ -1 & 1 \end{bmatrix} \end{array} \tag{14.2.48}$$

使用直接刚度法或式(14.2.47)，组合总体刚度矩阵和总体方程：

$$\begin{bmatrix} \dfrac{1}{10}+\dfrac{1}{5} & -\dfrac{1}{5} & 0 \\ -\dfrac{1}{5} & \dfrac{1}{2}+\dfrac{1}{3}+\dfrac{1}{5} & -\dfrac{1}{2}-\dfrac{1}{3} \\ 0 & -\dfrac{1}{2}-\dfrac{1}{3} & \dfrac{1}{2}+\dfrac{1}{3}+\dfrac{1}{5} \end{bmatrix} \begin{Bmatrix} p_1 \\ p_2 \\ p_3 \end{Bmatrix} = \begin{Bmatrix} 0.5 \\ 0 \\ 0 \end{Bmatrix} \tag{14.2.49}$$

其中，节点 1 处的总体节点体积流率 $Q_1 = 0.5\ \text{m}^3/\text{s}$。节点 2 和 3 处没有体积流率。因此 $Q_2 = Q_3 = 0$

求解方程(14.2.49)，得到节点压力为：

$$p_1 = 2.642\ \text{N/m}^2 \qquad p_2 = 1.462\ \text{N/m}^2 \qquad p_3 = 1.179\ \text{N/m}^2 \tag{14.2.50}$$

最后需要明确，本节中提出的假设并不总是适用于实际管网系统。复杂的管网通常由带有管网配件的管道组成，如弯头、三通、收缩物、膨胀管、阀门和泵。此外，流动可能并不总是层流和稳态。大量程序(参见参考文献[6, 7, 8])被开发来处理这些额外的问题。

14.3　二维有限元方程描述

由于许多流体流动问题可以模拟为二维问题，现推导适用于此类问题的有限元方程并给出例题。

步骤 1

图 14.15 中的三节点三角形单元是求解二维流体流动问题的基本单元。

步骤 2

势函数是：

$$[\phi] = [N_i\ N_j\ N_m] \begin{Bmatrix} p_i \\ p_j \\ p_m \end{Bmatrix} \tag{14.3.1}$$

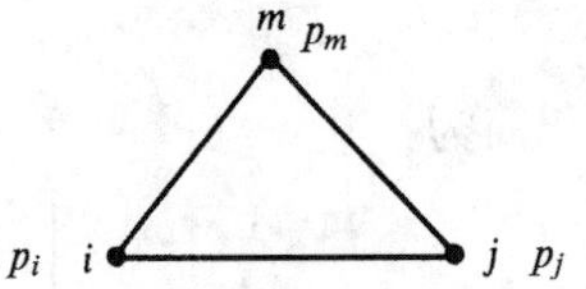

图 14.15　带节点势的基本三角形单元

式中，p_i，p_j 和 p_m 是节点势(对于地下水流，ϕ 是测压流体压头函数，p 项为节点压头)，形函数由式(6.2.18)或式(13.5.2)给出：

$$N_i = \frac{1}{2A}(\alpha_i + \beta_i x + \gamma_i y) \tag{14.3.2}$$

N_j 和 N_m 的表达式相似。α 项、β 项和 γ 项由式(6.2.10)定义。

步骤 3

梯度矩阵 $\{g\}$ 由下式给出：

$$\{g\} = [B]\{p\} \tag{14.3.3}$$

式中，$[B]$ 由下式给出：

$$[B] = \frac{1}{2A}\begin{bmatrix} \beta_i & \beta_j & \beta_m \\ \gamma_i & \gamma_j & \gamma_m \end{bmatrix} \tag{14.3.4}$$

并且

$$\{g\} = \begin{Bmatrix} g_x \\ g_y \end{Bmatrix} \tag{14.3.5}$$

而且

$$g_x = \frac{\partial \phi}{\partial x} \quad g_y = \frac{\partial \phi}{\partial y} \tag{14.3.6}$$

速度-梯度的关系矩阵为：

$$\begin{Bmatrix} v_x \\ v_y \end{Bmatrix} = -[D]\{g\} \tag{14.3.7}$$

其中材料性质矩阵为：

$$[D] = \begin{bmatrix} K_{xx} & 0 \\ 0 & K_{yy} \end{bmatrix} \tag{14.3.8}$$

K 项是多孔介质在 x 和 y 方向上的渗透率(对于渗流问题)。流体绕固体或在光滑管道中流动，$K_{xx} = K_{yy} = 1$。

步骤 4

单元刚度矩阵如下：

$$[k] = \iiint_V [B]^{\mathrm{T}}[D][D]\mathrm{d}V \tag{14.3.9}$$

假设单元为等厚度(t)的三角形单元，且被积项为常数，则

$$[k] = tA[B]^{\mathrm{T}}[D][B] \ \mathrm{m}^2/\mathrm{s} \tag{14.3.10}$$

可以化简为：

$$[k] = \frac{tK_{xx}}{4A}\begin{bmatrix} \beta_i^2 & \beta_i\beta_j & \beta_i\beta_m \\ \beta_i\beta_j & \beta_j^2 & \beta_j\beta_m \\ \beta_i\beta_m & \beta_j\beta_m & \beta_m^2 \end{bmatrix} + \frac{tK_{yy}}{4A}\begin{bmatrix} \gamma_i^2 & \gamma_i\gamma_j & \gamma_i\gamma_m \\ \gamma_i\gamma_j & \gamma_j^2 & \gamma_j\gamma_m \\ \gamma_i\gamma_m & \gamma_j\gamma_m & \gamma_m^2 \end{bmatrix} \tag{14.3.11}$$

整个单元上每单位体积的恒定体积流率的力矩阵是：

$$\{f_Q\} = \iiint_V Q[N]^{\mathrm{T}}\,\mathrm{d}V = Q\iiint_V [N]^{\mathrm{T}}\,\mathrm{d}V \tag{14.3.12}$$

计算式(14.3.12)得到：

$$\{f_Q\} = \frac{QV}{3}\begin{Bmatrix} 1 \\ 1 \\ 1 \end{Bmatrix}\frac{\mathrm{m}^3}{\mathrm{s}} \tag{14.3.13}$$

第二个力矩阵是：

$$\{f_q\} = \iint\limits_{S_2} q^* [N]^T \, dS = \iint\limits_{S_2} q^* \begin{Bmatrix} N_i \\ N_j \\ N_m \end{Bmatrix} dS \tag{14.3.14}$$

化简得：

$$\{f_q\} = \frac{q^* L_{i-j} t}{2} \begin{Bmatrix} 1 \\ 1 \\ 0 \end{Bmatrix} \frac{m^3}{s} \quad 在 \, i\text{-}j \, 一侧 \tag{14.3.15}$$

在 j-m 和 m-i 两侧有相似的项 [参见式 (13.5.19) 和式 (13.5.20)]。其中，L_{i-j} 是单元 i-j 侧的长度，q^* 是假定的恒定表面流率。如果流体流入单元，Q 和 q^* 都是正值。Q 和 q^* 的单位是 $m^3/(m^3 \cdot s)$ 和 m/s。总体力矩阵是 $\{f_Q\}$ 和 $\{f_q\}$ 的和。

例 14.5 对于图 14.16 所示的二维沙土区域，确定势的分布。左侧的势（流体压头）为 10.0 m，右侧为 0.0 m。上下边缘是不渗透的。渗透率为 $K_{xx} = K_{yy} = 25 \times 10^{-5}$ m/s。假设厚度为单位厚度。

有限元模型如图 14.16 所示。为了便于手算，只使用四个大小相等的三角形单元。为了提高结果的准确性，需要细分网格。本例的分析对象坐标值与图 13.25 相同。因此，总刚度矩阵由式 (13.5.40) 给出，如下：

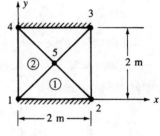

图 14.16　二维多孔介质

$$[K] = \begin{bmatrix} 25 & 0 & 0 & 0 & -25 \\ 0 & 25 & 0 & 0 & -25 \\ 0 & 0 & 25 & 0 & -25 \\ 0 & 0 & 0 & 25 & -25 \\ -25 & -25 & -25 & -25 & 100 \end{bmatrix} \times 10^{-5} \frac{m^2}{s} \tag{14.3.16}$$

因为 $Q = 0$ 和 $q^* = 0$，所以力矩阵为零。应用边界条件，得到：

$$p_1 = p_4 = 10.0 \, m \quad p_2 = p_3 = 0$$

组合后的总体方程组为：

$$10^{-5} \begin{bmatrix} 25 & 0 & 0 & 0 & -25 \\ 0 & 25 & 0 & 0 & -25 \\ 0 & 0 & 25 & 0 & -25 \\ 0 & 0 & 0 & 25 & -25 \\ -25 & -25 & -25 & -25 & 100 \end{bmatrix} \begin{Bmatrix} 10 \\ 0 \\ 0 \\ 10 \\ p_5 \end{Bmatrix} = \begin{Bmatrix} 0 \\ 0 \\ 0 \\ 0 \\ 0 \end{Bmatrix} \tag{14.3.17}$$

解式 (14.3.17) 的第五个方程，得到：

$$p_5 = 5 \, m$$

使用式 (14.3.7) 和式 (14.3.3) 得到单元 2 中的速度为：

$$\begin{Bmatrix} v_x^{(2)} \\ v_y^{(2)} \end{Bmatrix} = - \begin{bmatrix} 25 & 0 \\ 0 & 25 \end{bmatrix} \times 10^{-5} \frac{1}{2A} \begin{bmatrix} -1 & 2 & -1 \\ -1 & 0 & 1 \end{bmatrix} \begin{Bmatrix} p_1 \\ p_5 \\ p_4 \end{Bmatrix} \tag{14.3.18}$$

式中，$\beta_1 = -1$，$\beta_5 = 2$，$\beta_4 = -1$，$\gamma_1 = -1$，$\gamma_5 = 0$，$\gamma_4 = 1$由式(13.5.24)得到。化简式(14.3.18)，得到：

$$v_x^{(2)} = 125 \times 10^{-5} \text{ m/s} \quad v_y^{(2)} = 0$$

例如，由泵产生的线或点流体源可以按照 13.6 节中所述的热源处理方式进行处理。在创建离散的有限元模型时，如果源在节点上，则可以将源加在总体力矩阵中与节点总体自由度相对应的行上。如果源在单元中，可以使用 13.6 节中的方法将源分配给适当节点，如下例所示。

例 14.6   以 $Q^* = 6500 \text{ m}^2/\text{h}$ 抽取流体的泵，位于图 14.17 所示的单元内部，坐标为 $(5, 2)$。所有节点坐标均以米(m)为单位。假定单位厚度 $t = 1 \text{ mm}$。求 Q^* 分配给每个节点的量。

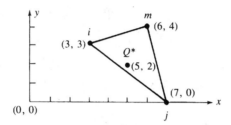

图 14.17   泵位于单元内的三角形单元

本例中数值的大小与例 13.8 相同。因此，形函数与式(13.6.7)相同。计算在 $x = 5 \text{ m}$，$y = 2 \text{ m}$ 处的源时，形函数与式(13.6.8)相同。使用式(13.6.3)，得到分配给每个节点的 Q^* 量或等效力矩阵：

$$\left\{ \begin{array}{c} f_{Qi} \\ f_{Qj} \\ f_{Qm} \end{array} \right\} = Q^* t \left\{ \begin{array}{c} N_i \\ N_j \\ N_m \end{array} \right\} \Bigg|_{\substack{x = x_0 = 5 \text{ m} \\ y = y_0 = 2 \text{ m}}}$$

(14.3.19)

$$= \frac{(6500 \text{ m}^2/\text{h})(1 \text{ mm})}{(13)\left(\dfrac{1000 \text{ mm}}{1 \text{ m}} \right)} \left\{ \begin{array}{c} 6 \\ 5 \\ 2 \end{array} \right\} = \left\{ \begin{array}{c} 3.0 \\ 2.5 \\ 1.0 \end{array} \right\} \frac{\text{m}^3}{\text{h}}$$

14.4   流体流动程序流程图及示例

图 14.18 是用于分析多孔介质中或管道中的二维稳态流体流动过程的有限元流程图。多孔介质中的流动与导热相似。对于更复杂的流体流动，参见参考文献[6]。

现在给出二维稳态不可压缩流体流动的计算机程序结果。该程序基于图 14.18 的流程图。

对于多孔介质中的流动问题，可利用与导热的相似性，使用参考文献[4]中的传热处理器来解决图 14.19 所示的问题。图 14.19 中离散后的流体流动问题的顶面和底面是不渗透的，而右侧的恒定压头为 3 cm，左侧的恒定压头为 4 cm。

使用参考文献[4]获得的节点势结果如表 14.2 所示。它们与使用另一个计算机程序得到的解进行了精确的比较(参见参考文献[5])。

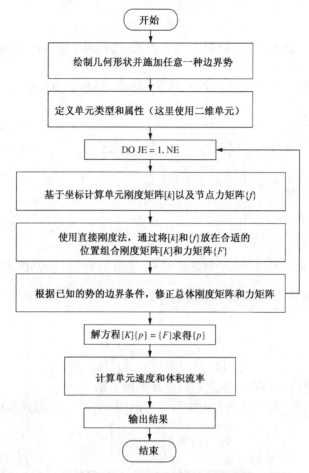

图 14.18　二维稳态流体流动过程的有限元流程图

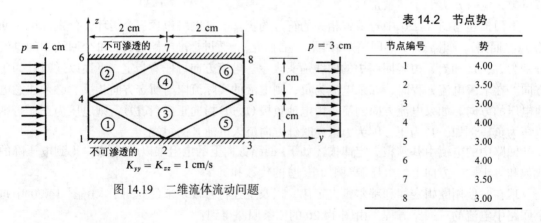

图 14.19　二维流体流动问题

表 14.2　节点势

节点编号	势
1	4.00
2	3.50
3	3.00
4	4.00
5	3.00
6	4.00
7	3.50
8	3.00

14.5　电气网络

电气网络或电路中的电流可以采用直接刚度法，通过建立线性方程组来求解。在如图 14.20 所示的电气网络中，电压源（如电池）迫使电子电流在电气网络中流动。当电流流经电阻（如灯泡或电动机）时，一部分电压被电阻吸收。根据欧姆定律，通过电阻器的电压降 ΔV 为：

$$\Delta V = RI \tag{14.5.1}$$

式中，电压 V 的单位为伏特(V)，电阻 R 的单位为欧姆(用希腊字母 Ω 或 R 来表示)，电流 I 的单位是安培(A)。

这里将电阻单元视为基本单元，如图 14.21 所示，类似于弹簧单元。

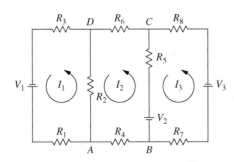

图 14.20　典型的电气网络(由三个回路组成)

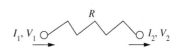

图 14.21　有节点电流和电压的基本电阻单元

使用欧姆定律[参见式(14.5.1)]，通过矩阵方程将电阻两端的电压差与电阻两端的电流联系起来，如下所示：

$$\begin{Bmatrix} V_1 \\ V_2 \end{Bmatrix} = R \begin{bmatrix} 1 & -1 \\ -1 & 1 \end{bmatrix} \begin{Bmatrix} I_1 \\ I_2 \end{Bmatrix} \tag{14.5.2}$$

式(14.5.2)表示节点电流和节点电压之间的单元平衡关系。

电阻的刚度矩阵定义为关联节点电压与节点电流的矩阵。根据式(14.5.2)，刚度矩阵为：

$$[k] = R \begin{bmatrix} 1 & -1 \\ -1 & 1 \end{bmatrix} \tag{14.5.3}$$

电阻单元和第 2 章的弹簧单元之间的相似性为：节点电流类似于节点位移，节点电压类似于节点力，电阻 R 类似于弹簧常数 k。

下面描述与图 14.20 中与求解相关的符号约定。电气网络包含三个闭环，分别标记为回路 1(左回路)、回路 2(中心回路)和回路 3(右回路)，通过标准电路分析，每个回路中的电流分别为 I_1、I_2 和 I_3，由各回路中的曲线箭头表示。电流方向可任意指定，下述以逆时针为正方向。在求解电流方程时，如果电流为负，则电流的实际流向与所选方向相反。必须注意电池电压的方向。如果电流方向的箭头由电池负极(短边)指向正极(长边)，则电压为正；否则电压为负。例如，V_1 为正，因为 I_1 以逆时针方向流入电池 V_1 的短端。

回路中的电流由基尔霍夫定律描述如下：回路方向上的电阻乘以电流(RI)得到电压降的代数和等于同一方向上的电压源(例如电池)的代数和。

现在，使用欧姆定律和基尔霍夫定律，以及上述符号规定来建立用于求解图 14.20 中每个回路中电流的三回路方程。由图 14.20 的三条回路得到：

回路 1：
$$V_{R1} + V_{R2} + V_{R3} = V_1 \tag{14.5.4}$$

回路 1 中经过电阻的电压降为：

$$V_{R1} = R_1 I_1, \quad V_{R2} = R_2(I_1 - I_2), \quad V_{R3} = R_3 I_1 \tag{14.5.5}$$

注意，回路 2 的电流 I_2 也流经回路 1 的分支 AD，由于 I_2 从 D 流向 A，沿分支流入 R_2，因此

相应的 RI 下降为 $R_2I_2(-R_2I_2)$，而电流 I_1 从 A 流向 D，沿分支流入 R_2。此外，I_1 从蓄电池的负极(短边)流向正极(长边)，所以式(14.5.4)中的电压 V_1 为正。

同样，

回路2：
$$-R_2I_1 + (R_2 + R_4 + R_5 + R_6)I_2 - R_5I_3 = V_2 \tag{14.5.6}$$

由于 I_1 流经 R_2 的方向与 I_2 的方向相反，所以 I_1 流过分支 AD 时产生的负落差为 $-R_2I_1$。

回路3：
$$-R_5I_2 + (R_5 + R_7 + R_8)I_3 = -V_2 - V_3 \tag{14.5.7}$$

注意，当 I_3 由 V_2 和 V_3 的正极(长端)流向负极(短端)时，回路 3 中的电池电压 V_2 和 V_3 为负。

式(14.5.5) ~ 式(14.5.7)现在可以用矩阵形式表示为 $[K]\{I\}=\{V\}$。本书将不举例如何通过直接刚度法求解该电气网络问题，而是留给读者思考。

例 14.7　对于图 14.22 所示的三回路电气网络，确定每个回路中的电流。电阻阻值和电池提供的电压值如图所示。采用刚度矩阵表示电阻并利用直接刚度法求解。

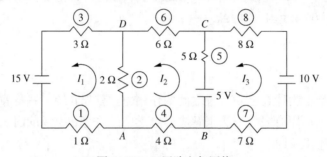

图 14.22　三回路电气网络

解　电阻单元刚度矩阵由式(14.5.3)给出，如下所示：

$$[k^{(1)}] = \begin{bmatrix} \overset{I_1}{1} & \overset{0}{-1} \\ -1 & 1 \end{bmatrix} \quad [k^{(2)}] = \begin{bmatrix} \overset{I_1}{2} & \overset{I_2}{-2} \\ -2 & 2 \end{bmatrix} \quad [k^{(3)}] = \begin{bmatrix} \overset{I_1}{3} & \overset{0}{-3} \\ -3 & 3 \end{bmatrix} \quad [k^{(4)}] = \begin{bmatrix} \overset{I_2}{4} & \overset{0}{-4} \\ -4 & 4 \end{bmatrix}$$

$$\tag{14.5.8}$$

$$[k^{(5)}] = \begin{bmatrix} \overset{I_2}{5} & \overset{I_3}{-5} \\ -5 & 5 \end{bmatrix} \quad [k^{(6)}] = \begin{bmatrix} \overset{I_2}{6} & \overset{0}{-6} \\ -6 & 6 \end{bmatrix} \quad [k^{(7)}] = \begin{bmatrix} \overset{I_3}{7} & \overset{0}{-7} \\ -7 & 7 \end{bmatrix} \quad [k^{(8)}] = \begin{bmatrix} \overset{I_3}{8} & \overset{0}{-8} \\ -8 & 8 \end{bmatrix}$$

矩阵上方的数字表示每个回路流过该电阻的电流。零表示只有一支电流流经该电阻。

使用直接刚度法组合总体方程得出：

$$\begin{bmatrix} 1+2+3 & -2 & 0 \\ -2 & 2+4+5+6 & -5 \\ 0 & -5 & 5+7+8 \end{bmatrix} \begin{Bmatrix} I_1 \\ I_2 \\ I_3 \end{Bmatrix} = \begin{Bmatrix} V_1 = 15 \\ V_2 = 5 \\ V_3 = -10 - 5 = -15 \end{Bmatrix} \tag{14.5.9}$$

注意，在组合方程时，刚度矩阵表示通过每个电阻的电流。例如，根据基尔霍夫定律，单元 1 只有来自回路 1 的电流 I_1 流过，而单元 2 有正电流 I_1 沿回路 1 的逆时针方向流过(向上的电流)，负电流 I_2 沿回路 2 的逆时针方向流过，如图 14.22 所示。此外，按符号规定，回路 1 中的电压为 +15 V，因为回路 1 的电流是由电池的负极(短端)流向正极(长端)，如图 14.22 所示。同样，当电流 I_2 由电池的负极流向正极时，回路 2 中的电压在式(14.5.9)中为正。最后，

回路 3 中的电压来自 10 V 和 5 V 的电池。回路 3 中的电流是由 10 V 电池的正极流向负极，所以电压为 –10 V。同样，电流 I_3 由 5 V 电池的正极流向负极，因此该电压是 –5 V。那么 V_3 的总电压是 $V_3 = -10 - 5 = -15$ V。

此外还要注意，按照符号规定，所有回路中的电流都以逆时针方向为正，从而导致刚度矩阵的所有非对角项都为负。

同时求解式(14.5.9)，得到：

$$I_1 = 2.638 \text{ A} \qquad I_2 = 0.414 \text{ A} \qquad I_3 = -0.646 \text{ A} \qquad (14.5.10)$$

I_3 的负号表示 I_3 实际上是顺时针方向的，如图 14.22 所示。

在确定每个回路中的电流后，也可以得到支路电流。如果只有一个回路电流流经支路，如图 14.22 所示从 A 到 B，则支路电流 I_2 等于回路电流。如果有多个回路电流流经支路，如从 A 到 D 或从 B 到 C，则支路电流是支路中回路电流的代数和(基于基尔霍夫定律)。例如，AD 支路中的电流为 $I_1 - I_2 = 2.638 - 0.414 = 2.224$ A，方向与 I_1 一致。同样，BC 支路中的电流为 $I_2 - I_3 = 0.414 - (-0.646) = 1.060$ A。

14.6　静电学

静电学描述了带电物体在已知位置之间的作用力。首先介绍一些与静电学概念有关的基本定律。然后，将阐述用有限元方法来解决静电学中的电势和电场的问题。有关静电学的更多内容，见参考文献[8~11]。

14.6.1　库仑定律

物体所带电荷用符号 q 表示。q 的单位是库仑($C = A \cdot s$)。电子的电荷是 -1.60219×10^{-19} C。如图 14.23 所示，两个带电荷的静止粒子分别为 q_1 和 q_2，距离为 r，根据库仑定律，带电粒子 1 对带电粒子 2 的电场力矢量 $\mathbf{F}_1$ 为：

$$\mathbf{F}_1 = \frac{q_1 q_2 \mathbf{n}_{21}}{4\pi \varepsilon_0 r^2} (\text{N}) \qquad (14.6.1)$$

式中，$\mathbf{n}_{12}$ 是从粒子 2 指向粒子 1 的单位矢量，ε_0 是自由空间的介电常数(电常数)，值为 8.854×10^{-12} F/m [或 $A \cdot s/(V \cdot m)$]，力的单位为牛顿，电荷单位为库仑，距离 r 的单位为米。

对于由多个电荷产生的静电场的求解，可以采用扩展库仑定律并使用叠加[即多个电荷 N(称为电荷分布)对 (x_0, y_0, z_0) 处的检验电荷或基本电荷 q_0 的总作用力是单个作用力的矢量和]的方法。此力的表达式如下：

$$\mathbf{F}(x_0, y_0, z_0) = q_0 \sum_{i=1}^{N} \frac{q_i}{4\pi \varepsilon_0 r_i^2} \mathbf{n}_i \qquad (14.6.2)$$

式中，r_i 表示 q_0 到每个电荷 q_i 的距离。

将 (x_0, y_0, z_0) 处由 N 个点电荷产生的总电场定义为每 q_0 电荷的力 $\mathbf{F}(x_0, y_0, z_0)$，可通过将式(14.6.2)的两边除以 q_0 得到：

$$\mathbf{E}(x_0, y_0, z_0) = \sum_{i=1}^{N} \frac{q_i}{4\pi \varepsilon_0 r_i^2} \mathbf{n}_i (\text{V/m}) \qquad (14.6.3)$$

电场的单位是 V/m。给定电荷分布的电场，任意位置 (x, y, z) 的检验电荷 q 的作用力可以表示为：

$$\mathbf{F}(x, y, z) = q\mathbf{E}(x, y, z) \tag{14.6.4}$$

电场由图 14.24 所示的电场线图来表示。例 14.9 和例 14.10 中的计算机程序模型结果就是电场线图。

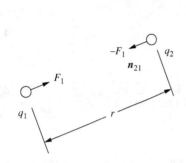

图 14.23　两个带电粒子的库仑定律图解

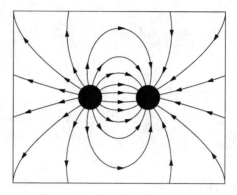

图 14.24　绕正负电荷的电场线

随后将推导静电学问题的二维有限元方程。有限元方程的基础是由高斯定理导出的泊松方程。因此，我们来推导高斯定理的微分形式。

14.6.2　高斯定理

高斯定理阐述了空间中的电荷分布，即电荷密度 ρ [单位为库仑每立方米 (C/m^3)] 和由此产生的电场之间的关系。

如果点电荷的电场是球对称的，库仑定律可以从高斯定理导出。

图 14.25 所示的三维微元体，电荷密度 ρ 定义为微元体中的电荷之和除以单元体积，公式为：

$$\rho(x, y, z) \cong \frac{\sum_i q_i}{\Delta x \Delta y \Delta z} (C/m^3) \tag{14.6.5}$$

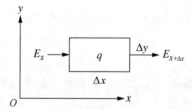

图 14.25　由 x 一侧进入微元体、从 $x + \Delta x$ 一侧穿出的电场线和单元内的电荷密度的微元体

根据高斯定理，自由空间中穿出微元体表面的电通量等于微元体内的总电荷除以 ε_0。如果没有内部电荷（即 $\rho = 0$），那么每个进入微元体的电场线都将穿出。

首先考虑垂直于 x 轴的两个面，如图 14.25 所示，面积为 Δy 乘以 Δz。那么穿出微元体的电通量为：

$$-E_x \Delta y \Delta z + E_{x + \Delta x} \Delta y \Delta z \tag{14.6.6}$$

对于 E 在 y 和 z 方向上的微小变化，可以通过对式 (14.6.6) 中第二项进行泰勒展开至第二项得到：

$$E_{x + \Delta x} = E_x + \frac{\partial E_x}{\partial x} \Delta x \tag{14.6.7}$$

将式(14.6.7)代入式(14.6.6)，得到：

$$\frac{\partial E_x}{\partial x}\Delta x\Delta y\Delta z \tag{14.6.8}$$

垂直于 y 轴和 z 轴的表面的通量方程与式(14.6.8)相似。令穿出微元体表面的总电通量等于微元体内的总电荷除以 ε_0，得到：

$$\frac{\partial E_x}{\partial x} + \frac{\partial E_y}{\partial y} + \frac{\partial E_z}{\partial z} = \frac{\rho}{\varepsilon_0}(\mathrm{V/m^2}) \tag{14.6.9}$$

式(14.6.9)的左侧称为电场矢量的散度。因此，高斯定理的微分形式是：

$$\nabla \cdot E = \frac{\rho}{\varepsilon_0} \tag{14.6.10}$$

式中的 ∇ 是微分算子，被定义为：

$$\nabla = \frac{\partial}{\partial x}\mathbf{i} + \frac{\partial}{\partial y}\mathbf{j} + \frac{\partial}{\partial z}\mathbf{k} \tag{14.6.11}$$

点代表点积。

14.6.3　泊松方程

电场可以表示为矢量 $\mathbf{E}$：

$$\mathbf{E} = -\nabla\phi(\mathrm{V/m}) \tag{14.6.12}$$

式中，ϕ 是以伏特(V)为单位的标量静电势。(负号是因为电场 $\mathbf{E}$ 的方向由正电荷指向负电荷，而电势的增长则相反。)

将式(14.6.12)代入式(14.6.10)，得到：

$$\nabla \cdot (\nabla\phi) = -\frac{\rho}{\varepsilon_0} \tag{14.6.13}$$

将式(14.6.13)写成如下展开形式：

$$\frac{\partial^2\phi}{\partial x^2} + \frac{\partial^2\phi}{\partial y^2} + \frac{\partial^2\phi}{\partial z^2} = \frac{-\rho}{\varepsilon_0} \tag{14.6.14}$$

式(14.6.14)称为笛卡儿坐标系中的泊松方程。

14.6.4　介电常数

对于线性各向同性的电介质电荷(各向同性介电常数意味着介电常数在所有方向上都相同)，总电场矢量指向与外加电场相同的方向，因此，

$$\mathbf{E} = E_0/\varepsilon_r$$

式中，ε_r 称为相对介电常数。相对介电常数也被定义为材料的绝对介电常数 ε 除以电常数 ε_0。相对介电常数(也称为相对电容率，静电学中也称为相对静态电容率)用于解决静电学问题，并在静电学教科书中列出[8,9]。一些材料的典型值为：

标准温度和压力下的空气的相对介电常数 = 1.00058986

聚乙烯的相对介电常数 = 2.25，纸的相对介电常数 = 3.5

二氧化硅的相对介电常数 = 3.9，橡胶的相对介电常数 = 7

石墨的相对介电常数 = 10 ~ 15，20℃水的相对介电常数 = 80

介质材料可用于传输线。在同轴电缆中，中心导体和外屏蔽层之间通常使用聚乙烯。溶剂的相对静态介电常数是其极性的相对量度。例如，水是一种极性很强的材料，如上所述在20℃时的介电常数为80，而用作除斑剂的己烷的介电常数为2。

任意介质中同时存在自由空间电荷和介电电荷的广义泊松方程（14.6.13）由下式给出（参见参考文献[9~11]）：

$$\nabla \cdot (\varepsilon_r \nabla \phi) = -\frac{\rho}{\varepsilon_0} \tag{14.6.15}$$

14.6.5　二维三角形单元的有限元方程

现在将介绍静电问题的有限元方程。

由式（14.6.15）得到任意各向同性介质中二维静电问题的基本微分方程（泊松方程）：

$$\frac{\partial}{\partial x}\left(\varepsilon \frac{\partial V}{\partial x}\right) + \frac{\partial}{\partial y}\left(\varepsilon \frac{\partial V}{\partial y}\right) = -\rho \tag{14.6.16}$$

其中，绝对介电常数 $\varepsilon = \varepsilon_r \varepsilon_0$，$V = \phi$。

按照第 6 章推导刚度矩阵和方程的步骤求解静电问题。

步骤 1　选择单元类型

在有限元方法中，6.2 节中用于应力分析的基本三角形或 13.5 节中用于传热分析的基本三角形单元是二维有限元解法的基础，尽管矩形单元（参见 6.6 节）和一般四边形单元（参见10.2 节）也可以使用。为了简单起见，只考虑有角节点的一阶三角形，如图 14.26 所示。节点 i, j 和 m 处的势 v_i、v_j 和 v_m 类似于第 13 章中描述的传热问题的节点温度。

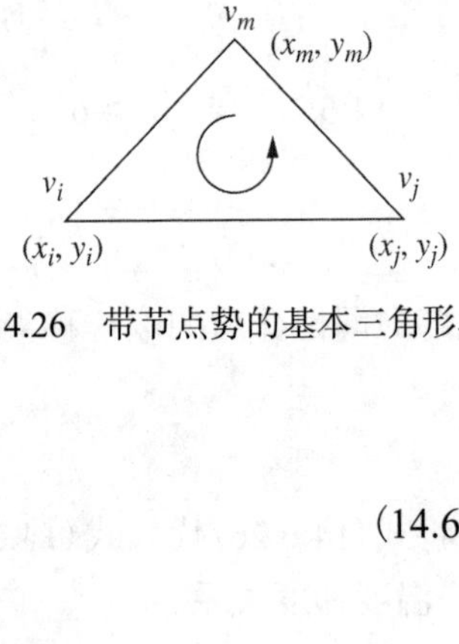

步骤 2　选择势函数

势函数用双线性方程描述：

$$V(x, y) = a_1 + a_2 x + a_3 y \tag{14.6.17}$$

图 14.26　带节点势的基本三角形单元

或写作 6.2 节中的特定形式：

$$\{V\} = [N_i \ N_j \ N_m]\begin{Bmatrix} v_i \\ v_j \\ v_m \end{Bmatrix} = [N]\{v\} \tag{14.6.18}$$

式中，v_i、v_j 和 v_m 是节点电压或势，形函数同样由式（6.2.18）给出：

$$N_i = \frac{1}{2A}(\alpha_i + \beta_i x + \gamma_i y) \tag{14.6.19}$$

N_j 和 N_m 的表达式相似。α' 项、β' 项和 γ' 项由式（6.2.10）定义。

在传热问题中，每个节点只有一个标量值（节点势）是主要未知量，如式（14.6.18）所示。此处又是一个标量边界值问题。

步骤 3　定义势梯度–势和电场–势梯度关系

类似于温度梯度矩阵，将电压或势梯度矩阵定义为：

$$\{g\} = \begin{Bmatrix} \dfrac{\partial V}{\partial x} \\ \dfrac{\partial V}{\partial y} \end{Bmatrix} \tag{14.6.20}$$

将式(14.6.18)代入式(14.6.20),得到:

$$\{g\} = \begin{bmatrix} \dfrac{\partial N_i}{\partial x} & \dfrac{\partial N_j}{\partial x} & \dfrac{\partial N_m}{\partial x} \\ \dfrac{\partial N_i}{\partial y} & \dfrac{\partial N_j}{\partial y} & \dfrac{\partial N_m}{\partial y} \end{bmatrix} \begin{Bmatrix} v_i \\ v_j \\ v_m \end{Bmatrix} \tag{14.6.21}$$

将 $\{g\}$ 表示为紧凑矩阵:

$$\{g\} = [B]\{v\} \tag{14.6.22}$$

其中梯度矩阵 $[B]$ 是:

$$[B] = \frac{1}{2A} \begin{bmatrix} \beta_i & \beta_j & \beta_m \\ \gamma_i & \gamma_j & \gamma_m \end{bmatrix} \tag{14.6.23}$$

电场矢量由下式给出:

$$\mathbf{E} = -\mathrm{grad}\, V = -\nabla V = -\mathbf{i}\frac{\partial V}{\partial x} - \mathbf{j}\frac{\partial V}{\partial y} \tag{14.6.24}$$

将式(14.6.18)和式(14.6.19)代入式(14.6.24),电场矢量可以表示为:

$$\mathbf{E} = -\mathbf{i}\frac{1}{2A}\left(\beta_i v_i + \beta_j v_j + \beta_m v_m\right) - \mathbf{j}\frac{1}{2A}\left(\gamma_i v_i + \gamma_j v_j + \gamma_m v_m\right) \tag{14.6.25}$$

利用式(14.6.20)和式(14.6.22),可以将 E 表示为矩形形式:

$$\begin{Bmatrix} E_x \\ E_y \end{Bmatrix} = -\{g\} = -[B]\{v\} \tag{14.6.26}$$

线性各向同性介质的电位移矢量 $\mathbf{D}$(单位: $\mathrm{C/m^2}$)与线性各向同性介质的电场矢量 $\mathbf{E}$ 的关系如下:

$$\mathbf{D} = \varepsilon \mathbf{E}(\mathrm{C/m^2} \text{ 或 } \mathrm{A\cdot s/m^2}) \tag{14.6.27}$$

　　将式(14.6.26)代入式(14.6.27),将电场位移-电压梯度关系表示为类似于式(13.5.7)中的热流-温度梯度关系:

$$\begin{Bmatrix} D_{ex} \\ D_{ey} \end{Bmatrix} = -\begin{bmatrix} \varepsilon & 0 \\ 0 & \varepsilon \end{bmatrix} \begin{Bmatrix} E_x \\ E_y \end{Bmatrix} = -[D]\{g\} \tag{14.6.28}$$

步骤 4　推导单元刚度矩阵和方程

　　单元刚度矩阵是基于对类似于式(13.4.10)的泛函进行最小化,该泛函称为静电能:

$$\pi_e = U + \Omega_\rho \tag{14.6.29}$$

其中,单元体积 V' 上源于电场内能(场能)的电势由下式给出:

$$U = \iiint\limits_{V'} \frac{1}{2}\varepsilon E^2 \, \mathrm{d}V' \tag{14.6.30}$$

并且电荷密度 ρ [类似于式(6.2.41)中的重力密度或式(13.4.11)中的内部热源的势能]由下式给出：

$$\Omega_\rho = -\iiint_{V'} \rho V \, \mathrm{d}V' \tag{14.6.31}$$

注意到 $E^2 = E \cdot E$，并将式(14.6.30)代入式(14.6.24)的 $\mathbf{E}$，得到 U 为：

$$U = \iiint_{V'} \frac{1}{2} \varepsilon \left[\left(\frac{\partial V}{\partial x} \right)^2 + \left(\frac{\partial V}{\partial y} \right)^2 \right] \mathrm{d}V' \tag{14.6.32}$$

把 π_e 表示为节点电压的函数，这样就可以使 π_e 相对于这些电压最小化，从而得到基本单元的刚度矩阵和方程。将式(14.6.18)、式(14.6.19)、式(14.6.20)和式(14.6.28)代入式(14.6.31)和式(14.6.32)，可以简单地将总能量表示为节点电压的函数，其矩阵形式如下：

$$\pi_e = \frac{1}{2} \iiint_{V'} \{g\}^{\mathrm{T}} [D] \{g\} \, \mathrm{d}V' - \iiint_{V'} \{\rho\} \{v\}^{\mathrm{T}} [N]^{\mathrm{T}} \, \mathrm{d}V' \tag{14.6.33}$$

为了使列矩阵 $\{V\}$ 和 $\{\rho\}$ 在式(14.6.33)[类似于式(6.2.41)]中相乘，电压函数 $\{V\}$ 必须转置。因此，根据式(A.2.10)所示矩阵转置乘法的性质，将 $\{V\}^{\mathrm{T}} = \{v\}^{\mathrm{T}} [N]^{\mathrm{T}}$ 应用于式(14.6.33)中。

现将式(14.6.22)的 $\{g\}$ 代入式(14.6.33)，得到：

$$\pi_e = \frac{1}{2} \{v\}^{\mathrm{T}} \iiint_{V'} [B]^{\mathrm{T}} [D] [B] \, \mathrm{d}V' \{v\} - \{v\}^{\mathrm{T}} \iiint_{V'} [N]^{\mathrm{T}} \{\rho\} \, \mathrm{d}V' \tag{14.6.34}$$

其中，节点电压与一般的 x-y 坐标无关，因此可将 $\{v\}$ 移到积分符号外。

现在最小化节点电压矩阵的总能量，得到：

$$\frac{\partial \pi_e}{\partial \{v\}} = \left[\iiint_{V'} [B]^{\mathrm{T}} [D] [B] \, \mathrm{d}V' \right] \{v\} - \iiint_{V'} [N]^{\mathrm{T}} \{\rho\} \, \mathrm{d}V' \tag{14.6.35}$$

第一个积分乘以式(14.6.35)中的节点电压矩阵表示刚度矩阵，而第二个积分表示电荷密度引起的源或力矩阵。

式(14.6.35)中的被积函数是常数。因此，刚度矩阵可化简为：

$$[k] = t A [B]^{\mathrm{T}} [D] [B] \, (\mathrm{C/V}) \tag{14.6.36}$$

式中，t 是单元的恒定厚度，A 是由式(6.2.9)确定的单元表面积，$[B]$ 由式(14.6.23)给出，$[D]$ 由式(14.6.28)给出。式(14.6.36)相对于三节点三角形刚度矩阵的特定形式如下：

$$[k] = \frac{\varepsilon}{4A} \begin{bmatrix} \beta_i \beta_i + \gamma_i \gamma_i & \beta_i \beta_j + \gamma_i \gamma_j & \beta_i \beta_m + \gamma_i \gamma_m \\ & \beta_j \beta_j + \gamma_j \gamma_j & \beta_j \beta_m + \gamma_j \gamma_m \\ & & \beta_m \beta_m + \gamma_m \gamma_m \end{bmatrix} t \, (\mathrm{C/V}) \tag{14.6.37}$$

这里必须以初始任意指定的逆时针方向绕单元进行计算，即由节点 i 到节点 j，然后再到节点 m。

对于均匀作用在单元上的恒定电荷密度，式(14.6.35)中的第二个积分，可使用 6.3 节所述由式(6.3.6)求解均匀重量密度产生的物体力的方法进行求解，或应用式(13.5.16)求解恒定热源的方法。这个积分变成：

$$\{f_\rho\} = \begin{Bmatrix} f_{\rho 1} \\ f_{\rho 2} \\ f_{\rho 3} \end{Bmatrix} = \frac{t A \rho}{3} \begin{Bmatrix} 1 \\ 1 \\ 1 \end{Bmatrix} (\mathrm{C}) \tag{14.6.38}$$

因此，单元内均匀电荷密度的 1/3 应用于每个节点。

步骤5　组合单元方程得到总体方程，并引入边界条件

以直接刚度法为基础，得到了整体刚度矩阵、源矩阵和方程：

$$[K] = \sum [k^{(e)}] \qquad \{F\} = \sum \{f^{(e)}\} \tag{14.6.39}$$

和

$$\{F\} = [K]\{v\} \tag{14.6.40}$$

其中，$\{v\}$ 是总体节点电压矩阵。

边界条件有两种类型。

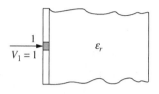

1. 狄利克雷(Dirichlet)边界条件或在面 S_1 上施加势。在一个或多个节点上施加已知电压(类似于在应力分析问题中施加已知位移)。例如，如图 14.27 所示，在节点 1 处施加电势或电压($v_1 = 1\,\text{V}$)。

图 14.27　狄利克雷型，在节点 1 处施加边界势或电压

2. 诺依曼(Neumann)边界条件或在面 S_2 已知电压或电势的导数。在这种情况下，电场强度 $E = -\text{grad}\,V$ 必须与表面 S_2 相切，如图 14.28 所示。(这些边界条件不需要在有限元应用程序中指定。)

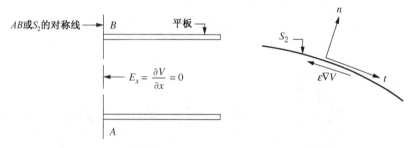

图 14.28　诺依曼型，电场强度的导数边界条件(AB 线是几何形状和势对称线)

步骤6　求节点势或电压

通过求解式(14.6.40)给出的代数方程组并应用边界条件来确定未知总体势和电压。

步骤7　求解电场和电位移

分别使用式(14.6.26)和式(14.6.28)确定每个节点或单元中心处的电场和电位移场。

现在举例说明如何求解简单的静电学问题。

例 14.8　对于图 14.29 所示的两单元模型，求右端的节点电压。节点 1 的外加电压为 $10\,\text{V}$，节点 2 的外加电压为 $0\,\text{V}$。板是一个单位厚度($t = 1\,\text{m}$)，介电常数为 $\varepsilon = 5$，无电荷密度。

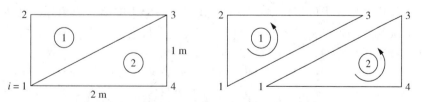

图 14.29　受节点电压和单元分离的板

解　使用式(13.5.6)定义的 β 和式(6.2.10)定义的 γ，得到以下方程。

对于单元 1：

$$
\begin{aligned}
&\beta_i = \beta_1 = y_3 - y_2 = 1 - 1 = 0, \\
&\beta_j = \beta_3 = y_2 - y_1 = 1 - 0 = 1, \\
&\beta_m = \beta_2 = y_1 - y_3 = 0 - 1 = -1 \\
&\gamma_i = \gamma_1 = x_2 - x_3 = 0 - 2 = -2, \\
&\gamma_j = \gamma_3 = x_1 - x_2 = 0 - 0 = 0, \\
&\gamma_m = \gamma_2 = x_3 - x_1 = 2 - 0 = 2
\end{aligned}
\tag{14.6.41}
$$

同样，对于单元 2：

$$
\begin{aligned}
&\beta_1 = y_4 - y_3 = 0 - 1 = -1, \quad \beta_4 = y_3 - y_1 = 1 - 0 = 1, \quad \beta_3 = y_1 - y_4 = 0 - 0 = 0 \\
&\gamma_1 = x_3 - x_4 = 2 - 2 = 0, \quad \gamma_4 = x_1 - x_3 = 0 - 2 = -2, \quad \gamma_3 = x_4 - x_1 = 2 - 0 = 2
\end{aligned}
\tag{14.6.42}
$$

将式 (14.6.41) 和式 (14.6.42) 代入式 (14.6.23) 计算 $[B]$，通过式 (14.6.28) 计算 $[D]$，将所得结果与 $A = 1\,\mathrm{m}^2$ 代入式 (14.6.36)，得到这两个单元的刚度矩阵为：

$$
[k^{(1)}] = t\,A[B]^{\mathrm{T}}[D][B] = 1(1)
\begin{bmatrix} 0 & 0.5 & -0.5 \\ -1 & 0 & 1 \end{bmatrix}^{\mathrm{T}}
\begin{bmatrix} 5 & 0 \\ 0 & 5 \end{bmatrix}
\begin{bmatrix} 0 & 0.5 & -0.5 \\ -1 & 0 & 1 \end{bmatrix}
$$

$$
=
\begin{bmatrix}
5 & 0 & -5 \\
0 & 1.25 & -1.25 \\
-5 & -1.25 & 6.25
\end{bmatrix}
(\mathrm{C/V})
\tag{14.6.43}
$$

同样，

$$
[k^{(2)}] =
\begin{bmatrix}
1.25 & -1.25 & 0 \\
-1.25 & 6.25 & -5 \\
0 & -5 & 5
\end{bmatrix}
(\mathrm{C/V})
\tag{14.6.44}
$$

用直接刚度法组合总刚度矩阵，得到总体方程 $\{F\} = [K]\{v\}$ 为：

$$
\begin{Bmatrix} 0 \\ 0 \\ 0 \\ 0 \end{Bmatrix}
=
\begin{bmatrix}
6.25 & -5 & 0 & -1.25 \\
-5 & 6.25 & -1.25 & 0 \\
0 & -1.25 & 6.25 & -5 \\
-1.25 & 0 & -5 & 6.25
\end{bmatrix}
\begin{Bmatrix} v_1 = 10 \\ v_2 = 0 \\ v_3 \\ v_4 \end{Bmatrix}
\tag{14.6.45}
$$

应用 $v_1 = 10$，$v_2 = 0$ 节点电压边界条件，求解式 (14.6.45) 的第三个和第四个方程，得到节点电压 v_3 和 v_4 为：

$$
v_3 = 4.444\,\mathrm{V}, \qquad v_4 = 5.556\,\mathrm{V}
\tag{14.6.46}
$$

使用式 (14.6.26) 确定单元 1 和 2 的电场，如下所示：

$$
\{E^{(1)}\} = -[B^{(1)}]\{v^{(1)}\} = -
\begin{bmatrix} 0 & 0.5 & -0.5 \\ -1 & 0 & 1 \end{bmatrix}
\begin{pmatrix} 10 \\ 4.444 \\ 0 \end{pmatrix}
=
\begin{bmatrix} -2.222 \\ 10 \end{bmatrix}
\mathrm{V/m}
\tag{14.6.47}
$$

和

$$
\{E^{(2)}\} = -[B^{(2)}]\{v^{(2)}\} = -
\begin{bmatrix} -0.5 & 0.5 & 0 \\ 0 & -1 & 1 \end{bmatrix}
\begin{pmatrix} 10 \\ 5.556 \\ 4.444 \end{pmatrix}
=
\begin{bmatrix} 2.222 \\ 1.112 \end{bmatrix}
\mathrm{V/m}
\tag{14.6.48}
$$

下面列举两个利用计算机程序解决静电问题的实例。

例 14.9 一个$1\,\mathrm{m} \times 0.4\,\mathrm{m}$的无限长封闭矩形通道充满空气。顶部与侧面绝缘，并连接到$50\,\mathrm{V}$的电位。侧面和底部接地($0\,\mathrm{V}$)。假设空气的介电常数为1。求通道内的电压变化和电场。

解 通道的有限元模型以及通道内的电压变化如图14.30所示。图14.31显示了y方向上的电场变化。

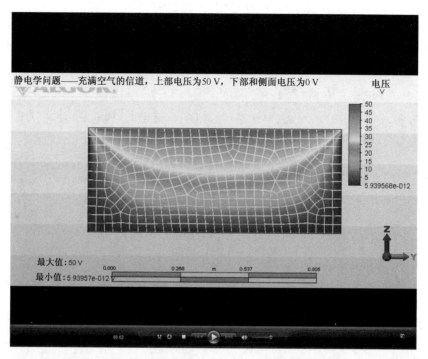

图14.30　通道内的电压变化(本图彩色版参见彩色插图)

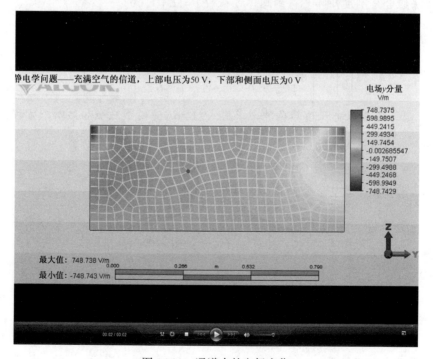

图14.31　通道内的电场变化

例 14.10　用于在 110 V 的配电箱中分配电力的母线是一种矩形导体。母线两侧发出 110 V 电压。在图 14.32 所示的系统中，假设底部接地电压为 0 V。假设母线周围的介质是空气($\varepsilon = 1$)。假定几何对称，沿模型左侧垂直线的势也是对称的。因此，模型实际上是整个系统的一半。求电压分布和最大电场强度。使用二维有限元模型。厚度为 0.1 m。

解　图 14.32 和图 14.33 中的结果显示了空气中的电压分布以及电场强度值的分布。由于模型右侧的电压没有衰减到接近零，因此模型中应该使用更多的空气。母线右边缘处出现最大电场强度为 2689 V/m。

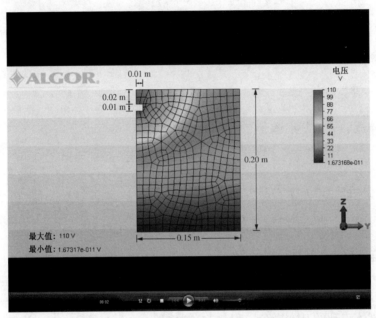

图 14.32　空气中母线的有限元模型和由此产生的电压分布(本图彩色版参见彩色插图)

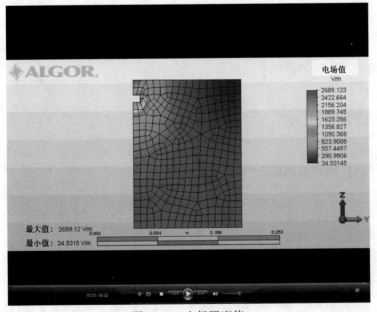

图 14.33　电场强度值

方程小结

多孔介质和管道中流体流动的基本方程

质量守恒方程:

$$M_{\text{in}} + M_{\text{generated}} = M_{\text{out}} \tag{14.1.1}$$

或

$$\rho v_x A \mathrm{d}t + \rho Q \mathrm{d}t = \rho v_{x+\mathrm{d}x} A \mathrm{d}t \tag{14.1.2}$$

达西定律:

$$v_x = -K_{xx} \frac{\mathrm{d}\phi}{\mathrm{d}x} = -K_{xx} g_x \tag{14.1.3}$$

多孔介质中流体流动一维基本微分方程:

$$\frac{\mathrm{d}}{\mathrm{d}x}\left(K_{xx} \frac{\mathrm{d}\phi}{\mathrm{d}x}\right) + \bar{Q} = 0 \tag{14.1.6}$$

多孔介质中流体流动二维基本微分方程:

$$\frac{\partial}{\partial x}\left(K_{xx} \frac{\partial\phi}{\partial x}\right) + \frac{\partial}{\partial y}\left(K_{yy} \frac{\partial\phi}{\partial y}\right) + \bar{Q} = 0 \tag{14.1.10}$$

管道中和绕固体的流速-速度势关系:

$$v_x = -\frac{\partial\phi}{\partial x} \quad v_y = -\frac{\partial\phi}{\partial y} \tag{14.1.13}$$

管道和绕固体流体流动的基本微分方程:

$$\frac{\partial^2\phi}{\partial x^2} + \frac{\partial^2\phi}{\partial y^2} = 0 \tag{14.1.14}$$

一维流体流动有限元方程

一维流体流动有限元方程的势函数:

$$\phi = N_1 p_1 + N_2 p_2 \tag{14.2.1}$$

基于达西定律的速度-梯度关系:

$$v_x = -[D]\{g\} \tag{14.2.7}$$

多孔介质中一维流体流动的刚度矩阵:

$$[k] = \frac{AK_{xx}}{L}\begin{bmatrix} 1 & -1 \\ -1 & 1 \end{bmatrix} \text{ m}^2/\text{s} \tag{14.2.15}$$

多孔介质中一维流体流动的力矩阵项如下。

由于内部源的体积流率导致的力矩阵项:

$$\{f_Q\} = \iiint\limits_{V} [N]^{\mathrm{T}} Q \mathrm{d}V = \frac{QAL}{2}\begin{Bmatrix} 1 \\ 1 \end{Bmatrix} \text{ m}^3/\text{s} \tag{14.2.16}$$

由于表面流速导致的力矩阵项：

$$\{f_q\} = \iint\limits_{S_1} q^* [N]^\mathrm{T}\, \mathrm{d}S = \frac{q^* Lt}{2}\begin{Bmatrix} 1 \\ 1 \end{Bmatrix} \mathrm{m}^3/\mathrm{s} \tag{14.2.17}$$

液压网络方程

液压管网中流体的泊肃叶定律：

$$\Delta p = Rq \tag{14.2.39}$$

有阻力管道的刚度矩阵：

$$[k] = \frac{1}{R}\begin{bmatrix} 1 & -1 \\ -1 & 1 \end{bmatrix} \tag{14.2.41}$$

流体流动二维有限元方程

势函数：

$$[\phi] = [N_i \quad N_j \quad N_m]\begin{Bmatrix} p_i \\ p_j \\ p_m \end{Bmatrix} \tag{14.3.1}$$

速度–梯度矩阵关系：

$$\begin{Bmatrix} v_x \\ v_y \end{Bmatrix} = -[D]\{g\} \tag{14.3.7}$$

材料属性矩阵：

$$[D] = \begin{bmatrix} K_{xx} & 0 \\ 0 & K_{yy} \end{bmatrix} \tag{14.3.8}$$

刚度矩阵：

$$[k] = \frac{tK_{xx}}{4A}\begin{bmatrix} \beta_i^2 & \beta_i\beta_j & \beta_i\beta_m \\ \beta_i\beta_j & \beta_j^2 & \beta_j\beta_m \\ \beta_i\beta_m & \beta_j\beta_m & \beta_m^2 \end{bmatrix} + \frac{tK_{yy}}{4A}\begin{bmatrix} \gamma_i^2 & \gamma_i\gamma_j & \gamma_i\gamma_m \\ \gamma_i\gamma_j & \gamma_j^2 & \gamma_j\gamma_m \\ \gamma_i\gamma_m & \gamma_j\gamma_m & \gamma_m^2 \end{bmatrix} \tag{14.3.11}$$

单元上均匀体积流率的力矩阵：

$$\{f_Q\} = \frac{QV}{3}\begin{Bmatrix} 1 \\ 1 \\ 1 \end{Bmatrix}\frac{\mathrm{m}^3}{\mathrm{s}} \tag{14.3.13}$$

单元均匀表面流率的力矩阵：

$$\{f_q\} = \frac{q^* L_{i\text{-}j} t}{2}\begin{Bmatrix} 1 \\ 1 \\ 0 \end{Bmatrix}\frac{\mathrm{m}^3}{\mathrm{s}} \quad \text{在 } i\text{-}j \text{ 一侧} \tag{14.3.15}$$

线或点源的力矩阵：

$$\left\{\begin{array}{c} f_{Qi} \\ f_{Qj} \\ f_{Qm} \end{array}\right\} = Q^* t \left\{\begin{array}{c} N_i \\ N_j \\ N_m \end{array}\right\}\Bigg|_{\substack{x = x_0 \\ y = y_0}} \tag{14.3.19}$$

流体流动计算机程序流程图见图 14.18。

电气网络

欧姆定律：

$$\Delta V = RI \tag{14.5.1}$$

电压差-电流矩阵方程：

$$\left\{\begin{array}{c} V_1 \\ V_2 \end{array}\right\} = R \begin{bmatrix} 1 & -1 \\ -1 & 1 \end{bmatrix} \left\{\begin{array}{c} I_1 \\ I_2 \end{array}\right\} \tag{14.5.2}$$

电阻单元刚度矩阵：

$$[k] = R \begin{bmatrix} 1 & -1 \\ -1 & 1 \end{bmatrix} \tag{14.5.3}$$

静电学

基本方程式：
库仑定律：

$$\mathbf{F}_1 = \frac{q_1 q_2 \mathbf{n}_{21}}{4\pi\varepsilon_0 r^2} \tag{14.6.1}$$

高斯定理：

$$\nabla \cdot \mathbf{E} = \frac{\rho}{\varepsilon_0} \tag{14.6.10}$$

泊松方程：

$$\frac{\partial^2 \phi}{\partial x^2} + \frac{\partial^2 \phi}{\partial y^2} + \frac{\partial^2 \phi}{\partial z^2} = \frac{-\rho}{\varepsilon_0} \tag{14.6.14}$$

介电常数 ε（见第 510 页）
静电分析二维有限元方程：
基本微分方程：

$$\frac{\partial}{\partial x}\left(\varepsilon \frac{\partial V}{\partial x}\right) + \frac{\partial}{\partial y}\left(\varepsilon \frac{\partial V}{\partial y}\right) = -\rho \tag{14.6.16}$$

势函数：

$$V(x, y) = a_1 + a_2 x + a_3 y \tag{14.6.17}$$

梯度矩阵：

$$\{g\} = \left\{\begin{array}{c} \dfrac{\partial V}{\partial x} \\ \dfrac{\partial V}{\partial y} \end{array}\right\} \tag{14.6.20}$$

梯度-节点电压矩阵方程：

$$\{g\} = [B]\{v\} \tag{14.6.22}$$

其中，

$$[B] = \frac{1}{2A}\begin{bmatrix} \beta_i & \beta_j & \beta_m \\ \gamma_i & \gamma_j & \gamma_m \end{bmatrix} \tag{14.6.23}$$

电场矢量：

$$E = -\mathrm{grad}\,V = -\nabla V = -\mathbf{i}\frac{\partial V}{\partial x} - \mathbf{j}\frac{\partial V}{\partial y} \tag{14.6.24}$$

电场-节点电压矩阵方程：

$$\begin{Bmatrix} E_x \\ E_y \end{Bmatrix} = -\{g\} = -[B]\{v\} \tag{14.6.26}$$

电位移-电压梯度矩阵方程：

$$\begin{Bmatrix} D_{ex} \\ D_{ey} \end{Bmatrix} = -\begin{bmatrix} \varepsilon & 0 \\ 0 & \varepsilon \end{bmatrix}\begin{Bmatrix} E_x \\ E_y \end{Bmatrix} = -[D]\{g\} \tag{14.6.28}$$

静电能泛函：

$$\pi_e = U + \Omega_\rho \tag{14.6.29}$$

表示为节点电压函数的静电函数：

$$\pi_e = \frac{1}{2}\{v\}^{\mathrm{T}} \iiint\limits_{V'} [B]^{\mathrm{T}}[D][B]\mathrm{d}V'\{v\} - \{v\}^{\mathrm{T}} \iiint\limits_{V'} [N]^{\mathrm{T}}\{\rho\}\mathrm{d}V' \tag{14.6.34}$$

刚度矩阵：

$$[k] = \frac{\varepsilon}{4A}\begin{bmatrix} \beta_i\beta_i + \gamma_i\gamma_i & \beta_i\beta_j + \gamma_i\gamma_j & \beta_i\beta_m + \gamma_i\gamma_m \\ & \beta_j\beta_j + \gamma_j\gamma_j & \beta_j\beta_m + \gamma_j\gamma_m \\ & & \beta_m\beta_m + \gamma_m\gamma_m \end{bmatrix}t\,(\mathrm{C/V}) \tag{14.6.37}$$

均匀电荷密度的单元力矩阵：

$$\{f_\rho\} = \begin{Bmatrix} f_{\rho1} \\ f_{\rho2} \\ f_{\rho3} \end{Bmatrix} = \frac{tA\rho}{3}\begin{Bmatrix} 1 \\ 1 \\ 1 \end{Bmatrix}(\mathrm{C}) \tag{14.6.38}$$

总体方程：

$$\{F\} = [K]\{v\} \tag{14.6.40}$$

参考文献

[1] Chung, T. J., *Finite Element Analysis in Fluid Dynamics*, McGraw-Hill, New York, 1978.

[2] John, J. E. A., and Haberman, W. L., *Introduction to Fluid Mechanics*, Prentice Hall, Englewood Cliffs, NJ, 1988.

[3] Harr, M. E., *Ground Water and Seepage*, McGraw-Hill, New York, 1962.

[4] Autodesk Inc., McInnis Parkway, San Rafael, CA 94903.

[5] Logan, D. L., *A First Course in the Finite Element Method*, 2nd ed., PWS-Kent Publishers, Boston, MA, 1992.

[6] Mohtar, R. H., Bralts, V. F., and Shayya, W. H., "A Finite Element Model for the Analysis and Optimization of Pipe Networks," Vol. 34(2), 1991, *Transactions of ASAE*, pp. 393–401.

[7] ANSYS *Engineering Analysis Systems User's Manual*, Swanson Analysis Systems. Inc., Johnson Rd., P.O. Box 65, Houston, PA, 15342.

[8] Jackson, J. D., *Classical Electrodynamics*, 3rd, ed., Wiley, NY, 1998.

[9] Ida, Nathan, *Engineering Electromagnetics*, 2nd ed., Springer Verlag, NY, 2004.

[10] Bastos, J. P. A. and Sadowski, N., *Electromagnetic Modeling by Finite Element Methods*, Marcel Dekker, NY, 2003.

[11] Humphries, S. Jr., *Field Solutions on Computers*, CRC Press, NY, 1997.

习题

14.1　对于图 P14.1 所示的一维渗流，求在长度 1/3 和 2/3 处的势。同时求每个单元的速度。令 $A = 0.2 \text{ m}^2$。

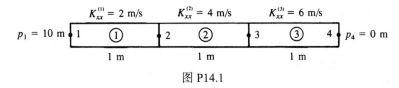

图 P14.1

14.2　对于图 P14.2 所示的多孔介质中的一维流动，右端有流体流出，求第三点的势。同时，确定每个单元的速度。令 $A = 2 \text{ m}^2$。

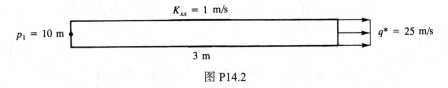

图 P14.2

14.3　对于图 P14.3 所示的阶梯形多孔介质的一维流体流动，确定每个截面交界处的势。同时，确定每个单元的速度。令 $K_{xx} = 2 \text{ cm/s}$。

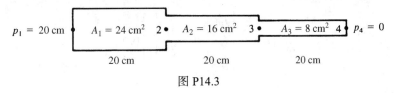

图 P14.3

14.4　对于右端速度已知的一维流体流动问题(参见图 P14.4)，求节点 1 和节点 2 处的速度和体积流率。令 $K_{xx} = 2 \text{ cm/s}$。

14.5　使用式 (13.4.17) 右侧的第一项推导刚度矩阵，即式 (14.2.15)。

14.6　对于图 P14.6 中的一维流体流动问题，求节点 2 和节点 3 的速度和体积流率。令 $K_{xx} = 2 \text{ cm/s}$。

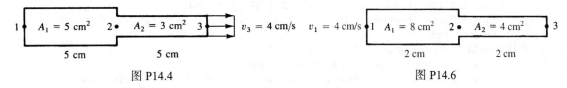

图 P14.4　　　　　　　　　　　　　图 P14.6

14.7　对于图 P14.7 所示的简单管网，求节点 1、2 和 3 处的压力以及支管中的体积流率。设节点 4 处的压力为 0。管网(a)中，$Q = 1\,\mathrm{m^3/s}$。阻力为：$R_1 = 1$，$R_2 = 2$，$R_3 = 3$，$R_4 = 4$，$R_5 = 5$，单位均为 $\mathrm{N \cdot s/m^5}$。网格(b)中，$Q = 1\,\mathrm{m^3/s}$。阻力为：$R_1 = 10$，$R_2 = 20$，$R_3 = 30$，$R_4 = 40$，$R_5 = 50$，单位均为 $\mathrm{N \cdot s/m^5}$。

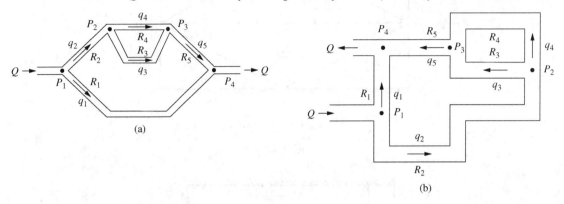

图 P14.7

14.8　受流体源作用的三角形单元如图 P14.8 所示，确定各节点处 Q^* 的量。

14.9　受表面流体源作用的三角形单元如图 P14.9 所示，求每个节点处的流体力。

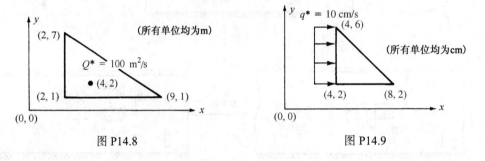

图 P14.8　　　　　　　　　　图 P14.9

14.10　对于图 P14.10 所示的二维流体流动，确定中心和右边缘的势。

14.11 ~ 14.16　使用计算机程序，确定图 P14.11 ~ 图 P14.16 所示二维物体中的势分布。

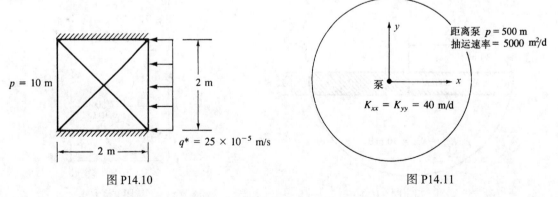

图 P14.10　　　　　　　　　　图 P14.11

14.17 ~ 14.18　对于图 P14.17 和图 P14.18 所示的直流(DC)电气网络，求通过每个回路，以及图 P14.17 中的分支 AD 和 BC 和图 P14.18 中的分支 AB 和 BC 的电流。

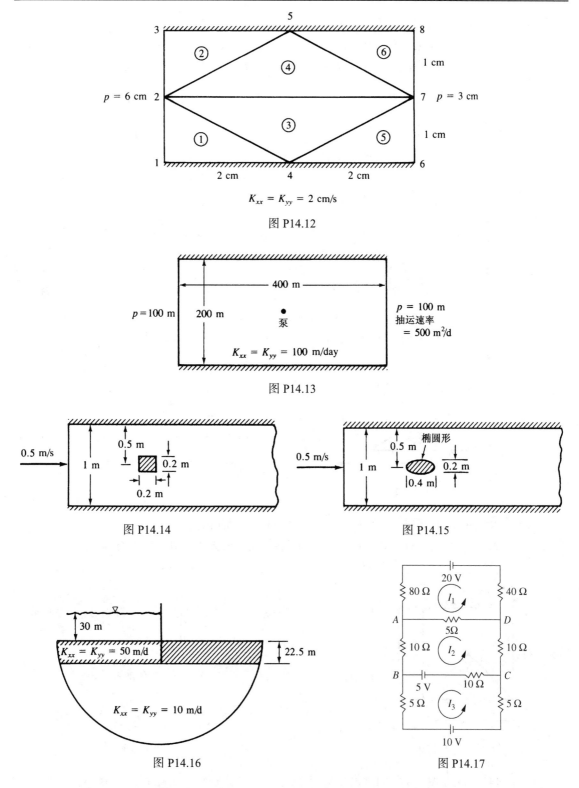

图 P14.12

图 P14.13

图 P14.14

图 P14.15

图 P14.16

图 P14.17

14.19 ~ 14.20　对于由电池、电阻(以矩形表示)和发光二极管(LED)(以三角形表示)组成的直流(DC)
电气网络,如图 P14.19 和图 P14.20 所示,确定通过每个回路的电流,图 P14.19 中分支 *AD* 和

BC 的电流，以及图 P14.20 中分支 AD 的电流。这些图中每个二极管的电流是多少？如果通过 LED 的所需电流不能大于 0.015 A，标准电阻是否可行？

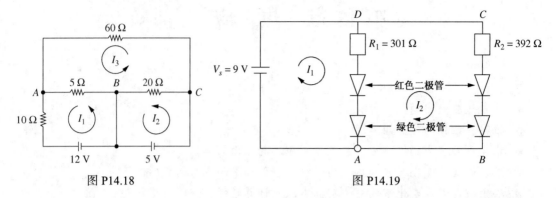

图 P14.18　　　　　　　　　　　　　　图 P14.19

14.21　对于图 P14.21 所示的薄板，确定右端节点处的电压。节点 1 和节点 2 处的电压分别为 20 V 和 0 V。材料为二氧化硅，介电常数 $\varepsilon = 3.9$。使用两个单元的模型，如例 14.8 所示。假设厚度为 0.01 m。

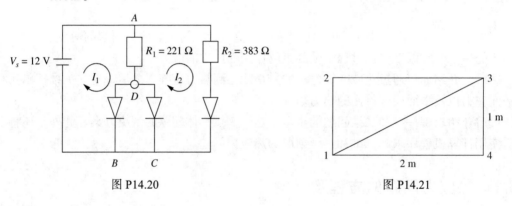

图 P14.20　　　　　　　　　　　　　　图 P14.21

使用计算机程序求解下述静电学问题。

 14.22　对于无限长的充满空气的通道，如图 P14.22 所示，求空气中（$\varepsilon = 1$）的电压变化和最大电场值及其位置。

 14.23　母线是用于配电箱中的电力分配的一种矩形导体。地面和母线被认为是理想绝缘体。设母线的电压为 240 V。对于图 P14.23 所示的系统，求母线周围空气（$\varepsilon = 1$）的电压分布和最大电场强度。

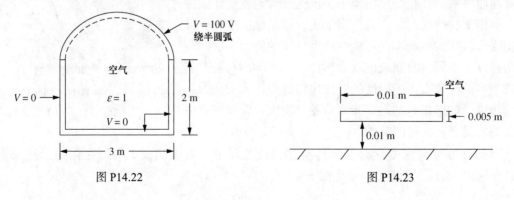

图 P14.22　　　　　　　　　　　　　　图 P14.23

第15章 热 应 力

章节目标

- 阐述热应力问题。
- 推导一维杆的热力矩阵。
- 推导平面应力和平面应变三节点三角形的热力矩阵。
- 求解由温度变化引起的热应力的杆、桁架和平面应力问题的例子。
- 给出板在温度变化下热应力解的有限元计算结果。
- 给出三维物体在温度变化下热应力解的有限元计算结果。

引言

在本章中，将讨论物体内部的热应力问题。首先，将讨论热应力引起的应变能（由于物体或物体的一部分在温度变化过程中受约束的作用而产生的应力）。

然后，介绍如何通过热应变能方程的最小化得到热力矩阵。之后将建立一维杆单元和二维平面应力以及平面应变单元的热力矩阵。

最后介绍求解一维和二维问题的步骤，然后提供具体问题的解决方案。此外，还将举例说明使用计算机程序求解二维和三维情况的热应力问题。

15.1 热应力问题的方程及示例

除了与机械负荷引起的位移函数相关的应变外，由于温度变化、膨胀（湿度差）或其他原因，物体内可能还有其他应变。这里只考虑温度变化引起的应变 ε_T，同时考虑一维和二维问题。

如果在设计中没有适当考虑结构中的温度变化，则会导致较大的应力。在桥梁中，梁和板的不适当约束会导致较大的压应力，并由于温度变化而导致屈曲失效。在超静定桁架中，承受较大温度变化的构件会在桁架构件中产生应力。类似地，由于温度变化，限制膨胀或收缩的机械零件可能会产生较大的应力。由两种或两种以上不同材料制成的复合构件，如果构成材料并非是热兼容的，那么由于温度的变化也将产生巨大的应力。也就是说，如果材料的热膨胀系数差异较大，即使在自由膨胀的情况下，也可能会产生应力（如图 15.1 所示）。

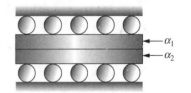

图 15.1　由两种具有不同热膨胀系数的材料组成的复合构件

当构件发生温度变化时，构件会尝试改变尺寸。对于温度 T 均匀变化的无约束构件 AB（参见图 15.2），长度 L 的变化如下：

$$\delta_T = \alpha TL \tag{15.1.1}$$

式中，α 是热膨胀系数，T 是温度变化。系数 α 是材料的机械性能，单位为 $1/℃$（其中，℃ 表示摄氏度）的材料的机械性能。式 (15.1.1) 中，δ_T 在膨胀时为正，收缩时为负。典型的 α 值为：结构钢的 α 值为 $\alpha = (12 \times 10^{-6})/℃$，铝合金的 α 值为 $\alpha = (23 \times 10^{-6})/℃$。

根据法向应变的定义，可以确定均匀温度变化引起的应变。对于承受均匀温度变化 T 的棒材（参见图 15.2），应变是由温度变化引起的尺寸变化除以原始尺寸。考虑到轴向应变，得到：

$$\varepsilon_T = \alpha T \tag{15.1.2}$$

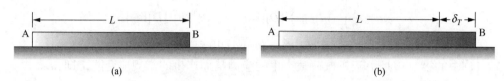

图 15.2 （a）无约束构件；（b）承受均匀温升的相同构件

由于图 15.2 中的杆件可以自由膨胀，也就是说，它不受其他构件或支架的约束，因此杆件中不会有任何应力。一般来说，对于静定结构，一个或多个构件的均匀温度变化不会导致任何构件产生应力。也就是说，结构是无应力的。对于超静定结构，结构中一个或多个构件的均匀温度变化通常导致改变一个或多个构件的应力 σ_T。可以因温度变化产生应变，而不会产生应力；同样，可以在没有构件长度实际改变或应变的情况下，产生应力。

现在考虑一维热应力问题。带有初始（热）应变（$\varepsilon_0 = \varepsilon_T$）的线性应力-应变图如图 15.3 所示。

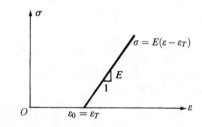

图 15.3 具有初始热应变的线性应力-应变定律

由图 15.3 可见，对于一维问题，有：

$$\varepsilon_x = \frac{\sigma_x}{E} + \varepsilon_T \tag{15.1.3}$$

一般来说，如果 $1/E = [D]^{-1}$，那么在一般矩阵形式下，式 (15.1.3) 可以写成：

$$\{\varepsilon\} = [D]^{-1}\{\sigma\} + \{\varepsilon_T\} \tag{15.1.4}$$

根据式 (15.1.4)，解得 $\{\sigma\}$ 为：

$$\{\sigma\} = D(\{\varepsilon\} - \{\varepsilon_T\}) \tag{15.1.5}$$

单位体积的应变能（称为应变能密度）是图 15.3 中 $\sigma\text{-}\varepsilon$ 图的面积，由下式给出：

$$u_0 = \frac{1}{2}\{\sigma\}(\{\varepsilon\}) - \{\varepsilon_T\}) \tag{15.1.6}$$

将式 (15.1.5) 代入式 (15.1.6)，得到：

$$u_0 = \frac{1}{2}(\{\varepsilon\} - \{\varepsilon_T\})^{\mathrm{T}}[D](\{\varepsilon\} - \{\varepsilon_T\}) \tag{15.1.7}$$

其中，一般情况下，需要对应变矩阵进行转置，以使矩阵正确相乘。

总应变能为：

$$U = \int_V u_0 \, \mathrm{d}V \tag{15.1.8}$$

将式(15.1.17)代入式(15.1.8)，得到：

$$U = \int_V \frac{1}{2}(\{\varepsilon\} - \{\varepsilon_T\})^T[D](\{\varepsilon\} - \{\varepsilon_T\})\,\mathrm{d}V \tag{15.1.9}$$

将$\{\varepsilon\} = [B]\{d\}$代入式(15.1.9)，得到：

$$U = \frac{1}{2}\int_V ([B]\{d\} - \{\varepsilon_T\})^T[D]([B]\{d\} - \{\varepsilon_T\})\,\mathrm{d}V \tag{15.1.10}$$

化简式(15.1.10)得到：

$$\begin{aligned}U = \frac{1}{2}\int_V (\{d\}^T[B]^T[D][B]\{d\} - \{d\}^T[B]^T[D]\{\varepsilon_T\} \\ -\{\varepsilon_T\}^T[D][B]\{d\} + \{\varepsilon_T\}^T[D]\{\varepsilon_T\})\,\mathrm{d}V\end{aligned} \tag{15.1.11}$$

式(15.1.11)中的第一项是由于机械荷载产生的应力从而产生的常规应变能，即：

$$U_L = \frac{1}{2}\int_V \{d\}^T[B]^T[D][B]\{d\}\,\mathrm{d}V \tag{15.1.12}$$

式(15.1.11)中的第二项和第三项是相同的，可以写成：

$$U_T = \int_V \{d\}^T[B]^T[D]\{\varepsilon_T\}\,\mathrm{d}V \tag{15.1.13}$$

式(15.1.11)中的最后一项(第四项)是一个常数，当应用最小势能的原理来设定时，它就不存在了：

$$\frac{\partial U}{\partial\{d\}} = 0 \tag{15.1.14}$$

因此，令$U = U_L + U_T$并且将式(15.1.12)和式(15.1.13)代入式(15.1.14)，得到两个公式：

$$\frac{\partial U_L}{\partial\{d\}} = \int_V [B]^T[D][B]\,\mathrm{d}V\{d\} \tag{15.1.15}$$

和

$$\frac{\partial U_T}{\partial\{d\}} = \int_V [B]^T[D]\{\varepsilon_T\}\,\mathrm{d}V = \{f_T\} \tag{15.1.16}$$

于是，式(15.1.15)中的积分项乘以位移矩阵$\{d\}$作为单元刚度矩阵$[k]$的一般形式，而式(15.1.16)是由于单元温度变化而产生的荷载或力矢量。

15.1.1　一维杆

现在考虑一维热应力问题。定义由热膨胀系数为α的各向同性材料制成的一维杆在均匀温升T下的热应变矩阵，如下所示：

$$\{\varepsilon_T\} = \{\varepsilon_{xT}\} = \{\alpha T\} \tag{15.1.17}$$

其中，α的单位通常是$(\mathrm{mm}/\mathrm{mm})/℃$。

对于简单的一维杆(两端各有一个节点)，将式(15.1.17)代入式(15.1.16)，得到如下热力矩阵：

$$\{f_T\} = A\int_0^L [B]^T[D]\{\alpha T\}\,\mathrm{d}x \tag{15.1.18}$$

回想一下，对于一维情况，根据式(3.10.15)和式(3.10.13)，有：

$$[D] = [E] \qquad [B] = \left[-\frac{1}{L} \quad \frac{1}{L}\right] \tag{15.1.19}$$

将式 (15.1.19) 代入式 (15.1.18) 并进行化简，得到如下热力矩阵：

$$\{f_T\} = \begin{Bmatrix} f_{T1} \\ f_{T2} \end{Bmatrix} = \begin{Bmatrix} -E\alpha TA \\ E\alpha TA \end{Bmatrix} \tag{15.1.20}$$

15.1.2 二维平面应力和平面应变

对于二维热应力问题，由于各向异性材料在方向上的不同机械性能（如 $E_x \neq E_y$），温度变化将产生两个正应变——ε_{xT} 和 ε_{yT}，以及一个剪切应变 γ_{xyT}（参见图 15.4）。因此给出各向异性材料的热应变矩阵：

$$\{\varepsilon_T\} = \begin{Bmatrix} \varepsilon_{xT} \\ \varepsilon_{yT} \\ \gamma_{xyT} \end{Bmatrix} \tag{15.1.21}$$

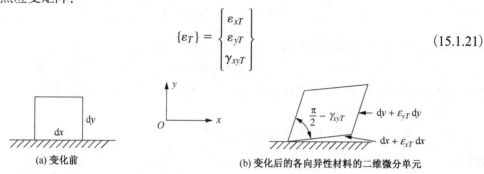

(a) 变化前   (b) 变化后的各向异性材料的二维微分单元

图 15.4 各向异性材料均匀变温前后的二维微分单元

对于热膨胀系数为 α 的各向同性材料（$E_x = E_y$）中的平面应力受温升 T 影响的情况，热应变矩阵为：

$$\{\varepsilon_T\} = \begin{Bmatrix} \alpha T \\ \alpha T \\ 0 \end{Bmatrix} \tag{15.1.22}$$

各向同性材料的温度变化不会引起剪切应变，只会引起膨胀或收缩。

对于各向同性材料中的平面应变，热应变矩阵是：

$$\{\varepsilon_T\} = (1 + v) \begin{Bmatrix} \alpha T \\ \alpha T \\ 0 \end{Bmatrix} \tag{15.1.23}$$

对于等厚度 (t)、等应变的三角形单元，式 (15.1.16) 可化简为：

$$\{f_T\} = [B]^{\mathrm{T}} [D] \{\varepsilon_T\} tA \tag{15.1.24}$$

式 (15.1.24) 中的力以不相等的方式作用于构件的节点，需要精确计算。用式 (6.1.8) 代替 $[D]$，用式 (6.2.34) 代替 $[B]$，用式 (15.1.22) 代替式 (15.1.24) 表示平面应力条件下的 $\{\varepsilon_T\}$，从而揭示了常应变三角形单元热力矩阵：

$$\{f_T\} = \begin{Bmatrix} f_{Tix} \\ f_{Tiy} \\ \vdots \\ f_{Tmy} \end{Bmatrix} = \frac{\alpha EtT}{2(1 - v)} \begin{Bmatrix} \beta_i \\ \gamma_i \\ \beta_j \\ \gamma_j \\ \beta_m \\ \gamma_m \end{Bmatrix} \tag{15.1.25}$$

式中的 β 和 γ 由式 (6.2.10) 定义。

15.1.3　轴对称单元

对于各向同性材料轴对称三角形单元受均匀温度变化的情况，给出热应变矩阵如下：

$$\{\varepsilon_T\} = \begin{Bmatrix} \varepsilon_{rT} \\ \varepsilon_{zT} \\ \varepsilon_{\theta T} \\ \gamma_{rzT} \end{Bmatrix} = \begin{Bmatrix} \alpha T \\ \alpha T \\ \alpha T \\ 0 \end{Bmatrix} \qquad (15.1.26)$$

通过将式(9.1.19)和式(9.1.21)中的$[B]$代入，获得三节点三角形单元的热力矩阵：

$$\{f_T\} = 2\pi \int_A [B]^T [D] \{\varepsilon_T\} r \mathrm{d}A \qquad (15.1.27)$$

对于在质心$(\bar{r}, \bar{z})$处计算的单元刚度矩阵，式(15.1.27)变为：

$$\{f_T\} = 2\pi \bar{r} A [\bar{B}]^T [D] \{\varepsilon_T\} \qquad (15.1.28)$$

式中，$[\bar{B}]$由式(9.2.3)给出；A是单元的表面积，当单元的坐标已知时，通常可以从式(6.2.8)求出；$[D]$由式(9.2.6)给出。

接下来描述一维和二维热应力问题的求解过程。

步骤 1

计算热力矩阵，见式(15.1.20)或式(15.1.25)。然后将此力矩阵视为等效(或初始)力矩阵$\{F_0\}$，类似于用等效节点力代替作用在单元上的分布荷载时得到的力矩阵(参见第4章、第5章和附录 D)。

步骤 2

应用$\{F\} = [K]\{d\} - \{F_0\}$，如果只考虑热荷载，求解$\{F_0\} = [K]\{d\}$的节点位移。回想一下，当建立联立方程组时，$\{F\}$表示所施加的节点力，这里假定为零。

步骤 3

把现在已知的$\{d\}$代入步骤2中，得到实际的节点力$\{F\}(=[K]\{d\} - \{F_0\})$。

因此，热应力问题的解决方式类似于第4章和第5章中讨论的梁和框架的分布荷载问题。现在通过以下示例来说明一般过程。

例15.1　对于两端固定并承受均匀温升$T = 30℃$的一维杆，如图15.5所示，求固定端的反作用力和杆中的轴向应力。假设$E = 200\,\mathrm{GPa}$，$A = 24\,\mathrm{cm}^2$，$L = 1.2\,\mathrm{m}$，$\alpha = 1.25 \times 10^{-6}\,(\mathrm{mm/mm})/℃$。

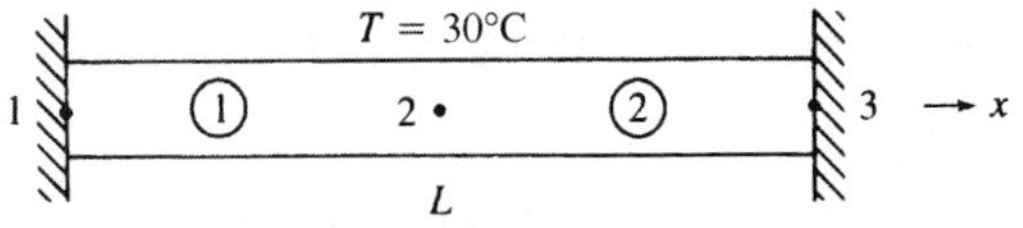

图 15.5　承受均匀温升的杆

解　两个单元足以代表杆，因为内部节点位移在这里并不重要。为了求解$\{F_0\} = [K]\{d\}$，必须确定杆的整体刚度矩阵。因此，对于每个单元，有：

$$[k^{(1)}] = \frac{AE}{L/2} \begin{matrix} 1 & 2 \end{matrix} \begin{bmatrix} 1 & -1 \\ -1 & 1 \end{bmatrix} \frac{\mathrm{kN}}{\mathrm{m}} \qquad [k^{(2)}] = \frac{AE}{L/2} \begin{matrix} 2 & 3 \end{matrix} \begin{bmatrix} 1 & -1 \\ -1 & 1 \end{bmatrix} \frac{\mathrm{kN}}{\mathrm{m}} \qquad (15.1.29)$$

其中，$[k]$ 项中列上方的数字表示与每个单元相关的节点位移。

步骤 1

使用式 (15.1.20)，每个单元的热力矩阵如下：

$$\{f^{(1)}\} = \begin{Bmatrix} -E\alpha TA \\ E\alpha TA \end{Bmatrix} \qquad \{f^{(2)}\} = \begin{Bmatrix} -E\alpha TA \\ E\alpha TA \end{Bmatrix} \tag{15.1.30}$$

其中这些力被视为等效节点力。

步骤 2

将直接刚度法应用于式 (15.1.29) 和式 (15.1.30)，将全局方程 $\{F_0\} = [K]\{d\}$ 组合为：

$$\begin{Bmatrix} -E\alpha TA \\ 0 \\ E\alpha TA \end{Bmatrix} = \frac{AE}{L/2} \begin{bmatrix} 1 & -1 & 0 \\ -1 & 1+1 & -1 \\ 0 & -1 & 1 \end{bmatrix} \begin{Bmatrix} u_1 \\ u_2 \\ u_3 \end{Bmatrix} \tag{15.1.31}$$

应用边界条件 $u_1 = 0$ 和 $u_3 = 0$，求解式 (15.1.31) 的第二个方程，得到：

$$u_2 = 0 \tag{15.1.32}$$

步骤 3

将式 (15.1.32) 代回全局方程 $\{F\} = [K]\{d\} - \{F_0\}$，得到实际节点力：

$$\begin{Bmatrix} F_{1x} \\ F_{2x} \\ F_{3x} \end{Bmatrix} = \begin{Bmatrix} 0 \\ 0 \\ 0 \end{Bmatrix} - \begin{Bmatrix} -E\alpha TA \\ 0 \\ E\alpha TA \end{Bmatrix} = \begin{Bmatrix} E\alpha TA \\ 0 \\ -E\alpha TA \end{Bmatrix} \tag{15.1.33}$$

将 E，α，T 和 A 的值代入式 (15.1.33)，得到：

$$F_{1x} = 180 \text{ kN} \qquad F_{2x} = 0 \qquad F_{3x} = -180 \text{ kN}$$

如图 15.6 所示。那么，杆中的应力为：

$$\sigma = \frac{180 \text{ kN}}{24 \times 10^{-4} \text{ m}^2} = 75 \text{ MPa} \qquad (\text{压力}) \tag{15.1.34}$$

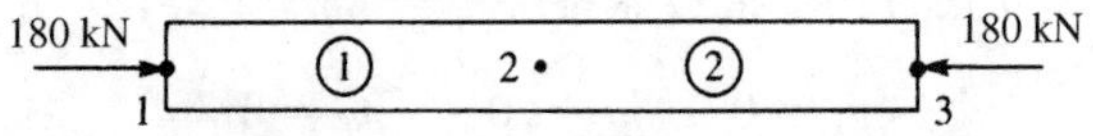

图 15.6　图 15.5 中杆的自由体图

例 15.2　对于图 15.7 所示的组合杆，求固定端的反作用力和每个杆的轴向应力。杆 1 的温降为 10℃。假设杆 1 为铝合金，$E = 70 \text{ GPa}$，$\alpha = 23 \times 10^{-6} (\text{mm/mm})/\text{℃}$，$A = 12 \times 10^{-4} \text{ m}^2$，$L = 2 \text{ m}$。杆 2 和杆 3 为黄铜，$E = 100 \text{ GPa}$，$\alpha = 20 \times 10^{-6} (\text{mm/mm})/\text{℃}$，$A = 6 \times 10^{-4} \text{ m}^2$，$L = 2 \text{ m}$。

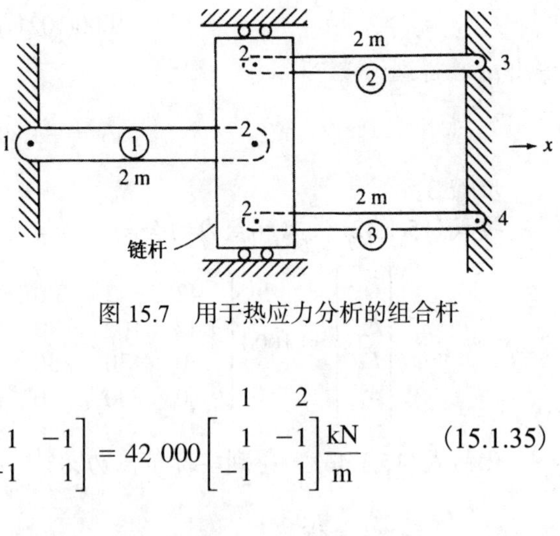

解　首先确定每个单元的刚度矩阵。

图 15.7　用于热应力分析的组合杆

单元 1

$$[k^{(1)}] = \frac{(12 \times 10^{-4})(70 \times 10^6)}{2} \begin{bmatrix} 1 & -1 \\ -1 & 1 \end{bmatrix} = 42\,000 \begin{bmatrix} \overset{1}{1} & \overset{2}{-1} \\ -1 & 1 \end{bmatrix} \frac{\text{kN}}{\text{m}} \tag{15.1.35}$$

单元 2 和单元 3

$$[k^{(2)}] = [k^{(3)}] = \frac{(6 \times 10^{-4})(100 \times 10^6)}{2} \begin{matrix} 2 & 3 \\ 2 & 4 \end{matrix} \begin{bmatrix} 1 & -1 \\ -1 & 1 \end{bmatrix} = 30\,000 \begin{bmatrix} 1 & -1 \\ -1 & 1 \end{bmatrix} \frac{\text{kN}}{\text{m}} \tag{15.1.36}$$

步骤 1

通过计算式(15.1.20)得到单元热力矩阵。首先，计算单元 1 的 $-E\alpha TA$，得到：

$$-E\alpha TA = -(70 \times 10^6)(23 \times 10^{-6})(-10)(12 \times 10^{-4}) = 19.32\,\text{kN} \tag{15.1.37}$$

式(15.1.37)中的 -10 这一项是由于元件 1 中的温降引起的。将式(15.1.37)的结果代入式(15.1.20)，得到：

$$\{f^{(1)}\} = \begin{Bmatrix} f_{1x} \\ f_{2x} \end{Bmatrix} = \begin{Bmatrix} 19.32 \\ -19.32 \end{Bmatrix} \text{kN} \tag{15.1.38}$$

单元 2 和单元 3 没有温度变化，以此类推：

$$\{f^{(2)}\} = \{f^{(3)}\} = \begin{Bmatrix} 0 \\ 0 \end{Bmatrix} \tag{15.1.39}$$

步骤 2

将式(15.1.35)、式(15.1.36)、式(15.1.38)和式(15.1.39)组合成 $\{F_0\} = [K]\{d\}$，得到：

$$1000 \begin{matrix} 1 & 2 & 3 & 4 \\ \begin{bmatrix} 42 & -42 & 0 & 0 \\ -42 & 42+30+30 & -30 & -30 \\ 0 & -30 & 30 & 0 \\ 0 & -30 & 0 & 30 \end{bmatrix} \end{matrix} \begin{Bmatrix} u_1 \\ u_2 \\ u_3 \\ u_4 \end{Bmatrix} = \begin{Bmatrix} +19.32 \\ -19.32 \\ 0 \\ 0 \end{Bmatrix} \tag{15.1.40}$$

其中右侧热力被视为等效节点力。使用边界条件：

$$u_1 = 0 \qquad u_3 = 0 \qquad u_4 = 0 \tag{15.1.41}$$

从式(15.1.40)的第二个方程中得出：

$$1000(102)u_2 = -19.32$$

解出 u_2，得到：

$$u_2 = -1.89 \times 10^{-4}\,\text{m} \tag{15.1.42}$$

步骤 3

将式(15.1.42)代回节点力的全局方程 $\{F\} = [K]\{d\} - \{F_0\}$ 中，得到：

$$\begin{Bmatrix} F_{1x} \\ F_{2x} \\ F_{3x} \\ F_{4x} \end{Bmatrix} = 1000 \begin{bmatrix} 42 & -42 & 0 & 0 \\ -42 & 102 & -30 & -30 \\ 0 & -30 & 30 & 0 \\ 0 & -30 & 0 & 30 \end{bmatrix} \begin{Bmatrix} 0 \\ -1.89 \times 10^{-4} \\ 0 \\ 0 \end{Bmatrix} - \begin{Bmatrix} 19.32 \\ -19.32 \\ 0 \\ 0 \end{Bmatrix} \tag{15.1.43}$$

化简式(15.1.43)，得到实际节点力为：

$$F_{1x} = -11.38 \text{ kN}$$
$$F_{2x} = 0.0 \text{ kN}$$
$$F_{3x} = 5.69 \text{ kN} \qquad (15.1.44)$$
$$F_{4x} = 5.69 \text{ kN}$$

杆组件的自由体图如图 15.8 所示。然后，每个钢筋中的应力为拉伸应力，并由下式给出：

$$\sigma^{(1)} = \frac{11.38}{12 \times 10^{-4}} = 9.48 \times 10^3 \text{ kN / m}^2 \text{ (9.48 MPa)}$$

$$\sigma^{(2)} = \sigma^{(3)} = \frac{5.69}{6 \times 10^{-4}} = 9.48 \times 10^3 \text{ kN / m}^2 \text{ (9.48 MPa)} \qquad (15.1.45)$$

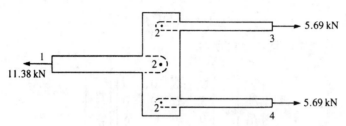

图 15.8 图 15.7 中杆组件的自由体图

例 15.3 对于图 15.9 所示的平面桁架，求节点 1 处的位移和每个杆件中的轴向应力。杆 1 的温升为 47.62℃。两个杆的 $E = 210$ GPa，$\alpha = 72.5 \times 10^{-6}$ (mm / mm)/℃，$A = 12$ cm²。

解 首先，使用式 (3.4.23)，确定每个单元的刚度矩阵。

单元 1

选择从节点 2 到节点 1 的 x'，$\theta = 90°$，所以 $\cos\theta = 0$，$\sin\theta = 1$，那么

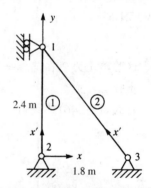

$$[k^{(1)}] = \frac{(12 \times 10^{-4})(210 \times 10^6)}{2.4} \begin{matrix} 2 & & 1 & \\ \begin{bmatrix} 0 & 0 & 0 & 0 \\ & 1 & 0 & -1 \\ & & 0 & 0 \\ \text{对称} & & & 1 \end{bmatrix} \end{matrix} \frac{\text{kN}}{\text{m}} \quad (15.1.46)$$

图 15.9 用于热应力分析的平面桁架

单元 2

选择从节点 3 到节点 1 的 x'，$\theta = 180° - 53.13° = 126.87°$，所以 $\cos\theta = -0.6$，$\sin\theta = 0.8$，那么

$$[k^{(2)}] = \frac{(12 \times 10^{-4})(210 \times 10^6)}{3.0} \begin{matrix} 3 & & 1 & \\ \begin{bmatrix} 0.36 & -0.48 & -0.36 & 0.48 \\ & 0.64 & 0.48 & -0.64 \\ & & 0.36 & -0.48 \\ \text{对称} & & & 0.64 \end{bmatrix} \end{matrix} \frac{\text{kN}}{\text{m}} \quad (15.1.47)$$

步骤 1

通过计算式 (15.1.20) 获得单元热力矩阵，如下所示：

$$-E\alpha TA = -(210 \times 10^{-6})(12.5 \times 10^{-6}) = -150.0 \text{ kN} \qquad (15.1.48)$$

利用单元 1 的式 (15.1.48) 的结果，得到局部热力矩阵：

$$\{f'^{(1)}\} = \begin{Bmatrix} f'_{2x} \\ f'_{1x} \end{Bmatrix} = \begin{Bmatrix} -150 \\ 150 \end{Bmatrix} \text{kN} \tag{15.1.49}$$

单元 2 没有温度变化, 所以

$$\{f'^{(2)}\} = \begin{Bmatrix} f'_{3x} \\ f'_{1x} \end{Bmatrix} = \begin{Bmatrix} 0 \\ 0 \end{Bmatrix} \tag{15.1.50}$$

回想一下式 (3.4.16), $\{f'\} = [T]\{f\}$。由于已经证明了 $[T]^{-1} = [T]^{T}$, 可以通过将式 (3.4.16) 乘以 $[T]^{T}$ 来获得整体力, 从而获得整体参考框架中的单元节点力, 如下所示:

$$\{f\} = [T]^{T}\{f'\} \tag{15.1.51}$$

使用式 (15.1.51), 单元 1 的整体节点力为:

$$\begin{Bmatrix} f_{2x} \\ f_{2y} \\ f_{1x} \\ f_{1y} \end{Bmatrix} = \begin{bmatrix} C & -S & 0 & 0 \\ S & C & 0 & 0 \\ 0 & 0 & C & -S \\ 0 & 0 & S & C \end{bmatrix} \begin{Bmatrix} f'_{2x} \\ f'_{2y} \\ f'_{1x} \\ f'_{1y} \end{Bmatrix} \tag{15.1.52}$$

式 (15.1.52) 中的项顺序是由于选择了从节点 2 到节点 1 的 x' 轴, 式 (3.4.15) 给出的 $[T]$ 已被使用。

将 $C = 0$, $S = 1$ (与单元 1 的 x' 一致), $f'_{1x} = 150$, $f'_{1y} = 0$, $f'_{2x} = -150$, $f'_{2y} = 0$ 代入式 (15.1.52), 得到:

$$f_{2x} = 0 \qquad f_{2y} = -150 \text{ kN} \qquad f_{1x} = 0 \qquad f_{1y} = 150 \text{ kN} \tag{15.1.53}$$

这些单元力现在是唯一等效的整体节点力, 因为单元 2 不受温度变化的影响。

步骤 2

将式 (15.1.46)、式 (15.1.47) 和式 (15.1.53) 组合成全局方程 $\{F_0\} = [K]\{d\}$, 得到:

$$84\,000 \begin{bmatrix} 0.36 & -0.48 & 0 & 0 & 0 & 0 \\ & 1.89 & 0 & -1.25 & 0 & 0 \\ & & 0 & 0 & 0 & 0 \\ & & & 1.25 & 0 & 0 \\ & & & & 0.36 & -0.48 \\ \text{对称} & & & & & 0.64 \end{bmatrix} \begin{Bmatrix} u_1 \\ v_1 \\ u_2 \\ v_2 \\ u_3 \\ v_3 \end{Bmatrix} = \begin{Bmatrix} 0 \\ 150 \\ 0 \\ -150 \\ 0 \\ 0 \end{Bmatrix} \tag{15.1.54}$$

边界条件由下式给出:

$$u_1 = 0 \qquad u_2 = 0 \qquad v_2 = 0 \qquad u_3 = 0 \qquad v_3 = 0 \tag{15.1.55}$$

利用边界条件式 (15.1.55) 和式 (15.1.54) 的第二个方程, 得到:

$$(1.89 \times 84\,000)v_1 = 150$$

或

$$v_1 = 9.45 \times 10^{-4} \text{ m} = 0.945 \text{ mm} \tag{15.1.56}$$

步骤 3

现在说明在局部坐标中获取局部单元力的过程。也就是说, 局部单元力是:

$$\{f'\} = [k']\{d'\} - \{f'_0\} \tag{15.1.57}$$

使用式(15.1.57)中的关系 $\{d'\} = [T^*]\{d\}$、常用杆单元$[k']$矩阵[参见式(3.1.14)]、变换矩阵$[T^*]$ [参见式(3.4.8)]以及适用于所考虑的单元的计算位移和初始热力来确定实际的局部单元节点力。将单元 1 的数值,从式(15.1.57)代入$[f'] = [k'][T^*]\{d\} - [f'_0]$,得到:

$$\begin{Bmatrix} f'_{2x} \\ f'_{1x} \end{Bmatrix} = \frac{(12.0 \times 10^{-4})(210 \times 10^6)}{2.4} \begin{bmatrix} 1 & -1 \\ -1 & 1 \end{bmatrix} \begin{bmatrix} 0 & 1 & 0 & 0 \\ 0 & 0 & 0 & 1 \end{bmatrix} \begin{Bmatrix} u_2 = 0 \\ v_2 = 0 \\ u_1 = 0 \\ v_1 = 9.45 \times 10^{-4} \end{Bmatrix} - \begin{Bmatrix} -150 \\ 150 \end{Bmatrix} \quad (15.1.58)$$

化简式(15.1.58),得到:

$$f'_{2x} = 50.8 \text{ kN} \qquad f'_{1x} = -50.8 \text{ kN} \quad (15.1.59)$$

将局部单元力 f'_{1x}(与 3.5 节中使用的惯例一致的远端力)除以横截面积,得到应力为:

$$\sigma^{(1)} = \frac{-50.8 \text{ kN}}{(12.0 \times 10^{-4} \text{ m}^2)} = -42.3 \times 10^3 \text{ kN/m}^2 = 42.3 \text{ MPa} (C) \quad (15.1.60)$$

同样,对于单元 2,有:

$$\begin{Bmatrix} f'_{3x} \\ f'_{1x} \end{Bmatrix} = \frac{(12.0 \times 10^{-4})(210 \times 10^6)}{3.0} \begin{bmatrix} 1 & -1 \\ -1 & 1 \end{bmatrix} \begin{bmatrix} -0.6 & 0.8 & 0 & 0 \\ 0 & 0 & -0.6 & 0.8 \end{bmatrix} \begin{Bmatrix} 0 \\ 0 \\ 0 \\ 9.45 \times 10^{-4} \end{Bmatrix} \quad (15.1.61)$$

化简式(15.1.61),得到:

$$f'_{3x} = -63.5 \text{ kN} \qquad f'_{1x} = 63.5 \text{ kN} \quad (15.1.62)$$

由于单元 2 未受到温度变化,因此不存在初始热力。将远端力 f'_{1x} 除以横截面积得出:

$$\sigma^{(2)} = 52.9 \text{ MPa} (T) \quad (15.1.63)$$

对于二维和三维应力问题,这种将力除以横截面积是不允许的。因此,由于施加荷载和温度变化而产生的总应力必须由以下公式确定:

$$\{\sigma\} = \{\sigma_L\} - \{\sigma_T\} \quad (15.1.64)$$

现在举例说明例 15.3 桁架杆件 1 的式(15.1.64)。对于杆,σ_L 可使用式(3.5.6) $\{\sigma_L\} = [C']\{d\}$ 获得,σ_T 可由下式得到:

$$\{\sigma_T\} = [D]\{\varepsilon_T\} = E\alpha T \quad (15.1.65)$$

因为对于杆单元,$[D] = E$ 和 $\{\varepsilon_T\} = \alpha T$。然后确定杆件 1 中的应力为:

$$\sigma^{(1)} = \frac{E}{L} [-C \quad -S \quad C \quad S] \begin{Bmatrix} u_2 \\ v_2 \\ u_1 \\ v_1 \end{Bmatrix} - E\alpha T \quad (15.1.66)$$

将单元 1 的数值量代入式(15.1.66),得到:

$$\sigma^{(1)} = \frac{210 \times 10^6}{2.4} [0 \quad -1 \quad 0 \quad 1] \begin{Bmatrix} 0 \\ 0 \\ 0 \\ 9.45 \times 10^{-4} \end{Bmatrix} - (210 \times 10^6)(12.5 \times 10^{-6})(47.62) \quad (15.1.67)$$

或　　　　　　　　　　　　$$\sigma^{(1)} = 42.3 \times 10^3 \, \text{kN/m}^2 = 42.3 \, \text{MPa} \, (C) \tag{15.1.68}$$

现在说明两个平面热应力问题的解。

例 15.4　对于图 15.10 所示的平面应力单元，求单元方程。单元受到垂直于边 *j-m* 的大小为 $15\,000 \, \text{kN/m}^2$ 的压力，并有 16℃ 的升温。

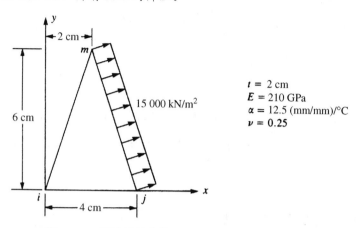

图 15.10　承受机械荷载和温度变化的平面应力单元

解　刚度矩阵由下式给出 [参见式(6.2.52)或式(6.4.1)]：

$$[k] = [B]^{\mathrm{T}}[D][B]tA \tag{15.1.69}$$

和
$$\begin{aligned}
\beta_i &= y_j - y_m = -6 \, \text{cm} = 0.06 \, \text{m} & \gamma_i &= x_m - x_j = -2 \, \text{cm} = 0.02 \, \text{m} \\
\beta_j &= y_m - y_i = 6 \, \text{cm} = 0.06 \, \text{m} & \gamma_j &= x_i - x_m = -2 \, \text{cm} = 0.02 \, \text{m} \\
\beta_m &= y_i - y_j = 0 & \gamma_m &= x_j - x_i = 4 \, \text{cm} = 0.04 \, \text{m}
\end{aligned}$$

和
$$A = \frac{(6)(4)}{2} = 12 \, \text{cm}^2 = 12.0 \times 10^{-4} \, \text{m}^2 \tag{15.1.70}$$

因此，将式(15.1.70)的结果代入式(6.2.34)的 $[B]$ 中，得到：

$$[B] = \frac{10^4}{24}\begin{bmatrix} -6 & 0 & 6 & 0 & 0 & 0 \\ 0 & -2 & 0 & -2 & 0 & 4 \\ -2 & -6 & -2 & 6 & 4 & 0 \end{bmatrix} \times 10^{-2} \tag{15.1.71}$$

假设平面应力条件是有效的，有：

$$[D] = \frac{E}{1-\nu^2}\begin{bmatrix} 1 & \nu & 0 \\ \nu & 1 & 0 \\ 0 & 0 & \dfrac{1-\nu}{2} \end{bmatrix} = \frac{210 \times 10^6}{1-(0.25)^2}\begin{bmatrix} 1 & 0.25 & 0 \\ 0.25 & 1 & 0 \\ 0 & 0 & 0.375 \end{bmatrix} \tag{15.1.72}$$

$$= (28 \times 10^6)\begin{bmatrix} 8 & 2 & 0 \\ 2 & 8 & 0 \\ 0 & 0 & 3 \end{bmatrix} \frac{\text{kN}}{\text{m}^2}$$

同时
$$[B]^{\mathrm{T}}[D] = \frac{10^4}{24} \times (2) \times 10^{-2} \begin{bmatrix} -3 & 0 & -1 \\ 0 & -1 & -3 \\ 3 & 0 & -1 \\ 0 & -1 & 3 \\ 0 & 0 & 2 \\ 0 & 2 & 0 \end{bmatrix} (28 \times 10^6) \begin{bmatrix} 8 & 2 & 0 \\ 2 & 8 & 0 \\ 0 & 0 & 3 \end{bmatrix} \tag{15.1.73}$$

化简式(15.1.73),得到:

$$[B]^{\mathrm{T}}[D] = \frac{(28)(2) \times 10^8}{24} \begin{bmatrix} -24 & -6 & -3 \\ -2 & -8 & -9 \\ 24 & 6 & -3 \\ -2 & -8 & 9 \\ 0 & 0 & 6 \\ 4 & 16 & 0 \end{bmatrix} \tag{15.1.74}$$

因此,将式(15.1.71)和式(15.1.74)的结果代入式(15.1.69),得到如下单元刚度矩阵:

$$[k] = (1 \times 10^{-2}\,\mathrm{m})(12 \times 10^{-4}\,\mathrm{m}^2)\left(\frac{10^4}{24} \times 2 \times 10^{-2}\right)\left(\frac{26 \times 10^8}{24}\right)$$

$$\times \begin{bmatrix} -24 & -6 & -3 \\ -2 & -8 & -9 \\ 24 & 6 & -3 \\ -2 & -8 & 9 \\ 0 & 0 & 6 \\ 4 & 16 & 0 \end{bmatrix} \begin{bmatrix} -3 & 0 & 3 & 0 & 0 & 0 \\ 0 & -1 & 0 & -1 & 0 & 2 \\ -1 & -3 & -1 & 3 & 2 & 0 \end{bmatrix} \tag{15.1.75}$$

化简式(15.1.75),单元刚度矩阵为:

$$[k] = 2.33 \times 10^4 \begin{bmatrix} 75 & 15 & -69 & -3 & -6 & -12 \\ 15 & 35 & 3 & -19 & -18 & -16 \\ -69 & 3 & 75 & -15 & -6 & 12 \\ -3 & -19 & -15 & 35 & 18 & -16 \\ -6 & -18 & -6 & 18 & 12 & 0 \\ -12 & -16 & 12 & -16 & 0 & 32 \end{bmatrix} \frac{\mathrm{kN}}{\mathrm{m}} \tag{15.1.76}$$

使用式(15.1.25),热力矩阵如下:

$$\{f_T\} = \frac{\alpha E t T}{2(1-v)} \begin{Bmatrix} \beta_i \\ \gamma_i \\ \beta_j \\ \gamma_j \\ \beta_m \\ \gamma_m \end{Bmatrix} = \frac{(12.5 \times 10^{-6})(210 \times 10^6)(1 \times 10^{-2})(16)}{2(1-0.25)} \begin{Bmatrix} -3 \\ -1 \\ 3 \\ -1 \\ 0 \\ 2 \end{Bmatrix} 2 \times 10^{-2} = 5.6 \begin{Bmatrix} -3 \\ -1 \\ 3 \\ -1 \\ 0 \\ 2 \end{Bmatrix}$$

或

$$\{f_T\} = \begin{Bmatrix} -16.8 \\ -5.6 \\ 16.8 \\ -5.6 \\ 0 \\ 11.2 \end{Bmatrix} \mathrm{kN} \tag{15.1.77}$$

由沿边 j-m 施加的压力产生的力矩阵确定如下:

$$L_{j\text{-}m} = [(4-2)^2 + (6-0)^2]^{1/2} = 6.326 \text{ cm}$$

$$p_x = p\cos\theta = 15\,000\left(\frac{6}{6.326}\right) = 14\,227 \text{ kN/m}^2 \tag{15.1.78}$$

$$p_y = p\sin\theta = 15\,000\left(\frac{1}{6.326}\right) = 4742 \text{ kN/m}^2$$

其中 θ 是从 x 轴到表面 j-m 法线的角度。使用式(6.3.7)计算面力,得到:

$$
\{f_L\} = \iint\limits_{S_{j\text{-}m}} [N_S]^{\mathrm{T}}\begin{Bmatrix} p_x \\ p_y \end{Bmatrix}\mathrm{d}S
$$

$$
= \iint\limits_{S_{j\text{-}m}}\begin{bmatrix} N_i & 0 \\ 0 & N_i \\ N_j & 0 \\ 0 & N_j \\ N_m & 0 \\ 0 & N_m \end{bmatrix}_{\text{沿边} j\text{-}m \text{计算}}\begin{Bmatrix} p_x \\ p_y \end{Bmatrix}\mathrm{d}S = \frac{tL_{j\text{-}m}}{2}\begin{bmatrix} 0 & 0 \\ 0 & 0 \\ 1 & 0 \\ 0 & 1 \\ 1 & 0 \\ 0 & 1 \end{bmatrix}\begin{Bmatrix} p_x \\ p_y \end{Bmatrix} \tag{15.1.79}
$$

通过计算式(15.1.79),得到:

$$
\{f_L\} = \frac{(1\times 10^{-2}\text{ m})(6.326\times 10^{-2}\text{ m})}{2}\begin{bmatrix} 0 & 0 \\ 0 & 0 \\ 1 & 0 \\ 0 & 1 \\ 1 & 0 \\ 0 & 1 \end{bmatrix}\begin{Bmatrix} 14\,227 \\ 4742 \end{Bmatrix} = \begin{Bmatrix} 0 \\ 0 \\ 4.5 \\ 1.5 \\ 4.5 \\ 1.5 \end{Bmatrix}\text{ kN} \tag{15.1.80}
$$

使用式(15.1.76)、式(15.1.77)和式(15.1.80),发现完整的单元方程组为:

$$
2.33\times 10^4\begin{bmatrix} 75 & 15 & -69 & -3 & -6 & -12 \\ & 35 & 3 & -19 & -18 & -16 \\ & & 75 & -15 & -6 & 12 \\ & & & 35 & 18 & -16 \\ & & & & 12 & 0 \\ \text{对称} & & & & & 32 \end{bmatrix}\begin{Bmatrix} u_i \\ v_i \\ u_j \\ v_j \\ u_m \\ v_m \end{Bmatrix} = \begin{Bmatrix} -16.8 \\ -5.6 \\ 21.3 \\ -4.8 \\ 4.5 \\ 12.7 \end{Bmatrix} \tag{15.1.81}
$$

将式(15.1.77)和式(15.1.80)相加可得到力矩阵 $\{f_T\} + \{f_L\}$。

例 15.5　如图 15.11 所示,对于沿一边固定并承受 50℃ 均匀温升的平面应力板,确定每个单元中的节点位移和应力。其中 $E = 210\text{ GPa}$, $v = 0.30$, $t = 5\text{ mm}$, $\alpha = 12\times 10^{-6}\text{ (mm/mm)/℃}$。

解　离散化板如图 15.11 所示。首先使用式(6.2.52)计算每个单元的刚度矩阵。

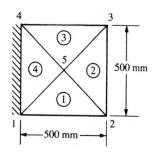

图 15.11　受温度变化影响的离散化板

单元 1

单元 1 的坐标为 $x_1 = 0$, $y_1 = 0$, $x_2 = 0.5$, $y_2 = 0$, $x_5 = 0.25$, $y_5 = 0.25$。由式(6.2.10),得到:

$$\beta_1 = y_2 - y_5 = -0.25\,\text{m} \quad \beta_2 = y_5 - y_1 = 0.25\,\text{m} \quad \beta_5 = y_1 - y_2 = 0 \tag{15.1.82}$$
$$\gamma_1 = x_5 - x_2 = -0.25\,\text{m} \quad \gamma_2 = x_1 - x_5 = -0.25\,\text{m} \quad \gamma_5 = x_2 - x_1 = 0.5\,\text{m}$$

将式(6.2.32)代入式(6.2.34)，得到：

$$[B] = \frac{1}{2A}\begin{bmatrix} \beta_1 & 0 & \beta_2 & 0 & \beta_5 & 0 \\ 0 & \gamma_1 & 0 & \gamma_2 & 0 & \gamma_5 \\ \gamma_1 & \beta_1 & \gamma_2 & \beta_2 & \gamma_5 & \beta_5 \end{bmatrix}$$

$$= \frac{1}{0.125}\begin{bmatrix} -0.25 & 0 & 0.25 & 0 & 0 & 0 \\ 0 & -0.25 & 0 & -0.25 & 0 & 0.5 \\ -0.25 & -0.25 & -0.25 & 0.25 & 0.5 & 0 \end{bmatrix}\frac{1}{\text{m}} \tag{15.1.83}$$

对于平面应力，$[D]$ 由下式给出：

$$[D] = \frac{E}{(1-v^2)}\begin{bmatrix} 1 & v & 0 \\ v & 1 & 0 \\ 0 & 0 & \dfrac{1-v}{2} \end{bmatrix} = \frac{210 \times 10^9}{0.91}\begin{bmatrix} 1 & 0.3 & 0 \\ 0.3 & 1 & 0 \\ 0 & 0 & 0.35 \end{bmatrix}\frac{\text{N}}{\text{m}^2} \tag{15.1.84}$$

用下式得到单元刚度矩阵：

$$[k] = tA[B]^{\text{T}}[D][B] \tag{15.1.85}$$

将式(15.1.83)和式(15.1.84)的结果代入式(15.1.85)并进行乘法运算，得到：

$$\begin{array}{cccccc} u_1 & v_1 & u_2 & v_2 & u_5 & v_5 \end{array}$$
$$[k] = 4.615 \times 10^7 \begin{bmatrix} 8.4375 & 4.0625 & -4.0625 & -0.3125 & -4.375 & -3.75 \\ 4.0625 & 8.4375 & 0.3125 & 4.0625 & -4.375 & -12.5 \\ -4.0625 & 0.3125 & 8.4375 & -4.0625 & -4.375 & 3.75 \\ -0.3125 & 4.0625 & -4.0625 & 8.4375 & 4.375 & -12.5 \\ -4.375 & -4.375 & -4.375 & 4.375 & 8.75 & 0 \\ -3.75 & -12.5 & 3.75 & -12.5 & 0 & 25 \end{bmatrix}\frac{\text{N}}{\text{m}} \tag{15.1.86}$$

单元 2

单元 2 的坐标为 $x_2 = 0.5$，$y_2 = 0$，$x_3 = 0.5$，$y_3 = 0.5$，$x_5 = 0.25$，$y_5 = 0.25$。在单元 1 时，得到：

$$\beta_2 = 0.25\,\text{m} \quad \beta_3 = 0.25\,\text{m} \quad \beta_5 = -0.5\,\text{m}$$
$$\gamma_2 = -0.25\,\text{m} \quad \gamma_3 = 0.25\,\text{m} \quad \gamma_5 = 0$$

然后，单元刚度矩阵变为：

$$\begin{array}{cccccc} u_2 & v_2 & u_3 & v_3 & u_5 & v_5 \end{array}$$
$$[k] = 4.615 \times 10^7 \begin{bmatrix} 8.4375 & -4.0625 & 4.0625 & -0.3125 & -12.5 & 4.375 \\ -4.0625 & 8.4375 & 0.3125 & -4.0625 & 3.75 & -4.375 \\ 4.0625 & 0.3125 & 8.437 & 4.0625 & -12.5 & -4.375 \\ -0.3125 & -4.0625 & 4.0625 & 8.4375 & -3.75 & -4.375 \\ -12.5 & 3.75 & -12.5 & -3.75 & 25 & 0 \\ 4.375 & -4.375 & -4.375 & -4.375 & 0 & 8.75 \end{bmatrix}\frac{\text{N}}{\text{m}} \tag{15.1.87}$$

单元 3

对于单元 3，使用与单元 1 相同的步骤，得到如下刚度矩阵：

$$[k] = 4.615 \times 10^7 \begin{array}{c} \begin{array}{cccccc} u_3 \quad & v_3 \quad & u_4 \quad & v_4 \quad & u_5 \quad & v_5 \end{array} \\ \begin{bmatrix} 8.437 & 4.0625 & -4.0625 & -0.3125 & -4.375 & -3.75 \\ 4.0625 & 8.437 & 0.3125 & 4.0625 & -4.375 & -12.5 \\ -4.0625 & 0.3125 & 8.437 & -4.0625 & -4.375 & 3.75 \\ -0.3125 & 4.0625 & -4.0625 & 8.4375 & 4.375 & -12.5 \\ -4.375 & -4.375 & -4.375 & 4.375 & 8.75 & 0 \\ -3.75 & -12.5 & 3.75 & -12.5 & 0 & 25 \end{bmatrix} \end{array} \frac{\text{N}}{\text{m}} \qquad (15.1.88)$$

单元 4

最后，对于单元 4，得到：

$$[k] = 4.615 \times 10^7 \begin{array}{c} \begin{array}{cccccc} u_4 \quad & v_4 \quad & u_1 \quad & v_1 \quad & u_5 \quad & v_5 \end{array} \\ \begin{bmatrix} 8.437 & -4.0625 & 4.0625 & -0.3125 & -12.5 & 4.375 \\ -4.0625 & 8.4375 & 0.3125 & -4.0625 & 3.75 & -4.375 \\ 4.0625 & 0.3125 & 8.4375 & 4.0625 & -12.5 & -4.375 \\ -0.3125 & -4.0625 & 4.0625 & 8.4375 & -3.75 & -4.375 \\ -12.5 & 3.75 & -12.5 & -3.75 & 25 & 0 \\ 4.375 & -4.375 & -4.375 & -4.375 & 0 & 8.75 \end{bmatrix} \end{array} \frac{\text{N}}{\text{m}} \qquad (15.1.89)$$

使用直接刚度法，并组合单元刚度矩阵得到式(15.1.86)～式(15.1.89)，以获得如下整体刚度矩阵：

$$[K] = 4.615 \times 10^7 \begin{array}{c} \begin{array}{cccc} u_1 \qquad & v_1 \qquad & u_2 \qquad & v_2 \end{array} \\ \begin{bmatrix} 16.874 & 8.125 & -4.0625 & -0.3125 \\ 8.125 & 16.874 & 0.3125 & 4.0625 \\ -4.0625 & 0.3125 & 16.874 & -8.125 \\ -0.3125 & 4.0625 & -8.125 & 16.875 \\ 0 & 0 & 4.0625 & 0.3125 \\ 0 & 0 & -0.3125 & -4.0625 \\ 4.0625 & -0.3125 & 0 & 0 \\ 0.3125 & -4.0625 & 0 & 0 \\ -16.875 & -8.125 & -16.875 & 8.125 \\ -8.125 & -16.875 & 8.125 & -16.875 \end{bmatrix} \end{array}$$

$$(15.1.90)$$

$$\begin{array}{c} \begin{array}{cccccc} u_3 \qquad & v_3 \qquad & u_4 \qquad & v_4 \qquad & u_5 \qquad & v_5 \end{array} \\ \begin{bmatrix} 0 & 0 & 4.0625 & 0.3125 & -16.875 & -8.125 \\ 0 & 0 & -0.3125 & -4.0625 & -8.125 & -16.875 \\ 4.0625 & -0.3125 & 0 & 0 & -16.875 & 8.125 \\ 0.3125 & -4.0625 & 0 & 0 & 8.125 & -16.875 \\ 16.875 & 8.125 & -4.0625 & -0.3125 & -16.875 & -8.125 \\ 8.125 & 16.875 & 0.3125 & 4.0625 & -8.125 & -16.875 \\ -4.0625 & 0.3125 & 16.875 & -8.125 & -16.875 & 8.125 \\ -0.3125 & 4.0625 & -8.125 & 16.875 & 8.125 & -16.875 \\ -16.875 & -8.125 & -16.875 & 8.125 & 67.5 & 0 \\ -8.125 & -16.875 & 8.125 & -16.875 & 0 & 67.5 \end{bmatrix} \end{array} \frac{\text{N}}{\text{m}}$$

接下来，使用式(15.1.25)确定每个元件的热力矩阵，如下所示：

单元 1

$$\{f_T\} = \frac{\alpha E t T}{2(1-\nu)} \begin{Bmatrix} \beta_1 \\ \gamma_1 \\ \beta_2 \\ \gamma_2 \\ \beta_5 \\ \gamma_5 \end{Bmatrix} = \frac{(12 \times 10^{-6})(210 \times 10^{9})(0.005\ \text{m})(50)}{2(1-0.3)} \begin{Bmatrix} -0.25 \\ -0.25 \\ 0.25 \\ -0.25 \\ 0 \\ 0.5 \end{Bmatrix}$$

(15.1.91)

$$= 450\,000 \begin{Bmatrix} -0.25 \\ -0.25 \\ 0.25 \\ -0.25 \\ 0 \\ 0.5 \end{Bmatrix} = \begin{Bmatrix} f_{T1x} \\ f_{T1y} \\ f_{T2x} \\ f_{T2y} \\ f_{T5x} \\ f_{T5y} \end{Bmatrix} = \begin{Bmatrix} -112\,500 \\ -112\,500 \\ 112\,500 \\ -112\,500 \\ 0 \\ 225\,000 \end{Bmatrix} \text{N}$$

单元 2

$$\{f_T\} = 450\,000 \begin{Bmatrix} 0.25 \\ -0.25 \\ 0.25 \\ 0.25 \\ -0.5 \\ 0 \end{Bmatrix} = \begin{Bmatrix} f_{T2x} \\ f_{T2y} \\ f_{T3x} \\ f_{T3y} \\ f_{T5x} \\ f_{T5y} \end{Bmatrix} = \begin{Bmatrix} 112\,500 \\ -112\,500 \\ 112\,500 \\ 112\,500 \\ -225\,000 \\ 0 \end{Bmatrix} \text{N}$$

(15.1.92)

单元 3

$$\{f_T\} = 450\,000 \begin{Bmatrix} 0.25 \\ 0.25 \\ -0.25 \\ 0.25 \\ 0 \\ -0.5 \end{Bmatrix} = \begin{Bmatrix} f_{T3x} \\ f_{T3y} \\ f_{T4x} \\ f_{T4y} \\ f_{T5x} \\ f_{T5y} \end{Bmatrix} = \begin{Bmatrix} 112\,500 \\ 112\,500 \\ -112\,500 \\ 112\,500 \\ 0 \\ -225\,000 \end{Bmatrix} \text{N}$$

(15.1.93)

单元 4

$$\{f_T\} = 450\,000 \begin{Bmatrix} -0.25 \\ 0.25 \\ -0.25 \\ -0.25 \\ 0.5 \\ 0 \end{Bmatrix} = \begin{Bmatrix} f_{T4x} \\ f_{T4y} \\ f_{T1x} \\ f_{T1y} \\ f_{T5x} \\ f_{T5y} \end{Bmatrix} = \begin{Bmatrix} -112\,500 \\ 112\,500 \\ -112\,500 \\ -112\,500 \\ 225\,000 \\ 0 \end{Bmatrix} \text{N}$$

(15.1.94)

然后通过单元力矩阵的直接组合得到整体热力矩阵［参见式(15.1.91)～式(15.1.94)］。得到的矩阵是：

$$\begin{Bmatrix} f_{T1x} \\ f_{T1y} \\ f_{T2x} \\ f_{T2y} \\ f_{T3x} \\ f_{T3y} \\ f_{T4x} \\ f_{T4y} \\ f_{T5x} \\ f_{T5y} \end{Bmatrix} = \begin{Bmatrix} -225\,000 \\ -225\,000 \\ 225\,000 \\ -225\,000 \\ 225\,000 \\ 225\,000 \\ -225\,000 \\ 225\,000 \\ 0 \\ 0 \end{Bmatrix} N \tag{15.1.95}$$

使用式(15.1.90)和式(15.1.95)并施加边界条件 $u_1 = v_1 = u_4 = v_4 = 0$,得到用于求解的方程组:

$$\begin{Bmatrix} f_{T2x} = 225\,000 \\ f_{T2y} = -225\,000 \\ f_{T3x} = 225\,000 \\ f_{T3y} = 225\,000 \\ f_{T5x} = 0 \\ f_{T5y} = 0 \end{Bmatrix} = 4.615 \times 10^7$$

$$\begin{bmatrix} 16.874 & -8.125 & 4.0625 & -0.3125 & -16.875 & 8.125 \\ -8.125 & 16.875 & 0.3125 & -4.0625 & 8.125 & -16.875 \\ 4.0625 & 0.3125 & 16.875 & 8.125 & -16.875 & -8.125 \\ -0.3125 & -4.0625 & 8.125 & 16.875 & -8.125 & -16.875 \\ -16.875 & 8.125 & -16.875 & -8.125 & 67.5 & 0 \\ 8.125 & -16.875 & -8.125 & -16.875 & 0 & 67.5 \end{bmatrix} \begin{Bmatrix} u_2 \\ v_2 \\ u_3 \\ v_3 \\ u_5 \\ v_5 \end{Bmatrix} \tag{15.1.96}$$

求解方程(15.1.96)的节点位移,得到:

$$\begin{Bmatrix} u_2 \\ v_2 \\ u_3 \\ v_3 \\ u_5 \\ v_5 \end{Bmatrix} = \begin{Bmatrix} 3.327 \times 10^{-4} \\ -1.911 \times 10^{-4} \\ 3.327 \times 10^{-4} \\ 1.911 \times 10^{-4} \\ 2.123 \times 10^{-4} \\ 6.654 \times 10^{-9} \end{Bmatrix} m \tag{15.1.97}$$

现在使用式(15.1.64)来获得每个元件中的应力。使用式(6.2.36)和式(15.1.65),将式(15.1.64)写成:

$$\{\sigma\} = [D][B]\{d\} - [D]\{\varepsilon_T\} \tag{15.1.98}$$

单元 1

$$\begin{Bmatrix} \sigma_x \\ \sigma_y \\ \tau_{xy} \end{Bmatrix} = \frac{E}{1-v^2} \begin{bmatrix} 1 & v & 0 \\ v & 1 & 0 \\ 0 & 0 & \dfrac{1-v}{2} \end{bmatrix} \frac{1}{2A} \begin{Bmatrix} \beta_1 & 0 & \beta_2 & 0 & \beta_5 & 0 \\ 0 & \gamma_1 & 0 & \gamma_2 & 0 & \gamma_5 \\ \gamma_1 & \beta_1 & \gamma_2 & \beta_2 & \gamma_5 & \beta_5 \end{Bmatrix} \begin{Bmatrix} u_1 \\ v_1 \\ u_2 \\ v_2 \\ u_5 \\ v_5 \end{Bmatrix}$$

$$-\frac{E}{1-v^2}\begin{bmatrix}1 & v & 0 \\ v & 1 & 0 \\ 0 & 0 & \dfrac{1-v}{2}\end{bmatrix}\begin{Bmatrix}\alpha T \\ \alpha T \\ 0\end{Bmatrix} \tag{15.1.99}$$

使用式(15.1.82)和式(15.1.97)以及式(15.1.99)中的力学属性 E，v 和 α，得到：

$$\begin{Bmatrix}\sigma_x \\ \sigma_y \\ \tau_{xy}\end{Bmatrix} = \frac{210\times10^9}{0.91}\begin{bmatrix}1 & 0.3 & 0 \\ 0.3 & 1 & 0 \\ 0 & 0 & 0.35\end{bmatrix}$$

$$\times \frac{1}{0.125}\begin{bmatrix}-0.25 & 0 & 0.25 & 0 & 0 & 0 \\ 0 & -0.25 & 0 & -0.25 & 0 & 0.5 \\ -0.25 & -0.25 & -0.25 & 0.25 & 0.5 & 0\end{bmatrix}\begin{Bmatrix}0 \\ 0 \\ 3.327\times10^{-4} \\ -1.911\times10^{-4} \\ 2.123\times10^{-4} \\ 6.654\times10^{-9}\end{Bmatrix} \tag{15.1.100}$$

$$-\frac{210\times10^9}{0.91}\begin{bmatrix}1 & 0.3 & 0 \\ 0.3 & 1 & 0 \\ 0 & 0 & 0.35\end{bmatrix}\begin{Bmatrix}(12\times10^{-6})(50) \\ (12\times10^{-6})(50) \\ 0\end{Bmatrix}$$

化简式(15.1.100)得出：

$$\begin{Bmatrix}\sigma_x \\ \sigma_y \\ \tau_{xy}\end{Bmatrix} = \begin{Bmatrix}1.800\times10^8 \\ 1.342\times10^8 \\ -1.600\times10^7\end{Bmatrix} - \begin{Bmatrix}1.8\times10^8 \\ 1.8\times10^8 \\ 0\end{Bmatrix} = \begin{Bmatrix}0 \\ -4.57\times10^7 \\ -1.60\times10^7\end{Bmatrix}\text{Pa} \tag{15.1.101}$$

同样，得到单元 2 中的应力如下：

单元 2

$$\begin{Bmatrix}\sigma_x \\ \sigma_y \\ \tau_{xy}\end{Bmatrix} = \begin{Bmatrix}1.640\times10^8 \\ 2.097\times10^8 \\ -2150\end{Bmatrix} - \begin{Bmatrix}1.8\times10^8 \\ 1.8\times10^8 \\ 0\end{Bmatrix} = \begin{Bmatrix}-1.6\times10^7 \\ 2.973\times10^7 \\ -2150\end{Bmatrix}\text{Pa} \tag{15.1.102}$$

单元 3 和单元 4 中的应力可以类似地确定。此外还使用参考文献[1]中的 Autodesk 计算机程序求解了承受均匀加热的固支板(参见例 15.5 中的手算解决方案)。使用参考文献[1]中的 "automesh" 功能对板进行了离散化。这些结果与例 15.5 中使用非常粗的网格通过手算法获得的结果相似。当然，用 342 个单元的计算机程序解比只用 4 个单元的手算解更精确。图 15.12 显示了离散化板，其产生的位移叠加在最大主应力图上。

最后，图 15.13 显示了一个三维实体零件，该零件在小的前表面固定，并通过作用于整个孔内表面的100℃的温升均匀加热。得到的 von Mises 应力图显示，最大值为329.9 MPa 且发生在孔内。

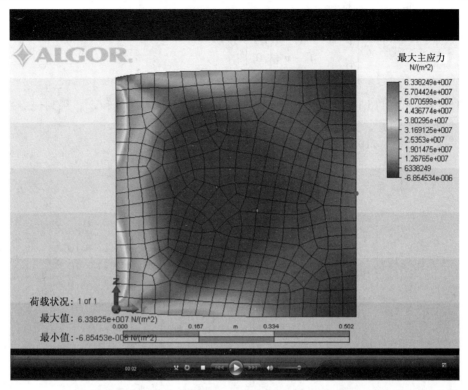

图 15.12　显示位移板与最大主应力图叠加的离散化板，单位为 Pa(本图彩色版见彩色插图)

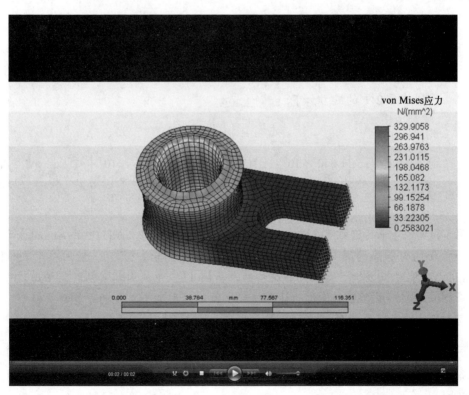

图 15.13　孔表面内部承受100℃温升的实心零件的 von Mises 应力图(本图彩色版见彩色插图)

方程小结

均匀温度变化引起的钢筋无约束位移：

$$\delta_T = \alpha TL \tag{15.1.1}$$

杆材均匀温度变化引起的应变：

$$\varepsilon_T = \alpha T \tag{15.1.2}$$

杆材的热应变矩阵：

$$\{\varepsilon_T\} = \{\varepsilon_{xT}\} = \{\alpha T\} \tag{15.1.17}$$

杆的热力矩阵：

$$\{f_T\} = \begin{Bmatrix} f_{T1} \\ f_{T2} \end{Bmatrix} = \begin{Bmatrix} -E\alpha TA \\ E\alpha TA \end{Bmatrix} \tag{15.1.20}$$

平面应力中各向同性材料的热应变矩阵：

$$\{\varepsilon_T\} = \begin{Bmatrix} \alpha T \\ \alpha T \\ 0 \end{Bmatrix} \tag{15.1.22}$$

平面应变各向同性材料的热应变矩阵：

$$\{\varepsilon_T\} = (1 + \nu) \begin{Bmatrix} \alpha T \\ \alpha T \\ 0 \end{Bmatrix} \tag{15.1.23}$$

平面应力三角形的热力矩阵：

$$\{f_T\} = \begin{Bmatrix} f_{Tix} \\ f_{Tiy} \\ \vdots \\ f_{Tmy} \end{Bmatrix} = \frac{\alpha EtT}{2(1 - \nu)} \begin{Bmatrix} \beta_i \\ \gamma_i \\ \beta_j \\ \gamma_j \\ \beta_m \\ \gamma_m \end{Bmatrix} \tag{15.1.25}$$

轴对称三角形单元的热应变矩阵：

$$\{\varepsilon_T\} = \begin{Bmatrix} \varepsilon_{rT} \\ \varepsilon_{zT} \\ \varepsilon_{\theta T} \\ \gamma_{rzT} \end{Bmatrix} = \begin{Bmatrix} \alpha T \\ \alpha T \\ \alpha T \\ 0 \end{Bmatrix} \tag{15.1.26}$$

轴对称单元在其质心处计算的热力矩阵：

$$\{f_T\} = 2\pi \bar{r} A [\bar{B}]^{\mathrm{T}} [D] \{\varepsilon_T\} \tag{15.1.28}$$

参考文献

[1]　Autodesk, Inc., McInnis Parkway, San Rafael, CA 94903.

习题

15.1　如图 P15.1 所示是左端固定，右端自由，并承受均匀温升 $T = 10℃$ 的一维杆，求自由端位移、距固定端 1.5 m 的位移、固定端的反作用力和轴向应力。$E = 210\,GPa$，$A = 25\,cm^2$，$\alpha = 12.0 \times 10^{-6}\,(mm / mm) / ℃$。

15.2　如图 P15.2 所示，对于两端固定并承受均匀温降 $T = 30℃$ 的一维杆，求固定端的反作用力和杆中的应力。$E = 200\,GPa$，$A = 1 \times 10^{-2}\,m^2$，$\alpha = 11.7 \times 10^{-6}\,(mm/mm)/℃$。

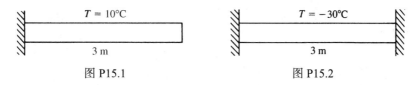

图 P15.1　　　　　　　　　　　　图 P15.2

15.3　对于图 P15.3 所示的平面桁架，杆单元 2 承受 $T = 10℃$ 的均匀温升。$E = 210\,GPa$，$A = 12.5\,cm^2$，$\alpha = 12.0 \times 10^{-6}\,(mm/mm)/℃$。桁架构件的长度如图所示。求每根杆件的应力。〔提示：关于全局和约化 $[K]$ 矩阵，请参见例 3.5 中的式 (3.6.4) 和式 (3.6.6)。〕

15.4　对于图 P15.4 所示的平面桁架，杆件 1 承受 5℃ 的均匀温降。$E = 210\,GPa$，$A = 12\,cm^2$，$\alpha = 12 \times 10^{-6}\,(mm/mm)/℃$。桁架构件的长度如图所示。求每根杆件的应力。(提示：使用习题 3.21 的 $[K]$。)

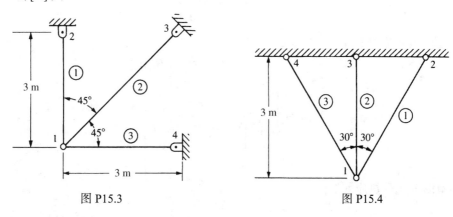

图 P15.3　　　　　　　　　　　　图 P15.4

15.5　对于图 P15.5 所示的结构，杆件 1 的均匀温升为 $T = 40℃$。$E = 200\,GPa$，$A = 2 \times 10^{-2}\,m^2$，$\alpha = 12 \times 10^{-6}\,(mm / mm) / ℃$。求每根杆的应力。

15.6　对于图 P15.6 所示的平面桁架，杆单元 2 承受均匀的温降 $T = 30℃$。$E = 70\,GPa$，$A = 4 \times 10^{-2}\,m^2$，$\alpha = 23 \times 10^{-6}\,(mm / mm) / ℃$。求每个杆件中的应力和节点 1 的位移。

15.7　对于图 P15.7 所示的杆系结构，单元 1 承受均匀的温升 $T = 30℃$。$E = 210\,GPa$，$A = 3 \times 10^{-2}\,m^2$，$\alpha = 12 \times 10^{-6}\,(mm / mm) / ℃$。求节点 1 的位移和每个杆中的应力。

15.8　杆件组由两个外部杆件和一个内部铜杆组成。然后加热三根杆件，使温度升高 $T = 20℃$。横截面积应为 $A = 12.5\,cm^2$，$L = 1.5\,m$，$E_{steel} = 210\,GPa \times 210\,GPa$，$E_{brass} = 105\,GPa \times 105\,GPa$，$\alpha_{steel} = 12 \times 10^{-6}\,(mm / mm) / ℃$，$\alpha_{brass} = 18 \times 10^{-6}\,(mm / mm) / ℃$。求：(a) 节点 2 的位移；(b) 钢棒和黄铜棒中的应力。参见图 P15.8。

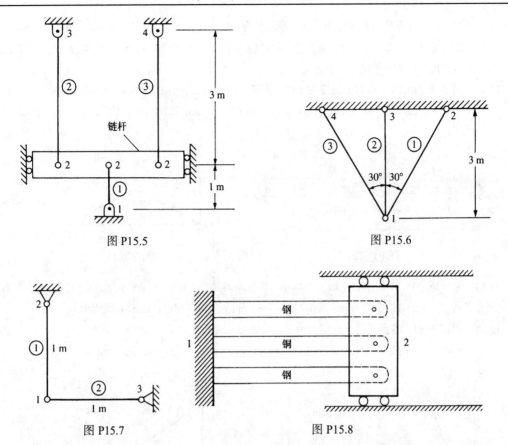

图 P15.5

图 P15.6

图 P15.7

图 P15.8

15.9 对于图 P15.9 所示的平面桁架，杆单元 2 承受均匀温升 $T = 10℃$。$E = 210\,GPa$，$A = 12.5\,cm^2$，$\alpha = 12 \times 10^{-6}\,(mm/mm)/℃$。为了消除由于棒材 2 均匀升温而产生的应力，棒材 1 和棒材 3 需要什么样的温度变化？用足够的工作来证明你的答案。使用手算计算。

15.10 由单一材料制成的物体什么时候会因温度的均匀变化而产生应力？考虑习题 15.1，并将解与本章例 15.1 进行比较。

15.11 考虑两种非热兼容材料，如钢和铝，如图 P15.11 所示连接在一起。当边界条件是简单支承(一个销和一个滚子，这样就有一个静定系统)时，当两种材料均匀加热到相同的温度时，每种材料中是否会有温度诱导应力？解释原因。假设让温度都均匀上升 $T = 30℃$。

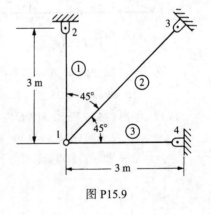

图 P15.9

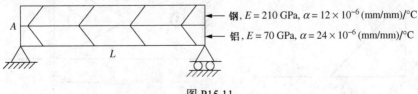

钢，$E = 210\,GPa$，$\alpha = 12 \times 10^{-6}\,(mm/mm)/℃$
铝，$E = 70\,GPa$，$\alpha = 24 \times 10^{-6}\,(mm/mm)/℃$

图 P15.11

15.12 双金属热控制器由冷轧的黄铜和镁合金棒材制成(参见图 P15.12)。在 20℃ 时，杆件之间的间隙

为 0.1 mm。铜棒的长度为 20 mm，截面积为 0.4 cm²，镁棒的长度为 30 mm，截面积为 0.6 cm²。若温度升高 55℃，求：(a)黄铜棒端部的轴向位移；(b)闭合后每个棒中的应力。在有限元模型中，每个杆至少使用一个单元。

15.13　对于图 P15.13 所示的平面应力元件，受到 $T = 30℃$ 的均匀温降，求热力矩阵 $\{f_T\}$。$E = 70\,\text{GPa}$，$v = 0.30$，$\alpha = 23 \times 10^{-6}\,(\text{mm}/\text{mm})/℃$。坐标(单位：mm)如图所示。单元厚度为 $t = 25\,\text{mm}$。

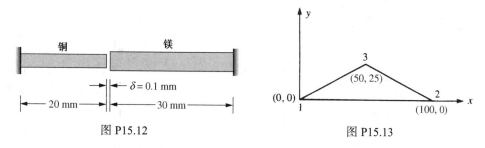

图 P15.12　　　　　　　　　　　　　　　图 P15.13

15.14　对于图 P15.14 所示的平面应力单元，承受均匀温升 $T = 50℃$，求热力矩阵 $\{f_T\}$。$E = 70\,\text{GPa}$，$v = 0.3$，$\alpha = 23 \times 10^{-6}\,(\text{mm}/\text{mm})/℃$，$t = 5\,\text{mm}$。坐标(单位：mm)如图所示。

15.15　对于图 P15.15 所示的平面应力单元，承受均匀温升 $T = 55℃$，求热力矩阵 $\{f_T\}$。$E = 210\,\text{GPa}$，$v = 0.3$，$\alpha = 12 \times 10^{-6}\,(\text{mm}/\text{mm})/℃$，$t = 1\,\text{cm}$。坐标(单位：cm)如图所示。

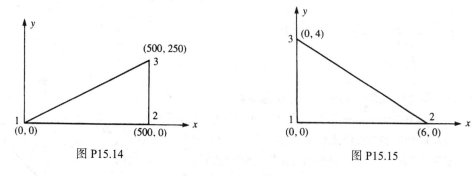

图 P15.14　　　　　　　　　　　　　　　图 P15.15

15.16　对于图 P15.16 所示的平面应力单元，承受均匀的温降 $T = 20℃$，求热力矩阵 $\{f_T\}$。$E = 210\,\text{GPa}$，$v = 0.25$，$\alpha = 12 \times 10^{-6}\,(\text{mm}/\text{mm})/℃$。坐标(单位：mm)如图所示。单元厚度为 10 mm。

15.17　如图 P15.17 所示，对于沿左右两侧固定并承受30℃均匀温升的平面应力板，确定每个单元的应力。$E = 70\,\text{GPa}$，$v = 0.30$，$\alpha = 22.5 \times 10^{-6}\,(\text{mm}/\text{mm})/℃$，$t = 10\,\text{mm}$。坐标(单位：mm)如图所示。(提示：节点位移都等于零。因此，应力可由 $\{\sigma\} = -[D]\{\varepsilon_T\}$ 确定。)

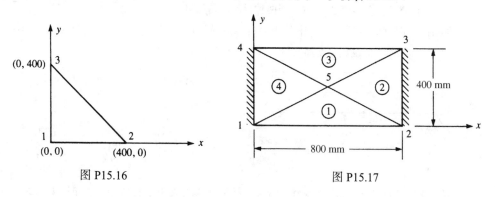

图 P15.16　　　　　　　　　　　　　　　图 P15.17

15.18 对于沿所有边缘固定的平面应力板，如图 P15.18 所示，承受30℃的均匀温度下降，求每个单元的应力。$E = 210\,\text{GPa}$，$v = 0.25$，$\alpha = 12 \times 10^{-6}\,(\text{mm}/\text{mm})/℃$，$t = 10\,\text{mm}$。板的坐标如图所示。板厚10 mm。（提示：节点位移都等于零。因此，应力可由 $\{\sigma\} = -[D]\{\varepsilon_T\}$ 确定。）

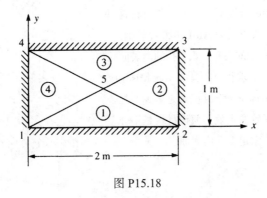

图 P15.18

15.19 如果棒材的热膨胀系数由 $\alpha = \alpha_0(1 + x/L)$ 表示，求热力矩阵。假设杆的长度为 L，弹性模量为 E，横截面积为 A。

15.20 假设温度函数在棒的长度上的线性变化为 $T = t_1 + t_2 x$，那么可将温度函数表示为 $\{T\} = [N]\{t\}$，式中 $[N]$ 是两节点杆单元的形函数矩阵，也就是说，$[N] = [1 - x/L \;\; x/L]$。根据 $E, A, \alpha, L, t_1, t_2$ 求力矩阵。[提示：使用式(15.1.18)。]

15.21 推导第 9 章轴对称单元的热力矩阵[另见式(15.1.27)。]

使用计算机程序，解决下列问题。

15.22 图 P15.22 中的方板受到40℃的均匀加热，求节点位移和单元应力。单元厚度为 $t = 2\,\text{mm}$，$E = 210\,\text{GPa}$，$v = 0.33$，$\alpha = 18 \times 10^{-6}\,(\text{mm}/\text{mm})/℃$，然后固定左节点和右节点并重求该问题并比较答案。

15.23 图 P15.23 中的方板的单元 1 由钢制成，$E = 210\,\text{GPa}$，$\alpha = 18 \times 10^{-6}\,(\text{mm}/\text{mm})/℃$；单元 2 的材料参数为：$E = 105\,\text{GPa}$，$v = 0.25$，$\alpha = 90 \times 10^{-6}\,(\text{mm}/\text{mm})/℃$。板的厚度为 $t = 2\,\text{mm}$。确定两个单元在温升40℃下的节点位移和单元应力，然后固定左节点和右节点并重求该问题并比较答案。

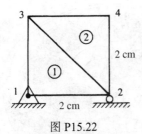

图 P15.22

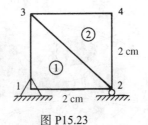

图 P15.23

15.24 用计算机程序求解习题 15.3。

15.25 用计算机程序求解习题 15.6。

15.26 图 P15.26 所示的铝管在室温下紧贴地插入孔中(周围材料为铝)。如果管子的温度再升高40℃，求管的变形形态和应力分布。管子的参数为：$E = 70\,\text{GPa}$，$v = 0.33$，$\alpha = 23 \times 10^{-6}\,(\text{mm}/\text{mm})/℃$。

15.27　对于图 P15.27 所示的夹具实体模型，孔的内表面承受 80℃ 的温度升高。右端面是固定的。求由于温度升高导致的整个夹具的 von Mises 应力。最大 von Mises 压力是多少？这是对材料屈服的担忧吗？假设材料为 AISI 1020 冷轧钢。

 15.28　对于图 P15.28 所示的夹具，八个孔的内表面的温度增加了 50℃。求整个夹具的 von Mises 应力。夹具中最大的 von Mises 应力是多少？是否担心材料屈服导致的失效？假设材料是铝合金 6061-O(退火)。固定上孔内表面。

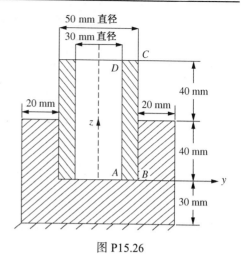

图 P15.26

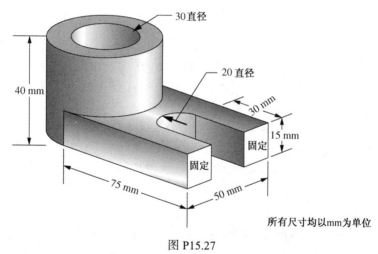

图 P15.27

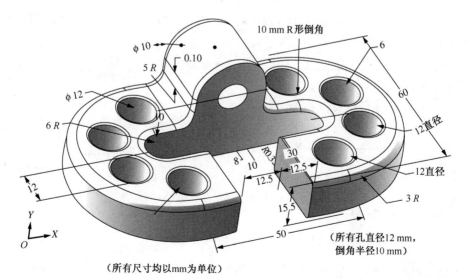

图 P15.28

第16章 结构动力学与时变传热

章节目标

- 讨论单自由度弹簧-质量系统的动力学问题。
- 推导一维杆应力分析的有限元方程，以及集中质量矩阵和一致质量矩阵。
- 介绍数值积分的时间过程，包括中心差分法、纽马克 (Newmark) 法和威尔逊 (Wilson) 法。
- 介绍如何用有限元法确定杆件的固有频率。
- 介绍如何利用有限元方法求解杆的时间相关问题。
- 给出梁单元集中一致质量矩阵。
- 举例说明确定梁的固有频率的有限元法。
- 桁架、平面框架、平面应力、平面应变、轴对称和实体单元的质量矩阵。
- 推导时变传热方程，包含一维一致和集中质量矩阵。
- 描述起源于广义梯形规则的数值时间积分方法。包括前向差分法、克兰克-尼科尔森 (Crank-Nicolson) 法、伽辽金残余法和后向差分法。
- 列举计算机程序求解结构动力学问题的一些结果，包括两端固支梁的固有频率，受时变强迫函数影响的杆、两端固支梁、刚架和门式起重机。

引言

本章将对时间相关问题进行初步介绍。将介绍使用单自由度弹簧质量的基本概念系统。讨论包括一维杆、梁、桁架和平面框架的应力分析。然后介绍一维传热分析。

本章将给出结构动力学分析所需的基本方程，并展开分析杆、梁、桁架和平面框架所涉及的集中质量矩阵和一致质量矩阵。将描述用于桁架和平面框架分析的整体质量矩阵的组合，然后给出处理时间导数的数值积分方法。此外还将还给出常应变三角形单元、四边形平面单元、轴对称单元和四面体单元的质量矩阵。

我们将给出确定杆和梁的固有频率的直接解决方案，然后说明受时变强迫函数作用的杆的应力分析所涉及的时间步长积分过程。

接下来将推导时间相关的一维传热问题的基本方程，并讨论它们的应用问题。本章提供解决时间相关问题所必需的基本概念。最后，将介绍一些结构动力学和时变传热问题的计算机程序结果。

16.1 弹簧-质量系统动力学

在本节中，将讨论单自由度弹簧-质量系统的运动，以介绍后续研究连续系统(如杆、梁

和平面框架)所需的重要概念。图16.1展示了单自由度弹簧-质量系统受时间相关力函数 $F(t)$ 的情况。其中，k 表示弹簧刚度或常数，m 表示系统的质量。

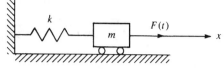

质量的自由体图如图 16.2 所示。作用于质量的弹簧力 $T = kx$，作用力 $F(t)$ 和质量-加速度项将分别显示。

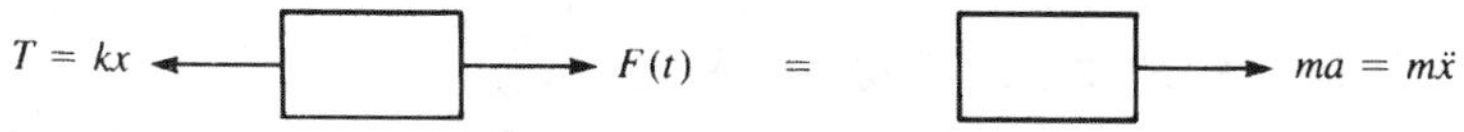

图 16.1　弹簧-质量系统受到一个时变力

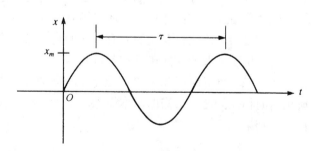

图 16.2　图 16.1 中质量的自由体图

将牛顿第二运动定律 **f = ma** 应用于质量，得到 x 方向的运动方程如下：

$$F(t) - kx = m\ddot{x} \tag{16.1.1}$$

其中变量上的一个点表示对时间的微分，也就是说，$(\cdot) = \mathrm{d}()/\mathrm{d}t$。将式(16.1.1)改写为标准形式，有：

$$m\ddot{x} + kx = F(t) \tag{16.1.2}$$

式(16.1.2)是一个二阶线性微分方程，其位移 x 的标准解由齐次解和特解组成。这种强迫振动的标准解析解可以在参考文献[1]等动力学或振动的文章中找到。这里不提供解析解，因为我们的目的是介绍振动行为的基本概念。然而，本章将通过 16.3 节中的近似数值技术解决式(16.1.2)中定义的问题(参见例 16.1 和例 16.2)。

式(16.1.2)的齐次解是当右侧为零时得到的解，即当 $F(t) = 0$ 时。通过考虑质量的自由振动，可以得到许多有关振动的有用概念。因此，定义：

$$\omega^2 = \frac{k}{m} \tag{16.1.3}$$

将式(16.1.2)的右侧设置为零，得到：

$$\ddot{x} + \omega^2 x = 0 \tag{16.1.4}$$

式中，ω 称为质量自由振动的固有圆频率，单位为弧度/秒(rad/s)或转数/分钟(rpm)。因此，固有圆频率定义了质量振动每单位时间的循环次数。从式(16.1.3)中观察到，ω 仅取决于弹簧刚度 k 和车身质量 m。

由式(16.1.4)定义的运动称为简谐运动。位移和加速度成正比，但方向相反。同样，可在参考文献[1]中找到式(16.1.4)的标准解。典型的位移/时间曲线由图 16.3 所示的正弦曲线表示，其中 x_m 表示最大位移(称为振动振幅)。质量完成一个完整运动周期所需的时间间隔称为振动周期 τ，由下式给出：

$$\tau = \frac{2\pi}{\omega} \tag{16.1.5}$$

图 16.3　简谐运动的位移/时间曲线

其中，τ 的测量单位为秒(s)。频率是 $f = 1/\tau = \omega/(2\pi)$，单位为赫兹(Hz = 1/s)。

最后，注意所有的振动都在一定程度上受到摩擦力的阻尼。这些力可能是由刚体之间的干摩擦或库仑摩擦、可变形体内分子之间的内摩擦或物体在流体中运动时的流体摩擦引起的。阻尼导致的固有圆频率比无阻尼系统的小；阻尼发生时，最大位移也较小。阻尼的基本处理方法见参考文献[1]，附加讨论见 16.9 节。

16.2　杆单元方程的直接推导

现在将导出一维杆的时间相关(动态)应力分析的有限元方程。回想一下，在第 3 章中考虑了与时间无关的(静态)杆应力分析。推导动力学方程的步骤与推导静态方程的步骤相同。

步骤 1　选择单元类型

图 16.4 展示了长度为 L、横截面积为 A 和质量密度为 ρ（典型单位为 $\mathrm{kg/m^3}$）的基本杆单元，节点 1 和节点 2 承受与时间相关的外部荷载 $f_x^e(t)$。

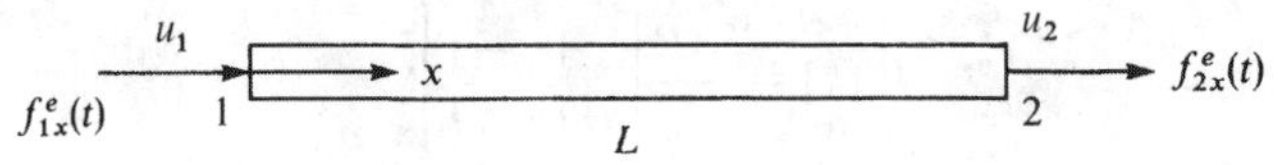

图 16.4　时变荷载作用下的杆单元

步骤 2　选择位移函数

同样，假设一个沿杆 x 轴的线性位移函数［见式(3.2.1)］，即：

$$u = a_1 + a_2 x \tag{16.2.1}$$

如第 3 章所示，式(16.2.1)可用形函数表示为：

$$u = N_1 u_1 + N_2 u_2 \tag{16.2.2}$$

其中，

$$N_1 = 1 - \frac{x}{L} \qquad N_2 = \frac{x}{L} \tag{16.2.3}$$

步骤 3　定义应变-位移和应力-应变关系

应变-位移关系由下式给出：

$$\{\varepsilon_x\} = \frac{\partial u}{\partial x} = [B]\{d\} \tag{16.2.4}$$

其中，

$$[B] = \begin{bmatrix} -\dfrac{1}{L} & \dfrac{1}{L} \end{bmatrix} \qquad \{d\} = \begin{Bmatrix} u_1 \\ u_2 \end{Bmatrix} \tag{16.2.5}$$

应力-应变关系式如下：

$$\{\sigma_x\} = [D]\{\varepsilon_x\} = [D][B]\{d\} \tag{16.2.6}$$

步骤 4　推导单元刚度和质量矩阵及方程

在与时间相关的力的作用下，杆通常不处于平衡状态，因此 $f_{1x} \neq f_{2x}$。因此，再次将牛顿第二运动定律 $\mathbf{f} = \mathbf{ma}$ 应用于每个节点。一般来说，这个定律可以写成"外力 f_x^e 减去内力等于节点质量乘以加速度"。等效地，把内力加到 $\mathbf{ma}$ 项上，得到：

$$f^e_{1x} = f_{1x} + m_1 \frac{\partial^2 u_1}{\partial t^2} \qquad f^e_{2x} = f_{2x} + m_2 \frac{\partial^2 u_2}{\partial t^2} \tag{16.2.7}$$

质量 m_1 和 m_2 是通过把杆的总质量集中在两个节点上得到的，因此，

$$m_1 = \frac{\rho AL}{2} \qquad m_2 = \frac{\rho AL}{2} \tag{16.2.8}$$

在矩阵形式中，将式(16.2.7)表示为：

$$\begin{Bmatrix} f^e_{1x} \\ f^e_{2x} \end{Bmatrix} = \begin{Bmatrix} f_{1x} \\ f_{2x} \end{Bmatrix} + \begin{bmatrix} m_1 & 0 \\ 0 & m_2 \end{bmatrix} \begin{Bmatrix} \dfrac{\partial^2 u_1}{\partial t^2} \\ \dfrac{\partial^2 u_2}{\partial t^2} \end{Bmatrix} \tag{16.2.9}$$

利用式(3.1.13)和式(3.1.14)，将式(16.2.9)中的 $\{f\}$ 替换为 $[k]\{d\}$，得到单元方程：

$$\{f^e(t)\} = [k]\{d\} + [m]\{\ddot{d}\} \tag{16.2.10}$$

其中，

$$[k] = \frac{AE}{L} \begin{bmatrix} 1 & -1 \\ -1 & 1 \end{bmatrix} \tag{16.2.11}$$

是杆单元刚度矩阵，以及

$$[m] = \frac{\rho AL}{2} \begin{bmatrix} 1 & 0 \\ 0 & 1 \end{bmatrix} \tag{16.2.12}$$

称为集中质量矩阵。同时，

$$\{\ddot{d}\} = \frac{\partial^2 \{d\}}{\partial t^2} \tag{16.2.13}$$

　　注意，集中质量矩阵只有对角线项。这有助于全局方程的计算。然而，解的精度往往不如使用一致质量矩阵[2]时好。

　　现在将为杆单元建立一致的质量矩阵。有许多方法可以获得一致的质量矩阵。普遍适用的虚功原理(它是许多能量原理的基础，例如本书前面使用的弹性体最小势能原理)提供了一种相对简单的推导单元方程的方法，并包含在附录 E 中。然而，一个更简单的方法是使用达朗贝尔(D'Alembert)原理。因此，引入一个有效的体力 X^e：

$$\{X^e\} = -\rho\{\ddot{u}\} \tag{16.2.14}$$

减号是因为加速度产生了达朗贝尔的体力，方向与加速度相反。然后使用式(6.3.1)计算与 $\{X^e\}$ 相关的节点力，此处重复如下：

$$\{f_b\} = \iiint_V [N]^T \{X\} \mathrm{d}V \tag{16.2.15}$$

用式(16.2.14)中的 $\{X^e\}$ 代入式(16.2.15)中的 $\{X\}$，得到：

$$\{f_b\} = -\iiint_V \rho [N]^T \{\ddot{u}\} \mathrm{d}V \tag{16.2.16}$$

回顾式(16.2.2)中的 $\{u\} = [N]\{d\}$，发现关于时间的一阶导数和二阶导数是：

$$\{\dot{u}\} = [N]\{\dot{d}\} \qquad \{\ddot{u}\} = [N]\{\ddot{d}\} \tag{16.2.17}$$

其中，$\{\dot{d}\}$ 和 $\{\ddot{d}\}$ 分别是节点速度和加速度。将式(16.2.17)代入式(16.2.16)，得到：

$$\{f_b\} = -\iiint\limits_{V} \rho [N]^\mathrm{T}[N] \, \mathrm{d}V \{\ddot{d}\} = -[m]\{\ddot{d}\} \tag{16.2.18}$$

其中，单元质量矩阵定义为：

$$[m] = \iiint\limits_{V} \rho [N]^\mathrm{T}[N] \, \mathrm{d}V \tag{16.2.19}$$

这个质量矩阵称为质量一致矩阵，因为它是由相同的形函数 $[N]$ 导出的，用于获得刚度矩阵 $[k]$。一般来说，式 (16.2.19) 中给出的 $[m]$ 将是一个完整但对称的矩阵。式 (16.2.19) 是一致质量矩阵的一般形式。也就是说，替换适当的形函数，可以生成杆、梁和平面应力等单元的质量矩阵。

现在将把形函数式 (16.2.3) 代入式 (16.2.19)，得出图 16.4 中杆单元的一致质量矩阵：

$$[m] = \iiint\limits_{V} \rho \left\{ \begin{array}{c} 1 - \dfrac{x}{L} \\[2mm] \dfrac{x}{L} \end{array} \right\} \left[1 - \dfrac{x}{L} \quad \dfrac{x}{L} \right] \mathrm{d}V \tag{16.2.20}$$

化简式 (16.2.20)，得到：

$$[m] = \rho A \int_0^L \left\{ \begin{array}{c} 1 - \dfrac{x}{L} \\[2mm] \dfrac{x}{L} \end{array} \right\} \left[1 - \dfrac{x}{L} \quad \dfrac{x}{L} \right] \mathrm{d}x \tag{16.2.21}$$

或者，将式 (16.2.21) 的矩阵相乘：

$$[m] = \rho A \int_0^L \left[\begin{array}{cc} \left(1 - \dfrac{x}{L}\right)^2 & \left(1 - \dfrac{x}{L}\right)\dfrac{x}{L} \\[3mm] \left(1 - \dfrac{x}{L}\right)\dfrac{x}{L} & \left(\dfrac{x}{L}\right)^2 \end{array} \right] \mathrm{d}x \tag{16.2.22}$$

在逐项积分式 (16.2.22) 的基础上，得到了杆单元的一致质量矩阵：

$$[m] = \frac{\rho A L}{6} \begin{bmatrix} 2 & 1 \\ 1 & 2 \end{bmatrix} \tag{16.2.23}$$

步骤 5　将单元方程组合起来，得到整体方程，并引入边界条件

使用直接刚度法来组合单元方程，使得在公共节点处，位移的单元间连续性再次得到满足，此外，加速度的单元间连续性也会得到满足。也就是说，得到了整体方程：

$$\{F(t)\} = [K]\{d\} + [M]\{\ddot{d}\} \tag{16.2.24}$$

其中，

$$[K] = \sum_{e=1}^{N} [k^{(e)}] \quad\quad [M] = \sum_{e=1}^{N} [m^{(e)}] \quad\quad \{F\} = \sum_{e=1}^{N} \{f^{(e)}\} \tag{16.2.25}$$

分别是整体坐标系下的刚度、质量和力矩阵。注意，总体质量矩阵的组合方式与总体刚度矩阵的组合方式相同。方程 (16.2.24) 表示一组关于空间离散的矩阵方程。为了得到方程的解，时间上的离散化也是必要的。我们将在 16.3 节中描述这一过程，后面将给出说明这些方程的代表性解决方案。

16.3　时间上的数值积分

现在介绍式(16.2.24)关于时间的离散化过程,以确定给定动力系统在不同时间增量下的节点位移。常用的方法称为直接积分法。直接整合有两种分类:显性整合和隐性整合。我们将为三种直接积分方法建立方程。第一种,也是最简单的,是一种显式方法,称为中心差分法[3, 4]。第二种和第三种方法比中心差分法更复杂,但应用范围更广,它们是被称为Newmark-Beta 法(或纽马克法)[5]和 Wilson-Theta 法(或威尔逊法)[7,8]的隐式方法。纽马克法和威尔逊法这两种方法功能的多样性在许多商用计算机程序中得到了证明。威尔逊法用于Autodesk 计算机程序[16]。文献中提供了许多其他的整合方法。其中包括豪伯特(Houboldt)法[8]和 alpha 法[13]。

16.3.1　中心差分法

中心差分法是基于时间 t 的速度和加速度的有限差分表达式,由下式给出:

$$\{\dot{d}_i\} = \frac{\{d_{i+1}\} - \{d_{i-1}\}}{2(\Delta t)} \tag{16.3.1}$$

$$\{\ddot{d}_i\} = \frac{\{\dot{d}_{i+1}\} - \{\dot{d}_{i-1}\}}{2(\Delta t)} \tag{16.3.2}$$

其中,下标表示时间步长,对于时间的增量 Δt ,$\{d_i\} = \{d(t)\}$ 和 $\{d_{i+1}\} = \{d(t+\Delta t)\}$。用图 16.5所示的位移-时间曲线来说明推导式(16.3.1)所用的步骤。从图形上看,式(16.3.1)表示图 16.5所示的线的斜率。即,给定曲线上变量 $i-1$ 和 $i+1$ 处的两个点,两个变量相隔 Δt ,变量中点 i 处的一阶导数的近似值由式(16.3.1)给出。类似地,使用速度-时间曲线,可以得到式(16.3.1),或者可以看出式(16.3.2)是简单地通过微分式(16.3.1)得到的。

例如,它已经被证明使用泰勒级数展开[3],加速度也可以用位移的形式来表示:

$$\{\ddot{d}_i\} = \frac{\{d_{i+1}\} - 2\{d_i\} + \{d_{i-1}\}}{(\Delta t)^2} \tag{16.3.3}$$

因为要计算节点位移,所以最适合使用式(16.3.3):

$$\{d_{i+1}\} = 2\{d_i\} - \{d_{i-1}\} + \{\ddot{d}_i\}(\Delta t)^2 \tag{16.3.4}$$

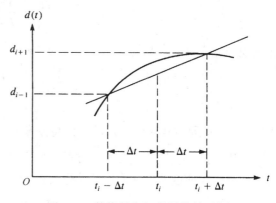

图 16.5　数值积分(t_i 处导数的近似)

知道时间步 i 和 $i-1$ 的位移以及时间 i 的加速度,式(16.3.4)将用于确定下一时间步 $i+1$ 的节点位移。

根据式(16.2.24),将加速度表示为:

$$\{\ddot{d}_i\} = [M]^{-1}(\{F_i\} - [K]\{d_i\}) \tag{16.3.5}$$

为了得到 $\{d_{i+1}\}$ 的表达式,首先用式(16.3.4)乘以质量矩阵 $[M]$,然后用式(16.3.5)代替 $\{d_i\}$,得到:

$$[M]\{d_{i+1}\} = 2[M]\{d_i\} - [M]\{d_{i-1}\} + (\{F_i\} - [K]\{d_i\})(\Delta t)^2 \qquad (16.3.6)$$

结合式 (16.3.6) 的类似项，得到：

$$[M]\{d_{i+1}\} = (\Delta t)^2\{F_i\} + [2[M] - (\Delta t)^2[K]]\{d_i\} - [M]\{d_{i-1}\} \qquad (16.3.7)$$

为了开始计算以确定 $\{d_{i+1}\}$、$\{\dot{d}_{i+1}\}$ 和 $\{\ddot{d}_{i+1}\}$，我们首先需要位移 $\{d_{i-1}\}$，如式 (16.3.7) 所示。使用式 (16.3.1) 和式 (16.3.4)，求解 $\{d_{i-1}\}$ 为：

$$\{d_{i-1}\} = \{d_i\} - (\Delta t)\{\dot{d}_i\} + \frac{(\Delta t)^2}{2}\{\ddot{d}_i\} \qquad (16.3.8)$$

解决方法如下：

步骤 1

给定：$\{d_0\}$，$\{\dot{d}_0\}$ 和 $\{F_i(t)\}$

步骤 2

如果最初没有给出 $\{\ddot{d}_0\}$，则求解 $t = 0$ 处式 (16.3.5) 的 $\{\ddot{d}_0\}$，即：

$$\{\ddot{d}_0\} = [M]^{-1}(\{F_0\} - [K]\{d_0\})$$

步骤 3

求解式 (16.3.8) 在 $t = -\Delta t$ 处的 $\{d_{-1}\}$，即：

$$\{d_{-1}\} = \{d_0\} - (\Delta t)\{\dot{d}_0\} + \frac{(\Delta t)^2}{2}\{\ddot{d}_0\}$$

步骤 4

在步骤 3 中求解 $\{d_{-1}\}$ 之后，现在使用式 (16.3.7) 求解 $\{d_1\}$：

$$\{d_1\} = [M]^{-1}\{(\Delta t)^2\{F_0\} + [2[M] - (\Delta t)^2[K]]\{d_0\} - [M]\{d_{-1}\}\}$$

步骤 5

初始给定 $\{d_0\}$，从步骤 4 确定 $\{d_1\}$，使用式 (16.3.7) 获得：

$$\{d_2\} = [M]^{-1}\{(\Delta t)^2\{F_1\} + [2[M] - (\Delta t)^2[K]]\{d_1\} - [M]\{d_0\}\}$$

步骤 6

使用式 (16.3.5)，求解 $\{\ddot{d}_1\}$ 为：

$$\{\ddot{d}_1\} = [M]^{-1}(\{F_1\} - [K]\{d_1\})$$

步骤 7

利用步骤 5 的结果和步骤 1 中给出的 $\{d_0\}$ 的边界条件，通过式 (16.3.1) 确定第一时间步的速度，如下：

$$\{\dot{d}_1\} = \frac{\{d_2\} - \{d_0\}}{2(\Delta t)}$$

步骤 8

重复使用步骤 5～步骤 7，以获得所有其他时间步的位移、加速度和速度。

图 16.6 是使用中心差分方程求解过程的流程图。注意，式(16.3.1)和式(16.3.2)给出的递推公式是近似的，但如果时间步长 Δt 相对于加速度的变化较小，则可以产生足够精确的结果。16.5 节描述了确定数值积分过程适当时间步长的方法。

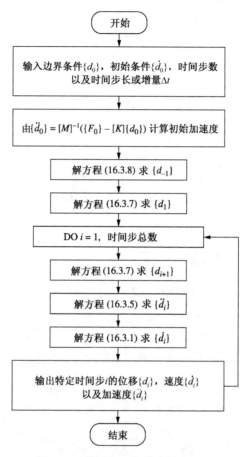

图 16.6   使用中心差分法的流程图

现在将说明中心差分方程，因为它们适用于下面的示例问题。

例 16.1   在图 16.7 所示的受时间相关力函数影响的一维弹簧-质量振荡器中，以 0.05 s 到 0.02 s 的时间间隔求位移、速度和加速度[关于适当时间间隔(或时间步长)的指南见 16.5 节]。这种力函数是一种典型的冲击荷载，图中还提供了弹簧回复力-位移曲线。[注意，图 16.7 还表示一个单元杆，其左端固定，右端受节点力 $F(t)$]。

解   由于考虑的是与质量有关的单自由度，因此描述运动的一般矩阵方程简化为单标量方程。将用 d 来表示这个单自由度。

过解过程遵循本节和图 16.6 流程图中给出的步骤。

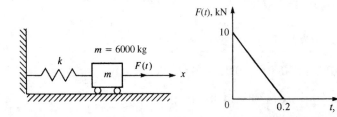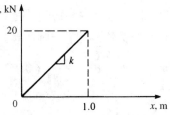

图 16.7　弹簧-质量振荡器受时变力作用

步骤 1

在 $t=0$ 时，初始位移和速度为零，因此，

$$d_0 = 0 \qquad \dot{d}_0 = 0$$

步骤 2

使用式 (16.3.5) 获得 $t=0$ 时的初始加速度：

$$\ddot{d}_0 = \frac{10 \times 10^3 - (20 \times 10^3)(0)}{6000} = 1.67 \,\mathrm{m/s^2} = 1670 \,\mathrm{mm/s^2}$$

其中使用了 $\{F(0)\} = 10 \,\mathrm{kN}$ 和 $[K] = 20 \,\mathrm{kN/m}$。

步骤 3

使用式 (16.3.8) 获得位移 d_{-1}，如下所示：

$$d_{-1} = 0 - 0 + \frac{(0.05)^2}{2}(1.67) = 2.08 \times 10^{-3} \,\mathrm{m} = 2.08 \,\mathrm{mm}$$

步骤 4

使用式 (16.3.7) 计算 $t=0.05\,\mathrm{s}$ 时的位移为：

$$d_1 = \frac{1}{6000}(\{(0.05)^2(10\,000) + [2(6000) - (0.05)^2(20\,000)]0 - (6000)(2.08 \times 10^{-3})\})$$
$$= 2.08 \times 10^{-3} \,\mathrm{m} = 2.08 \,\mathrm{mm}$$

步骤 5

得到 d_1 后，现在使用式 (16.3.7) 来确定 $t=0.10\,\mathrm{s}$ 时的位移为：

$$d_2 = \frac{1}{6000}((0.05)^2(7500) + [2(6000) - (0.05)^2(20\,000)](2.08 \times 10^{-3}) - (6000)(0))$$
$$= 7.27 \times 10^{-3} \,\mathrm{m} = 7.27 \,\mathrm{mm}$$

步骤 6

使用式 (16.3.5) 获得 $t=0.05\,\mathrm{s}$ 时的加速度：

$$\ddot{d}_1 = \frac{1}{6000}[7500 - 20\,000(2.08 \times 10^{-3})] = 1.24 \,\mathrm{m/s^2}$$

步骤 7

使用式 (16.3.1) 获得 $t=0.05\,\mathrm{s}$ 时的速度：

$$\dot{d}_1 = \frac{7.27 \times 10^{-3} - 0}{2(0.05)} = 0.0727 \,\mathrm{m/s} = 72.7 \,\mathrm{m/s}$$

步骤 8

重复使用步骤 5～步骤 7 产生根据需要增加时间步长后的位移、加速度和速度。现在，

将再次执行该过程的时间步迭代。

重复步骤 5 到下一时间步，位移 d_3 为：

$$d_3 = \frac{1}{6000}((0.05)^2(5000) + [2(6000) - (0.05)^2(20\,000)](7.27 \times 10^{-3})$$
$$- (6000)(2.08 \times 10^{-3})) = 0.014\,48 = 14.48\,\text{mm}$$

重复步骤 6 到下一时间步，加速度 $\ddot{d}_2$ 为：

$$\ddot{d}_2 = \frac{1}{6000}[5000 - (20\,000)(7.27 \times 10^{-3})] = 0.809\,\text{m/s}^2$$

最后，重复步骤 7 到下一时间步，速度 $\dot{d}_2$ 为：

$$\dot{d}_2 = \frac{(14.48 \times 10^{-3}) - (2.08 \times 10^{-3})}{2(0.05)} = 124.0$$

表 16.1 总结了 $t = 0.25\,\text{s}$ 时获得的结果。在表 16.1 中，$Q = kd_i$ 是弹簧回复力。此外，根据参考文献[14]中的方程，给出了位移的精确解析解：

$$y = \frac{F_0}{k}(1 - \cos \omega t) + \frac{F_0}{kt_d}\left(\frac{\sin \omega t}{\omega} - t\right)$$

其中，$F_0 = 10\,\text{kN}$，$k = 20\,\text{kN/m}$，$t_d = 0.2\,\text{s}$，并且

$$\omega = \sqrt{\frac{k}{m}} = \sqrt{\frac{20 \times 10^3}{6000}} = 1.825\,\text{rad/s}$$

表 16.1 例 16.1 的分析结果

$t(\text{s})$	$F(t)\,(\text{kN})$	$d_i(\text{mm})$	$Q(\text{kN})$	$\ddot{d}_i(\text{mm/s}^2)$	$\dot{d}_i(\text{mm/s})$	d_i（精确解）
0	10	0	0	1670	0	0
0.05	7.5	2.08	41.6	1240	72.7	1.795
0.10	5	7.27	145.4	810	124.0	6.51
0.15	2.5	14.48	289.6	370	153.4	13.13
0.20	0	22.65	453	−71	160.8	20.63
0.25	0	30.61	612.2	−0.089	156.6	28.3

16.3.2 纽马克法

现在将概述纽马克的数值方法，由于其通用性，它已被许多商用计算机程序用于结构动力学分析(方程式的完整推导过程可参见参考文献[5])。纽马克方程给出如下：

$$\{\dot{d}_{i+1}\} = \{\dot{d}_i\} + (\Delta t)[(1 - \gamma)\{\ddot{d}_i\} + \gamma\{\ddot{d}_{i+1}\}] \tag{16.3.9}$$

$$\{d_{i+1}\} = \{d_i\} + (\Delta t)\{\dot{d}_i\} + (\Delta t)^2[(\tfrac{1}{2} - \beta)\{\ddot{d}_i\} + \beta\{\ddot{d}_{i+1}\}] \tag{16.3.10}$$

其中，β 和 γ 是由用户选择的参数。参数 β 通常选择在 0 和 $\frac{1}{4}$ 之间，γ 通常取 $\frac{1}{2}$。例如，选择 $\gamma = \frac{1}{2}$ 和 $\beta = 0$，可以看出，式(16.3.9)和式(16.3.10)变为中心差分式(16.3.1)和式(16.3.2)。

如果选择 $\gamma = \dfrac{1}{2}$ 和 $\beta = \dfrac{1}{6}$，式 (16.3.9) 和式 (16.3.10) 对应于在每个时间区间内线性加速度假设是有效的情况。对于 $\gamma = \dfrac{1}{2}$ 和 $\beta = \dfrac{1}{4}$，已经表明数值分析是稳定的。也就是说，无论选择什么时间步长，诸如位移和速度之类的计算量都不会成为无界的。此外，参考文献[5]中已给出：被分析结构的最短固有频率的大约 $\dfrac{1}{10}$ 的时间步长通常产生最佳结果。

为了求出 $\{d_{i+1}\}$，先将式 (16.3.10) 乘以质量矩阵 $[M]$，然后将式 (16.3.5) 的 $\{\ddot{d}_{i+1}\}$ 代入该式即可得到：

$$[M]\{d_{i+1}\} = [M]\{d_i\} + (\Delta t)[M]\{\dot{d}_i\} + (\Delta t)^2[M](\tfrac{1}{2} - \beta)\{\ddot{d}_i\} + \beta(\Delta t)^2[\{F_{i+1}\} - [K]\{d_{i+1}\}] \quad (16.3.11)$$

结合式 (16.3.11) 的类似项，得到：

$$([M] + \beta(\Delta t)^2[K])\{d_{i+1}\} = \beta(\Delta t)^2\{F_{i+1}\} + [M]\{d_i\} + (\Delta t)[M]\{\dot{d}_i\} + (\Delta t)^2[M](\tfrac{1}{2} - \beta)\{\ddot{d}_i\} \quad (16.3.12)$$

最后，将式 (16.3.12) 除以 $\beta(\Delta t)^2$，得到：

$$[K']\{d_{i+1}\} = \{F'_{i+1}\} \qquad\qquad (16.3.13)$$

其中，

$$[K'] = [K] + \frac{1}{\beta(\Delta t)^2}[M] \qquad\qquad (16.3.14)$$

$$\{F'_{i+1}\} = \{F_{i+1}\} + \frac{[M]}{\beta(\Delta t)^2}\left[\{d_i\} + (\Delta t)\{\dot{d}_i\} + \left(\frac{1}{2} - \beta\right)(\Delta t)^2\{\ddot{d}_i\}\right]$$

使用纽马克方程的求解程序如下：

1. 从时间 $t = 0$ 开始，$\{d_0\}$ 由给定的位移边界条件确定，$\{\dot{d}_0\}$ 由初始速度条件确定。

2. 求解式 (16.3.5) 在 $t = 0$ 处的 $\{\ddot{d}_0\}$（除非从初始加速度条件已知 $\{\ddot{d}_0\}$），即：

$$\{\ddot{d}_0\} = [M]^{-1}(\{F_0\} - [K]\{d_0\})$$

3. 求解式 (16.3.13) 中的 $\{d_1\}$，因为 $\{F_{i+1}\}$ 对所有时间步是已知的，而 $\{d_0\}$，$\{\dot{d}_0\}$ 和 $\{\ddot{d}_0\}$ 现在可从步骤 1 和步骤 2 获知。

4. 使用式 (16.3.10) 求解 $\{\ddot{d}_1\}$：

$$\{\ddot{d}_1\} = \frac{1}{\beta(\Delta t)^2}\left[\{d_1\} - \{d_0\} - (\Delta t)\{\dot{d}_0\} - (\Delta t)^2\left(\frac{1}{2} - \beta\right)\{\ddot{d}_0\}\right]$$

5. 直接求解方程 (16.3.9) 中的 $\{\dot{d}_1\}$。

6. 使用步骤 4 和步骤 5 的结果，返回步骤 3 求解 $\{d_2\}$，然后再到步骤 4 和步骤 5 求解 $\{\ddot{d}_2\}$ 和 $\{\dot{d}_2\}$。重复使用步骤 3 ~ 步骤 5 求解 $\{d_{i+1}\}$，$\{\dot{d}_{i+1}\}$ 和 $\{\ddot{d}_{i+1}\}$。

图 16.8 是使用纽马克方程求解过程的流程图。与中心差分法相比，纽马克法具有无条件稳定的优点（例如，$\beta = \dfrac{1}{4}$ 和 $\gamma = \dfrac{1}{2}$）并且可以使用更大的时间步长获得更好的结果，因为，一般而言，差分表达式更接近真实的加速度和位移时间特性[8~11]。其他的差分公式，如威尔逊公式和豪伯特公式，也能导致无条件稳定的算法。

下面将通过示例说明纽马克方程的使用。

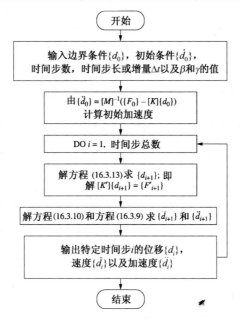

图 16.8　应用纽马克方程进行时间数值积分的流程图

例 16.2　求一维弹簧质量振荡器在 0.1 s 时间增量至 0.5 s 时间增量下的位移、速度和加速度,该振荡器承受图 16.9 所示的随时间变化的力函数,以及弹簧回复力与位移曲线。假设振荡器最初处于静止状态。设 $\beta = \dfrac{1}{6}$ 和 $\gamma = \dfrac{1}{2}$,这些值对应于每个时间步长内的线性加速度假设。

解　因为再次考虑与质量相关的单自由度,所以描述运动的一般矩阵方程简化为单标量方程。同样,用 d 来表示这个单自由度。

求解过程遵循本节和图 16.8 流程图中给出的步骤。

步骤 1

在 $t = 0$ 时,初始位移和速度为零,因此,

$$d_0 = 0 \qquad \dot{d}_0 = 0$$

步骤 2

式 (16.3.5) 中 $t = 0$ 时的初始加速度如下:

$$\ddot{d}_0 = \frac{500 - 14\,000(0)}{300} = 1.67\,\text{m/s}^2 = 1670\,\text{mm/s}^2$$

其中,使用了 $\{F_0\} = 500\,\text{N}$ 和 $[K] = 14\,\text{kN/m}$。

步骤 3

现在由式 (16.3.13) 和式 (16.3.14) 求出 $t = 0.1\,\text{s}$ 时的位移:

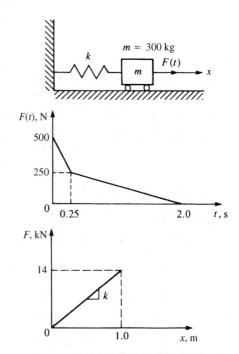

图 16.9　受时变力作用的弹簧质量振子

$$K' = 14\,000 + \frac{1}{(\frac{1}{6})(0.1)^2}(300) = 194\,000 \text{ N/m}$$

$$F_1' = 400 + \frac{300}{(\frac{1}{6})(0.1)^2}\left[0 + (0.1)(0) + \left(\frac{1}{2} - \frac{1}{6}\right)(0.1)^2(1.67)\right] = 1402$$

$$d_1 = \frac{1402}{194\,000} = 0.0072 \text{ m} = 7.2 \text{ mm}$$

步骤 4

由式 (16.3.10) 求出 $t = 0.1$ s 时的加速度:

$$\ddot{d}_1 = \frac{1}{(\frac{1}{6})(0.1)^2}\left[7.2 \times 10^{-3} - 0 - (0.1)(0) - (0.1)^2\left(\frac{1}{2} - \frac{1}{6}\right)(1.67)\right]$$

$$\ddot{d}_1 = 0.98 \text{ m/s}^2 = 980 \text{ mm/s}^2$$

步骤 5

求解式 (16.3.9) 中 $t = 0.1$ s 的速度:

$$\dot{d}_1 = 0 + (0.1)[(1 - \tfrac{1}{2})(1.67) + (\tfrac{1}{2})(0.98)]$$

$$\dot{d}_1 = 0.132 \text{ m/s} = 132 \text{ mm/s}$$

步骤 6

重复使用步骤 3 ~ 步骤 5 将产生所需的其他时间步的位移、加速度和速度。现在将再执行一次时间步迭代。

重复步骤 3 到下一时间步 ($t = 0.2$ s), 得到:

$$F_2' = 300 + \frac{300}{(\frac{1}{6})(0.1)^2}\left[7.2 \times 10^{-3} + (0.1)(0.132) + \left(\frac{1}{2} - \frac{1}{6}\right)(0.1)^2(0.98)\right]$$

$$F_2' = 4560$$

$$d_2 = \frac{4560}{194\,000} = 0.024 \text{ m} = 24 \text{ mm}$$

重复步骤 4 到下一时间步 ($t = 0.2$ s), 得到:

$$\ddot{d}_2 = \frac{1}{(\frac{1}{6})(0.1)^2}\left[0.024 - 7.2 \times 10^{-3} - (0.1)(0.132) - (0.1)^2\left(\frac{1}{2} - \frac{1}{6}\right)(0.98)\right]$$

$$\ddot{d}_2 = 0.202 \text{ m/s}^2 = 202 \text{ mm/s}^2$$

最后, 重复步骤 5 到下一时间步 ($t = 0.2$ s), 得到:

$$\dot{d}_2 = 0.132 + (0.1)[(1 - \tfrac{1}{2})(0.98) + \tfrac{1}{2}(0.202)]$$

$$\dot{d}_2 = 0.191 \text{ m/s} = 191 \text{ mm/s}$$

表 16.2 总结了 $t = 0.5$ s 时获得的结果。

表 16.2 例 16.2 的分析结果

$t(s)$	$F(t)(N)$	$d_i(mm)$	$Q(N)$	$\ddot{d}_i(mm/s^2)$	$\dot{d}_i(mm/s)$
0	500	0	0	1670	0
0.1	400	7.2	100.8	980	132
0.2	300	24	336	202	191
0.3	243	39.5	553	−750	149.9
0.4	228.5	50.1	701.4	−1208	50.1
0.5	214.5	48.8	683.2	−1208	−70.5

16.3.3　威尔逊法

现在将概述威尔逊法(也称为 Wilson-Theta 法)。由于其通用性，它已被采用到 Autodesk 计算机程序中，用于结构动力学分析。威尔逊法是线性加速度方法的扩展，其中假设加速度在从 t 到 $t+\Theta\Delta t$ 的每个时间间隔内线性变化，其中 $\Theta\geq 1$。$\Theta=1$ 时，则该方法简化为线性加速格式。然而，对于数值分析中的无条件稳定性，必须使用 $\Theta\geq 1.37$ [7,8]。在实际中，经常选择 $\Theta=1.40$。威尔逊方程的形式类似于先前的纽马列克方程，即式(16.3.9)和式(16.3.10)，如下所示：

$$\{\dot{d}_{i+1}\} = \{\dot{d}_i\} + \frac{\Theta\Delta t}{2}(\{\ddot{d}_{i+1}\} + \{\ddot{d}_i\}) \tag{16.3.15}$$

$$\{d_{i+1}\} = \{d_i\} + \Theta\Delta t\{\dot{d}_i\} + \frac{\Theta^2(\Delta t)^2}{6}(\{\ddot{d}_{i+1}\} + 2\{\ddot{d}_i\}) \tag{16.3.16}$$

其中，$\{\ddot{d}_{i+1}\}$，$\{\dot{d}_{i+1}\}$ 和 $\{d_{i+1}\}$ 分别表示时间 $t+\Theta\Delta t$ 时的加速度、速度和位移。

建立一个式(16.3.13)形式的矩阵方程，可以求解位移 $\{d_{i+1}\}$。为了得到这个方程，首先用 $\{d_{i+1}\}$ 来求解式(16.3.15)和式(16.3.16)的 $\{\ddot{d}_{i+1}\}$ 和 $\{\dot{d}_{i+1}\}$，具体如下。

求解式(16.3.16)中的 $\{\ddot{d}_{i+1}\}$ 得到：

$$\{\ddot{d}_{i+1}\} = \frac{6}{\Theta^2(\Delta t)^2}(\{d_{i+1}\} - \{d_i\}) - \frac{6}{\Theta\Delta t}\{\dot{d}_i\} - 2\{\ddot{d}_i\} \tag{16.3.17}$$

然后将式(16.3.17)代入式(16.3.15)并求解 $\{\dot{d}_{i+1}\}$ 得到：

$$\{\dot{d}_{i+1}\} = \frac{3}{\Theta\Delta t}(\{d_{i+1}\} - \{d_i\}) - 2\{\dot{d}_i\} - \frac{\Theta\Delta t}{2}\{\ddot{d}_i\} \tag{16.3.18}$$

为了得到位移 $\{d_{i+1}\}$（在时间 $t+\Theta\Delta t$），将运动方程(16.2.24)重写为：

$$\{F_{i+1}\} = [M]\{\ddot{d}_{i+1}\} + [K]\{d_{i+1}\} \tag{16.3.19}$$

将式(16.3.17)的 $\{\ddot{d}_{i+1}\}$ 代入式(16.3.19)，得到：

$$[M]\left[\frac{6}{\Theta^2(\Delta t)^2}(\{d_{i+1}\} - \{d_i\}) - \frac{6}{\Theta\Delta t}\{\dot{d}_i\} - 2\{\ddot{d}_i\}\right] + [K]\{d_{i+1}\} = \{F_{i+1}\} \tag{16.3.20}$$

结合相似项并以类似于式(16.3.13)的形式重写，得到：

$$[K']\{d_{i+1}\} = \{F'_{i+1}\} \tag{16.3.21}$$

其中，

$$[K'] = [K] + \frac{6}{(\Theta\Delta t)^2}[M]$$

$$\{F'_{i+1}\} = \{F_{i+1}\} + \frac{[M]}{(\Theta\Delta t)^2}[6\{d_i\} + 6\Theta\Delta t\{\dot{d}_i\} + 2(\Theta\Delta t)^2\{\ddot{d}_i\}] \tag{16.3.22}$$

可以注意到威尔逊方程(16.3.22)和纽马克方程(16.3.14)之间的相似之处。由于加速度假定为线性变化，因此载荷矢量表示为：

$$\{\bar{F}_{i+1}\} = \{F_i\} + \Theta(\{F_{i+1}\} - \{F_i\}) \tag{16.3.23}$$

式中，$\{\bar{F}_{i+1}\}$ 取代了式(16.3.22)中的 $\{F_{i+1}\}$。如果 $\Theta=1$，则 $\{\bar{F}_{i+1}\} = \{F_{i+1}\}$。

另外，威尔逊法(与纽马克法类似)是一种隐式积分方法，这是因为位移表示为刚度矩阵的乘积，并且隐式地求解时间 $t+\Theta\Delta t$ 的位移。

使用威尔逊方程的求解过程如下：

1. 从时间 $t = 0$ 开始，$\{d_0\}$ 由给定的位移边界条件已知，$\{\dot{d}_0\}$ 由初始速度条件已知。

2. 解式(16.3.5)的 $\{\ddot{d}_0\}$（除非由初始加速度条件已知 $\{\ddot{d}_0\}$）。

3. 解式(16.3.21)的 $\{d_1\}$，因为 $\{F'_{i+1}\}$ 在所有时间步中都是已知的，而现在 $\{d_0\}$、$\{\dot{d}_0\}$ 和 $\{\ddot{d}_0\}$ 经过步骤 1 和步骤 2 后都是已知的。

4. 解式(16.3.17)的 $\{\ddot{d}_1\}$。

5. 解式(16.3.18)的 $\{\dot{d}_1\}$。

6. 使用步骤 4 和步骤 5 的结果，返回步骤 3 求解 $\{d_2\}$，然后返回步骤 4 和步骤 5 求解 $\{\ddot{d}_2\}$ 和 $\{\dot{d}_2\}$。重复使用步骤 3 ~ 步骤 5 求解 $\{d_{i+1}\}$，$\{\dot{d}_{i+1}\}$ 和 $\{\ddot{d}_{i+1}\}$。

一个类似图 16.8 的基于纽马克方程的流程图留给读者自己思考。这里再次强调，威尔逊法的优点是，通过设置 $\Theta \geqslant 1.37$，它可以无条件地保持稳定。最后，建议的时间步长 Δt 约为自由度 n 有限元组合的最短自然周期 τ_n 的 $\dfrac{1}{10}$ 到 $\dfrac{1}{20}$，即 $\Delta t = \tau_n / 10$。在比较纽马克法和威尔逊法时，观察到在计算量上几乎没有差别，因为它们都需要相同的时间步长。威尔逊法与纽马克法非常相似，因此这里不会给出手算方法。但是，建议读者用威尔逊法重做例 16.1，并将位移结果与表 16.1 中列出的精确解进行比较。

16.4　一维杆的固有频率

在解决结构应力动力学分析问题之前，将首先介绍如何确定连续单元(特别是杆单元)的固有频率。在振动分析中，固有频率是必要的，并且在为结构动力学分析选择适当的时间步长时也是重要的(相关内容将在 16.5 节中讨论)。

在没有力函数 $F(t)$ 的情况下，通过求解式(16.2.24)确定固有频率。因此，求解矩阵方程：

$$[M]\{\ddot{d}\} + [K]\{d\} = 0 \tag{16.4.1}$$

$\{d(t)\}$ 的标准解由时间调和方程给出：

$$\{d(t)\} = \{d'\}e^{i\omega t} \tag{16.4.2}$$

式中，$\{d'\}$ 是节点位移矩阵的一部分，称为自然模态，假定与时间无关，i 是标准虚数($i = \sqrt{-1}$)，ω 是固有频率。

对式(16.4.2)进行两次时间微分，得到：

$$\{\ddot{d}(t)\} = \{d'\}(-\omega^2)e^{i\omega t} \tag{16.4.3}$$

将式(16.4.2)和式(16.4.3)代入式(16.4.1)得到：

$$-[M]\omega^2\{d'\}e^{i\omega t} + [K]\{d'\}e^{i\omega t} = 0 \tag{16.4.4}$$

结合式(16.4.4)中的项，得到：

$$e^{i\omega t}([K] - \omega^2[M])\{d'\} = 0 \tag{16.4.5}$$

因为 $e^{i\omega t}$ 不是零，由式(16.4.5)得到：

$$([K] - \omega^2[M])\{d'\} = 0 \tag{16.4.6}$$

式(16.4.6)是一组关于位移模 $\{d'\}$ 的线性齐次方程。因此，式(16.4.6)有一个非平凡解，当且

仅当$\{d'\}$的系数矩阵的行列式为零时。也就是说，必须有：

$$|[K]-\omega^2[M]|=0 \tag{16.4.7}$$

一般来说，式(16.4.7)是一组n个代数方程，其中n是与问题相关的自由度。

为了说明确定固有频率的步骤，将给出以下示例。

例 16.3　对于图 16.10 所示长度为$2L$、弹性模量为E、质量密度为ρ和横截面积为A的杆件，求前两个固有频率。

图 16.10　用于固有频率测定的一维杆

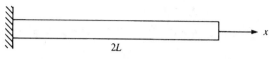

解　为简单起见，将杆离散为两个单元，每个单元的长度为L，如图 16.11 所示。为了求解式(16.4.7)，必须使用式(16.2.11)建立杆的总刚度矩阵。可以使用集中质量矩阵式(16.2.12)或一致质量矩阵式(16.2.23)。一般来说，使用一致质量矩阵得到的解比使用集中质量矩阵得到的解更接近可用的分析和实验结果。然而，由于一致质量矩阵是完全对称矩阵，而集中质量矩阵仅沿主对角线具有非零项，因此使用一致质量矩阵比使用集中质量矩阵更烦琐。因此，本题的分析采用集中质量矩阵。

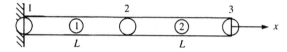

图 16.11　图 16.10 的杆离散化图

使用式(16.2.11)，每个单元的刚度矩阵如下：

$$[k^{(1)}]=\frac{AE}{L}\overset{\begin{matrix}1 & \ \ 2\end{matrix}}{\begin{bmatrix}1 & -1\\-1 & 1\end{bmatrix}}\qquad [k^{(2)}]=\frac{AE}{L}\overset{\begin{matrix}2 & \ \ 3\end{matrix}}{\begin{bmatrix}1 & -1\\-1 & 1\end{bmatrix}} \tag{16.4.8}$$

采用通常用于组合单元矩阵的直接刚度法，即式(16.4.8)，得出整个杆的整体刚度矩阵：

$$[K]=\frac{AE}{L}\begin{bmatrix}1 & -1 & 0\\-1 & 2 & -1\\0 & -1 & 1\end{bmatrix} \tag{16.4.9}$$

使用式(16.2.12)，每个单元的质量矩阵如下：

$$[m^{(1)}]=\frac{\rho AL}{2}\overset{\begin{matrix}1 & \ 2\end{matrix}}{\begin{bmatrix}1 & 0\\0 & 1\end{bmatrix}}\qquad [m^{(2)}]=\frac{\rho AL}{2}\overset{\begin{matrix}2 & \ 3\end{matrix}}{\begin{bmatrix}1 & 0\\0 & 1\end{bmatrix}} \tag{16.4.10}$$

每个单元的质量矩阵的组装方式与刚度矩阵的组装方式相同。因此，通过组合式(16.4.10)，得到整体质量矩阵为：

$$[M]=\frac{\rho AL}{2}\begin{bmatrix}1 & 0 & 0\\0 & 2 & 0\\0 & 0 & 1\end{bmatrix} \tag{16.4.11}$$

从得到的整体质量矩阵中观察到，节点 2 有两个质量贡献，因为节点 2 对两个单元是共有的。

将整体刚度矩阵方程(16.4.9)和整体质量矩阵方程(16.4.11)代入式(16.4.6)，并采用边界条件$u_1=0$(或现在的$d_1'=0$)以通常的方式减少方程组，得到：

$$
\left(\frac{AE}{L} \begin{bmatrix} 2 & -1 \\ -1 & 1 \end{bmatrix} - \omega^2 \frac{\rho AL}{2} \begin{bmatrix} 2 & 0 \\ 0 & 1 \end{bmatrix} \right) \begin{Bmatrix} d_2' \\ d_3' \end{Bmatrix} = \begin{Bmatrix} 0 \\ 0 \end{Bmatrix} \tag{16.4.12}
$$

为了得到式 (16.4.12) 中齐次方程组的解，将系数矩阵的行列式设为零，如式 (16.4.7) 所示。然后有：

$$
\left| \frac{AE}{L} \begin{bmatrix} 2 & -1 \\ -1 & 1 \end{bmatrix} - \lambda \frac{\rho AL}{2} \begin{bmatrix} 2 & 0 \\ 0 & 1 \end{bmatrix} \right| = 0 \tag{16.4.13}
$$

式 (16.4.13) 中，$\lambda = \omega^2$。将式 (16.4.13) 除以 ρAL，令 $\mu = E / (\rho L^2)$，得到：

$$
\begin{vmatrix} 2\mu - \lambda & -\mu \\ -\mu & \mu - \dfrac{\lambda}{2} \end{vmatrix} = 0 \tag{16.4.14}
$$

计算式 (16.4.14) 中的行列式，得到：

$$
\lambda = 2\mu \pm \mu\sqrt{2}
$$

或

$$
\lambda_1 = 0.60\mu \qquad \lambda_2 = 3.41\mu \tag{16.4.15}
$$

为了比较，精确解为 $\lambda = 0.616\mu$，而一致质量法得到的 $\lambda = 0.648\mu$。因此，对于杆单元，集中质量法可以得到与一致质量法相同甚至更好的结果。然而，一致质量方法可以从数学上证明其在频率上产生一个上限，而集中质量方法产生的结果可以低于或高于精确频率，却不能得到数学上的有界性证明。根据式 (16.4.15)，第一和第二固有频率由下式给出：

$$
\omega_1 = \sqrt{\lambda_1} = 0.77\sqrt{\mu} \qquad \omega_2 = \sqrt{\lambda_2} = 1.85\sqrt{\mu}
$$

令 $E = 210\,\text{GPa}$，$\rho = 7850\,\text{kg/m}^3$，$L = 2.5\,\text{m}$，得到：

$$
\mu = E / (\rho L^2) = (210 \times 10^9) / [(7850)(2.5)^2] = 4.28 \times 10^6\,\text{s}^{-2}
$$

因此，得到的固有圆频率为：

$$
\omega_1 = 1.59 \times 10^3\,\text{rad/s} \qquad \omega_2 = 3.83 \times 10^3\,\text{rad/s} \tag{16.4.16}
$$

或以赫兹（Hz，1/s）为单位：

$$
f_1 = \omega_1 / 2\pi = 253\,\text{Hz}, \qquad \text{等等}
$$

总之，请注意，对于两个节点自由位移的离散杆，有两个固有模态和两个频率。当系统以给定的固有频率 ω_i 振动时，与 ω_i 相对应的具有任意振幅的唯一形状称为振型。一般来说，对于 n 自由度离散系统，有 n 个固有模态和频率。一个连续系统实际上有无限多个固有模态和频率。当系统离散化时，仅创建 n 个自由度。最低的模态和频率通常是近似的；较高的频率衰减得更快，通常不适用。经验法则是使用两倍于所需频率的单元。

将式 (16.4.15) 的 λ_1 代入式 (16.4.12) 并化简，则得到第一个模型方程：

$$
\begin{aligned}
1.4\mu d_2'^{(1)} - \mu d_3'^{(1)} &= 0 \\
-\mu d_2'^{(1)} + 0.7\mu d_3'^{(1)} &= 0
\end{aligned} \tag{16.4.17}
$$

对于给定的 ω_i 或 λ_i，通常指定其中一个自然模式 $\{d'\}$ 的值。设 $d_3'^{(1)} = 1$，解方程 (16.4.17)，得到 $d_2'^{(1)} = 0.7$。类似地，将式 (16.4.15) 的 λ_2 代入式 (16.4.12)，得到第二个模型方程。为简洁起见，这里不介绍这些方程式。现在令 $d_3'^{(2)} = 1$ 得到 $d_2'^{(2)} = -0.7$。纵向振动的第一和第二固有频

率的模态响应如图 16.12 所示。一阶模态意味着杆完全处于拉伸或压缩状态，具体取决于激励方向。二阶模态意味着杆处于压缩和拉伸或拉伸和压缩状态。

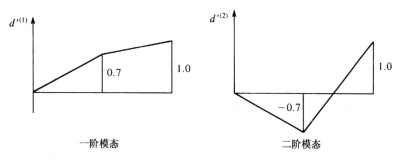

图 16.12　图 16.10 的悬臂杆纵向振动的一阶模态和二阶模态

16.5　一维杆的时间相关分析

例 16.4　为了说明时间相关问题的有限元解，我们将解决图 16.13(a)所示的一维杆受图 16.13(b)所示力的问题。假设边界条件 $u_1 = 0$，初始条件 $\{d_0\} = 0$ 和 $\{\dot{d}_0\} = 0$。为了以后的数值计算，令参数 $A = 1\,\text{cm}^2$，$\rho = 7850\,\text{kg/m}^3$，$E = 210\,\text{GPa}$，$L = 2.5\,\text{m}$。这些参数与 16.4 节中使用的值相同。

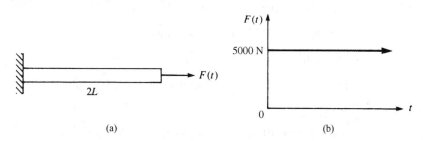

图 16.13　(a)受时间相关力的杆；(b)施加在杆端的力函数

解　由于杆被离散成等长的两个单元，因此 16.4 节中确定的由式(16.4.9)和式(16.4.11)给出的整体刚度和质量矩阵是适用的。为使计算简单，将再次使用集中质量矩阵。图 16.14 显示了离散化的杆和相关的集中质量。

为了说明数值时间积分方案，应使用中心差分法，因为对于长时间计算它更容易应用(并且不损失通用性)。

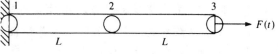

图 16.14　集中质量离散杆

接下来，选择要在集成过程中使用的时间步长。数学上已经证明，当使用中心差分法时，时间步长必须小于或等于 2 除以最高固有频率[7]，即 $\Delta t \leq 2/\omega_{\max}$。但是，为了获得实际结果，必须使用小于或等于该值 3/4 的时间步长，即：

$$\Delta t \leqslant \frac{3}{4}\left(\frac{2}{\omega_{\max}}\right) \tag{16.5.1}$$

这个时间步长确保了积分方法的稳定性。选择时间步长的标准证明了需要在进行动应力分析之前，确定振动固有频率的有效性，如 16.4 节所述。另一种选择大致的时间步长的指南(仅

用于杆)是:

$$\Delta t = \frac{L}{c_x} \tag{16.5.2}$$

其中，L 是单元长度，$c_x = \sqrt{E_x/\rho}$ 被称为纵波速度。通过使用式(16.5.1)和式(16.5.2)这两个标准来计算时间步长，由 ω 的式(16.4.16)，得到:

$$\Delta t = \frac{3}{4}\left(\frac{2}{\omega_{\max}}\right) = \frac{1.5}{3.8 \times 10^3} = 0.40 \times 10^{-3}\text{ s} \tag{16.5.3}$$

或

$$\Delta t = \frac{L}{c_x} = \frac{100}{\sqrt{2.1 \times 10^{11}/7850}} = 0.48 \times 10^{-3}\text{ s} \tag{16.5.4}$$

根据式(16.5.3)和式(16.5.4)中计算的最大时间步长，选择 $\Delta t = 0.25 \times 10^{-3}$ s 作为计算的方便时间步长。

将整体刚度和质量矩阵方程(16.4.9)和方程(16.4.11)代入整体动力方程(16.2.24)，得到:

$$\frac{AE}{L}\begin{bmatrix} 1 & -1 & 0 \\ -1 & 2 & -1 \\ 0 & -1 & 1 \end{bmatrix}\begin{Bmatrix} u_1 \\ u_2 \\ u_3 \end{Bmatrix} + \frac{\rho AL}{2}\begin{bmatrix} 1 & 0 & 0 \\ 0 & 2 & 0 \\ 0 & 0 & 1 \end{bmatrix}\begin{Bmatrix} \ddot{u}_1 \\ \ddot{u}_2 \\ \ddot{u}_3 \end{Bmatrix} = \begin{Bmatrix} R_1 \\ 0 \\ F_3(t) \end{Bmatrix} \tag{16.5.5}$$

其中，R_1 表示节点 1 处的未知反力。使用 16.3 节和图 16.6 所示流程图中概述的求解过程，采取以下步骤。

步骤 1

假定：$u_1 = 0$，因为节点 1 处的固定支撑，所有节点位移和速度在 $t = 0$ 时为零，即 $\{d_0\} = 0$ 和 $\{\dot{d}_0\} = 0$。同样假设所有时间的 $\ddot{u}_1 = 0$。

步骤 2

使用式(16.3.5)求解 $\{\ddot{d}_0\}$ 为:

$$\{\ddot{d}_0\} = \begin{Bmatrix} \ddot{u}_2 \\ \ddot{u}_3 \end{Bmatrix}_{t=0} = \frac{2}{\rho AL}\begin{bmatrix} \frac{1}{2} & 0 \\ 0 & 1 \end{bmatrix}\left[\begin{Bmatrix} 0 \\ 5000 \end{Bmatrix} - \frac{AE}{L}\begin{bmatrix} 2 & -1 \\ -1 & 1 \end{bmatrix}\begin{Bmatrix} 0 \\ 0 \end{Bmatrix}\right] \tag{16.5.6}$$

式(16.5.6)中说明了条件 $u_1 = 0$ 和 $\ddot{u}_1 = 0$。化简式(16.5.6)，得到:

$$\{\ddot{d}_0\} = \frac{10\,000}{\rho AL}\begin{Bmatrix} 0 \\ 1 \end{Bmatrix} = \begin{Bmatrix} 0 \\ 5095 \end{Bmatrix}\text{ m/s}^2 \tag{16.5.7}$$

其中，将 ρ, A, L 的数值代入式(16.5.7)最终的数值结果中，并且

$$[M]^{-1} = \frac{2}{\rho AL}\begin{bmatrix} \frac{1}{2} & 0 \\ 0 & 1 \end{bmatrix} \tag{16.5.8}$$

已在式(16.5.6)中使用。使用集中质量矩阵进行直接计算的优势现在是显而易见的。对角矩阵(如集中质量矩阵)的逆矩阵只需将矩阵的对角单元求逆即可获得。

步骤 3

使用式(16.3.8)，求解 $\{d_{-1}\}$:

$$\{d_{-1}\} = \{d_0\} - (\Delta t)\{\dot{d}_0\} + \frac{(\Delta t)^2}{2}\{\ddot{d}_0\} \tag{16.5.9}$$

将步骤 1 的初始条件 $\{\dot{d}_0\}$ 和 $\{d_0\}$ 和步骤 2 的式(16.5.7)的初始加速度 $\{\ddot{d}_0\}$ 代入式(16.5.9)，得到:

$$\{d_{-1}\} = 0 - (0.25 \times 10^{-3})(0) + \frac{(0.25 \times 10^{-3})^2}{2}(5095)\begin{Bmatrix} 0 \\ 1 \end{Bmatrix}$$

或者，化简一下有：

$$\begin{Bmatrix} u_2 \\ u_3 \end{Bmatrix}_{-1} = \begin{Bmatrix} 0 \\ 1.59 \times 10^{-4} \end{Bmatrix} \text{m} \tag{16.5.10}$$

步骤 4

将式(16.3.7)乘以 $[M]^{-1}$，求解 $\{d_1\}$：

$$\{d_1\} = [M]^{-1}\{(\Delta t)^2\{F_0\} + [2[M] - (\Delta t)^2[K]]\{d_0\} - [M]\{d_{-1}\}\} \tag{16.5.11}$$

将 ρ、A、L 和 E 的数值及式(16.5.10)的结果代入式(16.5.11)，得到：

$$\begin{Bmatrix} u_2 \\ u_3 \end{Bmatrix}_1 = \frac{2}{1.9625}\begin{bmatrix} \frac{1}{2} & 0 \\ 0 & 1 \end{bmatrix}\Bigg\{(0.25 \times 10^{-3})^2\begin{Bmatrix} 0 \\ 5000 \end{Bmatrix} + \begin{bmatrix} \frac{2(1.9625)}{2}\begin{bmatrix} 2 & 0 \\ 0 & 1 \end{bmatrix}\end{bmatrix}$$

$$- (0.25 \times 10^{-3})^2(8.4 \times 10^6)\begin{bmatrix} 2 & -1 \\ -1 & 1 \end{bmatrix}\begin{Bmatrix} 0 \\ 0 \end{Bmatrix}$$

$$- \frac{1.9625}{2}\begin{bmatrix} 2 & 0 \\ 0 & 1 \end{bmatrix}\begin{Bmatrix} 0 \\ 1.59 \times 10^{-4} \end{Bmatrix}\Bigg\}$$

化简后得到：

$$\begin{Bmatrix} u_2 \\ u_3 \end{Bmatrix}_1 = \frac{2}{1.9625}\begin{bmatrix} \frac{1}{2} & 0 \\ 0 & 1 \end{bmatrix}\Bigg[\begin{Bmatrix} 0 \\ 0.3125 \times 10^{-3} \end{Bmatrix} - \begin{Bmatrix} 0 \\ 0.156 \times 10^{-3} \end{Bmatrix}\Bigg]$$

最后，$t = 0.25 \times 10^{-3}$ s 时的节点位移变为：

$$\begin{Bmatrix} u_2 \\ u_3 \end{Bmatrix}_1 = \begin{Bmatrix} 0 \\ 1.59 \times 10^{-3} \end{Bmatrix} \text{m} \qquad (t = 0.25 \times 10^{-3} \text{ s 时}) \tag{16.5.12}$$

步骤 5

$\{d_0\}$ 已初始给定，$\{d_1\}$ 由步骤 4 确定，由式(16.3.7)得到：

$$\{d_2\} = [M]^{-1}\{(\Delta t)^2\{F_1\} + [2[M] - (\Delta t)^2[K]]\{d_1\} - [M]\{d_0\}\}$$

$$= \frac{2}{1.9625}\begin{bmatrix} \frac{1}{2} & 0 \\ 0 & 1 \end{bmatrix}\Bigg\{(0.25 \times 10^{-3})^2\begin{Bmatrix} 0 \\ 5000 \end{Bmatrix} + \begin{bmatrix} \frac{2(1.9625)}{2}\begin{bmatrix} 2 & 0 \\ 0 & 1 \end{bmatrix}\end{bmatrix}$$

$$- (0.25 \times 10^{-3})^2(8.4 \times 10^4)\begin{bmatrix} 2 & -1 \\ -1 & 1 \end{bmatrix}\Bigg]$$

$$\times \begin{Bmatrix} 0 \\ 1.59 \times 10^{-4} \end{Bmatrix} - \frac{1.9625}{2}\begin{bmatrix} 2 & 0 \\ 0 & 1 \end{bmatrix}\begin{Bmatrix} 0 \\ 0 \end{Bmatrix}\Bigg\}$$

$$= \frac{2}{1.9625}\begin{bmatrix} \frac{1}{2} & 0 \\ 0 & 1 \end{bmatrix}\Bigg[\begin{Bmatrix} 0 \\ 0.3125 \times 10^{-3} \end{Bmatrix} + \begin{Bmatrix} 0.083 \times 10^{-3} \\ 0.2286 \times 10^{-3} \end{Bmatrix}\Bigg]$$

通过化简，得到 $t = 0.50 \times 10^{-3}$ s 时的节点位移：

$$\begin{Bmatrix} u_2 \\ u_3 \end{Bmatrix}_2 = \begin{Bmatrix} 0.042 \times 10^{-3} \\ 0.551 \times 10^{-3} \end{Bmatrix} \text{m} \qquad (t = 0.50 \times 10^{-3} \text{ s 时}) \tag{16.5.13}$$

步骤 6

使用式(16.3.5)再次求解节点加速度 $\{\ddot{d}_1\}$：

$$\{\ddot{d}_1\} = \frac{2}{1.9625}\begin{bmatrix} \frac{1}{2} & 0 \\ 0 & 1 \end{bmatrix}\left\{\begin{Bmatrix} 0 \\ 5000 \end{Bmatrix}\left[-(8.4 \times 10^6)\begin{bmatrix} 2 & -1 \\ -1 & 1 \end{bmatrix}\begin{Bmatrix} 0 \\ 0.159 \times 10^{-3} \end{Bmatrix}\right]\right.$$

通过简化，得到 $t = 0.25 \times 10^{-3}$ s 时的节点加速度：

$$\begin{Bmatrix} \ddot{u}_2 \\ \ddot{u}_3 \end{Bmatrix}_1 = \begin{Bmatrix} 681 \\ 3734 \end{Bmatrix} \text{ m/s}^2 \qquad (t = 0.25 \times 10^{-3} \text{ s 时}) \qquad (16.5.14)$$

将式(16.5.12)和式(16.5.14)的结果代入式(16.5.5)可以发现反力 R_1。

步骤 7

利用步骤 5 中的式(16.5.13)和步骤 1 中给出的边界条件 $\{d_0\}$，得到 $\{\dot{d}_1\}$ 为：

$$\{\dot{d}_1\} = \frac{\left[\begin{Bmatrix} 0.042 \times 10^{-3} \\ 0.551 \times 10^{-3} \end{Bmatrix} - \begin{Bmatrix} 0 \\ 0 \end{Bmatrix}\right]}{2(0.25 \times 10^{-3})}$$

化简后得到：

$$\begin{Bmatrix} \dot{u}_2 \\ \dot{u}_3 \end{Bmatrix} = \begin{Bmatrix} 0.084 \\ 1.102 \end{Bmatrix} \text{ m/s} \qquad (t = 0.25 \times 10^{-3} \text{ s 时})$$

步骤 8

现在重复采用步骤 5～步骤 7 来获得所有其他时间步的位移、加速度和速度。为了简单起见，只计算加速度。

重复步骤 6，$t = 0.50 \times 10^{-3}$ s 时，得到如下节点加速度：

$$\{\ddot{d}_2\} = \frac{2}{1.9625}\begin{bmatrix} \frac{1}{2} & 0 \\ 0 & 1 \end{bmatrix}\left[\begin{Bmatrix} 0 \\ 5000 \end{Bmatrix} - (8.4 \times 10^6)\begin{bmatrix} 2 & -1 \\ -1 & 1 \end{bmatrix}\begin{Bmatrix} 0.042 \times 10^{-3} \\ 0.551 \times 10^{-3} \end{Bmatrix}\right]$$

化简后得到 $t = 0.50 \times 10^{-3}$ s 时的节点加速度：

$$\begin{Bmatrix} \ddot{u}_2 \\ \ddot{u}_3 \end{Bmatrix}_2 = \begin{Bmatrix} 0 \\ 5095 \end{Bmatrix} + \begin{Bmatrix} 4000 \\ -4360 \end{Bmatrix}$$

$$\qquad\qquad (16.5.15)$$

$$= \begin{Bmatrix} 4000 \\ 735 \end{Bmatrix} \text{ m/s}^2 \qquad (t = 0.5 \times 10^{-3} \text{ s 时})$$

16.6 梁单元质量矩阵与固有频率

现在考虑适合于随时间变化的梁分析的集中质量矩阵和一致质量矩阵。单元方程的推导遵循与 16.2 节中使用的杆单元相同的一般步骤。

具有相关节点自由度（横向位移和旋转）的梁单元如图 16.15 所示。

基本单元方程的一般形式由式(16.2.10)给出，其中包含梁单元的适当节点力、刚度和质量矩阵。梁单元的刚度矩阵如式(4.1.14)所示。集中质量矩阵如下：

$$[m] = \frac{\rho A L}{2} \begin{matrix} v_1 & \phi_1 & v_2 & \phi_2 \\ \begin{bmatrix} 1 & 0 & 0 & 0 \\ 0 & 0 & 0 & 0 \\ 0 & 0 & 1 & 0 \\ 0 & 0 & 0 & 0 \end{bmatrix} \end{matrix} \qquad (16.6.1)$$

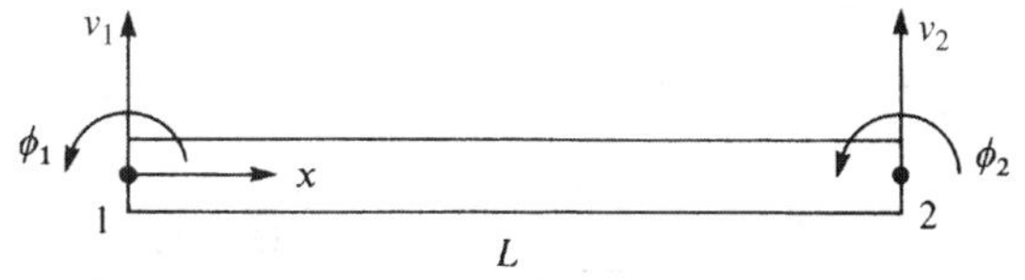

图 16.15　节点自由度梁单元

其中,梁总质量的一半集中在每个节点上,
对应于平动自由度。在集中质量法中,在获得式(16.6.1)时,虽然可以通过计算关于节点的一部分梁段的质量惯性矩来为这些转动自由度赋值,但必须假设与可能的转动自由度相关的惯性效应为零。对于一个均匀的梁,可以用基本动力学来计算关于每个端节点的梁段的一半的质量惯性矩:

$$I = \frac{1}{3}(\rho A L/2)(L/2)^2$$

同样,式(16.6.1)给出的集中质量矩阵是对角线矩阵,这使得矩阵数值计算比使用一致质量矩阵时更容易。一致质量矩阵可通过应用梁单元的一般公式(16.2.19)获得,其中形函数现在由式(4.1.7)给出,因此,

$$[m] = \iiint_V \rho [N]^{\mathrm{T}}[N]\,\mathrm{d}V \qquad (16.6.2)$$

$$[m] = \int_0^L \iint_A \rho \begin{Bmatrix} N_1 \\ N_2 \\ N_3 \\ N_4 \end{Bmatrix} [N_1 \quad N_2 \quad N_3 \quad N_4]\,\mathrm{d}A\,\mathrm{d}x \qquad (16.6.3)$$

其中,

$$\begin{aligned} N_1 &= \frac{1}{L^3}(2x^3 - 3x^2 L + L^3) \\ N_2 &= \frac{1}{L^3}(x^3 L - 2x^2 L^2 + x L^3) \\ N_3 &= \frac{1}{L^3}(-2x^3 + 3x^2 L) \\ N_4 &= \frac{1}{L^3}(x^3 L - x^2 L^2) \end{aligned} \qquad (16.6.4)$$

将形函数式(16.6.4)代入式(16.6.3)并进行积分后,一致质量矩阵变为:

$$[m] = \frac{\rho A L}{420} \begin{bmatrix} 156 & 22L & 54 & -13L \\ 22L & 4L^2 & 13L & -3L^2 \\ 54 & 13L & 156 & -22L \\ -13L & -3L^2 & -22L & 4L^2 \end{bmatrix} \qquad (16.6.5)$$

在获得梁单元的质量矩阵后,可以继续推导式(16.2.24)所示的整体刚度和质量矩阵方程,以解决梁承受时变荷载的问题。我们不在这里说明求解的过程,因为该过程较为繁杂,并且类似于 16.5 节中用于求解一维杆问题的过程。然而,计算机程序可用于分析受时变力作用的梁和框架。16.7 节提供了平面框架和其他单元质量矩阵的描述,16.9 节描述了用于杆、梁和框架动力学分析的一些计算机程序的结果。

　　为了阐明梁分析的过程,现在将确定梁的固有频率。

　　例 16.5　求两端固定梁的固有振动频率,如图 16.16 所示。梁具有质量密度 ρ、弹性模

量 E、横截面积 A、面积惯性矩 I 和长度 $2L$。为简化直接计算，将梁离散为：(a) 两个长度为 L 的梁单元[参见图 16.16(a)]；(b) 三个长度为 L 的梁单元[参见图 16.16(b)]。

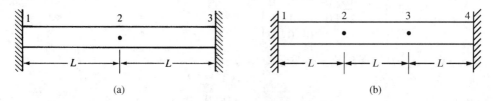

图 16.16　固有频率梁的确定

解　(a) 两个单元的解

可以使用一般公式(16.4.7)获得固有频率。首先，组合整体刚度和质量矩阵(使用边界条件 $v_1 = 0$，$\phi_1 = 0$，$v_3 = 0$，$\phi_3 = 0$ 来约化矩阵)为：

$$[K] = \frac{EI}{L^3}\begin{matrix} v_2 & \phi_2 \\ \begin{bmatrix} 24 & 0 \\ 0 & 8L^2 \end{bmatrix} \end{matrix} \quad [M] = \frac{\rho AL}{2}\begin{bmatrix} 2 & 0 \\ 0 & 0 \end{bmatrix} \tag{16.6.6}$$

其中，式(4.1.14)用于获得每个单元刚度矩阵，式(16.6.1)用于计算集中质量矩阵。将式(16.6.6) 代入式(16.4.7)，得到：

$$\left| \frac{EI}{L^3}\begin{bmatrix} 24 & 0 \\ 0 & 8L^2 \end{bmatrix} - \omega^2 \rho AL \begin{bmatrix} 1 & 0 \\ 0 & 0 \end{bmatrix} \right| = 0 \tag{16.6.7}$$

将式(16.6.7)除以 ρAL，化简得到：

$$\omega^2 = \frac{24EI}{\rho AL^4}$$

或

$$\omega = \frac{4.90}{L^2}\left(\frac{EI}{A\rho}\right)^{1/2} \tag{16.6.8}$$

参考文献[1]和[6]给出了简支梁理论中第一阶固有频率的精确解：

$$\omega = \frac{5.59}{L^2}\left(\frac{EI}{A\rho}\right)^{1/2} \tag{16.6.9}$$

(这里 L = 梁长的一半。)

可以认为精确解和有限元解之间的巨大差异是由有限元模型的粗糙度造成的。在例 16.6 中，证明了对于自由固支梁，随着自由度的增加收敛到精确解的结果。此外，如果对梁使用一致质量矩阵[参见式(16.6.5)]，结果将比集中质量矩阵更准确，因为对于梁等受弯构件一致质量矩阵计算的结果更准确。

(b) 三个单元的解

使用式(16.6.1)，计算每个单元质量矩阵如下：

$$[m^{(1)}] = \frac{\rho AL}{2}\begin{matrix} v_1\ \varphi_1\ v_2\ \varphi_2 \\ \begin{bmatrix} 1 & 0 & 0 & 0 \\ 0 & 0 & 0 & 0 \\ 0 & 0 & 1 & 0 \\ 0 & 0 & 0 & 0 \end{bmatrix} \end{matrix} \quad [m^{(2)}] = \frac{\rho AL}{2}\begin{matrix} v_2\ \varphi_2\ v_3\ \varphi_3 \\ \begin{bmatrix} 1 & 0 & 0 & 0 \\ 0 & 0 & 0 & 0 \\ 0 & 0 & 1 & 0 \\ 0 & 0 & 0 & 0 \end{bmatrix} \end{matrix}$$

$$[m^{(3)}] = \frac{\rho AL}{2} \begin{array}{cccc} v_3 & \varphi_3 & v_4 & \varphi_4 \\ \begin{bmatrix} 1 & 0 & 0 & 0 \\ 0 & 0 & 0 & 0 \\ 0 & 0 & 1 & 0 \\ 0 & 0 & 0 & 0 \end{bmatrix} \end{array} \qquad (16.6.10)$$

已知 $v_1 = \varphi_1 = v_4 = \varphi_4 = 0$，得到的整体质量矩阵为：

$$[M] = \rho AL \begin{array}{cccc} v_2 & \varphi_2 & v_3 & \varphi_3 \\ \begin{bmatrix} 1 & 0 & 0 & 0 \\ 0 & 0 & 0 & 0 \\ 0 & 0 & 1 & 0 \\ 0 & 0 & 0 & 0 \end{bmatrix} \end{array} \qquad (16.6.11)$$

使用式(4.1.14)，得到每个单元刚度矩阵：

$$[k^{(1)}] = \frac{EI}{L^3} \begin{array}{cccc} v_1 & \varphi_1 & v_2 & \varphi_2 \\ \begin{bmatrix} 12 & 6L & -12 & 6L \\ 6L & 4L^2 & -6L & 2L^2 \\ -12 & -6L & 12 & -6L \\ 6L & 2L^2 & -6L & 4L^2 \end{bmatrix} \end{array} \qquad [k^{(2)}] = \frac{EI}{L^3} \begin{array}{cccc} v_2 & \varphi_2 & v_3 & \varphi_3 \\ \begin{bmatrix} 12 & 6L & -12 & 6L \\ 6L & 4L^2 & -6L & 2L^2 \\ -12 & -6L & 12 & -6L \\ 6L & 2L^2 & -6L & 4L^2 \end{bmatrix} \end{array}$$

$$\qquad (16.6.12)$$

$$[k^{(3)}] = \frac{EI}{L^3} \begin{array}{cccc} v_3 & \varphi_3 & v_4 & \varphi_4 \\ \begin{bmatrix} 12 & 6L & -12 & 6L \\ 6L & 4L^2 & -6L & 2L^2 \\ -12 & -6L & 12 & -6L \\ 6L & 2L^2 & -6L & 4L^2 \end{bmatrix} \end{array}$$

使用式(16.6.12)，将整体刚度矩阵组合为：

$$[K] = \frac{EI}{L^3} \begin{bmatrix} 12-12 & 6L+6L & -12 & 6L \\ 6L-6L & 4L^2+2L^2 & -6L & 2L^2 \\ -12 & -6L & 12+12 & -6L+6L \\ 6L & 2L^2 & -6L+6L & 4L^2+4L^2 \end{bmatrix} = \frac{EI}{L^3} \begin{array}{cccc} v_2 & \varphi_2 & v_3 & \varphi_3 \\ \begin{bmatrix} 0 & 12L & -12 & 6L \\ 0 & 6L^2 & -6L & 2L^2 \\ -12 & -6L & 24 & 0 \\ 6L & 2L^2 & 0 & 8L^2 \end{bmatrix} \end{array} \quad (16.6.13)$$

利用一般公式(16.4.7)，得到如下频率方程：

$$\left| \frac{EI}{L^3} \begin{bmatrix} 0 & 12L & -12 & 6L \\ 0 & 6L^2 & -6L & 2L^2 \\ -12 & -6L & 24 & 0 \\ 6L & 2L^2 & 0 & 8L^2 \end{bmatrix} - \omega^2 \rho AL \begin{bmatrix} 1 & 0 & 0 & 0 \\ 0 & 0 & 0 & 0 \\ 0 & 0 & 1 & 0 \\ 0 & 0 & 0 & 0 \end{bmatrix} \right|$$

$$\qquad (16.6.14)$$

$$= \begin{vmatrix} \omega^2 \rho AL & 12EI/L^2 & -12EI/L^3 & 6EI/L^2 \\ 0 & 6EI/L & -6EI/L^2 & 2EI/L \\ -12EI/L^3 & -6EI/L^2 & 24EI/L^3 - \omega^2 \rho AL & 0 \\ 6EI/L^2 & 2EI/L & 0 & 8EI/L \end{vmatrix} = 0$$

化简式(16.6.14)，得到：

$$
\begin{vmatrix}
-\omega^2\beta & 12EI/L^2 & -12EI/L^3 & 6EI/L^2 \\
0 & 6EI/L & -6EI/L^2 & 2EI/L \\
-12EI/L^3 & -6EI/L^2 & 24EI/L^3 - \omega^2\beta & 0 \\
6EI/L^2 & 2EI/L & 0 & 8EI/L
\end{vmatrix} = 0 \tag{16.6.15}
$$

其中 $\beta = \rho AL$。

通过计算式(16.6.15)中的 4×4 行列式，得到：

$$
-\frac{1152\omega^2 E^3 I^3 \beta}{L^5} + \frac{48\omega^4 E^2 I^2 \beta^2}{L^2} + \frac{576 E^4 I^4}{L^8} - \frac{1296 E^4 I^4}{L^8}
$$

$$
+ \frac{96\omega^2 E^3 I^3 \beta}{L^5} - \frac{4\omega^4 \beta^2 E^2 I^2}{L^2} - \frac{6912 E^4 I^4}{L^8} = 0 \tag{16.6.16}
$$

$$
\frac{44\omega^4 \beta^2 E^2 I^2}{L^2} - \frac{1056\omega^2 \beta E^3 I^3}{L^5} - \frac{7632 E^4 I^4}{L^8} = 0
$$

$$
11\omega^4 \beta^2 - \frac{264\omega^2 \beta EI}{L^3} - \frac{1908 E^2 I^2}{L^6} = 0
$$

将式(16.6.16)除以 $\dfrac{4E^2 I^3}{L^2}$，得到 $\omega_1^2\beta$ 的两个根为：

$$
\omega_1^2\beta = \frac{-5.817\,254 EI}{L^3} \qquad \omega_1^2\beta = \frac{29.817\,254 EI}{L^3} \tag{16.6.17}
$$

忽略负根，因为它在物理上是不可能的，并且显式地求解 ω_1，有：

$$
\omega_1^2 = \frac{29.817\,254 EI}{\beta L^3}
$$

或

$$
\omega_1 = \sqrt{\frac{29.817\,254 EI}{\beta L^3}} = \frac{5.46}{L^2}\sqrt{\frac{EI}{A\rho}} \tag{16.6.18}
$$

总之，将式(16.6.8)和式(16.6.18)与精确解式(16.6.9)进行比较，得到：

两个梁单元：
$$
\omega = \frac{4.90}{L^2}\sqrt{\frac{EI}{A\rho}}
$$

三个梁单元：
$$
\omega = \frac{5.46}{L^2}\sqrt{\frac{EI}{A\rho}} \tag{16.6.19}
$$

精确解：
$$
\omega = \frac{5.59}{L^2}\left(\frac{EI}{A\rho}\right)^{1/2}
$$

可以观察到，仅使用三个单元，精确度就显著提高了。

例 16.6　用以下数据求图 16.17 所示悬臂梁的第一固有振动频率。

梁的长度：$L = 750\ \text{mm}$

弹性模量：$E = 210 \times 10^9\ \text{Pa}$

转动惯量：$I = 3 \times 10^4\ \text{mm}^4$

横截面积：$A = 6 \times 10^{-2}\ \text{m}^2$

质量密度：$\rho = 7800\ \text{kg/m}^3$

泊松比：$\nu = 0.3$

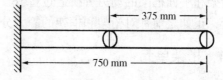

图 16.17　固定自由梁(二元模型，集中质量矩阵)

解　第一阶固有频率的有限元直接解法结果与例 16.5 相似，如下所示：

$$\omega = \frac{3.148}{L^2}\left(\frac{EI}{A\rho}\right)^{1/2}$$

根据梁理论[1]，精确解是：

$$\omega = \frac{3.516}{L^2}\left(\frac{EI}{\rho A}\right)^{1/2} \tag{16.6.20}$$

根据固支自由梁的振动理论[1]，将第二、三阶固有频率与第一阶固有频率联系起来：

$$\frac{\omega_2}{\omega_1} = 6.2669 \qquad \frac{\omega_3}{\omega_1} = 17.5475$$

图 16.18 显示了与例 16.6 中悬臂梁的前三个固有频率相对应的一阶模态、二阶模态和三阶模态振型，这些振型是通过计算机程序获得的。注意，每个振型都少了一个节点，其中一个节点是零位移点。也就是说，一阶模态振型有相同符号的梁的所有元素[参见图 16.18(a)]，二阶模态振型有一个符号变化，在梁的某个点位移为零[参见图 16.18(b)]，三阶模态振型有两个符号变化，在梁的两个点位移为零[参见图 16.18(c)]。

表 16.3 显示了计算机解与精确解的比较。

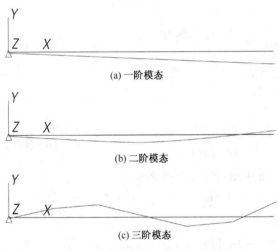

(a) 一阶模态

(b) 二阶模态

(c) 三阶模态

图 16.18　悬臂梁弯曲振动的一阶模态、
二阶模态和三阶模态振型

表 16.3　有限元计算机解与精确解的比较(例 16.6)

	ω_1(rad/s)	ω_2(rad/s)
梁理论的精确解	228	1434
有限元解		
使用 2 个单元	205	1286
使用 6 个单元	226	1372
使用 10 个单元	227.5	1410
使用 30 个单元	228.5	1430
使用 60 个单元	228.5	1432

16.7　桁架、平面框架、平面应力、平面应变、轴对称和实体单元质量矩阵

桁架和平面框架的动力分析通过将 16.2 节和 16.6 节中提出的概念扩展到桁架和平面框架来进行，正如之前针对桁架和框架的静力分析所做的那样。

16.7.1　桁架单元

桁架分析需要将质量矩阵从局部坐标转换为整体坐标，与刚度矩阵的式(3.4.22)相同，即桁架单元的整体质量矩阵由下式给出：

$$[m] = [T]^{\mathrm{T}}[m'][T] \tag{16.7.1}$$

现在讨论的是二维或三维情况下的运动。因此，必须重新构造考虑轴向和横向惯性的杆单元质量矩阵，因为在平面桁架分析中，质量被包括在整体坐标系下的 x 和 y 方向(参见图 16.19)。考虑到二维运动，将单元的局部轴向位移 u 和横向位移 v 表示为局部轴向和横向节点位移：

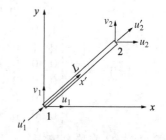

图 16.19　在 x-y 平面上任意定向的桁架单元，显示节点自由度

$$\left\{\begin{matrix} u' \\ v' \end{matrix}\right\} = \frac{1}{L}\begin{bmatrix} L-x' & 0 & x' & 0 \\ 0 & L-x' & 0 & x' \end{bmatrix}\begin{Bmatrix} u'_1 \\ v'_1 \\ u'_2 \\ v'_2 \end{Bmatrix} \qquad (16.7.2)$$

一般来说，$[\psi'] = [N]\{d'\}$，因此，式(16.7.2)中的形函数矩阵为：

$$[N] = \frac{1}{L}\begin{bmatrix} L-x' & 0 & x' & 0 \\ 0 & L-x' & 0 & x' \end{bmatrix} \qquad (16.7.3)$$

然后，可以将式(16.7.3)替换为式(16.2.19)给出的一般表达式，以计算局部桁架单元一致质量矩阵，如下所示：

$$[m'] = \frac{\rho A L}{6}\begin{bmatrix} 2 & 0 & 1 & 0 \\ 0 & 2 & 0 & 1 \\ 1 & 0 & 2 & 0 \\ 0 & 1 & 0 & 2 \end{bmatrix} \qquad (16.7.4)$$

二维运动的桁架单元集中质量矩阵是通过简单地集成每个节点的质量并记住在 x' 和 y' 方向上质量是相同的来获得的。然后建立局部桁架单元集中质量矩阵：

$$[m'] = \frac{\rho A L}{2}\begin{bmatrix} 1 & 0 & 0 & 0 \\ 0 & 1 & 0 & 0 \\ 0 & 0 & 1 & 0 \\ 0 & 0 & 0 & 1 \end{bmatrix} \qquad (16.7.5)$$

16.7.2　平面框架单元

平面框架分析需要先展开，然后将杆和梁的质量矩阵进行组合，得到局部质量矩阵。因为平面框架单元共有六个自由度(参见图 16.20)，所以杆和梁的质量矩阵被扩展到 6×6 阶并叠加。

结合式(16.2.23)和式(16.6.5)中杆和梁在局部坐标系下的轴向的一致质量矩阵，得到：

$$[m'] = \rho A L\begin{bmatrix} 2/6 & 0 & 0 & 1/6 & 0 & 0 \\ & 156/420 & 22L/420 & 0 & 54/420 & -13L/420 \\ & & 4L^2/420 & 0 & 13L/420 & -3L^2/420 \\ & & & 2/6 & 0 & 0 \\ & & & & 156/420 & -22L/420 \\ \text{对称} & & & & & 4L^2/420 \end{bmatrix} \qquad (16.7.6)$$

分别结合杆和梁的集中质量矩阵方程(16.2.12)和方程(16.6.1)，得到局部坐标轴方向的平面框架集中质量矩阵如下：

$$[m'] = \frac{\rho A L}{2} \begin{array}{c} \begin{matrix} u_1' & v_1' & \phi_1' & u_2' & v_2' & \phi_2' \end{matrix} \\ \begin{bmatrix} 1 & 0 & 0 & 0 & 0 & 0 \\ 0 & 1 & 0 & 0 & 0 & 0 \\ 0 & 0 & 0 & 0 & 0 & 0 \\ 0 & 0 & 0 & 1 & 0 & 0 \\ 0 & 0 & 0 & 0 & 1 & 0 \\ 0 & 0 & 0 & 0 & 0 & 0 \end{bmatrix} \end{array} \quad (16.7.7)$$

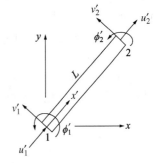

图 16.20　在局部坐标系中任意方向的框架单元(显示节点自由度)

根据式 (16.7.1) 变换任意 x-y 坐标系下的平面框架单元的整体质量矩阵 $[m]$，其中的变换矩阵 $[T]$ 由式 (5.1.10) 和一致质量矩阵式 (16.7.6) 或集中质量矩阵式 (16.7.7) 之一给出。

　　由于与时间相关的平面框架问题的直接解决方案相当长,因此在 16.9 节中只提供计算机程序解决方案。

16.7.3　平面应力/应变单元

　　平面应力、平面应变、恒应变三角形单元(参见图 16.21)的一致质量矩阵通过使用式 (6.2.18) 中的形函数获得并且将形函数矩阵代入式 (16.2.19),得到:

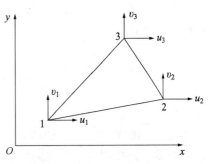

图 16.21　CST 单元的节点自由度

$$[N] = \begin{bmatrix} N_1 & 0 & N_2 & 0 & N_3 & 0 \\ 0 & N_1 & 0 & N_2 & 0 & N_3 \end{bmatrix}$$

$$[m] = \rho \int_V [N]^T [N]\, \mathrm{d}V \quad (16.7.8)$$

令 $\mathrm{d}V = t\,\mathrm{d}A$,注意 $\displaystyle\int_A N_1^2 \mathrm{d}A = \frac{1}{6}A$, $\displaystyle\int_A N_1 N_2 \mathrm{d}A = \frac{1}{12}A$,等等,得到 CST 的整体一致质量矩阵:

$$[m] = \frac{\rho t A}{12} \begin{bmatrix} 2 & 0 & 1 & 0 & 1 & 0 \\ & 2 & 0 & 1 & 0 & 1 \\ & & 2 & 0 & 1 & 0 \\ & & & 2 & 0 & 1 \\ & & & & 2 & 0 \\ \text{对称} & & & & & 2 \end{bmatrix} \quad (16.7.9)$$

　　对于第 10 章中考虑的平面应力和平面应变的等参四边形(Q4)单元,使用式 (10.2.5) 给出的形函数,将式 (10.2.4) 给出的形函数矩阵代入式 (16.7.10),从而产生四边形单元一致质量矩阵:

$$[m] = \rho t \int_{-1}^{1} \int_{-1}^{1} [N]^T [N] |[J]|\, \mathrm{d}s\, \mathrm{d}t \quad (16.7.10)$$

式 (16.7.10) 中的积分最好通过 10.4 节所述的数值积分进行计算。

16.7.4　轴对称单元

　　轴对称三角形单元(参见第 9 章和图 16.22)的一致质量矩阵如下:

$$[m] = \int_V \rho[N]^{\mathrm{T}}[N]\,\mathrm{d}V = \int_A \rho[N]^{\mathrm{T}}[N]2\pi r\,\mathrm{d}A \tag{16.7.11}$$

因为 $r = N_1 r_1 + N_2 r_2 + N_3 r_3$，所以有：

$$[m] = 2\pi\rho\int_A (N_1 r_1 + N_2 r_2 + N_3 r_3)[N]^{\mathrm{T}}[N]\,\mathrm{d}A \tag{16.7.12}$$

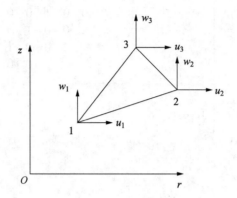

图 16.22　显示节点自由度的轴对称三角形单元

注意：

$$\int_A N_1^3\,\mathrm{d}A = \frac{2A}{20} \qquad \int_A N_1^2 N_2\,\mathrm{d}A = \frac{2A}{20}$$
$$\int_A N_1 N_2 N_3\,\mathrm{d}A = \frac{2A}{120} \qquad 等等 \tag{16.7.13}$$

得到：

$$[m] = \frac{\pi\rho A}{10}\begin{bmatrix} \frac{4}{3}r_1 + 2\bar{r} & 0 & 2\bar{r} - \frac{r_3}{3} & 0 & 2\bar{r} - \frac{r_2}{3} & 0 \\ & \frac{4}{3}r_1 + 2\bar{r} & 0 & 2\bar{r} - \frac{r_3}{3} & 0 & 2\bar{r} - \frac{r_2}{3} \\ & & \frac{4}{3}r_2 + 2\bar{r} & 0 & 2\bar{r} - \frac{r_1}{3} & 0 \\ & & & \frac{4}{3}r_2 + 2\bar{r} & 0 & 2\bar{r} - \frac{r_1}{3} \\ & & & & \frac{4}{3}r_3 + 2\bar{r} & 0 \\ 对称 & & & & & \frac{4}{3}r_3 + 2\bar{r} \end{bmatrix} \tag{16.7.14}$$

其中，

$$\bar{r} = \frac{r_1 + r_2 + r_3}{3}$$

16.7.5　四面体实体单元

最后，将式(11.2.10)定义的形函数组成的形函数矩阵式(11.2.9)代入式(16.2.19)，再进行积分就得到四面体实体单元(参见第 11 章)的一致质量矩阵：

$$[m] = \frac{\rho V}{20} \begin{bmatrix} 2 & 0 & 0 & 1 & 0 & 0 & 1 & 0 & 0 & 1 & 0 & 0 \\ & 2 & 0 & 0 & 1 & 0 & 0 & 1 & 0 & 0 & 1 & 0 \\ & & 2 & 0 & 0 & 1 & 0 & 0 & 1 & 0 & 0 & 1 \\ & & & 2 & 0 & 0 & 1 & 0 & 0 & 1 & 0 & 0 \\ & & & & 2 & 0 & 0 & 1 & 0 & 0 & 1 & 0 \\ & & & & & 2 & 0 & 0 & 1 & 0 & 0 & 1 \\ & & & & & & 2 & 0 & 0 & 1 & 0 & 0 \\ & & & & & & & 2 & 0 & 0 & 1 & 0 \\ & & & & & & & & 2 & 0 & 0 & 1 \\ & & & & & & & & & 2 & 0 & 0 \\ & & & & & & & & & & 2 & 0 \\ \text{对称} & & & & & & & & & & & 2 \end{bmatrix} \qquad (16.7.15)$$

16.8　时变传热

本节只考虑一维情况下的时变传热问题。一维情况下时变传热的基本微分方程已由方程 (13.1.7)给出，边界条件则由式(13.1.10)和式(13.1.11)给出。

将下列泛函取极小值就得到方程的有限元方程描述：

$$\pi_h = \frac{1}{2} \iiint_V \left[K_{xx} \left(\frac{\partial T}{\partial x} \right)^2 - 2(Q - c\rho \dot{T})T \right] \mathrm{d}V$$
$$- \iint_{S_2} q^* T \, \mathrm{d}S + \frac{1}{2} \iint_{S_3} h(T - T_\infty)^2 \, \mathrm{d}S \qquad (16.8.1)$$

式(16.8.1)与式(13.4.10)相似，其定义由式(13.4.11)给出，只是 Q 项现在被替换为：

$$Q - c\rho\dot{T} \qquad (16.8.2)$$

其中，c 是材料的比热，变量 T 上的点表示时间的微分。同样，13.4 节中获得的热导率或刚度矩阵的等式(13.4.22)和力矩阵项的等式(13.4.23)～式(13.4.25)在此适用。

式(16.8.2)中给出的项对之前获得的与时间无关问题的基本元素方程产生了额外的贡献，如下所示：

$$\Omega_Q = -\iiint_V T(Q - c\rho\dot{T}) \, \mathrm{d}V \qquad (16.8.3)$$

同样，温度函数由下式给出：

$$\{T\} = [N]\{t\} \qquad (16.8.4)$$

式中，$[N]$ 是式(13.4.3)或式(16.2.3)中给出的形函数矩阵。对于简单的一维单元，$\{t\}$ 是节点温度矩阵。将式(16.8.4)代入式(16.8.3)，并根据所示时间进行微分：

$$\Omega_Q = -\iiint_V ([N]\{t\}Q - c\rho[N]\{t\}[N]\{\dot{t}\}) \, \mathrm{d}V \qquad (16.8.5)$$

其中，$[N]$ 只是坐标系的函数这一事实已被考虑在内。关于节点温度，式(16.8.5)必须最小化，如下所示：

$$\frac{\partial \Omega_Q}{\partial \{t\}} = -\iiint_V [N]^\mathrm{T} Q \, \mathrm{d}V + \iiint_V c\rho[N]^\mathrm{T}[N] \, \mathrm{d}V \{\dot{t}\} \qquad (16.8.6)$$

假设 $\{t\}$ 在微分过程中相对于 $\{t\}$ 保持不变。式 (16.8.6) 产生了附加于式 (13.4.18) 的时间相关项。因此，利用刚度矩阵和力矩阵的先前定义，得到如下单元方程：

$$\{f\} = [k]\{t\} + [m]\{\dot{t}\} \tag{16.8.7}$$

其中，

$$[m] = \iiint\limits_V c\rho[N]^{\mathrm{T}}[N]\,\mathrm{d}V \tag{16.8.8}$$

对于具有恒定横截面积 A 的单元，微分体积为 $\mathrm{d}V = A\mathrm{d}x$。将一维形函数矩阵式 (13.4.3) 代入式 (16.8.8)，得到：

$$[m] = c\rho A \int_0^L \begin{Bmatrix} 1 - \dfrac{x}{L} \\ \dfrac{x}{L} \end{Bmatrix} \begin{bmatrix} 1 - \dfrac{x}{L} & \dfrac{x}{L} \end{bmatrix} \mathrm{d}x$$

或

$$[m] = \frac{c\rho AL}{6} \begin{bmatrix} 2 & 1 \\ 1 & 2 \end{bmatrix} \tag{16.8.9}$$

方程 (16.8.9) 类似于一致质量矩阵方程 (16.2.23)。之后给出传热问题的集中质量矩阵：

$$[m] = \frac{c\rho AL}{2} \begin{bmatrix} 1 & 0 \\ 0 & 1 \end{bmatrix} \tag{16.8.10}$$

类似于一维应力单元的式 (16.2.12)。

依赖时间的传热问题现在可以用类似于应力分析问题的方式来解决，并提出了数值时间积分方案。

16.8.1 数值时间积分

这里阐述的数值积分法与用于结构动力学分析的纽马克法类似，可用于求解时变传热问题或瞬态传热问题。

首先假设两个温度状态，t_i 时刻的 $\{T_i\}$ 态和 t_{i+1} 时刻的 $\{T_{i+1}\}$ 态，它们之间的关系为：

$$\{T_{i+1}\} = \{T_i\} + [(1-\beta)\{\dot{T}_i\} + \beta\{\dot{T}_{i+1}\}](\Delta t) \tag{16.8.11}$$

式 (16.8.11) 称为广义梯形法则。与纽马克的结构动力学二阶方程数值时间积分方法相似，式 (16.8.11) 包含了一个由使用者选择的参数 β。

下一步，将式 (16.8.7) 以整体形式表示为：

$$\{F\} = [K]\{T\} + [M]\{\dot{T}\} \tag{16.8.12}$$

现在写出 t_i 时刻的等式 (16.8.12)，然后写出 t_{i+1} 时刻的等式 (16.8.12)。之后将这两个方程中的第一个乘以 $1-\beta$，第二个乘以 β，得到：

$$(1-\beta)([K]\{T_i\} + [M]\{\dot{T}_i\}) = (1-\beta)\{F_i\} \tag{16.8.13a}$$

$$\beta([K]\{T_{i+1}\} + [M]\{\dot{T}_{i+1}\}) = \beta\{F_{i+1}\} \tag{16.8.13b}$$

接下来将式 (16.8.13a) 和式 (16.8.13b) 相加获得：

$$\begin{aligned} [M][(1-\beta)\{\dot{T}_i\} + \beta\{\dot{T}_{i+1}\}] + [K][(1-\beta)\{T_i\} + \beta\{T_{i+1}\}] \\ = (1-\beta)\{F_i\} + \beta\{F_{i+1}\} \end{aligned} \tag{16.8.14}$$

现在，使用式 (16.8.11)，可以从式 (16.8.14) 中去掉时间导数项，得到：

$$\frac{[M](\{T_{i+1}\} - \{T_i\})}{\Delta t} + [K][(1 - \beta)\{T_i\} + \beta\{T_{i+1}\}] = (1 - \beta)\{F_i\} + \beta\{F_{i+1}\} \quad (16.8.15)$$

重写式(16.8.15)，将左边的$\{T_{i+1}\}$项提出，得到：

$$\left(\frac{1}{\Delta t}[M] + \beta[K]\right)\{T_{i+1}\}$$
$$= \left[\frac{1}{\Delta t}[M] - (1 - \beta)[K]\right]\{T_i\} + (1 - \beta)\{F_i\} + \beta\{F_{i+1}\} \quad (16.8.16)$$

现在开始求解$[T]$的时间积分：给定$t = 0$时的已知初始温度$\{T_0\}$和时间步长Δt，求解式(16.8.16)在$t = \Delta t$时的$\{T_1\}$。然后，使用$\{T_1\}$，求在$t = 2(\Delta t)$时的$\{T_2\}$，以此类推。对于常数Δt，$\{T_{i+1}\}$的左侧系数只需计算一次(假设$[M]$和$[K]$不随时间变化)。矩阵方程(16.8.16)可以用通常的方法求解，例如采用高斯消元法。对于一维传热分析，单元$[k]$由式(13.4.22)和式(13.4.28)给出，而$\{f\}$由式(13.4.26)和式(13.4.29)给出。

结果表明，根据β的值，时间步长Δt可能有一个数值分析稳定的上限。如果$\beta < \frac{1}{2}$，则参考文献[12]中所示的稳定性的最大Δt为：

$$\Delta t = \frac{2}{(1 - 2\beta)\lambda_{\max}} \quad (16.8.17)$$

其中，$\lambda_{\max}$是下式的最大特征值：

$$([K] - \lambda[M])\{T'\} = 0 \quad (16.8.18)$$

其中，像式(16.4.2)一样，有：

$$\{T(t)\} = \{T'\}e^{i\lambda t} \quad (16.8.19)$$

其中$\{T'\}$代表自然模态。如果$\beta \geqslant \frac{1}{2}$，则数值分析是无条件稳定的。也就是说，当$\Delta t$大于式(16.8.17)给出的值时，或者当$\Delta t$变得无限大时，可以保证解的稳定性(但不是精度)。各种数值积分方法的结果取决于具体的β值：

$\beta = 0$：前向差分或欧拉插分[3]，称为条件稳定的[即为了获得稳定解，Δt必须不大于式(16.8.17)给出的值]。

$\beta = \frac{1}{2}$：克兰克-尼科尔森或梯形法则，它是无条件稳定的。

$\beta = \frac{2}{3}$：伽辽金残余法，它是无条件稳定的。

$\beta = 1$：后向差分，它是无条件稳定。

如果$\beta = 0$，则数值积分方法称为显式的。也就是说，可以在Δt时刻直接求解$\{T_{i+1}\}$，只需知道先前$t = \{T_i\}$时的信息。如果$\beta > 0$，则数值积分方法称为隐式的。如果存在对角质量类型矩阵$[M]$和$\beta = 0$，则每个时间步的计算工作量很小(见例16.4，其中使用了集中质量矩阵)，但Δt必须如此。$\beta > \frac{1}{2}$被经常采用。然而，如果存在$\beta = \frac{1}{2}$和尖锐的瞬变，该方法会在解中产生虚假振荡。使用$\beta > \frac{1}{2}$和较小的Δt[12]可能更好。例16.7说明了使用数值时间积分方案[式(16.8.16)]求解一维时间相关传热问题的方法。

例 16.7　圆形散热片（见图 16.23）由纯铜制成，导热系数 $K_{xx} = 400\,\text{W/(m·℃)}$，$h = 150\,\text{W/(m}^2 \cdot \text{℃})$，质量密度 $\rho = 8900\,\text{kg/m}^3$，比热 $c = 375\,\text{J/(kg·℃)}$。散热片的初始温度为 25℃。散热片长 2 cm，直径 0.4 cm，右端是绝热的。之后，散热片的底部突然升高到 85℃的温度，并保持在该温度。使用容量矩阵的一致形式，时间步长为 0.1 s，$\beta = \dfrac{2}{3}$。使用两个长度相等的单元。求到达 3 s 时的温度分布。

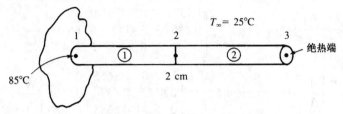

图 16.23　温度随时间变化的杆

解　使用式(13.4.22)，刚度矩阵为：

$$[k^{(1)}] = [k^{(2)}] = \frac{AK_{xx}}{L}\begin{bmatrix} 1 & -1 \\ -1 & 1 \end{bmatrix} + \frac{hPL}{6}\begin{bmatrix} 2 & 1 \\ 1 & 2 \end{bmatrix} \tag{16.8.20}$$

$$[k^{(1)}] = [k^{(2)}] = \frac{\pi(0.004)^2(400)}{4\,(0.01)}\begin{bmatrix} 1 & -1 \\ -1 & 1 \end{bmatrix} + \frac{150(2\pi)(0.002)(0.01)}{6}\begin{bmatrix} 2 & 1 \\ 1 & 2 \end{bmatrix}$$

组合单元刚度矩阵[参见式(16.8.20)]，得到整体刚度矩阵：

$$[K] = \begin{bmatrix} 0.508\,94 & -0.499\,51 & 0 \\ -0.499\,51 & 1.017\,88 & -0.499\,51 \\ 0 & -0.499\,51 & 0.508\,94 \end{bmatrix}\frac{\text{W}}{\text{℃}} \tag{16.8.21}$$

使用式(13.4.25)，得到每个元素力矩阵：

$$\{f_h^{(1)}\} = \{f_h^{(2)}\} = \frac{hT_\infty PL}{2}\begin{Bmatrix} 1 \\ 1 \end{Bmatrix} = \frac{(150)(25\,\text{℃})(2\pi)(0.002)(0.01)}{2}\begin{Bmatrix} 1 \\ 1 \end{Bmatrix} \tag{16.8.22}$$

$$\{f_h^{(1)}\} = \{f_h^{(2)}\} = \begin{Bmatrix} 0.235\,61 \\ 0.235\,61 \end{Bmatrix}$$

使用式(16.8.22)，得到组合的整体力矩阵：

$$\{F\} = \begin{Bmatrix} 0.235\,61 \\ 0.471\,22 \\ 0.235\,61 \end{Bmatrix}\text{W} \tag{16.8.23}$$

接下来使用式(16.8.9)，得到每个单元的质量(容量)矩阵为：

$$[m] = \frac{c\rho AL}{6}\begin{bmatrix} 2 & 1 \\ 1 & 2 \end{bmatrix}$$

$$[m^{(1)}] = [m^{(2)}] = \frac{(375)(8900)\dfrac{\pi(0.004)^2}{4}(0.01)}{6}\begin{bmatrix} 2 & 1 \\ 1 & 2 \end{bmatrix} \tag{16.8.24}$$

$$= 0.069\,90\begin{bmatrix} 2 & 1 \\ 1 & 2 \end{bmatrix}\text{W·s/℃}$$

使用式(16.8.24), 得到组合的容量矩阵:

$$[M] = \begin{bmatrix} 0.139\,80 & 0.069\,90 & 0 \\ 0.069\,90 & 0.279\,60 & 0.069\,90 \\ 0 & 0.069\,90 & 0.139\,80 \end{bmatrix} \frac{\text{W}\cdot\text{s}}{^\circ\text{C}} \qquad (16.8.25)$$

使用式(16.8.16)、式(16.8.21)和式(16.8.25), 得到:

$$\left(\frac{1}{\Delta t}[M] + \beta[K]\right) = \begin{bmatrix} 1.7374 & 0.366\,03 & 0 \\ 0.366\,03 & 3.4747 & 0.366\,03 \\ 0 & 0.366\,03 & 1.7374 \end{bmatrix} \frac{\text{W}}{^\circ\text{C}} \qquad (16.8.26)$$

和

$$\left[\frac{1}{\Delta t}[M] - (1-\beta)[K]\right] = \begin{bmatrix} 1.2280 & 0.8655 & 0 \\ 0.8655 & 2.457 & 0.8655 \\ 0 & 0.8655 & 1.2280 \end{bmatrix} \frac{\text{W}}{^\circ\text{C}} \qquad (16.8.27)$$

其中, $\beta = \dfrac{2}{3}$ 和 $\Delta t = 0.1\,\text{s}$ 用于获得式(16.8.26)和式(16.8.27)。对于第一个时间步, $t = 0.1\,\text{s}$, 在式(16.8.16)中使用式(16.8.23)、式(16.8.27)和式(16.8.26)得到:

$$\begin{bmatrix} 1.7374 & 0.366\,03 & 0 \\ 0.366\,03 & 3.4747 & 0.366\,03 \\ 0 & 0.366\,03 & 1.7374 \end{bmatrix} \begin{Bmatrix} 85^\circ\text{C} \\ t_2 \\ t_3 \end{Bmatrix}$$

$$= \begin{bmatrix} 1.2280 & 0.8655 & 0 \\ 0.8655 & 2.457 & 0.8655 \\ 0 & 0.8655 & 1.2280 \end{bmatrix} \begin{Bmatrix} 25^\circ\text{C} \\ 25^\circ\text{C} \\ 25^\circ\text{C} \end{Bmatrix} + \begin{Bmatrix} 0.235\,61 \\ 0.471\,22 \\ 0.235\,61 \end{Bmatrix} \qquad (16.8.28)$$

在式(16.8.28)中应注意到, 因为所有时间的 $\{F_i\} = \{F_{i+1}\}$, 所以所有时间项的总和是 $(1-\beta)\{F_i\} + \beta\{F_{i+1}\} = \{F_i\}$。这是式(16.8.28)右侧的列矩阵。我们现在以通常的方式求解方程(16.8.28), 将方程(16.8.28)的第二个和第三个方程从第一个方程中分割出来, 同时求解 t_2 和 t_3 的第二个和第三个方程。

结果是:

$$t_2 = 18.534^\circ\text{C} \qquad t_3 = 26.371^\circ\text{C}$$

在 $t = 0.2\,\text{s}$ 时, 式(16.8.28)变为:

$$\begin{bmatrix} 1.7374 & 0.366\,03 & 0 \\ 0.366\,03 & 3.4747 & 0.366\,03 \\ 0 & 0.366\,03 & 1.7374 \end{bmatrix} \begin{Bmatrix} 85^\circ\text{C} \\ t_2 \\ t_3 \end{Bmatrix}$$

$$= \begin{bmatrix} 1.2280 & 0.8655 & 0 \\ 0.8655 & 2.457 & 0.8655 \\ 0 & 0.8655 & 1.2280 \end{bmatrix} \begin{Bmatrix} 85^\circ\text{C} \\ 18.534^\circ\text{C} \\ 26.371^\circ\text{C} \end{Bmatrix} + \begin{Bmatrix} 0.235\,61 \\ 0.471\,22 \\ 0.235\,61 \end{Bmatrix} \qquad (16.8.29)$$

求解式(16.8.29), 得到:

$$t_2 = 29.732^\circ\text{C} \qquad t_3 = 21.752^\circ\text{C}$$

表 16.4 列出了经过 3 s 的结果，并在图 16.24 中绘出。

表 16.4　例 16.7 在不同时间的节点温度

时间（s）	节点温度（℃）		
	1	2	3
0.1	85	18.534	26.371
0.2	85	29.732	21.752
0.3	85	36.404	22.662
0.4	85	41.032	25.655
0.5	85	44.665	29.312
0.6	85	47.749	33.059
0.7	85	50.482	36.669
0.8	85	52.956	40.062
0.9	85	55.218	43.218
1.0	85	57.296	46.139
1.1	85	59.208	48.837
1.2	85	60.969	51.327
1.3	85	62.593	53.623
1.4	85	64.089	55.741
1.5	85	65.469	57.693
1.6	85	66.742	59.493
1.7	85	67.915	61.152
1.8	85	68.996	62.683
1.9	85	69.993	64.094
2.0	85	70.912	65.395
2.1	85	71.760	66.594
2.2	85	72.542	67.700
2.3	85	73.262	68.720
2.4	85	73.926	69.660
2.5	85	74.539	70.527
2.6	85	75.104	71.326
2.7	85	75.624	72.063
2.8	85	76.104	72.742
2.9	85	76.547	73.368
3.0	85	76.955	73.946

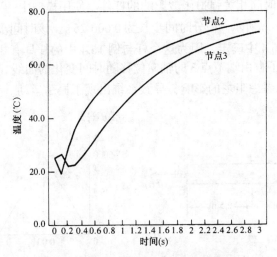

图 16.24　例 16.7 中节点 2 和节点 3 的温度函数随时间的变化

16.9　结构动力学的计算机程序

在这一节中，给出了一些计算机程序的结构动力学结果。在 Autodesk[15]中使用平面应力单元给出了固定梁的固有频率结果，并比较了需要多少此类单元才能获得正确的结果。此外还给出了三个结构动力学问题(一个杆、一个梁和一个框架受到时变载荷时)的结果。

最后，展示了另外两个模型，一个是由梁单元构成并承受冲击载荷的时变三维门式起重机，另一个是沿起重机梁底移动的驾驶室框架。

图 16.25 展示了使用平面应力单元确定固有频率时使用的固定钢梁。表 16.5 显示了使用 100 个单元、之后使用 1000 个单元的前五个固有频率的结果。通过与梁理论的解析解进行比较，我们观察到，精确预测固有频率需要大量的平面应力单元，而精确预测固有频率只需要少量的梁单元(参见例 16.6 和表 16.3)。

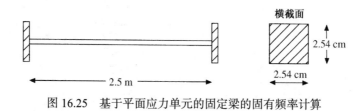

图 16.25　基于平面应力单元的固定梁的固有频率计算

表 16.5　前五个频率使用 100 个和 1000 个单元的结果和精确解

ω(rad/s)	解析解	100 个单元	1000 个单元
1	130.8	130.7	130.6
2	360.8	359.8	359.7
3	707.3	704.7	704.1
4	1169.2	1163.3	1161.6
5	1746.6	1734.5	1731.0

图 16.26 显示了受时间相关强迫函数影响的杆件。使用模型中的两个单元，节点 2 和节点 3 的节点位移如表 16.6 所示。积分时间步长为 0.000 25 s 。该时间步长基于式(16.5.1)建议的时间步长，并在例 16.4 中确定，因为这个杆与例 16.4 中的杆具有相同的特性。

在图 16.27 中展示了自由端节点 3 的轴向位移随时间变化的曲线，时长最长达到了 0.01 s。需要注意的是，由于未考虑阻尼的影响，导致系统出现了振荡运动。

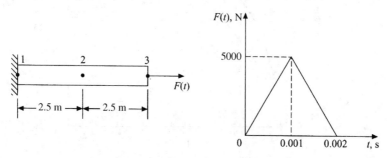

图 16.26　受所示强制作用的杆

表 16.6 图 16.26 中节点 2 和节点 3 的位移时程

| | *节点编号* – （构件编号） | |
时间	2–(1)	3–(1)
0.00025	8.496E–09	1.142E–05
0.00050	8.835E–06	8.645E–05
0.00075	4.105E–05	2.630E–04
0.00100	1.232E–04	5.390E–04
0.00125	2.752E–04	8.539E–04
0.00150	4.897E–04	1.104E–03
0.00175	7.177E–04	1.213E–03
0.00200	8.788E–04	1.163E–03
0.00225	8.938E–04	9.933E–04
0.00250	7.260E–04	7.584E–04
0.00275	4.039E–04	4.834E–04
0.00300	1.121E–05	1.565E–04
0.00325	–3.519E–04	–2.343E–04
0.00350	–6.120E–04	–6.603E–04
0.00375	–7.454E–04	–1.039E–03
0.00400	–7.699E–04	–1.263E–03
0.00425	–7.166E–04	–1.251E–03
0.00450	–6.029E–04	–9.932E–04
0.00475	–4.248E–04	–5.568E–04
0.00500	–1.736E–04	–5.643E–05
0.00525	1.393E–04	3.981E–04
0.00550	4.675E–04	7.408E–04
0.00575	7.382E–04	9.565E–04
0.00600	8.807E–04	1.058E–03
0.00625	8.577E–04	1.055E–03
0.00650	6.808E–04	9.370E–04
0.00675	4.025E–04	6.851E–04
0.00700	8.987E–04	3.000E–04
0.00725	–2.025E–04	–1.737E–04
0.00750	–4.448E–04	–6.477E–04
0.00775	–6.270E–04	–1.017E–03
0.00800	–7.423E–04	–1.199E–03
0.00825	–7.759E–04	–1.166E–03
0.00850	–7.066E–04	–9.468E–04
0.00875	–5.221E–04	–6.060E–04
0.00900	–2.361E–04	–2.136E–04
0.00925	1.052E–04	1.782E–04
0.00950	4.335E–04	5.375E–04
0.00975	6.815E–04	8.389E–04
0.01000	8.051E–04	1.050E–03
最大绝对值		
最大值	8.938E–04	1.263E–03
时间	2.250E–03	4.000E–03

表 16.6 列出了 0.00425 s 时的最大绝对位移 0.1942 mm 。为了便于比较，取最大静挠度为

$$\delta = PL/AE = (5000 \text{ N})(5 \text{ m}) / (6.45 \times 10^{-4} \times 210 \times 10^{9}) = 0.1857 \text{ mm} 。$$

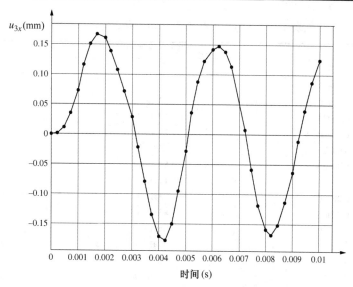

图 16.27　图 16.26 中杆件的节点 3 的位移与时间的关系

图 16.28 所示为受力作用的固定梁。这里横梁的参数为：$E = 45\,\text{GPa}$，$I = 41 \times 10^{-6}\,\text{m}^4$，质量密度为 $1065 \times 10^3\,\text{kg/m}^3$，积分时间步长为 0.001 s。固有频率如表 16.7 所示。

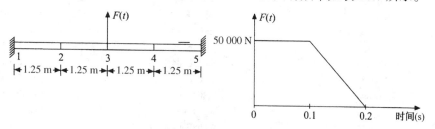

图 16.28　受力作用的固定梁

表 16.7 列出了固定梁的前 6 个固有频率。固有频率 1、2、3 和 6 为弯曲模态，而模态 5 为轴向模态。这些模态可以通过频率分析中的模态来观察。图 16.29 显示了中心节点 3 的无阻尼响应以及随后描述的阻尼响应。荷载作用下(节点 3 处)的最大位移与参考文献[14]中的解进行了比较。该最大位移位于节点 3 处,时间为 0.086 s,

表 16.7　固有频率和位移时程(图 16.28 的节点 2 和节点 3)

固有频率(节点编号)	6 个圆周频率　(rad/s)
1	3.9139E+01
2	1.0398E+01
3	1.3267E+02
4	1.7093E+02
5	2.4514E+02
6	3.2029E+02

值为 31 mm。由 $y = PL^3/192EI$ 的经典解得到的跨中集中荷载作用下梁的静挠度为 15.9 mm。无阻尼时变响应在载荷消除后约为零挠度振荡,而阻尼响应则以接近零挠度的阻尼方式振荡。

在固定梁中使用 0.002 s 的时间步长,因为它符合 16.3 节中建议的时间步长。也就是说,建议使用 $\Delta t < T_n/10 \sim T_n/20$,从而为 Autodesk 程序中使用的威尔逊直接积分方案提供准确的结果。根据频率分析(参见表 16.7),循环频率为 $\omega_4 = 170.9$ 或固有频率为 $f_4 = \omega_4 = 27.2$ 圈 / s 或赫兹(Hz)。现在使用 $\Delta t = T_n/20 = 1/(20f_4) = 1/[20(27.2)] = 0.002\,\text{s}$。因此,$\Delta t = 0.002\,\text{s}$ 是

可以接受的。使用大于 $T_n/10$ 的时间步长可能会导致精度损失，因为可能会遗漏一些对于解决方案而言更好的模态响应贡献。通常使用截止周期或频率来确定分析中使用的最大固有频率。在多数应用中，只有少量较低的模态频率对响应具有显著影响。因此不需要应用更高的模态频率。分析中使用的最高频率称为截止频率。对于机械零件，截止频率通常高达 250 Hz。在固定横梁中，选择了一个截止频率 $f_6 = 31.44$ Hz 来确定积分的时间步长。该频率是为 4 单元梁模型计算的最高弯曲模态频率。

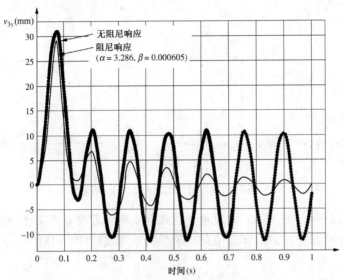

图 16.29　图 16.28 的固定梁中心节点 3 的无阻尼和阻尼响应

16.9.1　阻尼

在固定梁的例子中考虑了阻尼。计算机程序（如 Autodesk 和 ANSYS）允许在直接积分法中使用瑞利（Rayleigh）阻尼来考虑阻尼。对于瑞利阻尼，阻尼矩阵为：

$$[C] = \alpha[M] + \beta[K] \tag{16.9.1}$$

其中，常数 α 和 β 由系统方程计算得出：

$$\alpha + \beta\omega_i^2 = 2\omega_i\zeta_i \tag{16.9.2}$$

其中，ω_i 是通过模态分析获得的圆形固有频率，ζ_i 是使用者指定的阻尼比。例如，假设指定阻尼比 ζ_1 和 ζ_2，由式（16.9.2），可以证明 α 和 β 是

$$\alpha = \frac{2\omega_1\omega_2}{\omega_2^2 - \omega_1^2}(\omega_2\zeta_1 - \omega_1\zeta_2) \qquad \beta = \frac{2}{\omega_2^2 - \omega_1^2}(\omega_2\zeta_2 - \omega_1\zeta_1) \tag{16.9.3}$$

对于 $\beta = 0$，$[C] = \alpha[M]$ 和更高的模态只有轻微的阻尼，而对于 $\alpha = 0$，$[C] = \beta[K]$ 和更高的模态具有大量的阻尼。为了得到 α 和 β，必须首先运行模态分析程序来获得频率。例如，在固定波束中，前两个不同的频率是 $\omega_1 = 45.23$ rad / s 和 $\omega_3 = 120.16$ rad / s（ω_2 与 ω_3 相同，因此使用 ω_3）。现在假设阻尼很小（$\zeta \leqslant 0.05$）。因此，令 $\zeta_1 = \zeta_2 = 0.05$。在式（16.9.3）中代入这些 ω 项和 ζ 项，得到 $\alpha = 3.286$ 和 $\beta = 0.000\ 605$。这些值用于固定梁阻尼响应中的 α 和 β，包括 5% 的阻尼（$\zeta = 0.05$）。

图 16.30（a）所示为平面框架，由六个刚性连接的棱柱构件组成，分别在接头 6 和 4 的 x 方

向上施加动力 $F(t)$ 和 $2F(t)$。 $F(t)$ 的时间变化如图 16.30(b)所示。计算结果适用于横截面积为 $0.019\,35\,m^2$、转动惯量为 $0.4162\times10^{-3}\,m^4$、$L=1.25\,m$ 和 $F_1=50\,000\,N$ 的钢。图 16.31 显示了 $0.035\,s$ 时最严重应力的位移框架。节点 6 在 $0.035\,s$ 时间内的最大 x 位移为 $3.94\,mm$。经比较，该值与参考文献[16]中的解接近。

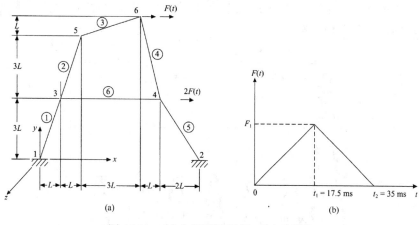

图 16.30　(a)六杆平面框架；(b)动荷载

最后，图 16.32(a)和图 16.33(a)显示了门式起重机和驾驶室框架在动态荷载作用下的模型。有关这些设计的解决方案的详细信息，请参阅参考文献[17~18]。

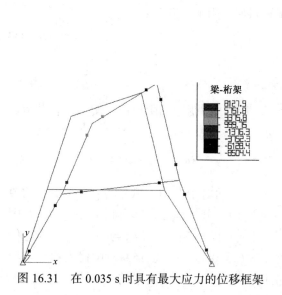

图 16.31　在 $0.035\,s$ 时具有最大应力的位移框架

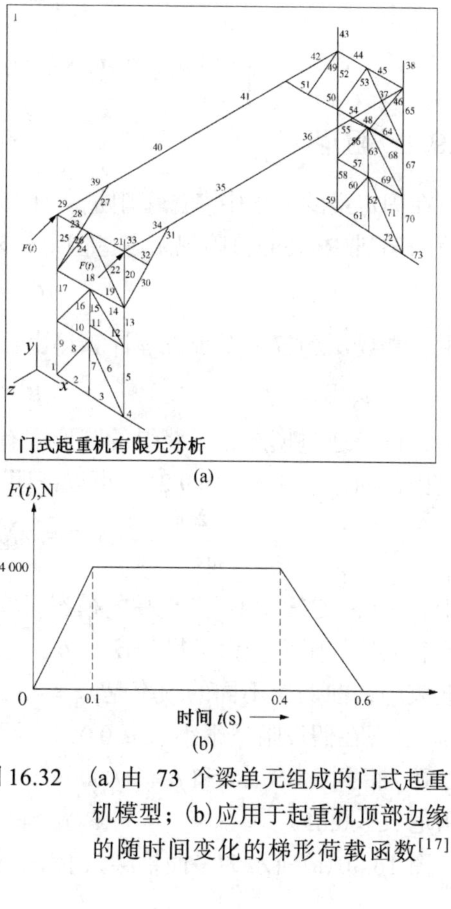

图 16.32　(a)由 73 个梁单元组成的门式起重机模型；(b)应用于起重机顶部边缘的随时间变化的梯形荷载函数[17]

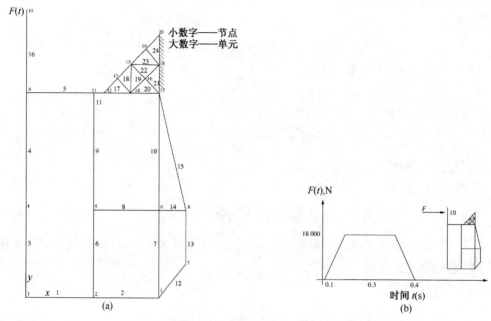

图 16.33　(a)驾驶室的有限元模型,包括 8 个板单元(右上部的三角形单元)
和 15 个梁单元；(b)作用于节点 10 的时间相关梯形荷载函数[18]

方程小结

弹簧-质量系统的运动方程：

$$m\ddot{x} + kx = F(t) \tag{16.1.2}$$

固有圆频率：

$$\omega^2 = \frac{k}{m} \tag{16.1.3}$$

振动周期：

$$\tau = \frac{2\pi}{\omega} \tag{16.1.5}$$

杆的刚度矩阵：

$$[k] = \frac{AE}{L}\begin{matrix} u_1 & u_2 \\ \begin{bmatrix} 1 & -1 \\ -1 & 1 \end{bmatrix} \end{matrix} \tag{16.2.11}$$

杆的集中质量矩阵：

$$[m] = \frac{\rho AL}{2}\begin{matrix} u_1 & u_2 \\ \begin{bmatrix} 1 & 0 \\ 0 & 1 \end{bmatrix} \end{matrix} \tag{16.2.12}$$

杆的一致质量矩阵：

$$[m] = \frac{\rho AL}{6}\begin{bmatrix} 2 & 1 \\ 1 & 2 \end{bmatrix} \tag{16.2.23}$$

整体运动方程：

$$\{F(t)\} = [K]\{d\} + [M]\{\ddot{d}\} \tag{16.2.24}$$

速度和加速度的中心差分数值积分方程：

$$\{\dot{d}_i\} = \frac{\{d_{i+1}\} - \{d_{i-1}\}}{2\Delta t} \tag{16.3.1}$$

$$\{\ddot{d}_i\} = \frac{\{\dot{d}_{i+1}\} - \{\dot{d}_{i-1}\}}{2\Delta t} \tag{16.3.2}$$

有关中心差分法的流程图，请参见图 16.6。

纽马克数值积分方程：

$$\{\dot{d}_{i+1}\} = \{\dot{d}_i\} + (\Delta t)[(1 - \gamma)\{\ddot{d}_i\} + \gamma\{\ddot{d}_{i+1}\}] \tag{16.3.9}$$

$$\{d_{i+1}\} = \{d_i\} + (\Delta t)\{\dot{d}_i\} + (\Delta t)^2[(\tfrac{1}{2} - \beta)\{\ddot{d}_i\} + \beta\{\ddot{d}_{i+1}\}] \tag{16.3.10}$$

纽马克法的流程图见图 16.8。

威尔逊数值积分方程：

$$\{\dot{d}_{i+1}\} = \{\dot{d}_i\} + \frac{\Theta\Delta t}{2}(\{\ddot{d}_{i+1}\} + \{\ddot{d}_i\}) \tag{16.3.15}$$

$$\{d_{i+1}\} = \{d_i\} + \Theta\Delta t\{\dot{d}_i\} + \frac{\Theta^2(\Delta t)^2}{6}(\{\ddot{d}_{i+1}\} + 2\{\ddot{d}_i\}) \tag{16.3.16}$$

确定固有频率的行列式：

$$|[K] - \omega^2 M| = 0 \tag{16.4.7}$$

推荐的使用中心差分法的时间步长：

$$\Delta t \leqslant \frac{3}{4}\left(\frac{2}{\omega_{\max}}\right) \tag{16.5.1}$$

梁单元集中质量矩阵：

$$[m] = \frac{\rho AL}{2} \begin{matrix} v_1 & \phi_1 & v_2 & \phi_2 \\ \begin{bmatrix} 1 & 0 & 0 & 0 \\ 0 & 0 & 0 & 0 \\ 0 & 0 & 1 & 0 \\ 0 & 0 & 0 & 0 \end{bmatrix} \end{matrix} \tag{16.6.1}$$

梁单元一致质量矩阵：

$$[m] = \frac{\rho AL}{420} \begin{matrix} v_1 \qquad\quad \phi_1 \qquad\quad v_2 \qquad\quad \phi_2 \\ \begin{bmatrix} 156 & 22L & 54 & -13L \\ 22L & 4L^2 & 13L & -3L^2 \\ 54 & 13L & 156 & -22L \\ -13L & -3L^2 & -22L & 4L^2 \end{bmatrix} \end{matrix} \tag{16.6.5}$$

基于经典梁理论解的梁的一阶固有频率：

固定-固定梁：

$$\omega = \frac{5.59}{L^2}\left(\frac{EI}{A\rho}\right)^{1/2} \tag{16.6.9}$$

固定-自由梁：

$$\omega = \frac{3.516}{L^2}\left(\frac{EI}{A\rho}\right)^{1/2} \tag{16.6.20}$$

桁架单元一致质量矩阵：

$$[m'] = \frac{\rho AL}{6}\begin{matrix} u_1' & v_1' & u_2' & v_2' \end{matrix}\begin{bmatrix} 2 & 0 & 1 & 0 \\ 0 & 2 & 0 & 1 \\ 1 & 0 & 2 & 0 \\ 0 & 1 & 0 & 2 \end{bmatrix} \tag{16.7.4}$$

桁架单元集中质量矩阵：

$$[m'] = \frac{\rho AL}{2}\begin{matrix} u_1' & v_1' & u_2' & v_2' \end{matrix}\begin{bmatrix} 1 & 0 & 0 & 0 \\ 0 & 1 & 0 & 0 \\ 0 & 0 & 1 & 0 \\ 0 & 0 & 0 & 1 \end{bmatrix} \tag{16.7.5}$$

平面框架一致单元质量矩阵：

$$[m'] = \rho AL\begin{matrix} u_1' & v_1' & \phi_1' & u_2' & v_2' & \phi_2' \end{matrix}\begin{bmatrix} 2/6 & 0 & 0 & 1/6 & 0 & 0 \\ & 156/420 & 22L/420 & 0 & 54/420 & -13L/420 \\ & & 4L^2/420 & 0 & 13L/420 & -3L^2/420 \\ & & & 2/6 & 0 & 0 \\ & & & & 156/420 & -22L/420 \\ \text{对称} & & & & & 4L^2/420 \end{bmatrix} \tag{16.7.6}$$

平面框架集中质量矩阵：

$$[m'] = \frac{\rho AL}{2}\begin{matrix} u_1' & v_1' & \phi_1' & u_2' & v_2' & \phi_2' \end{matrix}\begin{bmatrix} 1 & 0 & 0 & 0 & 0 & 0 \\ 0 & 1 & 0 & 0 & 0 & 0 \\ 0 & 0 & 0 & 0 & 0 & 0 \\ 0 & 0 & 0 & 1 & 0 & 0 \\ 0 & 0 & 0 & 0 & 1 & 0 \\ 0 & 0 & 0 & 0 & 0 & 0 \end{bmatrix} \tag{16.7.7}$$

恒应变三角形一致质量矩阵：

$$[m] = \frac{\rho tA}{12}\begin{matrix} u_1 & v_1 & u_2 & v_2 & u_3 & v_3 \end{matrix}\begin{bmatrix} 2 & 0 & 1 & 0 & 1 & 0 \\ & 2 & 0 & 1 & 0 & 1 \\ & & 2 & 0 & 1 & 0 \\ & & & 2 & 0 & 1 \\ & & & & 2 & 0 \\ \text{对称} & & & & & 2 \end{bmatrix} \tag{16.7.9}$$

轴对称单元一致质量矩阵：

$$[m] = \frac{\pi\rho A}{10} \begin{bmatrix} \frac{4}{3}r_1 + 2\bar{r} & 0 & 2\bar{r} - \frac{r_3}{3} & 0 & 2\bar{r} - \frac{r_2}{3} & 0 \\ & \frac{4}{3}r_1 + 2\bar{r} & 0 & 2\bar{r} - \frac{r_3}{3} & 0 & 2\bar{r} - \frac{r_2}{3} \\ & & \frac{4}{3}r_2 + 2\bar{r} & 0 & 2\bar{r} - \frac{r_1}{3} & 0 \\ & & & \frac{4}{3}r_2 + 2\bar{r} & 0 & 2\bar{r} - \frac{r_1}{3} \\ & & & & \frac{4}{3}r_3 + 2\bar{r} & 0 \\ \text{对称} & & & & & \frac{4}{3}r_3 + 2\bar{r} \end{bmatrix} \quad (16.7.14)$$

其中，

$$\bar{r} = \frac{r_1 + r_2 + r_3}{3}$$

四面体实体单元一致质量矩阵：

$$[m] = \frac{\rho V}{20} \begin{bmatrix} 2 & 0 & 0 & 1 & 0 & 0 & 1 & 0 & 0 & 1 & 0 & 0 \\ & 2 & 0 & 0 & 1 & 0 & 0 & 1 & 0 & 0 & 1 & 0 \\ & & 2 & 0 & 0 & 1 & 0 & 0 & 1 & 0 & 0 & 1 \\ & & & 2 & 0 & 0 & 1 & 0 & 0 & 1 & 0 & 0 \\ & & & & 2 & 0 & 0 & 1 & 0 & 0 & 1 & 0 \\ & & & & & 2 & 0 & 0 & 1 & 0 & 0 & 1 \\ & & & & & & 2 & 0 & 0 & 1 & 0 & 0 \\ & & & & & & & 2 & 0 & 0 & 1 & 0 \\ & & & & & & & & 2 & 0 & 0 & 1 \\ & & & & & & & & & 2 & 0 & 0 \\ & & & & & & & & & & 2 & 0 \\ \text{对称} & & & & & & & & & & & 2 \end{bmatrix} \quad (16.7.15)$$

传热用一维杆单元一致质量矩阵：

$$[m] = \frac{c\rho AL}{6} \begin{bmatrix} 2 & 1 \\ 1 & 2 \end{bmatrix} \quad (16.8.9)$$

传热用一维杆集中质量矩阵：

$$[m] = \frac{c\rho AL}{2} \begin{bmatrix} 1 & 0 \\ 0 & 1 \end{bmatrix} \quad (16.8.10)$$

时变传热方程的整体形式：

$$\{F\} = [K]\{T\} + [M][\dot{T}] \quad (16.8.12)$$

传热问题数值分析稳定的上限时间步长：

$$\Delta t = \frac{2}{(1 - 2\beta)\lambda_{\max}} \quad (16.8.17)$$

参考文献

[1] Thompson, W. T., and Dahleh, M. D., *Theory of Vibrations with Applications*, 5th ed., Prentice Hall, Englewood Cliffs, NJ, 1998.

[2] Archer, J. S., "Consistent Matrix Formulations for Structural Analysis Using Finite Element Techniques," *Journal of the American Institute of Aeronautics and Astronautics*, Vol. 3, No. 10, pp. 1910–1918, 1965.

[3] James, M. L., Smith, G. M., and Wolford, J. C., *Applied Numerical Methods for Digital Computation*, 3rd ed., Harper & Row, New York, 1985.

[4] Biggs, J. M., *Introduction to Structural Dynamics*, McGraw-Hill, New York, 1964.

[5] Newmark, N. M., "A Method of Computation for Structural Dynamics," *Journal of the Engineering Mechanics Division*, American Society of Civil Engineers, Vol. 85, No. EM3, pp. 67–94, 1959.

[6] Clark, S. K., *Dynamics of Continuous Elements*, Prentice Hall, Englewood Cliffs, NJ, 1972.

[7] Bathe, K. J., *Finite Element Procedures in Engineering Analysis*, Prentice Hall, Englewood Cliffs, NJ, 1982.

[8] Bathe, K. J., and Wilson, E. L., *Numerical Methods in Finite Element Analysis*, Prentice Hall, Englewood Cliffs, NJ, 1976.

[9] Fujii, H., "Finite Element Schemes: Stability and Convergence," *Advances in Computational Methods in Structural Mechanics and Design*, J. T. Oden, R. W. Clough, and Y. Yamamoto, Eds., University of Alabama Press, Tuscaloosa, AL, pp. 201–218, 1972.

[10] Krieg, R. D., and Key, S. W., "Transient Shell Response by Numerical Time Integration," *International Journal of Numerical Methods in Engineering*, Vol. 17, pp. 273–286, 1973.

[11] Belytschko, T., "Transient Analysis," *Structural Mechanics Computer Programs, Surveys, Assessments, and Availability*, W. Pilkey, K. Saczalski, and H. Schaeffer, eds., University of Virginia Press, Charlottesville, VA, pp. 255–276, 1974.

[12] Hughes, T. J. R., "Unconditionally Stable Algorithms for Nonlinear Heat Conduction," *Computational Methods in Applied Mechanical Engineering*, Vol. 10, No. 2, pp. 135–139, 1977.

[13] Hilber, H. M., Hughes, T. J. R., and Taylor, R. L., "Improved Numerical Dissipation for Time Integration Algorithms in Structural Dynamics," *Earthquake Engineering in Structural Dynamics*, Vol. 5, No. 3, pp. 283–292, 1977.

[14] Paz, M., *Structural Dynamics Theory and Computation*, 3rd ed., Van Nostrand Reinhold, New York, 1991.

[15] Autodesk, Inc. McInnis Parkway, San Rafael, CA 94903.

[16] Weaver, W., Jr., and Johnston, P. R., *Structural Dynamics by Finite Elements*, Prentice Hall, Englewood Cliffs, NJ, 1987.

[17] Salemganesan, Hari, *Finite Element Analysis of a Gantry Crane*, M. S. Thesis, Rose-Hulman Institute of Technology, Terre Haute, IN, September 1992.

[18] Leong Cheow Fook, *The Dynamic Analysis of a Cab Using the Finite Element Method*, M. S. Thesis, Rose-Hulman Institute of Technology, Terre Haute, IN, January 1988.

习题

16.1　求离散为两个单元的一维杆的一致质量矩阵，如图 P16.1 所示。假设杆具有弹性模量 E、质量密度 ρ 和横截面积 A。

16.2　对于如图 P16.2 所示离散为三个单元的一维杆，求集中质量矩阵和一致质量矩阵。令整个杆的参数为 E, ρ, A。

16.3　对于图 P16.3 所示的一维杆，使用两个长度相等的单元确定振动的固有频率 ω。使用一致质量方法。假设杆具有弹性模量 E、质量密度 ρ 和横截面积 A。将所得答案与例 16.3 中使用集中质量矩阵得到的答案进行比较。

16.4　对于图 P16.4 所示的一维杆，先使用两个长度相等的单元，之后使用三个长度相等的单元，求纵

向振动的固有频率。杆的参数为 $E = 210\,\text{GPa}$ ， $\rho = 7800\,\text{kg/m}^3$ ， $A = 6\,\text{cm}^2$ ， $L = 1.5\,\text{m}$ 。

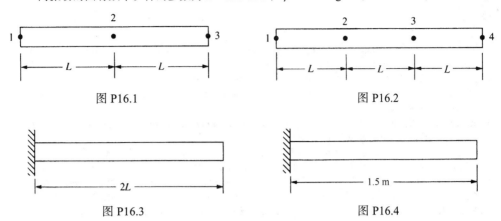

图 P16.1　　　　　　　　　　　　　图 P16.2

图 P16.3　　　　　　　　　　　　　图 P16.4

16.5　对于图 P16.5 所示的弹簧-质量系统，使用中心差分法确定 5 个时间步的质量位移、速度和加速度。令 $k = 30\,\text{kN/m}$ ， $m = 30\,\text{kg}$ 。使用 $\Delta t = 0.03\,\text{s}$ 的时间步长。读者可以编写一个计算机程序来解决这个问题。

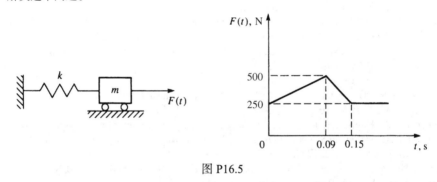

图 P16.5

16.6　对于图 P16.6 所示的弹簧-质量系统，求 5 个时间步的质量位移、速度和加速度，使用下列方法：(a)中心差分法；(b)纽马克时间积分法；(c)威尔逊法。 $k = 18\,\text{kN/m}$ ， $m = 30\,\text{kg}$ 。

16.7　对于图 P16.7 所示的杆，使用两个有限元确定 5 个时间步的节点位移、速度和加速度。$E = 210\,\text{GPa}$ ， $\rho = 7800\,\text{kg/m}^3$ ， $A = 6\,\text{cm}^2$ ， $L = 2.5\,\text{m}$ ， $\Delta t = 2.5 \times 10^{-4}\,\text{s}$ 。

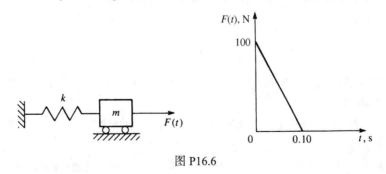

图 P16.6

16.8　对于图 P16.8 所示的杆，使用两个有限元确定 5 个时间步的节点位移、速度和加速度。为了简化计算，令 $E = 6.25\,\text{GPa}$ ， $\rho = 10^7\,\text{kg/m}^3$ ， $A = 6\,\text{cm}^2$ ， $L = 2.5\,\text{m}$ ， $\Delta t = 0.05\,\text{s}$ 。使用纽马克法和威尔逊法。

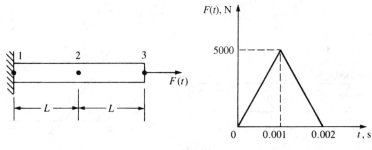

图 P16.7

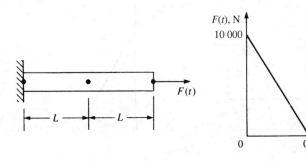

图 P16.8

16.9，16.10　用计算机程序重做习题 16.7 和习题 16.8。

16.11　对于图 P16.11 所示的梁，先使用两个单元，然后使用三个单元确定固有频率。设 E，ρ，I，和 A 对于梁是常数。

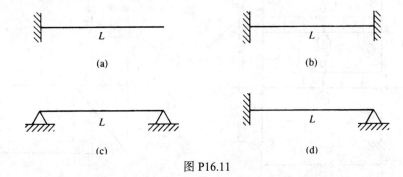

图 P16.11

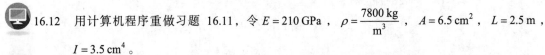16.12　用计算机程序重做习题 16.11，令 $E = 210\,\text{GPa}$，$\rho = \dfrac{7800\,\text{kg}}{\text{m}^3}$，$A = 6.5\,\text{cm}^2$，$L = 2.5\,\text{m}$，$I = 3.5\,\text{cm}^4$。

16.13，16.14　对于图 P16.13 和图 P16.14 中受所示力函数影响的梁，求最大挠度、速度和加速度。使用计算机程序，$\alpha = 3.00$，$\beta = 0.001$，$\Delta t = 0.002\,\text{s}$。

16.15，16.16　对于图 P16.15 和图 P16.16 中受所示力函数影响的刚架，求最大位移、速度和加速度。使用计算机程序，$\alpha = 3.00$，$\beta = 0.001$，$\Delta t = 0.002\,\text{s}$。

16.17　对于图 P16.17 所示的刚架，电机位于其中心的水平构件上。电机为结构提供 2000 rpm（33.4 Hz）的驱动频率。求前 3 个固有频率，并在计算机上设置相关振动模态的动画。这个驱动频率可以接受吗？然后使用图 P16.17 所示的 $F(t)$ 进行结构动力学分析。$E = 200\,\text{GPa}$，$A = 387\,\text{cm}^2$，$I_3 = 2.1 \times 10^{-4}\,\text{m}^4$，$S_3 = 1.64 \times 10^{-3}\,\text{m}^3$，$\Delta t = 0.001\,\text{s}$，$\alpha = 3.00$，$\beta = 0.001$。

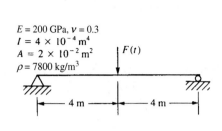

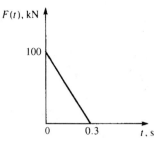

图 P16.13

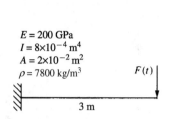

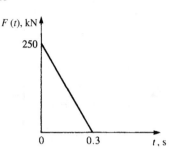

图 P16.14

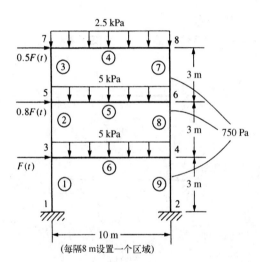

(每隔8 m设置一个区域)

对于单元1和9
$A = 8 \times 10^{-3}\,\text{m}^2, I = 10^{-4}\,\text{m}^4$
对于单元2、3、7和8
$A = 3.5 \times 10^{-3}\,\text{m}^2, I = 4 \times 10^{-5}\,\text{m}^4$
对于单元4、5和6
$A = 9 \times 10^{-3}\,\text{m}^2, I = 3.2 \times 10^{-4}$
对于所有单元
$E = 210\,\text{GPa}$

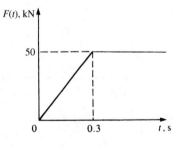

图 P16.15

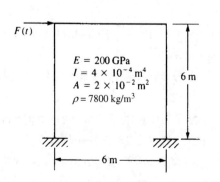

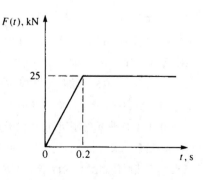

图 P16.16

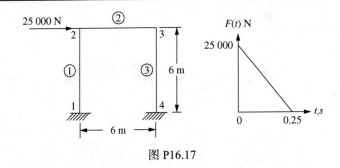

图 P16.17

16.18 具有 $k = 2\,\text{W/(m·℃)}$，$\rho = 2500\,\text{kg/m}^3$ 和 $c = 800\,\text{W·s/(kg·℃)}$ 的大理石板厚 2 cm，初始均匀温度为 $T_i = 200℃$。左侧表面突然降低到 0℃ 并保持在该温度，而另一个表面保持绝热。求板坯中 40 s 的温度分布。使用 $\beta = \dfrac{2}{3}$ 和时间步长 8 s。

16.19 圆形散热片由纯铜制成，导热系数为 $k = 400\,\text{W/(m·℃)}$，$h = 150\,\text{W/(m}^2\text{·℃)}$，质量密度 $\rho = 8900\,\text{kg/m}^3$，比热 $c = 375\,\text{J/(kg·℃)}$。散热片的初始温度为 25℃，散热片长度为 2 cm，直径为 0.4 cm。散热片的右端是绝热的。见图 P16.19。然后，散热片的底部突然升高到 85℃ 的温度，并保持在该温度。使用容量矩阵的集中形式，时间步长为 0.1 s，$\beta = \dfrac{2}{3}$。使用两个长度相等的单元。求 3 s 范围内的温度分布。将得到结果与例 16.7 进行比较，后者使用了容量矩阵的一致形式。

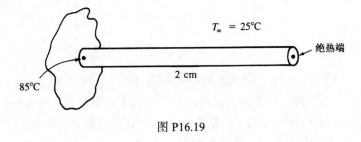

图 P16.19

16.20，16.21　用计算机程序重新计算习题 16.18 和习题 16.19。

附录 A   矩 阵 代 数

引言

在本附录中将介绍矩阵代数。我们将考虑与有限元法相关的概念，为本书中使用的矩阵代数概念提供充分的背景知识。

A.1   矩阵的定义

矩阵是以 m 行 n 列排列的数字的 $m \times n$ 数组，因此矩阵可描述为 $m \times n$ 阶。式(A.1.1)说明了一个具有 m 行和 n 列的矩阵：

$$[a] = \begin{bmatrix} a_{11} & a_{12} & a_{13} & a_{14} & \cdots & a_{1n} \\ a_{21} & a_{22} & a_{23} & a_{24} & \cdots & a_{2n} \\ a_{31} & a_{32} & a_{33} & a_{34} & \cdots & a_{3n} \\ \vdots & \vdots & \vdots & \vdots & & \vdots \\ a_{m1} & a_{m2} & a_{m3} & a_{m4} & \cdots & a_{mn} \end{bmatrix} \tag{A.1.1}$$

如果矩阵式(A.1.1)的 $m \neq n$，那么矩阵称为矩形矩阵。如果 $m=1$，$n>1$，式(A.1.1)中的元素构成一行，称为行矩阵。如果 $m>1$，$n=1$，式(A.1.1)中的元素构成一列，称为列矩阵。如果 $m=n$，那么这个数组称为方阵。行矩阵和矩形矩阵用方括号[]表示，列矩阵用花括号{}表示。为简单起见，矩阵(行矩阵、列矩阵或矩形矩阵)通常用一行表示，而不是用方括号或花括号括起来。矩阵的阶应该从其使用的上下文中看出来。结构分析中使用的力和位移矩阵是列矩阵，而刚度矩阵是方阵。

为了识别矩阵[a]的一个元素，用 a_{ij} 表示元素，下标 i 和 j 分别表示[a]的行和列。因此，矩阵的替代符号如下：

$$[a] = [a_{ij}] \tag{A.1.2}$$

特殊类型矩阵的数值例子由式(A.1.3)~式(A.1.6)给出。矩形矩阵[a]由下式给出：

$$[a] = \begin{bmatrix} 2 & 1 \\ 3 & 4 \\ 5 & 4 \end{bmatrix} \tag{A.1.3}$$

其中，[a]有三行两列。在式(A.1.1)的矩阵[a]中，如果 $m=1$，则为行矩阵，例如：

$$[a] = \begin{bmatrix} 2 & 3 & 4 & -1 \end{bmatrix} \tag{A.1.4}$$

如果式(A.1.1)的 $n=1$，则为列矩阵，例如：

$$[a] = \begin{Bmatrix} 2 \\ 3 \end{Bmatrix} \tag{A.1.5}$$

如果式(A.1.1)的 $m=n$，则为方阵，例如：

$$[a] = \begin{bmatrix} 2 & -1 \\ 3 & -2 \end{bmatrix} \tag{A.1.6}$$

矩阵和矩阵符号常用于表示紧凑形式的代数方程，并常用于方程的有限元表示。矩阵符号也用于简化问题的解。

A.2 矩阵运算

下面将介绍本书中使用的一些常见的矩阵运算。

A.2.1 矩阵与标量相乘

如果有一个标量 k 和一个矩阵 $[c]$，那么其乘积 $[a] = k[c]$ 由下式给出：

$$[a_{ij}] = k[c_{ij}] \tag{A.2.1}$$

也就是说，矩阵 $[c]$ 的每个元素都乘以标量 k。下面给出一个数值例子：

$$[c] = \begin{bmatrix} 1 & 2 \\ 3 & 1 \end{bmatrix} \qquad k = 4$$

乘积 $[a] = k[c]$ 为：

$$[a] = 4\begin{bmatrix} 1 & 2 \\ 3 & 1 \end{bmatrix} = \begin{bmatrix} 4 & 8 \\ 12 & 4 \end{bmatrix}$$

注意，如果 $[c]$ 的阶数为 $m \times n$，那么 $[a]$ 的阶数也为 $m \times n$。

A.2.2 矩阵相加

相同阶的矩阵可以通过对矩阵的相应元素求和而相加，减法以类似的方式执行。阶数不同的矩阵不能相加或相减。同一阶的矩阵可以按任意顺序加减（加法的交换律适用）。也就是说，

$$[c] = [a] + [b] = [b] + [a] \tag{A.2.2}$$

或，在下标(索引)表示法中，有：

$$[c_{ij}] = [a_{ij}] + [b_{ij}] = [b_{ij}] + [a_{ij}] \tag{A.2.3}$$

下面给出一个数值例子，令：

$$[a] = \begin{bmatrix} -1 & 2 \\ -3 & 2 \end{bmatrix} \qquad [b] = \begin{bmatrix} 1 & 2 \\ 3 & 1 \end{bmatrix}$$

$[a] + [b] = [c]$ 的和由下式给出：

$$[c] = \begin{bmatrix} -1 & 2 \\ -3 & 2 \end{bmatrix} + \begin{bmatrix} 1 & 2 \\ 3 & 1 \end{bmatrix} = \begin{bmatrix} 0 & 4 \\ 0 & 3 \end{bmatrix}$$

同样，请记住矩阵 $[a]$、$[b]$ 和 $[c]$ 的阶必须相同。例如，一个 2×2 矩阵不能加到一个 3×3 矩阵中。

A.2.3 矩阵相乘

对于两个矩阵 $[a]$ 和 $[b]$ 按式 (A.2.4) 所示顺序相乘，$[a]$ 中的列数必须等于 $[b]$ 中的行数。例如，考虑

$$[c] = [a][b] \tag{A.2.4}$$

如果$[a]$是$m \times n$阶矩阵,那么$[b]$必须有n行。利用下标符号,可以把矩阵$[a]$和$[b]$的乘积写成:

$$[c_{ij}] = \sum_{e=1}^{n} a_{ie} b_{ej} \tag{A.2.5}$$

其中,n 是$[a]$中的列总数或$[b]$中的行总数。对于2×2阶矩阵$[a]$和2×2阶矩阵$[b]$,将这两个矩阵相乘后,得到:

$$[c_{ij}] = \begin{bmatrix} a_{11}b_{11} + a_{12}b_{21} & a_{11}b_{12} + a_{12}b_{22} \\ a_{21}b_{11} + a_{22}b_{21} & a_{21}b_{12} + a_{22}b_{22} \end{bmatrix} \tag{A.2.6}$$

例如,令

$$[a] = \begin{bmatrix} 2 & 1 \\ 3 & 2 \end{bmatrix} \qquad [b] = \begin{bmatrix} 1 & -1 \\ 2 & 0 \end{bmatrix}$$

那么$[a]$和$[b]$的乘积是:

$$[a][b] = \begin{bmatrix} 2(1) + 1(2) & 2(-1) + 1(0) \\ 3(1) + 2(2) & 3(-1) + 2(0) \end{bmatrix} = \begin{bmatrix} 4 & -2 \\ 7 & -3 \end{bmatrix}$$

一般来说,矩阵乘法是不可交换的,也就是说,

$$[a][b] \neq [b][a] \tag{A.2.7}$$

两个矩阵$[a]$和$[b]$的乘积的有效性通常用下式说明:

$$\begin{array}{ccc} [a] & [b] = & [c] \\ (i \times e) & (e \times j) & (i \times j) \end{array} \tag{A.2.8}$$

其中,乘积矩阵$[c]$的阶数为$i \times j$,即它的行数与矩阵$[a]$相同,列数与矩阵$[b]$相同。

A.2.4 矩阵的转置

任何矩阵,无论是行矩阵、列矩阵还是矩形矩阵,都可以进行转置。这种运算在有限元方程公式中经常使用。矩阵$[a]$的转置通常用$[a]^{\mathrm{T}}$表示。上标 T 在本书中用来表示矩阵的转置。矩阵的转置是通过交换行和列来获得的,即第一行变成第一列,第二行变成第二列,依次类推。对于矩阵$[a]$的转置:

$$[a_{ij}] = [a_{ji}]^{\mathrm{T}} \tag{A.2.9}$$

例如,如果假设

$$[a] = \begin{bmatrix} 2 & 1 \\ 3 & 2 \\ 4 & 5 \end{bmatrix}$$

那么

$$[a]^{\mathrm{T}} = \begin{bmatrix} 2 & 3 & 4 \\ 1 & 2 & 5 \end{bmatrix}$$

其中交换了$[a]$的行和列以获得它的转置。

转置的另一个重要关系是:

$$([a][b])^{\mathrm{T}} = [b]^{\mathrm{T}} [a]^{\mathrm{T}} \tag{A.2.10}$$

也就是说,矩阵$[a]$和$[b]$的乘积的转置等于后一个矩阵$[b]$的转置乘以矩阵$[a]$的转置,前

提是初始矩阵的顺序继续满足矩阵乘法规则式(A.2.8)。一般来说，这个性质适用于任意数量的矩阵，也就是说，

$$([a][b][c]\ldots[k])^{\mathrm{T}} = [k]^{\mathrm{T}}\ldots[c]^{\mathrm{T}}[b]^{\mathrm{T}}[a]^{\mathrm{T}} \tag{A.2.11}$$

注意，列矩阵的转置是行矩阵。

作为使用式(A.2.10)的数值示例，令

$$[a] = \begin{bmatrix} 1 & 2 \\ 3 & 4 \end{bmatrix} \qquad [b] = \begin{Bmatrix} 5 \\ 6 \end{Bmatrix}$$

首先

$$[a][b] = \begin{bmatrix} 1 & 2 \\ 3 & 4 \end{bmatrix} \begin{Bmatrix} 5 \\ 6 \end{Bmatrix} = \begin{Bmatrix} 17 \\ 39 \end{Bmatrix}$$

那么

$$([a][b])^{\mathrm{T}} = [17 \quad 39] \tag{A.2.12}$$

因为$[b]^{\mathrm{T}}$和$[a]^{\mathrm{T}}$可以根据矩阵相乘的规则相乘，所以有：

$$[b]^{\mathrm{T}}[a]^{\mathrm{T}} = [5 \quad 6] \begin{bmatrix} 1 & 3 \\ 2 & 4 \end{bmatrix} = [17 \quad 39] \tag{A.2.13}$$

因此，在比较式(A.2.12)和式(A.2.13)时，已经证明了(在这种情况下)式(A.2.10)的有效性。式(A.2.10)的一般有效性的简单证明由读者自行完成。

A.2.5　对称矩阵

如果一个方阵等于它的转置，则它被称为对称矩阵。也就是说，如果

$$[a] = [a]^{\mathrm{T}}$$

那么$[a]$是一个对称矩阵。例如：

$$[a] = \begin{bmatrix} 3 & 1 & 2 \\ 1 & 4 & 0 \\ 2 & 0 & 3 \end{bmatrix} \tag{A.2.14}$$

是对称矩阵，因为当$i \neq j$时，每个元素a_{ij}等于a_{ji}。在式(A.2.14)中，注意从左上角到右下角的主对角线是对称矩阵$[a]$的对称线。记住，只有方阵才是对称的。

A.2.6　单位矩阵

单位矩阵$[I]$如下所示：

$$[a][I] = [I][a] = [a] \tag{A.2.15}$$

单位矩阵的作用方式与传统乘法中数字1的作用方式相同。单位矩阵总是一个任意阶的方阵，主对角线的每个元素等于1，其他元素等于0。例如，3×3阶的单位矩阵由下式表示：

$$[I] = \begin{bmatrix} 1 & 0 & 0 \\ 0 & 1 & 0 \\ 0 & 0 & 1 \end{bmatrix}$$

A.2.7　矩阵的逆

矩阵的逆如下所示：

$$[a]^{-1}[a] = [a][a]^{-1} = [I] \tag{A.2.16}$$

其中，上标-1 表示[a]的逆为$[a]^{-1}$。A.3 节提供了有关矩阵的逆的更多信息，并给出了确定逆性质的方法。

A.2.8　正交矩阵

如果满足下式，则称矩阵[T]是正交矩阵：

$$[T]^\mathrm{T}[T] = [T][T]^\mathrm{T} = [I] \tag{A.2.17}$$

因此，对于正交矩阵，有：

$$[T]^{-1} = [T]^\mathrm{T} \tag{A.2.18}$$

常用的正交矩阵是变换矩阵或旋转矩阵[T]。在二维空间中，变换矩阵将一个坐标系中向量的分量与另一个坐标系中的分量联系起来。例如，在 x-y 坐标系中表示的 $\bar{\mathbf{d}}$ 的位移(以及力)向量分量与在 x'-y' 系统(参见图 A.1 和 3.3 节)中表示的向量分量之间的关系如下：

$$\{d'\} = [T]\{d\} \tag{A.2.19}$$

或

$$\begin{Bmatrix} d'_x \\ d'_y \end{Bmatrix} = \begin{bmatrix} \cos\theta & \sin\theta \\ -\sin\theta & \cos\theta \end{bmatrix} \begin{Bmatrix} d_x \\ d_y \end{Bmatrix} \tag{A.2.20}$$

式中，[T]是式(A.2.20)右侧的方阵。

正交矩阵的另一个用途是将单元的局部刚度矩阵转换为整体刚度矩阵。也就是说，给定一个单元的局部刚度矩阵[k']，如果该单元在 x-y 平面上任意定向，则

$$[k] = [T]^\mathrm{T}[k'][T] = [T]^{-1}[k'][T] \tag{A.2.21}$$

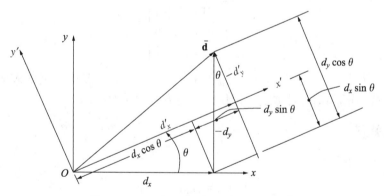

图 A.1　x'-y' 和 x-y 坐标系中向量的分量

在本书中，式(A.2.21)用于表示 x-y 平面上的刚度矩阵[k]。

通过对[T]的进一步研究，发现[T]中的三角项可以解释为直线 Ox' 和 Oy' 相对于 x-y 轴的方向余弦。因此，对于 Ox' 或 d'_x，由式(A.2.20)中得出：

$$[t_{11} \quad t_{12}] = [\cos\theta \quad \sin\theta] \tag{A.2.22}$$

对于 Oy' 或 d'_y，有：

$$[t_{21} \quad t_{22}] = [-\sin\theta \quad \cos\theta] \tag{A.2.23}$$

或者单位向量 **i** 和 **j** 可以用单位向量 **i′** 和 **j′** 表示[关于式(A.2.24)的证明, 参见 3.3 节]为:

$$\mathbf{i}' = \mathbf{i}\cos\theta + \mathbf{j}\sin\theta$$
$$\mathbf{j}' = -\mathbf{i}\sin\theta + \mathbf{j}\cos\theta \tag{A.2.24}$$

因此,

$$t_{11}^2 + t_{12}^2 = 1 \qquad t_{21}^2 + t_{22}^2 = 1 \tag{A.2.25}$$

因为这些向量(**i′** 和 **j′**)是正交的, 通过点积运算, 得到:

$$[t_{11}\mathbf{i} + t_{12}\mathbf{j}] \cdot [t_{21}\mathbf{i} + t_{22}\mathbf{j}]$$

或

$$t_{11}t_{21} + t_{12}t_{22} = 0 \tag{A.2.26}$$

或者说[T]是正交的, 因此$[T]^{\mathrm{T}}[T]=[T][T]^{\mathrm{T}}=[I]$, 转置是它的逆。也就是说,

$$[T]^{\mathrm{T}} = [T]^{-1} \tag{A.2.27}$$

A.2.9 矩阵的微分

用常规方法对矩阵中的每一个元素求导, 就得到了矩阵的微分。例如, 如果

$$[a] = \begin{bmatrix} x^3 & 2x^2 & 3x \\ 2x^2 & x^4 & x \\ 3x & x & x^5 \end{bmatrix} \tag{A.2.28}$$

导数 $\mathrm{d}[a]/\mathrm{d}x$ 由下式给出:

$$\frac{\mathrm{d}[a]}{\mathrm{d}x} = \begin{bmatrix} 3x^2 & 4x & 3 \\ 4x & 4x^3 & 1 \\ 3 & 1 & 5x^4 \end{bmatrix} \tag{A.2.29}$$

类似地, 矩阵的偏导数如下所示:

$$\frac{\partial[b]}{\partial x} = \frac{\partial}{\partial x}\begin{bmatrix} x^2 & xy & xz \\ xy & y^2 & yz \\ xz & yz & z^2 \end{bmatrix} = \begin{bmatrix} 2x & y & z \\ y & 0 & 0 \\ z & 0 & 0 \end{bmatrix} \tag{A.2.30}$$

在结构分析理论中, 有时会对以下形式的表达式进行微分:

$$U = \frac{1}{2}[x \ \ y]\begin{bmatrix} a_{11} & a_{12} \\ a_{12} & a_{22} \end{bmatrix}\begin{Bmatrix} x \\ y \end{Bmatrix} \tag{A.2.31}$$

其中, U 可能表示一根杆的应变能。式(A.2.31)称为二次型。通过式(A.2.31)的矩阵乘法, 得到:

$$U = \frac{1}{2}(a_{11}x^2 + 2a_{12}xy + a_{22}y^2) \tag{A.2.32}$$

对 U 进行微分得到:

$$\frac{\partial U}{\partial x} = a_{11}x + a_{12}y$$
$$\frac{\partial U}{\partial y} = a_{12}x + a_{22}y \tag{A.2.33}$$

矩阵形式的式(A.2.33)变成:

$$\begin{Bmatrix} \dfrac{\partial U}{\partial x} \\[2mm] \dfrac{\partial U}{\partial y} \end{Bmatrix} = \begin{bmatrix} a_{11} & a_{12} \\ a_{12} & a_{22} \end{bmatrix} \begin{Bmatrix} x \\ y \end{Bmatrix} \tag{A.2.34}$$

式(A.2.31)的一般形式为:

$$U = \frac{1}{2}\{X\}^{\mathrm{T}}[a]\{X\} \tag{A.2.35}$$

然后,通过比较式(A.2.31)和式(A.2.35),得到:

$$\frac{\partial U}{\partial X_i} = [a]\{X\} \tag{A.2.36}$$

式中, X_i 表示 x 和 y。式(A.2.36)依赖于式(A.2.35)中矩阵$[a]$的对称性。

A.2.10　矩阵的积分

与矩阵的微分类似,要对一个矩阵进行积分,必须用常规方法对矩阵中的每一个元素进行积分。例如,如果

$$[a] = \begin{bmatrix} 3x^2 & 4x & 3 \\ 4x & 4x^3 & 1 \\ 3 & 1 & 5x^4 \end{bmatrix}$$

得到$[a]$的积分如下:

$$\int [a]\mathrm{d}x = \begin{bmatrix} x^3 & 2x^2 & 3x \\ 2x^2 & x^4 & x \\ 3x & x & x^5 \end{bmatrix}$$

在有限元公式中,经常对表达式进行积分:

$$\iint \{X\}^{\mathrm{T}}[A]\{X\}\,\mathrm{d}x\,\mathrm{d}y \tag{A.2.37}$$

其中,$\{X\}$是列向量。该式将产生一个标量。形式 $\{X\}^{\mathrm{T}}[A]\{X\}$ 也称为二次型。例如,令

$$[A] = \begin{bmatrix} 9 & 2 & 3 \\ 2 & 8 & 0 \\ 3 & 0 & 5 \end{bmatrix} \qquad [X] = \begin{Bmatrix} x_1 \\ x_2 \\ x_3 \end{Bmatrix}$$

得到:

$$\{X\}^{\mathrm{T}}[A]\{X\} = [x_1\ x_2\ x_3] \begin{bmatrix} 9 & 2 & 3 \\ 2 & 8 & 0 \\ 3 & 0 & 5 \end{bmatrix} \begin{Bmatrix} x_1 \\ x_2 \\ x_3 \end{Bmatrix}$$

$$= 9x_1^2 + 4x_1x_2 + 6x_1x_3 + 8x_2^2 + 5x_3^2$$

该式是二次型的。

A.3　确定逆矩阵的余因子法和伴随法

现在介绍一种求矩阵的逆的方法。这种方法对于手算较小阶数的方阵(最好是 4×4 阶或更低阶)的逆非常有效。矩阵$[a]$必须是正方形时才能求它的逆。

首先必须定义矩阵的行列式。这个概念在用余因子法求矩阵的逆时是必要的。行列式是由下式给出：

$$\|[a]\| = |[a_{ij}]| \tag{A.3.1}$$

式中，矩阵两侧的直竖杠"||"表示行列式。矩阵的行列式将是一个数值或标量。

为了求[a]的行列式，必须首先确定[a_{ij}]的余因子。[a_{ij}]的余因子由下式给出：

$$C_{ij} = (-1)^{i+j} |[d]| \tag{A.3.2}$$

式中，矩阵[d]称为[a_{ij}]的第一个子矩阵，是删除了矩阵[a]的行 i 和列 j。矩阵[a]的逆如下：

$$[a]^{-1} = \frac{[C]^{\mathrm{T}}}{\|[a]\|} \tag{A.3.3}$$

式中，[C]是余因子矩阵，||a||是[a]的行列式。为了说明余因子的方法，将求由下式给出的矩阵[a]的逆：

$$[a] = \begin{bmatrix} -1 & 3 & -2 \\ 2 & -4 & 2 \\ 0 & 4 & 1 \end{bmatrix} \tag{A.3.4}$$

利用式(A.3.2)，发现矩阵[a]的余因子是：

$$C_{11} = (-1)^{1+1} \begin{vmatrix} -4 & 2 \\ 4 & 1 \end{vmatrix} = -12$$

$$C_{12} = (-1)^{1+2} \begin{vmatrix} 2 & 2 \\ 0 & 1 \end{vmatrix} = -2$$

$$C_{13} = (-1)^{1+3} \begin{vmatrix} 2 & -4 \\ 0 & 4 \end{vmatrix} = 8$$

$$\tag{A.3.5}$$

$$C_{21} = (-1)^{2+1} \begin{vmatrix} 3 & -2 \\ 4 & 1 \end{vmatrix} = -11$$

$$C_{22} = (-1)^{2+2} \begin{vmatrix} -1 & -2 \\ 0 & 1 \end{vmatrix} = -1$$

$$C_{23} = (-1)^{2+3} \begin{vmatrix} -1 & 3 \\ 0 & 4 \end{vmatrix} = 4$$

我们还记得，2×2 矩阵的行列式通常由下式给出：

$$\begin{vmatrix} d_{11} & d_{12} \\ d_{21} & d_{22} \end{vmatrix}$$
$$= d_{11}d_{22} - d_{12}d_{21}$$

同样，

$$C_{31} = -2 \quad C_{32} = -2 \quad C_{33} = -2 \tag{A.3.6}$$

因此，由式(A.3.5)和式(A.3.6)，可得：

$$[C] = \begin{bmatrix} -12 & -2 & 8 \\ -11 & -1 & 4 \\ -2 & -2 & -2 \end{bmatrix} \tag{A.3.7}$$

那么[a]的行列式是：

$$|[a]| = \sum_{j=1}^{n} a_{ij}C_{ij} \qquad i \text{ 为任意行号}(1 \leqslant i \leqslant n) \tag{A.3.8}$$

或

$$|[a]| = \sum_{j=1}^{n} a_{ji}C_{ji} \qquad i \text{ 为任意行号}(1 \leqslant i \leqslant n) \tag{A.3.9}$$

例如，如果选择[a]和[C]的第一行，那么式(A.3.8)中，$i=1$，j 是从 1 到 3 的和，因此，

$$|[a]| = a_{11}C_{11} + a_{12}C_{12} + a_{13}C_{13}$$
$$= (-1)(-12) + (3)(-2) + (-2)(8) = -10 \tag{A.3.10}$$

利用式(A.3.3)给出的矩阵的逆的定义，得到：

$$[a]^{-1} = \frac{[C]^{\mathrm{T}}}{|[a]|} = \frac{1}{-10}\begin{bmatrix} -12 & -11 & -2 \\ -2 & -1 & -2 \\ 8 & 4 & -2 \end{bmatrix} \tag{A.3.11}$$

可以验证一下：

$$[a][a]^{-1} = \begin{bmatrix} 1 & 0 & 0 \\ 0 & 1 & 0 \\ 0 & 0 & 1 \end{bmatrix}$$

余因子矩阵的转置通常被定义为伴随矩阵，即：

$$\mathrm{adj}[a] = [C]^{\mathrm{T}}$$

因此，[a]的逆的另一个公式是：

$$[a]^{-1} = \frac{\mathrm{adj}[a]}{|a|} \tag{A.3.12}$$

与矩阵行列式有关的一个重要性质是：如果矩阵的行列式为零，即$|[a]| = 0$，则称矩阵为奇异矩阵。奇异矩阵没有逆矩阵。在应用足够的边界条件(支撑条件)之前，有限元法中使用的刚度矩阵是奇异的。本书进一步讨论了刚度矩阵的这一特性。

A.4　矩阵行归约法求逆

非奇异平方矩阵[a]的逆矩阵可以通过行归约法[有时称为高斯-若尔当(Gauss-Jordan)方法]找到，该方法是对矩阵[a]和单位矩阵[I](与[a]的阶相同)同时执行相同的运算，使矩阵[a]成为单位矩阵，原单位矩阵变成[a]的逆。

用一个数值例子能够更好地说明这个过程。首先把矩阵[a]转换成上三角形式，把主对角线以下的所有元素都设为零，从第一列开始，然后继续到下一列。之后从最后一列到第一列，将主对角线上方的所有元素设置为零。

下面通过行归约来反转下列矩阵：

$$[a] = \begin{bmatrix} 2 & 2 & 1 \\ 2 & 1 & 0 \\ 1 & 1 & 1 \end{bmatrix} \tag{A.4.1}$$

为了找到$[a]^{-1}$，需要找到$[a][x]=[I]$的$[x]$，其中：

$$[x] = \begin{bmatrix} x_{11} & x_{12} & x_{13} \\ x_{21} & x_{22} & x_{23} \\ x_{31} & x_{32} & x_{33} \end{bmatrix}$$

也就是说，解

$$\begin{bmatrix} 2 & 2 & 1 \\ 2 & 1 & 0 \\ 1 & 1 & 1 \end{bmatrix} [x] = \begin{bmatrix} 1 & 0 & 0 \\ 0 & 1 & 0 \\ 0 & 0 & 1 \end{bmatrix}$$

先把$[a]$和$[I]$并排写为：

$$\begin{bmatrix} 2 & 2 & 1 & \vdots & 1 & 0 & 0 \\ 2 & 1 & 0 & \vdots & 0 & 1 & 0 \\ 1 & 1 & 1 & \vdots & 0 & 0 & 1 \end{bmatrix} \tag{A.4.2}$$

其中用垂直虚线分隔$[a]$和$[I]$。

1. 将式(A.4.2)的第一行除以 2：

$$\begin{bmatrix} 1 & 1 & \frac{1}{2} & \vdots & \frac{1}{2} & 0 & 0 \\ 2 & 1 & 0 & \vdots & 0 & 1 & 0 \\ 1 & 1 & 1 & \vdots & 0 & 0 & 1 \end{bmatrix} \tag{A.4.3}$$

2. 将式(A.4.3)的第一行乘以-2，并将结果加到第 2 行：

$$\begin{bmatrix} 1 & 1 & \frac{1}{2} & \vdots & \frac{1}{2} & 0 & 0 \\ 0 & -1 & -1 & \vdots & -1 & 1 & 0 \\ 1 & 1 & 1 & \vdots & 0 & 0 & 1 \end{bmatrix} \tag{A.4.4}$$

3. 将式(A.4.4)的第三行减去第 1 行：

$$\begin{bmatrix} 1 & 1 & \frac{1}{2} & \vdots & \frac{1}{2} & 0 & 0 \\ 0 & -1 & -1 & \vdots & -1 & 1 & 0 \\ 1 & 1 & \frac{1}{2} & \vdots & -\frac{1}{2} & 0 & 1 \end{bmatrix} \tag{A.4.5}$$

4. 将式(A.4.5)的第二行乘以-1，第三行乘以 2：

$$\begin{bmatrix} 1 & 1 & \frac{1}{2} & \vdots & \frac{1}{2} & 0 & 0 \\ 0 & 1 & 1 & \vdots & 1 & -1 & 0 \\ 0 & 0 & 1 & \vdots & -1 & 0 & 2 \end{bmatrix} \tag{A.4.6}$$

5. 将式(A.4.6)的第二行减去第三行：

$$\begin{bmatrix} 1 & 1 & \frac{1}{2} & \vdots & \frac{1}{2} & 0 & 0 \\ 0 & 1 & 0 & \vdots & 2 & -1 & -2 \\ 0 & 0 & 1 & \vdots & -1 & 0 & 2 \end{bmatrix} \tag{A.4.7}$$

6. 将式(A.4.7)的第三行乘以$-\dfrac{1}{2}$，并将结果加到第一行：

$$\begin{bmatrix} 1 & 1 & 0 & \vdots & 1 & 0 & -1 \\ 0 & 1 & 0 & \vdots & 2 & -1 & -2 \\ 0 & 0 & 1 & \vdots & -1 & 0 & 2 \end{bmatrix} \tag{A.4.8}$$

7. 将式(A.4.8)的第一行减去第二行：

$$\begin{bmatrix} 1 & 0 & 0 & \vdots & -1 & 1 & 1 \\ 0 & 1 & 0 & \vdots & 2 & -1 & -2 \\ 0 & 0 & 1 & \vdots & -1 & 0 & 2 \end{bmatrix} \tag{A.4.9}$$

用逆矩阵代替[a]现在就完成了。[a]的逆就是式(A.4.9)的右边。也就是说：

$$[a]^{-1} = \begin{bmatrix} -1 & 1 & 1 \\ 2 & -1 & -2 \\ -1 & 0 & 2 \end{bmatrix} \tag{A.4.10}$$

有关矩阵代数的更多内容，请参阅参考文献[1]和[2]。

A.5 刚度矩阵的性质

刚度矩阵[k]在第2章中定义为将节点力与节点位移联系起来。刚度矩阵也可见于(例如)弹簧的应变能表达式[参见式(2.6.20)]、杆的应变能表达式[参见式(3.10.28b)]和梁的应变能表达式[参见式(4.7.21)]。矩阵具有正方形和对称的性质，如A.1节和A.2节所定义的那样，除13.9节中的质量输运问题外，其几乎适用于本书中的所有应用。

在应变能表达式中，可以看到[k]是二次型的：

$$U = \frac{1}{2}\{d\}^{\mathrm{T}}[k]\{d\} \tag{A.5.1}$$

对于大多数结构，刚度矩阵是正定矩阵。这意味着，如果选择任意位移向量，计算 U，结果是正值。例外情况是位移向量{d}被设置为零。因此，对于多自由度系统的任意位移，应变能为正。

当系统有刚体自由度时，[k]是正定的一个例外。此时将位移作为刚体模态。在这种情况下，[k]称为半正定矩阵。对于刚体模态，应变能 U 可以为零；对于可变形模态，应变能 U 可以大于零。当[k]为半正定时，$|[k]| = \det([k]) = 0$。回想一下，在A.3节中，行列式为零的矩阵称为奇异矩阵。为了从物理上消除静态平衡系统中的奇异性，必须应用足够的边界条件。这一概念在第2章中给出了进一步描述。

例如，考虑一个没有支撑的杆，如图A.2所示。如果将杆离散为两个单元，并按照第2章所述和式(A.5.2)确定杆的3×3刚度矩阵，则该刚度矩阵的行列式[参见式(A.5.3)]，为零。现在如果固定杆的一端，使$u_1 = 0$，简化的2×2刚度矩阵有一个非零行列式(也可参见习题A.12)。

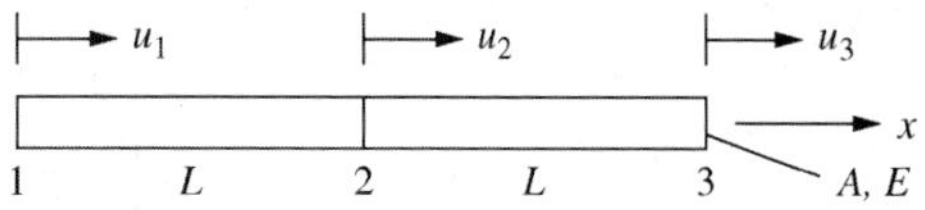

图 A.2 两个单元的杆

$$[k] = \frac{AE}{L}\begin{bmatrix} 1 & -1 & 0 \\ -1 & 2 & -1 \\ 0 & -1 & 1 \end{bmatrix} \tag{A.5.2}$$

现在[k]的行列式是：

$$\begin{vmatrix} 1 & -1 & 0 \\ -1 & 2 & -1 \\ 0 & -1 & 1 \end{vmatrix} = 1\begin{vmatrix} 2 & -1 \\ -1 & 1 \end{vmatrix} - (-1)\begin{vmatrix} -1 & -1 \\ 0 & 1 \end{vmatrix} + 0 \tag{A.5.3}$$
$$= 2 - 1 - 1 = 0$$

参考文献

[1]　Gere, J. M., *Matrix Algebra for Engineers*, Brooks/Cole Engineering, 2nd Ed, 1983.

[2]　Jennings, A., *Matrix Computation for Engineers and Scientists*, Wiley, New York, 1977.

习题

使用下列矩阵$[A]$、$[B]$、$[C]$、$[D]$和$\{E\}$求解习题 A.1 ～ 习题 A.6。

$$[A] = \begin{bmatrix} 4 & 0 \\ 1 & 8 \end{bmatrix} \qquad [B] = \begin{bmatrix} 2 & 0 \\ 2 & 4 \end{bmatrix} \qquad [C] = \begin{bmatrix} 3 & 2 & 0 \\ -1 & 0 & 2 \end{bmatrix}$$

$$[D] = \begin{bmatrix} 5 & 2 & 1 \\ 2 & 10 & 0 \\ 1 & 0 & 5 \end{bmatrix} \qquad \{E\} = \begin{Bmatrix} 3 \\ 2 \\ 1 \end{Bmatrix}$$

（如果无法进行求解，请写"无解"。）

A.1　(a) $[A] + [B]$　　　　　　(b) $[A] + [C]$

　　　(c) $[A][C]^{\mathrm{T}}$　　　　　　(d) $[D]\{E\}$

　　　(e) $[D][C]$　　　　　　　(f) $[C][D]$

A.2　用余因子法求 $[A]^{-1}$。

A.3　用余因子法求 $[D]^{-1}$。

A.4　求 $[C]^{-1}$

A.5　用行归约法求 $[B]^{-1}$。

A.6　用行归约法求 $[D]^{-1}$。

A.7　使用下式，证明 $([A][B])^{\mathrm{T}} = [B]^{\mathrm{T}}[A]^{\mathrm{T}}$。

$$[A] = \begin{bmatrix} a_{11} & a_{12} \\ a_{21} & a_{22} \end{bmatrix} \qquad [B] = \begin{bmatrix} b_{11} & b_{12} & b_{13} \\ b_{21} & b_{22} & b_{23} \end{bmatrix}$$

A.8　求 $[T]^{-1}$。证明 $[T]^{-1} = [T]^{\mathrm{T}}$，因此 $[T]$ 是正交矩阵。$[T]$为：

$$[T] = \begin{bmatrix} \cos\theta & \sin\theta \\ -\sin\theta & \cos\theta \end{bmatrix}$$

A.9　给定矩阵：

$$[X] = \begin{bmatrix} x & y \\ 1 & x \end{bmatrix} \qquad [A] = \begin{bmatrix} a & b \\ b & c \end{bmatrix}$$

　　　证明三重矩阵乘积 $[X]^{\mathrm{T}}[A][X]$ 是对称的。

A.10　以显式形式计算以下积分：

$$[k] = \int_0^L [B]^{\mathrm{T}} E [B] \mathrm{d}x$$

其中：　　　　　　　　　$$[B] = \begin{bmatrix} -\dfrac{1}{L} & \dfrac{1}{L} \end{bmatrix}$$

E 是弹性模量。

〔注：这是从式(10.1.15)获得式(10.1.16)所需的步骤。〕

A.11　以下积分表示长度为 L 和横截面积为 A 的杆中的应变能：

$$U = \frac{A}{2}\int_0^L \{d\}^T[B]^T[D][B]\{d\}\,\mathrm{d}x$$

其中：　　　　　　　　$\{d\} = \begin{Bmatrix} u_1 \\ u_2 \end{Bmatrix}$　　　$[B] = \begin{bmatrix} -\dfrac{1}{L} & \dfrac{1}{L} \end{bmatrix}$　　　$[D] = E$

E 是弹性模量。

证明：$\mathrm{d}U/\mathrm{d}\{d\}$ 可得到 $[k]\{d\}$，其中 $[k]$ 是杆的刚度矩阵：

$$[k] = \frac{AE}{L}\begin{bmatrix} 1 & -1 \\ -1 & 1 \end{bmatrix}$$

A.12　如图 PA.12 所示，具有元件长度 L、横截面积 A 和杨氏模量 E 的两单元的杆的刚度矩阵为：

$$[k] = \frac{AE}{L}\begin{bmatrix} 1 & -1 & 0 \\ -1 & 2 & -1 \\ 0 & -1 & 1 \end{bmatrix}$$

证明 $\det\{[k]\} = 0$，从而证明 $[k]$ 是半正定的，矩阵也是奇异的。现在固定左端（设置 $u_1 = 0$），证明减少的 $[k]$ 是：

$$[k] = \frac{AE}{L}\begin{bmatrix} 2 & -1 \\ -1 & 1 \end{bmatrix}$$

并且 $\det([k])$ 不再是 0。

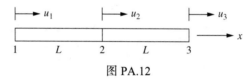

图 PA.12

附录 B　联立线性方程组的解法

引言

工程和数学物理中的许多问题都需要求解线性联立方程组。应力分析、传热和振动分析等工程问题，其求解的有限元公式通常涉及联立线性方程组的求解。本附录介绍了适用于线性联立方程组的手算解法和计算机解法。解方程有很多方法，为了简便起见，这里只讨论一些比较常用的方法。

B.1　方程的一般形式

一般来说，方程组的形式为：

$$
\begin{aligned}
a_{11}x_1 + a_{12}x_2 + \cdots + a_{1n}x_n &= c_1 \\
a_{21}x_1 + a_{22}x_2 + \cdots + a_{2n}x_n &= c_2 \\
\vdots \qquad \vdots \qquad\quad \vdots \quad \vdots \\
a_{n1}x_1 + a_{n2}x_2 + \cdots + a_{nn}x_n &= c_n
\end{aligned}
\tag{B.1.1}
$$

其中，a_{ij} 是未知数 x_j 的系数，c_i 是已知的右侧项。在结构分析问题中，a_{ij} 项是刚度系数 k_{ij} 项，x_j 项是未知的节点位移 d_i 项，c_i 项是已知的节点力 F_i 项。

如果 c 项不全为零，则方程组是非齐次的，所有方程必须独立才能得到唯一解。应力分析问题通常涉及求解非齐次方程组。

如果 c 项都为零，则方程组是齐次的，并且只有当所有方程都不独立时才存在非通常解。屈曲和振动问题通常涉及齐次方程组。

B.2　解的唯一性、非唯一性和不存在性

求解线性联立方程组意味着确定未知数的唯一一组值(如果存在的话)，这组值要满足联立方程组的每一个方程。假使正方系数矩阵(本书中所考虑的所有工程问题均导致正方系数矩阵)的行列式不等于零，则存在唯一解。本书中的问题一般均导致有唯一解的线性方程组。下面简要说明方程组解的唯一性、不唯一性和不存在。

B.2.1　解的唯一性

$$
\begin{aligned}
2x_1 + 1x_2 &= 6 \\
1x_1 + 4x_2 &= 17
\end{aligned}
\tag{B.2.1}
$$

对于式(B.2.1)，系数矩阵的行列式不是零，并且存在唯一解，如图 B.1 所示的两个方程(B.2.1)的单个公共交点。

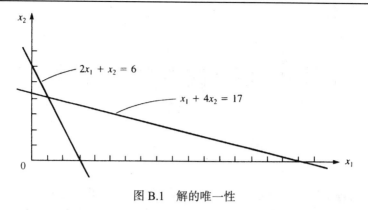

图 B.1　解的唯一性

B.2.2　解的非唯一性

$$2x_1 + x_2 = 6$$
$$4x_1 + 2x_2 = 12$$

(B.2.2)

对于式(B.2.2)，系数矩阵的行列式为零，即：

$$\begin{vmatrix} 2 & 1 \\ 4 & 2 \end{vmatrix} = 0$$

因此这些方程称为奇异方程，要么其解不是唯一的，要么不存在。在这种情况下，如图 B.2 所示，解不是唯一的。

B.2.3　不存在解

$$2x_1 + x_2 = 6$$
$$4x_1 + 2x_2 = 16$$

(B.2.3)

同样，系数矩阵的行列式为零。在这种情况下，因为是两条平行线(没有公共交点)，所以不存在解，如图 B.3 所示。

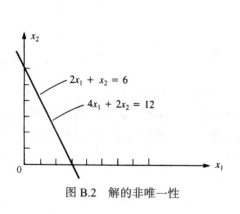

图 B.2　解的非唯一性

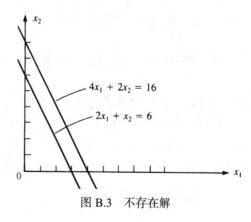

图 B.3　不存在解

B.3　线性代数方程组的求解方法

现在将介绍一些求解具有唯一解的线性代数方程组的常用方法。这些方法中的一些适用于小的方程组，而另一些则非常适合计算机应用。

B.3.1　克拉默法则

首先介绍一种称为克拉默(Cramer)法则的方法，这种方法适用于少量联立方程的直接求解。考虑方程组：

$$[a]\{x\} = [c] \tag{B.3.1}$$

或者，用下标符号表示：

$$\sum_{i=1}^{n} a_{ij} x_j = c_i \tag{B.3.2}$$

首先令$[d^{(i)}]$是矩阵$[a]$，它的列i被列矩阵$[c]$代替。则未知的x_i由下式求得：

$$x_i = \frac{\left|[d^{(i)}]\right|}{|[a]|} \tag{B.3.3}$$

作为克拉默法则的一个例子，考虑以下方程：

$$\begin{aligned}
-x_1 + 3x_2 - 2x_3 &= 2 \\
2x_1 - 4x_2 + 2x_3 &= 1 \\
4x_2 + x_3 &= 3
\end{aligned} \tag{B.3.4}$$

在矩阵形式中，式(B.3.4)变成：

$$\begin{bmatrix} -1 & 3 & -2 \\ 2 & -4 & 2 \\ 0 & 4 & 1 \end{bmatrix} \begin{Bmatrix} x_1 \\ x_2 \\ x_3 \end{Bmatrix} = \begin{Bmatrix} 2 \\ 1 \\ 3 \end{Bmatrix} \tag{B.3.5}$$

通过式(B.3.3)，可以解出未知的x_i项：

$$x_1 = \frac{\left|[d^{(1)}]\right|}{|[a]|} = \frac{\begin{vmatrix} 2 & 3 & -2 \\ 1 & -4 & 2 \\ 3 & 4 & 1 \end{vmatrix}}{\begin{vmatrix} -1 & 3 & -2 \\ 2 & -4 & 2 \\ 0 & 4 & 1 \end{vmatrix}} = \frac{-41}{-10} = 4.1$$

$$x_2 = \frac{\left|[d^{(2)}]\right|}{|[a]|} = \frac{\begin{vmatrix} -1 & 2 & -2 \\ 2 & 1 & 2 \\ 0 & 3 & 1 \end{vmatrix}}{-10} = 1.1 \tag{B.3.6}$$

$$x_3 = \frac{\left|[d^{(3)}]\right|}{|[a]|} = \frac{\begin{vmatrix} -1 & 3 & 2 \\ 2 & -4 & 1 \\ 0 & 4 & 3 \end{vmatrix}}{-10} = -1.4$$

一般来说，要求$n \times n$矩阵的行列式，必须求n个$(n-1) \times (n-1)$阶矩阵的行列式。研究表明，用克拉默法则求解n个联立方程，要用次项展开求行列式，需要$(n-1)(n+1)!$次乘法运算。因此，这种方法需要大量的计算机时间，不适用于解决大型联立方程组(无论是手算还是计算机运算)。

B.3.2　系数矩阵的反演法

可以通过方程组 $[a]\{x\} = \{c\}$ 求解 $\{x\}$，方法是对系数矩阵 $[a]$ 求逆，并将原始方程组的两边预乘 $[a]^{-1}$，从而有：

$$[a]^{-1}[a][x] = [a]^{-1}\{c\}$$
$$[I]\{x\} = [a]^{-1}\{c\} \tag{B.3.7}$$
$$\{x\} = [a]^{-1}\{c\}$$

在附录 A 中讨论了确定矩阵的逆的两种方法(余因子法和行归约法)。

逆方法比消去法或迭代法要费时得多(因为确定 $[a]$ 的逆需要很多时间)，后面将讨论这两种方法。因此，反演法只适用于小的方程组。

然而，在有限元方程组的建立过程中，经常会用到反演的概念，即在获得未知量(如节点位移)的最终解时会用到消去法或迭代法。

除了获得逆矩阵所需的烦琐计算，该方法通常还涉及确定稀疏带状矩阵的逆矩阵(结构分析中的刚度矩阵通常包含许多零，非零系数位于主对角线周围的带状中)。这种稀疏性和带状的特性在计算机的存储需求和求解算法方面具有优势。逆矩阵的结果是一个密集的、完整的矩阵，由于原始系数矩阵的稀疏、带状性质而失去了优势。

为了说明用逆方法求解方程组，请思考之前用克拉默法规则求解的相同方程。为了方便起见，在这里重复这些方程。

$$\begin{bmatrix} -1 & 3 & -2 \\ 2 & -4 & 2 \\ 0 & 4 & 1 \end{bmatrix} \begin{Bmatrix} x_1 \\ x_2 \\ x_3 \end{Bmatrix} = \begin{Bmatrix} 2 \\ 1 \\ 3 \end{Bmatrix} \tag{B.3.8}$$

该系数矩阵的倒数可在附录 A 的式(A.3.11)中找到。然后将未知数确定为：

$$\begin{Bmatrix} x_1 \\ x_2 \\ x_3 \end{Bmatrix} = -\frac{1}{10} \begin{bmatrix} -12 & -11 & -2 \\ -2 & -1 & -2 \\ 8 & 4 & -2 \end{bmatrix} \begin{Bmatrix} 2 \\ 1 \\ 3 \end{Bmatrix} = \begin{Bmatrix} 4.1 \\ 1.1 \\ -1.4 \end{Bmatrix} \tag{B.3.9}$$

B.3.3　高斯消去法

现在将考虑一种称为高斯消去法的常用方法，它很容易适用于计算机求解联立方程组。它是基于系数矩阵的三角化和从最后一个方程开始的反代换未知量的计算。

n 个未知量的 n 个方程的方程组为：

$$\begin{bmatrix} a_{11} & a_{12} & \cdots & a_{1n} \\ a_{21} & a_{22} & \cdots & a_{2n} \\ \vdots & \vdots & & \vdots \\ a_{n1} & a_{n2} & \cdots & a_{nn} \end{bmatrix} \begin{Bmatrix} x_1 \\ x_2 \\ \vdots \\ x_n \end{Bmatrix} = \begin{Bmatrix} c_1 \\ c_2 \\ \vdots \\ c_n \end{Bmatrix} \tag{B.3.10}$$

我们将用高斯消去法来求解。

1. 除第一个方程外，每一个方程中 x_1 的系数都要去掉。

　　为了做到这一点，选择 a_{11} 作为主元。

　　a. 将第一行乘以 $-a_{21}/a_{11}$ 并加到第二行。

b. 将第一行乘以 $-a_{31}/a_{11}$ 并加到第三行。

c. 将此过程持续到第 n 行。

然后将方程组化简为以下形式：

$$\begin{bmatrix} a_{11} & a_{12} & \cdots & a_{1n} \\ 0 & a'_{22} & \cdots & a'_{2n} \\ \vdots & \vdots & \ddots & \vdots \\ 0 & a'_{n2} & \cdots & a'_{nn} \end{bmatrix} \begin{Bmatrix} x_1 \\ x_2 \\ \vdots \\ x_n \end{Bmatrix} = \begin{Bmatrix} c_1 \\ c'_2 \\ \vdots \\ a'_n \end{Bmatrix} \tag{B.3.11}$$

2. 在第二个方程下面的每一个方程中去掉 x_2 的系数。为此，选择 a'_{22} 作为主元，然后：

a. 将第二行乘以 $-a'_{32}/a'_{22}$ 并加到第三行。

b. 将第二行乘以 $-a'_{42}/a'_{22}$ 并加到第四行。

c. 将此过程持续到第 n 行。

然后将方程组化简为以下形式：

$$\begin{bmatrix} a_{11} & a_{12} & a_{13} & \cdots & a_{1n} \\ 0 & a'_{22} & a'_{23} & \cdots & a'_{2n} \\ 0 & 0 & a''_{33} & \cdots & a''_{3n} \\ \vdots & \vdots & \vdots & \ddots & \vdots \\ 0 & 0 & a''_{n3} & \cdots & a''_{nn} \end{bmatrix} \begin{Bmatrix} x_1 \\ x_2 \\ x_3 \\ \vdots \\ x_n \end{Bmatrix} = \begin{Bmatrix} c_1 \\ c'_2 \\ c''_3 \\ \vdots \\ c''_n \end{Bmatrix} \tag{B.3.12}$$

对剩下的行重复这个过程，直到获得如下方程组（称为三角化）：

$$\begin{bmatrix} a_{11} & a_{12} & a_{13} & a_{14} & \cdots & a_{1n} \\ 0 & a'_{22} & a'_{23} & a'_{24} & \cdots & a'_{2n} \\ 0 & 0 & a''_{33} & a''_{34} & \cdots & a''_{3n} \\ 0 & 0 & 0 & a'''_{44} & \cdots & a'''_{4n} \\ \vdots & \vdots & \vdots & \vdots & \ddots & \vdots \\ 0 & 0 & 0 & 0 & \cdots & a^{n-1}_{nn} \end{bmatrix} \begin{Bmatrix} x_1 \\ x_2 \\ x_3 \\ x_4 \\ \vdots \\ x_n \end{Bmatrix} = \begin{Bmatrix} c_1 \\ c'_2 \\ c''_3 \\ c'''_4 \\ \vdots \\ c^{n-1}_n \end{Bmatrix} \tag{B.3.13}$$

3. 根据上式确定 x_n 为：

$$x_n = \frac{c^{n-1}_n}{a^{n-1}_{nn}} \tag{B.3.14}$$

并且通过反代换确定其他未知量。这些步骤概括如下：

$$a_{ij} = a_{ij} - a_{kj}\frac{a_{ik}}{a_{kk}} \quad \begin{array}{l} k = 1, 2, \cdots, n-1 \\ i = k+1, \cdots, n \\ j = k, \cdots, n+1 \end{array} \tag{B.3.15}$$

$$x_i = \frac{1}{a_{ii}}\left(a_{i,n+1} - \sum_{r=i+1}^{n} a_{ir}x_r \right)$$

式中，$a_{i,n+1}$ 表示式(B.3.13)给出的最新右侧的 c 项。

现在将通过下面的例子来说明高斯消去法。

例 B.1　用高斯消去法求解下列联立方程组。

$$2x_1 + 2x_2 + 1x_3 = 9$$
$$2x_1 + 1x_2 = 4 \qquad\qquad (\text{B.3.16})$$
$$1x_1 + 1x_2 + 1x_3 = 6$$

解

步骤 1

除第一个方程外，每一个方程中的 x_1 系数都要去掉。选择 $a_{11}=2$ 作为主元，然后：

a. 将第一行乘以 $-a_{21}/a_{11}=-2/2$ 并加到第二行。

b. 将第一行乘以 $-a_{31}/a_{11}=-1/2$ 并加到第三行。

得到：

$$2x_1 + 2x_2 + 1x_3 = 9$$
$$0x_1 - 1x_2 - 1x_3 = 4 - 9 = -5 \qquad\qquad (\text{B.3.17})$$
$$0x_1 + 0x_2 + \frac{1}{2}x_3 = 6 - \frac{9}{2} = \frac{3}{2}$$

步骤 2

在第二个方程下面的每一个方程中去掉 x_2 的系数。在本例中，在步骤 1 中完成了这一点。

步骤 3

式(B.3.17)第三个方程中的 x_3 求解为：

$$x_3 = \frac{\frac{3}{2}}{\frac{1}{2}} = 3$$

式(B.3.17)第二个方程中的 x_2 求解为：

$$x_2 = \frac{-5 + 3}{-1} = 2$$

式(B.3.17)第一个方程中的 x_1 求解为：

$$x_1 = \frac{9 - 2(2) - 3}{2} = 1$$

为了说明方程(B.3.15)的使用，重新求解相同的例子，如下所示。式(B.3.15)中的下标范围为 $k=1,2$；$i=2,3$ 和 $j=1,2,3,4$。

步骤 1

对于 $k=1$，$i=2$，j 为 1~4：

$$a'_{21} = a_{21} - a_{11}\frac{a_{21}}{a_{11}} = 2 - 2\left(\frac{2}{2}\right) = 0$$
$$a'_{22} = a_{22} - a_{12}\frac{a_{21}}{a_{11}} = 1 - 2\left(\frac{2}{2}\right) = -1$$
$$a'_{23} = a_{23} - a_{13}\frac{a_{21}}{a_{11}} = 0 - 1\left(\frac{2}{2}\right) = -1 \qquad\qquad (\text{B.3.18})$$
$$a'_{24} = a_{24} - a_{14}\frac{a_{21}}{a_{11}} = 4 - 9\left(\frac{2}{2}\right) = -5$$

请注意，这些新系数对应于式(B.3.17)中第二个方程的系数，其中式(B.3.18)的右侧 a 项是上一步的系数[源自式(B.3.16)]，右边的 a_{24} 实际上是 $c_2=4$，左边的 a_{24} 是新的 $c_2=-5$。

对于 $k = 1$，$i = 3$，j 为 $1 \sim 4$：

$$a'_{31} = a_{31} - a_{11}\frac{a_{31}}{a_{11}} = 1 - 2\left(\frac{1}{2}\right) = 0$$

$$a'_{32} = a_{32} - a_{12}\frac{a_{31}}{a_{11}} = 1 - 2\left(\frac{1}{2}\right) = 0$$

$$a'_{33} = a_{33} - a_{13}\frac{a_{31}}{a_{11}} = 1 - 1\left(\frac{1}{2}\right) = \frac{1}{2} \tag{B.3.19}$$

$$a'_{34} = a_{34} - a_{14}\frac{a_{31}}{a_{11}} = 6 - 9\left(\frac{1}{2}\right) = \frac{3}{2}$$

如前所述，这些新系数对应于式(B.3.17)中第三个方程的系数。

步骤 2

对于 $k = 2$，$i = 3$，j 为 $2 \sim 4$：

$$a'_{32} = a_{32} - a_{22}\left(\frac{a_{32}}{a_{22}}\right) = 0 - (-1)\left(\frac{0}{-1}\right) = 0$$

$$a'_{33} = a_{33} - a_{23}\left(\frac{a_{32}}{a_{22}}\right) = \frac{1}{2} - (-1)\left(\frac{0}{-1}\right) = \frac{1}{2} \tag{B.3.20}$$

$$a'_{34} = a_{34} - a_{24}\left(\frac{a_{32}}{a_{22}}\right) = \frac{3}{2} - (-5)\left(\frac{0}{-1}\right) = \frac{3}{2}$$

其中新系数再次对应于式(B.3.17)中第三个方程的系数，因为步骤 1 已经消除了式(B.3.17)中的 x_2 的系数，式(B.3.20)右侧的 a 项取自式(B.3.18)和式(B.3.19)。

步骤 3

通过式(B.3.15)，对于 x_3，有：

$$x_3 = \frac{1}{a_{33}}(a_{34} - 0)$$

或者，使用式(B.3.20)的 a_{33} 和 a_{34}：

$$x_3 = \frac{1}{\left(\frac{1}{2}\right)}\left(\frac{3}{2}\right) = 3$$

其中，当 $r > n$（对于 x_3，$r = 4$ 和 $n = 3$）时，求和在等式(B.3.15)的第二项中被解释为零。对于 x_2，有：

$$x_2 = \frac{1}{a_{22}}\left(a_{24} - a_{23}x_3\right)$$

或者，使用式(B.3.18)中适当的 a 项，有：

$$x_2 = \frac{1}{-1}[-5 - (-1)(3)] = 2$$

对于 x_1，有：

$$x_1 = \frac{1}{a_{11}}(a_{14} - a_{12}x_2 - a_{13}x_3)$$

或者，使用式(B.3.16)中第一个方程的 a 项，有：

$$x_1 = \frac{1}{2}[9 - 2(2) - 1(3)] = 1$$

总之，在式(B.3.15)中使用了前面步骤中最新的 a 项来获得 x 项。

请注意,主元素是每个步骤中的对角线元素。但是,对角线元素必须是非零的,因为我们在每一步中都要除以它。由于接下来的每一步中都在主对角元素下方的式子中添加数字,一个所有主对角元素非零的原始矩阵并不能确保每一步中的主对角元素都保持非零。因此,有必要检验每一步矩阵的主对角元素 a_{kk} 是否为零。如果为零,则当前行(等式)通常与下一行交换,除非该行在下一步中相应的主对角元素变为零。注意,$\{c\}$ 中右侧对应的元素也必须交换。行交换后都应该检验主对角元素是否为零,再进行下一步。

下面的示例将说明避免零主对角元素产生的方法。

例 B.2　求解下列联立方程组。

$$2x_1 + 2x_2 + 1x_3 = 9$$
$$1x_1 + 1x_2 + 1x_3 = 6 \qquad\qquad (B.3.21)$$
$$2x_1 + 1x_2 = 4$$

解　通过将线性方程组的系数矩阵 $[a]$ 添上等号右侧常数矩阵 $\{c\}$ 而忽略未知数矩阵 $\{x\}$ 得到的矩阵,可以方便地建立求解过程。这个新矩阵称为增广矩阵。对于方程组(B.3.21),把增广矩阵写成:

$$\begin{bmatrix} 2 & 2 & 1 & \vdots & 9 \\ 1 & 1 & 1 & \vdots & 6 \\ 2 & 1 & 0 & \vdots & 4 \end{bmatrix} \qquad\qquad (B.3.22)$$

下面使用前面概述的步骤求解:

步骤 1

选择 $a_{11} = 2$ 作为主对角元素。

a.　将式(B.3.22)的第一行乘以 $-a_{21}/a_{11} = -1/2$ 并加到第二行。

b.　将式(B.3.22)的第一行乘以 $-a_{31}/a_{11} = -2/2$ 并加到第三行,得到

$$\begin{bmatrix} 2 & 2 & 1 & \vdots & 3 \\ 0 & 0 & \frac{1}{2} & \vdots & \frac{3}{2} \\ 0 & -1 & -1 & \vdots & -5 \end{bmatrix} \qquad\qquad (B.3.23)$$

在步骤 1 结束时,通常会选择 a_{22} 作为下一个主对角元素。然而,a_{22} 现在等于零。如果交换式(B.3.23)的第二行和第三行,新的 a_{22} 将是非零的,可以用作主对角元素。交换第二行和第三行将变为:

$$\begin{bmatrix} 2 & 2 & 1 & \vdots & 9 \\ 0 & -1 & -1 & \vdots & -5 \\ 0 & 0 & \frac{1}{2} & \vdots & \frac{3}{2} \end{bmatrix} \qquad\qquad (B.3.24)$$

对于这个只有三个方程的特殊集合,交换产生了一个上三角系数矩阵,并结束了消元过程。通过第 3 步代换得到:

$$x_3 = 3 \qquad x_2 = 2 \qquad x_1 = 1$$

第二个问题是,在没有考虑最佳可能主对角元素的情况下按顺序选择主对角元素时,由于结果的舍入,可能会导致精度损失。一般来说,应选择每列中元素的最大值(绝对值)作为主对角元素。例如,考虑给出的方程组:

$$0.002x_1 + 2.00x_2 = 2.00$$
$$3.00x_1 + 1.50x_2 = 4.50 \tag{B.3.25}$$

其实际解决方案如下：

$$x_1 = 1.0005 \qquad x_2 = 0.999 \tag{B.3.26}$$

用高斯消元法求解时，不考虑每列中元素的最大绝对值：

$$0.002_{x1} + 2.00x_2 = 2.00$$
$$-2998.5_{x2} = -995.5$$
$$x_2 = 0.3320 \tag{B.3.27}$$
$$x_1 = 668$$

该解不符合式 (B.3.25) 中的第二行。通过交换的方法，得到方程的解是：

$$3.00x_1 + 1.50x_2 = 4.50$$
$$0.002x_1 + 2.00x_2 = 2.00$$

或

$$3.00x_1 + 1.50x_2 = 4.50$$
$$1.999x_2 = 1.997$$
$$x_2 = 0.999 \tag{B.3.28}$$
$$x_1 = 1.0005$$

式 (B.3.28) 与实际解一致 [参见式 (B.3.26)]。

因此，通常情况下，主对角元素应该被选择为每列中最大 (绝对值) 的元素。这个过程称为部分旋转。在剩余方程的整个矩阵中选择最大的主对角元素并进行适当的行交换，可以得到更好的结果，称为完全旋转。完全旋转需要进行大量的检验，因此一般不建议这样做。

有限元方程通常包含不同量级的系数，因此采用部分旋转的高斯消元法是求解方程的一种有效方法。

最后，对于 n 维方程组，高斯消元法所需的运算为 n 次除法、$\frac{1}{3}n^3 + n^2$ 次乘法和 $\frac{1}{3}n^3 + n$ 次加法。如果同时使用部分旋转，则选择主对角元素所需的比较次数为 $n(n+1)/2$。

其他消元法，包括高斯–若尔当 (Gauss-Jordan) 和楚列斯基 (Cholesky) 法，与高斯消元法相比有一些优点，有时用于求解大型方程组。有关其他方法的描述，请参见参考文献 [1~3]。

B.3.4　高斯–赛德尔迭代法

用于求解线性代数方程组的另一类一般方法 (除消元法外) 是迭代法。当方程组较大且稀疏 (包含许多零元素) 时，迭代方法可以很好地实行。高斯–赛德尔 (Gauss-Seidel) 迭代法从原始方程组 $[a]\{x\} = \{c\}$ 开始：

$$x_1 = \frac{1}{a_{11}}(c_1 - a_{12}x_2 - a_{13}x_3 - \cdots - a_{1n}x_n)$$
$$x_2 = \frac{1}{a_{22}}(c_2 - a_{21}x_1 - a_{23}x_3 - \cdots - a_{2n}x_n)$$
$$\vdots \tag{B.3.29}$$
$$x_n = \frac{1}{a_{nn}}(c_1 - a_{n1}x_1 - a_{n2}x_2 - \cdots - a_{n,n-1}x_{n-1})$$

然后应用以下步骤。

1. 假设一组未知量 $x_1, x_2, \cdots, x_n$ 的初始值，并将它们代入第一个式(B.3.29)的右侧，以求解新的 x_1。

2. 将在步骤 1 获得的 x_1 的最新值和 $x_3, x_4, \cdots, x_n$ 的初始值放在式(B.3.29)第二个方程的右侧，求解新的 x_2。

3. 继续使用在式(B.3.29)左侧获得的 x 项的最新值作为每个后续步骤右侧的下一个初始值。

4. 重复迭代直至收敛。

一组好的初始值(假设)通常是 $x_i = c_i / a_{ii}$，下面用一个例子来说明这个方法。

例 B.3　考虑由下列公式给出的线性联立方程组：

$$
\begin{aligned}
4x_1 - x_2 &&&= 2 \\
-x_1 + 4x_2 - x_3 &&&= 5 \\
-x_2 + 4x_3 - x_4 &&= 6 \\
-x_3 + 2x_4 &&= -2
\end{aligned}
\tag{B.3.30}
$$

求 $x_1 \sim x_4$。

解　利用 $x_i = c_i / a_{ii}$ 给出的初始值，得到：

$$
x_1 = \frac{2}{4} = \frac{1}{2} \quad x_2 = \frac{5}{4} \approx 1 \quad x_3 = \frac{6}{4} \approx 1 \quad x_4 = -1
$$

求解式(B.3.30)的第一个方程得到 x_1：

$$
x_1 = \frac{1}{4}(2 + x_2) = \frac{1}{4}(2 + 1) = \frac{3}{4}
$$

求解式(B.3.30)的第二个方程得到 x_2：

$$
x_2 = \frac{1}{4}(5 + x_1 + x_3) = \frac{1}{4}\left(5 + \frac{3}{4} + 1\right) = 1.68
$$

求解式(B.3.30)的第三个方程得到 x_3：

$$
x_3 = \frac{1}{4}(6 + x_2 + x_4) = \frac{1}{4}[6 + 1.68 + (-1)] = 1.672
$$

求解式(B.3.30)的第四个方程得到 x_4：

$$
x_4 = \frac{1}{2}(-2 + x_3) = \frac{1}{2}(-2 + 1.67) = -0.16
$$

第一次迭代完成。第二次迭代得到：

$$
x_1 = \frac{1}{4}(2 + 1.68) = 0.922
$$

$$
x_2 = \frac{1}{4}(5 + 0.922 + 1.672) = 1.899
$$

$$
x_3 = \frac{1}{4}[6 + 1.899 + (-0.16)] = 1.944
$$

$$
x_4 = \frac{1}{2}(-2 + 1.944) = -0.028
$$

表 B.1 列出了采用高斯-赛德尔法迭代 4 次后的结果和精确解。从表 B.1 中发现，到第四次迭代时，收敛到精确解的速度很快，而且解的精度取决于迭代次数。

表 B.1　采用高斯-赛德尔法迭代 4 次后式(B.3.30)的结果

迭代次数	x_1	x_2	x_3	x_4
0	0.5	1.0	1.0	-1.0
1	0.75	1.68	1.672	-0.16

续表

迭代次数	x_1	x_2	x_3	x_4
2	0.922	1.899	1.944	−0.028
3	0.975	1.979	1.988	−0.006
4	0.9985	1.9945	1.9983	−0.0008
精确解	1.0	2.0	2.0	0

一般来说，迭代方法是自校正的，在一次迭代中产生的错误将被以后的迭代所校正。然而，有些方程组的迭代方法是不收敛的。下面的例子展示了一个方程组使用高斯-赛德尔法不会收敛到精确解的情况，因为主对角线项小于非对角线项。

$$1x_1 + 3x_2 = 5$$
$$4x_1 - 1x_2 = 12 \tag{B.3.31}$$

当方程的排列方式使得对角线项大于非对角线项时[可在式(B.3.31)中实现]，通常会提高收敛的可能性。

最后，对于 n 维方程组，高斯-赛德尔法所需的算术运算是 n 次除法、n^2 次乘法和 $n^2 - n$ 次加法。

B.4 带状对称矩阵、带宽、外形线和波前法

在结构分析中线性方程组的系数矩阵(刚度矩阵)总是对称的和带状的。因为通常需要使用大量的变量来满足分析的需求，所以从拟合内存(计算机的即时访问部分)和计算效率的角度来看，实现刚度矩阵的压缩存储是可取的。接下来将讨论带状对称格式，它不一定是最有效的格式，但在计算机上的实现相对简单。

另一种方法是基于刚度矩阵的外形线概念来提高方程的求解效率。外形线是一个包络线，它从刚度矩阵每列的第一个非零系数开始(参见图 B.5)。在外形线中，只有主对角线和外形线之间的系数存储在一维数组中(通常采用连续的列)。一般来说，这种方法在计算机中占用更少的存储空间，并且在方程求解方面比传统的带状格式更有效。(有关外形线的更多信息，请参阅参考文献[3，10，11]。)

如果矩阵的非零项集中在主对角线上，则矩阵是带状的。为了说明这个概念，考虑图 B.4 中的平面桁架结构。

从图 B.4 中可以看到单元 2 连接节点 1 和节点 4。因此，图 B.5 中的位置 1-1、1-4、4-1 和 4-4 处的 2×2 子矩阵具有非零系数。图 B.5 表示平面桁架的总刚度矩阵。X' 项表示非零系数。从图 B.5 中，观察到非零项在图中所示的范围内。当使用带状存储格式时，只需要存储主对角线和非零上对角线，如图 B.6 所示。需要注意的是，任何具有非零项的副对角线都需要存储整个余对角线以及它与主对角线之间的任何余对角线。为了达到计算的目的，使用带状存储是较为有效的。参考文献[4]对带状压缩存储给出了更详细的解释。

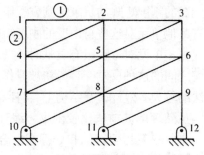

图 B.4 平面桁架的带宽说明

现在将半带宽 n_b 定义为 $n_b = n_d(m+1)$，其中 n_d 是每个节点的自由度，m 是通过计算有限

元模型中每个单元的节点数之差而确定的节点数的最大差值。在图 B.4 所示的平面桁架示例中，$m = 4 - 1 = 3$，$n_d = 2$，所以 $n_b = 2(3 + 1) = 8$。

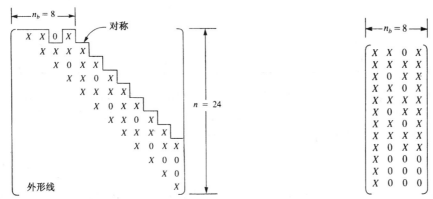

图 B.5　图 B.4 平面桁架的刚度矩阵，其中 X 通常表示具有非零系数的 2×2 子矩阵块

图 B.6　图 B.5 刚度矩阵的带状存储格式

执行时间(主要是方程求解时间)是要求解的方程数量的函数。已经证明[5]，当不使用整体刚度矩阵[K]的带状存储时，执行时间与 $(1/3)n^3$ 成正比，其中 n 是要求解的方程的数目，或者等效地说是[K]的特征值。当使用[K]的带状存储时，执行时间与 $(n)n_b^2$ 成正比。不采用带状存储的执行时间与采用常用存储的执行时间之比为 $(1/3)(n/n_b)^2$。对于平面桁架示例，此比率为 $(1/3)(24/8)^2 = 3$。因此，如果不使用带状存储，执行示例桁架的解决方案需要大约 3 倍的时间。

因此，为了减少带宽，应该系统地给节点编号，并尽量使相邻节点之间的差值最小。小带宽通常是通过对较短维度上连续的节点进行编号来实现的，如图 B.4 所示。一些计算机程序使用带状对称格式来存储整体刚度矩阵[K]。

几个节点自动重新编号的方案已经被计算机化[6]。此选项在大多数通用计算机程序中都可使用。此外，波前法或前向法正在成为优化方程求解时间的常用方法。在波前法中，单元(而不是节点)会自动重新编号。

在波前法中，方程的组合与用高斯消去法的解不同。方程被处理的次序由单元编号来确定，而不是由节点编号来确定的。要消去的第 1 个方程只是与单元 1 相关的那些方程。接着，相邻单元 2 的刚度矩阵的贡献加到方程组中，假使仅是单元 1 和单元 2 对附加的自由度有贡献，即没有其他单元对这些自由度的刚度矩阵有贡献，那么这些方程从方程组中被消去(凝缩)。当一个或更多单元对方程组有贡献时，只是由这些单元贡献的附加自由度将从解中被消去。在组合和解之间的这种反复交替最初被看作波前，这个波在结构上以单元编号的样式扫荡。由于这种方法的较大有效性，在结构上，将以跨越最少节点编号的方向进行连续的单元编号。

虽然理解波前法比较困难，编程序也比对称带状法困难，但是，在计算上它是比较有效的。带状求解器要存储和处理在组合刚度矩阵时所产生的所有零系数块；而在波前法中，并不存储和处理这些零系数块。现在，许多大规模的计算程序用波前法来解方程组。有关这个方法的进一步知识可参阅参考文献[7～9]。例 B.4 用来说明波前法对框架问题的解。

例 B.4　用图 B.7 所示的平面桁架说明波前法的解的过程。

解　用符号形式来解这个问题。组合单元 1、单元 2 和单元 3 的 k 项，并在节点 1 加上边界条件，则有

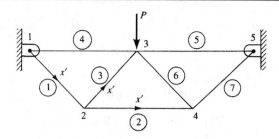

图 B.7　用波前法求解的框架

$$
\begin{bmatrix}
k_{33}^{(1)}+k_{11}^{(2)}+k_{11}^{(3)} & k_{34}^{(1)}+k_{12}^{(2)}+k_{12}^{(3)} & k_{13}^{(3)} & k_{14}^{(3)} & k_{13}^{(2)} & k_{14}^{(2)} \\
k_{43}^{(1)}+k_{21}^{(2)}+k_{21}^{(3)} & k_{44}^{(1)}+k_{22}^{(2)}+k_{22}^{(3)} & k_{23}^{(3)} & k_{24}^{(3)} & k_{23}^{(2)} & k_{24}^{(2)} \\
\hline
k_{31}^{(2)} & k_{32}^{(3)} & k_{33}^{(3)} & k_{34}^{(3)} & k_{33}^{(2)} & k_{34}^{(2)} \\
k_{41}^{(3)} & k_{42}^{(3)} & k_{43}^{(3)} & k_{44}^{(3)} & k_{43}^{(2)} & k_{44}^{(2)} \\
k_{31}^{(2)} & k_{32}^{(2)} & 0 & 0 & 0 & 0 \\
k_{41}^{(2)} & k_{42}^{(2)} & 0 & 0 & 0 & 0
\end{bmatrix}
\begin{Bmatrix} u_2 \\ v_2 \\ \hline u_3' \\ v_3' \\ u_4' \\ v_4' \end{Bmatrix}
=
\begin{Bmatrix} 0 \\ 0 \\ \hline 0 \\ -P \\ 0 \\ 0 \end{Bmatrix}
\tag{B.4.1}
$$

静态凝聚法或高斯消去法消去 u_2 和 v_2（从这些单元对节点 2 自由度的所有刚度贡献均被包括，这些贡献来自单元 1-3），则得到：

$$
[k_c'] \begin{Bmatrix} u_3' \\ v_3' \\ u_4' \\ v_4' \end{Bmatrix} = \{F_c'\}
\tag{B.4.2}
$$

式中，凝聚的刚度和力矩阵为（参见 7.5 节）：

$$
[k_c'] = [K_{22}'] - [K_{21}'][K_{11}']^{-1}[K_{12}']
\tag{B.4.3}
$$

$$
\{F_c'\} = \{F_2'\} - [K_{21}'][K_{11}']^{-1}\{F_1'\}
\tag{B.4.4}
$$

式中，自由度上的撇号，如方程 (B.4.1) 中的 u_3'，表示与这些自由度相关的所有刚度系数还没有包括。现在在节点 3 处的自由度要包括单元 4~6。得到的方程为：

$$
\begin{bmatrix}
k_{c11}'+k_{33}^{(4)}+k_{11}^{(5)}+k_{11}^{(6)} & k_{34}^{(4)}+k_{12}^{(5)}+k_{12}^{(6)}+k_{c12}' & k_{13}^{(6)}+k_{c13}' & k_{14}^{(6)}+k_{c14}' \\
k_{c21}'+k_{34}^{(4)}+k_{21}^{(5)}+k_{21}^{(6)} & k_{44}^{(4)}+k_{22}^{(5)}+k_{22}^{(6)}+k_{c22}' & k_{23}^{(6)}+k_{c23}' & k_{24}^{(6)}+k_{c24}' \\
\hline
k_{c31}'+k_{31}^{(6)} & k_{c32}'+k_{32}^{(6)} & k_{c33}'+k_{33}^{(6)} & k_{c34}'+k_{34}^{(6)} \\
k_{c41}'+k_{41}^{(6)} & k_{c42}'+k_{42}^{(6)} & k_{c43}'+k_{43}^{(6)} & k_{c44}'+k_{44}^{(6)}
\end{bmatrix}
\tag{B.4.5}
$$

$$
\times \begin{Bmatrix} u_3 \\ v_3 \\ \hline u_4' \\ v_4' \end{Bmatrix} = \begin{Bmatrix} 0 \\ -P \\ \hline 0 \\ 0 \end{Bmatrix}
$$

应用静态凝聚法消去 u_3 和 v_3(每个单元对节点 3 自由度的所有贡献都已包括)后得到:

$$[k_c''] \left\{ \begin{array}{c} u_4' \\ v_4' \end{array} \right\} = \{F_c''\} \tag{B.4.6}$$

式中

$$[k_c''] = [K_{22}''] - [K_{21}''][K_{11}'']^{-1}[K_{12}''] \tag{B.4.7}$$

$$\{F_c''\} = \{F_2'\} - [K_{21}''][K_{11}'']^{-1}\{F_1'\} \tag{B.4.8}$$

下一步包括单元 7 对刚度矩阵的贡献。凝聚方程组后得到:

$$[k_c'''] \left\{ \begin{array}{c} u_4 \\ v_4 \end{array} \right\} = \{F_c'''\} \tag{B.4.9}$$

式中

$$[k_c'''] = [K_{22}'''] - [K_{21}'''][K_{11}''']^{-1}[K_{12}'''] \tag{B.4.10}$$

$$\{F_c'''\} = \{F_2'''\} - [K_{21}'''][K_{11}''']^{-1}\{F_1'''\} \tag{B.4.11}$$

消去过程已经完成,可从方程(B.4.9)解得 u_4 和 v_4,把 u_4 和 v_4 回代到方程(B.4.5)可得到 u_3 和 v_3。最后,把 u_4 和 v_4 回代到方程(B.4.1)可得到 u_2 和 v_2。静态凝聚和带回代的高斯消去法已被用于解所有自由度的方程组。解的过程继续进行,就像在结构上扫荡的波。从节点 2 开始,吞噬节点 2 和与节点 2 的自由度相关的单元,然后扫荡节点 3,最后是节点 4。

前面已经阐述了经常用在计算机程序中解代数方程组的实用计算机方法。这些方法的特点是:它们利用了刚度法产生带形矩阵[K]的优点,这种矩阵的非零元素只在[K]的主对角线附近,而解方程后,仍旧保持这种带状格式。

例 B.5 现在用简单的例子来说明这种计算机方法。考虑图 B.8 所示的三弹簧组合结构,结构在节点 2 的 x 方向受 100 N 的力,在 y 方向受 200 N 的力。节点 1 在 x 和 y 方向的位移都被约束住,而节点 3 在 y 方向被完全约束,在 x 方向有已知的位移量 δ。

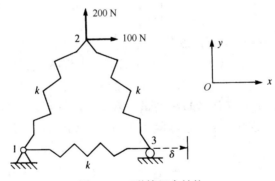

图 B.8　三弹簧组合结构

解 本例的目的并不是得到结构的实际[K],而是要说明求解的方法。一般解由下式给出:

$$\begin{bmatrix} k_{11} & k_{12} & k_{13} & k_{14} & k_{15} & k_{16} \\ & k_{22} & k_{23} & k_{24} & k_{25} & k_{26} \\ & & k_{33} & k_{34} & k_{35} & k_{36} \\ & & & k_{44} & k_{45} & k_{46} \\ & & & & k_{55} & k_{56} \\ \text{对称} & & & & & k_{66} \end{bmatrix} \left\{ \begin{array}{c} u_1 \\ v_1 \\ u_2 \\ v_2 \\ u_3 \\ v_3 \end{array} \right\} = \left\{ \begin{array}{c} F_{1x} \\ F_{1y} \\ F_{2x} = 100 \\ F_{2y} = 200 \\ F_{3x} \\ F_{3y} \end{array} \right\} \tag{B.4.12}$$

式中[K]有一般的形式，加上边界条件，计算程序把方程(B.4.12)转变为：

$$
\begin{bmatrix}
1 & 0 & 0 & 0 & 0 & 0 \\
0 & 1 & 0 & 0 & 0 & 0 \\
0 & 0 & k_{33} & k_{34} & 0 & 0 \\
0 & 0 & k_{43} & k_{44} & 0 & 0 \\
0 & 0 & 0 & 0 & 1 & 0 \\
0 & 0 & 0 & 0 & 0 & 1
\end{bmatrix}
\begin{Bmatrix}
u_1 \\ v_1 \\ u_2 \\ v_2 \\ u_3 \\ v_3
\end{Bmatrix}
=
\begin{Bmatrix}
0 \\ 0 \\ 100 - k_{35}\delta \\ 200 - k_{45}\delta \\ \delta \\ 0
\end{Bmatrix}
\tag{B.4.13}
$$

从方程(B.4.13)可以看出，$u_1 = 0$，$v_1 = 0$，$v_3 = 0$，$u_3 = \delta$。这些位移与所给的边界条件相一致，解方程(B.4.13)就可确定未知的位移u_2和v_2。

现在来解释一般用于把方程(B.4.12)转变为方程(B.4.13)的计算机方法。首先，把每个方程中与已知位移边界条件有关的项转到这些方程的右边。从方程(B.4.13)可以看出，在方程(B.4.12)的第3个和第4个方程中，$k_{35}\delta$和$k_{45}\delta$已被转到右边。然后，令与已知位移行相应的右边的力项(force term)等于已知位移。从方程(B.4.13)可以看出，在方程(B.4.12)的第5个方程中，$u_3 = \delta$，右边第5行的力项F_{3x}已等于已知位移δ。对于齐次边界条件，与零位移行相应的{F}的有效行用零来代替。在计算机方法中这样做是为了得到节点位移，并不意味着这些节点力是零。在确定节点位移后，把它们回代到初始方程(B.4.12)就可得到未知的节点力。因为在方程(B.4.12)中$u_1 = 0$，$v_1 = 0$，$v_3 = 0$，方程(B.4.13)的力矩阵的第1行、第2行和第6行被设为零。最后，对于非齐次和齐次边界条件，除了主对角线项设为1以外，与已知边界条件相应的[K]的行和列均设为零；即除了主对角线项设为1以外，在方程(B.4.12)的[K]的第1行、第2行、第5行和第6行与列均设为零。虽然这样做并不是必需的。把主对角线项设为1，是为了在计算程序中用高斯消去法联立解方程(B.4.13)中的6个方程容易一些，方程(B.4.13)的矩阵[K]中已给出了这些修正。

参考文献

[1]　Chapra, S. C., and Canale, R. P., *Numerical Methods for Engineers*, 5th ed., McGraw-Hill, NY, 2008.

[2]　Rao, S. S., *Applied Numerical Methods for Engineers and Scientists*, Prentice Hall, NY, 2001.

[3]　Bathe, K. J., and Wilson, E. L., *Numerical Methods in Finite Element Analysis*, Prentice Hall, Englewood Cliffs, NJ, 1976.

[4]　A. George and J. W.-H. Liu, *Computer Solution of Large Sparse Positive Definite Systems*, Prentice-Hall Inc., Englewood Cliffs, New Jersey, 1981.

[5]　Kardestuncer, H., *Elementary Matrix Analysis of Structures*, McGraw-Hill, New York, 1974.

[6]　Collins, R. J., "Bandwidth Reduction by Automatic Renumbering," *International Journal For Numerical Methods in Engineering*, Vol. 6, pp. 345–356, 1973.

[7]　Melosh, R. J., and Bamford, R. M., "Efficient Solution of Load-Deflection Equations," *Journal of the Structural Division*, American Society of Civil Engineers, No. ST4, pp. 661–676, April 1969.

[8]　Irons, B. M., "A Frontal Solution Program for Finite Element Analysis," *International Journal for Numerical Methods in Engineering*, Vol. 2, No. 1, pp. 5–32, 1970.

[9]　Meyer, C., "Solution of Linear Equations-State-of-the-Art," *Journal of the Structural Division*, American Society of Civil Engineers, Vol. 99, No. ST7, pp. 1507–1526, 1973.

[10]　Jennings, A., *Matrix Computation for Engineers and Scientists*, Wiley, London, 1977.

[11]　Cook, R. D., Malkus, D. S., Plesha, M. E., and Witt, R. J., *Concepts and Applications of Finite Element Analysis*, 4th ed., Wiley, New York, 2002.

习题

B.1　用克拉默法则确定下列联立方程的解:

$$2x_1 + 4x_2 = 20$$
$$4x_1 - 2x_2 = 10$$

B.2　用求逆法确定习题 B.1 中联立方程的解。

B.3　用高斯消去法解下列联立方程组:

$$2x_1 - 4x_2 - 5x_3 = 6$$
$$2x_2 + 4x_3 = -1$$
$$1x_1 - 1x_2 + 2x_3 = 2$$

B.4　用高斯消去法解下列联立方程组:

$$2x_1 + 1x_2 - 3x_3 = 11$$
$$4x_1 - 2x_2 + 3x_3 = 8$$
$$-2x_1 + 2x_2 - 1x_3 = -6$$

B.5　给出下列方程:

$$x_1 = 3y_1 - 2y_2 \quad z_1 = x_1 + 2x_2$$
$$x_2 = 2y_1 - y_2 \quad z_2 = 4x_1 + 2x_2$$

　　a. 以矩阵形式写出这些关系。

　　b. 用 $\{y\}$ 表示 $\{z\}$。

　　c. 用 $\{z\}$ 表示 $\{y\}$

B.6　从初始猜测的 $\{X\}^{\mathrm{T}} = [1111]$ 出发,对下列方程组用高斯-赛德尔法进行 5 次迭代。基于 5 次迭代的结果,精确解是多少?

$$2x_1 - 1x_2 \qquad\qquad = -1$$
$$-1x_1 + 6x_2 - 1x_3 \qquad = 4$$
$$-2x_2 + 4x_3 - 1x_4 \qquad = 4$$
$$-1x_3 + 4x_4 - 1x_5 = 6$$
$$-1x_4 + 2x_5 = -2$$

B.7　用高斯-赛德尔迭代求解习题 B.1。

B.8　根据 B.2 节,把下列方程组的解分为唯一、不唯一和不存在。

　　a.　$2x_1 - 6x_2 = 10$　　　b. $6x_1 + 3x_2 = 9$
　　　　$4x_1 - 12x_2 = 20$　　　　$2x_1 + 6x_2 = 12$
　　c. $8x_1 + 4x_2 = 32$　　　d.　$1x_1 + 1x_2 + 1x_3 = 1$
　　　　$4x_1 + 2x_2 = 8$　　　　$2x_1 + 2x_2 + 2x_3 = 2$
　　　　　　　　　　　　　　　$3x_1 + 3x_2 + 3x_3 = 3$

B.9　确定图 PB.9 所示的平面桁架的带宽,对节点的编号有什么结论?

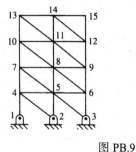 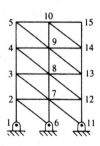

图 PB.9

附录 C 弹性理论的方程

引言

本附录将介绍弹性理论的基本方程。本书的结构力学问题中经常引用这些方程。

在弹性理论中有三组基本方程，假使要得到结构力学问题的精确解，必须满足这些方程。这些方程组是：(1)以作用在物体上的应力表示的平衡微分方程，(2)应变/位移和协调微分方程，(3)应力/应变关系或材料本构关系。

C.1 平衡微分方程

为简单起见，开始考虑受法向应力 σ_x 和 σ_y、面内切应力 τ_{xy} (以单位面积的力为单位)与体力 X_b 和 Y_b (以单位体积的力为单位)作用的平面单元的平衡，如图 C.1 所示。应力作用在每个面的宽度上时，假设应力是常数。但是，应力从一个面到对面是时变的。例如，在左边垂直面上作用 σ_x，而 $\sigma_x + (\partial\sigma_x/\partial x)\mathrm{d}x$ 作用在右边的垂直面上。假设单元有单位厚度。

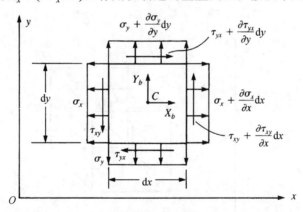

图 C.1 受应力作用的平面微元

把 x 方向的力相加有：

$$\Sigma F_x = 0_x = \left(\sigma_x + \frac{\partial\sigma_x}{\partial x}\mathrm{d}x\right)\mathrm{d}y(1) - \sigma_x\mathrm{d}y(1) + X_b\,\mathrm{d}x\,\mathrm{d}y(1)$$
$$+ \left(\tau_{yx} + \frac{\partial\tau_{yx}}{\partial y}\mathrm{d}y\right)\mathrm{d}x(1) - \tau_{yx}\,\mathrm{d}x(1) = 0 \tag{C.1.1}$$

化简并抵消方程(C.1.1)中的项后可得：

$$\frac{\partial\sigma_x}{\partial x} + \frac{\partial\tau_{yx}}{\partial y} + X_b = 0 \tag{C.1.2}$$

类似地，把 y 方向的力相加后有：

$$\frac{\partial \sigma_y}{\partial y} + \frac{\partial \tau_{xy}}{\partial x} + Y_b = 0 \tag{C.1.3}$$

因为只考虑平面单元,必须满足三个平衡方程。第三个方程是绕垂直 x-y 平面轴的力矩平衡,即相对于图 C.1 中点 C 取矩,则有:

$$\begin{aligned}
\sum M_z = 0 &= \tau_{xy}\mathrm{d}y(1)\frac{\mathrm{d}x}{2} + \left(\tau_{xy} + \frac{\partial \tau_{xy}}{\partial x}\mathrm{d}x\right)\frac{\mathrm{d}x}{2} \\
&\quad - \tau_{yx}\mathrm{d}x(1)\frac{\mathrm{d}y}{2} - \left(\tau_{yx} + \frac{\partial \tau_{yx}}{\partial y}\mathrm{d}y\right)\frac{\mathrm{d}y}{2} = 0
\end{aligned} \tag{C.1.4}$$

化简方程(C.1.4)并忽略高阶项后得到:

$$\tau_{xy} = \tau_{yx} \tag{C.1.5}$$

现在考虑图 C.2 所示的三维应力状态,图中给出了增加的应力 σ_z,τ_{xz} 和 τ_{yz}。为清楚起见,图中只给出了在三个互相垂直的面上的应力。用直接的方法可以把二维的方程(C.1.2)、方程 (C.1.3) 和方程(C.1.5)推广到三维。所得的总平衡方程组为:

$$\frac{\partial \sigma_x}{\partial x} + \frac{\partial \tau_{xy}}{\partial y} + \frac{\partial \tau_{xz}}{\partial z} + X_b = 0$$

$$\frac{\partial \tau_{xy}}{\partial x} + \frac{\partial \sigma_y}{\partial y} + \frac{\partial \tau_{yz}}{\partial z} + Y_b = 0 \tag{C.1.6}$$

$$\frac{\partial \tau_{xz}}{\partial x} + \frac{\partial \tau_{yz}}{\partial y} + \frac{\partial \sigma_z}{\partial z} + Z_b = 0$$

和

$$\tau_{xy} = \tau_{yx} \qquad \tau_{xz} = \tau_{zx} \qquad \tau_{yz} = \tau_{zy} \tag{C.1.7}$$

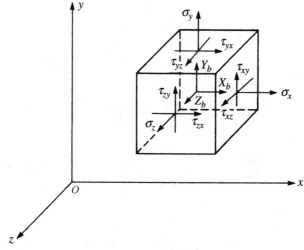

图 C.2　三维应力单元

C.2　应变/位移和协调方程

先得到二维情况的应变/位移关系或运动微分关系。考虑图 C.3 所示的微元,图中用虚线表示变形前状态,用实线表示变形后的状态(在应变发生以后)。

考虑 x 方向的线单元 AB,可以看出,在变形后它变为 $A'B'$,其中 u 和 v 表示在 x 和 y 方

向的位移。根据工程法向应变的定义(即长度的变化除以原始长度)有：

$$\varepsilon_x = \frac{A'B' - AB}{AB} \tag{C.2.1}$$

现在

$$AB = \mathrm{d}x \tag{C.2.2}$$

和

$$(A'B')^2 = \left(\mathrm{d}x + \frac{\partial u}{\partial x}\mathrm{d}x\right)^2 + \left(\frac{\partial v}{\partial x}\mathrm{d}x\right)^2 \tag{C.2.3}$$

应用二项式公式，并忽略高阶项 $(\partial u/\partial x)^2$ 和 $(\partial v/\partial x)^2$ (这与小应变的假设一致)来计算 $A'B'$，则有：

$$A'B' = \mathrm{d}x + \frac{\partial u}{\partial x}\mathrm{d}x \tag{C.2.4}$$

把方程(C.2.2)和方程(C.2.4)代入方程(C.2.1)可得：

$$\varepsilon_x = \frac{\partial u}{\partial x} \tag{C.2.5}$$

类似地，考虑 y 方向的线元 AD 有：

$$\varepsilon_y = \frac{\partial v}{\partial y} \tag{C.2.6}$$

切应变 γ_{xy} 定义为两条线(如 AB 和 AD)之间角度的变化。这两条线初始为直角，因此从图 C.3 可以看出，γ_{xy} 是两个角的和，由下式给出：

$$\gamma_{xy} = \frac{\partial u}{\partial y} + \frac{\partial v}{\partial x} \tag{C.2.7}$$

方程(C.2.5)至方程(C.2.7)表示平面情况下的应变/位移关系。

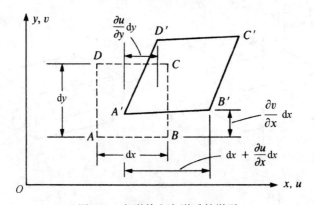

图 C.3　变形前和变形后的微元

对于三维情况，在 z 方向有位移 w，可以直接把二维的推导推广到三维情况，这样就得到如下的附加应变/位移关系：

$$\varepsilon_z = \frac{\partial w}{\partial z} \tag{C.2.8}$$

$$\gamma_{xz} = \frac{\partial u}{\partial z} + \frac{\partial w}{\partial x} \tag{C.2.9}$$

$$\gamma_{yz} = \frac{\partial v}{\partial z} + \frac{\partial w}{\partial y} \tag{C.2.10}$$

为了保证位移 u，v 和 w 是单值连续函数，以便不发生单元的撕裂或重叠，与应变/位移方程一起，

需要协调方程。对于平面弹性的情况,把 γ_{xy} 相对 x 和 y 取微分,并利用方程(C.2.5)和方程 (C.2.6) 对 ε_x 和 ε_y 的定义, 就可得到协调方程:

$$\frac{\partial^2 \gamma_{xy}}{\partial x \partial y} = \frac{\partial^2}{\partial x \partial y}\frac{\partial u}{\partial y} + \frac{\partial^2}{\partial x \partial y}\frac{\partial v}{\partial x} = \frac{\partial^2 \varepsilon_x}{\partial y^2} + \frac{\partial^2 \varepsilon_y}{\partial x^2} \tag{C.2.11}$$

注意, 位移单值连续性要求相对于 x 和 y 的偏微分的次序是可以交换的, 从而可以得到上式中用应变表示右边的第二个方程。因此, 有 $\partial^2/\partial x \partial y = \partial^2/\partial y \partial x$ 方程(C.2.11)称为协调方程。为了得到 u 和 v 的唯一表达式, 应变分量必须满足这个方程。方程(C.2.5)、方程(C.2.6)、方程(C.2.7)和方程(C.2.11)一起是得到单值唯一的 u 和 v 函数的充分条件。

在三维中, 用得到 γ_{xz} 和 γ_{yz} 相同的方法, 微分 γ_{xy} 就可得到另外 5 个协调方程。这里不再列出这些方程。在参考文献[1]中可找到推导这些方程的细节。

了保证在物体中位移是单值连续函数, 除了协调条件, 必须满足位移或运动边界条件。这意味着, 位移函数也必须满足在物体表面指定的或给定的位移, 这些条件经常作为滚轴和(或)销钉的支撑条件, 一般可以是:

$$u = u_0 \qquad v = v_0 \qquad w = w_0 \tag{C.2.12}$$

在物体的指定表面位置满足上述条件。也可以有不是指定位移的条件(例如指定转动)。

C.3　应力/应变关系

这里只给出各向同性体的三维应力/应变关系。这通过考虑物体对所受应力的响应完成。设物体分别受图 C.4 所示的应力 σ_x, σ_y 和 σ_z 的作用。

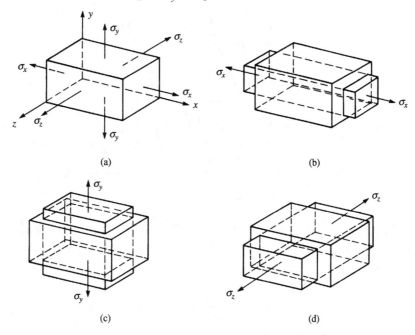

图 C.4　在三个互相垂直方向作用法应力的单元

先考虑由独立的应力 σ_x, σ_y 和 σ_z 作用时, 单元长度在 x 方向的变化。假设叠加原理成

立，即由于几个力在系统中产生的合成应变是各个单独影响的代数和。

考虑图 C.4(b)，在 x 方向的应力产生正应变：

$$\varepsilon_x' = \frac{\sigma_x}{E} \tag{C.3.1}$$

在写方程(C.3.1)时已应用了胡克定律 $\sigma = E\varepsilon$，E 定义为弹性模量。考虑图 C.4(c)，由于泊松效应的结果，在 y 方向的正应力在 x 方向产生负应变

$$\varepsilon_x'' = -\frac{\nu\sigma_y}{E} \tag{C.3.2}$$

式中 ν 是泊松比。相似地，考虑图 C.4(d)，在 z 方向的应力在 x 方向产生如下的负应变：

$$\varepsilon_x''' = -\frac{\nu\sigma_z}{E} \tag{C.3.3}$$

把方程(C.3.1)至方程(C.3.3)叠加可得：

$$\varepsilon_x = \frac{\sigma_x}{E} - \nu\frac{\sigma_y}{E} - \nu\frac{\sigma_z}{E} \tag{C.3.4}$$

用与得到 x 方向应变的方程(C.3.4)同样的方法可确定 y 和 z 方向的应变。它们是：

$$\varepsilon_y = -\nu\frac{\sigma_x}{E} + \frac{\sigma_y}{E} - \nu\frac{\sigma_z}{E}$$

$$\varepsilon_z = -\nu\frac{\sigma_x}{E} - \nu\frac{\sigma_y}{E} + \frac{\sigma_z}{E} \tag{C.3.5}$$

解方程(C.3.4)和方程(C.3.5)可得出如下的法应力：

$$\sigma_x = \frac{E}{(1+\nu)(1-2\nu)}[\varepsilon_x(1-\nu) + \nu\varepsilon_y + \nu\varepsilon_z]$$

$$\sigma_y = \frac{E}{(1+\nu)(1-2\nu)}[\nu\varepsilon_x + (1-\nu)\varepsilon_y + \nu\varepsilon_z] \tag{C.3.6}$$

$$\sigma_z = \frac{E}{(1+\nu)(1-2\nu)}[\nu\varepsilon_x + \nu\varepsilon_y + (1-\nu)\varepsilon_z]$$

用于法应力的胡克定律 $\sigma = E\varepsilon$ 也可用于切应力和切应变：

$$\tau = G\gamma \tag{C.3.7}$$

式中 G 是剪切模量。因此，三个不同的切应变表达式为：

$$\gamma_{xy} = \frac{\tau_{xy}}{G} \qquad \gamma_{yz} = \frac{\tau_{yz}}{G} \qquad \gamma_{zx} = \frac{\tau_{zx}}{G} \tag{C.3.8}$$

解方程(C.3.8)得出切应力：

$$\tau_{xy} = G\gamma_{xy} \qquad \tau_{yz} = G\gamma_{yz} \qquad \tau_{zx} = G\gamma_{zx} \tag{C.3.9}$$

可以把方程(C.3.6)和方程(C.3.9)中的应力表示成如下的矩阵形式：

$$\begin{Bmatrix} \sigma_x \\ \sigma_y \\ \sigma_z \\ \tau_{xy} \\ \tau_{yz} \\ \tau_{zx} \end{Bmatrix} = \frac{E}{(1+\nu)(1-2\nu)} \times \begin{bmatrix} 1-\nu & \nu & \nu & 0 & 0 & 0 \\ & 1-\nu & \nu & 0 & 0 & 0 \\ & & 1-\nu & 0 & 0 & 0 \\ & & & \frac{1-2\nu}{2} & 0 & 0 \\ & & & & \frac{1-2\nu}{2} & 0 \\ \text{对称} & & & & & \frac{1-2\nu}{2} \end{bmatrix} \begin{Bmatrix} \varepsilon_x \\ \varepsilon_y \\ \varepsilon_z \\ \gamma_{xy} \\ \gamma_{yz} \\ \gamma_{zx} \end{Bmatrix} \tag{C.3.10}$$

式中用了关系式：

$$G = \frac{E}{2(1 + v)}$$

方程(C.3.10)右边的方阵称为应力/应变矩阵或本构矩阵，用[D]来定义，其中[D]为：

$$[D] = \frac{E}{(1 + v)(1 - 2v)} \begin{bmatrix} 1 - v & v & v & 0 & 0 & 0 \\ & 1 - v & v & 0 & 0 & 0 \\ & & 1 - v & 0 & 0 & 0 \\ & & & \dfrac{1 - 2v}{2} & 0 & 0 \\ & & & & \dfrac{1 - 2v}{2} & 0 \\ 对称 & & & & & \dfrac{1 - 2v}{2} \end{bmatrix} \quad (C.3.11)$$

参考文献

[1]　Timoshenko, S., and Goodier, J., *Theory of Elasticity*, 3rd ed., McGraw-Hill, New York, 1970.

附录 D   等价节点力

表 D.1 中给出了梁单元上各种荷载的等价节点（或铰接）力。

习题

D.1   确定图 PD.1 所示梁单元的等价节点（或关节）力。

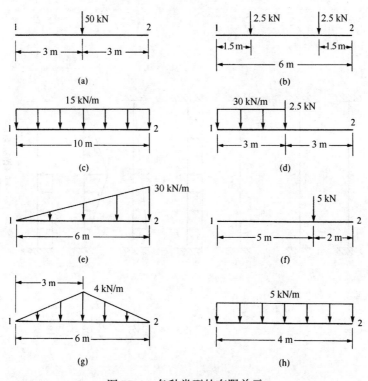

图 PD.1   各种类型的有限单元

表D.1　单个单元不同类型荷载的等价节点力 f_0

正节点力转换（m_1, f_{1y}, L, m_2, f_{2x}）

	f_{1y}	m_1	荷载情况	f_{2y}	m_2
1.	$\dfrac{-P}{2}$	$\dfrac{-PL}{8}$	P，$\dfrac{L}{2}$，$\dfrac{L}{2}$	$\dfrac{-P}{2}$	$\dfrac{PL}{8}$
2.	$\dfrac{-Pb^2(L+2a)}{L^3}$	$\dfrac{-Pab^2}{L^2}$	P，a，b，L（$a<b$）	$\dfrac{-Pa^2(L+2b)}{L^3}$	$\dfrac{Pa^2 b}{L^2}$
3.	$-P$	$-\alpha(1-\alpha)PL$	P，αL，L	$-P$	$\alpha(1-\alpha)PL$
4.	$\dfrac{-wL}{2}$	$\dfrac{-wL^2}{12}$	w，L	$\dfrac{-wL}{2}$	$\dfrac{wL^2}{12}$
5.	$\dfrac{-7wL}{20}$	$\dfrac{-wL^2}{20}$	w，L	$\dfrac{-3wL}{20}$	$\dfrac{wL^2}{30}$
6.	$\dfrac{-wL}{4}$	$\dfrac{-5wL^2}{96}$	w，L	$\dfrac{-wL}{4}$	$\dfrac{5wL^2}{96}$
7.	$\dfrac{-13wL}{32}$	$\dfrac{-11wL^2}{192}$	w，L	$\dfrac{-3wL}{32}$	$\dfrac{5wL^2}{192}$
8.	$\dfrac{-wL}{3}$	$\dfrac{-wL^2}{15}$	w（抛物线荷载），L	$\dfrac{-wL}{3}$	$\dfrac{wL^2}{15}$
9.	$\dfrac{-M(a^2+b^2-4ab-L^2)}{L^3}$	$\dfrac{Mb(2a-b)}{L^2}$	M，a，b（$a<b$）	$\dfrac{M(a^2+b^2-4ab-L^2)}{L^3}$	$\dfrac{Ma(2b-a)}{L^2}$

附录 E 虚 功 原 理

在这个附录中，我们将用虚功原理来推导动力系统的一般有限元方程。

严格地讲，虚功原理是用于静力系统的，但通过达朗贝尔原理，可以把虚功原理用于推导动力系统的一般有限元方程。

虚功原理叙述如下：

假使处于平衡的变形体有一个与物体的协调应变相应的任意虚位移，则外力在物体上的虚功等于内应力的虚应变能。

原理中，协调位移是满足边界条件并保证在物体中不产生不连续，如重叠或脱离。图 E.1 给出了简支梁假设的实际位移、协调（允许）的位移和不协调（不允许）的位移。其中 δv 表示横向位移函数 v 的变化量。在有限元中，δv 将用节点自由度 δd_i 代替。因为图 E.1(b) 中不满足梁右端的支撑条件和梁中的位移及斜率连续，所以这是不允许的位移。关于这个原理的详细内容可参阅参考文献[1]，关于应变能和外力的功（用于杆）可参阅 3.10 节。

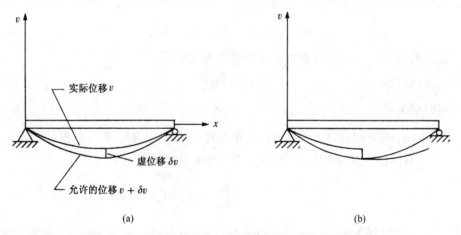

图 E.1　(a)允许的虚位移函数；(b)不允许的虚位移函数

把原理用于有限元就有：

$$\delta U^{(e)} = \delta W^{(e)} \tag{E.1}$$

式中，$\delta U^{(e)}$ 是内应力的虚应变能，$\delta W^{(e)}$ 是外力在单元上的虚功。用矩阵标记可以把内虚应变能表示为如下形式：

$$\delta U^{(e)} = \iiint\limits_{v} \delta\{\varepsilon\}^{\mathrm{T}}\{\sigma\}\mathrm{d}V \tag{E.2}$$

从方程(E.2)可以看出，内应变能源于作用在虚应变 $\delta\varepsilon$ 上的内应力，而外部虚功源于节点力、表面力和体力。此外，应用达朗贝尔原理导致有效或惯性力 $\rho\ddot{u}\mathrm{d}V$，$\rho\ddot{v}\mathrm{d}V$ 和 $\rho\ddot{w}\mathrm{d}V$，其中的两点表示在 x，y 和 z 方向的位移 u，v 和 w 对时间的二阶导数。图 E.2 中给出了这些力。根据达朗贝尔原理，这些有效力作用在与假设的加速度正方向相反的方向上。现在可以把外部

的虚功表示为:

$$\delta W^{(e)} = \delta\{d\}^{\mathrm{T}}\{P\} + \iint_S \delta\{\psi_s\}^{\mathrm{T}}\{T_s\}\mathrm{d}S + \iiint_V \delta\{\psi\}^{\mathrm{T}}(\{X\} - \rho\{\ddot{\psi}\})\mathrm{d}V \tag{E.3}$$

式中 $\delta\{d\}$ 是虚节点位移矢量;$\delta\{\psi\}$ 是虚位移函数 δu,δv 和 δw 矢量;$\delta\{\psi_s\}$ 是作用在有表面力的表面上的虚位移函数矢量;$\{P\}$ 是节点荷载矩阵;$\{T_s\}$ 是单位面积上的表面力矩阵;$\{X\}$ 是单位体积的体力矩阵。

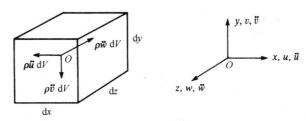

图 E.2   作用在单元上的有效力

把方程(E.2)和方程(E.3)代入方程(E.1)得:

$$\iiint_V \delta\{\varepsilon\}^{\mathrm{T}}\{\sigma\}\mathrm{d}V = \delta\{d\}^{\mathrm{T}}\{P\} + \iint_S \delta\{\psi_s\}^{\mathrm{T}}\{T_s\}\mathrm{d}S + \iiint_V \delta\{\psi\}^{\mathrm{T}}(\{X\} - \rho\{\ddot{\psi}\})\mathrm{d}V \tag{E.4}$$

遵照本书中所介绍的方法,用形函数把位移函数与节点位移相关联,有:

$$\{\psi\} = [N]\{d\} \qquad \{\psi_s\} = [N_s]\{d\} \tag{E.5}$$

式中 $[N_s]$ 是在有外力 $\{T_s\}$ 作用的表面上计算的形函数矩阵。

应变与节点位移关系为:
$$\{\varepsilon\} = [B]\{d\} \tag{E.6}$$

应力与应变关系为:
$$\{\sigma\} = [D]\{\varepsilon\} \tag{E.7}$$

把 $\{\psi\}$,$\{\varepsilon\}$ 和 $\{\sigma\}$ 的方程(E.5),方程(E.6)和方程(E.7)代入方程(E.4)可得:

$$\iiint_V \delta\{d\}^{\mathrm{T}}[B]^{\mathrm{T}}[D][B]\{d\}\mathrm{d}V = \delta\{d\}^{\mathrm{T}}\{P\} + \iint_S \delta\{d\}^{\mathrm{T}}[N_s]^{\mathrm{T}}\{T_s\}\mathrm{d}S$$
$$+ \iiint_V \delta\{d\}^{\mathrm{T}}[N]^{\mathrm{T}}(\{X\} - \rho[N]\{\ddot{d}\})\mathrm{d}V \tag{E.8}$$

要注意形函数是与时间无关的。因为 $\{d\}$(或 $\{d\}^{\mathrm{T}}$)是节点位移矩阵,它与空间积分无关。因此,可以把 $\{d\}^{\mathrm{T}}$ 项从积分中取出来以化简方程(E.8):

$$\delta\{d\}^{\mathrm{T}}\iiint_V [B]^{\mathrm{T}}[D][B]\mathrm{d}V\{d\} = \delta\{d\}^{\mathrm{T}}\{P\} + \delta\{d\}^{\mathrm{T}}\iint_S [N_s]^{\mathrm{T}}\{T_s\}\mathrm{d}S$$
$$+ \delta\{d\}^{\mathrm{T}}\iiint_V [N]^{\mathrm{T}}(\{X\} - \rho[N]\{\ddot{d}\})\mathrm{d}V \tag{E.9}$$

因为 $\delta\{d\}^{\mathrm{T}}$ 是方程(E.9)中每一项的公共项,它是任意的节点虚位移矢量,因此下列关系一定成立:

$$\iiint_V [B]^{\mathrm{T}}[D][B]\mathrm{d}V\{d\} = \{P\} + \iint_S [N_s]^{\mathrm{T}}\{T_s\}\mathrm{d}S + \iiint_V [N]^{\mathrm{T}}\{X\}\mathrm{d}V - \iiint_V \rho[N]^{\mathrm{T}}[N]\mathrm{d}V\{\ddot{d}\} \tag{E.10}$$

现在定义:
$$[m] = \iiint_V \rho[N]^{\mathrm{T}}\{N\}\mathrm{d}V \tag{E.11}$$

$$[k] = \iiint_V [B]^{\mathrm{T}}[D][B]\mathrm{d}V \tag{E.12}$$

$$\{f_s\} = \iint\limits_{S} [N_s]^\mathrm{T}\{T_s\}\,\mathrm{d}S \qquad\qquad (E.13)$$

$$\{f_b\} = \iiint\limits_{V} [N]^\mathrm{T}\{X\}\,\mathrm{d}V \qquad\qquad (E.14)$$

把方程(E.11)至方程(E.14)代入方程(E.10)，再把方程(E.10)的最后一项移到左边得：

$$[m]\{\ddot{d}\} + [k]\{d\} = \{P\} + \{f_s\} + \{f_b\} \qquad\qquad (E.15)$$

方程(E.11)中的矩阵[m]是单元的一致质量矩阵[2]，方程(E.12)中的[k]是单元刚度矩阵，方程(E.13)中的{f_s}是由表面力引起的单元等价节点荷载矩阵，方程(E.14)中的{f_b}是由体力引起的单元等价节点荷载矩阵。

在第 16 章中已给出方程(E.15)在受动力(时间相关)作用的杆和梁中的应用。对于静力问题，设方程(E.15)中的{$\ddot{d}$}等于零，可得：

$$[k]\{d\} = \{P\} + \{f_s\} + \{f_b\} \qquad\qquad (E.16)$$

第 3 章至第 9 章、第 11 章和第 12 章已经说明了方程(E.16)在杆、桁架、梁、框架、平面应力、轴对称应力、三维应力和板弯曲问题中的应用。

参考文献

[1] Oden, J. T., and Ripperger, E. A., *Mechanics of Elastic Structures*, 2nd ed., McGraw-Hill, New York, 1981.

[2] Archer, J. S., "Consistent Matrix Formulations for Structural Analysis Using Finite Element Techniques," *Journal of the American Institute of Aeronautics and Astronautics*, Vol. 3, No. 10, pp. 1910–1918, 1965.

附录 F　结构钢宽翼缘截面(W 形)的几何特性

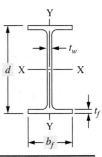

宽翼缘截面(W 形)国际单位制

外形尺寸	面积	深度	腹板厚度	翼缘宽度	翼缘厚度	X-X 轴			Y-Y 轴		
	A	d	t_w	b_f	t_f	I	S	r_x	I	S	r_y
mm×kg/m	mm^2	mm	mm	mm	mm	10^6 mm^4	10^3 mm^3	mm	10^6 mm^4	10^3 mm^3	mm
W610×155	19800	611	12.70	324.0	19.0	1290	4220	255	108.0	667	73.9
W610×140	17870	617	13.08	230.0	22.2	1124	3640	251	45.4	394	50.4
W610×125	15940	612	11.94	229.0	19.6	985	3220	249	39.3	343	49.7
W610×113	14450	608	11.18	228.0	17.3	874	2880	246	34.3	301	48.7
W610×101	12970	603	10.54	228.0	14.9	762	2530	242	29.3	257	47.5
W610×92	11800	603	10.90	179.0	13.15	646	2140	234	14.4	161	34.9
W610×82	10500	599	10.00	178.0	12.8	560	1870	231	12.1	136	33.9
W530×138	17610	549	14.73	214.0	23.6	862	3138	221	38.7	362	46.9
W530×124	15677	544	13.06	212.0	21.2	762	2799	220	33.9	319	46.5
W530×109	13871	539	11.56	211.0	18.8	666	2469	219	29.4	279	46.0
W530×101	12903	537	10.92	210.0	17.4	616	2298	218	26.9	258	45.7
W530×92	11806	533	10.16	209.0	15.6	554	2077	217	23.9	229	45.0
W530×82	10473	528	9.60	209.0	13.2	475	1800	213	20.1	192	43.8
W460×177	22645	482	16.64	286.0	26.9	912	3784	201	105.0	736	88.2
W460×144	18387	472	13.59	283.0	22.1	728	3085	199	83.7	591	67.5
W460×113	14387	463	10.80	280.0	17.3	554	2394	196	63.3	451	66.3
W460×97	12320	466	11.43	193.0	19.1	445	1911	190	22.8	237	43.0
W460×89	11350	463	10.54	192.0	17.7	410	1766	190	20.9	217	42.9
W460×82	10450	460	9.91	191.0	16.0	370	1611	188	18.7	195	42.3
W460×74	9484	457	9.02	190.0	14.5	333	1457	187	16.7	175	42.0
W460×68	8733	459	9.14	154.0	15.4	296	1293	184	9.4	122	32.8
W460×60	7588	455	8.00	153.0	13.3	255	1120	183	8.0	104	32.4
W460×52	6640	450	7.62	152.0	10.8	212	944	179	6.4	84	31.0
W410×85	10840	417	10.92	181.0	18.2	316	1512	171	17.9	198	40.7
W410×74	9484	413	9.65	180.0	16.0	274	1328	170	15.5	172	40.4
W410×67	8581	410	8.76	179.0	14.4	244	1200	169	13.7	153	39.9

续表

外形尺寸 mm×kg/m	面积 A mm^2	深度 d mm	腹板 厚度 t_w mm	翼缘 宽度 b_f mm	厚度 t_f mm	X-X 轴 I 10^6 mm^4	S 10^3 mm^3	r_x mm	Y-Y 轴 I 10^6 mm^4	S 10^3 mm^3	r_y mm
W410×54	6839	403	7.49	177.0	10.9	186	926	165	10.2	115	38.6
W410×46	5884	403	6.99	140.0	11.2	156	774	163	5.14	73.6	29.6
W410×39	4955	399	6.35	140.0	8.8	125	629	159	3.99	57.1	28.4
W360×196	25032	372	16.40	374.0	26.2	636	3421	159	229.0	1222	95.6
W360×162	20630	364	13.30	371.0	21.8	515	2832	158	186.0	1001	94.9
W360×134	17061	356	11.20	369.0	18.0	415	2332	156	151.0	817	94.0
W360×79	10100	354	9.40	205.0	16.8	227	1280	150	24.2	236	48.9
W360×64	8150	347	7.75	203.0	13.5	179	1030	148	18.8	185	48.0
W360×57	7226	358	7.87	172.0	13.1	160	895	149	11.10	129	39.2
W360×51	6452	355	7.24	171.0	11.6	142	797	148	9.70	113	38.8
W360×45	5710	352	6.86	171.0	9.8	121	689	146	8.16	95.4	37.8
W360×39	4961	353	6.48	128.0	10.7	102	577	143	3.71	58.1	27.3
W360×33	4187	349	5.84	127.0	8.5	82.9	475	141	2.91	45.9	26.4
W310×253	32212	356	24.40	319.0	39.6	682	3833	146	215.0	1346	81.6
W310×202	25744	341	20.10	315.0	31.7	519.0	3042	142	165.0	1050	80.1
W310×158	20046	327	15.50	310.0	25.1	386.0	2363	139	125.0	805	78.9
W310×129	16500	318	13.10	308.0	20.6	308.0	1935	137	100.0	652	78.0
W310×74	9480	310	9.4	205.0	16.3	165.0	1060	132	23.4	228	49.7
W310×67	8530	306	8.51	204.0	14.6	145.0	948	130	20.7	203	49.3
W310×39	4935	310	5.84	165.0	9.7	84.9	547	131	7.20	87.4	38.2
W310×33	4180	313	6.6	102.0	10.8	65.0	415	125	1.92	37.6	21.4
W310×24	3040	305	5.59	101.0	6.7	42.8	281	119	1.16	23	19.5
W310×21	2680	303	5.08	101.0	5.7	37.0	244	117	0.99	19.5	19.2
W250×149	18970	282	17.27	263.0	28.4	259.0	1839	117	86.2	656	67.4
W250×80	10200	256	9.4	255.0	15.6	126.0	984	111	42.9	337	64.9
W250×67	8560	257	8.89	204.0	15.7	104.0	809	110	22.2	218	50.9
W250×58	7400	252	8.0	203.0	13.5	87.3	693	109	18.8	185	50.4
W250×45	5700	266	7.62	148.0	13.0	70.8	535	111	6.95	94.2	34.9
W250×28	3626	260	6.35	102.0	10.0	40.1	308	105	1.79	34.9	22.2
W250×22	2850	254	5.84	102.0	6.9	28.7	226	100	1.20	23.7	20.6
W250×18	2284	251	4.83	101.0	5.3	22.4	179	99	0.91	18	19.9
W200×100	12700	229	14.50	210.0	23.7	113.0	987	94.3	36.6	349	53.7
W200×86	11000	222	13.00	209.0	20.6	94.7	853	92.8	31.4	300	53.4
W200×71	9100	216	10.20	206.0	17.4	76.6	709	91.7	25.4	247	52.8
W200×59	7580	210	9.14	205.0	14.2	61.2	583	89.9	20.4	199	51.9
W200×46	5890	203	7.24	203.0	11.0	45.5	448	87.9	15.3	151	51.0
W200×36	4570	201	6.22	165.0	10.2	34.4	342	86.8	7.64	92.6	40.9
W200×22	2860	206	6.22	102.0	8.0	20.0	194	83.6	1.42	27.8	22.3
W150×37	4730	162	8.13	154.0	11.6	22.2	274	68.5	7.07	91.8	38.7
W150×30	3790	157	6.60	153.0	9.3	17.1	218	67.2	5.54	72.4	38.2
W150×22	2860	152	5.84	152.0	6.6	12.1	159	65	3.87	50.9	36.8
W150×24	3060	160	6.60	102.0	10.3	13.4	168	66.2	1.83	35.9	24.5
W150×18	2290	153	5.84	102.0	7.1	9.19	120	63.3	1.26	24.7	23.5
W150×14	1730	150	4.32	100.0	5.5	6.84	91.2	62.9	0.912	18.2	23

I 为面积惯性矩，S 为截面模量，r 为回转半径

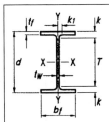

表1-1
W形尺寸规格

形状	面积 A (in.²)	高度 d (in.)		腹板 厚度 tw (in.)		tw/2 (in.)	翼缘 宽度 bf (in.)		翼缘 厚度 tf (in.)		k kdes (in.)	k kdet (in.)	k1 (in.)	T (in.)	易加工的轨距 (in.)
W36×800[h]	236	42.6	42 1/2	2.38	2 3/8	1 3/16	18.0	18	4.29	4 5/16	5.24	5 9/16	2 3/8	31 3/8	7 1/2
×652[h]	192	41.1	41	1.97	2	1	17.6	17 5/8	3.54	3 9/16	4.49	4 13/16	2 3/8		
×529[h]	156	39.8	39 3/4	1.61	1 5/8	13/16	17.2	17 1/4	2.91	2 15/16	3.86	4 3/16	2		
×487[h]	143	39.3	39 3/8	1.50	1 1/2	3/4	17.1	17 1/8	2.68	2 11/16	3.63	4	1 15/16		
×441[h]	130	38.9	38 7/8	1.36	1 3/8	11/16	17.0	17	2.44	2 7/16	3.39	3 3/4	1 7/8		
×395[h]	116	38.4	38 3/8	1.22	1 1/4	5/8	16.8	16 7/8	2.20	2 3/16	3.15	3 7/16	1 13/16		
×361[h]	106	38.0	38	1.12	1 1/8	9/16	16.7	16 3/4	2.01	2	2.96	3 5/16	1 3/4		
×330	97.0	37.7	37 5/8	1.02	1	1/2	16.6	16 5/8	1.85	1 7/8	2.80	3 1/8	1 3/4		
×302	88.8	37.3	37 3/8	0.945	15/16	1/2	16.7	16 5/8	1.68	1 11/16	2.63	3	1 11/16		
×282[c]	82.9	37.1	37 1/8	0.885	7/8	7/16	16.6	16 5/8	1.57	1 9/16	2.52	2 7/8	1 5/8		
×262[c]	77.0	36.9	36 7/8	0.840	13/16	7/16	16.6	16 1/2	1.44	1 7/16	2.39	2 3/4	1 5/8		
×247[c]	72.5	36.7	36 5/8	0.800	13/16	7/16	16.5	16 1/2	1.35	1 3/8	2.30	2 5/8	1 5/8		
×231[c]	68.1	36.5	36 1/2	0.760	3/4	3/8	16.5	16 1/2	1.26	1 1/4	2.21	2 9/16	1 9/16		
W36×256	75.4	37.4	37 3/8	0.960	15/16	1/2	12.2	12 1/8	1.73	1 3/4	2.48	2 5/8	15/16	32 1/8	5 1/2
×232[c]	68.1	37.1	37 1/8	0.870	7/8	7/16	12.1	12 1/8	1.57	1 9/16	2.32	2 7/16	1 1/4		
×210[c]	61.8	36.7	36 3/4	0.830	13/16	7/16	12.2	12 1/8	1.36	1 3/8	2.11	2 5/16	1 1/4		
×194[c]	57.0	36.5	36 1/2	0.765	3/4	3/8	12.1	12 1/8	1.26	1 1/4	2.01	2 3/16	1 3/16		
×182[c]	53.6	36.3	36 3/8	0.725	3/4	3/8	12.1	12 1/8	1.18	1 3/16	1.93	2 1/8	1 3/16		
×170[c]	50.1	36.2	36 1/8	0.680	11/16	3/8	12.0	12	1.10	1 1/8	1.85	2	1 3/16		
×160[c]	47.0	36.0	36	0.650	5/8	5/16	12.0	12	1.02	1	1.77	1 15/16	1 1/8		
×150[c]	44.2	35.9	35 7/8	0.625	5/8	5/16	12.0	12	0.940	15/16	1.69	1 7/8	1 1/8		
×135[c,v]	39.7	35.6	35 1/2	0.600	5/8	5/16	12.0	12	0.790	13/16	1.54	1 11/16	1 1/8		
W33×387[h]	114	36.0	36	1.26	1 1/4	5/8	16.2	16 1/4	2.28	2 1/4	3.07	3 3/16	1 7/16	29 5/8	5 1/2
×354[h]	104	35.6	35 1/2	1.16	1 3/16	5/8	16.1	16 1/8	2.09	2 1/16	2.88	2 15/16	1 3/8		
×318	93.6	35.2	35 1/8	1.04	1 1/16	9/16	16.0	16	1.89	1 7/8	2.68	2 3/4	1 5/16		
×291	85.7	34.8	34 7/8	0.960	15/16	1/2	15.9	15 7/8	1.73	1 3/4	2.52	2 5/8	1 5/16		
×263	77.5	34.5	34 1/2	0.870	7/8	7/16	15.9	15 3/4	1.57	1 9/16	2.36	2 7/16	1 1/4		
×241[c]	71.0	34.2	34 1/8	0.830	13/16	7/16	15.9	15 7/8	1.40	1 3/8	2.19	2 1/4	1 1/4		
×221[c]	65.2	33.9	33 7/8	0.775	3/4	3/8	15.8	15 3/4	1.28	1 1/4	2.06	2 1/8	1 3/16		
×201[c]	59.2	33.7	33 5/8	0.715	11/16	3/8	15.7	15 3/4	1.15	1 1/8	1.94	2	1 3/16		
W33×169[c]	49.5	33.8	33 7/8	0.670	11/16	3/8	11.5	11 1/2	1.22	1 1/4	1.92	2 1/8	1 3/16	29 5/8	5 1/2
×152[c]	44.8	33.5	33 1/2	0.635	5/8	5/16	11.6	11 5/8	1.06	1 1/16	1.76	1 15/16	1 1/8		
×141[c]	41.6	33.3	33 5/16	0.605	5/8	5/16	11.5	11 1/2	0.960	15/16	1.66	1 13/16	1 1/8		
×130[c]	38.3	33.1	33 1/8	0.580	9/16	5/16	11.5	11 1/2	0.855	7/8	1.56	1 3/4	1 1/8		
×118[c,v]	34.7	32.9	32 7/8	0.550	9/16	5/16	11.5	11 1/2	0.740	3/4	1.44	1 5/8	1 1/8		

[c] Shape is slender for compression with F_y = 50 ksi.
[h] Flange thickness greater than 2 in. Special requirements may apply per AISC Specification Section A3.1c.
[v] Shape does not meet the h/t_w limit for shear in Specification Section G2.1a with F_y = 50 ksi.

表1-1(续)
W形状属性

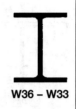

W36 – W33

标准重量比	厚实截面条件		X-X轴				Y-Y轴				r_{ts}	h_o	扭转特性	
	$\frac{b_f}{2t_f}$	$\frac{h}{t_w}$	I	S	r	Z	I	S	r	Z			J	C_w
lb/ft			in.⁴	in.³	in.	in.³	in.⁴	in.³	in.	in.³	in.	in.	in.⁴	in.⁶
800	2.10	13.5	64700	3040	16.6	3650	4200	467	4.22	743	5.14	38.3	1060	1540000
652	2.48	16.3	50600	2460	16.2	2910	3230	367	4.10	581	4.96	37.5	593	1130000
529	2.96	19.9	39600	1990	16.0	2330	2490	289	4.00	454	4.80	36.9	327	846000
487	3.19	21.4	36000	1830	15.8	2130	2250	263	3.96	412	4.74	36.7	258	754000
441	3.48	23.6	32100	1650	15.7	1910	1990	235	3.92	368	4.69	36.4	194	661000
395	3.83	26.3	28500	1490	15.7	1710	1750	208	3.88	325	4.61	36.2	142	575000
361	4.16	28.6	25700	1350	15.6	1550	1570	188	3.85	293	4.58	36.0	109	509000
330	4.49	31.4	23300	1240	15.5	1410	1420	171	3.83	265	4.53	35.8	84.3	456000
302	4.96	33.9	21100	1130	15.4	1280	1300	156	3.82	241	4.53	35.7	64.3	412000
282	5.29	36.2	19600	1050	15.4	1190	1200	144	3.80	223	4.50	35.5	52.7	378000
262	5.75	38.2	17900	972	15.3	1100	1090	132	3.76	204	4.46	35.4	41.6	342000
247	6.11	40.1	16700	913	15.2	1030	1010	123	3.74	190	4.42	35.3	34.7	316000
231	6.54	42.2	15600	854	15.1	963	940	114	3.71	176	4.40	35.2	28.7	292000
256	3.53	33.8	16800	895	14.9	1040	528	86.5	2.65	137	3.25	35.7	52.9	168000
232	3.86	37.3	15000	809	14.8	936	468	77.2	2.62	122	3.21	35.6	39.6	148000
210	4.48	39.1	13200	719	14.6	833	411	67.5	2.58	107	3.18	35.3	22.0	128000
194	4.81	42.4	12100	664	14.6	767	375	61.9	2.56	97.7	3.15	35.2	22.2	116000
182	5.12	44.8	11300	623	14.5	718	347	57.6	2.55	90.7	3.13	35.2	18.5	107000
170	5.47	47.7	10500	581	14.5	668	320	53.2	2.53	83.8	3.11	35.1	15.1	98500
160	5.88	49.9	9760	542	14.4	624	295	49.1	2.50	77.3	3.08	35.0	12.4	90200
150	6.37	51.9	9040	504	14.3	581	270	45.1	2.47	70.9	3.06	34.9	10.1	82200
135	7.56	54.1	7800	439	14.0	509	225	37.7	2.38	59.7	2.99	34.8	7.00	68100
387	3.55	23.7	24300	1350	14.6	1560	1620	200	3.77	312	4.49	33.7	148	459000
354	3.85	25.7	22000	1240	14.5	1420	1460	181	3.74	282	4.44	33.5	115	408000
318	4.23	28.7	19500	1110	14.5	1270	1290	161	3.71	250	4.39	33.3	84.4	357000
291	4.60	31.0	17700	1020	14.4	1160	1160	146	3.68	226	4.35	33.1	65.1	319000
263	5.03	34.3	15900	919	14.3	1040	1040	131	3.66	202	4.31	33.0	48.7	281000
241	5.66	35.9	14200	831	14.1	940	933	118	3.62	182	4.29	32.8	36.2	251000
221	6.20	38.5	12900	759	14.1	857	840	106	3.59	164	4.25	32.7	27.8	224000
201	6.85	41.7	11600	686	14.0	773	749	95.2	3.56	147	4.21	32.5	20.8	198000
169	4.71	44.7	9290	549	13.7	629	310	53.9	2.50	84.4	3.03	32.6	17.7	82400
152	5.48	47.2	8160	487	13.5	559	273	47.2	2.47	73.9	3.01	32.4	12.4	71700
141	6.01	49.6	7450	448	13.4	514	246	42.7	2.43	66.9	2.98	32.3	9.70	64400
130	6.73	51.7	6710	406	13.2	467	218	37.9	2.39	59.5	2.94	32.2	7.37	56600
118	7.76	54.5	5900	359	13.0	415	187	32.6	2.32	51.3	2.89	32.1	5.30	48300

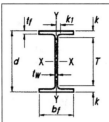

表1-1(续)
W形尺寸规格

形状	面积 A (in.²)	高度 d (in.)		腹板厚度 t_w (in.)		$\frac{t_w}{2}$ (in.)	翼缘宽度 b_f (in.)		翼缘厚度 t_f (in.)		距离 k, k_{des} (in.)	k_{det} (in.)	k_1 (in.)	T (in.)	易加工的轨距 (in.)
W30×391[h]	115	33.2	$33\frac{1}{4}$	1.36	$1\frac{3}{8}$	$\frac{11}{16}$	15.6	$15\frac{5}{8}$	2.44	$2\frac{7}{16}$	3.23	$3\frac{3}{8}$	$1\frac{1}{2}$	$26\frac{1}{2}$	$5\frac{1}{2}$
×357[h]	105	32.8	$32\frac{3}{4}$	1.24	$1\frac{1}{4}$	$\frac{5}{8}$	15.5	$15\frac{1}{2}$	2.24	$2\frac{1}{4}$	3.03	$3\frac{1}{8}$	$1\frac{7}{16}$		
×326[h]	95.8	32.4	$32\frac{3}{8}$	1.14	$1\frac{1}{8}$	$\frac{9}{16}$	15.4	$15\frac{3}{8}$	2.05	$2\frac{1}{16}$	2.84	$2\frac{15}{16}$	$1\frac{3}{8}$		
×292	85.9	32.0	32	1.02	1	$\frac{1}{2}$	15.3	$15\frac{1}{4}$	1.85	$1\frac{7}{8}$	2.64	$2\frac{3}{4}$	$1\frac{5}{16}$		
×261	76.9	31.6	$31\frac{5}{8}$	0.930	$\frac{15}{16}$	$\frac{1}{2}$	15.2	$15\frac{1}{8}$	1.65	$1\frac{5}{8}$	2.44	$2\frac{9}{16}$	$1\frac{5}{16}$		
×235	69.2	31.3	$31\frac{1}{4}$	0.830	$\frac{13}{16}$	$\frac{7}{16}$	15.1	15	1.50	$1\frac{1}{2}$	2.29	$2\frac{3}{8}$	$1\frac{1}{4}$		
×211	62.2	30.9	31	0.775	$\frac{3}{4}$	$\frac{3}{8}$	15.1	$15\frac{1}{8}$	1.32	$1\frac{5}{16}$	2.10	$2\frac{1}{4}$	$1\frac{3}{16}$		
×191[c]	56.3	30.7	$30\frac{5}{8}$	0.710	$\frac{11}{16}$	$\frac{3}{8}$	15.0	15	1.19	$1\frac{3}{16}$	1.97	$2\frac{1}{16}$	$1\frac{3}{16}$		
×173[c]	51.0	30.4	$30\frac{1}{2}$	0.655	$\frac{5}{8}$	$\frac{5}{16}$	15.0	15	1.07	$1\frac{1}{16}$	1.85	2	$1\frac{1}{8}$	↓	↓
W30×148[c]	43.5	30.7	$30\frac{5}{8}$	0.650	$\frac{5}{8}$	$\frac{5}{16}$	10.5	$10\frac{1}{2}$	1.18	$1\frac{3}{16}$	1.83	$2\frac{1}{16}$	$1\frac{1}{8}$	$26\frac{1}{2}$	$5\frac{1}{2}$
×132[c]	38.9	30.3	$30\frac{1}{4}$	0.615	$\frac{5}{8}$	$\frac{5}{16}$	10.5	$10\frac{1}{2}$	1.00	1	1.65	$1\frac{7}{8}$	$1\frac{1}{8}$		
×124[c]	36.5	30.2	$30\frac{1}{8}$	0.585	$\frac{9}{16}$	$\frac{5}{16}$	10.5	$10\frac{1}{2}$	0.930	$\frac{15}{16}$	1.58	$1\frac{13}{16}$	$1\frac{1}{8}$		
×116[c]	34.2	30.0	30	0.565	$\frac{9}{16}$	$\frac{5}{16}$	10.5	$10\frac{1}{2}$	0.850	$\frac{7}{8}$	1.50	$1\frac{3}{4}$	$1\frac{1}{8}$		
×108[c]	31.7	29.8	$29\frac{7}{8}$	0.545	$\frac{9}{16}$	$\frac{5}{16}$	10.5	$10\frac{1}{2}$	0.760	$\frac{3}{4}$	1.41	$1\frac{11}{16}$	$1\frac{1}{8}$		
×99[c]	29.1	29.7	$29\frac{5}{8}$	0.520	$\frac{1}{2}$	$\frac{1}{4}$	10.5	$10\frac{1}{2}$	0.670	$\frac{11}{16}$	1.32	$1\frac{9}{16}$	$1\frac{1}{16}$		
×90[c,v]	26.4	29.5	$29\frac{1}{2}$	0.470	$\frac{1}{2}$	$\frac{1}{4}$	10.4	$10\frac{3}{8}$	0.610	$\frac{5}{8}$	1.26	$1\frac{1}{2}$	$1\frac{1}{16}$	↓	↓
W27×539[h]	159	32.5	$32\frac{1}{2}$	1.97	2	1	15.3	$15\frac{1}{4}$	3.54	$3\frac{9}{16}$	4.33	$4\frac{7}{16}$	$1\frac{13}{16}$	$23\frac{5}{8}$	$5\frac{1}{2}$[g]
×368[h]	108	30.4	$30\frac{3}{8}$	1.38	$1\frac{3}{8}$	$\frac{11}{16}$	14.7	$14\frac{5}{8}$	2.48	$2\frac{1}{2}$	3.27	$3\frac{3}{8}$	$1\frac{1}{2}$		$5\frac{1}{2}$
×336[h]	98.9	30.0	30	1.26	$1\frac{1}{4}$	$\frac{5}{8}$	14.6	$14\frac{1}{2}$	2.28	$2\frac{1}{4}$	3.07	$3\frac{3}{16}$	$1\frac{7}{16}$		
×307[h]	90.4	29.6	$29\frac{5}{8}$	1.16	$1\frac{3}{16}$	$\frac{5}{8}$	14.4	$14\frac{1}{2}$	2.09	$2\frac{1}{16}$	2.88	3	$1\frac{7}{16}$		
×281	82.9	29.3	$29\frac{1}{4}$	1.06	$1\frac{1}{16}$	$\frac{9}{16}$	14.4	$14\frac{3}{8}$	1.93	$1\frac{15}{16}$	2.72	$2\frac{13}{16}$	$1\frac{3}{8}$		
×258	76.0	29.0	29	0.980	1	$\frac{1}{2}$	14.3	$14\frac{1}{4}$	1.77	$1\frac{3}{4}$	2.56	$2\frac{11}{16}$	$1\frac{5}{16}$		
×235	69.4	28.7	$28\frac{5}{8}$	0.910	$\frac{15}{16}$	$\frac{1}{2}$	14.2	$14\frac{1}{4}$	1.61	$1\frac{5}{8}$	2.40	$2\frac{1}{2}$	$1\frac{5}{16}$		
×217	64.0	28.4	$28\frac{3}{8}$	0.830	$\frac{13}{16}$	$\frac{7}{16}$	14.1	$14\frac{1}{8}$	1.50	$1\frac{1}{2}$	2.29	$2\frac{3}{8}$	$1\frac{1}{4}$		
×194	57.2	28.1	$28\frac{1}{8}$	0.750	$\frac{3}{4}$	$\frac{3}{8}$	14.0	14	1.34	$1\frac{5}{16}$	2.13	$2\frac{1}{4}$	$1\frac{3}{16}$		
×178	52.5	27.8	$27\frac{3}{4}$	0.725	$\frac{3}{4}$	$\frac{3}{8}$	14.1	$14\frac{1}{8}$	1.19	$1\frac{3}{16}$	1.98	$2\frac{1}{16}$	$1\frac{3}{16}$		
×161[c]	47.6	27.6	$27\frac{5}{8}$	0.660	$\frac{11}{16}$	$\frac{3}{8}$	14.0	14	1.08	$1\frac{1}{16}$	1.87	2	$1\frac{3}{16}$		
×146[c]	43.1	27.4	$27\frac{3}{8}$	0.605	$\frac{5}{8}$	$\frac{5}{16}$	14.0	14	0.975	1	1.76	$1\frac{7}{8}$	$1\frac{1}{8}$	↓	↓
W27×129[c]	37.8	27.6	$27\frac{5}{8}$	0.610	$\frac{5}{8}$	$\frac{5}{16}$	10.0	10	1.10	$1\frac{1}{8}$	1.70	2	$1\frac{1}{8}$	$23\frac{5}{8}$	$5\frac{1}{2}$
×114[c]	33.5	27.3	$27\frac{1}{4}$	0.570	$\frac{9}{16}$	$\frac{5}{16}$	10.1	$10\frac{1}{8}$	0.930	$\frac{15}{16}$	1.53	$1\frac{13}{16}$	$1\frac{1}{16}$		
×102[c]	30.0	27.1	$27\frac{1}{8}$	0.515	$\frac{1}{2}$	$\frac{1}{4}$	10.0	10	0.830	$\frac{13}{16}$	1.43	$1\frac{3}{4}$	$1\frac{1}{16}$		
×94[c]	27.7	26.9	$26\frac{7}{8}$	0.490	$\frac{1}{2}$	$\frac{1}{4}$	10.0	10	0.745	$\frac{3}{4}$	1.34	$1\frac{5}{8}$	$1\frac{1}{16}$		
×84[c]	24.8	26.7	$26\frac{3}{4}$	0.460	$\frac{7}{16}$	$\frac{1}{4}$	10.0	10	0.640	$\frac{5}{8}$	1.24	$1\frac{9}{16}$	$1\frac{1}{16}$	↓	↓

[c] Shape is slender for compression with F_y = 50 ksi.

[g] The actual size, combination, and orientation of fastener components should be compared with the geometry of the cross-section to ensure compatibility.

[h] Flange thickness greater than 2 in. Special requirements may apply per AISC Specification Section A3.1c.

[v] Shape does not meet the h/t_w limit for shear in Specification Section G2.1a with F_y = 50 ksi.

表1-1(续)
W形状属性

W30 – W27

标准重量比	厚实截面条件		X-X轴				Y-Y轴				r_{ts}	h_o	扭转特性	
	$\frac{b_f}{2t_f}$	$\frac{h}{t_w}$	I	S	r	Z	I	S	r	Z			J	C_w
lb/ft			in.⁴	in.³	in.	in.³	in.⁴	in.³	in.	in.³	in.	in.	in.⁴	in.⁶
391	3.19	19.7	20700	1250	13.4	1450	1550	198	3.67	310	4.37	30.8	173	366000
357	3.45	21.6	18700	1140	13.3	1320	1390	179	3.64	279	4.32	30.6	134	324000
326	3.75	23.4	16800	1040	13.2	1190	1240	162	3.60	252	4.27	30.4	103	287000
292	4.12	26.2	14900	930	13.2	1060	1100	144	3.58	223	4.22	30.2	75.2	250000
261	4.59	28.7	13100	829	13.1	943	959	127	3.53	196	4.16	30.0	54.1	215000
235	5.02	32.2	11700	748	13.0	847	855	114	3.51	175	4.13	29.8	40.3	190000
211	5.74	34.5	10300	665	12.9	751	757	100	3.49	155	4.10	29.6	28.4	166000
191	6.35	37.7	9200	600	12.8	675	673	89.5	3.46	138	4.07	29.5	21.0	146000
173	7.04	40.8	8230	541	12.7	607	598	79.8	3.42	123	4.03	29.4	15.6	129000
148	4.44	41.6	6680	436	12.4	500	227	43.3	2.28	68.0	2.77	29.5	14.5	49400
132	5.27	43.9	5770	380	12.2	437	196	37.2	2.25	58.4	2.75	29.3	9.72	42100
124	5.65	46.2	5360	355	12.1	408	181	34.4	2.23	54.0	2.73	29.2	7.99	38600
116	6.17	47.8	4930	329	12.0	378	164	31.3	2.19	49.2	2.70	29.2	6.43	34900
108	6.89	49.6	4470	299	11.9	346	146	27.9	2.15	43.9	2.66	29.1	4.99	30900
99	7.80	51.9	3990	269	11.7	312	128	24.5	2.10	38.6	2.62	29.0	3.77	26800
90	8.52	57.5	3610	245	11.7	283	115	22.1	2.09	34.7	2.60	28.9	2.84	24000
539	2.15	12.1	25600	1570	12.7	1890	2110	277	3.65	437	4.41	29.0	496	443000
368	2.96	17.3	16200	1060	12.2	1240	1310	179	3.48	279	4.14	27.9	170	255000
336	3.19	18.9	14600	972	12.1	1130	1180	162	3.45	252	4.09	27.7	131	226000
307	3.46	20.6	13100	887	12.0	1030	1050	146	3.41	227	4.04	27.5	101	199000
281	3.72	22.5	11900	814	12.0	936	953	133	3.39	206	4.00	27.4	79.5	178000
258	4.03	24.4	10800	745	11.9	852	859	120	3.36	187	3.96	27.2	61.6	159000
235	4.41	26.2	9700	677	11.8	772	769	108	3.33	168	3.92	27.1	47.0	141000
217	4.71	28.7	8910	627	11.8	711	704	100	3.32	154	3.89	26.9	37.6	128000
194	5.24	31.8	7860	559	11.7	631	619	88.1	3.29	136	3.85	26.8	27.1	111000
178	5.92	32.9	7020	505	11.6	570	555	78.8	3.25	122	3.83	26.6	20.1	98400
161	6.49	36.1	6310	458	11.5	515	497	70.9	3.23	109	3.79	26.5	15.1	87300
146	7.16	39.4	5660	414	11.5	464	443	63.5	3.20	97.7	3.76	26.4	11.3	77200
129	4.55	39.7	4760	345	11.2	395	184	36.8	2.21	57.6	2.66	26.5	11.1	32500
114	5.41	42.5	4080	299	11.0	343	159	31.5	2.18	49.3	2.64	26.4	7.33	27600
102	6.03	47.1	3620	267	11.0	305	139	27.8	2.15	43.4	2.62	26.3	5.28	24000
94	6.70	49.5	3270	243	10.9	278	124	24.8	2.12	38.8	2.59	26.2	4.03	21300
84	7.78	52.7	2850	213	10.7	244	106	21.2	2.07	33.2	2.54	26.1	2.81	17900

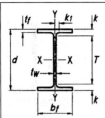

表1-1(续)

W形尺寸规格

形状	面积 A	高度 d	腹板 厚度 t_w	$\dfrac{t_w}{2}$	翼缘 宽度 b_f	厚度 t_f	距离 k k_{des}	k_{det}	k_1	T	易加工的轨距
	in.²	in.	in.	in.	in.	in.	in.	in.	in.	in.	in.
W24×370[h]	109	28.0 28	1.52 1½	¾	13.7 13⅝	2.72 2¾	3.22	3⅝	1 9/16	20¾	5½
×335[h]	98.4	27.5 27½	1.38 1⅜	11/16	13.5 13½	2.48 2½	2.98	3⅜	1½		
×306[h]	89.8	27.1 27⅛	1.26 1¼	⅝	13.4 13⅜	2.28 2¼	2.78	3 3/16	1 7/16		
×279[h]	82.0	26.7 26¾	1.16 1 3/16	⅝	13.3 13¼	2.09 2 1/16	2.59	3	1 7/16		
×250	73.5	26.3 26⅜	1.04 1 1/16	9/16	13.2 13⅛	1.89 1⅞	2.39	2 13/16	1⅜		
×229	67.2	26.0 26	0.960 15/16	½	13.1 13⅛	1.73 1¾	2.23	2⅝	1 5/16		
×207	60.7	25.7 25¾	0.870 ⅞	7/16	13.0 13	1.57 1 9/16	2.07	2½	1¼		
×192	56.3	25.5 25½	0.810 13/16	7/16	13.0 13	1.46 1 7/16	1.96	2⅜	1¼		
×176	51.7	25.2 25¼	0.750 ¾	⅜	12.9 12⅞	1.34 1 5/16	1.84	2¼	1 3/16		
×162	47.7	25.0 25	0.705 11/16	⅜	13.0 13	1.22 1¼	1.72	2⅛	1 3/16		
×146	43.0	24.7 24¾	0.650 ⅝	5/16	12.9 12⅞	1.09 1 1/16	1.59	2	1⅛		
×131	38.5	24.5 24½	0.605 ⅝	5/16	12.9 12⅞	0.960 15/16	1.46	1⅞	1⅛		
×117[c]	34.4	24.3 24¼	0.550 9/16	5/16	12.8 12¾	0.850 ⅞	1.35	1¾	1⅛	↓	↓
×104[c]	30.6	24.1 24	0.500 ½	¼	12.8 12¾	0.750 ¾	1.25	1⅝	1 1/16		
W24×103[c]	30.3	24.5 24½	0.550 9/16	5/16	9.00 9	0.980 1	1.48	1⅞	1⅛	20¾	5½
×94[c]	27.7	24.3 24¼	0.515 ½	¼	9.07 9⅛	0.875 ⅞	1.38	1¾	1 1/16		
×84[c]	24.7	24.1 24⅛	0.470 ½	¼	9.02 9	0.770 ¾	1.27	1 11/16	1 1/16		
×76[c]	22.4	23.9 23⅞	0.440 7/16	¼	8.99 9	0.680 11/16	1.18	1 9/16	1 1/16		
×68[c]	20.1	23.7 23¾	0.415 7/16	¼	8.97 9	0.585 9/16	1.09	1½	1 1/16	↓	↓
W24×62[c]	18.2	23.7 23¾	0.430 7/16	¼	7.04 7	0.590 9/16	1.09	1½	1 1/16	20¾	3½[g]
×55[c,v]	16.2	23.6 23⅝	0.395 ⅜	3/16	7.01 7	0.505 ½	1.01	1 7/16	1	20¾	3½[g]
W21×201	59.2	23.0 23	0.910 15/16	½	12.6 12⅝	1.63 1⅝	2.13	2½	1 5/16	18	5½
×182	53.6	22.7 22¾	0.830 13/16	7/16	12.5 12½	1.48 1½	1.98	2⅜	1¼		
×166	48.8	22.5 22½	0.750 ¾	⅜	12.4 12⅜	1.36 1⅜	1.86	2¼	1 3/16		
×147	43.2	22.1 22	0.720 ¾	⅜	12.5 12½	1.15 1⅛	1.65	2	1 3/16		
×132	38.8	21.8 21⅞	0.650 ⅝	5/16	12.4 12½	1.04 1 1/16	1.54	1 15/16	1⅛		
×122	35.9	21.7 21⅝	0.600 ⅝	5/16	12.4 12⅜	0.960 15/16	1.46	1 13/16	1⅛		
×111	32.7	21.5 21½	0.550 9/16	5/16	12.3 12⅜	0.875 ⅞	1.38	1¾	1⅛	↓	↓
×101[c]	29.8	21.4 21⅜	0.500 ½	¼	12.3 12¼	0.800 13/16	1.30	1 11/16	1 1/16		

[c] Shape is slender for compression with $F_y = 50$ ksi.
[g] The actual size, combination, and orientation of fastener components should be compared with the geometry of the cross-section to ensure compatibility.
[h] Flange thickness greater than 2 in. Special requirements may apply per AISC Specification Section A3.1c.
[v] Shape does not meet the h/t_w limit for shear in Specification Section G2.1a with $F_y = 50$ ksi.

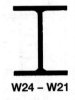

表1-1(续)
W形状属性

W24 – W21

标准重量比	厚实截面条件		X-X轴				Y-Y轴				r_{ts}	h_o	扭转特性	
	$\frac{b_f}{2t_f}$	$\frac{h}{t_w}$	I	S	r	Z	I	S	r	Z			J	C_w
lb/ft			in.^{4}	in.^{3}	in.	in.^{3}	in.^{4}	in.^{3}	in.	in.^{3}	in.	in.	in.^{4}	in.^{6}
370	2.51	14.2	13400	957	11.1	1130	1160	170	3.27	267	3.92	25.3	201	186000
335	2.73	15.6	11900	864	11.0	1020	1030	152	3.23	238	3.86	25.0	152	161000
306	2.94	17.1	10700	789	10.9	922	919	137	3.20	214	3.81	24.9	117	142000
279	3.18	18.6	9600	718	10.8	835	823	124	3.17	193	3.76	24.6	90.5	125000
250	3.49	20.7	8490	644	10.7	744	724	110	3.14	171	3.71	24.5	66.6	108000
229	3.79	22.5	7650	588	10.7	675	651	99.4	3.11	154	3.67	24.3	51.3	96100
207	4.14	24.8	6820	531	10.6	606	578	88.8	3.08	137	3.62	24.1	38.3	84100
192	4.43	26.6	6260	491	10.5	559	530	81.8	3.07	126	3.60	24.0	30.8	76300
176	4.81	28.7	5680	450	10.5	511	479	74.3	3.04	115	3.57	23.9	23.9	68400
162	5.31	30.6	5170	414	10.4	468	443	68.4	3.05	105	3.57	23.8	18.5	62600
146	5.92	33.2	4580	371	10.3	418	391	60.5	3.01	93.2	3.53	23.7	13.4	54600
131	6.70	35.6	4020	329	10.2	370	340	53.0	2.97	81.5	3.49	23.5	9.50	47100
117	7.53	39.2	3540	291	10.1	327	297	46.5	2.94	71.4	3.46	23.4	6.72	40800
104	8.50	43.1	3100	258	10.1	289	259	40.7	2.91	62.4	3.42	23.3	4.72	35200
103	4.59	39.2	3000	245	10.0	280	119	26.5	1.99	41.5	2.40	23.6	7.07	16600
94	5.18	41.9	2700	222	9.87	254	109	24.0	1.98	37.5	2.40	23.4	5.26	15000
84	5.86	45.9	2370	196	9.79	224	94.4	20.9	1.95	32.6	2.37	23.3	3.70	12800
76	6.61	49.0	2100	176	9.69	200	82.5	18.4	1.92	28.6	2.34	23.2	2.68	11100
68	7.66	52.0	1830	154	9.55	177	70.4	15.7	1.87	24.5	2.30	23.1	1.87	9430
62	5.97	50.1	1550	131	9.23	153	34.5	9.80	1.38	15.7	1.75	23.2	1.71	4620
55	6.94	54.6	1350	114	9.11	134	29.1	8.30	1.34	13.3	1.71	23.1	1.18	3870
201	3.86	20.6	5310	461	9.47	530	542	86.1	3.02	133	3.55	21.4	40.9	62000
182	4.22	22.6	4730	417	9.40	476	483	77.2	3.00	119	3.51	21.2	30.7	54400
166	4.57	25.0	4280	380	9.36	432	435	70.0	2.99	108	3.48	21.1	23.6	48500
147	5.44	26.1	3630	329	9.17	373	376	60.1	2.95	92.6	3.45	20.9	15.4	41100
132	6.01	28.9	3220	295	9.12	333	333	53.5	2.93	82.3	3.42	20.8	11.3	36000
122	6.45	31.3	2960	273	9.09	307	305	49.2	2.92	75.6	3.40	20.7	8.98	32700
111	7.05	34.1	2670	249	9.05	279	274	44.5	2.90	68.2	3.37	20.6	6.83	29200
101	7.68	37.5	2420	227	9.02	253	248	40.3	2.89	61.7	3.35	20.6	5.21	26200

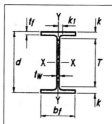

表1-1(续)

W形尺寸规格

形状	面积, A	高度, d	腹板		翼缘		距离				
			厚度, t_w	$\frac{t_w}{2}$	宽度, b_f	厚度, t_f	k		k_1	T	易加 工的 轨距
							k_{des}	k_{det}			
	in.²	in.	in.	in.	in.	in.	in.	in.	in.	in.	in.
W21×93	27.3	21.6	21⁵/₈	0.580	9/16	5/16	8.42	8³/₈	0.930	15/16	1.43	1⁵/₈	15/16	18³/₈	5¹/₂
×83[c]	24.3	21.4	21³/₈	0.515	1/2	1/4	8.36	8³/₈	0.835	13/16	1.34	1¹/₂	7/8		
×73[c]	21.5	21.2	21¹/₄	0.455	7/16	1/4	8.30	8¹/₄	0.740	3/4	1.24	1⁷/₁₆	7/8		
×68[c]	20.0	21.1	21¹/₈	0.430	7/16	1/4	8.27	8¹/₄	0.685	11/16	1.19	1³/₈	7/8		
×62[c]	18.3	21.0	21	0.400	3/8	3/16	8.24	8¹/₄	0.615	5/8	1.12	1⁵/₁₆	13/16		
×55[c]	16.2	20.8	20³/₄	0.375	3/8	3/16	8.22	8¹/₄	0.522	1/2	1.02	1³/₁₆	13/16		
×48[c,f]	14.1	20.6	20⁵/₈	0.350	3/8	3/16	8.14	8¹/₈	0.430	7/16	0.930	1¹/₈	13/16		
W21×57[c]	16.7	21.1	21	0.405	3/8	3/16	6.56	6¹/₂	0.650	5/8	1.15	1⁵/₁₆	13/16	18³/₈	3¹/₂
×50[c]	14.7	20.8	20⁷/₈	0.380	3/8	3/16	6.53	6¹/₂	0.535	9/16	1.04	1¹/₄	13/16		
×44[c]	13.0	20.7	20⁵/₈	0.350	3/8	3/16	6.50	6¹/₂	0.450	7/16	0.950	1¹/₈	13/16		
W18×311[h]	91.6	22.3	22³/₈	1.52	1¹/₂	3/4	12.0	12	2.74	2³/₄	3.24	3⁷/₁₆	1³/₈	15¹/₂	5¹/₂
×283[h]	83.3	21.9	21⁷/₈	1.40	1³/₈	11/16	11.9	11⁷/₈	2.50	2¹/₂	3.00	3³/₁₆	1⁵/₁₆		
×258[h]	75.9	21.5	21¹/₂	1.28	1¹/₄	5/8	11.8	11³/₄	2.30	2⁵/₁₆	2.70	3	1¹/₄		
×234[h]	68.8	21.1	21	1.16	1³/₁₆	5/8	11.7	11⁵/₈	2.11	2¹/₈	2.51	2³/₄	1³/₁₆		
×211	62.1	20.7	20⁵/₈	1.06	1¹/₁₆	9/16	11.6	11¹/₂	1.91	1¹⁵/₁₆	2.31	2⁹/₁₆	1³/₁₆		
×192	56.4	20.4	20³/₈	0.960	15/16	1/2	11.5	11¹/₂	1.75	1³/₄	2.15	2⁷/₁₆	1¹/₈		
×175	51.3	20.0	20	0.890	7/8	7/16	11.4	11³/₈	1.59	1⁹/₁₆	1.99	2⁷/₁₆	1¹/₄	15¹/₈	
×158	46.3	19.7	19³/₄	0.810	13/16	7/16	11.3	11¹/₄	1.44	1⁷/₁₆	1.84	2³/₈	1¹/₄		
×143	42.1	19.5	19¹/₂	0.730	3/4	3/8	11.2	11¹/₄	1.32	1⁵/₁₆	1.72	2³/₁₆	1³/₁₆		
×130	38.2	19.3	19¹/₄	0.670	11/16	3/8	11.2	11¹/₈	1.20	1³/₁₆	1.60	2¹/₁₆	1³/₁₆		
×119	35.1	19.0	19	0.655	5/8	5/16	11.3	11¹/₄	1.06	1¹/₁₆	1.46	1¹⁵/₁₆	1³/₁₆		
×106	31.1	18.7	18³/₄	0.590	9/16	5/16	11.2	11¹/₄	0.940	15/16	1.34	1¹³/₁₆	1¹/₈		
×97	28.5	18.6	18⁵/₈	0.535	9/16	5/16	11.1	11¹/₈	0.870	7/8	1.27	1³/₄	1¹/₈		
×86	25.3	18.4	18³/₈	0.480	1/2	1/4	11.1	11¹/₈	0.770	3/4	1.17	1⁵/₈	1¹/₁₆		
×76[c]	22.3	18.2	18¹/₄	0.425	7/16	1/4	11.0	11	0.680	11/16	1.08	1⁹/₁₆	1¹/₁₆		
W18×71	20.8	18.5	18¹/₂	0.495	1/2	1/4	7.64	7⁵/₈	0.810	13/16	1.21	1¹/₂	7/8	15¹/₂	3¹/₂[g]
×65	19.1	18.4	18³/₈	0.450	7/16	1/4	7.59	7⁵/₈	0.750	3/4	1.15	1⁷/₁₆	7/8		
×60[c]	17.6	18.2	18¹/₄	0.415	7/16	1/4	7.56	7¹/₂	0.695	11/16	1.10	1³/₈	13/16		
×55[c]	16.2	18.1	18¹/₈	0.390	3/8	3/16	7.53	7¹/₂	0.630	5/8	1.03	1⁵/₁₆	13/16		
×50[c]	14.7	18.0	18	0.355	3/8	3/16	7.50	7¹/₂	0.570	9/16	0.972	1¹/₄	13/16		
W18×46[c]	13.5	18.1	18	0.360	3/8	3/16	6.06	6	0.605	5/8	1.01	1¹/₄	13/16	15¹/₂	3¹/₂[g]
×40[c]	11.8	17.9	17⁷/₈	0.315	5/16	3/16	6.02	6	0.525	1/2	0.927	1³/₁₆	13/16		
×35[c]	10.3	17.7	17³/₄	0.300	5/16	3/16	6.00	6	0.425	7/16	0.827	1¹/₈	3/4		

[c] Shape is slender for compression with F_y = 50 ksi.

[f] Shape exceeds compact limit for flexure with F_y = 50 ksi.

[g] The actual size, combination, and orientation of fastener components should be compared with the geometry of the cross-section to ensure compatibility.

[h] Flange thickness greater than 2 in. Special requirements may apply per AISC Specification Section A3.1c.

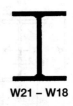

W21 – W18

表1-1(续)

W形状属性

标准重量比	厚实截面条件		X-X轴				Y-Y轴				r_{ts}	h_o	扭转特性	
	$\dfrac{b_f}{2t_f}$	$\dfrac{h}{t_w}$	I	S	r	Z	I	S	r	Z			J	C_w
lb/ft			in.^{4}	in.^{3}	in.	in.^{3}	in.^{4}	in.^{3}	in.	in.^{3}	in.	in.	in.^{4}	in.^{6}
93	4.53	32.3	2070	192	8.70	221	92.9	22.1	1.84	34.7	2.24	20.7	6.03	9940
83	5.00	36.4	1830	171	8.67	196	81.4	19.5	1.83	30.5	2.21	20.6	4.34	8630
73	5.60	41.2	1600	151	8.64	172	70.6	17.0	1.81	26.6	2.19	20.5	3.02	7410
68	6.04	43.6	1480	140	8.60	160	64.7	15.7	1.80	24.4	2.17	20.4	2.45	6760
62	6.70	46.9	1330	127	8.54	144	57.5	14.0	1.77	21.7	2.15	20.4	1.83	5960
55	7.87	50.0	1140	110	8.40	126	48.4	11.8	1.73	18.4	2.11	20.3	1.24	4980
48	9.47	53.6	959	93.0	8.24	107	38.7	9.52	1.66	14.9	2.05	20.2	0.803	3950
57	5.04	46.3	1170	111	8.36	129	30.6	9.35	1.35	14.8	1.68	20.4	1.77	3190
50	6.10	49.4	984	94.5	8.18	110	24.9	7.64	1.30	12.2	1.64	20.3	1.14	2570
44	7.22	53.6	843	81.6	8.06	95.4	20.7	6.37	1.26	10.2	1.60	20.2	0.770	2110
311	2.19	10.4	6970	624	8.72	754	795	132	2.95	207	3.53	19.6	176	76200
283	2.38	11.3	6170	565	8.61	676	704	118	2.91	185	3.47	19.4	134	65900
258	2.56	12.5	5510	514	8.53	611	628	107	2.88	166	3.42	19.2	103	57600
234	2.76	13.8	4900	466	8.44	549	558	95.8	2.85	149	3.37	19.0	78.7	50100
211	3.02	15.1	4330	419	8.35	490	493	85.3	2.82	132	3.32	18.8	58.6	43400
192	3.27	16.7	3870	380	8.28	442	440	76.8	2.79	119	3.28	18.6	44.7	38000
175	3.58	18.0	3450	344	8.20	398	391	68.8	2.76	106	3.24	18.5	33.8	33300
158	3.92	19.8	3060	310	8.12	356	347	61.4	2.74	94.8	3.20	18.3	25.2	29000
143	4.25	22.0	2750	282	8.09	322	311	55.5	2.72	85.4	3.17	18.2	19.2	25700
130	4.65	23.9	2460	256	8.03	290	278	49.9	2.70	76.7	3.13	18.1	14.5	22700
119	5.31	24.5	2190	231	7.90	262	253	44.9	2.69	69.1	3.13	17.9	10.6	20300
106	5.96	27.2	1910	204	7.84	230	220	39.4	2.66	60.5	3.10	17.8	7.48	17400
97	6.41	30.0	1750	188	7.82	211	201	36.1	2.65	55.3	3.08	17.7	5.86	15800
86	7.20	33.4	1530	166	7.77	186	175	31.6	2.63	48.4	3.05	17.6	4.10	13600
76	8.11	37.8	1330	146	7.73	163	152	27.6	2.61	42.2	3.02	17.5	2.83	11700
71	4.71	32.4	1170	127	7.50	146	60.3	15.8	1.70	24.7	2.05	17.7	3.49	4700
65	5.06	35.7	1070	117	7.49	133	54.8	14.4	1.69	22.5	2.03	17.6	2.73	4240
60	5.44	38.7	984	108	7.47	123	50.1	13.3	1.68	20.6	2.02	17.5	2.17	3850
55	5.98	41.1	890	98.3	7.41	112	44.9	11.9	1.67	18.5	2.00	17.5	1.66	3430
50	6.57	45.2	800	88.9	7.38	101	40.1	10.7	1.65	16.6	1.98	17.4	1.24	3040
46	5.01	44.6	712	78.8	7.25	90.7	22.5	7.43	1.29	11.7	1.58	17.5	1.22	1720
40	5.73	50.9	612	68.4	7.21	78.4	19.1	6.35	1.27	10.0	1.56	17.4	0.810	1440
35	7.06	53.5	510	57.6	7.04	66.5	15.3	5.12	1.22	8.06	1.52	17.3	0.506	1140

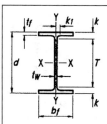

表1-1(续)
W形尺寸规格

形状	面积 A (in.²)	高度 d (in.) dec	d frac	腹板 厚度 tw (in.) dec	tw frac	tw/2 (in.)	翼缘 宽度 bf (in.) dec	bf frac	厚度 tf (in.) dec	tf frac	k kdes (in.)	k kdet	k1 (in.)	T (in.)	易加工的轨距 (in.)
W16×100	29.5	17.0	17	0.585	9/16	5/16	10.4	10-3/8	0.985	1	1.39	1-7/8	1-1/8	13-1/4	5-1/2
×89	26.2	16.8	16-3/4	0.525	1/2	1/4	10.4	10-3/8	0.875	7/8	1.28	1-3/4	1-1/8		
×77	22.6	16.5	16-1/2	0.455	7/16	1/4	10.3	10-1/4	0.760	3/4	1.16	1-5/8	1-1/16	↓	↓
×67[c]	19.7	16.3	16-3/8	0.395	3/8	3/16	10.2	10-1/4	0.665	11/16	1.07	1-9/16	1		
W16×57	16.8	16.4	16-3/8	0.430	7/16	1/4	7.12	7-1/8	0.715	11/16	1.12	1-3/8	7/8	13-5/8	3-1/2[g]
×50[c]	14.7	16.3	16-1/4	0.380	3/8	3/16	7.07	7-1/8	0.630	5/8	1.03	1-5/16	13/16		
×45[c]	13.3	16.1	16-1/8	0.345	3/8	3/16	7.04	7	0.565	9/16	0.967	1-1/4	13/16		
×40[c]	11.8	16.0	16	0.305	5/16	3/16	7.00	7	0.505	1/2	0.907	1-3/16	13/16	↓	↓
×36[c]	10.6	15.9	15-7/8	0.295	5/16	3/16	6.99	7	0.430	7/16	0.832	1-1/8	3/4		
W16×31[c]	9.13	15.9	15-7/8	0.275	1/4	1/8	5.53	5-1/2	0.440	7/16	0.842	1-1/8	3/4	13-5/8	3-1/2
×26[c,v]	7.68	15.7	15-3/4	0.250	1/4	1/8	5.50	5-1/2	0.345	3/8	0.747	1-1/16	3/4	13-5/8	3-1/2
W14×730[h]	215	22.4	22-3/8	3.07	3-1/16	1-9/16	17.9	17-7/8	4.91	4-15/16	5.51	6-3/16	2-3/4	10	3-7-1/2-3[g]
×665[h]	196	21.6	21-5/8	2.83	2-13/16	1-7/16	17.7	17-5/8	4.52	4-1/2	5.12	5-13/16	2-5/8		3-7-1/2-3[g]
×605[h]	178	20.9	20-7/8	2.60	2-5/8	1-5/16	17.4	17-3/8	4.16	4-3/16	4.76	5-7/16	2-1/2		3-7-1/2-3
×550[h]	162	20.2	20-1/4	2.38	2-3/8	1-3/16	17.2	17-1/4	3.82	3-13/16	4.42	5-1/8	2-3/8		
×500[h]	147	19.6	19-5/8	2.19	2-3/16	1-1/8	17.0	17	3.50	3-1/2	4.10	4-13/16	2-5/16		
×455[h]	134	19.0	19	2.02	2	1	16.8	16-7/8	3.21	3-3/16	3.81	4-1/2	2-1/4		
×426[h]	125	18.7	18-5/8	1.88	1-7/8	15/16	16.7	16-3/4	3.04	3-1/16	3.63	4-5/16	2-1/8		
×398[h]	117	18.3	18-1/4	1.77	1-3/4	7/8	16.6	16-5/8	2.85	2-7/8	3.44	4-1/8	2-1/8		
×370[h]	109	17.9	17-7/8	1.66	1-5/8	13/16	16.5	16-1/2	2.66	2-11/16	3.26	3-15/16	2-1/16		
×342[h]	101	17.5	17-1/2	1.54	1-9/16	13/16	16.4	16-3/8	2.47	2-1/2	3.07	3-3/4	2		
×311[h]	91.4	17.1	17-1/8	1.41	1-7/16	3/4	16.2	16-1/4	2.26	2-1/4	2.86	3-9/16	1-15/16		
×283[h]	83.3	16.7	16-3/4	1.29	1-5/16	11/16	16.1	16-1/8	2.07	2-1/16	2.67	3-3/8	1-7/8		
×257	75.6	16.4	16-3/8	1.18	1-3/16	5/8	16.0	16	1.89	1-7/8	2.49	3-3/16	1-13/16		
×233	68.5	16.0	16	1.07	1-1/16	9/16	15.9	15-7/8	1.72	1-3/4	2.32	3	1-3/4		
×211	62.0	15.7	15-3/4	0.980	1	1/2	15.8	15-3/4	1.56	1-9/16	2.16	2-7/8	1-11/16		
×193	56.8	15.5	15-1/2	0.890	7/8	7/16	15.7	15-3/4	1.44	1-7/16	2.04	2-3/4	1-11/16		
×176	51.8	15.2	15-1/4	0.830	13/16	7/16	15.7	15-5/8	1.31	1-5/16	1.91	2-5/8	1-5/8		
×159	46.7	15.0	15	0.745	3/4	3/8	15.6	15-5/8	1.19	1-3/16	1.79	2-1/2	1-9/16	↓	↓
×145	42.7	14.8	14-3/4	0.680	11/16	3/8	15.5	15-1/2	1.09	1-1/16	1.69	2-3/8	1-9/16		

[c] Shape is slender for compression with F_y = 50 ksi.
[g] The actual size, combination, and orientation of fastener components should be compared with the geometry of the cross-section to ensure compatibility.
[h] Flange thickness greater than 2 in. Special requirements may apply per AISC Specification Section A3.1c.
[v] Shape does not meet the h/t_w limit for shear in Specification Section G2.1a with F_y = 50 ksi.

表1-1(续)
W形状属性

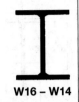

W16 – W14

标准重量比	厚实截面条件		X-X轴				Y-Y轴				r_{ts}	h_o	扭转特性	
	$\frac{b_f}{2t_f}$	$\frac{h}{t_w}$	I	S	r	Z	I	S	r	Z			J	C_w
lb/ft			in.^{4}	in.^{3}	in.	in.^{3}	in.^{4}	in.^{3}	in.	in.^{3}	in.	in.	in.^{4}	in.^{6}
100	5.29	24.3	1490	175	7.10	198	186	35.7	2.51	54.9	2.92	16.0	7.73	11900
89	5.92	27.0	1300	155	7.05	175	163	31.4	2.49	48.1	2.88	15.9	5.45	10200
77	6.77	31.2	1110	134	7.00	150	138	26.9	2.47	41.1	2.85	15.8	3.57	8590
67	7.70	35.9	954	117	6.96	130	119	23.2	2.46	35.5	2.82	15.7	2.39	7300
57	4.98	33.0	758	92.2	6.72	105	43.1	12.1	1.60	18.9	1.92	15.7	2.22	2660
50	5.61	37.4	659	81.0	6.68	92.0	37.2	10.5	1.59	16.3	1.89	15.6	1.52	2270
45	6.23	41.1	586	72.7	6.65	82.3	32.8	9.34	1.57	14.5	1.88	15.6	1.11	1990
40	6.93	46.5	518	64.7	6.63	73.0	28.9	8.25	1.57	12.7	1.86	15.5	0.794	1730
36	8.12	48.1	448	56.5	6.51	64.0	24.5	7.00	1.52	10.8	1.83	15.4	0.545	1460
31	6.28	51.6	375	47.2	6.41	54.0	12.4	4.49	1.17	7.03	1.42	15.4	0.461	739
26	7.97	56.8	301	38.4	6.26	44.2	9.59	3.49	1.12	5.48	1.38	15.3	0.262	565
730	1.82	3.71	14300	1280	8.17	1660	4720	527	4.69	816	5.68	17.5	1450	362000
665	1.95	4.03	12400	1150	7.98	1480	4170	472	4.62	730	5.57	17.1	1120	305000
605	2.09	4.39	10800	1040	7.80	1320	3680	423	4.55	652	5.46	16.8	869	258000
550	2.25	4.79	9430	931	7.63	1180	3250	378	4.49	583	5.36	16.4	669	219000
500	2.43	5.21	8210	838	7.48	1050	2880	339	4.43	522	5.26	16.1	514	187000
455	2.62	5.66	7190	756	7.33	936	2560	304	4.38	468	5.17	15.8	395	160000
426	2.75	6.08	6600	706	7.26	869	2360	283	4.34	434	5.11	15.6	331	144000
398	2.92	6.44	6000	656	7.16	801	2170	262	4.31	402	5.06	15.4	273	129000
370	3.10	6.89	5440	607	7.07	736	1990	241	4.27	370	5.00	15.3	222	116000
342	3.31	7.41	4900	558	6.98	672	1810	221	4.24	338	4.94	15.1	178	103000
311	3.59	8.09	4330	506	6.88	603	1610	199	4.20	304	4.87	14.9	136	89100
283	3.89	8.84	3840	459	6.79	542	1440	179	4.17	274	4.81	14.7	104	77700
257	4.23	9.71	3400	415	6.71	487	1290	161	4.13	246	4.75	14.5	79.1	67800
233	4.62	10.7	3010	375	6.63	436	1150	145	4.10	221	4.69	14.3	59.5	59000
211	5.06	11.6	2660	338	6.55	390	1030	130	4.07	198	4.64	14.2	44.6	51500
193	5.45	12.8	2400	310	6.50	355	931	119	4.05	180	4.59	14.0	34.8	45900
176	5.97	13.7	2140	281	6.43	320	838	107	4.02	163	4.55	13.9	26.5	40500
159	6.54	15.3	1900	254	6.38	287	748	96.2	4.00	146	4.51	13.8	19.7	35600
145	7.11	16.8	1710	232	6.33	260	677	87.3	3.98	133	4.47	13.7	15.2	31700

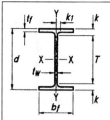

表1-1(续)
W形尺寸规格

形状	面积, A	高度, d		腹板 厚度, t_w		$\dfrac{t_w}{2}$	翼缘 宽度, b_f		厚度, t_f		距离 k k_{des}	k_{det}	k_1	T	易加工的轨距
	in.²	in.		in.		in.	in.		in.		in.	in.	in.	in.	in.
W14×132	38.8	14.7	14⅝	0.645	⅝	5/16	14.7	14¾	1.03	1	1.63	2 5/16	1 9/16	10	5½
×120	35.3	14.5	14½	0.590	9/16	5/16	14.7	14⅝	0.940	15/16	1.54	2¼	1½	↓	↓
×109	32.0	14.3	14⅜	0.525	½	¼	14.6	14⅝	0.860	⅞	1.46	2 3/16	1½		
×99f	29.1	14.2	14⅛	0.485	½	¼	14.6	14⅝	0.780	¾	1.38	2 1/16	1 7/16		
×90f	26.5	14.0	14	0.440	7/16	¼	14.5	14½	0.710	11/16	1.31	2	1 7/16	↓	↓
W14×82	24.0	14.3	14¼	0.510	½	¼	10.1	10⅛	0.855	⅞	1.45	1 11/16	1 1/16	10⅞	5½
×74	21.8	14.2	14⅛	0.450	7/16	¼	10.1	10⅛	0.785	13/16	1.38	1⅝	1 1/16		
×68	20.0	14.0	14	0.415	7/16	¼	10.0	10	0.720	¾	1.31	1 9/16	1 1/16		
×61	17.9	13.9	13⅞	0.375	⅜	3/16	10.0	10	0.645	⅝	1.24	1½	1	↓	↓
W14×53	15.6	13.9	13⅞	0.370	⅜	3/16	8.06	8	0.660	11/16	1.25	1½	1	10⅞	5½
×48	14.1	13.8	13¾	0.340	5/16	3/16	8.03	8	0.595	⅝	1.19	1 7/16	1		
×43c	12.6	13.7	13⅝	0.305	5/16	3/16	8.00	8	0.530	½	1.12	1⅜	1	↓	↓
W14×38c	11.2	14.1	14⅛	0.310	5/16	3/16	6.77	6¾	0.515	½	0.915	1¼	13/16	11⅝	3½g
×34c	10.0	14.0	14	0.285	5/16	3/16	6.75	6¾	0.455	7/16	0.855	1 3/16	¾	↓	3½
×30c	8.85	13.8	13⅞	0.270	¼	⅛	6.73	6¾	0.385	⅜	0.785	1⅛	¾		3½
W14×26c	7.69	13.9	13⅞	0.255	¼	⅛	5.03	5	0.420	7/16	0.820	1⅛	¾	11⅝	2¾g
×22c	6.49	13.7	13¾	0.230	¼	⅛	5.00	5	0.335	5/16	0.735	1 1/16	¾	11⅝	2¾g
W12×336h	98.8	16.8	16⅞	1.78	1¾	⅞	13.4	13⅜	2.96	2 15/16	3.55	3⅞	1 11/16	9⅛	5½
×305h	89.6	16.3	16⅜	1.63	1⅝	13/16	13.2	13¼	2.71	2 11/16	3.30	3⅝	1⅝		
×279h	81.9	15.9	15⅞	1.53	1½	¾	13.1	13⅛	2.47	2½	3.07	3⅜	1⅝		
×252h	74.0	15.4	15⅜	1.40	1⅜	11/16	13.0	13	2.25	2¼	2.85	3⅛	1½		
×230h	67.7	15.1	15	1.29	1 5/16	11/16	12.9	12⅞	2.07	2 1/16	2.67	2 15/16	1½		
×210	61.8	14.7	14¾	1.18	13/16	⅝	12.8	12¾	1.90	1⅞	2.50	2 13/16	1 7/16		
×190	55.8	14.4	14⅜	1.06	1 1/16	9/16	12.7	12⅝	1.74	1¾	2.33	2⅝	1⅜		
×170	50.0	14.0	14	0.960	15/16	½	12.6	12⅝	1.56	1 9/16	2.16	2 7/16	1 5/16		
×152	44.7	13.7	13¾	0.870	⅞	7/16	12.5	12½	1.40	1⅜	2.00	2¼	1¼		
×136	39.9	13.4	13⅜	0.790	13/16	7/16	12.4	12⅜	1.25	1¼	1.85	2⅛	1¼		
×120	35.3	13.1	13⅛	0.710	11/16	⅜	12.3	12⅜	1.11	1⅛	1.70	2	1 3/16		
×106	31.2	12.9	12⅞	0.610	⅝	5/16	12.2	12¼	0.990	1	1.59	1⅞	1⅛		
×96	28.2	12.7	12¾	0.550	9/16	5/16	12.2	12⅛	0.900	⅞	1.50	1 13/16	1⅛		
×87	25.6	12.5	12½	0.515	½	¼	12.1	12⅛	0.810	13/16	1.41	1 11/16	1 1/16		
×79	23.2	12.4	12⅜	0.470	½	¼	12.1	12⅛	0.735	¾	1.33	1⅝	1 1/16		
×72	21.1	12.3	12¼	0.430	7/16	¼	12.0	12	0.670	11/16	1.27	1 9/16	1 1/16	↓	
×65f	19.1	12.1	12⅛	0.390	⅜	3/16	12.0	12	0.605	⅝	1.20	1½	1		↓

c Shape is slender for compression with F_y = 50 ksi.
f Shape exceeds compact limit for flexure with F_y = 50 ksi.
g The actual size, combination, and orientation of fastener components should be compared with the geometry of the cross-section to ensure compatibility.
h Flange thickness greater than 2 in. Special requirements may apply per AISC Specification Section A3.1c.

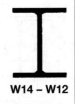

表1-1(续)
W形状属性

W14 – W12

标准重量比	厚实截面条件		X-X轴				Y-Y轴				r_{ts}	h_o	扭转特性	
	$\frac{b_f}{2t_f}$	$\frac{h}{t_w}$	I	S	r	Z	I	S	r	Z			J	C_w
lb/ft			in.⁴	in.³	in.	in.³	in.⁴	in.³	in.	in.³	in.	in.	in.⁴	in.⁶
132	7.15	17.7	1530	209	6.28	234	548	74.5	3.76	113	4.23	13.6	12.3	25500
120	7.80	19.3	1380	190	6.24	212	495	67.5	3.74	102	4.20	13.5	9.37	22700
109	8.49	21.7	1240	173	6.22	192	447	61.2	3.73	92.7	4.17	13.5	7.12	20200
99	9.34	23.5	1110	157	6.17	173	402	55.2	3.71	83.6	4.14	13.4	5.37	18000
90	10.2	25.9	999	143	6.14	157	362	49.9	3.70	75.6	4.11	13.3	4.06	16000
82	5.92	22.4	881	123	6.05	139	148	29.3	2.48	44.8	2.85	13.5	5.07	6710
74	6.41	25.4	795	112	6.04	126	134	26.6	2.48	40.5	2.82	13.4	3.87	5990
68	6.97	27.5	722	103	6.01	115	121	24.2	2.46	36.9	2.80	13.3	3.01	5380
61	7.75	30.4	640	92.1	5.98	102	107	21.5	2.45	32.8	2.78	13.2	2.19	4710
53	6.11	30.9	541	77.8	5.89	87.1	57.7	14.3	1.92	22.0	2.22	13.3	1.94	2540
48	6.75	33.6	484	70.2	5.85	78.4	51.4	12.8	1.91	19.6	2.20	13.2	1.45	2240
43	7.54	37.4	428	62.6	5.82	69.6	45.2	11.3	1.89	17.3	2.18	13.1	1.05	1950
38	6.57	39.6	385	54.6	5.87	61.5	26.7	7.88	1.55	12.1	1.82	13.6	0.798	1230
34	7.41	43.1	340	48.6	5.83	54.6	23.3	6.91	1.53	10.6	1.80	13.5	0.569	1070
30	8.74	45.4	291	42.0	5.73	47.3	19.6	5.82	1.49	8.99	1.77	13.5	0.380	887
26	5.98	48.1	245	35.3	5.65	40.2	8.91	3.55	1.08	5.54	1.31	13.5	0.358	405
22	7.46	53.3	199	29.0	5.54	33.2	7.00	2.80	1.04	4.39	1.27	13.4	0.208	314
336	2.26	5.47	4060	483	6.41	603	1190	177	3.47	274	4.13	13.9	243	57000
305	2.45	5.98	3550	435	6.29	537	1050	159	3.42	244	4.05	13.6	185	48600
279	2.66	6.35	3110	393	6.16	481	937	143	3.38	220	4.00	13.4	143	42000
252	2.89	6.96	2720	353	6.06	428	828	127	3.34	196	3.93	13.2	108	35800
230	3.11	7.56	2420	321	5.97	386	742	115	3.31	177	3.87	13.0	83.8	31200
210	3.37	8.23	2140	292	5.89	348	664	104	3.28	159	3.82	12.8	64.7	27200
190	3.65	9.16	1890	263	5.82	311	589	93.0	3.25	143	3.76	12.6	48.8	23600
170	4.03	10.1	1650	235	5.74	275	517	82.3	3.22	126	3.71	12.5	35.6	20100
152	4.46	11.2	1430	209	5.66	243	454	72.8	3.19	111	3.66	12.3	25.8	17200
136	4.96	12.3	1240	186	5.58	214	398	64.2	3.16	98.0	3.61	12.2	18.5	14700
120	5.57	13.7	1070	163	5.51	186	345	56.0	3.13	85.4	3.56	12.0	12.9	12400
106	6.17	15.9	933	145	5.47	164	301	49.3	3.11	75.1	3.52	11.9	9.13	10700
96	6.76	17.7	833	131	5.44	147	270	44.4	3.09	67.5	3.49	11.8	6.85	9410
87	7.48	18.9	740	118	5.38	132	241	39.7	3.07	60.4	3.46	11.7	5.10	8270
79	8.22	20.7	662	107	5.34	119	216	35.8	3.05	54.3	3.43	11.6	3.84	7330
72	8.99	22.6	597	97.4	5.31	108	195	32.4	3.04	49.2	3.40	11.6	2.93	6540
65	9.92	24.9	533	87.9	5.28	96.8	174	29.1	3.02	44.1	3.38	11.5	2.18	5780

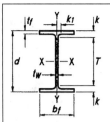

表1-1(续)
W形尺寸规格

形状	面积 A	高度 d	腹板 厚度 t_w		$\dfrac{t_w}{2}$	翼缘 宽度 b_f		翼缘 厚度 t_f		距离 k k_{des}	k_{det}	k_1	T	易加工的轨距
	in.²	in.	in.		in.	in.		in.		in.	in.	in.	in.	in.
W12×58	17.0	12.2	12¼	0.360	3/8	3/16	10.0	10	0.640	5/8	1.24	1½	15/16	9¼	5½
×53	15.6	12.1	12	0.345	3/8	3/16	10.0	10	0.575	9/16	1.18	1⅜	15/16	9¼	5½
W12×50	14.6	12.2	12¼	0.370	3/8	3/16	8.08	8⅛	0.640	5/8	1.14	1½	15/16	9¼	5½
×45	13.1	12.1	12	0.335	5/16	3/16	8.05	8	0.575	9/16	1.08	1⅜	15/16	↓	↓
×40	11.7	11.9	12	0.295	5/16	3/16	8.01	8	0.515	1/2	1.02	1⅜	7/8	↓	↓
W12×35ᶜ	10.3	12.5	12½	0.300	5/16	3/16	6.56	6½	0.520	1/2	0.820	1 3/16	3/4	10⅛	3½
×30ᶜ	8.79	12.3	12⅜	0.260	1/4	1/8	6.52	6½	0.440	7/16	0.740	1⅛	3/4	↓	↓
×26ᶜ	7.65	12.2	12¼	0.230	1/4	1/8	6.49	6½	0.380	3/8	0.680	1 1/16	3/4	↓	↓
W12×22ᶜ	6.48	12.3	12¼	0.260	1/4	1/8	4.03	4	0.425	7/16	0.725	15/16	5/8	10⅜	2¼ᵍ
×19ᶜ	5.57	12.2	12⅛	0.235	1/4	1/8	4.01	4	0.350	3/8	0.650	7/8	9/16	↓	↓
×16ᶜ	4.71	12.0	12	0.220	1/4	1/8	3.99	4	0.265	1/4	0.565	13/16	9/16	↓	↓
×14ᶜ·ᵛ	4.16	11.9	11⅞	0.200	3/16	1/8	3.97	4	0.225	1/4	0.525	3/4	9/16	↓	↓
W10×112	32.9	11.4	11⅜	0.755	3/4	3/8	10.4	10⅜	1.25	1¼	1.75	1 15/16	1	7½	5½
×100	29.4	11.1	11⅛	0.680	11/16	3/8	10.3	10⅜	1.12	1⅛	1.62	1 13/16	1	↓	↓
×88	25.9	10.8	10⅞	0.605	5/8	5/16	10.3	10¼	0.990	1	1.49	1 11/16	15/16	↓	↓
×77	22.6	10.6	10⅝	0.530	1/2	1/4	10.2	10¼	0.870	7/8	1.37	1 9/16	7/8	↓	↓
×68	20.0	10.4	10⅜	0.470	1/2	1/4	10.1	10⅛	0.770	3/4	1.27	1 7/16	7/8	↓	↓
×60	17.6	10.2	10¼	0.420	7/16	1/4	10.1	10⅛	0.680	11/16	1.18	1⅜	13/16	↓	↓
×54	15.8	10.1	10⅛	0.370	3/8	3/16	10.0	10	0.615	5/8	1.12	1 5/16	13/16	↓	↓
×49	14.4	10.0	10	0.340	5/16	3/16	10.0	10	0.560	9/16	1.06	1¼	13/16	↓	↓
W10×45	13.3	10.1	10⅛	0.350	3/8	3/16	8.02	8	0.620	5/8	1.12	1 5/16	13/16	7½	5½
×39	11.5	9.92	9⅞	0.315	5/16	3/16	7.99	8	0.530	1/2	1.03	1 3/16	13/16	↓	↓
×33	9.71	9.73	9¾	0.290	5/16	3/16	7.96	8	0.435	7/16	0.935	1⅛	3/4	↓	↓
W10×30	8.84	10.5	10½	0.300	5/16	3/16	5.81	5¾	0.510	1/2	0.810	1⅛	11/16	8¼	2¾ᵍ
×26	7.61	10.3	10⅜	0.260	1/4	1/8	5.77	5¾	0.440	7/16	0.740	1 1/16	11/16	↓	↓
×22ᶜ	6.49	10.2	10⅛	0.240	1/4	1/8	5.75	5¾	0.360	3/8	0.660	15/16	5/8	↓	↓
W10×19	5.62	10.2	10¼	0.250	1/4	1/8	4.02	4	0.395	3/8	0.695	15/16	5/8	8⅜	2¼ᵍ
×17ᶜ	4.99	10.1	10⅛	0.240	1/4	1/8	4.01	4	0.330	5/16	0.630	7/8	9/16	↓	↓
×15ᶜ	4.41	10.0	10	0.230	1/4	1/8	4.00	4	0.270	1/4	0.570	13/16	9/16	↓	↓
×12ᶜ·ᶠ	3.54	9.87	9⅞	0.190	3/16	1/8	3.96	4	0.210	3/16	0.510	3/4	9/16	↓	↓

ᶜ Shape is slender for compression with $F_y = 50$ ksi.
ᶠ Shape exceeds compact limit for flexure with $F_y = 50$ ksi.
ᵍ The actual size, combination, and orientation of fastener components should be compared with the geometry of the cross-section to ensure compatibility.
ᵛ Shape does not meet the h/t_w limit for shear in Specification Section G2.1a with $F_y = 50$ ksi.

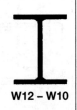

W12 – W10

表1-1(续)
W形状属性

标准重量比	厚实截面条件		X-X轴				Y-Y轴				r_{ts}	h_o	扭转特性	
	$\dfrac{b_f}{2t_f}$	$\dfrac{h}{t_w}$	I	S	r	Z	I	S	r	Z			J	C_w
lb/ft			in.⁴	in.³	in.	in.³	in.⁴	in.³	in.	in.³	in.	in.	in.⁴	in.⁶
58	7.82	27.0	475	78.0	5.28	86.4	107	21.4	2.51	32.5	2.82	11.6	2.10	3570
53	8.69	28.1	425	70.6	5.23	77.9	95.8	19.2	2.48	29.1	2.79	11.5	1.58	3160
50	6.31	26.8	391	64.2	5.18	71.9	56.3	13.9	1.96	21.3	2.25	11.6	1.71	1880
45	7.00	29.6	348	57.7	5.15	64.2	50.0	12.4	1.95	19.0	2.23	11.5	1.26	1650
40	7.77	33.6	307	51.5	5.13	57.0	44.1	11.0	1.94	16.8	2.21	11.4	0.906	1440
35	6.31	36.2	285	45.6	5.25	51.2	24.5	7.47	1.54	11.5	1.79	12.0	0.741	879
30	7.41	41.8	238	38.6	5.21	43.1	20.3	6.24	1.52	9.56	1.77	11.9	0.457	720
26	8.54	47.2	204	33.4	5.17	37.2	17.3	5.34	1.51	8.17	1.75	11.8	0.300	607
22	4.74	41.8	156	25.4	4.91	29.3	4.66	2.31	0.848	3.66	1.04	11.9	0.293	164
19	5.72	46.2	130	21.3	4.82	24.7	3.76	1.88	0.822	2.98	1.02	11.8	0.180	131
16	7.53	49.4	103	17.1	4.67	20.1	2.82	1.41	0.773	2.26	0.982	11.7	0.103	96.9
14	8.82	54.3	88.6	14.9	4.62	17.4	2.36	1.19	0.753	1.90	0.962	11.7	0.0704	80.4
112	4.17	10.4	716	126	4.66	147	236	45.3	2.68	69.2	3.07	10.1	15.1	6020
100	4.62	11.6	623	112	4.60	130	207	40.0	2.65	61.0	3.03	10.0	10.9	5150
88	5.18	13.0	534	98.5	4.54	113	179	34.8	2.63	53.1	2.99	9.85	7.53	4330
77	5.86	14.8	455	85.9	4.49	97.6	154	30.1	2.60	45.9	2.95	9.73	5.11	3630
68	6.58	16.7	394	75.7	4.44	85.3	134	26.4	2.59	40.1	2.91	9.63	3.56	3100
60	7.41	18.7	341	66.7	4.39	74.6	116	23.0	2.57	35.0	2.88	9.54	2.48	2640
54	8.15	21.2	303	60.0	4.37	66.6	103	20.6	2.56	31.3	2.86	9.48	1.82	2320
49	8.93	23.1	272	54.6	4.35	60.4	93.4	18.7	2.54	28.3	2.84	9.42	1.39	2070
45	6.47	22.5	248	49.1	4.32	54.9	53.4	13.3	2.01	20.3	2.27	9.48	1.51	1200
39	7.53	25.0	209	42.1	4.27	46.8	45.0	11.3	1.98	17.2	2.24	9.39	0.976	992
33	9.15	27.1	171	35.0	4.19	38.8	36.6	9.20	1.94	14.0	2.20	9.30	0.583	791
30	5.70	29.5	170	32.4	4.38	36.6	16.7	5.75	1.37	8.84	1.60	10.0	0.622	414
26	6.56	34.0	144	27.9	4.35	31.3	14.1	4.89	1.36	7.50	1.58	9.89	0.402	345
22	7.99	36.9	118	23.2	4.27	26.0	11.4	3.97	1.33	6.10	1.55	9.81	0.239	275
19	5.09	35.4	96.3	18.8	4.14	21.6	4.29	2.14	0.874	3.35	1.06	9.85	0.233	104
17	6.08	36.9	81.9	16.2	4.05	18.7	3.56	1.78	0.845	2.80	1.04	9.78	0.156	85.1
15	7.41	38.5	68.9	13.8	3.95	16.0	2.89	1.45	0.810	2.30	1.01	9.72	0.104	68.3
12	9.43	46.6	53.8	10.9	3.90	12.6	2.18	1.10	0.785	1.74	0.983	9.66	0.0547	50.9

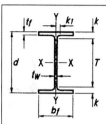

表1-1(续)

W形尺寸规格

形状	面积 A	高度 d		腹板 厚度 t_w		$\dfrac{t_w}{2}$	翼缘 宽度 b_f		厚度 t_f		距离 k k_{des}	k_{det}	k_1	T	易加工的轨距
	in.²	in.		in.		in.	in.		in.		in.	in.	in.	in.	in.
W8×67	19.7	9.00	9	0.570	9/16	5/16	8.28	8¼	0.935	15/16	1.33	1⅝	15/16	5¾	5½
×58	17.1	8.75	8¾	0.510	½	¼	8.22	8¼	0.810	13/16	1.20	1½	⅞		
×48	14.1	8.50	8½	0.400	⅜	3/16	8.11	8⅛	0.685	11/16	1.08	1⅜	13/16		
×40	11.7	8.25	8¼	0.360	⅜	3/16	8.07	8⅛	0.560	9/16	0.954	1¼	13/16		
×35	10.3	8.12	8⅛	0.310	5/16	3/16	8.02	8	0.495	½	0.889	13/16	13/16	↓	↓
×31^f	9.12	8.00	8	0.285	5/16	3/16	8.00	8	0.435	7/16	0.829	1⅛	¾		
W8×28	8.24	8.06	8	0.285	5/16	3/16	6.54	6½	0.465	7/16	0.859	15/16	5/8	6⅛	4
×24	7.08	7.93	7⅞	0.245	¼	⅛	6.50	6½	0.400	⅜	0.794	⅞	9/16	6⅛	4
W8×21	6.16	8.28	8¼	0.250	¼	⅛	5.27	5¼	0.400	⅜	0.700	⅞	9/16	6½	2¾^g
×18	5.26	8.14	8⅛	0.230	¼	⅛	5.25	5¼	0.330	5/16	0.630	13/16	9/16	6½	2¾^g
W8×15	4.44	8.11	8⅛	0.245	¼	⅛	4.02	4	0.315	5/16	0.615	13/16	9/16	6½	2¼^g
×13	3.84	7.99	8	0.230	¼	⅛	4.00	4	0.255	¼	0.555	¾	9/16	↓	↓
×10^{c,f}	2.96	7.89	7⅞	0.170	3/16	⅛	3.94	4	0.205	3/16	0.505	11/16	½		
W6×25	7.34	6.38	6⅜	0.320	5/16	3/16	6.08	6⅛	0.455	7/16	0.705	15/16	9/16	4½	3½
×20	5.87	6.20	6¼	0.260	¼	⅛	6.02	6	0.365	⅜	0.615	⅞	9/16		
×15^f	4.43	5.99	6	0.230	¼	⅛	5.99	6	0.260	¼	0.510	¾	9/16		
W6×16	4.74	6.28	6¼	0.260	¼	⅛	4.03	4	0.405	⅜	0.655	⅞	9/16	4½	2¼^g
×12	3.55	6.03	6	0.230	¼	⅛	4.00	4	0.280	¼	0.530	¾	9/16		
×9^f	2.68	5.90	5⅞	0.170	3/16	⅛	3.94	4	0.215	3/16	0.465	11/16	½	↓	↓
×8.5^f	2.52	5.83	5⅞	0.170	3/16	⅛	3.94	4	0.195	3/16	0.445	11/16	½		
W5×19	5.56	5.15	5⅛	0.270	¼	⅛	5.03	5	0.430	7/16	0.730	13/16	7/16	3½	2¾^g
×16	4.71	5.01	5	0.240	¼	⅛	5.00	5	0.360	⅜	0.660	¾	7/16	3½	2¾^g
W4×13	3.83	4.16	4⅛	0.280	¼	⅛	4.06	4	0.345	⅜	0.595	¾	½	2⅝	2¼^g

^{c} Shape is slender for compression with F_y = 50 ksi.
^{f} Shape exceeds compact limit for flexure with F_y = 50 ksi.
^{g} The actual size, combination, and orientation of fastener components should be compared with the geometry of the cross-section to ensure compatibility.

表1-1(续)
W形状属性

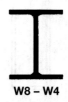

W8 – W4

标准重量比	厚实截面条件		X-X轴				Y-Y轴				r_{ts}	h_o	扭转特性	
	b_f/2t_f	h/t_w	I	S	r	Z	I	S	r	Z			J	C_w
lb/ft			in.^{4}	in.^{3}	in.	in.^{3}	in.^{4}	in.^{3}	in.	in.^{3}	in.	in.	in.^{4}	in.^{6}
67	4.43	11.1	272	60.4	3.72	70.1	88.6	21.4	2.12	32.7	2.43	8.07	5.05	1440
58	5.07	12.4	228	52.0	3.65	59.8	75.1	18.3	2.10	27.9	2.39	7.94	3.33	1180
48	5.92	15.9	184	43.2	3.61	49.0	60.9	15.0	2.08	22.9	2.35	7.82	1.96	931
40	7.21	17.6	146	35.5	3.53	39.8	49.1	12.2	2.04	18.5	2.31	7.69	1.12	726
35	8.10	20.5	127	31.2	3.51	34.7	42.6	10.6	2.03	16.1	2.28	7.63	0.769	619
31	9.19	22.3	110	27.5	3.47	30.4	37.1	9.27	2.02	14.1	2.26	7.57	0.536	530
28	7.03	22.3	98.0	24.3	3.45	27.2	21.7	6.63	1.62	10.1	1.84	7.60	0.537	312
24	8.12	25.9	82.7	20.9	3.42	23.1	18.3	5.63	1.61	8.57	1.82	7.53	0.346	259
21	6.59	27.5	75.3	18.2	3.49	20.4	9.77	3.71	1.26	5.69	1.46	7.88	0.282	152
18	7.95	29.9	61.9	15.2	3.43	17.0	7.97	3.04	1.23	4.66	1.43	7.81	0.172	122
15	6.37	28.1	48.0	11.8	3.29	13.6	3.41	1.70	0.876	2.67	1.06	7.80	0.137	51.8
13	7.84	29.9	39.6	9.91	3.21	11.4	2.73	1.37	0.843	2.15	1.03	7.74	0.0871	40.8
10	9.61	40.5	30.8	7.81	3.22	8.87	2.09	1.06	0.841	1.66	1.01	7.69	0.0426	30.9
25	6.68	15.5	53.4	16.7	2.70	18.9	17.1	5.61	1.52	8.56	1.74	5.93	0.461	150
20	8.25	19.1	41.4	13.4	2.66	14.9	13.3	4.41	1.50	6.72	1.70	5.84	0.240	113
15	11.5	21.6	29.1	9.72	2.56	10.8	9.32	3.11	1.45	4.75	1.66	5.73	0.101	76.5
16	4.98	19.1	32.1	10.2	2.60	11.7	4.43	2.20	0.967	3.39	1.13	5.88	0.223	38.2
12	7.14	21.6	22.1	7.31	2.49	8.30	2.99	1.50	0.918	2.32	1.08	5.75	0.0903	24.7
9	9.16	29.2	16.4	5.56	2.47	6.23	2.20	1.11	0.905	1.72	1.06	5.69	0.0405	17.7
8.5	10.1	29.1	14.9	5.10	2.43	5.73	1.99	1.01	0.890	1.56	1.05	5.64	0.0333	15.8
19	5.85	13.7	26.3	10.2	2.17	11.6	9.13	3.63	1.28	5.53	1.45	4.72	0.316	50.9
16	6.94	15.4	21.4	8.55	2.13	9.63	7.51	3.00	1.26	4.58	1.43	4.65	0.192	40.6
13	5.88	10.6	11.3	5.46	1.72	6.28	3.86	1.90	1.00	2.92	1.16	3.82	0.151	14.0

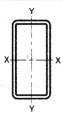

表1-11
矩形高强钢尺寸与性能

形状	设计壁厚, t	标准重量比	面积, A	b/t	h/t	X-X轴			
						I	S	r	Z
	in.	lb/ft	in.²			in.⁴	in.³	in.	in.³
HSS14×10×⁵⁄₈	0.581	93.10	25.7	14.2	21.1	687	98.2	5.17	120
×¹⁄₂	0.465	75.94	20.9	18.5	27.1	573	81.8	5.23	98.8
×³⁄₈	0.349	58.07	16.0	25.7	37.1	447	63.9	5.29	76.3
×⁵⁄₁₆	0.291	48.87	13.4	31.4	45.1	380	54.3	5.32	64.6
×¹⁄₄	0.233	39.48	10.8	39.9	57.1	310	44.3	5.35	52.4
HSS14×6×⁵⁄₈	0.581	76.09	21.0	7.33	21.1	478	68.3	4.77	88.7
×¹⁄₂	0.465	62.33	17.2	9.90	27.1	402	57.4	4.84	73.6
×³⁄₈	0.349	47.86	13.2	14.2	37.1	317	45.3	4.91	57.3
×⁵⁄₁₆	0.291	40.35	11.1	17.6	45.1	271	38.7	4.94	48.6
×¹⁄₄	0.233	32.66	8.96	22.8	57.1	222	31.7	4.98	39.6
×³⁄₁₆	0.174	24.66	6.76	31.5	77.5	170	24.3	5.01	30.1
HSS14×4×⁵⁄₈	0.581	67.59	18.7	3.88	21.1	373	53.3	4.47	73.1
×¹⁄₂	0.465	55.53	15.3	5.60	27.1	317	45.3	4.55	61.0
×³⁄₈	0.349	42.75	11.8	8.46	37.1	252	36.0	4.63	47.8
×⁵⁄₁₆	0.291	36.09	9.92	10.7	45.1	216	30.9	4.67	40.6
×¹⁄₄	0.233	29.25	8.03	14.2	57.1	178	25.4	4.71	33.2
×³⁄₁₆	0.174	22.12	6.06	20.0	77.5	137	19.5	4.74	25.3
HSS12×10×¹⁄₂	0.465	69.14	19.0	18.5	22.8	395	65.9	4.56	78.8
×³⁄₈	0.349	52.93	14.6	25.7	31.4	310	51.6	4.61	61.1
×⁵⁄₁₆	0.291	44.62	12.2	31.4	38.2	264	44.0	4.64	51.7
×¹⁄₄	0.233	36.00	9.90	39.9	48.5	216	36.0	4.67	42.1
HSS12×8×⁵⁄₈	0.581	76.13	21.0	10.8	17.7	397	66.1	4.34	82.1
×¹⁄₂	0.465	62.33	17.2	14.2	22.8	333	55.6	4.41	68.1
×³⁄₈	0.349	47.82	13.2	19.9	31.4	262	43.7	4.47	53.0
×⁵⁄₁₆	0.291	40.36	11.1	24.5	38.2	224	37.4	4.50	44.9
×¹⁄₄	0.233	32.60	8.96	31.3	48.5	184	30.6	4.53	36.6
×³⁄₁₆	0.174	24.78	6.76	43.0	66.0	140	23.4	4.56	27.8
HSS12×6×⁵⁄₈	0.581	67.62	18.7	7.33	17.7	321	53.4	4.14	68.8
×¹⁄₂	0.465	55.53	15.3	9.90	22.8	271	45.2	4.21	57.4
×³⁄₈	0.349	42.72	11.8	14.2	31.4	215	35.9	4.28	44.8
×⁵⁄₁₆	0.291	36.10	9.92	17.6	38.2	184	30.7	4.31	38.1
×¹⁄₄	0.233	29.19	8.03	22.8	48.5	151	25.2	4.34	31.1
×³⁄₁₆	0.174	22.22	6.06	31.5	66.0	116	19.4	4.38	23.7

Note: For compactness criteria, refer to the end of Table 1–12.

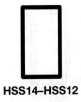

表1-11(续)
矩形高强钢尺寸与性能

HSS14–HSS12

形状	Y-Y轴				可行的平面		扭转特性		表面积
	I	S	r	Z	高度	厚度	J	C	
	in.^{4}	in.^{3}	in.	in.^{3}	in.	in.	in.^{4}	in.^{3}	ft^2/ft
HSS14×10×5/8	407	81.5	3.98	95.1	11³/₁₆	7³/₁₆	832	146	3.83
×1/2	341	68.1	4.04	78.5	11³/₄	7³/₄	685	120	3.87
×3/8	267	53.4	4.09	60.7	12⁵/₁₆	8⁵/₁₆	528	91.8	3.90
×5/16	227	45.5	4.12	51.4	12⁹/₁₆	8⁹/₁₆	446	77.4	3.92
×1/4	186	37.2	4.14	41.8	12⁷/₈	8⁷/₈	362	62.6	3.93
HSS14×6×5/8	124	41.2	2.43	48.4	11³/₁₆	3³/₁₆	334	83.7	3.17
×1/2	105	35.1	2.48	40.4	11³/₄	3³/₄	279	69.3	3.20
×3/8	84.1	28.0	2.53	31.6	12⁵/₁₆	4⁵/₁₆	219	53.7	3.23
×5/16	72.3	24.1	2.55	26.9	12⁹/₁₆	4⁹/₁₆	186	45.5	3.25
×1/4	59.6	19.9	2.58	22.0	12⁷/₈	4⁷/₈	152	36.9	3.27
×3/16	45.9	15.3	2.61	16.7	13³/₁₆	5³/₁₆	116	28.0	3.28
HSS14×4×5/8	47.2	23.6	1.59	28.5	11¹/₄	—	148	52.6	2.83
×1/2	41.2	20.6	1.64	24.1	11³/₄	—	127	44.1	2.87
×3/8	33.6	16.8	1.69	19.1	12¹/₄	2¹/₄	102	34.6	2.90
×5/16	29.2	14.6	1.72	16.4	12⁵/₈	2⁵/₈	87.7	29.5	2.92
×1/4	24.4	12.2	1.74	13.5	12⁷/₈	2⁷/₈	72.4	24.1	2.93
×3/16	19.0	9.48	1.77	10.3	13¹/₈	3¹/₈	55.8	18.4	2.95
HSS12×10×1/2	298	59.7	3.96	69.6	9³/₄	7³/₄	545	102	3.53
×3/8	234	46.9	4.01	54.0	10⁵/₁₆	8⁵/₁₆	421	78.3	3.57
×5/16	200	40.0	4.04	45.7	10⁹/₁₆	8⁹/₁₆	356	66.1	3.58
×1/4	164	32.7	4.07	37.2	10⁷/₈	8⁷/₈	289	53.5	3.60
HSS12×8×5/8	210	52.5	3.16	61.9	9³/₁₆	5³/₁₆	454	97.7	3.17
×1/2	178	44.4	3.21	51.5	9³/₄	5³/₄	377	80.4	3.20
×3/8	140	35.1	3.27	40.1	10⁵/₁₆	6⁵/₁₆	293	62.1	3.23
×5/16	120	30.1	3.29	34.1	10⁹/₁₆	6⁹/₁₆	248	52.4	3.25
×1/4	98.8	24.7	3.32	27.8	10⁷/₈	6⁷/₈	202	42.5	3.27
×3/16	75.7	18.9	3.35	21.1	11¹/₈	7¹/₈	153	32.2	3.28
HSS12×6×5/8	107	35.5	2.39	42.1	9³/₁₆	3³/₁₆	271	71.1	2.83
×1/2	91.1	30.4	2.44	35.2	9³/₄	3³/₄	227	59.0	2.87
×3/8	72.9	24.3	2.49	27.7	10⁵/₁₆	4⁵/₁₆	178	45.8	2.90
×5/16	62.8	20.9	2.52	23.6	10⁹/₁₆	4⁹/₁₆	152	38.8	2.92
×1/4	51.9	17.3	2.54	19.3	10⁷/₈	4⁷/₈	124	31.6	2.93
×3/16	40.0	13.3	2.57	14.7	11³/₁₆	5³/₁₆	94.6	24.0	2.95

—Flat depth or width is too small to establish a workable flat.

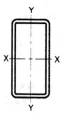

表1-11(续)

矩形高强钢尺寸与性能

形状	设计壁厚, t	标准重量比	面积, A	b/t	h/t	X-X轴			
						I	S	r	Z
	in.	lb/ft	in.²			in.⁴	in.³	in.	in.³
HSS12×4×⁵/₈	0.581	59.11	16.4	3.88	17.7	245	40.8	3.87	55.5
×¹/₂	0.465	48.72	13.5	5.60	22.8	210	34.9	3.95	46.7
×³/₈	0.349	37.61	10.4	8.46	31.4	168	28.0	4.02	36.7
×⁵/₁₆	0.291	31.84	8.76	10.7	38.2	144	24.1	4.06	31.3
×¹/₄	0.233	25.79	7.10	14.2	48.5	119	19.9	4.10	25.6
×³/₁₆	0.174	19.66	5.37	20.0	66.0	91.8	15.3	4.13	19.6
HSS12×3¹/₂×³/₈	0.349	36.34	10.0	7.03	31.4	156	26.0	3.94	34.7
×⁵/₁₆	0.291	30.77	8.46	9.03	38.2	134	22.4	3.98	29.6
HSS12×3×⁵/₁₆	0.291	29.71	8.17	7.31	38.2	124	20.7	3.90	27.9
×¹/₄	0.233	24.09	6.63	9.88	48.5	103	17.2	3.94	22.9
×³/₁₆	0.174	18.38	5.02	14.2	66.0	79.6	13.3	3.98	17.5
HSS12×2×⁵/₁₆	0.291	27.58	7.59	3.87	38.2	104	17.4	3.71	24.5
×¹/₄	0.233	22.39	6.17	5.58	48.5	86.9	14.5	3.75	20.1
×³/₁₆	0.174	17.10	4.67	8.49	66.0	67.4	11.2	3.80	15.5
HSS10×8×⁵/₈	0.581	67.62	18.7	10.8	14.2	253	50.5	3.68	62.2
×¹/₂	0.465	55.53	15.3	14.2	18.5	214	42.7	3.73	51.9
×³/₈	0.349	42.72	11.8	19.9	25.7	169	33.9	3.79	40.5
×⁵/₁₆	0.291	36.10	9.92	24.5	31.4	145	29.0	3.82	34.4
×¹/₄	0.233	29.19	8.03	31.3	39.9	119	23.8	3.85	28.1
×³/₁₆	0.174	22.22	6.06	43.0	54.5	91.4	18.3	3.88	21.4
HSS10×6×⁵/₈	0.581	59.11	16.4	7.33	14.2	201	40.2	3.50	51.3
×¹/₂	0.465	48.72	13.5	9.90	18.5	171	34.3	3.57	43.0
×³/₈	0.349	37.61	10.4	14.2	25.7	137	27.4	3.63	33.8
×⁵/₁₆	0.291	31.84	8.76	17.6	31.4	118	23.5	3.66	28.8
×¹/₄	0.233	25.79	7.10	22.8	39.9	96.9	19.4	3.69	23.6
×³/₁₆	0.174	19.66	5.37	31.5	54.5	74.6	14.9	3.73	18.0
HSS10×5×³/₈	0.349	35.06	9.67	11.3	25.7	120	24.1	3.53	30.4
×⁵/₁₆	0.291	29.71	8.17	14.2	31.4	104	20.8	3.56	26.0
×¹/₄	0.233	24.09	6.63	18.5	39.9	85.8	17.2	3.60	21.3
×³/₁₆	0.174	18.38	5.02	25.7	54.5	66.2	13.2	3.63	16.3

Note: For compactness criteria, refer to the end of Table 1–12.

表1-11（续）

矩形高强钢尺寸与性能

HSS12–HSS10

| 形状 | Y-Y轴 | | | | 可行的平面 | | 扭转特性 | | 表面积 |
| | I | S | r | Z | 高度 | 厚度 | J | C | |
	in.⁴	in.³	in.	in.³	in.	in.	in.⁴	in.³	ft²/ft
HSS12×4×⁵⁄₈	40.4	20.2	1.57	24.5	9³⁄₁₆	—	122	44.6	2.50
×¹⁄₂	35.3	17.7	1.62	20.9	9³⁄₄	—	105	37.5	2.53
×³⁄₈	28.9	14.5	1.67	16.6	10⁵⁄₁₆	2⁵⁄₁₆	84.1	29.5	2.57
×⁵⁄₁₆	25.2	12.6	1.70	14.2	10⁵⁄₈	2⁵⁄₈	72.4	25.2	2.58
×¹⁄₄	21.0	10.5	1.72	11.7	10⁷⁄₈	2⁷⁄₈	59.8	20.6	2.60
×³⁄₁₆	16.4	8.20	1.75	9.00	11³⁄₁₆	3³⁄₁₆	46.1	15.7	2.62
HSS12×3¹⁄₂×³⁄₈	21.3	12.2	1.46	14.0	10⁵⁄₁₆	—	64.7	25.5	2.48
×⁵⁄₁₆	18.6	10.6	1.48	12.1	10⁵⁄₈	—	56.0	21.8	2.50
HSS12×3×⁵⁄₁₆	13.1	8.73	1.27	10.0	10⁵⁄₈	—	41.3	18.4	2.42
×¹⁄₄	11.1	7.38	1.29	8.28	10⁷⁄₈	—	34.5	15.1	2.43
×³⁄₁₆	8.72	5.81	1.32	6.40	11³⁄₁₆	2³⁄₁₆	26.8	11.6	2.45
HSS12×2×⁵⁄₁₆	5.10	5.10	0.820	6.05	10⁵⁄₈	—	17.6	11.6	2.25
×¹⁄₄	4.41	4.41	0.845	5.08	10⁷⁄₈	—	15.1	9.64	2.27
×³⁄₁₆	3.55	3.55	0.872	3.97	11³⁄₁₆		12.0	7.49	2.28
HSS10×8×⁵⁄₈	178	44.5	3.09	53.3	7³⁄₁₆	5³⁄₁₆	346	80.4	2.83
×¹⁄₂	151	37.8	3.14	44.5	7³⁄₄	5³⁄₄	288	66.4	2.87
×³⁄₈	120	30.0	3.19	34.8	8⁵⁄₁₆	6⁵⁄₁₆	224	51.4	2.90
×⁵⁄₁₆	103	25.7	3.22	29.6	8⁵⁄₈	6⁵⁄₈	190	43.5	2.92
×¹⁄₄	84.7	21.2	3.25	24.2	8⁷⁄₈	6⁷⁄₈	155	35.3	2.93
×³⁄₁₆	65.1	16.3	3.28	18.4	9³⁄₁₆	7³⁄₁₆	118	26.7	2.95
HSS10×6×⁵⁄₈	89.4	29.8	2.34	35.8	7³⁄₁₆	3³⁄₁₆	209	58.6	2.50
×¹⁄₂	76.8	25.6	2.39	30.1	7³⁄₄	3³⁄₄	176	48.7	2.53
×³⁄₈	61.8	20.6	2.44	23.7	8⁵⁄₁₆	4⁵⁄₁₆	139	37.9	2.57
×⁵⁄₁₆	53.3	17.8	2.47	20.2	8⁵⁄₈	4⁵⁄₈	118	32.2	2.58
×¹⁄₄	44.1	14.7	2.49	16.6	8⁷⁄₈	4⁷⁄₈	96.7	26.2	2.60
×³⁄₁₆	34.1	11.4	2.52	12.7	9³⁄₁₆	5³⁄₁₆	73.8	19.9	2.62
HSS10×5×³⁄₈	40.6	16.2	2.05	18.7	8⁵⁄₁₆	3⁵⁄₁₆	100	31.2	2.40
×⁵⁄₁₆	35.2	14.1	2.07	16.0	8⁵⁄₈	3⁵⁄₈	86.0	26.5	2.42
×¹⁄₄	29.3	11.7	2.10	13.2	8⁷⁄₈	3⁷⁄₈	70.7	21.6	2.43
×³⁄₁₆	22.7	9.09	2.13	10.1	9³⁄₁₆	4³⁄₁₆	54.1	16.5	2.45

—Flat depth or width is too small to establish a workable flat.

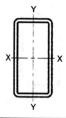

表1-11(续)

矩形高强钢尺寸与性能

形状	设计壁厚, t	标准重量比	面积, A	b/t	h/t	X-X轴			
						I	S	r	Z
	in.	lb/ft	in.²			in.⁴	in.³	in.	in.³
HSS10×4×⁵/₈	0.581	50.60	14.0	3.88	14.2	149	29.9	3.26	40.3
×¹/₂	0.465	41.91	11.6	5.60	18.5	129	25.8	3.34	34.1
×³/₈	0.349	32.51	8.97	8.46	25.7	104	20.8	3.41	27.0
×⁵/₁₆	0.291	27.58	7.59	10.7	31.4	90.1	18.0	3.44	23.1
×¹/₄	0.233	22.39	6.17	14.2	39.9	74.7	14.9	3.48	19.0
×³/₁₆	0.174	17.10	4.67	20.0	54.5	57.8	11.6	3.52	14.6
×¹/₈	0.116	11.55	3.16	31.5	83.2	39.8	7.97	3.55	9.95
HSS10×3¹/₂×¹/₂	0.465	40.21	11.1	4.53	18.5	118	23.7	3.26	31.9
×³/₈	0.349	31.23	8.62	7.03	25.7	96.1	19.2	3.34	25.3
×⁵/₁₆	0.291	26.51	7.30	9.03	31.4	83.2	16.6	3.38	21.7
×¹/₄	0.233	21.54	5.93	12.0	39.9	69.1	13.8	3.41	17.9
×³/₁₆	0.174	16.46	4.50	17.1	54.5	53.6	10.7	3.45	13.7
×¹/₈	0.116	11.13	3.04	27.2	83.2	37.0	7.40	3.49	9.37
HSS10×3×³/₈	0.349	29.96	8.27	5.60	25.7	88.0	17.6	3.26	23.7
×⁵/₁₆	0.291	25.45	7.01	7.31	31.4	76.3	15.3	3.30	20.3
×¹/₄	0.233	20.69	5.70	9.88	39.9	63.6	12.7	3.34	16.7
×³/₁₆	0.174	15.82	4.32	14.2	54.5	49.4	9.87	3.38	12.8
×¹/₈	0.116	10.70	2.93	22.9	83.2	34.2	6.83	3.42	8.80
HSS10×2×³/₈	0.349	27.41	7.58	2.73	25.7	71.7	14.3	3.08	20.3
×⁵/₁₆	0.291	23.32	6.43	3.87	31.4	62.6	12.5	3.12	17.5
×¹/₄	0.233	18.99	5.24	5.58	39.9	52.5	10.5	3.17	14.4
×³/₁₆	0.174	14.54	3.98	8.49	54.5	41.0	8.19	3.21	11.1
×¹/₈	0.116	9.85	2.70	14.2	83.2	28.5	5.70	3.25	7.65
HSS9×7×⁵/₈	0.581	59.11	16.4	9.05	12.5	174	38.7	3.26	48.3
×¹/₂	0.465	48.72	13.5	12.1	16.4	149	33.0	3.32	40.5
×³/₈	0.349	37.61	10.4	17.1	22.8	119	26.4	3.38	31.8
×⁵/₁₆	0.291	31.84	8.76	21.1	27.9	102	22.6	3.41	27.1
×¹/₄	0.233	25.79	7.10	27.0	35.6	84.1	18.7	3.44	22.2
×³/₁₆	0.174	19.66	5.37	37.2	48.7	64.7	14.4	3.47	16.9

Note: For compactness criteria, refer to the end of Table 1-12.

表1-11(续)

矩形高强钢尺寸与性能

HSS10–HSS9

形状	Y-Y轴				可行的平面		扭转特性		表面积
	I	S	r	Z	高度	厚度	J	C	
	in.⁴	in.³	in.	in.³	in.	in.	in.⁴	in.³	ft²/ft
HSS10×4×⁵/₈	33.5	16.8	1.54	20.6	7³/₁₆	—	95.7	36.7	2.17
×¹/₂	29.5	14.7	1.59	17.6	7³/₄	—	82.6	31.0	2.20
×³/₈	24.3	12.1	1.64	14.0	8⁵/₁₆	2⁵/₁₆	66.5	24.4	2.23
×⁵/₁₆	21.2	10.6	1.67	12.1	8⁵/₈	2⁵/₈	57.3	20.9	2.25
×¹/₄	17.7	8.87	1.70	10.0	8⁷/₈	2⁷/₈	47.4	17.1	2.27
×³/₁₆	13.9	6.93	1.72	7.66	9³/₁₆	3³/₁₆	36.5	13.1	2.28
×¹/₈	9.65	4.83	1.75	5.26	9⁷/₁₆	3⁷/₁₆	25.1	8.90	2.30
HSS10×3¹/₂×¹/₂	21.4	12.2	1.39	14.7	7³/₄	—	63.2	26.5	2.12
×³/₈	17.8	10.2	1.44	11.8	8⁵/₁₆	—	51.5	21.1	2.15
×⁵/₁₆	15.6	8.92	1.46	10.2	8⁵/₈	—	44.6	18.0	2.17
×¹/₄	13.1	7.51	1.49	8.45	8⁷/₈	—	37.0	14.8	2.18
×³/₁₆	10.3	5.89	1.51	6.52	9³/₁₆	2¹¹/₁₆	28.6	11.4	2.20
×¹/₈	7.22	4.12	1.54	4.48	9⁷/₁₆	2¹⁵/₁₆	19.8	7.75	2.22
HSS10×3×³/₈	12.4	8.28	1.22	9.73	8⁵/₁₆	—	37.8	17.7	2.07
×⁵/₁₆	11.0	7.30	1.25	8.42	8⁵/₈	—	33.0	15.2	2.08
×¹/₄	9.28	6.19	1.28	6.99	8⁷/₈	—	27.6	12.5	2.10
×³/₁₆	7.33	4.89	1.30	5.41	9³/₁₆	2³/₁₆	21.5	9.64	2.12
×¹/₈	5.16	3.44	1.33	3.74	9⁷/₁₆	2⁷/₁₆	14.9	6.61	2.13
HSS10×2×³/₈	4.70	4.70	0.787	5.76	8⁵/₁₆	—	15.9	11.0	1.90
×⁵/₁₆	4.24	4.24	0.812	5.06	8⁵/₈	—	14.2	9.56	1.92
×¹/₄	3.67	3.67	0.838	4.26	8⁷/₈	—	12.2	7.99	1.93
×³/₁₆	2.97	2.97	0.864	3.34	9³/₁₆	—	9.74	6.22	1.95
×¹/₈	2.14	2.14	0.890	2.33	9⁷/₁₆	—	6.90	4.31	1.97
HSS9×7×⁵/₈	117	33.5	2.68	40.5	6³/₁₆	4³/₁₆	235	62.0	2.50
×¹/₂	100	28.7	2.73	34.0	6³/₄	4³/₄	197	51.5	2.53
×³/₈	80.4	23.0	2.78	26.7	7⁵/₁₆	5⁵/₁₆	154	40.0	2.57
×⁵/₁₆	69.2	19.8	2.81	22.8	7⁵/₈	5⁵/₈	131	33.9	2.58
×¹/₄	57.2	16.3	2.84	18.7	7⁷/₈	5⁷/₈	107	27.6	2.60
×³/₁₆	44.1	12.6	2.87	14.3	8³/₁₆	6³/₁₆	81.7	20.9	2.62

—Flat depth or width is too small to establish a workable flat.

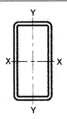

表1-11(续)

矩形高强钢尺寸与性能

形状	设计壁厚, t	标准重量比	面积, A	b/t	h/t	X-X轴			
						I	S	r	Z
	in.	lb/ft	in.²			in.⁴	in.³	in.	in.³
HSS9×5×⁵/₈	0.581	50.60	14.0	5.61	12.5	133	29.6	3.08	38.5
×¹/₂	0.465	41.91	11.6	7.75	16.4	115	25.5	3.14	32.5
×³/₈	0.349	32.51	8.97	11.3	22.8	92.5	20.5	3.21	25.7
×⁵/₁₆	0.291	27.58	7.59	14.2	27.9	79.8	17.7	3.24	22.0
×¹/₄	0.233	22.39	6.17	18.5	35.6	66.1	14.7	3.27	18.1
×³/₁₆	0.174	17.10	4.67	25.7	48.7	51.1	11.4	3.31	13.8
HSS9×3×¹/₂	0.465	35.11	9.74	3.45	16.4	80.8	18.0	2.88	24.6
×³/₈	0.349	27.41	7.58	5.60	22.8	66.3	14.7	2.96	19.7
×⁵/₁₆	0.291	23.32	6.43	7.31	27.9	57.7	12.8	3.00	16.9
×¹/₄	0.233	18.99	5.24	9.88	35.6	48.2	10.7	3.04	14.0
×³/₁₆	0.174	14.54	3.98	14.2	48.7	37.6	8.35	3.07	10.8
HSS8×6×⁵/₈	0.581	50.60	14.0	7.33	10.8	114	28.5	2.85	36.1
×¹/₂	0.465	41.91	11.6	9.90	14.2	98.2	24.6	2.91	30.5
×³/₈	0.349	32.51	8.97	14.2	19.9	79.1	19.8	2.97	24.1
×⁵/₁₆	0.291	27.58	7.59	17.6	24.5	68.3	17.1	3.00	20.6
×¹/₄	0.233	22.39	6.17	22.8	31.3	56.6	14.2	3.03	16.9
×³/₁₆	0.174	17.10	4.67	31.5	43.0	43.7	10.9	3.06	13.0
HSS8×4×⁵/₈	0.581	42.10	11.7	3.88	10.8	82.0	20.5	2.64	27.4
×¹/₂	0.465	35.11	9.74	5.60	14.2	71.8	17.9	2.71	23.5
×³/₈	0.349	27.41	7.58	8.46	19.9	58.7	14.7	2.78	18.8
×⁵/₁₆	0.291	23.32	6.43	10.7	24.5	51.0	12.8	2.82	16.1
×¹/₄	0.233	18.99	5.24	14.2	31.3	42.5	10.6	2.85	13.3
×³/₁₆	0.174	14.54	3.98	20.0	43.0	33.1	8.27	2.88	10.2
×¹/₈	0.116	9.85	2.70	31.5	66.0	22.9	5.73	2.92	7.02
HSS8×3×¹/₂	0.465	31.71	8.81	3.45	14.2	58.6	14.6	2.58	20.0
×³/₈	0.349	24.85	6.88	5.60	19.9	48.5	12.1	2.65	16.1
×⁵/₁₆	0.291	21.19	5.85	7.31	24.5	42.4	10.6	2.69	13.9
×¹/₄	0.233	17.28	4.77	9.88	31.3	35.5	8.88	2.73	11.5
×³/₁₆	0.174	13.26	3.63	14.2	43.0	27.8	6.94	2.77	8.87
×¹/₈	0.116	9.00	2.46	22.9	66.0	19.3	4.83	2.80	6.11

Note: For compactness criteria, refer to the end of Table 1-12.

表1-11(续)
矩形高强钢尺寸与性能

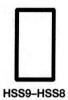

HSS9–HSS8

形状	Y-Y轴				可行的平面		扭转特性		表面积
	I	S	r	Z	高度	厚度	J	C	
	in.^{4}	in.^{3}	in.	in.^{3}	in.	in.	in.^{4}	in.^{3}	ft^2/ft
HSS9×5×5/8	52.0	20.8	1.92	25.3	6³/₁₆	2³/₁₆	128	42.5	2.17
×1/2	45.2	18.1	1.97	21.5	6³/₄	2³/₄	109	35.6	2.20
×3/8	36.8	14.7	2.03	17.1	7⁵/₁₆	3⁵/₁₆	86.9	27.9	2.23
×5/16	32.0	12.8	2.05	14.6	7⁵/₈	3⁵/₈	74.4	23.8	2.25
×1/4	26.6	10.6	2.08	12.0	7⁷/₈	3⁷/₈	61.2	19.4	2.27
×3/16	20.7	8.28	2.10	9.25	8³/₁₆	4³/₁₆	46.9	14.8	2.28
HSS9×3×1/2	13.2	8.81	1.17	10.8	6³/₄	—	40.0	19.7	1.87
×3/8	11.2	7.45	1.21	8.80	7⁵/₁₆	—	33.1	15.8	1.90
×5/16	9.88	6.59	1.24	7.63	7⁵/₈	—	28.9	13.6	1.92
×1/4	8.38	5.59	1.27	6.35	7⁷/₈	—	24.2	11.3	1.93
×3/16	6.64	4.42	1.29	4.92	8³/₁₆	2³/₁₆	18.9	8.66	1.95
HSS8×6×5/8	72.3	24.1	2.27	29.5	5³/₁₆	3³/₁₆	150	46.0	2.17
×1/2	62.5	20.8	2.32	24.9	5³/₄	3³/₄	127	38.4	2.20
×3/8	50.6	16.9	2.38	19.8	6⁵/₁₆	4⁵/₁₆	100	30.0	2.23
×5/16	43.8	14.6	2.40	16.9	6⁵/₈	4⁵/₈	85.8	25.5	2.25
×1/4	36.4	12.1	2.43	13.9	6⁷/₈	4⁷/₈	70.3	20.8	2.27
×3/16	28.2	9.39	2.46	10.7	7³/₁₆	5³/₁₆	53.7	15.8	2.28
HSS8×4×5/8	26.6	13.3	1.51	16.6	5³/₁₆	—	70.3	28.7	1.83
×1/2	23.6	11.8	1.56	14.3	5³/₄	—	61.1	24.4	1.87
×3/8	19.6	9.80	1.61	11.5	6⁵/₁₆	2⁵/₁₆	49.3	19.3	1.90
×5/16	17.2	8.58	1.63	9.91	6⁵/₈	2⁵/₈	42.6	16.5	1.92
×1/4	14.4	7.21	1.66	8.20	6⁷/₈	2⁷/₈	35.3	13.6	1.93
×3/16	11.3	5.65	1.69	6.33	7³/₁₆	3³/₁₆	27.2	10.4	1.95
×1/8	7.90	3.95	1.71	4.36	7⁷/₁₆	3⁷/₁₆	18.7	7.10	1.97
HSS8×3×1/2	11.7	7.81	1.15	9.64	5³/₄	—	34.3	17.4	1.70
×3/8	9.95	6.63	1.20	7.88	6⁵/₁₆	—	28.5	14.0	1.73
×5/16	8.81	5.87	1.23	6.84	6⁵/₈	—	24.9	12.1	1.75
×1/4	7.49	4.99	1.25	5.70	6⁷/₈	—	20.8	10.0	1.77
×3/16	5.94	3.96	1.28	4.43	7³/₁₆	2³/₁₆	16.2	7.68	1.78
×1/8	4.20	2.80	1.31	3.07	7⁷/₁₆	2⁷/₁₆	11.3	5.27	1.80

—Flat depth or width is too small to establish a workable flat.

表1-14
圆管尺寸和特性

PIPE

形状	标准重量比	尺寸		名义壁厚	设计壁厚	面积	D/t	I	S	r	J	Z
		外径	外径									
	lb/ft	in.	in.	in.	in.	in.^{2}		in.^{4}	in.^{3}	in.	in.^{4}	in.^{3}
标准质量(std.)												
Pipe 12 Std.	49.6	12.8	12.0	0.375	0.349	13.6	36.5	262	41.0	4.39	523	53.7
Pipe 10 Std.	40.5	10.8	10.0	0.365	0.340	11.1	31.6	151	28.1	3.68	302	36.9
Pipe 8 Std.	28.6	8.63	7.98	0.322	0.300	7.85	28.8	68.1	15.8	2.95	136	20.8
Pipe 6 Std.	19.0	6.63	6.07	0.280	0.261	5.22	25.4	26.5	7.99	2.25	52.9	10.6
Pipe 5 Std.	14.6	5.56	5.05	0.258	0.241	4.03	23.1	14.3	5.14	1.88	28.6	6.83
Pipe 4 Std.	10.8	4.50	4.03	0.237	0.221	2.97	20.4	6.82	3.03	1.51	13.6	4.05
Pipe 3^1/2 Std.	9.12	4.00	3.55	0.226	0.211	2.51	19.0	4.52	2.26	1.34	9.04	3.03
Pipe 3 Std.	7.58	3.50	3.07	0.216	0.201	2.08	17.4	2.85	1.63	1.17	5.69	2.19
Pipe 2^1/2 Std.	5.80	2.88	2.47	0.203	0.189	1.59	15.2	1.45	1.01	0.952	2.89	1.37
Pipe 2 Std.	3.66	2.38	2.07	0.154	0.143	1.00	16.6	0.627	0.528	0.791	1.25	0.713
Pipe 1^1/2 Std.	2.72	1.90	1.61	0.145	0.135	0.750	14.1	0.293	0.309	0.626	0.586	0.421
Pipe 1^1/4 Std.	2.27	1.66	1.38	0.140	0.130	0.620	12.8	0.184	0.222	0.543	0.368	0.305
Pipe 1 Std.	1.68	1.32	1.05	0.133	0.124	0.460	10.6	0.0830	0.126	0.423	0.166	0.177
Pipe 3/4 Std.	1.13	1.05	0.824	0.113	0.105	0.310	10.0	0.0350	0.0671	0.336	0.0700	0.0942
Pipe 1/2 Std.	0.850	0.840	0.622	0.109	0.101	0.230	8.32	0.0160	0.0388	0.264	0.0320	0.0555
高强度(x-Strong)												
Pipe 12 x-Strong	65.5	12.8	11.8	0.500	0.465	17.9	27.4	339	53.2	4.35	678	70.2
Pipe 10 x-Strong	54.8	10.8	9.75	0.500	0.465	15.0	23.1	199	37.0	3.64	398	49.2
Pipe 8 x-Strong	43.4	8.63	7.63	0.500	0.465	11.9	18.5	100	23.1	2.89	199	31.0
Pipe 6 x-Strong	28.6	6.63	5.76	0.432	0.403	7.88	16.4	38.3	11.6	2.20	76.6	15.6
Pipe 5 x-Strong	20.8	5.56	4.81	0.375	0.349	5.72	15.9	19.5	7.02	1.85	39.0	9.50
Pipe 4 x-Strong	15.0	4.50	3.83	0.337	0.315	4.14	14.3	9.12	4.05	1.48	18.2	5.53
Pipe 3^1/2 x-Strong	12.5	4.00	3.36	0.318	0.296	3.44	13.5	5.94	2.97	1.31	11.9	4.07
Pipe 3 x-Strong	10.3	3.50	2.90	0.300	0.280	2.83	12.5	3.70	2.11	1.14	7.40	2.91
Pipe 2^1/2 x-Strong	7.67	2.88	2.32	0.276	0.257	2.11	11.2	1.83	1.27	0.930	3.66	1.77
Pipe 2 x-Strong	5.03	2.38	1.94	0.218	0.204	1.39	11.6	0.827	0.696	0.771	1.65	0.964
Pipe 1^1/2 x-Strong	3.63	1.90	1.50	0.200	0.186	1.00	10.2	0.372	0.392	0.610	0.744	0.549
Pipe 1^1/4 x-Strong	3.00	1.66	1.28	0.191	0.178	0.830	9.33	0.231	0.278	0.528	0.462	0.393
Pipe 1 x-Strong	2.17	1.32	0.957	0.179	0.166	0.600	7.92	0.101	0.154	0.410	0.202	0.221
Pipe 3/4 x-Strong	1.48	1.05	0.742	0.154	0.143	0.410	7.34	0.0430	0.0818	0.325	0.0860	0.119
Pipe 1/2 x-Strong	1.09	0.840	0.546	0.147	0.137	0.300	6.13	0.0190	0.0462	0.253	0.0380	0.0686
双倍加强(xx-Strong)												
Pipe 8 xx-Strong	72.5	8.63	6.88	0.875	0.816	20.0	10.6	154	35.8	2.78	308	49.9
Pipe 6 xx-Strong	53.2	6.63	4.90	0.864	0.805	14.7	8.23	63.5	19.2	2.08	127	27.4
Pipe 5 xx-Strong	38.6	5.56	4.06	0.750	0.699	10.7	7.96	32.2	11.6	1.74	64.4	16.7
Pipe 4 xx-Strong	27.6	4.50	3.15	0.674	0.628	7.64	7.17	14.7	6.53	1.39	29.4	9.50
Pipe 3 xx-Strong	18.6	3.50	2.30	0.600	0.559	5.16	6.26	5.79	3.31	1.06	11.6	4.89
Pipe 2^1/2 xx-Strong	13.7	2.88	1.77	0.552	0.514	3.81	5.59	2.78	1.94	0.854	5.56	2.91
Pipe 2 xx-Strong	9.04	2.38	1.50	0.436	0.406	2.51	5.85	1.27	1.07	0.711	2.54	1.60

部分习题答案

第 2 章

2.1 a. $[K] = \begin{bmatrix} k_1 & 0 & -k_1 & 0 \\ 0 & k_3 & 0 & -k_3 \\ -k_1 & 0 & k_1 + k_2 & -k_2 \\ 0 & -k_3 & -k_2 & k_2 + k_3 \end{bmatrix}$

   b. $u_3 = \dfrac{k_2 P}{k_1 k_2 + k_1 k_3 + k_2 k_3}$, $u_4 = \dfrac{(k_1 + k_2) P}{k_1 k_2 + k_1 k_3 + k_2 k_3}$

   c. $F_{1x} = \dfrac{-k_1 k_2 P}{k_1 k_2 + k_1 k_3 + k_2 k_3}$, $F_{2x} = \dfrac{-k_3 (k_1 + k_2) P}{k_1 k_2 + k_1 k_3 + k_2 k_3}$

2.2 $u_2 = 1\,\text{cm}$, $F_{3x} = 1000\,\text{N}$, $f_{1x}^{(1)} = -f_{2x}^{(1)} = -1000\,\text{N}$, $f_{2x}^{(2)} = -f_{3x}^{(2)} = -1000\,\text{N}$

2.3 a. $[K] = \begin{bmatrix} k & -k & 0 & 0 & 0 \\ -k & 2k & -k & 0 & 0 \\ 0 & -k & 2k & -k & 0 \\ 0 & 0 & -k & 2k & -k \\ 0 & 0 & 0 & -k & k \end{bmatrix}$

   b. $u_2 = \dfrac{P}{2k}$, $u_3 = \dfrac{P}{k}$, $u_4 = \dfrac{P}{2k}$

   c. $F_{1x} = -\dfrac{P}{2}$, $F_{5x} = -\dfrac{P}{2}$

2.4 a. $[K]$ 与习题 2.3a 中的相同。

   b. $u_2 = \dfrac{\delta}{4}$, $u_3 = \dfrac{\delta}{2}$, $u_4 = \dfrac{3\delta}{4}$

   c. $F_{1x} = \dfrac{-k\delta}{4}$, $F_{5x} = \dfrac{k\delta}{4}$

2.5 $[K] = \begin{bmatrix} 200 & -200 & 0 & 0 \\ -200 & 2000 & 0 & -1800 \\ 0 & 0 & 1000 & -1000 \\ 0 & -1800 & -1000 & 2800 \end{bmatrix}$

2.6 $u_2 = 11.86\,\text{mm}$, $u_4 = 7.63\,\text{mm}$

2.7 $[K] = \begin{bmatrix} k & -k \\ -k & k \end{bmatrix}$

2.8 $u_2 = 2.5\,\text{cm}$, $u_3 = 5\,\text{cm}$

$$f_{1x}^{(1)} = -f_{2x}^{(1)} = -2500 \text{ N}, \quad f_{2x}^{(2)} = -f_{3x}^{(2)} = -2500 \text{ N}, \quad F_{1x} = -2500 \text{ N}$$

2.9　$u_1 = 0, \ u_2 = 7.5 \text{ cm}, \ u_3 = 17.5 \text{ cm}, \ u_4 = 27.5 \text{ cm}$

$$f_{1x}^{(1)} = -f_{2x}^{(1)} = -15\ 000 \text{ N}, \quad f_{2x}^{(2)} = -f_{3x}^{(2)} = -20\ 000 \text{ N}$$

$$f_{3x}^{(3)} = -f_{4x}^{(3)} = -20\ 000 \text{ N}, \quad F_{1x} = -15\ 000 \text{ N}$$

2.10　$u_2 = -5 \text{ cm}$

$$f_{1x}^{(1)} = -f_{2x}^{(1)} = 10\ 000 \text{ N}, \quad f_{2x}^{(2)} = -f_{3x}^{(2)} = -5000 \text{ N}$$

$$f_{2x}^{(3)} = -f_{4x}^{(3)} = -5000 \text{ N}, \quad F_{1x} = 10\ 000 \text{ N}, \quad F_{3x} = F_{4x} = 5000 \text{ N}$$

2.11　$u_2 = 0.015 \text{ m}, \quad f_{1x}^{(1)} = -f_{2x}^{(1)} = -15 \text{ N}$

$$f_{2x}^{(2)} = -f_{3x}^{(2)} = -15 \text{ N}, \quad F_{1x} = -15 \text{ N}$$

2.12　$u_2 = 0.0257 \text{ m}, \quad u_3 = 0.0193 \text{ m}$

$$f_{1x}^{(1)} = -f_{2x}^{(1)} = -257 \text{ N}, \quad f_{2x}^{(2)} = -f_{3x}^{(2)} = 193 \text{ N}$$

$$f_{3x}^{(3)} = -f_{4x}^{(3)} = 193 \text{ N}, \quad F_{1x} = -257 \text{ N}, \quad F_{4x} = -193 \text{ N}$$

2.13　$u_2 = 0.042 \text{ m}, \quad u_3 = 0.083 \text{ m}, \quad u_4 = 0.042 \text{ m}$

$$f_{1x}^{(1)} = -f_{2x}^{(1)} = -2.5 \text{ kN}, \quad f_{2x}^{(2)} = -f_{3x}^{(2)} = -2.5 \text{ kN}$$

$$f_{3x}^{(3)} = -f_{4x}^{(3)} = 2.5 \text{ kN}, \quad f_{4x}^{(4)} = -f_{5x}^{(4)} = 2.5 \text{ kN}$$

$$F_{1x} = -2.5 \text{ kN}, \quad F_{5x} = -2.5 \text{ kN}$$

2.14　$u_2 = -0.025 \text{ m}, \quad u_3 = -0.075 \text{ m}$

$$f_{1x}^{(1)} = -f_{2x}^{(1)} = 100 \text{ N}, \quad f_{2x}^{(2)} = -f_{3x}^{(2)} = 200 \text{ N}$$

$$F_{1x} = 100 \text{ N}$$

2.15　$u_3 = 0.002 \text{ m}, \quad f_{1x}^{(1)} = -f_{3x}^{(1)} = -1 \text{ kN}$

$$f_{2x}^{(2)} = -f_{3x}^{(2)} = -1 \text{ kN}, \quad f_{3x}^{(3)} = -f_{4x}^{(3)} = 2 \text{ kN}$$

$$F_{1x} = -1 \text{ kN}, \quad F_{2x} = -1 \text{ kN}, \quad F_{4x} = -2 \text{ kN}$$

2.16　$u_2 = 8.33 \text{ mm}, \quad u_3 = -8.33 \text{ mm}$

2.17　$u_2 = 0.526 \text{ mm}, \quad u_3 = 1.316 \text{ mm}, \quad F_{1x} = -263.2 \text{ N}, \quad F_{4x} = -736.8 \text{ N}$

2.18　a.　$x = 2.5 \text{ cm} \downarrow, \quad \pi_{p_{\min}} = -6250 \text{ N·cm}$

　　　　b.　$x = 1.0 \text{ cm} \leftarrow, \quad \pi_{p_{\min}} = -2500 \text{ N·cm}$

　　　　c.　$x = 1.962 \text{ mm} \downarrow, \quad \pi_{p_{\min}} = -3849 \text{ N·mm}$

　　　　d.　$x = 2.4525 \text{ mm} \rightarrow, \quad \pi_{p_{\min}} = -1203 \text{ N·mm}$

2.19　$x = 40.0 \text{ mm} \uparrow$

2.20　$x = 1.0 \text{ cm} \leftarrow, \quad \pi_{p_{\min}} = -1666.7 \text{ N·cm}$

2.21　同习题2.10。

2.22　同习题2.15。

第 3 章

3.1   a. $[K] = \begin{bmatrix} \dfrac{A_1E_1}{L_1} & \dfrac{-A_1E_1}{L_1} & 0 & 0 \\[2ex] \dfrac{-A_1E_1}{L_1} & \dfrac{A_1E_1}{L_1}+\dfrac{A_2E_2}{L_2} & \dfrac{-A_2E_2}{L_2} & 0 \\[2ex] 0 & \dfrac{-A_2E_2}{L_2} & \dfrac{A_2E_2}{L_2}+\dfrac{A_3E_3}{L_3} & \dfrac{-A_3E_3}{L_3} \\[2ex] 0 & 0 & \dfrac{-A_3E_3}{L_3} & \dfrac{A_3E_3}{L_3} \end{bmatrix}$

     b. $u_2 = \dfrac{PL}{3AE}, \quad u_3 = \dfrac{2PL}{3AE}$

     c.   **(i)** $u_2 = 9.9 \times 10^{-4}$ cm, $u_3 = 19.8 \times 10^{-4}$ cm

         (ii) $F_{1x} = -1666.7$ N, $F_{4x} = -3333.3$ N

         (iii) $\sigma^{(1)} = 2772$ kPa (T), $\sigma^{(2)} = 2772$ kPa (T), $\sigma^{(3)} = -5544$ kPa (C)

3.2 $u_2 = -1.19 \times 10^{-4}$ m, $u_3 = -2.38 \times 10^{-4}$ m, $F_{1x} = 10$ kN

     $f_{1x}^{(1)} = -f_{2x}^{(1)} = 10$ kN, $f_{2x}^{(2)} = -f_{3x}^{(2)} = 10$ kN

3.3 $u_2 = 5.714 \times 10^{-3}$ cm, $F_{1x} = -28\,570$ N, $F_{3x} = -11\,430$ N

     $f_{1x}^{(1)} = -f_{2x}^{(1)} = -28\,570$ N, $f_{2x}^{(2)} = -f_{3x}^{(2)} = 11\,430$ N

3.4 $u_2 = -0.5 \times 10^{-5}$ m, $u_3 = -4.0 \times 10^{-5}$ m

     $F_{1x} = 3335$ N, $F_{4x} = -26\,680$ N

     $f_{1x}^{(1)} = -f_{2x}^{(1)} = 3335$ N, $f_{2x}^{(2)} = -f_{3x}^{(2)} = 23\,345$ N

     $f_{3x}^{(3)} = -f_{4x}^{(3)} = -26\,680$ N

3.5 $u_2 = 9.375 \times 10^{-5}$ m, $u_3 = 2.813 \times 10^{-4}$ m, $F_{1x} = -75\,000$ N

     $f_{1x}^{(1)} = -f_{2x}^{(1)} = f_{2x}^{(2)} = -f_{3x}^{(2)} = -75\,000$ N

3.6 $u_2 = 9.02 \times 10^{-5}$ m, $F_{1x} = -18\,940$ N, $F_{3x} = F_{4x} = -10\,530$ N

     $f_{1x}^{(1)} = -f_{2x}^{(1)} = -18\,940$ N, $f_{2x}^{(2)} = -f_{3x}^{(2)} = f_{2x}^{(3)} = -f_{4x}^{(3)} = 10\,530$ N

3.7 $u_2 = 8.61 \times 10^{-5}$ cm, $u_3 = 2.075 \times 10^{-2}$ cm

     $F_{1x} = -206.6$ N, $F_{4x} = -49\,800$ N

     $f_{1x}^{(1)} = -f_{2x}^{(1)} = f_{2x}^{(2)} = -f_{3x}^{(2)} = -206.6$ N, $f_{3x}^{(3)} = -f_{4x}^{(3)} = 49\,800$ N

3.8 $u_2 = -0.50$ mm, $u_3 = -3.356$ mm, $F_{1x} = 40$ kN

3.9 $u_2 = 0.012\,44$ m, $F_{1x} = -522.5$ kN, $F_{3x} = 527.5$ kN

     $f_{1x}^{(1)} = -f_{2x}^{(1)} = -522.5$ kN, $f_{2x}^{(2)} = -f_{3x}^{(2)} = -527.5$ kN

3.10 $u_2 = 1.870 \times 10^{-3}$ m, $u_3 = 1.454 \times 10^{-3}$ m

     $F_{1x} = -13.10$ kN, $F_{4x} = -2.90$ kN

     $f_{1x}^{(1)} = -f_{2x}^{(1)} = -13.10$ kN, $f_{2x}^{(2)} = -f_{3x}^{(2)} = 2.90$ kN

$f_{3x}^{(3)} = -f_{4x}^{(3)} = 2.90 \text{ kN}$

3.11　$u_2 = 7.144 \times 10^{-4} \text{ m}, \ F_{1x} = -15.0 \text{ kN}, \ F_{3x} = F_{4x} = F_{5x} = -15.0 \text{ kN}$

$f_{1x}^{(1)} = -f_{2x}^{(1)} = -15.0 \text{ kN},$

$f_{2x}^{(2)} = -f_{3x}^{(2)} = f_{2x}^{(3)} = -f_{4x}^{(3)} = f_{2x}^{(4)} = -f_{5x}^{(4)} = 15.0 \text{ kN}$

3.12　二元解，$u_1 = -1.96 \times 10^{-3} \text{ cm}$

　　　　一元解，$u_1 = -1.905 \times 10^{-3} \text{ cm}$

3.13　$[B] = \left[-\dfrac{1}{L} + \dfrac{4x}{L^2} \quad \dfrac{-8x}{L^2} \quad \dfrac{1}{L} + \dfrac{4x}{L^2} \right], \quad [k] = A \displaystyle\int_{-L/2}^{L/2} [B]^{\mathrm{T}} E [B] \, \mathrm{d}x$

3.15　a. $[k] = 3.9375 \times 10^8 \begin{bmatrix} 1 & 1 & -1 & -1 \\ 1 & 1 & -1 & -1 \\ -1 & -1 & 1 & 1 \\ -1 & -1 & 1 & 1 \end{bmatrix}$ N/m

　　　　b. $[k] = 1.75 \times 10^8 \begin{bmatrix} 0 & 0 & 0 & 0 \\ 0 & 1 & 0 & -1 \\ 0 & 0 & 0 & 0 \\ 0 & -1 & 0 & 1 \end{bmatrix}$ N/m

　　　　c. $[k] = 7000 \begin{bmatrix} 3 & -\sqrt{3} & -3 & \sqrt{3} \\ -\sqrt{3} & 1 & \sqrt{3} & -1 \\ -3 & \sqrt{3} & 3 & -\sqrt{3} \\ \sqrt{3} & -1 & -\sqrt{3} & 1 \end{bmatrix}$ kN/m

　　　　d. $[k] = 1.4 \times 10^4 \begin{bmatrix} 0.883 & 0.321 & -0.883 & -0.321 \\ 0.321 & 0.117 & -0.321 & -0.117 \\ -0.883 & -0.321 & 0.883 & 0.321 \\ -0.321 & -0.117 & 0.321 & 0.117 \end{bmatrix}$ kN/m

3.16　a. $u_1' = 0.707 \text{ cm}, \ u_2' = 1.414 \text{ cm}$

　　　　b. $u_1 = 0.866 \text{ cm}, \ u_2 = -0.3170 \text{ cm}$

3.17　a. $u_1 = 2.165 \text{ mm}, \quad v_1 = -1.25 \text{ mm}$

　　　　　$u_2 = 0.098 \text{ mm}, \quad v_2 = -5.83 \text{ mm}$

　　　　b. $u_1 = -1.25 \text{ mm}, \quad v_1 = 2.165 \text{ mm}$

　　　　　$u_2 = 3.03 \text{ mm}, \quad v_2 = 5.098 \text{ mm}$

3.18　a. $\sigma = 74.25 \text{ MPa}, \qquad$ b.　45.47 MPa

3.19　a. $[K] = k \begin{bmatrix} 2 & 0 & -\dfrac{1}{2} & \dfrac{1}{2} & -1 & 0 & -\dfrac{1}{2} & -\dfrac{1}{2} \\ 0 & 1 & \dfrac{1}{2} & -\dfrac{1}{2} & 0 & 0 & -\dfrac{1}{2} & -\dfrac{1}{2} \\ -\dfrac{1}{2} & \dfrac{1}{2} & \dfrac{1}{2} & -\dfrac{1}{2} & 0 & 0 & 0 & 0 \\ \dfrac{1}{2} & -\dfrac{1}{2} & -\dfrac{1}{2} & \dfrac{1}{2} & 0 & 0 & 0 & 0 \\ -1 & 0 & 0 & 0 & 1 & 0 & 0 & 0 \\ 0 & 0 & 0 & 0 & 0 & 0 & 0 & 0 \\ -\dfrac{1}{2} & -\dfrac{1}{2} & 0 & 0 & 0 & 0 & \dfrac{1}{2} & \dfrac{1}{2} \\ -\dfrac{1}{2} & -\dfrac{1}{2} & 0 & 0 & 0 & 0 & \dfrac{1}{2} & \dfrac{1}{2} \end{bmatrix}$

b. $u_1 = 0$, $v_1 = \dfrac{-50}{k}$

3.20 $u_2 = 0, v_2 = 3.93\,\text{mm}$, $\sigma^{(1)} = \sigma^{(2)} = 5892\,\text{kPa (T)}$

3.21 $u_1 = 1155\,\text{L/(AE)}$, $v_1 = 217.5\,\text{L/(AE)}$

3.22 $u_1 = 1.256 \times 10^{-4}\,\text{m}$, $v_1 = 4.7 \times 10^{-4}\,\text{m}$

$\sigma^{(1)} = -4821\,\text{kPa (C)}$, $\sigma^{(2)} = 3517\,\text{kPa (T)}$, $\sigma^{(3)} = 8340\,\text{kPa (T)}$

3.23 $u_1 = 7.14\,\text{mm}$, $v_1 = 0$, $\sigma^{(1)} = 100\,\text{MPa}$

3.24 $u_2 = \dfrac{266\ 750}{AE}$, $v_2 = \dfrac{1\ 050\ 210}{AE}$, $u_3 = \dfrac{-266\ 750}{AE}$, $v_3 = \dfrac{1\ 050\ 210}{AE}$

$f'^{(1)}_{1x} = -f'^{(1)}_{2x} = -13\ 333\,\text{N}$, $f'^{(2)}_{1x} = -f'^{(2)}_{3x} = -16\ 667\,\text{N}$

$f'^{(3)}_{2x} = -f'^{(3)}_{4x} = 16\ 667\,\text{N}$, $f'^{(4)}_{2x} = -f'^{(4)}_{3x} = 0$

$f'^{(5)}_{3x} = -f'^{(5)}_{4x} = 13\ 333\,\text{N}$, $f'^{(6)}_{1x} = -f'^{(6)}_{4x} = 0$

3.25 $u_2 = 0$, $v_2 = \dfrac{2\ 249\ 930}{AE}$, $u_3 = \dfrac{-533\ 400}{AE}$, $v_3 = \dfrac{2\ 100\ 000}{AE}$

$f'^{(1)}_{1x} = -f'^{(1)}_{2x} = 0$, $f'^{(2)}_{1x} = -f'^{(2)}_{3x} = -33\ 333\,\text{N}$

$f'^{(4)}_{2x} = -f'^{(4)}_{3x} = 10\ 000\,\text{N}$, $f'^{(5)}_{3x} = -f'^{(5)}_{4x} = 26\ 665\,\text{N}$

$f'^{(6)}_{1x} = -f'^{(6)}_{4x} = 0$

3.26 不能，因为桁架不稳定，$|[K]| = 0$。

3.27 $u_3 = 3.47\,\text{mm}$, $v_3 = -1.32\,\text{mm}$

$f'^{(1)}_{1x} = -f'^{(1)}_{3x} = -62\ 760\,\text{N}$, $f'^{(2)}_{2x} = -f'^{(2)}_{3x} = 20\ 520\,\text{N}$

$f'^{(3)}_{3x} = -f'^{(3)}_{4x} = -66\ 000\,\text{N}$

3.28 $[T]^{\mathrm{T}} = \begin{bmatrix} C & -S & 0 & 0 \\ S & C & 0 & 0 \\ 0 & 0 & C & -S \\ 0 & 0 & S & C \end{bmatrix}$ 且 $[T][T]^{\mathrm{T}} = \begin{bmatrix} 1 & 0 & 0 & 0 \\ 0 & 1 & 0 & 0 \\ 0 & 0 & 1 & 0 \\ 0 & 0 & 0 & 1 \end{bmatrix}$

$\therefore [T]^{\mathrm{T}} = [T]^{-1}$

3.29 $u_1 = -0.176 \times 10^{-3}\,\text{m}$, $v_1 = -0.893 \times 10^{-3}\,\text{m}$

$\sigma^{(1)} = 62.5\,\text{MPa (T)}$, $\sigma^{(2)} = 52.9\,\text{MPa (T)}$, $\sigma^{(3)} = 12.3\,\text{MPa (T)}$

3.30 $u_1 = 3.37 \times 10^{-4}\,\text{m}$, $v_1 = -1.51 \times 10^{-3}\,\text{m}$

$\sigma^{(1)} = 159\,\text{MPa (T)}$, $\sigma^{(2)} = 23.6\,\text{MPa (T)}$, $\sigma^{(3)} = -47.9\,\text{MPa (C)}$

3.31 $u_1 = 16.5 \times 10^{-4}\,\text{m}$, $v_1 = -7.30 \times 10^{-3}\,\text{m}$

$\sigma^{(2)} = 115.5\,\text{MPa (T)}$, $\sigma^{(3)} = -231.0\,\text{MPa (C)}$

3.32 $u_2 = 0.135 \times 10^{-2}$ m, $v_2 = -0.850 \times 10^{-2}$ m

$v_3 = -0.137 \times 10^{-1}$ m, $v_4 = -0.164 \times 10^{-1}$ m

$\sigma^{(1)} = -198$ MPa (C), $\sigma^{(2)} = 0$, $\sigma^{(3)} = 44.6$ MPa (T)

$\sigma^{(4)} = -31.6$ MPa (C), $\sigma^{(5)} = -191$ MPa (C)

$\sigma^{(6)} = -63.1$ MPa (C)

3.33 a. $u_1 = -6.897 \times 10^{-3}$ m, $v_1 = -0.014$ m

$\sigma^{(1)} = 211$ MPa (T), $\sigma^{(2)} = -145$ MPa (C)

b. $u_1 = 0$, $v_1 = -0.003\,17$ m

$\sigma^{(1)} = \sigma^{(2)} = 115$ MPa

3.34 $u_4 = 3.972 \times 10^{-4}$ m, $v_4 = -9.86 \times 10^{-5}$ m

$\sigma^{(1)} = 105$ MPa (T), $\sigma^{(2)} = 11.62$ MPa (T), $\sigma^{(3)} = -5.18$ MPa (C)

$\sigma^{(4)} = -10.42$ MPa (C), $\sigma^{(5)} = 0$

3.35 $v_1 = -1.667 \times 10^{-5}$ m, $\sigma^{(1)} = 625$ MPa (T)

3.36 $u_1' = 4.24$ mm

3.37 $u_1' = 0.804$ mm

3.38 $u_2' = 22.0$ mm

3.39 $u_2' = 2.05$ mm

3.40 $u_1 = -3.018 \times 10^{-5}$ m, $v_1 = -1.517 \times 10^{-4}$ m

$w_1 = 2.684 \times 10^{-5}$ m, $\sigma^{(1)} = -338$ kN/m^2 (C)

$\sigma^{(2)} = -1690$ kN/m^2 (C), $\sigma^{(3)} = -7965$ kN/m^2 (C)

$\sigma^{(4)} = -2726$ kN/m^2 (C)

3.41 $u_1 = 2.766 \times 10^{-3}$ m, $v_1 = -1.024 \times 10^{-4}$ m

$w_1 = 1.203 \times 10^{-4}$ m, $\sigma^{(1)} = 41.0$ MPa (T)

$\sigma^{(2)} = 8.42$ MPa (T), $\sigma^{(3)} = -11.58$ MPa (C)

3.42 $u_5 = 1.89 \times 10^{-3}$ m, $v_5 = 0$, $w_5 = -5.52 \times 10^{-4}$ m

$\sigma^{(1)} = \sigma^{(4)} = 965$ MPa (T), $\sigma^{(2)} = \sigma^{(3)} = -122.6$ MPa (C)

3.43 $u_4 = 1.654$ mm, $v_4 = 0$, $w_4 = -1.463$ mm

$\sigma^{(1)} = -137$ MPa (C)

3.45 $v_2 = -0.5944$ mm, $v_3 = -0.4698$ mm

$\sigma^{(1)} = -13.98$ MPa (C)

$\sigma^{(2)} = -23.49$ MPa (C)

$\sigma^{(3)} = 16.56$ MPa (T)

3.46 $v_2 = -1.92\,\text{mm}, \quad v_3 = -1.68\,\text{mm}, \quad u_1 = -0.426\,\text{mm}$

$\sigma^{(1)} = -27.2\,\text{MPa (C)}, \quad \sigma^{(2)} = 21.3\,\text{MPa (T)}, \quad \sigma^{(3)} = 8\,\text{MPa (T)}$

3.47 $u_1 = \dfrac{-110P}{AE}, \quad v_1 = 0, \quad u_2 = 0, \quad v_2 = \dfrac{-405P}{AE}$

$u_3 = 0, \quad v_3 = \dfrac{-433P}{AE}, \quad u_4 = \dfrac{50P}{AE}, \quad v_4 = \dfrac{-208P}{AE}$

$\sigma^{(2)} = 2.5\dfrac{P}{A}, \quad \sigma^{(3)} = -13.86\dfrac{P}{A}$

$\sigma^{(4)} = 3.125\dfrac{P}{A}$

3.48 $v_2 = -0.955 \times 10^{-2}\,\text{m}, \quad v_4 = -1.03 \times 10^{-2}\,\text{m}$

$\sigma^{(1)} = 67.1\,\text{MPa (C)}, \quad \sigma^{(2)} = 60.0\,\text{MPa (T)}, \quad \sigma^{(3)} = 22.4\,\text{MPa (C)}$

$\sigma^{(4)} = 44.7\,\text{MPa (C)}, \quad \sigma^{(5)} = 20.0\,\text{MPa (T)}$

3.49 $u_1' = 0, \quad v_2 = -1.414 \times 10^{-4}\,\text{m}, \quad F_{2x} = -10\,\text{kN}$

$\sigma^{(1)} = 0, \quad \sigma^{(2)} = 0, \quad \sigma^{(3)} = 18.85\,\text{MPa (T)}$

3.50 $v_2 = -1.414 \times 10^{-4}\,\text{m}$

3.51 $u_2' = 8.8 \times 10^{-5}\,\text{m}$

3.52 a. $u_1 = 2.5 \times 10^{-4}\,\text{m}\downarrow, \quad \pi_{p_{\min}} = -12.5\,\text{N·m}$

b. $u_1 = 2.0 \times 10^{-4}\,\text{m}\rightarrow, \quad \pi_{p_{\min}} = -12.0\,\text{N·m}$

3.53 $[k] = \dfrac{3A_0 E}{2L}\begin{bmatrix} 1 & -1 \\ -1 & 1 \end{bmatrix}$

3.54 二元解：

$u_2 = 2.475 \times 10^{-4}\,\text{m}, \quad u_3 = 3.6 \times 10^{-4}\,\text{m}, \quad \sigma^{(1)} = 65.95\,\text{MPa (T)},$

$\sigma^{(2)} = 30\,\text{MPa (T)}$

3.55 二元解：$u_2 = 5.06 \times 10^{-3}\,\text{cm}, \quad u_3 = 6.75 \times 10^{-3}\,\text{m}$

$\sigma^{(1)} = 27.0\,\text{MPa (T)}, \quad \sigma^{(2)} = 9.0\,\text{MPa (T)}$

3.56 $u_2 = 2.25 \times 10^{-5}\,\text{m}, \quad \sigma^{(1)} = 6\,\text{MPa (T)}$

3.57 $u_1 = \gamma L^2/(2E), \quad u_2 = 3\gamma L^2/(8E), \quad \sigma^{(1)} = \gamma L/8, \quad \sigma^{(2)} = 3\gamma L/8$

3.58 a. $f_{1x} = 2.87\,\text{N}$

b. $f_{1x} = 26.7\,\text{kN}, \quad f_{2x} = 80\,\text{kN}$

3.62 单元DF中最大的拉应力 $= 905.1\,\text{kN/m}^2$

单元CE中最大的压应力 $= -1.81\,\text{MPa}$

3.63 顶部左侧弦中最大的拉应力 $= 1.43\,\text{MPa}$

底部左侧弦中最大的压应力 $= -0.96\,\text{MPa}$

第 4 章

4.5　$v_2 = \dfrac{-7PL^3}{768EI}, \quad \phi_1 = \dfrac{-PL^2}{32EI}, \quad \phi_2 = \dfrac{PL^2}{128EI}$

　　　　$F_{1y} = \dfrac{5P}{16}, \quad M_1 = 0, \quad F_{3y} = \dfrac{11P}{16}, \quad M_3 = \dfrac{-3PL}{16}$

4.6　$v_1 = \dfrac{-PL^3}{3EI}, \quad \phi_1 = \dfrac{PL^2}{2EI}, \quad F_{2y} = P, \quad M_2 = -PL$

4.7　$v_1 = -0.075 \text{ m}, \quad \phi_1 = 0.0160 \text{ rad}, \quad \phi_2 = 0.005\,36 \text{ rad}$

　　　　$F_{2y} = 12\,500 \text{ N}, \quad F_{3y} = -7500 \text{ N}, \quad M_3 = 15\,000 \text{ N·m}$

4.8　$v_3 = -0.075 \text{ m}, \quad F_{1y} = -7040 \text{ N}, \quad M_1 = 13\,600 \text{ N·m}, \quad F_{2y} = 11\,570 \text{ N}$

4.9　$v_2 = -0.013\,89 \text{ m}, \quad \phi_2 = -0.0119 \text{ rad}, \quad v_3 = -1.0456 \text{ m}, \quad \phi_3 = -0.017\,86 \text{ rad}$

4.10　$v_2 = -2.68 \times 10^{-4} \text{ m}, \quad \phi_2 = 8.93 \times 10^{-5} \text{ rad}$

　　　　$F_{1y} = 15 \text{ kN}, \quad M_1 = 20 \text{ kN · m}, \quad F_{3y} = 5 \text{ kN}, \quad M_3 = -10 \text{ kN · m}$

4.11　$v_3 = -7.619 \times 10^{-3} \text{ m}, \quad \phi_2 = -3.809 \times 10^{-3} \text{ rad}, \quad \phi_1 = 1.904 \times 10^{-3} \text{ rad}$

　　　　$F_{1y} = -8.89 \text{ kN}, \quad F_{2y} = 48.9 \text{ kN}$

4.12　$v_2 = -9.184 \text{ mm}, \quad \phi_2 = -0.002\,29 \text{ rad}$

　　　　$F_{1y} = 2040 \text{ N}, \quad M_1 = -12\,250 \text{ N·m}$

4.13　$v_2 = -0.014 \text{ m}, \quad \phi_1 = -5.95 \times 10^{-3} \text{ rad}$

　　　　$F_{1y} = 10.41 \text{ kN}, \quad F_{3y} = 10.41 \text{ kN}$

　　　　$F_{\text{spring}} = 3.174 \text{ kN}$

4.14　$v_2 = v_4 = \dfrac{-1wL^4}{607.5EI}, \quad v_3 = \dfrac{-wL^4}{507EI}$

　　　　$\phi_2 = \dfrac{-1wL^3}{270EI}, \quad \phi_4 = -\phi_2$

　　　　$F_{1y} = \dfrac{wL}{2}, \quad M_1 = \dfrac{wL^2}{12}$

4.15　$v_2 = \dfrac{-wL^4}{384EI}, \quad F_{1y} = \dfrac{wL}{2}, \quad M_1 = \dfrac{wL^2}{12}$

4.16　$v_2 = \dfrac{-5wL^4}{384EI}, \quad \phi_1 = -\phi_3 = \dfrac{-wL^3}{24EI}, \quad F_{1y} = \dfrac{wL}{2}$

4.17　$v_3 = \dfrac{-wL^4}{4EI}, \quad \phi_2 = \dfrac{-wL^3}{8EI}, \quad \phi_3 = \dfrac{-7wL^3}{24EI}$

　　　　$F_{1y} = \dfrac{-3wL}{4}, \quad M_1 = \dfrac{-wL^2}{4}, \quad F_{2y} = \dfrac{7wL}{4}$

4.18　$f_{1y} = \dfrac{-3wL}{20}, \quad m_1 = \dfrac{-wL^2}{30}, \quad f_{2y} = \dfrac{-7wL}{20}, \quad m_2 = \dfrac{wL^2}{20}$

4.19 $F_{1y} = \dfrac{wL}{4}$, $M_1 = \dfrac{5wL^2}{96}$, $F_{3y} = \dfrac{wL}{4}$, $M_3 = \dfrac{-5wL^2}{96}$, $v_2 = \dfrac{-7wL^4}{3840EI}$

4.20 $\phi_2 = \dfrac{wL^3}{80EI}$, $F_{1y} = \dfrac{9wL}{40}$, $M_1 = \dfrac{7wL^2}{120}$, $F_{2y} = \dfrac{11wL}{40}$

4.21 $v_3 = -0.0122\,\text{m}$, $\phi_3 = -0.003\,55\,\text{rad}$, $\phi_2 = -0.001\,52\,\text{rad}$

$F_{1y} = -12\,\text{kN}$, $M_1 = -16\,\text{kN·m}$, $F_{2y} = 28\,\text{kN}$

$f_{1y}^{(1)} = -f_{2y}^{(1)} = -12\,\text{kN}$, $m_1^{(1)} = -16\,\text{kN·m}$, $m_2^{(1)} = -32\,\text{kN·m}$

$f_{2y}^{(2)} = 16\,\text{kN}$, $m_2^{(2)} = 32\,\text{kN·m}$, $f_{3y}^{(2)} = 0$, $m_3^{(2)} = 0$

4.22 $\phi_1 = -0.002\,35\,\text{rad}$, $v_2 = -0.0081\,\text{m}$, $\phi_3 = 0.002\,35\,\text{rad}$

$F_{1y} = 25.9\,\text{kN}$, $F_{2y} = 8.1\,\text{kN}$, $F_{3y} = 25.9\,\text{kN}$

$f_{1y}^{(1)} = 25.9\,\text{kN}$, $m_1^{(1)} = 0$, $f_{2y}^{(1)} = 4.1\,\text{kN}$, $m_2^{(1)} = 35.6\,\text{kN·m}$

4.23 $v_2 = -9.766\,\text{cm}$, $\phi_2 = -0.009\,77\,\text{rad}$, $\phi_3 = 0.0391\,\text{rad}$

$F_{1y} = 187\,500\,\text{N·m}$, $M_1 = 375\,000\,\text{N·m}$, $F_{3y} = 112\,500\,\text{N}$

4.24 $v_3 = -0.36\,\text{m}$, $\phi_3 = -0.1016\,\text{rad}$, $\phi_2 = -0.0303\,\text{rad}$

$F_{1y} = -72\,300\,\text{N}$, $M_1 = -128\,300\,\text{N·m}$, $F_{2y} = 466\,000\,\text{N}$

4.25 $v_2 = -5.33\,\text{cm}$, $F_{1y} = 23\,685\,\text{N} = F_{3y}$, $M_1 = 273\,550\,\text{N·m} = -M_3$

4.26 $\phi_1 = -3.596 \times 10^{-4}\,\text{rad}$, $\phi_2 = 9.92 \times 10^{-5}\,\text{rad}$, $\phi_3 = 1.091 \times 10^{-4}\,\text{rad}$

$F_{1y} = 9875\,\text{N}$, $F_{2y} = 28\,406\,\text{N}$, $F_{3y} = 6719\,\text{N}$

4.27 $v_{\max} = -0.003\,\text{m}$ 位于 AB 和 BC 之间的跨中

$\sigma_{\max} = 166.7\,\text{MPa}$ 位于 AB 和 BC 之间的跨中

$\sigma_{\min} = -333.3\,\text{MPa}$ 在 B 点处

4.28 $v_{\max} = -0.0195\,\text{m}$ 位于 BC 的跨中

$\sigma_{\min} = -20.3\,\text{MPa}$

4.30 $v_{\max} = -0.0167\,\text{m}$ 在 C 点处

$\sigma_{\max} = 26.8\,\text{MPa}$ 在 A 点固定端

4.32 $v_{\max} = -0.087\,\text{m}$ 在 C 点处

$\sigma_{\max} = 257\,\text{MPa}$ 在 B 点处

4.33 T_{ry} W10 × 33, $v_{\max} = 0.005\,686\,\text{m}$

4.39 $v_2 = \dfrac{-PL^3}{192EI} - \dfrac{wL^4}{384EI}$, $F_{1y} = \dfrac{P + wL}{2}$, $M_1 = \dfrac{PL}{8} + \dfrac{wL^2}{12}$

4.40 $v_2 = \dfrac{-5PL^3}{648EI}$

4.41 $v_2 = \dfrac{-(25P + 22wL)L^3}{240EI}$, $\phi_2 = \dfrac{-(PL^2 + wL^3)}{8EI}$

$$F_{1y} = P + \frac{wL}{2}, \quad M_1 = \frac{PL}{2} + \frac{wL^2}{3}$$

4.42 $v_2 = -1.57 \times 10^{-4}$ m, $\phi_2 = 1.19 \times 10^{-4}$ rad

4.43 $v_2 = -3.18 \times 10^{-4}$ m, $\phi_2 = 1.58 \times 10^{-4}$ rad, $\phi_3 = 1.58 \times 10^{-4}$ rad

4.44 $v_3 = -4.26 \times 10^{-5}$ m, $\phi_2 = -2.56 \times 10^{-5}$ rad, $\phi_3 = 5.38 \times 10^{-5}$ rad

4.45 $[k] = \dfrac{GA_w}{L} \begin{bmatrix} 1 & -1 \\ -1 & 1 \end{bmatrix}$

4.49 $[k] = EI \displaystyle\int_0^L [B]^{\mathrm{T}}[B]\,\mathrm{d}x + k_f \int_0^L [N]^{\mathrm{T}}[N]\,\mathrm{d}x$

4.50 与习题 4.49 同解

4.79 跨度为400mm
$\delta = 1.28\,\text{mm}$(无剪切截面效应)
$\delta = 1.34\,\text{mm}$(有剪切截面效应)
跨度为100mm
$\delta = 0.02\,\text{mm}$(无剪切截面效应)
$\delta = 0.0355\,\text{mm}$(有剪切截面效应)

第 5 章

5.1 $u_2 = 0.634$ mm, $v_2 = 0$, $\phi_2 = 0$ rad

5.2 $u_2 = u_3 = 1.88$ cm, $v_2 = -v_3 = 0.047$ mm
$\phi_2 = -\phi_3 = -0.001\,89$ rad
$f_{1x}'^{(1)} = -f_{2x}'^{(1)} = -10\,286$ N, $f_{1y}'^{(1)} = -f_{2y}'^{(1)} = -11\,966$ N
$m_1'^{(1)} = 41\,134$ N·m, $m_2'^{(1)} = 30\,796$ N·m
$f_{2x}'^{(2)} = -f_{3x}'^{(2)} = 8750$ N, $f_{2y}'^{(2)} = -f_{3y}'^{(2)} = -10\,355$ N
$m_2'^{(2)} = -31\,077$ N·m, $m_3'^{(2)} = -31\,048$ N·m
$f_{3x}'^{(3)} = -f_{4x}'^{(3)} = 10\,281$ N, $f_{3y}'^{(3)} = -f_{4y}'^{(3)} = 11\,966$ N
$m_3'^{(3)} = 30\,796$ N·m, $m_4'^{(3)} = 41\,134$ N·m
$F_{1x} = 10\,286$ N, $F_{4x} = -10\,286$ N, $F_{1y} = -F_{4y} = -11\,966$ N
$M_1 = 30\,796$ N·m

5.3 弯距 $M_{\max} = 10\,452$ N·m 的截面为15 cm×20.5 cm

5.4 $u_4 = 0.102$ mm, $v_4 = -0.282$ mm, $\phi_4 = -0.002\,76$ rad
$f_{1x}'^{(1)} = -f_{4x}'^{(1)} = 16.17$ kN, $f_{1y}'^{(1)} = -f_{4y}'^{(1)} = -5.72$ kN
$m_1'^{(1)} = -25.44$ kN·m, $m_4'^{(1)} = -51.33$ kN·m
$f_{2x}'^{(2)} = -f_{4x}'^{(2)} = 23.31$ kN, $f_{2y}'^{(2)} = -f_{4y}'^{(2)} = -5.80$ kN
$m_2'^{(2)} = -25.97$ kN·m, $m_4'^{(2)} = -51.87$ kN·m
$F_{1x} = 12.34$ kN, $F_{1y} = 11.9$ kN, $M_1 = -25.44$ kN·m

$$F_{2x} = -5.26 \text{ kN}, \quad F_{2y} = 23.44 \text{ kN}, \quad M_2 = -25.97 \text{ kN·m}$$

$$F_{3x} = -7.14 \text{ kN}, \quad F_{3y} = 44.69 \text{ kN}, \quad M_3 = -173.5 \text{ kN·m}$$

5.5　$u_2 = 1.34$ mm, $\quad v_2 = -4.27$ mm, $\quad \phi_2 = -0.008\ 61$ rad

$$f_{1x}^{\prime(1)} = 360.1 \text{ kN}, \quad f_{1y}^{\prime(1)} = 15.34 \text{ kN}, \quad m_1^{\prime(1)} = 36.25 \text{ kN·m}$$

$$f_{2x}^{\prime(1)} = -293.6 \text{ kN}, \quad f_{2y}^{\prime(1)} = 29.05 \text{ kN}, \quad m_2^{\prime(1)} = -110.5 \text{ kN·m}$$

$$f_{2x}^{\prime(2)} = -f_{3x}^{\prime(2)} = 187.15 \text{ kN}, \quad f_{2y}^{\prime(2)} = 68.14 \text{ kN}, \quad m_2^{\prime(2)} = 110.4 \text{ kN·m}$$

$$f_{3y}^{\prime(2)} = 91.45 \text{ kN}, \quad m_3^{\prime(2)} = -217.0 \text{ kN·m}$$

$$F_{1x} = F_{3x} = 187.09 \text{ kN·m}, \quad F_{1y} = 308.12 \text{ kN}, \quad M_1 = 36.25 \text{ kN·m}$$

$$F_{3y} = 91.45 \text{ kN}, \quad M_3 = 217.0 \text{ kN·m}$$

5.6　$u_2 = -0.005\ 37$ mm, $\quad v_2 = -1.5$ mm, $\quad \phi_2 = -0.003\ 06$ rad

$$f_{1x}^{\prime(1)} = 186.3 \text{ kN}, \quad f_{1y}^{\prime(1)} = 24.35 \text{ kN}, \quad m_1^{\prime(1)} = 49.36 \text{ kN·m}$$

$$f_{2x}^{\prime(1)} = -129.7 \text{ kN}, \quad f_{2y}^{\prime(1)} = 32.58 \text{ kN}, \quad m_2^{\prime(1)} = -82.23 \text{ kN·m}$$

$$f_{2x}^{\prime(2)} = -f_{3x}^{\prime(2)} = -1.12 \text{ kN}, \quad f_{2y}^{\prime(2)} = 233.24 \text{ kN}, \quad m_2^{\prime(2)} = 112.4 \text{ kN·m}$$

$$f_{3y}^{\prime(2)} = 86.80 \text{ kN}, \quad m_3^{\prime(2)} = -161.2 \text{ kN·m}$$

$$f_{4x}^{\prime(3)} = -f_{2x}^{\prime(3)} = 201 \text{ kN}, \quad f_{4y}^{\prime(3)} = -f_{2y}^{\prime(3)} = -5.97 \text{ kN}, \quad m_4^{\prime(3)} = -15.4 \text{ kN·m}$$

$$m_2^{\prime(3)} = -29.36 \text{ kN·m}$$

$$F_{1x} = 114.5 \text{ kN}, \quad F_{1y} = 148.97 \text{ kN}, \quad M_1 = 49.36 \text{ kN·m}$$

$$F_{3x} = 1.12 \text{ kN}, \quad F_{3y} = 86.80 \text{ kN}, \quad M_3 = -161.2 \text{ kN·m}$$

$$F_{4x} = -115.8 \text{ kN}, \quad F_{4y} = 164.22 \text{ kN}, \quad M_4 = -15.4 \text{ kN·m}$$

5.7　$u_2 = 0.4308 \times 10^{-4}$ m, $\quad v_2 = -0.9067 \times 10^{-4}$ m

$$\phi_2 = -0.1403 \times 10^{-2} \text{ rad}$$

$$f_{1x}^{\prime(1)} = -f_{2x}^{\prime(1)} = 23.8 \text{ kN}, \quad f_{1y}^{\prime(1)} = 17.26 \text{ kN}, \quad m_1^{\prime(1)} = 32.77 \text{ kN·m}$$

$$f_{2y}^{\prime(1)} = 22.74 \text{ kN}, \quad m_2^{\prime(1)} = -54.64 \text{ kN·m}$$

$$f_{2x}^{\prime(2)} = -f_{3x}^{\prime(2)} = 11.31 \text{ kN}, \quad f_{2y}^{\prime(2)} = 37.19 \text{ kN}, \quad m_2^{\prime(2)} = 65.09 \text{ kN·m}$$

$$f_{3y}^{\prime(2)} = 42.81 \text{ kN}, \quad m_3^{\prime(2)} = -87.54 \text{ kN·m}$$

$$f_{2x}^{\prime(3)} = -f_{4x}^{\prime(3)} = 17.55 \text{ kN}, \quad f_{2y}^{\prime(3)} = -f_{4y}^{\prime(3)} = 1.40 \text{ kN}$$

$$m_2^{\prime(3)} = -10.51 \text{ kN·m}, \quad m_4^{\prime(3)} = -5.30 \text{ kN·m}$$

$$F_{1x} = -17.26 \text{ kN}, \quad F_{1y} = 23.80 \text{ kN}, \quad M_1 = 32.77 \text{ kN·m}$$

$$F_{3x} = -11.31 \text{ kN}, \quad F_{3y} = 42.81 \text{ kN}, \quad M_3 = -87.54 \text{ kN·m}$$

$$F_{4x} = -11.42 \text{ kN}, \quad F_{4y} = 13.40 \text{ kN}, \quad M_4 = -5.30 \text{ kN·m}$$

5.9　$u_2 = -1.486 \times 10^{-4}$ m,　$v_2 = -7.674 \times 10^{-5}$ m,　$\phi_2 = 7.978 \times 10^{-3}$ rad

$f_{1x}^{\prime(1)} = -f_{2x}^{\prime(1)} = 80.6$ kN,　$f_{1y}^{\prime(1)} = -f_{2y}^{\prime(1)} = 124$ kN

$m_1^{\prime(1)} = 165$ kN·m,　$m_2^{\prime(1)} = 335$ kN·m

$f_{2x}^{\prime(2)} = -f_{3x}^{\prime(2)} = 124$ kN,　$f_{2y}^{\prime(2)} = -f_{3y}^{\prime(2)} = 80.6$ kN

$M_1 = 165$ kN·m,　$M_3 = 134$ kN·m

5.10　$v_2 = -0.1423 \times 10^{-2}$ m,　$\phi_2 = -0.5917 \times 10^{-3}$ rad

$f_{1x}^{\prime(1)} = 0$,　$f_{1y}^{\prime(1)} = 10$ kN,　$m_1^{\prime(1)} = 23.3$ kN·m,　$f_{2x}^{\prime(1)} = 0$

$f_{2y}^{\prime(1)} = -10$ kN,　$m_2^{\prime(1)} = 6.7$ kN·m

5.11　$v_2 = -1.11 \times 10^{-4}$ m,　$F_{1x} = 16.2$ kN,　$F_{1y} = 30$ kN,　$M_1 = 336$ N·m

5.12　$u_2 = -0.0214$ m,　$v_1 = -0.025$ m,　$\phi_1 = 0.008\,91$ rad,　$u_2 = -0.0214$ m

$v_2 = -3.57 \times 10^{-6}$ m,　$\phi_2 = 0.007\,14$ m

5.13　$u_2 = 1.278$ mm,　$v_2 = 0.0907$ mm,　$\phi_2 = -0.000\,137$ rad

$u_3 = 1.274$ mm,　$v_3 = -0.000\,323$ mm,　$\phi_3 = 0.000\,137$ rad

5.14　$u_2 = 0.386$ mm,　$v_2 = -1.067$ mm,　$\phi_2 = -0.001\,39$ rad

$f_{1x}^{\prime(1)} = 71\,444$ N,　$f_{1y}^{\prime(1)} = -5043$ N,　$m_1^{\prime(1)} = -5219$ N·m

$f_{2x}^{\prime(1)} = 71\,444$ N,　$f_{2y}^{\prime(1)} = 5043$ N,　$m_2^{\prime(1)} = -16\,186$ N·m

5.15　$u_2 = -2.43 \times 10^{-2}$ m,　$v_2 = -2.41 \times 10^{-5}$ m,　$\phi_2 = 0.0064$ rad

$u_3 = -2.43 \times 10^{-2}$ m,　$\phi_3 = -0.0032$ rad

$F_{1x} = 30.0$ kN,　$F_{1y} = 16.9$ kN,　$M_1 = -82.5$ kN·m,　$F_{3y} = -16.9$ kN

5.16　$v_3 = -2.83 \times 10^{-5}$ m,　$u_4 = 1.0 \times 10^{-5}$ m,　$v_4 = -2.83 \times 10^{-5}$ m

5.17　$v_3 = -1.324$ mm,　$\phi_3 = 0$

5.18　$u_2 = v_2 = -2.83 \times 10^{-5}$ m,　$\phi_2 = 2.92 \times 10^{-4}$ rad

5.19　$u_2 = 2.28$ cm,　$v_2 = 0.041$ mm,　$\phi_2 = -0.1189$ rad

5.22　$\sigma_{最大弯矩} = 85$ MPa

5.23　$u_5 = 0.340$ mm,　$v_5 = -0.025$ mm,　$\phi_5 = -0.000\,71$ rad

5.24　$u_5 = 5.32$ cm,　$v_5 = -0.0579$ mm,　$\phi_5 = -0.3001$ rad

5.27　$v_2 = -0.0153$ m,　$f_{1x}^{\prime(1)} = 30$ kN,　$f_{1y}^{\prime(1)} = -6.67$ kN,　$m_1^{\prime(1)} = 0$

5.28　$u_2 = 7.97$ mm,　$v_2 = -0.0342$ mm,　$\phi_2 = 0.419$ rad

5.29　$v_3 = 0$ cm,　$v_4 = -1.27$ cm

5.30 $v_3 = -5.63\,\text{cm},\quad v_4 = -12.4\,\text{cm}$

5.32 $u_2 = 4.30\,\text{mm},\quad \phi_2 = -0.241 \times 10^{-3}\,\text{rad}$

$F_{1x} = -8339\,\text{N},\quad F_{1y} = -4995\,\text{N},\quad M_1 = 26\,700\,\text{N}\cdot\text{m}$

$F_{4x} = -6661\,\text{N},\quad F_{4y} = 4995\,\text{N},\quad M_4 = 23\,330\,\text{N}\cdot\text{m}$

5.33 $u_7 = 0.0264\,\text{m},\quad v_7 = 0.463 \times 10^{-4}\,\text{m},\quad \phi_7 = 0.171 \times 10^{-2}\,\text{rad}$

$f_{1x}'^{(1)} = -21.1\,\text{N},\quad f_{1y}'^{(1)} = 30.4\,\text{N},\quad m_1'^{(1)} = 74.95\,\text{N}\cdot\text{m}$

$f_{3x}'^{(1)} = 21.1\,\text{N},\quad f_{3y}'^{(1)} = -30.4\,\text{N},\quad m_3'^{(1)} = 46.65\,\text{N}\cdot\text{m}$

5.35 $u_9 = 0.0174\,\text{m},\quad f_{1x}'^{(1)} = -22.6\,\text{kN},\quad f_{1y}'^{(1)} = 16.0\,\text{kN},\quad m_1'^{(1)} = 53.6\,\text{kN}\cdot\text{m}$

$f_{3x}'^{(1)} = 22.6\,\text{kN},\quad f_{3y}'^{(1)} = -16.0\,\text{kN},\quad m_3'^{(1)} = 42.4\,\text{kN}\cdot\text{m}$

5.36 $v_6 = -3.118 \times 10^{-3}\,\text{m}$

5.37 $v_5 = -1.35 \times 10^{-2}\,\text{m}$

5.38 $u_2 = 1.43 \times 10^{-1}\,\text{m}$

5.39 桁架：$u_7 = 0.0260\,\text{m},\quad v_7 = 0.005\,66\,\text{m}$

框架：$u_7 = 0.0180\,\text{m},\quad v_7 = 0.004\,24\,\text{m}$

桁架，单元1：$f_{1x} = -49\,730\,\text{N},\quad f_{1y} = 0$

框架，单元1：$f_{1x} = -43\,060\,\text{N},\quad f_{1y} = 22\,670\,\text{N}$

5.40 $v_{\text{max}} = -0.0105\,\text{m}$　在中间支点处

$M_{\text{max}} = 1.568 \times 10^6\,\text{N}\cdot\text{m}$　在 C 处

5.41 $v_{\text{max}} = 0.0524\,\text{m}$

$M_{\text{max}} = 6.22 \times 10^4\,\text{N}\cdot\text{m}$

5.42 $u_G = 1.25 \times 10^{-2}\,\text{m}$

5.46 $[K] = 15\dfrac{GJ_0}{L}\begin{bmatrix} 1 & -1 \\ -1 & 1 \end{bmatrix}$

5.48 $v_2 = -1.516\,\text{cm}$

5.51 $v_1 = -0.0103\,\text{m}$

5.55 $v_3 = -2.54 \times 10^{-3}\,\text{m}$

5.57 $v_5 = -2.22 \times 10^{-2}\,\text{m}$

5.58 $u_2 = 2.91\,\text{cm},\quad v_2 = -4.95\,\mu\text{m},\quad w_2 = 4.27\,\text{cm}$

$u_3 = -8.50\,\text{um},\quad v_3 = -1.5\,\text{mm},\quad w_3 = 4.26\,\text{cm}$

5.59 $w_7 = 7.25 \times 10^{-8}\,\text{m}$

第 6 章

6.1　将方程(6.2.10)代入方程(6.2.18)得到 $N_i + N_j + N_m = 1$。

6.3　a. $[k] = 2.8 \times 10^8 \begin{bmatrix} 2.5 & 1.25 & -2.0 & -1.5 & -0.5 & 0.25 \\ & 4.375 & -1.0 & -0.75 & -0.25 & -3.625 \\ & & 4.0 & 0 & -2.0 & 1.0 \\ & & & 1.5 & 1.5 & -0.75 \\ & & & & 2.5 & -1.25 \\ 对称 & & & & & 4.375 \end{bmatrix}$ N/m

b. $[k] = 93.33 \times 10^9 \begin{bmatrix} 1.54 & 0.75 & -1.0 & -0.45 & -0.54 & -0.3 \\ & 1.815 & -0.3 & -0.375 & -0.45 & -1.44 \\ & & 1.0 & 0 & 0 & 0.3 \\ & & & 0.375 & 0.45 & 0 \\ & & & & 0.54 & 0 \\ 对称 & & & & & 1.44 \end{bmatrix}$ N/m

c. $[k] = 10^8 \times \begin{bmatrix} 32.48 & 16.24 & -5.6 & -13.44 & -26.88 & -2.8 \\ 16.24 & 26.12 & -2.8 & -6.72 & -13.44 & -22.4 \\ -5.6 & -2.8 & 5.6 & 0 & 0 & 2.8 \\ -13.44 & -6.72 & 0 & 6.72 & 13.44 & 0 \\ -26.88 & -13.44 & 0 & 13.44 & 26.88 & 0 \\ -2.8 & -22.4 & 2.8 & 0 & 0 & 22.4 \end{bmatrix}$ N/m

6.4　a.　$\sigma_x = 336\,\text{MPa}, \quad \sigma_y = 84\,\text{MPa}, \quad \tau_{xy} = -262.5\,\text{MPa}$

$\sigma_1 = 501.2\,\text{MPa}, \quad \sigma_2 = -81.2\,\text{MPa}, \quad \theta_p = -32.2°$

b.　$\sigma_x = 560\,\text{MPa}, \quad \sigma_y = 140\,\text{MPa}, \quad \tau_{xy} = -437.5\,\text{MPa}$

$\sigma_1 = 835.3\,\text{MPa}, \quad \sigma_2 = -135.3\,\text{MPa}, \quad \theta_p = -32.2°$

c.　与a同解。

6.5　a. $\sigma_{vM} = 546.3\,\text{MPa}$

b. $\sigma_{vM} = 910.5\,\text{MPa}$

c. $\sigma_{vM} = 546.3\,\text{MPa}$

6.6　a. $[k] = 1.037 \times 10^5 \begin{bmatrix} 8437.5 & 1687.5 & -7762.5 & -337.5 & -675 & -1350 \\ 1687.5 & 3937.5 & 337.5 & -2137.5 & -2025 & -1800 \\ -7762.5 & 337.5 & 8437.5 & -1687.5 & -675 & 1350 \\ -337.5 & -2137.5 & -1687.5 & 3937.5 & 2025 & -1800 \\ -675 & -2025 & -675 & 2025 & 1350 & 0 \\ -1350 & -1800 & 1350 & -1800 & 0 & 3600 \end{bmatrix}$ N/m

b. $[k] = 2.24 \times 10^7$
$$\begin{bmatrix} 25.0 & 0 & -12.5 & 6.25 & -12.5 & -6.25 \\ & 9.375 & 9.375 & -4.6875 & -9.375 & -4.6875 \\ & & 15.625 & -7.8125 & -3.125 & -1.5625 \\ & & & 27.343 & 1.5625 & -3.125 \\ & & & & 15.625 & 7.8125 \\ \text{对称} & & & & & 27.343 \end{bmatrix} \text{N/m}$$

c. $[k] = 0.5 \times$
$$\begin{bmatrix} 1.225 \times 10^9 & 3.5 \times 10^8 & -1.015 \times 10^9 & -7 \times 10^7 & -2.1 \times 10^8 & -2.8 \times 10^8 \\ 3.5 \times 10^8 & 7 \times 10^8 & 7 \times 10^7 & -1.4 \times 10^8 & -4.2 \times 10^8 & -5.6 \times 10^8 \\ -1.015 \times 10^9 & 7 \times 10^7 & 1.225 \times 10^9 & -3.5 \times 10^8 & -2.1 \times 10^8 & 2.8 \times 10^8 \\ -7 \times 10^7 & -1.4 \times 10^8 & -3.5 \times 10^8 & 7 \times 10^8 & 4.2 \times 10^8 & -5.6 \times 10^8 \\ -2.1 \times 10^8 & -4.2 \times 10^8 & -2.1 \times 10^8 & 4.2 \times 10^8 & 4.2 \times 10^8 & 0 \\ -2.8 \times 10^8 & -5.6 \times 10^8 & 2.8 \times 10^8 & -5.6 \times 10^8 & 0 & 1.12 \times 10^9 \end{bmatrix} \text{N/m}$$

6.7   a. $\sigma_x = -2.645\,\text{GPa}$, $\sigma_y = -0.078\,\text{GPa}$, $\tau_{xy} = 0.1165\,\text{GPa}$

$\sigma_1 = -0.0730\,\text{GPa}$, $\sigma_2 = -2.65\,\text{GPa}$, $\theta_p = -2.59°$

b. $\sigma_x = 0$, $\sigma_y = 21.0\,\text{MPa}$, $\tau_{xy} = 16.8\,\text{MPa}$,

$\sigma_1 = 30.3\,\text{MPa}$, $\sigma_2 = -9.3\,\text{MPa}$, $\theta_p = -29°$

c. $\sigma_1 = 1971\,\text{MPa}$, $\sigma_2 = -15\,971\,\text{MPa}$, $\theta_p = -10.28°$

6.8   a. $\sigma_{vM} = 2.615\,\text{GPa}$

b. $\sigma_{vM} = 35.86\,\text{GPa}$

c. $\sigma_{vM} = 17.05\,\text{GPa}$

6.9   a. $\sigma_x = -262.5\,\text{MPa}$, $\sigma_y = -787.5\,\text{MPa}$, $\tau_{xy} = -315\,\text{MPa}$

$\sigma_1 = -114.96\,\text{MPa}$, $\sigma_2 = -935.04\,\text{MPa}$, $\theta_p = -25.1°$

b. $\sigma_x = -262.1\,\text{MPa}$, $\sigma_y = -787.5\,\text{MPa}$, $\tau_{xy} = -367.5\,\text{MPa}$

$\sigma_1 = -73.04\,\text{MPa}$, $\sigma_2 = -976.5\,\text{MPa}$, $\theta_p = -27.2°$

c. $\sigma_x = -524.9\,\text{MPa}$, $\sigma_y = -1574.7\,\text{MPa}$, $\tau_{xy} = -367.5\,\text{MPa}$

$\sigma_1 = -409.03\,\text{MPa}$, $\sigma_2 = -1691.5\,\text{MPa}$, $\theta_p = -17.47°$

d. $\sigma_1 = 85.64\,\text{MPa}$, $\sigma_2 = -820.6\,\text{MPa}$, $\theta_p = -40.0°$

e. $\sigma_1 = -274.8\,\text{MPa}$, $\sigma_2 = -6892.2\,\text{MPa}$, $\theta_p = -39.2°$

f. $\sigma_x = -393.75\,\text{MPa}$, $\sigma_y = -1181.25\,\text{MPa}$, $\tau_{xy} = -367.5\,\text{MPa}$

$\sigma_1 = -248.9\,\text{MPa}$, $\sigma_2 = -1326.1\,\text{MPa}$, $\theta_p = -21.5°$

6.10   a. $\sigma_x = -78.75\,\text{MPa}$, $\sigma_y = -49.2\,\text{MPa}$, $\tau_{xy} = -8.07\,\text{MPa}$

$\sigma_1 = -47.1\,\text{MPa}$, $\sigma_2 = -80.85\,\text{MPa}$, $\theta_p = -14.3°$

b. $\sigma_x = -47.1\,\text{MPa}$, $\sigma_y = -20.25\,\text{MPa}$, $\tau_{xy} = 8.07\,\text{MPa}$

$\sigma_1 = -18.0\,\text{MPa}$, $\sigma_2 = -49.35\,\text{MPa}$, $\theta_p = -15.5°$

c. $\sigma_x = -41.4$ MPa,　$\sigma_y = -29.25$ MPa,　$\tau_{xy} = 6.06$ MPa

$\sigma_1 = -26.85$ MPa,　$\sigma_2 = -43.95$ MPa,　$\theta_p = -22.5°$

d. $\sigma_x = 6.03$ MPa,　$\sigma_y = 14.13$ MPa,　$\tau_{xy} = 16.155$ MPa

$\sigma_1 = 26.745$ MPa,　$\sigma_2 = -6.555$ MPa,　$\theta_p = -38°$

6.11 a. $f_{s1x} = 0$,　$f_{s1y} = 0$,　$f_{s2x} = p_0 Lt / 6$,　$f_{s2y} = 0$

$f_{s3x} = p_0 Lt / 3$,　$f_{s3y} = 0$

b. $f_{s1x} = 0$,　$f_{s2x} = p_0 Lt / 12$,　$f_{s3x} = p_0 Lt / 4$

6.12 a. $f_{s1y} = p_1 Lt / 6$,　$f_{s3y} = 1 p_2 Lt / 3$

b. $f_{s1y} = f_{s2y} = p_0 Lt / \pi$

6.13 $u_3 = 0.0714$ mm,　$v_3 = -39.3$ mm

$u_4 = -0.0869$ mm,　$v_4 = -0.0418$ mm

$\sigma_x^{(1)} = 25.84$ MPa,　$\sigma_y^{(1)} = 7.38$ MPa,　$\tau_{xy}^{(1)} = -51.69$ MPa

$\sigma_1^{(1)} = 69.11$ MPa,　$\sigma_2^{(1)} = -35.89$ MPa,　$\theta_p^{(1)} = -44.37°$

$\sigma_x^{(2)} = -26.4$ MPa,　$\sigma_y^{(2)} = 8.67$ MPa,　$\tau_{xy}^{(2)} = -12.92$ MPa

$\sigma_1^{(2)} = 12.91$ MPa,　$\sigma_2^{(2)} = -30.64$ MPa,　$\theta_p^{(2)} = 20.2°$

6.14 b. $u_2 = 0.737 \times 10^{-4}$ m,　$v_2 = -0.1456 \times 10^{-4}$ m

直角三角形应力:

$\sigma_x = 39.11$ MPa,　$\sigma_y = 38.1$ MPa

$\sigma_1 = 82.98$ MPa,　$\sigma_2 = -5.68$ MPa

c. $u_5 = 0$ m,　$v_5 = -1.63 \times 10^{-5}$ m

$\sigma_x^{(1)} = 5.99 \times 10^5$ N/m^2,　$\sigma_y^{(1)} = -3.78 \times 10^6$ N/m^2

$\tau_{xy}^{(1)} = 4.05 \times 10^{-1}$ N/m^2,　$\sigma_1^{(1)} = 5.99 \times 10^5$ N/m^2

$\sigma_2^{(1)} = -3.78 \times 10^6$ N/m^2,　$\theta_p^{(1)} = 0°$,　$\sigma_x^{(3)} = 5.64 \times 10^6$ N/m^2

$\sigma_y^{(3)} = 1.88 \times 10^7$ N/m^2,　$\tau_{xy}^{(3)} = -1.11 \times 10^{-1}$ N/m^2

$\sigma_1^{(3)} = 1.88 \times 10^7$ N/m^2,　$\sigma_2^{(3)} = 5.64 \times 10^6$ N/m^2,　$\theta_p^{(3)} = -90°$

6.16 所有 f_{bx} 都等于 0。

a. $f_{b1y} = f_{b2y} = f_{b3y} = f_{b4y} = -16.06$ N,　$f_{b5y} = -32.12$ N

c. $f_{b1y} = f_{b2y} = f_{b3y} = f_{b4y} = -20.56$ N,　$f_{b5y} = -41.12$ N

6.19 b. 可以;　c. 可以;　e. 可以;　g. 不可以

6.21 a. $n_b = 8$

b. $n_b = 12$

6.26 $\varepsilon_x = 0.000\,937\,5$ cm/cm,　$\varepsilon_y = -0.001\,25$ cm/cm,　$\gamma_{xy} = -0.000\,625$ rad

$\sigma_x = 129.9$ MPa,　$\sigma_y = -223.6$ MPa,　$\tau_{xy} = -50.5$ MPa

第 7 章

7.13 孔边应力接近25 kPa

7.16 在角焊缝处，$\sigma_1 = 3.48$ MPa

7.17 在角焊缝处应力最大，$\sigma_1 = 2.23$ MPa

7.22 $\sigma_1 = 3$ kN$/$m^2（圆孔模型）

$\sigma_1 = 3.51$ kN$/$m^2（圆弧半径方孔）

7.24 $\sigma_{vM} = 8.1$ MPa

7.25 $\sigma_1 = 6131$ N$/$m^2（$E = 210$ GPa）

$\sigma_1 = 6153$ N$/$m^2（$E = 70$ GPa）

7.26 在孔中，$\sigma_{vM} = 6.17$ MPa，在过渡处为5.78 MPa

7.28 扳手从较窄截面到较大截面连接处内边缘的最大von Mises应力为29.7 MPa

7.30 构件最窄宽度处最大主应力 $\sigma_1 = 111$ MPa

7.31 在上半圆弧内侧，$\sigma_{vM} = 6827$ MPa

7.37 对于20 mm的厚度，在钳口孔底部，$\sigma_{vM} = 49.7$ MPa

第 8 章

8.2 $\varepsilon_x = \dfrac{1}{3b}(-u_1 + u_2 + 4u_4 - 4u_5), \quad \varepsilon_y = \dfrac{1}{3h}(-v_1 + v_3 + 4v_4 - 4v_6)$

$\gamma_{xy} = \dfrac{1}{3h}(-u_1 + u_3 + 4u_4 - 4u_6) + \dfrac{1}{3b}(-v_1 + v_3 + 4v_4 - 4v_6)$

$\sigma_x = \dfrac{E}{1 - v^2}(\varepsilon_x + v\varepsilon_y), \quad \sigma_y = \dfrac{E}{1 - v^2}(\varepsilon_y + v\varepsilon_x), \quad \tau_{xy} = G\gamma_{xy}$

8.3 $f_{s1x} = f_{s3x} = \dfrac{-pth}{6}, \quad f_{s5x} = \dfrac{-2pth}{3}$

8.4 $f_{s1x} = 0, \quad f_{s3x} = \dfrac{-p_0 th}{6}, \quad f_{s5x} = \dfrac{-p_0 th}{3}$

8.5 a. $\varepsilon_x = -1.25 \times 10^{-4} y + 6.25 \times 10^{-4}, \quad \varepsilon_y = -4.6 \times 10^{-4} x + 8.33 \times 10^{-5}$

$\gamma_{xy} = 1.25 \times 10^{-4} x - 4.675 \times y + 1.736 \times 10^{-5}$

$\sigma_x = 57.50$ MPa, $\quad \sigma_y = -87.71$ MPa, $\quad \tau_{xy} = 26.20$ MPa

b. $\varepsilon_x = -1.25 \times 10^{-4} y + 4.156 \times 10^{-4}, \quad \varepsilon_y = -4.167 \times 10^{-4} x + 1.25 \times 10^{-4}$

$\gamma_{xy} = -1.25 \times 10^{-4} x - 1.041 \times 10^{-4} y - 5.208 \times 10^{-4}$

$\sigma_x = 16.24$ MPa, $\quad \sigma_y = -145.04$ MPa, $\quad \tau_{xy} = 11.04$ MPa

8.6 $\varepsilon_x = 2.54 \times 10^{-3}$

$\varepsilon_y = -7.62 \times 10^{-3}$

$\gamma_{xy} = -7.04 \times 10^{-3}$

8.7 $N_1 = 1 - \dfrac{x}{20} + \dfrac{x^2}{1800}, \quad N_2 = \dfrac{-x + y}{60} + \dfrac{x^2 + y^2}{1800} - \dfrac{xy}{900}$

$N_3 = \dfrac{-y}{60} + \dfrac{y^2}{1800}, \quad N_4 = \dfrac{xy}{900} - \dfrac{y^2}{900}, \quad N_5 = \dfrac{y}{15} - \dfrac{xy}{900},$ 等等

第 9 章

9.1 a. $[K] = 175.84 \times 10^7 \times \begin{bmatrix} 5 & 1 & 0 & -1 & 1 & 0 \\ 1 & 4 & -2 & -1 & -2 & -3 \\ 0 & -2 & 8 & 0 & 4 & 2 \\ -1 & -1 & 0 & 1 & 1 & 0 \\ 1 & -2 & 4 & 1 & 4 & 1 \\ 0 & -3 & 2 & 0 & 1 & 3 \end{bmatrix}$ N/m

b. $[K] = 151.59 \times 10^7 \times \begin{bmatrix} 2.75 & 0 & -2.25 & 0.5 & 0.25 & -0.5 \\ 0 & 1 & 1 & -1 & -1 & 0 \\ -2.25 & 1 & 5.75 & -2.5 & 0.25 & 1.5 \\ 0.5 & -1 & -2.5 & 4 & 0.5 & -3 \\ 0.25 & -1 & 0.25 & 0.5 & 1.75 & 0.5 \\ -0.5 & 0 & 1.5 & -3 & 0.5 & 3 \end{bmatrix}$ N/m

c. $[k] = 127.75 \times 10^6 \times \begin{bmatrix} 0.682 & 0.140 & -0.298 & -0.070 & 0.035 & -0.070 \\ 0.140 & 0.368 & -0.070 & -0.053 & -0.280 & -0.315 \\ -0.298 & -0.070 & 1.242 & -0.280 & 0.315 & 0.035 \\ -0.070 & -0.053 & -0.280 & 0.368 & 0.140 & -5.655 \\ 0.035 & -0.280 & 0.315 & 0.140 & 0.490 & 0.140 \\ -0.070 & -0.315 & 0.350 & -0.315 & 0.140 & 0.630 \end{bmatrix}$ N/m

9.2 $f_{s2r} = \dfrac{2\pi b p_0 h}{6}, \quad f_{s3r} = \dfrac{2\pi b p_0 h}{3}$

9.3 $f_{b1r} = f_{b2r} = f_{b3r} = 0.153 \text{ N}$

$f_{b1z} = f_{b2z} = f_{b3z} = -6.248 \text{ N}$

9.4 a. $\sigma_r = 140 \text{ MPa}, \quad \sigma_z = 0, \quad \sigma_\theta = 140 \text{ MPa}, \quad \tau_{rz} = 21 \text{ MPa}$

b. $\sigma_r = 106.95 \text{ MPa}, \quad \sigma_z = -61.04 \text{ MPa}, \quad \sigma_\theta = 68.85 \text{ MPa}, \quad \tau_{rz} = 7.0 \text{ MPa}$

c. $\sigma_r = 164.49 \text{ MPa}, \quad \sigma_z = 38.49 \text{ MPa}, \quad \sigma_\theta = 199.47 \text{ MPa}, \quad \tau_{rz} = 31.5 \text{ MPa}$

9.6 a. $[k] = 3.528 \times \begin{bmatrix} 3125 & 625 & 0 & -625 & 625 & 0 \\ & 2500 & -1250 & -625 & -1250 & -1875 \\ & & 5000 & 0 & 2500 & 1250 \\ & & & 625 & 625 & 0 \\ & & & & 2500 & 625 \\ \text{对称} & & & & & 1875 \end{bmatrix}$ kN/mm

b. $[k] = 5.865 \times \begin{bmatrix} 2475 & 0 & -2025 & 450 & 225 & -450 \\ & 900 & 900 & -900 & -900 & 0 \\ & & 5175 & -2250 & 225 & 1350 \\ & & & 3600 & 450 & -2700 \\ & & & & 1575 & 450 \\ \text{对称} & & & & & 2700 \end{bmatrix}$ kN/mm

$$
\text{c. } [k] = 0.5 \times \begin{bmatrix}
8.577 \times 10^8 & 1.759 \times 10^8 & -3.738 \times 10^8 & -8.796 \times 10^7 & 4.398 \times 10^7 & -8.796 \times 10^7 \\
1.759 \times 10^8 & 4.618 \times 10^8 & -8.796 \times 10^7 & -6.597 \times 10^7 & -3.519 \times 10^8 & -3.958 \times 10^8 \\
-3.738 \times 10^8 & -8.796 \times 10^7 & 1.561 \times 10^9 & -3.519 \times 10^8 & 3.958 \times 10^8 & 4.398 \times 10^8 \\
-8.796 \times 10^7 & -6.597 \times 10^7 & -3.519 \times 10^8 & 4.618 \times 10^8 & 1.759 \times 10^8 & -3.958 \times 10^8 \\
4.398 \times 10^7 & -3.519 \times 10^8 & 3.958 \times 10^8 & 1.759 \times 10^8 & 6.158 \times 10^8 & 1.759 \times 10^8 \\
-8.796 \times 10^7 & -3.958 \times 10^8 & 4.398 \times 10^8 & -3.958 \times 10^8 & 1.759 \times 10^8 & 7.917 \times 10^8
\end{bmatrix}
$$

9.7   a. $\sigma_r = -42$ MPa, $\sigma_z = -42$ MPa, $\sigma_\theta = 126$ MPa, $\tau_{rz} = -50.5$ MPa

       b. $\sigma_r = -51.5$ MPa, $\sigma_z = -51.5$ MPa, $\sigma_\theta = 56$ MPa, $\tau_{rz} = -36.5$ MPa

       c. $\sigma_r = -1435$ MPa, $\sigma_z = -1225$ MPa, $\sigma_\theta = 1785$ MPa, $\tau_{rz} = -945$ MPa

9.12 $\sigma_\theta = \sigma_r$

9.14   拐角处选择6 mm半径，内拐角处 $\sigma_1 = 2079$ MPa

9.18   在孔顶附近，$\sigma_{vM} = 200$ MPa

9.19 $\sigma_\theta = 159$ MPa, $u_r = 0.93$ mm

9.20   在板的顶部和底部中心，$\sigma_1 = 52.5$ MPa, $u_r = 0.0782$ m

第 10 章

10.2   a. $s = -0.2$ b. $N_1 = 0.6$, $N_2 = 0.4$（对于两个3节点杆件）

10.3   a. $s = 0.5$ b. $N_1 = 0.25$, $N_2 = 0.75$ c. $u_A = 0.0875$ mm

10.4 $N_1 = -(2/3)s^3 + (2/3)s^2 + s/6 - 1/6$, $N_2 = (4/3)s^3 - (2/3)s^2 - (4/3)s + 2/3$

       $N_3 = -(4/3)s^3 - (2/3)s^2 + (4/3)s + 2/3$, $N_4 = (2/3)s^3 + (2/3)s^2 - s/6 - 1/6$

10.5   a. $s = -0.4$ b. $N_1 = 0.28$, $N_2 = -0.12$, $N_3 = 0.84$ c. $\varepsilon_x = -3 \times 10^{-12}$

10.6   a. $s = 0.5$ b. $N_1 = 0.125$, $N_2 = 0.375$, $N_3 = 0.75$

10.8 $u_2 = 4.859 \times 10^{-4}$ m（右端）, $u_3 = 2.793 \times 10^{-4}$ m（中部）

10.13 $f_{s3s} = 0$, $f_{s3t} = pLt/2$, $f_{s4s} = 0$, $f_{s4t} = pLt/2$

10.14   a. $f_{s3t} = 500$ N, $f_{s4t} = 500$ N   b. $f_{s1t} = 166.33$ N, $f_{s4t} = 83.33$ N

10.15   a. 1.918,   b. 0.667,   c. 0.400,   d. 2.87,   f. 0   g. 2.705（精确解）

第 11 章

11.1   a. $[B] = \dfrac{1}{8} \times \begin{bmatrix}
0 & 0 & 0 & 0 & 0 & 0 & 4 & 0 & 0 & -4 & 0 & 0 \\
0 & 0 & 0 & 0 & 4 & 0 & 0 & 0 & 0 & 0 & -4 & 0 \\
0 & 0 & 4 & 0 & 0 & 0 & 0 & 0 & 0 & 0 & 0 & -4 \\
0 & 0 & 0 & 4 & 0 & 0 & 0 & 4 & 0 & -4 & -4 & 0 \\
0 & 4 & 0 & 0 & 0 & 4 & 0 & 0 & 0 & 0 & -4 & -4 \\
4 & 0 & 0 & 0 & 0 & 0 & 0 & 4 & -4 & 0 & 0 & -4
\end{bmatrix}$

$$
\text{b. } [B] = \begin{bmatrix}
-0.5 & 0 & 0 & 0 & 0 & 0 & 0.5 & 0 & 0 & 0 & 0 & 0 \\
0 & -0.75 & 0 & 0 & 0 & 0 & 0 & 0.25 & 0 & 0 & 0.5 & 0 \\
0 & 0 & -0.75 & 0 & 0 & 0.5 & 0 & 0 & 0.25 & 0 & 0 & 0 \\
-0.75 & -0.5 & 0 & 0 & 0 & 0 & 0.25 & 0.5 & 0 & 0.5 & 0 & 0 \\
0 & -0.75 & -0.75 & 0 & 0.5 & 0 & 0 & 0.25 & 0.25 & 0 & 0 & 0.5 \\
-0.75 & 0 & -0.5 & 0.5 & 0 & 0 & 0.25 & 0 & 0.5 & 0 & 0 & 0
\end{bmatrix}
$$

11.2　a.

$$
[k] = \begin{pmatrix}
26.922 & 0 & 0 & 0 & 0 & 0 & 0 & 0 & 26.922 & -26.922 & 0 & -26.922 \\
0 & 26.922 & 0 & 0 & 0 & 26.922 & 0 & 0 & 0 & 0 & -26.922 & -26.922 \\
0 & 0 & 94.234 & 0 & 40.383 & 0 & 40.383 & 0 & 0 & -40.383 & -40.383 & -94.234 \\
0 & 0 & 0 & 26.922 & 0 & 0 & 0 & 26.922 & 0 & -26.922 & -26.922 & 0 \\
0 & 0 & 40.383 & 0 & 94.234 & 0 & 40.383 & 0 & 0 & -40.383 & -94.234 & -40.383 \\
0 & 26.922 & 0 & 0 & 0 & 26.922 & 0 & 0 & 0 & 0 & -26.922 & -26.922 \\
0 & 0 & 40.383 & 0 & 40.383 & 0 & 94.234 & 0 & 0 & -94.234 & -40.383 & -40.383 \\
0 & 0 & 0 & 26.922 & 0 & 0 & 0 & 26.922 & 0 & -26.922 & -26.922 & 0 \\
26.922 & 0 & 0 & 0 & 0 & 0 & 0 & 0 & 26.922 & -26.922 & 0 & -26.922 \\
-26.922 & 0 & -40.383 & -26.922 & -40.383 & 0 & -94.234 & -26.922 & -26.922 & 148.08 & 67.305 & 67.305 \\
0 & -26.922 & -40.383 & -26.922 & -94.234 & -26.922 & -40.383 & -26.922 & 0 & 67.305 & 148.08 & 67.305 \\
-26.922 & -26.922 & -94.234 & 0 & -40.383 & -26.922 & -40.383 & 0 & -26.922 & 67.305 & 67.305 & 148.08
\end{pmatrix} \times 10^9 \, \frac{\text{N}}{\text{m}}
$$

11.3　a. $\sigma_x = 1298.33$ MPa,　$\sigma_y = 144.16$ MPa,　$\sigma_z = -816.66$ MPa

　　　$\tau_{xy} = 191.66$ MPa,　$\tau_{yx} = -385.0$ MPa,　$\tau_{zx} = 96.16$ MPa

　　b. $\sigma_x = 144.23$ MPa,　$\sigma_y = 144.23$ MPa,　$\sigma_z = 336.53$ MPa

　　　$\tau_{xy} = -576.92$ MPa,　$\tau_{yz} = 480.76$ MPa,　$\tau_{zx} = -384.61$ MPa

11.6　a. $[B] = \dfrac{1}{18\,750} \times$

$$
\begin{bmatrix}
-625 & 0 & 0 & 0 & 0 & 0 & 0 & 0 & 0 & 625 & 0 & 0 \\
0 & -375 & 0 & 0 & 750 & 0 & 0 & 0 & 0 & 0 & -375 & 0 \\
0 & 0 & -375 & 0 & 0 & 0 & 0 & 0 & 750 & 0 & 0 & -375 \\
-375 & -625 & 0 & 750 & 0 & 0 & 0 & 0 & 0 & -375 & 625 & 0 \\
0 & -375 & -375 & 0 & 0 & 750 & 0 & 750 & 0 & 0 & -375 & -375 \\
-375 & 0 & -625 & 0 & 0 & 0 & 750 & 0 & 0 & -375 & 0 & 625
\end{bmatrix}
$$

　　b. $[B] =$

$$
\begin{bmatrix}
-0.125 & 0 & 0 & 0 & 0 & 0 & 0 & 0 & 0 & 0.125 & 0 & 0 \\
0 & -0.05 & 0 & 0 & 0.2 & 0 & 0 & 0 & 0 & 0 & -0.15 & 0 \\
0 & 0 & -0.05 & 0 & 0 & 0 & 0 & 0 & 0.2 & 0 & 0 & -0.15 \\
-0.05 & -0.125 & 0 & 0.2 & 0 & 0 & 0 & 0 & -0.15 & 0.125 & 0 \\
0 & -0.05 & -0.05 & 0 & 0 & 0.2 & 0 & 0.2 & 0 & 0 & -0.15 & -0.15 \\
-0.05 & 0 & -0.0125 & 0 & 0 & 0 & 0.2 & 0 & 0 & -0.15 & 0 & 0.125
\end{bmatrix}
$$

11.8　a. $\sigma_x = 34.62$ MPa,　$\sigma_y = 80.77$ MPa,　$\sigma_z = 34.62$ MPa

　　　$\tau_{xy} = 28.21$ MPa,　$\tau_{yz} = 30.77$ MPa,　$\tau_{zx} = 43.59$ MPa

11.9　$u = a_1 + a_2 x + a_3 y + a_4 z + a_5 xy + a_6 xz + a_7 yz + a_8 x^2 + a_9 y^2 + a_{10} z^2$

11.10　载荷必须在 $y\text{-}z$ 平面内

11.11　$N_2 = \dfrac{(1-s)(1-t)(1-z')}{8},\quad N_3 = \dfrac{(1-s)(1+t)(1-Z')}{8},$

　　　$N_4 = \dfrac{(1-s)(1+t)(1+z')}{8},$

　　　$N_5 = \dfrac{(1+s)(1-t)(1+z')}{8},\quad N_6 = \dfrac{(1+s)(1-t)(1-z')}{8}$

　　　$N_7 = \dfrac{(1+s)(1+t)(1-z')}{8},\quad N_8 = \dfrac{(1+s)(1+t)(1+z')}{8}$

11.12 $N_1 = \dfrac{(1-s)(1-t)(1+z')(-s-t+z'-2)}{8}$,

$N_2 = \dfrac{(1-s)(1-t)(1-z')(-s-t-z'-2)}{8}$

11.14 在承受负荷时，$w = -14.81$，在前拐角处，$w = -12.02$ mm

11.15 在自由端，$d_{max} = -0.56$ mm

11.19 在弯曲部位，最大的 $\sigma_{vM} = 758$ MPa，在自由端，$\delta_{max} = 4.13$ mm

11.21 在弯曲部位，最大的 $\sigma_{vM} = 219$ MPa，在自由端，$\delta_{max} = 18.8$ mm

11.26 最大的 $\sigma_{vM} = 534$ MPa，基于1200 N

11.28 在内部半圆平面上，最大的 $\sigma_{vM} = 186$ MPa

第 12 章

12.1 使用8×8网格，$\delta_{max} = 0.001\,55$ m，$\sigma_{vM} = 66.4$ MPa
（这些值与解析解相匹配）

12.2 $\delta_{max} = -0.188$ mm，$\sigma_{vM} = 1177$ MPa

12.3 $\delta_{max} = -8.55$ mm，$\sigma_{max} = 216$ MPa

12.4 $\delta_{max} = 0.0324$ mm

12.6 $\delta_{max} = -2.59$ mm（6 mm厚板）

12.8 $\delta_{max} = 0.3306$ mm，$\sigma_{max} = 22.73$ MPa

12.9 $\delta_{max} = -0.379$ mm，$\sigma_{vM} = 55.8$ MPa

12.10 $\delta_{max} = 68.9$ mm（此值过大，以至于无法采用小挠度假设）

第 13 章

13.1 $t_2 = 166.7°C$，$t_3 = 233.3°C$

13.2 $t_2 = 66.2°C$，$t_3 = 41.8°C$，$t_4 = 20.3°C$

13.3 $t_2 = 25.4°C$，$t_3 = 32.4°C$，$F_1 = -0.84$ W

13.4 $t_1 = 67.54°C$，$t_2 = 65.92°C$，$t_3 = 61.06°C$，$t_4 = 52.96°C$

13.5 $t_2 = 58.3°C$，$t_3 = 66.7°C$，$t_4 = 75°C$，$t_5 = 83.3°C$

13.6 $t_2 = 457°C$，$t_3 = 243°C$，$q^{(3)} = 2145$ W/m^2

13.7 $t_2 = 318.2°C$，$t_3 = 427.3°C$

13.8 $t_1 = 230°C$，$t_2 = 110°C$，$t_3 = 50°C$，$q^{(3)} = 6000$ W/m^2

13.9 $t_1 = 14.5°C$，$t_2 = 14.2°C$，$t_3 = -7.88°C$，$t_4 = -8.15°C$

13.10 $t_1 = 18.5°C$，$t_2 = 16.7°C$，$t_3 = -17.7°C$，$t_4 = -19.3°C$，$q^{(1)} = 14.5$ W/m^2

13.12 在右端 $18.5°C$，$q_{max} = 439$ W

13.13 $t_1 = 18.84°C$，$t_2 = 15.0°C$，$t_3 = -14.46°C$，$t_4 = -14.54°C$

13.14 $t_2 = 291°C$，$t_3 = 372°C$

13.15 $t_1 = 232°C$，$t_2 = 228°C$，$t_3 = 224°C$，$t_4 = 220°C$

13.16 $t_2 = 87.95°C$，$t_3 = 86.72°C$，$t_4 = 86.4°C$

13.17 $[k] = \dfrac{AK_{xx}}{L}\begin{bmatrix} 1 & -1 \\ -1 & 1 \end{bmatrix}$

13.18 $[k_h]_{\text{left}} = \text{hA}\begin{bmatrix} 1 & 0 \\ 0 & 0 \end{bmatrix}$, $\quad \{f_h\}_{\text{left}} = \text{hT}_\infty\text{A}\begin{Bmatrix} 1 \\ 0 \end{Bmatrix}$

13.19 $[k] = \begin{bmatrix} 196.94 & 74.79 & -9.03 \\ & 185.69 & -2.77 \\ & & 11.80 \end{bmatrix}$, $\quad \{f\} = \begin{Bmatrix} 5204 \\ 5204 \\ 50 \end{Bmatrix} \text{W}$

13.20 $\{f\} = \begin{Bmatrix} 1346 \\ 54.6 \\ 1273 \end{Bmatrix} \text{W}$

13.23 $t_{\max} = 60\,°\text{C}$

13.35 $t = 24.28\,°\text{C}$（在右端）

13.37 $\bar{q}_{\max} = 167 \text{ W}$, $\quad \bar{q}_{\min} = -108 \text{ W}$

13.42 $t = 189\,°\text{C}$（在右端）

13.44 位于 $q*$ 被施加的位置，$\quad T = 323 \text{ K}$

13.48 $t_2 = 17.79\,°\text{C}$, $\quad t_3 = 24.66\,°\text{C}$, $\quad t_4 = 31.04\,°\text{C}$, $\quad t_5 = 36.61\,°\text{C}$

第 14 章

14.1 $p_2 = 4.545 \text{ m}$, $\quad p_3 = 1.818 \text{ m}$, $\quad v_x^{(1)} = 10.91 \text{ m/s}$, $\quad Q_f^{(1)} = 21.82 \text{ m}^3/\text{s}$

14.2 $p_2 = -40 \text{ m}$, $\quad p_3 = -90 \text{ m}$, $\quad p_4 = -140 \text{ m}$, $\quad v_x^{(1)} = 50 \text{ m/s}$, $\quad Q_1 = 100 \text{ m}^3/\text{s}$

14.3 $p_2 = 16.364 \text{ cm}$, $\quad p_3 = 10.909 \text{ cm}$, $\quad v_x^{(1)} = 0.364 \text{ cm/s}$, $\quad v_x^{(2)} = 0.546 \text{ cm/s}$,

$v_x^{(3)} = 1.09 \text{ cm/s}$, $\quad Q_f^{(1)} = 8.736 \text{ cm}^3/\text{s}$

14.4 $p_2 = -6 \text{ cm}$, $\quad p_3 = -16 \text{ cm}$, $\quad v_x^{(1)} = 2.4 \text{ cm/s}$, $\quad v_x^{(2)} = 4 \text{ cm/s}$,

$Q_1 = Q_2 = 12 \text{ cm}^3/\text{s}$

14.6 $v^{(1)} = 4.0 \text{ cm/s}$, $\quad v^{(2)} = 8.0 \text{ cm/s}$, $\quad Q^{(1)} = Q^{(2)} = 32 \text{ cm}^3/\text{s}$

14.7 a. $p_1 = 0.897 \text{ N/m}^2$, $\quad p_2 = 0.691 \text{ N/m}^2$, $\quad p_3 = 0.515 \text{ N/m}^2$, $\quad q_1 = 0.897 \text{ m}^3/\text{s}$,

$q_2 = 0.103 \text{ m}^3/\text{s}$, $\quad q_3 = 0.059 \text{ m}^3/\text{s}$, $\quad q_4 = 0.044 \text{ m}^3/\text{s}$, $\quad q_5 = 0.103 \text{ m}^3/\text{s}$

b. $p_1 = 8512.8 \text{ Pa}$, $\quad p_2 = 5538.5 \text{ Pa}$, $\quad p_3 = 2974.5 \text{ Pa}$, $\quad q_1 = 851 \text{ m}^3/\text{s}$, $\quad q_2 = 149 \text{ m}^3/\text{s}$,

$q_3 = 85 \text{ m}^3/\text{s}$, $\quad q_4 = 64 \text{ m}^3/\text{s}$, $\quad q_5 = 59 \text{ m}^3/\text{s}$

14.8 $\{f_Q\} = \begin{Bmatrix} 54.76 \\ 28.57 \\ 16.67 \end{Bmatrix} \text{m}^3/\text{s}$

14.9 $f_1 = f_3 = 20 \text{ cm}^3/\text{s}$, $\quad f_2 = 0$

14.10 $p_2 = p_3 = 12 \text{ m}$, $\quad p_5 = 11 \text{ m}$

14.17 $I_1 = 0.161 \text{ A}$, $I_2 = 0.027 \text{ A}$, $I_3 = -0.487 \text{ A}$, 分支电流：$I_{\text{AD}} = 0.134 \text{ A}$,

$I_{\text{BC}} = 0.513 \text{ A}$

14.18 $I_1 = -0.853 \text{ A}$, $I_2 = -0.458 \text{ A}$, $I_3 = -0.158 \text{ A}$, $I_{\text{AB}} = -0.695 \text{ A}$,

$I_{\text{BC}} = -0.30 \text{ A}$

14.19 原电阻器太小，标准电阻器尺寸，$R_1 = 715\ \Omega$，$R_2 = 806\ \Omega$
$I_1 = 0.024\ \mathrm{A}$，$I_2 = 0.011\ \mathrm{A}$；分支电流：$I_{AD} = 0.013\ \mathrm{A}$，
$I_{BC} = 0.011\ \mathrm{A}$

14.20 原电阻器太小，标准电阻器尺寸，$R_1 = 2000\ \Omega$，$R_2 = 1270\ \Omega$，
$I_1 = 0.015\ \mathrm{A}$，$I_2 = 0.009\,45\ \mathrm{A}$，所以二极管电流小于 $0.015\ \mathrm{A}$.

第 15 章

15.1 $u_2 = 0.18\ \mathrm{mm}$，$u_3 = 0.36\ \mathrm{mm}$，$\sigma_x = 0$

15.2 $u_2 = 0$，$\sigma_x = 70.2\ \mathrm{MPa}$

15.3 $u_1 = v_1 = -0.255\ \mathrm{mm}$，$\sigma^{(1)} = 17.85\ \mathrm{MPa\ (T)}$
$\sigma^{(2)} = -25.2\ \mathrm{MPa\ (C)}$，$\sigma^{(3)} = 17.85\ \mathrm{MPa\ (T)}$

15.4 $u_1 = -0.208\ \mathrm{mm}$，$v_1 = -0.072\ \mathrm{mm}$
$\sigma^{(1)} = -2.520\ \mathrm{MPa\ (C)}$，$\sigma^{(2)} = 5.040\ \mathrm{MPa\ (T)}$，$\sigma^{(3)} = -2.520\ \mathrm{MPa\ (C)}$

15.5 $u_2 = 2.88 \times 10^{-4}\ \mathrm{m}$，$\sigma^{(1)} = -38.4\ \mathrm{MPa\ (C)}$，$\sigma^{(2)} = \sigma^{(3)} = -19.2\ \mathrm{MPa\ (C)}$

15.6 $u_1 = 0$，$v_1 = 9.0 \times 10^{-4}\ \mathrm{m}$，$\sigma^{(1)} = \sigma^{(3)} = -15.8\ \mathrm{MPa\ (C)}$
$\sigma^{(2)} = 27.3\ \mathrm{MPa\ (T)}$

15.7 $u_1 = 0$，$v_1 = -3.6 \times 10^{-4}\ \mathrm{m}$，$\sigma^{(1)} = \sigma^{(2)} = 0$

15.8 $u_2 = 0.396\ \mathrm{mm}$，$\sigma_{st} = 5040\ \mathrm{kPa\ (T)}$，$\sigma_{br} = 10\,080\ \mathrm{kPa\ (C)}$

15.9 单元 1 和单元 3 也增加了10℃

15.11 是，$u = 450 \times 10^{-6}\ \mathrm{L}$，$\sigma_{st} = 18.90\ \mathrm{MPa\ (T)}$，$\sigma_{a1} = -18.90\ \mathrm{MPa\ (C)}$

15.12 a. $7.02 \times 10^{-6}\ \mathrm{m}$ b. $\sigma_{br} = -78.63\ \mathrm{MPa}$，$\sigma_{mg} = -52.406\ \mathrm{MPa}$

15.13 $f_{T1x} = 6750\ \mathrm{N}$，$f_{T1y} = 13\,590\ \mathrm{N}$，$f_{T2x} = -6750\ \mathrm{N}$
$f_{T2y} = 13\,590\ \mathrm{N}$，$f_{T3x} = 0$，$f_{T3y} = -27\,000\ \mathrm{N}$

15.14 $f_{T1x} = -71.9\ \mathrm{kN}$，$f_{T1y} = 0$，$f_{T2x} = 71.9\ \mathrm{kN}$，$f_{T2y} = -143.8\ \mathrm{kN}$
$f_{T3x} = 0$，$f_{T3y} = 143.8\ \mathrm{kN}$

15.15 $f_{T1x} = -79.2\ \mathrm{kN}$，$f_{T1y} = -118.8\ \mathrm{kN}$，$f_{T2x} = 79.2\ \mathrm{kN}$，$f_{T2y} = 0$
$f_{T3x} = 0$，$f_{T3y} = 118.8\ \mathrm{kN}$

15.16 $f_{T1x} = 134\ \mathrm{kN}$，$f_{T1y} = 134\ \mathrm{kN}$，$f_{T2x} = -134\ \mathrm{kN}$，$f_{T2y} = 0$
$f_{T3x} = 0$，$f_{T3y} = -134\ \mathrm{kN}$

15.17 $\sigma_x = \sigma_y = -51.92\ \mathrm{MPa\ (C)}$，$\tau_{xy} = 0$

15.18 $\sigma_x = 67.2\ \mathrm{MPa}$，$\sigma_y = 67.2\ \mathrm{MPa}$，$\tau_{xy} = 0$

15.19 $\{f_T\} = \dfrac{3AE\alpha_0 T}{2} \begin{Bmatrix} -1 \\ 1 \end{Bmatrix}$

15.20 $\dfrac{AE\alpha}{2} \begin{Bmatrix} -t_1 - t_2 \\ t_1 + t_2 \end{Bmatrix}$ **15.21** $\{f_T\} = \dfrac{2\pi \bar{r} AE\alpha(T)[\bar{B}]^T}{1 - 2v} \begin{Bmatrix} 1 \\ 1 \\ 1 \\ 0 \end{Bmatrix}$

15.22 应力为0

15.23 $\sigma_{\max} = 756$ MPa

15.24 与习题P15.3同解

15.25 与习题P15.6同解

第 16 章

16.1 $[M] = \dfrac{\rho AL}{6} \begin{bmatrix} 2 & 1 & 0 \\ 1 & 4 & 1 \\ 0 & 1 & 2 \end{bmatrix}$

16.2 a. $[M] = \dfrac{\rho AL}{2} \begin{bmatrix} 1 & 0 & 0 & 0 \\ 0 & 2 & 0 & 0 \\ 0 & 0 & 2 & 0 \\ 0 & 0 & 0 & 1 \end{bmatrix}$ b. $[M] = \dfrac{\rho AL}{6} \begin{bmatrix} 2 & 1 & 0 & 0 \\ 1 & 4 & 1 & 0 \\ 0 & 1 & 4 & 1 \\ 0 & 0 & 1 & 2 \end{bmatrix}$

16.3 $\omega_1 = 0.806\sqrt{u}, \quad \omega_2 = 2.81\sqrt{\mu}$

16.4 $\omega_1 = 5.496 \times 10^3$ rad/s, $\quad \omega_2 = 17.974 \times 10^3$ rad/s

16.5 a.

t (s)	d_i (m)	$\dot{d}_i$ (m/s)	$\ddot{d}_i$ (m/s^2)
0	0	0	8.33
0.03	0.003 75	0.235	7.36
0.06	0.014 12	0.3425	-0.231
0.09	0.0243	0.224	-7.63
0.12	0.0276	-0.1167	-15.1
0.15	0.0173	-0.478	-8.967

16.6 a.

t (s)	d_i (m)	$\dot{d}_i$ (m/s)	$\ddot{d}_i$ (m/s^2)
0	0	0	3.33
0.02	6.667×10^{-4}	0.056	2.262
0.04	2.24×10^{-3}	0.092	0.656
0.06	4.34×10^{-3}	0.092	-1.27
0.08	5.93×10^{-3}	0.0505	-2.89
0.10	6.36×10^{-3}	-0.0168	-3.816

b.

t (s)	d_i (m)	$\dot{d}_i$ (m/s)	$\ddot{d}_i$ (m/s^2)	$F(t)$ (N)
0.00	0.00000	0.000	3.33	100
0.02	5.98×10^{-4}	0.0564	2.31	80
0.04	2.08×10^{-3}	0.0864	-0.69	60
0.06	3.835×10^{-3}	0.0836	-0.975	40
0.08	5.21×10^{-3}	0.048	-2.51	20
0.10	5.61×10^{-3}	-0.0109	-3.38	0.0

16.11　a. $\omega_1 = \dfrac{3.15}{L^2}\left(\dfrac{EI}{\rho A}\right)^{1/2}$,　$\omega_2 = \dfrac{16.24}{L^2}\left(\dfrac{EI}{\rho A}\right)^{1/2}$（2单元模式）

　　　　b. $\omega_1 = \dfrac{198.4}{L^2}\left(\dfrac{EI}{\rho A}\right)^{1/2}$（3单元模式）

　　　　c. $\omega_1 = \dfrac{9.8}{L^2}\left(\dfrac{EI}{\rho A}\right)^{1/2}$（2单元模式）　d. $\omega = \dfrac{14.8}{L^2}\left(\dfrac{EI}{\rho A}\right)^{1/2}$（2单元模式）

16.17

节点:		1	2	3	4	5	6
i	t (s)				温度（℃）		
0	0	200	200	200	200	200	200
1	8	0	159.0095	191.4441	198.2110	199.6110	199.8444
2	16	0	135.5852	178.1491	193.6620	198.2112	199.1445
3	24	0	120.2309	165.7003	187.3485	195.5379	197.5152
4	32	0	109.1993	154.9587	180.4038	191.7446	194.8115
5	40	0	100.7600	145.7784	173.4129	187.1268	191.1242
6	48	0	94.003 11	137.8529	166.6182	181.9599	186.6590
7	56	0	88.399 29	130.9034	160.1012	176.4598	181.6395
8	64	0	83.617 45	124.7101	153.8759	170.7856	176.2620
9	72	0	79.439 35	119.1075	147.9316	165.0508	170.6822
10	80	0	75.716 03	113.9733	142.2502	159.3352	165.0171

16.18

时间 (s)		节点		
	1	2	3	（使用一致的电容矩阵）
		温度（℃）		
0	25	25	25	
0.1	85	18.536 11	26.361 89	
0.2	85	29.613 03	21.635 26	
0.3	85	36.184 35	22.427 17	
0.4	85	40.724 91	25.304 28	
0.5	85	44.278 34	28.852 01	
0.6	85	47.290 72	32.496 14	
0.7	85	49.958 09	36.011 57	
0.8	85	52.371 52	39.317 61	
0.9	85	54.577 56	42.392 78	
1	85	56.603 53	45.239 33	
1.1	85	58.468 14	47.868 52	
1.2	85	60.1859	50.294 57	
1.3	85	61.769 08	52.532 18	
1.4	85	63.228 52	54.595 57	
1.5	85	64.574	56.498 14	
1.6	85	65.814 48	58.252 35	

	节点			
时间(s)	1	2	3	(使用一致的电容矩阵)
	温度(°C)			
1.7	85	66.958 18	59.869 74	
1.8	85	68.012 65	61.360 96	
1.9	85	68.984 85	62.735 86	
2	85	69.881 21	64.003 5	
2.1	85	70.707 65	65.172 26	
2.2	85	71.469 61	66.249 84	
2.3	85	72.172 14	67.243 36	
2.4	85	72.819 86	68.159 38	
2.5	85	73.417 05	69.003 93	
2.6	85	73.967 66	69.782 61	
2.7	85	74.475 31	70.500 53	
2.8	85	74.943 36	71.162 46	
2.9	85	75.3749	71.772 74	
3	85	75.772 77	72.335 42	

附录 A

A1. a. $\begin{bmatrix} 6 & 0 \\ 3 & 12 \end{bmatrix}$　　b. 无解　　c. 无解　　d. $\begin{Bmatrix} 20 \\ 26 \\ 8 \end{Bmatrix}$　　e. 无解　　f. $\begin{bmatrix} 19 & 26 & 3 \\ -3 & -2 & 9 \end{bmatrix}$

A2. $\begin{bmatrix} \frac{1}{4} & 0 \\ -\frac{1}{32} & \frac{1}{8} \end{bmatrix}$　　**A3.** $\dfrac{1}{220}\begin{bmatrix} 50 & -10 & -10 \\ -10 & 24 & 2 \\ -10 & 2 & 46 \end{bmatrix}$　　**A4.** 无解

A5. $\begin{bmatrix} \frac{1}{2} & 0 \\ -\frac{1}{4} & \frac{1}{4} \end{bmatrix}$　　**A6.** 同习题 A3　　**A8.** $\begin{bmatrix} \cos\theta & -\sin\theta \\ \sin\theta & \cos\theta \end{bmatrix}$

A10. $\dfrac{E}{L}\begin{bmatrix} 1 & -1 \\ -1 & 1 \end{bmatrix}$

附录 B

B1. $x_1 = 4,\ x_2 = 3$　　　　　　　　**B2.** $x_1 = 4,\ x_2 = 3$

B3. $x_1 = 2.3,\ x_2 = -0.1,\ x_3 = -0.2$　　**B4.** $x_1 = 3,\ x_2 = -1,\ x_3 = -2$

B5. a. $\begin{Bmatrix} x_1 \\ x_2 \end{Bmatrix} = \begin{bmatrix} 3 & -2 \\ 2 & -1 \end{bmatrix}\begin{Bmatrix} y_1 \\ y_2 \end{Bmatrix}$　　b. $\begin{Bmatrix} z_1 \\ z_2 \end{Bmatrix} = \begin{bmatrix} 7 & -4 \\ 16 & -10 \end{bmatrix}\begin{Bmatrix} y_1 \\ y_2 \end{Bmatrix}$

c. $\begin{Bmatrix} y_1 \\ y_2 \end{Bmatrix} = \begin{bmatrix} \frac{5}{3} & -\frac{2}{3} \\ \frac{8}{3} & -\frac{7}{6} \end{bmatrix}\begin{Bmatrix} z_1 \\ z_2 \end{Bmatrix}$

B6. $x_1 = 0$, $x_2 = 1$, $x_3 = 2$, $x_4 = 2$, $x_5 = 0$

B7. $x_1 = 4$, $x_2 = 3$

B8. a. 不唯一 b. 唯一 c. 不存在 d. 不唯一

附录 D

D1. a. $f_{1y} = f_{2y} = -25$ kN, $m_1 = -m_2 = -37.5$ kN·m

 b. $f_{1y} = f_{2y} = -25$ kN, $m_1 = -m_2 = -28.125$ kN·m

 c. $f_{1y} = f_{2y} = -75$ kN, $m_1 = -m_2 = -125$ kN·m

 d. $f_{1y} = -85.625$ kN, $f_{2y} = -29.375$ kN, $m_1 = -80.625$ kN·m, $m_2 = 46.875$ kN·m

 e. $f_{1y} = -27.0$ kN, $f_{2y} = -63.0$ kN, $m_1 = -36.0$ kN·m, $m_2 = 54.0$ kN·m

 f. $f_{1y} = -4.0$ kN, $f_{2y} = -0.99$ kN, $m_1 = 5.10$ kN·m, $m_2 = -2.04$ kN·m

 g. $f_{1y} = f_{2y} = -6$ kN, $m_1 = -m_2 = -7.5$ kN·m

 h. $f_{1y} = f_{2y} = -10$ kN, $m_1 = -m_2 = -6.67$ kN·m

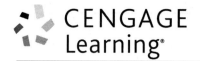

Supplements Request Form（教辅材料申请表）

Lecturer's Details（教师信息）				
Name: （姓名）		**Title:** （职务）		
Department: （系科）		**School/University:** （学院/大学）		
Official E-mail: （学校邮箱）		**Lecturer's Address /Post Code:** （教师通信地址/邮编）		
Tel: （电话）				
Mobile: （手机）				

Adoption Details（教材信息）　　原版□　　　翻译版□　　　影印版 □

Title：（英文书名） **Edition：**（版次） **Author：**（作者）	
Local Publisher： （中国出版社）	

Enrolment： （学生人数）		**Semester：** （学期起止日期时间）	

Contact Person & Phone/E-Mail/Subject：
（系科/学院教学负责人电话/邮件/研究方向）
（我公司要求在此处标明系科/学院教学负责人电话/传真号码并在此加盖公章）

教材购买由 我□　我作为委员会的一部分□　其他人□[姓名：　　　] 决定。

Please fax or post the complete form to（请将此表格传真至）：

CENGAGE LEARNING BEIJING
ATTN：Higher Education Division
TEL：（86）10-82862096/95/97
FAX：（86）10 82862089
EMAIL：asia.infochina@cengage.com
ADD：北京市海淀区科学院南路 2 号
融科资讯中心 C 座南楼 12 层 1201 室　100190

Note: Thomson Learning has changed its name to CENGAGE Learning

VERIFICATION FORM / CENGAGE LEARNING

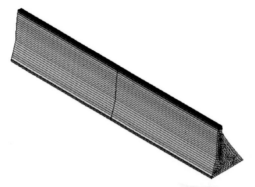

彩图 6.2 平面应变问题：(a) 承受水平荷载的大坝

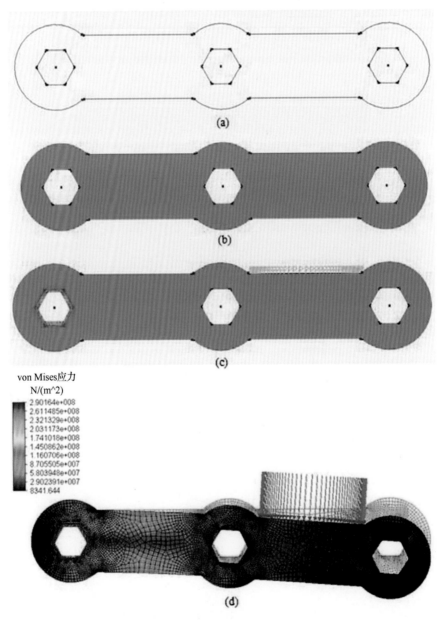

彩图 7.17 自行车扳手：(a)扳手轮廓图；(b)扳手的网格模型；(c)扳手的边界条件和力；(d)von Mises 应力图

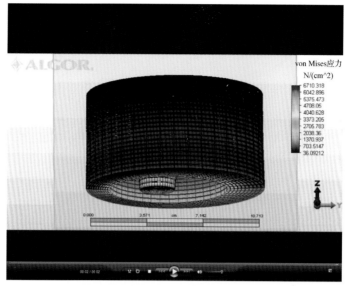

彩图 1.7　(b)平面中的单元绕 *z* 轴 360°对称旋转时的三维模具视图

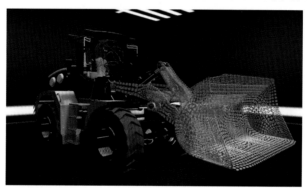

彩图 1.11　使用了 169 595 个单元、185 026 个节点的 710 G 的铲斗的有限元模型(模型中用了 78 566 个薄壁线性四边形单元模拟铲斗和耦合器,83 104 个立体线性体单元模拟凸台, 212 个梁单元模拟提升臂、提升臂汽缸和导向滑环)(引自 Yousif Omer, Structural Design Engineer, Construction and Forestry Division, John Deere Dubuque Works)

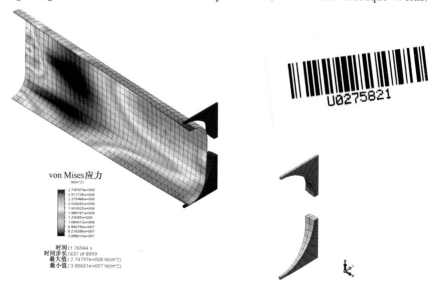

彩图 1.12　滚轧成形或冷弯成形过程的有限元模型(由 Valmont West Coast 工程公司提供)

1